FÍSICA
UMA ABORDAGEM ESTRATÉGICA

VOLUME 1 MECÂNICA NEWTONIANA
GRAVITAÇÃO
OSCILAÇÕES E ONDAS

Sobre o Autor

Randy Knight leciona Física básica há 25 anos na Ohio State University, EUA, e na California Polytechnic University, onde atualmente é professor de física. O professor Knight bacharelou-se em Física pela Washington University, em Saint Louis, e doutorou-se em Física pela University of California, Berkeley. Fez pós-doutorado no Harvard-Smithsonian Center for Astrophysics, antes de trabalhar na Ohio State University. Foi aí que ele começou a pesquisar sobre o ensino da física, o que, muitos anos depois, o levou a escrever este livro.

Os interesses de pesquisa do professor Knight situam-se na área de laser e espectroscopia, com cerca de 25 artigos de pesquisa publicados. Ele também dirige o programa de estudos ambientais da Cal Poly, onde, além de física introdutória, leciona tópicos relacionados a energia, oceanografia e meio ambiente. Quando não está em sala de aula ou na frente de um computador, o professor Knight está fazendo longas caminhadas, remando em um caiaque, tocando piano ou usufruindo seu tempo com a esposa Sally e seus sete gatos.

K71f   Knight, Radall.
        Física 1 : uma abordagem estratégica / Randall Knight ; tradução Trieste Freire Ricci. – 2. ed. – Porto Alegre : Bookman, 2009.
        492 p. : il. tabs. ; 28 cm.

        ISBN 978-85-7780-470-2

        1. Física – Mecânica. 2. Mecânica newtoniana. I. Título.

        CDU 531/534

Catalogação na publicação: Renata de Souza Borges CRB-10/1922

RANDALL D. KNIGHT

FÍSICA
UMA ABORDAGEM ESTRATÉGICA
2ª EDIÇÃO

Tradução:
Trieste Freire Ricci
Doutor em Ciências pela UFRGS
Professor Adjunto do Instituto de Física da UFRGS

Revisão técnica:
Maria Helena Gravina
Especialista em Ciências pela UFRGS
Professora do Colégio Militar de Porto Alegre

2009

Obra originalmente publicada sob o título *Physics for Scientists and Engineers, 2nd Edition.*
ISBN 0805327363

Authorized translation from the English language edition, entitled PHYSICS FOR SCIENTISTS AND ENGINEERS: A STRATEGIC APPROACH WITH MODERN PHYSICS, 2ND EDITION by KNIGHT, RANDALL D., published Pearson Education,Inc., publishing as Addison-Wesley, Copyright © 2008. All rights reserved. No part of this book may be reproduced or transmitted in any form or by any means, electronic or mechanical, including photocopying, recording or by any information storage retrieval system, without permission from Pearson Education,Inc.

Portuguese language edition published by Bookman Companhia Editora Ltda, a Division of Artmed Editora SA, Copyright © 2009

Tradução autorizada a partir do original em língua inglesa da obra intitulada PHYSICS FOR SCIENTISTS AND ENGINEERS: A STRATEGIC APPROACH WITH MODERN PHYSICS, 2ª EDIÇÃO, de autoria de KNIGHT, RANDALL D., publicado por Pearson Education, Inc., sob o selo Addison-Wesley, Copyright © 2008. Todos os direitos reservados. Este livro não poderá ser reproduzido nem em parte nem na íntegra, nem ter partes ou sua íntegra armazenado em qualquer meio, seja mecânico ou eletrônico, inclusive reprográfico, sem permissão da Pearson Education,Inc.

A edição em língua portuguesa desta obra é publicada por Bookman Companhia Editora Ltda., uma divisão da Artmed Editora SA, Copyright © 2009

Capa: *Rogério Grilho, arte sobre capa original*

Leitura final: *Andrea Czarnobay Perrot*

Supervisão editorial: *Denise Weber Nowaczyk*

Editoração eletrônica: *Techbooks*

Reservados todos os direitos de publicação, em língua portuguesa, à
ARTMED® EDITORA S.A.
(BOOKMAN® COMPANHIA EDITORA é uma divisão da ARTMED® EDITORA S. A.)
Av. Jerônimo de Ornelas, 670 – Santana
90040-340 – Porto Alegre – RS
Fone: (51) 3027-7000   Fax: (51) 3027-7070

É proibida a duplicação ou reprodução deste volume, no todo ou em parte, sob quaisquer formas ou por quaisquer meios (eletrônico, mecânico, gravação, fotocópia, distribuição na Web e outros), sem permissão expressa da Editora.

SÃO PAULO
Av. Angélica, 1.091 – Higienópolis
01227-100 – São Paulo – SP
Fone: (11) 3665-1100   Fax: (11) 3667-1333

SAC 0800 703-3444

IMPRESSO NO BRASIL
PRINTED IN BRAZIL

Prefácio para o Professor

Em 2003, publicamos *Physics for Scientists and Engineers: A Strategic Approach*. Foi o primeiro livro didático abrangente concebido com base na pesquisa sobre como os estudantes podem aprender física de maneira mais significativa. Os desenvolvimentos e testes que possibilitaram a publicação deste livro foram financiados pela *National Science Foundation*. Essa primeira edição tornou-se rapidamente o livro didático de física mais adotado em mais de 30 anos, obtendo reconhecimento crítico geral de professores e de estudantes. Esta segunda edição, agora traduzida para o português com o título *Física: uma abordagem estratégica*, foi escrita com base nas técnicas de ensino introduzidas na primeira edição e também no *feedback* de milhares de usuários com o objetivo de proporcionar um aprendizado ainda melhor para o estudante.

Os objetivos

Meus principais objetivos ao escrever o *Física: uma abordagem estratégica* foram:

- Produzir um livro que fosse mais focado e coerente, e menos enciclopédico.
- Trazer resultados-chave da pesquisa em ensino de física para a sala de aula de uma maneira que permitisse aos professores adotar uma gama de estilos didáticos.
- Oferecer um equilíbrio entre o raciocínio quantitativo e a compreensão dos conceitos, com especial atenção aos conceitos que costumam causar dificuldades aos estudantes.
- Desenvolver de maneira sistemática as habilidades dos estudantes na resolução de problemas.
- Promover um ambiente de aprendizagem ativa.

Estes objetivos e os princípios que os embasam são discutidos detalhadamente em meu pequeno livro *Five Easy Lessons: Strategies for Successful Physics Teaching* (Addison-Wesley, 2002). Se for de seu interesse (ISBN 0-8053-8702-1), entre em contato com a editora original, Addison-Wesley.

A organização da obra

Todo o conteúdo desta obra está distribuído em quatro volumes. O Volume 1 trata das Leis de Newton, das Leis de Conservação e de algumas aplicações da Mecânica Newtoniana, como: Rotação de um Corpo Rígido, A Teoria de Newton da Gravitação e Oscilações. O Volume 2 abrange Fluidos, Elasticidade, Termodinâmica, Ondas e Óptica. O Volume 3 abrange todo o conteúdo sobre Eletricidade e Magnetismo. O Volume 4 trata da Relatividade, da Mecânica Quântica e da Física Atômica e Nuclear. Cada tópico é autoconsistente, e a seqüência dos capítulos pode ser rearranjada para se adequar à preferência do professor ou da universidade.

Dessa forma, quase toda Mecânica Newtoniana se encontra no Volume 1, permitindo que os professores das diversas universidades brasileiras possam ter maior flexibilidade na estrutura curricular da disciplina.

As razões para a organização adotada: a termodinâmica foi colocada antes do estudo das ondas por ser uma continuação das idéias da mecânica. A idéia-chave na termodinâmica é a de energia, e passar direto da mecânica para a termodinâmica promove um desenvolvimento ininterrupto dessa idéia importante. Além disso, o estudo das ondas introduz os estudantes a funções de duas variáveis, e a matemática envolvida nos fenômenos ondulatórios é mais afim com a eletricidade e com o magnetismo do que com a mecânica. Portanto, ir de ondas para campos, e de campos para a física quântica, permite uma transição gradual de idéias e habilidades.

O propósito de incluir a óptica junto aos fenômenos ondulatórios é oferecer uma apresentação coerente da física ondulatória, um dos dois pilares da física clássica. A óptica, como é apresentada nos cursos introdutórios de física, não faz uso das propriedades de campos eletromagnéticos. Existe pouca razão, além da tradição histórica, em deixar a óptica para depois da eletricidade e do magnetismo. As dificuldades documentadas dos estudantes com a óptica são dificuldades com fenômenos ondulatórios, e não com a eletricidade e o magnetismo. Todavia, os capítulos de óptica podem ser facilmente postergados para depois da Parte VI por professores que prefiram tal seqüência de conteúdo.

O que há de novo na segunda edição

Esta segunda edição reafirma os propósitos e os objetivos da primeira edição. Ao mesmo tempo, o *feedback* que recebemos a partir dos desempenhos dos estudantes em testes, enviados pelos professores, resultou em inúmeras alterações e melhorias no texto, nas figuras e nos problemas de final de capítulo. Estas incluem:

- Uma apresentação mais "enxuta" do conteúdo. Encurtamos cada capítulo em uma página tornando a linguagem mais sintética e reduzindo o material supérfluo.
- Questões conceituais. Por solicitação do público em geral, a parte final de cada capítulo agora inclui uma seção de questões conceituais semelhantes às do *Student Workbook* (Manual de Exercícios do Estudante).
- Desenhos à lápis. Cada capítulo contém vários esboços feitos à mão, em exemplos-chave resolvidos, com a finalidade de mostrar aos estudantes os tipos de desenhos que eles deveriam fazer em suas próprias resoluções de problemas.
- Problemas novos e revisados ao final do capítulo. Os problemas foram revisados com o objetivo de incorporar o inédito número de dados e *feedback* proveniente de mais de 100 mil estudantes que trabalharam com estes problemas em *Mastering Physics*^{TM}. Mais de 20% dos problemas de final de capítulo são novos ou foram revisados significativamente, incluindo um número maior de problemas que requerem o cálculo.

As características pedagógicas

O *Prefácio para o estudante* mostra como essas características foram concebidas para auxiliar seus estudantes.

O *Student Workbook**

Um material adicional ao livro *Física: Uma Abordagem Estratégica* é o *Student Workbook* (Livro de Exercícios do Estudante). Esta obra permite vencer o espaço entre o livro e os problemas para casa dando aos estudantes a oportunidade de aprender e de praticar suas habilidades antes de usá-las nos problemas quantitativos de final de capítulo, de forma muito parecida como um músico desenvolve sua técnica separadamente das peças que apresenta ao público. Os exercícios do *Student Workbook*, ajustados a cada seção do livro, concentram-se no desenvolvimento de ferramentas específicas, que vão desde a identificação das forças e do traçado de diagramas de corpo livre à interpretação de funções de onda.

Os exercícios do *Workbook*, que geralmente são de caráter qualitativo e/ou gráfico, estão embasados na literatura técnica da educação em ensino de física. Os exercícios tratam de tópicos conhecidos por causarem dificuldades aos estudantes e fazem uso de técnicas que se mostraram eficientes na superação de tais dificuldades. Os exercícios do *Workbook* podem ser usados em sala de aula como parte da estratégia de ensino e aprendizagem ativos, em seções de argüição oral ou como uma tarefa de casa para os estudantes.

---

* Disponível apenas no mercado norte-americano.

CD-ROM para o estudante

É parte integrante deste volume um CD-ROM contendo inúmeros exercícios interativos. O ícone representando um CD, que aparece ao longo do texto, direciona o estudante para exercícios específicos complementando o tópico discutido. É uma excelente ferramenta de aprendizado.

Suplementos para o professor

Os professores que adotarem a obra e desejarem acesso ao material disponível para o mercado brasileiro devem entrar na área do professor no site da Bookman editora (www.bookman.com.br). Lá, encontrarão versões em word e pdf do Instructor Solutions (em inglês), contendo as soluções dos exercícios, além do Test Bank, um banco de exercícios (em inglês) diferentes dos propostos no livro. Em português, lâminas de PowerPoint contendo as figuras e as tabelas do texto, excelente recurso e de fácil uso na sala de aula.

Os demais recursos listados a seguir estão disponíveis nos locais indicados em cada item.

- O *Instructor Guide for Physics for Scientists and Engineers* contém comentários detalhados e sugestões de idéias para o ensino de cada capítulo, uma revisão extensa do que se aprendeu da pesquisa em ensino de física e linhas-mestras para o uso de técnicas de aprendizagem ativa em sua sala de aula.
- O *Instructor Solutions Manual*, **Capítulos 1-19** (ISBN 0-321-51621-4/978-0-321-51621-3) e **Capítulos 20-43** (ISBN 0-321-51657-5/978-0-321-51657-2), escritos pelo autor e pelo professores Scott Nutter (Nouthern Kentucky University) e Larry Smith (Snow College), traz soluções *completas* de todos os problemas de final de capítulo. As soluções seguem os quatro passos do procedimento Modelo/Visualização/Solução/Avaliação usado nas Estratégias para Resolução de Problemas e em todos os exemplos resolvidos do livro. O texto inteiro de cada solução está disponível em documento Word e em arquivo pdf, editáveis, no **Media Manager CD-ROM** para uso próprio ou para seu *website* protegido por senha.
- O *Instructor Resource Center* online (www.aw-bc.com/irc) oferece atualizações para arquivos do *Media manager CD-ROMs*. Para obter um nome de usuário e uma senha, contate a Pearson Addison-Wesley.
- O *Mastering Physics*™ (www.masteringphysics.com) é o mais amplamente usado e educacionalmente comprovado livro de exercícios de física, tutorial e sistema de avaliação disponível. Ele foi concebido para atribuir notas, avaliar e acompanhar o progresso de cada estudante através de uma variedade de problemas extensivamente pré-testados. Ícones distribuídos através do livro indicam que o *Mastering Physics*™ disponibiliza tutoriais para todos os Boxes Táticos e todas as Estratégias para Resolução de Problemas, bem como para todos os problemas de final de capítulo, itens do *Test Bank* e do *Reading Quizzes*. O *Mastering Physics*™ oferece aos professores maneiras rápidas e efetivas de propor tarefas para casa de amplo alcance *online* com a duração e o nível de dificuldade adequados. Os poderosos diagnósticos após a atribuição de notas permitem ao professor verificar o progresso de sua classe como um todo ou identificar rapidamente áreas de dificuldades para estudantes individuais.
- O *ActivPhysics OnLine*™ (acessado através da área *Self Study* em www.masteringphysics.com) disponibiliza uma livraria com mais de 420 *applets* provados e testados do *ActivPhysics*. Além disso, ele disponibiliza um conjunto altamente respeitado de tutoriais baseados em *applets*, desenvolvidos pelos professores pioneiros em educação Alan Van Heuvelen e Paul D'Alessandris. Os ícones de *ActivPhysics*, que aparecem ao longo do livro, direcionam os estudantes para exercícios interativos específicos que complementam a discussão apresentada no livro.
- Os exercícios *online* foram concebidos para encorajar os estudantes a confrontar concepções alternativas, raciocinar qualitativamente sobre os processos físicos, realizar experimentos qualitativos e aprender a pensar criticamente. Eles cobrem todos os tópicos, desde a mecânica à eletricidade e ao magnetismo, da óptica à física moderna. Os livros de exercícios que acompanham a altamente aclamada *ActivPhysics OnLine* ajudam os estudantes a operar com conceitos complexos e a entendê-los

mais claramente. Mais de 280 *applets* da livraria do *ActivPhysics OnLine* também estão disponíveis nos *Media Manager CD-ROMs* do professor.

- O *Printed Test Bank* (ISBN 0-321-51622-2/978-0-321-51622-0) e a plataforma *Computerized Test Bank* (incluído com o *Media Manager CD-ROMs*), preparado pelo Dr. Peter W. Murphy, contém mais de 1.500 problemas de alta qualidade, com uma variedade de questões para casa do tipo múltipla escolha, falso-verdadeiro, respostas curtas. Na versão para computador, mais da metade das questões têm valores numéricos que podem ser fornecidos aleatoriamente a cada estudante.
- O *Transparency Acetates* (ISBN 0-321-51623-0/978-0-321-51623-7) disponibiliza mais de 200 figuras-chave do *Physics for Scientists and Engineers* para uso em sala de aula.

Suplementos para o estudante*

- Os *Student Solutions Manuals* **Chapters 1-19** (ISBN 0-321-51354-1/978-0-321-51354-0) e **Capítulos 20-43** (ISBN 0-321-51356-8/978-0-321-51356-4), escritos pelo autor e pelos professores Scott Nutter (Northern Kentucky University) e Larry Smith (Snow College), fornecem soluções *detalhadas* de mais da metade dos problemas de final de capítulo com numeração ímpar. As soluções seguem o procedimento das quatro etapas Modelo/Visualização/Resolução/Avaliação usado nas Estratégias para Resolução de Problemas e nos exemplos resolvidos no livro.
- *MasteringPhysics*™ (www.masteringphysics.com) é o mais amplamente usado e educacionalmente comprovado livro de exercícios de física, tutorial e sistema de avaliação disponível. Ele é baseado em anos de pesquisa sobre como os estudantes trabalham nos problemas de física e onde precisamente eles precisam de ajuda. Estudos revelam que os estudantes que usam o *MasteringPhysics*™ melhoram significativamente suas notas finais em comparação com os livros de exercícios escritos à mão. O *MasteringPhysics*™ consegue tal melhora dando aos estudantes *feedbacks* instantâneos e específicos para suas respostas erradas, apresentando subproblemas mais simples sob requisição quando eles forem incapazes de ir além e atribuindo notas parciais pelos métodos que eles usaram. Esta orientação socrática e individualizada 24/7 é recomendada aos seus colegas por nove entre dez estudantes como sendo a maneira de estudar mais efetiva e que ecomomiza tempo.
- *Pearson Tutor Services* (www.pearsontutorservices.com). A assinatura do *MasteringPhysics* de cada estudante inclui um acesso complementar aos *Pearson Tutor Services*, fornecido pela Smarthinking, Inc. Fornecendo seu *MasteringPhysics* ID e a sua senha, o estudante estará ligado aos altamente qualificados *e-structors*™, que disponibilizam orientação *online* interativa adicional acerca dos principais conceitos da física. Existem algumas limitações mas oferece a possibilidade de alterações.
- *ActivPhysics OnLine*™ (acessado por www.masteringphysics.com) disponibiliza aos estudantes uma suíte altamente recomendada de tutoriais autodidáticos baseado em *applets* (veja mais acima). Os ícones do *ActivPhysics* ao longo do livro direcionam os estudantes para exercícios específicos que complementam a discussão levada à cabo no texto. Os seguintes livros de exercícios constituem uma gama de problemas-tutoriais concebidos para usar as simulações do *ActivPhysics OnLine*, ajudando os estudantes a operar com conceitos complexos e a compreendê-los mais claramente:
- *ActivPhysics OnLine Workbook 1: Mechanics – Thermal Physics – Oscillations & Waves* (ISBN 0-8053 – 9060 – X)
- *ActivPhysics OnLine Workbook 2: Electricity & Magnetism – Optics – Modern Physics* (ISBN 0-8053 – 9061 – 8)

Agradecimentos

Tive como base conversas e, especialmente, publicações escritas de muitos membros da comunidade de pesquisadores em ensino de física. Aqueles cuja influência posso reconhecer incluem Arnold Arons, Uri Ganiel, Ibrahim Halloun, Richard Hake, Ken

---

* Os materiais impressos citados estão disponíveis apenas para o mercado norte-americano. Os interessados nos materiais on-line (em inglês) devem acessar os endereços mencionados.

Heller, David Hestenes, Leonard Jossem, Jill Larkin, Priscilla Laws, John Mallinckrodt, Kandiah Manivannan e os membros do grupo de pesquisa em ensino de física da University of Washington, David Mattzer, Edward "Joe" Redish, Fred Reif, Jeffery Saul, Rachel Scherr, Bruce Sherwood, Josip Slisko, David Sokoloff, Ronald Thornton, Sheila Tobias e Alan Van Heuvelen. John Rigden, fundador e diretor do *Introductory University Physics Project*, deu o impulso que me pôs neste caminho. Os primeiros desenvolvimentos de materiais foram patrocinados pela National Science Foundation como parte do projeto *Physics for the Year 2000*; meu agradecido reconhecimento pelo apoio dado.

Agradeço também a Larry Smith e a Scott Nutter pela difícil tarefa de redação do *Instructor Solutions Manuals*; a Jim Andrews e a Rebecca Sabinovsky pela redação das respostas para os livros de exercícios; a Wayne Anderson, Jim Andrews, Dave Ettestad, Stuart Field, Robert Glosser e Charlie Hibbard por suas contribuições aos problemas de final de capítulo; e a meu colega Matt Moelter por muitas contribuições e sugestões valiosas.

Eu queria agradecer especialmente a meu editor Adam Black, à editora de desenvolvimento Alice Houston, à editora de projetos Martha Steele e a toda a equipe administradora da Addison-Wesley por seu entusiasmo e pelo árduo trabalho realizado neste projeto. A supervisora de produção Nancy Tabor, Jared Sterzer e a equipe da WestWords Inc. e o pesquisador fotográfico Brian Donnely têm grandes méritos por tornar realidade este projeto complexo. Além dos revisores e dos responsáveis pelas aplicações de testes em sala de aula, listados abaixo, que forneceram um inestimável *feedback*, sou particularmente grato a Charlie Hibbard e a Peter W. Murphy pelo escrutínio detalhado de cada palavra e de cada figura deste livro.

Finalmente, serei eternamente grato à minha esposa Sally, por seu amor, encorajamento e paciência, e aos meus vários gatos (e especialmente à memória de Spike, minha companhia infalível de redação), por suas habilidades inatas em manter meu teclado e minha impressora cheios de pêlos e por sempre sentarem bem no meio das pilhas de páginas de provas cuidadosamente empilhadas.

Revisores e aplicadores de testes em sala de aula

Gary B. Adams, *Arizona State University*
Ed Adelson, *Ohio State University*
Kyle Altmann, *Elon University*
Wayne R. Anderson, *Sacramento City College*
James H. Andrews, *Youngstown State University*
Kevin Ankoviak, *Las Positas College*
David Balogh, *Fresno City College*
Dewayne Beery, *Buffalo State College*
Joseph Bellina, *Saint Mary's College*
James R. Benbrook, *University of Houston*
David Besson, *University of Kansas*
Randy Bohn, *University of Toledo*
Richard A. Bone, *Florida International University*
Gregory Boutis, *York College*
Art Braundmeier, *University of Southern Illinois, Edwardsville*
Carl Bromberg, *Michigan State University*
Meade Brooks, *Collin College*
Douglas Brown, *Cabrillo College*
Ronald Brown, *California Polytechnic State University, San Luis Obispo*
Mike Broyles, *Collin County Community College*
Debra Burris, *University of Central Arkansas*
James Carolan, *University of British Columbia*
Michael Chapman, *Georgia Tech University*
Norbert Chencinski, *College of Staten Island*
Kristi Concannon, *King's College*
Sean Cordry, *Northwestern College of Iowa*
Robert L. Corey, *South Dakota School of Mines*
Michael Crescimanno, *Youngstown State University*
Dennis Crossley, *University of Wisconsin–Sheboygan*

Wei Cui, *Purdue University*
Robert J. Culbertson, *Arizona State University*
Danielle Dalafave, *The College of New Jersey*
Purna C. Das, *Purdue University North Central*
Chad Davies, *Gordon College*
William DeGraffenreid, *California State University–Sacramento*
Dwain Desbien, *Estrella Mountain Community College*
John F. Devlin, *University of Michigan, Dearborn*
John DiBartolo, *Polytechnic University*
Alex Dickison, *Seminole Community College*
Chaden Djalali, *University of South Carolina*
Margaret Dobrowolska, *University of Notre Dame*
Sandra Doty, *Denison University*
Miles J. Dresser, *Washington State University*
Charlotte Elster, *Ohio University*
Robert J. Endorf, *University of Cincinnati*
Tilahun Eneyew, *Embry-Riddle Aeronautical University*
F. Paul Esposito, *University of Cincinnati*
John Evans, *Lee University*
Harold T. Evensen, *University of Wisconsin–Platteville*
Michael R. Falvo, *University of North Carolina*
Abbas Faridi, *Orange Coast College*
Nail Fazleev, *University of Texas–Arlington*
Stuart Field, *Colorado State University*
Daniel Finley, *University of New Mexico*
Jane D. Flood, *Muhlenberg College*
Michael Franklin, *Northwestern Michigan College*
Jonathan Friedman, *Amherst College*
Thomas Furtak, *Colorado School of Mines*
Alina Gabryszewska-Kukawa, *Delta State University*

Lev Gasparov, *University of North Florida*
Richard Gass, *University of Cincinnati*
J. David Gavenda, *University of Texas, Austin*
Stuart Gazes, *University of Chicago* Katherine
M. Gietzen, *Southwest Missouri State University*
Robert Glosser, *University of Texas, Dallas*
William Golightly, *University of California, Berkeley*
Paul Gresser, *University of Maryland*
C. Frank Griffin, *University of Akron*
John B. Gruber, *San Jose State University*
Stephen Haas, *University of Southern California*
John Hamilton, *University of Hawaii at Hilo*
Jason Harlow, *University of Toronto*
Randy Harris, *University of California, Davis*
Nathan Harshman, *American University*
J. E. Hasbun, *University of West Georgia*
Nicole Herbots, *Arizona State University*
Jim Hetrick, *University of Michigan–Dearborn*
Scott Hildreth, *Chabot College*
David Hobbs, *South Plains College*
Laurent Hodges, *Iowa State University*
Mark Hollabaugh, *Normandale Community College*
John L. Hubisz, *North Carolina State University*
Shane Hutson, *Vanderbilt University*
George Igo, *University of California, Los Angeles*
David C. Ingram, *Ohio University*
Bob Jacobsen, *University of California, Berkeley*
Rong-Sheng Jin, *Florida Institute of Technology*
Marty Johnston, *University of St. Thomas*
Stanley T. Jones, *University of Alabama*
Darrell Judge, *University of Southern California*
Pawan Kahol, *Missouri State University*
Teruki Kamon, *Texas A&M University*
Richard Karas, *California State University, San Marcos*
Deborah Katz, *U.S. Naval Academy*
Miron Kaufman, *Cleveland State University*
Katherine Keilty, *Kingwood College*
Roman Kezerashvili, *New York City College of Technology*
Peter Kjeer, *Bethany Lutheran College*
M. Kotlarchyk, *Rochester Institute of Technology*
Fred Krauss, *Delta College*
Cagliyan Kurdak, *University of Michigan*
Fred Kuttner, *University of California, Santa Cruz*
H. Sarma Lakkaraju, *San Jose State University*
Darrell R. Lamm, *Georgia Institute of Technology*
Robert LaMontagne, *Providence College*
Eric T. Lane, *University of Tennessee–Chattanooga*
Alessandra Lanzara, *University of California, Berkeley*
Lee H. LaRue, *Paris Junior College*
Sen-Ben Liao, *Massachusetts Institute of Technology*
Dean Livelybrooks, *University of Oregon*
Chun-Min Lo, *University of South Florida*
Olga Lobban, *Saint Mary's University*
Ramon Lopez, *Florida Institute of Technology*
Vaman M. Naik, *University of Michigan, Dearborn*
Kevin Mackay, *Grove City College*
Carl Maes, *University of Arizona*
Rizwan Mahmood, *Slippery Rock University*
Mani Manivannan, *Missouri State University*
Richard McCorkle, *University of Rhode Island*
James McDonald, *University of Hartford*
James McGuire, *Tulane University*
Stephen R. McNeil, *Brigham Young University–Idaho*
Theresa Moreau, *Amherst College*

Gary Morris, *Rice University*
Michael A. Morrison, *University of Oklahoma*
Richard Mowat, *North Carolina State University*
Eric Murray, *Georgia Institute of Technology*
Taha Mzoughi, *Mississippi State University*
Scott Nutter, *Northern Kentucky University*
Craig Ogilvie, *Iowa State University*
Benedict Y. Oh, *University of Wisconsin*
Martin Okafor, *Georgia Perimeter College*
Halina Opyrchal, *New Jersey Institute of Technology*
Yibin Pan, *University of Wisconsin-Madison*
Georgia Papaefthymiou, *Villanova University*
Peggy Perozzo, *Mary Baldwin College*
Brian K. Pickett, *Purdue University, Calumet*
Joe Pifer, *Rutgers University*
Dale Pleticha, *Gordon College*
Marie Plumb, *Jamestown Community College*
Robert Pompi, *SUNY-Binghamton*
David Potter, *Austin Community College–Rio Grande Campus*
Chandra Prayaga, *University of West Florida*
Didarul Qadir, *Central Michigan University*
Steve Quon, *Ventura College*
Michael Read, *College of the Siskiyous*
Lawrence Rees, *Brigham Young University*
Richard J. Reimann, *Boise State University*
Michael Rodman, *Spokane Falls Community College*
Sharon Rosell, *Central Washington University*
Anthony Russo, *Okaloosa-Walton Community College*
Freddie Salsbury, *Wake Forest University*
Otto F. Sankey, *Arizona State University*
Jeff Sanny, *Loyola Marymount University*
Rachel E. Scherr, *University of Maryland*
Carl Schneider, *U. S. Naval Academy*
Bruce Schumm, *University of California, Santa Cruz*
Bartlett M. Sheinberg, *Houston Community College*
Douglas Sherman, *San Jose State University*
Elizabeth H. Simmons, *Boston University*
Marlina Slamet, *Sacred Heart University*
Alan Slavin, *Trent College*
Larry Smith, *Snow College*
William S. Smith, *Boise State University*
Paul Sokol, *Pennsylvania State University*
LTC Bryndol Sones, *United States Military Academy*
Chris Sorensen, *Kansas State University*
Anna and Ivan Stern, *AW Tutor Center*
Gay B. Stewart, *University of Arkansas*
Michael Strauss, *University of Oklahoma*
Chin-Che Tin, *Auburn University*
Christos Valiotis, *Antelope Valley College*
Andrew Vanture, *Everett Community College*
Arthur Viescas, *Pennsylvania State University*
Ernst D. Von Meerwall, *University of Akron*
Chris Vuille, *Embry-Riddle Aeronautical University*
Jerry Wagner, *Rochester Institute of Technology*
Robert Webb, *Texas A&M University*
Zodiac Webster, *California State University, San Bernardino*
Robert Weidman, *Michigan Technical University*
Fred Weitfeldt, *Tulane University*
Jeff Allen Winger, *Mississippi State University*
Carey Witkov, *Broward Community College*
Ronald Zammit, *California Polytechnic State University, San Luis Obispo*
Darin T. Zimmerman, *Pennsylvania State University, Altoona*
Fredy Zypman, *Yeshiva University*

Prefácio para o Estudante

De mim para você

A coisa mais incomprenssível sobre o universo é que ele é compreensível.
—Albert Einstein

No dia em que fui à aula de física, estava morta.
—Sylvia Plath, *The Bell Jar*

Vamos ter uma pequena conversa antes de começar. Uma conversa unilateral, é verdade, pois você não pode responder, mas OK. Eu venho conversando com seus colegas estudantes por anos a fio, de modo que tenho uma boa idéia do que se passa em sua mente.

Qual é sua reação ao se mencionar a física? Medo ou abominação? Incerteza? Entusiasmo? Ou tudo que foi mencionado? Vamos admitir, a física tem uma imagem meio problemática no campus. Provavelmente você já ouviu que ela é uma disciplina difícil, talvez até mesmo impossível de ser compreendida a menos que você seja um Einstein. O que você tem escutado por aí, as suas experiências com outras disciplinas e muitos outros fatores criam suas *expectativas* sobre como vai ser este curso.

É verdade que existem muitas novas idéias a serem aprendidas na física e que este curso, como os cursos superiores em geral, terá um ritmo muito mais rápido do que o dos cursos de ciências que você teve no Ensino Médio. Acho honesto dizer que será um curso *intenso*. Mas poderemos evitar muitos problemas e dificuldades potenciais se deixarmos claro, desde o início, do que tratará o curso e o que se espera de você — e de mim!

O que é a física, afinal? A física constitui uma maneira de pensar sobre os aspectos físicos da natureza. A física não é melhor do que as artes ou a biologia, a poesia ou a religião, que também são modos de pensar a natureza; ela é, simplesmente, diferente. Um dos aspectos que será salientado neste curso é que a física é uma empreitada humana. As idéias apresentadas neste livro não foram descobertas em uma caverna ou transmitidas a nós por alienígenas; elas foram descobertas e desenvolvidas por pessoas reais, engajadas em uma luta extenuante com assuntos reais. Eu espero conseguir transmitir um pouco da história e dos processos através dos quais viemos a aceitar os princípios que constituem as fundações da ciência e da engenharia de hoje.

Você pode estar surpreso em ouvir que a física não trata de "fatos". Oh, isso não significa que os fatos não sejam importantes, e sim, que a física foca mais a descoberta de *relações* entre os fatos e os *padrões* existentes na natureza do que o aprender fatos por seu próprio interesse. Conseqüentemente, não há muito para memorizar quando se estuda física. Há algumas — como definições e equações por aprender —, mas muito menos do que nos outros cursos. Em vez disso, nossa ênfase estará na reflexão e no raciocínio. Este é um aspecto importante de suas expectativas sobre o curso.

E talvez o que seja o mais importante de tudo: *a física não é matemática*! A física é muito mais ampla. Iremos examinar os padrões e as relações da natureza, desenvolver uma lógica que relacione diferentes idéias e buscar *as razões* pelas quais as coisas ocorrem do modo que vemos. Ao fazer isso, iremos destacar a importância do raciocínio qualitativo, pictórico e gráfico e também daquele que se vale de analogias. E, sim, usaremos a matemática, mas ela será apenas uma ferramenta dentre outras.

Muitas frustrações serão evitadas se você estiver consciente, desde o início, dessa distinção entre física e matemática. Boa parte dos estudantes, eu sei, gostaria de encontrar uma fórmula e nela inserir números — ou seja, resolver um problema de matemática. Talvez isso funcione em cursos de ciência universitários avançados, mas *não* é isso que

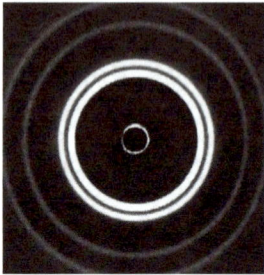

(a) Padrão de difração de raios X

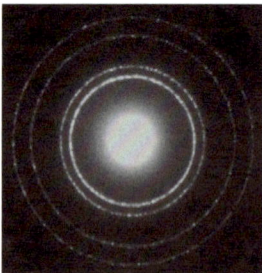

(b) Padrão de difração de elétrons

este curso espera de você. Certamente realizaremos muitos cálculos, todavia os números específicos para serem usados geralmente só surgirão como o último, e menos importante, passo da análise.

A física diz respeito à identificação de padrões. Por exemplo, a fotografia superior desta página é um padrão de difração de raios X que mostra como um feixe focado de raios X se espalha após atravessar um cristal. A fotografia inferior mostra o que acontece quando um feixe focado de elétrons incide no mesmo cristal. O que as similaridades óbvias nas duas fotos nos dizem a respeito da natureza da luz e da matéria?

Quando estiver estudando, às vezes você ficará perplexo, intrigado e confuso. Isso é perfeitamente normal e esperado. Cometer erros é absolutamente OK *se* você estiver desejando aprender com a experiência. Ninguém nasce sabendo como fazer física mais do que como tocar piano ou arremessar bolas de basquete numa cesta. A habilidade em fazer física vem da prática, da repetição e da luta com as idéias até que você as "domine" e consiga aplicá-las por si mesmo a novas situações. Não existe maneira de aprender sem esforço, pelo menos para um bom aprendizado, de modo que se espera que você sinta dificuldades em determinados momentos futuros. Mas também se espera que haja alguns momentos de excitação com a alegria da descoberta. Haverá instantes em que os pedaços subitamente se ajustam aos lugares certos e você terá *certeza* de ter compreendido uma idéia poderosa. Haverá ocasiões em que você se surpreenderá resolvendo com sucesso um problema difícil que você achava que fosse incapaz de resolver. Minha esperança, como autor, é de que a excitação e o senso de aventura acabem por superar as dificuldades e as frustrações.

Obtendo o melhor de seu curso

Muitos estudantes, eu suspeito, gostariam de conhecer qual é a "melhor" maneira de estudar este curso. Não existe tal maneira. As pessoas são diferentes, e o que funciona para um estudante é menos eficiente para outro. Mas o que eu desejo destacar é que *ler o texto* é de importância vital. O tempo em sala de aula será usado para superar dificuldades e desenvolver as ferramentas para usar o conhecimento adquirido, porém seu professor *não* deverá usar o tempo em sala de aula para, simplesmente, repetir a informação que se encontra no texto. O conhecimento básico para este curso está descrito nas páginas seguintes; a *expectativa número um* é a de que você leia atentamente o livro para encontrar este conhecimento e aprenda a utilizá-lo.

A despeito de não existir uma melhor maneira de estudar, eu lhe sugiro uma maneira que tem sido bem – sucedida com muitos estudantes. Ela consiste nas quatro seguintes etapas:

1. **Leia cada capítulo *antes* de discuti-lo em sala de aula**. Não tenho como expressar quão importante é esta etapa. Sua participação nas aulas será muito mais efetiva se você estiver preparado. Quando estiver lendo um capítulo pela primeira vez, concentre-se no aprendizado do novo vocabulário, das novas definições e da nova notação. Há uma lista de termos e notações no final de cada capítulo. Estude-a! Você não compreenderá o que está sendo discutido e as idéias utilizadas se não souber o que significam os termos e os símbolos empregados.
2. **Participe ativamente das aulas**. Faça anotações, faça perguntas, tente responder às questões propostas e participe ativamente das discussões em grupos. Existe a mais ampla evidência científica de que a *participação ativa* é muito mais efetiva no aprendizado científico do que assistir passivamente às aulas.
3. **Após as aulas, faça uma releitura do capítulo correspondente**. Nesta sua segunda leitura, preste muita atenção nos detalhes e nos exemplos resolvidos. Procure descobrir a *lógica* por trás de cada exemplo (eu procurei destacar isso para torná-lo mais claro), e não, apenas a fórmula usada. Quando terminar a leitura, faça os exercícios do *Student Workbook* de cada seção.
4. **Finalmente, aplique o que aprendeu nos problemas para casa no final de cada capítulo**. Eu recomendo fortemente que você forme um grupo de estudos com dois ou três colegas de turma. Existe boa evidência de que alunos que estudam regularmente em um grupo saem-se melhor do que aqueles estudantes individualistas que tentam resolver tudo sozinhos.

 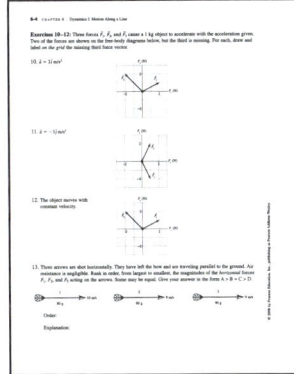 

Alguém mencionou um livro de exercícios? O acompanhamento no *Student Workbook* constitui uma parte vital do curso. Suas questões e seus exercícios lhe exigirão que raciocine *qualitativamente*, que utilize a informação gráfica e que formule explicações. Espera-se destes exercícios que você aprenda o que significam os conceitos e que você pratique habilidades de raciocínio apropriadas para cada capítulo. Você, então, terá adquirido o conhecimento básico e a confiança de que necessita *antes* de se voltar para os problemas para casa de final de capítulo. Nos esportes e na música, você jamais pensaria em se apresentar publicamente sem ter praticado; logo, por que deveria tentar fazer diferentemente no caso da física? O livro de exercícios é onde você praticará e trabalhará as habilidades básicas.

Muitos dos estudantes, eu sei, serão tentados a ir diretamente para os problemas de casa e, então, se porão a procurar, através do texto, uma fórmula que lhes pareça que funcione. Essa abordagem não terá sucesso neste curso, e é garantido que, neste caso, eu os frustrarei e os desencorajarei. Muitos poucos problemas para casa são do tipo "ligue e prossiga", em que o estudante simplesmente insere números em uma fórmula. Para trabalhar com sucesso os problemas para casa, você precisará de uma estratégia melhor – ou a que foi delineada acima ou uma própria – que o ajude a aprender os conceitos e as relações entre as idéias.

Uma orientação tradicional no ensino superior é que o aluno estude duas horas fora de aula para cada hora gasta em sala de aula, e este livro foi concebido sob tal expectativa. É claro, duas horas em média. Certos capítulos são mais fáceis e neles você irá mais rapidamente. Outros provavelmente exigirão muito mais do que duas horas de estudo para cada hora em aula.

Obtendo o melhor de seu livro-texto

Seu livro tem várias características planejadas para ajudá-lo a aprender os conceitos da física e a resolver problemas de forma mais eficiente.

- Os **BOXES TÁTICOS** apresentam procedimentos passo a passo para desenvolver habilidades específicas, como a interpretação de gráficos ou o traçado de diagramas especiais. Os Boxes Táticos são explicitamente ilustrados nos exemplos resolvidos que o seguem, e estes são, com freqüência, os pontos de partida de uma Estratégia para Resolução de Problemas completa.

BOX TÁTICO 5.3 — Desenhando um diagrama de corpo livre

1. Identifique todas as forças exercidas sobre o objeto de interesse. Esta etapa foi descrita já no Box Tático 5.2.
2. Faça o desenho do sistema de coordenadas a ser usado. Use os eixos definidos em sua representação pictórica. Se eles forem inclinados, para o movimento ao longo de rampas, então os eixos correspondentes no diagrama de corpo livre também devem ser analogamente inclinados.
3. Represente o objeto por um ponto na origem do sistema de coordenadas. Este é o modelo de partícula.
4. Desenhe vetores que representem cada uma das forças identificadas. Isso foi descrito no Box Tático 5.1. Certifique-se de ter denotado cada vetor força.
5. Desenhe e denote o vetor *força resultante* $\vec{F}_{res}$. Trace este vetor ao lado do diagrama, e não sobre a partícula. Ou, se for apropriado, escreva $\vec{F}_{res} = \vec{0}$. Depois verifique se, em seu diagrama de movimento, $\vec{F}_{res}$ aponta com a mesma direção e sentido do vetor aceleração $\vec{a}$.

Exercícios 24–29

BOX TÁTICO 33.3 — Calculando integrais de linha

1. Se $\vec{B}$ for perpendicular à linha em qualquer lugar da mesma, então a integral de linha de $\vec{B}$ é dada por

$$\int_i^f \vec{B} \cdot d\vec{s} = 0$$

2. Se $\vec{B}$ for tangente à linha de comprimento l em qualquer lugar da mesma, e tiver a mesma intensidade B em qualquer de seus pontos, então

$$\int_i^f \vec{B} \cdot d\vec{s} = Bl$$

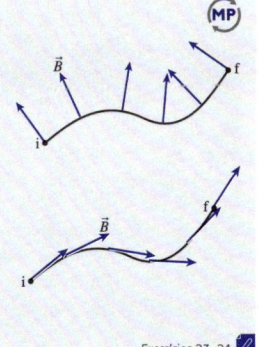

Exercícios 23–24

- As **ESTRATÉGIAS PARA RESOLUÇÃO DE PROBLEMAS** servem para uma grande classe de problemas – problemas característicos de um dado capítulo ou de um grupo de capítulos. As estratégias seguem uma abordagem consistente de quatro passos para ajudá-lo a adquirir confiança e proficiência na habilidade de resolver problemas: **MODELO, VISUALIZAÇÃO, RESOLUÇÃO E AVALIAÇÃO.**

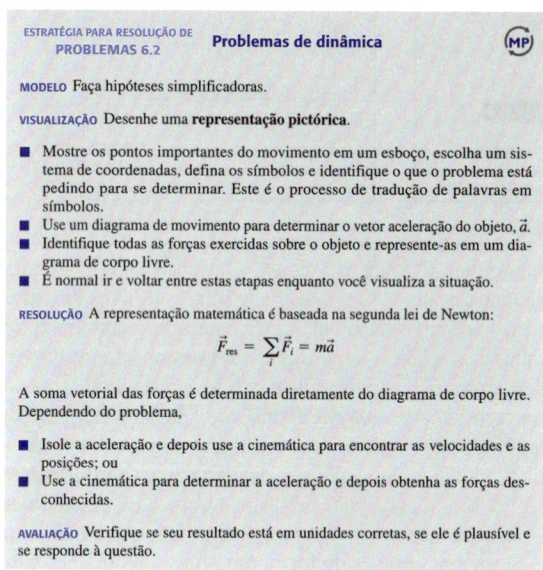

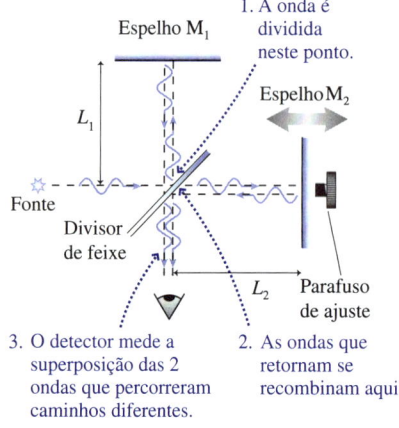

FIGURA com anotações que explicam o funcionamento do interferômetro de Michelson.

- Os **EXEMPLOS** resolvidos ilustram boas práticas para a resolução de problemas por meio do uso consistente da abordagem de quatro etapas para resolver problemas e, quando apropriado, dos Boxes Táticos. Os exemplos resolvidos com freqüência são muito detalhados e cuidadosamente o conduzem ao raciocínio por trás das soluções, bem como aos cálculos detalhados. Um estudo cuidadoso do raciocínio o ajudará a aplicar os conceitos e as técnicas em novos problemas que encontrará nas tarefas para casa e nas provas.
- **NOTAS** ▶ São parágrafos que o alertarão para erros freqüentes e que dão dicas em problemas complicados.
- As questões do tipo **PARE E PENSE** ao longo dos capítulos lhe permitirão rapidamente avaliar se você compreendeu a idéia principal de uma seção. Uma resposta correta lhe dará a confiança para passar à próxima seção. Uma resposta errada o alertará para a necessidade de uma releitura da seção anterior.
- *Anotações em azul*, nas figuras, o ajudarão a interpretar gráficos; a obter a equivalência entre gráficos, matemática e desenhos; a compreender conceitos difíceis por meio de analogias visuais; e a desenvolver muitas outras habilidades importantes.
- *Esboços a lápis* oferecem exemplos concretos das figuras que você deve desenhar por sua conta quando for resolver problemas.

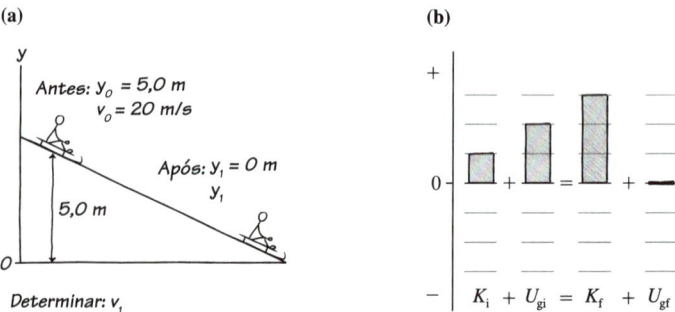

FIGURA desenhada a lápis que mostra uma pessoa descendo uma rampa e sua energia representada em um gráfico de barras.

- Os objetivos de aprendizagem e as ligações que iniciam cada capítulo resumem o foco daquele capítulo e o que você precisa relembrar dos capítulos anteriores.
    ▶ **Olhando adiante** lista conceitos-chave e habilidades que você deverá aprender no capítulo que se inicia.
    ◀ **Em retrospectiva** destaca tópicos importantes de capítulos anteriores que você deve revisar.
- *Resumos de capítulo* esquemáticos o ajudarão a organizar o que você aprendeu em uma forma hierárquica, desde os princípios gerais (parte superior) até as aplicações (parte inferior). Representações pictóricas, gráficas, discursivas e matemáticas, dispostas lado a lado, são usadas para ajudá-lo a passar de uma dessas representações para as outras.
- Os resumos de final e de início das partes do livro descrevem a estrutura global do que você está aprendendo. Cada parte inicia com um resumo panorâmico dos capítulos à frente e conclui com um amplo resumo para ajudar você a relacionar os conceitos apresentados naquele conjunto de capítulos. As tabelas de ESTRUTURA DE CONHECIMENTO nos Resumos de partes, parecidas com os resumos de capítulo, o ajudarão a enxergar a floresta, e não apenas as árvores individuais.

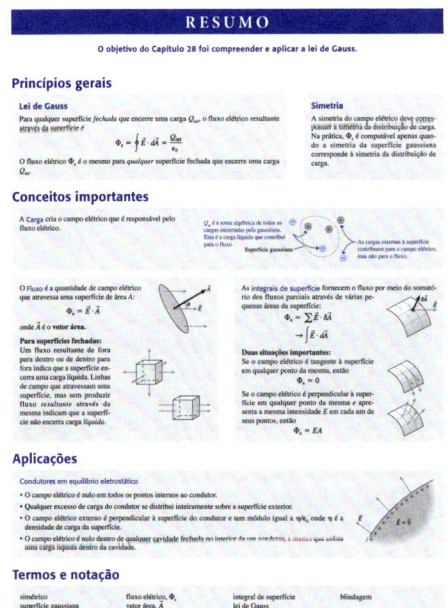
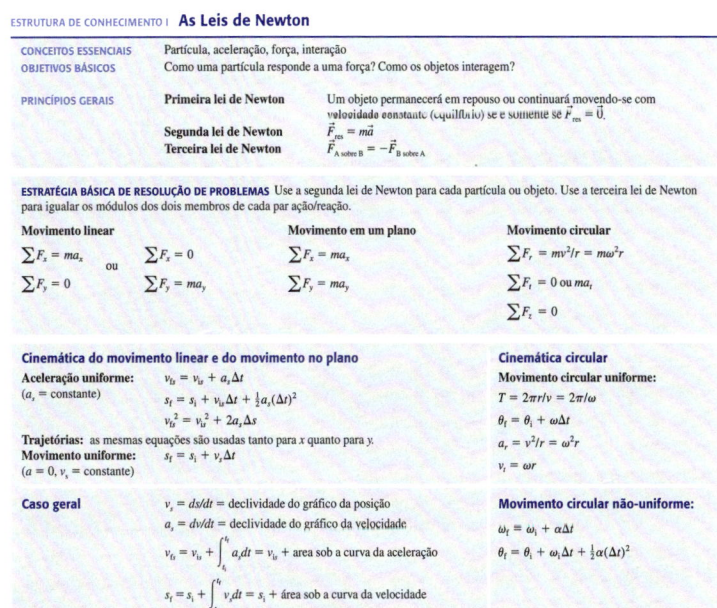

Agora que você já sabe mais sobre o que se espera de si, o que você espera de mim? Isso é mais sutil, pois o livro já foi escrito! Mesmo assim, ele foi organizado e preparado com base naquilo que, eu penso, meus estudantes têm esperado – e desejado – de um livro ao longo de meus anos de profissão. Além disso, eu listei o extenso *feedback* que recebi de milhares de estudantes, como você, e de seus professores, que usaram a primeira edição da obra.

Você deve saber que estes materiais do curso – o texto e o livro de exercícios – são baseados na pesquisa extensiva sobre como os estudantes aprendem física e sobre os desafios com que se deparam. A efetividade de muitos dos exercícios foi demonstrada pela aplicação ampla de testes em sala de aula. O livro foi redigido em um estilo informal que, eu espero, você ache agradável e que o encoraje a realizar a leitura do mesmo. Finalmente, esforcei-me não apenas para que a física, um corpo de conhecimento técnico, seja relevante em sua profissão, mas também para que a física constitua uma aventura excitante da mente humana.

Tenho a esperança de que você se divirta durante o tempo que passarmos juntos.

Sumário Resumido

VOLUME 1

Parte I — As Leis de Newton

- Capítulo 1 — Conceitos do Movimento 2
- Capítulo 2 — Cinemática em uma Dimensão 34
- Capítulo 3 — Vetores e Sistemas de Coordenadas 72
- Capítulo 4 — Cinemática em duas Dimensões 90
- Capítulo 5 — Força e Movimento 126
- Capítulo 6 — Dinâmica I: Movimento ao Longo de uma Reta 151
- Capítulo 7 — A Terceira Lei de Newton 183
- Capítulo 8 — Dinâmica II: Movimento no Plano 210

Parte II — Princípios de Conservação

- Capítulo 9 — Impulso e Momentum 240
- Capítulo 10 — Energia 267
- Capítulo 11 — Trabalho 302

Parte III — Aplicações da Mecânica Newtoniana

- Capítulo 12 — Rotação de um Corpo Rígido 340
- Capítulo 13 — A Teoria de Newton da Gravitação 385
- Capítulo 14 — Oscilações 410
- Apêndice A — Revisão Matemática A-1
- Respostas dos Exercícios e Problemas de Numeração Ímpar R-1
- Créditos C-1
- Índice I-1

VOLUME 2

- Capítulo 15 — Fluidos e Elasticidade 442

Parte IV — Termodinâmica

- Capítulo 16 — Uma Descrição Macroscópica da Matéria 480
- Chapter 17 — Trabalho, Calor e a Primeira Lei da Termodinâmica 506
- Capítulo 18 — A Conexão Micro/Macro 541
- Capítulo 19 — Máquinas Térmicas e Refrigeradores 566

Parte V — Ondas e Óptica

- Capítulo 20 — Ondas Progressivas 602
- Capítulo 21 — Superposição 634
- Capítulo 22 — Óptica Ondulatória 670
- Capítulo 23 — Óptica Geométrica 700

Capítulo 24   Instrumentos Ópticos   739
Capítulo 25   Óptica Moderna e Ondas de Matéria   763
Apêndice A   Revisão Matemática   A-1
Apêndice B   Tabela Periódica dos Elementos   A-4

Respostas dos Exercícios e Problemas de Numeração Ímpar   R-1
Créditos   C-1
Índice   I-1

Volume 3

Parte VI   Eletricidade e Magnetismo

Capítulo 26   Cargas Elétricas e Forças   788
Capítulo 27   O Campo Elétrico   818
Capítulo 28   Lei de Gauss   850
Capítulo 29   O Potencial Elétrico   881
Capítulo 30   Potencial e Campo   911
Capítulo 31   Corrente e Resistência   941
Capítulo 32   Fundamentos de Circuitos   967
Capítulo 33   O Campo Magnético   998
Capítulo 34   Indução Eletromagnética   1041
Capítulo 35   Campos Eletromagnéticos e Ondas   1084
Capítulo 36   Circuitos CA   1114
Apêndice A   Revisão Matemática   A-1

Respostas dos Exercícios e Problemas de Numeração Ímpar   R-1
Créditos   C-1
Índice   I-1

Volume 4

Parte VII   Relatividade e Física Quântica

Capítulo 37   Relatividade   1142
Capítulo 38   O Fim da Física Clássica   1184
Capítulo 39   Quantização   1208
Capítulo 40   Funções de Onda e Incerteza   1239
Capítulo 41   Mecânica Quântica Unidimensional   1262
Capítulo 42   Física Atômica   1300
Capítulo 43   Física Nuclear   1333
Apêndice A   Revisão Matemática   A-1
Apêndice B   Tabela Periódica dos Elementos   A-4
Apêndice C   Dados Atômicos e Nucleares   A-5

Respostas dos Exercícios e Problemas de Numeração Ímpar   R-1
Créditos   C-1
Índice   I-1

Sumário

INTRODUÇÃO A Jornada na Física xxiii

VOLUME 1

PARTE I As Leis de Newton

PANORAMA Por que as coisas mudam 1

Capítulo 1 **Conceitos do Movimento 2**
- 1.1 Diagramas de movimento 2
- 1.2 O modelo de partícula 5
- 1.3 Posição e tempo 6
- 1.4 Velocidade 11
- 1.5 Aceleração linear 13
- 1.6 Movimento em uma dimensão 17
- 1.7 Resolução de problemas em física 20
- 1.8 Unidades e algarismos significativos 24
  - RESUMO 29
  - QUESTÕES E PROBLEMAS 30

Capítulo 2 **Cinemática em uma Dimensão 34**
- 2.1 Movimento uniforme 34
- 2.2 Velocidade instantânea 38
- 2.3 Obtendo a posição a partir da velocidade 44
- 2.4 Movimento com aceleração constante 48
- 2.5 Queda livre 54
- 2.6 Movimento em um plano inclinado 57
- 2.7 Aceleração instantânea 61
  - RESUMO 63
  - QUESTÕES E PROBLEMAS 64

Capítulo 3 **Vetores e Sistemas de Coordenadas 72**
- 3.1 Vetores 72
- 3.2 Propriedades de vetores 73
- 3.3 Sistemas de coordenadas e componentes vetoriais 78
- 3.4 Álgebra vetorial 82
  - RESUMO 86
  - QUESTÕES E PROBLEMAS 87

Capítulo 4 **Cinemática em duas Dimensões 90**
- 4.1 Aceleração 90
- 4.2 Cinemática bidimensional 93
- 4.3 Movimento de projéteis 97
- 4.4 Movimento relativo 102
- 4.5 Movimento circular uniforme 107
- 4.6 Velocidade e aceleração no movimento circular uniforme 111
- 4.7 Movimento circular não-uniforme e aceleração angular 113
  - RESUMO 117
  - QUESTÕES E PROBLEMAS 118

Capítulo 5 **Força e Movimento 126**
- 5.1 Força 127
- 5.2 Um curto catálogo de forças 129
- 5.3 Identificando forças 133
- 5.4 O que as forças fazem? Um experimento virtual 135

5.5 A segunda lei de Newton 137
5.6 A primeira lei de Newton 139
5.7 Diagramas de corpo livre 142
   RESUMO 146
   QUESTÕES E PROBLEMAS 147

Capítulo 6 **Dinâmica I: Movimento ao Longo de uma Reta 151**
6.1 Equilíbrio 152
6.2 Usando a segunda lei de Newton 154
6.3 Massa, peso e gravidade 158
6.4 Atrito 162
6.5 Força de arraste 167
6.6 Mais exemplos da segunda lei de Newton 171
   RESUMO 175
   QUESTÕES E PROBLEMAS 176

Capítulo 7 **A Terceira Lei de Newton 183**
7.1 Objetos em interação 183
7.2 Analisando objetos em interação 185
7.3 A terceira lei de Newton 189
7.4 Cordas e polias 194
7.5 Exemplos de problemas sobre objeto sem interação 198
   RESUMO 203
   QUESTÕES E PROBLEMAS 204

Capítulo 8 **Dinâmica II: Movimento no Plano 210**
8.1 Dinâmica em duas dimensões 210
8.2 Velocidade e aceleração no movimento circular uniforme 212
8.3 Dinâmica do movimento circular uniforme 214
8.4 Órbitas circulares 219
8.5 Forças fictícias 221
8.6 Por que a água fica no balde? 223
8.7 Movimento circular não-uniforme 226
   RESUMO 229
   QUESTÕES E PROBLEMAS 230
PARTE I RESUMO As Leis de Newton 236

PARTE II Princípios de Conservação
PANORAMA Por que algumas coisas não mudam 239

Capítulo 9 **Impulso e Momentum 240**
9.1 Momentum e impulso 240
9.2 Resolvendo problemas de impulso e momentum 244
9.3 Conservação do momentum 247
9.4 Colisões inelásticas 253
9.5 Explosões 255
9.6 O momentum em duas dimensões 258
   RESUMO 260
   QUESTÕES E PROBLEMAS 261

Capítulo 10 **Energia 267**
10.1 Uma "moeda natural" chamada energia 267
10.2 Energia cinética e energia potencial gravitacional 269

- 10.3 Uma olhada de perto na energia potencial gravitacional 274
- 10.4 Forças restauradoras e lei de Hooke 278
- 10.5 Energia potencial elástica 280
- 10.6 Colisões elásticas 284
- 10.7 Diagramas de energia 288
  - RESUMO 294
  - QUESTÕES E PROBLEMAS 295

Capítulo 11 Trabalho 302
- 11.1 O modelo básico de energia 302
- 11.2 Trabalho e energia cinética 304
- 11.3 Calculando e usando trabalho 307
- 11.4 O trabalho realizado por uma força variável 312
- 11.5 Força, trabalho e energia potencial 313
- 11.6 Obtendo a força a partir da energia potencial 317
- 11.7 Energia térmica 318
- 11.8 Conservação da energia 320
- 11.9 Potência 325
  - RESUMO 328
  - QUESTÕES E PROBLEMAS 329

PARTE II RESUMO Princípios de Conservação 336

PARTE III Aplicações da Mecânica Newtoniana

PANORAMA O poder sobre o nosso meio ambiente 339

Capítulo 12 Rotação de um Corpo Rígido 340
- 12.1 Movimento de rotação 341
- 12.2 Rotação em torno do centro de massa 343
- 12.3 Energia de rotação 345
- 12.4 Calculando o momento de inércia 348
- 12.5 Torque 351
- 12.6 Dinâmica da rotação 355
- 12.7 Rotação em torno de um eixo fixo 357
- 12.8 Equilíbrio estático 360
- 12.9 Movimento de rolamento 364
- 12.10 A descrição vetorial do movimento de rolamento 367
- 12.11 Momentum angular de um corpo rígido 372
  - RESUMO 376
  - QUESTÕES E PROBLEMAS 377

Capítulo 13 A Teoria de Newton da Gravitação 385
- 13.1 Um pouco de história 385
- 13.2 Isaac Newton 387
- 13.3 A lei de Newton da gravitação 389
- 13.4 O g pequeno e o G grande 391
- 13.5 Energia potencial gravitacional 394
- 13.6 Órbitas e energias de satélites 398
  - RESUMO 403
  - QUESTÕES E PROBLEMAS 404

Capítulo 14 Oscilações 410
- 14.1 Movimento harmônico simples 411
- 14.2 Movimento harmônico simples e movimento circular 414
- 14.3 Energia no movimento harmônico simples 418
- 14.4 A dinâmica do movimento harmônico simples 420
- 14.5 Oscilações verticais 423
- 14.6 O pêndulo 425
- 14.7 Oscilações amortecidas 428
- 14.8 Oscilações forçadas e ressonância 431
  - RESUMO 434
  - QUESTÕES E PROBLEMAS 435

Apêndice A Revisão Matemática A1

Respostas dos Exercícios e Problemas de Numeração Ímpar R1

Créditos C1

Índice I1

Introdução

A Jornada na Física

Alice disse ao gato Cheshire,
"Gatinho Cheshire, poderia me dizer, por favor, qual o caminho para sair daqui?"
"Isso depende muito do lugar aonde você deseja ir", disse o gato.
"Não me importa muito onde ...", disse Alice.
"Neste caso não importa qual o caminho que você pegue", disse o gato.

— Lewis Carrol, *Alice no País das Maravilhas*

Talvez você já tenha se indagado a respeito de questões, como:

Por que o céu é azul?

Por que o vidro é um isolante, enquanto um metal é um condutor?

O que é, realmente, um átomo?

Estas são questões das quais a física é feita. Os físicos tentam entender o universo em que vivemos através da observação dos fenômenos da natureza — como o céu ser azul — e da procura por padrões e princípios que expliquem tais fenômenos. Muitas das descobertas feitas pelos físicos, desde ondas eletromagnéticas até a energia nuclear, alteraram para sempre a maneira como vivemos e pensamos.

Você está para embarcar em uma jornada para o reino da física. Trata-se de uma jornada em que você aprenderá sobre muitos fenômenos físicos e obterá as respostas para questões tais como as que citamos acima. Ao longo do caminho, você também aprenderá como usar a física para analisar e resolver muitos problemas práticos.

Enquanto prossegue, você vai conhecer os métodos com os quais os físicos chegam a compreender as leis da natureza. As idéias e as teorias dos físicos não são arbitrárias; elas são firmemente alicerçadas em experimentos e medições. Quando você terminar de estudar este texto, será capaz de reconhecer as *evidências* sobre as quais está baseado nosso presente conhecimento sobre o universo.

Por qual caminho devemos seguir?

Aqui, no começo da jornada, somos muito parecidos com Alice no país das maravilhas por termos de decidir qual caminho seguir. A física é um imenso corpo de conhecimento, e, sem objetivos específicos, não importaria que assuntos estudássemos. Todavia, diferentemente de Alice, nós temos de fato alguns destinos particulares que gostaríamos de visitar.

A física que constitui o alicerce para toda a ciência e a engenharia modernas pode ser dividida em três grandes categorias:

- Partículas e energia
- Campos e ondas
- A estrutura atômica da matéria

Um microscópio de varredura por tunelamento nos permite "ver" os átomos individuais de uma superfície. Um de nossos objetivos é compreender como uma imagem dessas é obtida.

Uma partícula, no sentido em que usaremos este termo, é uma idealização de um objeto físico. Faremos uso da idéia de partícula para entender como os objetos se movem e como interagem uns com os outros. Uma das mais importantes propriedades de uma partícula ou de uma coleção de partículas é a *energia*. Estudaremos a energia por seu valor na compreensão de processos físicos e por causa de sua importância prática em uma sociedade tecnológica.

Partículas são objetos discretos e localizados. Embora muitos fenômenos possam ser compreendidos em termos de partículas e de suas interações, as interações de ação a distância da gravidade, da eletricidade e do magnetismo são mais bem-compreendidas em termos de *campos*, tais como o campo gravitacional e o campo elétrico. Em vez de serem discretos, os campos espalham-se continuamente através do espaço. Boa parte da segunda metade deste livro se concentrará na compreensão dos campos e das interações entre campos e partículas.

Certamente uma das mais importantes descobertas dos últimos 500 anos é que a matéria é constituída por átomos. Os átomos e suas propriedades são descritos pela física quântica, porém não podemos saltar diretamente para este assunto e esperar que ele faça algum sentido. Para chegar ao nosso destino, vamos ter de estudar muitos outros assuntos ao longo do caminho — como ter de passar pelas Montanhas Rochosas se deseja ir de carro de Nova York a São Francisco. Todo nosso conhecimento a respeito de partículas e campos estará em ação quando, no fim de nossa jornada, estivermos estudando a estrutura atômica da matéria.

A rota a seguir

Aqui, no início, podemos ter uma panorâmica da rota a seguir. Aonde nossa jornada nos levará? O que veremos ao longo do caminho?

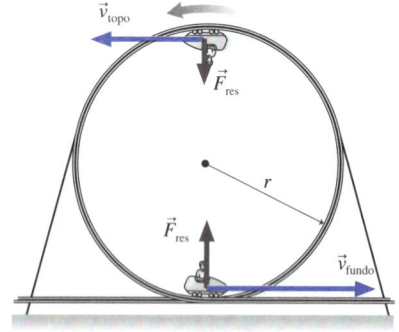

As **Partes I e II**, as *Leis de Newton* e os *Princípios de conservação*, constituem a base do que chamaremos de *mecânica clássica*. A mecânica clássica é o estudo do movimento. (Ela é chamada de *clássica* para que possamos distingui-la da teoria moderna do movimento em nível atômico, que é chamada de *mecânica quântica*.) Estas duas primeiras partes estabelecem a linguagem e os conceitos básicos do movimento. A Parte I examinará o movimento em termos de *partículas* e de *forças*. Usaremos esses conceitos para analisar o movimento de qualquer coisa, desde velocistas até satélites em órbita. Na Parte II, introduziremos as idéias de *momentum* e *energia*. Esses conceitos — especialmente o de energia — nos darão novas perspectivas acerca do movimento e ampliarão nossas habilidades de analisar movimentos.

A **Parte III**, *Aplicações da mecânica newtoniana*, examinará quatro importantes aplicações da mecânica clássica: a teoria de Newton da gravitação, o movimento de rotação, os movimentos oscilatórios e o movimento de fluidos. Apenas as oscilações constituem um pré-requisito para os capítulos posteriores.

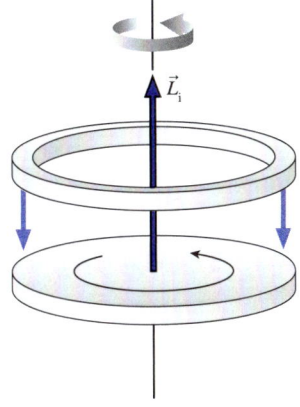

A **Parte IV**, *Termodinâmica*, estende as idéias de partículas e de energia a sistemas tais como líquidos e gases que contêm um enorme número de partículas. Aqui examinaremos as relações entre o comportamento *microscópico* de um grande número de átomos e as propriedades *macroscópicas* de volumes de matéria. Você constatará que algumas das propriedades dos gases que você conhece da química, como a lei dos gases ideais, são conseqüências diretas da estrutura atômica subjacente do gás. Também estenderemos o conceito de energia e aprofundaremos o estudo de como a energia é transferida e utilizada.

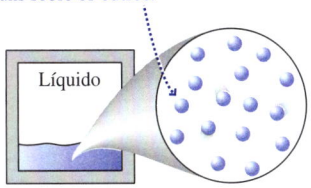

Os átomos são mantidos juntos por meio de fracas ligações moleculares, mas podem deslizar uns sobre os outros.

As *ondas* são de natureza onipresente, sejam elas oscilações em larga escala como as ondas oceânicas, o movimento menos óbvio das ondas sonoras ou as sutis ondulações das ondas luminosas e das ondas de matéria que nos levarão ao coração da estrutura atômica da matéria. Na **Parte V**, *Ondas e Óptica*, enfatizaremos a unidade da física ondulatória e verificaremos que muitos fenômenos ondulatórios diferentes podem ser analisados com os mesmos conceitos e a mesma linguagem matemática. É aqui que começaremos a acumular evidências de que a teoria da mecânica clássica é inadequada para explicar o comportamento observado dos átomos, e terminaremos esta seção com alguns enigmas que parecem desafiar nossa compreensão.

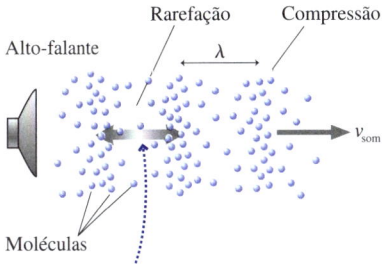

Moléculas individuais oscilam de um lado para o outro com deslocamentos D. Enquanto fazem isso, as compressões se propagam para frente com velocidade v_{som}. Uma vez que as compressões correspondem a regiões de pressão mais alta, pode-se conceber uma onda sonora como uma onda de pressão.

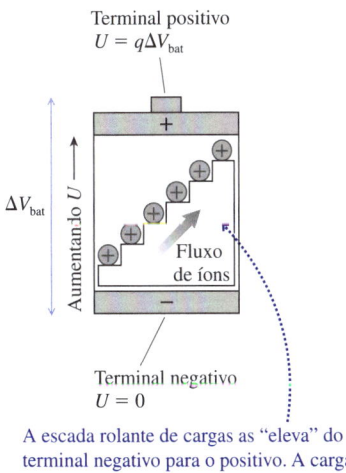

A escada rolante de cargas as "eleva" do terminal negativo para o positivo. A carga q adquire energia $\Delta U = q\Delta V_{bat}$.

A **Parte VI**, *Eletricidade e Magnetismo*, é devotada à *força eletromagnética*, uma das mais importantes da natureza. Essencialmente, a força eletromagnética é a "cola" que mantém os átomos juntos. Ela é também a força que faz de nossa época a "era eletrônica". Iniciaremos esta parte da jornada com observações simples a respeito da eletricidade estática. Passo a passo, seremos levados às idéias básicas subjacentes aos circuitos elétricos, ao magnetismo e, por fim, à descoberta das ondas eletromagnéticas.

A **Parte VII** é sobre *Relatividade e Física Quântica*. Iniciaremos explorando o estranho mundo da teoria da relatividade de Einstein, um mundo em que o espaço e o tempo não são o que parecem ser. Depois entraremos no domínio microscópico dos átomos, onde o comportamento da luz e da matéria é completamente estranho frente ao que nosso senso comum nos diz ser possível. Embora a matemática da teoria quântica esteja muito além do nível deste livro, e o tempo esteja acabando, você verificará que a teoria quântica dos átomos e dos núcleos explica muito do que você aprendeu, simplesmente, como regras da química.

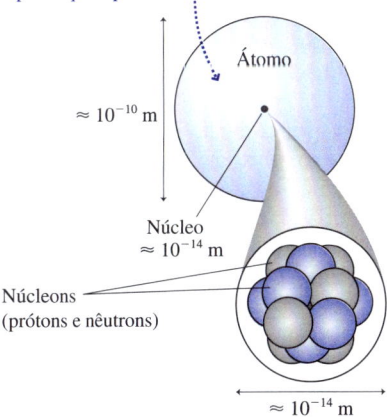

Este desenho de um átomo precisaria ter 10 m de diâmetro a fim de estar na mesma escala que o ponto que representa o núcleo.

Não visitaremos toda a física em nossa jornada. Não há tempo suficiente. Muitos tópicos entusiasmantes, indo desde os quarks até os buracos negros, terão de permanecer inexplorados para nós. Mas esta jornada particular não precisa ser a última. Quando você terminar este texto, terá a base e a experiência para explorar novos assuntos em cursos ainda mais avançados ou por própria conta.

PARTE I
As Leis de Newton

O movimento pode ser excitante e belo. Estes veleiros atravessando a baía são capazes de responder à força do vento, da água e ao peso da tripulação equilibrada precariamente nas bordas.

PANORAMA

Por que as coisas mudam

Cada uma das sete partes deste livro começa com um resumo para lhe dar uma visão panorâmica, uma indicação de para onde sua jornada o levará nos próximos capítulos. É fácil perder de vista a visão geral enquanto você está ocupado lidando com a matéria de cada capítulo. Na Parte I, a visão geral, em uma palavra, é *mudança*.

Observações simples do que nos rodeia mostram que a maioria das coisas sofre mudanças, somente algumas ficam inalteradas. Certas mudanças, como o envelhecimento, são biológicas. Outras, como o açúcar que se dissolve em seu café, são químicas. Nós iremos estudar aqui as mudanças que envolvem o *movimento* de alguma forma — o movimento de bolas, de carros e de foguetes.

Existem duas grandes questões a que devemos responder:

- **Como podemos descrever o movimento?** É fácil dizer que um objeto se move, porém não é óbvio como deveremos medir ou caracterizar o movimento se desejamos analisá-lo matematicamente. A descrição matemática do movimento é chamada de *cinemática* e constitui o conteúdo dos quatro primeiros capítulos.
- **Como podemos explicar o movimento?** Por que um objeto descreve um determinado movimento, e não outro? Quando você arremessa uma bola para cima, por que ela sobe e depois desce, em vez de continuar subindo? Existem "leis da natureza" que nos permitem prever o movimento de um objeto? A explicação dos movimentos em termos de suas causas é chamada de *dinâmica* e constitui o conteúdo dos capítulos de cinco a oito.

As duas idéias-chave para responder a estas questões são *força* (a "causa") e *aceleração* (o "efeito"). Nos capítulos de um a cinco, será apresentada uma variedade de ferramentas visuais e gráficas para ajudá-lo a desenvolver uma *intuição* da conexão existente entre força e aceleração. Depois, você usará este conhecimento nos capítulos de cinco a oito quando analisar movimentos cada vez mais complexos.

Outra ferramenta importante será o uso de *modelos*. A realidade é extremamente complicada. Jamais seríamos capazes de desenvolver uma ciência se tivéssemos que nos preocupar com cada detalhe em cada situação. Um modelo é uma descrição simplificada da realidade — da mesma forma como um modelo de aeroplano é uma versão simplificada de um aeroplano real — usada para reduzir a complexidade de um problema ao ponto em que ela pode ser analisada e compreendida. Nós abordaremos vários modelos importantes de movimento, dando atenção às hipóteses simplificadoras que estão sendo formuladas e à razão para isso, especialmente nestes primeiros capítulos.

As "leis do movimento" foram descobertas por Isaac Newton aproximadamente 350 anos atrás, de maneira que o estudo do movimento dificilmente constitui a vanguarda da ciência. Apesar disso, ele é ainda extremamente importante. A Mecânica — a ciência do movimento — é a base para grande parte das engenharias e da ciência aplicada, e muitas das idéias introduzidas aqui serão necessárias mais tarde para compreender, por exemplo, o movimento de ondas e o movimento de elétrons em circuitos. A mecânica de Newton é o alicerce de boa parte da ciência contemporânea, e, assim, começaremos pelo início.

1 Conceitos do Movimento

O movimento tem muitas formas. Algumas são simples. Outras, como esta, são complexas.

▶ Olhando adiante
O objetivo do Capítulo 1 é introduzir os conceitos fundamentais do movimento. Neste capítulo, você aprenderá a:

- Traçar e interpretar diagramas de movimentos.
- Descrever o movimento por meio de vetores.
- Usar os conceitos de posição, de velocidade e de aceleração.
- Usar múltiplas representações de movimentos.
- Analisar e interpretar problemas sobre movimento.
- Traçar e analisar gráficos de movimentos.

Sócrates: *A natureza do movimento parece ser a questão com a qual iniciamos.*

Platão, 375 a.C.

O universo em que vivemos é de mudança e de movimento. Este motociclista claramente estava em movimento quando a foto foi tirada. No decorrer de um dia, provavelmente você terá caminhado, corrido, pedalado ou dirigido seu carro, o que são formas de movimento. Enquanto você lê este texto, os ponteiros dos relógios estão se movendo para a frente de forma inexorável. As páginas deste livro podem parecer completamente imóveis, mas uma vista microscópica revelaria átomos em agitação e elétrons circulando. As estrelas parecem tão permanentes como tudo o mais, embora o telescópio do astrônomo revele que elas se movem sem cessar dentro de galáxias, que por sua vez giram e orbitam em torno de outras galáxias.

O movimento é um tema que aparecerá de uma forma ou de outra ao longo de todo este livro. Embora todos tenhamos intuições sobre o movimento baseadas em nossas experiências, alguns dos aspectos importantes do movimento são muito sutis. Logo, em vez de passar imediatamente para um monte de matemática e cálculos, este primeiro capítulo concentra-se na *visualização* dos movimentos e em tornar você familiar aos *conceitos* necessários para descrever o movimento de um objeto. Usaremos idéias matemáticas quando for preciso, pois elas aumentam a precisão do nosso pensamento, mas adiaremos cálculos reais para o Capítulo 2. Nosso objetivo agora é estabelecer os alicerces para a compreensão do movimento.

1.1 Diagramas de movimento

A busca pela compreensão do movimento remonta à antigüidade. Os antigos babilônios, chineses e gregos eram especialmente interessados pelos movimentos celestes no céu noturno. O filósofo e cientista grego Aristóteles escreveu sistematicamente acerca da natureza dos objetos em movimento. Todavia, nossa compreensão moderna do movimento não começou, de fato, até que Galileu (1564-1642) primeiro formulas-

Movimento de translação

Movimento circular

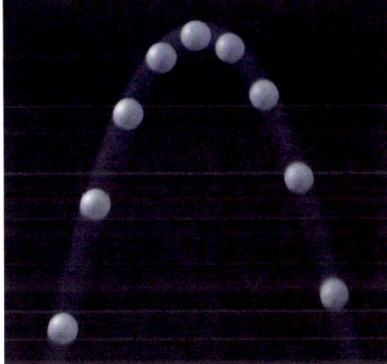
Movimento de um projétil

Movimento de rotação

FIGURA 1.1 Quatro formas básicas de movimento.

se os conceitos do movimento em termos matemáticos. E foi preciso Newton (1642-1727) e a invenção do cálculo para pôr os conceitos do movimento sobre uma base firme e rigorosa.

Como ponto de partida, vamos definir **movimento** como a variação da posição de um objeto no transcorrer do tempo. É fácil listar exemplos de movimento. Bicicletas, bolas de beisebol, carros, aeroplanos e foguetes são, todos, objetos capazes de se mover. O caminho ao longo do qual se move o objeto, que pode ser uma linha reta ou curva, é chamado de **trajetória** do objeto.

A **FIGURA 1.1** mostra quatro tipos básicos de movimento que estudaremos neste livro. O movimento rotacional é um pouco diferente dos outros três no sentido de que a rotação é uma variação da posição *angular* do objeto. Deixaremos o movimento de rotação para mais tarde, e, por ora, concentraremos nossa atenção no movimento em uma reta, no movimento circular e no movimento de um projétil.

Traçando um diagrama de movimento

Uma maneira fácil de estudar o movimento consiste em filmar o objeto em movimento. Uma câmera de filmagem, como você provavelmente sabe, tira fotografias a uma taxa fixa de 30 fotografias por segundo, normalmente. Cada foto separada é chamada de *quadro*, e os quadros são todos alinhados, um após o outro, para formar uma *tira de filme*. Como um exemplo, a **FIGURA 1.2** mostra quatro quadros do filme de um carro que passa. Como é de se esperar, o carro encontra-se em posições diferentes em cada quadro.

Suponha que você corte o filme e separe os quadros que o formam, empilhe-os uns sobre os outros e projete a pilha inteira sobre uma tela a fim de vê-los. O resultado está mostrado na **FIGURA 1.3**. Esta foto composta, mostrando as posições do objeto em vários

FIGURA 1.2 Quatro quadros do filme de um carro em movimento.

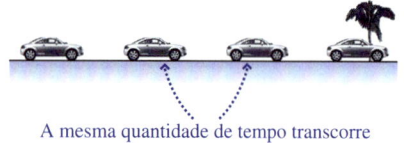

A mesma quantidade de tempo transcorre entre cada imagem e a seguinte.

FIGURA 1.3 Um diagrama de movimento do carro mostra todos os quadros simultaneamente.

instantes de tempo igualmente espaçados, é chamada de **diagrama de movimento**. Embora tão simples assim, eles constituirão uma ferramenta poderosa para analisar movimentos.

NOTA ▶ É importante manter a câmera em uma *posição fixa* enquanto o objeto passa por ela. Não a coloque no caminho do objeto. ◀

Agora vamos levar nossa câmera para a rua e traçar alguns diagramas de movimento. A tabela seguinte mostra como podemos ver aspectos importantes do movimento em um diagrama de movimento.

Exemplos de diagramas de movimento

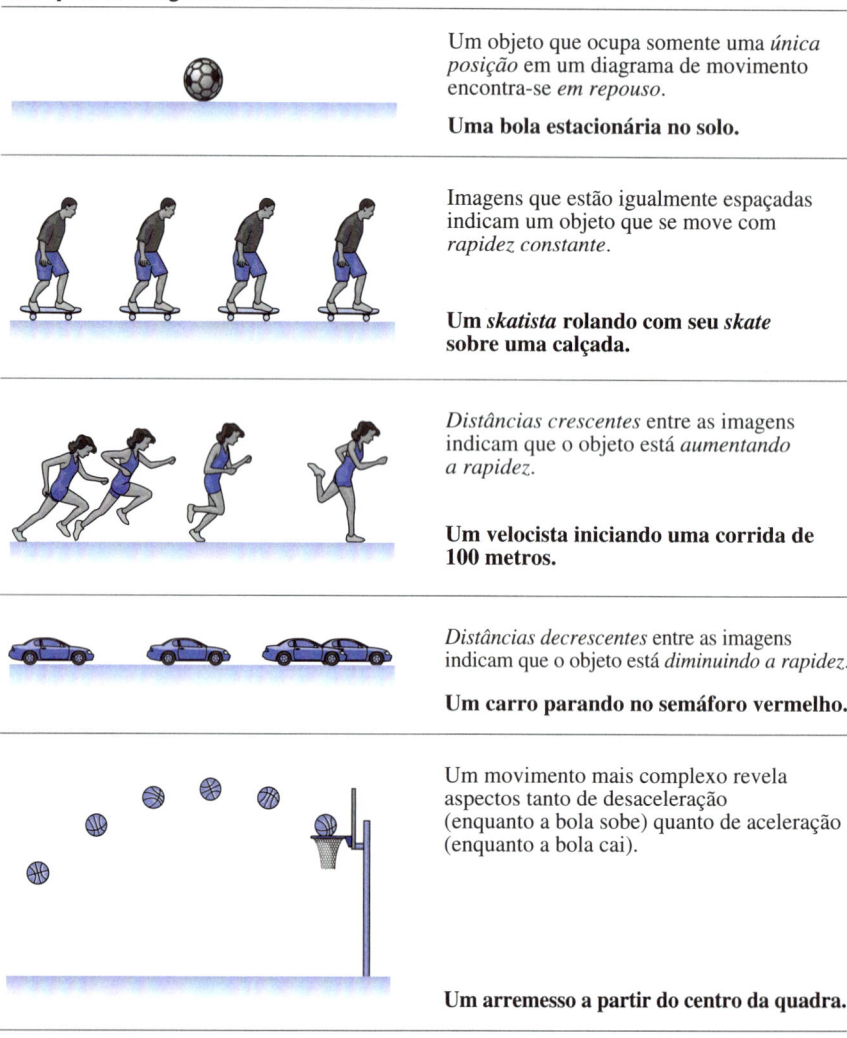

Definimos vários conceitos (repouso, rapidez constante, aceleração e desaceleração) em termos de como o objeto em movimento aparece em um diagrama de movimento. Estas são chamadas de **definições operacionais**, o que significa que os conceitos são definidos em termos de um procedimento ou de uma operação particular realizado pelo pesquisador. Por exemplo, poderíamos responder à questão "o aeroplano está acelerando?" verificando se as imagens do movimento do avião estão cada vez mais afastadas umas das outras. Muitos outros conceitos da física serão introduzidos por definições operacionais. Isso nos lembra de que a física é uma ciência experimental.

PARE E PENSE 1.1 Qual dos carros está trafegando mais rapidamente, A ou B? Considere que os intervalos de tempo entre os quadros de ambos os carros sejam todos iguais.

Carro A   Carro B

NOTA ▶ Cada capítulo terá várias questões do tipo PARE E PENSE. Estas questões foram concebidas para verificar se você compreendeu as idéias básicas que foram apresentadas. As respostas são dadas ao final do capítulo correspondente, mas você deveria fazer um esforço sério para refletir sobre essas questões antes de olhar as respostas. Se você respondeu corretamente, e sua resposta foi dada com convicção, em vez de ser apenas adivinhação, pode passar para a próxima seção confiantemente. Mas se a resposta dada é incorreta, seria aconselhável você reler as seções anteriores antes de seguir adiante. ◀

1.2 O modelo de partícula

Para muitos objetos, como carros e foguetes, o seu movimento *como um todo* não sofre influência dos "detalhes" do tamanho do objeto e da sua forma. Para descrever o movimento do objeto, tudo o que realmente precisamos é seguir a evolução do movimento de um simples ponto, como um ponto pintado de branco em um lado do objeto.

Se nos restringirmos a objetos em **movimento de translação**, que é o movimento de um objeto ao longo de uma trajetória, podemos considerá-lo *como se* ele fosse apenas um ponto, sem tamanho ou forma. Podemos considerar o objeto também *como se* toda sua massa estivesse concentrada neste ponto. Um objeto que pode ser representado como uma massa localizada em um único ponto do espaço é chamado de **partícula**. Uma partícula não possui tamanho e forma, e não há diferença entre a parte de cima e a de baixo ou entre a parte da frente e a parte de trás.

Se considerarmos o objeto como uma partícula, podemos representá-lo como um único ponto em cada quadro de um diagrama de movimento em vez de ter de fazer um desenho completo. A **FIGURA 1.4** mostra como os diagramas de movimento parecem muito mais simples quando o objeto é representado como uma partícula. Note que os pontos foram numerados por 0, 1, 2, … para indicar a seqüência na qual os quadros foram obtidos.

Usando o modelo de partícula

Tratar um objeto como uma partícula é, claro, uma simplificação da realidade. Como observado no resumo, uma simplificação deste tipo é chamada de *modelo*. Os modelos permitem que nos concentremos nos aspectos importantes de um fenômeno e que excluamos aqueles que desempenham um papel secundário. O **modelo de partícula** do movimento é uma simplificação em que tratamos um objeto em movimento como se toda sua massa estivesse concentrada em um simples ponto.

O modelo de partícula constitui uma excelente aproximação da realidade para movimentos de carros, aviões, foguetes e objetos análogos. As pessoas são um pouco mais complexas, pois movimentam seus braços e pernas, mas o movimento do corpo de uma pessoa como um todo ainda é razoavelmente bem-descrito por um modelo de partícula. Em capítulos mais avançados, veremos que a posição de objetos mais complexos, que não podem ser considerados como uma simples partícula, freqüentemente pode ser analisada como se o objeto fosse uma coleção de partículas.

Nem todos os movimentos podem ser reduzidos ao movimento de um simples ponto. Considere uma engrenagem girando. O centro da mesma não se move de forma alguma, e cada dente da engrenagem se move em uma diferente orientação. O movimento de rotação é qualitativamente diferente do movimento de translação, e precisamos ir além do modelo de partícula quando começarmos o estudo do movimento de rotação.

(a) Diagrama de movimento do lançamento de um foguete.

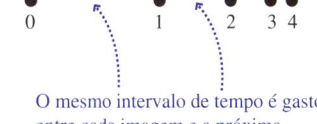

Os números indicam a ordem em que os quadros foram tirados.

(b) Diagrama de movimento de um carro parando.

O mesmo intervalo de tempo é gasto entre cada imagem e a próxima.

FIGURA 1.4 Diagramas de movimento em que o objeto é representado como uma partícula.

PARE E PENSE 1.2 São mostrados aqui três diagramas de movimento. Qual deles representa uma partícula de poeira caindo para o solo com velocidade constante, qual representa uma bola caindo a partir do teto de um edifício e qual representa um foguete descendo e desacelerando a fim de fazer um pouso suave sobre Marte?

(a)	(b)	(c)
0 ●	0 ●	0 ●
1 ●		
2 ●	1 ●	
		1 ●
3 ●	2 ●	
		2 ●
	3 ●	
4 ●		3 ●
	4 ●	
		4 ●
5 ●	5 ●	5 ●

1.3 Posição e tempo

Quando olhamos para um diagrama de movimento, seria útil saber *onde* o objeto está (i.e., sua *posição*) e *quando* ele se encontra naquela posição (i.e. o *tempo*). Estas são duas medições fáceis de fazer.

As medições da posição podem ser feitas traçando-se um sistema de coordenadas em grade sobre o diagrama de movimento. Você pode, então, medir as coordenadas (x,y) de cada ponto da diagrama de movimento. É claro, o mundo não se apresenta junto com um sistema de coordenadas. Um sistema de coordenadas é uma grade artificial que *você* estabelece para um problema a fim de analisar o movimento. Você pode localizar a origem do seu sistema de coordenadas onde desejar, e diferentes observadores de um mesmo objeto em movimento podem escolher usar origens diferentes. De forma análoga, você pode escolher a orientação dos eixos x e y de modo que seja útil para um problema particular. A escolha convencional para o eixo x é apontando para a direita, e para o eixo y, apontando para cima, mas não existe nada de sagrado nesta escolha. Logo veremos muitas situações em que estes eixos estarão inclinados em relação a essas direções.

Em certo sentido, o tempo constitui também um sistema de coordenadas, embora seja possível que você jamais tenha pensado sobre o tempo dessa maneira. Você pode escolher um determinado ponto do movimento e rotulá-lo por "$t = 0$ segundo". Este é, simplesmente, o instante em que você decidiu acionar seu relógio ou cronômetro, de modo que ele constitui a origem de seu sistema de coordenada tempo. Observadores diferentes podem escolher iniciar seus relógios em instantes diferentes. Um quadro de filme rotulado por "$t = 4$ segundos" foi obtido 4 segundos depois que seu relógio começou a funcionar.

Escolhemos normalmente $t = 0$ para representar o "início" de um problema, mas o objeto envolvido pode ter estado em movimento antes disso. Aqueles instantes anteriores seriam medidos como tempos negativos, da mesma forma que objetos situados à esquerda da origem do eixo x possuem valores negativos de posição. Números negativos não devem ser evitados; eles simplesmente localizam um evento no espaço ou no tempo *em relação à origem* correspondente.

Como ilustração, a **FIGURA 1.5a** mostra um sistema de coordenadas xy e traz informação sobre o tempo superpostas ao diagrama de movimento de uma bola de basquete. Você pode verificar que a posição da bola é $(x_4, y_4) = (12\text{ m}, 9\text{ m})$ no instante $t_4 = 2{,}0$ s. Note que usamos subíndices para indicar o tempo e a posição do objeto em um sistema específico do diagrama de movimento.

NOTA ▶ O primeiro quadro está rotulado por 0 porque corresponde ao instante $t = 0$. É por isso que o quinto quadro está rotulado por 4. ◀

Outra maneira de localizar a bola é desenhando uma seta que vá da origem até o ponto que representa a bola. Você pode, então, especificar um comprimento e uma orientação à seta. Uma seta desenhada a partir da origem e até a posição de um objeto é chamada de **vetor posição** do mesmo, e designamos o símbolo $\vec{r}$ para ele. A **FIGURA 1.5b** mostra o vetor posição $\vec{r}_4 = (15\text{ m}, 37°)$.

O vetor posição $\vec{r}$ de fato não nos informa nada diferente do que o par de coordenadas (x, y). Ele simplesmente fornece a informação de uma maneira alternativa. Embora estejamos mais familiarizados com coordenadas do que com vetores, você descobrirá que os vetores constituem uma maneira útil de descrever muitos conceitos da física.

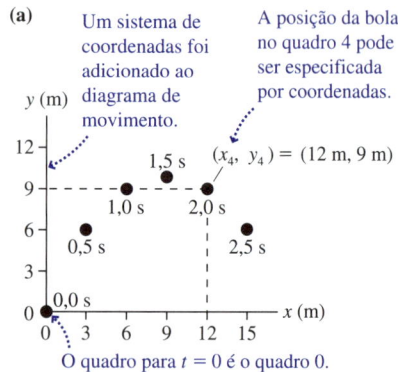

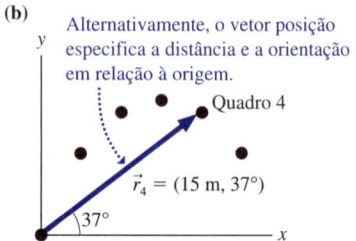

FIGURA 1.5 Medidas de posição e de tempo assinaladas sobre o diagrama de movimento de uma bola de basquete.

Uma palavra sobre vetores e notação

Antes de prosseguir, vamos discutir um pouco acerca do que é um vetor. Vetores serão estudados no Capítulo 3, de modo que tudo que precisamos agora é de um pouco de informação básica. Certas grandezas físicas, tais como o tempo, a massa e a temperatura, podem ser completamente descritas por um simples número dotado de unidade. Por exemplo, a massa de um dado objeto é 6 quilogramas e sua temperatura é 30°C. Quando uma grandeza física é descrita por um simples número (dotado de unidade), dizemos que ela é uma **grandeza escalar**. Um escalar pode ser positivo, negativo ou nulo.

Muitas outras grandezas, entretanto, possuem um caráter direcional e não podem ser descritas simplesmente por um número. Para descrever o movimento de um carro, por exemplo, devemos especificar não apenas a rapidez com que ele se move, mas também a *direção e o sentido* em que está se movendo. Uma **grandeza vetorial** é aquela que possui tanto um *tamanho* ("que distância?" ou "quão rapidamente?") e uma *orientação* ("por qual caminho?"). O tamanho ou o comprimento de um vetor é chamado de *módulo*. O módulo de um vetor pode ser positivo ou nulo, mas jamais negativo.

Quando desejamos representar uma grandeza vetorial por um símbolo, precisamos indicar de alguma maneira que o símbolo se refere a um vetor, e não, a um escalar. Fazemos isso desenhando uma seta sobre a letra escolhida para representar a grandeza. Assim, $\vec{r}$ e $\vec{A}$ são símbolos de vetores, enquanto r e A, sem setas, são símbolos de escalares. Em trabalhos escritos à mão você deve desenhar setas sobre todos os símbolos que representem vetores. Isto poderá parecer estranho até que você se acostume com a prática, mas ela é muito importante porque freqüentemente usaremos tanto r e $\vec{r}$ quanto A e $\vec{A}$ em um mesmo problema, mas eles significam coisas diferentes! Desacompanhado da seta, você estará usando um mesmo símbolo para dois significados diferentes e provavelmente acabará cometendo um erro. Note que a seta sobre o símbolo sempre aponta para a direita, não importa qual seja o sentido real dos vetores correspondentes. Portanto escrevemos $\vec{r}$ e $\vec{A}$, jamais $\overleftarrow{r}$ e $\overleftarrow{A}$.

NOTA ▶ Muitos livros didáticos representam vetores por letras em negrito, tal como **r** ou **A**. Este livro usará setas sobre símbolos de vetores, de acordo com a maneira segundo a qual se deve escrevê-los à mão. ◀

Variação de posição

Considere o seguinte:

> Sam está em pé 50 metros (m) a leste da esquina entre a 12ª Avenida e a Rua Vine. Ele, então, caminha para outro ponto, situado 100 m a nordeste do primeiro. Qual foi a variação da posição de Sam?

A **FIGURA 1.6** mostra o movimento de Sam em termos de vetores posição. Uma vez que temos liberdade de escolha para a origem de nosso sistema de coordenadas, vamos localizá-la no cruzamento das ruas. A posição inicial de Sam é o vetor $\vec{r}_0$ traçado desde a origem até o ponto de onde ele inicia a caminhada. O vetor $\vec{r}_1$ é sua posição depois que ele pára a caminhada. Você pode verificar que Sam mudou de posição, e a *variação* de sua posição é chamada de **deslocamento**. Este, consiste de um vetor denotado por $\Delta\vec{r}$. A letra grega delta (Δ) é usada em matemática e ciência para representar a *variação* de alguma grandeza. Aqui ela indica a variação da posição $\vec{r}$.

NOTA ▶ $\Delta\vec{r}$ é um *único* símbolo. Você não pode cancelar ou remover Δ em operações algébricas. ◀

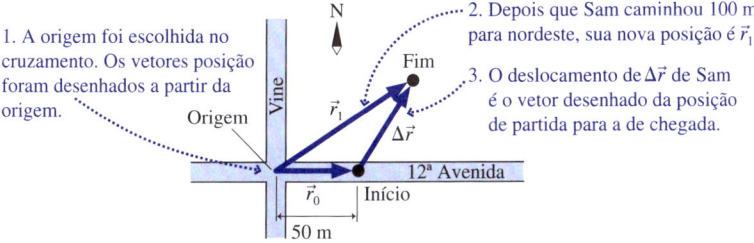

FIGURA 1.6 Sam efetua um deslocamento $\Delta\vec{r}$ da posição $\vec{r}_0$ para a posição $\vec{r}_1$.

O deslocamento é uma grandeza vetorial: ele requer tanto um comprimento quanto uma orientação para ser descrito. Especificamente, o deslocamento $\Delta \vec{r}$ é um vetor desenhado *a partir* da posição de partida *até* a posição de chegada. O deslocamento de Sam é escrito, então, como

$$\Delta \vec{r} = (100 \text{ m, nordeste})$$

onde informamos tanto o comprimento quanto a orientação. O comprimento, ou módulo, de um vetor deslocamento é simplesmente a distância em linha reta entre a posição de partida e a de chegada.

Se você partir de uma posição 3 m à frente de uma porta e caminhar 1,5 m diretamente para longe da mesma, terminará a 4,5 m dela. O *procedimento* pelo qual você efetua isso é *adicionar* sua variação de posição (1,5 m) à sua posição inicial (3 m).

Analogamente, podemos responder à questão "onde Sam termina parado?" *adicionando* sua variação de posição (seu deslocamento $\Delta \vec{r}$) à sua posição inicial, o vetor $\vec{r}_0$. A posição final de Sam na Figura 1.6, o vetor $\vec{r}_1$, pode ser encarada como uma combinação do vetor $\vec{r}_0$ *mais* o vetor $\Delta \vec{r}$. De fato, $\vec{r}_1$ é o *vetor soma* de $\vec{r}_0$ com $\Delta \vec{r}$. Isso é escrito como

$$\vec{r}_1 = \vec{r}_0 + \Delta \vec{r} \tag{1.1}$$

Note, entretanto, que estamos somando grandezas vetoriais, e não, números. A soma de vetores é um processo diferente da soma "comum". Exploraremos a soma de vetores mais detalhadamente no Capítulo 3, mas por ora você pode somar os vetores $\vec{A}$ e $\vec{B}$ por meio do processo passo a passo apresentado no Box Tático 1.1.

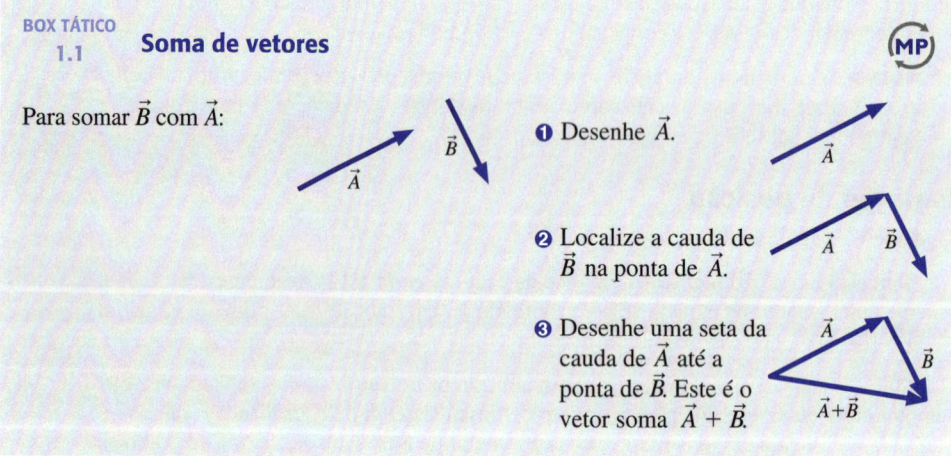

BOX TÁTICO 1.1 Soma de vetores

Para somar $\vec{B}$ com $\vec{A}$:

① Desenhe $\vec{A}$.

② Localize a cauda de $\vec{B}$ na ponta de $\vec{A}$.

③ Desenhe uma seta da cauda de $\vec{A}$ até a ponta de $\vec{B}$. Este é o vetor soma $\vec{A} + \vec{B}$.

Se examinar a Figura 1.6, você verá que os passos do Box Tático 1.1 correspondem exatamente à maneira como $\vec{r}_0$ e $\Delta \vec{r}$ são somados para resultar em $\vec{r}_1$.

NOTA ▶ Um vetor não está fixo a uma determinada posição da página. Você pode mover um vetor pela página desde que não altere seu comprimento e sua orientação em cada ponto. O vetor $\vec{B}$ não será alterado ao ser transferido do ponto onde sua cauda se encontra para o ponto correspondente à ponta de $\vec{A}$. ◀

Na Figura 1.6, escolhemos *arbitrariamente* a origem do sistema de coordenadas como sendo o cruzamento. Embora isso possa parecer conveniente, certamente não é obrigatório. A **FIGURA 1.7** mostra uma escolha diferente para a origem. Note algo interessante. Os vetores posição inicial e final $\vec{r}_0$ e $\vec{r}_1$ agora se tornaram os novos vetores $\vec{r}_2$ e $\vec{r}_3$, mas o vetor deslocamento $\Delta \vec{r}$ não se alterou! **O deslocamento é uma grandeza independente do sistema de coordenadas**. Noutras palavras, a seta traçada de uma posição do objeto para a próxima é a mesma, sem que importe qual sistema de coordenadas foi escolhido. Esta independência dá ao vetor deslocamento $\Delta \vec{r}$ mais *significado físico* do que os vetores posição possuem.

Essa observação sugere que é no deslocamento, mais do que na posição real, que devemos nos concentrar quando analisamos o movimento de um objeto. A Equação 1.1

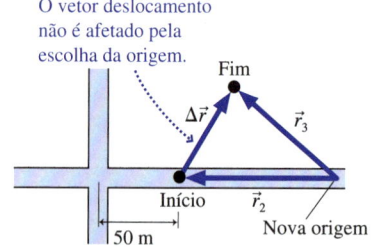

FIGURA 1.7 O deslocamento $\Delta \vec{r}$ de Sam não é alterado pelo uso de um sistema de coordenadas diferente.

significa que $\vec{r}_1 = \vec{r}_0 + \Delta\vec{r}$. Isso é facilmente arranjado para dar uma definição mais precisa de deslocamento: **o deslocamento $\Delta\vec{r}$ de um objeto quando ele se move de uma posição inicial $\vec{r}_i$ para uma posição final $\vec{r}_f$ é**

$$\Delta\vec{r} = \vec{r}_f - \vec{r}_i \qquad (1.2)$$

Graficamente, $\Delta\vec{r}$ é um vetor-seta desenhado *desde* a posição $\vec{r}_i$ *até* a posição $\vec{r}_f$. O vetor deslocamento é independente do sistema de coordenadas usado.

NOTA ▶ Por generalidade, escrevemos a Equação 1.2 em termos de uma *posição inicial* e de outra, *final*, indicadas pelos subscritos i e f. Com freqüência usaremos i e f quando escrevermos equações gerais, e depois usaremos números e valores específicos, como 0 e 1, quando trabalharmos com um problema. ◀

Esta definição de $\Delta\vec{r}$ envolve *subtração de vetores*. Com números, a subtração é o mesmo que a soma com um número negativo, ou seja, $5 - 3$ é o mesmo que $5 + (-3)$. Analogamente, podemos usar as regras de adição de vetores para obter $\vec{A} - \vec{B} = \vec{A} + (-\vec{B})$ se primeiro definirmos o que significa $-\vec{B}$. Como mostra a **FIGURA 1.8**, o negativo do vetor $\vec{B}$ é um vetor de mesmo comprimento, mas que aponta em sentido contrário. Isso faz sentido, pois $\vec{B} - \vec{B} = \vec{B} + (-\vec{B}) = \vec{0}$, onde $\vec{0}$, um vetor de comprimento nulo, é chamado de **vetor nulo**.

O vetor $-\vec{B}$ possui o mesmo comprimento de $-\vec{B}$, mas aponta em sentido oposto.

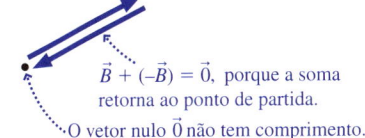

$\vec{B} + (-\vec{B}) = \vec{0}$, porque a soma retorna ao ponto de partida.
O vetor nulo $\vec{0}$ não tem comprimento.

FIGURA 1.8 O negativo de um vetor.

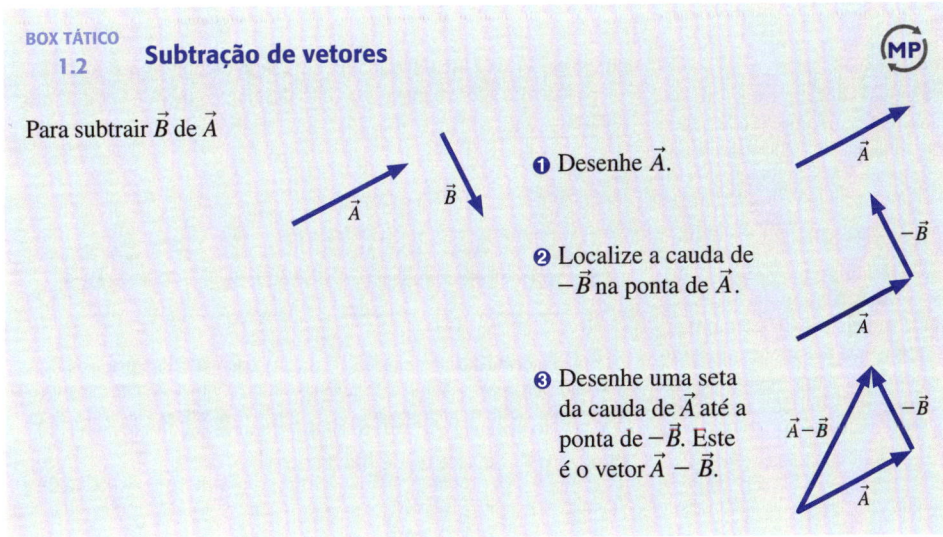

A **FIGURA 1.9** usa as regras de subtração vetorial do Box Tático 1.2 para provar que o deslocamento $\Delta\vec{r}$ é, simplesmente, o vetor que conecta os pontos do diagrama de movimento.

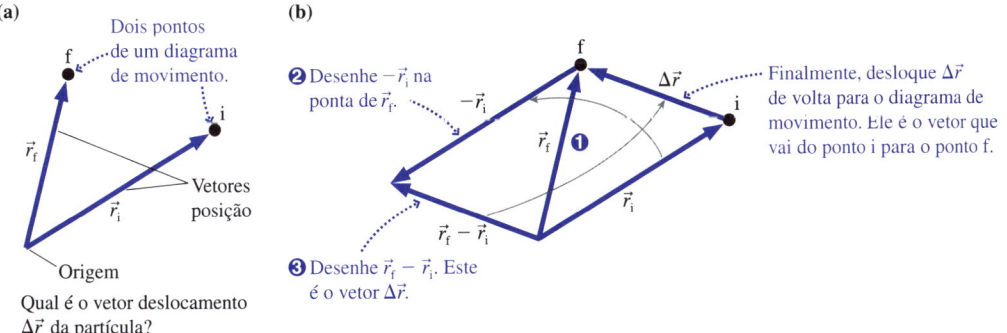

FIGURA 1.9 Usando a subtração de vetores para obter $\Delta\vec{r}$.

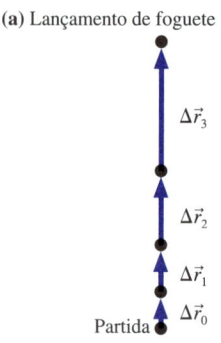
(a) Lançamento de foguete

(b) Carro parando

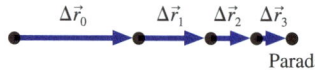

FIGURA 1.10 Diagramas de movimento com vetores deslocamento.

Aplicações de diagramas de movimento

O primeiro passo ao analisar um diagrama de movimento é determinar todos os vetores deslocamento. Como mostra a Figura 1.9, os vetores deslocamento são, simplesmente, setas que conectam cada ponto ao próximo. Denote cada seta por um símbolo *vetorial* $\Delta \vec{r}_n$, começando com $n = 0$. A **FIGURA 1.10** mostra os diagramas de movimento da Figura 1.4 redesenhados a fim de incluir os vetores deslocamentos envolvidos. Você não precisa mostrar os vetores posição correspondentes.

NOTA ▶ Quando um objeto parte do repouso ou termina em repouso, os pontos iniciais ou finais *estarão muito juntos* para que você possa desenhar setas conectando-os. Além disso, só para ser claro, você deveria escrever "Partida" ou "Parada" ao lado dos pontos correspondentes. É importante distinguir uma parada de uma mera desaceleração. ◀

Agora podemos concluir, de maneira mais precisa do que antes, enquanto o tempo transcorre:

- Um objeto está acelerando se seus vetores deslocamento estão ficando mais longos.
- Um objeto está desacelerando se seus vetores deslocamento estão ficando mais curtos.

EXEMPLO 1.1 De cabeça contra a neve

Alice está deslizando por uma pista de gelo comprida sobre seus patins quando, subitamente, colide frontalmente com um grande banco de neve muito macia, que gradualmente detém a patinadora. Desenhe o diagrama de movimento para Alice. Indique e rotule todos os vetores deslocamento envolvidos.

MODELO Use o modelo de partícula e represente Alice por um ponto.

VISUALIZAÇÃO A **FIGURA 1.11** mostra o diagrama de movimento de Alice. O enunciado do problema sugere que a rapidez de Alice mantém-se aproximadamente constante até ela colidir com o banco de neve. Logo, seus vetores deslocamento possuem o mesmo comprimento enquanto ela está patinando sobre a pista de gelo. Ela começa a desacelerar quando colide com o banco de neve, de modo que os vetores deslocamento, então, começam a ficar cada vez mais curtos, até que ela pare. É razoável considerar que a distância percorrida até a parada na neve seja menor do que a distância percorrida sobre a pista, mas não desejamos fazê-la parar muito rapidamente.

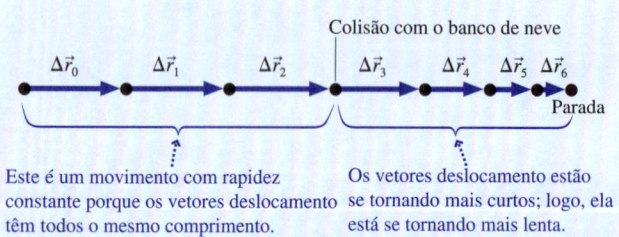

FIGURA 1.11 O diagrama de movimento de Alice.

Intervalo de tempo

É útil também considerar um *intervalo* de tempo. Por exemplo, as leituras de um relógio para dois quadros de um filme podem ser t_1 e t_2. Os valores específicos são arbitrários porque são medidos em relação a um instante arbitrário escolhido por você para $t = 0$. Mas o **intervalo de tempo** $\Delta t = t_2 - t_1$ *não é* arbitrário. Ele representa o tempo decorrido para o objeto se mover de uma posição para a próxima. Todos os observadores medirão um mesmo valor para Δt, independentemente do momento que eles escolheram para acionar seus relógios.

O intervalo $\Delta t = t_f - t_i$ mede o tempo decorrido enquanto um objeto se move de uma posição inicial, no tempo t_i, para uma posição final $\vec{r}_f$ no tempo t_f. O valor de Δt é independente do relógio específico que foi usado para medir os tempos.

Para resumir a idéia principal desta seção: adicionamos um sistema de coordenadas e um relógio aos diagramas de movimento a fim de medir *quando* aquele quadro foi tirado e *onde* o objeto estava localizado naquele tempo. Diferentes observadores do movimento podem escolher diferentes sistemas de coordenadas e diferentes relógios. Assim, um valor particular da posição $\vec{r}$ ou do tempo t será arbitrário, pois cada medida é relativa a uma origem arbitrariamente escolhida. Todavia, todos os observadores determinarão os *mesmos* valores de deslocamento $\Delta \vec{r}$ e de intervalos de tempo Δt, pois estes são independentes do sistema de coordenadas particular que foi usado para medi-los.

Um cronômetro usado para medir intervalos de tempo.

1.4 Velocidade

Não é surpreendente que, durante um dado intervalo de tempo, uma bala veloz percorra uma distância maior do que um caramujo em movimento. A fim de ampliar nosso estudo do movimento de modo a comparar a bala e o caramujo, precisamos de uma maneira de medir quão rápido ou quão lentamente um objeto se move.

Uma grandeza que mede a rapidez ou a lentidão de um objeto é sua **rapidez média***, definida como a razão

$$\text{rapidez média} = \frac{\text{distância percorrida}}{\text{intervalo de tempo}} \quad (1.3)$$

Se você dirigir 25 quilômetros (km) em 30 minutos ($\frac{1}{2}$ hora), sua rapidez média será de

$$\text{rapidez média} = \frac{25 \text{ km}}{\frac{1}{2} \text{ hora}} = 50 \text{ km/h} \quad (1.4)$$

Embora o conceito de rapidez seja amplamente usado no dia-a-dia, ele não constitui uma base suficiente para uma ciência do movimento. Para entender a razão, imagine que esteja tentando aterrissar um avião a jato ou uma aeronave comercial. Tem grande importância para você se a aeronave comercial está se movendo a 30 km/h para o norte ou a 30 km/h para o leste. Saber simplesmente que a velocidade da nave é de 30 km/h não constitui informação suficiente! A dificuldade com a rapidez é que esta grandeza não nos informa nada acerca da direção e do sentido em que um objeto se move.

É o deslocamento $\Delta\vec{r}$, uma grandeza vetorial, que nos informa não apenas a distância percorrida por um objeto, mas também a *direção* e o *sentido* do movimento. Conseqüentemente, uma definição em forma de razão mais útil para um objeto que realiza um deslocamento $\Delta\vec{r}$ durante um intervalo de tempo Δt é $\Delta\vec{r}/\Delta t$. Esta razão é também um vetor, porque $\Delta\vec{r}$ é um vetor, de modo que ela possui tanto um módulo quanto uma orientação (direção e sentido). O tamanho, ou módulo, desta razão é muito semelhante à definição de rapidez: ela será maior para um objeto rápido do que para um lento. Mas, além de medir quão rapidamente um objeto se move, essa razão é um vetor que aponta na mesma direção e sentido que $\Delta\vec{r}$, ou seja, ela tem a mesma direção e o mesmo sentido do movimento.

É conveniente dar um nome a esta nova relação. Nós a chamamos de **velocidade média**, e usamos o símbolo $\vec{v}_{\text{med}}$ para denotá-la. **A velocidade média de um objeto durante um intervalo de tempo Δt, no qual o objeto realiza um deslocamento $\Delta\vec{r}$, é o vetor**

$$\vec{v}_{\text{med}} = \frac{\Delta\vec{r}}{\Delta t} \quad (1.5)$$

O vetor velocidade média de um objeto tem a mesma direção e o mesmo sentido do vetor deslocamento $\Delta\vec{r}$. Estas duas informações constituem a orientação do movimento.

NOTA ▶ Na linguagem cotidiana, não fazemos distinção entre rapidez e velocidade, mas em física *essa distinção é muito importante*. Em particular, a rapidez é, simplesmente, "quão rapidamente", enquanto a velocidade significa "quão rapidamente e em que direção e sentido". Daqui em diante daremos a outras palavras, usadas cotidianamente, os significados mais precisos da física. ◀

Como exemplo, a **FIGURA 1.12a** mostra dois barcos que partem de uma mesma posição e que se movem 8 km durante 15 minutos. Ambos possuem uma rapidez de 30 km/h, mas suas velocidades são diferentes. Uma vez que seus deslocamentos durante Δt são $\Delta\vec{r}_A$ = (8 km, para norte) e $\Delta\vec{r}_B$ = (8 km, para leste), podemos escrever suas velocidades como

$$\vec{v}_{\text{med A}} = (30 \text{ km/h, norte})$$
$$\vec{v}_{\text{med B}} = (30 \text{ km/h, leste}) \quad (1.6)$$

A vitória pertence ao corredor com maior rapidez média.

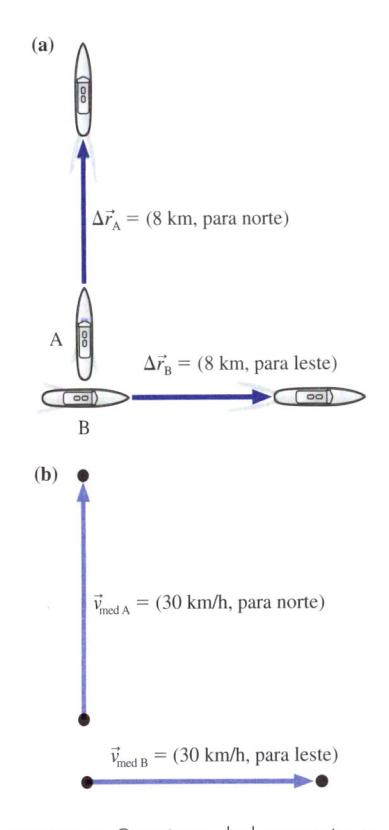

FIGURA 1.12 Os vetores deslocamentos e velocidades dos barcos A e B.

---

* N. de T.: No Brasil, mais conhecida como *velocidade escalar média*.

Note como os *vetores* velocidade da **FIGURA 1.12b** possuem a mesma orientação do movimento.

NOTA ▶ Nosso objetivo neste capítulo é *visualizar* o movimento por meio de diagramas de movimento. Estritamente falando, o vetor que definimos na Equação 1.5, como os mostrados em diagramas de movimento, é o vetor velocidade *média* $\vec{v}_{med}$. Mas para que um diagrama de movimento seja uma ferramenta útil, deixaremos de lado o subscrito e nos referiremos à velocidade média simplesmente como $\vec{v}$. Nossas definições e símbolos, que às vezes escondem a distinção entre grandezas médias e instantâneas, são adequados para o propósito de visualização, mas não são a palavra final a respeito do assunto. Refinaremos estas definições no Capítulo 2, onde nosso objetivo será desenvolver a matemática do movimento. ◀

Diagramas de movimento com vetores velocidade

O vetor velocidade, como definido acima, tem a mesma orientação do vetor deslocamento $\Delta \vec{r}$, e o comprimento de $\vec{v}$ é diretamente proporcional ao comprimento de $\Delta \vec{r}$. Conseqüentemente, os vetores que ligam cada ponto de um diagrama de movimento ao próximo, que anteriormente denotamos como vetores deslocamento, poderiam igualmente ser identificados como vetores velocidade.

Essa idéia está ilustrada na **FIGURA 1.13**, que mostra quatro quadros do diagrama de movimento de uma tartaruga competindo com uma lebre. Os vetores que ligam os pontos agora foram denotados como vetores velocidade $\vec{v}$. **O comprimento de cada vetor velocidade representa a rapidez com a qual o objeto se movimenta entre os dois pontos**. Vetores velocidade mais longos indicam movimento mais rápido. Você pode verificar a partir dos diagramas que a lebre se move mais rapidamente do que a tartaruga.

Note que os vetores velocidade da lebre não variam; cada qual possui o mesmo comprimento e a mesma orientação. Dizemos que a lebre está se movendo com *velocidade constante*. A tartaruga também está se movendo com sua própria velocidade constante.

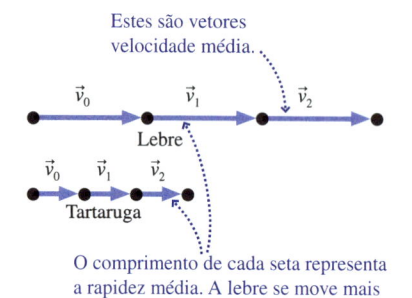

FIGURA 1.13 Diagrama de movimento da corrida de uma tartaruga com uma lebre.

EXEMPLO 1.2 Acelerando na subida
O semáforo passa de vermelho a verde e um carro acelera, partindo do repouso, para subir uma ladeira com 20° de inclinação. Desenhe um diagrama de movimento mostrando a velocidade do carro.

MODELO Use o modelo de partícula para representar o carro como uma partícula.

VISUALIZAÇÃO O movimento do carro tem lugar ao longo de uma linha reta, mas esta não é horizontal ou vertical. Uma vez que um diagrama de movimento é constituído pelos quadros de um filme, ele mostrará o objeto se movendo em uma orientação constante — neste caso, em uma direção que forma um ângulo de 20°. A **FIGURA 1.14** mostra vários quadros do diagrama de movimento onde vemos que o carro acelera. O carro parte do repouso, de modo que a primeira seta é desenhada tão curta quanto possível, e o primeiro quadro é rotulado como "Partida". Os vetores deslocamento foram desenhados de um ponto para o próximo, mas depois foram identificados e rotulados como vetores velocidade média $\vec{v}$.

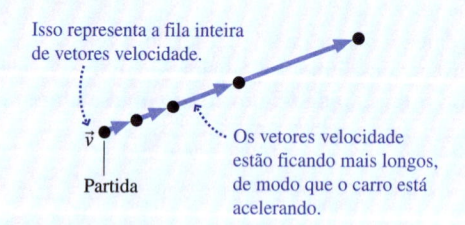

FIGURA 1.14 Diagrama de movimento de um carro acelerando ao subir uma rampa.

NOTA ▶ Mais do que rotular cada vetor, é mais fácil denotar a fila inteira de vetores por um único símbolo. Você pode ver isso na Figura 1.14. ◀

EXEMPLO 1.3 Que rebatida!
Jake rebate uma bola de beisebol segundo um ângulo de 60° acima da horizontal. Ela é apanhada por Jim. Desenhe um diagrama de movimento para a bola.

MODELO Este exemplo é típico de como muitos problemas em ciência e engenharia são formulados. O enunciado de fato não dá uma indicação clara de onde inicia e de onde termina o movimento. Nós estaremos interessados no movimento da bola exatamente durante o tempo em que ela se encontra no ar entre Jake e Jim? E no movimento com o qual Jake a arremessa (e que acelera rapidamente a bola), ou no que Jim faz para apanhar a bola (e que rapidamente a desacelera)? Deveríamos incluir Jim deixando a bola cair depois de tê-la apanhado? O fato é que você com freqüência tem de fazer uma interpretação razoável do enunciado de um problema. Neste problema, os detalhes do arremesso e da captura da bola são complexos. O movimento da bola no ar é mais fácil de descrever, e é um movimento sobre o qual você espera aprender em uma aula de física. Assim, nossa interpretação é que o diagrama de movimento deveria começar quando a bola deixa o bastão de Jake (a bola já está em movimento) e terminar no instante em que ela toca a mão de Jim (ainda em movimento). Usaremos o modelo da bola como uma partícula.

VISUALIZAÇÃO Com esta interpretação em mente, a **FIGURA 1.15** mostra o diagrama de movimento da bola. Note como, em contraste com o carro da Figura 1.14, a bola já se encontra em movimento quando inicia o diagrama de movimento. Como antes, os vetores velocidade média são obtidos conectando-se os pontos por setas *retilíneas*. Você pode verificar que os vetores velocidade média tornam-se mais curtos (a bola desacelera), tornam-se mais longos (a bola acelera) e mudam de orientação. Cada $\vec{v}$ é diferente, de modo que a velocidade do movimento *não é* constante.

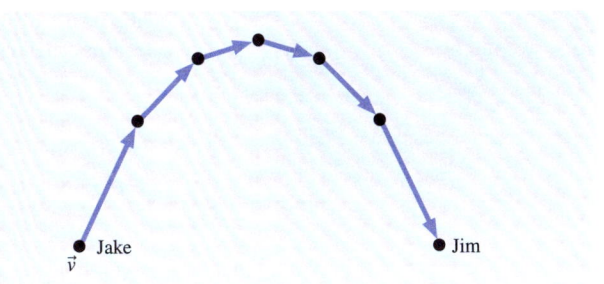

FIGURA 1.15 O diagrama de movimento de uma bola que se desloca de Jake até Jim.

PARE E PENSE 1.3 Uma partícula se move da posição 1 para a posição 2 durante o intervalo de tempo Δt. Qual dos vetores corresponde à velocidade média da partícula?

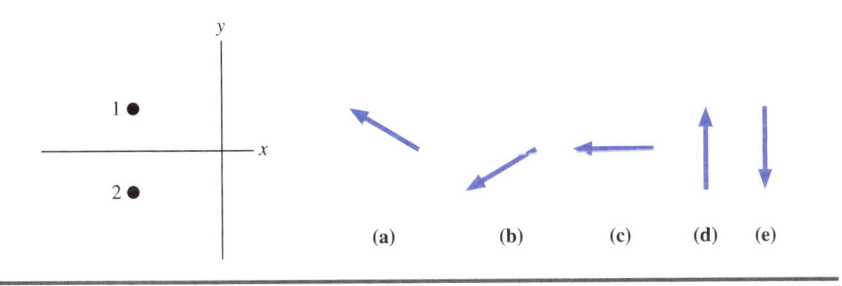

1.5 Aceleração linear

O objetivo deste capítulo é encontrar um conjunto de conceitos com o qual se possa descrever o movimento. Posição, tempo e velocidade são conceitos importantes, e à primeira vista eles podem parecer suficientes. Mas este não é o caso. Às vezes, a velocidade de um objeto é constante, como na Figura 1.13. Com mais freqüência, a velocidade de um objeto varia enquanto ele se move, como nas Figuras 1.14 e 1.15. Precisamos ainda de mais um conceito, um que descreva a *variação* da velocidade.

Uma vez que a velocidade é um vetor, ela pode variar de duas maneiras:

1. o módulo pode mudar, indicando uma variação da rapidez; ou
2. a orientação pode mudar, indicando uma alteração da orientação do movimento do objeto.

Por ora, nos concentraremos no primeiro caso, uma variação de rapidez. O carro da Figura 1.14 foi um exemplo de situação em que o módulo do vetor velocidade variou, mas não sua orientação. Voltaremos ao segundo caso no Capítulo 4.

Como medir a variação da velocidade de maneira que seja significativa? Quando quisemos medir variações de posição, foi útil definir a razão $\Delta \vec{r}/\Delta t$. Essa razão é a *taxa de variação da posição*. Por analogia, considere um objeto cuja velocidade mude de $\vec{v}_1$ para $\vec{v}_2$ durante o intervalo de tempo Δt. Da mesma forma como $\Delta \vec{r} = \vec{r}_2 - \vec{r}_1$ é a variação da posição, a grandeza $\Delta \vec{v} = \vec{v}_2 - \vec{v}_1$ é a variação da velocidade. A razão $\Delta \vec{v}/\Delta t$ é, então, a *taxa de variação da velocidade*. Mas o que ela mede?

Considere dois carros, um fusca e um Porsche estiloso. Vamos fazê-los partir do repouso e medir suas velocidades depois de decorridos 10 s de tempo. Podemos considerar que o Porsche, terá uma $\Delta \vec{v}$ maior. Conseqüentemente, para ele será maior a razão $\Delta \vec{v}/\Delta t$. Assim, essa razão parece medir quão rapidamente um carro acelera. Ela possui módulo maior para objetos cuja rapidez aumenta rapidamente, e módulo menor para aqueles que o fazem lentamente. A razão $\Delta \vec{v}/\Delta t$ é chamada de **aceleração média** e seu símbolo é $\vec{a}_{med}$. **A aceleração** média de um objeto durante um intervalo de tempo Δt, no qual a velocidade do objeto sofre uma variação $\Delta \vec{v}$, é o vetor

$$\vec{a}_{med} = \frac{\Delta \vec{v}}{\Delta t} \qquad (1.7)$$

O vetor aceleração média de um objeto possui a mesma orientação do vetor $\Delta \vec{v}$. Note que a aceleração, como a posição e a velocidade, é um vetor. Tanto seu módulo quanto sua orientação são partes importantes da informação necessária.

A aceleração é um conceito razoavelmente abstrato. A posição e o tempo são nossas medidas reais de um objeto, feitas à mão, e são fáceis de compreender. Podemos "ver" onde se encontra o objeto e o tempo correspondente em um relógio. A velocidade é um pouco mais abstrata, sendo a relação entre a variação da posição e o tempo transcorrido durante a mesma. Diagramas de movimento auxiliam a visualizar a velocidade como vetores-seta ligando uma posição do objeto à próxima. A aceleração é uma idéia ainda mais abstrata acerca das variações da velocidade. É essencial desenvolver uma boa intuição sobre a aceleração porque ela é um conceito-chave para compreender por que os objetos se movam da maneira como o fazem.

NOTA ▶ Como fizemos com a velocidade, deixaremos de lado o subscrito e nos referiremos à aceleração média simplesmente como $\vec{a}$. Isso é adequado para propósitos de visualização, mas não é a palavra final sobre o assunto. Refinaremos a definição de aceleração no Capítulo 2. ◀

O Audi TT acelera de 0 a 96 km/h em 6 s.

Determinando vetores aceleração em um diagrama de movimento

Vamos ver como podemos determinar o vetor aceleração média $\vec{a}$ a partir de um diagrama de movimento. A partir de sua definição, a Equação 1.7, vemos que $\vec{a}$ possui a mesma orientação de $\Delta \vec{v}$, a variação da velocidade. Essa idéia crucial é a base para a técnica de obter $\vec{a}$.

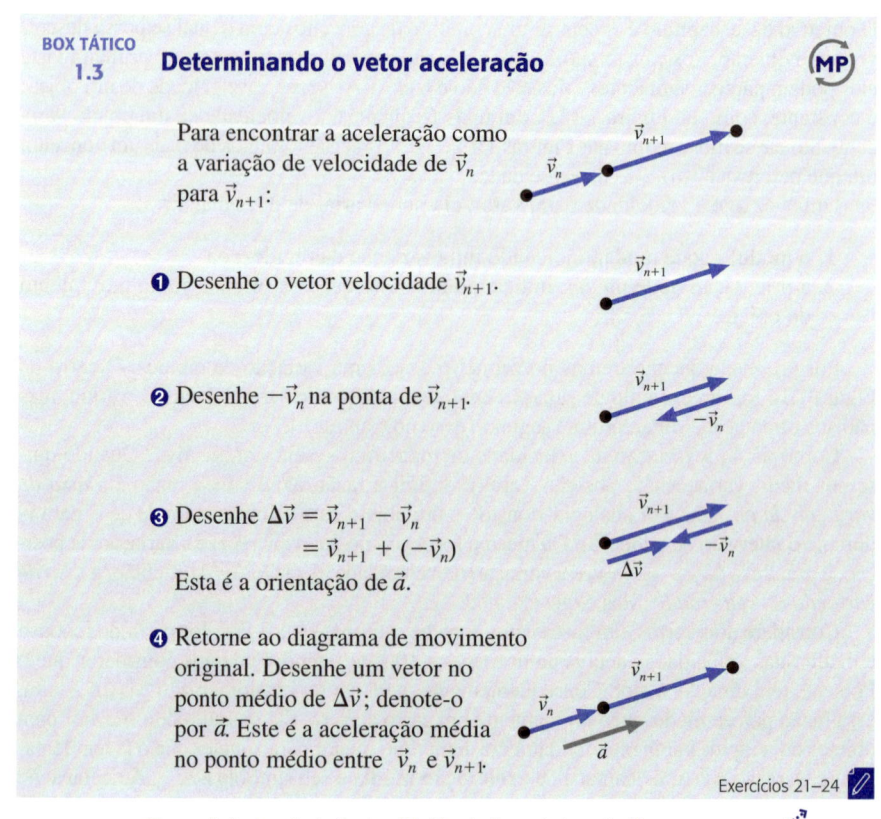

BOX TÁTICO 1.3 Determinando o vetor aceleração

Para encontrar a aceleração como a variação de velocidade de $\vec{v}_n$ para $\vec{v}_{n+1}$:

❶ Desenhe o vetor velocidade $\vec{v}_{n+1}$.

❷ Desenhe $-\vec{v}_n$ na ponta de $\vec{v}_{n+1}$.

❸ Desenhe $\Delta \vec{v} = \vec{v}_{n+1} - \vec{v}_n$
$= \vec{v}_{n+1} + (-\vec{v}_n)$
Esta é a orientação de $\vec{a}$.

❹ Retorne ao diagrama de movimento original. Desenhe um vetor no ponto médio de $\Delta \vec{v}$; denote-o por $\vec{a}$. Este é a aceleração média no ponto médio entre $\vec{v}_n$ e $\vec{v}_{n+1}$.

Exercícios 21–24

Estas referências são do *Student Workbook*, disponível, em inglês, apenas no mercado norte-americano.

Note que o vetor aceleração aparece ao lado do ponto, e não, dos vetores velocidade. Isso ocorre porque cada vetor aceleração é determinado por uma *diferença* entre os dois vetores velocidade de cada lado de um ponto. O comprimento de $\vec{a}$ não tem de ser o comprimento exato de $\Delta\vec{v}$; é a orientação de $\vec{a}$ que é mais importante.

O procedimento do Box Tático 1.3 pode ser repetido para encontrar $\vec{a}$ em cada ponto do diagrama de movimento. Note que não podemos determinar $\vec{a}$ no primeiro e no último dos pontos, pois dispomos de apenas um vetor velocidade naqueles pontos, não sendo possível determinar $\Delta\vec{v}$.

O diagrama de movimento completo

Você já viu vários *Boxes Táticos* que o ajudam a realizar tarefas específicas. *Boxes Táticos* aparecerão em praticamente cada capítulo deste livro. Onde for apropriado, apresentaremos boxes de *Estratégias para resolução de problemas*. A resolução de problemas será discutida com mais detalhes mais adiante no capítulo, mas este é um bom lugar para a primeira estratégia para resolução de problemas.

ESTRATÉGIA PARA RESOLUÇÃO DE PROBLEMAS 1.1 **Diagramas de movimento** (MP)

MODELO Represente um objeto em movimento como uma partícula. Faça hipóteses simplificadoras ao interpretar o enunciado do problema.

VISUALIZAÇÃO Um diagrama de movimento completo consiste:

- Da posição do objeto em cada quadro do filme, indicado por um ponto. Use cinco ou seis pontos para tornar claro qual é o movimento, mas sem sobrecarregar o desenho. Movimentos mais complexos podem necessitar de mais pontos.
- Dos vetores velocidade média, encontrados ligando-se cada ponto do diagrama de movimento ao próximo por um vetor-seta. Existirá *um* vetor velocidade ligando cada *par* de pontos do diagrama. Denote a fila de vetores por $\vec{v}$.
- Dos vetores aceleração média, obtidos usando o Box Tático 1.3. Existe *um* vetor aceleração ligando cada *par* de vetores velocidade. Cada vetor aceleração é desenhado no ponto situado entre os dois vetores velocidade que ele liga. Use o símbolo $\vec{0}$ para indicar um ponto em que a aceleração é nula. Denote a fila de vetores aceleração por $\vec{a}$.

PARE E PENSE 1.4 Uma partícula possui aceleração $\vec{a}$ enquanto se move do ponto 1 para o ponto 2. Qual das alternativas mostra o vetor velocidade com a qual a partícula se afasta do ponto 2?

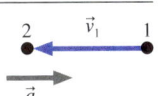

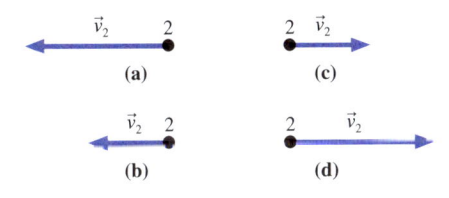

Exemplos de diagramas de movimento

Vamos ver alguns exemplos da estratégia completa para desenhar diagramas de movimento.

EXEMPLO 1.4 Os primeiros astronautas a aterrissar em Marte

Uma espaçonave levando os primeiros astronautas a Marte desce com segurança na superfície do planeta. Desenhe um diagrama de movimento para os últimos segundos da descida.

MODELO Represente a espaçonave como uma partícula. É razoável considerar que seu movimento nos últimos segundos seja diretamente para baixo. O problema termina quando a espaçonave toca a superfície.

VISUALIZAÇÃO A **FIGURA 1.16** mostra o diagrama de movimento completo da descida da espaçonave e de sua desaceleração, usando seus foguetes, até alcançar o repouso sobre a superfície. Note como os pontos tornam-se mais próximos quando ela está desacelerando. A inserção mostra como o vetor aceleração $\vec{a}$ é determinado em um dado ponto. Todos os outros vetores aceleração serão semelhantes, pois para cada par de vetores velocidade, o posterior é um pouco mais longo do que o anterior.

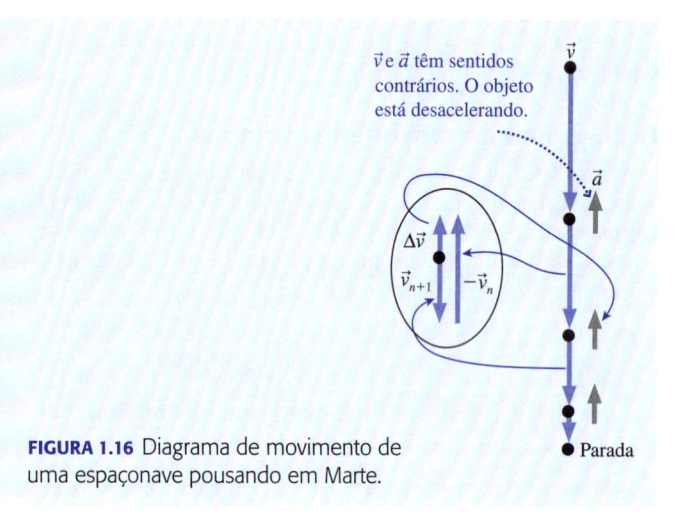

FIGURA 1.16 Diagrama de movimento de uma espaçonave pousando em Marte.

EXEMPLO 1.5 Esquiando através das árvores

Um esquiador desliza sobre neve suave e horizontal com uma rapidez constante, depois acelera ao descer uma colina. Desenhe o diagrama de movimento do esquiador.

MODELO Represente o esquiador como uma partícula. É razoável considerar que a pista inclinada seja retilínea. Embora o movimento como um todo não seja linear, podemos tratar o movimento do esquiador como dois movimentos lineares separados.

VISUALIZAÇÃO A **FIGURA 1.17** mostra o diagrama de movimento do esquiador. Os pontos estão igualmente espaçados no caso do movimento horizontal, indicando uma rapidez constante; depois, eles tornam-se progressivamente mais afastados enquanto o esquiador desce a colina. A inserção mostra como o vetor aceleração média $\vec{a}$ é determinado para o movimento horizontal e também ao longo da descida. Todos os outros vetores aceleração ao longo da descida serão semelhantes ao mostrado porque cada vetor velocidade é mais longo do que o precedente. Note que escrevemos explicitamente $\vec{0}$ para a aceleração nos pontos onde a velocidade é constante. A aceleração nos pontos em que a orientação varia será considerada no Capítulo 4.

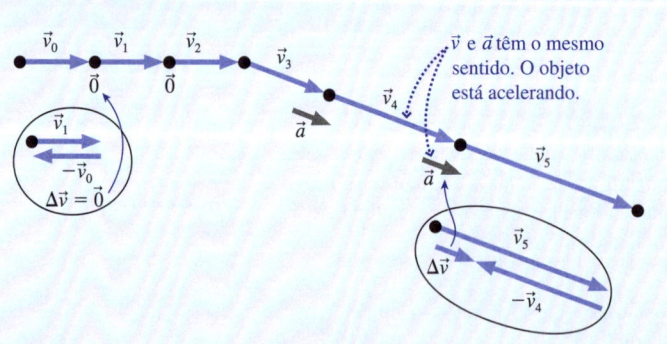

FIGURA 1.17 Diagrama de movimento de um esquiador.

Note algo interessante nas Figuras 1.16 e 1.17. Onde o objeto está acelerando, os vetores aceleração e velocidade possuem o *mesmo sentido*. Onde o objeto está desacelerando, os vetores aceleração e velocidade possuem *sentidos contrários*. Estes resultados são sempre verdadeiros para movimentos em uma linha reta. **Para um movimento ao longo de uma linha**:

- **Um objeto está acelerando se e somente se $\vec{v}$ e $\vec{a}$ possuem o mesmo sentido.**
- **Um objeto está desacelerando se e somente se $\vec{v}$ e $\vec{a}$ têm sentidos contrários.**
- **A velocidade de um objeto é constante se e somente se $\vec{a} = \vec{0}$.**

NOTA ▶ Na linguagem cotidiana, usamos a palavra acelerar com o sentido de "tornar-se mais rápido" e a palavra desacelerar no sentido de "tornar-se mais lento". Mas estes dois sentidos constituem variações de velocidade e, conseqüentemente, por nossa definição, ambos são referentes à aceleração. Em física, *aceleração* se refere a qualquer variação de velocidade, não importa qual ela seja, e não apenas ao aumenta da rapidez. ◀

EXEMPLO 1.6 Atirando uma bola

Desenhe o diagrama de movimento de uma bola lançada no ar diretamente para cima.

MODELO Este problema exige alguma interpretação. Deveríamos incluir o próprio ato de arremessar ou apenas o movimento após a bola ser solta pelo arremessador? Ou deveríamos incluir a colisão da bola com o solo? Parece que o problema diz respeito realmente ao movimento da bola através do ar. Conseqüentemente, iniciaremos o diagrama de movimento no momento em que o arremessador solta a bola e o terminaremos no momento em que a bola atinge o solo. Não levaremos em conta nem o arremesso nem o impacto. E, é claro, representaremos a bola como uma partícula.

VISUALIZAÇÃO Temos aqui uma pequena dificuldade porque a bola recobre sua rota enquanto cai. Um diagrama de movimento literal mostraria o movimento ascendente e o movimento descendente a partir do final de cada um, levando a confusões. Podemos evitar essa dificuldade separando horizontalmente os diagramas do movimento ascendente e do descendente. Isso não afetará nossas conclusões porque não altera qualquer dos vetores envolvidos. A **FIGURA 1.18** mostra um diagrama de movimento desenhado dessa maneira. Note que o ponto mais alto de todos é mostrado duas vezes — como ponto final da subida e como ponto inicial da descida da bola.

Enquanto sobe, a bola desacelera. Você já aprendeu que os vetores aceleração têm sentidos contrários aos dos vetores velocidade de um objeto que desacelera ao longo de uma linha, e eles foram ilustrados dessa maneira. Analogamente, $\vec{a}$ e $\vec{v}$ possuem o mesmo sentido quando a bola acelera durante a queda. Note algo interessante: os vetores aceleração apontam para baixo na subida da bola *e* na descida da mesma. Tanto a "aceleração" quanto a "desaceleração" ocorrem com o *mesmo* vetor aceleração. Esta é uma conclusão importante, a ponto de merecer uma pausa para se pensar a respeito.

Agora vamos observar o ponto mais alto da trajetória da bola. Os vetores velocidade apontam para cima, mas vão se tornando mais curtos à medida que a bola se aproxima do topo. Quando ela inicia a queda, os vetores velocidade apontam para baixo e vão se tornando cada vez mais longos. Deve haver um momento — exatamente o instante em que $\vec{v}$ troca de sentido — em que a velocidade é nula. De fato, a velocidade da bola *é* nula no instante preciso em que ela atinge o topo do movimento!

Mas e quanto à aceleração no topo? A inserção mostra como a aceleração média é determinada a partir da última velocidade antes do ponto mais alto e da primeira velocidade descendente. Concluímos que a aceleração no topo aponta para baixo, da mesma forma que em qualquer outra parte do movimento.

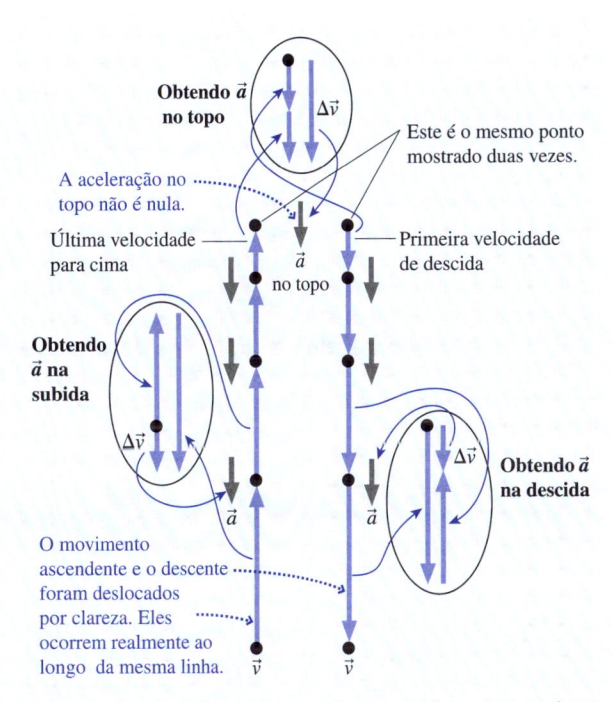

FIGURA 1.18 Diagrama de movimento de uma bola arremessada para cima no ar.

Muitas pessoas acreditam que a aceleração é nula no ponto mais alto da trajetória, mas lembre-se de que, no topo, a velocidade *está* variando — de ascendente para descendente. Se a velocidade está variando, *deve* existir uma aceleração. É necessário haver um vetor aceleração que aponta para baixo a fim de que o vetor velocidade troque de sentido naquele ponto. Outra maneira de pensar a respeito disso é perceber que uma aceleração nula significaria nenhuma alteração da velocidade. Quando a bola atingisse velocidade nula, no topo, ela ficaria fixa neste ponto e não cairia se a aceleração ali também fosse nula!

1.6 Movimento em uma dimensão

Como você viu, o movimento de um objeto pode ser descrito em termos de três grandezas fundamentais: sua posição $\vec{r}$, sua velocidade $\vec{v}$ e sua aceleração $\vec{a}$. Essas grandezas são vetores, possuindo tanto uma orientação quanto um módulo. Mas, no caso de movimentos em uma dimensão, os vetores estão restritos a apontar somente "para a frente" e "para trás". Conseqüentemente, podemos descrever o movimento unidimensional pelas grandezas mais simples x, v_x e a_x (ou y, v_y e a_y). Todavia, é necessário atribuir um sinal explícito a cada uma dessas grandezas, positivo ou negativo, para indicar se os vetores posição, velocidade ou aceleração apontam para a frente ou para trás.

Determinando os sinais da posição, da velocidade e da aceleração

1.1 Posição, velocidade e aceleração são medidas com relação a um sistema de coordenadas, uma grade ou conjunto de eixos que *você* impõe em um problema a fim de analisar o movimento. Verificaremos que é conveniente usar um eixo *x* para descrever um movimento horizontal ou ao longo de um plano inclinado. Um eixo *y* será usado para movimentos verticais. Um eixo de coordenadas tem também duas características essenciais:

1. Uma origem para definir o zero.
2. Um índice *x* ou *y* para indicar a extremidade positiva do eixo.

Adotaremos a convenção de que o **lado positivo de um eixo *x* está à direita e a extremidade positiva de um eixo *y* está acima**. Os sinais da posição, da velocidade e da aceleração são baseados nesta convenção.

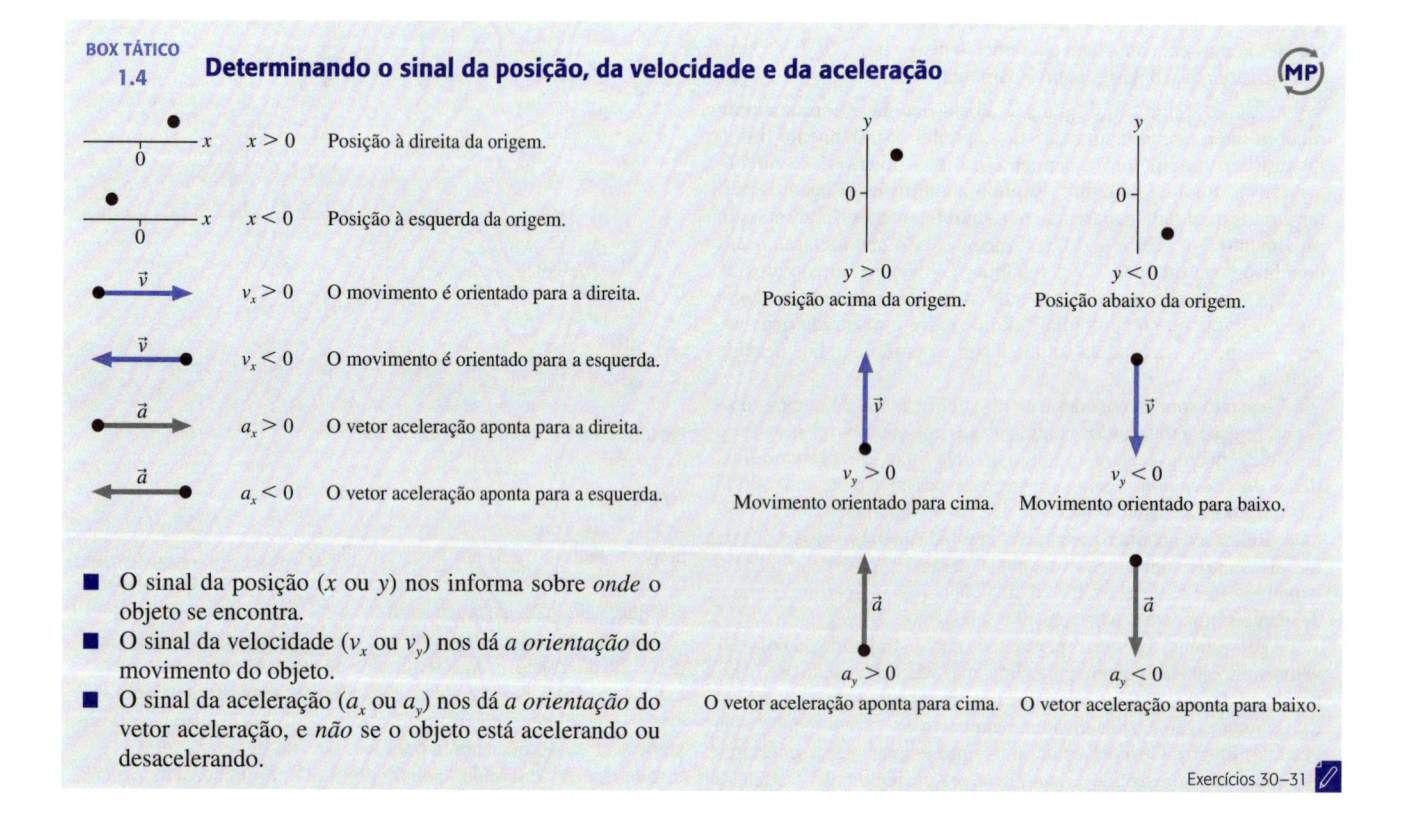

BOX TÁTICO 1.4 — Determinando o sinal da posição, da velocidade e da aceleração

- $x > 0$ — Posição à direita da origem.
- $x < 0$ — Posição à esquerda da origem.
- $v_x > 0$ — O movimento é orientado para a direita.
- $v_x < 0$ — O movimento é orientado para a esquerda.
- $a_x > 0$ — O vetor aceleração aponta para a direita.
- $a_x < 0$ — O vetor aceleração aponta para a esquerda.

- $y > 0$ — Posição acima da origem.
- $y < 0$ — Posição abaixo da origem.
- $v_y > 0$ — Movimento orientado para cima.
- $v_y < 0$ — Movimento orientado para baixo.
- $a_y > 0$ — O vetor aceleração aponta para cima.
- $a_y < 0$ — O vetor aceleração aponta para baixo.

- O sinal da posição (*x* ou *y*) nos informa sobre *onde* o objeto se encontra.
- O sinal da velocidade (v_x ou v_y) nos dá *a orientação* do movimento do objeto.
- O sinal da aceleração (a_x ou a_y) nos dá *a orientação* do vetor aceleração, e *não* se o objeto está acelerando ou desacelerando.

Exercícios 30–31

A aceleração é onde as coisas ficam um pouco mais complicadas. Uma tendência natural é pensar que um valor positivo de a_x ou de a_y descreva um objeto cuja rapidez esteja aumentando, enquanto um valor negativo descreveria um objeto que está se tornando mais lento (desaceleração). Esta interpretação, todavia, *não funciona*.

A aceleração foi definida como $\vec{a}_{med} = \Delta\vec{v}/\Delta t$. A orientação de $\vec{a}$ pode ser determinada usando-se um diagrama de movimento para determinar a orientação de $\Delta\vec{v}$. A aceleração unidimensional a_x (ou a_y) será, então, positiva se o vetor $\vec{a}$ apontar para a direita (ou para cima), e negativa se $\vec{a}$ apontar para a esquerda (ou para baixo).

A **FIGURA 1.19** mostra que este método para determinação do sinal de a de fato não é consistente com a idéia simples de aumento ou de diminuição da rapidez. O objeto da Figura 1.19a possui uma aceleração positiva ($a_x > 0$) não porque sua rapidez esteja aumentando, mas porque o vetor $\vec{a}$ aponta para a direita. Compare isto com o movimento da Figura 1.19b. Aqui o objeto está se tornando mais lento, mas ainda assim ele possui uma aceleração positiva ($a_x > 0$) porque $\vec{a}$ aponta para a direita.

Concluímos que um objeto está acelerando se $\vec{v}$ e $\vec{a}$ possuem mesmo sentido e desacelerando se estes vetores têm sentidos contrários. Para movimentos unidimensionais esta regra se torna:

- Um objeto está acelerando se e somente se v_x e a_x têm o mesmo sinal.
- Um objeto está desacelerando se e somente se v_x e a_x têm sinais opostos.
- A velocidade de um objeto é constante se e somente se $a_x = 0$.

Note que a primeira dessas duas regras está em funcionamento na Figura 1.19.

(a) Acelerando para a direita

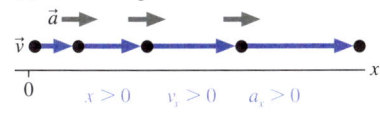

(b) Desacelerando para a esquerda

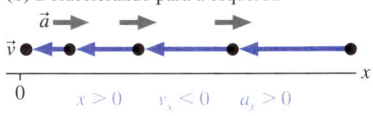

FIGURA 1.19 Um desses objetos está se tornando cada vez mais rápido, e o outro, mais lento, porém ambos possuem uma aceleração a_x positiva.

Gráfico posição *versus* tempo

A **FIGURA 1.20** é um diagrama de movimento, feito a 1 quadro por minuto, de uma estudante que caminha para a escola. Você pode verificar que ela sai de casa em um instante que escolhemos chamar de $t = 0$ min e caminha uniformemente por um período. Iniciando em $t = 3$ min há um período em que a distância percorrida durante cada intervalo de tempo torna-se cada vez menor — talvez ela esteja desacelerando para conversar com um amigo. Depois ela apressa o passo, e as distâncias percorridas em cada intervalo tornam-se cada vez maiores.

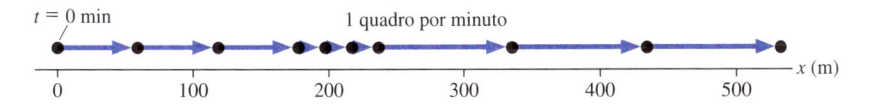

FIGURA 1.20 O diagrama de movimento de uma estudante que caminha para a escola e um eixo de coordenadas para efetuar medições.

TABELA 1.1 Posições medidas de uma estudante que caminha para a escola

Tempo t (min)	Posição x (m)
0	0
1	60
2	120
3	180
4	200
5	220
6	240
7	340
8	440
9	540

A Figura 1.20 inclui um eixo de coordenadas, e você pode verificar que cada ponto de um diagrama de movimento ocorre em uma posição específica. A Tabela 1.1 mostra as posições da estudante, em tempos diferentes, medidas ao longo deste eixo. Por exemplo, ela encontra-se na posição $x = 120$ m em $t = 2$ min.

O diagrama de movimento é uma maneira de representar o movimento da estudante. Outra maneira consiste em construir um gráfico com as medidas da Tabela 1.1 A **FIGURA 1.21a** é um gráfico de x versus t correspondente à estudante. O diagrama de movimento nos diz apenas onde está a estudante em alguns instantes discretos de tempo, de modo que este gráfico dos dados mostra apenas pontos, e não linhas.

> **NOTA** ▶ Um gráfico de "a versus b" significa que a está marcado no eixo vertical, e b, no horizontal. Falar em "gráfico de a versus b" é realmente uma forma sintética de dizer "o gráfico de a em função de b". ◀

Todavia, o senso comum nos diz o seguinte. Primeiro, a estudante estava *em algum lugar específico* em todos os tempos, ou seja, jamais houve um tempo em que ela não tivesse uma posição bem definida, pois ela não poderia ocupar duas posições em um mesmo tempo. (Embora aparentemente razoável, isto será seriamente questionado e não estará completamente correto quando chegarmos na física quântica!) Segundo, a estudante moveu-se *continuamente* através de todos os pontos intermediários do espaço. Ela não poderia ir de $x = 100$ m para $x = 200$ m sem passar por cada um dos pontos entre estes dois. Assim, é inteiramente razoável crer que o movimento da moça possa ser mostrado como uma linha contínua que passa por cada um dos pontos medidos, como mostrado na **FIGURA 1.21b**. Uma linha ou curva contínua que mostre a posição de um objeto em função do tempo é chamada de **gráfico posição *versus* tempo** ou, às vezes, simplesmente, de *gráfico de posição*.

(a) Os pontos indicam a posição da estudante em instantes discretos de tempo.

(b) Uma linha contínua mostra a posição da estudante em todos os instantes de tempo.

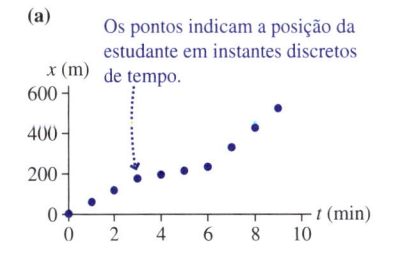

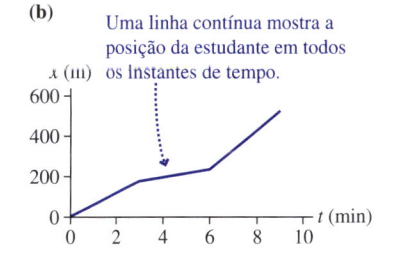

FIGURA 1.21 Os gráficos da posição da estudante em movimento para diferentes instantes discretos de tempo.

NOTA ▶ Um gráfico *não* é o "desenho" de um movimento. A estudante está caminhando ao longo de uma linha reta, mas o gráfico correspondente não é uma linha reta. Além disso, nós plotamos a posição da estudante no eixo vertical, embora o movimento seja horizontal. Os gráficos são *representações abstratas* de movimentos. Daremos bastante ênfase ao processo de interpretação de gráficos, e muitos dos exercícios e dos problemas lhe darão a chance de praticar essa habilidade. ◀

EXEMPLO 1.7 Interpretando um gráfico de posição

O gráfico da **FIGURA 1.22a** representa o movimento de um carro em uma rodovia retilínea. Descreva o movimento do carro.

MODELO Represente o carro como uma partícula.

VISUALIZAÇÃO Como mostra a **FIGURA 1.22b**, o gráfico representa um carro que trafega para a esquerda por 30 minutos, permanece parado por 10 minutos e depois trafega de volta para a direita por 40 minutos.

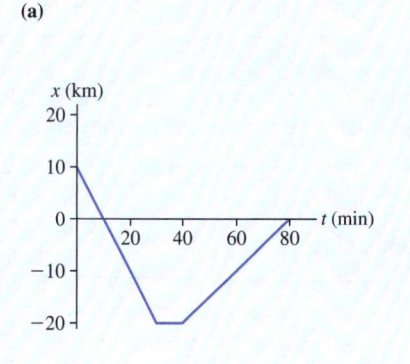

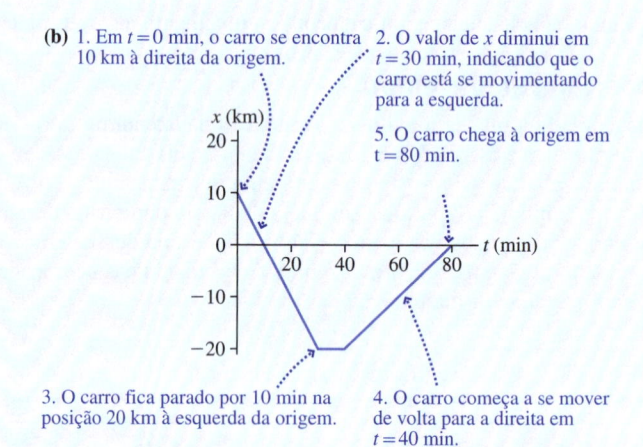

(a) [gráfico x (km) vs t (min)]

(b)
1. Em $t = 0$ min, o carro se encontra 10 km à direita da origem.
2. O valor de x diminui em $t = 30$ min, indicando que o carro está se movimentando para a esquerda.
3. O carro fica parado por 10 min na posição 20 km à esquerda da origem.
4. O carro começa a se mover de volta para a direita em $t = 40$ min.
5. O carro chega à origem em $t = 80$ min.

FIGURA 1.22 Gráfico posição *versus* tempo de um carro.

1.7 Resolução de problemas em física

A física não é matemática. Os problemas de matemática são enunciados de maneira clara, tais como "Quanto vale 2 + 2?" A física diz respeito ao mundo que nos cerca, e para descrevê-lo devemos usar a linguagem. E embora a linguagem seja maravilhosa — não poderíamos nos comunicar sem ela —, às vezes ela pode ser imprecisa ou ambígua.

O desafio, ao ler um problema de física, é traduzir as palavras em símbolos que possam ser manipulados, calculados e dispostos em gráficos. **A tradução das palavras em símbolos é o cerne da resolução de problemas em física.** É neste ponto que as palavras e frases ambíguas devem ser esclarecidas, onde a imprecisão deve ser tornada precisão e onde você chega a uma compreensão exata do que a questão está pedindo.

Usando símbolos

Os símbolos constituem uma linguagem que nos permite falar com precisão sobre as relações envolvidas em um problema. Com em qualquer linguagem, é preciso que haja concordância quanto ao uso das palavras e dos símbolos a fim de que possamos nos comunicar uns com os outros. Muitas das maneiras como usamos os símbolos em ciência e engenharia são um tanto arbitrárias, algumas vezes por razões históricas. Apesar disso, os cientistas e engenheiros envolvidos precisam concordar sobre como usar a linguagem dos símbolos. Aprender esta linguagem é parte do aprendizado da física.

A seção anterior começou com a introdução dos símbolos necessários para descrever o movimento ao longo de uma linha — a posição, a velocidade e a aceleração unidimensionais de um objeto, representadas pelos símbolos x, v_x e a_x (ou y, v_y e a_y, se o movimento for vertical). O caráter vetorial dessas grandezas aparece através de seus *sinais*:

■ v_x (ou v_y) é positiva se o vetor velocidade $\vec{v}$ aponta para a direita (ou para cima) e é negativa se o vetor $\vec{v}$ aponta para a esquerda (ou para baixo).

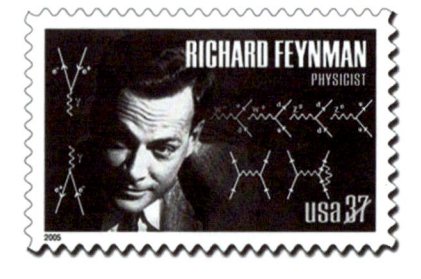

Richard Feynman, um dos maiores físicos do século XX, desenvolveu uma nova maneira de resolver alguns problemas difíceis representando idéias complexas por símbolos e diagramas especiais.

- a_x (ou a_y) é positiva se o vetor aceleração $\vec{a}$ aponta para a direita (ou para cima) e é negativa se o vetor $\vec{a}$ aponta para a esquerda (ou para baixo).

O sinal apropriado para v é geralmente claro. A determinação do sinal de a é mais difícil, e é nisto que um diagrama de movimento pode ajudar.

Nós usaremos subscritos para indicar um ponto particular de um problema. Os cientistas normalmente indicam o ponto de partida de um problema pelo subscrito "0", e não "1", como você poderia esperar. Ao usar subscritos, devemos ter certeza de que todos os símbolos que se referem ao mesmo ponto do problema tenham o *mesmo subscrito numérico*. Ter um ponto do problema caracterizado pela posição x_1, mas pela velocidade v_2 com certeza provocará confusão.

Desenhando figuras

Você pode ter sido tentado a afirmar que o primeiro passo para resolver um problema de física é "fazer um desenho", mas talvez você não saiba por que ou o que desenhar. O propósito de fazer um desenho é ajudá-lo na tradução de palavras para símbolos. Problemas complexos envolvem muito mais informações do que você é capaz de manter em mente simultaneamente. Pense em um desenho como uma "extensão da memória", que o ajuda a se organizar e a estabelecer um caminho para as informações vitais.

Embora fazer um desenho qualquer seja melhor do que não fazer nenhum, existe realmente um *método* para fazer desenhos que ajudarão a fazer de você um melhor solucionador de problemas. Trata-se da **representação pictórica** do problema. Adicionaremos outras representações pictóricas à medida que avançarmos no capítulo, mas o seguinte procedimento é apropriado para a maioria dos problemas sobre movimento.

BOX TÁTICO 1.5 **Desenhando uma representação pictórica** (MP)

1. **Desenhe um diagrama de movimento**. O diagrama de movimento desenvolve sua intuição e, o que é especialmente importante, ajuda a determinar se os sinais de v e de a são positivos ou negativos.
2. **Escolha um sistema de coordenadas**. Selecione seus eixos e a origem de modo a ser compatível com o movimento analisado. Para um movimento unidimensional, você precisa de que o eixo x ou o eixo y seja paralelo ao movimento.
3. **Faça um esboço da situação**. Não um esboço qualquer. Um que mostre o objeto no *início* do movimento, no *final* e em um ponto onde o caráter do movimento sofra mudança. Desenhe o objeto, não apenas um ponto para representá-lo, embora desenhos muito simples sejam adequados.
4. **Defina os símbolos**. Use o esboço para definir os símbolos que representarão grandezas como posição, velocidade, aceleração e tempo. *Cada* variável usada mais tarde na solução matemática deve estar definida no esboço. Algumas delas terão valores conhecidos, outras senão inicialmente desconhecidas, mas a cada uma devemos dar um nome simbólico.
5. **Liste as informações fornecidas.** Construa uma tabela com as grandezas cujos valores você possa determinar a partir do enunciado do problema ou que possam ser encontrados rapidamente por meio de geometria elementar ou de conversões de unidade. Certas grandezas estão envolvidas no problema e não são fornecidas explicitamente. Outras, são determinadas por sua escolha de sistema de coordenadas.
6. **Identifique as incógnitas de interesse.** Que grandeza ou grandezas lhe permitirão responder à questão? Elas devem ter sido definidas como símbolos no quarto passo. Não liste todas as incógnitas, somente uma ou duas necessárias para responder à questão.

Não é um exagero dizer que uma representação pictórica de um problema bem-desenhada representa um meio caminho andado para a solução. O exemplo seguinte ilustra como construir uma representação pictórica típica dos problemas que você verá nos próximos capítulos.

EXEMPLO 1.8 Desenhando uma representação pictórica

Desenhe uma representação pictórica para o seguinte problema: um trenó-foguete acelera a 50 m/s² durante 5,0 s, depois desliza uniformemente por 3,0 s. Qual é a distância total percorrida?

VISUALIZAÇÃO O diagrama de movimento mostra uma fase de aceleração seguida por uma de movimento uniforme. Uma vez que o movimento é horizontal, o sistema de coordenadas apropriado é um eixo x. Vamos escolher a origem do eixo no ponto de partida. O movimento tem um início, um fim e um ponto onde o caráter do movimento muda de acelerado para uniforme. Estas são as três posições esboçadas na **FIGURA 1.23**. Em cada uma delas, é necessário conhecer os valores das grandezas x, v_x e t, de maneira que estes valores devem estar definidos no esboço e distinguidos por subscritos. As acelerações estão associadas a *intervalos* entre os pontos, de modo que duas acelerações estão definidas. Os valores dessas três grandezas são dados no enunciado do problema, embora precisemos usar o diagrama de movimento, onde $\vec{a}$ aponta para a direita, para determinar que $a_{0x} = +50$ m/s², e não -50 m/s². Outras grandezas, como $x_0 = 0$ m e $t_0 = 0$ s, são inferidas a partir da escolha do sistema de coordenadas. O valor $v_{0x} = 0$ m/s é parte de nossa *interpretação* do enunciado. Finalmente, identificamos x_2 como a grandeza que corresponde à resposta da questão. Com isso, teremos compreendido um pouco melhor o problema e estaremos prontos para iniciar uma análise quantitativa.

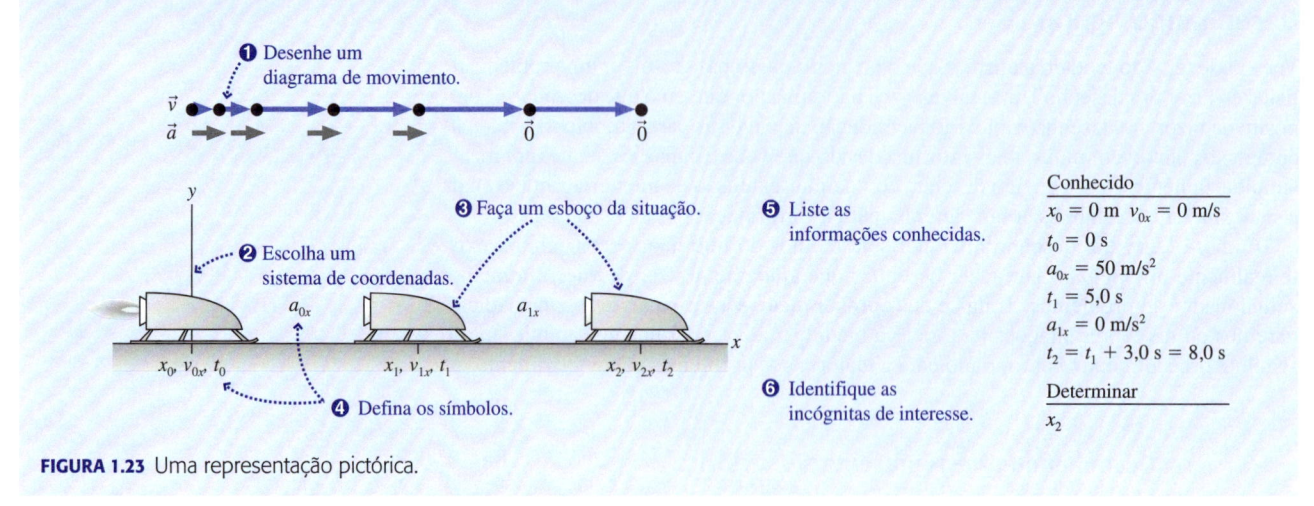

FIGURA 1.23 Uma representação pictórica.

❶ Desenhe um diagrama de movimento.
❷ Escolha um sistema de coordenadas.
❸ Faça um esboço da situação.
❹ Defina os símbolos.
❺ Liste as informações conhecidas.
❻ Identifique as incógnitas de interesse.

Conhecido
$x_0 = 0$ m $v_{0x} = 0$ m/s
$t_0 = 0$ s
$a_{0x} = 50$ m/s²
$t_1 = 5,0$ s
$a_{1x} = 0$ m/s²
$t_2 = t_1 + 3,0$ s $= 8,0$ s

Determinar
x_2

De fato, não *resolvemos* o problema: este não é o propósito quando fazemos uma representação pictórica. Ela é apenas uma maneira sistemática de avançar na interpretação do enunciado e de se preparar para uma solução matemática. Embora este seja um problema simples, e você provavelmente saiba como resolvê-lo mesmo sem ter tido aulas de física antes, logo se defrontará com problemas mais desafiadores. Desenvolver habilidades para solucionar problemas desde o início, quando os problemas propostos são fáceis, fará delas sua segunda natureza para quando, mais tarde, você realmente necessitar delas.

Representações

Um desenho é uma das maneiras de *representar* seu conhecimento sobre uma situação. Você poderia também representar seu conhecimento usando palavras, gráficos ou equações. Cada **representação de conhecimento** lhe dá uma perspectiva diferente do problema. Quanto mais ferramentas você dispuser para pensar sobre um problema complexo, mais você estará preparado para resolvê-lo.

Existem quatro representações de conhecimento que usaremos repetidamente:

1. A representação *verbal*. O enunciado de um problema, em palavras, constitui uma representação verbal de conhecimento. Logo, é uma explicação que você redige.
2. A representação *pictórica*. Como a que acabamos de apresentar, trata-se de um esboço mais literal da situação.
3. A representação *gráfica*. Faremos uso extensivo de gráficos.
4. A representação *matemática*. Equações que podem ser usadas para determinar os valores numéricos das grandezas específicas constituem uma representação matemática.

NOTA ▶ A representação matemática é apenas uma entre muitas. Boa parte da física diz respeito mais ao pensamento e ao raciocínio do que à resolução de equações. ◀

A construção de um novo edifício requer um planejamento cuidadoso. A visualização do arquiteto e seus desenhos já devem ter sido feitos antes de iniciar os procedimentos detalhados de construção. O mesmo é verdadeiro na resolução de problemas de física.

Uma estratégia para resolução de problemas

Um dos objetivos deste livro é ajudá-lo a desenvolver uma *estratégia* para a resolução de problemas de física. O propósito de uma estratégia é orientá-lo na direção certa com o mínimo de esforço. A estratégia para resolução de problemas em quatro etapas apresentada abaixo — **Modelo**, **Visualização**, **Resolução** e **Avaliação** — é baseada no uso de diferentes representações de conhecimento. Você verá esta estratégia de resolução de problemas usada de forma consistente nos exemplos resolvidos ao longo deste livro e deveria esforçar-se para aplicá-la na resolução de seus próprios problemas.

Através deste livro enfatizaremos as duas primeiras etapas. Elas constituem a física envolvida no problema, em oposição à matemática usada para resolver as equações resultantes. Isso não significa que aquelas operações matemáticas sejam sempre fáceis — em muitos casos, elas não são. Mas nosso objetivo principal é compreender a física.

Estratégia geral para resolução de problemas

MODELO É impossível considerar cada detalhe de uma situação. Simplifique a situação por meio de um modelo que incorpore as principais características da situação. Por exemplo, o objeto de um problema de mecânica pode ser normalmente representado como uma partícula.

VISUALIZAÇÃO Esta é a parte onde os experientes solucionadores de problemas realizam maior esforço.

- Desenhe uma *representação pictórica*. Isso o ajudará a visualizar aspectos importantes da física e a avaliar o caráter da informação que lhe foi fornecida. Com ela se inicia o processo de traduzir o problema em símbolos.
- Use uma *representação gráfica* se for apropriado ao problema.
- Vá alternativamente de uma dessas representações a outra; elas não precisam ser feitas em uma ordem particular.

RESOLUÇÃO Somente depois que a modelagem e a visualização estão completas é que se deve desenvolver uma *representação matemática*, com equações específicas que devem ser resolvidas. Todos os símbolos usados aqui devem ter sido definidos na representação visual.

AVALIAÇÃO Seu resultado é crível? Ele está expresso nas unidades apropriadas? Ele faz sentido?

As ilustrações do livro obviamente são mais sofisticadas do que as que você consegue desenhar em seu próprio papel. Para mostrar a você como uma figura *deveria* ser desenhada, o exemplo final desta seção é um esboço feito a lápis. Incluiremos um ou mais esboços a lápis em quase todos capítulos a fim de ilustrar precisamente de que maneira um bom solucionador de problemas deveria fazer seus desenhos.

EXEMPLO 1.9 Lançando um foguete meteorológico

Use as duas primeiras etapas da estratégia para resolução de problemas para analisar o seguinte problema: um pequeno foguete, como os que são usados para realizar medições meteorológicas na atmosfera, é lançado verticalmente com aceleração de 30 m/s². Seu combustível acaba após 30 s. Qual será a altitude máxima atingida?

MODELO Precisamos interpretar um pouco o enunciado. O senso comum nos diz que o foguete não pára no instante em que acaba seu combustível. Em vez disso, ele prossegue subindo, porém desacelerando, até atingir a altitude máxima. Esta segunda parte do movimento, depois que acaba o combustível, é como o arremesso da bola diretamente para cima da primeira metade do Exemplo 1.6. Uma vez que o enunciado não indaga a respeito da descida do foguete, concluímos que o problema acaba no ponto de máxima altitude. Representaremos o foguete como uma partícula.

Continua

VISUALIZAÇÃO A **FIGURA 1.24** mostra a representação visual a lápis. O foguete acelera durante a primeira metade do movimento, de modo que $\vec{a}_0$ aponta para cima, no sentido positivo de y. Portanto, a aceleração inicial é $a_{0y} = 30$ m/s². Durante a segunda metade, como o foguete torna-se cada vez mais lento, $\vec{a}_1$ aponta para baixo. Logo a_{1y} é um número negativo.

Esta informação está incluída na informação fornecida. Embora a velocidade v_{2y} não seja dada no enunciado, sabemos que ela deve se anular no ponto mais alto da trajetória. Por último, identificamos y_2 como a incógnita do problema. Esta, claro, não é a única incógnita no problema, mas é a única que foi especificamente solicitada.

AVALIAÇÃO Se você já teve aulas de física, talvez se sinta tentado a atribuir o valor de $-9,8$ m/s² para a_{1y}, como na queda livre. Todavia, isto seria verdadeiro apenas se não houvesse a resistência do ar exercida sobre o foguete. Será preciso levar em conta as forças exercidas sobre o foguete durante a segunda metade de seu movimento antes de poder determinar um valor para a_{1y}. Por ora, tudo o que podemos concluir é que a_{1y} é negativa.

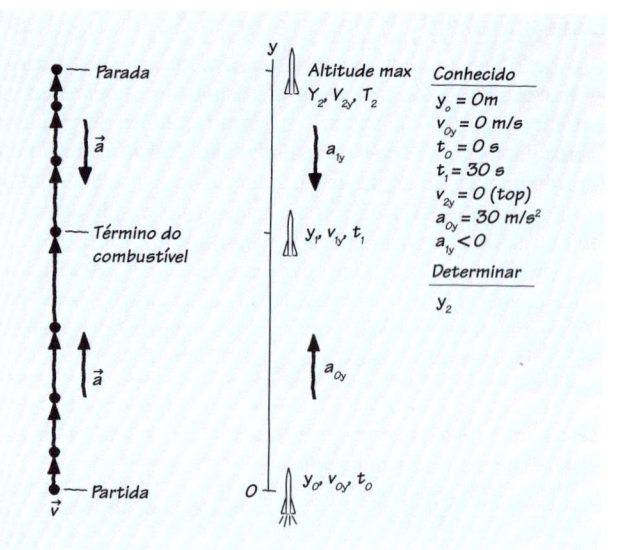

FIGURA 1.24 Representação pictórica do movimento do foguete.

Nossa tarefa nesta seção não é resolver problemas – tudo em seu devido tempo –, mas nos concentrar sobre o que ocorre na situação do problema. Noutras palavras, o que se quer é fazer a tradução de palavras para símbolos como preparação para a posterior análise matemática. A modelagem e a representação pictórica serão nossas ferramentas mais importantes.

1.8 Unidades e algarismos significativos

TABELA 1.2 Unidades básicas do SI

Grandeza	Unidade	Abreviatura
tempo	segundo	s
comprimento	metro	m
massa	quilograma	kg

A ciência baseia-se em medidas experimentais, e medidas requerem *unidades*. O sistema de unidades usado na ciência é chamado de *Le Système Internationale d'Unitès* (Sistema Internacional de Unidades). Geralmente nos referimos a estas unidades como **unidades do SI**. Livros antigos costumeiramente se referem às *unidades mks*, o que significa "metro-quilograma-segundo", ou às *cgs*, o que significa "centímetro-grama-segundo". Para finalidades práticas, as unidades SI são as mesmas unidades mks. De modo informal, com frequência nos referimos a elas como *unidades métricas*, embora este termo possa significar tanto unidades mks quanto unidades cgs.

Todas as grandezas necessárias para a compreensão do movimento podem ser expressas em termos das três unidades SI básicas que aparecem na Tabela 1.2. Outras grandezas podem ser expressas como combinações dessas unidades básicas. A velocidade, expressa em metros por segundo, ou m/s, é a razão entre a unidade de comprimento e a unidade de tempo.

Tempo

O padrão de tempo antes de 1960 era baseado no *dia solar médio*. Quando a acuidade das medições de tempo e das observações astronômicas melhoraram, tornou-se claro que a rotação da Terra não era perfeitamente constante. Neste ínterim, os físicos desenvolveram um dispositivo conhecido como *relógio atômico*. Este instrumento é capaz de medir, com precisão incrivelmente alta, a freqüência de ondas de rádio absorvidas por átomos quando eles transitam entre dois níveis de energia muito próximos. Essa freqüência pode ser reproduzida com grande acuidade em muitos laboratórios mundo afora. Conseqüentemente, a unidade SI de tempo – o segundo – foi redefinida em 1967, da seguinte maneira:

Um *segundo* é o tempo requerido para que 9.192.631.770 oscilações de ondas de rádio sejam absorvidas por átomos de césio-133. A abreviatura usada para o segundo é a letra s.

Várias estações de rádio mundo afora irradiam um sinal cuja freqüência está diretamente ligada a relógios atômicos. Este sinal é o tempo padrão, e qualquer equipamento de medição de tempo que você use foi calibrado a partir deste tempo padrão.

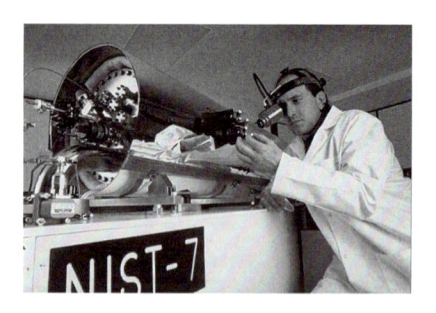

Um relógio atômico do *National Institute of Standards and Tecnology* (Instituto Nacional de Medidas e Tecnologia) dos EUA fornece o padrão de tempo primário.

Comprimento

A unidade SI de comprimento – o metro – também possui uma história longa e interessante. Ela foi originalmente definida como um décimo de milionésimo da distância entre o Pólo Norte e o equador ao longo de uma linha que passa por Paris. Existem dificuldades práticas óbvias para a implementação desta definição, e ela foi mais tarde abandonada em favor da distância entre duas marcas feitas sobre uma barra de platina-irídio guardada em uma redoma especial em Paris. A presente definição, adotada em 1983, é a seguinte:

Um *metro* é a distância percorrida pela luz, no vácuo, durante 1/299.792.458 de segundo. A abreviatura para o metro é a letra m.

Isso equivale a definir o módulo da velocidade da luz como exatamente 299.792.458 m/s. A tecnologia *laser* é usada em vários laboratórios nacionais para implementar tal definição e calibrar padrões secundários que são mais fáceis de usar. Esses padrões, em última análise, acabam desempenhando o papel de uma régua ou trena. É bom ter em mente que qualquer instrumento de medida que se use é tão preciso quanto o cuidado com que ele foi calibrado.

Massa

A unidade original de massa, o grama, foi definida como a massa de 1 centímetro cúbico de água. É por isso que todos sabemos que a densidade da água vale 1 g/cm^3. Esta definição provou ser pouco prática quando os cientistas precisavam fazer medições muito precisas. A unidade SI de massa – o quilograma – foi redefinida em 1889, como:

Um *quilograma* é a massa do quilograma-padrão internacional, um cilindro polido de platina-irídio guardado em Paris. A abreviatura para o quilograma é kg.

O quilograma é a única unidade SI ainda definida a partir de um objeto manufaturado. A despeito do prefixo *quilo*, é o quilograma, e não o grama, a unidade apropriada do SI.

Por acordo internacional, este cilindro metálico, guardado em Paris, é a definição do quilograma.

Usando prefixos

Em muitas ocasiões, teremos de usar comprimentos, tempos e massas cujos valores são muito menores ou muito maiores do que os padrões de 1 metro, 1 segundo e 1 quilograma. Faremos isso usando *prefixos* que denotam potências de 10. A Tabela 1.3 lista os prefixos comuns que usaremos com freqüência ao longo do livro. Memorize-as! Poucas coisas em ciência são aprendidas via memorização, mas esta lista é uma delas. Uma lista de prefixos mais extensa é apresentada na capa do livro.

Embora os prefixos tornem mais fácil falar sobre as quantidades, as unidades do SI são metros, segundos e quilogramas. Antes de efetuar os cálculos, as quantidades fornecidas com unidades acompanhadas de prefixos devem ser convertidas para unidades do SI. É melhor efetuar as conversões de unidades logo no início do problema, como parte da representação pictórica.

TABELA 1.3 Prefixos mais comuns

Prefixo	Potência de 10	Abreviatura
mega-	10^6	M
quilo-	10^3	k
centi-	10^{-2}	c
mili-	10^{-3}	m
micro-	10^{-6}	μ
nano-	10^{-9}	n

Conversões de unidades

Embora as unidades do SI sejam nossos padrões, não podemos esquecer inteiramente que os EUA usam unidades britânicas. Muitos cálculos de engenharia são feitos nessas unidades. Mesmo depois de seguidas exposições às unidades métricas em sala de aula, a maioria dos norte-americanos "pensa" em unidades britânicas, pois cresceram acostumados com elas. Logo, é importante ser capaz de efetuar conversões de unidades do SI em unidades britânicas e vice-versa. A Tabela 1.4 mostra diversas conversões usadas com freqüência, que são difíceis de memorizar se você já não as conhece. Apesar do sistema britânico ter se originado com base no comprimento do pé do rei, é interessante notar que, hoje em dia, a conversão 1 pol = 2,54 cm é a *definição* de polegada. Noutras palavras, a unidade de comprimento do sistema britânico de unidades agora é baseada no metro!

TABELA 1.4 Conversões de unidades úteis

1 pol = 2,54 cm
1 mi = 1,609 km
1 mph = 0,447 m/s
1 m = 39,37 pol
1 km = 0,621 mi
1 m/s = 2,24 mph
1 m/s = 3,6 km/h

Há várias técnicas para efetuar conversões de unidades. Um método eficiente é escrever o fator de conversão como uma razão igual a um. Por exemplo, usando a informação das Tabelas 1.3 e 1.4,

$$\frac{10^{-6} \text{ m}}{1 \text{ }\mu\text{m}} = 1 \quad \text{e} \quad \frac{2,54 \text{ cm}}{1 \text{ pol}} = 1$$

Uma vez que a multiplicação de qualquer quantidade por um não altera o valor da mesma, estas relações são facilmente usadas em conversões. Para converter 3,5 μm para metros, efetuaríamos

$$3,5 \text{ }\mu\text{m} \times \frac{10^{-6} \text{ m}}{1 \text{ }\mu\text{m}} = 3,5 \times 10^{-6} \text{ m}$$

Analogamente, a conversão de 2 pés para metros seria

$$2,00 \text{ pé} \times \frac{12 \text{ pol}}{1 \text{ pé}} \times \frac{2,54 \text{ cm}}{1 \text{ pol}} \times \frac{10^{-2} \text{ m}}{1 \text{ cm}} = 0,610 \text{ m}$$

Note como as unidades em um numerador se cancelam com outra igual em um denominador até que as unidades restantes sejam as que desejamos. Pode-se efetuar este processo de multiplicação por 1 tantas vezes quantas forem necessárias a fim de completar todas as conversões.

Validação

Ao chegarmos ao final da resolução de um problema, é necessário decidir se a resposta encontrada "faz sentido". Para isso, até que você tenha mais experiência com as unidades do SI, você poderá precisar converter unidades do SI de volta para unidades britânicas nas quais você está acostumado a pensar. Mas essa conversão não necessita ser muito precisa. Por exemplo, se estivermos trabalhando em um problema sobre velocidades de automóveis e chegarmos a uma resposta de 25 m/s, tudo o que você realmente precisa saber é se este valor corresponde a uma rapidez realísta ou não para um carro. Isso requer uma conversão rápida e aproximada, e não, uma de grande precisão.

A Tabela 1.5 apresenta vários fatores de conversão aproximados que podem ser usados na avaliação de um problema. Usando 1 m/s ≈ 4 km/h, você conclui que 25 m/s é aproximadamente igual a 100 km/h, que é um valor razoável de velocidade para um carro. Mas uma resposta de 250 m/s, que poderia ter sido obtida por causa de um erro de cálculo, corresponde a 1.000 km/h, o que não é razoável. A prática lhe permitirá desenvolver uma intuição para as unidades métricas.

TABELA 1.5 Fatores de conversão aproximados

1 cm ≈ $\frac{1}{2}$ pol
10 cm ≈ 4 pol
1 m ≈ 1 jarda
1 m ≈ 3 pés
1 km ≈ 0,6 milha
1 m/s ≈ 2 mph
1 m/s ≈ 4 km/h

NOTA ▶ Estes fatores de conversão aproximados são adequados somente para um algarismo significativo. Isso é suficiente para a avaliação da resposta a um problema, mas, no início do problema, você *não deve* usar os fatores de conversão da Tabela 1.5 para converter unidades britânicas em unidades do SI. Para isso, use a Tabela 1.4. ◀

Algarismos significativos

É necessário dizer algumas palavras sobre uma fonte de dificuldades recorrente: algarismos significativos. A matemática é uma disciplina em que os números e as relações entre eles podem ser tão precisos quanto se queira, mas a física opera com uma ambigüidade real do mundo. Na ciência e na engenharia, é importante deixar claro o que se sabe exatamente sobre uma dada situação — nem menos e, especialmente, nem mais do que isso. Os números constituem uma maneira de especificar nosso conhecimento.

Se você registra que um dado comprimento tem valor de 6,2 m, isso implica que o valor real deve estar entre 6,15 m e 6,25 m e, assim, foi arredondado para 6,2 m. Se for este o caso, então o valor registrado simplesmente como 6 m lhe informa menos do que você sabe; você está subtraindo informação. Por outro lado, registrar o número como 6,213 m é errado. Qualquer pessoa que revisasse seu trabalho — talvez um cliente que o contratou — interpretaria o número 6,213 m como significando que o comprimento real se situa entre 6,2125 m e 6,2135, arredondado para 6,213 m. Neste caso, você alegaria possuir conhecimento e informação que de fato não possui.

A maneira de estabelecer precisamente o grau de seu conhecimento é por meio do uso apropriado de **algarismos significativos**. Você pode pensar em um algarismo significativo como sendo um dígito sobre o qual se tem confiança. Um número como 6,2 m possui *dois* algarismos significativos porque sobre a próxima casa decimal — a dos centésimos — não se tem confiança. Como mostra a **FIGURA 1.25**, a melhor maneira de determinar quantos algarismos significativos um número possui é escrevê-lo em notação científica.

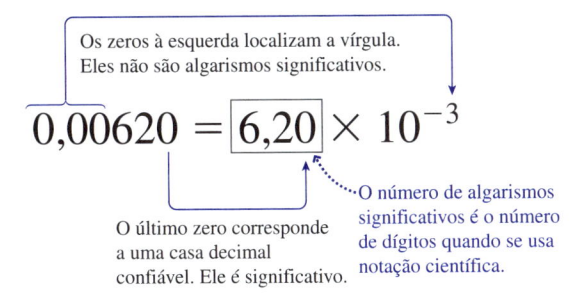

$$0{,}00620 = \boxed{6{,}20} \times 10^{-3}$$

Os zeros à esquerda localizam a vírgula. Eles não são algarismos significativos.

O último zero corresponde a uma casa decimal confiável. Ele é significativo.

O número de algarismos significativos é o número de dígitos quando se usa notação científica.

- Número de algarismos significativos ≠ número de casas decimais.
- Mudanças de unidades deslocam a posição da vírgula, mas não alteram de fato o número de algarismos significativos.

FIGURA 1.25 Determinação dos algarismos significativos.

Os cálculos com números seguem a regra do "elo mais fraco". Como você provavelmente sabe, isso significa dizer que "uma corrente é tão forte quanto o seu elo mais fraco". Se nove dos dez elos de uma corrente podem suportar um peso de 1.000 libras-força, essa resistência não importa se o décimo elo pode suportar apenas 200 libras-força. Nove dos dez números usados nos cálculos podem ser conhecidos com precisão de apenas 0,01%; mas se o décimo número for conhecido com pouca precisão, com uma precisão de apenas 10%, por exemplo, o resultado dos cálculos possivelmente não poderá ser mais preciso do que 10%. Vale a regra do elo mais fraco!

BOX TÁTICO 1.6 Usando algarismos significativos

❶ Quando se multiplica ou se divide vários números, ou se tira suas raízes quadradas, o número de algarismos significativos da resposta deve ser igual ao número de algarismos significativos do número conhecido *com menor precisão* entre os usados no cálculo.

❷ Quando somamos ou subtraímos vários números, o número de casas decimais da resposta deve ser igual ao *menor* número de casas decimais de qualquer dos números usados no seu cálculo.

❸ É aceitável manter um ou dois dígitos extras durante os passos intermediários de um cálculo, desde que a resposta final seja expressa com o número apropriado de algarismos significativos. O objetivo é minimizar os erros de arredondamento no cálculo, mas somente um ou dois dígitos extras, não os sete ou oito mostrados no visor da calculadora usada.

Exercícios 38–39

EXEMPLO 1.10 Usando algarismos significativos

Um dado objeto consiste de duas partes. A massa de uma delas foi medida como sendo 6,47 kg. O volume da outra parte, que é feita de alumínio, foi medido como sendo $4{,}44 \times 10^{-4}$ m³. Um manual lista a densidade do alumínio como $2{,}7 \times 10^3$ kg/m³. Qual é a massa total do objeto?

RESOLUÇÃO Primeiro calcule a massa da segunda parte:

$$m = (4{,}44 \times 10^{-4} \text{ m}^3)(2{,}7 \times 10^3 \text{ kg/m}^3)$$

$$= 1{,}199 \text{ kg} = 1{,}2 \text{ kg}$$

O número de algarismos significativos de um produto de números deve ser igual ao número de algarismos significativos daquele que é conhecido com *menor precisão*, que, neste caso, são os dois algarismos significativos da densidade do alumínio. Em seguida, somamos as massas das duas partes:

$$\begin{array}{r} 6{,}47 \text{ kg} \\ + \ 1{,}2 \ \text{ kg} \\ \hline 7{,}7 \ \text{ kg} \end{array}$$

A soma dá 7,67 kg, mas a casa centesimal depois da vírgula não é confiável porque a massa da segunda parte não possui confiabilidade quanto a este dígito. Assim, devemos arredondar a resposta para uma casa decimal apenas, como é o caso de 1,2 kg. O máximo que podemos afirmar, com confiabilidade, é que a massa total vale 7,7 kg.

TABELA 1.6 Alguns comprimentos aproximados

	Comprimento (m)
Circunferência da Terra	4×10^7
Nova York a Los Angeles	5×10^6
Distância que você percorre dirigindo por 1 hora	1×10^5
Altitude de aviões a jato	1×10^4
Distância ao longo de um campus universitário	1.000
Comprimento de um campo de futebol	100
Comprimento de uma sala de aula	10
Comprimento de seu braço	1
Grossura de um livro	0,1
Comprimento da unha de um dedo	0,01
Diâmetro da ponta de um lápis	1×10^{-3}
Espessura de uma folha de papel	1×10^{-4}
Diâmetro de uma partícula de poeira	1×10^{-5}

TABELA 1.7 Algumas massas aproximadas

	Massa (kg)
Avião comercial grande	1×10^5
Carro pequeno	1.000
Ser humano grande	100
Cachorro tamanho médio	10
Livro didático científico	1
Maçã	0,1
Lápis	0,01
Uva passa	1×10^{-3}
Mosca	1×10^{-4}

Certas grandezas podem ser medidas com muita precisão — três algarismos significativos ou mais. Outras, são inerentemente muito menos precisas — apenas dois algarismos significativos. Neste livro, os exercícios e os problemas normalmente fornecerão dados com dois ou três algarismos significativos, apropriado à situação. **O número aproximado de algarismos significativos da resposta será determinado pelos dados fornecidos.**

NOTA ▶ Seja cuidadoso! Muitas calculadoras são projetadas para mostrar duas casas decimais, como em 5,23. Isso é perigoso. Se você precisar calcular 5,23/58,5, por exemplo, uma calculadora dessas mostrará no visor apenas 0,09, e é muito fácil considerar isso como uma resposta. Se fizesse isso, você reduziria um cálculo envolvendo dois números com três algarismos significativos a uma resposta com apenas um algarismo significativo. O resultado correto desta divisão é 0,0894 ou $8,94 \times 10^{-2}$. Este erro será evitado se você entrar em sua calculadora com os números escritos em *notação científica* com duas casas decimais. ◀

O uso correto de algarismos significativos faz parte de uma "cultura" da ciência e da engenharia. Com freqüência enfatizaremos essas "questões culturais" porque você deve aprender a falar a mesma linguagem que os "nativos" se deseja se comunicar eficazmente. A maioria dos estudantes conhece as regras dos algarismos significativos, tendo as aprendido no ensino médio, mas muitos deles erram ao aplicá-las. É importante compreender as razões da importância dos algarismos significativos e conseguir se habituar a aplicá-los corretamente.

Ordens de grandeza e estimativas

Cálculos precisos são apropriados quando dispomos de dados precisos, porém muitas vezes tudo o que precisamos é de uma estimativa aproximada. Suponha que você veja uma pedra cair de um penhasco e que gostaria de saber com que velocidade ela atingiu o solo. Por meio de uma comparação mental com os valores de velocidade dos objetos familiares, como carros e bicicletas, você pode pensar que a rocha estava se deslocando a "cerca" de 30 km/h.

Essa é uma estimativa com um algarismo significativo. Com sorte, você pode distinguir 30 km/h de 10 km/h ou 50 km/h, mas certamente não consegue distinguir entre 30 km/h e 31 km/h. Uma estimativa com um algarismo significativo, como esta, é chamada de **estimativa de ordem de grandeza**. Uma estimativa deste tipo é indicada pelo símbolo $\sim$, que indica menos precisão do que o símbolo $\approx$, de "aproximadamente igual". Você dirá que a rapidez da pedra é $v \sim 30$ km/h.

Uma prática útil é fazer estimativas confiáveis com base apenas na informação conhecida, no raciocínio simples e no senso comum. Essa habilidade se adquire com a prática. A maior parte dos capítulos deste livro terá problemas, como tarefa para casa, que lhe pedirão para fazer estimativas de ordem de grandeza. O exemplo seguinte ilustra um típico problema desses.

As Tabelas 1.6 e 1.7 contêm informações que serão úteis para fazer estimativas.

EXEMPLO 1.11 Estimando a rapidez de um velocista

Estime a rapidez com que um velocista olímpico atravessa a linha de chegada dos 100 metros rasos.

RESOLUÇÃO Precisamos de uma parte da informação, mas ela é amplamente conhecida a partir dos fatos esportivos, ou seja, velocistas de classe internacional correm 100 m rasos em cerca de 10 s. Suas *velocidades médias* são de valor $v_{med} \approx (100 \text{ m})/(10 \text{ s}) \approx 10$ m/s. Mas isso é apenas a rapidez média. Eles são mais lentos no início e cruzam a linha de chegada com velocidade maior do que a média. Quanto mais rápidos? Duas vezes mais rápido, o que corresponde a 20 m/s, seria 72 km/h. Tudo indica que velocistas de fato não são tão rápidos quanto um carro a 72 km/h, de modo que isso provavelmente é rápido demais. Vamos *estimar* os valores de suas velocidades finais em 50% maiores do que a média. Assim, eles cruzam a linha de chegada com $v \sim 15$ m/s.

PARE E PENSE 1.5 Ordene, do maior para o menor, o número de algarismos significativos dos números abaixo. Por exemplo, se b tem mais algarismos significativos do que c, este o mesmo que a, e este último mais do que d, você deve ordená-los em sua resposta como b > c = a > d.

a. 82   b. 0,0052   c. 0,430   d. $4,321 \times 10^{-10}$

RESUMO

O objetivo do Capítulo 1 foi introduzir os conceitos fundamentais do movimento.

Estratégia geral

Diagramas de movimento
- Ajuda a visualizar um movimento.
- Constitui uma ferramenta para obter vetores aceleração.

Os vetores velocidade ligam cada ponto ao próximo. Os pontos indicam as posições a intervalos de tempo iguais.

O vetor aceleração tem a mesma orientação de $\Delta \vec{v}$.

▶ Estes são os vetores velocidade média e aceleração média.

Resolução de problemas

MODELO Estabeleça as hipóteses simplificadoras.

VISUALIZAÇÃO Use:
- **Representação pictórica**
- **Representação gráfica**

RESOLUÇÃO Use uma **representação matemática** para encontrar as respostas numéricas.

AVALIAÇÃO A resposta está em unidades apropriadas? Ela faz sentido?

Conceitos importantes

Um modelo de partícula representa um objeto em movimento como se toda sua massa estivesse concentrada em um único ponto.

A posição localiza um objeto com relação a um sistema de coordenadas escolhido. A variação da posição é chamada de deslocamento.

A velocidade é a taxa de variação do vetor posição $\vec{r}$.

A aceleração é a taxa de variação do vetor velocidade $\vec{v}$.

Um objeto tem aceleração se
- Sua rapidez varia e/ou
- Sua orientação varia.

Representação pictórica

❶ Desenhe um diagrama de movimento.
❷ Estabeleça as coordenadas.
❸ Esboce a situação.
❹ Defina os símbolos.
❺ Liste os dados conhecidos.
❻ Identifique a incógnita de interesse.

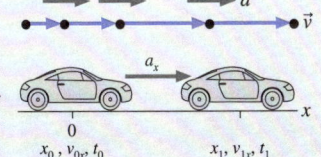

Conhecido
$x_0 = v_{0x} = t_0 = 0$
$a_x = 2{,}0 \text{ m/s}^2 \quad t_1 = 2{,}0 \text{ s}$
Determinar
x_1

Aplicações

Para o movimento ao longo de uma linha:
- Se é acelerado: $\vec{v}$ e $\vec{a}$ possuem o mesmo sentido, v_x e a_x têm o mesmo sinal.
- Se é desacelerado: $\vec{v}$ e $\vec{a}$ possuem sentidos opostos, v_x e a_x têm sinais contrários.
- Se a rapidez é constante: $\vec{a} = \vec{0}$, $a_x = 0$.

A aceleração a_x é positiva se $\vec{a}$ aponta para a direita, e negativa, se $\vec{a}$ aponta para a esquerda. O sinal de a_x não implica que a rapidez do objeto esteja aumentando ou diminuindo.

Algarismos significativos são os dígitos conhecidos com confiança. O número de algarismos significativos para:
- **Multiplicação, divisão e potenciação** é determinado pelo valor com o menor número de algarismos significativos.
- **Adição e subtração** é determinado pelo valor com o menor número de casas decimais.

Em cálculos, o número correto de algarismos significativos é determinado pelos dados fornecidos.

Termos e notação

movimento	modelo de partícula	intervalo de tempo, Δt	representação de conhecimento
trajetória	vetor posição, $\vec{r}$	rapidez média	unidades SI
diagrama de movimento	grandeza escalar	velocidade média, $\vec{v}$	algarismos significativos
definição operacional	grandeza vetorial	aceleração média, $\vec{a}$	estimativa de ordem de grandeza
movimento de translação	deslocamento, $\Delta \vec{r}$	gráfico posição *versus* tempo	
partícula	vetor nulo, $\vec{0}$	representação visual	

QUESTÕES CONCEITUAIS

1. Quantos algarismos significativos possui cada um dos números abaixo?
   a. 6,21   b. 62,1   c. 0,620   d. 0,062
2. Quantos algarismos significativos possui cada um dos números abaixo?
   a. 6200   b. 0,006200   c. 1,0621   d. $6,21 \times 10^3$
3. A partícula da **FIGURA Q1.3** está se tornando mais veloz? Mais lenta? Você pode responder? Explique.

   FIGURA Q1.3

4. O objeto representado na **FIGURA Q1.4** tem um valor positivo ou negativo de a_x? Explique.
5. O objeto representado na **FIGURA Q1.5** tem um valor positivo ou negativo de a_x? Explique.

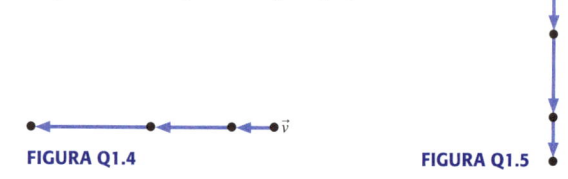

   FIGURA Q1.4   **FIGURA Q1.5**

6. Determine os sinais (positivo ou negativo) da posição, da velocidade e da aceleração da partícula da **FIGURA Q1.6**.

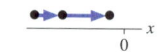

   FIGURA Q1.6

7. Determine os sinais (positivo ou negativo) da posição, da velocidade e da aceleração da partícula da **FIGURA Q1.7**.

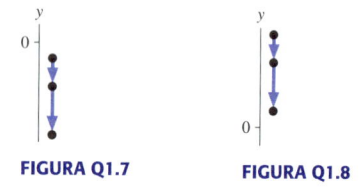

   FIGURA Q1.7   **FIGURA Q1.8**

8. Determine os sinais (positivo ou negativo) da posição, da velocidade e da aceleração da partícula da **FIGURA Q1.8**.

EXERCÍCIOS E PROBLEMAS

Exercícios

Seção 1.1 Diagramas de movimento

1. | Um carro derrapa até parar a fim de não colidir com um objeto na estrada. Usando as imagens de um filme, desenhe um diagrama de movimento básico, começando no instante da derrapagem e terminando com a parada do carro.
2. | Você deixa cair uma bola de futebol da janela do terceiro andar de uma loja. Usando as imagens de um filme, desenhe um diagrama de movimento básico, começando no instante em que a bola é solta e terminando no momento em que ela toca o solo.
3. | Dois ladrões de banco estão trafegando com uma velocidade constante em seu carro de fuga quando enxergam a polícia. Eles, então, começam a acelerar. Usando as imagens de um filme, desenhe um diagrama de movimento básico, começando 1 minuto antes do instante em que os ladrões enxergam a polícia e terminando 1 minuto depois disso.

Seção 1.2 O modelo de partícula

4. | a. Escreva um parágrafo descrevendo o modelo de partícula. Em que ele consiste e por que é importante?
   b. Dê dois exemplos de situações, diferentes daquelas descritas no texto, para as quais um modelo de partícula seria apropriado.
   c. Dê um exemplo de situação, diferente daquelas descritas no texto, para a qual um modelo de partícula seria inadequado.

Seção 1.3 Posição e tempo
Seção 1.4 Velocidade

5. | a. O que é uma *definição operacional*?
   b. Dê definições operacionais para o deslocamento e a velocidade. Suas definições devem ser expressas principalmente com palavras e desenhos, usando um mínimo de símbolos ou de matemática.
6. | Uma jogadora de *softball* rebate a bola e começa a correr para a primeira base. Usando um modelo de partícula, desenhe um diagrama de movimento que mostre a posição da jogadora e seus vetores velocidade média durante os primeiros segundos de sua corrida.
7. | Uma jogadora de *softball* desliza até a segunda base. Usando um modelo de partícula, desenhe um diagrama de movimento que mostre a posição da jogadora e seus vetores velocidade média desde o instante em que ela começa a deslizar até o momento em que atinge a base.

Seção 1.5 Aceleração linear

8. | Dê uma definição operacional de aceleração. Ela deve ser expressa principalmente com palavras e desenhos, com um mínimo de símbolos ou de matemática.
9. | a. Encontre o vetor aceleração média no ponto 1 do diagrama de movimento com três pontos mostrado na **FIGURA EX1.9**.

b. A rapidez média do objeto entre os pontos 1 e 2 é maior, menor ou igual à sua rapidez média entre os pontos 0 e 1? Explique como você pode tirar sua conclusão.

FIGURA EX1.9

FIGURA EX1.10

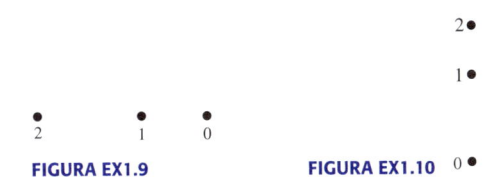

10. | a. Encontre o vetor aceleração média no ponto 1 do diagrama de movimento com três pontos mostrado na **FIGURA EX1.10**.
    b. A rapidez média do objeto entre os pontos 1 e 2 é maior, menor ou igual à sua rapidez média entre os pontos 0 e 1? Explique como você pode tirar sua conclusão.

11. | A **FIGURA EX1.11** mostra dois pontos de um diagrama de movimento e o vetor $\vec{v}_1$. Copie esta figura e adicione o vetor $\vec{v}_2$ e o ponto 3 se o vetor aceleração $\vec{a}$ no ponto 2 (a) apontar para cima e (b) apontar para baixo.

FIGURA EX1.11

FIGURA EX1.12

12. | A **FIGURA EX1.12** mostra dois pontos de um diagrama de movimento e o vetor $\vec{v}_2$. Copie esta figura e adicione o vetor $\vec{v}_1$ e o ponto 1 se o vetor aceleração $\vec{a}$ no ponto 2 (a) apontar para a direita e (b) apontar para a esquerda.

13. | Um carro trafega para a esquerda a uma velocidade constante por alguns segundos e depois freia a fim de parar em um semáforo. Desenhe um diagrama de movimento completo do carro.

14. | Uma criança desliza com seu trenó sobre um trecho nivelado e suave de neve. Ela, então, encontra um trecho rochoso, onde escorrega até parar. Desenhe um diagrama de movimento completo da criança e seu trenó.

15. | Uma telha de telhado cai diretamente para baixo a partir do prédio de dois andares de uma loja. Ela aterrissa em uma piscina e desce uniformemente até o fundo da mesma. Desenhe um diagrama de movimento completo da telha.

16. | Seu companheiro de quarto deixa uma bola de tênis cair do balcão de uma loja de três andares. Ela bate na calçada e repica até a altura do segundo andar. Desenhe um diagrama de movimento completo da bola de tênis desde o instante em que ela é solta até o momento em que alcança a altura máxima do repique. Não esqueça de determinar e de mostrar a aceleração no ponto mais baixo

17. | Um carrinho de brinquedo desce uma rampa, depois atravessa um piso liso e horizontal. Desenhe um diagrama de movimento completo do carrinho.

Seção 1.6 Movimento em uma dimensão

18. | A **FIGURA EX1.18** mostra o diagrama de movimento de um carro de corrida. A câmera tirou uma fotografia a cada 2 s.

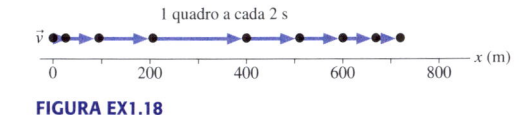

FIGURA EX1.18

a. Meça o valor de x para o carro de corrida em cada ponto. Liste seus dados em uma tabela semelhante à Tabela 1.1, mostrando cada posição e o tempo correspondente.

b Trace um gráfico da posição *versus* tempo para o carro de corrida. Uma vez que você dispõe de dados somente em certos instantes, seu gráfico consistirá de pontos não-conectados entre si.

19. | Faça uma rápida descrição por escrito do movimento de um objeto real para o qual a **FIGURA EX1.19** corresponda ao gráfico realista da posição *versus* tempo.

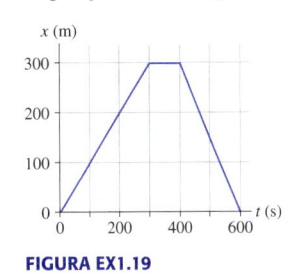

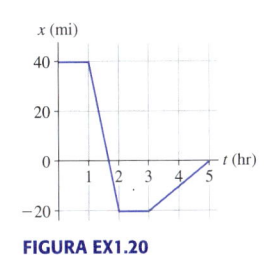

FIGURA EX1.19

FIGURA EX1.20

20. | Faça uma rápida descrição por escrito do movimento de um objeto real para o qual a **FIGURA EX1.20** corresponda ao gráfico realista da posição *versus* tempo.

Seção 1.7 Resolução de problemas em física

21. | Esboce uma representação pictórica para o seguinte problema. *Não* o resolva de fato. O semáforo torna-se verde, e uma ciclista parte com aceleração de 1,5 m/s². Quanto ela terá percorrido até atingir a rapidez de 7,5 m/s?

22. | Esboce uma representação pictórica para o seguinte problema. *Não* o resolva de fato. Que aceleração um foguete precisa ter para alcançar a rapidez de 200 m/s quando estiver à altitude de 1,0 km?

Seção 1.8 Unidades e algarismos significativos

23. | Converta os seguintes valores para unidades do SI:
    a. 9,12 μs   b. 3,42 km
    c. 44 cm/ms   d. 80 km/hora

24. | Converta os seguintes valores para unidades do SI:
    a. 8,0 in   b. 66 pés/s
    c. 90 km/h   d. 14 pol²

25. | Converta os seguintes valores para unidades do SI:
    a. 1 hora   b. 1 dia
    c. 1 ano   d. 32 pés/s²

26. | Usando os fatores de conversão aproximados da Tabela 1.5, converta os seguintes valores para unidades do SI *sem* usar sua calculadora.
    a. 20 pés   b. 60 mi
    c. 90 km/h   d. 8 pol

27. | Usando os fatores de conversão aproximados da Tabela 1.5, converta os seguintes valores para unidades britânicas *sem* usar sua calculadora.
    a. 30 cm   b. 25 m/s
    c. 5 km   d. 0,5 cm

28. Calcule os seguintes números, aplicando a regra de algarismos significativos adotada neste livro.
    a. $33,3 \times 25,4$ b. $33,3 - 25,4$
    c. $\sqrt{33,3}$ d. $333,3 \div 25,4$

29. Calcule os seguintes números, aplicando a regra de algarismos significativos adotada neste livro.
    a. $33,3^2$ b. $33,3 \times 45,1$
    c. $\sqrt{22,2} - 1,2$ d. $44,4^{-1}$

30. | Estime (não meça!) o comprimento de um carro comum. Expresse sua resposta tanto em pés quanto em metros. Descreva rapidamente como você obteve a estimativa.

31. | Estime a altura de um poste telefônico. Expresse sua resposta tanto em pés quanto em metros. Descreva rapidamente como você obteve a estimativa.

32. | Estime a rapidez média com a qual você vai de casa até o campus universitário com o meio de transporte que costuma usar. Expresse sua resposta tanto em km/h quanto em m/s. Descreva rapidamente como você obteve a estimativa.

33. | Estime a rapidez média com a qual seu cabelo cresce. Expresse sua resposta tanto em m/s quanto em μm/hora. Descreva rapidamente como você obteve a estimativa.

Problemas

Para os Problemas de 34 até 43, esboce uma representação pictórica. *Não* resolva de fato o problema ou efetue quaisquer contas.

34. | Um automóvel Porsche acelera a partir de um semáforo a 5,0 m/s^2 durante cinco segundos e depois prossegue com velocidade constante por mais três segundos. Que distância ele terá percorrido?

35. | Billy deixa um melão cair do topo de um edifício de três andares, 10 m acima da calçada. Que valor de velocidade terá o melão ao bater no piso?

36. | Sam está distraidamente dirigindo seu carro a 90 km/h em uma zona onde a velocidade máxima permitida é de 60 km/h quando avista o carro da polícia. Ele pisa nos freios e desacelera para 60 km/h em três segundos e passa olhando normalmente para o policial. Que distância ele percorreu durante a freagem?

37. | Uma patinadora veloz move-se sem atrito sobre uma pista de gelo a 8,0 m/s quando entra em um trecho de gelo rugoso com 5,0 m de comprimento. Ela desacelera uniformemente e depois prossegue a 6,0 m/s. Qual é a sua aceleração no trecho rugoso do gelo?

38. | Você deseja impulsionar uma cusparada de modo que ela atinja o forro da casa e, então, cospe diretamente para cima com velocidade de 10 m/s. Quanto tempo leva para o cuspe atingir o forro, que se encontra 3,0m acima?

39. | Um estudante de pé sobre o solo arremessa uma bola diretamente para cima. A bola sai da mão do estudante como velocidade de 15 m/s no instante em que a mão se encontra 1,5 m acima do chão. Quanto tempo a bola ficará no ar, antes de tocar o solo? (O estudante tira sua mão do caminho.)

40. | Uma bola rola a 10 m/s sobre um piso horizontal plano quando começa a subir uma rampa com inclinação de 20°. Que altura ela atingirá até começar a descer de volta?

41. | Um motorista está trafegando a 20 m/s. Ele se encontra a 60 m de um semáforo quando vê a luz trocar para amarelo. Seu tempo de reação, antes que consiga acionar os freios, é de 0,50 s. Que valor de aceleração constante o fará parar exatamente no semáforo?

42. || A estrela de hockey no gelo Bruce Blade se encontra a 5,0 m da linha azul, deslizando na direção da mesma com rapidez de 4,0 m/s. Você se encontra a 20 m da linha azul, diretamente atrás de Bruce, e quer lhe passar o disco de jogo. Com que valor de velocidade você deve fazer o disco deslizar no gelo a fim de que ele chegue em Bruce exatamente quando este cruza a linha azul?

43. || Você está em pé e parado quando Fred passa correndo por você, com a bola de futebol americano, a uma velocidade de 6,0 jardas por segundo. Ele dispõe de apenas 30 jardas pela frente antes de alcançar a linha de fundo e fazer o *touchdown* da vitória. Se você começar a correr no exato instante em que ele passa por você, que aceleração deverá manter a fim de agarrá-lo 5,0 jardas antes da linha de fundo?

Os Problemas de 44 a 48 mostram um diagrama de movimento. Para cada um deles, redija uma descrição, com uma ou duas sentenças, a respeito de um objeto real que corresponda ao diagrama de movimento. Suas descrições devem identificar pessoas ou objetos por nomes e relatar o que estaria ocorrendo com os mesmos. Os Problemas de 34 a 43 são exemplos de curtas descrições de movimentos.

44. |

FIGURA P1.44

45. |

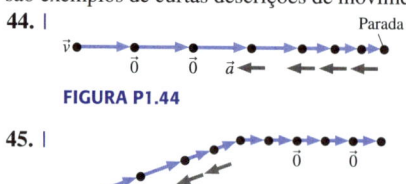

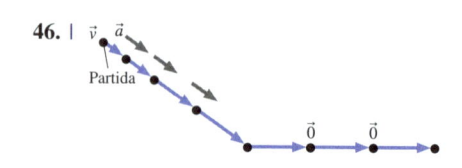

FIGURA P1.45

46. |

FIGURA P1.46

47. |

FIGURA P1.47

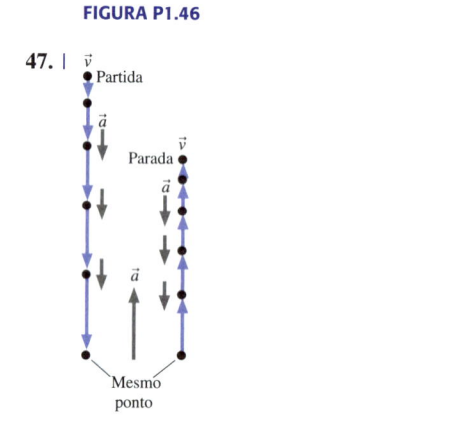

48. |

FIGURA P1.48

Os Problemas de 49 a 52 mostram um diagrama de movimento parcial. Para cada um deles:
 a. Complete o diagrama, adicionando-lhe vetores aceleração.
 b. Redija um *problema* de física para o qual este diagrama de movimento seja apropriado. Seja criativo! Não se esqueça de incluir informação suficiente para que o problema fique completo e enuncie claramente o que deve ser determinado.
 c. Desenhe uma representação pictórica de seu problema.

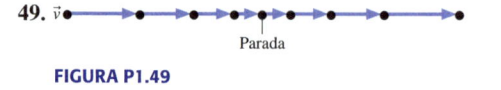

49.

FIGURA P1.49

50.

FIGURA P1.50

51.

Parada

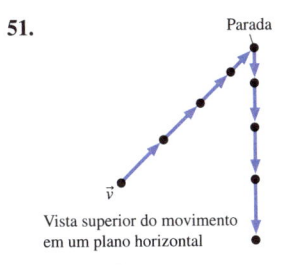

Vista superior do movimento em um plano horizontal

FIGURA P1.51

52. Partida

$\vec{v}_A$

$\vec{v}_B$

Partida

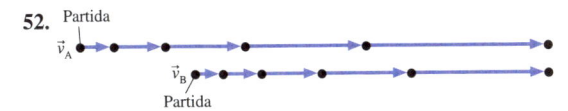

FIGURA P1.52

53. | A regulamentação internacional para as dimensões de um campo de futebol é um retângulo com comprimento entre 100 m e 110 m e largura entre 64 m e 75 m. Qual é a máxima área que um campo desses pode ter e qual é a mínima área possível?

54. || A grandeza chamada de *densidade* ou *massa específica* é a massa por unidade de volume de uma substância. Expresse os seguintes valores desta grandeza em unidades do SI.
  a. Alumínio, $2,7 \times 10^{-3}$ kg/cm^3
  b. Álcool, 0,81 g/cm^3.

55. | A **FIGURA P1.55** mostra o diagrama de movimento de um carro que trafega por uma rua. Uma câmera tira uma foto da situação a cada 10 s. Dispõe-se de uma trena de marcação.
  a. Meça o valor da coordenada x do carro em cada ponto. Coloque seus dados em uma tabela semelhante à Tabela 1.1, mostrando cada posição e o instante de tempo correspondente.
  b. Trace um gráfico da posição *versus* tempo para o carro. Como você dispõe de dados referentes apenas a certos instantes de tempo, seu gráfico consistirá de pontos discretos não-interligados.

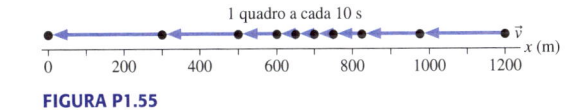

FIGURA P1.55

56. Redija uma curta descrição de um objeto real para o qual a **FIGURA P1.56** seja um gráfico da posição *versus* tempo realista.

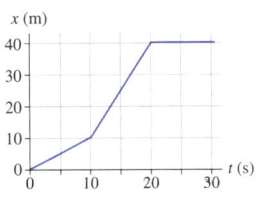

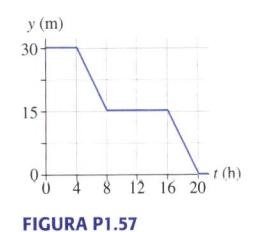

FIGURA P1.56

FIGURA P1.57

57. Redija uma curta descrição de um objeto real para o qual a **FIGURA P1.57** seja um gráfico da posição *versus* tempo realista.

RESPOSTAS DAS QUESTÕES DO TIPO PARE E PENSE

Pare e Pense 1.1: B. As imagens de B estão mais afastadas, de modo que ele percorre uma distância maior do que A durante o mesmo intervalo de tempo.

Pare e Pense 1.2: a. A bola em queda. **b.** Partícula de poeira. **c.** O foguete descendente.

Pare e Pense 1.3: e. O vetor velocidade média é encontrado ligando-se cada ponto do diagrama de movimento ao próximo.

Pare e Pense 1.4: b. $\vec{v}_2 = \vec{v}_1 + \Delta\vec{v}$, e $\Delta\vec{v}$ tem a mesma orientação de $\vec{a}$.

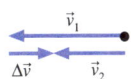

Pare e Pense 1.5: d > c > b = a.

2 Cinemática em uma Dimensão

Uma velocista de nível internacional desenvolve uma tremenda aceleração na arrancada de uma corrida.

▶ Olhando adiante
O objetivo do Capítulo 2 é que você aprenda a resolver problemas sobre o movimento em linha reta. Neste capítulo, você aprenderá:

- Entender a matemática da posição, da velocidade e da aceleração para movimentos em linha reta.
- Usar uma representação gráfica de um movimento.
- Usar uma estratégia específica para resolução de problemas de cinemática.
- Compreender o movimento de queda livre e o movimento em planos inclinados.

◀ Em retrospectiva
Cada capítulo deste livro foi elaborado com base em idéias e técnicas desenvolvidas nos capítulos anteriores. Cada *Em Retrospectiva* despertará sua atenção para seções específicas que são de importância maior para o presente capítulo. Uma breve revisão destas seções o ajudará em seu estudo do capítulo. Revise:

- Seções 1.4-1.5 Velocidade e aceleração
- Seção 1.6 Movimento em uma dimensão
- Seção 1.7 Resolução de problemas em física

Uma corrida, seja entre corredores, ciclistas ou carros de corrida, exemplifica a idéia de movimento. Hoje em dia usamos cronômetros eletrônicos, gravadores de vídeo e outros instrumentos sofisticados para analisar os movimentos, mas não foi sempre assim ao longo da história. Galileu, que no início do século XVII foi o primeiro cientista a estudar experimentalmente o movimento, usava sua própria pulsação para medir o tempo!

Galileu fez uma distinção nítida entre a *causa* do movimento e a *descrição* do mesmo. A **cinemática** é o nome moderno para a descrição matemática do movimento sem considerar sua causa. Ela se origina da palavra grega *kinema*, que significa "movimento". Você conhece essa palavra pela variação portuguesa *cinema* — filmes! Neste capítulo sobre a cinemática, desenvolveremos as ferramentas matemáticas para descrever os movimentos. Depois, no Capítulo 5, voltaremos nossa atenção para a *causa* do movimento.

Iniciaremos nosso estudo da cinemática com o movimento em uma dimensão: isto é, o movimento em linha reta. Corredores, carros de corrida e esquiadores são apenas alguns exemplos de movimento unidimensional. A cinemática do movimento bidimensional — movimento de projéteis e movimento circular — será abordada no Capítulo 4.

2.1 Movimento uniforme

Se você dirige seu carro a constantes 110 quilômetros por hora (km/h), percorrerá 110 km durante a primeira hora de viagem, outros 110 km durante a segunda hora, mais 110 km na terceira e assim por diante. Este é um exemplo do que se chama de *movimento uniforme*. Neste caso, 110 km não é sua posição, e sim, a *variação* de sua posição durante cada hora, ou seja, seu deslocamento Δx. Analogamente, uma hora é o intervalo de tempo Δt, e não, um instante de tempo. Isso sugere a seguinte definição: **o movimento em linha reta no qual deslocamentos iguais correspondam a intervalos de tempo sucessivos iguais é chamado de movimento uniforme**.

O qualificativo "qualquer" é importante. Se durante cada hora você dirige a 110 km/h por meia hora e pára por 30 minutos, você percorrerá 55 km em cada hora sucessiva. Mas você *não* realiza deslocamentos iguais durante intervalos sucessivos de 30 minutos, de modo que seu movimento não é uniforme. Quando você dirige o tempo todo a 110 km/h está em movimento uniforme porque realiza deslocamentos iguais sem que importe como escolha os sucessivos intervalos de tempo.

A **FIGURA 2.1** mostra como o movimento uniforme aparece em diagramas de movimento e em gráficos da posição *versus* tempo. Observe que o gráfico posição *versus* tempo para o movimento uniforme é uma reta. Isso vem da exigência de que todos os Δx correspondentes ao mesmo Δt sejam iguais. De fato, uma definição alternativa de movimento uniforme é: **um objeto está em movimento uniforme se e somente se seu gráfico de posição *versus* tempo é uma linha reta.**

A declividade de um gráfico em linha reta é definida com base em "quanto ele se eleva quando nos movemos na horizontal". Uma vez que a posição é indicada no eixo vertical, a "elevação" de um gráfico posição-*versus*-tempo é o deslocamento do objeto, Δx. O quanto "nos movemos na horizontal" corresponde ao intervalo de tempo Δt. Conseqüentemente, a declividade é $\Delta x/\Delta t$. A declividade de um gráfico em linha reta é constante, portanto todo objeto em movimento uniforme corresponde a um *mesmo* valor de $\Delta x/\Delta t$ durante *qualquer* intervalo de tempo Δt.

No Capítulo 1 definiu-se a *velocidade média* como $\Delta \vec{r}/\Delta t$. Para o movimento unidimensional isso equivale a, simplesmente,

$$v_{\text{med}} \equiv \frac{\Delta x}{\Delta t} \text{ ou } \frac{\Delta y}{\Delta t} = \text{declividade do gráfico posição } versus \text{ tempo} \quad (2.1)$$

Ou seja, **a velocidade média é a declividade do gráfico da posição *versus* tempo**. A velocidade tem unidades do tipo "comprimento por tempo", como "quilômetros por hora" ou "milhas por segundo". A unidade de velocidade do SI é metros por segundo, abreviada por m/s.

NOTA ▶ O símbolo ≡ da Equação 2.1 significa "é definido como" ou "é equivalente a". Isso é uma afirmação mais forte do que dizer que os dois lados são iguais. ◀

A Equação 2.1 nos permite associar a declividade de um gráfico de posição *versus* tempo, que é uma grandeza *geométrica*, a uma grandeza *física* que chamamos de velocidade média v_{med}. Esta é uma idéia extremamente importante. No caso do movimento uniforme, onde a declividade $\Delta x/\Delta t$ é a mesma em todos os instantes, ela representa o fato de que a velocidade média é constante e não está variando. Conseqüentemente, uma definição final de velocidade média é: **um movimento de um objeto é uniforme se e somente se sua velocidades v_x e v_y são constantes**. Neste caso, não há necessidade alguma de usar o subscrito "média" para uma velocidade que, de fato, não varia, de modo que deixaremos de lado o subscrito e nos referiremos à velocidade média como v_x ou v_y.

Pedalar constantemente em um piso horizontal constitui um bom exemplo de movimento uniforme.

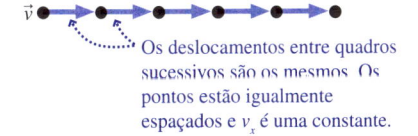

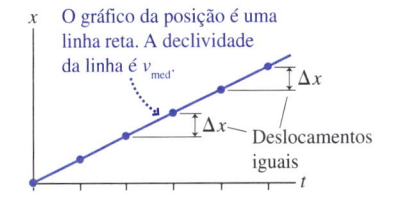

FIGURA 2.1 Diagrama de movimento e gráfico da posição *versus* tempo para o movimento uniforme.

EXEMPLO 2.1 Patinando com velocidade constante

O gráfico de posição *versus* tempo da **FIGURA 2.2** representa os movimentos de dois estudantes sobre patins de gelo. Determine suas velocidades e descreva seus movimentos.

MODELO Represente os dois estudantes como partículas.

VISUALIZAÇÃO A Figura 2.2 é uma representação gráfica dos movimentos dos estudantes. Os dois gráficos são linhas retas, o que significa que os dois patinadores movem-se com velocidades constantes.

RESOLUÇÃO Podemos determinar as velocidades dos estudantes medindo a declividade dos gráficos. O patinador A realiza um deslocamento $\Delta x_A = 2{,}0$ m durante o intervalo de tempo $\Delta t_A = 0{,}40$ s. Assim, sua velocidade é

$$(v_x)_A = \frac{\Delta x_A}{\Delta t_A} = \frac{2{,}0 \text{ m}}{0{,}40 \text{ s}} = 5{,}0 \text{ m/s}$$

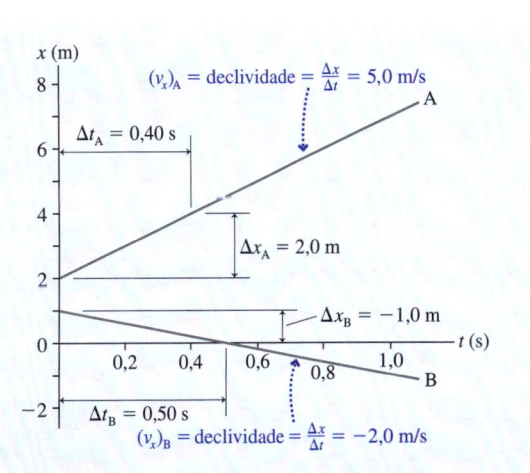

FIGURA 2.2 Representações gráficas de dois estudantes sobre patins de gelo.

Continua

Precisamos ser mais cuidadosos com o patinador B. Embora ele percorra uma distância de 1 m em 0,50 s, seu *deslocamento* Δx tem uma definição muito precisa:

$$\Delta x_B = x_{em\,0,5\,s} - x_{em\,0,0\,s} = 0,0\,m - 1,0\,m = -1,0\,m$$

É muito importante que se dê atenção redobrada aos sinais! Isso leva a

$$(v_x)_B = \frac{\Delta x_B}{\Delta t_B} = \frac{-1,0\,m}{0,50\,s} = -2,0\,m/s$$

AVALIAÇÃO O sinal negativo indica que o patinador B está se movendo para a esquerda. Nossa interpretação do gráfico é que os dois estudantes estão patinando em sentidos opostos. O patinador A parte de $x = 2,0\,m$ e se move para a direita com 5,0 m/s de velocidade. O patinador B parte de $x = 1\,m$ e se move para a esquerda com $-2,0$ m/s de velocidade. Os módulos de suas velocidades, de ≈ 18 km/h e 7,2 km/h, são razoáveis para praticantes de *skate* e patinadores.

O Exemplo 2.1 apresenta vários pontos importantes que devem ser enfatizados. Eles estão resumidos no Box Tático 2.1.

BOX TÁTICO 2.1 Interpretando gráficos de posição *versus* tempo (MP)

❶ Declividades maiores correspondem a velocidades com módulo maior.
❷ Declividades negativas correspondem a velocidades negativas e, daí, a movimentos para a esquerda (ou para baixo).
❸ Declividade é uma razão entre intervalos, $\Delta x/\Delta t$, e não, uma razão entre coordenadas. Ou seja, a declividade *não* é, simplesmente, x/t.
❹ Faremos distinção entre a declividade *real* e a declividade com *significado físico*. Se você decidisse usar uma régua para medir a elevação vertical e o comprimento horizontal de um gráfico, poderia calcular a declividade real da linha desenhada na página. Mas esta não é a declividade da qual estamos falando quando igualamos a velocidade à declividade da linha. Em vez disso, tratamos de obter a declividade dotada de *significado físico*, medindo a elevação vertical e o comprimento horizontal usando as escalas assinaladas nos eixos correspondentes. A "elevação" Δx é apenas um número de metros; o "comprimento" horizontal Δt é um determinado número de segundos. O significado físico desses dois valores inclui suas unidades, e a razão dessas unidades fornece as unidades de declividade.

Exercícios 1–3

O que chamamos de **rapidez** (ou **velocidade escalar**) v de um objeto significa quão rapidamente ele se move, independentemente da orientação do movimento. Isto é igual a, simplesmente, $v = |v_x|$ ou $v = |v_y|$, o valor absoluto ou módulo da velocidade do objeto. No Exemplo 2.1, por exemplo, o patinador B tem $-2,0$ m/s de *velocidade*, porém sua *rapidez* é de 2,0 m/s. A rapidez é uma grandeza escalar, e não, um vetor.

NOTA ▶ Nossa análise matemática de movimento é baseada na velocidade, e não na rapidez. Os subscritos em v_x e v_y são parte essencial da notação, lembrando-nos de que, mesmo em uma dimensão, a velocidade é um vetor. ◀

A matemática do movimento uniforme

Necessitamos de uma análise matemática do movimento que seja válida sem considerar se o objeto se move ao longo do eixo x, do eixo y ou de qualquer outra linha reta. Conseqüentemente, será conveniente escrever as equações para um "eixo genérico" que chamaremos de eixo s. A posição de um objeto será representada pelo símbolo s, e sua velocidade, por v_s.

NOTA ▶ As equações escritas em termos de s são válidas para qualquer movimento unidimensional. Em um problema específico, entretanto, você deve usar x ou y, que são mais apropriados do que s. ◀

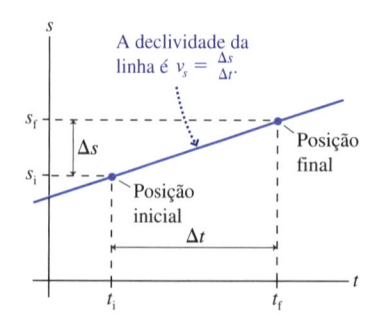

FIGURA 2.3 A velocidade é encontrada a partir da declividade do gráfico da posição *versus* tempo.

Considere um objeto em movimento uniforme ao longo do eixo s com o gráfico de posição linear *versus* tempo mostrado na **FIGURA 2.3**. A **posição inicial** do objeto é s_i no instante t_i. A expressão *posição inicial* refere-se ao ponto de partida de nossa análise ou ao ponto de partida em um problema; o objeto pode ou não ter estado em movimento anteriormente a t_i. Em um instante posterior t_f, o ponto final de nossa análise ou o ponto final de um problema, a **posição final** do objeto será s_f.

A velocidade do objeto v_s ao longo do eixo s pode ser determinada encontrando-se a declividade do gráfico:

$$v_s = \frac{\text{elevação}}{\text{largura}} = \frac{\Delta s}{\Delta t} = \frac{s_f - s_i}{t_f - t_i} \tag{2.2}$$

A Equação 2.2 é facilmente rearranjada para

$$s_f = s_i + v_s \Delta t \quad \text{(movimento uniforme)} \tag{2.3}$$

A Equação 2.3 aplica-se a qualquer intervalo de tempo Δt durante o qual a velocidade seja constante.

A velocidade de um objeto em movimento uniforme nos dá o valor da variação de sua posição durante cada segundo. A posição de uma partícula com velocidade de 20 m/s *varia* em 20 m durante cada segundo de movimento: 20 m durante o primeiro segundo de seu movimento, outros 20 m durante o próximo segundo e assim por diante. Se o objeto parte de $s_i = 10$ m, ele estará em $s = 30$ m depois de 1 segundo de movimento, e em $s = 50$ m depois de 2 segundos. Pensar na velocidade desta maneira o ajudará a desenvolver uma compreensão da conexão existente entre velocidade e posição.

EXEMPLO 2.2 Almoço em Cleveland?

Bob sai de casa, em Chicago, EUA, às 9h e viaja para leste a constantes 60 mph. Susan, 400 milhas a leste de Pittsburg, sai no mesmo horário e viaja para oeste a constantes 40 mph. Onde eles se encontrarão para um almoço?

MODELO Eis um problema onde, pela primeira vez, podemos prontamente pôr em ação todos os aspectos de nossa estratégia para resolução de problemas. Para começar, represente Bob e Susan como partículas.

VISUALIZAÇÃO A **FIGURA 2.4** mostra a representação física (o diagrama de movimento) e a representação pictórica. Os espaçamentos iguais entre os pontos do diagrama de movimento indicam que se trata de movimento uniforme. Ao avaliar a informação fornecida, percebemos que o instante de partida, 9h, não é relevante para a resolução do problema. Conseqüentemente, o tempo inicial é escolhido como, simplesmente, $t_0 = 0$ h. Bob e Susan estão viajando em sentidos opostos, portanto a velocidade de um dos veículos deve ser negativa. Escolhemos um sistema de coordenadas em que Bob parte da origem e se move para a direita (leste), enquanto Susan move-se para a esquerda (oeste). Assim, Susan terá uma velocidade negativa. Note como indicamos os símbolos usados para a posição, a velocidade e o tempo em cada ponto do movimento. Preste especial atenção à maneira como os subscritos são usados para diferenciar os diferentes pontos do problema e para distinguir os símbolos de Bob dos de Susan.

Uma dos objetivos com a representação pictórica é estabelecer o que precisamos descobrir. Bob e Susan encontram-se quando possuem a mesma posição no mesmo instante t_1. Assim, queremos encontrar $(x_1)_B$ no instante em que $(x_1)_B = (x_1)_S$. Note que $(x_1)_B$ e $(x_1)_S$ são as *posições* de Bob e Susan, respectivamente, que são iguais quando eles se encontram, e não, as distâncias que eles percorreram.

RESOLUÇÃO O objetivo da representação matemática é partir da representação pictórica para uma solução matemática do problema. Podemos começar usando a Equação 2.3 para determinar as posições de Bob e de Susan no instante t_1 em que se encontram:

$$(x_1)_B = (x_0)_B + (v_x)_B(t_1 - t_0) = (v_x)_B t_1$$

$$(x_1)_S = (x_0)_S + (v_x)_S(t_1 - t_0) = (x_0)_S + (v_x)_S t_1$$

Note duas coisas. Primeiro, iniciamos escrevendo o conteúdo *todo* da Equação 2.3. Somente depois é que simplificaremos, abandonando os termos que sabemos serem nulos. Você terá menos chance de cometer erros acidentais se seguir este procedimento. Segundo, substituímos o símbolo genérico s pelo símbolo x específico para a posição horizontal e substituímos os subscritos genéticos i e f pelos símbolos específicos 0 e 1, respectivamente, que definimos em nossa representação pictórica. Esta também é uma boa técnica para resolução de problemas.

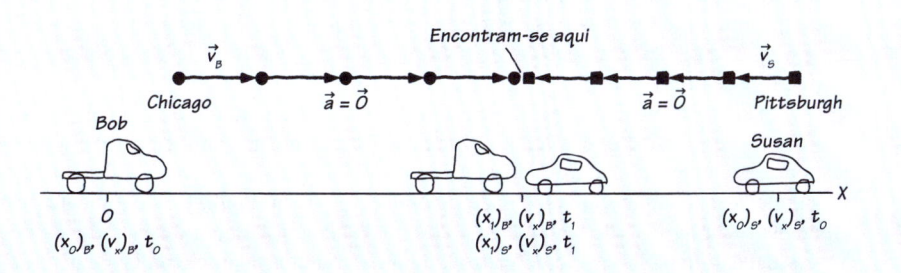

FIGURA 2.4 Representação pictórica do Exemplo 2.2.

Conhecido
$(x_0)_B = 0$ mi $(v_x)_B = 60$ mph
$(x_0)_S = 400$ mi $(v_x)_S = -40$ mph
$t_0 = 0$ h t_1 é quando $(x_1)_B = (x_1)_S$

Determinar
$(x_1)_B$

Continua

A condição para que Bob e Susan se encontrem é

$$(x_1)_B = (x_1)_S$$

Igualando os dois lados direitos das equações anteriores, obtemos

$$(v_x)_B t_1 = (x_0)_S + (v_x)_S t_1$$

Isolando t_1, obtemos o instante do encontro

$$t_1 = \frac{(x_0)_S}{(v_x)_B - (v_x)_S} = \frac{400 \text{ milhas}}{60 \text{ mph} - (-40) \text{ mph}} = 4{,}0 \text{ horas}$$

Finalmente, inserindo este tempo de volta na equação para $(x_1)_B$, obtemos

$$(x_1)_B = \left(60 \frac{\text{milhas}}{\text{horas}}\right) \times (4{,}0 \text{ horas}) = 240 \text{ milhas}$$

Embora isto seja um número, ele não é a resposta para a questão. A frase "240 milhas" por si só não fornece nenhum significado. Uma vez que este é o valor da *posição* de Bob, e que ele estava dirigindo para leste, a resposta à questão é "eles se encontram 240 milhas a leste de Chicago".

AVALIAÇÃO Antes de parar, devemos testar se esta resposta parece razoável ou não. Certamente esperávamos uma resposta entre 0 milha e 400 milhas. Também sabíamos que Bob estava dirigindo mais rapidamente do que Susan, de maneira que esperávamos que o local de seu encontro estivesse mais próximo de Chicago do que de Pittsburg. Nossa avaliação significa que 240 milhas é uma resposta aceitável.

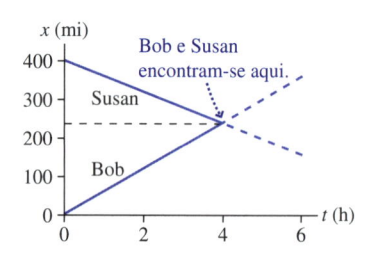

FIGURA 2.5 Os gráficos da posição *versus* tempo para Bob e Susan.

É instrutivo olhar para este exemplo de um ponto de vista gráfico. A **FIGURA 2.5** mostra os gráficos da posição *versus* tempo para Bob e Susan. Note a declividade negativa do gráfico de Susan, indicando sua velocidade negativa. O ponto de interesse é a intersecção das duas linhas; é este o ponto onde Bob e Susan têm a mesma posição no mesmo instante. Nosso método de solução, em que igualamos $(x_1)_B$ e $(x_1)_S$, é realmente a solução matemática exata do problema de determinar a intersecção de duas linhas.

PARE E PENSE 2.1 Qual gráfico da posição *versus* tempo representa o movimento mostrado no diagrama de movimento abaixo?

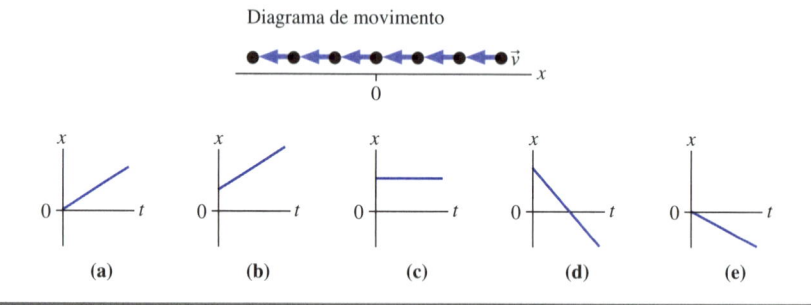

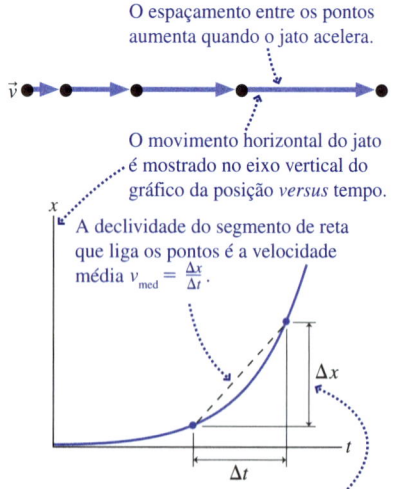

FIGURA 2.6 Diagrama de movimento e gráfico da posição de um avião a jato durante a decolagem.

2.2 Velocidade instantânea

A **FIGURA 2.6** mostra o diagrama de movimento de um avião a jato durante a decolagem. O comprimento cada vez maior dos vetores velocidade significa que o jato está acelerando, de modo que seu movimento *não* é uniforme. Conseqüentemente, o correspondente gráfico da posição *versus* tempo *não* é uma linha reta. O gráfico se curva para cima (aumentando o Δx) quando o espaçamento entre os pontos do diagrama de movimento aumenta. Podemos determinar a velocidade média v_{med} do jato entre dois instantes quaisquer t_i e t_f traçando-se um segmento de reta ligando os pontos do gráfico que correspondem a estes instantes, medindo-se Δx e Δt e usando-os para calcular $v_{\text{med}} = \Delta x / \Delta t$. Graficamente, v_{med} é simplesmente a declividade do segmento de reta que liga os dois pontos.

Todavia, a velocidade média tem utilidade limitada para um objeto cuja velocidade não seja constante. Por exemplo, suponha que você trafegue com seu carro em linha reta por exatamente 1 h, percorrendo exatamente 60 km. Tudo o que você pode concluir dessa informação é que sua velocidade média foi $v_{\text{med}} = 60$ km/h. É inteiramente possível que você tenha dirigido lentamente no início da viagem e, depois, acelerado. Se você tivesse mantido o olho no velocímetro durante 10 minutos no início da viagem, teria visto registrada no velocímetro uma velocidade menor do que 60 km/h. De modo similar, você teria visto o velocímetro marcar mais do que 60 km/h nos 10 minutos finais da viagem.

Em contraste com a velocidade média na hora inteira, a marcação do velocímetro lhe informa sobre quão rapidamente você está se deslocando a cada *instante*. Definimos a **velocidade instantânea** de um objeto como sua velocidade — uma rapidez *e* uma orientação — em um único *instante* de tempo.

Uma definição como essa, entretanto, suscita algumas dificuldades. Exatamente o que significa uma velocidade "em cada instante"? Suponha que um policial apareça e diga: "Eu acabei de verificar que você estava dirigindo a 80 km/h". Você poderia responder: "Mas isso é impossível. Eu estou dirigindo a somente 20 minutos e não é possível que eu tenha percorrido 80 quilômetros". Infelizmente para você, o policial era um especialista em física. Ele retruca: "Eu quis dizer que, no instante em que medi sua velocidade, você estava se movendo a uma taxa com a qual *percorreria* 80 quilômetros em uma hora se continuasse naquela taxa o tempo todo. Isso lhe custará uma multa de R$ 200".

Aqui, novamente, está a idéia de que a velocidade é a *taxa* com a qual o objeto altera sua posição. Taxas nos informam sobre quão rapidamente ou quão lentamente as coisas variam, e essa idéia é expressa pela palavra "por". Uma velocidade instantânea de 80 quilômetros *por* hora significa que a taxa segundo a qual a posição do carro está variando — naquele exato instante — é tal que viajaria 80 quilômetros em 1 hora *se* continuasse naquela velocidade, sem mudar, por 1 h. Se você de fato viaja naquela velocidade ou não por outra hora, ou mesmo por outro milissegundo, não tem relevância.

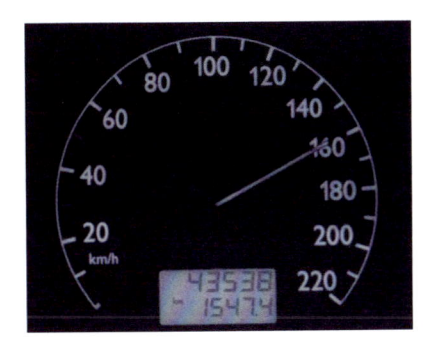

A marcação do velocímetro lhe informa sobre sua rapidez *a cada instante*.

Usando diagramas de movimento e gráficos

Vamos usar diagramas de movimento e gráficos da posição para analisar um foguete durante a decolagem. Escolhemos um objeto que decola verticalmente, de modo que o diagrama de movimento se ajuste melhor ao gráfico, mas nossas conclusões se aplicam a um movimento ao longo de qualquer linha reta. A **FIGURA 2.7a** mostra um diagrama de movimento obtido com uma câmera comum que filma 30 quadros por segundo. Você gostaria de determinar a velocidade *instantânea* v_{2y} no ponto 2. Como o foguete está acelerando, sua velocidade em 2 não é igual à velocidade média entre 1 e 3. Como poderemos determinar v_{2y}?

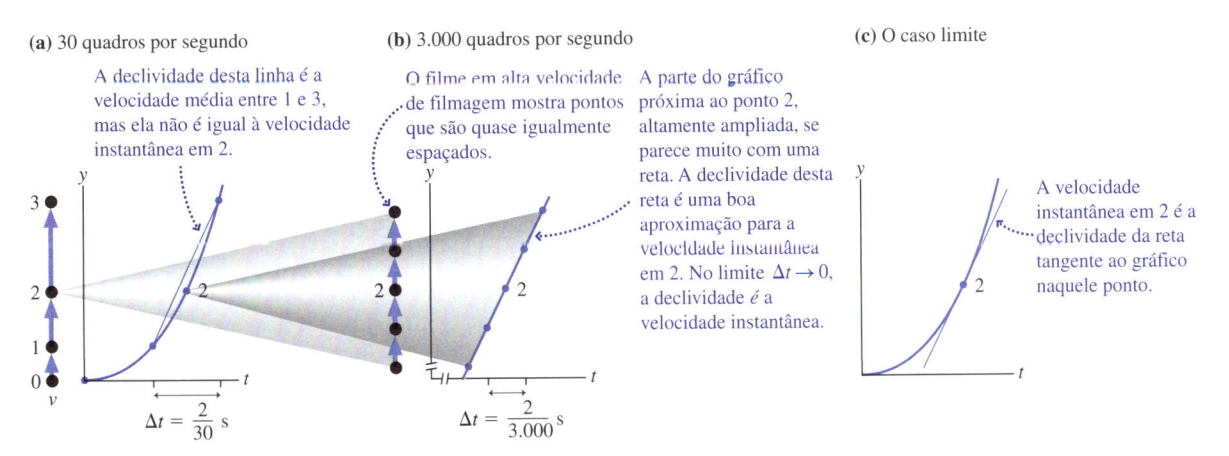

(a) 30 quadros por segundo

A declividade desta linha é a velocidade média entre 1 e 3, mas ela não é igual à velocidade instantânea em 2.

$\Delta t = \frac{2}{30}$ s

(b) 3.000 quadros por segundo

O filme em alta velocidade de filmagem mostra pontos que são quase igualmente espaçados.

A parte do gráfico próxima ao ponto 2, altamente ampliada, se parece muito com uma reta. A declividade desta reta é uma boa aproximação para a velocidade instantânea em 2. No limite $\Delta t \to 0$, a declividade é a velocidade instantânea.

$\Delta t = \frac{2}{3.000}$ s

(c) O caso limite

A velocidade instantânea em 2 é a declividade da reta tangente ao gráfico naquele ponto.

FIGURA 2.7 Diagrama de movimento e gráfico da posição de um foguete acelerando.

Suponha que usemos uma câmera de filmagem de alta velocidade, que faça 3.000 quadros por segundo, para filmar exatamente a parte do movimento muito próxima ao ponto 2. Este diagrama de movimento "ampliado" é mostrado na **FIGURA 2.7b**. Com este nível de ampliação, cada vetor velocidade tem *quase* o mesmo comprimento. Além disso, a parte altamente ampliada do gráfico curvo da posição é, *aproximadamente*, uma linha reta. Isto é, o movimento parece ser muito próximo de um movimento uniforme nesta escala de tempo. Se, subitamente, o foguete mudasse para uma velocidade *constante* no ponto 2, ele continuaria a se mover com uma velocidade dada pela declividade do gráfico da Figura 2.7b.

A característica principal da Figura 2.7 é que a velocidade média $v_{med} = \Delta s/\Delta t$ torna-se uma aproximação cada vez melhor para a velocidade instantânea v_s quando o intervalo de tempo Δt no qual a média é obtida torna-se cada vez menor. Ao ampliar o diagrama de movimento, estamos usando intervalos de tempo Δt cada vez menores. Mas mesmo 3.000 quadros por segundo ainda não é rápido o suficiente. Nós precisamos prosseguir para $\Delta t \to 0$.

Podemos expressar esta idéia em termos matemáticos como um limite:

$$v_s \equiv \lim_{\Delta t \to 0} \frac{\Delta s}{\Delta t} = \frac{ds}{dt} \qquad \text{(velocidade instantânea)} \tag{2.4}$$

Enquanto Δt vai se tornando cada vez menor, a velocidade média $v_{med} = \Delta s/\Delta t$ vai se aproximando de um valor *limite* e *constante*. Isto é, **a velocidade instantânea no instante t é a velocidade média durante um intervalo de tempo Δt, centrado em t, quando Δt se aproxima do valor nulo**. No cálculo, este limite é chamado de *derivada de s em relação a t*, e denotado por ds/dt. Vamos abordar derivadas na próxima seção.

Graficamente, $\Delta s/\Delta t$ é a declividade de uma linha reta. Quando Δt torna-se menor (i.e., com ampliação cada vez maior), a linha reta se torna uma aproximação cada vez melhor para a curva *naquele ponto*. No limite $\Delta t \to 0$, a linha reta tangencia a curva. Como mostra a **FIGURA 2.7c**, **a velocidade instantânea no instante t é a declividade da linha que tangencia o gráfico da posição *versus* tempo no instante t.**

EXEMPLO 2.3 **Relacionando um gráfico da velocidade a outro de posição**

A **FIGURA 2.8** é o gráfico da posição *versus* tempo de um carro.
a. Desenhe o gráfico da velocidade *versus* tempo do carro.
b. Descreva o movimento do veículo.

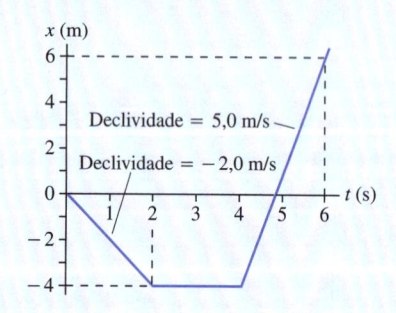

FIGURA 2.8 Gráfico da posição *versus* tempo.

MODELO Represente o carro como uma partícula, com uma posição bem-definida a cada instante.

VISUALIZAÇÃO A Figura 2.8 é a representação gráfica.

RESOLUÇÃO
a. O gráfico da posição *versus* tempo do carro é uma seqüência de três linhas retas. Cada uma delas representa um movimento uniforme a uma determinada velocidade constante. Podemos determinar a velocidade do carro durante cada intervalo de tempo medindo a declividade da linha. De $t = 0$ até $t = 2$ s ($\Delta t = 2,0$ s), o deslocamento do carro é $\Delta x = -4,0$ m $-0,0$ m $= -4,0$ m. A velocidade durante este intervalo é

$$v_x = \frac{\Delta x}{\Delta t} = \frac{-4,0 \text{ m}}{2,0 \text{ s}} = -2,0 \text{ m/s}$$

A posição do carro não varia entre $t = 2$ s e $t = 4$ s ($\Delta x = 0$), de modo que $v_x = 0$. Finalmente, o deslocamento entre $t = 4$ s e $t = 6$ s é $\Delta x = 10,0$ m. Logo, a velocidade durante este intervalo é

$$v_x = \frac{10,0 \text{ m}}{2,0 \text{ s}} = 5,0 \text{ m/s}$$

Essas velocidades são mostradas no gráfico da velocidade *versus* tempo da **FIGURA 2.9**.

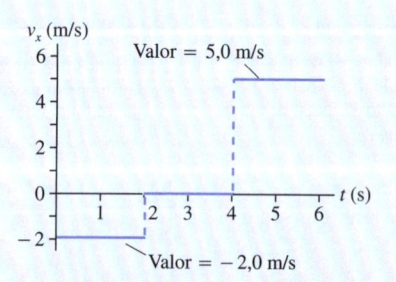

FIGURA 2.9 O correspondente gráfico da velocidade *versus* tempo.

b. O carro dá ré a 2 m/s por 2 s, depois fica parado por mais 2 s e então trafega para a frente a 5,0 m/s por pelo menos 2 s. Não podemos saber o que acontece para $t > 6$ s a partir do gráfico.

AVALIAÇÃO Os gráficos da velocidade e da posição parecem completamente diferentes. O *valor* do gráfico da velocidade em qualquer instante de tempo é igual à *declividade* do gráfico da posição.

EXEMPLO 2.4 Obtendo a velocidade graficamente a partir da posição

A **FIGURA 2.10** mostra o gráfico da posição *versus* tempo de um elevador.

a. Em que ponto ou pontos assinalados o elevador atinge a rapidez mínima?
b. Em que ponto ou pontos o elevador está se movendo mais rapidamente?
c. Esboce um gráfico aproximado da velocidade *versus* tempo para o elevador.

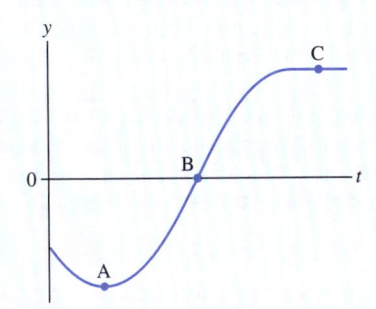

FIGURA 2.10 Gráfico da posição *versus* tempo.

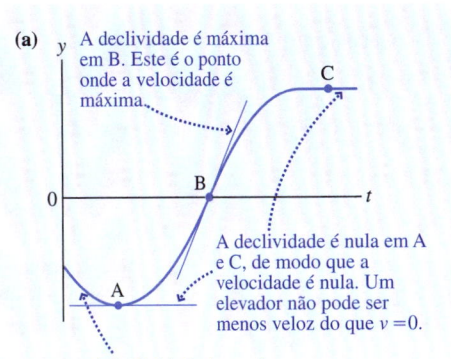

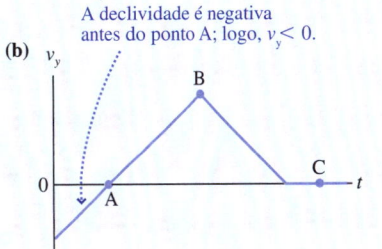

FIGURA 2.11 O gráfico da velocidade *versus* tempo pode ser encontrado a partir do gráfico da posição.

MODELO Represente o elevador como uma partícula.

VISUALIZAÇÃO A Figura 2.10 constitui uma representação gráfica.

RESOLUÇÃO a. A **FIGURA 2.11a** mostra que o elevador atinge a velocidade mínima — nenhuma velocidade! — nos pontos A e C. No ponto A, a rapidez é apenas instantaneamente nula. No ponto C, o elevador está realmente parado e se mantém assim.

b. O elevador é mais rápido no ponto B.

c. Embora não possamos fornecer um gráfico exato da velocidade *versus* tempo, podemos verificar que a declividade, e daí v_y, é inicialmente negativa, torna-se nula no ponto A, atinge um valor máximo no ponto B, diminui rapidamente a zero um pouco antes de C e mantém-se assim depois deste ponto. Assim, a **FIGURA 2.11b** mostra, ao menos aproximadamente, o gráfico da velocidade *versus* tempo do elevador.

AVALIAÇÃO Novamente, a forma do gráfico da velocidade *versus* tempo não guarda semelhança com a forma do gráfico da posição *versus* tempo. Você deve retirar informação sobre a *declividade* a partir do gráfico da posição para *calcular* a informação sobre o gráfico da velocidade.

Um pouco de cálculo: derivadas

Chegamos a um ponto de onde Galileu não podia mais continuar porque lhe faltavam ferramentas matemáticas. O progresso teve de esperar por um novo ramo da matemática, chamado de *cálculo*, inventado simultaneamente na Inglaterra, por Newton, e na Alemanha, por Leibniz. O cálculo foi concebido para tratar com grandezas instantâneas. Noutras palavras, ele nos fornece as ferramentas para calcular limites tais como o da Equação 2.4.

O símbolo ds/dt é chamado de *a derivada de s em relação a t*, e a Equação 2.4 a define como o caso limite de uma razão. Como mostrou a Figura 2.7, ds/dt pode ser interpretada graficamente como a declividade da linha tangente ao gráfico da posição *versus* tempo no instante t.

EXEMPLO 2.5 Obtendo a velocidade a partir da posição como uma derivada

A posição de uma partícula em função do tempo é $s = 2t^2$ m, onde t está em s. Qual é a velocidade v_s como função do tempo?

RESOLUÇÃO Precisamos "derivar" s:

$$v_s = \frac{ds}{dt} = \lim_{\Delta t \to 0} \frac{\Delta s}{\Delta t}$$

Durante o intervalo de tempo Δt, a partícula move-se da posição $s_{\text{em } t}$ para uma nova posição $s_{\text{em } t+\Delta t}$. Seu deslocamento é

$$\Delta s = s_{\text{em } t+\Delta t} - s_{\text{em } t} = 2(t + \Delta t)^2 - 2t^2$$
$$= 2(t^2 + 2t\Delta t + (\Delta t)^2) - 2t^2$$
$$= 4t\Delta t + 2(\Delta t)^2$$

A velocidade média durante o intervalo de tempo Δt é

$$v_{\text{med}} = \frac{\Delta s}{\Delta t} = \frac{4t\Delta t + 2(\Delta t)^2}{\Delta t} = 4t + 2\Delta t$$

Continua

Tomando finalmente o limite $\Delta t \to 0$, obtemos

$$v_s = \frac{ds}{dt} = \lim_{\Delta t \to 0}(4t + 2\Delta t) = 4t \text{ m/s}$$

Noutras palavras, a função para o cálculo da velocidade em um instante qualquer de tempo é $v_s = 4t$ m/s, onde t está em s. Em $t = 3$s, por exemplo, a partícula está localizada na posição $s = 18$ m e sua velocidade no mesmo instante é $v_s = 12$ m/s.

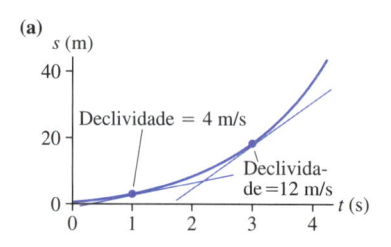

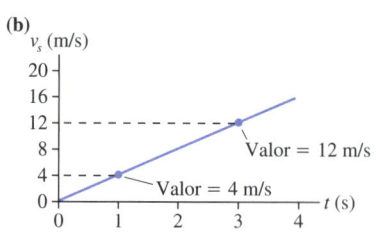

FIGURA 2.12 Gráfico da posição *versus* tempo e da velocidade *versus* tempo para o Exemplo 2.5.

Vamos examinar graficamente este problema, A **FIGURA 2.12a** mostra o gráfico da posição *versus* tempo da partícula $s = 2t^2$. A **FIGURA 2.12b**, então, mostra o gráfico da velocidade *versus* tempo usando a função velocidade $v = 4t$ m/s que acabamos de calcular. Verifique que o gráfico da velocidade é uma linha reta.

É de suma importância compreender a relação entre estes dois gráficos. O *valor* do gráfico da velocidade em qualquer instante de tempo, que pode ser lido diretamente no eixo vertical, é a *declividade* do gráfico da posição naquele mesmo tempo. Isso é ilustrado em $t = 1$ s e $t = 3$ s.

O Exemplo 2.5 mostrou como o limite de $\Delta s/\Delta t$ pode ser calculado para se obter a derivada, mas, claramente, o procedimento é muito tedioso. Ele atrapalharia bastante se tivéssemos de fazer isto a cada situação nova. Felizmente, neste livro, tudo o que precisaremos é de apenas algumas poucas derivadas. Aprenda-as, e você não terá de recorrer à definição em termos de limites.

As únicas funções que usaremos nas Partes I e II deste livro são potências e polinômios. Considere a função $u = ct^n$, onde c e n são constantes. O seguinte resultado é fornecido pelo cálculo:

$$\text{A derivada de } u = ct^n \text{ é } \frac{du}{dt} = nct^{n-1} \qquad (2.5)$$

NOTA ▶ O símbolo u é uma "variável muda". A Equação 2.5 pode ser usada para encontrar a derivada de *qualquer* função da forma ct^n. ◀

O Exemplo 2.5 pedia para encontrar a derivada da função $s = 2t^2$. Usando a Equação 2.5 com $c = 2$ e $n = 2$, a derivada de $s = 2t^2$ em relação a t é

$$v_s = \frac{ds}{dt} = 2 \cdot 2t^{2-1} = 4t$$

Analogamente, a derivada da função $x = 3/t^2 = 3t^{-2}$ é

$$\frac{dx}{dt} = (-2) \cdot 3t^{-2-1} = -6t^{-3} = -\frac{6}{t^3}$$

Um valor que não se altera com o tempo, como a posição de um objeto em repouso, pode ser representado pela função $u = c =$ constante, isto é, o expoente de t^n é $n = 0$. Você pode verificar da Equação 2.5 que a derivada de uma constante é zero, ou seja,

$$\frac{du}{dt} = 0 \text{ se } u = c = \text{constante} \qquad (2.6)$$

Isso faz sentido. O gráfico da função $u = c$ é simplesmente uma linha horizontal de altura c. A declividade de uma linha horizontal − que é o que a derivada du/dt mede − é nula.

A única outra informação de que necessitamos sobre derivadas, por ora, é como calcular a derivada da soma de duas ou mais funções. Sejam u e w duas funções separadas do tempo. Você aprenderá no cálculo que

$$\frac{d}{dt}(u + w) = \frac{du}{dt} + \frac{dw}{dt} \qquad (2.7)$$

Isto é, a derivada de uma soma é a soma das derivadas individuais.

Cientistas e engenheiros devem usar o cálculo para determinar trajetórias de foguetes.

NOTA ▶ Você pode ter aprendido em cálculo a encontrar a derivada dy/dx, onde y é uma função de x. As derivadas que usamos em física são as mesmas; somente a notação é diferente. Estamos interessados em como as grandezas variam com o tempo, de modo que nossas derivadas são em relação a t em vez de x. ◀

EXEMPLO 2.6 Usando o cálculo para determinar a velocidade

A posição de uma partícula é dada pela função $x = (-t^3 + 3t)$ m, onde t está em s.

a. Quais são a posição e a velocidade da partícula em $t = 2$ s?
b. Desenhe os gráficos de x e de v_x durante o intervalo $-3\text{ s} \leq t \leq 3\text{ s}$.
c. Desenhe um diagrama de movimento para ilustrar essa situação.

RESOLUÇÃO

a. Podemos calcular a posição em $t = 2$ s diretamente da função x:

$$x(\text{em } t = 2 \text{ s}) = -(2)^3 + (3)(2) = -8 + 6 = -2 \text{ m}$$

A velocidade é, então, $v_x = dx/dt$. A função x é uma soma de duas potências; assim,

$$v_x = \frac{dx}{dt} = \frac{d}{dt}(-t^3 + 3t) = \frac{d}{dt}(-t^3) + \frac{d}{dt}(3t)$$

A primeira derivada é de uma potência com $c = -1$ e $n = 3$; a segunda é com $c = 3$ e $n = 1$. Usando a Equação 2.5,

$$v_x = (-3t^2 + 3) \text{ m/s}$$

onde t está em s. Calculando a velocidade em $t = 2$ s, obtemos

$$v_x(\text{em } t = 2 \text{ s}) = -3(2)^2 + 3 = -9 \text{ m/s}.$$

O sinal negativo indica que, neste instante de tempo, a partícula está se movendo para a *esquerda* com uma rapidez de 9 m/s.

b. A **FIGURA 2.13** mostra os gráficos da posição e da velocidade. Eles foram criados por computador, plotando-se vários valores de x e de v_x em vários instantes entre -3 s e 3 s. A declividade do gráfico da posição *versus* tempo em $t = 2$ s é -9 m/s; este é o valor plotado para a velocidade em $t = 2$ s. Medições análogas são mostradas em $t = -1$ s, onde a velocidade instantânea é nula.

c. Finalmente, podemos interpretar os gráficos da Figura 2.13 para traçar o diagrama de movimento mostrado na **FIGURA 2.14**.

- A partícula encontra-se inicialmente à direita da origem ($x > 0$ em $t = -3$s), mas movendo-se para a esquerda ($v_x < 0$). Sua *rapidez* está diminuindo ($v = |v_x|$ está diminuindo), de modo que as setas que representam os vetores velocidade estão se tornando mais curtas.
- A partícula passa pela origem em $t \approx -1{,}5$ s, mas ainda está se movendo para a esquerda.
- A posição atinge valor mínimo em $t = -1$ s; a partícula está na posição mais à esquerda da origem. A velocidade é, *instantaneamente*, $v_x = 0$ m/s quando a partícula inverte seu sentido.
- A partícula move-se para a direita entre $t = -1$ s e $t = 1$ s ($v_x > 0$).
- A partícula faz um retorno novamente em $t = 1$ s e começa a se mover de novo para a esquerda ($v_x < 0$). Ela mantém-se acelerando e, então, sai de cena pela esquerda.

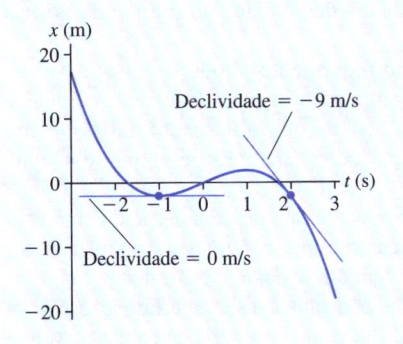

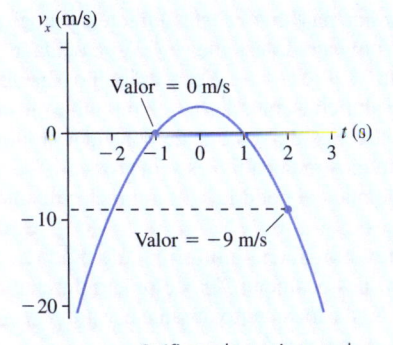

FIGURA 2.13 Gráficos da posição e da velocidade.

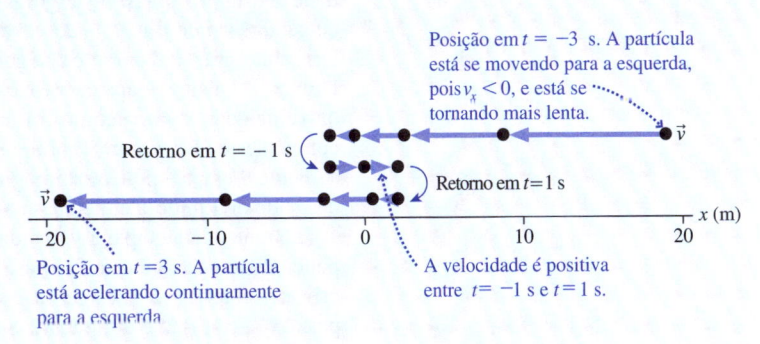

FIGURA 2.14 Diagrama de movimento para o Exemplo 2.6.

Neste exemplo, a partícula move-se para $x = -2$ m e $t = -1$ s e então retorna. O ponto em seu movimento onde ela inverte seu sentido é chamado de *ponto de retorno*. Uma vez que a velocidade era negativa exatamente antes de alcançar o ponto de retorno e positiva logo após o mesmo, ela tinha de passar pelo valor $v_x = 0$. Assim, em um **ponto de retorno**, onde a partícula inverte seu movimento, a velocidade é instantaneamente nula. Um segundo ponto de retorno ocorre em $t = 1$s, quando a partícula atinge $x = 2$ m. Veremos no futuro muitos exemplos de ponto de retorno.

PARE E PENSE 2.2 Qual dos gráficos de velocidade *versus* tempo corresponde ao gráfico da posição *versus* tempo da esquerda da figura?

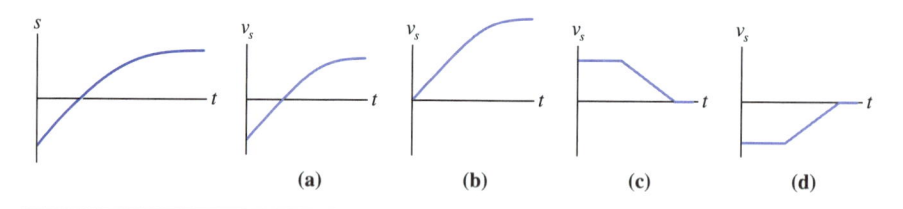

2.3 Obtendo a posição a partir da velocidade

A Equação 2.4 fornece uma maneira de obter a velocidade instantânea v_s se conhecemos a posição s como função do tempo. Em termos matemáticos, a velocidade é a derivada da função posição. Graficamente, a velocidade é a declividade do gráfico da posição *versus* tempo.

Mas e quanto ao problema da inversão do movimento? Podemos usar a velocidade do objeto para determinar sua posição em algum instante futuro t? A Equação 2.3, $s_f = s_i + v_s \Delta t$, permite fazer isto para o caso de um movimento uniforme com velocidade constante, mas necessitamos de uma expressão mais geral que seja válida mesmo quando v_s não for constante.

A **FIGURA 2.15a** é um gráfico da velocidade *versus* tempo de uma partícula cuja velocidade varia com o tempo. Suponha que conheçamos a posição inicial s_i no instante inicial t_i. Nosso objetivo é encontrar sua posição s_f em um instante t_f posterior.

Como já sabemos trabalhar com velocidades constantes, usando a Equação 2.3, vamos *aproximar* a função velocidade da Figura 2.15a como uma série de etapas de velocidade constante com Δt de largura. Isso está ilustrado na **FIGURA 2.15b**. Durante a primeira etapa, que vai de t_i até $t_i + \Delta t$, a velocidade tem um valor constante $(v_s)_1$. A velocidade é uma constante $(v_s)_2$ durante a segunda etapa, entre $t_i + \Delta t$ e $t_i + 2\Delta t$, e assim por diante. Durante a k-ésima etapa, a velocidade tem um valor constante de $(v_s)_k$. No total, a curva da velocidade *versus* tempo foi dividida em N trechos de velocidade constante, todos com a mesma largura Δt. Embora a aproximação mostrada na figura seja grosseira, com somente 9 etapas, podemos imaginar facilmente que ela poderia ser tão precisa quanto desejado dividindo-a em etapas cada vez menores.

Durante cada etapa, a velocidade é constante (movimento uniforme), de modo que podemos usar a Equação 2.3 para cada etapa. O deslocamento Δs_1 do objeto durante a primeira etapa é, simplesmente, $\Delta s_1 = (v_s)_1 \Delta t$. O deslocamento durante a segunda etapa é $\Delta s_2 = (v_s)_2 \Delta t$ e durante a k-ésimo etapa é $\Delta s_k = (v_s)_k \Delta t$.

O deslocamento total do objeto entre t_i e t_f pode ser aproximado pela soma de todos os deslocamentos individuais durante cada uma das N etapas de velocidade constante, ou seja,

$$\Delta s = s_f - s_i \approx \Delta s_1 + \Delta s_2 + \cdots + \Delta s_N = \sum_{k=1}^{N} (v_s)_k \Delta t \tag{2.8}$$

onde $\sum$ (a letra grega sigma) é o símbolo para soma.

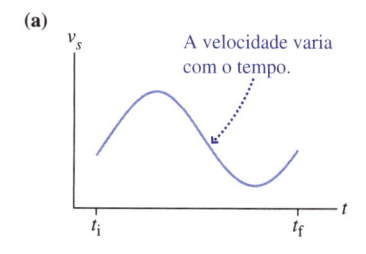

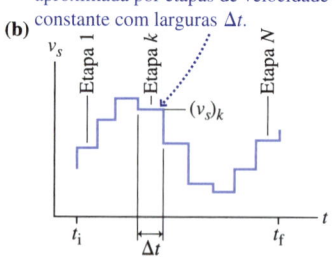

FIGURA 2.15 Aproximando um gráfico de velocidade versus tempo por uma série de etapas de velocidade constante.

Por meio de um rearranjo simples, a posição final da partícula é expressa como

$$s_f \approx s_i + \sum_{k=1}^{N} (v_s)_k \Delta t \tag{2.9}$$

Nosso objetivo foi usar a velocidade para determinar a posição final s_f. A Equação 2.9 quase atinge este objetivo, mas ela é somente aproximada porque as etapas de velocidade constante são apenas aproximações para o verdadeiro gráfico da velocidade. Mas se, agora, considerarmos o limite $\Delta t \to 0$, a largura de cada etapa se aproximará de zero quando o número N de etapas tender a infinito. Neste limite, a série de etapas tornar-se-á uma réplica perfeita do gráfico da velocidade *versus* tempo, e a Equação 2.9, exata. Logo,

$$s_f = s_i + \lim_{\Delta t \to 0} \sum_{k=1}^{N} (v_s)_k \Delta t = s_i + \int_{t_i}^{t_f} v_s \, dt \tag{2.10}$$

O símbolo curvilíneo é chamado de *integral*. A expressão da direita é lida como "a integral de $v_s \, dt$ de t_i a t_f". A Equação 2.10 é o resultado que estamos procurando. Ela nos permite prever a posição s_f de um objeto em um instante futuro t_f.

Podemos dar uma importante interpretação para a Equação 2.10. A **FIGURA 2.16** mostra a etapa k na aproximação para o gráfico da velocidade como um retângulo vertical estreito e comprido, de altura $(v_s)_k$ e largura Δt. O produto $\Delta s_k = (v_s)_k \Delta t$ é a área (base $\times$ altura) deste pequeno retângulo. A soma da Equação 2.10 envolve todos os retângulos e resulta na área total delimitada entre o eixo t e os topos dos retângulos. O limite desta soma, quando $\Delta t \to 0$, é a área total entre o eixo t e a curva do gráfico da velocidade. Isso se expressa como "área sob a curva". Assim, a interpretação da Equação 2.10 é:

$$s_f = s_i + \text{área sob a curva do gráfico da velocidade } v_s \text{ entre } t_i \text{ e } t_f \tag{2.11}$$

NOTA ▶ Espere um minuto! O deslocamento $\Delta s = s_f - s_i$ é um comprimento. Como pode um comprimento igualar-se a uma área? Recorde-se de que antes, quando concluímos que a velocidade é a declividade do gráfico da posição, fizemos distinção entre a declividade *real* e o *significado físico* da declividade. A mesma distinção se aplica aqui. O gráfico da velocidade realmente delimita uma área sobre a página. Essa é a área real, mas *não* a área a que estamos nos referindo. Novamente, precisamos medir as grandezas que estamos usando, v_s e Δt, usando as escalas dos eixos. Δt corresponde a alguns segundos, e v_s, a certo número de metros por segundo. Quando elas são multiplicadas uma pela outra, o *significado físico* da área adquire unidades de metros, que são apropriadas para expressar o deslocamento. Os exemplos seguintes tornarão isso mais claro. ◀

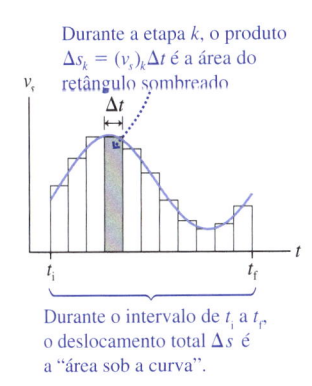

FIGURA 2.16 O deslocamento total Δs é a "área sob a curva".

EXEMPLO 2.7 O deslocamento durante uma corrida de carros

A **FIGURA 2.17** mostra o gráfico da velocidade *versus* tempo de um carro de corrida. Que distância o corredor percorre durante os primeiros 3,0 s?

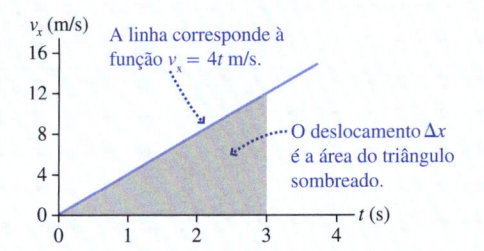

FIGURA 2.17 Gráfico da velocidade *versus* tempo do Exemplo 2.7.

MODELO Represente o carro de corrida como uma partícula com posição bem-definida em todos os instantes.

VISUALIZAÇÃO A Figura 2.17 constitui a representação gráfica.

RESOLUÇÃO A questão "que distância percorre" indica que precisamos determinar o deslocamento Δx em vez da posição x. De acordo com a Equação 2.11, o deslocamento do carro $\Delta x = x_f - x_i$ entre $t = 0$ s e $t = 3$ s é a área sob a curva entre $t = 0$ s e $t = 3$ s. Neste caso, a curva é uma linha reta inclinada, de modo que a área é a de um triângulo:

$$\Delta x = \text{área do triângulo entre } t = 0 \text{ s e } t = 3 \text{ s}$$
$$= \tfrac{1}{2} \times \text{base} \times \text{altura}$$
$$= \tfrac{1}{2} \times 3 \text{ s} \times 12 \text{ m/s} = 18 \text{ m}$$

O corredor move-se 18 m durante os 3 primeiros segundos.

AVALIAÇÃO A "área" é o produto de s por m/s; assim, Δx tem as unidades apropriadas de m.

EXEMPLO 2.8 Obtendo uma expressão para a posição do corredor

a. Obtenha uma expressão algébrica para a posição x como função do tempo t para o corredor cujo gráfico foi mostrado na Figura 2.17. Considere que a posição inicial do carro é $x_i = 0$ em $t_i = 0$.
b. Desenhe o gráfico da posição *versus* tempo do carro.

RESOLUÇÃO

a. Seja $x_i = 0$ em $t_i = 0$ e x a posição no instante posterior t. A linha reta para v_x da Figura 2.17 é descrita pela função linear $v_x = 4t$ m/s, onde t está em s. Logo,

$$x = x_i + \int_0^t v_x \, dt = 0 + \text{área sob o triângulo entre 0 e } t$$
$$= 0 + \tfrac{1}{2}(t - 0)(4t - 0) = 2t^2 \text{ m, onde } t \text{ está em s}$$

b. A **FIGURA 2.18** mostra o gráfico da posição *versus* tempo do corredor. Ele simplesmente é o gráfico da função $x = 2t^2$ m, onde t está em s. Note que o gráfico *linear* da velocidade da Figura 2.17 está associado com um gráfico da posição, que é *parabólico*. Este é um resultado geral que deveremos encontrar novamente.

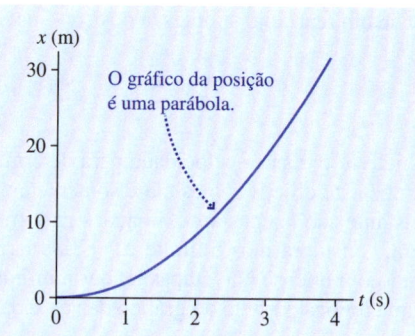

FIGURA 2.18 O gráfico da posição *versus* tempo de um carro de corrida cujo gráfico da velocidade foi mostrado na Figura 2.17.

AVALIAÇÃO Este é exatamente o Exemplo 2.5 invertido! Tomando a derivada, lá obtivemos que uma partícula cuja posição é dada por $x = 2t^2$ m possui velocidade descrita por $v_x = 4t$ m/s. Aqui, por integração, obtivemos que um corredor cuja velocidade é dada por $v_x = 4t$ m/s tem sua posição descrita por $x = 2t^2$ m.

EXEMPLO 2.9 Encontrando o ponto de retorno

A **FIGURA 2.19** é o gráfico da velocidade de uma partícula que parte de $x_i = 30$ m no instante $t_i = 0$ s.

a. Esboce um diagrama de movimento para a partícula.
b. Onde ela se encontra no ponto de retorna?
c. Em que instante a partícula chega na origem?

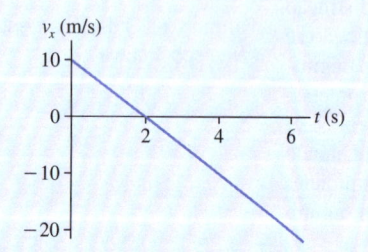

FIGURA 2.19 Gráfico da velocidade *versus* tempo da partícula do Exemplo 2.9.

VISUALIZAÇÃO A partícula encontra-se inicialmente 30 m à direita da origem e movendo-se *para a direita* ($v_x > 0$) com velocidade de 10 m/s. Mas v_x está diminuindo, de maneira que a partícula está se tornado mais lenta. Em $t = 2$ s, a velocidade, exatamente neste instante, é nula e está prestes a se tornar negativa. Este é o ponto de retorno. Para $t > 2$ s, a velocidade é negativa, portanto a partícula inverteu o sentido e está retornado à origem. Em algum instante posterior, que desejamos determinar, ela passará por $x = 0$ m.

RESOLUÇÃO a. A **FIGURA 2.20** mostra o diagrama de movimento. A escala de distância será estabelecida nos itens b e c, mas está mostrada aqui por conveniência.

b. A partícula atinge o ponto de retorno em $t = 2$ s. Para descobrir *onde* ela se encontra neste instante, precisamos descobrir qual foi o deslocamento nos primeiros dois segundos. Podemos conseguir isso determinando a área sob a curva entre $t = 0$ s e $t = 2$ s:

$$x(\text{em } t = 2 \text{ s}) = x_i + \int_{0s}^{2s} v_x \, dt$$
$$= x_i + \text{área sob a curva entre 0 s e 2s}$$
$$= 30 \text{ m} + \tfrac{1}{2}(2 \text{ s} - 0 \text{ s})(10 \text{ m/s} - 0 \text{ m/s})$$
$$= 40 \text{ m}$$

O ponto de retorno está em $x = 40$ m.

c. A partícula precisa mover-se $\Delta x = -40$ m para ir do ponto de retorno até a origem, ou seja, a área sob a curva a partir de $t = 2$ s, correspondente ao instante que se quer determinar, deve ser igual a -40 m. Uma vez que a curva encontra-se abaixo do eixo, com valores negativos de v_x, a área à direita de $t = 2$ s é *negativa*. Usando um pouco de geometria, você encontrará que o triângulo cuja base se estende de $t = 2$ s até $t = 6$ s tem uma área de -40 m. Assim, a partícula chega na origem em $t = 6$ s.

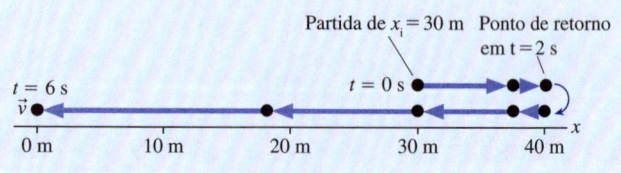

FIGURA 2.20 Diagrama de movimento para a partícula cujo gráfico da velocidade foi mostrado na Figura 2.19.

Um pouco mais de cálculo: Integrais

Tomar a derivada de uma função equivale a encontrar a declividade do gráfico da função. Analogamente, calcular uma integral equivale a encontrar a área sob o gráfico da função. O método gráfico é muito importante na construção de uma intuição acerca do movimento, mas é limitado em sua aplicabilidade prática. Da mesma forma como as derivadas de funções comuns podem ser calculadas e tabuladas, ocorre com as integrais.

A integral da Equação 2.10 é chamada de *integral definida* porque existem dois limites delimitando a área a ser determinada. Esses limites são chamados de *limites de integração* inferior (t_i) e superior (t_f). Para a importante função $u = ct^n$, o resultado essencial é que

$$\int_{t_i}^{t_f} u\, dt = \int_{t_i}^{t_f} ct^n\, dt = \frac{ct^{n+1}}{n+1}\bigg|_{t_i}^{t_f} = \frac{ct_f^{n+1}}{n+1} - \frac{ct_i^{n+1}}{n+1} \quad (n \neq -1) \quad (2.12)$$

A barra vertical no terceiro passo com o subscrito t_i e o sobrescrito t_f é uma notação sintética empregada no cálculo que significa — como vimos no último passo — a integral calculada numericamente no limite superior t_f menos a integral calculada numericamente no limite inferior t_i. Você precisa também saber que, para duas funções u e w,

$$\int_{t_i}^{t_f} (u + w)\, dt = \int_{t_i}^{t_f} u\, dt + \int_{t_i}^{t_f} w\, dt \quad (2.13)$$

Ou seja, a integral de uma soma é a soma das integrais das funções individuais.

EXEMPLO 2.10 Usando o cálculo para encontrar a posição

Use o cálculo para resolver o Exemplo 2.9.

RESOLUÇÃO A Figura 2.19 é um gráfico linear. Vimos que sua "intersecção com o eixo y" é 10 m/s e sua declividade é de -5 (m/s)/s. Logo, a velocidade representada no gráfico pode ser descrita pela equação

$$v_x = (10 - 5t)\ \text{m/s}$$

onde t está em s. Podemos determinar a posição x no instante t usando a Equação 2.10:

$$x = x_i + \int_0^t v_x\, dt = 30\ \text{m} + \int_0^t (10 - 5t)\, dt$$

$$= 30\ \text{m} + \int_0^t 10\, dt - \int_0^t 5t\, dt$$

A fim de obter a expressão final, usamos a Equação 2.13 para a integral de uma soma de funções. A primeira das integrais é de uma função da forma $u = ct^n$ com $c = 10$ e $n = 0$; a segunda, é de uma função da mesma forma, mas com $c = 5$ e $n = 1$. Usando a Equação 2.12,

$$\int_0^t 10\, dt = 10t\bigg|_0^t = 10 \cdot t - 10 \cdot 0 = 10t\ \text{m}$$

e

$$\int_0^t 5t\, dt = \tfrac{5}{2}t^2\bigg|_0^t = \tfrac{5}{2}\cdot t^2 - \tfrac{5}{2}\cdot 0^2 = \tfrac{5}{2}t^2\ \text{m}$$

Combinando os dois termos, obtemos

$$x = (30 + 10t - \tfrac{5}{2}t^2)\ \text{m}$$

onde t está em s. O ponto de retorno da partícula ocorre em $t = 2$ s, e sua posição neste instante é

$$x(\text{em } t = 2\ \text{s}) = 30 + (10)(2) - \tfrac{5}{2}(2)^2 = 40\ \text{m}$$

O instante em que a partícula chega à origem é encontrado fazendo $x = 0$ m:

$$30 + 10t - \tfrac{5}{2}t^2 = 0$$

Essa equação quadrática possui duas soluções: $t = -2$ s ou $t = 6$ s.

Quando resolvemos uma equação quadrática, não podemos apenas selecionar arbitrariamente a raiz que desejamos. Devemos decidir qual delas tem *significado*. Aqui, a raiz negativa refere-se a um instante anterior ao início do problema, de sorte que a raiz significativa é a positiva, $t = 6$ s.

AVALIAÇÃO O resultado concorda com a resposta que encontramos anteriormente a partir da solução gráfica.

Estes exemplos realçam o fato de que existem muitas maneiras de resolver um dado problema. Os procedimentos gráficos para determinar derivadas e integrais são simples, mas funcionam apenas para uma classe limitada de problemas — aqueles com geometria simples. As técnicas do cálculo são mais exigentes, mas nos permitem tratar de funções cujos gráficos são muito complexos.

Concluindo resumidamente

Enquanto trabalha na construção de uma intuição acerca do movimento, você precisa ser capaz de mover-se para a frente e para trás entre as quatro diferentes representações do movimento:

- O diagrama de movimento.
- O gráfico da posição *versus* tempo.
- O gráfico da velocidade *versus* tempo.
- A descrição em palavras.

Dada uma descrição de um determinado movimento, você deve ser capaz de produzir uma outra. E dados os gráficos da posição e da velocidade, você deve ser capaz de "interpretá-los", descrevendo o movimento em palavras ou por meio de um diagrama de movimento.

PARE E PENSE 2.3 Qual é o gráfico de posição *versus* tempo que corresponde ao gráfico da velocidade *versus* tempo à esquerda? A posição da partícula em $t_i = 0$ é $x_i = -10$ m.

2.4 Movimento com aceleração constante

Necessitamos de um conceito importante para descrever um movimento unidimensional: a aceleração. Como observado no Capítulo 1, a aceleração é um conceito mais abstrato. Não podemos "ver" o valor da aceleração como fazemos com a posição, e nem podemos avaliá-la simplesmente olhando-se o objeto para verificar se ele está se movendo rápida ou lentamente. Apesar disso, a aceleração constitui um dos eixos centrais da mecânica. Veremos muito rapidamente que as leis de Newton relacionam a aceleração de um objeto às forças exercidas sobre o mesmo.

Suponha que realizemos uma corrida entre um fusca e um Porsche para descobrir qual dos dois carros atinge a velocidade de 30 m/s (108 km/h) no tempo mais curto. Os carros seriam equipados com computadores para registrar as leituras do velocímetro 10 vezes a cada segundo. Isso forneceria uma gravação aproximadamente contínua da velocidade *instantânea* de cada carro. A Tabela 2.1 mostra alguns destes dados. Os gráficos da velocidade *versus* tempo, baseado nesses dados, são mostrados na **FIGURA 2.21**.

De que maneira podemos descrever a diferença entre as performances dos dois carros? Não é que exista uma diferença de velocidades entre ambos; eles atingem cada valor de velocidade entre 0 e 30 m/s. A diferença está no tempo que eles gastam para *variar* sua velocidade de 0 para 30 m/s. O Porsche alterou rapidamente sua velocidade, em 6,0 s apenas, enquanto o fusca precisou de 15 s para alcançar a mesma variação de velocidade.

Quando comparamos os dois carros, estamos interessados na taxa segundo a qual suas velocidades variam. Uma vez que o Porsche tem variação de velocidade $\Delta v_s = 30$ m/s durante um intervalo de tempo $\Delta t = 6$ s, a taxa de variação de sua velocidade foi

$$\text{taxa de variação da velocidade} = \frac{\Delta v_s}{\Delta t} = \frac{30 \text{ m/s}}{6,0 \text{ s}} = 5,0 \text{ (m/s)/s} \quad (2.14)$$

Observe as unidades. Elas são do tipo "velocidade por segundo". Uma taxa de variação de velocidade de 5,0 "metros por segundo por segundo" significa que a velocidade

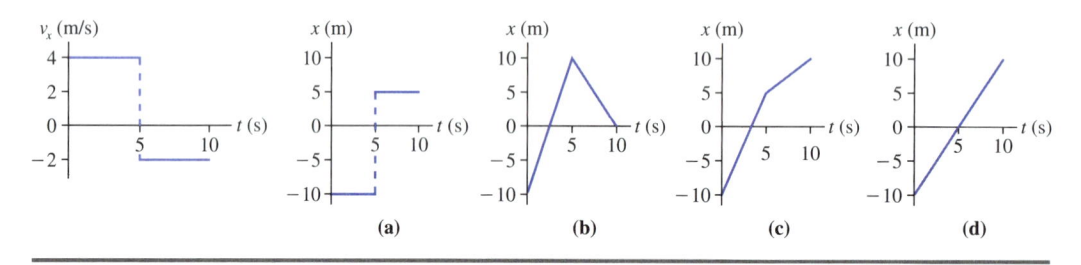

TABELA 2.1 Velocidades de um Porsche e de um fusca

t(s)	v_{Porsche} (m/s)	v_{Fusca} (m/s)
0,0	0,0	0,0
0,1	0,5	0,2
0,2	1,0	0,4
0,3	1,5	0,6
0,4	2,0	0,8
⋮	⋮	⋮

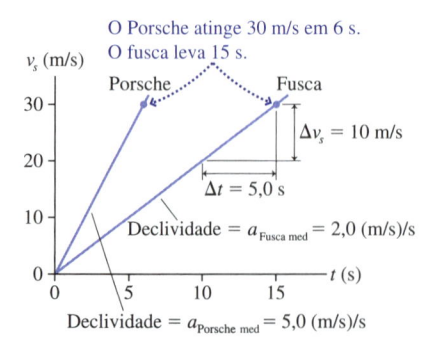

FIGURA 2.21 Gráficos da velocidade *versus* tempo para um Porsche e um fusca.

aumenta em 5,0 m/s durante o primeiro segundo, mais outros 5 m/s no próximo segundo e assim por diante. De fato, a velocidade aumentará em 5,0 m/s durante qualquer segundo porque ela está variando em uma taxa de 5,0 (m/s)/s.

O Capítulo 1 introduziu a *aceleração* como "a taxa de variação da velocidade", ou seja, a aceleração mede quão rápida ou quão lentamente varia a velocidade de um objeto. A velocidade do Porsche variou rapidamente, de modo que ele possui uma grande aceleração. A velocidade do fusca variou mais lentamente, então sua aceleração foi menor. Em analogia com nossa abordagem da velocidade, vamos definir a **aceleração média** a_{med} durante o intervalo de tempo Δt como

$$a_{\text{med}} \equiv \frac{\Delta v_s}{\Delta t} \quad \text{(aceleração média)} \quad (2.15)$$

Uma vez que Δv_s e Δt são a "elevação" e a "largura" de um gráfico de velocidade *versus* tempo, verificamos que a_{med} pode ser interpretada graficamente como a *declividade* de uma linha reta em um gráfico de velocidade *versus* tempo. A Figura 2.21 usa esta idéia para mostrar que a aceleração média do fusca é

$$a_{\text{fusca med}} = \frac{\Delta v_s}{\Delta t} = \frac{10 \text{ m/s}}{5{,}0 \text{ s}} = 2{,}0 \text{ (m/s)/s} \quad (2.16)$$

Ela é menor do que a aceleração do Porsche, como se esperava.

Um objeto cujo gráfico da velocidade *versus* tempo é uma linha reta corresponde a uma aceleração constante ou uniforme. Um gráfico deste tipo representa um movimento com **aceleração constante**, chamado de **movimento uniformemente acelerado**: **um objeto está em movimento uniformemente acelerado se e somente se sua aceleração a_s é constante. O gráfico da velocidade *versus* tempo deste objeto é uma linha reta, e a_s é a declividade da linha**. Não existe a necessidade de especificar "média" se a aceleração é constante, de modo que usaremos o símbolo a_s quando abordarmos o movimento com aceleração constante ao longo de um eixo s.

NOTA ▶ Um aspecto importante da aceleração é seu *sinal*. A aceleração $\vec{a}$, como a posição $\vec{r}$ e a velocidade $\vec{v}$, é um vetor. Para o movimento em uma dimensão, o sinal de a_x (ou a_y) é positivo se o vetor $\vec{a}$ aponta para a direita (ou para cima) e negativo se para a esquerda (ou para baixo). Isto está ilustrado na Figura 1.19 e no importante Box Tático 1.4, que talvez você deseje revisar. É particularmente importante enfatizar que valores positivos ou negativos de a_s não correspondem necessariamente a "tornar-se mais veloz" ou "tornar-se mais lento". ◀

EXEMPLO 2.11 Relacionando a aceleração à velocidade

a. Uma partícula possui velocidade de 10 m/s e uma aceleração constante de 2 (m/s)/s. Qual será sua velocidade 1 s mais tarde? E 2 s mais tarde?

b. Uma partícula possui velocidade de -10 m/s e uma aceleração constante de 2 (m/s)/s. Qual será sua velocidade 1 s mais tarde? E 2 s mais tarde?

RESOLUÇÃO

a. Uma aceleração de 2 (m/s)/s significa que a velocidade aumenta em 2 m/s a cada 1 s transcorrido. Se a velocidade inicial da partícula é 10 m/s, então 1 s mais tarde sua velocidade será 12 m/s. Depois de 2 s, o que corresponde a 1 s a mais, ela terá aumentado outros 2 m/s e será de 14 m/s. Após 3 s ela será de 16 m/s. Aqui um valor positivo de a_s está tornando a partícula mais rápida.

b. Se a velocidade inicial da partícula é *negativa*, -10 m/s, mas a aceleração é positiva, $+2$ (m/s)/s, então 1 s mais tarde a velocidade será de -8 m/s. Mais 2 s transcorridos e ela será de -6 m/s e assim por diante. Neste caso, um valor positivo de a_s está fazendo com que o objeto torne-se cada vez *mais lento* (diminuindo a rapidez v). Isto está de acordo com a regra do Box Tático 1.4: um objeto está se tornando mais lento se e somente se v_s e a_s tiverem sinais opostos.

NOTA ▶ É costume se abreviar as unidades de aceleração (m/s)/s por m/s². Por exemplo, as partículas do Exemplo 2.11 tinham acelerações de 2 m/s². Usaremos esta notação, mas mantendo em mente o *significado* da notação como sendo "(metros por segundo) por segundo". ◀

EXEMPLO 2.12 Correndo pela quadra

Um jogador de basquete parte da extremidade esquerda da quadra e se move com a velocidade representada na **FIGURA 2.22**. Desenhe um diagrama de movimento e um gráfico da aceleração *versus* tempo para o jogador.

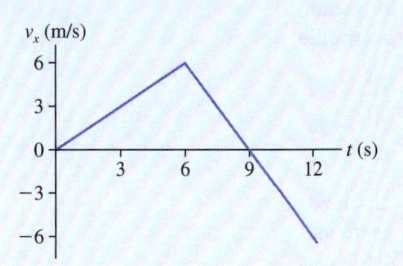

FIGURA 2.22 Gráfico da velocidade *versus* tempo do jogador de basquete do Exemplo 2.12.

VISUALIZAÇÃO A velocidade é positiva (movimento para a direita) e está aumentando durante os primeiros 6 s, de modo que as setas do diagrama de movimento apontam para a direita e são cada vez mais longas. De $t = 6$ s até $t = 9$ s o movimento ainda é para a direita (v_x ainda é positiva), porém as setas são cada vez menores porque v_x está diminuindo. Existe um ponto de retorno em $t = 9$ s, quando $v_x = 0$, e depois o movimento é para a esquerda (v_x é negativa) e está se tornando mais rápido. O diagrama de movimento da **FIGURA 2.23a** mostra os vetores velocidade e aceleração.

RESOLUÇÃO A aceleração é a declividade do gráfico da velocidade. Para os primeiros 6 s, a declividade tem valor constante de

$$a_x = \frac{\Delta v_x}{\Delta t} = \frac{6{,}0 \text{ m/s}}{6{,}0 \text{ s}} = 1{,}0 \text{ m/s}^2$$

A velocidade diminui 12 m/s durante o intervalo de 6 s entre $t = 6$ s e $t = 12$ s; logo,

$$a_x = \frac{\Delta v_x}{\Delta t} = \frac{-12 \text{ m/s}}{6{,}0 \text{ s}} = -2{,}0 \text{ m/s}^2$$

O gráfico da aceleração para estes 12 s é mostrado na **FIGURA 2.23b**. Note que não existe variação da aceleração em $t = 9$ s, o ponto de retorno.

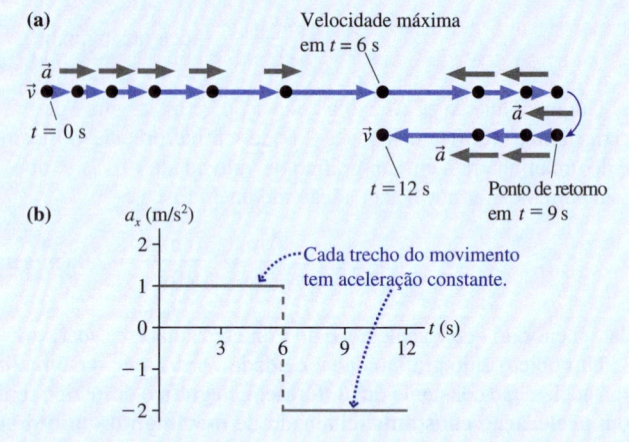

FIGURA 2.23 Diagrama de movimento e gráfico da aceleração do Exemplo 2.12.

AVALIAÇÃO O *sinal* de a_x nada nos diz acerca do objeto estar se tornando mais rápido ou mais lento. O jogador de basquete está desacelerando entre $t = 6$ s e $t = 9$ s e depois acelera entre $t = 9$ s e $t = 12$ s. Apesar disso, sua aceleração é negativa durante o intervalo de tempo inteiro porque seu vetor aceleração, como visto no diagrama de movimento, aponta sempre para a esquerda.

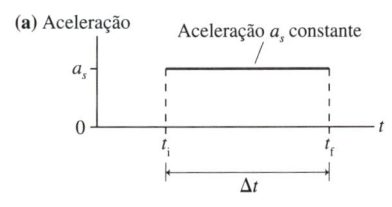

As equações cinemáticas de aceleração constante

Considere um objeto cuja aceleração a_s mantém-se constante durante o intervalo de tempo $\Delta t = t_f - t_i$. No início do intervalo, o instante t_i, o objeto tem velocidade inicial v_{is} e posição s_i. Note que t_i geralmente é zero, mas não tem de ser este valor. Nós desejamos determinar a posição final s_f do objeto e sua velocidade final v_{fs} no instante t_f.

A velocidade do objeto está variando porque ele está acelerando. A **FIGURA 2.24a** mostra o gráfico da aceleração *versus* tempo, uma linha horizontal que vai de t_i a t_f. Não é difícil determinar a velocidade v_{fs} do objeto no instante posterior t_f. Por definição,

$$a_s = \frac{\Delta v_s}{\Delta t} = \frac{v_{fs} - v_{is}}{\Delta t} \quad (2.17)$$

a qual pode ser facilmente rearranjada para a forma

$$v_{fs} = v_{is} + a_s \Delta t \quad (2.18)$$

O gráfico da velocidade *versus* tempo, mostrado na **FIGURA 2.24b**, é uma linha reta que inicia em v_{is} e tem a_s por declividade.

Como você aprendeu na última seção, a posição final do objeto é

$$s_f = s_i + \text{área sob a curva da velocidade } v_s \text{ entre } t_i \text{ e } t_f \quad (2.19)$$

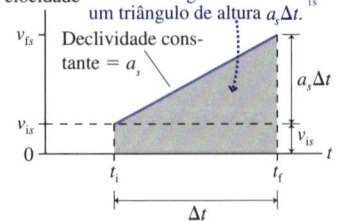

FIGURA 2.24 Gráficos da aceleração e da velocidade para movimento com aceleração constante.

A área sombreada na Figura 2.24b pode ser subdividida em um retângulo de área $v_{is}\Delta t$ e um triângulo de área $\frac{1}{2}(a_s\Delta t)(\Delta t) = \frac{1}{2}a_s(\Delta t)^2$. Somando essas duas partes, obtemos

$$s_f = s_i + v_{is}\Delta t + \tfrac{1}{2}a_s(\Delta t)^2 \qquad (2.20)$$

onde $\Delta t = t_f - t_i$ é o tempo transcorrido. A dependência quadrática com Δt faz com que o gráfico da posição *versus* tempo de um movimento com aceleração constante tenha forma parabólica. Você já viu isso antes, na Figura 2.18, e isso aparecerá abaixo, na Figura 2.25.

As Equações 2.18 e 2.20 são duas das equações básicas do movimento com aceleração constante. Elas nos permitem prever a posição e a velocidade de um objeto em um instante futuro de tempo. Precisamos ainda de mais uma equação para completar o conjunto, uma que forneça a relação direta entre a posição e a velocidade. Primeiro usamos a Equação 2.18 para escrever $\Delta t = (v_{fs} - v_{is})/a_s$. Substituindo na Equação 2.20, obtemos

$$\begin{aligned} s_f &= s_i + v_{is}\left(\frac{v_{fs} - v_{is}}{a_s}\right) + \tfrac{1}{2}a_s\left(\frac{v_{fs} - v_{is}}{a_s}\right)^2 \\ &= s_i + \left(\frac{v_{is}v_{fs}}{a_s} - \frac{v_{is}^2}{a_s}\right) + \left(\frac{v_{fs}^2}{2a_s} - \frac{v_{is}v_{fs}}{a_s} + \frac{v_{is}^2}{2a_s}\right) \\ &= s_i + \frac{v_{fs}^2 - v_{is}^2}{2a_s} \end{aligned} \qquad (2.21)$$

Isso é facilmente rearranjado para a forma

$$v_{fs}^2 = v_{is}^2 + 2a_s\Delta s \qquad (2.22)$$

onde $\Delta s = s_f - s_i$ é o *deslocamento* (e não, a distância!).

As Equações 2.18, 2.20 e 2.22, resumidas na Tabela 2.2, são os resultados-chave para o movimento com aceleração constante.

A **FIGURA 2.25** é uma comparação entre o movimento com velocidade constante (movimento uniforme) e o movimento com aceleração constante (movimento uniformemente acelerado). Note que o movimento uniforme é, de fato, um caso particular do movimento uniformemente acelerado, quando a aceleração constante é nula. Os gráficos correspondentes para uma aceleração negativa são deixados para você traçar como exercício.

TABELA 2.2 As equações cinemáticas do movimento com aceleração constante

$v_{fs} = v_{is} + a_s\Delta t$
$s_f = s_i + v_{is}\Delta t + \tfrac{1}{2}a_s(\Delta t)^2$
$v_{fs}^2 = v_{is}^2 + 2a_s\Delta s$

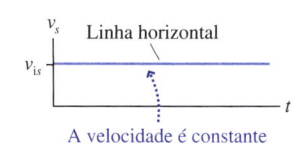

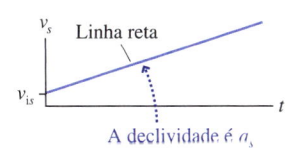

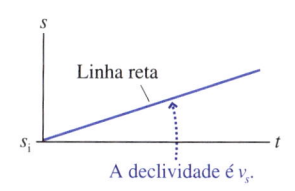

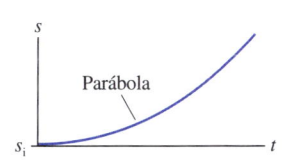

FIGURA 2.25 Movimentos com velocidade constante e com aceleração constante. Nestes gráficos, considera-se que $s_i = 0$, $v_{is} > 0$ e (para aceleração constante) $a_s > 0$.

Uma estratégia para resolução de problemas

1.4, 1.5, 1.6, 1.8, 1.9,
1.11, 1.12, 1.13, 1.14

Esta informação pode ser reunida em uma estratégia para resolução de problemas de cinemática com aceleração constante.

ESTRATÉGIA PARA RESOLUÇÃO DE PROBLEMAS 2.1 — **A cinemática com aceleração constante**

MODELO Use o modelo de partícula. Faça simplificações e hipóteses.

VISUALIZAÇÃO Use diferentes representações da informação no enunciado.

- Desenhe uma *representação pictórica*. Isto o ajudará a reunir a informação que lhe foi fornecida e a iniciar o processo de traduzir o enunciado em símbolos matemáticos.
- Desenhe uma *representação gráfica* se for apropriado para o problema.
- Passe de uma dessas representações a outra quando for necessário.

RESOLUÇÃO A representação matemática é baseada nas três equações cinemáticas

$$v_{fs} = v_{is} + a_s \Delta t$$
$$s_f = s_i + v_{is}\Delta t + \tfrac{1}{2}a_s(\Delta t)^2$$
$$v_{fs}^2 = v_{is}^2 + 2a_s \Delta s$$

- Use x ou y, quando apropriado ao problema, em vez do s genérico.
- Substitua i e f por subscritos numéricos definidos na representação pictórica.
- O movimento uniforme com velocidade constante tem $a_x = 0$.

AVALIAÇÃO Seu resultado é plausível? Ele está expresso em unidades apropriadas? Ele faz sentido?

EXEMPLO 2.13 O movimento de um trenó-foguete

Um trenó dotado de foguete acelera a 50 m/s² durante 5,0 s, desliza por 3,0 s e, então, abre um pára-quedas de freagem, desacelerando a 3,0 m/s² até ficar completamente parado.

a. Qual é a velocidade máxima que o trenó-foguete atinge?
b. Qual é a distância total percorrida?

MODELO Represente o foguete como uma partícula.

VISUALIZAÇÃO A **FIGURA 2.26** mostra a representação pictórica. Lembre-se de que discutimos sobre os primeiros dois terços deste problema no Exemplo 1.8 do Capítulo 1.

RESOLUÇÃO a. A velocidade máxima é identificada na representação pictórica por v_{1x}, no instante t_1, quando a aceleração cessa. A primeira equação cinemática da Tabela 2.2 fornece

$$v_{1x} = v_{0x} + a_{0x}(t_1 - t_0) = a_{0x}t_1$$
$$= (50 \text{ m/s}^2)(5,0 \text{ s}) = 250 \text{ m/s}$$

Iniciamos com a equação completa e depois a simplificamos, identificando os termos que são nulos.

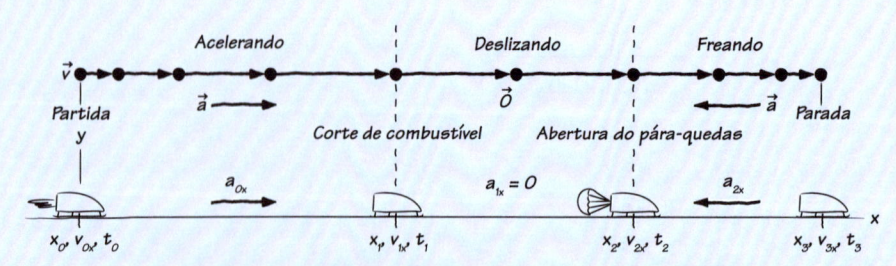

Conhecido
$x_0 = 0$ m $v_{0x} = 0$ m/s $t_0 = 0$ s
$a_{0x} = 50$ m/s² $t_1 = 5,0$ s
$a_{1x} = 0$ m/s² $t_2 = 8,0$ s
$a_{2x} = -3,0$ m/s² $v_{3x} = 0$ m/s

Determinar
x_3 e v_{1x}

FIGURA 2.26 Representação pictórica do trenó-foguete.

b. A determinação da distância total requer várias etapas. Primeiro, a posição do trenó quando a aceleração cessa em t_1 é obtida da segunda equação da Tabela 2.2:

$$x_1 = x_0 + v_{0x}(t_1 - t_0) + \tfrac{1}{2}a_{0x}(t_1 - t_0)^2 = \tfrac{1}{2}a_{0x}t_1^2$$

$$= \tfrac{1}{2}(50 \text{ m/s}^2)(5{,}0 \text{ s})^2 = 625 \text{ m}$$

Durante a fase de deslizamento com o foguete desligado, que constitui um movimento uniforme sem aceleração ($a_{1x} = 0$),

$$x_2 = x_1 + v_{1x}\Delta t = x_1 + v_{1x}(t_2 - t_1)$$

$$= 625 \text{ m} + (250 \text{ m/s})(3{,}0 \text{ s}) = 1.375 \text{ m}$$

Note que, neste caso, Δt não é t simplesmente. A fase de freagem é um pouco diferente porque não sabemos quanto tempo ela dura.

Porém sabemos que o trenó acaba parado em $v_{3x} = 0$ m/s, de modo que podemos usar a terceira equação da Tabela 2.2:

$$v_{3x}^2 = v_{2x}^2 + 2a_{2x}\Delta x = v_{2x}^2 + 2a_{2x}(x_3 - x_2)$$

Daí podemos isolar x_3:

$$x_3 = x_2 + \frac{v_{3x}^2 - v_{2x}^2}{2a_{2x}}$$

$$= 1.375 \text{ m} + \frac{0 - (250 \text{ m/s})^2}{2(-3{,}0 \text{ m/s}^2)} = 11.800 \text{ m}$$

AVALIAÇÃO Usando o fator de conversão 1 m/s = 3,6 km/h, vemos que a velocidade máxima vale 900 km/h. A distância total percorrida é ≈ 12 km. Isso é razoável, uma vez que precisa-se de uma grande distância para deter um objeto com velocidade máxima de 900 km/h!

NOTA ▶ Usamos subscritos numéricos explícitos ao longo da representação matemática, cada qual referente a um símbolo que foi definido na representação pictórica. Os subscritos i e f nas equações da Tabela 2.2 são, simplesmente, índices genéricos que não possuem valores únicos. Durante a fase de aceleração, temos i = 0 e f = 1. Mais tarde, durante a fase de deslizamento, estes subscritos se tornam i = 1 e f = 2. Os subscritos numéricos têm significados claros, e a chance de gerarem confusão é menor. ◀

EXEMPLO 2.14 Futebol de sexta à noite

Fred apanha uma bola de futebol americano estando em pé exatamente sobre a linha de fundo. Ele imediatamente começa a correr para a frente com uma aceleração de 6 pés/s². No momento em que a bola é apanhada, Tommy encontra-se a 20 jardas de distância e corre em direção a Fred com uma velocidade uniforme de 15 pés/s. Se nenhum dos dois se desvia de uma linha reta, onde Tommy agarra Fred?

MODELO Represente Fred e Tommy como partículas.

VISUALIZAÇÃO A representação pictórica é apresentada novamente na **FIGURA 2.27**. Com dois objetos em movimento precisamos usar subscritos adicionais, F e T, para diferenciar os símbolos correspondentes a Fred e a Tommy, respectivamente.

RESOLUÇÃO Desejamos determinar *onde* Fred e Tommy possuem a mesma posição. A representação pictórica designa como t_1 o *instante* em que eles se encontram. O eixo foi escolhido de forma que Fred parte de $(x_0)_F = 0$ pé e se move para a direita, enquanto Tommy parte de $(x_0)_T = 60$ pés e corre para a esquerda, com uma velocidade *negativa*. A segunda equação da Tabela 2.2 nos permite encontrar suas posições no instante t_1. Elas são:

$$(x_1)_F = (x_0)_F + (v_{0x})_F(t_1 - t_0) + \tfrac{1}{2}(a_x)_F(t_1 - t_0)^2$$

$$= \tfrac{1}{2}(a_x)_F t_1^2$$

$$(x_1)_T = (x_0)_T + (v_{0x})_T(t_1 - t_0) + \tfrac{1}{2}(a_x)_T(t_1 - t_0)^2$$

$$= (x_0)_T + (v_{0x})_T t_1$$

Conhecido

$(x_0)_F = 0$ jardas $(v_{0x})_F = 0$ pés/s $t_0 = 0$ s
$(x_0)_T = 20$ jardas = 60 pés
$(v_{0x})_T = -15$ pés/s
$a_F = 6$ pés/s² $a_T =$ pés/s²

Determinar

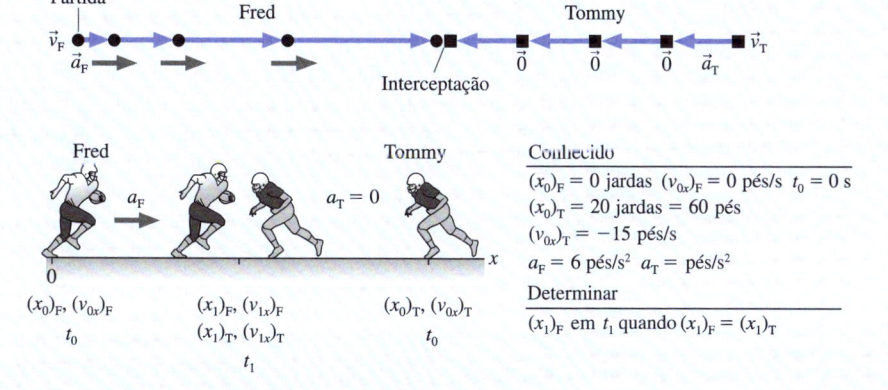

$(x_1)_F$ em t_1 quando $(x_1)_F = (x_1)_T$

FIGURA 2.27 Representação pictórica do Exemplo 2.14.

Continua

Note que a equação da posição de Tommy contém o termo $(v_{0x})_T t_1$, e não, $-(v_{0x})_T t_1$. O fato de que ele está se movendo para a esquerda já foi levado em conta ao se assinalar um *valor negativo* para $(v_{0x})_T$, portanto não devemos adicionar qualquer sinal negativo à equação. Se, agora, igualarmos $(x_1)_F$ a $(x_1)_T$, indicando o ponto de interceptação, podemos isolar t_1:

$$\tfrac{1}{2}(a_x)_F t_1^2 = (x_0)_T + (v_{0x})_T t_1$$

$$\tfrac{1}{2}(a_x)_F t_1^2 - (v_{0x})_T t_1 - (x_0)_T = 0$$

$$3t_1^2 + 15t_1 - 60 = 0$$

As soluções desta equação quadrática em t_1 são (−7,62 s, +2,62 s). O instante negativo não tem significado neste problema, de modo que o instante da interceptação de Fred é $t_1 = 2,62$ s. Mantivemos um algarismo significativo extra na resposta a fim de minimizar os erros de arredondamento na próxima etapa. Usando este valor para calcular $(x_1)_F$, obtemos

$$(x_1)_F = \tfrac{1}{2}(a_x)_F t_1^2 = 20,6 \text{ pés} = 6,9 \text{ jardas}$$

Tommy faz a interceptação de Fred exatamente em cima da linha das 7 jardas!

AVALIAÇÃO A resposta tinha de estar entre 0 jardas e 20 jardas. Uma vez que Tommy já estava correndo, ao passo que Fred partiu do repouso, é razoável que Fred cubra menos do que a metade da separação de 20 jardas antes de encontrar Tommy. Assim, um valor de 6,9 jardas constitui uma resposta plausível.

NOTA ▶ O propósito da etapa de avaliação não é provar que uma dada resposta é correta, mas descartar respostas que, depois de se pensar um pouco, são claramente erradas. ◀

Vale a pena explorar graficamente o Exemplo 2.14. A **FIGURA 2.28** mostra os gráficos de posição *versus* tempo de Fred e de Tommy. As curvas se interceptam em $t = 2,62$ s, que é onde ocorre a interceptação de Fred. Você deve comparar este problema ao Exemplo 2.2 e à Figura 2.5 para Bob e Susan a fim de notar as semelhanças e as diferenças.

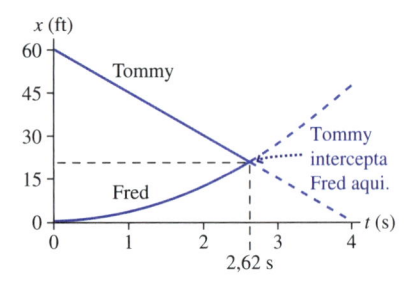

FIGURA 2.28 Gráficos da posição *versus* tempo de Fred e de Tommy.

PARE E PENSE 2.4 Qual gráfico ou quais dos gráficos de velocidade *versus* tempo são consistentes com este gráfico da aceleração *versus* tempo? Inicialmente, a partícula se encontra em movimento para a direita.

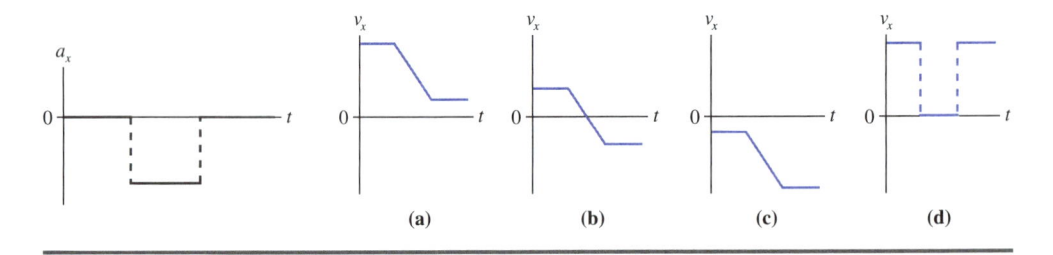

2.5 Queda livre

O movimento de um objeto movendo-se apenas sob a influência da gravidade, e nenhuma outra força, é chamado de **queda livre**. Estritamente falando, a queda livre ocorre somente no vácuo, onde não há resistência do ar. Felizmente, o efeito da resistência do ar é pequeno no caso dos "objetos pesados", de modo que cometeremos apenas um pequeno erro em tratar estes objetos *como se* eles estivessem em queda livre. No caso de objetos leves, tais como uma pena de pássaro, ou de objetos que caem por longas distâncias e adquirem altas velocidades, o efeito da resistência do ar *não* é desprezível. O movimento com resistência do ar é um problema que estudaremos no Capítulo 6. Até lá, restringiremos nossa atenção aos "objetos pesados" e formularemos a hipótese plausível de que os objetos caem todos livremente.

O movimento de objetos em queda tem interessado os cientistas desde a antigüidade, mas foi Galileu, no século XVII, quem primeiro realizou medições detalhadas a respeito. A história de Galileu deixando cair pesos diferentes da torre de sino inclinada de Pisa é bem-conhecida, embora os historiadores não possam confirmar se ela é verdadeira. Mas torres de sino eram comuns na Itália nos dias de Galileu, de modo que ele podia facilmente realizar as medições e as observações que descreve em suas obras.

Observações cuidadosamente realizadas mostram que objetos em queda de fato *não* "batem no solo" ao mesmo tempo. Existem ligeiras diferenças nos tempos de chegada, mas Galileu identificou corretamente essas diferenças como resultado da resistência do ar. Ele, então, imaginou uma situação idealizada de movimento no vácuo. Ao proceder assim, Galileu desenvolveu um *modelo* do movimento — o movimento na ausência da resistência do ar — que poderia valer aproximadamente para qualquer objeto real. Foi o uso inovador que Galileu fez de experimentos, modelos e matemática que fizeram dele o primeiro cientista "moderno".

O que Galileu descobriu pode ser resumido assim:

- Se a resistência do ar puder ser desprezada, dois objetos soltos de uma mesma altura atingirão o solo simultaneamente e com a mesma velocidade.
- Conseqüentemente, **quaisquer dois objetos em queda livre, não importando suas massas, adquirem a mesma aceleração** $\vec{a}_{\text{queda livre}}$. Esta é uma conclusão particularmente importante.

A **FIGURA 2.29a** mostra o diagrama de movimento de um objeto que foi solto a partir do repouso e que cai livremente. A **FIGURA 2.29b** mostra o gráfico da velocidade deste objeto. O diagrama de movimento e o gráfico são idênticos para uma pedrinha em queda e para um grande pedaço de rocha em queda. O fato de que o gráfico da velocidade é uma linha reta significa que se trata de um movimento com aceleração uniforme, e que $a_{\text{queda livre}}$ é facilmente encontrada a partir da declividade do gráfico. Medições cuidadosamente realizadas revelam que o valor de $\vec{a}_{\text{queda livre}}$ varia ainda que ligeiramente em diferentes localidades sobre a Terra, devido à forma ligeiramente não-esférica do planeta e ao fato de que a Terra está girando. Uma média global, ao nível do mar, é

$$\vec{a}_{\text{queda livre}} = (9{,}80 \text{ m/s}^2, \text{verticalmente para baixo}) \quad (2.23)$$

Para finalidades práticas, *verticalmente para baixo* significa ao longo de uma linha reta que passa pelo centro da Terra. Todavia, aprenderemos no Capítulo 13 que a rotação da Terra tem um pequeno efeito tanto sobre o módulo quanto sobre a orientação de $\vec{a}_{\text{queda livre}}$.

O comprimento ou módulo de $\vec{a}_{\text{queda livre}}$ é conhecido como **aceleração de queda livre** e é representado pelo símbolo particular g:

$$g = 9{,}80 \text{ m/s}^2 \text{ (aceleração de queda livre)}$$

É importante notar vários pontos importantes acerca da queda livre:

- Por definição, g é sempre positivo. **Não haverá um problema sequer em que usaremos um valor negativo para g**. Mas, dirá você, os objetos passam a cair quando você os solta, e não a subir, então como pode g ser positiva?
- É que g *não* é a aceleração $a_{\text{queda livre}}$, mas, simplesmente, o seu módulo. Uma vez que escolhemos o eixo y apontando verticalmente para cima, o vetor $\vec{a}_{\text{queda livre}}$, que aponta para baixo, possui uma aceleração unidimensional

$$a_y = a_{\text{queda livre}} = -g \quad (2.24)$$

É a_y que é negativa, e não g.

- Uma vez que a queda livre é um movimento com aceleração constante, podemos usar as equações cinemáticas da Tabela 2.2 com a aceleração sendo a de queda livre, $a_y = -g$.
- Não podemos chamar g de "gravidade". Esta é uma força, e não, uma aceleração. O símbolo g leva em conta a influência da gravidade, mas g é a *aceleração de queda livre*.
- Use o valor $g = 9{,}8 \text{ m/s}^2$ somente sobre a Terra. Em outros planetas, os valores correspondentes de g são diferentes. No Capítulo 13, você aprenderá como determinar g para outros planetas.

NOTA ▶ A despeito do nome, a queda livre não está restrita a objetos que estão literalmente caindo. Qualquer objeto que se mova apenas sob influência da gravidade, e de nenhuma outra força, encontra-se em queda livre. Isto inclui objetos caindo diretamente para baixo, objetos que foram arremessados ou atirados diretamente para cima, o movimento de projéteis. Este capítulo considera somente objetos que se movam ao longo de uma linha vertical; o movimento de projéteis será estudado no Capítulo 4. ◀

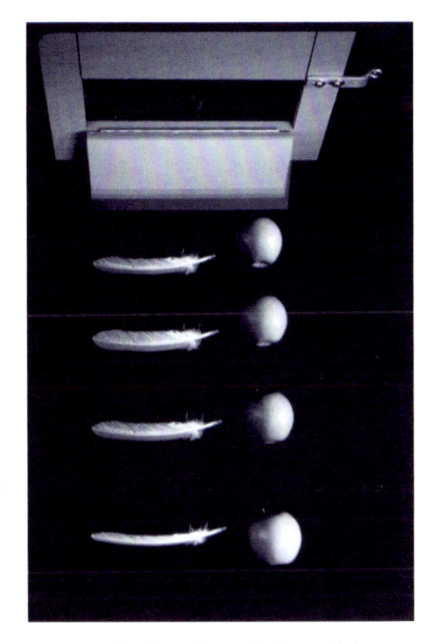

Na ausência da resistência do ar, dois objetos quaisquer caem com a mesma taxa e atingem o solo simultaneamente. A maçã e a pena vistas aqui estão caindo no vácuo.

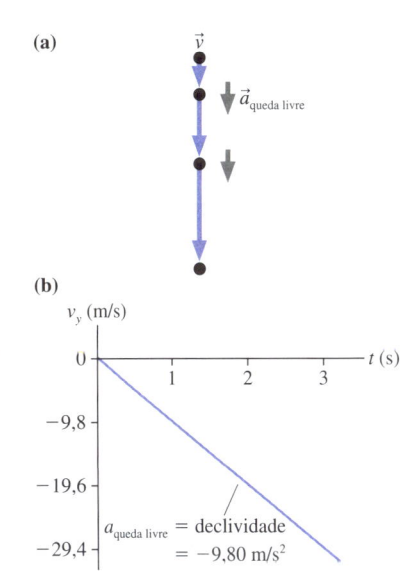

FIGURA 2.29 Movimento de um objeto em queda livre.

1.7, 1.10

EXEMPLO 2.15 Uma rocha em queda

Uma rocha é solta a partir do repouso do topo de um edifício de 100 m de altura. Quanto tempo leva para a rocha chegar ao solo e qual é sua velocidade de impacto?

MODELO Represente a rocha como uma partícula. Considere que a resistência do ar seja desprezível.

VISUALIZAÇÃO A **FIGURA 2.30** mostra a representação pictórica. Localizamos a origem no solo, com o que $y_0 = 100$ m. Embora a rocha caia 100 m, é importante notar que seu *deslocamento* é $\Delta y = y_1 - y_2 = -100$ m.

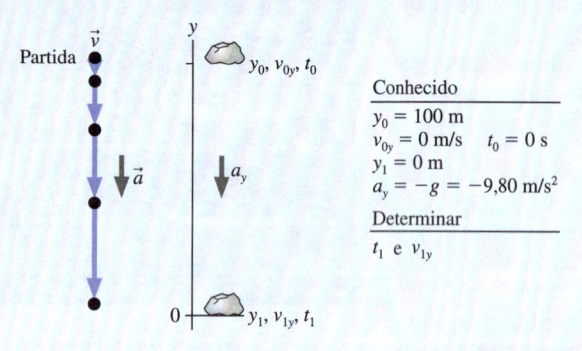

FIGURA 2.30 Representação pictórica da queda de uma rocha.

Conhecido:
$y_0 = 100$ m
$v_{0y} = 0$ m/s $t_0 = 0$ s
$y_1 = 0$ m
$a_y = -g = -9{,}80$ m/s^2

Determinar: t_1 e v_{1y}

RESOLUÇÃO A queda livre é um movimento com a aceleração particular $a_y = -g$. A primeira questão envolve uma relação entre tempo e distância, de modo que apenas a segunda equação da Tabela 2.2 é relevante aqui. Usando $v_{0y} = 0$ m/s e $t_0 = 0$, obtemos

$$y_1 = y_0 + v_{0y}\Delta t + \tfrac{1}{2}a_y\Delta t^2 = y_0 + v_{0y}\Delta t - \tfrac{1}{2}g\Delta t^2 = y_0 - \tfrac{1}{2}gt_1^2$$

Agora podemos isolar t_1, obtendo:

$$t_1 = \sqrt{\frac{2(y_0 - y_1)}{g}} = \sqrt{\frac{2(100\text{ m} - 0\text{ m})}{9{,}80\text{ m/s}^2}} = \pm 4{,}52\text{ s}$$

O sinal $\pm$ indica que existem duas soluções matemáticas; portanto, temos de usar raciocínio físico para escolher entre as duas. Um valor negativo de t_1 corresponderia a um instante anterior ao momento em que a rocha foi solta, de modo que selecionamos a raiz positiva: $t_1 = 4{,}52$ s.

Agora que conhecemos o tempo de queda, podemos usar a primeira equação cinemática para encontrar v_{1y}:

$$v_{1y} = v_{0y} - g\,\Delta t = -gt_1 = -(9{,}80\text{ m/s}^2)(4{,}52\text{ s})$$
$$= -44{,}3\text{ m/s}$$

Alternativamente, poderíamos trabalhar diretamente partindo da terceira equação cinemática:

$$v_{1y} = \sqrt{v_{0y}^2 - 2g\,\Delta y} = \sqrt{-2g(y_1 - y_0)}$$
$$= \sqrt{-2(9{,}80\text{ m/s}^2)(0\text{ m} - 100\text{ m})} = \pm 44{,}3\text{ m/s}$$

Este método é útil se você não conhece Δt. Todavia, devemos novamente escolher o sinal correto da raiz quadrada. Uma vez que o vetor velocidade aponta para baixo, o sinal de v_y tem de ser negativo. Logo, $v_{1y} = -44{,}3$ m/s. A importância do cuidado com os sinais deve ser super enfatizada!

Um erro comum seria afirmar que "o foguete cai 100 m, de modo que $\Delta y = 100$ m". Isso o faria tentar extrair a raiz quadrada de um número negativo. Como observado acima, Δy não é uma distância. Trata-se de um deslocamento, com o significado cuidadosamente definido de $y_f - y_i$. Neste caso, $\Delta y = y_f - y_i = -100$ m.

AVALIAÇÃO As respostas são plausíveis? Bem, 100 m correspondem aproximadamente à altura de um prédio de 30 andares. Quanto tempo leva para algo cair de um edifício de 30 andares? Quatro ou cinco segundos parece bastante razoável. Quão rapidamente estará ele caindo ao tocar no chão? Usando 1 m/s $\approx$ 3,6 km/h, encontramos que 44,3 m/s $\approx$ 159 km/h. Isto também parece bastante plausível depois de uma queda de 30 andares. Todavia, se tivéssemos localizado mal a vírgula, teríamos obtido 443 m/s, o que pareceria suspeito ao ser convertido para $\approx$ 1.590 km/h! Todas as respostas são plausíveis.

EXEMPLO 2.16 Um tiro vertical de canhão

Uma bala de canhão é disparada diretamente para cima com velocidade de 100 m/s. Que altura ela atinge?

MODELO Represente a bala de canhão como uma partícula. Considere como desprezível a resistência do ar.

VISUALIZAÇÃO A **FIGURA 2.31** apresenta a representação pictórica do movimento da bala de canhão. Mesmo que ela não fosse disparada diretamente para cima, este seria um problema de queda livre porque a bola (depois de lançada) está se movendo *somente* sob a influência da gravidade. Um aspecto crucial do problema é saber onde ele termina. Como exprimir em símbolos aquilo que expressamos por "quão alto"? A pista vem do fato de que o ponto exato de altura máxima da trajetória é um *ponto de retorno*. Lembre-se de que a velocidade instantânea em um ponto de retorno é $v = 0$. Logo, podemos caracterizar o "ápice" da trajetória como sendo o ponto onde $v_{1y} = 0$ m/s. Isso não se encontra explicitamente no enunciado, mas é parte de nossa interpretação do problema.

Conhecido:
$v_{0y} = 100$ m/s
$y_0 = 0$ m $t_0 = 0$ s
$v_{1y} = 0$ m/s
$a_y = -g = 9{,}80$ m/s^2

Determinar: y_1

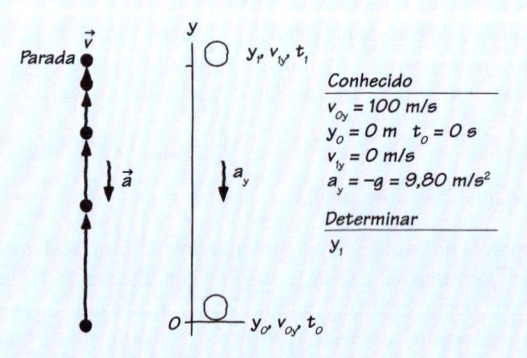

FIGURA 2.31 Representação pictórica do Exemplo 2.16.

RESOLUÇÃO Estamos procurando por uma relação entre distância e velocidade sem precisar conhecer o intervalo de tempo. Essa relação é descrita matematicamente pela terceira equação cinemática da Tabela 2.2. Usando $y_0 = 0$ m e $v_{1y} = 0$ m/s, temos

$$v_{1y}^2 = 0 = v_{0y}^2 - 2g\Delta y = v_{0y}^2 - 2gy_1$$

Isolando y_1, encontramos que a bala de canhão atinge uma altura

$$y_1 = \frac{v_{0y}^2}{2g} = \frac{(100 \text{ m/s})^2}{2(9,80 \text{ m/s}^2)} = 510 \text{ m}$$

AVALIAÇÃO Esta resposta é plausível? Uma rapidez de 100 m/s corresponde a 360 km/h, o que é muito rápido! A altura calculada é de 510 m. No Exemplo 2.15 encontramos que um objeto que cai de 100 m de altura tem velocidade de 44 m/s ao atingir o solo, de modo que parece plausível que um objeto atirado para cima com 100 m/s de velocidade consiga atingir uma altura significativamente maior do que 100 m. Embora não saibamos dizer se 510 m é um valor necessariamente melhor do que 400 m ou 600 m, podemos afirmar que se trata de um valor plausível. O objetivo da avaliação não é provar que a resposta *tem* de estar correta, mas descartar respostas que estão obviamente erradas.

2.6 Movimento em um plano inclinado

Um problema intimamente relacionado à queda livre é o movimento de descida em um plano inclinado reto e livre de atrito, como o de um esquiador que desce uma colina sobre a neve lisa. A **FIGURA 2.32a** mostra um objeto que desce um plano sem atrito inclinado em um ângulo θ. O movimento do objeto está limitado a ser paralelo à superfície. Qual é a aceleração do objeto? Embora não estejamos ainda preparados para dar uma demonstração rigorosa, podemos deduzir a aceleração por meio de um argumento de plausibilidade.

A **FIGURA 2.32b** mostra a aceleração de queda livre $\vec{a}_{\text{queda livre}}$ que a bola teria se o plano inclinado subitamente sumisse. A aceleração de queda livre aponta diretamente para baixo. Esse vetor pode ser decomposto em duas partes: um vetor $\vec{a}_\parallel$ é paralelo ao plano inclinado e um vetor $\vec{a}_\perp$ perpendicular ao plano inclinado. As regras de soma de vetores do Capítulo 1 nos dizem que $\vec{a}_{\text{queda livre}} = \vec{a}_\parallel + \vec{a}_\perp$.

O diagrama de movimento mostra que a aceleração real do objeto é paralela ao plano inclinado. A superfície do mesmo de alguma forma "bloqueia" $\vec{a}_\perp$, através de um processo que vamos estudar no Capítulo 6, mas não $\vec{a}_\parallel$. É esta parte de $\vec{a}_{\text{queda livre}}$, paralela ao plano inclinado, que acelera o objeto.

A Figura 2.32b mostra que os três vetores formam um triângulo retângulo com o ângulo θ na base. Por definição, o comprimento ou módulo de $\vec{a}_{\text{queda livre}}$ deve ser g. O vetor $\vec{a}_\parallel$ corresponde ao cateto oposto ao ângulo θ; logo, o comprimento ou módulo de $\vec{a}_\parallel$ deve ser g sen θ. Conseqüentemente, a aceleração unidimensional ao longo do plano inclinado é

$$a_s = \pm g \text{ sen } \theta \tag{2.25}$$

O sinal correto depende do sentido no qual a rampa é orientada, como ilustrado nos exemplos seguintes. No Capítulo 6, usaremos as leis de Newton para demonstrar a equação 2.25.

A Equação 2.25 faz sentido. Suponha que o plano seja perfeitamente horizontal. Se você colocar um objeto sobre uma superfície dessas, espera que ele permaneça em repouso sem qualquer aceleração. A Equação 2.25 fornece $a_s = 0$ quando $\theta = 0°$, em concordância com nossas expectativas. Sem atrito, um objeto simplesmente cairia, em queda livre, paralelamente à superfície vertical. A Equação 2.25 fornece $a_s = -g = a_{\text{queda livre}}$ quando $\theta = 90°$, em nova concordância com o que esperamos. Vemos que a Equação 2.25 dá o resultado correto nestes dois *casos limites*.

FIGURA 2.32 Aceleração em um plano inclinado.

Esquiar é um exemplo de movimento em um plano inclinado.

EXEMPLO 2.17 Esquiando pista abaixo

A velocidade de um esquiador na base de uma pista sem atrito, coberta de neve e com 100 m de extensão é de 20 m/s. Qual é o ângulo de inclinação da rampa?

MODELO Represente o esquiador como uma partícula. Considere que a resistência do ar seja desprezível e que a pista seja retilínea.

VISUALIZAÇÃO A **FIGURA 2.33** mostra a representação pictórica do movimento do esquiador. Note que escolhemos o eixo x como paralelo ao movimento. O movimento em linha reta é quase sempre mais fácil de analisar se for paralelo a um eixo de coordenadas.

Continua

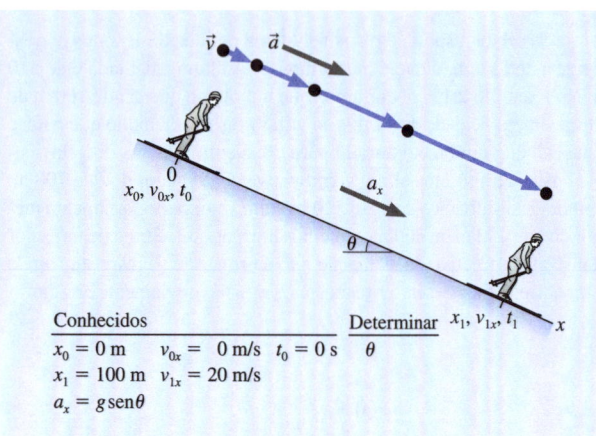

FIGURA 2.33 Representação pictórica do movimento do esquiador do Exemplo 2.17.

Conhecidos: $x_0 = 0$ m, $v_{0x} = 0$ m/s, $t_0 = 0$ s, $x_1 = 100$ m, $v_{1x} = 20$ m/s, $a_x = g\,\text{sen}\,\theta$
Determinar: θ

RESOLUÇÃO O diagrama de movimento mostra que o vetor aceleração aponta no sentido positivo do eixo x. Assim, a aceleração unidimensional é $a_x = +g\,\text{sen}\,\theta$. Trata-se de um movimento com aceleração constante. A terceira equação cinemática da Tabela 2.2 é

$$v_{1x}^2 = v_{0x}^2 + 2a_x\Delta x = 2g\,\text{sen}\,\theta\Delta x$$

onde usamos $v_{0x} = 0$ m/s. Isolando sen θ, obtemos

$$\text{sen}\,\theta = \frac{v_{1x}^2}{2g\Delta x} = \frac{(20\,\text{m/s})^2}{2(9{,}80\,\text{m/s}^2)(100\,\text{m})} = 0{,}204$$

Logo,

$$\theta = \text{arc sen}^{-1}(0{,}204) = 12°$$

AVALIAÇÃO Uma rampa com 100 m de comprimento e uma velocidade de 20 m/s ≈ 72 km/h são parâmetros característicos de esqui. Um ângulo de 1° ou de 80° não seria plausível, mas 12° parece razoável.

EXEMPLO 2.18 Em um parque de diversão

Um brinquedo de parque de diversão impulsiona um carro sobre um trilho livre de atrito com inclinação de 30°. O carro sobe e, depois, desce. Se a altura do trilho é de 20 m, qual é a velocidade máxima permissível com a qual o carro pode partir?

MODELO Represente o carro como uma partícula. Considere desprezível a resistência do ar.

VISUALIZAÇÃO A **FIGURA 2.34** mostra a representação pictórica do carro. Escolhemos o eixo x como paralelo ao movimento. O problema tem início quando o carro sobe sobre o trilho inclinado e termina quando ele atinge o ponto mais alto da trajetória. Este ponto é um ponto de retorno; assim, $v_{1x} = 0$ m/s. O diagrama de movimento mostra o vetor aceleração apontando no sentido negativo do eixo x, de modo que a aceleração é negativa: $a_x = -g\,\text{sen}\,\theta$. A velocidade *máxima*, na partida, é tal que o carro atinge o topo do trilho, a 20 m.

RESOLUÇÃO O máximo deslocamento possível Δx_{max} está relacionado à altura h por

$$\Delta x_{max} = x_1 - x_0 = \frac{h}{\text{sen}\,30°} = \frac{20\,\text{m}}{\text{sen}\,30°} = 40\,\text{m}$$

A velocidade inicial v_{0x} que permite que o carro percorra esta distância é obtida de

$$v_{1x}^2 = 0 = v_{0x}^2 + 2a_x\Delta x = v_{0x}^2 - 2g\,\sin\theta\Delta x$$

$$v_{0x} = \sqrt{2g\,\text{sen}\,30°\Delta x} = \sqrt{2(9{,}80\,\text{m/s}^2)(0{,}500)(40\,\text{m})}$$

$$= 20\,\text{m/s}$$

Essa é a velocidade máxima, pois um carro partindo com qualquer valor de velocidade menor parará no topo.

AVALIAÇÃO Sabemos que 20 m/s ≈ 72 km/h. Parece plausível que um carro precise ser lançado com tal valor de velocidade para atingir a elevação máxima de 20 m subindo a rampa. Esteja certo de que entendeu por que o sinal de a_x é negativo aqui, mas positivo no Exemplo 2.17.

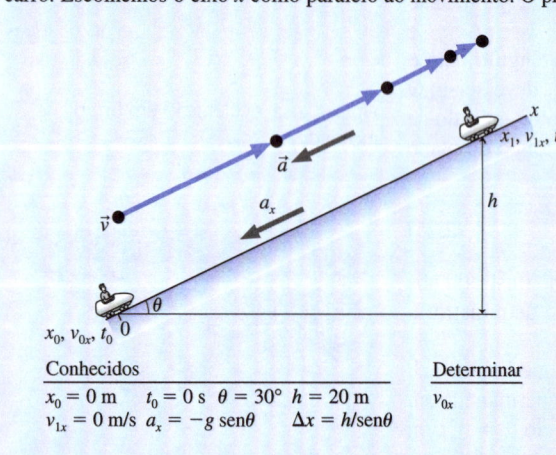

Conhecidos: $x_0 = 0$ m, $t_0 = 0$ s, $\theta = 30°$, $h = 20$ m, $v_{1x} = 0$ m/s, $a_x = -g\,\text{sen}\,\theta$, $\Delta x = h/\text{sen}\,\theta$
Determinar: v_{0x}

FIGURA 2.34 Representação pictórica do carro do Exemplo 2.18.

Raciocinando graficamente

A cinemática é a linguagem do movimento. Gastaremos o restante desse capítulo do curso estudando objetos em movimento, desde bolas de beisebol até elétrons, assim como os conceitos que usaremos sistematicamente. Uma das idéias mais importantes, resumida no Box Tático 2.2, foi a de que as relações entre posição, velocidade e aceleração podem ser expressas graficamente.

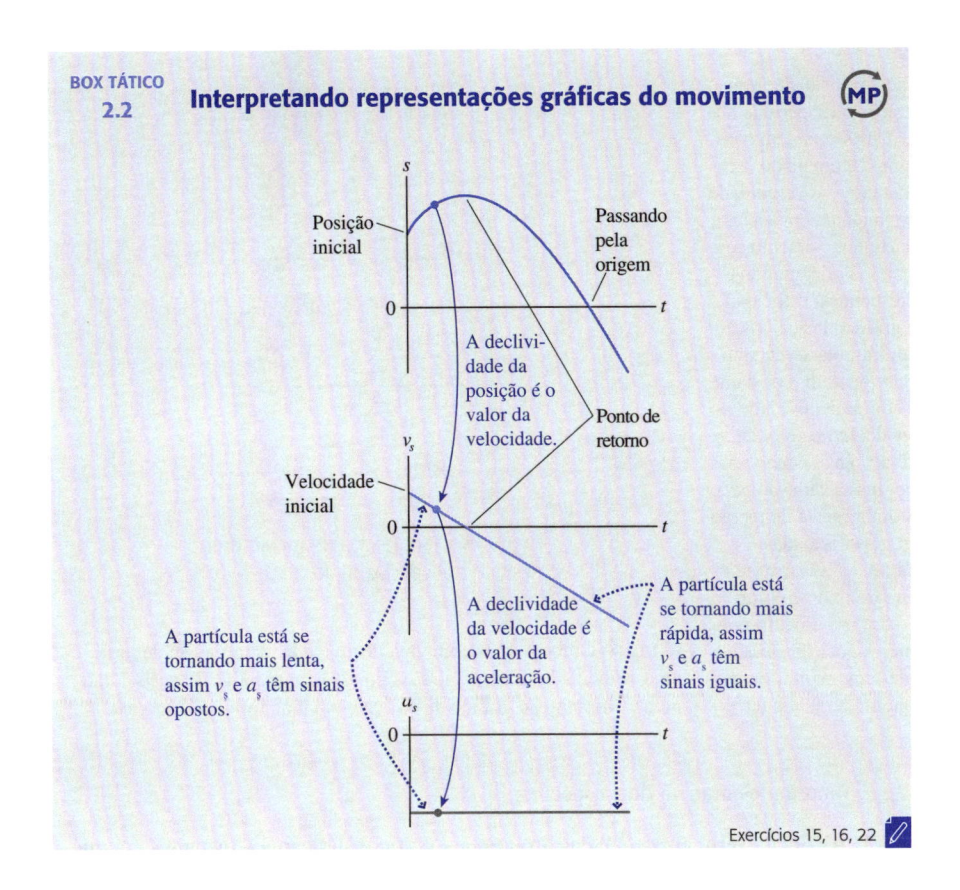

BOX TÁTICO 2.2 Interpretando representações gráficas do movimento

Exercícios 15, 16, 22

Uma boa maneira de solidificar sua compreensão de gráficos de movimento é considerar o problema de uma bola dura com superfície regular que rola sobre um trilho regular. O trilho é feito de vários segmentos retos ligados uns aos outros. Cada segmento pode ser horizontal ou inclinado. Sua tarefa é analisar graficamente o movimento da bola. Isso exigirá que você se esforce mais para refletir sobre as relações entre s, v_s e a_s do que para efetuar cálculos.

Existem duas variações para este tipo de problema. Na primeira, é fornecido a você um desenho do trilho e a condição inicial da bola. O problema, então, consiste em traçar os gráficos de s, v_s e a_s. Na segunda, lhe são fornecidos os gráficos, e o problema consiste em deduzir a forma do trilho sobre o qual a bola rola.

Existe um pequeno número de regras a seguir em cada um desses problemas:

1. Considere que a bola passa suavemente de um segmento do trilho para o próximo, sem sofrer qualquer perda de velocidade e sem jamais sair do trilho.
2. A posição, a velocidade e a aceleração devem ser marcadas no eixo vertical do gráfico correspondente. Todos estes gráficos devem ter a mesma escala nos eixos horizontais, de modo que uma linha vertical que passe através dos três pontos de conexão corresponda ao mesmo instante de tempo.
3. Os gráficos não contêm números, mas devem revelar as *relações* corretas. Por exemplo, se a velocidade for maior durante a primeira parte do movimento do que durante a segunda, o gráfico da posição deve ser mais inclinado, em relação ao eixo horizontal, na primeira parte do que na segunda.
4. A posição s é medida *ao longo* do trilho. Analogamente, v_s e a_s são, respectivamente, a velocidade e a aceleração paralelas ao trilho.

EXEMPLO 2.19 Da trajetória para os gráficos

Desenhe os gráficos da posição, da velocidade e da aceleração para a bola que rola sem atrito sobre o trilho da **FIGURA 2.35**.

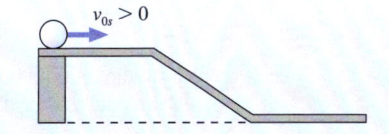

FIGURA 2.35 Uma bola rolando ao longo de um trilho.

Continua

VISUALIZAÇÃO Geralmente é mais fácil começar pela velocidade. Aqui a bola inicia com velocidade v_{0x}. Não existe aceleração na superfície horizontal ($a_s = 0$ se $\theta = 0°$), de modo que a velocidade se mantém constante até que a bola atinja a base da rampa. A rampa é um plano inclinado onde, como vimos, a aceleração é constante. A velocidade aumenta linearmente com o tempo durante o movimento com aceleração constante. A bola passa a descrever novamente um movimento com velocidade constante depois de atingir o outro trecho horizontal do trilho. O gráfico intermediário da **FIGURA 2.36** corresponde à velocidade.

Temos informação suficiente para traçar o gráfico da aceleração. Já observamos que a aceleração é nula enquanto a bola se encontra sobre um trecho horizontal do trilho, e que a_s tem um valor constante na rampa. Essas acelerações são consistentes com a declividade do gráfico da velocidade: declividade nula, depois declividade positiva e, novamente, declividade nula. *De fato*, a aceleração não pode variar instantaneamente de zero para um valor não-nulo, mas a variação pode ser tão rápida que não a consigamos discernir com a escala de tempo do gráfico. É isso o que significam as linhas verticais tracejadas.

Finalmente, precisamos obter o gráfico da posição *versus* tempo. Talvez você queira rever a Figura 2.35 a fim de revisar como se parecem os gráficos de posição *versus* tempo para movimento com velocidade constante e com aceleração constante. A posição aumenta linearmente com o tempo no primeiro trecho de movimento, onde a velocidade é constante. Ela varia da mesma maneira durante o terceiro trecho também, mas com uma declividade maior, a fim de indicar uma velocidade maior. Entre os dois, enquanto a aceleração é não-nula e constante, o gráfico da posição tem uma forma *parabólica*.

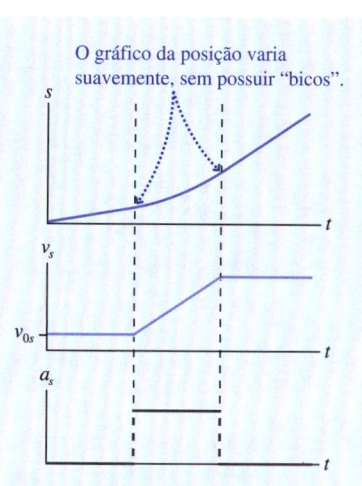

FIGURA 2.36 Gráficos de movimento para a bola do Exemplo 2.19

É importante enfatizar dois aspectos:

1. As linhas verticais tracejadas através dos gráficos indicam os instantes em que a bola passa de um segmento de trilho ao próximo. Devido à Regra 1, a rapidez não varia abruptamente nestes pontos, e sim, gradualmente.
2. De cada lado da curva parabólica do gráfico da posição *versus* tempo a linha muda suavemente para retas. Isso é conseqüência da Regra 1. Uma variação abrupta de declividade (um "joelho") indicaria uma variação abrupta da velocidade, o que violaria a Regra 1.

EXEMPLO 2.20 De gráficos para a trajetória

A **FIGURA 2.37** mostra um conjunto de gráficos de movimento para uma bola que se move sobre um trilho. Faça um desenho do trilho e descreva a condição inicial da bola. Cada trecho do trilho é reto, mas os diversos trechos podem ser inclinados.

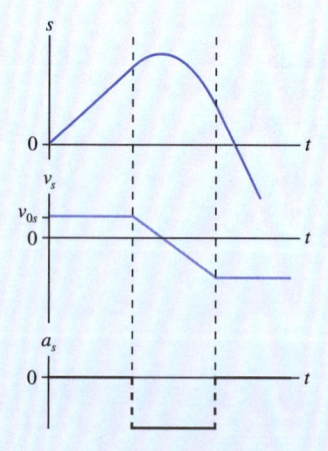

FIGURA 2.37 Gráficos do movimento de uma bola que rola sobre um trilho de forma desconhecida.

VISUALIZAÇÃO Vamos começar examinando o gráfico da velocidade. A bola parte com velocidade inicial $v_{0x} > 0$ e mantém esta velocidade por algum tempo; não existe aceleração, então. Assim, a bola deve iniciar já rolando para a direita sobre um trecho horizontal de trilho. No final do movimento, a bola está de novo rolando sobre um trecho horizontal de trilho (sem aceleração, com velocidade constante), mas rolando para a *esquerda*, porque v_s é negativa. Além disso, a rapidez final ($|v_s|$) é maior do que a inicial. A seção central do gráfico nos mostra o que acontece. A bola começa a perder rapidez com aceleração constante (rolando rampa acima), atinge um ponto de retorno (s é máximo e $v_s = 0$) e depois acelera em sentido oposto (rolando rampa abaixo). Essa aceleração ainda é negativa porque a bola está se tornando cada vez mais rápida no sentido negativo do eixo s. Antes de chegar à parte horizontal do trilho, a bola precisa rolar por uma distância maior na descida sobre o trilho. A **FIGURA 2.38** mostra o trilho e as condições iniciais que são responsáveis pelos gráficos da Figura 2.37.

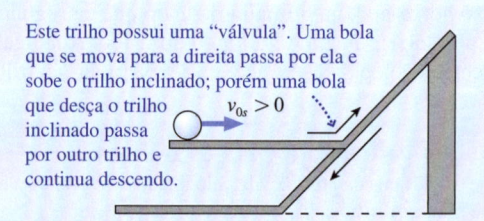

Este trilho possui uma "válvula". Uma bola que se mova para a direita passa por ela e sobe o trilho inclinado; porém uma bola que desça o trilho inclinado passa por outro trilho e continua descendo.

FIGURA 2.38 Trilho responsável pelos gráficos de movimento da Figura 2.37.

PARE E PENSE 2.5 A bola rola rampa acima e, depois, rampa abaixo. Qual é o gráfico correto da aceleração?

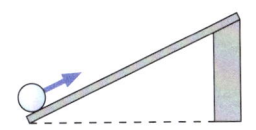

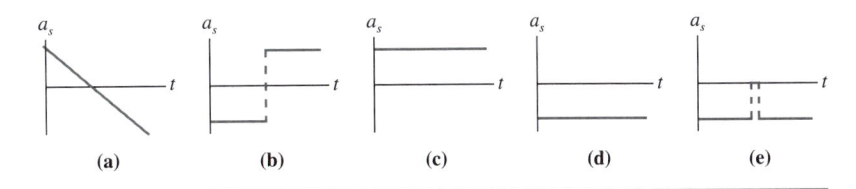

2.7 Aceleração instantânea

A **FIGURA 2.39** mostra uma velocidade que aumenta com o tempo, atinge um máximo e depois diminui. Este não é um movimento uniformemente acelerado. Ao invés disso, a aceleração está variando com o tempo.

Podemos definir uma aceleração instantânea exatamente da mesma maneira como procedemos para definir a velocidade instantânea. Esta foi obtida como o limite da velocidade média quando o intervalo de tempo $\Delta t \to 0$. Graficamente, a velocidade instantânea em um instante t é a declividade do gráfico da posição *versus* tempo naquele instante. Por analogia: **a aceleração instantânea a_s em um instante de tempo específico t é a declividade da reta tangente ao gráfico da velocidade *versus* tempo naquele instante t considerado**. Matematicamente, isso é expresso como

$$a_s \equiv \lim_{\Delta t \to 0} \frac{\Delta v_s}{\Delta t} = \frac{dv_s}{dt} \quad \text{(aceleração instantânea)} \quad (2.26)$$

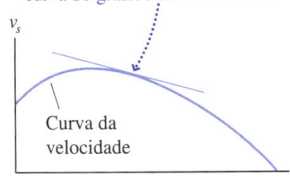

A aceleração instantânea no tempo t é a declividade da reta tangente à curva do gráfico da velocidade.

FIGURA 2.39 Movimento com aceleração não-uniforme.

A aceleração instantânea é a derivada (i. e., a taxa de variação) da velocidade.

O problema inverso, − obter a velocidade v_s quando se conhece a aceleração a_s em cada instante de tempo − também é importante. Quando desejamos determinar a posição a partir da velocidade, dividimos a curva da velocidade em N "degraus", concluímos que o deslocamento Δs_k durante a k-ésima etapa corresponde à área $(v_s)_k \Delta t$ de um pequeno retângulo e, depois, somamos os deslocamentos correspondentes a todos os degraus (i. e., integramos) para obter s_f.

Podemos fazer o mesmo com a aceleração. A curva de um gráfico da aceleração pode ser dividida em N "degraus" muito curtos de modo que em cada um deles a aceleração é praticamente constante. Durante a etapa k, a velocidade varia em $\Delta(v_s)_k = (a_s)_k \Delta t$. Isso corresponde à área de um pequeno retângulo abaixo do degrau. A variação total da velocidade entre t_i e t_f é obtida somando-se todos os pequenos $\Delta(v_s)_k$. No limite $\Delta t \to 0$, obtemos

$$v_{fs} = v_{is} + \lim_{\Delta t \to 0} \sum_{k=1}^{N} (a_s)_k \Delta t = v_{is} + \int_{t_i}^{t_f} a_s \, dt \quad (2.27)$$

Esse enunciado matemático possui uma interpretação análoga à da Equação 2.11. Neste caso:

$$v_{fs} = v_{is} + \text{área sob a curva da aceleração } a_s \text{ entre } t_i \text{ e } t_f \quad (2.28)$$

A equação para aceleração constante $v_{fs} = v_{is} + a_s \Delta t$ é um caso especial da Equação 2.28. Se você olhar novamente a Figura 2.24a verificará que a grandeza $a_s \Delta t$ equivale à área sob a curva do gráfico da aceleração horizontal.

EXEMPLO 2.21 Obtendo a velocidade a partir da aceleração

A **FIGURA 2.40** mostra o gráfico da aceleração para uma partícula cuja velocidade inicial vale 10 m/s. Qual será a velocidade da partícula em $t = 8$ s?

MODELO Foi dito que se trata do movimento de uma partícula.

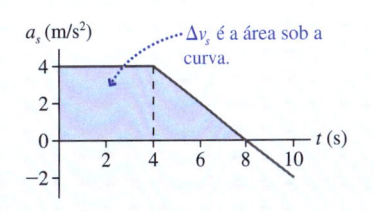

FIGURA 2.40 Gráfico da aceleração para o Exemplo 2.21.

Δv_s é a área sob a curva.

Continua

VISUALIZAÇÃO A Figura 2.40 é uma representação gráfica do movimento.

RESOLUÇÃO A variação da velocidade é encontrada como a área sob a curva do gráfico da aceleração:

$$v_{fs} = v_{is} + \text{área sob a curva da aceleração } a_s \text{ entre } t_i \text{ e } t_f$$

A área sob a curva entre $t_i = 0$ s e $t_f = 8$ s pode ser subdividida em um retângulo (0 s $\leq t \leq$ 4 s) e em um triângulo (4 s $\leq t \leq$ 8 s). Elas podem ser calculadas facilmente. Assim,

$$v_s(\text{em } t = 8 \text{ s}) = 10 \text{ m/s} + (4 \text{ (m/s)/s})(4 \text{ s})$$
$$+ \tfrac{1}{2}(4 \text{ (m/s)/s})(4 \text{ s})$$
$$= 34 \text{ m/s}$$

EXEMPLO 2.22 Uma aceleração não-uniforme

A **FIGURA 2.41a** mostra o gráfico da velocidade versus tempo para uma partícula cuja velocidade é dada pela função $v_s = [10 - (t - 5)^2]$ m/s, onde t está em s.

a. Obtenha uma expressão para a aceleração da partícula e trace o correspondente gráfico da aceleração versus tempo.
b. Descreva o movimento.

MODELO Foi dito que se trata de uma partícula.

VISUALIZAÇÃO A figura mostra o gráfico da velocidade. Ele consiste de uma parábola centrada em $t = 5$ s, com vértice em $v_{max} = 10$ m/s. A declividade de v_s é positiva, mas seu módulo diminui para $t < 5$ s. A declividade é nula em $t = 5$ s e negativa e de módulo crescente para $t > 5$ s. Assim, o gráfico da aceleração inicia sendo positivo, diminui uniformemente, passa pelo valor nulo em $t = 5$ s e, depois, começa a ficar cada vez mais negativo.

RESOLUÇÃO a. Podemos obter uma expressão para a_s tomando a derivada de v_s. Primeiro, expandimos o quadrado da soma e obtemos

$$v_s = (-t^2 + 10t - 15) \text{ m/s}$$

Depois, usamos as regras de derivação (Equação 2.5) para obter

$$a_s = \frac{dv_s}{dt} = (-2t + 10) \text{ m/s}^2$$

onde t está em s. Esta é uma equação linear, cujo gráfico está mostrado na **FIGURA 2.41b**. O gráfico corresponde às nossas expectativas.

b. Este é um movimento complexo. A partícula inicia se movendo a 15 m/s para a esquerda ($v_s < 0$). A aceleração positiva diminui sua rapidez (desacelerando-a, porque v_s e a_s têm sinais opostos) até que a partícula atinja um ponto de retorno ($v_s = 0$) um pouco antes de $t = 2$ s. Ela, então, passa a se mover para a direita ($v_s > 0$), tornando-se cada vez mais rápida até atingir a velocidade máxima em $t = 5$ s. Deste instante até pouco depois de $t = 8$ s, a partícula ainda se mantém movendo-se para a direita ($v_s > 0$), porém vai perdendo rapidez. Outro ponto de retorno ocorre logo após $t = 8$ s. Então, a partícula volta a se mover para a esquerda e vai ficando cada vez mais rápida, enquanto a aceleração negativa a_s vai tornando a velocidade cada vez mais negativa.

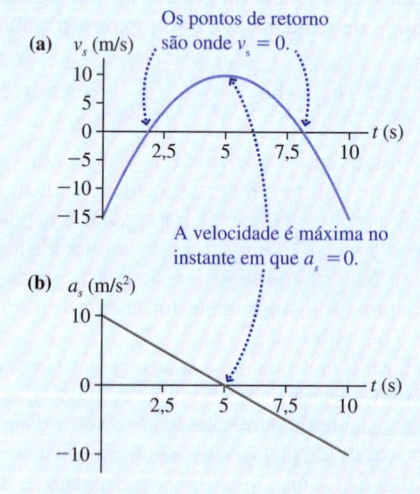

FIGURA 2.41 Gráficos da velocidade e da aceleração para o Exemplo 2.22.

PARE E PENSE 2.6 Ordene a_s de seus valores mais positivos para os menos positivos entre os pontos de A a C.

a. $a_A > a_B > a_C$
b. $a_C > a_A > a_B$
c. $a_C > a_B > a_A$
d. $a_B > a_A > a_C$

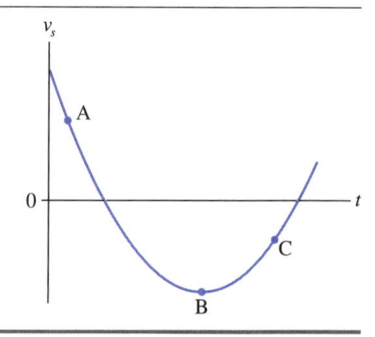

RESUMO

O objetivo do Capítulo 2 foi aprender a resolver problemas sobre o movimento em linha reta.

Princípios gerais

A cinemática descreve o movimento em termos da posição, da velocidade e da aceleração.

As relações cinemáticas gerais são expressas **matematicamente** como:

Velocidade instantânea $v_s = ds/dt =$ declividade do gráfico da posição

Aceleração instantânea $a_s = dv_s/dt =$ declividade do gráfico da velocidade

Posição final $s_f = s_i + \int_{t_i}^{t_f} v_s\, dt = s_i + \begin{cases} \text{área sob a curva} \\ \text{da velocidade entre } t_i \text{ e } t_f \end{cases}$

Velocidade final $v_{fs} = v_{is} + \int_{t_i}^{t_f} a_s\, dt = v_{is} + \begin{cases} \text{área sob a curva da} \\ \text{aceleração entre } t_i \text{ e } t_f \end{cases}$

O movimento com aceleração constante é o **movimento uniformemente acelerado**. As equações cinemáticas correspondentes são:

$$v_{fs} = v_{is} + a_s \Delta t$$
$$s_f = s_i + v_{is}\Delta t + \tfrac{1}{2}a_s(\Delta t)^2$$
$$v_{fs}^2 = v_{is}^2 + 2a_s \Delta s$$

O movimento uniforme é aquele com velocidade constante e aceleração nula:

$$s_f = s_i + v_s \Delta t$$

Conceitos importantes

A posição, a velocidade e a aceleração se relacionam **graficamente**.

- A declividade do gráfico da posição *versus* tempo é o valor da velocidade no correspondente gráfico da velocidade.
- A declividade do gráfico da velocidade tem valor igual ao do gráfico da aceleração no correspondente instante de tempo.
- A posição s é máxima ou mínima em um ponto de retorno, onde $v_s = 0$.

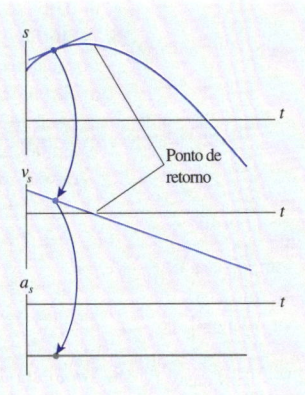

- O deslocamento é a área sob a curva da velocidade.

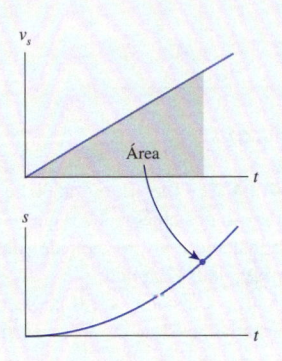

Aplicações

O **sinal de v_s** indica o sentido do movimento.

- $v_s > 0$ significa movimento para a direita ou para cima.
- $v_s < 0$ significa movimento para a esquerda ou para baixo.

O **sinal de a_s** indica de que maneira aponta $\vec{a}$, e *não* que o objeto esteja se tornando cada vez mais rápido ou lento.

- $a_s > 0$ se $\vec{a}$ aponta para a direita ou para cima.
- $a_s < 0$ se $\vec{a}$ aponta para a esquerda ou para cima.
- O sentido de $\vec{a}$ é determinado pelo diagrama de movimento.

Um objeto está **se tornando mais rápido** se e somente se v_s e a_s têm o mesmo sinal. Um objeto está **se tornando mais lento** se e somente se v_s e a_s têm sinais contrários.

A queda livre é um movimento com aceleração constante em que

$$a_y = -g = -9{,}8 \text{ m/s}^2$$

No movimento em um plano inclinado, $a_s = \pm g \operatorname{sen} \theta$. O sinal depende do sentido da inclinação.

Termos e notação

cinemática
movimento uniforme
rapidez, v
posição inicial, s_i

posição final, s_f
velocidade instantânea, v_s
ponto de retorno
aceleração média, a_{med}

movimento uniformemente
 acelerado
queda livre
aceleração de queda livre, g

aceleração instantânea, a_s

QUESTÕES CONCEITUAIS

Nas Questões de 1 a 3, interprete o gráfico da posição fornecido em cada figura redigindo uma pequena "história" do que está ocorrendo. Seja criativo! Imagine e esboce personagens e situações! Dizer simplesmente que "um carro move-se 100 m para a direita" não qualifica uma história. Elas devem trazer *referências específicas* às informações que você obtém a partir do gráfico fornecido, tais como a distância percorrida ou o tempo transcorrido.

1. 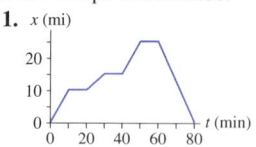
FIGURA Q2.1

2. 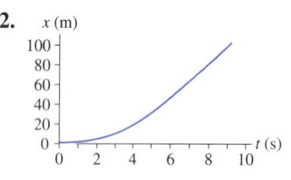
FIGURA Q2.2

3. 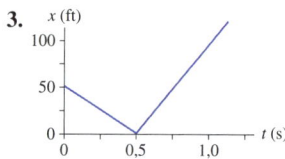
FIGURA Q2.3

4. A **FIGURA Q2.4** mostra o gráfico da posição *versus* tempo para o movimento dos objetos A e B que se movem sobre o mesmo eixo.
   a. No instante $t = 1$ s, a rapidez de A é maior, menor ou igual à rapidez de B? Explique.
   b. Em algum instante A e B possuem a *mesma* rapidez? Em caso afirmativo, em que instante ou instantes? Explique.

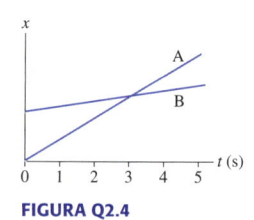

FIGURA Q2.4

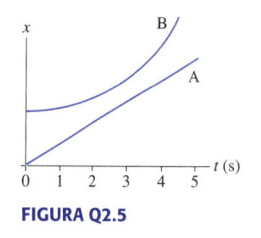

FIGURA Q2.5

5. A **FIGURA Q2.5** mostra o gráfico da posição *versus* tempo para o movimento dos objetos A e B que se movem sobre o mesmo eixo.
   a. No instante $t = 1$ s, a rapidez de A é maior, menor ou igual à rapidez de B? Explique.
   b. Em algum instante A e B possuem a *mesma* rapidez? Explique.

6. A **FIGURA Q2.6** mostra o gráfico da posição *versus* tempo para um objeto em movimento. Em qual ou quais dos pontos assinalados:
   a. o objeto está se *movendo* com menor rapidez?
   b. o objeto está se movendo com maior rapidez?
   c. o objeto está em repouso?
   d. o objeto está se movendo para a esquerda?

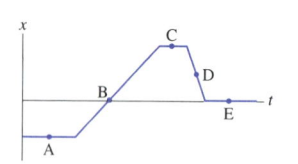

FIGURA Q2.6

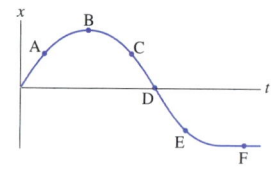

FIGURA Q2.7

7. A **FIGURA Q2.7** mostra o gráfico da posição *versus* tempo de um objeto em movimento. Em qual ou quais dos pontos assinalados:
   a. o objeto está se movendo com maior rapidez?
   b. o objeto está se movendo para a esquerda?
   c. o objeto está se tornando cada vez mais rápido?
   d. o objeto está momentaneamente parado e prestes a retornar?

8. A **FIGURA Q2.8** mostra seis quadros de diagramas de movimento de dois carros A e B em movimento.
   a. Em algum instante de tempo os dois carros ocupam a mesma posição? Em caso afirmativo, qual o número dos quadros?
   b. Em algum instante os dois carros têm a mesma velocidade? Em caso afirmativo, entre quais dois quadros?

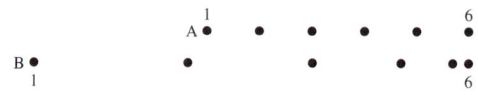

FIGURA Q2.8

9. Você está dirigindo por uma estrada a 100 km/h quando outro motorista decide ultrapassá-lo. No momento em que a frente do carro dele está exatamente alinhada com a do seu, e você vira a cabeça para enxergá-lo, os dois carros estão com a mesma velocidade? Explique.

10. Um carro trafega para o norte. Seu vetor aceleração pode apontar para o sul? Explique.

11. (a) Dê um exemplo de movimento vertical com uma velocidade positiva e uma aceleração negativa. (b) Dê um exemplo de movimento vertical com uma velocidade negativa e uma aceleração negativa.

12. Você arremessa uma bola no ar diretamente para cima. Em cada um dos seguintes instantes, o módulo da aceleração da bola é maior do que g, igual a g, menor do que g ou igual a 0? Explique.
    a. Logo após deixar sua mão.
    b. Exatamente no topo (altura máxima).
    c. Um pouco antes de bater no chão.

13. Uma pedra é *arremessada* (e não apenas solta) a partir de uma ponte diretamente para o rio abaixo. Em qual dos seguintes instantes o módulo da aceleração da pedra é maior do que g, igual a g, menor do que g ou igual a 0? Explique.
    a. Imediatamente depois de lançada.
    b. Imediatamente antes de tocar na água.

14. Solte uma bola de borracha ou de tênis de uma altura aproximada de 25 cm e observe atentamente quando ela ricocheteia no piso. Desenhe um gráfico para a posição, um para a velocidade e outro para a aceleração representando o movimento da bola desde o instante em que é solta até ela retornar à altura máxima. Desenhe os gráficos alinhados verticalmente de modo que as escalas dos eixos do tempo fiquem perfeitamente alinhadas entre si. Preste atenção especial no instante em que a bola toca o piso. Trata-se de um intervalo de tempo muito curto, mas não nulo.

EXERCÍCIOS E PROBLEMAS

Exercícios

Seção 2.1 Movimento uniforme

1. | Um carro parte da origem e se move com velocidade $\vec{v} = (10$ m/s, nordeste$)$. A que distância da origem ele estará depois de trafegar por 45 s?

2. || Larry sai de casa às 9h05min e vai correndo com velocidade constante até um poste de iluminação. Ele alcança o poste às 9h07min, faz a volta imediatamente e corre para a árvore. Larry chega à árvore às 9h10min.
   a. Qual é a velocidade média de Larry, em metros/min, durante cada um destes intervalos?
   b. Qual é a velocidade média de Larry na corrida inteira?

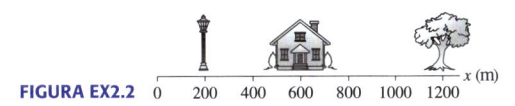

FIGURA EX2.2

3. || Alan sai de Los Angeles, EUA, às 8h dirigindo para San Francisco, distante 400 mi. Ele viaja com uma velocidade constante de 50 mph. Beth sai de Los Angeles às 9h e dirige constantemente a 60 mph.
   a. Qual deles chega primeiro a San Francisco?
   b. Quanto o primeiro a chegar tem de esperar pelo outro?

4. || Para visitar a avó, Julie dirige a primeira metade da distância a 40 mph, e a segunda, a 60 mph. Na viagem de volta, ela dirige a metade do tempo a 40 mph, e a outra metade do tempo a 60 mph.
   a. Qual é a velocidade média de Julie na ida para a casa da avó?
   b. Qual é sua velocidade média na viagem de volta?

5. | Um ciclista tem o gráfico da posição *versus* tempo mostrado na figura. Qual é a velocidade do ciclista em $t = 10$ s, $t = 25$ s e $t = 35$ s?

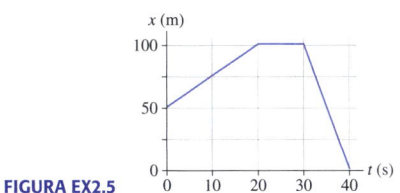

FIGURA EX2.5

Seção 2.2 Velocidade instantânea

Seção 2.3 Obtendo a posição a partir da velocidade

6. | A **FIGURA EX 2.6** mostra o gráfico da posição de uma partícula.
   a. Desenhe o gráfico da velocidade da partícula para o intervalo 0 s $\leq t \leq 4$ s.
   b. O movimento da partícula possui um ou mais pontos de retorno? Em caso afirmativo, em que instante ou instantes?

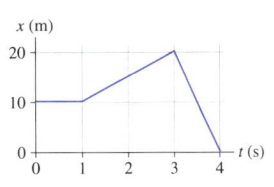

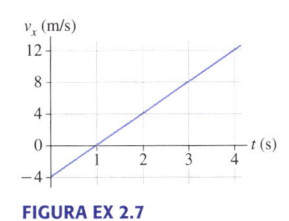

FIGURA EX 2.6

FIGURA EX 2.7

7. | Uma partícula parte de $x_0 = 10$ m em $t_0 = 0$ s e move-se de acordo com o gráfico da velocidade da **FIGURA EX 2.7**.
   a. A partícula tem um ponto de retorno? Em caso afirmativo, em que instante?
   b. Qual é sua posição em $t = 2$ s, $t = 3$ s e $t = 4$ s?

Seção 2.4 Movimento com aceleração constante

8. | A **FIGURA EX 2.8** mostra o gráfico da velocidade de uma partícula. Trace o gráfico da aceleração da partícula para o intervalo 0 s $\leq t \leq 4$ s. Escolha uma escala numérica apropriada para cada eixo.

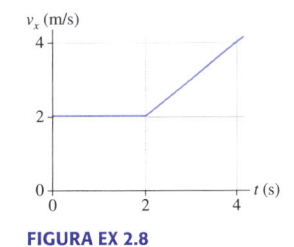

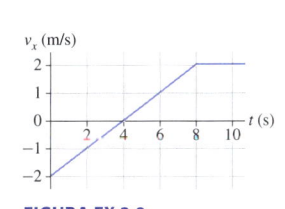

FIGURA EX 2.8

FIGURA EX 2.9

9. | A **FIGURA EX 2.9** mostra o gráfico da velocidade de um trem que parte da origem em $t = 0$ s.
   a. Determine a aceleração do trem em $t = 3,0$ s.
   b. Trace os gráficos da posição e da aceleração para o trem.

10. | A **FIGURA EX 2.10** mostra o gráfico da velocidade de uma partícula que se move sobre o eixo x. Sua posição inicial é $x_0 = 2,0$ m em $t_0 = 0$ s. Em $t = 2,0$ s, qual (a) a posição da partícula, (b) sua velocidade e (c) sua aceleração?

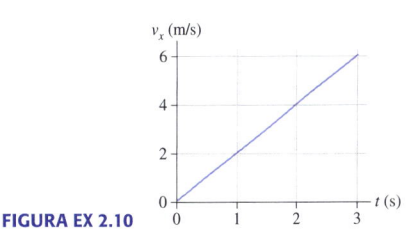

FIGURA EX 2.10

11. | Na **FIGURA EX 2.11** é mostrado o gráfico da velocidade *versus* tempo de uma partícula que se move ao longo do eixo x. Sua posição inicial é $x_0 = 2{,}0$ m em $t_0 = 0$ s.
   a. Quanto valem a posição, a velocidade e a aceleração em $t = 1{,}0$ s?
   b. Quanto valem a posição, a velocidade e a aceleração em $t = 3{,}0$ s?

FIGURA EX 2.11

12. || Um avião a jato está em fase de cruzeiro do vôo a 300 m/s quando subitamente o piloto muda o motor para injeção máxima. Depois de viajar 4,0 km, o jato está se movendo a 400 m/s.
   a. Considerando que a aceleração do jato seja constante, qual é o seu valor?
   b. Sua resposta é plausível? Explique.

13. || Uma patinadora veloz move-se sem atrito sobre o gelo liso a 8,0 m/s quando passa para um trecho de 5,0 m com gelo rugoso. Ela desacelera uniformemente, depois prossegue a 6,0 m/s. Qual é sua aceleração no trecho rugoso?

14. || O motorista de um Porsche desafia o de um Honda para uma corrida de 400 m. Os 3,5 m/s² de aceleração de um Porsche são maiores do que os 3,0 m/s² de um Honda, porém este se encontra 50 m à frente. Ambos os carros começam a acelerar no mesmo instante. Quem ganha a corrida?

Seção 2.5 Queda livre

15. | Bolas são feitas deixando-se cair gotas esféricas de metal derretido no interior de uma torre alta — chamada de *torre de queda* —, as quais se solidificam durante a queda.
   a. Se uma bola precisa de 4,0 s para se solidificar antes do impacto, qual deve ser a altura da torre?
   b. Qual é a velocidade de impacto da bola?

16. | Uma bola é arremessada verticalmente para cima com velocidade de 19,6 m/s.
   a. Qual é a velocidade da bola e qual é a sua altura depois de um, dois, três e quatro segundos?
   b. Trace o gráfico da velocidade *versus* tempo. Escolha escalas numéricas adequadas para os eixos.

17. || Um estudante em pé no solo arremessa uma bola diretamente para cima. A bola sai da mão do estudante com rapidez de 15 m/s quando sua mão se encontra 2,0 m acima do solo. Que distância ela percorrerá no ar antes de bater no solo? (O estudante sai do caminho da pedra.)

18. || Uma pedra é atirada diretamente para cima com rapidez de 20 m/s. Ao retornar, ela cai em um buraco com 10 m de profundidade.
   a. Qual é a velocidade da pedra no fundo do buraco?
   b. Que distância ela percorreu no ar desde o instante em que foi liberada até bater no fundo do buraco?

Seção 2.6 Movimento em um plano inclinado

19. || Um esquiador está deslizando a 3,0 m/s sobre uma pista de neve horizontal e sem atrito. Subitamente, ele começa a descer uma rampa com inclinação de 10°. Na base da mesma, sua rapidez é de 15 m/s.
   a. Qual é o comprimento da rampa?
   b. Quanto tempo ele leva para chegar à base da rampa?

20. || Um carro se desloca a 30 m/s saindo de um posto de gasolina enquanto sobe por uma pista inclinada em 20° com o motor desligado. Até que altura ele subirá na rampa antes de começar a rolar de volta?

Seção 2.7 Aceleração instantânea

21. | Uma partícula move-se ao longo do eixo x e tem sua posição descrita pela função $x = (2t^2 - t + 1)$ m, onde t está em s. Em $t = 2$ s, qual é (a) a posição, (b) a velocidade e (c) a aceleração da partícula?

22. || Uma partícula move-se ao longo do eixo x e tem sua velocidade descrita pela função $v_x = 2t^2$ m/s, onde t está em s. A posição inicial é $x_0 = 1$ m em $t_0 = 0$ s. Em $t = 1$ s, qual é (a) a posição, (b) a velocidade e (c) a aceleração da partícula?

23. || A **FIGURA EX 2.23** mostra o gráfico da aceleração versus tempo de uma partícula que se move ao longo do eixo x. Sua velocidade inicial é $v_{0x} = 8{,}0$ m/s em $t_0 = 0$ s. Qual é a velocidade da partícula em $t = 4{,}0$ s?

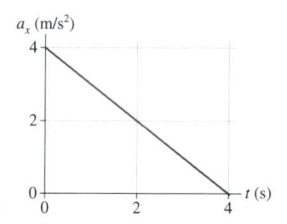

FIGURA EX 2.23

Problemas

24. | A **FIGURA P 2.24** mostra o diagrama de movimento, feito a dois quadros de filme por segundo, de uma bola rolando em um trilho. Este possui um trecho pegajoso com de 3,0 m de comprimento.
   a. Use uma régua para medir as posições do centro da bola. Organize seus dados em uma tabela semelhante à Tabela 1.1, mostrando cada posição e o instante de tempo em que ela é atingida.
   b. Trace um gráfico da posição *versus* tempo para a bola. Uma vez que você dispõe de dados para certos instantes de tempo, seu gráfico deverá consistir em pontos não-conectados uns com os outros.
   c. Qual é a *variação* da posição da bola entre $t = 0$ s e $t = 1{,}0$ s?
   d. Qual é a *variação* da posição da bola entre $t = 2{,}0$ s e $t = 4{,}0$ s?
   e. Qual é a velocidade da bola imediatamente antes de atingir o trecho pegajoso?
   f. Qual é a velocidade da bola imediatamente após sair do trecho pegajoso?
   g. Determine a aceleração da bola no trecho pegajoso do trilho.

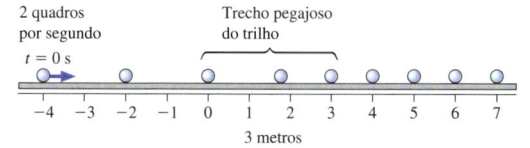

FIGURA P2.24

25. || A posição de uma partícula sobre o eixo x é dada pela função $x = (t^2 - 4t + 2)$ m, onde t está em s.
   a. Trace um gráfico da posição *versus* tempo para o intervalo 0 s $\leq t \leq 5$ s. Faça isso calculando e marcando x a cada 0,5 s, desde 0 até 5 s, e depois trace uma curva suave ligando os pontos obtidos.
   b. Traçando uma linha tangente em seu gráfico e medindo sua declividade, determine a velocidade da partícula em $t = 1{,}0$ s.

c. Calculando o valor da derivada no instante, determine a velocidade da partícula neste instante. Compare o resultado com o que você obteve no item anterior.
d. Existe algum ponto de retorno no movimento da partícula? Em caso positivo, em que posição ou posições?
e. Onde se encontra a partícula em $t = 4{,}0$ m/s?
f. Trace um diagrama de movimento para a partícula.

26. ‖ Três partículas se movem ao longo do eixo x, cada uma tendo partido com $v_{0x} = 10$ m/s em $t_0 = 0$ s. O gráfico A é de posição versus tempo; o gráfico B, da velocidade versus tempo; e o C, da aceleração versus tempo. Determine a velocidade de cada partícula no instante $t = 7{,}0$ s. Trabalhe com a geometria dos gráficos, e não com as equações cinemáticas.

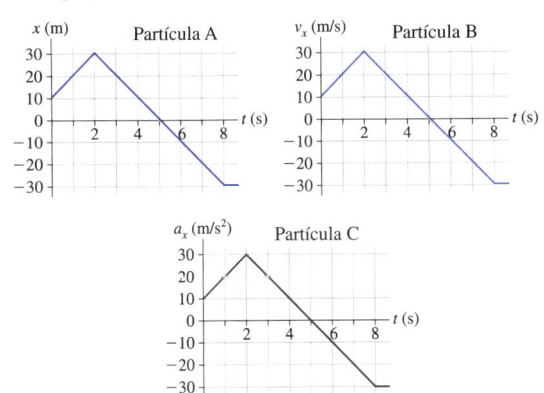

FIGURA P2.26

27. ‖ A **FIGURA P2.27** mostra o gráfico da velocidade de uma partícula cuja posição inicial é $x_0 = 0$ m em $t_0 = 0$ s.
    a. Em que instante ou instantes a partícula se encontra em $x = 35$ m? Trabalhe com a geometria do gráfico, e não com as equações cinemáticas.
    b. Desenhe um diagrama de movimento para a partícula.

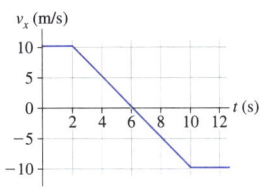

FIGURA P2.27

FIGURA P2.28

28. ‖ A **FIGURA P2.28** Mostra o gráfico da aceleração de uma partícula que parte do repouso em $t = 0$ s. Determine sua velocidade nos instantes $t = 0$ s, 2 s, 4 s, 6 s e 8 s.

29. ‖ Um bloco suspenso por uma mola é puxado para baixo e solto. O gráfico da posição versus tempo do bloco é mostrado na **FIGURA P2.29**.
    a. Em que instantes a velocidade é nula? Em que instantes ela é mais positiva? E mais negativa?
    b. Trace um gráfico de velocidade versus tempo que seja plausível.

FIGURA P2.29

30. ‖ A **FIGURA P2.30** mostra o gráfico da aceleração de uma partícula que parte do repouso em $t = 0$ s.
    a. Trace o gráfico da velocidade versus tempo da partícula durante todo o intervalo 0 s $\leq t \leq$ 10 s. Inclua uma escala numérica adequada para ambos os eixos.
    b. Em palavras, descreva como seria diferente o gráfico da velocidade se a partícula tivesse velocidade inicial de 2,0 m/s.

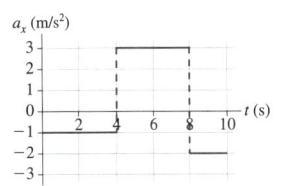

FIGURA P2.30

31. ‖ A posição de uma partícula é dada por $x = (2t^3 - 9t^2 + 12)$ m, onde t está em s.
    a. Em que instante ou instantes v_x é nula?
    b. Quais são a posição e a aceleração da partícula neste(s) instante(s)?

32. ‖ Um objeto parte do repouso em $x = 0$ m no instante $t = 0$ s. Cinco segundos depois, em $t = 5{,}0$ s, o objeto é observado em $x = 40{,}0$ m e com velocidade $v_x = 11$ m/s.
    a. A aceleração do objeto foi uniforme ou variável? Explique seu raciocínio.
    b. Esboce um gráfico da velocidade versus tempo relacionado a estes dados. Ele consiste em uma linha reta ou curva? No segundo caso, sua concavidade é para cima ou para baixo?

33. ‖ A velocidade de uma partícula é descrita pela função $v_x = kt^2$ m/s, onde k é uma constante e t está em s. A posição da partícula em $t_0 = 0$ s é $x_0 = -9{,}0$ m. Em $t_1 = 3{,}0$ s ela se encontra em $x_1 = 9{,}0$ m. Determine o valor da constante k. Assegure-se de estar empregando unidades adequadas.

34. ‖ A aceleração de uma partícula é descrita pela função $a_x = (10 - t)$ m/s², onde t está em s. Suas condições iniciais são $x_0 = 0$ e $v_{0x} = 0$ m/s em $t = 0$.
    a. Em que instante a velocidade volta a ser nula?
    b. Qual é a posição da partícula neste instante?

35. ‖ Uma bola rola sobre o trilho livre de atrito mostrado na **FIGURA P2.35**. Cada trecho do trilho é reto, e a bola passa suavemente de um trecho para outro, sem que sua rapidez seja alterada e sem sair do trilho. Desenhe três gráficos, alinhados verticalmente um com o outro, para a posição, a velocidade e a aceleração versus tempo. Cada gráfico deve ter o mesmo eixo do tempo, e as proporções entre os gráficos devem estar qualitativamente corretas. Considere que a bola tenha rapidez suficiente para chegar ao topo.

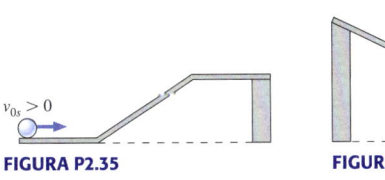

FIGURA P2.35

FIGURA P2.36

36. ‖ Desenhe gráficos da posição, da velocidade e da aceleração da bola mostrada na **FIGURA P2.36**. Consulte o Problema 35 para informação adicional.

37. || Desenhe gráficos da posição, da velocidade e da aceleração da bola mostrada na **FIGURA P2.37**. Consulte o Problema 35 para informação adicional. A direção da bola varia, mas não ocorre qualquer redução de velocidade quando ela ricocheteia na parede.

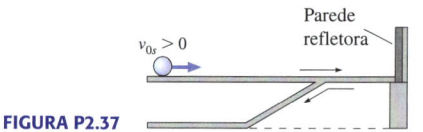

FIGURA P2.37

38. || A **FIGURA P2.38** mostra um conjunto de gráficos cinemáticos para uma bola que rola sobre um trilho. Todos os trechos do mesmo são retilíneos, mas alguns podem ser inclinados. Desenhe uma figura do trilho e indique também as condições iniciais da bola.

FIGURA P2.38

FIGURA P2.39

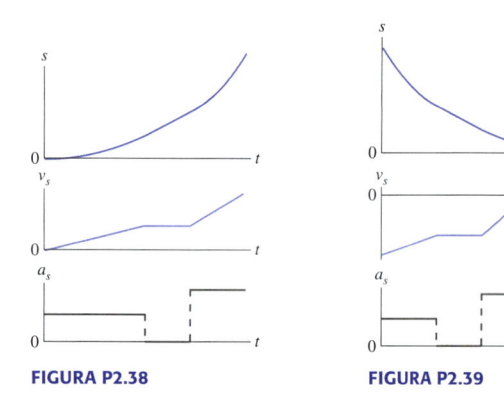

39. || A **FIGURA P2.39** mostra um conjunto de gráficos cinemáticos para uma bola que rola sobre um trilho. Todos os trechos do mesmo são retilíneos, mas alguns podem ser inclinados. Desenhe uma figura do trilho e indique também as condições iniciais da bola.

40. || A **FIGURA P4.40** mostra um conjunto de gráficos cinemáticos para uma bola que rola sobre um trilho. Todos os trechos do mesmo são retilíneos, mas alguns são inclinados. Faça um desenho do trilho e indique também a condição inicial da bola.

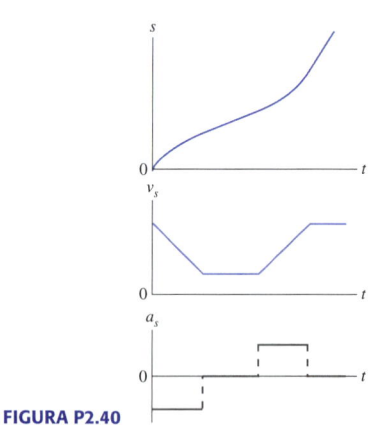

FIGURA P2.40

41. || A velocidade de decolagem de um Airbus A320 de carreira é de 80 m/s. São fornecidos dados sobre a rapidez durante a decolagem.
  a. Qual é a velocidade de decolagem em km/h?
  b. A aceleração do jato é constante durante a decolagem? Explique.

t (s)	v_s (m/s)
0	0
10	23
20	46
30	69

  c. Em que instante as rodas perdem contato com a pista?
  d. Por razões de segurança, no caso de uma decolagem abortada, a continuação da pista deve ter um comprimento três vezes maior do que a distância de decolagem. Pode um A320 decolar com segurança sobre uma pista com 2,5 mi de extensão?

42. || Um automóvel real desenvolve aceleração constante? Estão mostrados ao lado os dados de um Porsche 944 Turbo em aceleração máxima.
  a. Trace um gráfico da velocidade versus tempo. Baseado nele, a aceleração é constante? Explique.
  b. Trace uma curva suave passando pelos pontos de seu gráfico, depois o use para estimar a aceleração do carro em 2,0 s e 8,0 s. Expresse sua resposta em unidades do SI.
  c. Use seu gráfico para estimar a distância percorrida nos primeiros 10 s.

t (s)	v_s (mph)
0	0
2	28
4	46
6	60
8	70
10	78

43. || a. Em unidades do SI, que aceleração constante um carro deve desenvolver a fim de passar de zero a 100 km/h em 10 s?
  b. A que fração de g isso corresponde?
  c. Que distância o carro terá percorrido quando atingir 100 km/h? Expresse sua resposta em unidades do SI e em pés.

44. || a. Quantos dias levará para uma espaçonave acelerar até a velocidade da luz ($3,0 \times 10^8$ m/s) com aceleração igual a g?
  b. Que distância ela percorrerá neste intervalo?
  c. A que fração de ano-luz corresponde sua resposta ao item anterior? Um *ano-luz* é a distância que a luz percorre em um ano.

NOTA ▶ Desde o advento da teoria da relatividade de Einstein, sabemos que nenhum objeto material pode mover-se à velocidade da luz. Logo este problema, embora interessante e instrutivo, não é realista. ◀

45. || Um motorista possui tempo de reação de 0,50 s, e a desaceleração máxima que seu carro atinge é de 6,0 m/s^2. Ele está dirigindo a 20 m/s quando, subitamente, vê um obstáculo na estrada 50 m à frente. Ele conseguirá parar o carro e evitar uma colisão?

46. || Você está indo de carro a uma confeitaria a 20 m/s. A 110 m de um cruzamento, a luz do semáforo torna-se vermelha. Considere que seu tempo de reação seja de 0,50 s e que seu carro freie com aceleração constante.
  a. A que distância você estará do cruzamento no instante em que aciona os freios?
  b. Que aceleração o levará a parar exatamente no cruzamento?
  c. Quanto tempo leva para você parar depois que o semáforo ficou vermelho?

47. || Você está dirigindo em uma rodovia tarde da noite quando um veado pára no meio da estrada 35 m à sua frente. Seu tempo de reação antes de acionar os freios é de 0,50 s, e a desaceleração máxima de seu carro é de 10 m/s^2.
  a. Qual é a distância entre você e o animal quando você começa a frear?
  b. Qual é a velocida de máxima na qual você poderia estar e ainda assim não colidir com o veado?

48. || A distância mínima de parada para um carro que trafega a 30 m/s é 60 m, o que inclui a distância percorrida durante o tempo de reação de 0,50 s do motorista.
  a. Qual é a distância mínima de parada para o mesmo carro se ele estiver a 40 m/s?

b. Trace o gráfico da posição *versus* tempo para o movimento do carro do item anterior. Considere que ele se encontra em $x_0 = 0$ m quando o motorista vê pela primeira vez a situação de perigo à sua frente, a qual exige uma parada rápida.

49. ‖ Um foguete meteorológico de 200 kg é carregado com 100 kg de combustível e disparado diretamente para cima. Ele acelera para cima a 30 m/s² por 30 s, quando então acaba o combustível. Desconsidere os efeitos da resistência do ar.
   a. Qual é a máxima altitude alcançada pelo foguete?
   b. Quanto tempo ele permanece no ar antes de se chocar com o solo?
   c. Trace um gráfico da velocidade *versus* tempo para o foguete desde a decolagem até bater no solo.

50. ‖ Um foguete meteorológico de 1.000 kg é lançado diretamente para cima. O motor do veículo desenvolve uma aceleração constante durante 16 s, depois o motor pára de funcionar. A altitude do foguete 20 s após o lançamento é de 5.100 m. Ignore os efeitos da resistência do ar.
   a. Qual foi a aceleração do foguete nos primeiros 16 s?
   b. Qual é a velocidade do foguete quando ele passa por uma nuvem a 5.100 m do solo?

51. ‖ Uma bola de chumbo é deixada cair em um lago a partir de um trapiche 5,0 m acima da água. Depois de entrar na água, ela afunda até o fundo com velocidade constante e igual àquela com a qual colidiu com a água. A bola chega ao fundo 3,0 s após ter sido solta. Qual é a profundidade do lago?

52. ‖ O elevador de um hotel sobe 200 m com a velocidade máxima de 5,0 m/s. Sua aceleração e sua desaceleração têm o mesmo módulo de 1,0 m/s².
   a. Que distância o elevador sobe enquanto acelera do repouso até a velocidade máxima?
   b. Quanto tempo leva para ele completar a subida da base ao topo?

53. ‖ Um carro parte do repouso em um semáforo. Ele acelera a 4,0 m/s² por 6,0 s, se mantém com velocidade constante por mais 2,0 s e, então, desacelera a uma taxa de 3,0 m/s² até a parada no próximo semáforo. Qual é a distância entre os semáforos?

54. ‖ Um carro acelera a 2,0 m/s² ao longo de uma estrada retilínea. Ele passa por duas placas separadas por 30 m nos instantes $t = 4,0$ s e $t = 5,0$ s. Qual é a velocidade do carro em $t = 0$ s?

55. ‖ Papai Noel perde o equilíbrio e escorrega para baixo sobre um telhado inclinado 30° e coberto de neve. Se ele desliza 10 m antes de chegar à borda, qual é sua rapidez ao se projetar para fora do telhado?

56. ‖ Ann e Carol estão dirigindo seus carros na mesma rodovia retilínea. Carol encontra-se em $x = 2,4$ mi em $t = 0$ horas e trafega a 36 mph. Ann, viajando no mesmo sentido, encontra-se em $x = 0,0$ mi em $t = 0,50$ hora e dirige uniformemente a 50 mph.
   a. Em que instante Ann ultrapassa Carol?
   b. Quais suas posições neste instante?
   c. Trace um gráfico da posição *versus* tempo mostrando o movimento de Ann e Carol.

57. ‖ Um disco de hóquei desliza sem atrito sobre o trilho mostrado na FIGURA P2.57 com velocidade inicial de 5,0 m/s. Considere que o disco passa por todas as junções sem perda de velocidade.

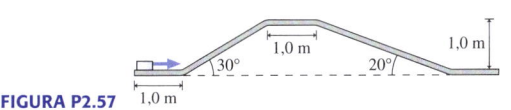

FIGURA P2.57

a. Qual é a velocidade do disco ao chegar ao topo?
b. Qual é sua velocidade ao atingir o trecho de trilho horizontal da direita?
c. Por que percentagem o valor da velocidade final do disco difere do de sua velocidade inicial?

58. ‖ Um trem de brinquedo é empurrado para a frente e é solto em $x_0 = 2,0$ m com uma rapidez de 2,0 m/s. Ele rola com velocidade constante durante 2,0 s e depois começa a perder velocidade. Ele atinge o repouso 6,0 m adiante do ponto em que foi liberado. Qual é o módulo da aceleração do trenzinho depois de começar a frear?

59. ‖ Bob está dirigindo o carro de fuga depois de um grande assalto a banco. Ele está trafegando a 50 m/s quando seus faróis revelam subitamente um tapete de pregos que os policiais colocaram na estrada 150 m à sua frente. Se Bob puder parar a tempo, poderá fazer a curva de retorno e escapar. Porém, se ele passar pelo tapete de pregos, todos os pneus esvaziarão e ele será pego. O tempo de reação de Bob é de 0,60 s, e a aceleração máxima de seu carro é de 10 m/s². Ele irá para a cadeia?

60. ‖ Em um brinquedo de parque de diversão, você empurra um disco de borracha por uma rampa comprida e sem atrito. Você ganhará um urso de pelúcia se o disco, no ponto mais alto da subida, atingir a faixa final de 20 cm da rampa sem sair da mesma. Você dá um empurrão no disco, liberando-o com uma velocidade de 5,0 m/s quando ele se encontra a 8,5 m do final da rampa. A velocidade do disco depois de percorrer 3,0 m é de 4,0 m/s. Você ganhará o prêmio?

61. ‖ A aceleração *inicial* de um esquiador profissional sobre neve fresca corresponde a 90% da que seria esperada sobre um plano inclinado sem atrito, sendo a perda devido ao atrito. Devido à resistência do ar, sua aceleração diminui lentamente enquanto sua rapidez vai aumentando. O recorde de velocidade em uma montanha do Oregon, EUA, é de 180 quilômetros por hora na base de uma rampa com 25° de inclinação e que desce 200 m.
   a. Na ausência da resistência do ar, qual seria a velocidade final que um esquiador poderia ter?
   b. Que percentagem dessa rapidez ideal é perdida devido à resistência do ar?

62. ‖ Heather e Jerry estão em pé sobre uma ponte 50 m acima de um rio. Heather atira uma pedra diretamente para baixo com velocidade de 20 m/s. No mesmo instante, Jerry atira uma pedra diretamente para cima com a mesma rapidez. Despreze a resistência do ar.
   a. Quanto tempo transcorre entre a primeira e a segunda batida na água?
   b. Qual das pedras tem maior velocidade ao bater na água?

63. ‖ Nicole arremessa uma bola diretamente para cima. Chad observa a bola a partir de uma janela 5,0 m acima do ponto de onde Nicole a lança. A bola passa por Chad na subida e tem velocidade de 10 m/s quando passa por ele na descida. Com que valor de velocidade Nicole arremessou a bola?

64. ‖ Uma motorista está trafegando a 20 m/s quando vê um semáforo trocar para vermelho 200 m à frente. Ela sabe que o semáforo permanece vermelho por 15 s e deseja chegar lá exatamente quando o mesmo trocar para verde novamente. Ela leva 1,0 s para acionar os freios e começar a desacelerar. Qual será sua velocidade quando ela alcançar o semáforo exatamente no instante da troca de luz para verde?

65. ‖ Quando um carro esporte Alfa Romeo *Spider* 1984 acelera o máximo possível, durante os primeiros 20 s seu movimento é extremamente bem-modelado pela equação simples

$$v_x^2 = \frac{2P}{m}t$$

onde $P = 3,6 \times 10^4$ watts é potência do carro, $m = 1.200$ kg é sua massa e v_x está em m/s, ou seja, o quadrado da velocidade do carro aumenta linearmente com o tempo.

a. Qual é o valor da velocidade do carro em $t = 10$ s e em $t = 20$ s?
b. Obtenha uma *expressão simbólica*, em termos de P, m e t, para a aceleração do carro em um instante qualquer t.
c. Calcule a aceleração em $t = 1$ s e $t = 10$ s.
d. Este modelo simples deixa de ser válido para t menor do que, aproximadamente, 0,5 s. Explique como você reconheceria esta falha.
e. Obtenha uma *expressão simbólica* para a distância percorrida pelo carro no instante qualquer t.
f. Um quarto de milha corresponde a 402 m. Qual é o melhor tempo do *Spider* em uma corrida de quarto de milha? (O fato de o modelo não ser válido para o primeiro 0,5 s afetará muito pouco sua resposta porque o carro percorre uma distância desprezível durante este tempo.)

66. ‖ David está trafegando a constantes 30 m/s quando passa por Tina, que está sentada em seu carro estacionado. Ela começa a acelerar a uma taxa constante de 2,0 m/s² no exato instante da passagem de David.
a. Que distância Tina percorrerá antes de passar por David?
b. Qual será valor de sua velocidade ao passar por ele?

67. ‖ Um gato está dormindo sobre o meio do piso de uma sala com 3,0 m de comprimento quando um cachorro entra, latindo, com velocidade de 1,50 m/s. No momento da entrada do cachorro, o gato (como somente estes podem fazer) acelera imediatamente a 0,85 m/s² em direção a uma janela aberta no lado oposto da sala. O cachorro (latindo, mas sem atacar) espanta-se um pouco com o gato e começa a desacelerar a 0,10 m/s² logo que entra na sala. O cachorro alcançará o gato antes que ele seja capaz de saltar pela janela?

68. ‖ Você deseja visitar um amigo em Seatle, EUA, durante um feriado. Por economia, decide viajar de trem. Infelizmente, seu exame final de física durou 3 horas, de modo que você está atrasado ao chegar à estação. Você corre o máximo que pode, mas exatamente ao chegar à plataforma de embarque vê seu trem, 30 m à frente, começar a acelerar a 1,0 m/s². Você continua correndo para alcançar o trem com sua velocidade máxima de 8,0 m/s, mas existe uma barreira 50 m à frente. Você conseguirá pular para o degrau traseiro do trem antes que ele colida com a barreira?

69. ‖ Jill acaba de sair de seu carro no estacionamento de uma confeitaria. O estacionamento fica em uma colina e tem inclinação de 3°. Cinqüenta metros colina abaixo, a partir de Jill, uma velhinha solta sem querer um carrinho de supermercado carregado. O carrinho, com rodas desprovidas de atrito, começa a rolar em linha reta colina abaixo. Jill imediatamente começa a correr atrás dele com sua aceleração máxima de 2,0 m/s². Que distância rolará o carrinho antes que Jill o alcance?

70. ‖ Como uma experiência científica, você solta um melão do topo do edifício *Empire State*, 320 m acima da calçada. Deste lugar, o Super-homem começa a voar verticalmente para baixo no instante em que você solta a fruta. Ele mantém uma velocidade de 35 m/s durante o vôo. Qual é a rapidez do melão ao passar pelo Super-homem?

71. ‖ Suponha que eu esteja dirigindo a 20 m/s enquanto tento trocar o CD e não presto atenção no que me cerca. Quando olho de volta para a frente, descubro-me a 45 m do cruzamento com uma ferrovia. Sem tomar conhecimento de mim, um trem está a 60 m do cruzamento, movendo-se a 30 m/s em direção deste. Em fração de segundos, eu percebo que o trem irá colidir comigo bem no cruzamento e que não disponho de distância suficiente para parar. Minha única esperança é acelerar bastante a fim de atravessar os trilhos antes de que o trem os alcance. Se meu tempo de reação for de 0,50 s, que aceleração mínima meu carro deverá desenvolver para que eu esteja aqui, escrevendo estas palavras?

Nos Problemas de 72 a 75, lhe são fornecidas uma ou mais equações cinemáticas para usar na resolução de um problema. Para cada um deles, você deve:
a. Redigir um problema realista para o qual esta ou estas equações se apliquem. Tenha certeza de que sua resposta seja consistente com as equações fornecidas.
b. Esboçar uma representação pictórica de seu problema.
c. Encontrar a solução para o problema proposto.

72. ‖ $64 \text{ m} = 0 \text{ m} + (32 \text{ m/s})(4 \text{ s} - 0 \text{ s}) + \frac{1}{2}a_x(4 \text{ s} - 0 \text{ s})^2$

73. ‖ $(10 \text{ m/s})^2 = v_{0y}^2 - 2(9,8 \text{ m/s}^2)(10 \text{ m} - 0 \text{ m})$

74. ‖ $(0 \text{ m/s})^2 = (5 \text{ m/s})^2 - 2(9,8 \text{ m/s}^2)(\text{sen } 10°)(x_1 - 0 \text{ m})$

75. ‖ $v_{1x} = 0 \text{ m/s} + (20 \text{ m/s}^2)(5 \text{ s} - 0 \text{ s})$
$x_1 = 0 \text{ m} + (0 \text{ m/s})(5 \text{ s} - 0 \text{ s}) + \frac{1}{2}(20 \text{ m/s}^2)(5 \text{ s} - 0 \text{ s})^2$
$x_2 = x_1 + v_{1x}(10 \text{ s} - 5 \text{ s})$

Problemas desafiadores

76. As duas massas da figura abaixo deslizam sem atrito sobre arames. Elas são interligadas por uma haste rígida de comprimento L. Prove que $v_{2x} = -v_{1y} \text{ tg } \theta$.

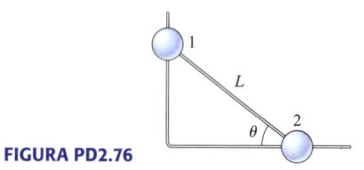

FIGURA PD2.76

77. Um foguete é lançado diretamente para cima com aceleração constante. Quatro segundos após o lançamento, um parafuso desprende-se da fuselagem lateral do foguete. O parafuso chega ao solo 6,0 s mais tarde. Qual é a aceleração do foguete?

78. O clube de ciências de sua escola propõe uma atividade especial na volta às aulas. Você, então, fixa um foguete à traseira de um carrinho decorado com as cores azul e dourado da escola. O foguete desenvolve uma aceleração constante durante 9,0 s. Quando termina a queima, um pára-quedas se abre e freia o carrinho a uma taxa de 5,0 m/s². Ele passa pelo júri, no centro do ginásio, a 990 m da linha de partida, exatamente 12 s após você tê-lo ligado. Qual é o valor da velocidade do carrinho ao passar pelo júri?

79. Medições muito acuradas são feitas durante a corrida olímpica de 100 metros rasos. Um modelo simples, mas razoável, da aceleração de um corredor revela que este se acelera a 3,6 m/s² durante $3\frac{1}{3}$ s, depois se mantém correndo com velocidade constante até cruzar a linha de chegada.
a. Qual é a duração de uma corrida para um velocista para o qual este modelo seja adequado?
b. Um velocista desses poderia fazer uma corrida mais veloz acelerando-se mais no início e, assim, atingindo a velocidade máxima mais cedo. Se a velocidade máxima do velocista for a mesma que a do item anterior, que aceleração seria necessária para que ele corresse os 100 metros rasos em 9,9 s?
c. Em que percentual o velocista deveria aumentar sua aceleração a fim de diminuir o seu tempo em 1%?

80. Medições muito acuradas foram feitas durante a corrida olímpica de 100 metros rasos. Um modelo inteiramente realista para a velocidade do velocista é dado por

$$v_x = a(1 - e^{-bt})$$

onde t está em s, v_x em m/s e as constantes a e b são características do velocista. O velocista Carl Lewis, em 1987, correu de acordo com este modelo com $a = 11,81$ m/s e $b = 0,6887$ s^{-1}.
   a. Qual foi a aceleração de Lewis em $t = 0$ s, 2,00 s e 4,00 s?
   b. Obtenha uma expressão para a distância percorrida no instante t.
   c. Sua expressão para o item anterior é uma equação transcendental, o que significa que você não conseguirá resolvê-la para um t qualquer. Todavia, não é difícil obter o tempo necessário para percorrer uma distância específica por tentativa e erro. Com precisão de 0,01 s, determine o tempo gasto por Lewis para correr os 100,0 m. Seu tempo oficial era 0,01 s a mais do que sua resposta, mostrando que este modelo é muito bom, mas não perfeito.

81. Um velocista pode acelerar com aceleração constante durante 4,0 s antes de atingir sua velocidade máxima. Ele consegue correr os 100 m rasos em 10 s. Qual é o valor de sua velocidade ao cruzar a linha de chegada?

82. Uma bola de borracha é atirada diretamente para cima, a partir do solo, com rapidez inicial v_0. Simultaneamente, uma segunda bola de borracha é solta, a partir do repouso, de uma altura h em relação ao solo diretamente acima da primeira.
   a. A que altura do solo as bolas colidem entre si? Sua resposta deverá ser uma *expressão simbólica* em termos de v_0 e g.
   b. Qual é o valor máximo de h para o qual ocorre uma colisão antes que a primeira bola toque o solo?
   c. Para que valor de h a colisão ocorre no instante em que a primeira bola se encontra na altura máxima?

83. A nave interestelar *Enterprise* retorna de uma "dobra espacial" para o espaço ordinário com uma velocidade de 50 km/s. Para grande surpresa da tripulação, uma nave *Klingon* encontra-se 100 km diretamente à frente, deslocando-se na mesma direção e sentido a meros 20 km/s. Se não realizar manobras evasivas, a *Enterprise* seguirá em frente e colidirá com os *Klingons* exatamente em 3,0 s. Os computadores da *Enterprise* reagem instantaneamente a fim de parar a nave. Que módulo de aceleração a *Enterprise* necessita desenvolver a fim de evitar, "por pouco", uma colisão com a nave *Klingon*? Considere que a aceleração seja constante.

Dica: Trace um gráfico da posição *versus* tempo que represente os movimentos tanto da *Enterprise* quanto da nave *Klingon*. Escolha $x_0 = 0$ km como a localização de onde a *Enterprise* sai da dobra espacial. Como você ilustra graficamente a situação em que a colisão deve ser evitada "por pouco"? Uma vez que você tenha decidido como isto é revelado graficamente, expresse essa situação de forma matemática.

RESPOSTAS DAS QUESTÕES DO TIPO PARE E PENSE

Pare e Pense 2.1: d. A partícula começa com x positivo e se move para a parte negativa de x.

Pare e Pense 2.2: c. A velocidade é a declividade do gráfico da posição. A declividade é positiva e constante até o gráfico da posição cruzar o eixo, depois positiva, mas de valor cada vez menor, até ser finalmente nula, quando o gráfico da posição torna-se horizontal.

Pare e Pense 2.3: b. Um valor constante e positivo de v_x corresponde a um crescimento linear de x, começando em $x_i = -10$ m. Um valor de v_x constante e negativo, portanto, corresponde a uma diminuição linear de x.

Pare e Pense 2.4: a e b. A velocidade é constante enquanto $a = 0$, e diminui linearmente quando a é negativa. Os gráficos a, b e c correspondem todos à mesma aceleração, mas somente os gráficos a e b correspondem a uma velocidade inicial positiva, a qual representa a partícula movendo-se para a direita.

Pare e Pense 2.5: d. O vetor aceleração aponta rampa abaixo (sentido negativo de s) e tem um valor constante $-g \sin \theta$ ao longo do movimento.

Pare e Pense 2.6: c. A aceleração é a declividade do gráfico. A declividade é nula em B. Embora o gráfico tenha maior inclinação em A, a declividade neste ponto é negativa, de modo que $a_A < a_B$. Somente em C a declividade é positiva, de modo que $a_C > a_B$.

3 Vetores e Sistemas de Coordenadas

O vento possui tanto uma rapidez quanto uma orientação; por isso o movimento do ar é descrito por um vetor.

▶ **Olhando adiante**
Os objetivos do Capítulo 3 são aprender a representar e a usar vetores. Neste capítulo, você aprenderá a:

- Entender e usar as propriedades básicas dos vetores.
- Decompor um vetor em seus componentes e determinar seu módulo e sua orientação a partir dos componentes.
- Somar e subtrair vetores, tanto graficamente quanto por meio de seus componentes.

◀ **Em retrospectiva**
Este capítulo continua a desenvolver o tópico sobre vetores que iniciamos no Capítulo 1. Revise:

- Seção 1.3 Soma e subtração de vetores

Muitas das grandezas que usamos para descrever o mundo físico são simples números. Por exemplo, a massa de um objeto é 2 kg, sua temperatura é 21°C e ele ocupa um volume de 250 cm^3. Uma grandeza que é expressa de forma completa por um simples número (com unidades) é chamada de **grandeza escalar**. Massa, temperatura e volume são todas escalares. Outras grandezas escalares são a pressão, a densidade, a energia, a carga e a voltagem. Com freqüência usaremos um símbolo algébrico para representar uma grandeza escalar. Assim, m representará a massa, T a temperatura, V o volume, E a energia e assim por diante. Note que os escalares, no texto, estão em itálico.

Nosso universo possui três dimensões, de modo que algumas grandezas também necessitam de uma orientação para ficarem inteiramente descritas. Se você indagar a alguém a localização de uma agência dos Correios, uma resposta do tipo "siga por mais três quadras" não lhe adiantará muito. Uma descrição completa poderia ser: "Siga por mais três quadras em direção ao sul". Uma grandeza que possui tanto um módulo quanto uma orientação (direção e sentido) é chamada de **grandeza vetorial**.

Você encontrou exemplos de grandezas vetoriais no Capítulo 1: posição, deslocamento, velocidade e aceleração. Logo você se deparará com outras do mesmo tipo, tais como força, momentum e campo elétrico. Por ora, antes de iniciar o estudo das forças, é bom dispender um pouco de tempo dando uma olhada mais de perto nos vetores.

3.1 Vetores

Suponha que lhe seja destinada a tarefa de medir a temperatura em vários pontos de um edifício e, depois, apresentar essa informação sobre a planta baixa do edifício. Para isso, você poderia marcar pequenos pontos sobre o papel da planta, representando os lugares em que você realizou as medições, e depois escrever abaixo de cada ponto marcado o valor da temperatura correspondente. Em outras palavras, como ilustra a **FIGURA 3.1a**, você pode representar a temperatura em cada local por um simples número (com unidades). A temperatura é uma grandeza escalar.

Tendo feito um bom trabalho na primeira parte da tarefa, em seguida você deve medir as velocidades de vários funcionários enquanto se deslocam em seu trabalho.

Do Capítulo 1, recorde-se de que a velocidade é um vetor; ela possui um módulo e uma orientação. Escrever simplesmente a rapidez de cada funcionário não é suficiente porque ela não leva em conta a direção e o sentido em que a pessoa se move. Depois de pensar um pouco, você conclui que uma boa maneira de representar a velocidade é desenhando uma seta cujo comprimento seja proporcional à rapidez e que tenha a orientação igual à do movimento. Além disso, como mostra a **FIGURA 3.1b**, pode ser que você decida localizar a *cauda* da seta no ponto em que você mediu a velocidade correspondente.

Como ilustra este exemplo, a *representação geométrica* de um vetor é uma seta, cuja cauda (e não a ponta!) está localizada no ponto em que a medição foi feita. O vetor, então, parece irradiar para fora do ponto ao qual foi fixado. Uma seta constitui uma representação natural de um vetor porque ela tem, inerentemente, um comprimento e uma orientação. Como já visto, identificaremos vetores por meio de uma pequena seta traçada acima da letra que representa o vetor correspondente: $\vec{r}$ para posição, $\vec{v}$ para a velocidade, $\vec{a}$ para a aceleração e assim por diante.

O termo matemático para o comprimento, ou tamanho, de um vetor é **módulo**, de modo que podemos dizer que **um vetor é uma grandeza que possui um módulo e uma orientação**. Como exemplo, a **FIGURA 3.2** mostra a representação geométrica do vetor velocidade $\vec{v}$ de uma partícula. A rapidez da partícula neste ponto é de 5 m/s, e ela está se movendo na direção indicada pelas seta e com o sentido indicado pela ponta da seta. Esta é desenhada com sua cauda no ponto onde a velocidade foi medida.

NOTA ▶ Embora a seta do vetor seja desenhada ao longo da página, da cauda até a ponta, isto *não* significa que o vetor "se espiche" através de toda essa distância. Na verdade, a seta vetorial nos informa o valor da grandeza somente no ponto onde sua cauda está localizada. ◀

O *módulo* de um vetor às vezes é apresentado usando-se o símbolo de valor absoluto, mas com freqüência maior ele é indicado pela mesma letra do vetor, porém sem a seta traçada acima dele. Por exemplo, o módulo do vetor velocidade da Figura 3.2 é $v = |\vec{v}| = 5$ m/s. Esta é a *rapidez* (ou *velocidade escalar*) do objeto. O módulo do vetor aceleração $\vec{a}$ é denotado por a. **O módulo de um vetor é uma grandeza escalar**.

NOTA ▶ O módulo de um vetor não pode ser um número negativo; ele pode ser positivo ou nulo, com as unidades apropriadas. ◀

É importante adquirir familiaridade com o uso do símbolo da seta para vetores. Se você omitir a seta acima do símbolo $\vec{v}$ da velocidade e escrever apenas v, estará se referindo apenas à rapidez do objeto, e não, à sua velocidade. Os símbolos $\vec{r}$ e r, ou $\vec{v}$ e v, não representam a mesma coisa, pois se a seta vetorial for omitida dos símbolos de vetores, logo você estará fazendo confusão e cometendo erros.

3.2 Propriedades de vetores

Do Capítulo 1, recorde-se de que o *deslocamento* é um vetor traçado desde a posição inicial de um objeto até sua posição em algum instante posterior. Uma vez que o deslocamento é um conceito a respeito do qual é fácil pensar, podemos usá-lo para introduzir algumas propriedades dos vetores. Mesmo assim, essas propriedades aplicam-se a *todos* os vetores, e não, apenas ao deslocamento.

Suponha que Sam parta da frente da porta de sua casa e que ande 60 m a nordeste de onde estava. O deslocamento dele, que denotaremos por $\vec{S}$, é mostrado na **FIGURA 3.3a** da próxima página. O vetor deslocamento é o *segmento de reta que liga* sua posição inicial à final, e não necessariamente, a trajetória seguida. A linha tracejada indica um possível caminho que Sam poderia ter seguido, mas seu deslocamento é o vetor $\vec{S}$.

Para descrever um vetor temos de especificar tanto seu módulo quanto sua orientação. Podemos expressar o deslocamento de Sam como

$$\vec{S} = (60 \text{ m, nordeste})$$

onde a primeira parte da informação especifica o módulo, e a segunda, a orientação. O módulo do deslocamento de Sam é $S = |\vec{S}| = 60$ m, a distância em linha reta entre sua posição inicial e final.

(a) Temperatura em °C

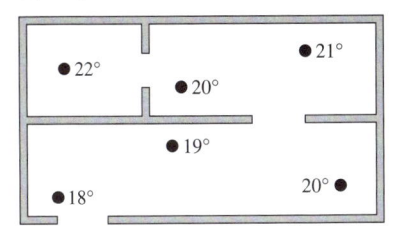

(b) Velocidade em m/s

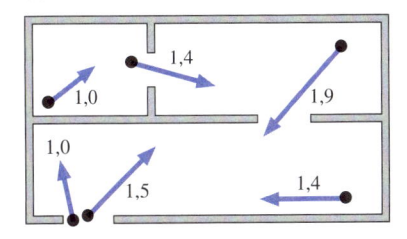

FIGURA 3.1 Medidas de grandezas escalares e vetoriais.

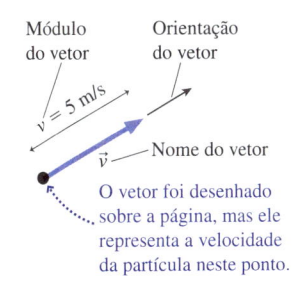

FIGURA 3.2 O vetor velocidade $\vec{v}$ possui tanto um módulo quanto uma orientação (direção e sentido).

O deslocamento do barco é o segmento de linha reta que liga sua posição inicial à final.

O vizinho de porta de Sam, Bill, também caminha 60 m para nordeste, partindo da frente da porta de sua própria casa. O deslocamento $\vec{B} = (60$ m, nordeste$)$ possui o mesmo módulo e a mesma orientação do deslocamento $\vec{S}$ de Sam. Uma vez que vetores são definidos por seus módulos e suas orientações, **dois vetores são iguais se possuírem mesmo módulo, mesma direção e mesmo sentido**. Isso é verdadeiro mesmo se os pontos de partida dos vetores forem diferentes. Assim, os dois vetores deslocamento da **FIGURA 3.3b** são iguais, e podemos, assim, escrever que $\vec{B} = \vec{S}$.

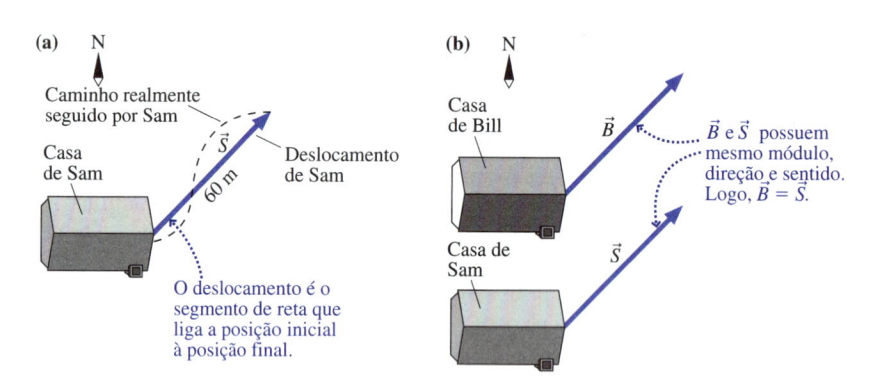

FIGURA 3.3 Vetores deslocamento.

NOTA ▶ Um vetor mantém-se inalterado se você movê-lo para um ponto diferente da página desde que não altere seu comprimento e a orientação em que ele aponta. Usamos esta idéia no Capítulo 1 quando movemos vetores velocidade a fim de determinar o vetor aceleração média $\vec{a}$. ◀

Soma de vetores

A **FIGURA 3.4** mostra o deslocamento de uma excursionista que parte do ponto P e termina no ponto S. Ela primeiro caminha 4 milhas para leste, depois 3 milhas para norte. A primeira parte da caminhada é descrita pelo deslocamento $\vec{A} = (4$ mi, leste$)$. A segunda, pelo deslocamento $\vec{B} = (3$ mi, norte$)$. Agora, por definição, um vetor que vai de sua posição inicial P até sua posição final S também constitui um deslocamento. Este corresponde ao vetor $\vec{C}$ da figura. Este vetor $\vec{C}$ é o *deslocamento total* porque ele descreve o mesmo resultado final de se deslocar primeiro $\vec{A}$ e, depois, $\vec{B}$.

Se você ganhar R$ 50,00 no sábado e R$ 60,00 no domingo, seu rendimento total no fim de semana será a soma de R$ 50,00 com R$ 60,00. Para escalares, a palavra *total* implica soma. O mesmo é verdadeiro para vetores. O deslocamento resultante $\vec{C}$ é um deslocamento inicial $\vec{A}$ *mais* um segundo deslocamento $\vec{B}$, ou

$$\vec{C} = \vec{A} + \vec{B} \tag{3.1}$$

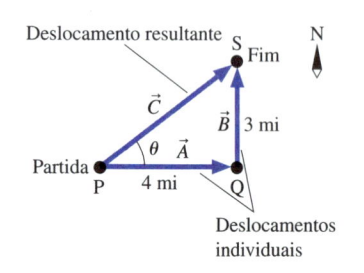

FIGURA 3.4 O deslocamento total $\vec{C}$ resultante dos dois deslocamentos $\vec{A}$ e $\vec{B}$.

A soma de dois vetores é chamada de **vetor resultante**. Não é difícil mostrar que a soma de vetores é comutativa: $\vec{A} + \vec{B} = \vec{B} + \vec{A}$, ou seja, pode-se somar vetores na ordem em que se queira.

Consulte novamente o Box Tático 1.1 da página 8 a fim de relembrar o processo de três etapas para somar dois vetores. Este método, que poderíamos denominar informalmente de "cauda-na-ponta", usado para determinar $\vec{C} = \vec{A} + \vec{B}$ da Figura 3.4, é chamado de **adição gráfica**. Quaisquer dois vetores do mesmo tipo – dois vetores velocidade ou dois vetores força, por exemplo – podem se somados exatamente da mesma maneira.

O método gráfico de soma de vetores é direto, mas necessitamos de um pouco de geometria para obter a descrição completa do vetor resultante $\vec{C}$. O vetor $\vec{C}$ da Figura 3.4 é definido por seu módulo C e por sua orientação. Como os três vetores $\vec{A}$, $\vec{B}$ e $\vec{C}$ formam um triângulo retângulo, o módulo, ou comprimento, de $\vec{C}$ é dado pelo teorema de Pitágoras:

$$C = \sqrt{A^2 + B^2} = \sqrt{(4 \text{ mi})^2 + (3 \text{ mi})^2} = 5 \text{ mi} \tag{3.2}$$

Note que a Equação 3.2 usa os módulos A e B dos vetores $\vec{A}$ e $\vec{B}$. O ângulo θ, usado na Figura 3.4 para descrever a orientação de $\vec{C}$, é facilmente determinado por meio de um triângulo retângulo:

$$\theta = \text{tg}^{-1}\left(\frac{B}{A}\right) = \text{tg}^{-1}\left(\frac{3\text{ mi}}{4\text{ mi}}\right) = 37° \quad (3.3)$$

Ao todo, o deslocamento resultante da excursionista foi de

$$\vec{C} = \vec{A} + \vec{B} = (5\text{ mi}, 37°\text{ nordeste}) \quad (3.4)$$

NOTA ▶ A matemática dos vetores faz uso sistemático da geometria e da trigonometria. O Apêndice A, no final deste livro, contém uma breve revisão destes tópicos. ◀

EXEMPLO 3.1 Usando o método da adição gráfica para determinar um deslocamento

A partir de uma árvore, um pássaro voa 100 m para leste e, depois, 200 m para noroeste (isto é, a 45° noroeste). Qual é o deslocamento resultante do pássaro?

VISUALIZAÇÃO A **FIGURA 3.5** mostra os dois deslocamentos individuais, que foram denotados por $\vec{A}$ e $\vec{B}$. O deslocamento resultante é o vetor soma $\vec{C} = \vec{A} + \vec{B}$, que é determinado graficamente.

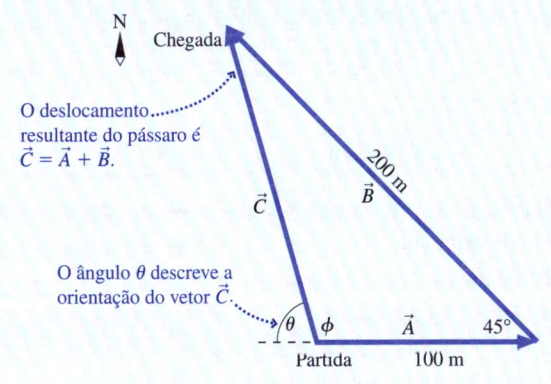

FIGURA 3.5 O deslocamento resultante do pássaro é $\vec{C} = \vec{A} + \vec{B}$.

RESOLUÇÃO O dois deslocamentos são $\vec{A} = (100\text{ m}, \text{leste})$ e $\vec{B} = (200\text{ m}, \text{noroeste})$. O deslocamento resultante $\vec{C} = \vec{A} + \vec{B}$ é determinado traçando-se um vetor que ligue a posição inicial à final. Mas é um pouco mais fácil descrever $\vec{C}$ usando-se a lei dos cossenos da trigonometria:

$$C^2 = A^2 + B^2 - 2AB\cos(45°)$$
$$= (100\text{ m})^2 + (200\text{ m})^2 - 2(100\text{ m})(200\text{ m})\cos(45°)$$
$$= 21.720\text{ m}^2$$

Assim, $C = \sqrt{21.720\text{ m}^2} = 147\text{ m}$. Depois, usando-se novamente a lei dos cossenos, pode-se determinar o ângulo ϕ (a letra grega *fi*):

$$B^2 = A^2 + C^2 - 2AC\cos\phi$$
$$\phi = \cos^{-1}\left[\frac{A^2 + C^2 - B^2}{2AC}\right] = 106°$$

É mais fácil descrever $\vec{C}$ pelo ângulo $\theta = 180° - \phi = 74°$. O deslocamento resultante do pássaro é

$$\vec{C} = (147\text{ m}, 74°\text{ noroeste})$$

Quando dois vetores devem ser somados, com freqüência é conveniente desenhá-los com suas caudas juntas, como ilustrado na **FIGURA 3.6a**. Para calcular $\vec{D} + \vec{E}$ você pode mover o vetor $\vec{E}$ para o ponto onde se encontra a cauda de $\vec{D}$ e, depois, usar a regra da cauda-na-ponta para a adição gráfica. Isso fornece o vetor $\vec{F} = \vec{D} + \vec{E}$ da **FIGURA 3.6b**. Alternativamente, a **FIGURA 3.6c** mostra que o vetor soma $\vec{D} + \vec{E}$ pode ser determinado como a diagonal do paralelogramo definido por $\vec{D}$ e $\vec{E}$. Este método de soma de vetores, que alguns podem já ter aprendido, é chamado de *regra do paralelogramo* da soma de vetores.

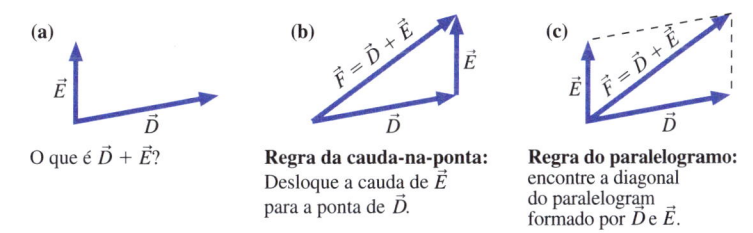

FIGURA 3.6 Dois vetores podem ser somados por meio do método cauda-na-ponta ou da regra do paralelogramo.

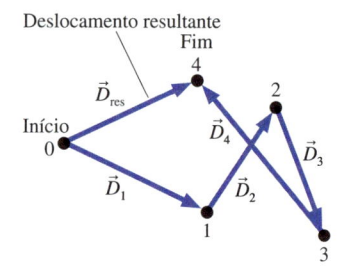

FIGURA 3.7 O deslocamento resultante após os deslocamentos individuais.

A soma de vetores é facilmente estendida para situações envolvendo mais de dois vetores. A **FIGURA 3.7** mostra um excursionista que se moveu da posição inicial 0 para a posição 1, depois para a posição 2, depois para a 3, chegando finalmente à posição 4. Estes quatro segmentos são descritos pelos vetores deslocamento $\vec{D}_1$, $\vec{D}_2$, $\vec{D}_3$ e $\vec{D}_4$. O deslocamento *resultante* do excursionista, uma seta ligando a posição 0 à posição 4, é o vetor $\vec{D}_{res}$. Neste caso,

$$\vec{D}_{res} = \vec{D}_1 + \vec{D}_2 + \vec{D}_3 + \vec{D}_4 \tag{3.5}$$

O vetor soma é obtido usando-se o método da cauda-na-ponta três vezes em seqüência.

PARE E PENSE 3.1 Qual das figuras representa $\vec{A}_1 + \vec{A}_2 + \vec{A}_3$?

(a)   (b)   (c)   (d)   (e)

Multiplicação por um escalar

Suponha que um segundo pássaro voe duas vezes mais longe do que o pássaro do Exemplo 3.1. O deslocamento do primeiro pássaro foi $\vec{A}_1 = (100\text{ m, leste})$, onde um subscrito foi adicionado a fim de denotar o primeiro pássaro. O do segundo pássaro será, então, certamente, $\vec{A}_2 = (200\text{ m, leste})$. A expressão "duas vezes mais" indica multiplicação, de modo que podemos afirmar que

$$\vec{A}_2 = 2\vec{A}_1$$

Multiplicar um vetor por um escalar positivo resulta em outro vetor de *módulo diferente*, mas com a *mesma orientação* do original.

Seja o vetor $\vec{A}$ especificado por

$$\vec{A} = (A, \theta_A) \tag{3.6}$$

Agora seja $\vec{B} = c\vec{A}$, onde c é uma constante escalar positiva. Definimos a multiplicação de um vetor por um escalar de modo que

$$\vec{B} = c\vec{A} \text{ significa que } (B, \theta_B) = (cA, \theta_A) \tag{3.7}$$

Noutras palavras, o vetor é alongado ou encurtado pelo fator c (i. e., o vetor $\vec{B}$ possui módulo $B = cA$), mas $\vec{B}$ tem a mesma orientação de $\vec{A}$. Isso está ilustrado na **FIGURA 3.8**.

Usamos esta propriedade dos vetores no Capítulo 1 quando afirmamos que o vetor $\vec{a}$ possui a mesma orientação de $\Delta\vec{v}$. A partir da definição

$$\vec{a} = \frac{\Delta\vec{v}}{\Delta t} = \left(\frac{1}{\Delta t}\right)\Delta\vec{v} \tag{3.8}$$

onde $(1/\Delta t)$ é uma constante escalar, verificamos que $\vec{a}$ tem a mesma direção e sentido de $\Delta\vec{v}$, mas seu comprimento difere do deste vetor pelo fator $(1/\Delta t)$.

Suponha que multipliquemos $\vec{A}$ por zero. Usando a Equação 3.7,

$$0 \cdot \vec{A} = \vec{0} = (0\text{ m, orientação indefinida}) \tag{3.9}$$

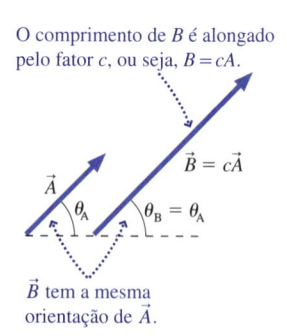

FIGURA 3.8 Multiplicação de um vetor por um escalar.

O produto resulta em um vetor de comprimento ou módulo nulo. Este vetor é conhecido como **vetor nulo** e denotado por $\vec{0}$. A orientação do vetor nulo é irrelevante; não se pode definir uma direção e um sentido para uma seta de comprimento igual a zero!

O que acontece se multiplicarmos um vetor por um número negativo? A Equação 3.7 de fato não se aplica se $c < 0$ porque o vetor $\vec{B}$ não pode possuir módulo negativo. Considere o vetor $-\vec{A}$, que equivale a $\vec{A}$ multiplicado por -1. Uma vez que

$$\vec{A} + (-\vec{A}) = \vec{0} \tag{3.10}$$

o vetor $-\vec{A}$ deve ser tal que, quando somado a $\vec{A}$, a resultante seja o vetor nulo. Em outras palavras a *ponta* de $-\vec{A}$ retorna à *cauda* de $\vec{A}$, como mostrado na **FIGURA 3.9**. Isso será verdadeiro somente se $-\vec{A}$ for igual a $\vec{A}$ em módulo, mas possuir sentido contrário ao deste vetor. Assim, podemos concluir que

$$-\vec{A} = (A, \text{sentido oposto ao de } \vec{A}) \tag{3.11}$$

Isto é, **multiplicar um vetor por -1 inverte seu sentido sem alterar seu comprimento**.

Como exemplo, a **FIGURA 3.10** mostra os vetores $\vec{A}$, $2\vec{A}$ e $-3\vec{A}$. A multiplicação por 2 dobra o comprimento do vetor sem alterar sua orientação. A multiplicação por -3 estica seu comprimento por um fator igual a 3 e inverte o sentido.

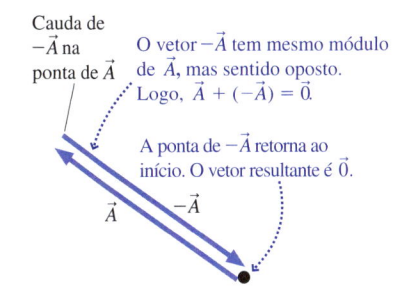

FIGURA 3.9 O vetor $-\vec{A}$.

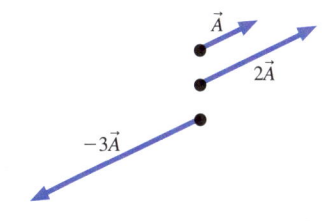

FIGURA 3.10 Os vetores, $\vec{A}$, $2\vec{A}$ e $-3\vec{A}$.

EXEMPLO 3.2 Velocidade e deslocamento

Carolyn dirige seu carro para o norte a 30 km/h durante 1 hora, para o leste durante 2 horas a 60 km/h e, depois, novamente para o norte a 50 km/h por 1 hora. Qual é o deslocamento resultante de Carolyn?

RESOLUÇÃO No Capítulo 1 definiu-se a velocidade como

$$\vec{v} = \frac{\Delta \vec{r}}{\Delta t}$$

de modo que o deslocamento $\Delta \vec{r}$ durante o intervalo de tempo Δt é $\Delta \vec{r} = (\Delta t)\vec{v}$. Isto é a multiplicação do vetor $\vec{v}$ pelo escalar Δt. A velocidade de Carolyn durante a primeira hora é $\vec{v}_1 = (30 \text{ km/h, norte})$, de modo que seu deslocamento durante este intervalo é

$$\Delta \vec{r}_1 = (1 \text{ hora})(30 \text{ km/h, norte}) = (30 \text{ km, norte})$$

Analogamente,

$$\Delta \vec{r}_2 = (2 \text{ horas})(60 \text{ km/h, leste}) = (120 \text{ km, leste})$$

$$\Delta \vec{r}_3 = (1 \text{ hora})(50 \text{ km/h, norte}) = (50 \text{ km, norte})$$

Neste caso, a multiplicação por um escalar alterou não apenas o comprimento do vetor, mas também suas unidades, de km/h para km. A orientação, todavia, permaneceu inalterada. O deslocamento resultante de Carolyn é

$$\Delta \vec{r}_{\text{res}} = \Delta \vec{r}_1 + \Delta \vec{r}_2 + \Delta \vec{r}_3$$

Esta soma de três vetores é ilustrada na **FIGURA 3.11**, usando-se o método da cauda-na-ponta. O vetor $\Delta \vec{r}_{\text{res}}$ estende-se desde a posição inicial de Carolyn até sua posição final. O módulo de seu deslocamento resultante é obtido pelo teorema de Pitágoras:

$$r_{\text{res}} = \sqrt{(120 \text{ km})^2 + (80 \text{ km})^2} = 144 \text{ km}$$

A orientação de $\Delta \vec{r}_{\text{res}}$ é descrita pelo ângulo θ, que é

$$\theta = \text{tg}^{-1}\left(\frac{80 \text{ km}}{120 \text{ km}}\right) = 34°$$

Assim, o deslocamento resultante de Carolyn é $\Delta \vec{r}_{\text{res}} = (144 \text{ km}, 34°$ nordeste).

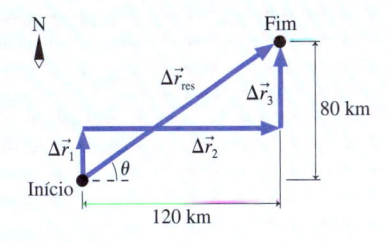

FIGURA 3.11 O deslocamento resultante é o vetor soma $\Delta \vec{r}_{\text{res}} = \Delta \vec{r}_1 + \Delta \vec{r}_2 + \Delta \vec{r}_3$

Subtração de vetores

A **FIGURA 3.12a** mostra dois vetores, $\vec{P}$ e $\vec{Q}$. Como se determina $\vec{R} = \vec{P} - \vec{Q}$? Revise o Box Tático 1.2 na página 9, que mostrou como se efetuar graficamente a subtração de vetores. A **FIGURA 3.12b** determina $\vec{P} - \vec{Q}$ partindo de que $\vec{R} = \vec{P} + (-\vec{Q})$ e, depois, usando as regras da soma de vetores.

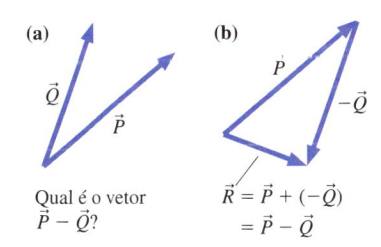

FIGURA 3.12 Subtração de vetores.

PARE E PENSE 3.2 Qual das figuras representa $2\vec{A} - \vec{B}$?

(a) (b) (c) (d) (e)

3.3 Sistemas de coordenadas e componentes vetoriais

Os vetores não requerem um sistema de coordenadas. Podemos somar e subtrair vetores graficamente e faremos isso com muita freqüência, a fim de esclarecer mais sobre uma dada situação. Mas a soma de vetores pelo método gráfico não é a maneira mais adequada de obter resultados quantitativos. Nesta seção introduziremos uma *representação de coordenadas* para vetores que será a base para um método mais prático de efetuar cálculos.

Sistemas de coordenadas

Como observado no primeiro capítulo, o mundo não se apresenta com um sistema de coordenadas fixado a ele. Um sistema de coordenadas é uma grade artificialmente sobreposta de modo que você se localize em um problema a fim de realizar medições quantitativas. Talvez ajude imaginar o desenho de uma grade sobre um pedaço de plástico transparente que possa, então, ser sobreposto ao problema. Isso expressa a idéia de que *você* escolhe:

- onde localizar a origem, e
- como orientar seus eixos.

Diferentes solucionadores de problemas podem escolher usar diferentes sistemas de coordenadas; isso é perfeitamente aceitável. Todavia, certos sistemas de coordenadas tornarão mais fácil a resolução de um dado problema. Parte de nosso objetivo é aprender a escolher um sistema de coordenadas apropriado para cada problema.

Geralmente usaremos **coordenadas cartesianas**. Trata-se de um sistema de coordenadas com os eixos mutuamente perpendiculares, formando uma rede retangular. Um sistema de coordenadas *xy* comum com o qual estamos familiarizados é o sistema cartesiano. Um sistema de coordenadas *xyz* constitui um sistema de coordenadas cartesianas em três dimensões. Existem outros possíveis sistemas de coordenadas, mas não estaremos interessados neles por ora.

A localização dos eixos não é inteiramente arbitrária. Por convenção, o semi-eixo positivo de *y* está posicionado a 90° em *sentido anti-horário* com o semi-eixo positivo de *x*, como ilustrado na **FIGURA 3.13**. Esta também identifica os quatro **quadrantes** do sistema de coordenadas. Note que os quadrantes são numerados em sentido anti-horário a partir do semi-eixo positivo de *x*.

Os eixos de coordenadas possuem uma extremidade positiva e outra, negativa, separadas pelo zero localizado na origem, onde os dois eixos se cruzam. Ao desenhar um sistema de coordenadas, é importante nomear os eixos. Isso é feito colocando-se os subscritos *x* e *y* nas extremidades *positivas* dos eixos, como na Figura 3.13. O objetivo desses subscritos é duplo:

- identificar cada um dos eixos, e
- identificar as extremidades positivas de cada eixo.

Isso será importante quando você precisar determinar se as grandezas de um problema devem corresponder a valores positivos ou negativos.

A navegadora saberia melhor para onde ir, e até onde ir, se ela e sua tripulação avistassem a costa na localização esperada.

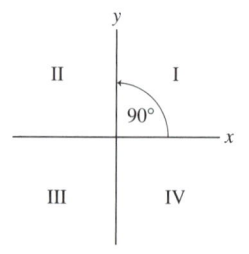

FIGURA 3.13 Um sistema de coordenadas cartesiano convencional e os quadrantes do plano *xy*.

Componentes vetoriais

A **FIGURA 3.14** mostra um vetor $\vec{A}$ e o sistema de coordenadas xy que escolhemos. Uma vez que as orientações dos eixos são conhecidas, podemos definir dois novos vetores paralelos aos eixos, os quais chamaremos de **componentes vetoriais** de $\vec{A}$. O vetor $\vec{A}_x$, chamado de *componente vetorial x*, é a projeção de $\vec{A}$ sobre o eixo x. O vetor $\vec{A}_y$, o *componente vetorial y*, é a projeção de $\vec{A}$ sobre o eixo y. Note que os componentes vetoriais são perpendiculares entre si.

Como você pode verificar usando a regra do paralelogramo, $\vec{A}$ é o vetor soma dos dois componentes vetoriais:

$$\vec{A} = \vec{A}_x + \vec{A}_y \tag{3.12}$$

Essencialmente, partimos o vetor $\vec{A}$ em dois vetores mutuamente perpendiculares que são paralelos aos eixos de coordenadas. Este processo se chama de **decomposição** do vetor $\vec{A}$ em seus componentes vetoriais.

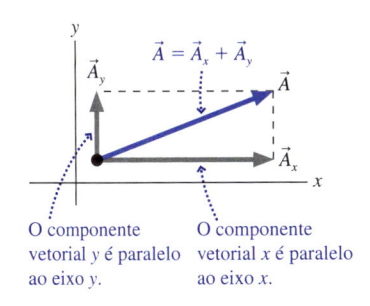

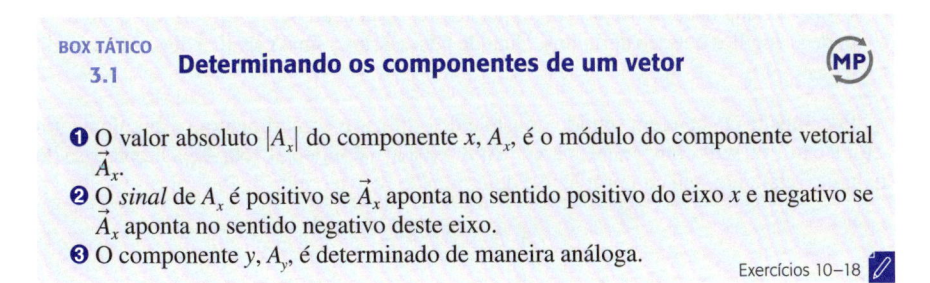

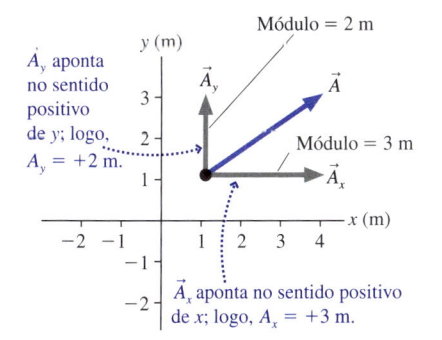

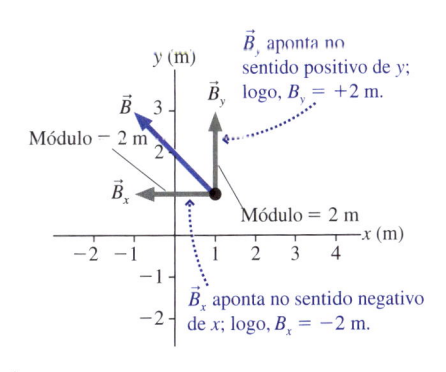

FIGURA 3.14 Componentes vetoriais $\vec{A}_x$ e $\vec{A}_y$ desenhados paralelamente aos eixos de coordenadas de modo que $\vec{A} = \vec{A}_x + \vec{A}_y$.

> **NOTA ▶** Não é necessário que a origem seja o início da cauda de um vetor. Tudo que precisamos saber é a *orientação* do sistema de coordenadas, de maneira que possamos desenhar $\vec{A}_x$ e $\vec{A}_y$ paralelos aos eixos. ◀

Componentes

Você aprendeu no Capítulo 1 a atribuir um sinal positivo à variável cinemática unidimensional v_x quando o vetor velocidade $\vec{v}$ aponta no sentido positivo do eixo x e um sinal negativo quando $\vec{v}$ aponta no sentido negativo de x. Esta regra está baseada no fato de que v_x é o que chamamos de componente x do vetor velocidade. Precisamos estender esta regra para vetores em geral.

Suponha que o vetor $\vec{A}$ tenha sido decomposto em componentes vetoriais $\vec{A}_x$ e $\vec{A}_y$ paralelos aos eixos de coordenadas. Pode-se descrever cada componente vetorial por um simples número chamado de **componente**. O *componente x* e o *componente y* do vetor $\vec{A}$, denotados respectivamente por A_x e A_y, são determinados assim:

BOX TÁTICO 3.1 — **Determinando os componentes de um vetor** (MP)

❶ O valor absoluto $|A_x|$ do componente x, A_x, é o módulo do componente vetorial $\vec{A}_x$.
❷ O *sinal* de A_x é positivo se $\vec{A}_x$ aponta no sentido positivo do eixo x e negativo se $\vec{A}_x$ aponta no sentido negativo deste eixo.
❸ O componente y, A_y, é determinado de maneira análoga.

Exercícios 10–18

Em outras palavras, o componente A_x nos informa sobre duas coisas: quão grande é $\vec{A}_x$ e, com seu sinal, para que lado do eixo $\vec{A}_x$ está orientado. A **FIGURA 3.15** mostra três exemplos de determinação dos componentes de um vetor.

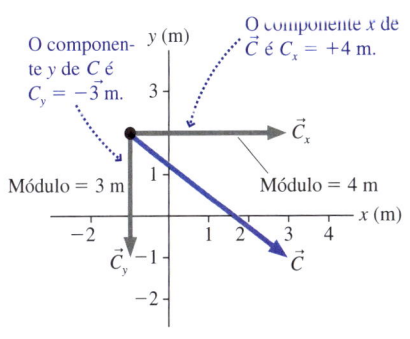

FIGURA 3.15 Determinação dos componentes de um vetor.

NOTA ▶ Cuidado com a terminologia um tanto confusa. $\vec{A}_x$ e $\vec{A}_y$ são chamados de *componentes vetoriais*, enquanto A_x e A_y são chamados simplesmente de *componentes*. Os componentes A_x e A_y são apenas números (com unidades), de modo que esteja certo de *não* pôr setas sobre os símbolos dos componentes. ◀

Boa parte da física é expressa na linguagem dos vetores. Com freqüência necessitaremos decompor um dado vetor em seus componentes. Precisaremos também "compor" um vetor a partir de seus componentes. Em outras palavras, precisamos nos mover nos dois sentidos entre a representação geométrica e a representação em componentes de um vetor.

Considere primeiro o problema da decomposição de um vetor em seus componentes x e y. A **FIGURA 3.16a** mostra um vetor $\vec{A}$ formando um ângulo θ com o eixo x. É *essencial* usar um desenho ou diagrama como este a fim de *definir o ângulo* que você está usando para descrever a orientação de um vetor.

O vetor $\vec{A}$ aponta para a direita e para cima, logo o Box Tático 3.1 lhe diz que os componentes A_x e A_y são ambos positivos. Podemos usar a trigonometria para obter

$$A_x = A\cos\theta$$
$$A_y = A\,\text{sen}\,\theta \qquad (3.13)$$

onde A é o módulo, ou comprimento, de $\vec{A}$. Estas equações convertem a descrição em comprimento e ângulo do vetor $\vec{A}$ em componentes do vetor, mas elas são corretas *apenas se* o ângulo θ for medido a partir do semi-eixo positivo de x.

A **FIGURA 3.16b** mostra um vetor $\vec{C}$ cuja orientação é especificada por um ângulo ϕ, medido a partir do semi-eixo negativo de y. Neste caso, os componentes de $\vec{C}$ são dados por

$$C_x = C\,\text{sen}\,\phi$$
$$C_y = -C\cos\phi \qquad (3.14)$$

Os papéis do seno e do cosseno estão invertidos em relação aos desempenhados na Equação 3.13 por estarmos usando, agora, um ângulo diferente.

NOTA ▶ Cada decomposição exige que se preste atenção para a orientação do vetor e para os ângulos que são definidos. Quando necessário, o sinal negativo deve ser inserido à mão. ◀

Podemos ir também em sentido oposto e determinar o comprimento e o ângulo de um vetor a partir de seus componentes x e y. Uma vez que, na Figura 3.16a, A é a hipotenusa do triângulo retângulo, seu comprimento é determinado pelo teorema de Pitágoras:

$$A = \sqrt{A_x^2 + A_y^2} \qquad (3.15)$$

Analogamente, a tangente de um ângulo θ é a razão entre o cateto oposto e o cateto adjacente; logo,

$$\theta = \text{tg}^{-1}\left(\frac{A_y}{A_x}\right) \qquad (3.16)$$

onde tg^{-1} representa a inversa da função tangente. As Equações 3.15 e 3.16 podem ser imaginadas como as "inversas" das Equações 3.13.

A Equação 3.15 sempre funciona para determinar o comprimento ou módulo de um vetor porque as quadraturas presentes eliminam tudo o que diz respeito aos sinais dos componentes. Mas a determinação de um ângulo, da mesma forma como a dos componentes, exige muita atenção quanto à maneira como o ângulo é definido e quanto aos sinais dos componentes. Por exemplo, determinar o ângulo do vetor $\vec{C}$ da Figura 3.16b requer o comprimento de C_y *sem* o sinal negativo. Assim, o vetor $\vec{C}$ tem módulo e orientação dados por

$$C = \sqrt{C_x^2 + C_y^2}$$
$$\phi = \text{tg}^{-1}\left(\frac{C_x}{|C_y|}\right) \qquad (3.17)$$

Note que os papéis desempenhados por x e y diferem dos da Equação 3.16.

(a) O módulo e a orientação de $\vec{A}$ são determinados a partir de seus componentes usando-se $A = \sqrt{A_x^2 + A_y^2}$ e $\theta = \text{tg}^{-1}(A_y/A_x)$.

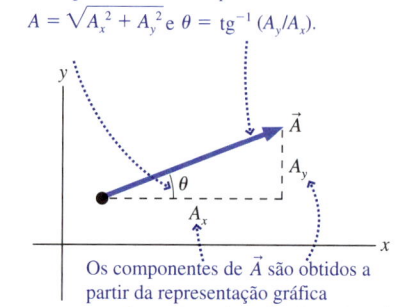

Os componentes de $\vec{A}$ são obtidos a partir da representação gráfica usando-se $A_x = A\cos\theta$ e $A_y = A\,\text{sen}\,\theta$.

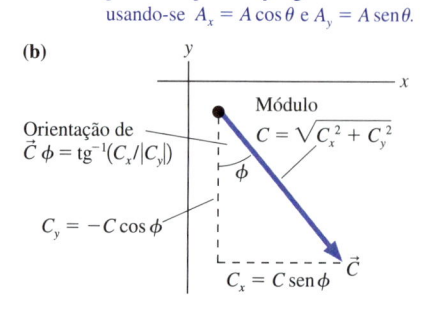

(b) Orientação de $\vec{C}$ $\phi = \text{tg}^{-1}(C_x/|C_y|)$

Módulo $C = \sqrt{C_x^2 + C_y^2}$

$C_y = -C\cos\phi$

$C_x = C\,\text{sen}\,\phi$

FIGURA 3.16 Movendo-se entre a representação geométrica e a representação em componentes.

EXEMPLO 3.3 Encontrando os componentes de um vetor aceleração

Determine os componentes x e y do vetor aceleração $\vec{a}$ mostrado na **FIGURA 3.17**.

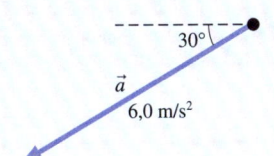

FIGURA 3.17 O vetor aceleração $\vec{a}$ do Exemplo 3.3.

VISUALIZAÇÃO É importante *desenhar* os vetores. A **FIGURA 3.18** mostra o vetor original $\vec{a}$ decomposto em componentes paralelos aos eixos. Note que os eixos são "eixos de aceleração" porque o que estamos medindo é um vetor aceleração.

RESOLUÇÃO O vetor aceleração $\vec{a} = (6{,}0 \text{ m/s}^2$, 30° abaixo do semi-eixo x negativo) aponta para a esquerda (sentido negativo de x) e para baixo (sentido negativo de y), de modo que os componentes a_x e a_y são ambos negativos:

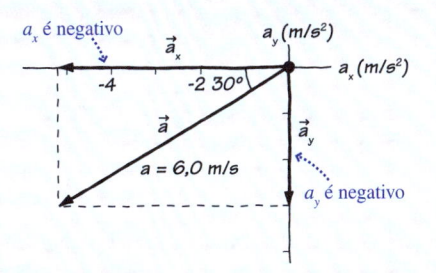

$$a_x = -a \cos 30° = -(6{,}0 \text{ m/s}^2) \cos 30° = -5{,}2 \text{ m/s}^2$$
$$a_y = -a \text{ sen } 30° = -(6{,}0 \text{ m/s}^2) \text{ sen } 30° = -3{,}0 \text{ m/s}^2$$

FIGURA 3.18 Decomposição de $\vec{a}$.

AVALIAÇÃO As unidades de a_x e de a_y são as mesmas do vetor $\vec{a}$. Note que tivemos de inserir os sinais a mão a partir da observação de que o vetor aponta tanto para a esquerda quanto para baixo.

EXEMPLO 3.4 Determinando a orientação do movimento

A **FIGURA 3.19** mostra o vetor velocidade $\vec{v}$ de um carro de corrida. Determine a rapidez e a orientação do movimento do carro.

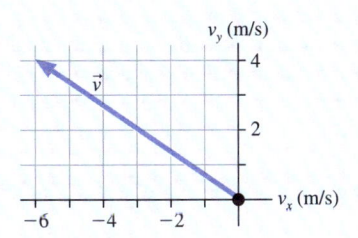

FIGURA 3.19 O vetor velocidade $\vec{v}$ do Exemplo 3.4.

VISUALIZAÇÃO A **FIGURA 3.20** mostra os componentes v_x e v_y e define um ângulo θ com o qual podemos especificar a orientação do movimento.

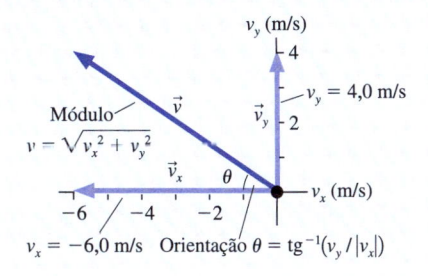

FIGURA 3.20 Decomposição de $\vec{v}$.

RESOLUÇÃO Podemos determinar os componente de $\vec{v}$ diretamente a partir dos eixos: $v_x = -6{,}0$ m/s e $v_y = 4{,}0$ m/s. Note que v_x é negativo. Isso constitui informação suficiente para se determinar a rapidez v do carro, que é o módulo de $\vec{v}$:

$$v = \sqrt{v_x^2 + v_y^2} = \sqrt{(-6{,}0 \text{ m/s})^2 + (4{,}0 \text{ m/s})^2} = 7{,}2 \text{ m/s}$$

A partir da trigonometria, o ângulo θ é

$$\theta = \text{tg}^{-1}\left(\frac{v_y}{|v_x|}\right) = \text{tg}^{-1}\left(\frac{4{,}0 \text{ m/s}}{6{,}0 \text{ m/s}}\right) = 34°$$

As barras verticais simbolizando o valor absoluto são necessárias porque v_x é um número negativo. O vetor velocidade $\vec{v}$ pode ser escrito, em termos da rapidez e da orientação do movimento, como

$$\vec{v} = (7{,}2 \text{ m/s}, 34° \text{ acima do semi-eixo } x \text{ negativo})$$

ou, se os eixos estão alinhados pelo norte,

$$\vec{v} = (7{,}2 \text{ m/s}, 34° \text{ noroeste})$$

PARE E PENSE 3.3 Quais são os componentes, C_x e C_y, do vetor $\vec{C}$?

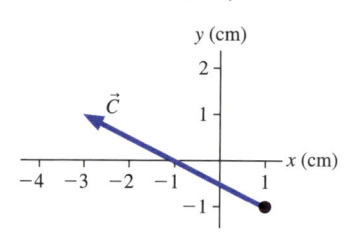

3.4 Álgebra vetorial

Os componentes constituem uma ferramenta poderosa para empregar a matemática com vetores. Nesta seção você aprenderá como usar componentes para somar e subtrair vetores. Primeiro introduziremos uma maneira eficiente de escrever um vetor em termos de seus componentes.

Vetores unitários

Os vetores (1, sentido $+x$) e (1, sentido $+y$), mostrados na **FIGURA 3.21**, possuem algumas propriedades interessantes e úteis. Cada um tem módulo igual a 1, sem unidades, e é paralelo a um dos eixos de coordenadas. Um vetor com tais propriedades é chamado de **vetor unitário**. Denotam-se esses vetores unitários pelos símbolos especiais

$$\hat{\imath} \equiv (1, \text{sentido positivo de } x)$$
$$\hat{\jmath} \equiv (1, \text{sentido positivo de } y)$$

A notação $\hat{\imath}$ (lido como "i chapéu") e $\hat{\jmath}$ (lido como "j chapéu") indica um vetor unitário com módulo igual a 1.

Os vetores unitários estabelecem as orientações dos semi-eixos positivos do sistema de coordenadas. Nossa escolha de sistema de coordenadas pode ser arbitrária, mas uma vez que tenhamos decidido escolher um sistema de coordenadas para um dado problema, precisamos de algo que nos diga "qual é o sentido positivo do eixo x". É isto que fazem os vetores unitários.

Os vetores unitários provêm uma maneira útil de expressar os componentes vetoriais de um vetor. O componente vetorial $\vec{A}_x$ é a parte paralela ao eixo x do vetor $\vec{A}$. Analogamente, $\vec{A}_y$ é paralelo ao eixo y. Uma vez que, por definição, o vetor $\hat{\imath}$ aponta no mesmo sentido positivo de x e que $\hat{\jmath}$ aponta no sentido positivo do eixo y, podemos escrever

$$\vec{A}_x = A_x \hat{\imath}$$
$$\vec{A}_y = A_y \hat{\jmath} \tag{3.18}$$

As Equações 3.18 separam cada componente vetorial em comprimento e orientação. A decomposição completa do vetor $\vec{A}$ pode, então, ser escrita como

$$\vec{A} = \vec{A}_x + \vec{A}_y = A_x \hat{\imath} + A_y \hat{\jmath} \tag{3.19}$$

A **FIGURA 3.22** mostra como os vetores unitários e os componentes juntam-se para formar o vetor $\vec{A}$.

NOTA ▶ Em três dimensões, o vetor unitário no sentido positivo do eixo z é denotado por $\hat{k}$, e para expressar o vetor $\vec{A}$ incluiríamos um componente vetorial adicional $\vec{A}_z = A_z \hat{k}$. ◀

Você talvez tenha aprendido em um curso de matemática a pensar em vetores como pares ou trios de números, tal como (4, −2, 5). Esta constitui outra maneira, completamente equivalente, de descrever os componentes de um vetor. Assim, poderíamos escrever

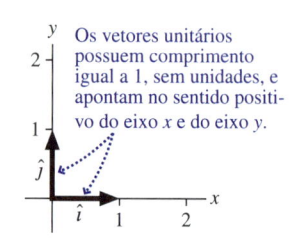

$$\vec{B} = 4\hat{\imath} - 2\hat{\jmath} + 5\hat{k} = (4, -2, 5)$$

FIGURA 3.21 Os vetores unitários $\hat{\imath}$ e $\hat{\jmath}$.

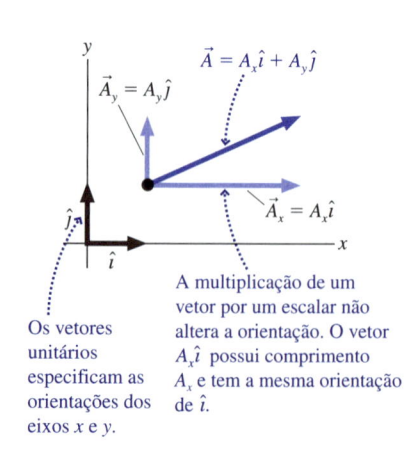

FIGURA 3.22 A decomposição do vetor $\vec{A}$ é $A_x \hat{\imath} + A_y \hat{\jmath}$.

Você achará mais conveniente a notação que usa os vetores unitários nas equações que usaremos na física, mas considere que você já sabe bastante sobre vetores se os tiver aprendido como pares ou trios de números.

EXEMPLO 3.5 Corra lebre, corra!

A fim de escapar de uma raposa, uma lebre corre a 10,0 m/s em direção 40,0° noroeste. Um sistema de coordenadas é escolhido com o semi-eixo positivo de x apontando para o leste e o semi-eixo positivo de y para o norte. Escreva a velocidade da lebre em termos dos componentes e dos vetores unitários.

VISUALIZAÇÃO A **FIGURA 3.23** mostra o vetor velocidade da lebre e os eixos de coordenadas. Mostramos um vetor velocidade, de modo que os eixos são nomeados por v_x e por v_y, e não, por x e por y.

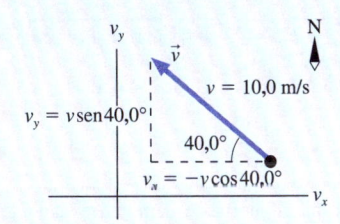

FIGURA 3.23 O vetor velocidade $\vec{v}$ é decomposto nos componentes v_x e v_y.

RESOLUÇÃO O valor 10,0 m/s é a *rapidez* da lebre, e não sua velocidade. Esta, que inclui informação sobre a orientação, é

$$\vec{v} = (10{,}0 \text{ m/s}, 40{,}0° \text{ noroeste})$$

O vetor $\vec{v}$ aponta tanto para a esquerda quanto para cima; logo, os componentes v_x e v_y são, respectivamente, de valor negativo e positivo. Os componentes são

$$v_x = -(10{,}0 \text{ m/s}) \cos 40{,}0° = -7{,}66 \text{ m/s}$$

$$v_y = +(10{,}0 \text{ m/s}) \text{sen } 40{,}0° = 6{,}43 \text{ m/s}.$$

Com v_x e v_y agora conhecidos, o vetor velocidade da lebre é

$$\vec{v} = v_x\hat{\imath} + v_y\hat{\jmath} = (-7{,}66\hat{\imath} + 6{,}43\hat{\jmath}) \text{ m/s}$$

Note que pusemos as unidades no final, em vez de escrevê-las em cada um dos componentes.

AVALIAÇÃO Note que o sinal negativo de v_x foi inserido à mão. **Os sinais não aparecem automaticamente; você tem de inseri-los após checar a orientação do vetor.**

Operando com vetores

Na Seção 3.2 você aprendeu a somar vetores graficamente, mas determinar os valores precisos do módulo e da orientação do vetor resultante é um tedioso problema de geometria e de trigonometria. A soma e a subtração de vetores se tornam muito mais fáceis de efetuar se fizermos uso de componentes e de vetores unitários.

Para comprovar isto, vamos calcular a soma vetorial $\vec{D} = \vec{A} + \vec{B} + \vec{C}$. Para começar, escrevemos esta soma em termos dos componentes de cada vetor:

$$\begin{aligned}\vec{D} = D_x\hat{\imath} + D_y\hat{\jmath} &= \vec{A} + \vec{B} + \vec{C} \\ &= (A_x\hat{\imath} + A_y\hat{\jmath}) + (B_x\hat{\imath} + B_y\hat{\jmath}) + (C_x\hat{\imath} + C_y\hat{\jmath})\end{aligned} \quad (3.20)$$

Podemos agrupar todos os componentes x e todos os componentes y do lado direito, que no caso da Equação 3.20 é

$$(D_x)\hat{\imath} + (D_y)\hat{\jmath} = (A_x + B_x + C_x)\hat{\imath} + (A_y + B_y + C_y)\hat{\jmath} \quad (3.21)$$

Comparando os componentes x e y dos dois lados da Equação 3.21, obtemos:

$$\begin{aligned}D_x &= A_x + B_x + C_x \\ D_y &= A_y + B_y + C_y\end{aligned} \quad (3.22)$$

Expressa com palavras, a Equação 3.22 nos diz que podemos efetuar uma soma vetorial adicionando os componentes x dos vetores individuais da soma a fim de obter o componente x do vetor resultante e adicionando os componentes y dos vetores individuais a fim de obter o correspondente componente y do vetor resultante. Este método de adição de vetores é chamado de **soma algébrica**.

EXEMPLO 3.6 Usando a soma algébrica para determinar um deslocamento

O Exemplo 3.1 era sobre um pássaro que voava 100 m para leste e, depois, 200 m para noroeste. Use a soma algébrica de vetores para determinar o deslocamento resultante do pássaro.

VISUALIZAÇÃO A **FIGURA 3.24** mostra os vetores deslocamento $\vec{A}$ = (100 m, leste) e $\vec{B}$ = (200 m, noroeste). Eles foram desenhados um com a cauda na ponta do outro e somados graficamente, mas, se estivermos efetuando uma soma algébrica, geralmente é melhor desenhá-los todos a partir da origem.

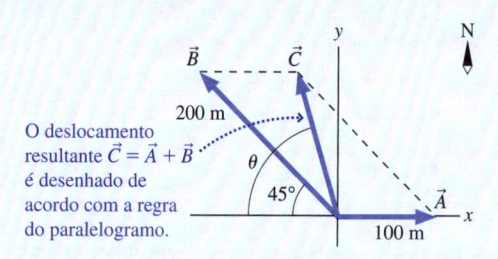

FIGURA 3.24 O deslocamento resultante é $\vec{C} = \vec{A} + \vec{B}$.

RESOLUÇÃO Para somar vetores algebricamente devemos conhecer seus componentes. Da figura, verifica-se que os componentes são

$$\vec{A} = 100\,\hat{i}\,\text{m}$$

$$\vec{B} = (-200\cos 45°\,\hat{i} + 200\sin 45°\,\hat{j})\,\text{m}$$

$$= (-141\hat{i} + 141\hat{j})\,\text{m}$$

Note que grandezas vetoriais devem incluir unidades. Note também, como esperado a partir da figura, que $\vec{B}$ possui um componente x negativo. Somando os componentes de $\vec{A}$ e de $\vec{B}$, obtemos

$$\vec{C} = \vec{A} + \vec{B} = 100\hat{i}\,\text{m} + (-141\hat{i} + 141\hat{j})\,\text{m}$$

$$= (100\,\text{m} - 141\,\text{m})\hat{i} + (141\,\text{m})\hat{j} = (-41\hat{i} + 141\hat{j})\,\text{m}$$

Essa seria uma resposta perfeitamente aceitável para diversos propósitos. Todavia, se desejamos comparar este resultado com nossa resposta anterior, precisamos determinar o módulo e a orientação de $\vec{C}$. O módulo é

$$C = \sqrt{C_x^2 + C_y^2} = \sqrt{(-41\,\text{m})^2 + (141\,\text{m})^2} = 147\,\text{m}$$

O ângulo θ, como definido na Figura 3.24, é

$$\theta = \text{tg}^{-1}\left(\frac{C_y}{|C_x|}\right) = \text{tg}^{-1}\left(\frac{141\,\text{m}}{41\,\text{m}}\right) = 74°$$

Logo, $\vec{C}$ = (147 m, 74° noroeste), em concordância perfeita com o Exemplo 3.1.

Usando os componentes, a subtração de vetores e a multiplicação de um vetor por um escalar tornam-se muito parecidas com a soma de vetores. Para determinar $\vec{R} = \vec{P} - \vec{Q}$, por exemplo, calcularíamos

$$R_x = P_x - Q_x$$
$$R_y = P_y - Q_y \tag{3.23}$$

Analogamente, $\vec{T} = c\vec{S}$ seria

$$T_x = cS_x$$
$$T_y = cS_y \tag{3.24}$$

Nos próximos capítulos faremos uso freqüente de *equações vetoriais*. Por exemplo, você aprenderá que a equação para calcular a força sobre um carro que derrapa até parar é

$$\vec{F} = \vec{n} + \vec{w} + \mu\vec{f} \tag{3.25}$$

A seguinte regra geral é usada para calcular uma equação deste tipo:

O componente x do lado esquerdo de uma equação vetorial é obtido efetuando-se cálculos aritméticos (soma, subtração, multiplicação) que envolvem apenas os componentes x de todos os vetores do lado direito da equação. Um conjunto análogo e independente de cálculos são feitos com os componentes y, e, se necessário, com os componentes z.

Assim, a Equação 3.25 é realmente uma maneira sintética de escrever três equações simultâneas:

$$F_x = n_x + w_x + \mu f_x$$
$$F_y = n_y + w_y + \mu f_y \tag{3.26}$$
$$F_z = n_z + w_z + \mu f_z$$

Em outras palavras, uma equação vetorial deve ser interpretada com o seguinte significado: calcular os componentes x dos dois lados da equação, depois os componentes y e depois os componentes z. A notação vetorial nos permite escrever essas três equações em uma forma muito mais compacta.

Eixos inclinados e direções arbitrárias

Como já percebemos, a escolha do sistema de coordenadas fica por sua conta. Trata-se de uma grade que você impõe ao problema de uma maneira que torne mais fácil sua resolução. Logo encontraremos problemas onde será conveniente inclinar os eixos de coordenadas, como aqueles mostrados na **FIGURA 3.25**. Os eixos são mutuamente ortogonais, e o eixo y está orientado corretamente com relação ao eixo x, de modo que se trata de um legítimo sistema de coordenadas. Não há necessidade aqui de o eixo x ser horizontal.

Obter os componentes usando eixos inclinados não é mais difícil do que temos feito até aqui. O vetor $\vec{C}$ da Figura 3.25 pode ser decomposto em $\vec{C} = C_x\hat{i} + C_y\hat{j}$, onde $C_x = C\cos\theta$ e $C_y = C\sen\theta$. Note que os vetores unitários $\hat{i}$ e $\hat{j}$ correspondem aos eixos, e não a um eixo "horizontal" e a outro "vertical", já que são inclinados também.

Usam-se eixos inclinados quando se precisa determinar o componente vetorial "paralelo a" e o "perpendicular a" uma reta ou uma superfície qualquer. Por exemplo, a **FIGURA 3.26A** mostra um vetor $\vec{A}$ e uma reta inclinada. A fim de encontrar os componentes vetoriais de $\vec{A}$ paralelo e perpendicular à reta, escolha um sistema de coordenadas com o eixo x paralelo à reta considerada e com eixo y perpendicular à mesma, como mostrado na **FIGURA 3.26B**. Então $\vec{A}_x$ é equivalente ao vetor $\vec{A}_\parallel$, o componente de $\vec{A}$ que é paralelo à reta, e $\vec{A}_y$ equivale ao componente vetorial perpendicular $\vec{A}_\perp$. Note que $\vec{A} = \vec{A}_\parallel + \vec{A}_\perp$.

Se ϕ for o ângulo entre $\vec{A}$ e a reta dada, podemos facilmente calcular o componente de $\vec{A}$ paralelo à reta e o perpendicular a ela:

$$A_\parallel = A_x = A\cos\phi$$
$$A_\perp = A_y = A\sen\phi \quad (3.27)$$

Não é preciso que a cauda de $\vec{A}$ esteja sobre a reta considerada para obter seu componente naquela direção. A reta indica simplesmente uma direção, e o componente vetorial $\vec{A}_\parallel$ está nesta direção.

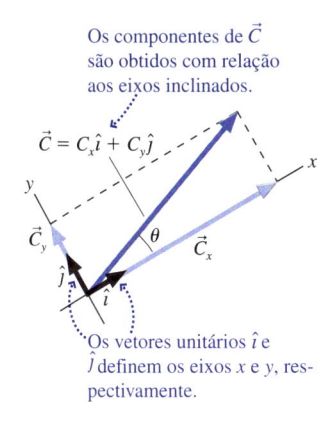

FIGURA 3.25 Um sistema de coordenadas com eixos inclinados.

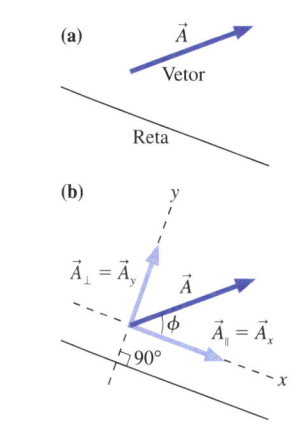

FIGURA 3.26 Obtendo os componentes de $\vec{A}$ paralelo e perpendicular à reta.

EXEMPLO 3.7 Determinando a força perpendicular a uma superfície

Uma força horizontal $\vec{F}$, com módulo de 10 N, é exercida sobre uma superfície. (No Capítulo 5, você aprenderá que força é uma grandeza vetorial expressa em *newtons*, unidades de força abreviadas por N.) A superfície é inclinada em um ângulo de 20°. Obtenha o componente do vetor força que é perpendicular à superfície.

VISUALIZAÇÃO A **FIGURA 3.27** mostra uma força horizontal $\vec{F}$ exercida sobre a superfície. O sistema de coordenadas inclinado tem eixo y perpendicular à superfície, de modo que o componente perpendicular é $F_\perp = F_y$.

FIGURA 3.27 Obtendo o componente de um vetor força perpendicular a uma superfície.

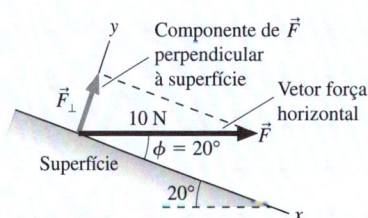

RESOLUÇÃO Pela geometria, o vetor força $\vec{F}$ faz um ângulo $\phi = 20°$ com o eixo inclinado x. O componente perpendicular de $\vec{F}$, portanto, é

$$F_\perp = F\sen 20° = (10\text{ N})\sen 20° = 3,4\text{ N}$$

PARE E PENSE 3.4 O ângulo ϕ que especifica a orientação de $\vec{C}$ é dado por

a. $\tg^{-1}(C_x/C_y)$
b. $\tg^{-1}(C_x/|C_y|)$
c. $\tg^{-1}(|C_x|/|C_y|)$
d. $\tg^{-1}(C_y/C_x)$
e. $\tg^{-1}(C_y/|C_x|)$
f. $\tg^{-1}(|C_y|/|C_x|)$

RESUMO

Os objetivos do Capítulo 3 foram aprender a representar vetores e a usá-los.

Conceitos importantes

Um vetor é uma grandeza descrita por um módulo e uma orientação.

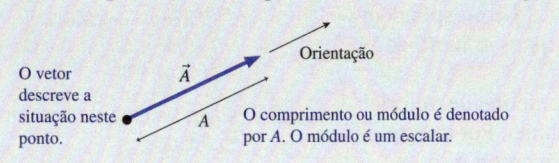

O vetor descreve a situação neste ponto. $\vec{A}$ — Orientação. O comprimento ou módulo é denotado por A. O módulo é um escalar.

Vetores unitários

Vetores unitários possuem módulo igual a 1, sem unidades. Os vetores unitários $\hat{i}$ e $\hat{j}$ definem as orientações dos eixos x e y.

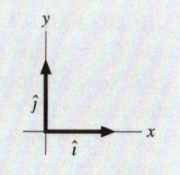

Usando vetores

Componentes

Os componentes vetoriais são paralelos aos eixos x e y:

$$\vec{A} = \vec{A}_x + \vec{A}_y = A_x\hat{i} + A_y\hat{j}$$

Na figura da direita, por exemplo:

$$A_x = A\cos\theta \qquad A = \sqrt{A_x^2 + A_y^2}$$
$$A_y = A\,\text{sen}\,\theta \qquad \theta = \text{tg}^{-1}(A_y/A_x)$$

▶ O sinal negativo deve ser incluído se os vetores apontam para baixo ou para a esquerda.

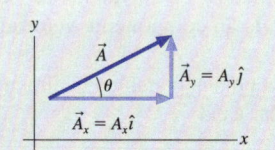

$\vec{A}_y = A_y\hat{j}$, $\vec{A}_x = A_x\hat{i}$

$A_x < 0$	$A_x > 0$
$A_y > 0$	$A_y > 0$
$A_x < 0$	$A_x > 0$
$A_y < 0$	$A_y < 0$

Os componentes A_x e A_y são os módulos dos componentes vetoriais $\vec{A}_x$ e $\vec{A}_y$ acompanhados de um sinal positivo ou negativo. O sinal indica se o componente vetorial aponta para o lado positivo ou negativo do eixo correspondente.

Operando graficamente

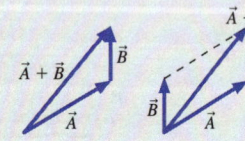

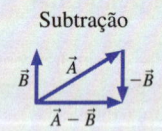

Soma: $\vec{A} + \vec{B}$

Negativo: $-\vec{B}$

Subtração: $\vec{A} - \vec{B}$

Multiplicação: $c\vec{A}$

Operando algebricamente

Os cálculos com vetores são efetuados componente a componente:

$$\vec{C} = 2\vec{A} + \vec{B} \quad \text{significa} \quad \begin{cases} C_x = 2A_x + B_x \\ C_y = 2A_y + B_y \end{cases}$$

O módulo de $\vec{C}$ é, portanto, $C = \sqrt{C_x^2 + C_y^2}$ e sua orientação é determinada pela função tg^{-1}.

Termos e notação

grandeza escalar
grandeza vetorial
módulo
vetor resultante

adição gráfica
vetor nulo, $\vec{0}$
coordenadas cartesianas
quadrantes

componente vetorial
decomposição
componente
vetor unitário, $\hat{i}$ ou $\hat{j}$

soma algébrica

QUESTÕES CONCEITUAIS

1. O módulo do vetor deslocamento pode ser maior do que a distância percorrida? Menor do que a distância percorrida? Explique.
2. Se $\vec{C} = \vec{A} + \vec{B}$, pode $C = A + B$? Pode $C > A + B$? Em cada caso, mostre como ou explique por que não.
3. Se $\vec{C} = \vec{A} + \vec{B}$, pode $C = 0$? Pode $C < 0$? Em cada caso, mostre como ou explique por que não.
4. É possível adicionar um escalar a um vetor? Em caso afirmativo, demonstre. Em caso negativo, explique por que não.
5. Como você definiria o *vetor nulo* $\vec{0}$?
6. Pode um vetor ter um componente igual a zero e mesmo assim ter módulo não-nulo? Explique.
7. Pode um vetor ter módulo igual a zero se um de seus componentes é não-nulo? Explique.
8. Suponha que dois vetores tenham módulos desiguais. Pode sua soma dar zero? Explique.

EXERCÍCIOS E PROBLEMAS

Exercícios

Seção 3.1 Vetores
Seção 3.2 Propriedades de vetores

1. | Desenhe os vetores da **FIGURA EX3.1** sobre uma folha de papel. Depois determine (a) $\vec{A} + \vec{B}$ e (b) $\vec{A} - \vec{B}$.

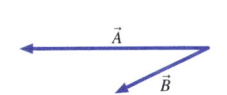

FIGURA EX3.1 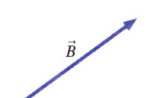    **FIGURA EX3.2**

2. | Desenhe os vetores da **FIGURA EX3.2** sobre uma folha de papel. Depois determine (a) $\vec{A} + \vec{B}$ e (b) $\vec{A} - \vec{B}$.

Seção 3.3 Sistemas de coordenadas e componentes vetoriais

3. | a. Quais são os componentes x e y do vetor $\vec{E}$ em termos do ângulo θ e do módulo E mostrados na **FIGURA EX3.3**?
   b. Para o mesmo vetor, quais são os componentes x e y em termos do ângulo ϕ e do módulo E?

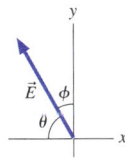

FIGURA EX3.3

4. | Um vetor posição, do primeiro quadrante, tem um componente x de 6 m e um módulo de 10 m. Qual é o valor de seu componente y?
5. || Um vetor velocidade 40° abaixo do semi-eixo x positivo tem um componente y de -10 m/s. Qual é o valor de seu componente x?
6. | Faça um desenho de cada um dos vetores abaixo, depois encontre seus componentes x e y.
   a. $\vec{r} = $ (100 m, 45° abaixo do semi-eixo x positivo)
   b. $\vec{v} = $ (300 m/s, 20° acima do semi-eixo x positivo)
   c. $\vec{a} = $ (5,0 m/s^2 no sentido negativo do eixo y)
7. | Faça um desenho para cada um dos seguintes vetores, depois obtenha seus componentes x e y.
   a. $\vec{v} = $ (5,0 cm/s, sentido negativo do eixo x)
   b. $\vec{a} = $ (10 m/s^2, 40° à esquerda do semi-eixo y negativo)
   c. $\vec{F} = $ (50 N, 36,9° à direita do semi-eixo y positivo)
8. | Seja $\vec{C} = $ (3,15 m, 15° acima do semi-eixo x positivo) e $\vec{D} = $ (25,6 m, 30° à direita do semi-eixo y negativo). Determine o módulo e o componente x de cada vetor.
9. | A grandeza chamada de *campo elétrico* é um vetor. No interior de um instrumento científico, o campo elétrico é $\vec{E} = (125\hat{i} - 250\hat{j})$ V/m, onde V/m significa volts por metros. Qual é o módulo e qual é a orientação do campo elétrico?

Seção 3.4 Álgebra vetorial

10. | Faça um desenho de cada um dos vetores abaixo, nomeie um ângulo que especifique a orientação do vetor e, depois, determine seu módulo e sua orientação.
    a. $\vec{B} = -4\hat{i} + 4\hat{j}$
    b. $\vec{r} = (-2,0\hat{i} - 1,0\hat{j})$ cm
    c. $\vec{v} = (-10\hat{i} - 100\hat{j})$ m/s
    d. $\vec{a} = (20\hat{i} + 10\hat{j})$ m/s^2
11. | Faça um desenho de cada um dos vetores abaixo, nomeie um ângulo que especifique a orientação do vetor e, depois, determine seu módulo e sua orientação.
    a. $\vec{A} = 4\hat{i} - 6\hat{j}$
    b. $\vec{r} = (50\hat{i} + 80\hat{j})$ m
    c. $\vec{v} = (-20\hat{i} + 40\hat{j})$ m/s
    d. $\vec{a} = (2,0\hat{i} - 6,0\hat{j})$ m/s^2
12. | Seja $\vec{A} = 2\hat{i} + 3\hat{j}$ e $\vec{B} = 4\hat{i} - 2\hat{j}$.
    a. Desenhe um sistema de coordenadas e sobre ele represente os vetores $\vec{A}$ e $\vec{B}$.
    b. Efetue a subtração gráfica para obter $\vec{C} = \vec{A} - \vec{B}$.
13. | Seja $\vec{A} = 5\hat{i} + 2\hat{j}$, $\vec{B} = -3\hat{i} - 5\hat{j}$ e $\vec{C} = \vec{A} + \vec{B}$.
    a. Expresse o vetor $\vec{C}$ em termos de componentes.
    b. Desenhe um sistema de coordenadas e sobre ele represente os vetores $\vec{A}$, $\vec{B}$ e $\vec{C}$.
    c. Qual é o módulo e qual é a orientação do vetor $\vec{C}$?
14. | Seja $\vec{A} = 5\hat{i} + 2\hat{j}$, $\vec{B} = -3\hat{i} - 5\hat{j}$ e $\vec{D} = \vec{A} - \vec{B}$.
    a. Expresse o vetor $\vec{D}$ em termos de componentes.
    b. Desenhe um sistema de coordenadas e sobre ele represente os vetores $\vec{A}$, $\vec{B}$ e $\vec{D}$.
    c. Qual é o módulo e qual é a orientação do vetor $\vec{D}$?

15. | Seja $\vec{A} = 5\hat{i} + 2\hat{j}$, $\vec{B} = -3\hat{i} - 5\hat{j}$ e $\vec{E} = 2\vec{A} + 3\vec{B}$.
   a. Expresse o vetor $\vec{E}$ em termos de componentes.
   b. Desenhe um sistema de coordenadas e sobre ele represente os vetores $\vec{A}$, $\vec{B}$ e $\vec{E}$.
   c. Qual é o módulo e qual é a orientação do vetor $\vec{E}$?

16. | Seja $\vec{A} = 5\hat{i} + 2\hat{j}$, $\vec{B} = -3\hat{i} - 5\hat{j}$ e $\vec{F} = \vec{A} - 4\vec{B}$.
   a. Expresse o vetor $\vec{F}$ em termos de componentes.
   b. Desenhe um sistema de coordenadas e sobre ele represente os vetores $\vec{A}$, $\vec{B}$ e $\vec{F}$.
   c. Qual é o módulo e qual é a orientação do vetor $\vec{F}$?

17. | Os seguintes enunciados são verdadeiros ou falsos? Justifique sua resposta.
   a. O módulo de um vetor pode ter valores diferentes em diferentes sistemas de coordenadas.
   b. A orientação de um vetor pode ser diferente em diferentes sistemas de coordenadas.
   c. Os componentes de um vetor podem ser diferentes em diferentes sistemas de coordenadas.

18. | Seja $\vec{B} = (5{,}0\ \text{m}, 60°$ em sentido anti-horário a partir da vertical). Determine os componentes x e y de $\vec{B}$ em cada um dos sistemas de coordenadas mostrados na FIGURA EX3.18.

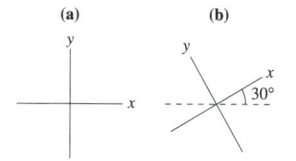

FIGURA EX3.18

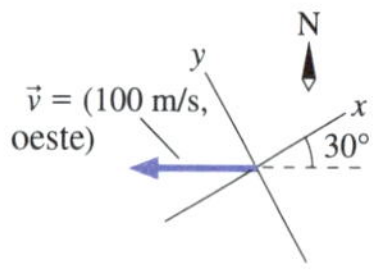

FIGURA EX3.19

19. | Quais são os componentes x e y do vetor velocidade mostrado na FIGURA EX3.19?

Problemas

20. | Seja $\vec{A} = (3{,}0\ \text{m}, 20°$ sudeste$)$, $\vec{B} = (2{,}0\ \text{m},$ norte$)$ e $\vec{C} = (5{,}0\ \text{m}, 70°$ sudoeste$)$.
   a. Faça um desenho dos vetores, com suas caudas na origem, e nomeie cada um deles. Use um sistema de coordenadas com o eixo x apontando para o leste.
   b. Expresse os vetores em termos dos componentes, usando vetores unitários.
   c. Encontre o módulo e a orientação de $\vec{D} = \vec{A} + \vec{B} + \vec{C}$.

21. | Desenhe os vetores da FIGURA P3.21 sobre sua folha de papel. Use o método gráfico de soma e subtração de vetores para obter o seguinte:
   a. $\vec{D} + \vec{E} + \vec{F}$ b. $\vec{D} + 2\vec{E}$ c. $\vec{D} - 2\vec{E} + \vec{F}$

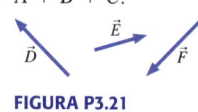

FIGURA P3.21

22. | Seja $\vec{E} = 2\hat{i} + 3\hat{j}$ e $\vec{F} = 2\hat{i} - 2\hat{j}$. Obtenha o módulo de
   a. $\vec{E}$ e $\vec{F}$ b. $\vec{E} + \vec{F}$ c. $-\vec{E} - 2\vec{F}$

23. | A posição de uma partícula em função do tempo é dada por $\vec{r} = (5{,}0\hat{i} + 4{,}0\hat{j})t^2$ m, onde t está em segundos.
   a. Qual é a distância da partícula em relação à origem em $t = 0$, 2 e 5 s?
   b. Obtenha uma expressão para a velocidade $\vec{v}$ da partícula em função do tempo.
   c. Qual é a rapidez da partícula em $t = 0$, 2 e 5 s?

24. || A FIGURA P3.24 mostra os vetores $\vec{A}$ e $\vec{B}$. Seja $\vec{C} = \vec{A} + \vec{B}$.
   a. Reproduza a figura sobre sua folha de papel tão precisamente quanto possível, usando uma régua e um transferidor. Sobre sua figura, desenhe o vetor $\vec{C}$ usando o método gráfico de soma de $\vec{A}$ e $\vec{B}$. Depois, determine o módulo e a orientação de $\vec{C}$ medindo-os com a régua e o transferidor.
   b. Com base na figura do item anterior, usando geometria e trigonometria, calcule o módulo e determine a orientação de $\vec{C}$.
   c. Decomponha os vetores $\vec{A}$ e $\vec{B}$, depois use os componentes para determinar algebricamente o módulo e a orientação de $\vec{C}$.

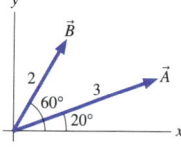

FIGURA P3.24

25. || Para os três vetores mostrados na FIGURA P3.25, $\vec{A} + \vec{B} + \vec{C} = -2\hat{i}$. Qual é o vetor $\vec{B}$?
   a. Expresse $\vec{B}$ em termos de componentes.
   b. Expresse $\vec{B}$ em módulo e orientação.

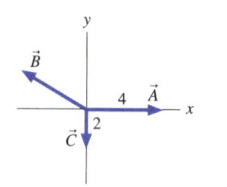

FIGURA P3.25

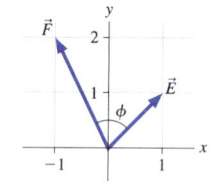

FIGURA P3.26

26. || a. Qual é o ângulo ϕ entre os vetores $\vec{E}$ e $\vec{F}$ da FIGURA P3.26?
   b. Use geometria e trigonometria para determinar o módulo e a orientação de $\vec{G} = \vec{E} + \vec{F}$.
   c. Use os componentes para determinar o módulo e a orientação de $\vec{G} = \vec{E} + \vec{F}$.

27. || A FIGURA P3.27 mostra os vetores $\vec{A}$ e $\vec{B}$. Encontre o vetor $\vec{C}$ tal que $\vec{A} + \vec{B} + \vec{C} = \vec{0}$. Expresse sua resposta em termos dos componentes.

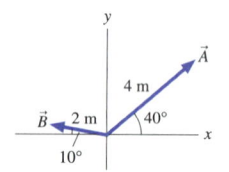

FIGURA P3.27

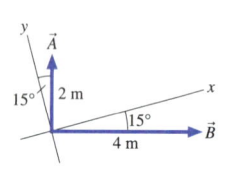

FIGURA P3.28

28. ||| A FIGURA P3.28 mostra os vetores $\vec{A}$ e $\vec{B}$. Encontre $\vec{D} = 2\vec{A} + \vec{B}$. Expresse sua resposta em termos dos componentes.

29. || Obtenha um vetor com a mesma orientação que o vetor $(\hat{i} + \hat{j})$ e com módulo igual a 1.

30. | Carlos corre com velocidade $\vec{v} = (5{,}0\ \text{m/s}, 25°$ nordeste$)$ durante 10 minutos. A que distância ao norte de seu ponto de partida Carlos terminará?

31. || Em suas férias nas montanhas, você faz uma caminhada. De manhã, seu deslocamento é $\vec{S}_{\text{manhã}} = (2.000\ \text{m}, \text{leste}) + (3.000\ \text{m}, \text{norte}) + (200\ \text{m}, \text{vertical})$. Depois do almoço, seu deslocamento é $\vec{S}_{\text{tarde}} = (1.500\ \text{m}, \text{oeste}) + (2.000\ \text{m}, \text{norte}) - (300\ \text{m}, \text{vertical})$.
   a. Ao final da caminhada, a que altura acima ou abaixo você se encontra do ponto de partida?
   b. Qual é o módulo de seu deslocamento resultante neste dia?

32. || O ponteiro dos minutos de um relógio de pulso tem 2,0 cm de comprimento. Qual é o vetor deslocamento da ponta deste ponteiro
   a. Entre 8h e 8h20min?
   b. Entre 8h e 9h?

33. || Bob caminha 200 m para o sul, depois trotea 400 m para o sudoeste e finalmente caminha 200 m na direção 30° a leste de norte.
   a. Trace uma representação gráfica acurada do movimento de Bob. Use régua e transferidor.
   b. Use trigonometria ou os componentes para determinar o deslocamento com o qual Bob retornará ao ponto de partida pela rota mais direta possível. Expresse sua resposta como uma distância e uma orientação.

c. Sua resposta ao item anterior está em concordância com o que você mede em seu diagrama do item a?

34. ‖ Sparky, o cachorro de Jim, corre 50 m para o nordeste de uma árvore, depois 70 m até outra árvore a oeste e, finalmente, 20 m para o sul, até uma terceira árvore.
   a. Faça um desenho e escolha um sistema de coordenadas.
   b. Calcule o deslocamento resultante de Sparky em termos dos componentes.
   c. Expresse o deslocamento resultante do cachorro em módulo e orientação.

35. ‖ Um rato do campo tenta escapar de um falcão correndo para o leste por 5,0 m, e por 3,0 m para o sudeste; depois, cai 1,0 m vertical dentro do buraco de sua toca. Qual é o módulo do deslocamento resultante do rato?

36. | Um canhão, inclinado 30° para cima, dispara uma bala com a rapidez de 100 m/s. Qual é o componente da velocidade da bala paralelo ao solo?

37. | Jack e Jill sobem uma colina correndo a 3,0 m/s. O componente horizontal do vetor velocidade de Jill vale 2,5 m/s.
   a. Qual é o ângulo de inclinação da colina?
   b. Qual é o componente vertical da velocidade de Jill?

38. | Uma pinha cai diretamente para baixo a partir de um pinheiro que cresceu com inclinação de 20°. A pinha bate no solo com rapidez de 10 m/s. Qual é o componente da velocidade de impacto da pinha (a) paralelo e (b) perpendicular ao solo?

39. | Mary precisa remar em seu barco ao longo de um rio com 100 m de largura que flui para o leste com rapidez de 1,0 m/s. Mary pode remar em seu barco com uma rapidez de 2,0 m/s com relação à água.
   a. Se ela rema diretamente para o norte, que distância ela percorre correnteza abaixo?
   b. Faça um desenho que mostre o deslocamento de Mary devido ao ato de remar e devido à correnteza do rio, bem como o seu deslocamento resultante.

40. ‖ O mapa do tesouro da **FIGURA P3.40** fornece as seguintes orientações para o tesouro enterrado: "Parta do velho carvalho, caminhe 500 passos para o norte e, depois, 100 passos para o leste. Cave". Mas quando você começa a caminhada, depara-se com um dragão furioso exatamente ao norte da árvore de partida. A fim de evitar a fera, você pega uma longa estrada de pedras amarelas 60° a leste de norte.
Depois de dar 300 passos, você percebe a entrada de uma trilha na floresta. Que orientação você deveria tomar e que distância deveria percorrer a fim de chegar ao tesouro?

FIGURA P3.40

41. ‖ Um avião a jato está voando horizontalmente com uma rapidez de 500 m/s sobre uma colina com 3% de inclinação para cima (i. e., ela "se eleva" 3% do que percorre na horizontal). Qual é o componente da velocidade do avião que é perpendicular ao solo?

42. ‖ Um grupo de patos está tentando migrar para o sul durante o inverno, porém eles são desviados da rota por um vento que sopra do oeste a 6,0 m/s. Um velho e experiente pato finalmente percebe que a solução é voar em ângulo com o vento. Se os patos conseguem voar a 8,0 m/s em relação ao ar, em que orientação eles devem apontar a fim de se moverem diretamente para o sul?

43. ‖ O carro da **FIGURA P3.43** acelera depois de fazer a curva de um quarto de círculo de norte para leste. Quando se encontra exatamente no meio da curva, a aceleração do carro é $\vec{a} = (2{,}0$ m/s^2, 15° sudeste). Neste momento, qual é o componente de $\vec{a}$ (a) tangente e (b) perpendicular à trajetória circular?

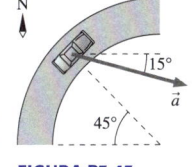

FIGURA P3.43

44. ‖ A **FIGURA P3.44** mostra três cordas amarradas juntas por um nó. Um dos colegas puxa uma corda com 3,0 unidades de força, e outro puxa uma segunda corda com 5,0 unidades de força. Com que força e com qual orientação você deve puxar a terceira corda para impedir que o nó se mova?

FIGURA P3.44

45. ‖ São exercidas três forças sobre um objeto localizado sobre o piso inclinado da **FIGURA P3.45**. As forças são expressas em newtons (N). Considerando as forças como vetores:
   a. Qual é o componente da *força resultante* $\vec{F}_{res} = \vec{F}_1 + \vec{F}_2 + \vec{F}_3$ paralela ao piso?
   b. Qual é o componente de $\vec{F}_{res}$ perpendicular ao piso?
   c. Qual é o módulo e qual é a orientação de $\vec{F}_{res}$?

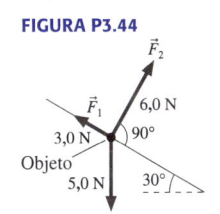

FIGURA P3.45

46. ‖ A **FIGURA P3.46** mostra quatro cargas elétricas localizadas nas arestas de um retângulo. Como você deve saber, cargas de mesmo sinal se repelem, enquanto cargas de sinais opostos se atraem. A carga B exerce uma força repulsiva de 3,0 N (apontando diretamente *para fora de* B) sobre a carga A. A carga C exerce uma força atrativa de 6,0 N (apontando diretamente *para* C) sobre a carga A. Finalmente, a carga D exerce uma força atrativa de 2,0 N sobre a carga A. Considerando as forças como vetores, qual é o módulo e qual é a orientação da força resultante $\vec{F}_{res}$ exercida sobre a carga A?

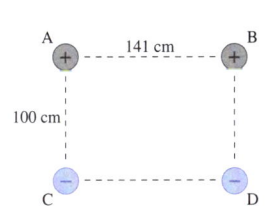

FIGURA P3.46

RESPOSTAS DAS QUESTÕES DO TIPO PARE E PENSE

Pare e Pense 3.1: c. A representação gráfica de $\vec{A}_1 + \vec{A}_2 + \vec{A}_3$ é mostrada à direita.

Pare e Pense 3.2: a. A representação gráfica de $2\vec{A} - \vec{B}$ é mostrada à direita.

Pare e Pense 3.3: $C_x = -4$ cm, $C_y = 2$ cm.

Pare e Pense 3.4: c. O vetor $\vec{C}$ aponta tanto para a esquerda quanto para baixo; logo, tanto C_x quanto C_y são negativos. O componente C_x está no numerador porque ele é o cateto oposto a ϕ.

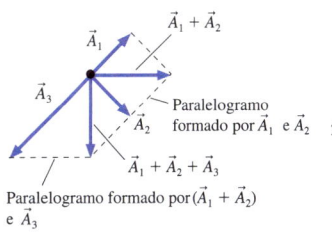

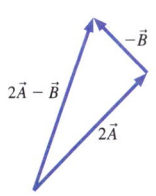

FIGURA DO PARE E PENSE 3.1

FIGURA DO PARE E PENSE 3.2

4 Cinemática em duas Dimensões

Um saltador de trampolim constitui um projétil que gira descrevendo uma trajetória parabólica.

▶ **Olhando adiante**
O objetivo do Capítulo 4 é aprender a resolver problemas sobre o movimento em um plano. Neste capítulo, você aprenderá a:

- Usar a cinemática em duas dimensões.
- Compreender o movimento de projéteis.
- Explorar as características do movimento relativo.
- Compreender a matemática da cinemática do movimento circular.

◀ **Em retrospectiva**
Este capítulo emprega vetores a fim de estender a cinemática a duas dimensões. Revise:

- Seção 1.5 Como obter vetores aceleração em um diagrama de movimento
- Seções 2.5 e 2.6 Cinemática com aceleração constante e queda livre
- Seções 3.3 e 3.4 Decomposição de vetores

O movimento unidimensional do Capítulo 2 tem muitas aplicações importantes, mas os movimentos do mundo real geralmente são mais complexos. Um carro dobrando uma esquina, uma bola de basquete caindo na cesta, um planeta em órbita do Sol e o saltador da foto constituem exemplos de movimentos bidimensionais ou, o que é equivalente, em um plano.

Este capítulo continuará se concentrando na cinemática, a descrição matemática do movimento. Vamos iniciar com o movimento em que os dois componentes de aceleração mutuamente perpendiculares são independentes um do outro. Dentre estes movimentos, o mais importante é o de projéteis. Depois retornaremos ao caso do movimento circular, estudando partículas que descrevam movimentos circulares e corpos rígidos em rotação ao redor de um eixo. Quando estivermos prontos, no próximo capítulo, nos voltaremos para a *causa* do movimento.

4.1 Aceleração

No Capítulo 1 definimos a *aceleração média* $\vec{a}_{méd}$ de um objeto em movimento como o vetor

$$\vec{a}_{med} = \frac{\Delta \vec{v}}{\Delta t} \tag{4.1}$$

A partir dessa definição, concluímos que $\vec{a}$ **aponta na mesma direção e no mesmo sentido que $\Delta\vec{v}$**, a variação da velocidade. Quando um objeto está em movimento, seu vetor velocidade pode variar de duas maneiras possíveis:

1. o módulo de $\vec{v}$ pode variar, através da variação da rapidez, ou

2. a orientação de $\vec{v}$ pode variar, indicando que o objeto "mudou de direção".

A cinemática unidimensional do Capítulo 2 levou em conta somente a aceleração correspondente a uma variação da rapidez. É hora de estudarmos o caso da aceleração associada à variação da orientação.

O Box Tático 4.1 mostra como usar os vetores velocidade em um diagrama de movimento para determinar $\Delta \vec{v}$ e, assim, determinar a orientação do vetor aceleração média. Isso constitui um prolongamento das idéias expostas no Box Tático 1.3, que mostrou como determinar $\vec{a}$ para um movimento unidimensional.

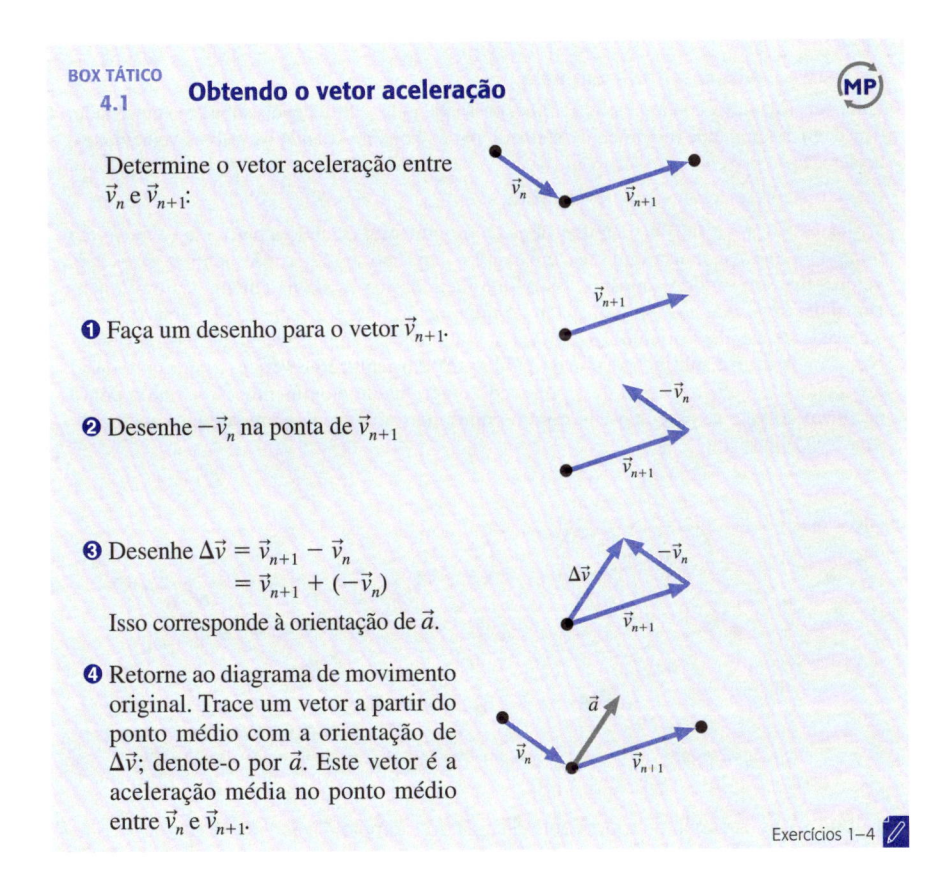

BOX TÁTICO 4.1 — Obtendo o vetor aceleração

Determine o vetor aceleração entre $\vec{v}_n$ e $\vec{v}_{n+1}$:

① Faça um desenho para o vetor $\vec{v}_{n+1}$.

② Desenhe $-\vec{v}_n$ na ponta de $\vec{v}_{n+1}$.

③ Desenhe $\Delta \vec{v} = \vec{v}_{n+1} - \vec{v}_n$
$= \vec{v}_{n+1} + (-\vec{v}_n)$
Isso corresponde à orientação de $\vec{a}$.

④ Retorne ao diagrama de movimento original. Trace um vetor a partir do ponto médio com a orientação de $\Delta \vec{v}$; denote-o por $\vec{a}$. Este vetor é a aceleração média no ponto médio entre $\vec{v}_n$ e $\vec{v}_{n+1}$.

Exercícios 1–4

Como exemplo, a **FIGURA 4.1** é o diagrama de movimento de Maria em uma roda gigante de um parque de diversão. Embora Maria se mova com uma rapidez constante, como indica o fato de os vetores velocidade do diagrama terem o mesmo comprimento, ela *não* se move com velocidade constante. Cada um dos vetores velocidade possui uma *direção* diferente, constituindo um vetor efetivamente diferente, o que significa que Maria é acelerada. Essa aceleração não está relacionada a estar se tornando "mais rápida" ou "mais lenta", e sim, à variação da velocidade com o tempo.

NOTA ▶ Cotidianamente, emprega-se a palavra "acelerar" no sentido de "aumentar a rapidez". A definição técnica de aceleração — taxa de variação de velocidade — inclui também a possibilidade de diminuição da rapidez, como você aprendeu no Capítulo 2, bem como de alteração da orientação. ◀

A inserção da **FIGURA 4.2** emprega os procedimentos do Box Tático 4.1 para obter a aceleração no topo do círculo. O vetor $\vec{v}_n$ é o vetor velocidade que aponta para este ponto, enquanto que $\vec{v}_{n+1}$ aponta para fora dele. Da geometria circular da figura principal, os dois ângulos representados por α são iguais. Portanto, os vetores $\vec{v}_{n+1}$ e $-\vec{v}_n$ formam um triângulo isósceles, e o vetor $\Delta \vec{v}$ está exatamente na vertical. Quando $\vec{a}$ é desenhado no

Os comprimentos de todos os vetores velocidade são iguais, indicando uma rapidez constante.

A direção de cada vetor é diferente. Trata-se de uma variação de velocidade.

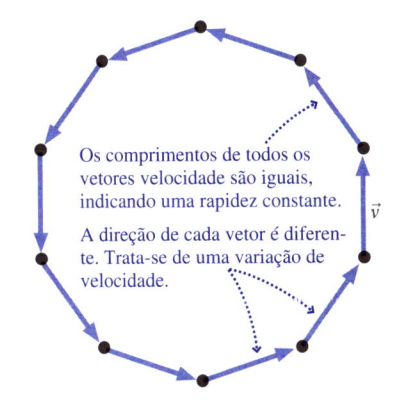

FIGURA 4.1 O diagrama do movimento de Maria na roda gigante.

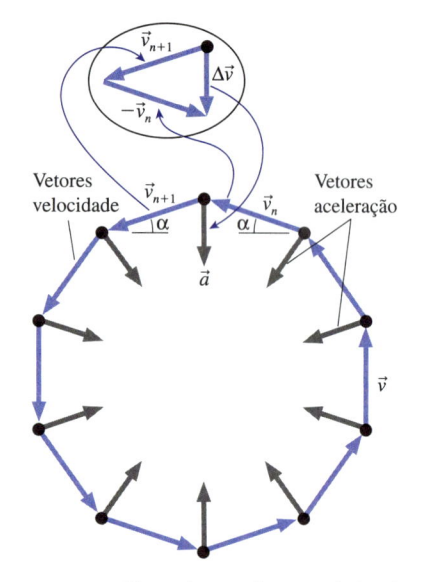

FIGURA 4.2 Obtendo a aceleração de Maria.

diagrama de movimento, com a mesma orientação de $\Delta\vec{v}$, verificamos que o vetor aceleração de Maria aponta diretamente para o centro do círculo.

Não importa qual seja o ponto que você selecione do diagrama da Figura 4.2, os vetores velocidade que apontam para um dado ponto e para fora dele são tais que fazem com que a aceleração determinada aponte diretamente para o centro do círculo. Você deve convencer-se disso determinando $\vec{a}$ em diversos pontos do círculo. Uma aceleração que sempre aponta para o centro de um círculo é chamada de *aceleração centrípeta*. A palavra "centrípeta" tem uma raiz grega que significa "o que procura o centro". Mais adiante neste capítulo teremos muito a dizer sobre a aceleração centrípeta.

EXEMPLO 4.1 Atravessando um vale

Uma bola rola descendo uma longa colina, passando pelo vale, e depois sobe pelo outro lado. Trace um diagrama de movimento detalhado para a bola, mostrando os vetores velocidade e aceleração.

MODELO Represente a bola como uma partícula.

VISUALIZAÇÃO A **FIGURA 4.3** é o diagrama de movimento. Quando a partícula se move em *linha reta*, torna-se mais rápida se $\vec{a}$ e $\vec{v}$ tiverem o mesmo sentido e mais lenta se estes dois vetores tiverem sentidos opostos. Esta foi a idéia básica usada na cinemática unidimensional desenvolvida no Capítulo 2. Para o movimento linear, a aceleração é uma variação da rapidez. Quando a orientação de $\vec{v}$ varia, como ocorre com a bola ao atravessar o vale, precisamos usar a subtração vetorial para obter a orientação de $\Delta\vec{v}$ e, assim, a de $\vec{a}$. O procedimento é ilustrado em dois pontos do diagrama de movimento. Note que o ponto no fundo do vale se parece muito com o ponto mais alto do diagrama de movimento de Maria na Figura 4.2

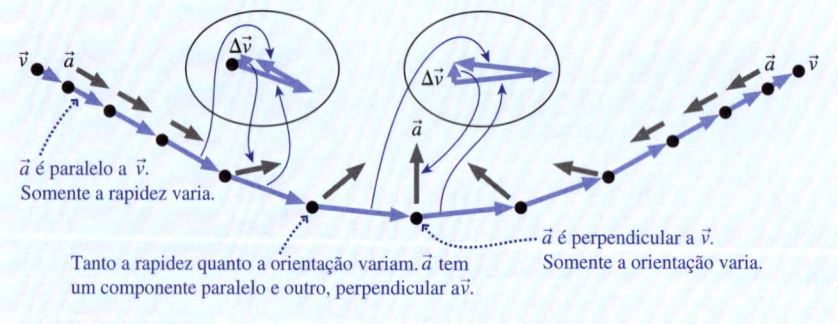

FIGURA 4.3 O diagrama de movimento da bola do Exemplo 4.1

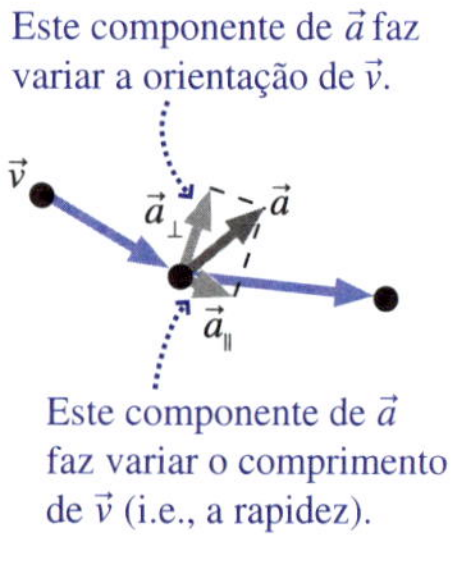

FIGURA 4.4 Decompondo o vetor aceleração.

O Capítulo 3 mostrou como decompor um vetor em um componente paralelo e outro, perpendicular a uma reta. Na **FIGURA 4.4**, o vetor aceleração $\vec{a}$ em um ponto do diagrama de movimento da Figura 4.3 foi decomposto em uma parte $\vec{a}_\parallel$ paralela a $\vec{v}$ e outra, $\vec{a}_\perp$ perpendicular a $\vec{v}$. O componente $\vec{a}_\parallel$ **é a parte do vetor aceleração associada à variação da rapidez**. Neste caso, a bola está se tornando cada vez mais rápida porque $\vec{a}_\parallel$ é paralelo ao movimento. **O componente $\vec{a}_\perp$ é a parte do vetor aceleração associada à variação da orientação da velocidade**. Note que $\vec{a}$ *sempre* possui um componente perpendicular nos pontos em que a bola está mudando de direção.

Nos trechos retos da colina, onde somente a rapidez está variando, o componente perpendicular se anula, e $\vec{a}$ fica paralelo a $\vec{v}$. Bem no fundo do vale, onde apenas a orientação está variando, e não a rapidez, o componente paralelo se anula, e $\vec{a}$ fica perpendicular a $\vec{v}$. O ponto importante a lembrar é que tanto a variação da rapidez quanto da orientação exige uma aceleração.

PARE E PENSE 4.1 Esta aceleração fará a partícula:

a. Acelerar e descrever uma curva ascendente.
b. Acelerar e descrever uma curva descendente.
c. Desacelerar e descrever uma curva ascendente.
d. Desacelerar e descrever uma curva descendente.
e. Mover-se para a direita e para baixo.
f. Inverter seu sentido.

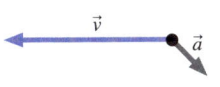

4.2 Cinemática bidimensional

Diagramas de movimento constituem uma importante ferramenta para visualizar o movimento, mas precisamos desenvolver uma descrição matemática do movimento em duas dimensões. Vamos começar com o movimento em que os componentes horizontal e vertical da aceleração são mutuamente independentes. Será mais fácil usar os componentes x e y dos vetores do que os componentes paralelos e perpendiculares ao movimento. Mais adiante, destacaremos a conexão entre estes dois pontos de vista. Por conveniência, diremos que o movimento ocorre no plano xy independentemente se o plano real de movimento for horizontal ou vertical.

A **FIGURA 4.5** mostra uma partícula que se move por um caminho curvo — sua *trajetória* — no plano xy. Podemos localizar a partícula em termos de seu vetor posição

$$\vec{r} = r_x\hat{i} + r_y\hat{j}$$

onde, como você lembrará, $\hat{i}$ e $\hat{j}$ são vetores unitários ao longo dos eixos x e y e r_x e r_y são, respectivamente, os componentes x e y de $\vec{r}$. Porém r_x é simplesmente x, a coordenada x do ponto correspondente. Analogamente, r_y é a coordenada y. Portanto, o vetor posição é

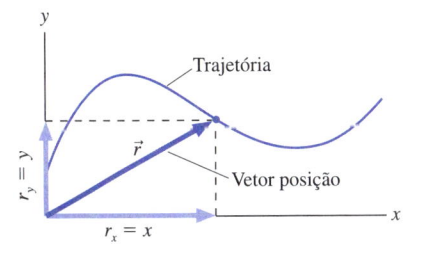

$$\vec{r} = x\hat{i} + y\hat{j} \qquad (4.2)$$

FIGURA 4.5 Partícula que descreve uma trajetória no plano xy.

NOTA ▶ No Capítulo 2, fizemos uso sistemático de gráficos de posição *versus* tempo, ou de x *versus* t ou de y *versus* t. Na Figura 4.5, como muitos outros gráficos que usaremos neste capítulo, temos, todavia, um gráfico de y *versus* x. Em outras palavras, trata-se de um *desenho* real da trajetória, e não, de uma representação abstrata do movimento. ◀

Quando a partícula da **FIGURA 4.6** move-se da posição $\vec{r}_1$ no instante t_1 para a posição $\vec{r}_2$ em t_2, seu *deslocamento*, o vetor que vai do ponto 1 ao 2, é

$$\Delta\vec{r} = \vec{r}_2 - \vec{r}_1$$

Podemos escrever o vetor deslocamento em termos dos componentes como

$$\Delta\vec{r} = \Delta x\hat{i} + \Delta y\hat{j} \qquad (4.3)$$

onde $\Delta x = x_2 - x_1$ e $\Delta y = y_2 - y_1$ são, respectivamente, a variação horizontal e vertical da posição.

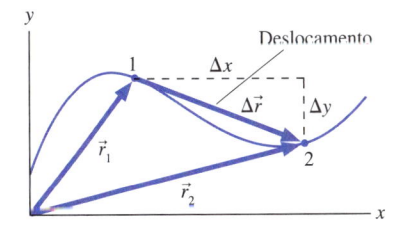

FIGURA 4.6 A partícula realiza o deslocamento $\Delta\vec{r}$.

No Capítulo 1, definiu-se a *velocidade média* de uma partícula que realiza um deslocamento $\Delta\vec{r}$ em um intervalo de tempo Δt como

$$\vec{v}_{med} = \frac{\Delta\vec{r}}{\Delta t} = \frac{\Delta x}{\Delta t}\hat{i} + \frac{\Delta y}{\Delta t}\hat{j} \qquad (4.4)$$

No Capítulo 2, definiu-se a *velocidade instantânea* como o limite de v_{med} quando $\Delta t \to 0$. Tomando o limite da Equação 4.4, obtém-se a velocidade instantânea em duas dimensões:

$$\vec{v} = \lim_{\Delta t \to 0}\frac{\Delta\vec{r}}{\Delta t} = \frac{d\vec{r}}{dt} = \frac{dx}{dt}\hat{i} + \frac{dy}{dt}\hat{j} \qquad (4.5)$$

Mas também podemos escrever o vetor velocidade em termos de seus componentes x e y:

$$\vec{v} = v_x\hat{i} + v_y\hat{j} \qquad (4.6)$$

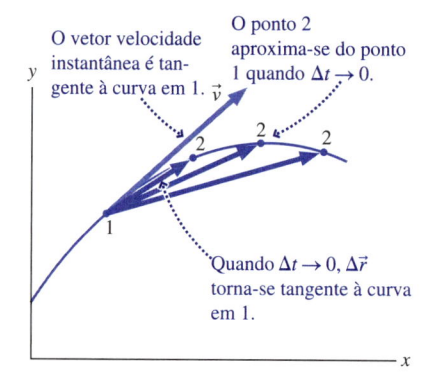

FIGURA 4.7 O vetor velocidade instantânea $\vec{v}$ é tangente à trajetória.

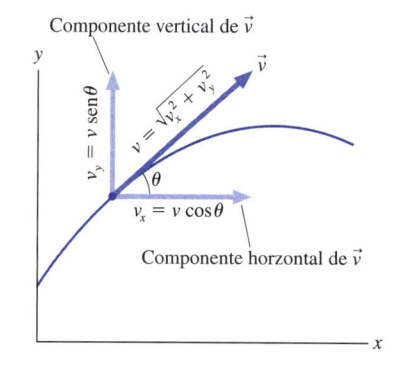

FIGURA 4.8 Relacionando os componentes de $\vec{v}$ com a rapidez e a orientação.

Comparando as Equações 4.5 e 4.6, você pode verificar que o vetor velocidade $\vec{v}$ possui componentes x e y dados por

$$v_x = \frac{dx}{dt} \quad \text{e} \quad v_y = \frac{dy}{dt} \tag{4.7}$$

Ou seja, o componente horizontal v_x do vetor da velocidade é a taxa de variação dx/dt com a qual a coordenada x da partícula varia com o tempo. A componente y é análoga.

A velocidade média $\vec{v}_{med}$ tem a mesma orientação que $\Delta\vec{r}$, um fato que já usamos na Capítulo 1 para desenhar vetores velocidade em diagramas de movimento. A **FIGURA 4.7** mostra que $\Delta\vec{r}$ torna-se tangente à trajetória quando $\Delta t \to 0$. Conseqüentemente, **o vetor velocidade instantânea $\vec{v}$ é tangente à trajetória**.

A **FIGURA 4.8** ilustra outra característica importante do vetor velocidade. Se o ângulo θ do vetor for medido a partir do semi-eixo x positivo, os componentes do vetor velocidade são dados por

$$v_x = v\cos\theta$$
$$v_y = v\sin\theta \tag{4.8}$$

onde

$$v = \sqrt{v_x^2 + v_y^2} \tag{4.9}$$

é a *rapidez* da partícula naquele ponto. A rapidez é sempre igual a um número positivo (ou a zero), enquanto os componentes são grandezas *dotadas de sinal* (i.e., podem ser positivos ou negativos) a fim de comunicar informação sobre a orientação do vetor velocidade. Alternativamente, podemos usar os dois componentes da velocidade para determinar a orientação do movimento:

$$\tan\theta = \frac{v_y}{v_x} \tag{4.10}$$

NOTA ▶ No Capítulo 2, você aprendeu que o *valor* do componente v_s da velocidade v_s no instante t é dado pela *declividade* do gráfico da posição *versus* tempo correspondente ao instante t. Agora, acabamos de ver que a orientação do vetor velocidade $\vec{v}$ é determinada pela *tangente ao gráfico* de y versus x, o gráfico da trajetória. A **FIGURA 4.9** lembra que estes dois gráficos usam diferentes interpretações para as retas tangentes. A tangente à trajetória nada nos diz acerca da rapidez da partícula, e sim, apenas a direção de seu movimento. ◀

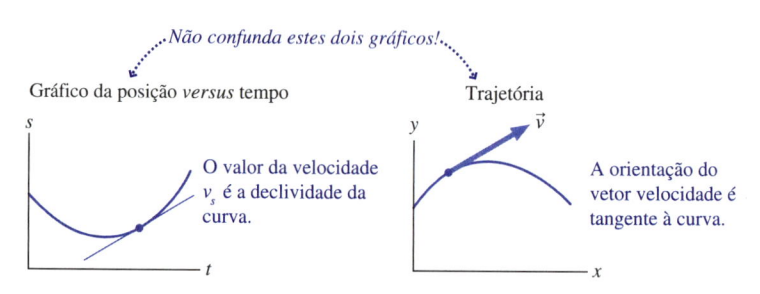

FIGURA 4.9 Dois usos diferentes de retas tangentes.

EXEMPLO 4.2 Descrevendo o movimento por meio de gráficos

O movimento de uma partícula é descrito pelas duas equações

$$x = 2t^2 \text{ m/s}$$
$$y = (5t + 5) \text{ m/s}$$

onde o tempo t está em s.

a. Desenhe um gráfico para a trajetória da partícula.

b. Desenhe um gráfico do rapidez do movimento da partícula em função do tempo.

MODELO As equações fornecidas são *equações paramétricas* que fornecem as coordenadas x e y da partícula, separadamente, em termos do parâmetro t.

RESOLUÇÃO a. A trajetória é uma curva no plano xy. A maneira mais fácil de proceder é calcular x e y em diversos instantes de tempo. Estes pontos estão plotados na **FIGURA 4.10a**, de maneira que o traçado suave de uma curva através dos pontos mostra a trajetória.

CAPÍTULO 4 ■ Cinemática em duas Dimensões

t(s)	x(m)	y(m)	v(m/s)
0	0	5	5,0
1	2	10	6,4
2	8	15	9,4
3	18	20	13,0
4	32	25	16,8

b. A rapidez da partícula é dada pela Equação 4.9. Mas primeiro devemos usar a Equação 4.7 para obter os componentes do vetor velocidade:

$$v_x = \frac{dx}{dt} = 4t \text{ m/s} \quad \text{e} \quad v_y = \frac{dy}{dt} = 5 \text{ m/s}$$

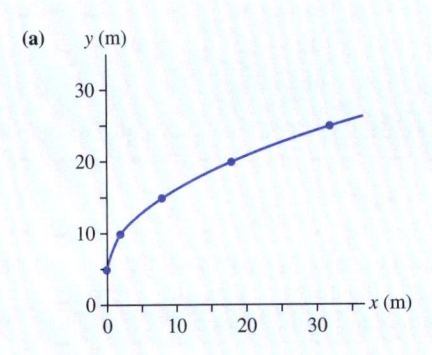

Usando-as, obtemos a rapidez da partícula no instante t:

$$v = \sqrt{v_x^2 + v_y^2} = \sqrt{16t^2 + 25} \text{ m/s}$$

A rapidez foi calculada na tabela e representada graficamente na **FIGURA 4.10b**.

AVALIAÇÃO A Figura 4.10a mostra o gráfico de y *versus* x, que representa uma trajetória, e não o gráfico da posição *versus* tempo. Portanto, a declividade *não* é a velocidade da partícula. A partícula está acelerando, como você pode verificar no segundo gráfico, embora a declividade de sua trajetória esteja diminuindo.

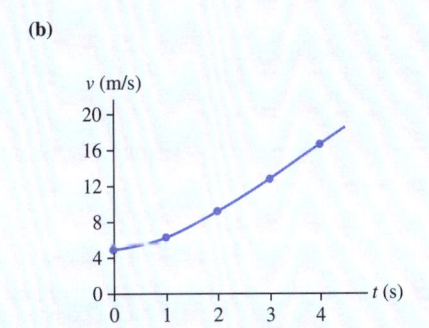

FIGURA 4.10 Dois gráficos de movimento para a partícula do Exemplo 4.2.

Aceleração

Vamos retornar ao caso de uma partícula que descreve uma trajetória no plano xy. A **FIGURA 4.11a** mostra a velocidade instantânea $\vec{v}_1$ no ponto 1 e, um pouco mais tarde, a velocidade $\vec{v}_2$ no ponto 2. Esses dois vetores são tangentes à trajetória. Podemos usar a técnica de subtração vetorial, ilustrada na inserção da figura, para determinar $\vec{a}_{med}$ neste trecho da trajetória.

Se, agora, tomarmos o limite $\Delta t \to 0$, a *aceleração instantânea* é

$$\vec{a} = \lim_{\Delta t \to 0} \frac{\Delta \vec{v}}{\Delta t} = \frac{d\vec{v}}{dt} \qquad (4.11)$$

Quando $\Delta t \to 0$, os pontos 1 e 2 da Figura 4.11a se confundem, e a aceleração instantânea $\vec{a}$ é determinada no mesmo ponto da trajetória (e no mesmo instante de tempo) que a velocidade instantânea $\vec{v}$. Isso está ilustrado na **FIGURA 4.11b**.

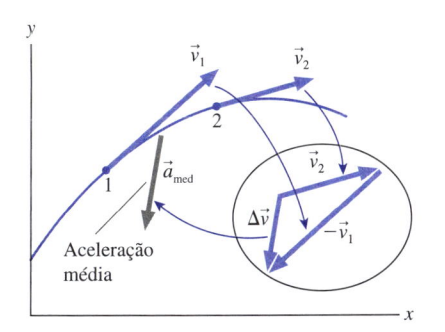

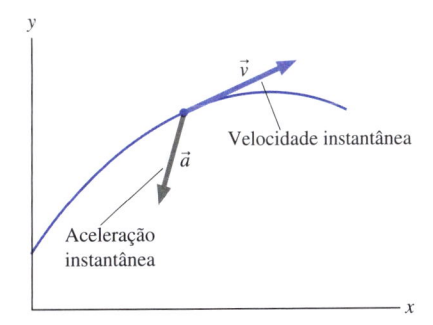

FIGURA 4.11 Os vetores aceleração média e aceleração instantânea para uma trajetória curvilínea.

(a) O componente paralelo está associado a uma variação da rapidez.

Velocidade instantânea $\vec{v}$

$\vec{a}_\parallel$

$\vec{a}$

$\vec{a}_\perp$

Aceleração instantânea

O componente perpendicular está associado a uma variação da orientação.

(b)

Velocidade instantânea $\vec{v}$

$\vec{a}_x$

$\vec{a}$ $\vec{a}_y$

Aceleração instantânea

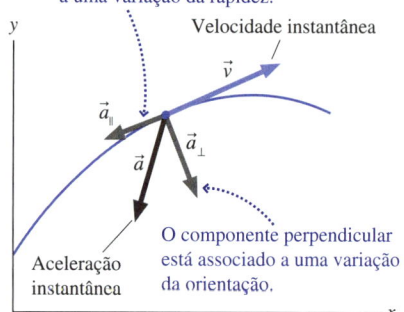

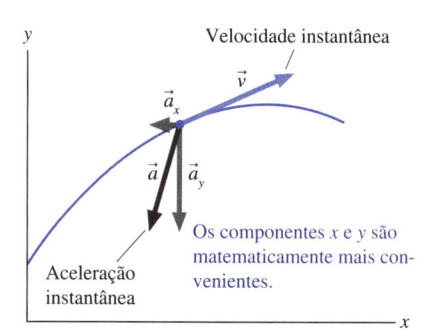

Os componentes x e y são matematicamente mais convenientes.

FIGURA 4.12 Decomposição da aceleração instantânea $\vec{a}$.

Por definição, o vetor aceleração $\vec{a}$ é a taxa com a qual a velocidade $\vec{v}$ está variando a cada instante. Para mostrar isto, a **FIGURA 4.12a** mostra a decomposição de $\vec{a}$ nos componentes $\vec{a}_\parallel$ e $\vec{a}_\perp$, respectivamente paralelo e perpendicular à trajetória. O componente $\vec{a}_\parallel$ está associado à variação da rapidez, e $\vec{a}_\perp$, à da orientação. Esses dois tipos de variações constituem aceleração. Note que $\vec{a}_\perp$ sempre aponta para o lado "de dentro" da curva porque é nesta direção e sentido que $\vec{v}$ está variando.

Os componentes paralelo e perpendicular de $\vec{a}$ contêm importantes idéias acerca da aceleração, mas normalmente é mais prático escrever $\vec{a}$ em termos dos componentes x e y mostrados na **FIGURA 4.12b**. Como $\vec{v} = v_x \hat{\imath} + v_y \hat{\jmath}$, obtemos

$$\vec{a} = a_x \hat{\imath} + a_y \hat{\jmath} = \frac{d\vec{v}}{dt} = \frac{dv_x}{dt}\hat{\imath} + \frac{dv_y}{dt}\hat{\jmath} \quad (4.12)$$

de onde obtemos que

$$a_x = \frac{dv_x}{dt} \quad \text{e} \quad a_y = \frac{dv_y}{dt} \quad (4.13)$$

Ou seja, o componente x de $\vec{a}$ é a taxa dv_x/dt segundo a qual o componente x da velocidade está variando.

Aceleração constante

Se a aceleração $\vec{a} = a_x \hat{\imath} + a_y \hat{\jmath}$ é constante, os dois componentes a_x e a_y são ambos constantes (ou nulos). Neste caso, tudo que você aprendeu a respeito da cinemática da aceleração constante, no Capítulo 2, é válido para os componentes x e y do movimento bidimensional.

Considere uma partícula que se move com aceleração constante a partir de uma posição inicial $\vec{r}_i = x_i \hat{\imath} + y_i \hat{\jmath}$, de onde parte com velocidade inicial $\vec{v}_i = v_{ix} \hat{\imath} + v_{iy} \hat{\jmath}$. No ponto final, sua posição e sua velocidade são

$$x_f = x_i + v_{ix} \Delta t + \tfrac{1}{2} a_x (\Delta t)^2 \qquad y_f = y_i + v_{iy} \Delta t + \tfrac{1}{2} a_y (\Delta t)^2$$
$$v_{fx} = v_{ix} + a_x \Delta t \qquad v_{fy} = v_{iy} + a_y \Delta t \quad (4.14)$$

Existem muitas grandezas a conhecer na cinemática bidimensional, o que torna a representação pictórica tão importante como ferramenta para a resolução de problemas.

NOTA ▶ No caso de aceleração constante, os componentes x e y do movimento são independentes um do outro. Todavia, eles continuam ligados pelo fato de que Δt deve ser o mesmo para ambos. ◀

EXEMPLO 4.3 Plotando a trajetória dos propulsores

Os propulsores inferiores da nave de serviço da espaçonave *Enterprise* desenvolvem uma aceleração para cima de 5,0 m/s². Seus propulsores traseiros desenvolvem uma aceleração para a frente de 20 m/s². Quando ela deixa a *Enterprise*, apenas os propulsores inferiores da nave de serviço estão ligados. Somente depois de se afastar da doca de decolagem, 3,0 s mais tarde, é que seus propulsores traseiros são ligados. Plote uma trajetória da nave de serviço durante seus primeiros 6 s de vôo.

MODELO Represente a nave de serviço como uma partícula. Existem dois trechos de movimento com aceleração constante.

VISUALIZAÇÃO A **FIGURA 4.13** mostra uma representação pictórica. O sistema de coordenadas foi escolhido de modo que a nave de serviço parta da origem e mova-se inicialmente ao longo do eixo y. Ela se move verticalmente por 3,0 s, depois começa a adquirir movimento frontal. Existem três pontos de interesse no movimento: o começo, o fim e o ponto em que os propulsores traseiros são acionados. Estes pontos foram denotados por (x_0, y_0), (x_1, y_1) e (x_2, y_2). As correspondentes velocidades são (v_{0x}, v_{0y}), (v_{1x}, v_{1y}) e (v_{2x}, v_{2y}). Este será nosso esquema padrão de identificação de trajetórias, em que é fundamental manter separados os componentes x e y.

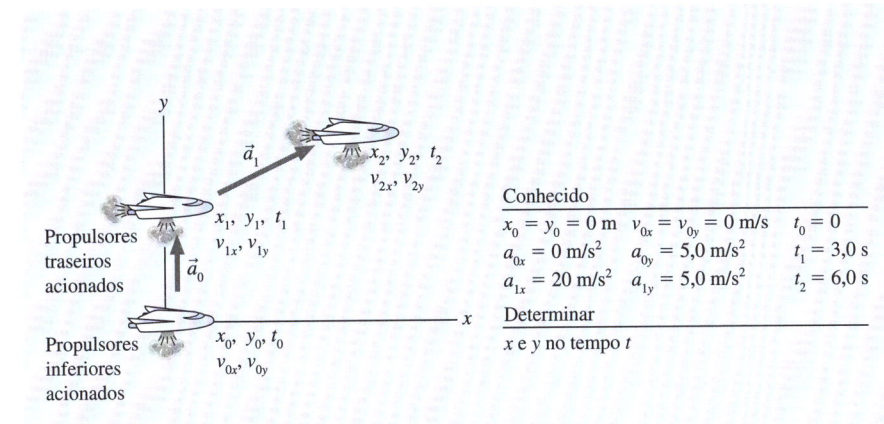

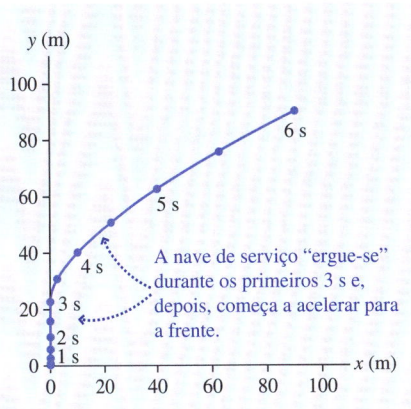

FIGURA 4.13 Representação pictórica do movimento da nave de serviço.

FIGURA 4.14 A trajetória da nave de serviço.

Conhecido
$x_0 = y_0 = 0$ m $\quad v_{0x} = v_{0y} = 0$ m/s $\quad t_0 = 0$
$a_{0x} = 0$ m/s^2 $\quad a_{0y} = 5{,}0$ m/s^2 $\quad t_1 = 3{,}0$ s
$a_{1x} = 20$ m/s^2 $\quad a_{1y} = 5{,}0$ m/s^2 $\quad t_2 = 6{,}0$ s

Determinar
x e y no tempo t

RESOLUÇÃO Durante a primeira fase de aceleração, quando $a_{0x} = 0{,}0$ m/s^2 e $a_{0y} = 5{,}0$ m/s^2, o movimento é descrito por

$$y = y_0 + v_{0y}(t - t_0) + \tfrac{1}{2}a_{0y}(t - t_0)^2 = 2{,}5t^2 \text{ m}$$

$$v_y = v_{0y} + a_{0y}(t - t_0) = 5{,}0t \text{ m/s}$$

onde o tempo t está em s. Essas equações nos permitem calcular a posição e a velocidade em qualquer instante t. Em $t_1 = 3{,}0$ m/s^2, quando se encerra a primeira fase do movimento, obtemos que

$$x_1 = 0 \text{ m} \qquad v_{1x} = 0 \text{ m/s}$$
$$y_1 = 22{,}5 \text{ m} \qquad v_{1y} = 15 \text{ m/s}$$

Durante os 3,0 s seguintes, quando $a_{1x} = 20$ m/s^2 e $a_{1y} = 5{,}0$ m/s^2, as coordenadas x e y são

$$x = x_1 + v_{1x}(t - t_1) + \tfrac{1}{2}a_{1x}(t - t_1)^2$$
$$= 10(t - 3{,}0)^2 \text{ m}$$

$$y = y_1 + v_{1y}(t - t_1) + \tfrac{1}{2}a_{1y}(t - t_1)^2$$
$$= \left(22{,}5 + 15(t - 3{,}0) + 2{,}5(t - 3{,}0)^2\right) \text{ m}$$

onde, novamente, t está em s. Para mostrar a trajetória, calculamos os valores de x e de y a cada 0,5 s, plotamos os pontos na **FIGURA 4.14** e traçamos uma curva suave passando por estes pontos.

PARE E PENSE 4.2 Durante qual ou quais dos intervalos abaixo se encontra em repouso a partícula cujo movimento é representado nestes gráficos?
a. $0-1$ s
b. $1-2$ s
c. $2-3$ s
d. $3-4$ s

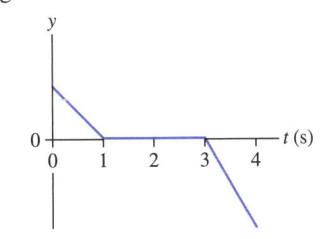

4.3 Movimento de projéteis

Bolas de beisebol e de tênis deslocando-se no ar, saltadores de trampolim olímpicos e pessoas audaciosas disparadas por canhões, todos descrevem aquilo que chamamos de *movimento de um projétil*. Um **projétil** é um objeto que se move em duas dimensões influenciado unicamente pela gravidade. O movimento de projéteis é uma extensão do movimento de queda livre estudado no Capítulo 2. Continuaremos desprezando a influência da resistência do ar, o que levará a resultados que estão em boa concordância com a realidade para objetos relativamente pesados que se movem com velocidades relativamente pequenas e por curtas distâncias. Como veremos, projéteis em duas dimensões descrevem *trajetórias parabólicas* como a que é ilustrada na **FIGURA 4.15**.

FIGURA 4.15 A trajetória parabólica de uma bola que ricocheteia.

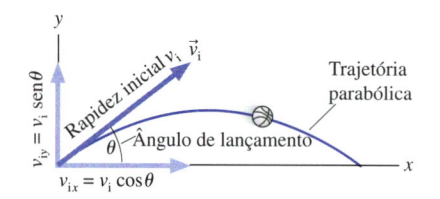

FIGURA 4.16 Um projétil lançado com velocidade inicial $\vec{v}_i$.

O início do movimento de um projétil, seja ele arremessado por uma mão ou disparado por uma arma, é chamado de *lançamento*, e o ângulo de orientação θ da velocidade inicial $\vec{v}_i$ acima da horizontal (i.e., acima do eixo x) é chamado de **ângulo de lançamento**. A **FIGURA 4.16** ilustra a relação existente entre o vetor velocidade inicial $\vec{v}_i$ e os valores iniciais dos componentes v_{ix} e v_{iy}. Você pode verificar que

$$v_{ix} = v_i \cos\theta$$
$$v_{iy} = v_i \sin\theta \tag{4.15}$$

onde v_i é a rapidez inicial.

NOTA ▶ Os componentes v_{ix} e v_{iy} não são necessariamente positivos. Em particular, um projétil lançado com um ângulo de orientação *abaixo* da horizontal (como uma bola arremessada obliquamente para baixo a partir do topo de um edifício) possui valores *negativos* de θ e de v_{iy}. Todavia, a rapidez v_i é sempre positiva. ◀

A gravidade exerce força para baixo, e todos sabemos que objetos soltos a partir do repouso caem verticalmente para baixo, e não, lateralmente. Daí é razoável considerar — e justificaremos tal hipótese no Capítulo 8 — que um projétil não possui aceleração horizontal e que sua aceleração vertical é, simplesmente, a de queda livre; logo

$$a_x = 0$$
$$a_y = -g \quad \text{(movimento de projéteis)} \tag{4.16}$$

Em outras palavras, **o componente vertical a_y da aceleração tem o valor bem-conhecido $-g$ de queda livre, enquanto o componente horizontal a_x é nulo. Projéteis estão sempre em queda livre**.

Para ver como tais condições influenciam o movimento, a **FIGURA 4.17** mostra um projétil lançado de $(x_i, y_i) = (0 \text{ m}, 0 \text{ m})$ com uma velocidade inicial $\vec{v}_i = (9{,}8\hat{\imath} + 19{,}6\hat{\jmath})$ m/s. Os vetores velocidade e aceleração são, então, mostrados a cada 1,0 s. O valor de v_x nunca se altera, pois não existe aceleração horizontal, mas v_y diminui em 9,8 m/s a cada segundo. Isso é o que *significa* acelerar a $a_y = -9{,}8$ m/s² = $(-9{,}8$ m/s) por segundo.

Da Figura 4.17, você pode verificar que **o movimento de um projétil é composto por dois movimentos independentes**: um movimento uniforme na direção horizontal e um movimento de queda livre na direção vertical. As equações cinemáticas que descrevem estes dois movimentos são

$$x_f = x_i + v_{ix}\Delta t \qquad y_f = y_i + v_{iy}\Delta t - \tfrac{1}{2}g(\Delta t)^2$$
$$v_{fx} = v_{ix} = \text{constante} \qquad v_{fy} = v_{iy} - g\Delta t \tag{4.17}$$

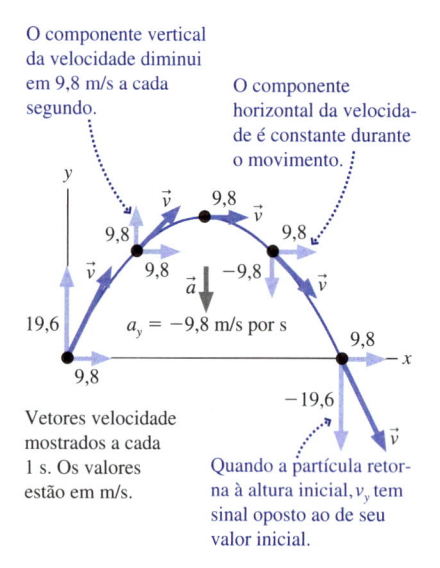

FIGURA 4.17 Os vetores velocidade e aceleração de um projétil que se move em trajetória parabólica.

Trata-se de equações paramétricas para a trajetória parabólica de um projétil.

EXEMPLO 4.4 Não tente isso em casa!

Um dublê de ator projeta seu carro a 20,0 m/s da borda de um penhasco de 10 m de altura. A que distância da base do penhasco o carro aterrissará no solo?

MODELO Represente o carro como uma partícula em queda livre. Considere que o carro esteja se movendo horizontalmente ao projetar-se da borda do penhasco.

VISUALIZAÇÃO A representação pictórica, mostrada na **FIGURA 4.18**, é muito importante devido ao número muito grande de grandezas relevantes no movimento de projéteis. Escolhemos posicionar a origem na base do penhasco. Considerar que o carro esteja se movendo na horizontal ao projetar-se do penhasco significa que $v_{0x} = v_0$ e $v_{0y} = 0$ m/s. Não é essencial traçar um diagrama de movimento em problemas sobre movimento de projéteis porque já sabemos que eles descrevem trajetórias parabólicas com $\vec{a} = -g\hat{\jmath}$.

RESOLUÇÃO A cada ponto da trajetória correspondem os componentes x e y da posição, da velocidade e da aceleração, mas somente *um* instante de tempo.

Conhecidos
$x_0 = 0$ m $v_{0y} = 0$ m/s $t_0 = 0$ s
$y_0 = 10{,}0$ m $v_{0x} = v_0 = 20{,}0$ m/s
$a_x = 0$ m/s² $a_y = -g$ $y_1 = 0$ m

Determinar
x_1

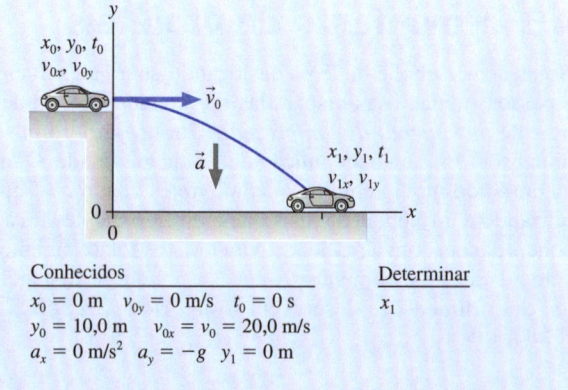

FIGURA 4.18 Representação pictórica do carro do Exemplo 4.4.

O tempo necessário para o projétil mover-se horizontalmente até x_1 é o *mesmo* necessário para cair verticalmente uma distância y_0. **Embora os movimentos horizontal e vertical sejam independentes, eles estão relacionados através do tempo t.** Esta é uma observação muito relevante na resolução de problemas sobre movimento de projéteis. As equações cinemáticas são

$$x_1 = x_0 + v_{0x}(t_1 - t_0) = v_0 t_1$$

$$y_1 = 0 = y_0 + v_{0y}(t_1 - t_0) - \tfrac{1}{2}g(t_1 - t_0)^2 = y_0 - \tfrac{1}{2}g t_1^2$$

Podemos usar a equação vertical para determinar o tempo t_1 necessário para percorrer a distância vertical y_0.

$$t_1 = \sqrt{\frac{2y_0}{g}} = \sqrt{\frac{2(10{,}0 \text{ m})}{9{,}80 \text{ m/s}^2}} = 1{,}43 \text{ s}$$

Então, substituímos este resultado na equação horizontal para obter a distância percorrida:

$$x_1 = v_0 t_1 = (20{,}0 \text{ m/s})(1{,}43 \text{ s}) = 28{,}6 \text{ m}$$

AVALIAÇÃO A altura do penhasco é 10 m e o módulo da velocidade inicial é 20 m/s. Um deslocamento para $x_1 = 29$ m, antes de atingir o solo, parece plausível.

As equações para x e y do Exemplo 4.4 são equações paramétricas. É fácil eliminar t e encontrar uma expressão de y em função de x. A partir da equação para x_1, obtemos $t_1 = x_1/v_0$. Substituindo isto na equação para y_1, obtemos

$$y = y_0 - \frac{g}{2v_0^2}x^2 \tag{4.18}$$

O gráfico de $y = ax^2$ é uma parábola; logo, a Equação 4.18 representa uma parábola invertida que começa na altura y_0. Isso prova o que afirmamos antes, que um projétil descreve uma trajetória parabólica.

Raciocinando sobre o movimento de projéteis

Pense a respeito da seguinte questão:

> Uma bola pesada é lançada exatamente na horizontal de uma altura h acima de uma quadra horizontal. No exato instante em que a bola é lançada, uma segunda bola é, simplesmente, solta a partir da mesma altura h. Qual delas chegará primeiro ao piso?

Pode ser difícil acreditar, mas — se a resistência do ar for desprezível — as bolas chegarão *simultaneamente* ao piso. Isso ocorre porque os componentes horizontal e vertical do movimento do projétil são mutuamente independentes. A velocidade inicial horizontal da primeira bola *não* tem qualquer influência sobre seu movimento vertical. Nenhuma delas tem qualquer movimento inicial na direção vertical, de modo que ambas caem por uma distância h no mesmo tempo. Você pode ver isso na **FIGURA 4.19**. Os movimentos *verticais* das duas bolas são idênticos, e elas chegam juntas ao solo.

A **FIGURA 4.20a** mostra uma maneira útil de se pensar acerca da trajetória de um projétil. Se não existisse a gravidade, um projétil seguiria em linha reta. Devido à gravidade, no instante t a partícula terá "caído" uma distância $\tfrac{1}{2}gt^2$ abaixo dessa reta. A separação cresce com $\tfrac{1}{2}gt^2$, dando à trajetória sua forma parabólica.

Use esta idéia para pensar a respeito do seguinte problema "clássico" de física:

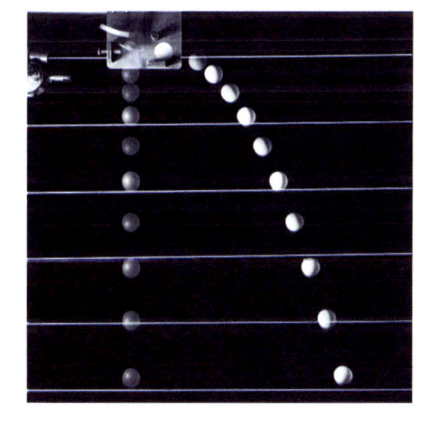

FIGURA 4.19 Um projétil lançado horizontalmente cai no mesmo tempo de um projétil solto a partir do repouso.

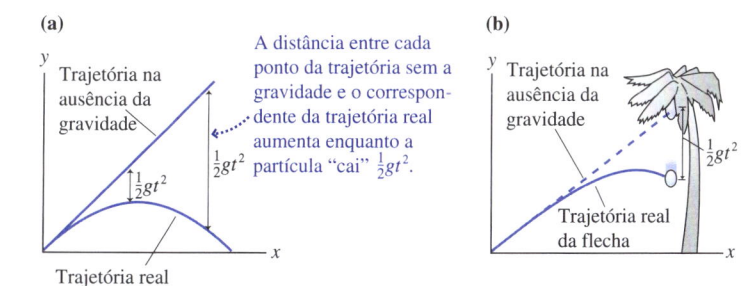

FIGURA 4.20 Um projétil descreve uma trajetória parabólica porque ele "cai" uma distância $\tfrac{1}{2}gt^2$ abaixo da trajetória retilínea.

Um caçador faminto e armado com arco e flecha em uma floresta deseja flechar um coco que está suspenso em um galho da árvore acima dele. Ele aponta sua flecha diretamente para o coco, mas, por sorte, o coco cai do galho no instante *exato* em que o caçador dispara a flecha. Ela atingirá o coco?

Talvez você tenha pensado que a flecha não acertará o coco, mas não é verdade. Embora a flecha se desloque com grande rapidez, ela descreve um trajetória parabólica ligeiramente curvada para baixo, e não, uma linha reta. Se o coco tivesse ficado preso à árvore, a flecha teria passado por baixo do coco porque ela cai $\frac{1}{2}gt^2$ abaixo da linha reta. Mas $\frac{1}{2}gt^2$ é também a distância que o coco cai enquanto a flecha está voando. Assim, como mostra a **FIGURA 4.20b**, a flecha e o coco caem uma mesma distância e acabam se encontrando!

Resolução de problemas sobre movimento de projéteis

Esta informação a respeito de projéteis é a base para uma estratégia de resolução deste tipo de problemas.

ESTRATÉGIA PARA RESOLUÇÃO DE PROBLEMAS 4.1 Problemas sobre movimentos de projéteis

MODELO Proponha hipóteses simplificadoras, como considerar o objeto como uma partícula. É razoável se desprezar a resistência do ar?

VISUALIZAÇÃO Use uma representação pictórica. Escolha um sistema de coordenadas com o eixo x na horizontal e o eixo y na vertical. No desenho, indique os pontos relevantes do movimento. Defina os símbolos e identifique o que o enunciado pede para determinar.

RESOLUÇÃO A aceleração é conhecida: $a_x = 0$ e $a_y = -g$. Assim, trata-se de um problema de cinemática bidimensional. As equações cinemáticas, então, são

$$x_f = x_i + v_{ix}\Delta t \qquad y_f = y_i + v_{iy}\Delta t - \tfrac{1}{2}g(\Delta t)^2$$

$$v_{fx} = v_{ix} = \text{constante} \qquad v_{fy} = v_{iy} - g\,\Delta t$$

onde Δt é o mesmo para os componentes horizontal e vertical. Determine Δt a partir de um dos componentes e depois o substitua no outro componente.

AVALIAÇÃO Verifique se seu resultado está em unidades corretas, é plausível e responde à questão.

EXEMPLO 4.5 O alcance de uma bola

Uma bola de beisebol é rebatida segundo um ângulo θ e é apanhada na mesma altura da qual foi lançada. Se a bola foi arremessada em um ângulo de 30°, com que rapidez ela deve sair do bastão a fim de percorrer 100 m horizontais?

MODELO Represente a bola de beisebol como uma partícula. Ela é bastante pesada e densa, de modo que desprezamos a resistência do ar.

VISUALIZAÇÃO A **FIGURA 4.21** mostra a representação pictórica correspondente. As alturas acima do solo a partir das quais a bola foi arremessada e apanhada não são relevantes aqui porque as duas são de mesmo valor, de maneira que escolhemos localizar a origem do sistema de coordenadas no ponto onde a bola foi rebatida. Ela percorre uma distância horizontal x_1.

RESOLUÇÃO Os componentes x e y da velocidade inicial da bola são

$$v_{0x} = v_0\cos\theta$$

$$v_{0y} = v_0\,\text{sen}\,\theta$$

onde v_0 é a rapidez inicial que desejamos encontrar.

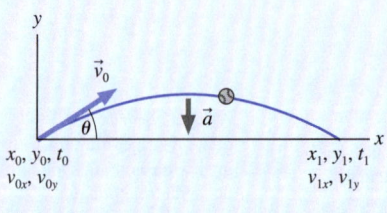

Conhecidos
$x_0 = y_0 = 0\text{ m} \quad \theta = 30{,}0° \quad t_0 = 0\text{ s}$
$x_1 = 100\text{ m} \quad y_1 = 0\text{ m}$

Determinar
v_0

FIGURA 4.21 Representação pictórica para a bola de beisebol do Exemplo 4.5.

As equações cinemáticas para o movimento de um projétil são

$$x_1 = x_0 + v_{0x}(t_1 - t_0)$$
$$= (v_0\cos\theta)t_1$$
$$y_1 = 0 = y_0 + v_{0y}(t_1 - t_0) - \tfrac{1}{2}g(t_1 - t_0)^2$$
$$= (v_0\,\text{sen}\,\theta)t_1 - \tfrac{1}{2}gt_1^2$$

Podemos usar a equação vertical para determinar o tempo de vôo:

$$0 = (v_0\,\text{sen}\,\theta)t_1 - \tfrac{1}{2}gt_1^2 = (v_0\,\text{sen}\,\theta - \tfrac{1}{2}gt_1)t_1$$

e, portanto,

$$t_1 = 0 \quad \text{ou} \quad \frac{2v_0\,\text{sen}\,\theta}{g}$$

Os dois valores constituem soluções legítimas. O primeiro corresponde ao instante em que $y = 0$, no início da trajetória, e o segundo, a $y = 0$, no final. Claramente, entretanto, estamos interessados na segunda solução. Substituindo esta expressão para t_1 na equação para x_1, obtemos

$$x_1 = (v_0\cos\theta)\frac{2v_0\,\text{sen}\,\theta}{g} = \frac{2v_0^2\,\text{sen}\,\theta\cos\theta}{g}$$

Podemos simplificar este resultado usando a identidade trigonométrica $2\,\text{sen}\,\theta\cos\theta = \text{sen}(2\theta)$. A distância percorrida pela bola ao ser rebatida com o ângulo θ é

$$x_1 = \frac{v_0^2\,\text{sen}(2\theta)}{g}$$

Substituindo $x_1 = 100$ m e isolando a rapidez v_0, obtemos

$$v_0 = \sqrt{\frac{gx_1}{\text{sen}(2\theta)}} = \sqrt{\frac{(9{,}80\text{ m/s}^2)(100\text{ m})}{\text{sen}\,60{,}0°}} = 33{,}6\text{ m/s}$$

AVALIAÇÃO Uma rapidez de $33{,}6$ m/s ≈ 121 km/h parece inteiramente plausível para uma bola de beisebol rebatida.

Como mostra o Exemplo 4.5, um projétil que retorne à mesma altura da qual foi lançado percorre uma distância horizontal igual a

$$\text{Alcance} = \frac{v_0^2\,\text{sen}(2\theta)}{g} \tag{4.19}$$

O alcance máximo ocorre para $\theta = 45°$, quando $\text{sen}(2\theta) = 1$. Mas existe mais a aprender sobre esta equação. Como $\text{sen}(180° - x) = \text{sen}\,x$, segue que $\text{sen}\,2(90° - \theta) = \text{sen}(2\theta)$. Conseqüentemente, um projétil lançado em um ângulo igual a θ ou a $(90° - \theta)$ percorrerá a mesma distância horizontal. A **FIGURA 4.22** mostra as trajetórias de projéteis lançados de uma mesma altura e com a mesma rapidez, mas em ângulos progressivamente maiores em 15°.

NOTA ▶ A Equação 4.9 *não* é um resultado geral. Ela se aplica *somente* a situações em que o projétil aterrissa na mesma altura da qual foi lançado. ◀

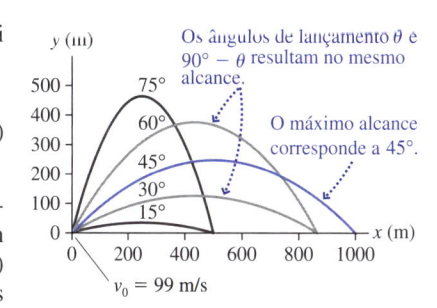

FIGURA 4.22 Trajetórias de projéteis lançados todos com rapidez de 99 m/s em diferentes ângulos.

EXEMPLO 4.6 Acerte a caixa

Os estudantes participantes de uma competição de engenharia usam um canhão de ar comprimido para disparar uma bola sobre um caixote que está sendo elevado a 10 m/s por um guindaste. O canhão, inclinado para cima em 30°, encontra-se a 100 m do caixote e é disparado por controle remoto no exato instante em que o caixote deixa o solo. Os estudantes podem controlar a rapidez do lançamento da bola ajustando a pressão do ar. Que rapidez de lançamento os estudantes deveriam usar a fim de que a bola atinja o caixote?

MODELO Representar a bola e o caixote como partículas. Desprezar a resistência do ar.

VISUALIZAÇÃO A **FIGURA 4.23** mostra a representação pictórica. Existe uma grande quantidade de informação a manter em mente em um problema como este, o que torna a representação pictórica essencial para o sucesso.

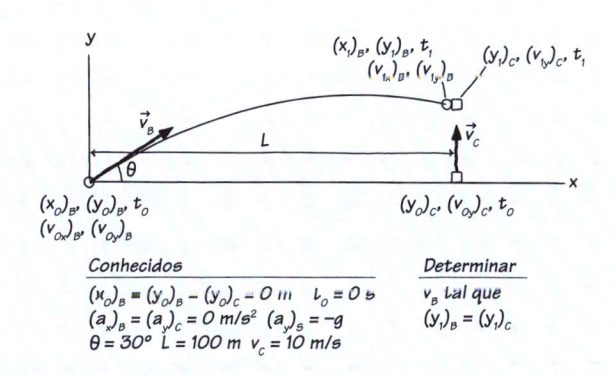

FIGURA 4.23 A representação pictórica da bola macia e da caixa.

Continua

RESOLUÇÃO A bola colidirá com a caixa se ambas tiverem a mesma posição vertical no mesmo instante em que se encontram em posições horizontais idênticas. Como a caixa se movimenta verticalmente, as duas terão a mesma posição horizontal no instante em que a bola tiver percorrido a distância horizontal L para a direita. Isso ocorre no instante

$$t_1 = \frac{L}{(v_{0x})_B} = \frac{L}{v_B \cos\theta}$$

Igualando as posições verticais neste instante de tempo, $(y_1)_B = (y_1)_C$, obtém-se

$$(v_{0y})_B t_1 - \tfrac{1}{2}g t_1^2 = (v_{0y})_C t_1$$

O fator t_1 é cancelado em cada termo. Então, podemos usar $(v_{0y})_B = v_B \sen\theta$, $(v_{0y})_C = v_C$ junto com a expressão acima e escrever

$$(v_{0y})_B - \tfrac{1}{2}g t_1 - (v_{0y})_C = v_B \sen\theta - \tfrac{1}{2}g \frac{L}{v_B \cos\theta} - v_C = 0$$

Multiplicando-se ambos os membros por $2v_B\cos\theta$, chega-se a uma equação quadrática em v_B:

$$2\sen\theta\cos\theta\, v_C^2 - 2v_C \cos\theta\, v_C - gL = 0$$

É importante que se aprenda a trabalhar com problemas usando símbolos em vez de números. Se você usasse números desde o início, não teria como perceber que t_1 se cancela na equação vertical e teria feito um bocado de cálculos desnecessários. Mesmo assim, escrever simbolicamente a solução da equação quadrática é correr o risco de produzir uma deselegante confusão de símbolos. Não se gasta muito tempo para inserir valores numéricos — desde que todos eles estejam em unidades do SI! Com os valores conhecidos de θ, L e v_C, a equação quadrática torna-se

$$0{,}866\, v_B^2 - 17{,}3\, v_B - 980 = 0$$

As soluções dessa equação são

$$v_B = \frac{17{,}3 \pm \sqrt{(17{,}3)^2 + 4(0{,}866)(980)}}{2(0{,}866)} = 45 \text{ m/s e } -25 \text{ m/s}$$

A rapidez deve ser positiva, assim a resposta negativa não tem significado físico. Logo, a bola precisa ser lançada com rapidez de 45 m/s.

AVALIAÇÃO Uma velocidade com módulo de 45 m/s = 162 km/h parece plausível para uma bola capaz de atingir um alvo a 100 m de distância.

PARE E PENSE 4.3 Uma bola de gude de 50 g rola da borda de uma mesa e aterrissa a 2 m da base da mesa. Uma bola de gude de 100 g rola da borda da mesma mesa com a mesma velocidade. Ela aterrissará a uma distância:

a. menor do que 1 m.   b. de 1 m.   c. entre 1 m e 2 m.
d. de 2 m.   e. entre 2 m e 4 m.   f. de 4 m.

4.4 Movimento relativo

Você já deve ter se deparado com problemas que enunciam algo do tipo "Um carro trafega a 30 m/s" ou "Um avião a jato voa a 300 m/s". Mas o que estes enunciados significam precisamente?

Na **FIGURA 4.24**, Amy, Bill e Carlos estão observando um corredor. De acordo com Amy, a velocidade do corredor é $v_x = 5$ m/s. Mas para Bill, que está caminhando na pista ao lado, o corredor está erguendo e baixando suas pernas sem sair do lugar, sem ir adiante ou ficar para trás de Bill. No que diz respeito a ele, a velocidade do corredor é $v_x = 0$ m/s. Já Carlos vê o corredor se afastando por detrás dele, através do retrovisor de seu carro, no sentido *negativo* do eixo x, afastando-se 10 m de Carlos a cada segundo. De acordo com Carlos, a velocidade do corredor é $v_x = -10$ m/s. Qual é a velocidade *verdadeira* do corredor?

A velocidade não constitui um conceito que possa ser simplesmente verdadeiro ou falso. A velocidade do corredor *em relação a Amy* é 5 m/s, ou seja, a velocidade dele é 5 m/s em um sistema de coordenadas fixado a Amy e no qual ela se encontra em repouso. A velocidade do corredor em relação a Bill é 0 m/s, e em relação a Carlos é −10 m/s. Todas essas são descrições válidas do movimento do corredor.

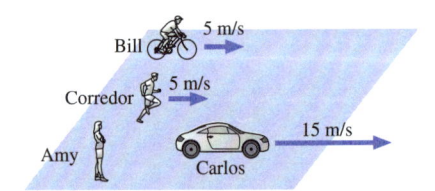

FIGURA 4.24 Amy, Bill e Carlos medem simultaneamente a velocidade de um corredor. As velocidades mostradas foram medidas com relação ao sistema de referência de Amy.

Posição relativa

Suponha que tanto Amy quanto Bill tenham um sistema de coordenadas fixado ao próprio corpo. Quando a bicicleta de Bill passa por Amy, seu sistema de coordenadas o acompanha. Cada um dos dois se encontra em repouso em seu próprio sistema de coordenadas. Além disso, vamos imaginar que tanto Amy quanto Bill disponham de ajudantes munidos de trenas e cronômetros junto com seus próprios sistemas de coordenadas. Ela e ele, e seus ajudantes, são capazes de medir a posição em que ocorre um determinado evento físico e o tempo de ocorrência. Um sistema de coordenadas em que um experimentador (possivelmente contando com ajudantes) realiza medições de posição e de tempo constitui o que se chama de **sistema de referência** ou **referencial**. Amy e Bil, cada um, possuem seu próprio sistema de referência.

Vamos definir dois sistemas de referência, mostrados na **FIGURA 4.25**, que denominaremos de referencial S e referencial S'. (O apóstrofo ' é pronunciado como *linha*, e S' como "S linha".) Os eixos de coordenadas do referencial S são x e y, que correspondem respectivamente aos eixos x' e y' de S'. O referencial S' está se movendo com velocidade $\vec{V}$ em relação ao referencial S, ou seja, se um experimentador em repouso em S medisse o movimento da origem de S' enquanto esta passasse por ele, obteria $\vec{V}$ para a velocidade. Claro, um experimentador em repouso em S' diria que o referencial S tem velocidade $-\vec{V}$. Usaremos um V (maiúsculo) para a velocidade relativa de um sistema de coordenadas em relação ao outro, reservando o v (minúsculo) para a velocidade de objetos que se movem em relação aos sistemas de referência.

> **NOTA ▶** Não importa qual dos sistemas de referência é considerado "em repouso". Tudo que sabemos é que os dois referenciais estão se movendo um *em relação* ao outro com velocidade $\vec{V}$. ◀

Vamos estipular quatro condições para os sistemas de referência:

1. Os referenciais são orientados da mesma maneira, com os *eixos* x e x' paralelos um ao outro.
2. As origens dos referenciais S e S' coincidem no instante $t = 0$.
3. Todos os movimentos ocorrem no plano xy, de modo que não precisamos levar em conta o eixo z.
4. A velocidade relativa $\vec{V}$ é *constante*.

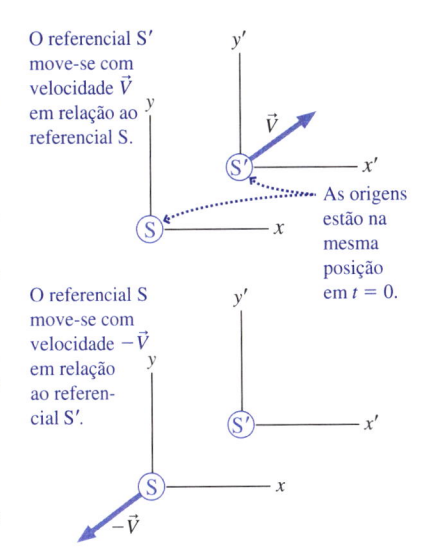

FIGURA 4.25 O sistema de referência S' move-se com velocidade $\vec{V}$ em relação ao referencial S.

As três primeiras se referem à maneira como definimos os sistemas de coordenadas. A quarta condição, ao contrário, é uma escolha com conseqüências. Ela significa que consideraremos apenas referenciais que se movem em linha reta com velocidade constante. Tais referenciais são chamados de **referenciais inerciais**, e no Capítulo 5 veremos que estes são os sistemas de referência onde são válidas as leis do movimento.

Suponha que uma lâmpada emita um flash de luz no instante t. Em ambos os referenciais, experimentadores vêem o flash e medem sua posição. Em S, os observadores localizam o flash na posição $\vec{r}$, medida em relação ao sistema de coordenadas S. Analogamente, em S', observadores determinam a posição do flash como $\vec{r}'$, em relação à origem de S'. (Usaremos o apóstrofo para indicar posições e velocidades medidos com relação ao referencial S'.)

Qual é a relação entre os vetores posição $\vec{r}$ e $\vec{r}'$? Da **FIGURA 4.26**, não é difícil verificar que

$$\vec{r} = \vec{r}' + \vec{R}$$

onde $\vec{R}$ é o vetor posição da origem do referencial S' em relação ao referencial S.

O referencial S' está se deslocando com velocidade $\vec{V}$ em relação ao referencial S, e suas origens coincidem em $t = 0$. No instante t, quando a lâmpada pisca, a origem de S' moveu-se para $\vec{R} = t\vec{V}$. (Escrevemos $t\vec{V}$ em vez de $\vec{V}t$ porque é costume se escrever primeiro o escalar.) Logo,

$$\vec{r} = \vec{r}' + t\vec{V} \qquad \text{ou} \qquad \vec{r}' = \vec{r} - t\vec{V} \qquad (4.20)$$

A Equação 4.20 é chamada de **transformação de coordenadas de Galileu**. Para muitos propósitos, é mais fácil usá-la escrita em termos dos componentes:

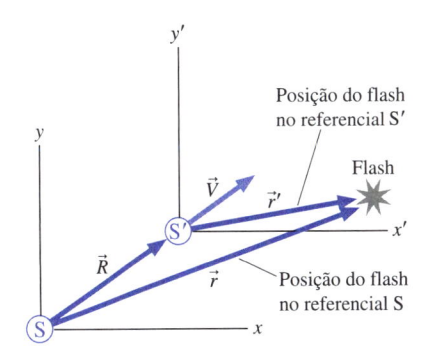

$$\begin{array}{ll} x = x' + V_x t & x' = x - V_x t \\ & \text{ou} \\ y = y' + V_y t & y' = y - V_y t \end{array} \qquad (4.21)$$

FIGURA 4.26 Medidas obtidas nos referenciais S e S'.

Se você sabe *onde* e *quando* um dado evento ocorreu em um sistema de referência, podemos *transformar* aquela posição para outro sistema de referência que se move em relação ao primeiro com velocidade $\vec{V}$ constante.

EXEMPLO 4.7 Observando uma bola arremessada

Miguel arremessa uma bola para cima formando um ângulo de 63,0° com 22,0 m/s de rapidez. Pedalando sua bicicleta a 10,0 m/s, Nancy passa por Miguel no instante em que este libera a bola.

a. Determine e represente graficamente a trajetória da bola como vista por Miguel.
b. Determine e represente graficamente a trajetória da bola como vista por Nancy.

RESOLUÇÃO a. Para Miguel, a bola é um projétil que descreve uma trajetória parabólica. Este problema é quase idêntico ao do Exemplo 4.5. Os componentes da velocidade inicial são

$$v_{0x} = v_0 \cos\theta = (22{,}0 \text{ m/s})\cos 63{,}0° = 10{,}0 \text{ m/s}$$

$$v_{0y} = v_0 \sin\theta = (22{,}0 \text{ m/s})\sin 63{,}0° = 19{,}6 \text{ m/s}$$

As equações de movimento nas direções x e y para um instante t qualquer são

$$x = x_0 + v_{0x}(t - t_0) = 10{,}0t \text{ m}$$

$$y = y_0 + v_{0y}(t - t_0) - \tfrac{1}{2}g(t - t_0)^2 = (19{,}6t - 4{,}90t^2) \text{ m}$$

onde t está em s. É fácil mostrar que a bola atinge a altura $y_{max} = 19{,}6$ m em $t = 2{,}0$ s e colide com os solo em $x_{max} = 40$ m em $t = 4{,}0$ s. A trajetória é mostrada na **FIGURA 4.27a**.

b. Podemos determinar a trajetória vista por Nancy usando as Equações 4.21 para transformar a posição da bola no referencial de Miguel para o de Nancy. Seja S o sistema de referência de Miguel, e S' o de Nancy. Esta se move com velocidade $\vec{V} = 10{,}0\hat{i}$ m/s em relação a S. Em termos dos componentes, $V_x = 10{,}0$ m/s e $V_y = 0$ m/s. Quando, no instante t, Miguel mede a posição (x,y) da bola no referencial S, Nancy encontra a bola em

$$x' = x - V_x t = 10{,}0t - 10{,}0t = 0$$

$$y' = y - V_y t = y$$

Como o movimento horizontal de Nancy é o mesmo da bola ($V_x = v_x = 10{,}0$ m/s no referencial de Miguel), ela não vê a bola mover-se para a esquerda ou para a direita. A experiência vivenciada por Nancy é como a de Bill correndo ao lado do corredor da Figura 4.24. A bola se move *verticalmente* para cima e para baixo no referencial S'. Além disso, a posição vertical y' em S' é a mesma posição vertical y em S. De acordo com Nancy, a bola sobe em linha reta, atinge uma altura máxima de 19,6 m e cai de volta diretamente para baixo. Ela atinge o solo ao lado da bicicleta de Nancy em $t = 4{,}0$ s. Isto é visto na **FIGURA 4.27b**.

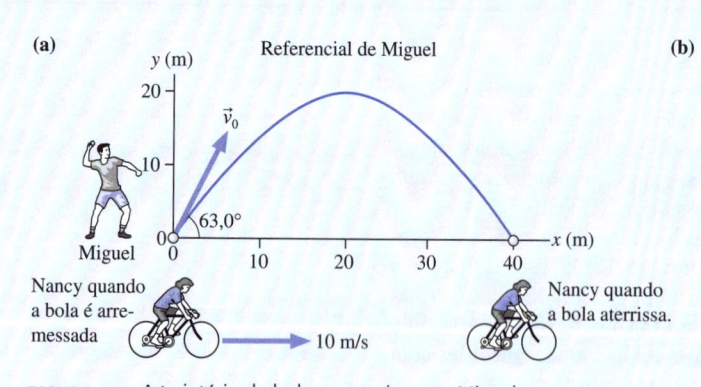

FIGURA 4.27 A trajetória da bola como vista por Miguel e por Nancy.

No Capítulo 2, estudamos a *queda livre*, o movimento para cima ou para baixo na vertical. Na Seção 4.2, estudamos as trajetórias parabólicas do *movimento de projéteis*. Agora, do Exemplo 4.7, vemos que **o movimento de queda livre e o movimento de um projétil são, de fato, o mesmo movimento, vistos simplesmente a partir de dois sistemas de referência diferentes**. O movimento é vertical no sistema de referência cujo movimento horizontal é o mesmo da bola. Em qualquer outro sistema de referência, a trajetória da bola é uma parábola.

Velocidade relativa

Vamos pensar um pouco mais sobre o Exemplo 4.7. De acordo com um observador no sistema de referência de Miguel, este arremessa a bola com velocidade $\vec{v}_0 = (10{,}0\hat{i} + 19{,}6\hat{j})$ m/s. A rapidez inicial da bola é $v_0 = 22{,}0$ m/s. Mas, no referencial S', onde Nancy vê a bola subir e descer verticalmente, Miguel arremessa a bola com velocidade inicial $\vec{v}'_0 = 19{,}6\hat{j}$ m/s. A velocidade de um objeto medida no referencial S *não* é a mesma velocidade medida no referencial S'.

A **FIGURA 4.28** mostra um *objeto em movimento* observado a partir dos referenciais S e S'. Experimentadores no referencial S localizam o objeto na posição $\vec{r}$ e medem sua velocidade como $\vec{v}$. Simultaneamente, experimentadores em S' medem a posição $\vec{r}'$ e a velocidade $\vec{v}'$. Os vetores posição, relacionados por $\vec{r} = \vec{r}' + \vec{R}$, variam enquanto

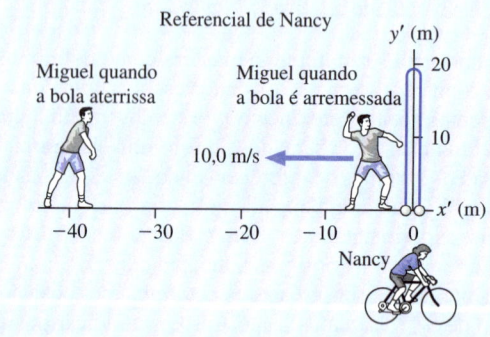

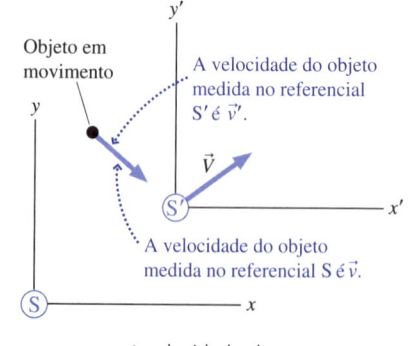

FIGURA 4.28 A velocidade de um objeto em movimento é medida por experimentadores em dois referenciais diferentes.

o objeto se move. Além disso, $\vec{R}$ varia enquanto o referencial se move em relação ao outro. A *taxa* de variação é

$$\frac{d\vec{r}}{dt} = \frac{d\vec{r}'}{dt} + \frac{d\vec{R}}{dt} \qquad (4.22)$$

A derivada $d\vec{r}/dt$, por definição, é a velocidade $\vec{v}$ do objeto medida no referencial S. Analogamente, $d\vec{r}'/dt$ é a velocidade $\vec{v}'$ do objeto medida no referencial S', e $d\vec{R}/dt$ é a velocidade $\vec{V}$ do referencial S'em relação ao referencial S. Conseqüentemente, a Equação 4.22 significa que

$$\vec{v} = \vec{v}' + \vec{V} \qquad \text{ou} \qquad \vec{v}' = \vec{v} - \vec{V} \qquad (4.23)$$

A Equação 4.23 é a **transformação de Galileu para a velocidade**. Se conhecemos a velocidade de um objeto medida em um determinado referencial, podemos transformá-la na velocidade que seria medida por um experimentador utilizando um referencial diferente. Como mostra a **FIGURA 4.29**, isso é como fazer um exercício de soma vetorial.

É freqüentemente conveniente, como fizemos com a posição, escrever a Equação 4.23 em termos dos componentes,

$$\begin{array}{ll} v_x = v'_x + V_x & v'_x = v_x - V_x \\ \qquad\qquad\text{ou} & \\ v_y = v'_y + V_y & v'_y = v_y - V_y \end{array} \qquad (4.24)$$

Esta relação entre as velocidades medidas pelos experimentadores usando diferentes referenciais foi reconhecida por Galileu em seus estudos pioneiros do movimento, daí seu nome.

Vamos aplicar a Equação 4.24 a Miguel e Nancy. Já notamos que a velocidade inicial da bola no referencial de Miguel, o referencial S, é $\vec{v}_0 = (10,0\hat{i} + 19,6\hat{j})$ m/s. Nancy estava se movendo em relação a Miguel com velocidade $\vec{V} = 10,0\hat{i}$ m/s. Podemos usar a Equação 4.24 para obter a velocidade no referencial de Nancy, o referencial S', obtendo

$$v'_x = v_x - V_x = 10,0 \text{ m/s} - 10,0 \text{ m/s} = 0 \text{ m/s}$$
$$v'_y = v_y - V_y = 19,6 \text{ m/s} - 0 \text{ m/s} = 19,6 \text{ m/s}$$

Assim, $\vec{v}'_0 = 19,6\hat{j}$ m/s. Isto está em concordância com nossa conclusão acerca do Exemplo 4.7.

É importante compreender a distinção entre as três velocidades $\vec{v}$, $\vec{v}'$ e $\vec{V}$. Os vetores $\vec{v}$ e $\vec{v}'$ são as velocidades de *um objeto* que é observado com o uso de dois diferentes sistemas de referência. Experimentadores em S usam suas réguas e cronômetros para medir a velocidade $\vec{v}$ do objeto em seu referencial. Ao mesmo tempo, experimentadores em S' medem a velocidade do mesmo objeto como sendo $\vec{v}'$. O vetor $\vec{V}$ é a velocidade relativa entre os dois *sistemas de referência*; a velocidade de S'medida por um experimentador que usa S. O vetor $\vec{V}$ nada tem a ver com o objeto. Pode acontecer que $\vec{v}$ ou $\vec{v}'$ seja nulo, o que significaria que o objeto se encontra em repouso em um dos referenciais, mas ainda assim devemos diferenciar entre o objeto e o sistema de referência.

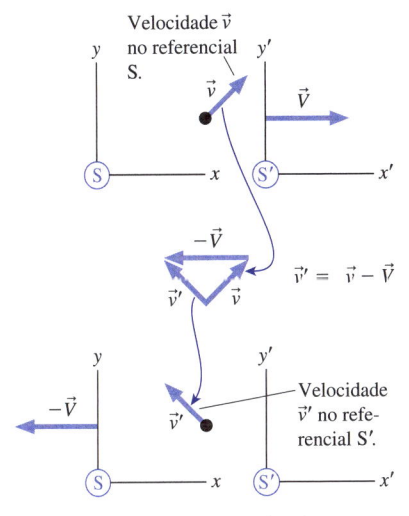

FIGURA 4.29 As velocidades $\vec{v}$ e $\vec{v}'$, como medidas nos referenciais S e S', estão relacionadas por uma soma vetorial.

EXEMPLO 4.8 Uma bala acelerando
Policiais perseguem um ladrão de bancos. Enquanto trafegam a 50 m/s, eles disparam uma bala no pneu do carro perseguido. As armas dos policiais disparam balas a 300 m/s. Qual é a rapidez da bala medida pelos operadores de uma câmera de TV montada ao lado da rodovia?

MODELO Considere que todos os movimentos ocorram ao longo do eixo *x*. Seja S o referencial fixo na Terra, e S'outro fixado no carro da polícia. O referencial S'move-se com respeito ao referencial S a $V_x = 50$ m/s.

RESOLUÇÃO A bala é o objeto em movimento que será observado a partir dos dois referenciais. A arma se encontra parada no referencial S', enquanto a bala se move neste sistema de referência com $v'_x = 300$ m/s. Podemos usar a Equação 4.24 para transformar o velocidade da bala para o referencial da Terra:

$$v_x = v'_x + V_x = 300 \text{ m/s} + 50 \text{ m/s} = 350 \text{ m/s}$$

As transformações de Galileu para a velocidade fazem parte do senso comum para movimentos unidimensionais. Sua utilidade prática surge quando um objeto se desloca em um *meio* que se move com relação à Terra. Por exemplo, um barco que se mova em relação à água. Qual será o movimento resultante do barco se a água fluir em um rio? Os aeroplanos voam em relação ao ar, mas, em altas altitudes, o ar geralmente flui a grandes velocidades. A pilotagem de barcos e de aeroplanos exige conhecimento a respeito do movimento do barco ou da nave em um meio e deste em relação à Terra.

EXEMPLO 4.9 Voando para Cleveland I

Cleveland fica 300 mi a leste de Chicago, EUA. Um avião sai de Chicago voando em direção leste a 500 mph. O piloto esquece-se de conferir a previsão do tempo e por isso não sabe que o vento está soprando para o sul com velocidade de 50 mph. Qual é a rapidez do avião em relação ao solo? Onde ele se encontra 0,60 hora após a decolagem, quando deveria aterrissar em Cleveland?

MODELO Seja o solo o sistema de referência S. Chicago e Cleveland estão em repouso neste sistema. Seja o ar o referencial S'. Se o eixo x aponta para leste, e o eixo y para norte, então o ar está se movendo com relação à Terra com $\vec{V} = -50\hat{j}$ mph. O avião voa dentro do ar, de modo que sua velocidade no referencial S' é $\vec{v}' = 500\hat{i}$ mph.

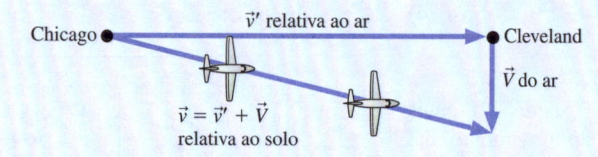

FIGURA 4.30 O vento faz com que um avião que voe em relação ao ar orientado para leste acabe por se deslocar um pouco para sudeste em relação ao solo.

RESOLUÇÃO A equação de transformação da velocidade $\vec{v} = \vec{v}' + \vec{V}$ é uma equação que envolve uma soma de vetores. A **FIGURA 4.30** mostra o que acontece. Embora o nariz da aeronave aponte para leste, o vento "arrasta" o avião em uma orientação um pouco a sudeste. A velocidade do avião com relação ao solo é

$$\vec{v} = \vec{v}' + \vec{V} = (500\hat{i} - 50\hat{j}) \text{ mph}$$

O módulo da velocidade do avião em relação ao solo, sua rapidez no referencial S, é

$$v = \sqrt{v_x^2 + v_y^2} = 502 \text{ mph}$$

Após voar por 0,60 hora nesta velocidade, a localização do avião (em relação a Chicago) é

$$x = v_x t = (500 \text{ mph})(0{,}60 \text{ hr}) = 300 \text{ mi}$$
$$y = v_y t = (-50 \text{ mph})(0{,}60 \text{ hr}) = -30 \text{ mi}$$

Ao final, o avião acaba em um ponto 30 mi ao sul de Cleveland! Embora o piloto pensasse estar voando para leste, ele acabou voando na direção $\text{tg}^{-1}(V/v) = \text{tg}^{-1}(0{,}10) = 5{,}72°$ sudeste.

EXEMPLO 4.10 Voando para Cleveland II

Uma piloto atenta, voando de Chicado para Cleveland no mesmo dia, traça uma rota que a levará diretamente a Cleveland. Como ela orientará sua aeronave em relação ao leste? Quanto tempo ela levará para chegar a Cleveland?

MODELO Seja a superfície da Terra o referencial S e seja o ar o referencial S'. Se o eixo x aponta para leste, e o eixo y para norte, então o ar estará se movendo em relação à Terra a $\vec{V} = -50\hat{j}$ mph.

RESOLUÇÃO O objetivo da navegação é conseguir se mover entre dois pontos da superfície da Terra no referencial S. A esperta piloto, que sabe que o vento afetará seu avião, faz o desenho da **FIGURA 4.31**. No referencial S, a velocidade do avião é

$$v_x = v'_x + V_x = (500 \text{ mph})\cos\theta$$
$$v_y = v'_y + V_y = (500 \text{ mph})\sin\theta - 50 \text{ mph}$$

Ao traçar seu curso, a piloto sabe que ela deseja que $v_y = 0$ a fim de voar para leste até Cleveland no referencial da Terra. Para conseguir isso, ela tem de apontar o nariz do avião em alguma orientação situada de fato entre norte e leste. O ângulo de orientação correto da aeronave, obtido a partir da condição $v_y = 0$, é

$$\theta = \text{sen}^{-1}\left(\frac{50 \text{ mph}}{500 \text{ mph}}\right) = 5{,}74°$$

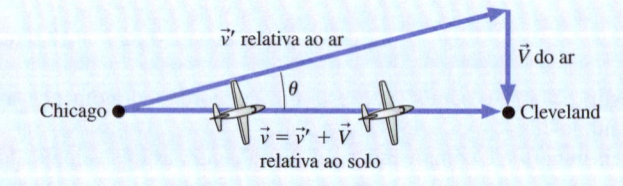

FIGURA 4.31 Para viajar para leste com um vento sul, um piloto deve apontar o avião em uma orientação um pouco a nordeste.

A velocidade do avião no referencial S é, então, $\vec{v} = (500 \text{ mph}) \times \cos 5{,}74°\hat{i} = 497\hat{i}$ mph. Da Figura 4.31, você pode verificar que a rapidez v do avião no referencial da Terra é menor do que sua rapidez v' no sistema de referência do ar. O tempo necessário para voar até Cleveland nesta velocidade é

$$t = \frac{300 \text{ mi}}{497 \text{ mph}} = 0{,}604 \text{ h}$$

Ela leva 0,004 h = 14 min a mais para chegar a Cleveland do que levaria se não houvesse vento.

AVALIAÇÃO Ao atravessar um rio ou uma corrente oceânica, um barco enfrenta as mesmas dificuldades. Esses são justamente os tipos de cálculos realizados pelos pilotos dos barcos e dos aviões como parte da navegação.

PARE E PENSE 4.4 Voando horizontalmente para a direita a 100 m/s, um avião passa por um helicóptero que sobe verticalmente a 20 m/s. Do ponto de vista do piloto do helicóptero, a orientação e a rapidez do avião são

a. Para a direita e para cima, menor do que 100 m/s.
b. Para a direita e para cima, maior do que 100 m/s.
c. Para a direita e para cima, 100 m/s.
d. Para a direita e para baixo, menor do que 100 m/s.
e. Para a direita e para baixo, 100 m/s.
f. Para a direita e para baixo, maior do que 100 m/s.

4.5 Movimento circular uniforme

A **FIGURA 4.32** mostra uma partícula movendo-se em um círculo de raio r. Ela poderia representar um satélite em órbita, uma bola presa à extremidade de um barbante ou mesmo um simples ponto pintado no lado da roda de um carro. O movimento circular é outro exemplo de movimento em um plano, mas ele é completamente diferente do movimento de projéteis.

Para iniciar seu estudo do movimento circular uniforme, considere uma partícula que se move com *rapidez constante* em um círculo de raio r. A isso se chama **movimento circular uniforme***. Não importa o que represente a partícula, seu vetor velocidade $\vec{v}$ é sempre tangente ao círculo descrito. Já a rapidez v da partícula é constante; logo, o vetor $\vec{v}$ tem sempre o mesmo tamanho.

O intervalo de tempo que a partícula leva para completar uma volta do círculo, completando uma revolução (abreviada por rev), é chamado de **período** do movimento. O período é representado pelo símbolo T. É fácil relacionar o período T da partícula com sua rapidez v. Para uma partícula que se move com rapidez constante, esta é, simplesmente, distância/tempo. Em um período, a partícula se move uma vez ao redor do círculo de raio r, percorrendo a circunferência de valor $2\pi r$. Logo,

$$v = \frac{1 \text{ circunferência}}{1 \text{ período}} = \frac{2\pi r}{T} \qquad (4.25)$$

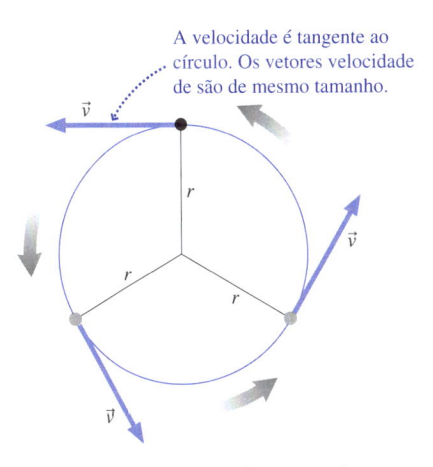

FIGURA 4.32 Uma partícula em movimento circular uniforme.

EXEMPLO 4.11 Uma manivela em rotação

O eixo de uma manivela, de 4,0 cm de diâmetro, gira a 2.400 rpm (revoluções por minuto). Qual é a rapidez de um ponto da superfície do eixo?

RESOLUÇÃO Precisamos determinar o tempo gasto para o eixo completar 1 rev. Primeiro, convertemos 2.400 rpm para revoluções por segundo:

$$\frac{2400 \text{ rev}}{1 \text{ min}} \times \frac{1 \text{ min}}{60 \text{ s}} = 40 \text{ rev/s}$$

Se o eixo da manivela gira 40 vezes em 1 s, o tempo gasto para 1 rev é

$$T = \frac{1}{40} \text{ s} = 0,025 \text{ s}$$

Então, a rapidez de um ponto da superfície do eixo, onde r = 2,0 cm = 0,020 m, é

$$v = \frac{2\pi r}{T} = \frac{2\pi(0,020 \text{ m})}{0,025 \text{ s}} = 5,0 \text{ m/s}$$

O movimento circular é um dos mais importantes tipos de movimento.

Posição angular

Em vez de usar coordenadas xy, será mais conveniente descrever a posição de uma partícula em movimento circular por sua distância r ao centro do círculo (denotado por O) e o ângulo θ que r faz com o semi-eixo positivo de x. Isso é mostrado na **FIGURA 4.33**. O ângulo θ é a **posição angular** da partícula.

---
* N. de T.: No Brasil, normalmente abreviado por MCU.

Podemos determinar uma posição sobre o eixo x a partir de uma posição que corresponde a um ângulo abaixo do eixo x, *definindo* θ como positivo quando contado em *sentido anti-horário* a partir do semi-eixo positivo de x. Se o ângulo for contado em sentido horário a partir do semi-eixo positivo de x ele terá um valor negativo. No movimento circular, "horário" e "anti-horário" são análogos, respectivamente, aos termos "à esquerda" e "à direita" da origem no movimento linear, os quais são associados a valores negativos e positivos de x. Uma partícula 30° abaixo do semi-eixo positivo de x é igualmente bem-descrita por $\theta = -30°$ ou $\theta = +330°$. Poderíamos descrever também esta partícula por $\theta = \frac{11}{12}$ rev, onde *revoluções* é outra maneira de medir um ângulo.

Embora graus e revoluções sejam amplamente usados para se medir ângulos, matemáticos e cientistas geralmente acham mais útil medir o ângulo θ da Figura 4.33 usando o **comprimento de arco** s que a partícula descreve ao longo do perímetro de um círculo de raio r. Definimos a unidade de ângulo **radiano** tal que

$$\theta(\text{radianos}) \equiv \frac{s}{r} \quad (4.26)$$

O radiano, abreviado por rad, é a unidade de ângulo do SI. Um ângulo de 1 rad corresponde exatamente a um comprimento de arco s igual ao raio r.

O comprimento de arco correspondente a uma volta completa no círculo é a circunferência do círculo $2\pi r$. Assim, o ângulo correspondente a um círculo completo é

$$\theta_{\text{círculo completo}} = \frac{2\pi r}{r} = 2\pi \text{ rad}$$

Esta relação é base para os bem-conhecidos fatores de conversão

$$1 \text{ rev} = 360° = 2\pi \text{ rad}$$

Como um exemplo simples de conversão entre radianos e graus, vamos converter um ângulo de 1 rad para graus:

$$1 \text{ rad} = 1 \text{ rad} \times \frac{360°}{2\pi \text{ rad}} = 57,3°$$

Assim, uma aproximação grosseira é 1 rad ≈ 60°. Com freqüência especificaremos ângulos em graus, mas tenha em mente que a unidade de ângulo do SI é o radiano.

Uma conseqüência importante da Equação 4.26 é que o comprimento de arco correspondente a um ângulo θ é

$$s = r\theta \quad (\text{com } \theta \text{ em rad}) \quad (4.27)$$

Este é um resultado que freqüentemente usaremos, mas ele é válido *somente* se θ for medido em radianos, e não, em graus. Essa relação muito simples entre ângulo e comprimento de arco é uma das motivações básicas para se usar radianos.

NOTA ▶ Unidades de ângulos geralmente são problemáticas. Diferentemente do quilograma ou do segundo, para as quais dispomos de padrões, o radiano é uma unidade *fixada*. Além disso, sua definição como uma razão entre dois comprimentos significa que um ângulo é um *número puro*, sem dimensões. Logo, a unidade de ângulo, seja ela radiano, grau ou revolução é, de fato, apenas um *nome* para nos lembrar de que estamos trabalhando com um ângulo. Conseqüentemente, a unidade radiano às vezes aparece e desaparece sem aviso. Isto lhe parecerá misterioso até que se acostume. Este livro chamará sua atenção para tal comportamento nas primeiras vezes em que ele ocorrer. Com um pouco de prática, logo você aprenderá quando é e quando não é necessário usar a unidade radiano. ◄

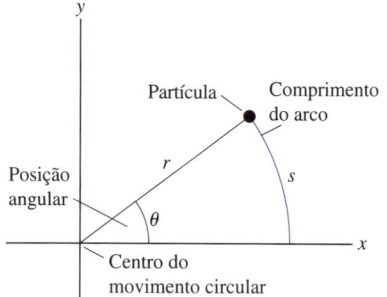

FIGURA 4.33 A posição de uma partícula é descrita pela distância r e pelo ângulo θ.

Velocidade angular

A **FIGURA 4.34** mostra uma partícula movendo-se em um círculo a partir de uma posição angular inicial θ_i no instante t_i para uma posição angular final θ_f em um instante posterior t_f. A variação $\Delta\theta = \theta_f - \theta_i$ é chamada de **deslocamento angular**. Podemos medir

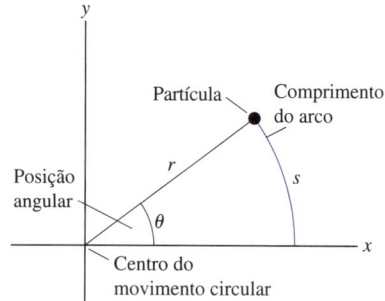

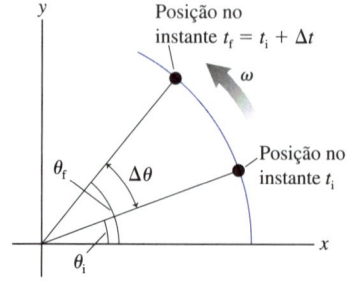

FIGURA 4.34 Uma partícula se move com velocidade angular ω.

o movimento angular da partícula em função da taxa de variação de θ exatamente como medimos o movimento linear de uma partícula em função da taxa de variação de sua posição s.

Em analogia com o movimento linear, vamos definir a *velocidade angular média* como

$$\text{velocidade angular média} \equiv \frac{\Delta\theta}{\Delta t} \qquad (4.28)$$

Quando o intervalo de tempo Δt torna-se muito pequeno, $\Delta t \to 0$, chegamos à definição de **velocidade angular** instantânea

$$\omega \equiv \lim_{\Delta t \to 0} \frac{\Delta\theta}{\Delta t} = \frac{d\theta}{dt} \qquad \text{(velocidade angular)} \qquad (4.29)$$

O símbolo ω é a letra grega minúscula ômega, e *não*, a letra latina comum w. A unidade de velocidade angular do SI é rad/s, mas °/s, rev/s e rev/min também são unidades bastante usadas. A unidade revoluções por minuto é abreviada por rpm.

A velocidade angular é a *taxa* com a qual a posição angular da partícula está variando enquanto ela descreve um círculo. Uma partícula que parta de $\theta = 0$ rad com velocidade angular de 0,5 rad/s estará em $\theta = 0,5$ rad após 1 s, em $\theta = 1,0$ rad após 2 s e em $\theta = 1,5$ rad após 3 s e assim por diante. Sua posição angular está aumentando a uma *taxa* de 0,5 rad por segundo. Em analogia com o movimento linear uniforme, que estudamos no Capítulo 2, o movimento circular uniforme é aquele em que o ângulo aumenta a uma taxa *constante*: **uma partícula move-se em movimento circular uniforme se e somente se sua velocidade angular ω é constante**.

A velocidade angular, como a velocidade v_s de um movimento bidimensional, pode ser positiva ou negativa. Os sinais mostrados na **FIGURA 4.35** se baseiam no fato de que θ foi definido como positivo para uma rotação anti-horária. Uma vez que a definição $\omega = d\theta/dt$ para o movimento circular é análoga à definição $v_s = ds/dt$ para o movimento linear, as relações gráficas encontradas entre v_s e s, no Capítulo 2, aplicam-se igualmente bem para ω e θ:

- ω = declividade do gráfico θ *versus* t no instante t
- $\theta_f = \theta_i$ + área sob o gráfico ω *versus* t entre t_i e t_f

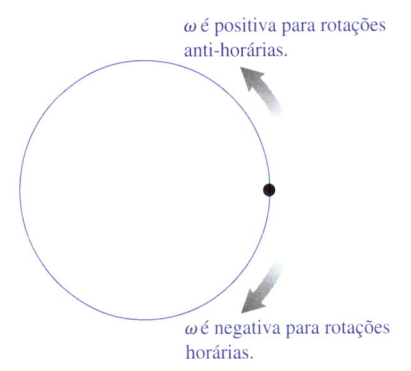

FIGURA 4.35 Velocidades angulares positiva e negativa.

ω é positiva para rotações anti-horárias.

ω é negativa para rotações horárias.

EXEMPLO 4.12 Uma representação gráfica do movimento circular

A **FIGURA 4.36** mostra a posição angular de uma partícula que se move em um círculo de raio r. Descreva o movimento da partícula e desenhe o correspondente gráfico ω *versus* t.

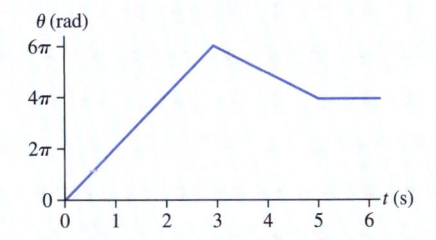

FIGURA 4.36 Gráfico da posição angular para a partícula do Exemplo 4.12.

RESOLUÇÃO Embora o movimento circular pareça "recomeçar" a cada revolução (a cada 2π rad), a posição angular θ continua aumentando. $\theta = 6\pi$ rad corresponde a três revoluções. Esta partícula realiza 3 rev anti-horárias (pois θ está se tornando cada vez mais positivo) em 3 s, imediatamente inverte o sentido e efetua 1 rev no sentido horário em 2 s, depois pára em $t = 5$ s e mantém a posição $\theta = 4\pi$ rad. A velocidade angular é obtida medindo-se a declividade deste gráfico:

$t = 0\text{–}3$ s   declividade = $\Delta\theta/\Delta t = 6\pi$ rad/3 s = 2π rad/s

$t = 3\text{–}5$ s   declividade = $\Delta\theta/\Delta t = -2\pi$ rad/2 s = $-\pi$ rad/s

$t > 5$ s   declividade = $\Delta\theta/\Delta t = 0$ rad/s

Estes resultados são mostrados como um gráfico ω *versus* t na **FIGURA 4.37**. Para os primeiros 3 s, o movimento é circular uniforme com $\omega = 2\pi$ rad/s. A partícula, então, passa a descrever um movimento circular uniforme diferente, com $\omega = -\pi$ rad/s por 2 s, e depois pára.

O *valor* de ω é a declividade do gráfico da posição angular.

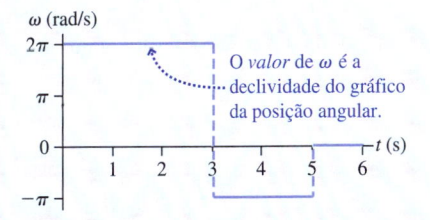

FIGURA 4.37 Gráfico ω *versus* t para a partícula do Exemplo 4.12.

NOTA ▶ Em física, quase sempre desejamos obter resultados como valores numéricos. No Exemplo 4.11 havia um π na equação, porém usamos seu valor numérico para calcular $v = 5{,}0$ m/s. Todavia, ângulos em radianos são uma exceção a esta regra. Não há problema em você deixar um π no valor de θ ou de ω, e fizemos isso no Exemplo 4.12. ◀

Durante um movimento circular uniforme, a velocidade angular é constante, de modo que o gráfico ω versus t é uma linha horizontal. Na **FIGURA 4.38** é fácil verificar que a área sob a curva, entre t_i e t_f, é simplesmente $\omega \Delta t$. Conseqüentemente,

$$\theta_f = \theta_i + \omega \Delta t \quad \text{(movimento circular uniforme)} \quad (4.30)$$

A Equação 4.30 equivale, com diferentes variáveis, ao resultado $s_f = s_i + v_s \Delta t$ para o movimento retilíneo uniforme. Veremos mais exemplos onde o movimento circular é análogo ao movimento retilíneo com variáveis angulares substituindo variáveis lineares. Assim, muito do que você aprendeu acerca da cinemática linear serve para o movimento circular.

Sem ser surpreendente, a velocidade angular ω está intimamente relacionada ao *período T* do movimento. Enquanto a partícula descreve um círculo completo uma vez, seu deslocamento angular é $\Delta \theta = 2\pi$ rad durante o intervalo $\Delta t = T$. Logo, usando a definição de velocidade angular, obtemos

$$|\omega| = \frac{2\pi \text{ rad}}{T} \quad \text{ou} \quad T = \frac{2\pi \text{ rad}}{|\omega|} \quad (4.31)$$

O período sozinho fornece apenas o valor absoluto de $|\omega|$. Você precisa saber a orientação do movimento a fim de determinar o sinal de ω.

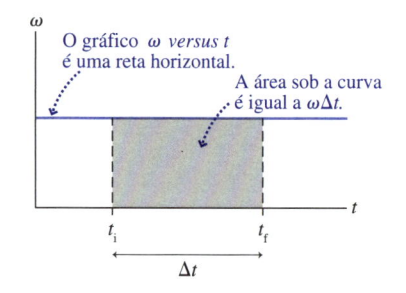

FIGURA 4.38 O gráfico ω versus t para o movimento circular uniforme é uma reta horizontal.

EXEMPLO 4.13 Na roleta

Uma pequena bola de aço rola em sentido anti-horário ao redor da superfície interna de uma roleta com 30 cm de diâmetro. A bola completa 2,0 rev em 1,2 s.

a. Qual é a velocidade angular da bolinha?
b. Qual é a posição da bolinha em t = 2,0 s? Considere $\theta_i = 0$.

MODELO Considere a bolinha como uma partícula em movimento circular uniforme.

RESOLUÇÃO a. O período de movimento da bolinha, o tempo correspondente a 1 rev, é $T = 0{,}60$ s. A velocidade angular é positiva para movimento anti-horário, de modo que

$$\omega = \frac{2\pi \text{ rad}}{T} = \frac{2\pi \text{ rad}}{0{,}60 \text{ s}} = 10{,}47 \text{ rad/s}$$

b. A bolinha começa em $\theta_i = 0$ rad. Após $\Delta t = 2{,}0$ s, sua posição é dada pela Equação 4.30:

$$\theta_f = 0 \text{ rad} + (10{,}47 \text{ rad/s})(2{,}0 \text{ s}) = 20{,}94 \text{ rad}$$

onde mantivemos um algarismo significativo extra para evitar erro de arredondamento. Embora esta seja uma resposta matematicamente aceitável, um observador diria que a bolinha está sempre localizada em algum lugar entre 0° e 360°. Assim, uma prática comum é subtrair um número inteiro de 2π rad, representando revoluções completas. Como $20{,}94/2\pi = 3{,}333$, podemos escrever

$$\theta_f = 20{,}94 \text{ rad} = 3{,}333 \times 2\pi \text{ rad}$$
$$= 3 \times 2\pi \text{ rad} + 0{,}333 \times 2\pi \text{ rad}$$
$$= 3 \times 2\pi \text{ rad} + 2{,}09 \text{ rad}$$

Em outras palavras, em $t = 2{,}0$ s a bolinha completou 3 rev e se encontra em 2,09 rad = 120° de sua quarta revolução. Um observador diria que a posição da bola é $\theta_f = 120°$.

PARE E PENSE 4.5 Uma partícula descreve um círculo em sentido horário com uma rapidez constante durante 2,0 s. Então, ela inverte o sentido e passa a se mover em sentido anti-horário com a metade da rapidez original até ter se deslocado através do mesmo valor de ângulo. Qual é o gráfico ângulo *versus* tempo para a partícula?

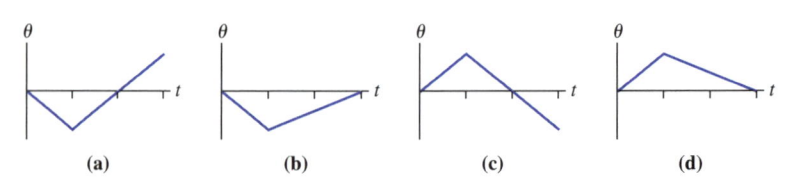

(a) (b) (c) (d)

4.6 Velocidade e aceleração no movimento circular uniforme

Para uma partícula em movimento circular uniforme, como a da **FIGURA 4.39**, o vetor velocidade $\vec{v}$ é sempre tangente ao círculo descrito. Em outras palavras, o vetor velocidade possui apenas um *componente tangencial*, que denotaremos por v_t.

O componente tangencial de velocidade v_t é a taxa ds/dt com a qual a partícula se move em um *círculo*, onde s é o comprimento de arco medido a partir do semi-eixo positivo de x. Da Equação 4.27, o comprimento de arco é $s = r\theta$. Derivando a relação, obtemos

$$v_t = \frac{ds}{dt} = r\frac{d\theta}{dt}$$

Mas $d\theta/dt$ é a velocidade angular ω. Logo, a velocidade tangencial e a velocidade angular estão relacionadas por

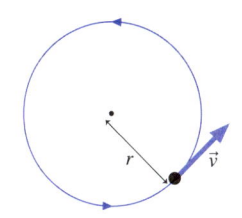

$$v_t = \omega r \quad \text{(com } \omega \text{ em rad/s)} \tag{4.32}$$

FIGURA 4.39 O vetor velocidade $\vec{v}$ possui apenas o componente tangencial v_t.

NOTA ▶ ω só pode estar em rad/s, pois a relação $s = r\theta$ é a definição de radiano. Embora seja conveniente, em certos problemas, medir ω em rev/s ou rpm, você deve convertê-la para a unidade do SI, rad/s, para poder usar a Equação 4.32. ◀

A velocidade tangencial v_t é positiva para o movimento no sentido anti-horário e negativa no sentido horário. Como v_t é o único componente de $\vec{v}$, a rapidez da partícula é $v = |v_t| = |\omega|r$. Isso também será escrito, às vezes, como $v = \omega r$, quando não existir ambigüidade acerca do sinal de ω. Uma vez que uma partícula em movimento circular uniforme possui uma rapidez constante, pode-se concluir que ela também descreve uma rotação com velocidade angular constante.

Como um exemplo simples, uma partícula que se mova em sentido horário a 2,0 m/s descreve um círculo de 40 cm de raio com velocidade angular

$$\omega = \frac{v_t}{r} = \frac{-2{,}0 \text{ m/s}}{0{,}40 \text{ m}} = -5{,}0 \text{ rad/s}$$

onde v_t e ω são negativos por causa do sentido horário de movimento. Observe as unidades. Velocidade dividida por distância tem unidades de s^{-1}. Mas, neste caso, devido à divisão resultar em uma grandeza angular, inserimos a unidade *adimensional* rad para obter ω na unidade apropriada de rad/s.

Aceleração

As Figuras 4.1 e 4.2 do início deste capítulo ilustram o movimento circular uniforme de uma roda-gigante. Você deveria rever estas figuras. Lá nós verificamos que uma partícula em movimento circular uniforme, apesar de mover-se com rapidez constante, possui uma aceleração porque a *orientação* do vetor velocidade $\vec{v}$ está sempre variando. A análise do diagrama de movimento mostrou que a **aceleração $\vec{a}$ aponta para o centro do círculo**. A velocidade instantânea é tangente ao círculo, de modo que $\vec{v}$ e $\vec{a}$ são mutuamente perpendiculares em todos os pontos do círculo, como ilustra a **FIGURA 4.40**.

A aceleração do movimento circular uniforme é chamada de **aceleração centrípeta**, um termo com raiz grega que significa "o que procura o centro". A aceleração centrípeta não é um novo tipo de aceleração; tudo o que fizemos foi *dar um nome* novo a uma aceleração que corresponde a um tipo particular de movimento. O módulo da aceleração centrípeta é constante, pois cada sucessivo $\Delta\vec{v}$ do diagrama de movimento possui o mesmo comprimento.

O diagrama de movimento nos dá a orientação de $\vec{a}$, mas não o valor de a. Para completar nossa descrição do movimento circular uniforme, precisamos obter uma relação quantitativa entre a e a rapidez v da partícula. A **FIGURA 4.41** mostra a posição $\vec{r}_i$ e a velo-

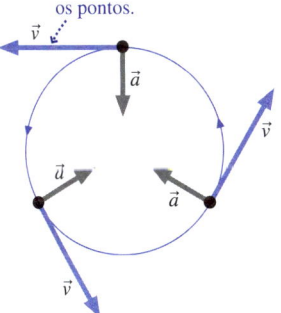

FIGURA 4.40 No movimento circular uniforme, a aceleração $\vec{a}$ sempre aponta para o centro.

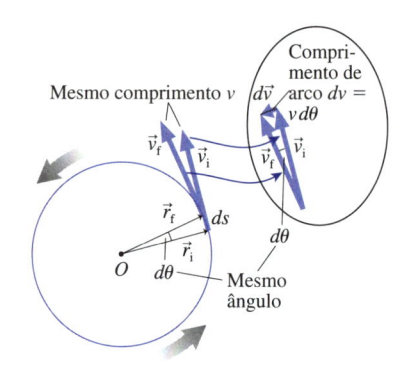

FIGURA 4.41 Obtendo a aceleração do movimento circular.

cidade $\vec{v}_i$ em um instante do movimento e a posição $\vec{r}_f$ e a velocidade $\vec{v}_f$ em um instante posterior por um intervalo infinitesimal dt. Durante este pequeno intervalo de tempo, a partícula descreve um ângulo infinitesimal $d\theta$ e percorre uma distância $ds = r\,d\theta$.

Por definição, a aceleração é $\vec{a} = d\vec{v}/dt$. Podemos ver da inserção da Figura 4.41 que $d\vec{v}$ aponta para o centro do círculo — ou seja, $\vec{a}$ é uma aceleração centrípeta. Para determinar o módulo de $\vec{a}$, podemos ver, do triângulo isósceles formado pelos vetores velocidade, que, se $d\theta$ está em radianos,

$$dv = |d\vec{v}| = v\,d\theta \quad (4.33)$$

Para um movimento circular uniforme, a rapidez $v = ds/dt = r\,d\theta/dt$ é constante e, portanto, o tempo gasto para descrever um ângulo $d\theta$ é

$$dt = \frac{r\,d\theta}{v} \quad (4.34)$$

Combinando as Equações 4.33 e 4.34, vemos que a aceleração tem módulo igual a

$$a = |\vec{a}| = \frac{|d\vec{v}|}{dt} = \frac{v\,d\theta}{r\,d\theta/v} = \frac{v^2}{r}$$

Usando a notação vetorial e sabendo que $\vec{a}$ aponta para o centro, podemos escrever

$$\vec{a} = \left(\frac{v^2}{r}, \text{ para o centro do círculo}\right) \quad \text{(aceleração centrípeta)} \quad (4.35)$$

Usando a Equação 4.32, $v = \omega r$, também podemos expressar o módulo da aceleração centrípeta em termos da velocidade angular ω como

$$a = \omega^2 r \quad (4.36)$$

NOTA ▶ A aceleração centrípeta não é constante. Seu módulo mantém-se constante durante um movimento circular uniforme, mas a orientação de $\vec{a}$ está constantemente mudando. Logo, as equações cinemáticas de aceleração constante, do Capítulo 2, *não* se aplicam ao movimento circular. ◀

EXEMPLO 4.14 A aceleração em uma roda-gigante

Uma típica roda-gigante de parque de diversões possui raio de 9,0 m e gira 4,0 vezes por minuto. Qual é o módulo da aceleração que um passageiro do brinquedo experimenta?

MODELO Considere o passageiro como uma partícula em movimento circular uniforme.

RESOLUÇÃO O período é $T = \frac{1}{4}$ min = 15 s. Da Equação 4.25, a rapidez do passageiro é

$$v = \frac{2\pi r}{T} = \frac{2\pi(9{,}0\text{ m})}{15\text{ s}} = 3{,}77\text{ m/s}$$

Conseqüentemente, a aceleração centrípeta é

$$a = \frac{v^2}{r} = \frac{(3{,}77\text{ m/s})^2}{9{,}0\text{ m}} = 1{,}6\text{ m/s}^2$$

AVALIAÇÃO Não se pretendeu que este fosse um problema profundo, mas meramente um problema para ilustrar como se calcula o valor da aceleração centrípeta. Seu valor é suficiente para que seja notada e torne interessante o passeio, mas não o suficiente para ser amedrontadora.

PARE E PENSE 4.6 Ordene em seqüência, da maior para a menor, as acelerações centrípetas de a_a a a_e das partículas das figuras de (a) a (e).

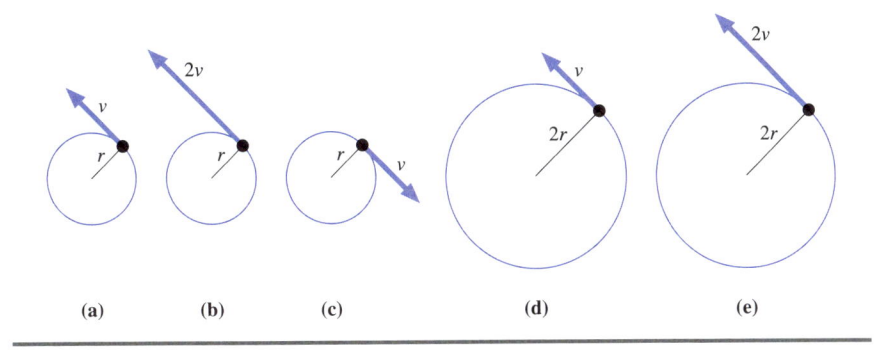

(a) (b) (c) (d) (e)

4.7 Movimento circular não-uniforme e aceleração angular

Um vagão de montanha-russa que descreve um *loop* desacelera enquanto sobe por um lado e acelera ao descer pelo outro. A bolinha em uma roleta gradualmente perde rapidez até parar. O movimento circular em que ocorre variação de rapidez é chamado de **movimento circular não-uniforme**.

A Figura 4.12 mostrou que, no caso de um movimento em um plano, o vetor aceleração pode ser decomposto em um componente $\vec{a}_\parallel$ (paralelo à trajetória), associado com a variação da rapidez, e $\vec{a}_\perp$ (perpendicular à trajetória), associado com a variação da orientação. A aceleração centrípeta é $\vec{a}_\perp$; ela é sempre perpendicular à $\vec{v}$ e é responsável pelas constantes mudanças de orientação da partícula enquanto esta se move em círculo. Para uma partícula aumentar ou diminuir sua rapidez ao se mover em círculo, é necessário existir — além da aceleração centrípeta — uma aceleração que seja paralela à trajetória ou, o que é equivalente, paralela à $\vec{v}$. Nós a chamamos de **aceleração tangencial** a_t porque, como a velocidade v_t, ela é sempre tangente ao círculo descrito.

A **FIGURA 4.42** mostra uma partícula que descreve um movimento circular não-uniforme. *Qualquer* movimento circular, seja uniforme ou não-uniforme, possui uma aceleração centrípeta porque a orientação do movimento está variando. A aceleração centrípeta, que aponta radialmente para o centro do círculo, agora será chamada de **aceleração radial** a_r. Por causa da aceleração tangencial, **o vetor aceleração $\vec{a}$ de uma partícula em movimento circular não-uniforme *não* aponta para o centro do círculo**. Para uma partícula cuja rapidez está aumentando, a aceleração aponta para um ponto "mais à frente" em relação ao centro, como na Figura 4.42, mas ela apontaria para um ponto "mais atrás" em relação ao centro se a rapidez da partícula estivesse diminuindo. Da Figura 4.42, podemos ver que o módulo da aceleração é

$$a = \sqrt{a_r^2 + a_t^2} \quad (4.37)$$

Quando a rapidez da partícula aumenta ou diminui, a aceleração tangencial é simplesmente a taxa segundo a qual a velocidade tangencial varia:

$$a_t = \frac{dv_t}{dt} \quad (4.38)$$

Se a_t for constante, o comprimento de arco s percorrido pela partícula no movimento em círculo e a velocidade tangencial v_t são determinados a partir da cinemática de aceleração constante:

$$s_f = s_i + v_{it}\Delta t + \tfrac{1}{2}a_t(\Delta t)^2$$

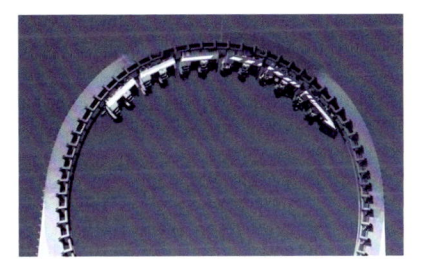

$$v_{ft} = v_{it} + a_t\Delta t \quad (4.39)$$

A montanha-russa descreve um movimento circular não-uniforme durante o *loop*.

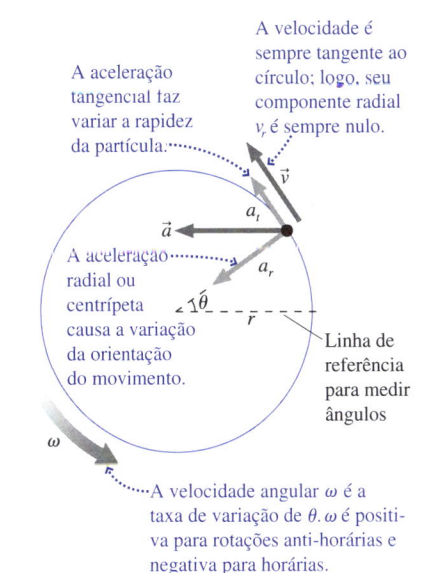

FIGURA 4.42 Movimento circular não-uniforme.

EXEMPLO 4.15 Movimento circular de um foguete

Um modelo de foguete é fixado à extremidade de uma haste rígida com 2,0 m de comprimento. A outra extremidade da haste gira sobre um pivô sem atrito, o que faz com que o foguete se mova em um círculo horizontal. O foguete acelera a 1,0 m/s² por 10 s, partindo do repouso, até acabar seu combustível.

a. Qual é o módulo de $\vec{a}$ em $t = 2,0$ s?
b. Qual é a velocidade angular do foguete, em rpm, quando acaba seu combustível?

MODELO Considere o foguete como uma partícula em movimento circular não-uniforme. Considere também que ele parta do repouso.

VISUALIZAÇÃO A **FIGURA 4.43** é uma representação pictórica da situação. A aceleração causada pelo motor do foguete é a aceleração tangencial $a_t = 1,0$ m/s².

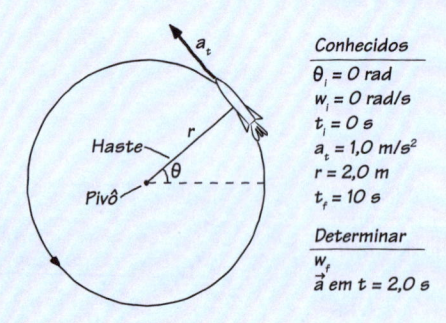

FIGURA 4.43 O movimento circular não-uniforme de um modelo de foguete.

RESOLUÇÃO a. O motor do foguete gera a aceleração tangencial $a_t = 1,0$ m/s². Enquanto o foguete vai se tornando mais rápido, ele adquire uma aceleração centrípeta, ou radial, $a_r = v_t^2/r$. Em $t = 2,0$ s,

$$v_{2s} = v_i + a_t \Delta t = 0 + (1,0 \text{ m/s}^2)(2,0 \text{ s}) = 2,0 \text{ m/s}$$

$$a_r = \frac{v_{2s}^2}{r} = \frac{(2,0 \text{ m/s})^2}{2,0 \text{ m}} = 2,0 \text{ m/s}^2$$

Assim, o módulo da aceleração neste instante é

$$a = \sqrt{a_r^2 + a_t^2} = \sqrt{(2,0 \text{ m/s}^2)^2 + (1,0 \text{ m/s}^2)^2} = 2,2 \text{ m/s}^2$$

b. A velocidade tangencial depois de 10 s é

$$v_{10s} = v_i + a_t \Delta t = 0 + (1,0 \text{ m/s}^2)(10,0 \text{ s}) = 10,0 \text{ m/s}$$

e, portanto, a velocidade angular é

$$\omega_f = \frac{v_{10s}}{r} = \frac{10,0 \text{ m/s}}{2,0 \text{ m}} = 5,0 \text{ rad/s}$$

Esta é outra situação em que nós inserimos explicitamente a unidade rad. Convertendo para rpm:

$$\omega_f = \frac{5,0 \text{ rad}}{1 \text{ s}} \times \frac{1 \text{ rev}}{2\pi \text{ rad}} \times \frac{60 \text{ s}}{1 \text{ min}} = 48 \text{ rpm}$$

Aceleração angular

A cinemática do movimento circular se aplica não apenas a partículas, mas também a objetos sólidos em rotação. A **FIGURA 4.44** mostra uma roda girando em torno de um eixo. Note que os dois pontos sobre a roda, marcados com pontos, giram descrevendo um *mesmo ângulo* enquanto a roda gira, mesmo que seus raios de rotação sejam diferentes, ou seja, $\Delta\theta_1 = \Delta\theta_2$ durante qualquer intervalo de tempo Δt. Como conseqüência, os dois pontos possuem velocidades angulares iguais: $\omega_1 = \omega_2$. Logo, podemos nos referir à velocidade ω como sendo a *da roda*.

Dois pontos de um objeto em rotação possuem a mesma velocidade angular, mas eles possuem *diferentes* velocidades tangenciais v_t quando estão situados a distâncias diferentes do eixo de rotação. Conseqüentemente, a velocidade angular é mais útil do que a velocidade tangencial para descrever um objeto em rotação.

Suponha que a rotação de um objeto torne-se mais rápida ou mais lenta, isto é, o objeto possui uma aceleração tangencial a_t. Já vimos que $a_t = dv_t/dt$ e que $v_t = r\omega$. Combinando essas duas equações, obtemos

$$a_t = \frac{d(r\omega)}{dt} = r\frac{d\omega}{dt} \qquad (4.40)$$

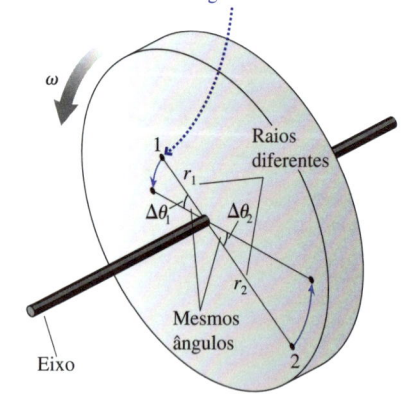

FIGURA 4.44 Os dois pontos sobre a roda descrevem movimentos circulares com a mesma velocidade angular.

Ao tomar a derivada, usamos o fato de que r é uma constante no movimento circular.

Definimos originalmente a aceleração como $a = dv/dt$, a taxa de variação da velocidade. A derivada da Equação 4.40 é a taxa de variação da velocidade *angular*. Por analogia, vamos definir a **aceleração angular** α (a letra grega alfa) como

$$\alpha \equiv \frac{d\omega}{dt} \qquad \text{(aceleração angular)} \qquad (4.41)$$

A unidade de aceleração angular é o rad/s². A aceleração angular é a *taxa* com a qual varia a velocidade angular ω, da mesma forma como a aceleração linear é a taxa de variação da velocidade v. A **FIGURA 4.45** ilustra esta idéia.

NOTA ► Cuidado com o sinal de α. Você aprendeu no Capítulo 2 que valores positivos e negativos de aceleração não devem ser interpretados simplesmente como "acelerando" e "desacelerando". ◄

Uma vez que a aceleração linear $\vec{a}$ é um vetor, um a_x positivo significa que, se v_x é para a direita, ele está aumentando, ou, se para a esquerda, diminuindo. E um a_x negativo significa que, se v_x é para a esquerda, ele está aumentando, ou, se para a esquerda, diminuindo. No movimento de rotação, α é positivo se ω está crescendo em sentido anti-horário, e decrescendo em sentido horário; e negativo se ω está crescendo em sentido horário, e decrescendo em sentido anti-horário. Estes casos são ilustrados na **FIGURA 4.46**.

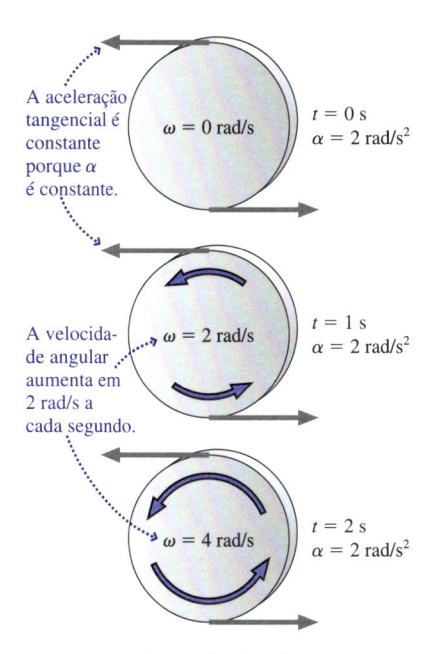

FIGURA 4.45 Uma roda girando com aceleração angular $\alpha = 2$ rad/s².

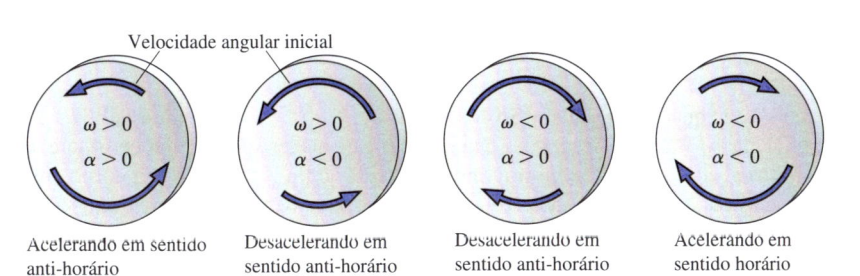

FIGURA 4.46 Sinais da velocidade e da aceleração angulares.

Comparando as Equações 4.40 e 4.41, vemos que as acelerações tangencial e angular estão relacionadas por

$$a_t = r\alpha \tag{4.42}$$

Dois pontos pertencentes a um objeto em rotação possuem a *mesma* aceleração angular α, mas, em geral, têm acelerações tangenciais *diferentes* porque estão se movendo em círculos de raios diferentes. Note a analogia entre a Equação 4.42 e a equação similar $v_t = r\omega$ para as velocidades tangencial e angular.

Como α é derivada temporal de ω, podemos usar exatamente as mesmas relações gráficas que obtivemos para o movimento linear:

- α = declividade do gráfico ω *versus* t no instante t.
- $\omega_f = \omega_i$ + área sob o gráfico α *versus* t entre t_i e t_f.

Estas relações são ilustradas na **FIGURA 4.47**.

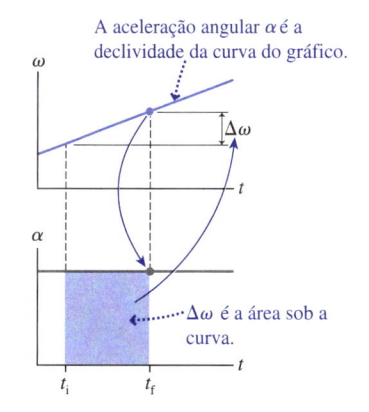

FIGURA 4.47 Relações gráficas entre velocidade e aceleração angulares.

EXEMPLO 4.16 Uma roda em rotação

A **FIGURA 4.48a** é um gráfico da velocidade angular *versus* tempo para uma roda em rotação. Descreva o movimento e trace um gráfico da aceleração angular *versus* tempo.

RESOLUÇÃO A roda parte do repouso, acelera gradualmente em sentido *anti-horário* até atingir uma rapidez máxima em t_1, mantém uma aceleração angular constante até t_2, depois desacelera gradualmente até parar em t_3. O movimento é sempre anti-horário porque ω é sempre positivo. O gráfico da aceleração angular da **FIGURA 4.48b** é baseado no fato de que α é a declividade do gráfico ω *versus* t.

FIGURA 4.48 Gráfico ω *versus* t e correspondente gráfico α *versus* t para uma roda em rotação.

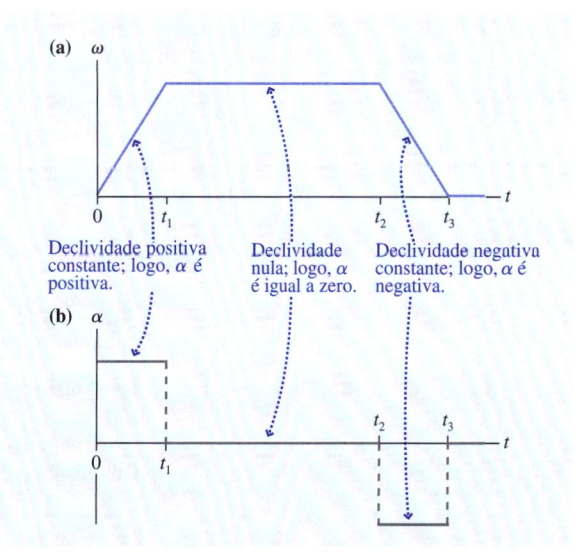

As equações da cinemática do movimento circular, as Equações 4.39, podem ser escritas em termos das grandezas angulares se dividirmos ambos os lados da Equação pelo raio r:

$$\frac{s_f}{r} = \frac{s_i}{r} + \frac{v_{it}}{r}\Delta t + \frac{1}{2}\frac{a_t}{r}(\Delta t)^2$$

$$\frac{v_{ft}}{r} = \frac{v_{it}}{r} + \frac{a_t}{r}\Delta t$$

Você perceberá que s/r é a posição angular θ, v_t/r é a velocidade angular ω e a_t/r é a aceleração angular α. Assim, a posição e a velocidade angulares, depois de sofrerem uma aceleração angular α, são

$$\theta_f = \theta_i + \omega_i \Delta t + \tfrac{1}{2}\alpha(\Delta t)^2$$
$$\omega_f = \omega_i + \alpha t$$
(movimento circular não-uniforme) (4.43)

Além disso, a equação da aceleração centrípeta, $a_r = v^2/r = \omega^2 r$, ainda é válida.

A Tabela 4.1 mostra as equações cinemáticas para aceleração angular constante. Elas se aplicam a uma partícula em movimento circular ou à rotação de um corpo rígido. Note que as equações cinemáticas rotacionais são exatamente análogas às equações cinemáticas do movimento linear.

TABELA 4.1 Cinemáticas rotacional e linear para aceleração constante

Cinemática rotacional	Cinemática linear
$\omega_f = \omega_i + \alpha \Delta t$	$v_{fs} = v_{is} + a_s \Delta t$
$\theta_f = \theta_i + \omega_i \Delta t + \tfrac{1}{2}\alpha(\Delta t)^2$	$s_f = s_i + v_{is}\Delta t + \tfrac{1}{2}a_s(\Delta t)^2$
$\omega_f^2 = \omega_i^2 + 2\alpha \Delta\theta$	$v_{fs}^2 = v_{is}^2 + 2a_s \Delta s$

EXEMPLO 4.17 De volta à roleta

Uma pequena esfera de aço rola pela pista circular de uma roleta com 30 cm de diâmetro. Ela gira em torno da roleta inicialmente a 150 rpm, mas desacelera para 60 rpm em 5,0 s. Quantas revoluções a bola completa durante estes 5,0 s?

MODELO A bola é uma partícula descrevendo um movimento circular não-uniforme. Considere constante a aceleração angular durante a desaceleração.

RESOLUÇÃO Durante os 5,0 s a bola descreve um ângulo

$$\Delta\theta = \theta_f - \theta_i = \omega_i \Delta t + \tfrac{1}{2}\alpha(\Delta t)^2$$

onde $\Delta t = 5{,}0$ s. Podemos determinar a aceleração angular a partir das velocidades inicial e final, mas antes devemos convertê-las para unidades do SI:

$$\omega_i = 150 \frac{\text{rev}}{\text{min}} \times \frac{1 \text{ min}}{60 \text{ s}} \times \frac{2\pi \text{ rad}}{1 \text{ rev}} = 15{,}71 \text{ rad/s}$$

$$\omega_f = 60 \frac{\text{rev}}{\text{min}} = 0{,}40\omega_i = 6{,}28 \text{ rad/s}$$

A aceleração angular α é

$$\alpha = \frac{\Delta\omega}{\Delta t} = \frac{6{,}28 \text{ rad/s} - 15{,}71 \text{ rad/s}}{5{,}0 \text{ s}} = -1{,}89 \text{ rad/s}^2$$

Assim, a bola descreve, ao rolar, um ângulo de

$$\Delta\theta = (15{,}71 \text{ rad/s})(5{,}0 \text{ s}) + \tfrac{1}{2}(-1{,}89 \text{ rad/s}^2)(5{,}0 \text{ s})^2 = 54{,}9 \text{ rad}$$

Como $54{,}9/2\pi = 8{,}75$, a bola completa $8\tfrac{3}{4}$ revoluções enquanto desacelera para 60 rpm.

AVALIAÇÃO Este problema foi resolvido exatamente da mesma maneira que os problemas da cinemática linear que você aprendeu a resolver no Capítulo 2.

PARE E PENSE 4.7 As pás de um ventilador estão desacelerando. Quais são os sinais de ω e de α?

a. ω é positivo e α é positivo.
b. ω é positivo e α é negativo.
c. ω é negativo e α é positivo.
d. ω é negativo e α é negativo.

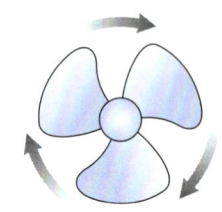

RESUMO

O objetivo do Capítulo 4 foi aprender a resolver problemas sobre o movimento em um plano.

Princípios gerais

A velocidade instantânea

$$\vec{v} = d\vec{r}/dt$$

é um vetor tangente à trajetória.
A aceleração instantânea é

$$\vec{a} = d\vec{v}/dt$$

$\vec{a}_\parallel$, o componente de $\vec{a}$ paralelo à $\vec{v}$, é responsável pela variação da *rapidez*; e $\vec{a}_\perp$, o componente perpendicular à $\vec{a}$, é responsável pela variação da *orientação*.

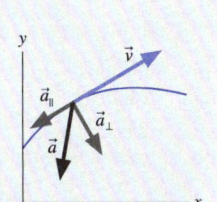

Movimento relativo

Sistemas de referência inerciais movem-se relativamente um ao outro com velocidade constante $\vec{V}$. Medições de posição e de velocidade no referencial S estão relacionadas com as correspondentes medições realizadas em S' através das transformações de Galileu:

$$x' = x - V_x t \qquad v'_x = v_x - V_x$$
$$y' = y - V_y t \qquad v'_y = v_y - V_y$$

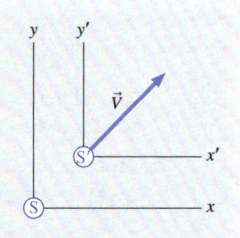

Conceitos importantes

Movimento circular uniforme

Velocidade angular $\omega = d\theta/dt$.
v_t e ω são constantes:

$$v_t = \omega r$$

A aceleração centrípeta aponta para o centro do círculo:

$$a = \frac{v^2}{r} = \omega^2 r$$

Ela faz variar a orientação do movimento, e não, sua rapidez.

Movimento circular não-uniforme

Aceleração angular $\alpha = d\omega/dt$.
A aceleração radial

$$a_r = \frac{v^2}{r} = \omega^2 r$$

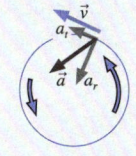

faz variar a orientação do movimento da partícula. O componente tangencial

$$a_t = \alpha r$$

faz variar a rapidez da partícula.

Aplicações

Cinemática em duas dimensões

Se $\vec{a}$ é constante, então os componentes x e y do movimento são mutuamente independentes.

$$x_f = x_i + v_{ix}\Delta t + \tfrac{1}{2}a_x(\Delta t)^2$$
$$y_f = y_i + v_{iy}\Delta t + \tfrac{1}{2}a_y(\Delta t)^2$$
$$v_{fx} = v_{ix} + a_x \Delta t$$
$$v_{fy} = v_{iy} + a_y \Delta t$$

O **movimento de um projétil** ocorre quando o objeto se move somente sob a influência da gravidade. A trajetória é uma parábola.

- Movimento uniforme na direção horizontal com $v_{0x} = v_0 \cos\theta$.
- Movimento de queda livre na direção vertical com $a_y = -g$ e $v_{0y} = v_0 \,\text{sen}\,\theta$.
- As equações cinemáticas para os eixos x e y têm o *mesmo* valor para Δt.

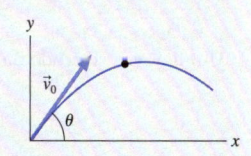

Cinemática do movimento circular

$$\text{Período } T = \frac{2\pi r}{v} = \frac{2\pi}{\omega}$$

$$\text{Posição angular } \theta = \frac{s}{r}$$

$$\omega_f = \omega_i + \alpha \Delta t$$
$$\theta_f = \theta_i + \omega_i \Delta t + \tfrac{1}{2}\alpha(\Delta t)^2$$
$$\omega_f^2 = \omega_i^2 + 2\alpha \Delta\theta$$

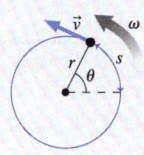

Ângulo, velocidade angular e aceleração angular estão relacionados graficamente.

- A velocidade angular é a declividade do gráfico da posição angular.
- A aceleração angular é a declividade do gráfico da velocidade angular.

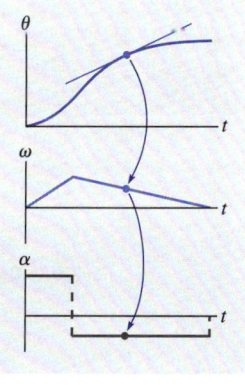

Termos e notação

projétil	transformação de Galileu para a posição	posição angular, θ	movimento circular uniforme
ângulo de lançamento, θ		comprimento de arco, s	aceleração tangencial, a_t
sistema de referência ou referencial	transformação de Galileu para a velocidade	radiano	aceleração radial, a_r
sistema de referência inercial	movimento circular não-uniforme período, T	deslocamento angular, $\Delta\theta$ velocidade angular, ω aceleração centrípeta, a	aceleração angular, α

(MP) Para a tarefa de casa indicada no *MasteringPhysics*, acessar www.masteringphysics.com

A dificuldade de um problema é indicada por símbolos que vão de | (fácil) a ||| (desafiador).

Problemas indicados pelo ícone ✎ podem ser feitos nas *Dynamics Worksheets*.

Problemas indicados pelo ícone integram o material relevante de capítulos anteriores.

QUESTÕES CONCEITUAIS

1. a. A partícula da **FIGURA Q4.1** está acelerando, desacelerando ou mantendo uma rapidez constante?
   b. A partícula está fazendo curva para a direita, para a esquerda ou segue em linha reta?

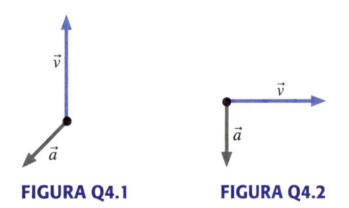

   FIGURA Q4.1   **FIGURA Q4.2**

2. A partícula da **FIGURA Q4.2** descreve uma trajetória retilínea, parabólica ou circular? Ou não é possível responder? Explique.
3. Tarzan balança-se na floresta pendurado por um cipó.
   a. Imediatamente após lançar-se do galho de uma árvore para ir de cipó até outra árvore, a aceleração $\vec{a}$ de Tarzan é nula ou não? Em caso negativo, para onde ela aponta? Explique.
   b. Responda à mesma pergunta considerando o ponto mais baixo do balanço de Tarzan.
4. Um projétil é lançado do solo horizontal em um ângulo entre 0° e 90°.
   a. Existirá algum ponto da trajetória onde $\vec{v}$ e $\vec{a}$ sejam paralelos um ao outro? Em caso afirmativo, onde?
   b. Existirá algum ponto da trajetória onde $\vec{v}$ e $\vec{a}$ sejam perpendiculares um ao outro? Em caso afirmativo, onde?
5. Para um projétil, quais das seguintes grandezas são constantes durante o vôo: x, y, r, v_x, v_y, a_x ou a_y? Quais dessas grandezas são nulas durante o vôo?
6. Um carrinho está rolando a uma velocidade constante sobre uma mesa nivelada quando uma bola é disparada de dentro dele, diretamente para cima.
   a. Ao descer, a bola aterrissará à frente do tubo do qual foi lançada, atrás ou diretamente dentro do mesmo? Explique.
   b. Sua resposta mudará se o carrinho estiver acelerando para a frente? Em caso afirmativo, de que maneira?
7. Uma pedra é atirada de uma ponte em um ângulo de 30° abaixo da horizontal.
   a. Imediatamente após ter sido solta, o módulo da aceleração da pedra será maior, menor ou igual a g? Explique.
   b. No momento do impacto, a rapidez da pedra será maior, menor ou igual à rapidez com a qual foi arremessada? Explique.
8. Ordene em seqüência, do menor para o maior (alguns podem ser simultâneos), os intervalos de tempo que os projéteis da **FIGURA Q4.8** levam para chegar ao solo. Despreze a resistência do ar.

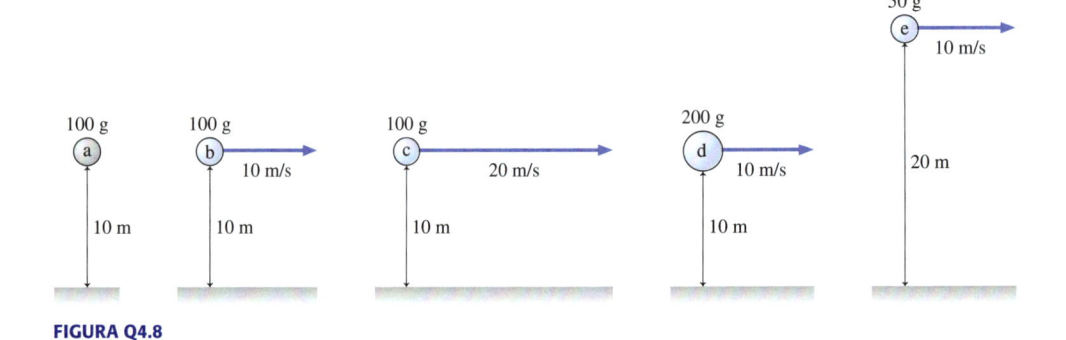

FIGURA Q4.8

CAPÍTULO 4 ■ Cinemática em duas Dimensões 119

9. Na **FIGURA Q4.9**, Anita está correndo para a direita a 5 m/s. As bolas 1 e 2 são arremessadas em direção a ela por amigos que estão em pé no solo, parados. De acordo com Anita, ambas as bolas estão se aproximando dela a 10 m/s. Qual das bolas foi arremessada com maior velocidade? Ou elas foram lançadas com a mesma velocidade? Explique.

FIGURA Q4.9

10. Um eletroímã fixado na fuselagem superior de um avião prende uma esfera de aço. Quando um botão é apertado, o eletroímã libera a esfera. O experimento é realizado enquanto o avião está estacionado no solo, e o ponto em que ela atinge o piso do avião é marcado com um X. Depois o experimento é repetido com o avião voando nivelado ao solo a constantes 500 mph. A bola, então, baterá no forro em um ponto adiante de X (em direção ao nariz do avião), sobre X ou ligeiramente atrás de X (em direção à cauda do avião)? Explique.

11. Na **FIGURA Q4.11**, Zack passa por sua casa dirigindo seu carro. Ele quer atirar seu livro de física pela janela e fazê-lo aterrissar na pista de acesso à sua garagem. Se ele atirar o livro exatamente quando ele está passando pelo canto mais próximo da pista da garagem, ele deveria direcioná-lo para fora e para a frente do carro (arremesso 1), diretamente para fora (arremesso 2) ou para fora e para trás (arremesso 3)? Explique.

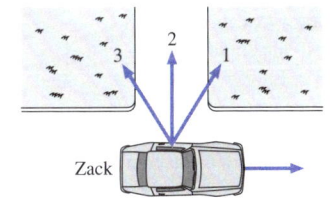

FIGURA Q4.11

12. Na **FIGURA Q4.12**, Yvette e Zack estão dirigindo seus carros lado a lado em uma rodovia com as janelas abertas. Zack quer atirar seu livro de física e fazê-lo aterrissar no banco dianteiro do carro de Yvette. Desprezando a resistência do ar, ele deveria airar seu livro para fora e para a frente do carro (arremesso 1), diretamente para fora (arremesso 2) ou para fora e para trás (arremesso 3)? Explique.

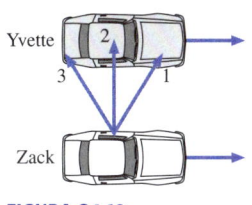

FIGURA Q4.12

13. No movimento circular uniforme, quais das seguintes grandezas são constantes: rapidez, velocidade instantânea, velocidade tangencial, aceleração radial, aceleração tangencial? Quais delas são nulas durante o movimento?

14. A **FIGURA Q4.14** mostra três pontos sobre uma roda que está girando uniformemente.
    a. Ordene em seqüência, da maior para a menor, as velocidades angulares ω_1, ω_2 e ω_3 destes pontos. Explique.
    b. Ordene em seqüência, do maior para o menor, os módulos v_1, v_2 e v_3 das velocidades desses pontos. Explique.

FIGURA Q4.14

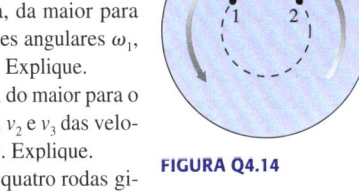

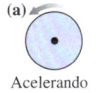

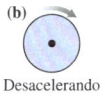

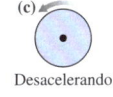

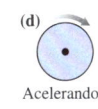

15. A **FIGURA Q4.15** mostra quatro rodas girando. Para cada uma, determine os sinais (+ ou −) de ω e de α.

(a) Acelerando   (b) Desacelerando   (c) Desacelerando   (d) Acelerando

FIGURA Q4.15

16. A **FIGURA Q4.16** mostra um pêndulo na extremidade final do arco que ele descreve.
    a. Neste ponto, ω é positiva, negativa ou nula? Explique.
    b. Neste ponto, α é positiva, negativa ou nula? Explique.

FIGURA Q4.16

EXERCÍCIOS E PROBLEMAS

Exercícios

Seção 4.1 Aceleração

Os problemas de 1 a 3 mostram um diagrama de movimento incompleto. Em cada um deles:
  a. Complete o diagrama de movimento acrescentando a eles vetores velocidade.
  b. Redija um *problema* de física para o qual este seja um diagrama de movimento correto. Seja criativo! Não esqueça de incluir informação suficiente para que o problema seja completo e estabeleça claramente o que deve ser determinado.

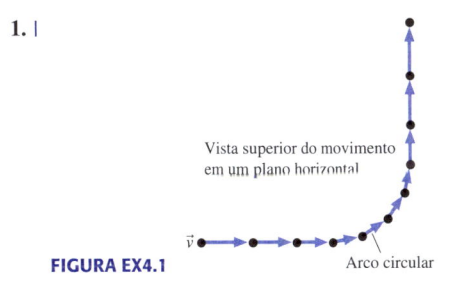

1. |

Vista superior do movimento em um plano horizontal

FIGURA EX4.1   Arco circular

2. | Vista lateral do movimento em um plano vertical. Arco circular.

FIGURA EX4.2

3. |

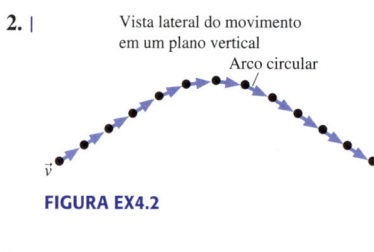

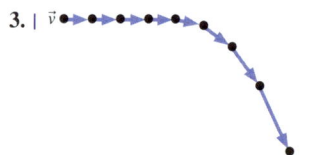

FIGURA EX4.3

4. || Considere um pêndulo balançando de um lado para o outro por uma corda. Use uma análise de diagrama de movimento e redija uma explicação para responder a cada uma das seguintes questões.
  a. No ponto mais baixo do movimento, a velocidade é nula ou não-nula? A aceleração é nula ou não-nula? Se estes vetores não são nulos, para onde eles apontam?
  b. No fim do arco que o pêndulo descreve, quando ele se encontra no ponto mais alto de um lado ou do outro, a velocidade é nula ou não-nula? E quanto à aceleração? Se estes vetores não são nulos, para onde eles apontam?

Seção 4.2 Cinemática bidimensional

5. || Um veleiro está viajando para leste a 5,0 m/s. Uma forte rajada de vento imprime ao barco uma aceleração $\vec{a} = (0,80 \text{ m/s}^2, 40°$ nordeste). Qual será a rapidez do barco e sua orientação 6,0 s mais tarde, quando a rajada some?

6. || A trajetória de uma partícula é descrita por $x = \left(\frac{1}{2}t^3 - 2t^2\right)$ m e $y = \left(\frac{1}{2}t^2 - 2t\right)$ m, onde t está em s.
  a. Quais são os valores da posição e da velocidade da partícula em $t = 0$ s e $t = 4$ s?
  b. Qual é a orientação do movimento da partícula, medida por um ângulo em relação ao eixo x, em $t = 0$ s e $t = 4$ s?

7. || Um disco voador manobrando com aceleração constante é observado com as posições e velocidades mostradas na **FIGURA EX4.7**. Qual é a aceleração $\vec{a}$ do disco voador?

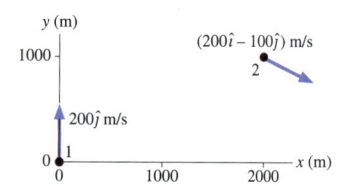

FIGURA EX4.7

8. || Um disco de hóquei movido a foguete move-se sobre uma mesa horizontal sem atrito. A **FIGURA EX4.8** mostra os gráficos de v_x e de v_y, os componentes x e y da velocidade do disco. Ele parte da origem.
  a. Com que orientação o disco está se movendo em $t = 2$ s? Dê sua resposta na forma de um ângulo com o eixo x.
  b. A que distância da origem se encontra o disco em $t = 5$ s?

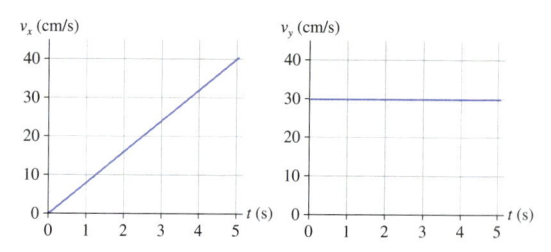

FIGURA EX4.8

9. || Um disco de hóquei movido a foguete move-se sobre uma mesa horizontal sem atrito. A **FIGURA EX4.9** mostra os gráficos de v_x e de v_y, os componentes x e y da velocidade do disco. Ele parte da origem.
  a. Qual é o módulo da aceleração do disco?
  b. A que distância da origem ele se encontra em $t = 0$ s, 5 s e 10 s?

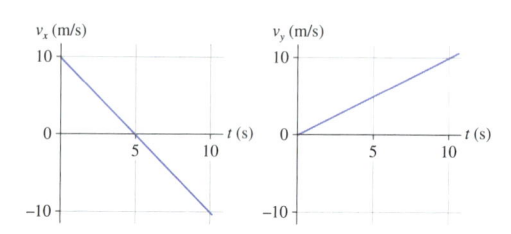

FIGURA EX4.9

Seção 4.3 Movimento de projéteis

10. | Um estudante de física no planeta Exidor arremessa uma bola, e ela segue a trajetória parabólica mostrada na **FIGURA EX4.10**. A posição da bola é mostrada em intervalos de 1 s até $t = 3$ s. Em $t = 1$ s, a velocidade da bola é $\vec{v} = (2,0\hat{\imath} + 2,0\hat{\jmath})$ m/s.
  a. Determine a velocidade da bola em $t = 0$ s, 2 s e 3 s.
  b. Qual é o valor de g na superfície do planeta Exidor?
  c. Qual foi o ângulo de lançamento da bola?

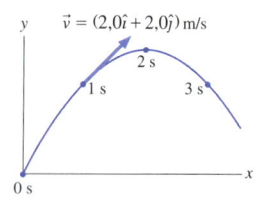

FIGURA EX4.10

11. | Uma bola arremessada horizontalmente a 25 m/s percorre uma distância horizontal de 50 m antes de atingir o solo. De que altura ela foi lançada?

12. || Um rifle é apontado horizontalmente para um alvo a 50 m de distância. A bala atinge o alvo 2,0 cm abaixo do ponto central do mesmo.
  a. Qual foi o tempo de vôo da bala?
  b. Qual é a velocidade da bala ao sair da boca do rifle?

13. | Um avião de suprimentos precisa soltar um pacote de alimentos para cientistas que estão trabalhando em um glaciar na Groenlândia. O avião voa a 100 m de altura do glaciar com uma velocidade de 150 m/s. A que distância do alvo ele deve soltar o pacote?

14. | Um marinheiro sobe ao topo do mastro, 15 m acima do convés, para procurar por terra enquanto o navio se move constantemente a 4,0 m/s em águas calmas. Infelizmente, ele deixa cair sua luneta no convés abaixo.
  a. Onde a luneta aterrissa com relação à base do mastro em que se encontra o marinheiro?
  b. Onde ela aterrissa com relação a um pescador sentado em repouso no seu pequeno barco enquanto passa o navio? Considere que o pescador está emparelhado com o mastro do navio no instante em que a luneta é solta.

Seção 4.4 Movimento relativo

15. | Ted está sentando em sua cadeira de jardim quando Stella passa voando diretamente acima dele a 100 m/s, em direção ao sudeste. Cinco segundos mais tarde, uma granada explode 200 m a leste de Ted. Quais são as coordenadas do local da explosão no referencial de Stella? Considere que, no referencial de Stella, ela própria esteja na origem, com o eixo x apontando para leste.

16. || Um barco leva 3,0 horas para percorrer 30 km rio abaixo, e depois 5,0 horas para retornar. Com que valor de velocidade o rio está fluindo?

17. || Quando a calçada rolante do aeroporto está estragada, o que parece ser freqüente, você leva 50 s para caminhar do portão de desembarque até o balcão de retirada da bagagem. Quando ela está funcionando e você fica em pé, parado sobre a calçada rolante, sem caminhar, leva 75 s para chegar ao balcão. Quanto tempo levaria para ir do portão de desembarque até o balcão de bagagens se você caminhasse enquanto a calçada rolante se move?

18. | Mary precisa atravessar um rio com 100 m de largura, que flui para leste com velocidade de 3,0 m/s, remando em seu bote. Ela consegue remar com uma rapidez de 2,0 m/s.
 a. Se Mary remar diretamente para o norte, onde ela chegará na outra margem?
 b. Faça um desenho mostrando o deslocamentos de Mary devido ao ato de remar, devido à correnteza do rio e o deslocamento resultante da moça.

19. | Susan, dirigindo para o norte a 60 mph, e Shawn, dirigindo para leste a 45 mph, estão se aproximando de um cruzamento. Qual é a rapidez de Shawn em relação ao referencial de Susan?

Seção 4.5 Movimento circular uniforme

20. | A **FIGURA EX4.20** mostra o gráfico posição angular *versus* tempo para uma partícula que se move em um círculo.
 a. Redija uma descrição do movimento da partícula.
 b. Desenhe o gráfico velocidade angular *versus* tempo.

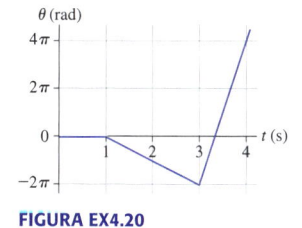

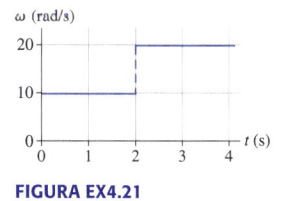

FIGURA EX4.20

FIGURA EX4.21

21. || A **FIGURA EX4.21** mostra o gráfico velocidade angular *versus* tempo para uma partícula que se move em um círculo. Quantas revoluções ela realiza durante os primeiros 4 s?

22. || A **FIGURA EX4.22** mostra o gráfico velocidade angular *versus* tempo para uma partícula movendo-se em um círculo, partindo de $\theta_0 = 0$ rad em $t = 0$ s. Desenhe o gráfico posição angular *versus* tempo. Inclua escalas adequadas em cada eixo.

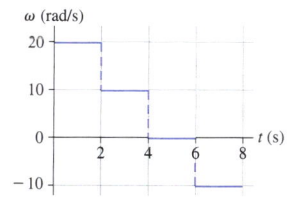

FIGURA EX4.22

23. | Um antiquado disco compacto de vinil gira sobre o prato do aparelho a 45 rpm. Quais são (a) a velocidade angular em rad/s e (b) o período do movimento?

24. || O raio da Terra é de aproximadamente 6.400 km. Kampala, capital de Uganda, e Cingapura situam-se ambas quase no equador. A distância entre as cidades é de aproximadamente 8.000 km.
 a. Em relação à Terra, que ângulo você descreverá se voar de Kampala para Cingapura? Expresse sua resposta tanto em radianos quanto em graus.
 b. O vôo de Kampala a Cingapura dura 9 horas. Qual é a velocidade angular do avião em relação à Terra?

Seção 4.6 Velocidade e aceleração no movimento circular uniforme

25. || Uma torre de 300 m de altura é construída sobre o equador. Quão mais rapidamente se move um ponto do topo da torre em relação a um ponto de sua base? O raio da Terra é de aproximadamente 6.400 km.

26. | Com que rapidez um avião deve voar ao longo do equador terrestre de modo que o Sol pareça parado para os passageiros? Em que sentido o avião deve voar, de leste para oeste ou de oeste para leste? Dê sua resposta em km/h. O raio da Terra é de aproximadamente 6.400 km.

27. | Para resistirem a "forças g" acima de $10g$'s causadas por saídas bruscas de manobras de mergulho, os pilotos de caça a jato treinam em "centrífugas humanas". Uma aceleração de $10g$'s corresponde a 98 m/s². Se o comprimento do braço da centrífuga é de 12 m, com que valor de velocidade a piloto se desloca quando experimenta $10g$'s?

28. | O raio da órbita aproximadamente circular da Terra em torno do Sol é de $1,5 \times 10^{11}$ m. Determine o módulo (a) da velocidade da Terra, (b) de sua velocidade angular e da (c) aceleração centrípeta enquanto ela se desloca em torno do Sol. Considere um ano com 365 dias.

29. || Seu companheiro de quarto está trabalhando em sua bicicleta, que está virada para baixo. Ele faz girar a roda de 60 cm de diâmetro, e você nota que um pedacinho de lama preso nela dá três voltas por segundo. Qual é o módulo da velocidade da sujeira e de sua aceleração?

Seção 4.7 Movimento circular não-uniforme e aceleração angular

30. | A **FIGURA EX4.30** mostra o gráfico da velocidade angular do eixo de um carro. Desenhe um gráfico da aceleração angular *versus* tempo. Inclua escalas numéricas apropriadas para os eixos.

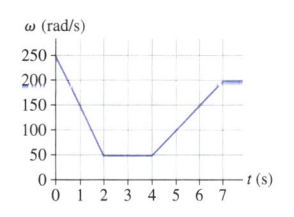

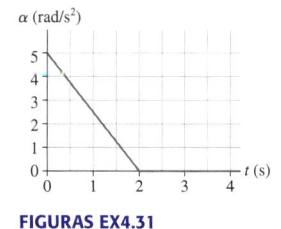

FIGURAS EX4.30

FIGURAS EX4.31

31. | A **FIGURA EX4.31** mostra o gráfico da aceleração *versus* tempo de uma plataforma giratória que parte do repouso. Desenhe um gráfico da velocidade angular *versus* tempo. Inclua escalas numéricas apropriadas para os eixos.

32. | A **FIGURA EX4.32** mostra o gráfico da velocidade angular *versus* tempo para uma partícula que se move em um círculo. Quantas revoluções o objeto realiza nos primeiros 4 s?

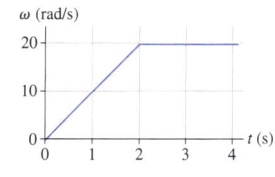

FIGURA EX4.32

33. ‖ a. A **FIGURA EX4.33a** mostra a velocidade angular em função do tempo. Desenhe o correspondente gráfico da aceleração angular versus tempo.
   b. A **FIGURA EX.33B** mostra a aceleração angular em função do tempo. Desenhe o correspondente gráfico da velocidade angular versus tempo. Considere $\omega_0 = 0$.

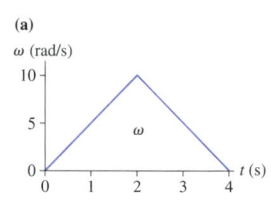

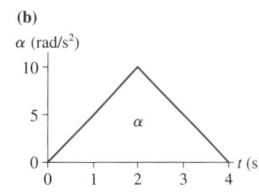

FIGURA EX4.33

34. ‖ Um carro acelera enquanto faz uma curva da direção sul para a direção leste. Quando se encontra exatamente no meio da curva, a aceleração do carro é (3,0 m/s², 20° nordeste). Quais são os componentes radial e tangencial da aceleração neste ponto?

35. ‖ Um carrossel com 5,0 m de diâmetro está girando inicialmente com um período de 4,0 s. Ele desacelera e pára em 20 s.
   a. Antes do carrossel desacelerar, qual é a rapidez de uma criança situada na sua borda?
   b. Quantas revoluções o carrossel completa até parar?

36. ‖ Um eixo com 3,0 cm de diâmetro que está girando a 2.500 rpm é parado em 1,5 s.
   a. Qual é a aceleração tangencial de um ponto da superfície do eixo?
   b. Quantas revoluções o eixo completa até parar?

37. ‖ Um ventilador elétrico parte do repouso e atinge 1.800 rpm em 4,0 s. Qual é sua aceleração angular?

38. ‖ Uma roda de bicicleta está girando a 50 rpm quando o ciclista começa a pedalar mais forte, imprimindo-lhe uma aceleração angular constante de 0,50 rad/s².
   a. Qual será a velocidade angular da roda, em rpm, 10 s mais tarde?
   b. Quantas revoluções a roda completará durante este tempo?

Problemas

39. ‖ Uma partícula parte do repouso em $\vec{r}_0 = 9,0\hat{j}$ m e move-se no plano xy com a velocidade representada na **FIGURA P4.39** A partícula passa por dentro de uma argola de arame localizada em $\vec{r}_1 = 20\hat{i}$ m, e depois segue em frente.
   a. Em que instante a partícula passa através da argola?
   b. Qual é o valor de v_{4y}, o componente y da velocidade da partícula em $t = 4$ s?
   c. Determine e plote a trajetória da partícula.

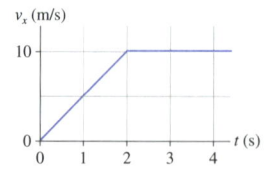

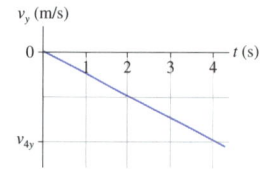

FIGURA P4.39

40. ‖ O alcance horizontal de um projétil ao nível do solo é $A = v_0^2 \text{sen} 2\theta / g$. Com que valor ou valores de ângulo de lançamento o projétil aterrissará na metade de seu máximo alcance possível?

41. ‖ a. Um projétil é lançado com velocidade v_0 e ângulo θ. Derive uma expressão para a altura máxima h atingida pelo projétil.
   b. Uma bola de beisebol é arremessada com 33,6 m/s de velocidade. Calcule sua altura e o alcance se ela for arremessada em ângulo de 30,0°, 45,0° e 60,0°.

42. ‖ Um projétil é disparado com velocidade inicial de 30 m/s em um ângulo de 60° acima da horizontal. O projétil atinge o solo 7,5 s mais tarde.
   a. A que altura acima ou abaixo do ponto de lançamento o projétil atinge o solo?
   b. A que altura máxima acima do ponto de lançamento o projétil se eleva?
   c. Qual é o módulo e a orientação da velocidade do projétil no instante em que ele atinge o solo?

43. ‖ Numa prova olímpica de arremesso de peso, um atleta arremessa o peso com uma velocidade inicial de 12,0 m/s em um ângulo de 40,0° com a horizontal. O peso sai de sua mão na altura de 1,80 m acima do solo.
   a. Que distância horizontal percorrerá o peso?
   b. Refaça os cálculos do item anterior para ângulos de 42,5°, 45,0° e 47,5°. Ponha todos os resultados, incluindo o correspondente a 40,0°, em uma tabela. Com que ângulo de lançamento o peso atinge maior alcance?

44. ‖ Na missão Apolo 14 à Lua, o astronauta Alan Shepard deu uma tacada em uma bola de golfe com um taco de ferro 6. A aceleração de queda livre na Lua corresponde a 1/6 de seu valor na Terra. Suponha que a bola tenha sido tacada com 25 m/s e em um ângulo de 30° acima da horizontal.
   a. Que distância extra a bola percorrerá na Lua em relação à que percorreria na Terra?
   b. Que tempo extra a bola permanece no ar?

45. ‖ Uma bola é arremessada em direção a um penhasco de altura h com 30 m/s de rapidez, em um ângulo de 60° acima da horizontal. Ela aterrissa na borda do penhasco 4,0 s mais tarde.
   a. Qual é a altura do penhasco?
   b. Qual é a altura máxima atingida pela bola?
   c. Qual é o valor da velocidade de impacto com o solo?

46. ‖ Um jogador de tênis rebate a bola 2,0 m acima do piso. A bola sai da raquete com rapidez de 20,0 m/s, formando um ângulo de 5,0° acima da horizontal. A distância horizontal até a rede é de 7,0 m, e esta tem 1,0 m de altura. A bola ultrapassará a rede? Em caso afirmativo, em quanto? Em caso negativo, quanto faltou para isso?

47. ‖ Um amigo seu que é jogador de beisebol deseja determinar a velocidade com que ele consegue arremessar a bola. Ele fica em pé sobre um monte de terra, 4,0 m acima do solo ao redor, e arremessa a bola horizontalmente. A bola aterrissa a 25 m de distância.
   a. Qual é o módulo da velocidade de arremesso?
   b. Durante o lançamento, você não teve certeza de que o arremesso foi feito exatamente na horizontal. Ao observar atentamente os arremessos, você nota que o ângulo de lançamento parece variar de 5° abaixo da horizontal a 5° acima da mesma. Qual é a *faixa* de valores de velocidade com que a bola poderia ter sido lançada?

48. ‖ Você está jogando beisebol no lado direito do campo. Seu time está a uma corrida do fundo do campo no nono e último tempo do jogo quando uma bola desliza através da parte interna do campo e vem em linha reta em sua direção. Quando consegue apanhar a bola, a 65 m de distância da base principal, você vê, na terceira base, um corredor iniciando sua corrida. Então você arremessa a bola a 30° acima da horizontal e com um valor de velocidade tal que ela será apanhada por um jogador, parado na base principal, à mesma altura da qual foi arremessada por você. No instante em que você liberou da mão a bola, o corredor estava a 20,0m da base principal e correndo o máximo que podia, a 8,0 m/s. A bola chegará ao apanhador de seu time a tempo para que ele faça o ponto ganhe o jogo?

49. ‖ Você se encontra a 6,0 m da parede de uma casa e deseja arremessar uma bola para seu colega que está a 6,0 m da parede oposta. Tanto o arremesso quanto a interceptação da bola ocorrem 1,0 m acima do solo.
  a. Qual é o mínimo valor de velocidade que fará com que a bola ultrapasse o telhado?
  b. Em que ângulo a bola deve ser arremessada?

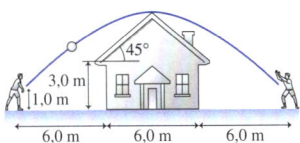

FIGURA P4.49

50. ‖ Areia se move a 6,0 m/s, sem escorregar, sobre um esteira rolante inclinada para baixo em 15°. A areia entra, então, em um tubo cuja extremidade mais alta está 3,0 m abaixo do final da esteira rolante, como mostra a **FIGURA P4.50**. Qual é a distância horizontal d entre a esteira e o cano?

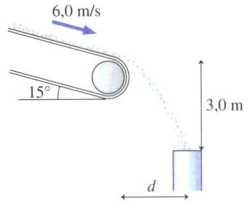

FIGURA P4.50

51. ‖ Os cavaleiros do rei Artur disparam um canhão do topo da muralha de um castelo. A bala de canhão é disparada com 50 m/s em um ângulo de 30°. Outra bala de canhão, que foi acidentalmente deixada cair, atinge o fosso do castelo abaixo em 1,5 s.
  a. A que distância da muralha do castelo a bala de canhão atinge o solo?
  b. Qual é a altura máxima atingida pela bala de canhão acima do solo?

52. ‖ Um dublê dirige um carro a 20 m/s em direção à beira de um penhasco de 30 m de altura. A estrada que leva ao penhasco é inclinada para cima em um ângulo de 20°.
  a. A que distância da base do penhasco o carro aterrissará?
  b. Qual é o módulo da velocidade de impacto do carro?

53. ‖ Um gato está caçando um camundongo. Este corre em linha reta com velocidade de 1,5 m/s. Se o gato salta do piso em um ângulo de 30° e com rapidez igual a 4,0 m/s, de que distância atrás do camundongo o gato deveria saltar a fim de aterrissar exatamente sobre o pobre animalzinho?

54. ‖ Uma linha de montagem possui um grampeador que se desloca para a esquerda com 1,0 m/s enquanto as partes a serem grampeadas deslocam-se para a direita a 3,0 m/s. O grampeador insere 10 grampos por segundo. A que distância um do outro os grampos serão inseridos?

55. ‖ Os navios A e B deixam o porto simultaneamente. Nas próximas duas horas, o navio A navega a 20 mph para 30° a oeste do norte, enquanto o navio B navega para 20° a leste do norte a 25 mph.
  a. Qual é a distância entre os dois navios duas horas após suas partidas?
  b. Qual é o módulo da velocidade do navio A do ponto de vista do navio B?

56. ‖ Um caiaquista precisa remar para o norte ao longo de um porto que tem 100 m de largura. A maré está subindo, criando uma corrente de maré que flui para leste a 2,0 m/s. O caiaquista consegue remar com rapidez de 3,0 m/s.
  a. Em que direção e sentido ele deve remar a fim de deslocar-se em linha reta através do porto?
  b. Quanto tempo ele levará para completar o trajeto?

57. ‖ Mike arremessa uma bola para cima e para leste em um ângulo de 63° com uma rapidez de 22 m/s. Nancy dirige seu carro para leste e passa por Mike a 30 m/s no exato instante em que este arremessa a bola.
  a. Qual é o ângulo de lançamento da bola no referencial de Nancy?
  b. Determine a trajetória da bola e desenhe seu gráfico como vista por Nancy.

58. Um barco a vela está deslocando-se para leste a 8,0 mph. O vento parece soprar do sudoeste, a 12,0 mph, para o velejador.
  a. Quais são a rapidez e a orientação verdadeiras do vento?
  b. Quais são as verdadeiras rapidez e orientação do vento se ele parece soprar do nordeste a 12,0 mph?

59. ‖ Enquanto dirige seu carro para o norte, a 25 m/s, durante uma tempestade, você nota que as gotas caem formando um ângulo de 38° com a vertical. Ao dirigir de volta para casa, momentos mais tarde, com o mesmo módulo de velocidade, mas em sentido oposto, você vê as gotas caindo na vertical. A partir dessas observações, determine a rapidez e o ângulo de orientação da queda das gotas de chuva em relação ao solo.

60. ‖ Um avião desenvolve uma velocidade relativa ao ar de 200 mph. O piloto deseja chegar a um destino 600 mi a leste, porém existe um vento soprando a 50 mph com orientação de 30° nordeste.
  a. Em que orientação o piloto deve apontar a aeronave a fim de chegar ao destino desejado?
  b. Quanto tempo durará a viagem?

61. ‖ Uma típica centrífuga de laboratório gira a 4.000 rpm. Tubos de ensaio são colocados na centrífuga com muito cuidado por causa das grandes acelerações desenvolvidas.
  a. Qual é a aceleração na extremidade de um tubo de ensaio a 10 cm do eixo de rotação?
  b. Para comparação, qual é o módulo da aceleração que um tubo de ensaio experimentaria se, solto de uma altura de 1,0 m, fosse parado em 1,0 ms ao bater sobre um piso duro?

62. ‖ Astronautas usam uma centrífuga para simular a aceleração de um foguete durante um lançamento. A centrífuga leva 30 s para acelerar desde o repouso até sua velocidade de rotação máxima, que é 1 rotação a cada 2,3 s. Um astronauta é fixado a seu assento a 6,0 m do eixo de rotação.
  a. Qual é a aceleração tangencial do astronauta durante os primeiros 30 s?
  b. Quantos g's de aceleração experimenta o astronauta quando o dispositivo está girando com a velocidade máxima? Cada 9,8 m/s² de aceleração correspondem a 1 g.

63. ‖ Um carro parte do repouso em uma curva com raio de 120 m e acelera a 1,0 m/s². Que ângulo terá descrito o carro quando o módulo de sua aceleração total for 2,0 m/s²?

64. ‖ Enquanto a Terra gira em torno de si mesma, qual é a rapidez (a) de um estudante de física em Miami, Flórida, EUA, à latitude de 26° N, e (b) de um estudante de física em Fairbanks, Alaska, à latitude de 65° N? Ignore a rotação da Terra em torno do Sol. O raio da Terra é de 6.400 km.

65. ‖ Satélites de comunicação são colocados em órbitas circulares onde permanecem diretamente acima de um dado ponto do equador enquanto a Terra gira. Tais órbitas são chamadas de *órbitas geoestacionárias*. O raio da Terra vale $6,37 \times 10^6$ m, e a altitude de uma órbita geoestacionária é de $3,58 \times 10^7$ m (35.800 km). Quais são os módulos (a) da velocidade e (b) da aceleração de um satélite em uma órbita geoestacionária?

66. ‖ O disco rígido de um computador, com 8,0 cm de diâmetro, está inicialmente em repouso. Um pequeno ponto é marcado na borda do disco. Ele acelera a 600 rad/s² por 0,5 s, depois desliza com uma velocidade angular constante durante outro 0,5 s. Qual é a rapidez do ponto em $t = 1,0$ s? Quantas revoluções realizou o disco durante este tempo?

67. ‖ Uma furadeira de alta rotação está girando em sentido anti-horário a 2.400 rpm quando vem a parar em 2,5 s.
  a. Qual é a aceleração angular da furadeira?
  b. Quantas revoluções ela realiza até parar?

68. ‖ A turbina de um gerador elétrico gira a 3.600 rpm. O atrito é tão pequeno que leva 10 min para a turbina parar de girar após o motor ser desligado. Quantas revoluções ela realiza até parar?

69. ‖ Uma roda está girando inicialmente a 60 rpm quando passa a experimentar a aceleração angular representada na **FIGURA P4.69**. Qual é a velocidade angular da roda, em rpm, em $t = 3{,}0$ s?

FIGURA P4.69

70. ‖ Se você pisar com força no freio de seu carro, as rodas pararão de girar (i.e., elas ficam "travadas") depois de 1,0 revolução. Com a mesma aceleração constante, quantas revoluções as rodas completariam antes de parar se a velocidade do carro fosse duas vezes maior?

71. ‖ A roda de uma bicicleta bem-lubrificada gira por um longo tempo antes de parar. Considere que uma roda dessas, girando inicialmente a 100 rpm, leve 60 s até parar. Se a aceleração angular for constante, quantas revoluções a roda completará até a parada completa?

72. ‖ Um pedacinho de rocha está preso a uma roda de bicicleta de 60,0 cm de diâmetro e possui uma velocidade tangencial de 3,00 m/s. Quando os freios são acionados, a desaceleração tangencial da pedrinha é de 1,00 m/s².
   a. Quais são os módulos da velocidade e da aceleração angulares em $t = 1{,}5$ s?
   b. Em que instante o módulo da aceleração da pedra é igual a g?

73. ‖ Uma corda comprida é enrolada ao redor de um cilindro de 6,0 cm de diâmetro, inicialmente em repouso, que é livre para girar em torno de um eixo. A corda, então, é puxada com uma aceleração constante de 1,5 m/s² até que 1,0 m de corda seja desenrolado. Se a corda desenrola sem escorregar, qual é a velocidade angular do cilindro, em rpm, neste instante?

Nos Problemas de 74 a 76 são fornecidas algumas equações que devem ser usadas para resolver um problema. Para cada um deles, você deve
   a. Escrever um problema realista para o qual estas equações sejam corretas. Tenha certeza de que sua resposta para o que é pedido no problema seja consistente com as equações fornecidas.
   b. Fornecer a solução do problema, incluindo uma representação pictórica.

74. 100 m = 0 m + (50 cos θ m/s)t_1
0 m = 0 m + (50 sen θ m/s)t_1 − ½(9,8 m/s²)t_1^2

75. $v_x = -(6{,}0 \cos 45°)$ m/s + 3,0 m/s
$v_y = (6{,}0 \operatorname{sen} 45°)$ m/s + 0 m/s,
100 m = $v_y t_1$, $x_1 = v_x t_1$

76. 2,5 rad = 0 rad + ω_i(10 s) + (1,5 m/s²)/2(50 m) (10 s)²
$\omega_f = \omega_i + ((1{,}5 \text{ m/s}^2)/(50 \text{ m}))(10 \text{ s})$

77. Escreva um problema realista para o qual os gráficos *x versus t* e *y versus t* mostrados na **FIGURA P4.77** representem o movimento de um objeto. Tenha certeza de que sua resposta seja consistente com os gráficos. Depois resolva o problema proposto.

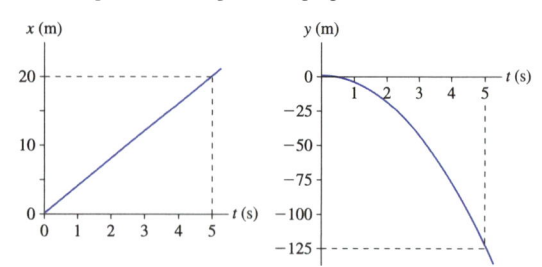

FIGURA P4.77

Problemas desafiadores

78. Você é convidado a realizar uma consulta médica em um hospital de pesquisa da cidade onde um grupo de doutores está pesquisando o bombardeio de tumores cancerosos por íons de alta energia. Os íons são atirados diretamente no centro do tumor com velocidades de $5{,}0 \times 10^6$ m/s. A fim de cobrir a área inteira do tumor, os íons são desviados lateralmente ao passarem entre duas placas metálicas eletrizadas, que aceleram os íons em uma direção perpendicular à de seus movimentos iniciais. A região de aceleração tem 5,0 cm de comprimento, e as extremidades das placas aceleradoras se encontram a 1,5 m do paciente. Que aceleração é necessária para desviar um íon 2,0 cm para um lado?

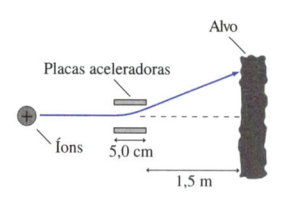

FIGURA PD4.78

79. Em uma competição rural, uma mola lança uma bola com velocidade de 3,0 m/s a partir de um canto de uma mesa plana e regular inclinada 20° acima da horizontal. Para vencer, o jogador deve fazer com que a bola atinja um pequeno alvo situado no canto adjacente da tábua, a 2,50 m de distância. Em que ângulo θ com a horizontal o jogador deve posicionar a mola lançadora?

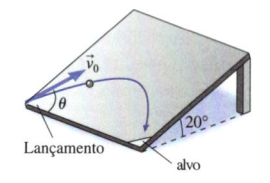

FIGURA PD4.79

80. Você está assistindo a um torneio de arco-e-flecha e começa a se indagar com que valor de velocidade uma flecha sai do arco. Relembrando o que aprendeu de física, você pede a um dos arqueiros para atirar uma flecha paralelamente ao solo. Você, então, verifica que a flecha atinge o solo a 60 m de distância, formando um ângulo de 3° com a horizontal. Com que valor de velocidade a flecha foi disparada?

81. Um arqueiro parado em pé sobre uma rampa inclinada para baixo em 15° dispara uma flecha em um ângulo de 20° acima da horizontal, como mostra a **FIGURA PD4.81**. A que distância sobre a rampa a flecha atingirá a mesma se for disparada a 50 m/s e de 1,75 m de altura em relação ao solo?

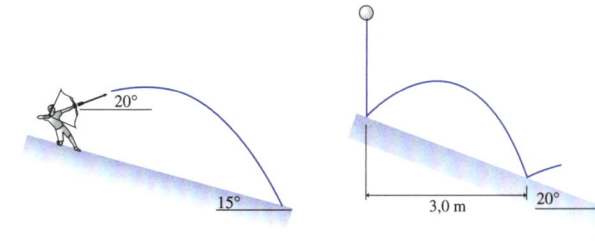

FIGURA PD4.81   **FIGURA PD4.82**

82. Uma bola de borracha é solta e cai sobre uma rampa inclinada em 20°, como mostra a **FIGURA PD4.82**. O ricocheteio da bola obedece à "lei da reflexão", ou seja, a bola deixa a superfície de impacto formando com ela o mesmo ângulo com que dela se aproximou. O local onde a bola ricocheteia pela segunda vez situa-se a 3 m à direita do local do primeiro ricocheteio. Qual é a rapidez da bola após seu primeiro ricocheteio?

83. Um *skatista* parte com rapidez de 7,0 m/s de uma rampa de 1,0 m de altura e com 30° de inclinação. As rodas do *skate* rolam sem atrito algum. A que distância do final da rampa o *skatista* toca a mesma?

84. Um motociclista audacioso deseja estabelecer um recorde saltando sobre ônibus escolares em chamas. Ele vem pedir a você para ajudá-lo no planejamento. Ele pretende decolar de uma plataforma horizontal a 40 m/s, atravessar voando os ônibus em chamas posicionados dentro de uma depressão no solo e aterrissar sobre outra rampa inclinada para baixo em 20°. É muito importante que a moto não ricocheteie ao atingir a rampa de aterrissagem, pois isso poderia fazê-lo perder o controle e cair. Você logo percebe que ele evitará o ricocheteio se sua velocidade ao final do salto for paralela à rampa de aterrissagem. Isso pode ser conseguido se a rampa for tangente à trajetória da moto *e* se ele aterrissar à direita da borda da rampa de aterrissagem. Não existe lugar para erro! Sua tarefa é determinar onde posicionar a rampa de aterrissagem, ou seja, a que distância horizontal da extremidade da plataforma de lançamento deve estar a parte frontal da rampa de aterrissagem e qual é a diferença de altura apropriada entre as bordas dessas duas estruturas? Em seu contrato existe uma cláusula que exige que você teste o projeto antes que o "herói" vá ao ar em rede nacional de televisão para tentar estabelecer seu recorde.

85. De cima de um trem, um canhão cujo cano forma um ângulo θ com a horizontal dispara um projétil para a direita com rapidez v_0 em relação ao trem. O disparo é feito exatamente no momento em que o trem, deslocando-se para a direita com rapidez v_{trem} em trilhos retos e horizontais, começa a acelerar com aceleração *a*. Encontre uma expressão para o ângulo do qual o projétil deve ser disparado a fim de aterrissar o mais distante possível do canhão. Ignore a pequena altura do canhão acima dos trilhos.

86. Corrndo o perigo de afundar no rio, uma criança está sendo levada pela correnteza, que flui uniformemente a 2,0 m/s. A criança encontra-se a 200 m da margem e 1.500 m rio acima do trapiche de onde uma equipe de resgate sai em seu socorro. Se o barco da equipe desloca-se 8,0 m/s com relação à água, em que ângulo com a margem do rio o piloto deve orientar o barco a fim de ir diretamente até a criança?

87. Uri encontra-se em um vôo de Boston, EUA, para Los Angeles. O avião desloca-se a 500 mph em direção 20° sudoeste. Val está em um vôo de Miami, EUA, para Seattle. O avião dela está deslocando-se a 500 mph para 30° noroeste. Em algum lugar sobre o estado de Kansas, o avião de Uri passa 1.000 pés diretamente acima do de Val. Uri está sentado do lado direito e consegue enxergar o avião de Val, abaixo do seu, depois que seu avião passou pelo outro. Uri nota que a fuselagem do avião de Val não está orientada exatamente na direção em que o seu avião se desloca. Qual é o valor do ângulo que a fuselagem forma com a direção do movimento?

88. Um brinquedo comum de parque de diversões, ilustrado na **FIGURA PD4.88**, é capaz de lançar uma bola de gude em direção a uma pequena xícara. A bolinha, inicialmente em repouso sobre um grampo, é posicionada logo acima do topo de uma roda que está presa a uma mola espiral enrolada. Ao ser liberada, a roda passa a girar em sentido horário e com aceleração angular constante, abrindo o grampo e liberando a bola de gude após completar $\frac{11}{12}$ de revolução. Que aceleração angular é necessária para que a bolinha aterrisse dentro da xícara?

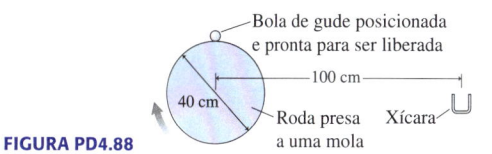

FIGURA PD4.88

RESPOSTAS DAS QUESTÕES DO TIPO PARE E PENSE

Pare e Pense 4.1: d. O componente paralelo de $\vec{a}$ é oposto a $\vec{v}$ e fará com que a partícula desacelere. O componente perpendicular de $\vec{a}$ desvia a partícula para baixo.

Pare e pense 4.2: c. $v = 0$ exige que tanto $v_x = 0$ quanto $v_y = 0$. Logo, nem *x* nem *y* pode estar variando.

Pare e Pense 4.3: d. A aceleração do projétil $\vec{a} = -g\hat{j}$ não depende realmente de sua massa. A segunda bolinha possui a mesma velocidade inicial e a mesma aceleração, de modo que descreve a mesma trajetória e aterrissa na mesma posição.

Pare e Pense 4.4: f. O referencial S' do helicóptero move-se com $\vec{V} = 20\hat{j}$ em relação ao referencial S da Terra. O avião voa com velocidade $\vec{V} = 100\hat{i}$ m/s em relação ao referencial da Terra. A soma de vetores da figura mostra que $\vec{v}'$ é mais comprido do que $\vec{v}$.

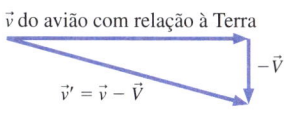

Pare e Pense 4.5: b. Uma rotação inicial em sentido horário faz com que a posição angular da partícula torne-se cada vez mais negativa. O módulo da velocidade cai à metade depois da inversão de sentido do movimento, de modo que a declividade torna-se positiva e com valor absoluto duas vezes menor do que o da inicial. Girando em sentido contrário através do mesmo valor de ângulo, a partícula retorna a $\theta = 0°$.

Pare e Pense 4.6: $a_b > a_e > a_a = a_c > a_d$. A aceleração centrípeta é v^2/r. Dobrando-se *r*, a_r diminui por um fator de 2. Dobrando-se *v*, a_r aumenta por um fator de 4. Uma inversão de sentido não altera a_r.

Pare e Pense 4.7: c. ω é negativa porque a rotação se dá em sentido horário. Como ω é negativa, mas está se tornando *menos* negativa, a variação $\Delta\omega$ é *positiva*. Logo, α é positiva.

5 Força e Movimento

O windsurfe é um exemplo memorável da ligação existente entre força e movimento.

▶ **Olhando adiante**
O objetivo do Capítulo 5 é estabelecer uma ligação entre força e movimento. Neste capítulo você aprenderá a:

- Reconhecer o que uma força é e o que ela não é.
- Identificar as forças específicas exercidas sobre um dado objeto.
- Desenhar diagramas de corpo livre.
- Entender a ligação entre força e movimento.

◀ **Em retrospectiva**
Para dominar o conteúdo apresentado neste capítulo, você precisará compreender como a aceleração é determinada e como os vetores são usados. Revise:

- Seção 1.5 Aceleração
- Seção 3.2 Propriedades de vetores

Uma forte rajada de vento é capaz de impulsionar um windsurfista pela água. Poderíamos usar a cinemática para descrever o movimento do surfista através de diagramas, gráficos e equações. Definindo-se posição, velocidade e aceleração e "vestindo-as" com uma representação matemática, a cinemática provê uma linguagem para descrever *como* algo se movimenta. Mas a cinemática nada nos diz acerca de *por que* o praticante de windsurfe se move. Para a tarefa mais fundamental de compreender a *causa* do movimento, voltaremos agora nossa atenção para a **dinâmica**. Junto à cinemática, a dinâmica forma a **mecânica**, a ciência do movimento em geral. Neste capítulo, estudaremos a dinâmica de forma qualitativa para, depois, desenvolvê-la quantitativamente nos próximos três capítulos.

A teoria da mecânica teve origem em meados do século XVII, quando Sir Isaac Newton formulou suas leis do movimento. Estes princípios gerais da mecânica explicam como o movimento ocorre em conseqüência das forças. As leis de Newton foram publicadas há mais de 300 anos, mas ainda constituem a base para nossa atual compreensão do movimento.

Um desafio quando se aprende física é que um livro didático não constitui um experimento. O livro pode assegurar que um determinado experimento dá certo resultados, mas pode ser que você não fique convencido até que veja o experimento ser realizado ou o faça por si mesmo. As leis de Newton com freqüência são contrárias à nossa intuição, e a falta de familiaridade com as evidências em favor das leis de Newton é fonte de dificuldade para muitas pessoas. Através de demonstrações em aulas e de experiências no laboratório, você terá oportunidade de verificar por si mesmo as evidências que sustentam as leis de Newton. A física não é uma coleção arbitrária de definições e fórmulas, mas uma teoria consistente sobre como o universo funciona de fato. É somente com as experiências e as evidências que aprendemos a separar os fatos físicos da fantasia.

5.1 Força

Se você chutar uma bola com pouca força, ela rolará pelo chão. Se você puxar uma maçaneta, a porta abrirá. De muitos anos de experiência, você sabe que é necessário algum tipo de *força* para mover estes objetos. Nosso objetivo é compreender *por que* o movimento ocorre, e a constatação de que força e movimento estão relacionados é um bom ponto de partida.

Os dois principais assuntos deste capítulo são:

■ O que é uma força?
■ Qual é a relação entre força e movimento?

Começaremos com o primeiro tópico na tabela abaixo.

O que é uma força?

Uma força é um empurrão ou um puxão.

A idéia comum que temos de uma **força** é que ela é um *empurrão* ou um *puxão*. Iremos aperfeiçoar esta idéia mais adiante, todavia ela é apropriada agora como ponto de partida. Note nossa escolha cuidadosa das palavras: nos referimos a "*uma* força", em vez de, simplesmente, a "força". Desejamos conceber uma força como um caso muito específico de *ação*, de modo que podemos falar a respeito de uma única força ou, talvez, sobre duas ou três forças individuais que podem ser claramente diferenciadas entre si. Daí a idéia concreta de "uma força" como uma ação sobre um objeto.

Uma força representa uma ação sobre um objeto.

Está implícito em nosso conceito de força que uma **força é exercida sobre um objeto**. Em outras palavras, empurrões e puxões são aplicados *em* algo – um objeto. Do ponto de vista do objeto, uma força foi *exercida* sobre ele. Forças não existem isoladas dos objetos que as experimentam.

Uma força requer um agente.

Cada força possui um agente, algo que atua ou exerce poder, isto é, uma força possui uma *causa* específica e identificável. Quando você arremessa uma bola, o agente ou a causa da força é sua mão, enquanto fica em contato com a bola. *Se* uma determinada força está sendo exercida sobre um objeto, deve-se ser capaz de identificar a causa específica (i.e., o agente) para ela. Alternativamente, uma força não é exercida sobre um objeto a *menos* que se possa especificar uma causa ou agente. Embora esta idéia possa parecer expressar o óbvio, você verá que ela será uma ferramenta poderosa para evitar algumas concepções errôneas comuns acerca do que seja e do que não seja uma força.

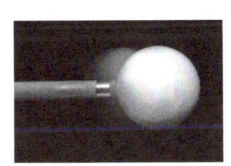

Uma força é um vetor.

Se você empurrar um objeto, pode fazê-lo suave ou fortemente. De forma análoga, você poderia empurrá-lo para a esquerda ou para a direita, para cima ou para baixo. Para qualificar um empurrão, você precisa especificar um módulo e uma orientação. Não surpreende o fato de uma força ser uma grandeza vetorial. O símbolo geral de uma força é $\vec{F}$. O "tamanho" ou intensidade de uma força é o seu módulo F.

Uma força pode ser de contato ...

Existem dois tipos básicos de forças, dependendo se o agente toca ou não o objeto. **Forças de contato** são aquelas exercidas sobre um corpo através do contato com algum ponto do mesmo. O bastão deve tocar na bola a fim de rebatê-la. Uma corda deve ser amarrada a um objeto para poder puxá-lo. A maioria das forças que abordaremos são forças de contato.

... ou de ação a distância.

Forças de ação a distância são aquelas exercidas sobre um corpo sem haver contato físico. A força magnética é um exemplo de força de ação a distância. Sem dúvida você já viu um ímã colocado acima de um clipe conseguir erguê-lo. Uma xícara de café solta de sua mão é puxada pela Terra pela força de ação a distância da gravidade.

Vamos resumir estas idéias como nossa definição de força:

- Uma força é um empurrão ou um puxão sobre um objeto.
- Qualquer força é um vetor. Ela possui módulo e orientação.
- Qualquer força requer um agente. Algo que empurre ou puxe.
- Qualquer força é de contato ou de ação a distância. A gravidade é a única força de ação a distância que abordaremos até bem mais adiante no livro.

NOTA ▶ No modelo de partícula, os objetos não podem exercer forças sobre si mesmos. Uma força sobre um objeto terá um agente ou uma causa externa ao objeto. Agora, certamente existem objetos que possuem forças internas (pense nas forças dentro do motor de seu carro!), porém o modelo de partícula já não é válido se você precisa levar em conta forças internas. Se você for considerar seu carro como uma partícula e se concentrar no movimento global dele como um todo, este movimento será uma conseqüência das forças externas exercidas sobre o carro. ◀

Vetores força

Podemos usar um diagrama simples para visualizar como as forças externas são exercidas sobre os corpos. Uma vez que estamos usando o modelo de partícula, no qual os objetos são considerados como pontos, o processo de desenhar um vetor força é direto. Eis como:

BOX TÁTICO 5.1 Desenhando vetores força

1. Represente o objeto como uma partícula.
2. Localize a *cauda* do vetor força sobre a partícula.
3. Desenhe o vetor força como uma seta com a orientação apropriada e com um comprimento proporcional à intensidade da força.
4. Denote o vetor adequadamente.

A etapa 2 parece contrária ao que um "empurrão" deveria fazer, mas recorde-se de que um vetor não é alterado se seu comprimento e seu ângulo de orientação não mudam. O vetor $\vec{F}$ é o mesmo, não importa se sua cauda ou sua ponta está localizada sobre a partícula. A razão para usarmos a cauda sobre a partícula se tornará clara quando considerarmos como combinar várias forças.

A **FIGURA 5.1** ilustra três exemplos de vetores força. Um corresponde a um empurrão, outro a um puxão e o terceiro a uma força de ação a distância, mas nos três a cauda do vetor força está localizada sobre a partícula que representa o objeto.

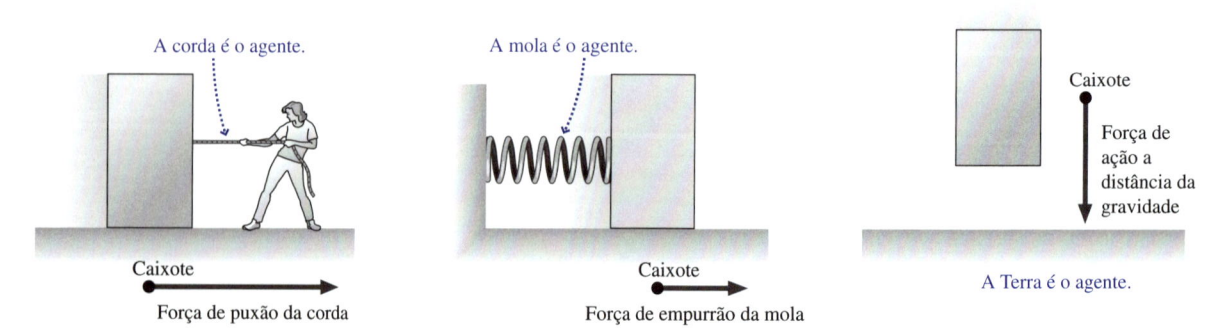

FIGURA 5.1 Três exemplos de forças e suas representações vetoriais.

Combinando forças

A **FIGURA 5.2a** mostra uma caixa sendo puxada por duas cordas, cada qual exercendo uma força sobre a caixa. Como reagirá a caixa? Experimentalmente, constatamos que quando várias forças $\vec{F}_1, \vec{F}_2, \vec{F}_3 \ldots$ são exercidas simultaneamente sobre um corpo, elas se combinam para formar uma **força resultante**, dada pelo vetor soma de *todas* as forças:

$$\vec{F}_{\text{res}} \equiv \sum_{i=1}^{N} \vec{F}_i = \vec{F}_1 + \vec{F}_2 + \cdots + \vec{F}_N \tag{5.1}$$

Recorde-se de que o símbolo $\equiv$ significa "é definido como". Matematicamente, esta soma é chamada de uma **superposição de forças**. A força resultante às vezes também é chamada de *força total*. A **FIGURA 5.2b** mostra a força resultante sobre a caixa.

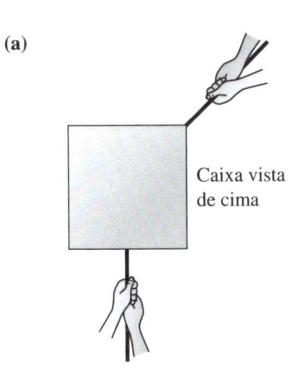

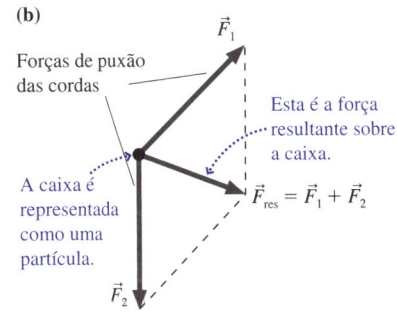

PARE E PENSE 5.1 Duas das três forças exercidas sobre um objeto são mostradas à esquerda na figura abaixo. A força resultante aponta para a esquerda. Qual das alternativas representa a terceira força exercida?

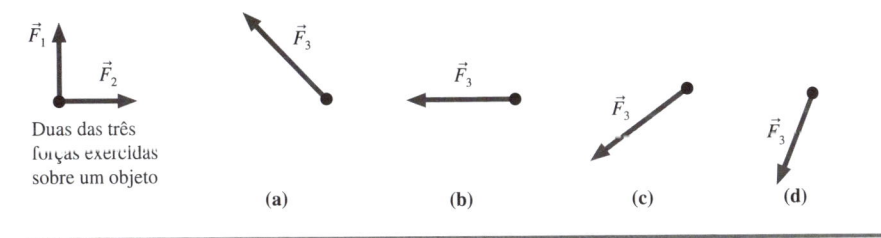

FIGURA 5.2 Duas forças exercidas sobre uma caixa.

5.2 Um curto catálogo de forças

Existem muitas forças com as quais trabalharemos repetidas vezes. Esta seção o introduzirá a algumas delas. Muitas dessas forças possuem símbolos especiais. Quando você estudar as principais forças, deverá memorizar o símbolo usado para cada uma delas.

Gravidade

Uma pedra em queda é puxada para baixo pela Terra através da força de ação a distância da gravidade. A gravidade — o único tipo de força de ação a distância que encontraremos nos próximos capítulos — mantém você sobre uma cadeira, mantém os planetas em suas órbitas em torno do Sol e determina a forma da estrutura de larga escala do universo. Veremos a gravidade mais detalhadamente no Capítulo 13. Por ora, nos concentraremos em corpos sobre a superfície da Terra ou próximos dela (ou de outro planeta).

O puxão gravitacional de um planeta sobre um corpo em sua superfície ou próximo dela é chamada de **força gravitacional**. O agente da força gravitacional é o *planeta inteiro* que puxa o objeto. A gravidade é exercida sobre *todos* os corpos, estejam eles se movendo ou parados. O símbolo para a força gravitacional é $\vec{F}_G$. O vetor força gravitacional sempre aponta verticalmente para baixo, como ilustrado na **FIGURA 5.3**.

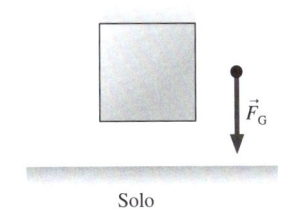

FIGURA 5.3 Gravidade.

> **NOTA** ▶ Freqüentemente nos referiremos ao "peso" de um objeto. Para um corpo em repouso sobre a superfície de um planeta, seu peso é, simplesmente, o módulo F_G da força gravitacional. Todavia, peso e força gravitacional não são a mesma coisa, assim como peso não é a mesma coisa que a massa. Examinaremos a massa mais adiante neste capítulo, e exploraremos as ligações sutis entre a gravidade, o peso e a massa no Capítulo 6. ◀

Força elástica de uma mola

As molas exercem uma das forças de contato mais comuns. Uma mola pode empurrar (quando comprimida) ou puxar (quando esticada). A **FIGURA 5.4** mostra a **força elástica**, para a qual usaremos o símbolo $\vec{F}_{\text{elast}}$. Em ambos os casos, empurrando ou puxando, a cauda do vetor força está localizada sobre a partícula no diagrama de força.

Uma mola esticada exerce uma força sobre um objeto em contato com ela.

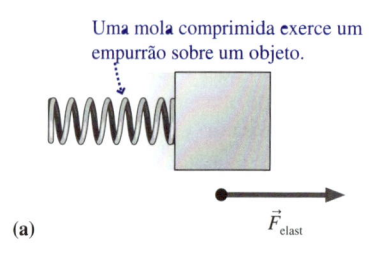

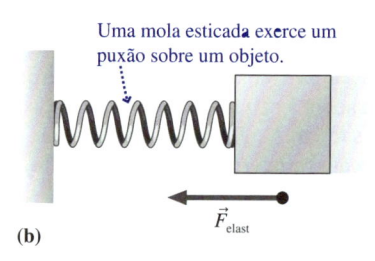

FIGURA 5.4 A força elástica de uma mola.

Embora você possa estar pensando em uma mola como um uma espiral metálica que pode ser esticada ou comprimida, isto é somente um tipo de mola. Segure pelas extremidades uma régua de madeira, ou qualquer outro pedaço fino de madeira ou metal, e dobre-a ligeiramente. Ela flexiona. Quando você a libera, ela retorna á forma original. Isso é exatamente o que uma mola de espiral metálica faz.

Força de tensão

Quando um barbante, uma corda ou um arame puxa um objeto, ele exerce uma força de contato que chamamos de **força de tensão**, representada pela letra maiúscula $\vec{T}$. A orientação da força de tensão é a mesma do barbante ou da corda, como se pode ver na **FIGURA 5.5**. A referência usual à "tensão" em um barbante é uma maneira informal de expressar o que se denota por T, o tamanho ou módulo da força de tensão.

FIGURA 5.5 Tensão.

> **NOTA** ▶ A tensão é representada pelo símbolo T. Isso é lógico, mas existe o risco de se confundir o símbolo T da tensão com o símbolo T de período do movimento circular. O número de símbolos usados em ciência e engenharia excede em muito o número de letras do alfabeto latino. Mesmo tomando emprestadas as letras do alfabeto grego, os cientistas inevitavelmente acabam usando algumas letras diversas vezes para representar grandezas inteiramente diferentes. O uso de T é a primeira ocorrência deste problema, mas não será a última. Você deve ficar alerta para o *contexto* em que um símbolo é usado para poder deduzir seu significado. ◀

Se usássemos um microscópio muito poderoso para olhar o interior de uma corda, "veríamos" que ela é formada por *átomos* mantidos juntos por meio de *ligações atômicas*. As ligações atômicas não são conexões rígidas entre átomos. Elas se parecem mais com minúsculas *molas* mantendo os átomos juntos, como na **FIGURA 5.6**. Puxando-se as extremidades de um barbante ou de uma corda, estica-se ligeiramente as molas atômicas. A tensão dentro da corda e a força de tensão experimentada por um objeto em contato com uma das extremidades da corda são, de fato, a força resultante exercida por bilhões e bilhões de molas microscópicas.

Esta visão da tensão em escala atômica introduz uma nova idéia: a de um **modelo atômico** microscópico para a compreensão do comportamento e das propriedades dos objetos macroscópicos. Trata-se de um *modelo* porque átomos e ligações atômicas não são, realmente, pequenas bolas e molas. Estamos usando conceitos macroscópicos − bolas e molas − para entender fenômenos em escala atômica que não podemos ver ou sentir diretamente. Este é um bom modelo para explicar as propriedades elásticas dos materiais, mas ele não seria necessariamente um bom modelo para explicar outros fenômenos. Com freqüência usaremos modelos atômicos para obter uma compreensão mais profunda do que observamos.

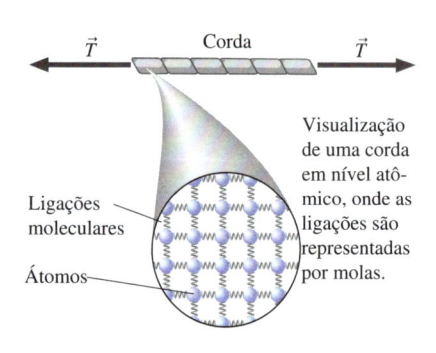

FIGURA 5.6 Um modelo atômico da tensão.

Força normal

Se você sentar em um colchão de molas, estas serão comprimidas e, em conseqüência disso, exercerão uma força orientada para cima sobre você. Molas mais duras sofreriam menor compressão, mas ainda assim exerceriam forças orientadas para cima. Pode ser que a compressão de molas extremamente duras seja mensurável apenas por instrumentos sensíveis. Apesar disso, as molas seriam comprimidas ainda que ligeiramente e exerceriam uma força orientada para cima sobre você.

A **FIGURA 5.7** mostra um objeto estacionário sobre o tampo duro de uma mesa. A mesa pode não flexionar ou encurvar visivelmente, mas — da mesma forma como você fez com o colchão de molas — o objeto comprime as molas atômicas da mesa. O tamanho da compressão é muito pequeno, mas não é nulo. Como conseqüência, as molas atômicas comprimidas *empurram para cima* o objeto. Dizemos que "a mesa" exerce uma força para cima, mas é importante que se compreenda que o empurrão é, *de fato*, realizado pelas molas atômicas. Analogamente, um objeto em repouso sobre o solo comprime as molas atômicas que o mantêm íntegro e, conseqüentemente, o solo empurra o abjeto para cima.

Podemos ampliar esta idéia. Suponha que você encoste sua mão sobre uma parede e a empurre, como ilustrado na **FIGURA 5.8**. A parede exercerá uma força sobre sua mão? Quando você empurra, comprime as molas atômicas da parede e, como conseqüência, elas empurram sua mão de volta. Logo, a resposta é sim, a parede realmente exerce uma força sobre você.

A força exercida pelo tampo da mesa é vertical; a força que a parede exerce é horizontal. Em todos os casos, a força exercida sobre um objeto que pressiona uma superfície tem uma direção perpendicular à superfície. Os matemáticos se referem a uma reta que é *perpendicular* a uma superfície como sendo *normal* a esta. Mantendo esta terminologia, definimos a **força normal** como aquela exercida por uma superfície (o agente) contra um objeto que a está pressionando. O símbolo para a força normal será $\vec{n}$.

Não estamos empregando a palavra normal para significar que se trata de uma força "comum" ou para diferenciá-la de uma "força anormal". Uma superfície exerce uma força *perpendicular* (i.e., normal) a si mesma quando as molas atômicas empurram *para fora*. A **FIGURA 5.9** mostra um objeto sobre uma superfície plana inclinada, uma situação inteiramente comum. Note que a força normal $\vec{n}$ é perpendicular à superfície.

Gastamos um bocado de tempo descrevendo a força normal porque muitas pessoas levam tempo para entendê-la. A força normal é uma força real que surge da compressão real das ligações atômicas. Ela é, em essência, uma força elástica de uma mola, mas exercida por um número enorme de molas microscópicas agindo juntas. A força normal é responsável pela "solidez" dos corpos sólidos. É ela que impede você de atravessar direto através da cadeira onde está sentado e é ela que causa dor e que o machuca quando você bate sua cabeça em uma porta. Sua cabeça pode, então, dizer-lhe que a força exercida sobre ela pela porta é bem real!

Força de atrito

Certamente você já observou que um objeto rolando ou escorregando, se não for empurrado ou propelido, desacelera até parar. Provavelmente você já descobriu que pode deslizar mais sobre uma camada de gelo do que sobre o asfalto. Você também sabe que a maioria dos objetos ficam parados sobre uma mesa, sem deslizar para fora dela, mesmo se a mesa não estiver perfeitamente nivelada. A força responsável por este tipo de comportamento é o **atrito**. O símbolo para o atrito é a letra minúscula $\vec{f}$.

O atrito, como a força normal, é exercido por uma superfície. Mas enquanto a força normal é perpendicular à superfície, a força de atrito é sempre *tangente* à superfície. Ao nível microscópico, o atrito surge quando os átomos do objeto e da superfície movem-se uns em relação aos outros. Quanto mais rugosa for a superfície, mais estes átomos serão forçados a se aproximar e, como resultado, surgirá uma grande força de atrito. No próximo capítulo, desenvolveremos um modelo simples para o atrito que será suficiente para nossas necessidades. Por ora, é útil distinguir entre dois tipos de atrito:

- O *atrito cinético*, denotado por $\vec{f}_c$, aparece quando um objeto desliza ao longo de uma superfície. É uma força "oposta ao movimento", o que significa que o vetor força de atrito $\vec{f}_c$ tem sentido oposto ao do vetor velocidade $\vec{v}$ (i.e., "o movimento").
- O *atrito estático*, denotado por $\vec{f}_e$, é a força que mantém um objeto "grudado" sobre uma superfície e que o impede de se mover. Determinar a orientação de $\vec{f}_e$ é um pouco mais complicado do que encontrar a de $\vec{f}_c$. O atrito estático aponta no sentido oposto àquele em que o objeto se *movimentaria* se não existisse o atrito, ou seja, ele tem a orientação necessária para *impedir* a ocorrência do movimento.

A **FIGURA 5.10** mostra exemplos de atrito cinético e estático.

> **NOTA** ▶ Uma superfície exerce uma força de atrito cinético quando um objeto se move *em relação* à superfície. Uma mala sobre uma esteira rolante encontra-se em movimento, mas não experimenta uma força de atrito cinético por não estar se movimentan-

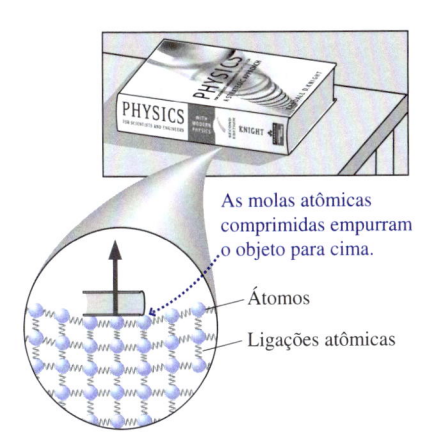

FIGURA 5.7 Um modelo atômico da força exercida por uma mesa.

FIGURA 5.8 A parede empurra para fora.

FIGURA 5.9 A força normal.

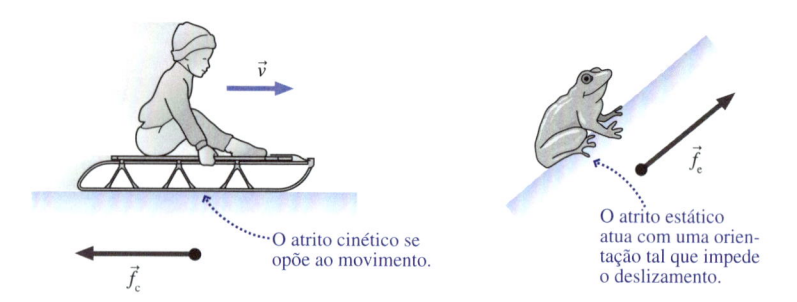

FIGURA 5.10 Atritos cinético e estático.

do em relação à esteira. Para sermos precisos, deveríamos dizer que a força de atrito cinético tem sentido oposto ao do movimento de um objeto *com relação* à superfície. ◄

Força de arraste

A força de atrito em uma superfície é um exemplo de *força de resistência* ou *resistiva*, uma força que se opõe ou resiste ao movimento. Forças resistivas também são experimentadas por objetos que se movem no interior de um fluido — um gás ou um líquido. A força resistiva de um fluido é chamada de **força de arraste** e simbolizada por $\vec{D}$ (D de *drag*, que quer dizer arraste). A força de arraste, como o atrito cinético, tem sentido oposto ao do movimento. A **FIGURA 5.11** mostra um exemplo de força de arraste.

A força de arraste pode ser grande para objetos que se movem com altas velocidades ou em fluidos densos. Mantenha sua mão fora da janela de seu carro em movimento e sinta a resistência do ar contra ela quando a velocidade do carro aumenta rapidamente. Solte um objeto leve em uma bacia com água e observe como ele afunda até o fundo. Em ambos os casos, a força de arraste é muito significativa.

Para objetos pesados e compactos, movendo-se no ar e com velocidade não muito grande, a força de arraste do ar é muito pequena. Para manter as coisas tão simples quanto possível, **você pode desprezar a resistência do ar em todos os problemas a menos que lhe seja pedido explicitamente para incluí-la**. O erro introduzido nos cálculos por esta aproximação geralmente é muito pequeno. Este livro não abordará o caso de objetos se movendo em líquidos.

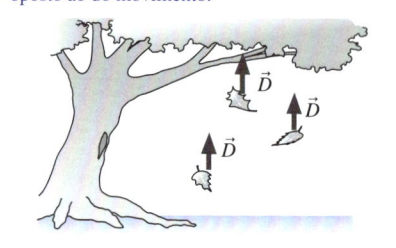

FIGURA 5.11 A resistência do ar é um exemplo de força de arraste.

Força de empuxo

Durante a decolagem, um avião a jato obviamente é impulsionado para a frente por uma força. Da mesma forma ocorre com o foguete mostrado durante o lançamento na **FIGURA 5.12**. Esta força, chamada de **empuxo**, ocorre quando o motor de um jato ou de um foguete expele moléculas de gás em altas velocidades. O empuxo é uma força de contato, com os gases da exaustão correspondendo ao agente que empurra o motor. O processo pelo qual o empuxo é gerado é bastante sutil, e adiaremos sua discussão até que estudemos a terceira lei de Newton no Capítulo 7. Por ora, abordaremos o empuxo como sendo uma força de sentido contrário ao dos gases expelidos. Não existe um símbolo especial para o empuxo, de modo que o denotaremos por $\vec{F}_{empuxo}$.

FIGURA 5.12 A força de empuxo de um foguete.

Forças elétricas e magnéticas

A eletricidade e o magnetismo, como a gravidade, exercem forças de ação a distância. As forças elétricas e magnéticas são exercidas sobre partículas eletricamente carregadas. Estudaremos as forças elétricas e magnéticas detalhadamente na Parte VI deste livro. Por ora, não é relevante que as forças que mantêm juntas as moléculas — ligações moleculares — não sejam realmente como as de pequenas molas. Os átomos e as moléculas são constituídos de partículas carregadas — elétrons e prótons —, e o que chamamos de ligação molecular é realmente uma força elétrica entre tais partículas. Assim, quando dissermos que a força normal e a força de tensão devem-se a "molas atômicas" ou que o atrito se deve ao movimento de uns átomos sobre os outros, o que realmente estaremos querendo expressar é que estas forças, no nível mais fundamental são, de fato, forças elétricas entre as partículas carregadas no interior dos átomos.

5.3 Identificando forças

Os problemas sobre força e movimento geralmente envolvem dois passos básicos:

1. A identificação de todas as forças exercidas sobre um objeto.
2. O uso das leis de Newton e da cinemática para determinar o movimento.

Força	Notação
Força genérica	$\vec{F}$
Força gravitacional	$\vec{F}_G$
Força elástica	$\vec{F}_{elast}$
Tensão	$\vec{T}$
Força normal	$\vec{n}$
Atrito estático	$\vec{f}_e$
Atrito cinético	$\vec{f}_c$
Força de arraste	$\vec{D}$
Força de empuxo	$\vec{F}_{empuxo}$

Compreender o primeiro passo é o objetivo principal deste capítulo. No próximo capítulo, voltaremos nossa atenção para o segundo passo.

Um problema típico de física descreve um objeto que está sendo empurrado ou puxado em diversas direções. Algumas forças são dadas explicitamente, outras estão implícitas. A fim de prosseguir, é preciso determinar todas as forças exercidas sobre o objeto de interesse. Também é necessário evitar incluir forças que de fato não existem. Agora que você já aprendeu quais são as propriedades das forças e que viu um catálogo de forças comuns, podemos desenvolver um método em etapas para a identificação de cada força envolvida em um problema. O procedimento de identificação das forças torna-se, então, parte da *representação pictórica* do problema.

BOX TÁTICO 5.2 **Identificando forças**

❶ **Identifique o objeto de interesse**. Trata-se do objeto cujo movimento você deseja estudar.
❷ **Faça um desenho da situação**. Mostre o objeto de interesse e todos os objetos — como cordas, molas ou superfícies — que estão em contato com ele.
❸ **Trace uma curva fechada ao redor do objeto de interesse**. Somente ele deve estar dentro da curva traçada; tudo mais deve ficar fora.
❹ **Localize cada ponto dos limites dessa curva em que outros objetos toquem o objeto de interesse**. Estes são os pontos onde as *forças de contato* são exercidas sobre os objetos.
❺ **Nomeie e coloque índices para as forças de contato exercidas sobre o objeto**. Existe pelo menos uma força em cada ponto de contato; podem existir mais de uma. Quando necessário, use subscritos para diferenciar forças de um mesmo tipo.
❻ **Nomeie e use índices para as forças de ação a distância exercidas sobre o objeto**. Por ora, a única força de ação a distância é a força gravitacional.

Exercícios 3-8

EXEMPLO 5.1 Forças sobre um praticante de *bungee jump*

Uma praticante de *bungee jump* saltou de uma ponte e está próxima do ponto mais baixo de sua queda. Que forças estão sendo exercidas sobre a saltadora?

VISUALIZAÇÃO

❶ Identifique o objeto de interesse. Aqui, trata-se da saltadora de *bungee jump*.

❷ Faça um desenho da situação.

❸ Trace uma curva fechada ao redor do objeto.

Tensão $\vec{T}$

❹ Localize os pontos onde outros objetos estão em contato com o objeto de interesse. Aqui o único ponto de contato é onde a corda está amarrada ao redor dos tornozelos.

❺ Nomeie e use índices em cada força de contato. A força exercida pela corda é uma força de tensão.

❻ Nomeie e use índices para as forças de ação a distância. A gravidade é a única deste tipo.

Gravidade $\vec{F}_G$

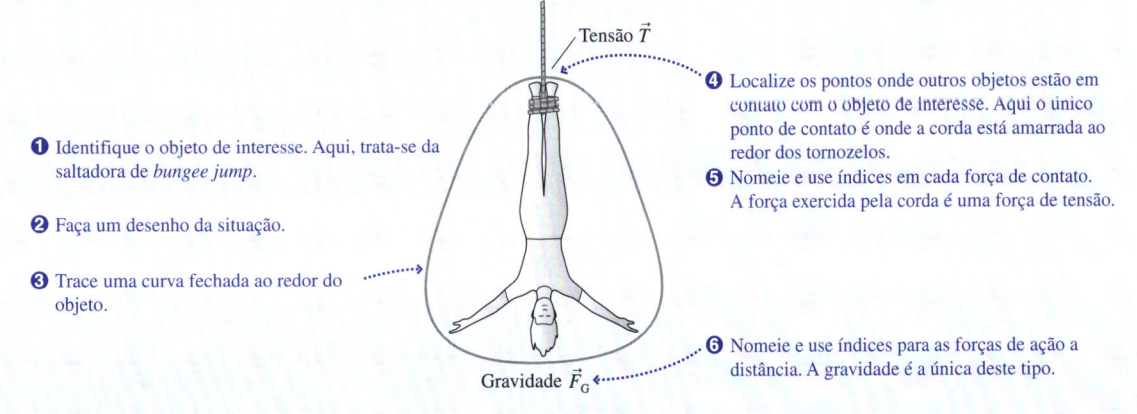

FIGURA 5.13 Forças exercidas sobre alguém que salta de *bungee jump*.

EXEMPLO 5.2 Forças sobre um esquiador

Um esquiador está sendo puxado para cima, por meio de uma corda esticada, ao longo de uma rampa coberta de neve. Que forças estão sendo exercidas sobre ele?

VISUALIZAÇÃO

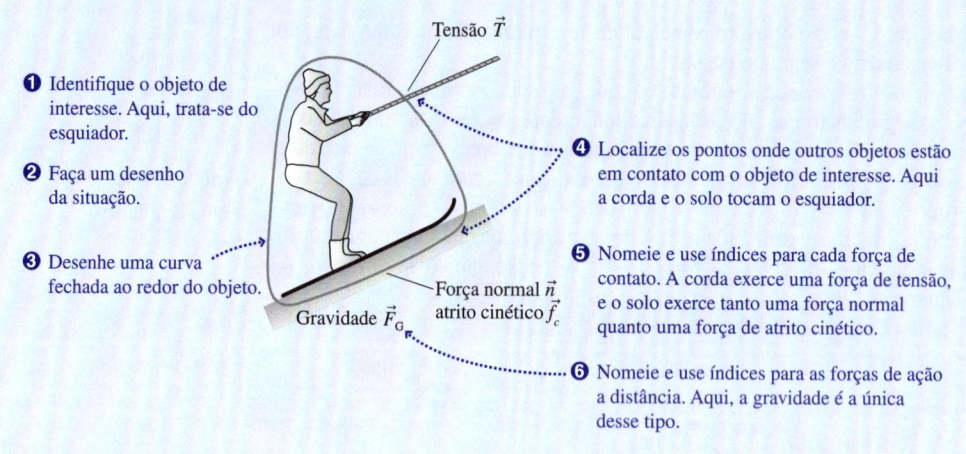

❶ Identifique o objeto de interesse. Aqui, trata-se do esquiador.

❷ Faça um desenho da situação.

❸ Desenhe uma curva fechada ao redor do objeto.

❹ Localize os pontos onde outros objetos estão em contato com o objeto de interesse. Aqui a corda e o solo tocam o esquiador.

❺ Nomeie e use índices para cada força de contato. A corda exerce uma força de tensão, e o solo exerce tanto uma força normal quanto uma força de atrito cinético.

❻ Nomeie e use índices para as forças de ação a distância. Aqui, a gravidade é a única desse tipo.

Tensão $\vec{T}$, Força normal $\vec{n}$, atrito cinético $\vec{f}_c$, Gravidade $\vec{F}_G$

FIGURA 5.14 Forças sobre um esquiador.

NOTA ▶ Talvez você esperasse que houvesse duas forças de atrito e duas forças normais no Exemplo 5.2, cada qual sobre cada esqui. Tenha em mente, todavia, que estamos trabalhando com um modelo de partícula, no qual representamos o esquiador como um simples ponto. Uma partícula tem apenas um contato com o solo, de modo que há apenas uma única força normal e uma única força de atrito. O modelo de partícula é válido se queremos analisar o movimento de translação do esquiador como um todo, mas precisaríamos ir além do modelo de partícula a fim de analisar o que ocorre a cada esqui. ◀

Agora que você está entrando no ritmo, nosso próximo exemplo parecerá muito com o esboço que você deveria fazer quando se pede para identificar as forças em uma tarefa para casa.

EXEMPLO 5.3 Forças sobre um foguete

Um foguete está sendo lançado para colocar um satélite em órbita. A resistência do ar não é desprezível. Que forças estão sendo exercidas sobre o foguete?

VISUALIZAÇÃO

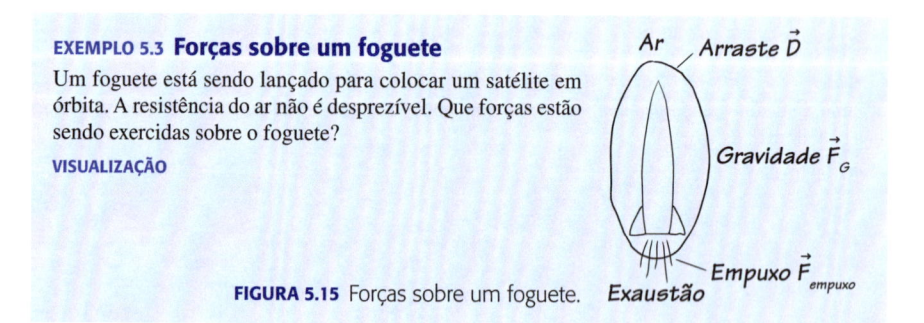

Ar, Arraste $\vec{D}$, Gravidade $\vec{F}_G$, Empuxo $\vec{F}_{empuxo}$, Exaustão

FIGURA 5.15 Forças sobre um foguete.

PARE E PENSE 5.2 Você acaba de chutar uma pedra, e agora ela está escorregando pelo solo a cerca de 2 m de você. Quais dessas forças são exercidas sobre a pedra? Liste todas elas.

a. A gravidade, exercida para baixo.
b. A força normal, exercida para cima.
c. A força do chute, exercida na orientação do movimento.
d. O atrito, exercido em sentido oposto ao do movimento.
e. A resistência do ar, exercida em sentido oposto ao do movimento.

5.4 O que as forças fazem? Um experimento virtual

A questão fundamental é: como se move um objeto quando uma força é exercida sobre ele? A única maneira de responder a esta questão é realizar experimentos. Para isso, entretanto, precisamos de uma maneira de reproduzir a mesma intensidade de força repetidas vezes.

Vamos realizar um "experimento virtual", que possa ser facilmente visualizado. Imagine-se usando seus dedos para esticar uma liga de borracha em certo comprimento — digamos, 10 cm — que você pode medir com uma régua. Chamaremos a isto de *comprimento padrão*. A **FIGURA 5.16** ilustra essa idéia. Você sabe que uma liga de borracha esticada exerce uma força porque seus dedos *sentem* o puxão. Além disso, trata-se de uma força reprodutível. A liga de borracha exerce a mesma força toda vez que é esticada no comprimento padrão. Vamos chamá-la de *força padrão F*.

Sem surpresa, duas ligas de borracha idênticas, cada qual esticada no comprimento padrão, exercem juntas uma força duas vezes maior do que uma liga apenas: $F_{res} = 2F$. Se forem N ligas de borracha idênticas, lado a lado, cada qual esticada no comprimento padrão, elas exercerão conjuntamente N vezes a força padrão: $F_{res} = NF$.

Agora estamos prontos para começar o experimento virtual. Imagine um objeto no qual você possa prender ligas de borracha, tal como um bloco de madeira com um gancho. Se você prender uma liga de borracha ao gancho e esticá-la no comprimento padrão, o objeto experimentará a mesma força F que seu dedo. Um número N de ligas de borracha presas ao mesmo objeto exercerá N vezes a força de uma única liga. As ligas de borracha nos fornecem uma maneira de exercer uma força reprodutível sobre um objeto.

Nossa tarefa é medir o movimento do objeto em resposta a estas forças. Imagine-se usando ligas de borracha para puxar o objeto ao longo de uma mesa horizontal. O atrito entre o objeto e a superfície pode afetar nossos resultados, de modo que devemos eliminar o atrito, ou seja, ao cabo de tudo, temos um experimento virtual! (Na prática, você poderia praticamente eliminar o atrito puxando um bloco liso sobre uma lâmina lisa de gelo ou sustentando-o por meio de um trilho de ar.)

Se você esticar a liga de borracha e depois soltar o objeto, ele se moverá em direção à sua mão. Mas ao fazê-lo, a liga de borracha torna-se cada vez mais curta, e a força de puxão vai diminuindo. A fim de mantê-la constante, você deve *mover sua mão* com uma rapidez tal que mantenha inalterado o comprimento da liga de borracha! A **FIGURA 5.17** mostra o experimento sendo realizado. Uma vez que o movimento esteja completo, você pode usar diagramas de movimento (a partir dos quadros de um filme feito com uma câmera) junto à cinemática para analisar o movimento do objeto.

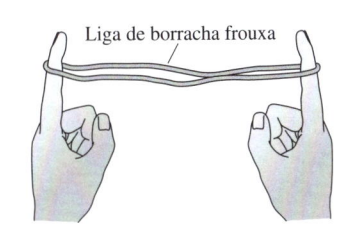

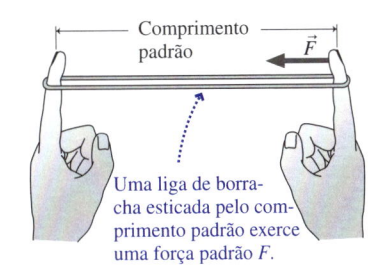

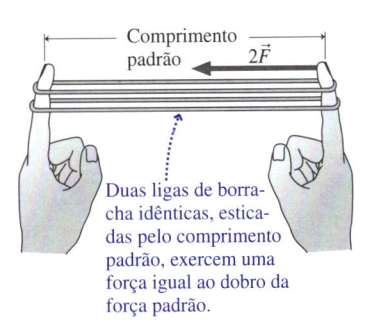

FIGURA 5.16 Uma força reprodutível.

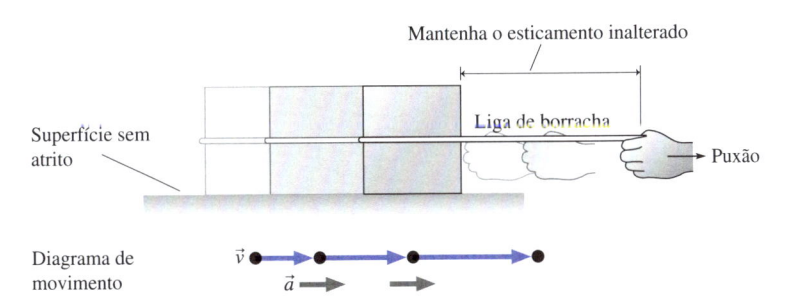

FIGURA 5.17 Medindo o movimento de um objeto puxado por uma força constante.

A primeira constatação importante neste experimento é que um **objeto, puxado com força constante, move-se com aceleração constante**. Isso poderia ter sido previsto. É concebível que o objeto acelerasse por uns momentos e, depois, passasse a se mover com velocidade constante ou que ele continuasse a acelerar, mas com uma *taxa* de crescimento, a aceleração, que estivesse diminuindo. Estes são movimentos plausíveis, mas não correspondem ao que ocorre. Em vez disso, os objetos aceleram com uma *aceleração constante* enquanto você estiver puxando-os com uma força constante.

O que acontece se você aumentar a força usando várias ligas de borracha? Para descobrir, use 2 ligas idênticas a essas. Estique ambas pelo comprimento padrão a fim de dobrar o valor da força e, depois, meça a aceleração decorrente. Então, meça a aceleração gerada por 3 ligas idênticas de borracha, depois por 4 e assim por diante. A Tabela

TABELA 5.1 Aceleração devido a uma força crescente

Ligas de borracha	Força	Aceleração
1	F	a_1
2	$2F$	$a_2 = 2a_1$
3	$3F$	$a_3 = 3a_1$
⋮	⋮	⋮
N	NF	$a_N = Na_1$

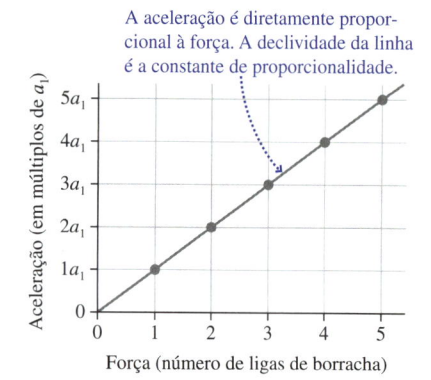

FIGURA 5.18 Gráfico da aceleração *versus* força.

(Gráfico: Aceleração (em múltiplos de a_1) no eixo y, de 0 a $5a_1$; Força (número de ligas de borracha) no eixo x, de 0 a 5. A aceleração é diretamente proporcional à força. A declividade da linha é a constante de proporcionalidade.)

5.1 mostra os resultados desse experimento. Você pode verificar que a duplicação da força duplica também a aceleração produzida, e que a triplicação da força torna a aceleração três vezes maior e assim por diante.

A **FIGURA 5.18** traz um gráfico desses dados. A força é a variável independente, aquela que você pode controlar, de modo que pusemos a força no eixo horizontal para construir um gráfico da aceleração *versus* força. Este gráfico revela nossa segunda constatação, de que **a aceleração é diretamente proporcional à força**. Este resultado pode ser escrito como

$$a = cF \tag{5.2}$$

onde c, chamada de *constante de proporcionalidade*, é a declividade do gráfico.

ADENDO MATEMÁTICO Proporcionalidade e raciocínio usando proporções

A noção de **proporcionalidade** surge com freqüência na física. Uma grandeza simbolizada por u é *proporcional* a outra grandeza simbolizada por v se

$$u = cv$$

onde c (que pode possuir unidades) é chamada de **constante de proporcionalidade**. Essa relação entre u e v normalmente é escrita como

$$u \propto v$$

onde o símbolo $\propto$ significa "proporcional a".

Se v for duplicada para $2v$, então u será duplicado para $c(2v) = 2(cv) = 2u$. Em geral, se v mudar por um fator f, então u variará pelo mesmo fator. Essa é a essência do que queremos *expressar* com proporcionalidade.

O gráfico de u versus v é uma linha reta que *passa pela origem* (i.e., a intersecção com o eixo y se dá na origem) com declividade $= c$. Note que a proporcionalidade é uma relação mais particular do que a mera linearidade entre u e v. A equação linear $u = cv + b$ corresponde a um gráfico retilíneo, mas a reta não passa pela origem (a menos que b seja igual a zero), e a duplicação de v não produz a duplicação de u.

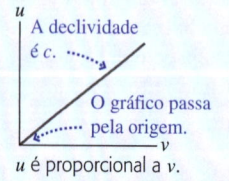

Se $u \propto v$, então $u_1 = cv_1$ e $u_2 = cv_2$. Dividindo membro a membro a segunda equação pela primeira, obtemos

$$\frac{u_2}{u_1} = \frac{v_2}{v_1}$$

Trabalhando com *razões*, podemos deduzir informação sobre u sem a necessidade de conhecer o valor de c. (Isso não seria verdadeiro se a relação fosse meramente linear.) Isso é **raciocinar com proporcionalidades**.

A proporcionalidade não está limitada a ser linearmente proporcional. O gráfico abaixo da esquerda mostra que u claramente não é proporcional a w. Mas um gráfico de u versus $1/w^2$ é uma reta passando pela origem; logo, neste caso, u é proporcional a $1/w^2$, ou $u \propto 1/w^2$. Dizemos que "u é proporcional ao inverso do quadrado de w".

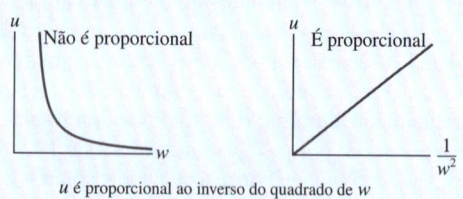

(Gráficos: à esquerda, u vs w — Não é proporcional; à direita, u vs $1/w^2$ — É proporcional. u é proporcional ao inverso do quadrado de w.)

EXEMPLO A grandeza u é proporcional ao inverso do quadrado da grandeza w. Por que fator u mudará se w for triplicada?

RESOLUÇÃO Essa é uma oportunidade para raciocinar com proporcionalidades: não precisamos saber quanto vale a constante de proporcionalidade. Se u é proporcional a $1/w^2$, então

$$\frac{u_2}{u_1} = \frac{1/w_2^2}{1/w_1^2} = \frac{1}{w_2^2/w_1^2} = \left(\frac{1}{w_2/w_1}\right)^2$$

Triplicando-se w, com o que w_2/w_1, u varia em

$$u_2 = \left(\frac{1}{w_2/w_1}\right)^2 u_1 = \left(\frac{1}{3}\right)^2 u_1 = \frac{1}{9}u_1$$

A triplicação de w faz o valor de u tornar-se $\frac{1}{9}$ do valor original.

Muitos exercícios do *Student Workbook* e muitas questões de final de capítulo requerem raciocínio com proporcionalidades. Trata-se de uma importante habilidade a ser desenvolvida.

TABELA 5.2 Aceleração para diferentes números de objetos idênticos

Número de objetos	Aceleração
1	a_1
2	$a_2 = \frac{1}{2}a_1$
3	$a_3 = \frac{1}{3}a_1$
⋮	⋮
N	$a_N = \frac{1}{N}a_1$

A questão final de nosso experimento virtual é: como a aceleração depende do tamanho do objeto? (O "tamanho" de um objeto é algo ambíguo. Seremos mais precisos abaixo.) Para descobrir, fixe o objeto original a uma cópia idêntica dele e, então, exerça a *mesma* força que exerceu no original, um único objeto, e meça a aceleração deste novo objeto. Depois de realizar várias vezes o experimento, exercendo sempre a mesma força sobre cada objeto, você terá obtido os resultados listados na Tabela 5.2. Um objeto com o dobro do tamanho do original tem a metade da aceleração do objeto original quando ambos experimentam a mesma força.

Na **FIGURA 5.19**, estes resultados são acrescentados ao gráfico da Figura 5.18. Podemos ver que a constante de proporcionalidade c, entre aceleração e força — a declividade da reta —, varia com o tamanho do objeto. Para um objeto duas vezes maior do que o original, o gráfico é uma reta com a metade da declividade original. Pode parecer surpreendente que objetos maiores correspondam a declividades menores, de modo que você deverá refletir um pouco a respeito.

Massa

Agora, "tamanho duas vezes maior" é uma expressão um pouco vaga; poderia se referir a alguma dimensão externa do objeto ou a alguma outra medida. Embora *massa* seja uma palavra muito conhecida, evitamos usá-la até aqui porque primeiro precisamos definir o que ela é. Uma vez que, em nosso experimento, fizemos os objetos maiores do mesmo material que o original, um objeto duas vezes maior tem o dobro do número de átomos — uma quantidade de matéria duas vezes maior — do original. Assim, não deveria ser surpresa que ele tenha massa duas vezes maior do que o original. Informalmente, **a massa de um objeto é a quantidade de matéria que ele contém**. Este é, certamente, o significado cotidiano de *massa*, mas ele não constitui uma definição precisa.

A Figura 5.19 mostra que um objeto com quantidade de matéria duas vezes maior do que o original acelera com um valor de aceleração igual à metade do valor que experimentaria se ambos fossem submetidos à mesma força. Um objeto que possua N vezes mais matéria que outro tem apenas $\frac{1}{N}$ da aceleração deste. Quanto mais matéria um objeto possuir, mais ele *resistirá* a acelerar em resposta a uma força exercida. Você está familiarizado com esta idéia: é muito mais difícil empurrar seu carro do que sua bicicleta. A tendência de um objeto a resistir a uma *variação* de sua velocidade (i.e., de resistir a uma aceleração) é chamada de **inércia**. A Figura 5.19 nos diz que objetos maiores possuem mais inércia do que objetos menores feitos do mesmo material.

Podemos tornar mais precisa esta idéia definindo a **massa inercial** m de um corpo como

$$m \equiv \frac{1}{\text{declividade do gráfico aceleração versus força}} = \frac{F}{a}$$

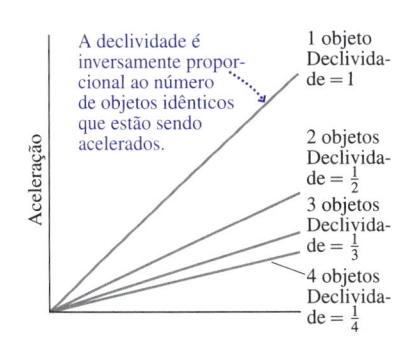

FIGURA 5.19 Gráfico da aceleração *versus* força para objetos de tamanhos diferentes.

(Note que está é uma *definição operacional*.) Normalmente nos referiremos à massa inercial simplesmente como "a massa". A massa é uma propriedade *intrínseca* de um corpo. É ela que determina como um objeto acelera em resposta a uma força exercida.

Podemos agora responder à questão que já havíamos enunciado: como se move um objeto quando uma dada força é exercida sobre ele? A Figura 5.18 mostrou que a aceleração é diretamente proporcional à força exercida, uma conclusão que expressamos matematicamente pela Equação 5.2 com a constante de proporcionalidade c não-especificada. Agora percebemos que c, a declividade do gráfico da aceleração *versus* força, corresponde ao inverso da massa inercial m. Assim, encontramos que uma força de módulo F faz um objeto de massa m acelerar com

$$a = \frac{F}{m} \qquad (5.3)$$

Uma força *acelera* um objeto! Além disso, o módulo da aceleração é diretamente proporcional ao módulo da força exercida e inversamente proporcional à massa do objeto.

PARE E PENSE 5.3 Duas ligas de borracha, esticadas no comprimento padrão, fazem com que um objeto acelere a 2 m/s². Suponha que outro objeto, com massa duas vezes maior, seja puxado por quatro dessas ligas de borracha, cada qual esticada no comprimento padrão. A aceleração deste segundo objeto será

a. 1 m/s²   b. 2 m/s²   c. 4 m/s²   d. 8 m/s²   e. 16 m/s²

Dica: Raciocine com proporcionalidades.

5.5 A segunda lei de Newton

A Equação 5.3 é um achado importante, mas nosso experimento estava limitado a determinar a resposta de um objeto a uma única força exercida. Na prática, um objeto provavelmente estará submetido a várias diferentes forças $\vec{F}_1, \vec{F}_2, \vec{F}_3, \ldots$, que podem ter orientações diferentes. O que acontece então? Neste caso, constata-se experimentalmente que a aceleração é determinada pela força *resultante*.

Newton foi o primeiro a perceber a ligação existente entre força e movimento. Essa relação é conhecida hoje como a segunda lei de Newton.

> **SEGUNDA LEI DE NEWTON** Um corpo de massa m, sujeito a forças $\vec{F}_1, \vec{F}_2, \vec{F}_3, \ldots$ sofrerá uma aceleração $\vec{a}$ dada por
>
> $$\vec{a} = \frac{\vec{F}_{res}}{m} \qquad (5.4)$$
>
> onde a força resultante $\vec{F}_{res} = \vec{F}_1 + \vec{F}_2 + \vec{F}_3 + \cdots$ é o vetor soma de todas as forças exercidas sobre o corpo. O vetor aceleração $\vec{a}$ tem a mesma orientação que o vetor força resultante $\vec{F}_{res}$.

A relevância da segunda lei de Newton não pôde ser superestimada. Naquela época não havia razão para que se suspeitasse de alguma relação simples entre força e aceleração. E ainda mais de que ela fosse representada por uma equação tão simples, porém extremamente poderosa, relacionando aquelas duas grandezas.

A idéia central é de que **um objeto acelera na direção e no sentido do vetor força resultante** $\vec{F}_{res}$. É importante também notar que o objeto reage em resposta às forças exercidas sobre ele em *cada instante*. Ele não tem intenção ou atua por sua própria conta e não possui qualquer memória das forças que tenham sido exercidas sobre si em instantes anteriores.

Podemos reescrever a segunda lei de Newton na forma

$$\vec{F}_{res} = m\vec{a} \qquad (5.5)$$

que, você poderá constatar, é a maneira como ela é apresentada em muitos livros didáticos. As Equações 5.3 e 5.4 são matematicamente equivalentes, mas a Equação 5.4 descreve melhor a idéia central da mecânica newtoniana: uma força exercida sobre um objeto o faz acelerar.

NOTA ▶ Tenha o cuidado de não pensar que uma determinada força "sobrepuje" as outras na determinação do movimento. Forças não competem umas com as outras! É a $\vec{F}_{res}$, a soma de *todas* as *forças* exercidas, que determina a aceleração $\vec{a}$. ◀

Como exemplo, a **FIGURA 5.20a** mostra um caixote sendo puxado por duas cordas. Estas exercem forças de tensão $\vec{T}_1$ e $\vec{T}_2$ sobre o caixote. A **FIGURA 5.20b** representa o caixote como uma partícula, mostrando quais as forças exercidas sobre ele e como obter a soma gráfica delas para determinar a força resultante $\vec{F}_{res}$. O caixote acelerará na direção e no sentido de $\vec{F}_{res}$ com uma aceleração de módulo

$$\vec{a} = \frac{\vec{F}_{res}}{m} = \frac{\vec{T}_1 + \vec{T}_2}{m}$$

NOTA ▶ A aceleração *não é* igual a $(T_1 + T_2)/m$. Forças devem ser somadas como *vetores*, e não, simplesmente somando-se seus módulos, como se faz com escalares. ◀

Unidades de força

Uma vez que $\vec{F}_{res} = m\vec{a}$, as unidades de força devem ser as mesmas que as de massa multiplicadas pelas de aceleração. Já especificamos anteriormente a unidade de massa do SI como o quilograma. Agora podemos definir a unidade básica de força como "a força que faz com que 1 kg de massa acelere a 1 m/s²". Da segunda lei, esta força é

$$1 \text{ unidade básica de força} \equiv 1 \text{ kg} \times 1\frac{m}{s^2} = 1\frac{\text{kg m}}{s^2}$$

Essa unidade básica de força é chamada de um newton:

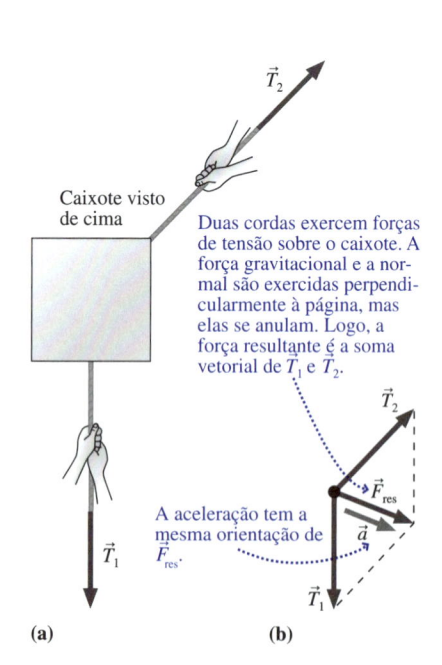

FIGURA 5.20 Aceleração de um caixote sendo puxado.

Um **newton** é a força que acelera 1 kg de massa a 1 m/s². A abreviatura de newtons é N. Matematicamente, 1 N = 1 kg m/s².

O newton é uma *unidade derivada*, o que significa que ele é definido em termos das *unidades fundamentais* quilograma, metro e segundo. Introduziremos outras unidades derivadas quando necessário.

É importante desenvolver uma intuição a respeito das intensidades das forças. A Tabela 5.3 mostra alguns valores típicos de força. Como se pode ver, forças "típicas" sobre objetos "comuns" situam-se na faixa de 0,01 N a 10.000 N. Forças menores do que 0,01 N são fracas demais para que as consideremos, a menos que se esteja trabalhando com objetos muito pequenos. Forças maiores do que 10.000 N fariam sentido apenas se exercidas sobre objetos muito massivos.

TABELA 5.3 Módulo aproximado de algumas forças comuns

Força	Módulo aproximado (newtons)
Peso de um objeto com massa de 50g	0,05
Peso de um objeto com massa de 0,5 kg	5
Peso de uma pessoa de 50 kg	500
Força de impulsão de um carro	5.000
Força de impulsão de um motor de foguete	5.000.000

Forças são interações

Existe mais um aspecto importante das forças. Se você empurrar uma porta (o objeto) a fim de fechá-la, ela empurrará de volta sua mão (o agente). Se uma corda puxa um carro (o objeto), este puxa de volta a corda (o agente). De maneira geral, se um agente exerce uma força sobre um objeto, este exerce uma força sobre o agente. Precisamos realmente considerar uma força como uma *interação* entre dois objetos. Esta idéia é incorporada na terceira lei de Newton — para cada ação, existe uma reação de mesmo módulo, mas de sentido contrário.

Embora a perspectiva da interação seja uma maneira mais exata de conceber forças, ela traz complicações que por ora gostaríamos de evitar. Nossa abordagem será iniciar nos concentrando em saber como um único objeto responde a forças exercidas sobre ele. Depois, no Capítulo 7, voltaremos à terceira lei de Newton e ampliaremos o assunto para saber como dois ou mais objetos interagem entre si.

PARE E PENSE 5.4 Três forças são exercidas sobre um corpo. Em que direção e sentido o objeto acelera?

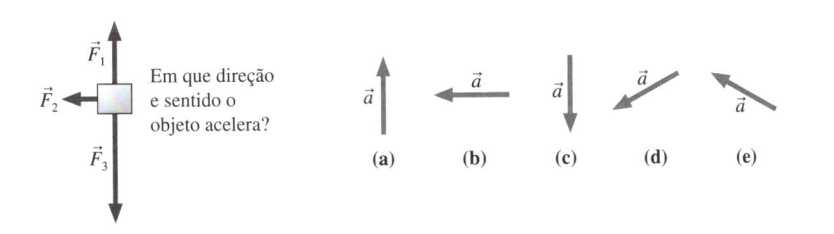

5.6 A primeira lei de Newton

Como já comentamos anteriormente, Aristóteles e seus contemporâneos na Grécia antiga estavam muito interessados no movimento. Uma questão que eles se propunham era: qual é o "estado natural" de um objeto se ele for deixado por sua própria conta? Não foi preciso um extenso programa de pesquisas para se constatar que, na Terra, cada objeto em movimento, deixado por sua própria conta, acaba parando. Aristóteles então concluiu que o estado natural de qualquer objeto terrestre seria o de repouso. No repouso, nenhum objeto precisa de explicação; ele está fazendo o que naturalmente faz. Um objeto em movimento, todavia, não se encontra em seu estado natural e, portanto, precisa de uma explicação: por que ele está se movendo? O que o mantém neste estado e impede que ele atinja seu estado natural?

Galileu reexaminou a questão do "estado natural" dos objetos. Ele sugeriu que nos concentrássemos no *caso limite* em que a resistência ao movimento (ou seja, o atrito ou a resistência do ar) fosse nula. A realização de muitos experimentos, em que ele tratou de minimizar a influência do atrito, levou Galileu a uma conclusão que estava em nítido contraste com a crença aristotélica de que o repouso seria o estado natural de um objeto.

Galileu descobriu que é necessária uma influência externa (i.e., uma força) para acelerar um objeto — para fazer *variar* sua velocidade. Em particular, é necessária uma força para colocar em movimento um objeto que esteja parado. Porém, na ausência do atrito ou da resistência do ar, um objeto posto em movimento continuará movendo-se em linha reta eternamente e sem perda de rapidez. Em outras palavras, o estado natural de um objeto — seu comportamento quando livre de influências externas — é de *movimento uniforme* com velocidade constante! Isso não ocorre na prática por causa dos atritos e da resistência do ar, que impedem o objeto de seguir adiante eternamente se deixado sozinho. "Em repouso" não tem qualquer significado especial no ponto de vista de Galileu acerca do movimento; trata-se, simplesmente, de movimento uniforme com $\vec{v} = \vec{0}$.

Foi deixado para Newton generalizar esta conclusão, e hoje a chamamos de primeira lei de Newton do movimento.

> **PRIMEIRA LEI DE NEWTON** Um corpo que se encontra em repouso assim permanecerá ou um corpo em movimento prosseguirá se movendo em linha reta com velocidade constante se e somente se for nula a força resultante sobre ele.

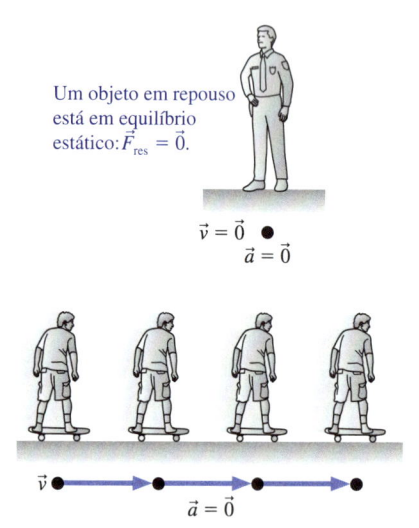

A primeira lei de Newton também é conhecida como *lei da inércia*. Se um objeto se encontra em repouso, ele tem tendência de assim permanecer. Se está se movendo, tem a tendência de manter-se movendo com a *mesma velocidade*.

NOTA ▶ A primeira lei se refere à força *resultante*. Um objeto pode manter-se em repouso ou em movimento em linha reta com rapidez constante mesmo quando várias forças são exercidas sobre ele, se a força resultante correspondente for nula. ◀

Note a expressão "se e somente se" da primeira lei de Newton. Se um objeto está em repouso ou se move com velocidade constante, podemos concluir que não existe uma força resultante exercida sobre ele. Alternativamente, se não existe uma força resultante exercida sobre o corpo, podemos concluir que o objeto possui uma velocidade constante, e não, apenas uma rapidez constante. A orientação também deve manter-se constante!

Quando a força resultante sobre um objeto é nula, $\vec{F}_{res} = \vec{0}$, diz-se que ele se encontra em **equilíbrio mecânico**. De acordo com a primeira lei de Newton, existem duas formas distintas de equilíbrio mecânico:

1. O objeto está parado. Isso é **equilíbrio estático**.
2. O objeto está se movendo em uma linha reta com velocidade constante. Isso é **equilíbrio dinâmico**.

Dois exemplos de equilíbrio mecânico são ilustrados na **FIGURA 5.21**. Ambos compartilham a característica comum de que $\vec{a} = \vec{0}$.

Um objeto em repouso está em equilíbrio estático: $\vec{F}_{res} = \vec{0}$.

$\vec{v} = \vec{0}$
$\vec{a} = \vec{0}$

Um objeto se movendo em linha reta com velocidade constante está em equilíbrio dinâmico: $\vec{F}_{res} = \vec{0}$.

FIGURA 5.21 Dois exemplos de equilíbrio mecânico.

Quão boa é a primeira lei de Newton?

A primeira lei de Newton completa nossa definição de força; ela responde à questão: O que é uma força? Se uma dada "influência" sobre um objeto faz sua velocidade variar, essa influência é uma força.

A primeira lei de Newton muda a questão que os gregos antigos estavam tentando responder: o que faz um objeto se manter em movimento? A primeira lei de Newton afirma que **nenhuma causa é necessária para um objeto estar em movimento**! O movimento uniforme é o estado natural de qualquer objeto. Absolutamente nada é necessário para mantê-lo em tal estado. De acordo com Newton, a questão apropriada a ser proposta é: o que faz *variar* a velocidade de um objeto? Newton, com a ajuda de Galileu, também nos deu uma resposta. **É uma *força* que faz o objeto variar sua velocidade.**

O parágrafo anterior contém a essência da mecânica newtoniana. Esta nova perspectiva acerca do movimento, entretanto, com freqüência é contrária ao senso comum. Todos sabem perfeitamente que se deve ficar empurrando um objeto — exercendo uma força sobre ele — a fim de mantê-lo em movimento. E Newton está nos pedindo que mudemos nosso ponto de vista e que consideremos o movimento a partir *da perspectiva do objeto*, e não, da nossa perspectiva pessoal. Não importa de que objeto se trate, nosso empurrão e apenas uma das várias forças exercidas sobre ele. Outras são o atrito, a resistência do ar e a gravidade. Somente através do conhecimento da força *resultante* é que podemos determinar o movimento do objeto.

A primeira lei de Newton parece ser um mero caso especial da segunda lei de Newton. Afinal, a equação $\vec{F}_{res} = m\vec{a}$ nos diz que, sobre um objeto em movimento com velocidade constante ($\vec{a} = \vec{0}$), $\vec{F}_{res} = \vec{0}$. A dificuldade está em que, na segunda lei de Newton, considera-se que a força já seja conhecida. O propósito da primeira lei é o de *identificar* uma força que de alguma maneira perturba o estado de equilíbrio. A segunda lei, então, descreve como o objeto responde a essa força. Assim, em uma perspectiva *lógica*, a primeira lei de fato é uma afirmação independente que deve preceder a segunda lei. Mas isso é uma distinção muito formal. Do ponto de vista pedagógico, é melhor — como temos feito — usar nossa compreensão intuitiva de força e começar pela segunda lei de Newton.

Sistemas de referência inerciais

Quando um carro pára subitamente, você pode ser jogado para fora através do vidro dianteiro se não estiver com seu cinto de segurança. *Em relação ao carro*, você desenvolve uma aceleração real para a frente, porém qual é a força que o está puxando nesta orientação? Uma força é um empurrão ou um puxão causado por um agente identificável em contato com o objeto. Embora você *pareça* estar sendo puxado para a frente, não existe um agente que o esteja fazendo.

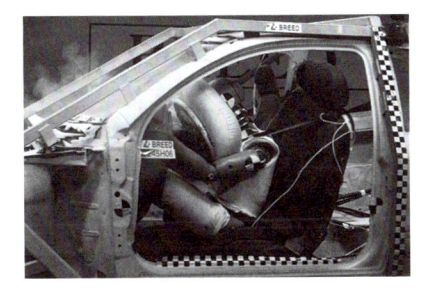

A dificuldade — uma aceleração sem uma força aparente — surge do fato de você estar usando um sistema de referência inadequado. Sua aceleração medida com relação ao referencial do carro não é a mesma quando medida com relação a um referencial fixo ao solo. A segunda lei de Newton diz que $\vec{F}_{res} = m\vec{a}$. Mas qual $\vec{a}$? Medida com relação a que referencial?

Definimos um **sistema de referência inercial** como aquele em que as leis de Newton são válidas. A primeira lei provê uma boa maneira de testar se um dado referencial é inercial ou não. Se $\vec{a} = \vec{0}$ (o objeto está em repouso ou se movendo com velocidade constante) apenas quando $\vec{F}_{res} = \vec{0}$, então o sistema de referência em relação ao qual $\vec{a}$ é medida é inercial.

Nem todos os sistemas de referência são inerciais. A **FIGURA 5.22a** mostra um estudante de física viajando com velocidade constante de cruzeiro em um aeroplano. Se ele colocar uma bola sobre o piso da aeronave, ela fica ali, parada. Não existem forças horizontais exercidas, e a bola mantém-se em repouso em relação ao aeroplano, ou seja, $\vec{a} = \vec{0}$ no sistema de referência do avião quando $\vec{F}_{res} = \vec{0}$. A primeira lei de Newton é satisfeita, de modo que o aeroplano constitui um referencial inercial.

O estudante de física da **FIGURA 5.22b** realiza o mesmo experimento durante a decolagem. Ele posiciona a bola cuidadosamente sobre o piso exatamente quando o avião começa a acelerar para a decolagem. Você consegue imaginar o que acontece. A bola rola para a parte traseira da aeronave enquanto os passageiros são pressionados contra as costas de seus assentos. Nada está exercendo uma força de contato horizontal sobre a bola, no entanto ela acelera *em relação ao sistema de referência do avião*. Isso viola a primeira lei de Newton, de modo que o avião *não* constitui um referencial inercial durante a decolagem.

No primeiro exemplo, o avião está se deslocando com velocidade constante. No segundo, está acelerando. **Sistemas de referência acelerados não são inerciais**. Conseqüentemente, as leis de Newton não são válidas em um referencial fixo a um objeto acelerado.

A Terra *não é* exatamente um sistema de referência inercial porque gira em torno de si mesma e ao redor do Sol. Entretanto, a aceleração da Terra é tão pequena que as violações às leis de Newton só podem ser medidas por experimentos de alta precisão. Consideraremos a Terra e os laboratórios fixos nela como referenciais inerciais, uma aproximação que é muito bem-justificada.

No Capítulo 4, definimos sistemas de referência inerciais como aqueles que se movem com velocidades constantes. Estes são os referenciais nos quais as leis de Newton são válidas. Como a Terra é (muito aproximadamente) um referencial inercial, o aeroplano da Figura 5.22a, movendo-se com velocidade constante em relação à Terra, constitui também um referencial inercial. Mas não um carro que esteja freando até parar, de maneira que você *não pode* usar as leis de Newton no sistema de referência deste carro.

Para entender o movimento dos objetos dentro do carro, tais como os passageiros, você deve medir velocidades e acelerações *em relação ao solo*. Do ponto de vista de um observador no solo, o corpo de um passageiro do carro que está freando "tenta" continuar movendo-se para a frente com velocidade constante, exatamente o que se esperaria com base na primeira lei de Newton, enquanto sua vizinhança imediata está desacelerando. O

Este boneco pensa que existe uma força o arremessando contra o pára-brisas. Que bobo!

(a)

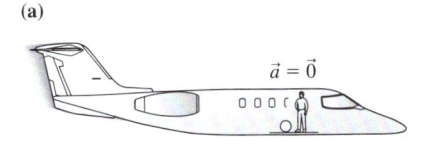

A bola se mantém em repouso.

Em um aeroplano que viaja com velocidade de cruzeiro constante, uma bola não sujeita a forças horizontais mantém-se em repouso. O aeroplano constitui um referencial inercial.

(b)

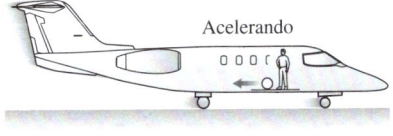

Acelerando

A bola rola para trás.

Durante a decolagem, a bola rola para trás do avião. Um avião acelerado não constitui um referencial inercial.

FIGURA 5.22 Sistemas de referência.

passageiro não é "atirado" contra a janela dianteira do carro. Em vez disso, é o pára-brisa que se interpõe em sua frente!

Falsas concepções acerca de forças

É importante identificar corretamente todas as forças exercidas sobre um objeto de interesse. É igualmente importante que não se incluam forças que de fato não existem. Já estabelecemos uma série de critérios para a identificação de forças; os dois mais importantes são:

- Qualquer força possui um agente. Somente algo tangível e identificável produz uma força.
- As forças existem no ponto de contato entre o agente e o objeto sobre o qual elas são exercidas.

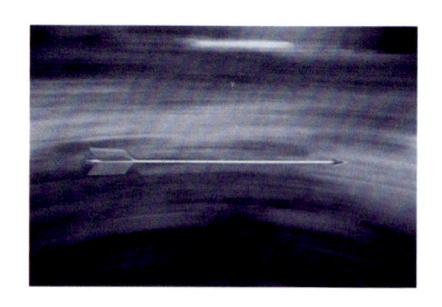

Todos já tivemos muitas experiências as quais sugerem que é necessária uma força para manter algo em movimento. Considere uma bola de boliche rolando sobre uma pista lisa. É muito tentador pensar que exista uma "força de movimento" horizontal que mantém a bola seguindo em frente. Mas se traçarmos uma curva fechada em torno da bola, *nada está em contato com ela* a não ser o piso. Nenhum agente está empurrando a bola para a frente. De acordo com nossa definição, portanto, *não* existe uma "força de movimento" exercida para a frente sobre a bola. Então, o que a mantém prosseguindo? Recorde-se de quando discutimos a primeira lei: *nenhuma* causa é necessária para que um objeto se mova com velocidade constante. Ele continua se movendo por sua própria inércia.

Uma razão para querermos intuitivamente incluir uma "força de movimento" é que tendemos a enxergar o problema de nossa própria perspectiva, como um dos agentes de força. Certamente você já experimentou empurrar um caixote sobre um piso com velocidade constante. Se parar de empurrar, o caixote pára. As leis de Newton, no entanto, requerem que adotemos o ponto de vista do objeto considerado. O caixote experimenta sua força de empurrão em um sentido *e* uma força de atrito em sentido contrário. O caixote se moverá com velocidade constante se a força *resultante* for nula. Isso será verdadeiro enquanto a força do empurrão contrabalançar precisamente a força de atrito. Quando você parar de empurrar, a força de atrito produzirá uma desaceleração até que o caixote pare.

Um problema semelhante ocorre quando se arremessa uma bola. Foi necessária uma força para acelerar a bola *enquanto ela estava sendo arremessada*. Mas essa força desapareceu no instante em que a bola perdeu contato com a mão. A força realmente não "ficou" na bola enquanto ela se deslocava no ar. Uma vez que ela tenha adquirido uma velocidade, *nada* é necessário para mantê-la se movendo com aquela velocidade.

Uma dificuldade final não menos importante é quanto à força devido à pressão do ar. Pode ser que você tenha aprendido nos cursos anteriores de ciências que o ar, como qualquer outro fluido, exerce força sobre os objetos. Talvez você tenha aprendido essa idéia como "o ar pressiona para baixo com um peso de 10 newtons por centímetro quadrado". Não existe apenas um erro aqui, mas um erro sério: a expressão *para baixo*. Ao nível do mar, a pressão do ar realmente exerce uma pressão aproximada de 10 newtons por centímetro quadrado, mas em *todas* as orientações. Ela pressiona para baixo sobre a parte superior de um objeto, para dentro nos lados e para cima na parte inferior do objeto. Para muitos propósitos, a força *resultante* da pressão do ar é nula! A única maneira de experimentar uma força de pressão do ar é selar um dos lados de um recipiente e depois remover o ar, criando um *vácuo*. Quando você pressiona uma ventosa de sucção contra a parede, por exemplo, obriga o ar a sair dela, e a borracha da borda da ventosa impede o ar de retornar. Agora a pressão do ar sustenta a ventosa em seu lugar contra a parede! Não precisamos discutir a pressão do ar até a Parte III deste livro.

Não existe "força do movimento" ou qualquer outro tipo de força que impulsione esta flecha para a frente. Ela continua em movimento devido à sua inércia.

5.7 Diagramas de corpo livre

Tendo discutido extensamente o que uma força é e o que não é, estamos preparados para reunir nossos conhecimentos sobre força e movimento em um único diagrama chamado de *diagrama de corpo livre*. No próximo capítulo, você aprenderá a escrever equações de movimento diretamente de diagramas de corpo livre. A resolução das equações é um exercício matemático — possivelmente difícil, mas mesmo assim um exercício que poderia ser feito por um computador. A *física* do problema, distinta dos aspectos puramente matemáticos, está nas etapas que levam ao traçado do diagrama de corpo livre.

Um **diagrama de corpo livre**, parte da *representação pictórica* de um problema, representa o objeto como uma partícula e mostra *todas* as forças exercidas sobre ele.

BOX TÁTICO 5.3 **Desenhando um diagrama de corpo livre** (MP)

❶ **Identifique todas as forças exercidas sobre o objeto de interesse**. Esta etapa já foi descrita no Box Tático 5.2.
❷ **Faça o desenho do sistema de coordenadas a ser usado**. Use os eixos definidos em sua representação pictórica. Se eles forem inclinados, para o movimento ao longo de rampas, então os eixos correspondentes no diagrama de corpo livre também devem ser analogamente inclinados.
❸ **Represente o objeto por um ponto na origem do sistema de coordenadas**. Este é o modelo de partícula.
❹ **Desenhe vetores que representem cada uma das forças identificadas**. Isso foi descrito no Box Tático 5.1. Certifique-se de ter denotado cada vetor força.
❺ **Desenhe e denote o vetor força resultante $\vec{F}_{res}$**. Trace este vetor ao lado do diagrama, e não, sobre a partícula. Ou, se for apropriado, escreva $\vec{F}_{res} = \vec{0}$. Depois, verifique se, em seu diagrama de movimento, $\vec{F}_{res}$ aponta com a mesma direção e sentido do vetor aceleração $\vec{a}$.

Exercícios 24–29

EXEMPLO 5.4 Um elevador que sobe acelerando

Por meio de um cabo, um elevador acelera para cima enquanto se move para cima desde o andar térreo. Identifique as forças envolvidas e trace um diagrama de corpo livre do elevador.

MODELO Considere o elevador como uma partícula.

VISUALIZAÇÃO

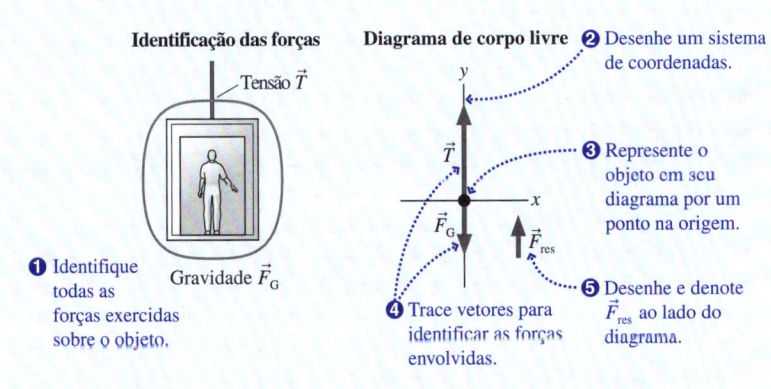

FIGURA 5.23 Diagrama de corpo livre de um elevador que sobe acelerando.

AVALIAÇÃO Os eixos de coordenadas, com o eixo y na vertical, são os únicos que usaríamos em uma representação pictórica deste movimento. O elevador está subindo e acelerando, logo $\vec{F}_{res}$ deve apontar para cima. Para que isso seja verdadeiro, o módulo de $\vec{T}$ deve ser maior do que o de $\vec{F}_G$. O diagrama foi desenhado de acordo com isso.

EXEMPLO 5.5 Um bloco de gelo dispara por um lago congelado

Bobby prende um modelo pequeno de foguete a um bloco de gelo e o dispara sobre a superfície lisa de um lago congelado. O atrito é desprezível. Desenhe uma representação pictórica do bloco de gelo.

MODELO Considere o bloco de gelo como uma partícula. A representação pictórica consiste em um diagrama de movimento para determinar $\vec{a}$, de um desenho para identificação das forças e de um diagrama de corpo livre. Conforme o enunciado do problema, o atrito é desprezível.

Continua

VISUALIZAÇÃO

Diagrama de movimento — **Identificação das forças** — **Diagrama de corpo livre**

Força de empuxo $\vec{F}_{empuxo}$
Gravidade $\vec{F}_G$
Força normal $\vec{n}$

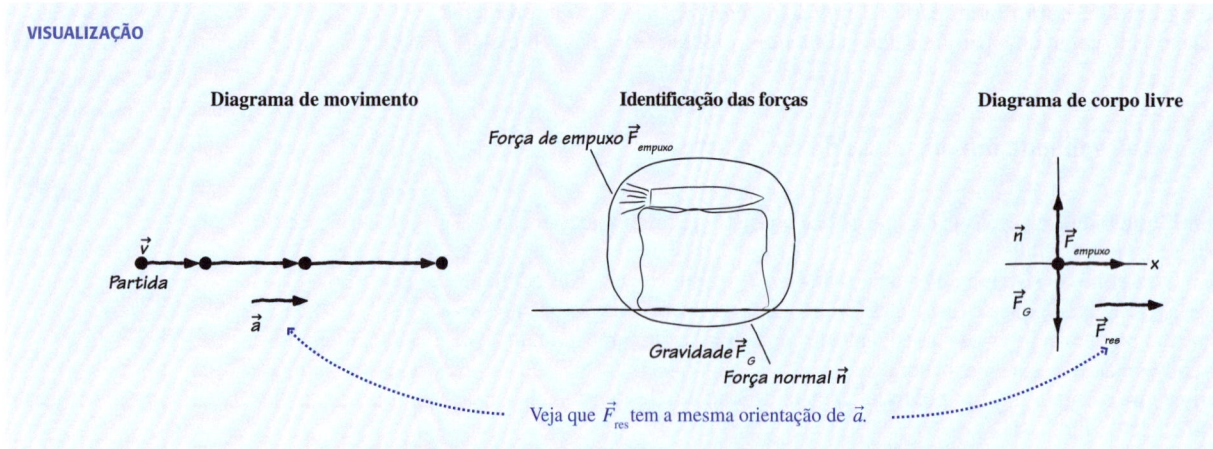

Veja que $\vec{F}_{res}$ tem a mesma orientação de $\vec{a}$.

FIGURA 5.24 Representação pictórica de um bloco de gelo impulsionado sobre um lago congelado sem atrito.

AVALIAÇÃO O diagrama de movimento nos diz que a aceleração tem o mesmo sentido do eixo x. De acordo com as regras de soma vetorial, isto só poder ser verdadeiro se o vetor $\vec{n}$, que aponta para cima, e o vetor $\vec{F}_G$, que aponta para baixo, tiverem o mesmo módulo e, assim, se anularem mutuamente $((F_G)_y = -n_y)$. Os vetores foram desenhados dessa maneira, e com isso a força resultante aponta para a direita, em concordância com $\vec{F}_G$ no diagrama de movimento.

EXEMPLO 5.6 Um esquiador puxado para cima

Uma corda tensa puxa um esquiador para cima, com velocidade constante, sobre uma rampa coberta de neve. Desenhe uma representação pictórica do esquiador.

MODELO Este é novamente o Exemplo 5.2 com a informação adicional de que o esquiador está se movendo com velocidade constante.

Ele será considerado como uma partícula em *equilíbrio dinâmico*. Se fosse um problema de cinemática, a representação pictórica usaria um sistema de coordenadas inclinado, com o eixo x paralelo à rampa, de modo que usaremos esses mesmos eixos inclinados no diagrama de corpo livre.

VISUALIZAÇÃO

Diagrama de movimento — **Identificação das forças** — **Diagrama de corpo livre**

Tensão $\vec{T}$
Gravidade $\vec{F}_G$
Força normal $\vec{n}$
Atrito $\vec{f}_c$

Note que o ângulo entre $\vec{F}_G$ e o semi-eixo y negativo é o mesmo ângulo de inclinação da rampa.

$\vec{F}_{res} = \vec{0}$

Verifique se $\vec{F}_{res}$ está consistente com $\vec{a}$.

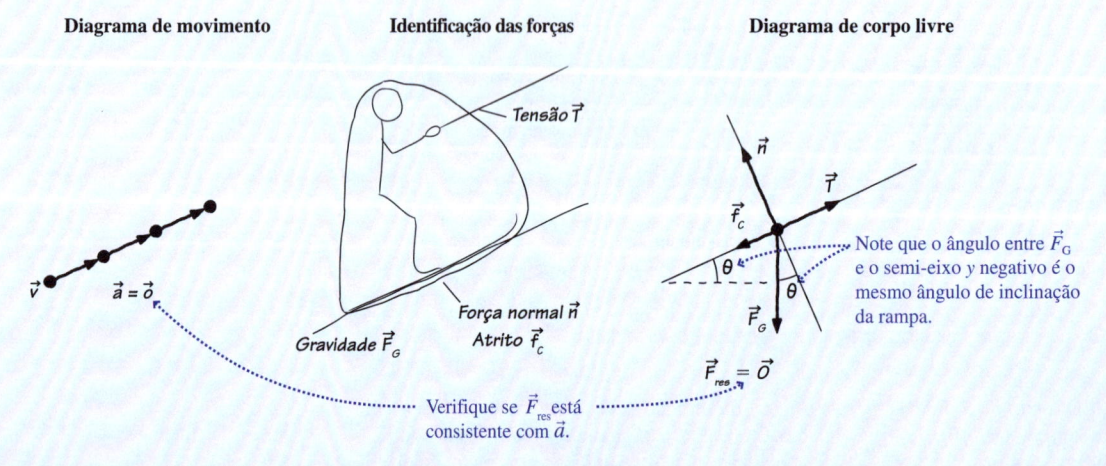

FIGURA 5.25 Representação pictórica de um esquiador sendo puxado com velocidade constante.

AVALIAÇÃO Já mostramos $\vec{T}$ puxando paralelamente à rampa, e $\vec{f}_c$, que tem sentido oposto ao do movimento, apontando rampa abaixo. A normal $\vec{n}$ é perpendicular à superfície e, portanto, está ao longo do eixo y. Finalmente, e isso é importante, a força gravitacional $\vec{F}_G$ aponta verticalmente para baixo e não tem o sentido oposto ao do eixo y. De fato, você deveria convencer-se, a partir da geometria, de que o ângulo θ entre o vetor $\vec{F}_G$ e o semi-eixo y negativo é o mesmo ângulo θ de inclinação da rampa acima da horizontal. O esquiador se move em linha reta com a mesma rapidez; logo, $\vec{a} = \vec{0}$ e, da primeira lei de Newton, $\vec{F}_{res} = \vec{0}$. Assim, desenhamos os vetores de modo que o componente y de $\vec{F}_G$ tenha o mesmo módulo que $\vec{n}$. Analogamente, $\vec{T}$ deve ser grande o suficiente para cancelar exatamente os componentes x de $\vec{f}_c$ e de $\vec{F}_G$, ambos negativos.

Os diagramas de corpo livre constituirão nossa principal ferramenta nos próximos capítulos. O esforço dedicado aos exercícios propostos neste livro e nas tarefas de casa prontamente renderão benefícios no capítulo seguinte. De fato, não é exagero afirmar que um problema está resolvido pela metade, ou até mais, quando você termina o diagrama de corpo livre para ele.

PARE E PENSE 5.5 Suspenso por um cabo, um elevador se move para cima e desacelera até parar. Qual dos diagramas de corpo livre é o correto para tal situação?

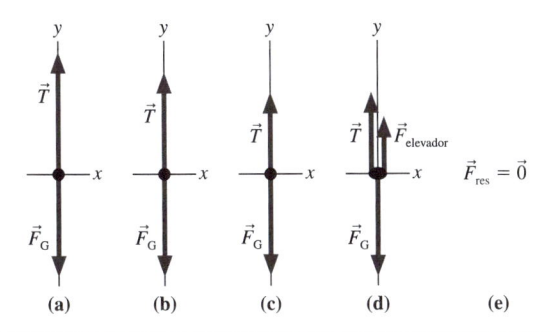

RESUMO

O objetivo do Capítulo 5 foi aprender como estão relacionados força e movimento.

Princípios gerais

Primeira lei de Newton

Um objeto em repouso assim se mantém ou um objeto em movimento continuará movendo-se em linha reta com rapidez constante se e somente se for nula a força resultante exercida sobre ele.

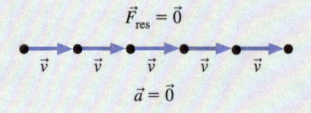

$\vec{F}_{res} = \vec{0}$
$\vec{a} = \vec{0}$

A primeira lei nos diz que não é necessário nenhuma "causa" para haver movimento. O movimento uniforme é o "estado natural" de um corpo.

As leis de Newton são válidas somente em sistemas de referência inerciais.

Segunda lei de Newton

Um objeto de massa m sofrerá aceleração

$$\vec{a} = \frac{1}{m}\vec{F}_{res}$$

onde $\vec{F}_{res} = \vec{F}_1 + \vec{F}_2 + \vec{F}_3 + \cdots$ é o vetor soma de todas as forças individuais exercidas sobre o objeto.

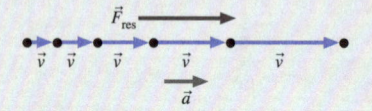

A segunda lei nos diz que uma força resultante faz um objeto acelerar. É esta a ligação entre força e movimento pela qual procurávamos.

Conceitos importantes

ACELERAÇÃO é a ligação com a cinemática.

A partir de $\vec{F}_{res}$, obtenha $\vec{a}$.
A partir de a, determine v e x.

$\vec{a} = \vec{0}$ é a condição para o **EQUILÍBRIO**.

Equilíbrio estático se $\vec{v} = \vec{0}$.
Equilíbrio dinâmico se $\vec{v}$ = constante.

O equilíbrio ocorre se e somente se $\vec{F}_{res} = \vec{0}$.

MASSA é a resistência de um objeto em acelerar. Ela é uma propriedade intrínseca de um objeto.

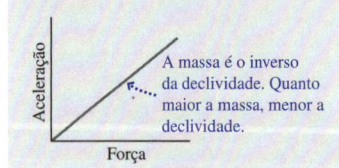

A massa é o inverso da declividade. Quanto maior a massa, menor a declividade.

FORÇA é um empurrão ou um puxão sobre um objeto.
- Força é um vetor, com um módulo e uma orientação.
- Toda força requer um agente.
- Toda força é ou de contato ou de ação a distância.

Habilidades essenciais

Identificação de forças

Forças são identificadas localizando-se os pontos em que outros objetos tocam o objeto de interesse. Estes são os pontos onde forças de contato são exercidas. Além disso, objetos dotados de massa sentem a força de ação a distância gravitacional.

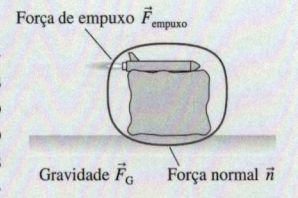

Força de empuxo $\vec{F}_{empuxo}$
Gravidade $\vec{F}_G$ Força normal $\vec{n}$

Diagramas de corpo livre

Um diagrama de corpo livre representa o objeto como uma partícula na origem de um sistema de coordenadas. Vetores força são desenhados com suas caudas sobre a partícula. O vetor força resultante é desenhado ao lado do diagrama.

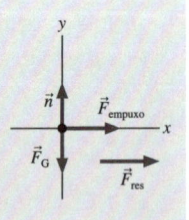

Termos e notação

dinâmica
mecânica
força, $\vec{F}$
agente
força de contato
força de ação a distância
força resultante, $\vec{F}_{res}$
superposição de forças

força gravitacional, $\vec{F}_G$
força elástica, $\vec{F}_{elast}$
força de tensão, $\vec{T}$
modelo atômico,
força normal, $\vec{n}$
força de atrito, $\vec{f}_c$ ou $\vec{f}_e$
força de arraste, $\vec{D}$

força de empuxo, $\vec{F}_{empuxo}$
proporcionalidade
constante de proporcionalidade
raciocínio com proporcionalidades
inércia
massa inercial, m
segunda lei de Newton

newton, N
primeira lei de Newton
equilíbrio mecânico
equilíbrio estático
equilíbrio dinâmico
sistema de referência inercial
diagrama de corpo livre

QUESTÕES CONCEITUAIS

1. Um elevador está descendo com velocidade constante por meio de um cabo. Quantos vetores força seriam representados no diagrama de corpo livre correspondente? Liste-os.
2. Uma mola comprimida empurra um bloco sobre uma mesa horizontal áspera. Quantos vetores força seriam representados no diagrama de corpo livre correspondente? Liste-os.
3. Um tijolo cai do telhado de uma loja de três andares. Quantos vetores força seriam representados no diagrama de corpo livre correspondente? Liste-os.
4. Na **FIGURA Q5.4**, o bloco B está caindo e, com isso, arrastando o bloco A sobre uma mesa. Quantos vetores força seriam representados no diagrama de corpo livre do bloco A? Liste-os.
5. Você arremessa uma bola no ar diretamente para cima. Imediatamente após tê-la lançado, que forças são exercidas sobre a bola? Para cada força de sua lista, (a) decida se ela é uma força de contato ou de ação a distância e (b) identifique o agente correspondente.

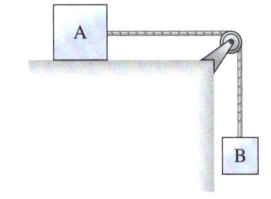

FIGURA Q5.4

6. Uma força constante exercida sobre A o faz acelerar a 5 m/s². Exercida sobre B, a mesma força o faz acelerar a 3 m/s². Aplicada a C, ela o faz acelerar a 8 m/s².
   a. Qual dos objetos possui a maior massa? Explique.
   b. Qual deles possui a menor massa?
   c. Qual é a razão m_A/m_B entre a massa de A e a da B?
7. Um objeto experimenta uma força constante que o acelera a 10 m/s². Qual será a aceleração do objeto se
   a. A força for duplicada? Explique.
   b. A massa for duplicada?
   c. A força e a massa forem, ambas, duplicadas?
8. Um objeto experimenta uma força constante e acelera a 8 m/s². Qual será a aceleração deste objeto se
   a. A força for reduzida à metade? Explique.
   b. A massa for reduzida à metade?
   c. A força e a massa forem, ambas, reduzidas à metade?
9. Se um objeto encontra-se em repouso, você pode concluir que não existem forças exercidas sobre ele? Explique.
10. Se uma força é exercida sobre um objeto, é possível que ele esteja se movendo com velocidade constante? Explique.
11. A afirmação "Um objeto sempre se move na direção e no sentido da força resultante exercida sobre ele" é verdadeira ou falsa? Explique.
12. A segunda lei de Newton é dada por $\vec{F}_{res} = m\vec{a}$. Logo, $m\vec{a}$ é uma força? Explique.
13. É possível que a força de atrito sobre um objeto tenha o mesmo sentido do movimento? Em caso afirmativo, dê um exemplo. Em caso negativo, por que não?
14. Suponha que você esteja pressionando seu livro de física contra uma parede com força suficiente para que ele não se mova. A força de atrito sobre o livro aponta (a) para dentro da parede, (b) para fora da parede, (c) para cima, (d) para baixo ou (e) não existe atrito? Explique?
15. A **FIGURA Q5.15** mostra um tubo oco formando três quartos de um círculo. Ele está colocado, deitado, sobre uma mesa horizontal. Uma bola é colocada em movimento no tubo em alta velocidade. Quando ela emerge pela outra extremidade, ela segue a trajetória A, B ou C? Explique.

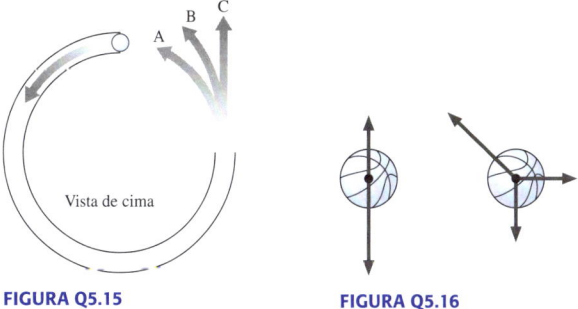

FIGURA Q5.15   **FIGURA Q5.16**

16. Qual das bolas de basquete da **FIGURA Q5.16**, se for o caso, está em equilíbrio? Explique.
17. Qual dos seguintes sistemas de referência é inercial? Explique.
    a. Um carro trafegando com rapidez constante em uma estrada reta e horizontal.
    b. Um carro subindo uma plano inclinado em 10°, mantendo sua rapidez constante.
    c. Uma carro acelerando após o semáforo ter aberto.
    d. Um carro trafegando com rapidez constante em uma curva.

EXERCÍCIOS E PROBLEMAS

Exercícios

Seção 5.3 Identificando forças

1. | Um alpinista está suspenso por uma corda no meio de uma grande fenda de um glaciar. A corda está na vertical. Identifique as forças exercidas sobre o alpinista.
2. | Um carro está estacionado numa colina íngreme. Identifique as forças exercidas sobre o veículo.
3. | Um jogador de beisebol está deslizando em direção à segunda base. Identifique as forças exercidas sobre ele.
4. || Um avião a jato está acelerando na pista durante uma decolagem. A resistência do ar não é desprezível neste caso. Identifique as forças exercidas sobre o avião.
5. || Uma flecha acaba de ser atirada por meio de um arco e está deslocando-se horizontalmente. A resistência do ar não é desprezível neste caso. Identifique as forças exercidas sobre a flecha.

Seção 5.4 O que as forças fazem? Um experimento virtual

6. | Duas ligas de borracha puxam conjuntamente um objeto e o fazem acelerar a 1,2 m/s².
   a. Qual será a aceleração do objeto se ele for puxado por quatro dessas ligas?
   b. Qual será a aceleração de dois desses objetos, colados um no outro, se eles forem puxados por duas dessas ligas?

7. | Duas ligas de borracha idênticas fazem conjuntamente um objeto acelerar com aceleração a. Quantas ligas de borracha dessas são necessárias para fazer um objeto com a metade da massa acelerar três vezes mais rápido?

8. || A **FIGURA EX5.8** mostra o gráfico da aceleração *versus* força para três objetos puxados por ligas de borracha. A massa do objeto 2 é de 0,20 kg. Quais são as massas dos objetos 1 e 3? Explique seu raciocínio.

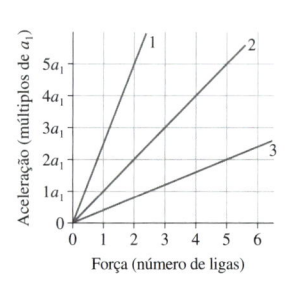

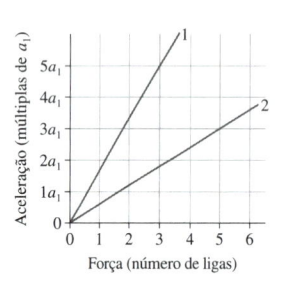

FIGURA EX5.8   **FIGURA EX5.9**

9. || A **FIGURA EX5.9** mostra o gráfico da aceleração *versus* força para dois objetos puxados por ligas de borracha. Qual é o valor da razão m_1/m_2?

10. | Para um objeto que parte do repouso e acelera uniformemente, a distância percorrida é proporcional ao quadrado do tempo transcorrido. Se um objeto percorre 400 m nos primeiros 2,0 s, que distância ele percorrerá nos primeiros 4,0 s?

11. || O período de um pêndulo é proporcional à raiz quadrada do seu comprimento. Um pêndulo com 2,0 m de comprimento possui um período de 3,0 s. Qual é o período de um pêndulo com 3,0 m de comprimento?

Seção 5.5 A segunda lei de Newton

12. || Redija um texto de um parágrafo sobre o tópico "Força e movimento". Explique com palavras próprias a ligação entre força e movimento. Onde for possível, cite *evidências* que sustentem suas afirmações.

13. | A **FIGURA EX5.13** mostra um gráfico da aceleração *versus* força para um objeto de 500 g. Que valores de aceleração completam corretamente as lacunas referentes à escala vertical?

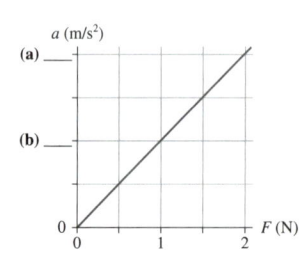

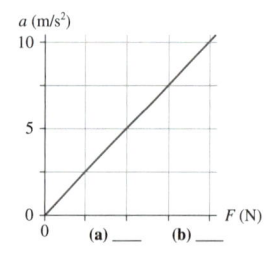

FIGURA EX5.13   **FIGURA EX5.14**

14. | A **FIGURA EX 5.14** mostra um gráfico da aceleração *versus* força para um objeto de 200 g. Que valores de força completam corretamente as lacunas referentes à escala horizontal?

15. | A **FIGURA EX5.15** mostra um gráfico da aceleração *versus* força para certo objeto. Qual é a massa do objeto?

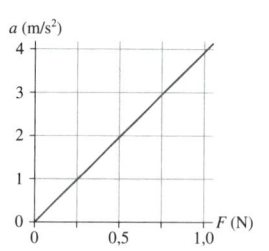

FIGURA EX5.15

16. | Baseado nas informações da Tabela 5.3, estime:
    a. O peso de um computador do tipo laptop.
    b. A força de impulsão de uma bicicleta.

17. | Baseado nas informações da Tabela 5.3, estime:
    a. O peso de um lápis.
    b. A força de impulsão de um velocista.

Seção 5.6 A primeira lei de Newton

Os Exercícios de 18 a 20 mostram duas das três forças exercidas sobre um objeto em equilíbrio. Refaça o diagrama, mostrando as três forças, em cada caso. Denote a terceira força por $\vec{F}_3$.

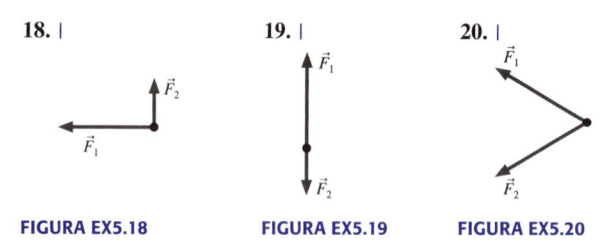

18. | 19. | 20. |

FIGURA EX5.18   **FIGURA EX5.19**   **FIGURA EX5.20**

Seção 5.7 Diagramas de corpo livre

Os Exercícios de 21 a 23 mostram cada qual um diagrama de corpo livre. Para cada um:
a. Refaça o diagrama de corpo livre.
b. Redija uma descrição curta de algum objeto real para o qual este diagrama de corpo livre seja correto. Use como modelos de descrição a ser feita os Exemplos 5.4, 5.5 e 5.6.

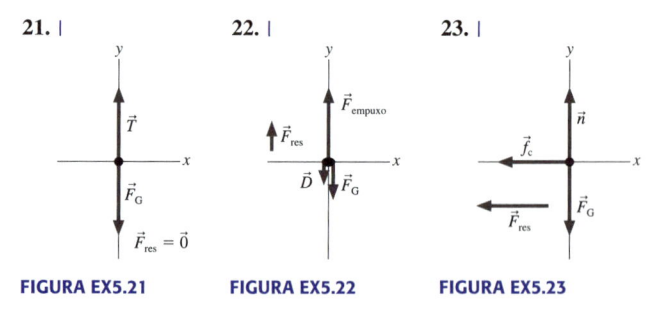

21. | 22. | 23. |

FIGURA EX5.21   **FIGURA EX5.22**   **FIGURA EX5.23**

Os Exercícios de 24 a 27 descrevem uma situação específica. Para cada uma, identifique as forças exercidas sobre o objeto e faça um desenho do diagrama de corpo livre do objeto.

24. | Você está sentado no banco de uma praça.
25. | Um disco de hóquei no gelo deslizando sobre uma pista de gelo sem atrito.
26. | Um trilho de aço sendo erguido por um guindaste com rapidez constante.
27. | Seu livro de física escorregando sobre uma mesa.

Problemas

28. | Refaça os dois diagramas de movimento mostrados na **FIGURA P5.28**, depois desenhe um vetor ao lado de cada um deles mostrando a orientação da força resultante exercida sobre o objeto. Explique seu raciocínio.

FIGURA P5.28

FIGURA P5.29

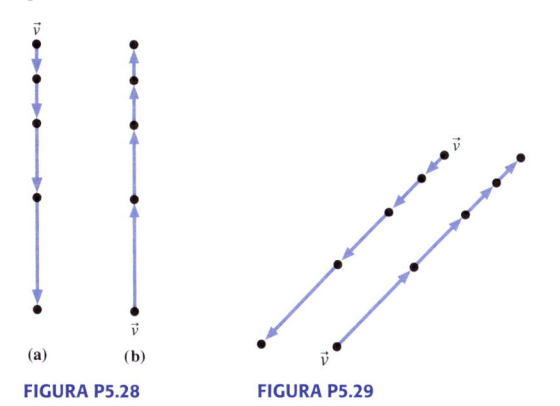

29. | Refaça os dois diagramas de movimento mostrados na **FIGURA P5.29**, depois desenhe um vetor ao lado de cada um deles mostrando a orientação da força resultante exercida sobre o objeto. Explique seu raciocínio.

30. | Uma única força, com componente F_x, é exercida sobre um objeto de 2,0 kg enquanto ele se move ao longo do eixo x. O gráfico da aceleração do objeto (a_x versus t) é mostrado na **FIGURA P5.30**. Desenhe um gráfico de F_x versus t.

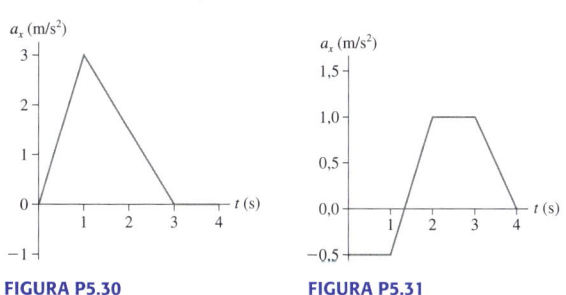

FIGURA P5.30

FIGURA P5.31

31. | Uma única força, com componente F_x, é exercida sobre um objeto de 500 g enquanto ele se move ao longo do eixo x. O gráfico da aceleração (a_x versus t) é mostrado na **FIGURA P5.31**. Desenhe um gráfico de F_x versus t.

32. | Uma única força, com componente F_x, é exercida sobre um objeto de 2,0 kg enquanto ele se move ao longo do eixo x. Um gráfico de F_x versus t é mostrado na **FIGURA P5.32**. Desenhe um gráfico da aceleração (a_x versus t) para este objeto.

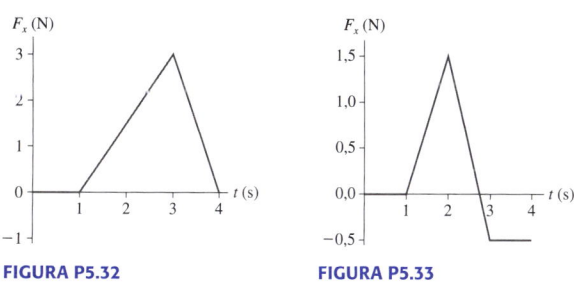

FIGURA P5.32

FIGURA P5.33

33. | Uma única força, com componente F_x, é exercida sobre um objeto de 500 g enquanto ele se move ao longo do eixo x. Um gráfico de F_x versus t é mostrado na **FIGURA P5.33**. Desenhe um gráfico da aceleração (a_x versus t) para este objeto.

34. | Uma força constante é exercida sobre um objeto, fazendo-o acelerar a 10 m/s². Qual será sua aceleração se
  a. A força for reduzida à metade?
  b. A massa do objeto for reduzida à metade?
  c. A força exercida e a massa do objeto forem reduzidos, ambos, à metade?
  d. A força exercida for reduzida à metade e a massa do objeto for dobrada?

35. | Uma força constante é exercida sobre um objeto, fazendo-o acelerar a 8,0 m/s². Qual será sua aceleração se
  a. A força for dobrada?
  b. A massa do objeto for dobrada?
  c. A força exercida e a massa do objeto forem, ambas, dobradas?
  d. A força exercida for dobrada e a massa do objeto for reduzida à metade?

Os Problemas de 36 a 42 mostram um diagrama de corpo livre. Para cada um:
  a. Refaça o diagrama.
  b. Identifique a orientação do vetor aceleração $\vec{a}$, representando-o como um vetor em seu diagrama. Ou, se for apropriado, escreva $\vec{a} = \vec{0}$.
  c. Se possível, identifique a orientação do vetor velocidade $\vec{v}$, representando-o como um vetor com a notação apropriada.
  d. Redija uma curta descrição de um objeto real para o qual o diagrama de corpo livre desenhado seja apropriado. Use como modelos de descrição os Exemplos 5.4, 5.5 e 5.6.

36. |

37. |

FIGURA P5.36

FIGURA P5.37

38. |

39. |

FIGURA P5.38

FIGURA P5.39

40. |

41. |

FIGURA P5.40

FIGURA P5.41

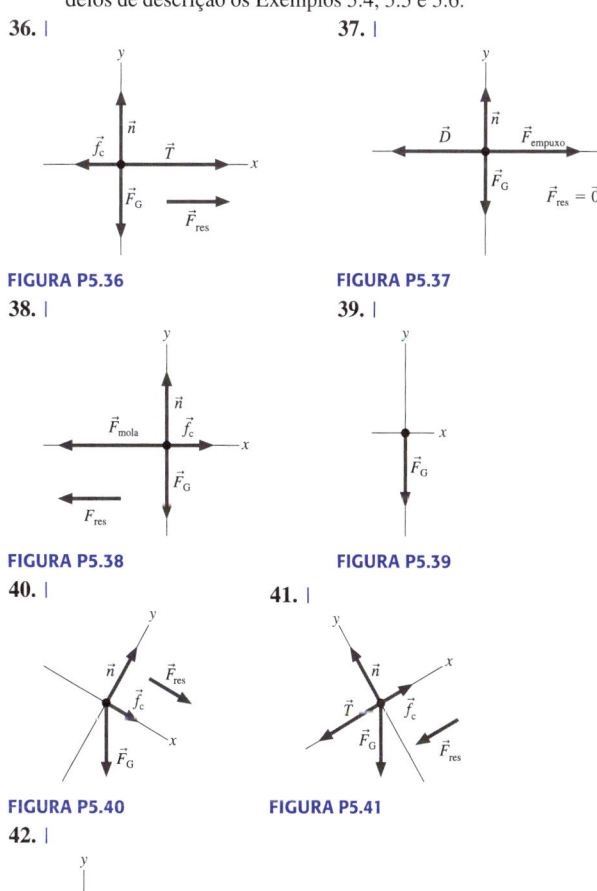

42. |

FIGURA P5.42

Os Problemas de 43 a 52 descrevem uma situação. Para cada uma delas, desenhe um diagrama de movimento, um diagrama de identificação das forças exercidas e um diagrama de corpo livre.

43. | Suspenso por um único cabo, um elevador acaba de deixar o décimo andar e está acelerando para o andar térreo.
44. | Um foguete está sendo lançado diretamente para cima. A resistência do ar não é desprezível.
45. | Um avião a jato está acelerando na pista durante a decolagem. A resistência do ar não é desprezível.
46. | Você pisou fundo no pedal do freio e agora seu carro está descendo e derrapando em uma rampa com 20 de inclinação.
47. | Um esquiador está descendo uma rampa com inclinação de 20°. Um vento de frente e *horizontal* está batendo em seu rosto. O atrito é pequeno, mas não é nulo.
48. | Você acabou de chutar uma pedra sobre a calçada e ela está deslizando sobre o cimento.
49. | Uma bola de isopor acaba de ser arremessada diretamente para cima. A resistência do ar não é desprezível.
50. | Um revolver de mola dispara uma bola de plástico. O gatilho acaba de ser acionado e a bola está começando a se movimentar dentro do cano da arma, que está na horizontal.
51. | Uma pessoa sobre uma ponte atira uma pedra verticalmente em direção à água que está embaixo. A pedra acaba de ser liberada.
52. | Uma ginasta acaba de se impulsionar em um trampolim. Ela ainda está se movendo para baixo enquanto o trampolim se curva.

Problemas desafiadores

53. Um caixote pesado está na carroceria de um caminhão. O veículo está acelerando para a direita. Desenhe um diagrama de movimento, um diagrama de identificação de forças e um diagrama de corpo livre para o caixote.
54. Um saco de guloseimas encontra-se sobre o assento de seu carro quando você pára em um semáforo vermelho. O saco não escorrega sobre o assento. Desenhe um diagrama de movimento, um diagrama de identificação de forças e um diagrama de corpo livre para o saco.
55. Uma bola de borracha ricocheteia. Gostaríamos de entender *como* a bola faz isso.
    a. Um bola de borracha foi deixada cair e ricocheteia no piso. Desenhe um diagrama de movimento para a bola durante o breve intervalo de tempo em que existe contato da bola com o piso. Mostre 4 ou 5 quadros enquanto a bola é comprimida, depois outros 4 ou 5 quadros enquanto ela se expande. Qual é a orientação de $\vec{a}$ durante cada uma das partes do movimento?
    b. Faça um desenho da bola em contato com o piso e identifique todas as forças exercidas sobre ela.
    c. Desenhe um diagrama de corpo livre para a bola durante seu contato com o piso. Existe uma força resultante exercida sobre a bola? Em caso afirmativo, qual é a sua orientação?
    d. Redija um parágrafo descrevendo o que você aprendeu nos três itens anteriores desta questão e respondendo à questão: como uma bola ricocheteia?
56. Se seu carro pára subitamente, você se sente "arremessado para a frente". Gostaríamos de entender o que ocorre aos passageiros quando um carro pára. Imagine-se sentado em um banco de carro muito escorregadio. Ele tem pouco atrito, não possui encosto para as costas e não há nada em que você possa se segurar.
    a. Faça um desenho que identifique todas as forças exercidas sobre você enquanto o carro trafega com rapidez constante em uma rodovia horizontal.
    b. Desenhe seu próprio diagrama de corpo livre. Há uma força resultante exercida sobre você? Em caso afirmativo, qual é a sua orientação?
    c. Refaça os itens a e b considerando que o carro esteja agora desacelerando.
    d. Descreva o que lhe acontece enquanto o carro desacelera.
    e. Use as leis de Newton para explicar por que parece que você é "arremessado para a frente" enquanto seu carro vai parando. Existe realmente alguma força o empurrando para frente?
    f. Suponha agora que o banco não seja escorregadio. Enquanto o carro está desacelerando, você permanece fixo no banco e não escorrega nele. Que força é responsável por sua desaceleração? Qual é a orientação dela? Um diagrama de corpo livre deve constar da resolução.

RESPOSTAS DAS QUESTÕES DO TIPO PARE E PENSE

Pare e Pense 5.1: c.

O componente y de $\vec{F}_3$ anula o componente y de $\vec{F}_1$.

O componente x de $\vec{F}_3$ aponta para a esquerda e é maior do que o componente x de $\vec{F}_2$.

Pare e Pense 5.2: a, b e d. As únicas forças de contato são o atrito e a força normal. Nada mais toca a pedra a fim de produzir uma "força de movimento". Nós concordamos em desprezar a resistência do ar a menos que se peça explicitamente para levá-la em conta.

Pare e Pense 5.3: b. A aceleração é proporcional à força, de modo que, se o número de ligas de borracha dobrar, a aceleração do objeto passará de 2 m/s² para 4 m/s². Mas a aceleração também é inversamente proporcional à massa. A duplicação da massa diminui a aceleração pela metade, de volta aos 2 m/s².

Pare e Pense 5.4: d.

Primeiro adicione $\vec{F}_1$ a $\vec{F}_2$. Depois, adicione $\vec{F}_3$. Isso dá $\vec{F}_{res}$. $\vec{a}$ tem o mesmo sentido de $\vec{F}_{res}$.

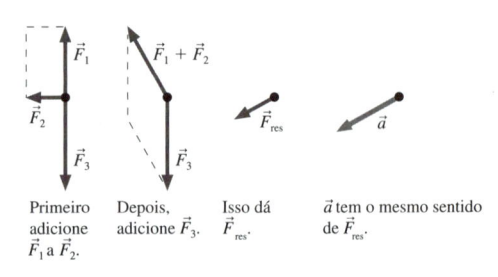

Pare e Pense 5.5: c. Enquanto o elevador estiver subindo e desacelerando, o vetor aceleração apontará para baixo. O vetor $\vec{F}_{res}$ tem a mesma orientação de $\vec{a}$; logo, $\vec{F}_{res}$ também apontará para baixo. Isso será verdadeiro enquanto a tensão no cabo for menor do que a força gravitacional: $T < F_G$.

Dinâmica I: Movimento ao Longo de uma Reta

6

Este *skydiver* pode não saber, mas ele está testando a segunda lei de Newton enquanto salta no ar.

▶ Olhando adiante
O objetivo do Capítulo 6 é aprender a resolver problemas sobre o movimento em uma linha reta. Neste capítulo você aprenderá a:

- Resolver problemas de equilíbrio estático e dinâmico aplicando a estratégia da primeira lei de Newton.
- Resolver problemas de dinâmica aplicando a estratégia da segunda lei de Newton.
- Entender como diferem massa e peso.
- Usar modelos simples de força de atrito e de força de arraste.

Durante o salto no ar, um *skydiver* acelera até atingir uma *velocidade terminal* de aproximadamente 220 km/h. Para entender seu movimento, precisamos verificar mais detalhadamente as forças exercidas sobre ele. Também precisamos compreender como estas forças determinam o movimento do *skydiver*.

No Capítulo 5, aprendemos o que uma força é e o que não é. Também descobrimos qual é a relação fundamental entre força e movimento: a segunda lei de Newton. O Capítulo 6 começa a desenvolver uma *estratégia* para a resolução de problemas sobre força e movimento. Nossa estratégia é aprender um conjunto de *procedimentos*, e não, a memorização de equações.

Este capítulo se concentra em objetos que se movem em linha reta, tais como corredores, bicicletas, carros, aviões e foguetes. As forças gravitacionais, de tensão, de empuxo, de atrito e de arraste serão essenciais para nossa compreensão. Os movimentos bidimensionais e o movimento circular serão vistos no Capítulo 8.

◀ Em retrospectiva

Este capítulo une muitas linhas de raciocínio vistas nos Capítulos 1-5. Revise:

- Seções 2.4-2.6 Cinemática com aceleração constante, incluindo a queda livre
- Seções 3.3-3.4 Trabalhando com vetores e componentes vetoriais
- Seções 5.2, 5.3 e 5.7 Identificação de forças e traçado de diagramas de corpo livre

6.1 Equilíbrio

Diz-se que um objeto encontra-se em *equilíbrio* quando a força resultante exercida sobre ele é nula. O objeto pode estar em *equilíbrio estático* ou pode estar se movendo em linha reta com velocidade constante, em *equilíbrio dinâmico*. Do ponto de vista de Newton, ambos são idênticos, pois $\vec{F}_{res} = \vec{0}$ e $\vec{a} = \vec{0}$.

A primeira lei de Newton constitui a base para nossa *estratégia* de quatro etapas para resolução de problemas sobre o equilíbrio.

O conceito de equilíbrio é essencial para os engenheiros analisarem objetos estacionários como uma ponte.

ESTRATÉGIA PARA RESOLUÇÃO DE PROBLEMAS 6.1   **Problemas sobre equilíbrio**

MODELO Proponha hipóteses simplificadoras. Quando apropriado, represente o objeto como uma partícula.

VISUALIZAÇÃO

- Escolha um sistema de coordenadas, defina os símbolos a serem usados e identifique o que o enunciado pede que seja determinado. Este é o processo de traduzir palavras em símbolos.
- Identifique todas as forças exercidas sobre o objeto e represente-as em um diagrama de corpo livre.
- Estes elementos formam a **representação pictórica** do problema.

RESOLUÇÃO A representação matemática é baseada na primeira lei de Newton:

$$\vec{F}_{res} = \sum_i \vec{F}_i = \vec{0}$$

A soma vetorial das forças é obtida diretamente do diagrama de corpo livre.

AVALIAÇÃO Confira se seu resultado está expresso em unidades corretas e responda à questão.

As leis de Newton constituem *equações vetoriais*. Do Capítulo 3, lembre-se de que a equação vetorial apresentada na etapa de Resolução no boxe anterior constitui uma maneira sintética de escrever duas equações simultâneas:

$$(F_{res})_x = \sum_i (F_i)_x = 0$$
$$(F_{res})_y = \sum_i (F_i)_y = 0$$
(6.1)

Em outras palavras, cada componente de $\vec{F}_{res}$ deve ser simultaneamente igual a zero. Embora situações do mundo real freqüentemente envolvam forças orientadas em três dimensões, requerendo, assim, uma terceira equação para o componente z de $\vec{F}_{res}$, nos restringiremos aqui a problemas que podem ser analisados em duas dimensões apenas.

NOTA ▶ A condição de equilíbrio dada pelas Equações 6.1 aplica-se somente a partículas, que não podem ter rotação. O equilíbrio de objetos extensos, que podem ter rotação, requer uma condição adicional. Estudaremos o equilíbrio de objetos extensos no Capítulo 12. ◀

Problemas de equilíbrio ocorrem com freqüência, especialmente em aplicações na engenharia. Vamos dar uma olhada em dois exemplos.

Equilíbrio estático

EXEMPLO 6.1 Cabo de guerra de três pontas

Você e dois amigos dispõem de três pedaços de corda amarrados juntos por um nó e decidem brincar de cabo de guerra com três pontas. Avery puxa para o oeste com 100 N de força, enquanto Brandon puxa para o sul com 200 N. Com que valor de força e orientação você deve puxar sua corda a fim de que o nó não saia do lugar?

MODELO Consideraremos o *nó* comum das cordas como uma partícula em equilíbrio estático.

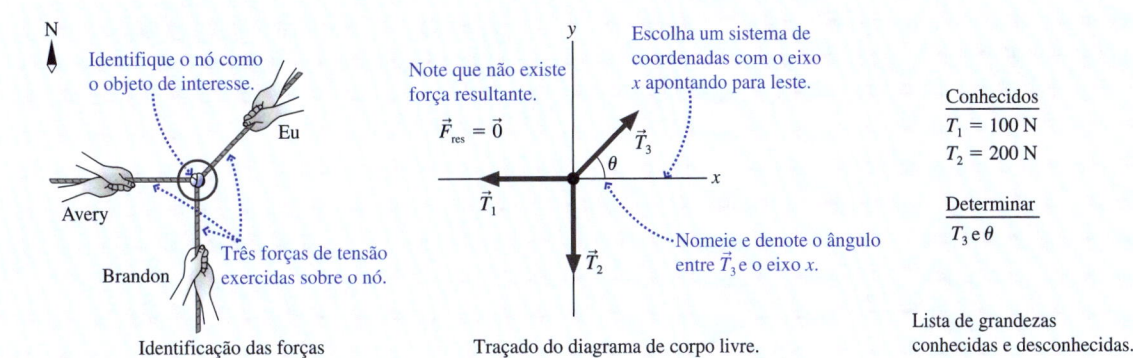

FIGURA 6.1 Representação pictórica para um nó em equilíbrio estático.

VISUALIZAÇÃO A **FIGURA 6.1** mostra como traçar uma representação pictórica. Escolhemos o eixo *y* apontando para o norte e denotamos as três forças por $\vec{T}_1$, $\vec{T}_2$ e $\vec{T}_3$. Note que *definimos o ângulo* θ para indicar a orientação de seu puxão.

RESOLUÇÃO O diagrama de corpo livre mostra as forças de tensão $\vec{T}_1$, $\vec{T}_2$ e $\vec{T}_3$ exercidas sobre o nó. A primeira lei de Newton, escrita em termos dos componentes, é

$$(F_{\text{res}})_x = \sum_i (F_i)_x = T_{1x} + T_{2x} + T_{3x} = 0$$

$$(F_{\text{res}})_y = \sum_i (F_i)_y = T_{1y} + T_{2y} + T_{3y} = 0$$

NOTA ▶ Você pode estar tentado a escrever $-T_{1x}$ na primeira equação porque $\vec{T}_1$ aponta no sentido negativo do eixo *x*, mas a força resultante, por definição, é a *soma* de todas as forças individuais. O fato de que $\vec{T}_1$ aponta para a esquerda será levado em conta ao *determinarmos* os componentes. ◀

Os componentes dos vetores força podem ser determinados diretamente do diagrama de corpo livre:

$$T_{1x} = -T_1 \qquad T_{1y} = 0$$
$$T_{2x} = 0 \qquad T_{2y} = -T_2$$
$$T_{3x} = +T_3 \cos\theta \qquad T_{3y} = +T_3 \sen\theta$$

É aqui que entram os sinais, com T_{1x} tendo um valor negativo porque $\vec{T}_1$ aponta para a esquerda. Analogamente, $T_{2y} = -T_2$. Com estes componentes, a primeira lei de Newton assume a forma

$$-T_1 + T_3 \cos\theta = 0$$
$$-T_2 + T_3 \sen\theta = 0$$

Essas são duas equações simultâneas para as duas incógnitas T_3 e θ. Obteremos equações desta forma em inúmeras situações, então faça uma ficha com o método de solução. Primeiro, reescreva as duas equações como

$$T_1 = T_3 \cos\theta$$
$$T_2 = T_3 \sen\theta$$

Em seguida, para eliminar T_3, divida membro a membro a segunda equação pela primeira:

$$\frac{T_2}{T_1} = \frac{T_3 \sen\theta}{T_3 \cos\theta} = \tg\theta$$

Depois, isole θ:

$$\theta = \tg^{-1}\left(\frac{T_2}{T_1}\right) = \tg^{-1}\left(\frac{200\text{ N}}{100\text{ N}}\right) = 63{,}4°$$

Finalmente, use θ para obter T_3:

$$T_3 = \frac{T_1}{\cos\theta} = \frac{100\text{ N}}{\cos 63{,}4°} = 224\text{ N}$$

A força que mantém o equilíbrio e impede o nó de se mover é, portanto,

$$\vec{T}_3 = (224\text{ N},\ 63{,}4°\text{ nordeste})$$

AVALIAÇÃO Este resultado é plausível? Uma vez que seus amigos puxaram suas cordas para o oeste e para o sul, você esperava ter de puxar em uma orientação próxima do nordeste. Você esperava também ter de puxar mais fortemente do que qualquer um deles, mas, como eles não puxaram na mesma direção, você deve puxar com uma força menor do que a soma dos outros dois puxões. O resultado para $\vec{T}_3$ é consistente com tais expectativas.

Equilíbrio dinâmico

EXEMPLO 6.2 Puxando um carro rampa acima

Um carro de peso igual a 15.000 N está sendo puxado para cima, com velocidade constante, em uma rampa inclinada em 20°. O atrito é desprezível. A tensão máxima indicada pelo fabricante do cabo é de 6.000 N. Ele se romperá?

MODELO Consideraremos o carro como uma partícula em equilíbrio dinâmico. Desprezaremos o atrito.

VISUALIZAÇÃO Este problema pede por uma resposta do tipo sim ou não, e não, um número, mas ainda assim precisaremos fazer uma análise quantitativa. Parte de nossa análise do problema é determinar que grandeza ou grandezas nos permitem responder à questão. Neste caso, a resposta é clara: precisamos calcular a tensão no cabo. A **FIGURA 6.2** mostra a representação pictórica. Note as semelhanças com os Exemplos 5.2 e 5.6 do Capítulo 5, que talvez você deseje rever.

Como observamos no Capítulo 5, o peso de um objeto em repouso é igual ao módulo F_G da força gravitacional exercida sobre ele, e esta informação foi incluída na lista das grandezas conhecidas. No próximo capítulo examinaremos o peso com mais profundidade.

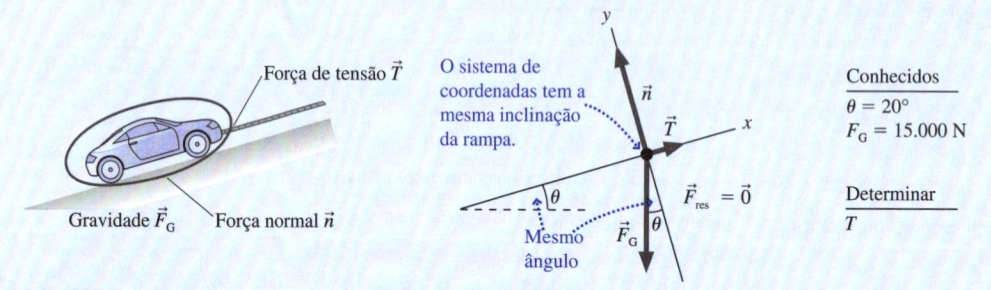

FIGURA 6.2 Representação pictórica de um carro sendo puxado rampa acima.

RESOLUÇÃO O diagrama de corpo livre mostra as forças $\vec{T}$, $\vec{n}$ e $\vec{F}_G$ exercidas sobre o carro. A primeira lei de Newton, neste caso, é

$$(F_{res})_x = \sum F_x = T_x + n_x + (F_G)_x = 0$$

$$(F_{res})_y = \sum F_y = T_y + n_y + (F_G)_y = 0$$

Note que deixamos de indicar o índice i no somatório. Daqui em diante, usaremos $\sum F_x$ e $\sum F_y$ como notação simplificada para indicar que estamos somando todos os componentes em x e todos os componentes em y das forças envolvidas.

Podemos obter os componentes diretamente do diagrama de corpo livre:

$T_x = T$ $T_y = 0$

$n_x = 0$ $n_y = n$

$(F_G)_x = -F_G \mathrm{sen}\,\theta$ $(F_G)_y = -F_G \cos\theta$

NOTA ▶ Neste sistema de coordenadas, a força gravitacional possui componentes em x e em y, ambos com valores negativos devido à orientação do vetor $\vec{F}_G$. Nos depararemos com esta situação freqüentemente, de modo que você deve ter certeza de que entendeu de onde vieram $(F_G)_x$ e $(F_G)_y$. ◀

Com estes componentes, a primeira lei assume a forma

$$T - F_G \mathrm{sen}\,\theta = 0$$

$$n - F_G \cos\theta = 0$$

A primeira delas pode ser reescrita como

$$T = F_G \mathrm{sen}\,\theta$$

$$= (15.000\ \mathrm{N})\,\mathrm{sen}\,20° = 5.100\ \mathrm{N}$$

Como $T < 6.000$ N, concluímos que o cabo *não* se romperá. Neste problema, não precisamos da equação envolvendo os componentes y.

AVALIAÇÃO Uma vez que não existe atrito, não precisaria haver *qualquer* força de tensão para manter o carro rolando sobre uma superfície horizontal ($\theta = 0°$). Noutro extremo, $\theta = 90°$, a força de tensão deveria igualar-se ao peso do carro ($T = 15.000$ N) a fim de erguê-lo verticalmente com velocidade constante. No caso de uma rampa com 20° de inclinação, a força de tensão deveria ter um valor intermediário, e 5.100 N é um pouco menor do que o peso do carro. O fato de que nosso resultado é plausível não prova que ele esteja correto, mas ao menos descartamos erros grosseiros que teriam levado a resultados implausíveis.

6.2 Usando a segunda lei de Newton

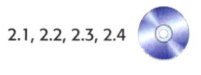

O equilíbrio é importante, mas é apenas um caso especial de movimento. A segunda lei de Newton constitui uma ligação mais geral entre força e movimento. Necessitamos agora de uma estratégia para usar a segunda lei de Newton na resolução de problemas de dinâmica.

A essência da mecânica newtoniana pode ser expressa em duas partes:

- As forças exercidas sobre um dado objeto determinam sua aceleração $\vec{a} = \vec{F}_{res}/m$.
- A trajetória do objeto pode ser determinada usando-se $\vec{a}$ nas equações cinemáticas apropriadas.

Essas duas idéias constituem a base para uma estratégia de resolução de problemas de dinâmica.

ESTRATÉGIA PARA RESOLUÇÃO DE PROBLEMAS 6.2 — **Problemas de dinâmica** (MP)

MODELO Faça hipóteses simplificadoras.

VISUALIZAÇÃO Desenhe uma **representação pictórica**.

- Mostre os pontos importantes do movimento em um esboço, escolha um sistema de coordenadas, defina os símbolos e identifique o que o problema está pedindo para se determinar. Este é o processo de tradução de palavras em símbolos.
- Use um diagrama de movimento para determinar o vetor aceleração do objeto, $\vec{a}$.
- Identifique todas as forças exercidas sobre o objeto e represente-as em um diagrama de corpo livre.
- É normal ir e voltar entre estas etapas enquanto você visualiza a situação.

RESOLUÇÃO A representação matemática é baseada na segunda lei de Newton:

$$\vec{F}_{\text{res}} = \sum_i \vec{F}_i = m\vec{a}$$

A soma vetorial das forças é determinada diretamente do diagrama de corpo livre. Dependendo do problema,

- isole a aceleração e depois use a cinemática para encontrar as velocidades e as posições; ou
- use a cinemática para determinar a aceleração e depois obtenha as forças desconhecidas.

AVALIAÇÃO Verifique se seu resultado está em unidades corretas, se ele é plausível e se responde à questão.

A segunda lei de Newton é uma equação vetorial. A fim de usá-la na etapa chamada de Resolução, você deve escrever a segunda lei como duas equações simultâneas:

$$(F_{\text{res}})_x = \sum F_x = ma_x$$
$$(F_{\text{res}})_y = \sum F_y = ma_y \tag{6.2}$$

O objetivo principal deste capítulo é ilustrar o emprego desta estratégia. Vamos começar com alguns exemplos.

EXEMPLO 6.3 Acelerando um carro rebocado

Um carro de 1.500 kg é rebocado por um caminhão. A tensão no cabo é de 2.500 N, e uma força de atrito de 200 N se opõe ao movimento. Se o carro parte do repouso, qual será sua rapidez após 5,0 s?

MODELO Consideraremos o carro como uma partícula acelerando. Como parte de nossa *interpretação* do enunciado, consideraremos que o piso seja horizontal e que o sentido de movimento seja para a direita.

VISUALIZAÇÃO A **FIGURA 6.3** mostra a representação pictórica. Escolhemos um sistema de coordenadas e definimos símbolos para representar grandezas cinemáticas. Identificamos a rapidez v_1, mais do que a velocidade v_{1x}, como aquilo que estamos tentando determinar.

RESOLUÇÃO Iniciamos com a segunda lei de Newton:

$$(F_{\text{res}})_x = \sum F_x = T_x + f_x + n_x + (F_G)_x = ma_x$$
$$(F_{\text{res}})_y = \sum F_y = T_y + f_y + n_y + (F_G)_y = ma_y$$

Todas as quatro forças exercidas sobre o carro foram incluídas na soma vetorial. As equações são perfeitamente gerais, com sinais + em todo lugar, pois os quatro vetores são *somados* para se obter $\vec{F}_{\text{res}}$. Agora podemos "ler" os componentes dos vetores a partir do diagrama de corpo livre:

$$T_x = +T \qquad T_y = 0$$
$$n_x = 0 \qquad n_y = +n$$
$$f_x = -f \qquad f_y = 0$$
$$(F_G)_x = 0 \qquad (F_G)_y = -F_G$$

Continua

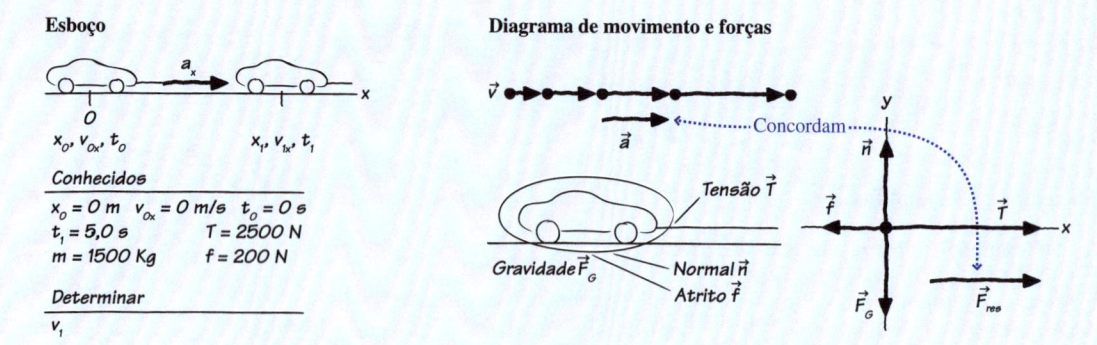

FIGURA 6.3 Representação pictórica de um carro sendo rebocado.

Os sinais dos componentes dependem de para onde os vetores apontam. Substituindo-os nas equações da segunda lei e dividindo-as por m, obtemos

$$a_x = \frac{1}{m}(T - f)$$

$$= \frac{1}{1.500 \text{ kg}}(2.500 \text{ N} - 200 \text{ N}) = 1{,}53 \text{ m/s}^2$$

$$a_y = \frac{1}{m}(n - F_G)$$

NOTA ▶ A segunda lei de Newton nos permitiu determinar a_x exatamente, mas nos forneceu apenas uma expressão algébrica para a_y. Todavia, sabemos *a partir do diagrama de movimento* que $a_y = 0$! Ou seja, o movimento se dá inteiramente ao longo do eixo x, de modo que *não* existe aceleração ao longo do eixo y. A exigência de que $a_y = 0$ nos permite concluir que $n = F_G$. Embora não precisássemos de n neste problema, ele será importante em muitos problemas futuros. ◀

Podemos terminar usando a cinemática de aceleração constante para determinar a velocidade:

$$v_{1x} = v_{0x} + a_x \Delta t$$

$$= 0 + (1{,}53 \text{ m/s}^2)(5{,}0 \text{ s})$$

$$= 7{,}7 \text{ m/s}$$

O problema pedia para se determinar a rapidez após 5,0 s, que é $v_1 = 7{,}7$ m/s.

VALIDAÇÃO Sabemos que 7,7 m/s $\approx$ 27 km/h, que é um valor plausível de velocidade após 5 s de aceleração.

EXEMPLO 6.4 A altitude máxima de um foguete

Um modelo de foguete de 500 g e com força gravitacional de 4,90 N é lançado verticalmente para cima. O motor do pequeno foguete queima durante 5,00 s e desenvolve um empuxo de 20,0 N. Qual é a altitude máxima que ele atingirá? Considere como desprezível a perda de massa pela queima do combustível.

MODELO Consideraremos o foguete como uma partícula acelerando. A resistência do ar será desconsiderada.

VISUALIZAÇÃO A representação pictórica da **FIGURA 6.4** mostra que se trata de um movimento em duas etapas distintas. Primeiro o foguete acelera diretamente para cima. Depois, ele prossegue subindo enquanto desacelera, o que corresponde a uma situação de queda livre. A altitude máxima corresponde ao final da segunda etapa do movimento.

RESOLUÇÃO Agora sabemos o que pede o problema, já definimos os símbolos relevantes e o sistema de coordenadas e sabemos quais são as forças exercidas sobre o foguete. Começamos a representação matemática escrevendo a segunda lei de Newton, em termos dos componentes, quando o foguete acelera verticalmente para cima. O diagrama de corpo livre mostra que existem apenas duas forças, de modo que

$$(F_{\text{res}})_x = \sum F_x = (F_{\text{empuxo}})_x + (F_G)_x = ma_{0x}$$

$$(F_{\text{res}})_y = \sum F_y = (F_{\text{empuxo}})_y + (F_G)_y = ma_{0y}$$

O fato do vetor $\vec{F}_G$ apontar para baixo – e que poderia o induzir a usar o sinal negativo na equação em y – será levado em conta quando formos *determinar* os componentes. Nenhum dos vetores deste problema possui componente x, de modo que apenas o componente y da segunda lei será usado. Usando o diagrama de corpo livre podemos verificar que

$$(F_{\text{empuxo}})_y = +F_{\text{empuxo}}$$

$$(F_G)_y = -F_G$$

É neste ponto que entra a informação acerca das orientações dos vetores força. O componente y da segunda lei é, então,

$$a_{0y} = \frac{1}{m}(F_{\text{empuxo}} - F_G)$$

$$= \frac{20{,}0 \text{ N} - 4{,}90 \text{ N}}{0{,}500 \text{ kg}} = 30{,}2 \text{ m/s}^2$$

Note que convertemos a massa para unidades do SI, quilograma, antes de efetuar quaisquer cálculos e que, por causa da definição do newton, a divisão de newtons por quilogramas fornece automaticamente as unidades corretas do SI para a aceleração.

Esboço

Conhecidos
$y_0 = 0$ m $F_{empuxo} = 20{,}0$ N
$v_{0y} = 0$ m/s $F_G = 4{,}90$ N
$t_0 = 0$ s
$t_1 = 5{,}00$ s $a_{1y} = -9{,}80$ m/s^2
$v_{2y} = 0$ (topo) $m = 500$ g $= 0{,}500$ kg

Determinar
y_2

Diagrama de movimento e forças

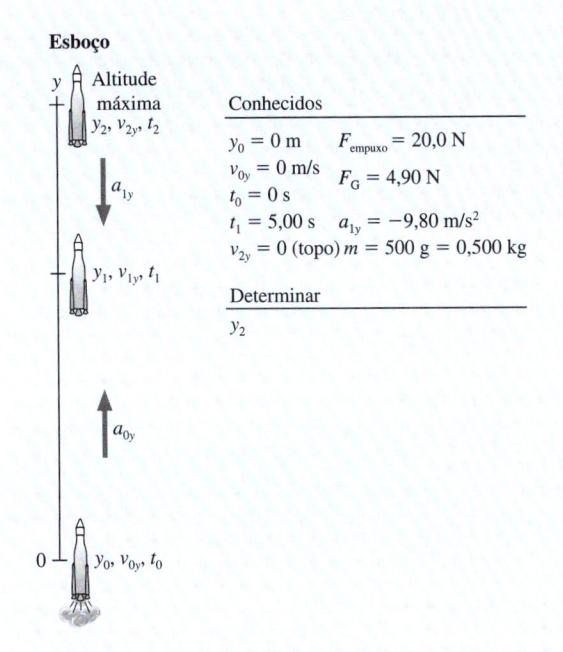

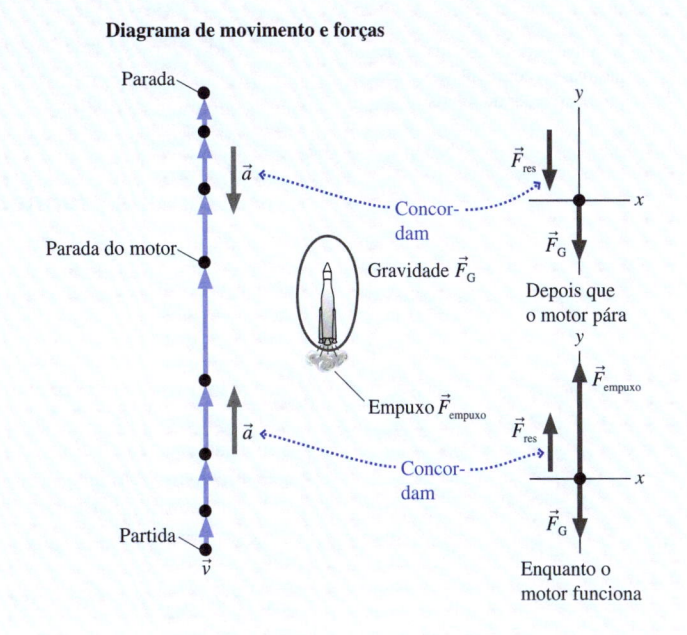

FIGURA 6.4 Representação pictórica do lançamento de um foguete.

A aceleração do foguete é constante até acabar seu combustível; logo, podemos usar a cinemática de aceleração constante para determinar a altitude e a velocidade no fim da combustão ($\Delta t = t_1 = 5{,}00$ s):

$$y_1 = y_0 + v_{0y}\Delta t + \tfrac{1}{2}a_{0y}(\Delta t)^2$$
$$= \tfrac{1}{2}a_{0y}(\Delta t)^2 = 377 \text{ m}$$
$$v_{1y} = v_{0y} + a_{0y}\Delta t = a_{0y}\Delta t = 151 \text{ m/s}$$

A única força exercida sobre o foguete após o desligamento dos motores é a gravidade, de modo que a segunda etapa do movimento é uma queda livre com $a_{1y} = -g$. Nao sabemos ainda quanto tempo leva para o foguete atingir a altura máxima, mas sabemos que a velocidade final correspondente é $v_{2y} = 0$.

Podemos usar a cinemática da queda livre para determinar a altitude máxima atingida:

$$v_{2y}^2 = 0 = v_{1y}^2 - 2g\Delta y = v_{1y}^2 - 2g(y_2 - y_1)$$

que pode ser resolvida para fornecer

$$y_2 = y_1 + \frac{v_{1y}^2}{2g} = 377 \text{ m} + \frac{(151 \text{ m/s})^2}{2(9{,}80 \text{ m/s}^2)}$$
$$= 1540 \text{ m} = 1{,}54 \text{ km}$$

AVALIAÇÃO A altitude máxima atingida pelo foguete foi calculada como sendo 1,54 km. Embora isto pareça pouco plausível para um foguete de alta aceleração, o fato de termos desprezado a resistência do ar provavelmente constitui uma hipótese inteiramente não-realista.

Estes primeiros exemplos mostraram todos os detalhes. Nosso objetivo foi mostrar como pôr em prática a estratégia de resolução de problemas. Os exemplos futuros serão mais sintéticos, mas o *procedimento* básico permanecerá o mesmo.

PARE E PENSE 6.1 Uma sonda marciana está se aproximando da superfície do planeta. Ela está desacelerando sua descida por meio do acionamento de seu foguete-motor. Qual é o diagrama de corpo livre correto para a sonda?

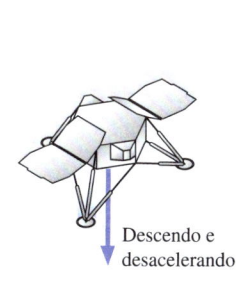

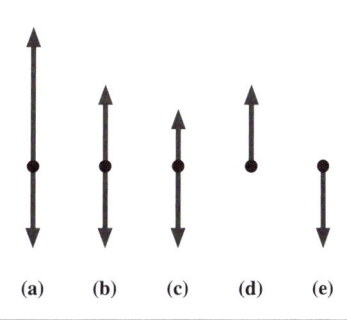

6.3 Massa, peso e gravidade

Quando empregamos a linguagem cotidiana, é freqüente não fazermos grande distinção entre massa, peso e gravidade. Entretanto, em ciência e engenharia tratam-se de conceitos separados e distintos, e precisamos de definições claras se desejamos pensar corretamente a respeito de força e movimento.

Massa: uma propriedade intrínseca

Massa, você deve se lembrar do Capítulo 5, é uma grandeza escalar que descreve a inércia de um objeto. De maneira imprecisa, podemos dizer que ela representa também a quantidade de matéria de um objeto. **A massa é uma propriedade intrínseca de um objeto**. Ela nos informa algo sobre o objeto sem que importe onde ele se encontre, o que está fazendo ou as forças que porventura estejam sendo exercidas sobre o mesmo.

Uma *balança de pratos*, mostrada na **FIGURA 6.5**, é um dispositivo para medir massa. Uma quantidade desconhecida de massa é colocada em um dos pratos e, em seguida, massas de valores conhecidos são colocadas no outro prato até que eles se equilibrem. Embora uma balança deste tipo funcione baseada na gravidade, ela de fato não depende da intensidade da gravidade. Conseqüentemente, uma balança de pratos fornecerá o mesmo resultado em qualquer outro planeta.

Gravidade: uma força

A idéia da gravidade tem uma longa e curiosa história relacionada à evolução de nossas idéias a respeito da Terra e do sistema solar. Foi Newton quem — junto com a descoberta de suas três leis do movimento — primeiro reconheceu que **a gravidade é uma força atrativa e de ação a distância entre dois objetos quaisquer**. Expressando de maneira um tanto informal, a gravidade é uma força exercida sobre massas.

A **FIGURA 6.6** mostra dois objetos com massas m_1 e m_2 separados pela distância r. Cada um deles puxa o outro com uma força dada pela *lei de Newton da gravitação*:

$$F_{1 \text{ sobre } 2} = F_{2 \text{ sobre } 1} = \frac{Gm_1m_2}{r^2} \quad \text{(Lei de Newton da gravitação)} \quad (6.3)$$

onde $G = 6{,}67 \times 10^{-11}$ Nm^2/kg^2, chamada *constante da gravitação universal*, é uma das constantes fundamentais da natureza. A partir das unidades de G, você pode verificar que a força estará em newtons se as massas estiverem em quilogramas e a distância em metros, todas unidades padrão do SI. Note que a força gravitacional é um vetor, com uma orientação; a Equação 6.3 fornece apenas o módulo desta força. Trata-se de uma força que diminui com o aumento da distância entre os objetos.

Uma vez que G é numericamente muito pequena, a força entre dois objetos do tamanho de um corpo humano é minúscula, completamente insignificante em comparação com outras forças. É por isso que você não toma consciência de estar sendo atraído por cada pessoa ao seu redor. Somente quando um dos objetos, ou os dois, é do tamanho de um planeta ou maior a gravidade torna-se uma força importante. De fato, no Capítulo 13 exploraremos em detalhes a aplicação da lei de Newton da gravitação para órbitas de satélites e planetas.

A lei de Newton da gravitação, com sua dependência do inverso do quadrado da distância, é uma força um tanto complexa. É muito útil dispor de uma versão mais simples da força gravitacional sobre objetos que estão na superfície de um planeta ou muito próximo dela, tais como bolas, carros ou aviões. A **FIGURA 6.7** mostra um objeto de massa m a uma altura h acima da superfície de um planeta de massa M e raio R. A distância $r = R + h$ é a separação entre o centro do planeta e o centro do objeto. Se $h \ll R$ (i.e., a altura acima da superfície é muito pequena em comparação ao tamanho do planeta), praticamente não existe diferença entre a verdadeira separação r e o raio R do planeta. Conseqüentemente, uma excelente aproximação para a força gravitacional do planeta sobre a massa m é, simplesmente,

$$\vec{F}_G = \vec{F}_{\text{planeta sobre } m} = \left(\frac{GMm}{R^2}, \text{verticalmente para baixo}\right) \quad (6.4)$$

A 10 km de altura da superfície da Terra, por exemplo, que é a altitude normal de cruzeiro de aviões a jatos, a aproximação GMm/R^2 difere do valor exato GMm/r^2 por somente 0,3%.

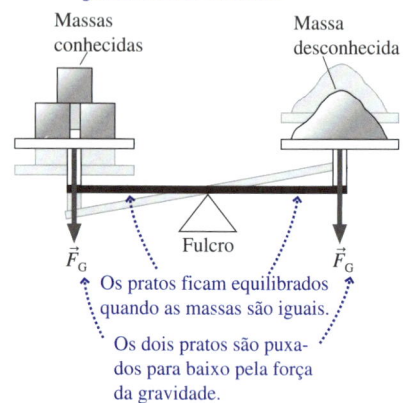

FIGURA 6.5 Uma balança de pratos mede massa.

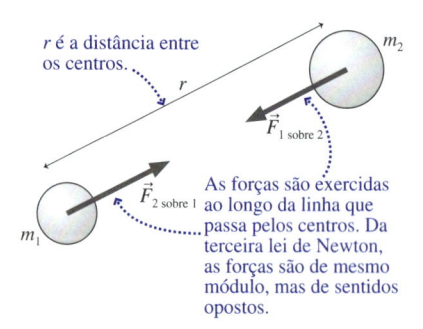

FIGURA 6.6 A lei de Newton da gravitação.

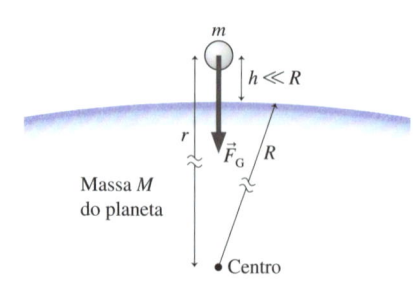

FIGURA 6.7 Gravidade próximo à superfície de um planeta.

Para movimentos com extensões verticais e horizontais menores do que cerca de 10 km, podemos considerar a Terra aproximadamente como uma superfície plana (i.e., a curvatura terrestre é irrelevante ao longo de distâncias como essas) que puxa os objetos com uma força gravitacional dada pela Equação 6.4. Essa **aproximação de Terra plana** constitui outro modelo, que demonstramos ser válido, porém apenas para movimentos em pequena escala sobre ou próximos da superfície terrestre, justamente os tipos de movimentos que estudaremos nos capítulos seguintes.

Note que a força gravitacional dada pela Equação 6.4 é diretamente proporcional à massa do objeto, m. Podemos expressar a força gravitacional de forma mais simples como

$$\vec{F}_G = (mg, \text{verticalmente para baixo}) \quad (\text{força gravitacional}) \quad (6.5)$$

onde a grandeza g é definida como

$$g = \frac{GM}{R^2} \quad (6.6)$$

De fato, a orientação da força gravitacional determina o que se *deseja expressar* como "verticalmente para baixo".

A grandeza g — às vezes chamada de *campo gravitacional* do planeta — é uma propriedade do planeta que depende apenas de sua massa e de seu tamanho. Uma vez que tenhamos calculado g, podemos usá-lo para determinar a força gravitacional sobre qualquer objeto próximo ao planeta. (Desenvolveremos o *modelo de campo para forças* de ação a distância quando estudarmos a eletricidade e o magnetismo na Parte VI.)

Todavia, por que resolvemos denotá-la por g, um símbolo que já havíamos usado para a aceleração de queda livre? Para entender a conexão, a **FIGURA 6.8** mostra o diagrama de corpo livre de um objeto em queda livre próximo à superfície de um planeta. Com $\vec{F}_{res} = \vec{F}_G$, a segunda lei de Newton prevê que a aceleração de um objeto em queda livre é

$$\vec{a}_{\text{queda livre}} = \frac{\vec{F}_{res}}{m} = \frac{\vec{F}_G}{m} = (g, \text{verticalmente para baixo}) \quad (6.7)$$

Curiosamente, o módulo $a_{\text{queda livre}}$ da aceleração da queda livre é simplesmente g, o módulo do campo gravitacional. Uma vez que g é uma propriedade do planeta, independente do objeto, **todos os corpos sobre um mesmo planeta, não importam suas massas, possuem a mesma aceleração em queda livre**. No Capítulo 2, introduzimos esta idéia como sendo uma descoberta experimental de Galileu, mas agora percebemos que a independência de $\vec{a}_{\text{queda livre}}$ com a massa é uma previsão teórica da lei de Newton da gravitação.

O último teste consiste em verificar se a lei de Newton prevê o valor correto, que sabemos, a partir de experimentos (pelo menos em latitudes médias da superfície terrestre), ser $g = |a_{\text{queda livre}}| = 9{,}80 \text{ m/s}^2$. As coisas são de fato um pouco mais complicadas pelo fato da Terra não ser uma esfera perfeita, mas podemos usar o raio médio da Terra ($R_{\text{Terra}} = 6{,}37 \times 10^6 \text{ m}$) e sua massa ($M_{\text{Terra}} = 5{,}98 \times 10^{24} \text{ kg}$) para calcular

$$g_{\text{Terra}} = \frac{GM_{\text{Terra}}}{(R_{\text{Terra}})^2} = \frac{(6{,}67 \times 10^{-11} \text{ Nm}^2/\text{kg}^2)(5{,}98 \times 10^{24} \text{ kg})}{(6{,}37 \times 10^6 \text{ m})^2} = 9{,}83 \text{ N/kg}$$

Você deve se convencer de que N/kg equivale a m/s², de modo que $g_{\text{Terra}} = 9{,}83$ m/s². (Dados referentes a outros corpos celestes, dos quais você possa necessitar em exercícios, estão localizados na parte interna da contra capa deste livro.)

A previsão de Newton é muito próxima, mas não completamente correta. A aceleração de queda livre *seria* de 9,83 m/s² no caso de uma Terra estacionária; porém, na realidade, nosso planeta gira em torno de seu próprio eixo. Os 0,03 m/s² que "faltam" se devem à rotação da Terra, o que será bem-justificado quando estudarmos o movimento circular no Capítulo 8. Uma vez que vivemos sobre uma esfera em rotação, em vez de na borda de um carrossel que gira, o efeito da rotação terrestre é de "enfraquecer" a gravidade.

O objetivo é analisar o movimento a partir de nosso próprio sistema de referência, um referencial fixado à superfície da Terra. Estritamente falando, as leis de Newton para o movimento não são válidas em nosso sistema de referência porque ele está girando e, portanto, não é um referencial inercial. Felizmente, porém, podemos usar as leis de Newton para analisar movimentos próximos à superfície terrestre e usar $F_G = mg$ para a força gravi-

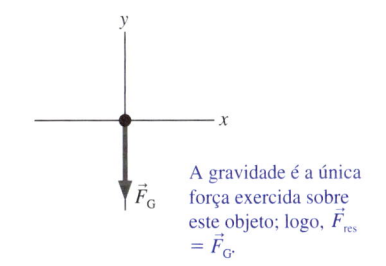

FIGURA 6.8 Diagrama de corpo livre de um objeto em queda livre.

A gravidade é a única força exercida sobre este objeto; logo, $\vec{F}_{res} = \vec{F}_G$.

tacional se usamos $g = |a_{\text{queda livre}}| = 9{,}80 \text{ m/s}^2$ em vez de $g = g_{\text{Terra}}$. (Esta afirmação será demonstrada em aulas mais avançadas.) Em nossos sistemas de referência giratórios, $\vec{F}_G$ é a *força gravitacional efetiva*, igual à verdadeira força gravitacional, dada pela lei de Newton, menos uma pequena correção devido à rotação do planeta. É essa força que representaremos em diagramas de movimento e que usaremos em cálculos.

> **NOTA** ▶ Pode ser que você esteja acostumado com a idéia de que futuras estações espaciais gerarão sua própria "gravidade artificial" por meio de rotação. De *dentro* de um sistema de referência giratório, os efeitos da rotação não podem ser diferenciados dos efeitos da gravidade. Sobre nossa própria Terra giratória, podemos medir apenas a influência conjunta da gravidade e da rotação, daí a idéia de uma força gravitacional *efetiva*. Como a correção rotacional é muito pequena, o termo "força gravitacional", a menos que alguma observação seja feita, significará a força gravitacional efetiva que realmente experimentamos sobre nosso próprio planeta em rotação. ◀

Peso: uma medição

Quando você se pesa ficando em pé sobre uma balança de mola, você comprime uma mola interna. Numa fruteira, você pesa maçãs colocando-as sobre uma balança construída de modo que uma mola seja esticada. A marcação de uma balança deste tipo, como a que é mostrada na **FIGURA 6.9**, é F_{elast}, o módulo da força exercida pela mola.

Com isto em mente, vamos definir o **peso** de um objeto como a leitura F_{elast} de uma balança de mola calibrada sobre a qual o objeto esteja em repouso. Ou seja, **o peso é o resultado de uma medição, a de "pesar" um objeto**. Como F_{elast} é uma força, o peso é medido em newtons.

Suponha que as balanças mostras na Figura 6.9 estejam em repouso em relação à Terra. Neste caso, o objeto a ser pesado encontra-se em equilíbrio estático, com $\vec{F}_{\text{res}} = \vec{0}$. A mola esticada *puxa* para cima, a mola comprimida empurra para cima, mas em ambos os casos $\vec{F}_{\text{res}} = \vec{0}$ somente se a força exercida para cima pela mola contrabalançar exatamente a força gravitacional exercida para baixo:

$$F_{\text{elast}} = F_G = mg$$

Devido à nossa definição de peso como a leitura F_{elast} fornecida por uma balança de mola, o peso de um objeto estacionário é

$$w = mg \quad \text{(peso de um objeto estacionário)} \quad (6.8)$$

A balança não "sabe" o peso do objeto. Tudo o que se precisa fazer é medir em quanto a mola foi esticada ou comprimida. Sobre a Terra, um estudante com 70 kg de massa tem um peso $w = (70 \text{ kg})(9{,}80 \text{ m/s}^2) = 686 \text{ N}$ *porque* ele comprime a mola de uma balança até que ela o empurre para cima com 686 N. Sobre outro planeta, com um valor diferente de g, a distensão ou a compressão da mola teria um valor diferente, e o peso do mesmo estudante seria diferente.

> **NOTA** ▶ **Massa e peso não são a mesma coisa.** A massa, expressa em kg, é uma propriedade intrínseca de um objeto; seu valor é único e sempre o mesmo. O peso, em N, depende de fato da massa do objeto, mas depende também da situação – a intensidade da gravidade e, como veremos, do objeto estar ou não acelerando. O peso *não* é uma propriedade do objeto e, portanto, não possui um valor único. ◀

A unidade de força do sistema britânico de unidades é a *libra-peso* (lb), definida por 1 lb ≡ 4,45 N. Um objeto cujo peso (sobre a Terra) é $w = mg = 4{,}45$ N possui massa de

$$m = \frac{w}{g} = \frac{4{,}45 \text{ N}}{9{,}80 \text{ m/s}^2} = 0{,}454 \text{ kg} = 454 \text{ g}$$

Nos EUA, nos cursos elementares de ciências, os alunos aprendem que "1 lb = 454 gramas" ou, o que é equivalente, que "1 kg = 2,2 lb". Estritamente falando, estes bem conhecidos "fatores de conversão" não são corretos. Eles comparam um peso (em libras-peso) a uma massa (em quilogramas). O enunciado correto é: "a massa de 1 kg tem, *na* Terra, um peso de 2,2 libras-peso". Sobre outro planeta, o peso de 1 kg de massa seria diferente de 2,2 libras-peso.

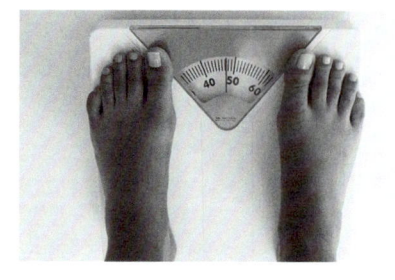

Uma balança de mola, como a familiar balança de banheiro, mede o peso, e não, a massa.

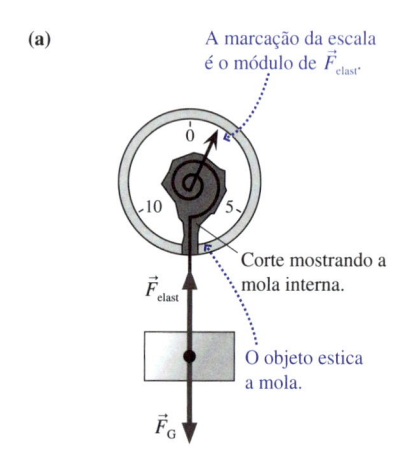

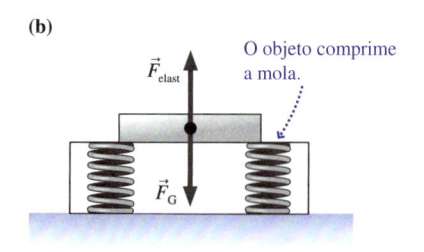

FIGURA 6.9 Uma balança de mola mede o peso.

EXEMPLO 6.5 Massa e peso sobre Júpiter

Qual é o fator de conversão de quilogramas para libras-peso sobre Júpiter, onde a aceleração de queda livre é de 25,9 m/s²?

RESOLUÇÃO Considere um objeto com 1 kg de massa. Sobre Júpiter, seu peso seria

$$w_{\text{Júpiter}} = mg_{\text{Júpiter}} = (1\text{ kg})(25,9\text{ m/s})^2$$
$$= 25,9\text{ N} \times \frac{1\text{ lb}}{4,45\text{ N}} = 5,82\text{ lb}$$

Se você fosse de uma escola em Júpiter, teria aprendido que 1 kg = 5,82 lb.

Talvez jamais tenha pensado sobre isso, mas você não pode sentir ou ter consciência da gravidade. A *sensação* que você tem — de quão pesado se sente — deve-se às forças de contato exercidas sobre você, forças que o tocam e ativam terminações nervosas de sua pele. Enquanto está lendo isto, sua sensação de peso se deve à força normal exercida sobre você pela cadeira na qual está sentado. Quando fica em pé, você sente a força de contato do piso que empurra seus pés.

Todavia recorde-se das sensações que tem enquanto acelera. Você se sente mais "pesado" quando o elevador acelera rapidamente para cima, mas essa sensação desaparece tão logo o elevador atinja uma velocidade constante. Seu estômago parece elevar-se um pouco e você sente-se mais leve do que o normal quando o elevador em subida freia a fim de parar ou quando o vagão de uma montanha-russa pára ao chegar ao topo da pista. Seu peso muda realmente?

Para responder a esta questão, a **FIGURA 6.10** mostra um homem se pesando sobre uma balança de mola dentro de um elevador acelerado. As únicas forças exercidas sobre o homem são a força da mola da balança, orientada para cima, e a força da gravidade, para baixo. Esta parece ser a mesma situação da Figura 6.9b, porém existe aqui uma grande diferença: o homem está acelerando, portanto deve haver uma força resultante exercida sobre ele com a mesma orientação de $\vec{a}$.

Para que a força $\vec{F}_{\text{res}}$ aponte para cima, o módulo da força exercida pela mola deve ser *maior* do que o módulo da força gravitacional, isto é, $F_{\text{elast}} > mg$. Do diagrama de corpo livre da Figura 6.10, vemos que o componente y da segunda lei é

$$(F_{\text{res}})_y = (F_{\text{elast}})_y + (F_G)_y = F_{\text{elast}} - mg = ma_y \quad (6.9)$$

onde m é a massa do homem.

Definimos o peso como sendo o valor marcado por uma balança de mola calibrada *quando o objeto sobre ela está parado*. Este é o caso aqui, quando a balança e o homem aceleram juntos para cima. Logo, o peso do homem enquanto ele acelera verticalmente para cima é

$$w = \text{marcação } F_{\text{elast}} \text{ da balança} = mg + ma_y = mg\left(1 + \frac{a_y}{g}\right) \quad (6.10)$$

Se o objeto está em repouso ou se movendo com velocidade constante, então $a_y = 0$ e $w = mg$, isto é, o peso de um objeto em repouso é igual ao módulo da força gravitacional (efetiva) exercida sobre ele. Mas seu peso será diferente disto se ele possuir uma aceleração vertical.

Seu peso é *realmente* maior enquanto o elevador acelera para cima ($a_y > 0$) porque a marcação da balança — uma pesagem — aumenta. Analogamente, seu peso é menor quando o vetor aceleração $\vec{a}$ aponta para baixo ($a_y < 0$) porque a marcação da balança diminui. O peso, como nós o definimos, corresponde à sua sensação de pesado ou leve[1].

Nós obtivemos a Equação 6.10 considerando uma pessoa em um elevador acelerado, mas ela se aplica a qualquer objeto dotado de uma aceleração vertical. Além disso, um objeto não precisa estar de fato sobre uma balança para ter peso; o peso de um objeto é

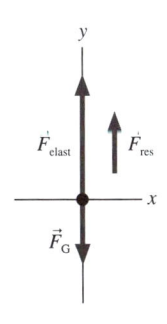

FIGURA 6.10 Um homem se pesa dentro de um elevador acelerado.

---

[1] Surpreendentemente, não existe uma definição universal de *peso*. Alguns livros didáticos definem o peso como a força gravitacional sobre um objeto, $\vec{w} = (mg$, para baixo). Neste caso, a marcação da balança para um objeto acelerado, e a sensação de peso que você sente, é freqüentemente chamada de *peso aparente*. Neste livro, preferimos a definição operacional de *peso* como sendo o que marca uma balança, ou seja, o resultado de uma medição. Você deve ter consciência destas diferenças se consultar outros livros didáticos.

igual ao módulo da força de contato que o sustenta. Não faz diferença se esta é uma força produzida pela mola de uma balança ou, simplesmente, a força normal do piso.

NOTA ▶ Informalmente, às vezes dizemos "este objeto pesa tanto" ou "o peso deste objeto é …". Estritamente falando, porém, deveríamos empregar o termo "massa" porque estamos nos referindo de fato a uma propriedade do objeto. Mesmo assim, essas expressões são muito usadas, e nós as interpretaremos com o significado de mg, o peso de um objeto de massa m em repouso ($a_y = 0$) sobre a superfície da Terra ou de outro corpo celeste. ◀

Imponderabilidade

Suponha que o cabo de nosso elevador se rompa, e este, com o homem e a balança juntos, despenque verticalmente em queda livre! Quanto marcará a balança durante a queda? Quando a aceleração de queda livre $a_y = -g$ é usada na Equação 6.10, obtemos $w = 0$, ou seja, *o homem não tem peso*!

Reflita sobre isso com cuidado. Suponha que, durante a queda do elevador, o homem em seu interior solte uma bola de sua mão. Na ausência da resistência do ar, como descobriu Galileu, tanto o homem quanto a bola estariam caindo com a mesma taxa. Do ponto de vista do homem, a bola pareceria "flutuar" em sua frente. Analogamente, a balança flutuaria abaixo dele e não exerceria qualquer pressão sobre seus pés. O homem estaria em um estado que chamamos de *imponderabilidade*. A gravidade continua puxando-o para baixo — é por isso que ele está caindo —, mas quando tudo ao seu redor está em queda livre, ele não experimenta a *sensação* de peso.

Mas isto não é exatamente o que acontece com os astronautas em órbita da Terra? Você já deve ter visto filmes de astronautas e diversos objetos flutuando dentro do ônibus espacial norte-americano. Se uma astronauta tenta ficar em pé sobre uma balança, esta não exercerá força alguma sobre os pés dela, marcando zero. Diz-se, então, que ela está em imponderabilidade. Mas se a condição para não ter peso é estar em queda livre, e se os astronautas em órbita da Terra estão em imponderabilidade, isso significa que eles estejam em queda livre? Esta é uma questão muito interessante, à qual retornaremos no Capítulo 8.

Astronautas não possuem peso enquanto orbitam a Terra.

PARE E PENSE 6.2 Um elevador que desce desde o 50º andar começa a parar quando se encontra no 1º andar. Enquanto ele freia, o peso de uma pessoa em seu interior é:

a. maior do que mg. b. menor do que mg. c. igual a mg. d. zero

---

6.4 Atrito

O atrito é absolutamente essencial para que muitas coisas funcionem. Sem o atrito, não poderíamos caminhar, dirigir carros ou mesmo sentar (você escorregaria para fora da cadeira!). Às vezes é útil conceber situações idealizadas de ausência de atrito, mas é igualmente importante compreender o mundo real, onde o atrito está sempre presente. Embora o atrito seja uma força complexa, muitos de seus aspectos podem ser descritos por um modelo simples.

Atrito estático

No Capítulo 5, definimos o *atrito estático* $\vec{f}_e$ como a força exercida sobre um objeto que o impede de escorregar. A **FIGURA 6.11** mostra uma pessoa empurrando um caixote com uma força horizontal $\vec{F}_{empurrão}$. Se o caixote permanece parado, "grudado" no chão, deve ser porque uma força de atrito estático o empurra para a esquerda da figura. O caixote encontra-se em equilíbrio estático, de modo que o atrito estático deve contrabalançar exatamente a força do empurrão:

$$f_e = F_{empurrão} \tag{6.11}$$

Para determinar a orientação de $\vec{f}_e$, descubra de que maneira o caixote se moveria se não houvesse atrito. A força de atrito estático $\vec{f}_e$ aponta em sentido *contrário*, a fim de impedir a ocorrência do movimento.

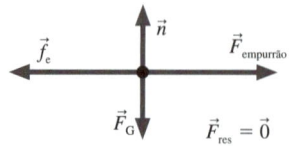

FIGURA 6.11 O atrito estático impede um objeto de escorregar.

Diferentemente da força gravitacional, que possui um módulo preciso e sem ambigüidade $F_G = mg$, o módulo da força de atrito estático depende de quão fortemente você empurra. Quanto mais fortemente a pessoa da Figura 6.11 empurrar, mais fortemente o piso empurrará de volta. Se a força do empurrão for reduzida, a força de atrito estático automaticamente diminuirá seu valor até igualar-se em módulo. O atrito estático atua *em resposta* a uma força exercida. A **FIGURA 6.12** ilustra esta idéia.

Mas é claro que existe um limite de valor que f_e pode atingir. Se você empurrar com força suficientemente grande, o objeto começará a escorregar, ou seja, a força de atrito estático possui um máximo valor possível, $f_{e\,max}$.

- Um objeto inicialmente parado mantém-se em repouso enquanto $f_e < f_{e\,max}$.
- O objeto começa a escorregar quando $f_e = f_{e\,max}$.
- É fisicamente impossível haver uma força de atrito estático $f_e > f_{e\,max}$.

Experimentos realizados sobre o atrito (feitos pela primeira vez por Leonardo da Vinci) mostram que $f_{e\,max}$ é proporcional ao módulo da força normal, isto é,

$$f_{e\,max} = \mu_e n \quad (6.12)$$

onde a constante de proporcionalidade μ_e é chamada de **coeficiente de atrito estático**. Este coeficiente é um número sem unidade (adimensional) que depende dos materiais dos quais são feitos o objeto e a superfície. A Tabela 6.1 traz alguns valores típicos de coeficientes de atrito. Deve-se enfatizar que estes números são apenas aproximações. O valor exato do coeficiente depende da rugosidade, da limpeza e do grau de secura das superfícies em contato.

NOTA ▶ A Equação 6.12 *não* significa que $f_e = \mu_e n$. O valor de f_e depende da força ou das forças que o atrito estático tem de contrabalançar a fim de manter o objeto em repouso. Ela pode possuir qualquer valor acima de 0, mas não pode exceder o valor $\mu_e n$. ◀

Atrito cinético

Uma vez que o caixote da **FIGURA 6.13** comece a escorregar, a força de atrito estático será substituída por uma força de atrito cinético $\vec{f}_c$. Os experimentos revelam que o atrito cinético, diferentemente do estático, possui um módulo aproximadamente *constante*. Além disso, o módulo da força de atrito cinético é menor do que o da força de atrito estático máxima, $f_c < f_{e\,max}$, o que explica porque sempre é mais fácil manter o caixote movendo-se do que fazê-lo iniciar o movimento. A orientação de $\vec{f}_c$ é sempre contrária à do deslizamento do objeto sobre a superfície.

A força de atrito cinético também é proporcional ao módulo da força normal:

$$f_c = \mu_c n \quad (6.13)$$

onde μ_c é chamado de **coeficiente de atrito cinético**. A Tabela 6.1 inclui valores típicos de μ_c. Podemos ver que $\mu_c < \mu_e$, o que faz com que o atrito cinético seja sempre menor do que o máximo valor do atrito estático.

Atrito de rolamento

Se você pisar fundo no freio de seu carro, os pneus escorregarão sobre o piso da rodovia e deixarão marcas do escorregão. Trata-se aqui de atrito cinético. Uma roda que *rola* sobre uma superfície também experimenta atrito, mas não se trata de atrito cinético. A porção da roda que tem contato com a superfície está momentaneamente parada em relação à superfície, sem escorregar. Para verificar isso, ponha uma roda a rolar lentamente e observe atentamente como ela toca o chão.

Os livros didáticos costumam desenhar rodas como círculos, mas uma roda não é perfeitamente redonda. Seu peso e o peso do objeto sustentado por ela causam o achatamento da parte mais baixa da roda, onde ela tem contato com a superfície, como ilustra a **FIGURA 6.14**. A área de contato entre um pneu do carro e a estrada é razoavelmente grande. A área de contato entre uma roda de aço de locomotiva e um trilho de aço é muito menor, mas também não é nula.

Ligações moleculares são momentaneamente formadas no local onde a roda pressiona a superfície. Essas ligações têm de ser rompidas para que a roda siga em frente rolando, e os esforços necessários para rompê-las é o que causa o **atrito de rolamento**. (Pense em

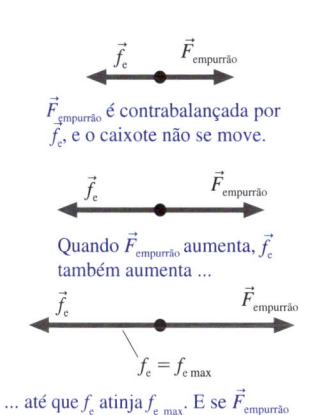

FIGURA 6.12 O atrito estático aparece em *resposta* a uma força exercida.

TABELA 6.1 Coeficientes de atrito

Material	Estático μ_e	Cinético μ_c	Rolamento μ_r
Borracha sobre concreto	1,00	0,80	0,02
Aço sobre aço (a seco)	0,80	0,60	0,002
Aço sobre aço (com lubrificação)	0,10	0,05	
Madeira sobre madeira	0,50	0,20	
Madeira sobre neve	0,12	0,06	
Gelo sobre gelo	0,10	0,03	

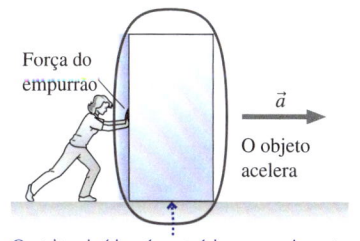

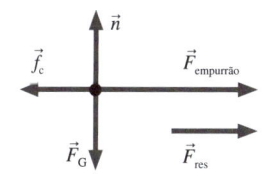

FIGURA 6.13 A força de atrito cinético tem sentido contrário ao do movimento.

FIGURA 6.14 Atrito de rolamento devido à área de contato entre uma roda e uma superfície.

quando você caminha com goma de mascar grudado em seu sapato!) A força de atrito de rolamento pode ser calculada em função de um **coeficiente de atrito de rolamento**, μ_r:

$$f_r = \mu_r n \tag{6.14}$$

O atrito de rolamento se parece muito com o atrito cinético, mas os valores típicos de μ_r (veja a Tabela 6.1) são muito menores do que os de μ_c. Por isso é mais fácil empurrar um objeto pesado sobre rodas do que arrastá-lo sobre o piso.

Um modelo para o atrito

Estas idéias podem ser resumidas em um *modelo* para o atrito:

$$\begin{aligned} &\text{Estático: } \vec{f_e} \leq (\mu_e n, \text{ orientação necessária para impedir o movimento}) \\ &\text{Cinético: } \vec{f_c} \ (\mu_c n, \text{ orientação contrária à do movimento}) \\ &\text{Rolamento: } \vec{f_r} \ (\mu_r n, \text{ orientação contrária à do movimento}) \end{aligned} \tag{6.15}$$

Aqui, "movimento" significa "movimento em relação à superfície". O máximo valor do atrito estático, $f_{e\,max} = \mu_e n$, ocorre na situação em que o objeto começa a escorregar.

NOTA ▶ As Equações 6.15 constituem um "modelo" para o atrito, e não, uma "lei" de atrito. Essas equações fornecem uma descrição razoavelmente precisa, mas não perfeita, das forças de atrito exercidas. Por exemplo, nós ignoramos a área superficial do objeto porque ela tem pouco efeito. Analogamente, nosso modelo supõe que a força de atrito cinético seja independente da rapidez do objeto. Isso é uma aproximação boa, mas não perfeita. As Equações 6.15 devem ser encaradas como uma simplificação da realidade que funciona razoavelmente bem, a qual é o significado de "modelo". Elas não constituem uma "lei da natureza" no mesmo nível das leis de Newton. ◀

A **FIGURA 6.15** resume estas idéias graficamente, mostrando como a força de atrito varia quando aumenta o módulo da força $\vec{F}_{empurrão}$.

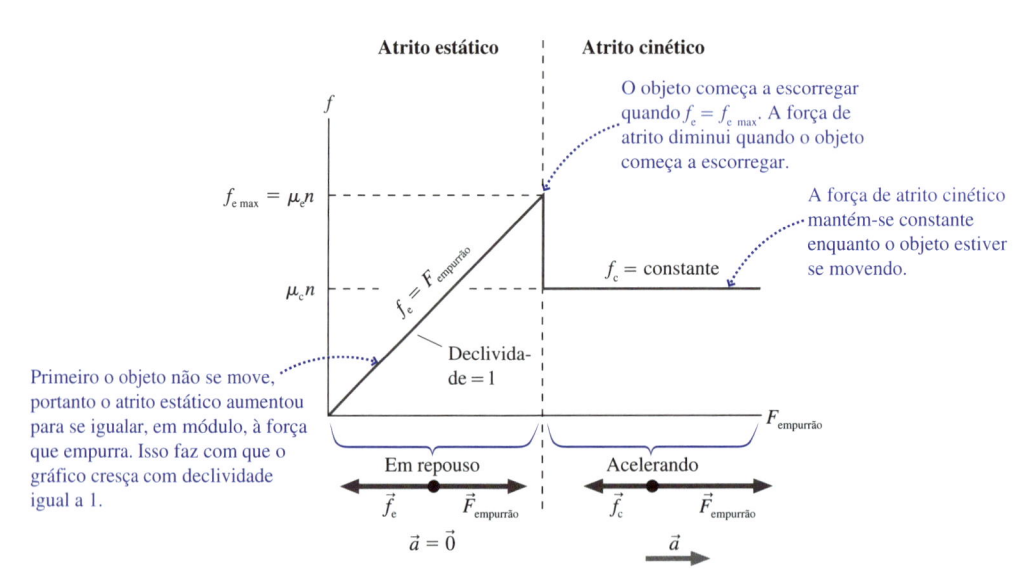

FIGURA 6.15 A força de atrito é uma resposta a uma força exercida com intensidade cada vez maior.

PARE E PENSE 6.3 Ordene em seqüência, do maior para o menor, os módulos das forças de atrito correspondentes às 5 diferentes situações dos itens *a-e*. A caixa e o piso são feitos do mesmo material.

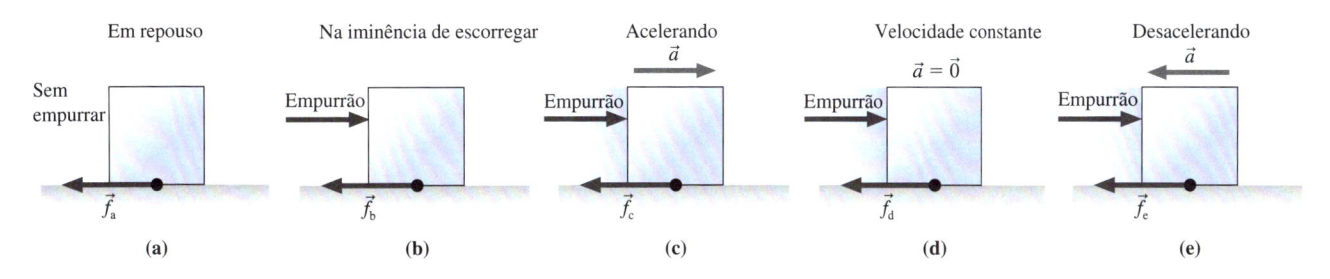

Em repouso	Na iminência de escorregar	Acelerando $\vec{a}$	Velocidade constante $\vec{a} = \vec{0}$	Desacelerando $\vec{a}$
Sem empurrar, $\vec{f}_a$	Empurrão, $\vec{f}_b$	Empurrão, $\vec{f}_c$	Empurrão, $\vec{f}_d$	Empurrão, $\vec{f}_e$
(a)	(b)	(c)	(d)	(e)

EXEMPLO 6.6 Que distância o caixote escorrega até parar?

Carol empurra um caixote de madeira de 50 kg sobre um piso também feito de madeira, mantendo a velocidade de 2,0 m/s. Que valor de força ela exerce sobre o caixote? Se ela parar de empurrá-lo, quanto o caixote percorrerá, escorregando, até parar?

MODELO Consideraremos o caixote como uma partícula e descreveremos as forças de atrito com os modelos de atrito estático e cinético. Este problema tem duas partes: a primeira ocorre enquanto Carol empurra o caixote, a segunda ocorre depois que ela pára de empurrar e libera o caixote.

VISUALIZAÇÃO Esta situação é um tanto complexa, a qual exige uma cuidadosa visualização. A **FIGURA 6.16** mostra a representação pictórica da etapa em que Carol está empurrando, quando $\vec{a} = \vec{0}$, e da etapa em que ela pára. Nós escolhemos $x = 0$ no ponto em que ela pára de empurrar porque é neste ponto onde terá início o cálculo cinemático correspondente à questão "quanto o caixote percorrerá?". Note que cada parte do movimento necessita de um diagrama de corpo livre. O caixote estará se movendo até o instante em que o problema terminar, de modo que apenas o atrito cinético será relevante.

RESOLUÇÃO Iniciaremos determinando a intensidade do empurrão que Carol precisará exercer sobre o caixote para mantê-lo em movimento uniforme. O caixote está em equilíbrio dinâmico ($\vec{a} = \vec{0}$), e a primeira lei de Newton, neste caso, é

$$\sum F_x = F_{empurrão} - f_c = 0$$
$$\sum F_y = n - F_G = n - mg = 0$$

onde usamos $F_G = mg$ para a força gravitacional. O sinal negativo da primeira equação se deve ao fato de $\vec{f}_c$ apontar para a esquerda e, assim, seu *componente horizontal* ser negativo: $(f_c)_x = -f_c$. Analogamente, $(F_G)_y = -F_G$ porque a força da gravidade aponta verticalmente para baixo. Além das leis de Newton, dispomos também de nosso modelo para o atrito cinético:

$$f_c = \mu_c n$$

Ao todo temos três equações simultâneas nas três incógnitas $F_{empurrão}$, f_c e n. Felizmente, estas equações são fáceis de resolver. O componente y da primeira lei de Newton nos diz que $n = mg$. Podemos, então, determinar o valor da força de atrito como

$$f_c = \mu_c mg$$

Substituindo isso no componente x da primeira lei de Newton, obtemos

$$F_{empurrão} = f_c = \mu_c mg$$
$$= (0,20)(50 \text{ kg})(9,80 \text{ m/s}^2) = 98 \text{ N}$$

onde o valor de μ_c para madeira contra madeira foi retirado da Tabela 6.1. Esse é o valor de força com que Carol deve empurrar o caixote a fim de mantê-lo em movimento uniforme.

Depois que Carol pára de empurrá-lo, o caixote não se encontra mais em equilíbrio. Nossa estratégia para a segunda parte do problema é usar a segunda lei de Newton para determinar a aceleração e, depois, usar as equações cinemáticas apropriadas para encontrar a

Conhecidos
$x_0 = 0$ m $v_{0x} = 2,0$ m/s $t_0 = 0$ s
$v_{1x} = 0$ m/s $m = 50$ kg $\mu_c = 0,20$

Determinar
$F_{empurrão}$ e x_1

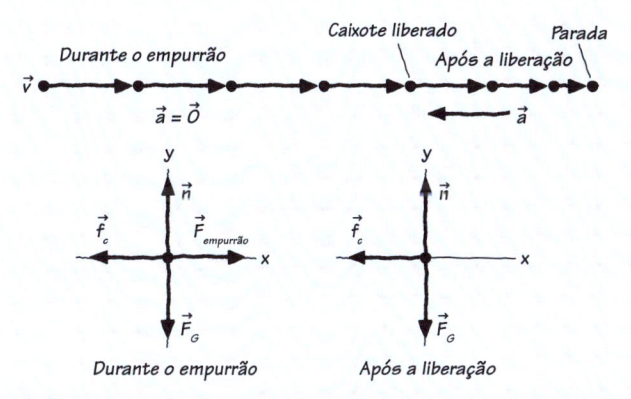

FIGURA 6.16 Representação pictórica de um caixote arrastado sobre um piso.

Continua

distância que o caixote percorre até parar. A partir do diagrama de movimento, sabemos que $a_y = 0$. A segunda lei de Newton, aplicada ao diagrama de corpo livre da Figura 6.16, assume a forma

$$\sum F_x = -f_c = ma_x$$

$$\sum F_y = n - mg = ma_y = 0$$

Também dispomos de nosso modelo para o atrito,

$$f_c = \mu_c n$$

Da equação para os componentes y, vemos que $n = mg$ e, portanto, $f_c = \mu_c mg$. Usando isso na equação para os componentes em x, obtemos

$$ma_x = -f_c = -\mu_c mg$$

Esta equação é facilmente resolvida, obtendo-se a aceleração do caixote:

$$a_x = -\mu_c g = -(0,20)(9,80 \text{ m/s}^2) = -1,96 \text{ m/s}^2$$

O componente a_x da aceleração é negativo porque o vetor aceleração $\vec{a}$ aponta para a esquerda, como pode ser visto no diagrama de movimento. Estamos interessados na distância, e não no intervalo de tempo, de modo que a maneira mais rápida de proceder é

$$v_{1x}^2 = 0 = v_{0x}^2 + 2a_x \Delta x = v_{0x}^2 + 2a_x x_1$$

de onde determinamos a distância que o caixote percorre escorregando sozinho:

$$x_1 = \frac{-v_{0x}^2}{2a_x} = \frac{-(2,0 \text{ m/s})^2}{2(-1,96 \text{ m/s}^2)} = 1,0 \text{ m}$$

Obtivemos um número positivo porque dois sinais negativos se cancelam.

AVALIAÇÃO Carol empurrava o caixote a 2 m/s ≈ 7 km/h, o que é razoavelmente rápido. O caixote escorrega 1,0 m, o que parece plausível.

NOTA ▶ Embora o movimento fosse inteiramente horizontal, necessitamos tanto dos componentes horizontais quanto dos verticais. Isso é típico de situações em que o atrito está envolvido, porque devemos determinar primeiro a força normal para poder calcular a força de atrito. ◀

EXEMPLO 6.7 Jogando fora um fichário

Um fichário de aço de 50 kg encontra-se na carroceria de um caminhão. O piso da carroceria, feito também de aço, é inclinado lentamente. Qual é o módulo da força de atrito estático sobre o fichário quando a carroceria está inclinada em 20°? Para que valor de ângulo de inclinação o fichário começará a escorregar?

MODELO Consideraremos o fichário como uma partícula. Usaremos também o modelo para o atrito estático. O fichário começará a escorregar quando a força de atrito estático atingir seu valor máximo $f_{e\,max}$.

VISUALIZAÇÃO A **FIGURA 6.17** mostra a representação pictórica quando a carroceria do caminhão está inclinada em um ângulo θ. A análise pode ser simplificada escolhendo-se um sistema de coordenadas que se ajuste à carroceria do caminhão. Para impedir o fichário de escorregar, a força de atrito estático deve apontar *rampa acima*.

RESOLUÇÃO O fichário encontra-se em equilíbrio estático. A primeira lei de Newton assume a forma

$$(F_{res})_x = \sum F_x = n_x + (F_G)_x + (f_e)_x = 0$$

$$(F_{res})_y = \sum F_y = n_y + (F_G)_y + (f_e)_y = 0$$

A partir do diagrama de corpo livre, vemos que f_e possui apenas o componente x, que é *negativo*, ao passo que n possui apenas o componente y, positivo. O vetor força gravitacional pode ser escrito como $\vec{F}_G = +F_G \text{sen}\theta \hat{i} - F_G \cos\theta \hat{j}$, de modo que $\vec{F}_G$ possui os componentes em x e em y neste sistema de coordenadas. Assim, a primeira lei assume a forma

$$\sum F_x = F_G \text{sen}\theta - f_e = mg \text{sen}\theta - f_e = 0$$

$$\sum F_y = n - F_G \cos\theta = n - mg\cos\theta = 0$$

onde usamos a relação $F_G = mg$. A equação para os componentes em x nos permite determinar o módulo da força de atrito estático quando $\theta = 20°$:

$$f_e = mg \text{sen}\theta = (50 \text{ kg})(9,80 \text{ m/s}^2)\text{sen}20°$$

$$= 170 \text{ N}$$

Este valor não requer o conhecimento de μ_e. Simplesmente obtivemos o módulo da força de atrito que contrabalançará o componente de $\vec{F}_G$ paralelo ao piso da carroceria. É preciso conhecer o coeficiente de atrito estático apenas quando se deseja determinar o valor do ângulo de inclinação no qual o fichário começa a escorregar.

O escorregamento inicia quando o atrito estático atinge seu máximo valor possível

$$f_e = f_{e\,max} = \mu_e n$$

A partir da lei de Newton para os componentes y, concluímos que $n = mg \cos\theta$. Conseqüentemente,

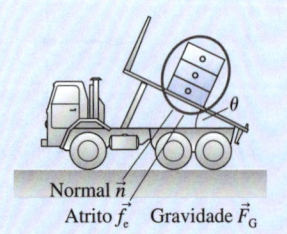

Conhecidos
$\mu_e = 0,80$ $m = 50$ kg
$\mu_c = 0,60$

Determinar
f_e, quando $\theta = 20°$
θ, quando o fichário escorrega

FIGURA 6.17 Representação pictórica de um fichário na carroceria inclinada de um caminhão.

$$f_{e\,max} = \mu_e mg \cos\theta$$

Substituindo este resultado na primeira lei para os componentes em x, obtemos

$$mg\,\text{sen}\,\theta - \mu_e mg \cos\theta = 0$$

O fator mg existente nos dois membros da equação é cancelado, e obtemos

$$\frac{\text{sen}\,\theta}{\cos\theta} = \text{tg}\,\theta = \mu_e$$

$$\theta = \text{tg}^{-1}\mu_e = \text{tg}^{-1}(0{,}80) = 39°$$

AVALIAÇÃO O aço não escorrega facilmente em aço se não houver lubrificação, de modo que um ângulo de inclinação razoavelmente grande não deve ser surpreendente. A resposta encontrada parece plausível. É importante observar que, neste exemplo, $n = mg \cos\theta$. Um erro freqüente é usar simplesmente $n = mg$. Você deve sempre calcular a normal dentro do contexto de cada problema específico.

O ângulo de inclinação em que tem início o escorregamento é chamado de *ângulo de repouso*. A **FIGURA 6.18** mostra que o conhecimento do ângulo de repouso pode ser muito importante por se tratar do ângulo em que materiais frouxamente agregados (cascalho, areia, neve, etc) começam a deslizar, resultando em desmoronamentos e avalanches.

A origem do atrito

É importante que façamos uma breve pausa para refletir sobre as *causas* do atrito. Todas as superfícies, mesmo aquelas completamente lisas ao toque, são muito rugosas em escala microscópica. Quando dois objetos são colocados em contato, elas não se ajustam inteiramente uma à outra. Em vez disso, como mostra a **FIGURA 6.19**, os pontos mais altos de uma das superfícies empurram os pontos mais altos da outra, enquanto os pontos baixos não estabelecem contato algum. Somente uma fração muito pequena (tipicamente 10^{-4}) das áreas superficiais está realmente em contato. O grau de contato depende da intensidade da força com que as superfícies se empurram, motivo pelo qual as forças de atrito são proporcionais a n.

Nos pontos onde há contato, os átomos de cada material são aproximados e pressionados uns com os outros, ocorrendo formação de ligações moleculares entre eles. Tais ligações são a "causa" da força de atrito estático. Para um objeto começar a escorregar, você deve empurrá-lo forte o suficiente para que se rompam essas ligações moleculares entre as superfícies. Uma vez que essas ligações tenham sido rompidas e que as duas superfícies estejam escorregando uma em relação à outra, ainda existirão forças atrativas entre átomos das duas superfícies quando os pontos mais altos dos materiais passam uns pelos outros. Entretanto, os átomos passam uns pelos outros tão rapidamente que não dispõem de tempo para estabelecer as fortes ligações relacionadas ao atrito estático. Por este motivo, a força de atrito cinético é menor.

Às vezes, durante o escorregamento, dois pontos altos estarão tão próximos um do outro que conseguirem formar uma ligação firme. Quando o movimento prossegue, não é esse tipo de ligação superficial que se romperá, mas as ligações mais fracas existentes na *base* de um dos picos. Quando isso ocorre, um pequeno pedaço do material do objeto é deixado para trás, "implantado" na superfície. Isso é o que se chama de *abrasão*. Como resultado, a abrasão desgasta os materiais, sejam eles os anéis dos pistões do motor de um carro ou a sola dos seus sapatos. Nas máquinas, a abrasão é minimizada por meio da lubrificação, uma película muito delgada de um líquido localizada entre as superfícies que lhes permita "flutuar" ao passarem uma pela outra, havendo contato real entre muito poucos picos das superfícies.

Em nível atômico, o atrito é um fenômeno muito complexo. A compreensão detalhada do atrito constitui uma das fronteiras da pesquisa em engenharia atualmente, pois ela é especialmente importante no projeto de máquinas altamente miniaturizadas e de nanoestruturas.

FIGURA 6.18 O ângulo de repouso é aquele em que materiais frouxamente agregados, tais como cascalho ou neve, começam a deslizar.

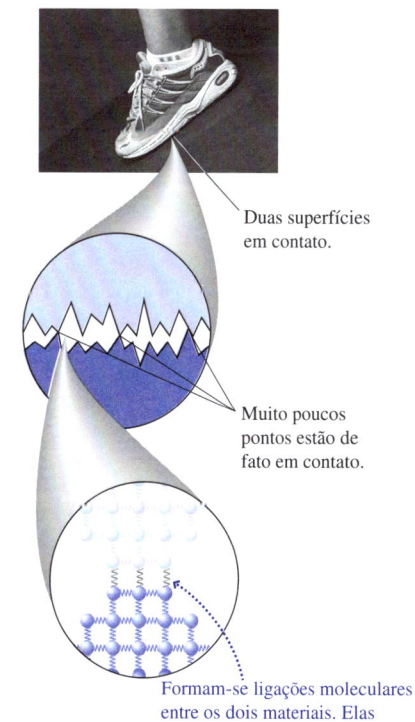

FIGURA 6.19 Uma visão do atrito em nível atômico.

6.5 Força de arraste

O ar exerce uma força de arraste sobre objetos que se movem através dele. Você experimenta forças de arraste todos os dias quando corre, anda de bicicleta, esquia ou dirige

FIGURA 6.20 É significativa a força de arraste exercida sobre um motociclista em alta velocidade.

seu carro. A força de arraste é especialmente importante para o *skydiver* mostrado na foto de abertura deste capítulo.

A força de arraste $\vec{D}$

- Tem sentido contrário ao de $\vec{v}$.
- Tem um módulo que aumenta quando a rapidez do objeto aumenta.

A **FIGURA 6.20** ilustra a força de arraste.

A força de arraste é mais complexa do que a força de atrito comum porque o arraste depende da rapidez com que o objeto se movimenta. Ela também depende da forma do objeto e da densidade do meio através do qual ele se move. Felizmente, podemos usar um *modelo* razoavelmente simples para a força de arraste se as seguintes três condições forem satisfeitas:

- O tamanho do objeto (diâmetro) tem um valor situado entre alguns milímetros e alguns metros.
- A rapidez do objeto é menor do que algumas centenas de metros por segundo.
- O objeto está se movendo através do ar próximo à superfície da Terra.

Essas condições são normalmente satisfeitas para o caso de bolas, pessoas, carros e muitos outros objetos do nosso cotidiano. Sob tais condições, a força de arraste pode ser expressa como

$$\vec{D} \approx (\tfrac{1}{4}Av^2, \text{sentido oposto ao do movimento}) \quad (6.16)$$

onde A é a área da secção transversal do objeto. O módulo da força de arraste é proporcional ao *quadrado* da velocidade do objeto. Este modelo de arraste não é válido para objetos muito pequenos (como partículas de poeira), que se movem com grandes velocidades (como aviões a jato) ou que se movem em outros meios (como a água). Deixaremos tais situações para livros mais avançados.

NOTA ▶ Vamos dar uma olhada mais detalhada neste modelo. Talvez você já tenha notado que o produto de uma área por uma velocidade ao quadrado constitui uma grandeza que, de fato, não tem unidade de força. Diferentemente do fator $\tfrac{1}{2}$ na relação $\Delta x = \tfrac{1}{2}a(\Delta t)^2$, que é um "número puro", o fator $\tfrac{1}{4}$ na expressão para $\vec{D}$ possui unidade. Este número depende da densidade do ar e seu valor é $\tfrac{1}{4}$ kg/m³. Suprimimos as unidades na Equação 6.16, mas ao fazê-lo obtemos uma expressão que se aplica *apenas* se A estiver em m², e v, em m/s. A Equação 6.16 não pode ser convertida para outras unidades. E o número não é exatamente $\tfrac{1}{4}$, por isso a Equação 6.16 traz o símbolo $\approx$ em vez do símbolo de igualdade, $=$, pois trata-se de uma aproximação boa o suficiente para que a Equação 6.16 ainda seja um modelo simples e razoável da força de arraste. ◀

A área na Equação 6.16 é a da secção transversal do objeto "de frente pro vento". A **FIGURA 6.21** mostra como calcular a secção transversal de objetos de formas diferentes. É interessante observar que o módulo da força de arraste, $\tfrac{1}{4}Av^2$, depende do *tamanho do objeto e de sua forma*, mas não de sua *massa*. Logo veremos que esta independência com a massa tem importantes conseqüências.

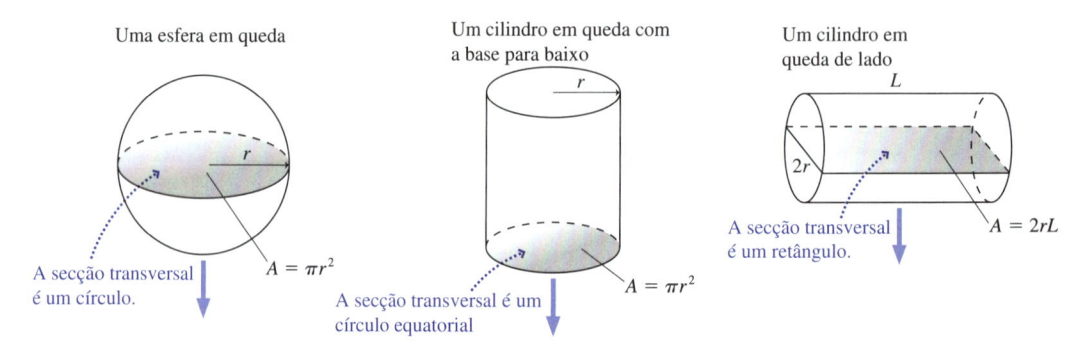

Uma esfera em queda — A secção transversal é um círculo. $A = \pi r^2$

Um cilindro em queda com a base para baixo — A secção transversal é um círculo equatorial. $A = \pi r^2$

Um cilindro em queda de lado — A secção transversal é um retângulo. $A = 2rL$

FIGURA 6.21 Áreas de secções transversais de objetos com formas diferentes.

EXEMPLO 6.8 A resistência do ar comparada ao atrito de rolamento

Visto de frente, um carro de 1.500 kg tem 1,6 m de largura e 1,4 m de altura. Para que valor de velocidade a força de arraste tem módulo igual ao do atrito de rolamento?

MODELO Trate o carro como uma partícula. Use os modelos para a força de atrito de rolamento e de arraste.

VISUALIZAÇÃO A **FIGURA 6.22** mostra o carro e um diagrama de corpo livre. Não é necessária uma representação pictórica completa porque não iremos fazer cálculos cinemáticos.

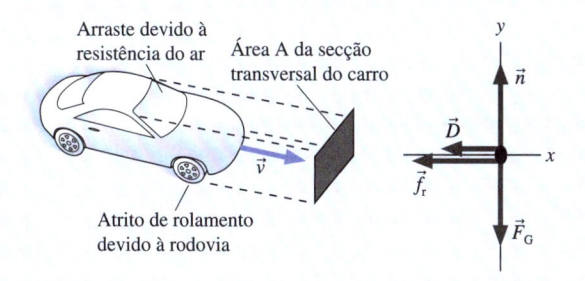

FIGURA 6.22 Um carro experimenta tanto um atrito de rolamento quanto uma força de arraste.

RESOLUÇÃO Em baixas velocidades, quando a resistência do ar é desprezível, a força de arraste é menor do que a de atrito de rolamento. Mas o arraste aumenta com o aumento de v, de modo que haverá um valor de velocidade para o qual as duas forças possuam um mesmo valor de módulo. Acima deste valor, o arraste é mais importante do que o rolamento.

Os módulos dessas forças são $D \approx \frac{1}{4}Av^2$ e $f_r = \mu_r n$. Não existe movimento nem aceleração na direção vertical; assim, podemos ver do diagrama de corpo livre que $n = F_G = mg$. Logo, $f_r = \mu_r mg$. Igualando-se o atrito de rolamento e a força de arraste, temos

$$\tfrac{1}{4}Av^2 = \mu_r mg$$

Isolando v, obtemos

$$v = \sqrt{\frac{4\mu_r mg}{A}} = \sqrt{\frac{4(0{,}02)(1.500\text{ kg})(9{,}8\text{ m/s}^2)}{(1{,}4\text{ m})(1{,}6\text{ m})}} = 23\text{ m/s}$$

onde o valor de μ_r para borracha sobre concreto foi obtido da Tabela 6.1.

AVALIAÇÃO Uma rapidez de 23 m/s corresponde aproximadamente a 83 km/h, um resultado plausível. O cálculo mostra que nossa hipótese de que poderíamos desprezar a resistência do ar é realmente boa para velocidades do carro menores do que 50 ou 70 km/h. Cálculos que não levam em conta o arraste tornam-se cada vez mais imprecisos quando as velocidades se aproximam de 80 km/h.

A **FIGURA 6.23** mostra uma bola movendo-se verticalmente para cima e para baixo. Se não houvesse a resistência do ar, a bola estaria em queda livre, com $a_{\text{queda livre}} = -g$ durante o vôo. Vamos ver como isso é alterado pela força de arraste.

Com referência à Figura 6.23,

1. A força de arraste $\vec{D}$ aponta para baixo enquanto a bola sobe. Isso *aumenta* a força resultante sobre a bola, e ela desacelera *mais rapidamente* do que faria no vácuo. O módulo dessa aceleração, que será calculado abaixo, é $|a| > g$.
2. O valor da força de arraste diminui quando a bola desacelera.
3. No ponto mais alto do movimento da bola $\vec{v} = \vec{0}$, de modo que, então, não existe força de arraste, e a aceleração, neste instante, é $a_{\text{queda livre}} = -g$.
4. O valor da força de arraste aumenta quando a bola acelera.
5. A força de arraste $\vec{D}$ aponta para cima enquanto a bola cai. Isso *diminui* a força resultante sobre a bola, fazendo com que ela acelere *menos rapidamente* do que faria no vácuo. O módulo dessa aceleração é $|a| < g$.

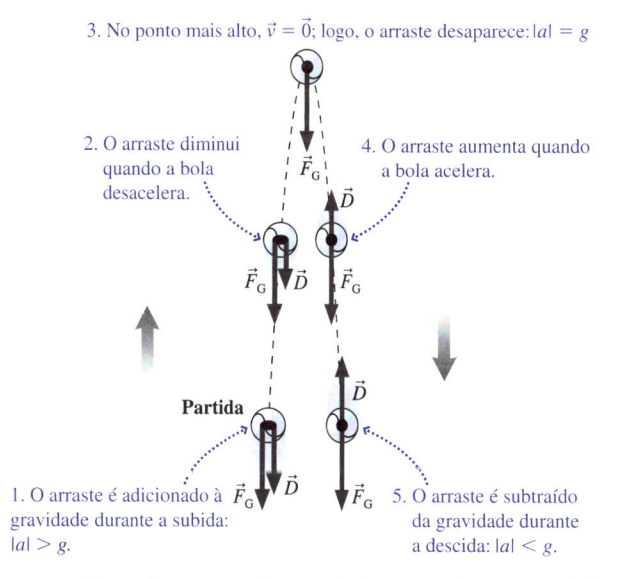

FIGURA 6.23 Força de arraste sobre uma bola movendo-se na vertical.

Podemos usar a segunda lei de Newton para determinar a aceleração $a_\uparrow$ da bola durante a subida. Das forças representadas na Figura 6.23, você pode verificar que

$$a_\uparrow = \frac{(F_{\text{res}})_y}{m} = \frac{-mg - D}{m} = -\left(g + \frac{D}{m}\right) \tag{6.17}$$

O módulo de $a_\uparrow$, que é a desaceleração da bola na subida, é $g + D/m$. A resistência do ar faz com que a bola desacelere *mais rapidamente* do que faria no vácuo. Mas a Equação 6.17 nos diz mais. Uma vez que D depende do tamanho do objeto, mas não de sua massa, a força de arraste tem *maior efeito* (aceleração maior) sobre outra, de menor massa do que sobre outra, de mesmo tamanho, mas de maior massa.

Uma bola de pingue-pongue e outra de golfe têm aproximadamente o mesmo tamanho, mas é mais difícil arremessar uma bola de golfe do que uma de pingue-pongue. Agora podemos dar uma e*xplicação* para isso:

- A força de arraste tem o mesmo módulo para dois objetos de mesmo tamanho.
- De acordo com a segunda lei de Newton, a aceleração (o *efeito* da força) depende inversamente da massa.
- Portanto, o efeito da força de arraste é relativamente maior sobre uma bola de menor massa do que sobre uma bola de mesmo tamanho, mas de maior massa.

Enquanto a bola da Figura 6.23 cai, sua aceleração $a_\downarrow$ é

$$a_\downarrow = \frac{(F_{\text{res}})_y}{m} = \frac{-mg + D}{m} = -\left(g - \frac{D}{m}\right) \quad (6.18)$$

O módulo de $a_\downarrow$ é igual a $g - D/m$, de modo que a bola acelera *menos rapidamente* do que faria no vácuo. Novamente, o efeito é relativamente maior sobre uma bola de menor massa do que sobre outra, de mesmo tamanho, mas de maior massa.

Velocidade terminal

A força de arraste aumenta enquanto o objeto cai e ganha velocidade. Se ele cai de uma altura suficientemente grande, acabará atingindo um valor de velocidade, mostrado na **FIGURA 6.24**, para o qual $D = F_G$, ou seja, a força de arraste terá, então, mesmo módulo que a força da gravidade, porém sentido oposto. A esta velocidade, a força resultante é $\vec{F}_{\text{res}} = \vec{0}$, e, assim, desaparece a aceleração e o objeto passa a cair com velocidade *constante*. A velocidade para a qual existe um exato cancelamento da força de arraste, exercida para cima, com a força da gravidade, exercida para baixo, que faz com que o objeto caia sem aceleração é chamada de **velocidade terminal***, v_{term}.

É fácil determinar o módulo da velocidade terminal. Por definição, ele é a rapidez com a qual $D = F_G$ ou, o que é equivalente, $\frac{1}{4}Av^2 \approx mg$. Tal rapidez é dada por

$$v_{\text{term}} \approx \sqrt{\frac{4mg}{A}} \quad (6.19)$$

Um objeto de maior massa possui um valor de velocidade terminal maior do que um objeto de mesmo tamanho e de menor massa. Uma bola de chumbo com 10 cm de diâmetro e massa de 6 kg possui uma velocidade terminal de 170 m/s, enquanto uma bola de isopor de mesmo diâmetro e 50 g de massa possui uma velocidade terminal de apenas 15 m/s.

Um uso popular da Equação 6.19 é na determinação da velocidade terminal de um pára-quedista. Este se parece como o cilindro da Figura 6.21, em queda com a lateral na horizontal. Um típico saltador de pára-quedas tem 1,8 m de altura por 0,40 m de largura ($A = 0{,}72$ m²) e possui 75 kg de massa. O valor de sua velocidade terminal é

$$v_{\text{term}} \approx \sqrt{\frac{4mg}{A}} = \sqrt{\frac{4(75 \text{ kg})(9{,}8 \text{ m/s}^2)}{0{,}72 \text{ m}^2}} = 64 \text{ m/s}$$

Isso corresponde, aproximadamente, a 230 km/h. Um valor ainda maior de velocidade pode ser atingido saltando-se inicialmente em pé ou de cabeça, o que reduz a área A.

A **FIGURA 6.25** mostra os resultados de cálculos mais detalhados. Sem o arraste, o gráfico da velocidade é uma reta com declividade $= a_y = -g$. Quando o arraste é levado em conta, o valor absoluto da declividade diminui uniformemente e aproxima-se de zero (sem aceleração) quando o objeto aproxima-se de sua velocidade terminal.

Embora tenhamos concentrado nossa análise sobre objetos em movimento vertical, as mesmas idéias se aplicam para objetos em movimento horizontal. Se um objeto é arremessado ou disparado horizontalmente, o arraste $\vec{D}$ o fará desacelerar. Um aeroplano atinge sua velocidade máxima, que corresponde à velocidade terminal, quando o arraste é de mesmo módulo, mas contrário, ao empuxo dos motores: $D = F_{\text{empuxo}}$. Neste momento, a força resultante é nula e o avião não pode tornar-se mais rápido. A velocidade máxima de um avião a jato comercial é aproximadamente 900 km/h.

---

* N. de T.: No Brasil, muitos livros empregam o termo *velocidade limite* para velocidade terminal.

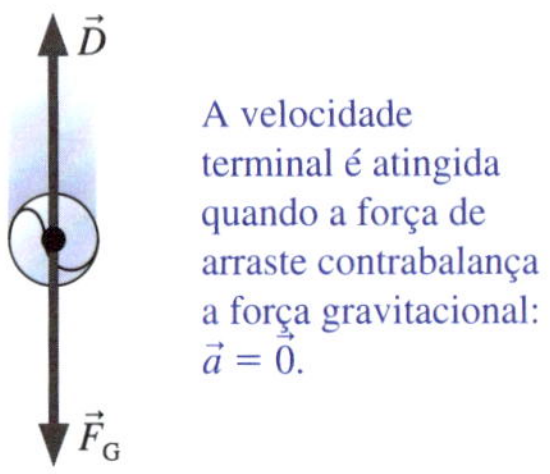

FIGURA 6.24 Um objeto em queda com velocidade terminal.

A velocidade terminal é atingida quando a força de arraste contrabalança a força gravitacional: $\vec{a} = \vec{0}$.

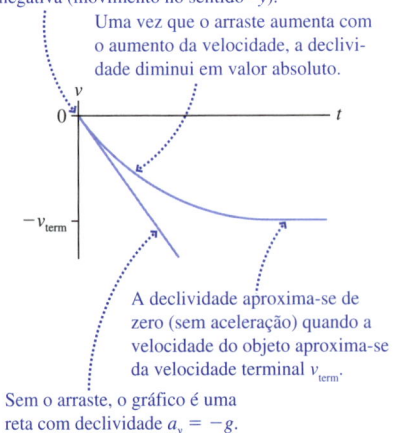

FIGURA 6.25 O gráfico velocidade *versus* tempo de um objeto em queda na presença e na ausência de arraste.

A velocidade inicialmente é nula, depois vai se tornando cada vez mais negativa (movimento no sentido –y).

Uma vez que o arraste aumenta com o aumento da velocidade, a declividade diminui em valor absoluto.

A declividade aproxima-se de zero (sem aceleração) quando a velocidade do objeto aproxima-se da velocidade terminal v_{term}.

Sem o arraste, o gráfico é uma reta com declividade $a_y = -g$.

PARE E PENSE 6.4 O valor da velocidade terminal de uma bola de isopor é de 15 m/s. Suponha que a bola de isopor seja arremessada verticalmente para baixo com velocidade inicial de 30 m/s em relação ao ar. Qual dos gráficos de velocidade abaixo é o correto?

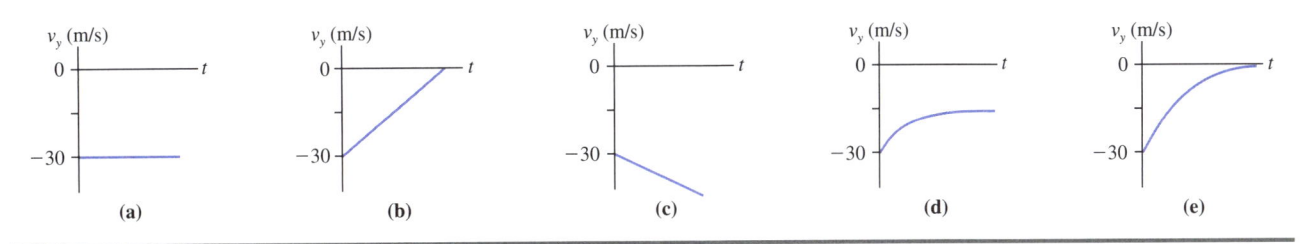

6.6 Mais exemplos da segunda lei de Newton

Concluiremos este capítulo com três exemplos adicionais em que fazemos uso da estratégia para a resolução de problemas em situações mais complexas.

2.7, 2.8, 2.9

EXEMPLO 6.9 Distâncias de parada

Um carro de 1.500 kg está deslocando-se a 30 m/s quando o motorista pisa no freio e derrapa até parar. Determine qual será a distância da parada se o carro estiver subindo uma rampa com 10° de inclinação, descendo uma rampa com 10° de inclinação ou trafegando numa rodovia horizontal.

MODELO Representaremos o carro como uma partícula e usaremos o modelo do atrito cinético. Queremos resolver o problema uma vez apenas, e não, em três etapas separadas, por isso não especificaremos o valor do ângulo de inclinação θ até o final dos cálculos.

VISUALIZAÇÃO A **FIGURA 6.26** mostra a representação pictórica. Mostramos o carro escorregando rampa acima, mas tais representações funcionam igualmente bem para uma derrapagem no plano ou rampa abaixo, se θ for zero ou negativo, respectivamente. Usamos um sistema de coordenadas inclinado de modo que o movimento ocorra ao longo de um dos eixos apenas. *Consideramos* que o carro esteja se movendo para a direita, embora o enunciado não especifique isso. Você poderia muito bem escolher a orientação oposta, mas teria de ser cuidadoso com os valores negativos de x e de v_x. Como o carro *derrapa* até parar, temos de obter o coeficiente de atrito *cinético* entre a borracha e o cimento, da Tabela 6.1.

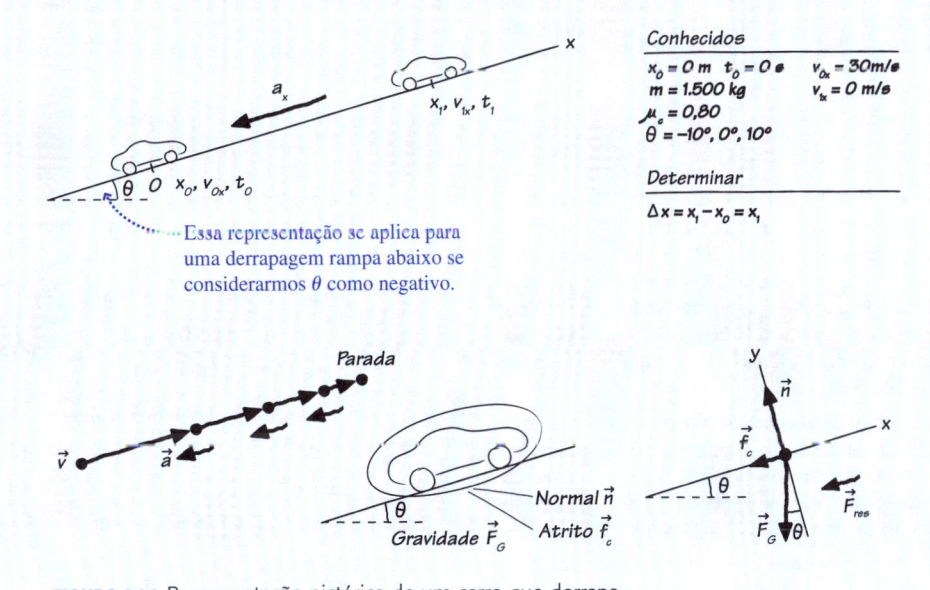

FIGURA 6.26 Representação pictórica de um carro que derrapa.

Continua

RESOLUÇÃO A segunda lei de Newton e o modelo de atrito cinético são

$$\sum F_x = n_x + (F_G)_x + (f_c)_x$$
$$= -mg\,\text{sen}\,\theta - f_c = ma_x$$

$$\sum F_y = n_y + (F_G)_y + (f_c)_y$$
$$= n - mg\cos\theta = ma_y = 0$$

$$f_c = \mu_c n$$

Escrevemos essas equações a partir da "leitura" do diagrama de movimento e do diagrama de corpo livre. Note que ambos os componentes da força gravitacional $\vec{F}_G$ são negativos. Uma vez que o movimento ocorre inteiramente ao longo do eixo x, $a_y = 0$.

A segunda equação acima fornece o resultado $n = mg\cos\theta$. Usando o modelo de atrito, obtemos θ. Substituindo este resultado de volta na primeira equação, encontramos

$$ma_x = -mg\,\text{sen}\,\theta - \mu_c mg\cos\theta$$
$$= -mg(\text{sen}\,\theta + \mu_c\cos\theta)$$
$$a_x = -g(\text{sen}\,\theta + \mu_c\cos\theta)$$

Trata-se de uma aceleração constante. As equações da cinemática de aceleração constante fornecem

$$v_{1x}^2 = 0 = v_{0x}^2 + 2a_x(x_1 - x_0) = v_{0x}^2 + 2a_x x_1$$

que pode ser resolvida para fornecer a distância de parada x_1:

$$x_1 = -\frac{v_{0x}^2}{2a_x} = \frac{v_{0x}^2}{2g(\text{sen}\,\theta + \mu_c\cos\theta)}$$

Note como o sinal negativo na expressão de a_x cancelou o sinal negativo da expressão para x_1. Calculando nosso resultado para três diferentes valores de ângulo, obtemos as distâncias de parada:

$$x_1 = \begin{cases} 48\text{ m} & \theta = 10° & \text{para cima} \\ 57\text{ m} & \theta = 0° & \text{horizontal} \\ 75\text{ m} & \theta = -10° & \text{para baixo} \end{cases}$$

As implicações são claras acerca do perigo de dirigir com muita velocidade quando se desce uma rampa!

AVALIAÇÃO Sabemos que 30 m/s ≈ 110 km/h e que 57 m foram percorridos até parar, sobre o piso horizontal. Isso é semelhante às distâncias de parada que você aprendeu ao realizar o curso para tirar a carteira de motorista; logo, os resultados são plausíveis. Uma confirmação adicional vem da observação de que a expressão para a_x reduz-se a $-g\,\text{sen}\,\theta$ se $\mu_c = 0$. Foi isso que você aprendeu no Capítulo 2 como sendo a aceleração sobre uma plano inclinado sem atrito.

Este é um bom exemplo das vantagens de se operar *algebricamente* em problemas. Se você começasse logo a substituir os valores numéricos fornecidos, não teria se dado conta de que a massa é cancelada e teria realizado cálculos desnecessários. Além disso, agora fica mais fácil calcular a distância de parada para diferentes valores de ângulo. Se tivesse feito cálculos numéricos, em vez de operações algébricas, teria de terminar os cálculos para um valor de ângulo e, então, começar tudo novamente, desde o início, para outro valor de ângulo.

EXEMPLO 6.10 Uma corrida de trenós puxados por cães
É dia de corrida de trenós puxados por cães no Alasca! Um trenó de madeira, com lâminas e acessórios, possui 200 kg de massa. Quando se ouve o som do disparo de partida, os cães percorrem 15 m até atingirem a "velocidade de cruzeiro" de 5,0 m/s sobre a neve. Duas cordas são atadas ao trenó, uma de cada lado dos cachorros. As cordas estão inclinadas para cima em 10°. Quais são os valores das tensões nas cordas neste início de corrida?

MODELO Representaremos o trenó como uma partícula e usaremos o modelo de atrito cinético. Interpretando o enunciado, concluímos que o problema pede para se determinar o *módulo T* das forças de tensão. Consideraremos que as tensões das cordas sejam iguais e que a aceleração seja constante durante os primeiros 15 m da corrida.

VISUALIZAÇÃO A **FIGURA 6.27** mostra a representação pictórica. Note que as forças de tensão $\vec{T}_1$ e $\vec{T}_2$ estão inclinadas para cima, mas a força resultante deve apontar horizontalmente para a direita a fim de que tenha a mesma orientação da aceleração $\vec{a}$ do diagrama de movimento.

RESOLUÇÃO Dispomos de informação suficiente para calcular a aceleração. Podemos, então, usar $\vec{a}$ para obter a tensão. Da cinemática,

$$v_{1x}^2 = v_{0x}^2 + 2a_x(x_1 - x_0) = 2a_x x_1$$

$$a_x = \frac{v_{1x}^2}{2x_1} = \frac{(5,0\text{ m/s})^2}{2(15\text{ m})} = 0,833\text{ m/s}^2$$

A segunda lei de Newton pode ser escrita diretamente a partir da "leitura" do diagrama de corpo livre:

$$\sum F_x = n_x + T_{1x} + T_{2x} + (F_G)_x + (f_c)_x$$
$$= 2T\cos\theta - f_c = ma_x$$

$$\sum F_y = n_y + T_{1y} + T_{2y} + (F_G)_y + (f_c)_y$$
$$= n + 2T\,\text{sen}\,\theta - mg = ma_y = 0$$

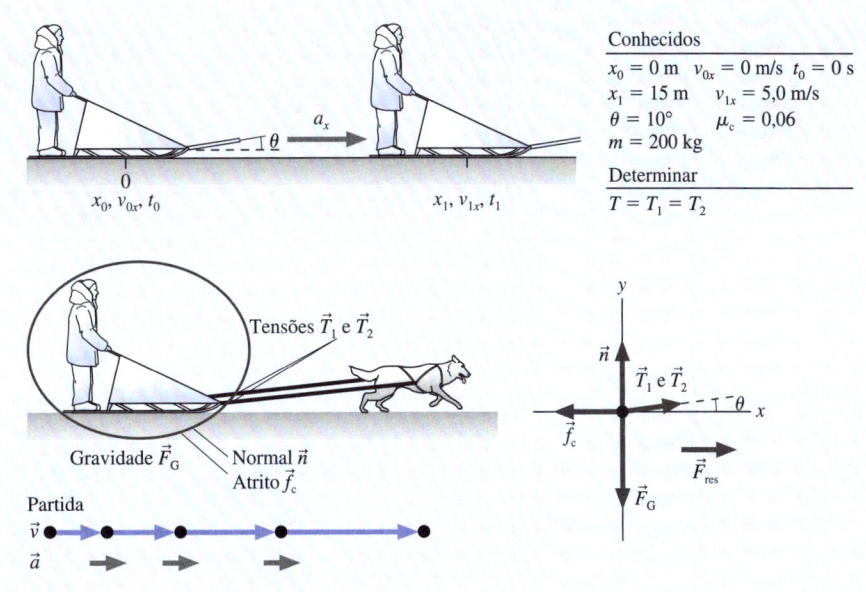

FIGURA 6.27 Representação pictórica de um trenó acelerado.

Você deve ter certeza de que compreendeu de onde vieram todos os termos, inclusive seus sinais. Usamos $F_G = mg$ junto com nosso conhecimento de que $\vec{a}$ possui apenas um componente em x. As tensões $\vec{T}_1$ e $\vec{T}_2$ possuem ambas componentes em x e em y. Pela hipótese de que as tensões são iguais, $T_1 = T_2 = T$, e esta é a origem do fator 2 nas equações acima.

Além disso, dispomos do modelo de atrito cinético,

$$f_c = \mu_c n$$

A partir da equação para os componentes em y e da equação do atrito, obtemos

$$n = mg - 2T\sen\theta$$
$$f_c = \mu_c n = \mu_c mg - 2\mu_c T\sen\theta$$

Note que n não é igual a mg. Os componentes em y das tensões sustentam parte da força gravitacional, de modo que o chão não pressiona a parte inferior do trenó tão fortemente quanto faria se não existissem as tensões.

Substituindo novamente o atrito nas equações para os componentes em x, obtemos

$$2T\cos\theta - (\mu_c mg - 2\mu_c T\sen\theta)$$
$$= 2T(\cos\theta + \mu_c\sen\theta) - \mu_c mg = ma_x$$
$$T = \frac{1}{2}\frac{m(a_x + \mu_c g)}{\cos\theta + \mu_c\sen\theta}$$

Usando o valor $a_x = 0{,}833$ m/s^2 obtido das expressões acima para $m = 200$ kg e $\theta = 10°$, determinamos a tensão:

$$T = 140 \text{ N}.$$

AVALIAÇÃO É um pouco difícil avaliar este resultado. Sabemos que o peso do trenó é $mg \approx 2.000$ N. Também sabemos que os cães arrastam o trenó sobre a neve (correspondente a um pequeno valor de μ_c), mas, provavelmente, não conseguimos erguer o trenó diretamente para cima, de modo que podemos prever que $T \ll 2.000$ N. Nossos cálculos são consistentes com isso.

EXEMPLO 6.11 Tendo certeza de que a carga não escorregará

Um caixote de 100 kg, com dimensões de 50 cm × 50 cm × 50 cm é colocado na carroceria de um caminhão. Os coeficientes de atrito entre ele e a madeira da carroceria são $\mu_e = 0{,}40$ e $\mu_c = 0{,}20$. Qual é a máxima aceleração que o caminhão pode desenvolver sem que o caixote escorregue?

MODELO Este é um problema um tanto diferente de qualquer outro com que nos deparamos até aqui. Seja o caixote, que representaremos como uma partícula, o objeto de interesse. O caixote está em contato com outros objetos apenas onde ele toca o piso da carroceria do caminhão, de modo que somente o caminhão pode exercer uma força de contato sobre o caixote. Se este *não* escorrega, então não existe movimento do caixote *em relação ao caminhão*, e o caixote deve acelerar *junto com o caminhão*: $a_{\text{caixote}} = a_{\text{caminhão}}$. Quando o caixote acelera, deve haver, de acordo com a segunda lei de Newton, uma força exercida sobre ele. Mas qual é a sua origem?

Imagine por um momento que a carroceria do caminhão fosse livre de atrito. Neste caso, o caixote escorregaria para trás (em relação ao sistema de referência do caminhão) quando o caminhão acelerasse. A força que impede o escorregamento é o *atrito estático*; logo, o caminhão deve exercer uma força de atrito estático sobre o caixote a fim de "puxá-lo" junto consigo, impedindo o caixote de escorregar *em relação ao caminhão*.

Continua

Conhecidos
$m = 100$ kg
Dimensões de caixote 50 cm × 50 cm × 50 cm
$\mu_e = 0{,}40$ $\mu_c = 0{,}20$

Determinar
Aceleração quando o caixote escorrega

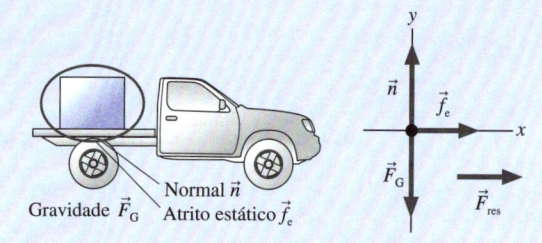

Gravidade $\vec{F}_G$ Normal $\vec{n}$ Atrito estático $\vec{f}_e$

FIGURA 6.28 Representação pictórica do caixote na carroceria horizontal de um caminhão.

VISUALIZAÇÃO A situação está ilustrada na **FIGURA 6.28**. Existe apenas uma força horizontal exercida sobre o caixote, $\vec{f}_e$, e ela aponta *para a frente* a fim de acelerar o caixote. Note que estamos resolvendo o problema usando o solo como nosso sistema de referência. As leis de Newton não são válidas em relação ao caminhão acelerado por ele não ser um referencial inercial.

RESOLUÇÃO A segunda lei de Newton, que pode ser "lida" a partir do diagrama de corpo livre, é

$$\sum F_x = f_e = ma_x$$
$$\sum F_y = n - F_G = n - mg = ma_y = 0$$

Agora, o atrito estático, você deve se lembrar, pode assumir *qualquer* valor entre 0 e $f_{e\,max}$. Se o caminhão acelerar lentamente, de maneira que o caixote não escorregue, então $f_e < f_{e\,max}$. Entretanto, estamos interessados na aceleração a_{max} para a qual o caixote começa a escorregar. Essa é a aceleração para a qual f_e atinge seu máximo valor possível,

$$f_e = f_{e\,max} = \mu_e n$$

A equação y da segunda lei e o modelo de atrito se combinam para dar $f_{e\,max} = \mu_e mg$. Substituindo isso na equação x, e notando que a_x é, agora, a_{max}, obtemos

$$a_{max} = \frac{f_{e\,max}}{m} = \mu_e g = 3{,}9 \text{ m/s}^2$$

O caminhão deve manter o valor de sua aceleração menor do que 3,9 m/s² a fim de evitar o escorregamento do caixote.

AVALIAÇÃO Um valor de 3,0 m/s² de aceleração corresponde a cerca de um terço de g. Talvez você tenha notado que objetos em um carro ou caminhão geralmente *tombam* quando você parte ou pára o veículo, mas deslizam se você pisa fundo e acelera bruscamente. Assim, nossa resposta é plausível. Note que as dimensões do caixote não foram necessárias. Situações do mundo real raramente contêm as informações exatas, nem mais nem menos de que você precisa. Muitos problemas deste livro exigirão que você avalie a informação no enunciado de um problema para descobrir o que é relevante para a resolução do mesmo.

A representação matemática deste último exemplo foi obtida de maneira completamente direta. O desafio estava na análise que precedeu a matemática — isto é, na física do problema, mais do que na matemática envolvida. É aqui que nossas ferramentas para análise — diagramas de movimento, identificação de forças e diagramas de corpo livre — mostram seu valor.

CAPÍTULO 6 ■ Dinâmica I: Movimento ao Longo de uma Reta

RESUMO

O objetivo do Capítulo 6 foi aprender como resolver problemas sobre o movimento em linha reta.

Estratégia geral

Todos os exemplos deste capítulo foram resolvidos com uma estratégia de quatro etapas. Adotando essa estratégia ao fazer os problemas de suas tarefas de casa, você se tornará um solucionador de problemas mais apto. As *Dynamics Worksheets (Folhas de Exercícios Dinâmicas)* no *Student Workbook (Manual de Exercícios do Estudante)* o ajudarão a estruturar o trabalho dessa maneira.

Problemas sobre equilíbrio

Objetos em repouso ou se movendo com velocidade constante.

MODELO Proponha hipóteses simplificadoras.

VISUALIZAÇÃO
- Traduza as palavras em símbolos
- Identifique as forças envolvidas.
- Trace um diagrama de corpo livre.

Vá e volte entre estas etapas quando necessário.

RESOLUÇÃO Use a primeira lei de Newton:

$$\vec{F}_{res} = \sum_i \vec{F}_i = \vec{0}$$

"Leia" os vetores a partir do diagrama de corpo livre.

AVALIAÇÃO O resultado obtido é plausível?

Problemas sobre dinâmica

Objetos acelerados.

MODELO Proponha hipóteses simplificadoras.

VISUALIZAÇÃO
- Traduza palavras em símbolos.
- Faça um esboço para esclarecer a situação.
- Trace um diagrama de movimento.
- Identifique as forças envolvidas.
- Trace um diagrama de corpo livre.

RESOLUÇÃO Use a segunda lei de Newton:

$$\vec{F}_{res} = \sum_i \vec{F}_i = m\vec{a}$$

"Leia" os vetores a partir do diagrama de corpo livre. Use a cinemática para determinar velocidades e posições.

AVALIAÇÃO O resultado obtido é plausível?

Conceitos importantes

Informação específica sobre três forças importantes:

Gravidade $\vec{F}_G = (mg,$ para baixo$)$

Atrito $\vec{f}_e = (0$ a $\mu_e n,$ orientação necessária para impedir o movimento$)$

$\vec{f}_c = (\mu_c n,$ sentido oposto ao do movimento$)$

$\vec{f}_r = (\mu_r n,$ sentido oposto ao do movimento$)$

Arraste $\vec{D} \approx (\frac{1}{4}Av^2,$ sentido oposto ao do movimento$)$

As leis de Newton são expressões vetoriais. Você deve escrevê-las em termos dos **componentes**:

$(F_{res})_x = \sum F_x = ma_x$ ou 0

$(F_{res})_y = \sum F_y = ma_y$ ou 0

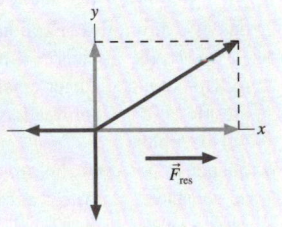

Aplicações

O **peso** de um objeto é a marcação de uma balança de mola calibrada sobre a qual o objeto está em repouso. O peso é o resultado de uma pesagem. O peso de um objeto com aceleração vertical a_y é

$$w = mg\left(1 + \frac{a_y}{g}\right)$$

Um objeto em queda atinge uma **velocidade terminal** de valor dado por

$$v_{term} \approx \sqrt{\frac{4mg}{A}}$$

A velocidade terminal será atingida quando a força da gravidade for contrabalançada exatamente pela força de arraste: $\vec{a} = \vec{0}$.

Termos e notação

aproximação de Terra plana
peso
coeficiente de atrito estático, μ_e

coeficiente de atrito cinético, μ_c
atrito de rolamento

coeficiente de atrito de rolamento, μ_r
velocidade terminal, v_{term}

QUESTÕES CONCEITUAIS

1. Os objetos descritos abaixo estão em equilíbrio estático, em equilíbrio dinâmico ou não estão em equilíbrio? Explique.
   a. Um haltere de 200 libras mantido sobre sua cabeça.
   b. Uma viga que está sendo erguida com velocidade constante por um guindaste.
   c. Uma viga sendo abaixada e freada para ser colocada no lugar correto de uma casa.
   d. Um avião a jato que atingiu a velocidade e a altitude de cruzeiro.
   e. Um caixote sobre a carroceria de um caminhão que não escorrega quando o veículo pára.

2. Uma bola é arremessada diretamente para cima e atinge $v = 0$ no ponto mais alto da trajetória. Ela se encontra em equilíbrio neste instante? Explique.

3. Kat, Matt e Nat estão discutindo sobre a razão por que um livro de física, colocado sobre a mesa, não cai. De acordo com Kat, "a gravidade puxa o livro para baixo, mas a mesa encontra-se no caminho e, assim, ele não cai". "Não faz sentido", diz Matt. "Existem todos os tipos de forças exercidas sobre o livro, mas as forças orientadas para cima sobrepujam as forças orientadas para baixo e impedem o livro de cair". "E quanto à primeira lei de Newton?", contra-argumenta Nat. "O livro não se move, portanto não existe força alguma exercida sobre ele." Nenhuma das afirmações está correta. Qual delas está mais próxima do correto, e o que você modificaria no enunciado para corrigi-la?

4. "As forças fazem os objetos se moverem." Você concorda ou discorda dessa afirmativa? Explique.

5. Se você sabe quais são as forças exercidas sobre um objeto em movimento, pode determinar qual é a orientação do movimento do mesmo? Em caso afirmativo, explique como. Em caso negativo, dê um exemplo.

6. Suspenso por um cabo, um elevador está subindo com velocidade constante. O atrito e a resistência do ar são desprezíveis. Neste caso, a tensão no cabo é maior, menor ou igual à força gravitacional sobre o elevador? Explique. Desenhe um diagrama de corpo livre como parte da resolução.

7. Suspenso por um cabo, um elevador está descendo e desacelerando. O atrito e a resistência do ar são desprezíveis. Neste caso, a tensão no cabo é maior, menor ou igual à força gravitacional sobre o elevador? Explique. Desenhe um diagrama de corpo livre como parte da resolução.

8. As três flechas da FIGURA Q6.8 deixaram os arcos e estão se deslocando paralelamente ao solo. A resistência do ar é desprezível. Ordene em seqüência, do maior para o menor, os módulos F_a, F_b e F_c das forças *horizontais* exercidas sobre as flechas. Alguns podem ser iguais. Expresse sua resposta na forma a > b = c e explique o seu ordenamento.

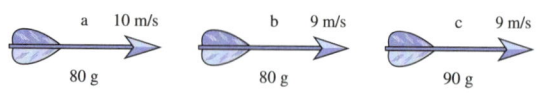

FIGURA Q6.8

9. Decida se cada uma das seguintes afirmações é verdadeira ou falsa. Em cada caso, explique sua resposta.
   a. A massa de um objeto depende de sua localização.
   b. O peso de um objeto depende de sua localização.
   c. A massa e o peso expressam a mesma coisa com unidades diferentes.

10. Um astronauta leva uma balança de banheiro para a Lua e fica em pé sobre ela. A balança marcará o peso dele? Explique.

11. As quatro bolas da FIGURA Q6.11 foram arremessadas diretamente para cima. Elas são de mesmo tamanho, mas possuem massas diferentes. A resistência do ar é desprezível. Ordene em seqüência, do maior para o menor, os módulos da força resultante exercida sobre cada uma das bolas. Alguns podem ser iguais. Expresse sua resposta na forma a > b = c > d e explique o seu ordenamento.

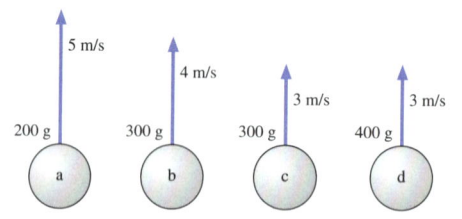

FIGURA Q6.11

12. Os termos "vertical" e "horizontal" são usados com freqüência na física. Formule *definições operacionais* para os dois termos. Uma definição operacional é aquela em que um termo é definido pela maneira como é medido ou determinado. Sua definição deve valer igualmente em um laboratório ou na lateral íngreme de uma montanha.

13. Suponha que você tente medir 100 g de sal usando uma balança de cozinha para realizar a medição dentro de um foguete que está subindo e acelerando. A quantidade de sal medida é muito maior, muito menor ou igual à correta? Explique.

14. Com um passageiro dentro, um caixote é lançado diretamente para cima por um elástico gigantesco. Antes do arremesso, o passageiro ficou em pé sobre uma balança e mediu seu peso como 750 N. Após ter perdido contato com o elástico, mas ainda durante a subida, o peso do passageiro é medido como maior do que 750 N, igual a 750 N, menor do que 750 N, mas não-nulo, ou nulo? Explique.

15. Um astronauta em órbita da Terra segura nas mãos duas bolas com aparências externas idênticas. Entretanto, uma delas é oca, enquanto a outra foi recheada com chumbo. Como pode o astronauta determinar qual das bolas é a oca? Não é permitido cortar ou furar a bola.

16. Na FIGURA Q6.16, uma mão pressiona um livro para baixo. A força normal da mesa sobre o livro é maior, menor ou igual a mg?

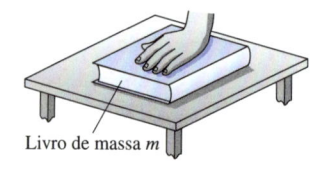

Livro de massa m

FIGURA Q6.16

17. Suponha que, durante um intervalo Δt, você empurre um disco de hóquei de massa m sobre gelo sem atrito, imprimindo-lhe uma velocidade v após ele ter percorrido uma distância d. Se você repetir o experimento com um disco de massa $2m$,
    a. Por quanto tempo você terá de empurrar o disco a fim de que ele atinja a mesma velocidade v?
    b. Por quanto tempo você terá de empurrar o disco a fim de que ele percorra a mesma distância d?
18. Empurrado ao longo de um piso com velocidade v_{0x}, um bloco segue escorregando por uma distância d após a força do empurrão deixar de ser exercida.
    a. Se a massa do bloco fosse duplicada e sua velocidade inicial se mantivesse a mesma, que distância o bloco percorreria até parar?
    b. Se a velocidade inicial fosse duplicada para $2v_{0x}$ e a massa fosse mantida a mesma, que distância o bloco percorreria até parar?
19. Pode a força de atrito sobre um objeto apontar no mesmo sentido do movimento do objeto? Em caso afirmativo, dê um exemplo. Em caso negativo, explique.
20. Um caixote contendo pratos delicados encontra-se na carroceria de um pequeno caminhão. Partindo de um semáforo, o veículo acelera para o norte, e o caixote se move sem escorregar. A força de atrito sobre o caixote aponta para o norte ou para o sul? Ou a força de atrito é nula? Explique.

21. As três caixas da **FIGURA Q6.21** movem-se através do ar como ilustrado. Ordene em seqüência, do maior para o menor, os módulos das três forças de arraste D_a, D_b e D_c exercidas sobre a caixa. Algumas podem ser iguais. Expresse sua resposta na forma a > b = c e explique o seu ordenamento.

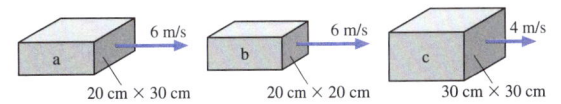

FIGURA Q6.21

22. Cinco bolas se movem através do ar como mostrado na **FIGURA Q6.22**. Todas elas têm o mesmo tamanho e a mesma forma. A resistência do ar não é desprezível. Ordene em seqüência, do maior para o menor, os módulos das acelerações de a_a a a_e. Algumas podem ser iguais. Expresse sua resposta na forma a > b = c > d > e, e explique o seu ordenamento.

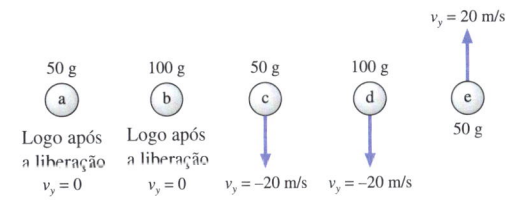

FIGURA Q6.22

EXERCÍCIOS E PROBLEMAS

Exercícios

Seção 6.1 Equilíbrio

1. | As três cordas da **FIGURA EX6.1** estão amarradas a uma pequena argola muito leve. Duas delas estão presas a paredes perpendiculares, formando, cada qual, um ângulo com a correspondente parede, e a terceira delas puxa a argola, como mostrado. Quais são os módulos T_1 e T_2 das forças de tensão nas duas primeiras cordas?

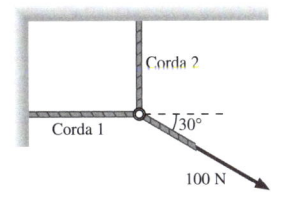

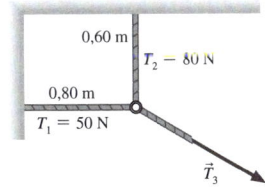

FIGURA EX6.1   **FIGURA EX6.2**

2. | As três cordas da **FIGURA EX6.2** estão amarradas em uma pequena argola muito leve. Duas delas estão presas a paredes perpendiculares, formando, cada qual, um ângulo com a correspondente parede. Qual é o módulo e qual é a orientação da tensão $\vec{T}_3$ na terceira corda?

3. || Um alto-falante de 20 kg está suspenso 2,0 m abaixo do teto por dois cabos de 3,0 m de comprimento que formam ângulos iguais com a vertical. Quais são as tensões nos cabos?

4. || Um treinador de futebol senta-se sobre um trenó enquanto dois de seus jogadores exercitam sua resistência física arrastando o trenó através do campo por meio de cordas. A força de atrito sobre o trenó é de 1.000 N, e o ângulo entre as duas cordas é de 20°. Com que valor de força cada jogador deve puxar a fim de arrastar o treinador a constantes 2,0 m/s?

Seção 6.2 Usando a segunda lei de Newton

5. | Em cada um dos dois diagramas de corpo livre, as forças são exercidas sobre um objeto de 2,0 kg. Para cada diagrama, determine os valores de a_x e de a_y, os componentes em x e em y da aceleração.

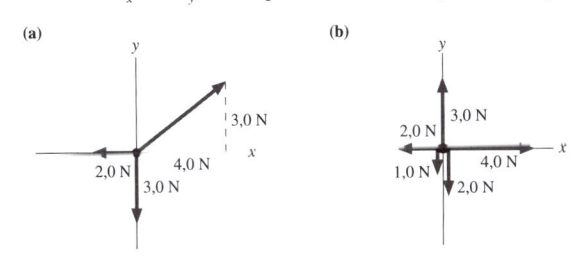

FIGURA EX6.5

6. ‖ Em cada um dos dois diagramas de corpo livre, as forças são exercidas sobre um objeto de 2,0 kg. Para cada diagrama, determine os valores de a_x e de a_y, os componentes em x e em y da aceleração.

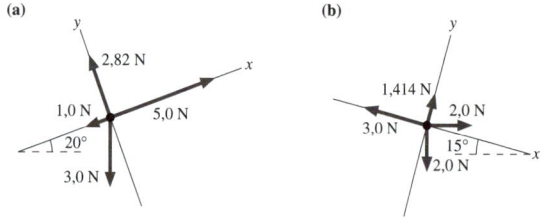

FIGURA EX6.6

7. ‖ Em cada um dos dois diagramas de corpo livre, as forças são exercidas sobre um objeto de 5,0 kg. Para cada um dos diagramas, determine os valores de a_x e de a_y, os componentes em x e em y da aceleração.

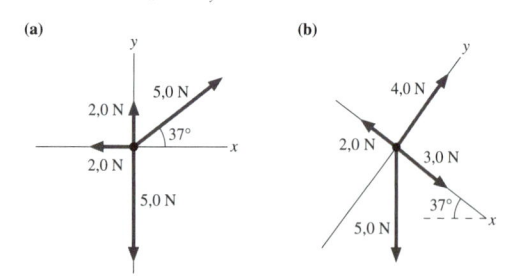

FIGURA EX6.7

8. ‖ A **FIGURA EX6.8** mostra o gráfico da velocidade de um objeto de 2,0 kg enquanto se move sobre o eixo x. Qual é a força resultante exercida sobre o objeto em $t = 1$ s? Em $t = 4$ s? E em $t = 7$ s?

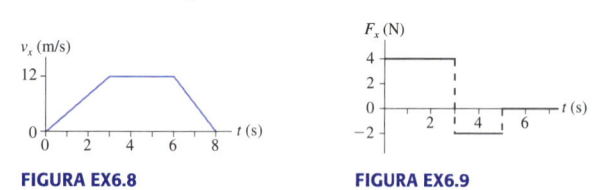

FIGURA EX6.8 **FIGURA EX6.9**

9. ‖ A **FIGURA EX6.9** mostra a força exercida sobre um objeto de 2,0 kg enquanto se move sobre o eixo x. O objeto estava em repouso na origem, em $t = 0$ s. Quais são sua aceleração e sua velocidade em $t = 6$ s?

10. | Uma corda horizontal é amarrada a um caixote de 50 kg que se encontra sobre um piso sem atrito. Qual é a tensão no cabo se:
    a. O caixote está em repouso?
    b. O caixote se move a constantes 5,0 m/s?
    c. O caixote possui $v_x = 5,0$ m/s e $a_x = 5,0$ m/s^2?

11. | Um caixote de 50 kg está suspenso por uma corda. Qual será a tensão na corda se:
    a. O caixote estiver em repouso?
    b. O caixote subir com velocidade constante de 5,0 m/s?
    c. O caixote, subindo, tiver $v_x = 5,0$ m/s e acelerar a 5,0 m/s^2?
    d. O caixote, descendo, tiver $v_x = 5,0$ m/s e desacelerar a 5,0 m/s^2?

12. | Que valor de força de empuxo é necessário para que um modelo de foguete de 200 g acelere verticalmente a 10 m/s^2
    a. sobre a Terra?
    b. sobre a Lua, onde $g = 1,62$ m/s^2?

Seção 6.3 Massa, peso e gravidade

13. | Quando se encontra na Terra, o peso de um astronauta é de 800 N. Qual será seu peso sobre Marte, onde $g = 3,76$ m/s^2?

14. | Uma mulher possui massa de 55 kg.
    a. Quanto vale seu peso quando em pé sobre a Terra?
    b. Quais serão sua massa e seu peso sobre a Lua, onde $g = 1,62$ m/s^2?

15. | O elevador de um arranha-céu leva 4,0 s para atingir a velocidade normal de 10 m/s. Uma pessoa de 60 kg pega o elevador no andar térreo. Qual é o peso do passageiro
    a. Antes do elevador começar a subir?
    b. Enquanto o elevador está subindo e acelerando?
    c. Depois que o elevador atinge a velocidade final e a mantém?

16. | A **FIGURA EX6.16** mostra o gráfico da velocidade de um passageiro de 75 kg em um elevador. Qual é o peso do passageiro em $t = 1$ s? Em $t = 5$ s? E em $t = 9$ s?

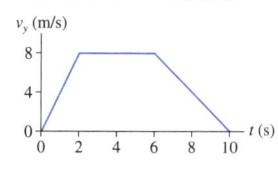

FIGURA EX6.16

Seção 6.4 Atrito

17. | Bonnie e Clyde arrastam um cofre de banco de 300 kg sobre o piso em direção ao carro de fuga. O cofre é arrastado com uma velocidade constante se Clyde o empurra por trás com 350 N de força enquanto Bonnie o puxa para a frente por meio de uma corda com 350 N de força. Qual é o coeficiente de atrito cinético do cofre sobre o piso da agência bancária?

18. | Uma teimosa mula de 120 kg estanca e se recusa a andar. Para arrastá-la até a estrebaria, o exasperado fazendeiro amarra uma corda na mula e a puxa com o máximo de força que consegue, com 800 N de valor. Os coeficientes de atrito entre a mula e o chão são $\mu_e = 0,8$ e $\mu_c = 0,5$. O fazendeiro conseguirá arrastar a mula?

19. | Um caixote de 10 kg foi colocado sobre uma esteira rolante horizontal. Os materiais são tais que $\mu_e = 0,5$ e $\mu_c = 0,3$.
    a. Desenhe um diagrama de corpo livre que mostre todas as forças exercidas sobre o caixote quando a esteira rolante está se movendo com velocidade constante.
    b. Desenhe um diagrama de corpo livre que mostre todas as forças exercidas sobre o caixote se a esteira rolante estiver acelerando.
    c. Qual é a máxima aceleração que a esteira pode desenvolver sem que o caixote escorregue sobre ela?

20. ‖ Um caminhão de 4.000 kg está estacionado em uma rampa de 15° de inclinação. Qual é o valor da força de atrito sobre o caminhão?

21. ‖ Um carro de 1.500 kg derrapa até parar sobre o piso molhado de uma rodovia em que $\mu_c = 0,50$. Com que rapidez o carro estava se deslocando se ele percorre 65 m durante a derrapagem?

22. ‖ Um jato *Airbus* A320 tem massa de 75.000 kg durante a decolagem. Ele leva 35 s para atingir a velocidade de decolagem de 82 m/s (cerca de 300 km/h). Qual é o empuxo dos motores? Você pode desprezar a resistência do ar, mas não o atrito de rolamento.

23. ‖ Uma locomotiva de 50.000 kg está deslocando-se a 10 m/s quando falham seu motor e o freio. Que distância percorrerá a locomotiva antes de parar?

24. ‖ Estime o módulo da força de atrito exercida sobre um jogador de beisebol enquanto desliza para a segunda base.

Seção 6.5 Força de arraste

25. ‖ Um *skydiver* de 75 kg pode ser modelado como uma "caixa" retangular com dimensões 20 cm × 40 cm × 180 cm. Qual é sua velocidade terminal se ele cai em pé?

26. ‖ Uma bola de tênis com 6,5 cm de diâmetro tem velocidade terminal de 26 m/s. Qual é a massa da bola?

Problemas

27. || Um objeto de 5,0 kg, inicialmente em repouso na origem, é submetido à força variável com o tempo mostrada na **FIGURA P6.27**. Qual é a velocidade do objeto em $t = 6$ s?

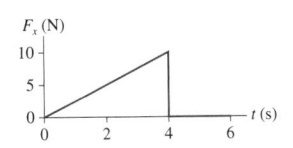

FIGURA P6.27

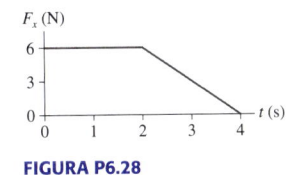

FIGURA P6.28

28. || Um objeto de 2,0 kg, inicialmente em repouso na origem, é submetido à força variável com o tempo mostrada na **FIGURA P6.28**. Qual é a velocidade do objeto em $t = 4$ s?

29. || Um vergalhão de aço com 1.000 kg é sustentado por duas cordas. Qual é a tensão em cada uma delas?

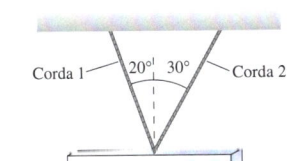

FIGURA P6.29

30. || Em um experimento de eletricidade, uma bola de plástico de 1,0 g é suspensa por um barbante de 60 cm de comprimento e eletrizada. Uma haste eletrizada é trazida para próximo da bola e exerce sobre esta uma força elétrica horizontal F_{elet}, fazendo com que a bola se afaste lateralmente até que o barbante forme 20° com a vertical e assim se mantenha.
    a. Qual é o módulo de $\vec{F}_{elet}$?
    b. Qual é o valor da tensão no barbante?

31. || Um piano de 500 kg está sendo baixado por um guindaste enquanto duas pessoas o estabilizam puxando cordas amarradas nos lados do instrumento. A corda de Bob puxa o piano para a esquerda, com uma tensão de 500 N que forma 15° abaixo da horizontal. A corda de Ellen puxa o piano para a direita, formando 25° abaixo da horizontal.
    a. Que valor de tensão Ellen deve manter em sua corda a fim de manter o piano descendo com velocidade constante?
    b. Qual é o valor da tensão no cabo principal que sustenta o piano?

32. Henry pega um elevador no 50° andar de um edifício que começa a descer em $t = 0$ s. A figura ao lado mostra o peso de Henry durante os 12 s seguintes.
    a. O sentido inicial de movimento do elevador é para cima ou para baixo? Explique como você pode descobrir isso.
    b. Qual é a massa de Henry?
    c. Que distância terá percorrido Henry até $t = 12$ s?

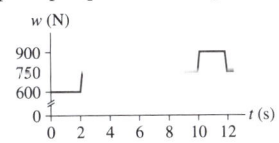

FIGURA P6.32

33. || Zach, cuja massa vale 80 kg, encontra-se em um elevador que desce a 10 m/s. O elevador leva 3,0 s para frear até a parada total no andar térreo.
    a. Qual é o peso de Zach antes do elevador começar a frear?
    b. Qual é o peso de Zach enquanto o elevador está freando?

34. || Você sempre foi curioso a respeito das acelerações dos elevadores ao longo dos 101 andares do edifício *Empire State*, em Nova York, EUA. Um dia, enquanto está visitando Nova York, você pega sua balança de banheiro, leva-a para um elevador do edifício e sobe sobre ela. A balança marca 667 N quando a porta se fecha, e varia entre 534 N e 756 N enquanto o elevador está subindo os 101 andares. Que conclusões você pode tirar a respeito disso?

35. || Uma vítima de acidente que quebrou a perna está imobilizada numa cama com sua perna mantida suspensa e tensionada. O paciente calça uma bota especial presa a um cabo que passa por uma polia. O pé e a bota possuem uma massa conjunta de 4,0 kg, e o médico decidiu usar uma massa de 6,0 kg presa na extremidade do cabo. A bota, então, é mantida suspensa pelo cabo e não toca a cama.
    a. Usando a primeira lei de Newton para analisar a massa suspensa, determine o valor de tensão no cabo.
    b. A força de tração resultante precisa puxar a perna horizontalmente para a frente. Qual é o valor apropriado do ângulo θ da parte superior do cabo?
    c. Qual é o valor da força de tração resultante sobre a perna?
    Sugestão: se as polias não têm atrito, como consideramos aqui, a tensão no cabo é constante de uma extremidade a outra.

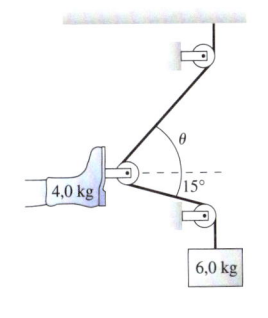

FIGURA P6.35

36. || Cintos de segurança e *air bags* salvam vidas ao reduzirem as forças exercidas sobre o motorista e os passageiros em uma colisão. Os carros são projetados com uma "zona de enrugamento" na metade frontal do veículo. Se ocorrer uma colisão, o compartimento dos passageiros percorre uma distância de aproximadamente 1 m enquanto a frente do carro é amassada. Um ocupante restringido pelo cinto de segurança e pelo *air bag* desacelera junto com o carro. Em contraste, um ocupante que não usa tais dispositivos restringentes continua movendo-se para a frente, sem perder rapidez (primeira lei de Newton!), até colidir violentamente com o painel ou o pára-brisa. Como estas são superfícies resistentes, o infeliz ocupante, então, desacelera em uma distância de apenas 5 mm.
    a. Uma pessoa de 60 kg envolve-se em uma colisão frontal. A rapidez do carro no impacto é de 15 m/s. Estime o valor da força resultante sobre a pessoa se ela estiver usando o cinto de segurança e se o carro dispuser de *air bags*.
    b. Estime a força resultante que termina por deter a pessoa se ela não estiver usando o cinto e o carro não dispuser de *air bags*.
    c. Como se comparam os módulos dessas forças ao peso da pessoa?

37. || Usa-se ar comprimido para disparar uma bola de 50 g verticalmente para cima ao longo de um tubo de 1,0 m de altura. O ar exerce uma força para cima de 2,0 N sobre a bola enquanto ela se encontra dentro do tubo. Que altura acima da boca do tubo a bola atingirá?

38. || Um rifle com cano de 60 cm de comprimento dispara uma bala de 10 g com velocidade horizontal de 400 m/s. A bala atinge um bloco de madeira e penetra 12 cm no material.
    a. Que valor de força resistiva (considerada constante) a madeira exerce sobre a bala?
    b. Quanto tempo leva para a bala atingir o repouso?
    c. Trace um gráfico velocidade *versus* tempo para a bala dentro da madeira.

39. || Um foguete de 20.000 kg possui um motor que desenvolve $3,0 \times 10^5$ N de empuxo.
    a. Qual é a aceleração inicial do foguete?
    b. A uma altitude de 5.000 m, a aceleração do foguete aumentou para 6,0 m/s². Que massa de combustível já foi queimada?

40. ‖ Um bloco de aço de 2,0 kg encontra-se em repouso sobre uma mesa de aço. Um barbante horizontal puxa o bloco.
  a. Qual é o mínimo valor da tensão no barbante para que o bloco comece a escorregar?
  b. Se a tensão no barbante for de 20 N, qual será o módulo da velocidade do bloco após ter se deslocado 1 m?
  c. Se a tensão no barbante for de 20 N e a mesa estiver coberta por óleo, qual será o módulo da velocidade do bloco após ter se deslocado 1 m?

41. ‖ Sam, com 75 kg de massa, dispara sobre a neve com seus esquis propelidos a jato. Os esquis desenvolvem um empuxo de 200 N, e o coeficiente de atrito com a neve vale 0,10. Infelizmente, o motor fica sem combustível apenas 10 s após a partida.
  a. Qual é a velocidade máxima que Sam atinge?
  b. Que distância ele percorre até finalmente parar?

42. ‖ Sam, com 75 kg de massa, dispara com seus esquis a jato descendo uma rampa de 50 m verticais de altura e 10° de inclinação. Os esquis desenvolvem um empuxo de 200 N. Na base da rampa, Sam atinge uma velocidade de 40 m/s. Qual é o coeficiente de atrito dos esquis com a neve?

43. ‖ O despachante de bagagem de um aeroporto deixa cair sua sacola de viagem, de 10 kg, sobre a esteira rolante que está passando abaixo a 2,0 m/s. Os materiais são tais que $\mu_e = 0{,}50$ e $\mu_c = 0{,}30$. Ao longo de que distância sua sacola irá escorregar sobre a superfície da esteira até passar a deslocar-se junto dela, sem escorregar?

44. ‖ Você e seu amigo Peter estão pondo novas telhas de madeira em um telhado com 25° de inclinação. Você está sentado bem no topo do telhado quando Peter, na beira do telhado abaixo de onde você se encontra, a 5,0 m de distância, pede-lhe para alcançar uma caixa de pregos. Em vez de levar a caixa de 2,5 kg de pregos até Peter, você decide dar um pequeno empurrão na caixa para fazê-la deslizar até ele. Se o coeficiente de atrito cinético entre a caixa e o telhado é de 0,55, que valor de velocidade você deve imprimir à caixa a fim de que ela chegue suavemente e pare bem próximo à borda do telhado?

45. ‖ É um dia agitado e você precisa empurrar um caixote de 100 kg para cima de um caminhão ao longo de uma rampa com 20° de inclinação. Os coeficientes de atrito entre o caixote e a rampa são $\mu_e = 0{,}90$ e $\mu_c = 0{,}60$. A máxima força com que você consegue empurrar é de 1.000 N. Você conseguirá colocar o caixote dentro do caminhão, sem ajuda de alguém, se pegar velocidade com ele antes de começar a subir a rampa? E se você parar sobre a rampa, será capaz de fazer o caixote mover-se novamente?

46. ‖ Um bloco de madeira de 2,0 kg é lançado rampa acima. Esta é feita de madeira e tem 30° de inclinação com a horizontal. A velocidade inicial do bloco é de 10 m/s.
  a. Que altura vertical acima de seu ponto de partida o bloco atingirá?
  b. Que valor de velocidade ele terá ao retornar ao ponto de partida?

47. ‖ Está caindo neve e você está puxando uma amiga, em um trenó, sobre uma estrada horizontal. Vocês dois já tiveram aulas de física, de modo que ela lhe indaga sobre quanto você acha que vale o coeficiente de atrito entre o trenó e a neve. Vocês estão se deslocando constantemente a 1,5 m/s, e a corda que puxa o trenó forma 30° com a horizontal. Você estima que a massa do trenó, com sua amiga dentro dele, é de 60 kg, e que o está empurrando com uma força de 75 N. Que resposta você lhe dará?

48. ‖ Uma corda horizontal puxa um trenó de madeira de 10 kg sobre a neve praticamente sem atrito. Sobre o trenó, vai uma caixa de madeira de 5,0 kg. Qual é o máximo valor de tensão na corda para o qual a caixa ainda não desliza?

49. ‖ Um pequeno caminhão de carroceria de aço está transportando nela um fichário de aço. Se a velocidade do caminhão é de 15 m/s, qual é a menor distância ao longo da qual o veículo pode parar sem que o fichário escorregue?

50. ‖ Você está dirigindo a 25 m/s levando as valiosas antiguidades de sua tia na carroceria de um caminhão quando, subitamente, você avista um enorme buraco na pista 55 m à sua frente. Felizmente, seu pé está posicionado logo acima do pedal do freio e seu tempo de reação é nulo! Suas antiguidades estarão seguras?
  a. Você pode parar o veículo antes de cair no buraco?
  b. Se sua resposta ao item anterior for afirmativa, você pode deter o caminhão sem que as antiguidades escorreguem e sofram danos? Seus coeficientes de atrito são $\mu_e = 0{,}60$ e $\mu_c = 0{,}30$.
  Sugestão: aqui você não deseja parar na menor distância possível. Qual será a melhor estratégia para evitar danos às antiguidades?

51. ‖ A caixa de madeira de 2,0 kg da **FIGURA P6.51** desliza verticalmente para baixo sobre uma parede enquanto você a empurra contra ela segundo um ângulo de 45°. Qual é o módulo da força que você deve exercer sobre a caixa a fim de que ela desça com velocidade constante?

FIGURA P6.51

FIGURA P6.52

52. ‖ Um bloco de madeira de 1,0 kg é empurrado contra uma parede vertical de madeira pela força de 12 N mostrada na **FIGURA P6.52**. Se o bloco encontra-se inicialmente em repouso, ele escorregará para baixo, para cima ou se manterá em repouso?

53. ‖ Qual é o módulo da velocidade terminal de um esquiador de 80 kg que desce uma rampa de neve com 40° de inclinação sobre esquis de madeira? Considere que o esquiador tenha 1,80 m de altura e 0,40 m de largura.

54. ‖‖ Uma bola é disparada por uma arma de ar comprimido com duas vezes o valor de sua velocidade terminal.
  a. Qual será a aceleração inicial da bola, como um múltiplo de g, se ela for disparada diretamente para cima?
  b. Qual será a aceleração inicial da bola, como um múltiplo de g, se ela for disparada diretamente para baixo?
  c. Desenhe um gráfico velocidade *versus* tempo plausível para a bola disparada diretamente para baixo.

55. ‖ Uma artista amiga sua precisa de ajuda para pendurar uma escultura de 500 lb no teto. Por razões artísticas, ela deseja usar apenas duas cordas. Uma delas deverá formar 30° com a vertical, e a outra, 60°. Ela precisa que você determine o mínimo diâmetro da corda que poderá sustentar com segurança esta valiosa peça de arte. Depois de visitar lojas de ferragens, você descobre que as cordas são fabricadas com incrementos de $\frac{1}{8}$ de polegada no diâmetro e que a carga segura recomendada é de 4.000 libras por polegada quadrada de secção transversal. Qual é o diâmetro da corda que você deve comprar?

56. ‖ Você foi chamado para investigar um acidente de construção no qual um cabo se rompeu enquanto um guindaste estava erguendo uma carga de 4.500 kg. O cabo de aço tem 2,0 cm de diâmetro e o fabricante indica que ele pode ser submetido a uma tensão máxima de 50.000 N. O guindaste é projetado para não exceder velocidades de 3,0 m/s ou acelerações de 1,0 m/s² enquanto ergue cargas, e você o testa para verificar se não está defeituoso. Qual é sua conclusão? O operador do guindaste tentou erguer uma carga pesada demais ou foi o cabo que estava defeituoso?

57. ‖ Você entrou em uma "corrida de esqui lento", em que o vencedor é o esquiador que leva *mais* tempo para descer uma rampa de 15° de inclinação sem jamais parar. Você precisa escolher a melhor cera para aplicar aos seus esquis. A cera vermelha tem um coeficiente de atrito cinético de 0,25, o da cera amarela vale 0,20, o da verde 0,15 e o da azul é 0,10. Tendo saído há pouco de uma aula de física, você percebe que uma cera lisa demais o faria acelerar rapidamente rampa abaixo e, assim, perder a corrida. Mas uma cera viscosa demais poderia fazê-lo parar e, de novo, perder a corrida. Você também sabe que um vento frontal exercerá uma força horizontal de 50 N sobre seu corpo, cuja massa é de 75 kg. Que cera você deveria escolher?

58. ‖ Uma bola de 1,0 kg está pendurada no teto de um caminhão por um barbante de 1,0 m de comprimento. A carroceria do caminhão, onde você se encontra junto com a bola, não possui janelas e é inteiramente à prova de som. O caminhão trafega por uma estrada cujo piso é extraordinariamente plano, de modo que não se sente qualquer batida ou solavanco enquanto ele se move. Os únicos instrumentos de que você dispõe são uma trena, um transferidor e um cronômetro.
   a. Por um alto-falante, o motorista lhe diz que o caminhão pode estar em repouso ou trafegando a constantes 5 m/s. Você pode determinar qual das duas afirmativas é a verdadeira? Em caso afirmativo, como? Em caso negativo, por que não?
   b. Em seguida, o motorista lhe diz que o caminhão pode estar trafegando com uma rapidez constante de 5 m/s ou acelerando a 5 m/s². Você pode determinar qual das duas é verdadeira? Em caso afirmativo, como? Em caso negativo, por que não?
   c. Suponha que o caminhão acelere para a frente a 5 m/s² durante tempo suficiente para que a bola atinja uma posição estacionária. Ela, então, possui aceleração? Em caso afirmativo, qual é o módulo e qual é a orientação da aceleração da bola?
   d. Desenhe um diagrama de corpo livre que represente todas as forças exercidas sobre a bola enquanto o caminhão acelera.
   e. Suponha que o barbante que segura a bola forme 10° com a vertical. Se possível, determine a velocidade do caminhão. Se possível, determine sua aceleração.

59. ‖ Imagine-se *suspenso* por um enorme dinamômetro de mola enquanto o mesmo se move verticalmente com aceleração a_y. Demonstre que a Equação 6.10 é a expressão correta para seu peso nesta situação.

60. ‖ Uma partícula de massa m move-se ao longo do eixo x com uma força resultante $F_x = ct$ exercida sobre ela, onde c é uma constante. A partícula possui velocidade v_{0x} em $t = 0$. Encontre uma expressão algébrica para a velocidade v_x da partícula em um instante posterior t.

61. ‖ No espaço, os astronautas "se pesam" oscilando sobre uma mola. Suponha que a posição de um astronauta de 75 kg que oscila dessa forma seja dada por $x = (0,30 \text{ m}) \text{ sen}((\pi \text{ rad/s}) \cdot t)$, onde t está em s. Qual é a força que a mola exerce sobre o astronauta em (a) $t = 1,0$ s e (b) $t = 1,5$ s? Note que o ângulo da função seno está em radianos.

62. ‖‖ Um objeto que se move em um líquido experimenta uma força de arraste *linear*: $\vec{D} = (bv,$ sentido oposto ao do movimento), onde b é uma constante chamada de *coeficiente de arraste*. Para uma esfera de raio R, o coeficiente de arraste pode ser calculado por $b = 6\pi\eta R$, onde η é a *viscosidade* do líquido.
   a. Obtenha uma expressão algébrica para a velocidade terminal v_{term} de uma partícula esférica de raio R e massa m em queda através de um líquido de viscosidade η.
   b. A 20°C, a água possui viscosidade $\eta = 1,0 \times 10^{-3}$ Ns/m². Grãos de areia têm densidade de 2.400 kg/m³. Suponha que um grão de areia com 1,0 mm de diâmetro seja solto dentro de um lago com 50 m de profundidade cuja água encontra-se constantemente a 20°C. Se o grão de areia atinge a velocidade terminal quase instantaneamente (o que constitui, de fato, uma aproximação muito boa), quanto tempo levará para que o grão chegue ao fundo do lago?

Os Problemas de 63 é a 65 trazem um diagrama de corpo livre. Para cada um deles:
   a. Redija um problema realista de dinâmica para o qual este diagrama de corpo livre seja correto. Seu enunciado deve perguntar por algo a ser respondido com um valor de posição ou de velocidade (tal como "que distância?" ou "com que velocidade?") e deve fornecer informação suficiente para permitir uma solução para o problema.
   b. Resolva o problema proposto.

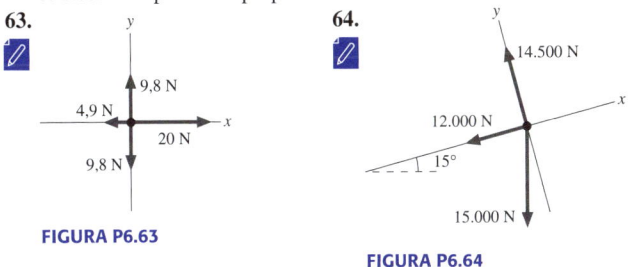

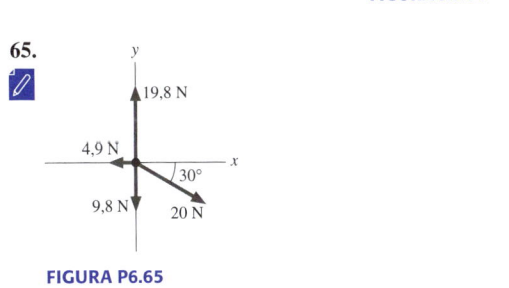

63.

FIGURA P6.63

64.

FIGURA P6.64

65.

FIGURA P6.65

Nos Problemas de 66 a 68 são fornecidas algumas equações dinâmicas a serem usadas na resolução de um problema. Para cada uma delas,
   a. Redija um problema realista para o qual essas equações se apliquem.
   b. Desenhe um diagrama de corpo livre e uma representação pictórica para seu problema.
   c. Resolva o problema proposto.

66. $-0,80 n = (1.500 \text{ kg})a_x$
    $n - (1.500 \text{ kg})(9,80 \text{ m/s}^2) = 0$

67. $T - 0,20 n - (20 \text{ kg})(9,80 \text{ m/s}^2) \text{ sen } 20° = (20 \text{ kg})(2,0 \text{ m/s}^2)$
    $n - (20 \text{ kg})(9,80 \text{ m/s}^2) \cos 20° = 0$

68. $(100 \text{ N}) \cos 30° - f_c = (20 \text{ kg})a_x$
    $n + (100 \text{ N}) \text{ sen } 30° - (20 \text{ kg})(9,80 \text{ m/s}^2) = 0$
    $f_c = 0,20 n$

Problemas desafiadores

69. Experimente isso! Levante sua mão direita com a palma perpendicular ao chão, como se você estivesse pronto para bater palmas. Desse jeito, você não pode manter algo na palma da mão porque ele cairia diretamente para baixo. Use sua mão esquerda para manter um pequeno objeto, como uma bolinha ou uma moeda, encostado na palma da mão levantada, e, então, desloque rapidamente a mão direita para a esquerda, paralelamente ao chão. Você constatará que a moeda se mantém encostada na mão, sem escorregar ou cair.
   a. A condição para que o objeto se mantenha encostado à palma de sua mão é manter certa velocidade mínima, v_{min}, da mão direita ou é manter certa aceleração mínima a_{min}? Explique.
   b. Suponha que a massa do objeto seja de 50 g e que $\mu_e = 0,80$ e $\mu_c = 0,40$. Determine v_{min} ou a_{min}, de acordo com sua resposta ao item anterior.

70. Uma máquina possui uma peça móvel de aço com 800 g que pode se deslocar, puxada por uma corda elástica, ao longo de um trilho de aço de secção transversal quadrada. A peça é liberada quando a tensão na corda elástica é de 20 N e ela forma 45° com a horizontal. Qual é a aceleração inicial da peça móvel?

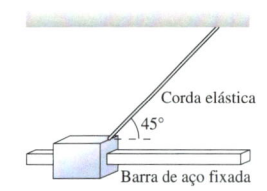

FIGURA PD6.70

71. A figura ao lado mostra um *acelerômetro*, um dispositivo para medir a aceleração horizontal de carros e aeroplanos. Uma bola é livre para rolar sobre um trilho parabólico descrito pela equação $y = x^2$, onde tanto x quanto y estão em metros. Na base, uma escala é usada para determinar a posição horizontal x da bola.

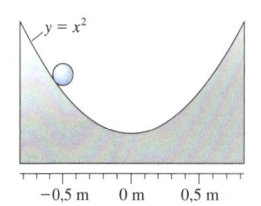

FIGURA PD6.71

a. Obtenha uma expressão que lhe permita usar uma posição medida x (em m) para calcular a aceleração a_x (em m/s²). (Por exemplo, $a_x = 3x$ é uma expressão possível.)
b. Qual é a aceleração se $x = 20$ cm?

72. Os técnicos de um laboratório de testes desejam determinar se um novo dispositivo é capaz de resistir a grandes acelerações e desacelerações. Para descobrir isso, eles colam o dispositivo de 5,0 kg a uma plataforma de testes que depois é deslocada verticalmente para cima e para baixo. O gráfico ao lado mostra sua aceleração durante o primeiro segundo de movimento, tendo partido do repouso.

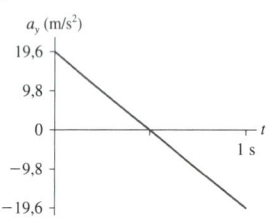

FIGURA PD6.72

a. Identifique as forças exercidas sobre o dispositivo e desenhe um diagrama de corpo livre para ele.
b. Determine o valor de n_y, o componente y da força normal sobre o dispositivo, durante o primeiro segundo de movimento. Expresse sua resposta na forma de um gráfico de n_y versus t.
c. Sua resposta ao item anterior deve conter um intervalo de tempo durante o qual n_y é negativo. Como isso pode ocorrer? Explique o significado físico de n_y ser negativo.
d. Em que instante o peso do dispositivo é máximo? Quanto vale a aceleração neste instante?
e. O peso do dispositivo é nulo em algum momento? Em caso afirmativo, em que instante isso ocorre? Qual é a aceleração neste instante?
f. Suponha que os técnicos se esqueçam de colar o dispositivo à plataforma de testes. O dispositivo permanecerá sobre a plataforma de testes durante o primeiro segundo de movimento ou ele sairá "voando" da plataforma em algum instante de tempo? Em caso afirmativo, em que instante isso ocorreria?

73. Um objeto que se move em um líquido experimenta uma força de arraste *linear*: $\vec{D} = (bv$, sentido oposto ao do movimento), onde b é uma constante chamada de *coeficiente de arraste*. Para uma esfera de raio R, o coeficiente de arraste pode ser calculado por $b = 6\pi\eta R$, onde η é a *viscosidade* do líquido.

a. Obtenha uma expressão algébrica para a velocidade $v_x(t)$, o componente x da velocidade como função do tempo, para uma partícula esférica de raio R e massa m em queda através de um líquido de viscosidade η.
b. A 20°C, a água possui viscosidade $\eta = 1{,}0 \times 10^{-3}$ Ns/m². Suponha que uma bola de 33 g de massa e 4,0 cm de diâmetro seja disparada horizontalmente dentro de um tanque cheio de água a 20°C. Quanto tempo levará para que a velocidade horizontal diminua para 50% de seu valor inicial?

74. Um objeto que se move em um líquido experimenta uma força de arraste *linear*: $\vec{D} = (bv$, sentido oposto ao do movimento), onde b é uma constante chamada de *coeficiente de arraste*. Para uma esfera de raio R, o coeficiente de arraste pode ser calculado por $b = 6\pi\eta R$, onde η é a *viscosidade* do líquido.

a. Use o que você aprendeu de cálculo para demonstrar que

$$a_x = v_x \frac{dv_x}{dx}$$

b. Obtenha uma expressão algébrica para a velocidade $v_x(x)$, o componente x da velocidade como função da distância percorrida, para uma partícula esférica de raio R e massa m que é disparada com velocidade v_0 dentro de um líquido de viscosidade η.
c. A 20°C, a água possui viscosidade $\eta = 1{,}0 \times 10^{-3}$ Ns/m². Suponha que uma bola de gude de 1,0 g de massa e 1,0 cm de diâmetro seja disparada horizontalmente dentro de um tanque cheio de água a 20°C com 10 cm/s de velocidade. Que distância horizontal ela percorrerá antes de parar?

75. Um objeto com secção transversal de área A é disparado horizontalmente sobre gelo desprovido de atrito. Sua velocidade inicial é v_{0x} no instante $t_0 = 0$ s. A resistência do ar não é desprezível.

a. Mostre que a velocidade em um instante t é dada pela expressão

$$v_x = \frac{v_{0x}}{1 + Av_{0x}t/4m}$$

b. Um carro de 1.500 kg, 1,6 m de largura e 1,4 m de altura se depara com um trecho congelado e muito liso quando está se deslocando a 20 m/s. Se o atrito for desprezível, quanto tempo levará para a velocidade do carro diminuir para 10 m/s? E para reduzir-se a 5 m/s?
c. Avalie se, neste caso, é plausível ou não desprezar o atrito cinético.

RESPOSTAS DAS QUESTÕES DO TIPO PARE E PENSE

Pare e Pense 6.1: a. A sonda está descendo e desacelerando. O vetor aceleração aponta para cima; logo, $\vec{F}_{res}$ também tem esta orientação. Isso só pode ser verdadeiro se o empuxo tiver módulo maior do que o peso.

Pare e Pense 6.2: a. Você está descendo e desacelerando; logo, seu vetor aceleração aponta para cima e existe uma força resultante exercida sobre você. O piso empurra seus pés para cima mais fortemente do que a gravidade os puxa para baixo.

Pare e Pense 6.3: $f_b > f_c = f_d = f_e > f_a$. As situações c, d e e envolvem todas o atrito cinético, que não depende da velocidade nem da aceleração. O atrito cinético é menor do que o atrito estático máximo que é exercido em b. $f_a = 0$ porque nenhum atrito é necessário para manter o objeto em repouso.

Pare e Pense 6.4: d. A bola é arremessada *para baixo* a 30 m/s; logo, $v_{0y} = -30$ m/s. Isso excede a velocidade terminal, de modo que a força de arraste, que aponta para cima, é maior do que a força peso que aponta para baixo. Assim, a bola desacelera mesmo estando em queda. Ela desacelerará até que $v_y = -15$ m/s, a velocidade terminal, e depois manterá esta velocidade.

A Terceira Lei de Newton

7

Estes dois lutadores de sumô em combate interagem um com o outro.

Mais do que uma simples partícula respondendo a uma força bem-definida, estes lutadores de sumô estão *interagindo* um com o outro. Quanto mais forte um deles empurra, mais forte o outro o empurra de volta. Um martelo e um prego, seu pé e uma bola de futebol e o sistema Terra-Lua são outros exemplos de objetos interagentes.

A segunda lei de Newton não é suficiente para explicar o que ocorre quando dois ou mais objetos interagem. A segunda lei de Newton, a essência da dinâmica de uma simples partícula, trata um objeto como uma entidade isolada sobre a qual são exercidas forças externas. No Capítulo 7 apresentaremos uma nova lei da física, a *terceira* lei de Newton, que descreve como dois objetos interagem um com o outro.

A terceira lei de Newton nos leva ao cume da teoria newtoniana das forças e do movimento. As ferramentas que você terá aprendido a usar ao terminar o capítulo podem ser usadas para resolver problemas mais complexos de dinâmica, porém mais realistas.

7.1 Objetos em interação

Nosso objetivo é compreender como interagem dois objetos quaisquer. Pense no martelo e no prego mostrados na **FIGURA 7.1**. Certamente o martelo exerce uma força sobre o prego ao bater contra este a fim de cravá-lo. Simultaneamente, o prego exerce uma força sobre o martelo. Se você tem dúvidas quanto a isso, imagine-se batendo no prego com um martelo de vidro. É a força do prego sobre o martelo que estilhaçaria o vidro do qual é feito.

Se você parar para refleti sobre este fato, a cada instante em que um objeto A empurra ou puxa outro objeto B, o objeto B empurra ou puxa de volta o objeto A. Quando o lutador de sumô A empurra ou puxa o lutador B, este empurra ou puxa o lutador A. (Se A empurrasse B para a frente sem que este o empurrasse de volta, A tombaria, de

▶ **Olhando adiante**
O objetivo do Capítulo 7 é usar a terceira lei de Newton para entender as interações entre objetos. Neste capítulo, você aprenderá a:

- Identificar pares de força ação/reação para objetos interagentes.
- Compreender e usar a terceira lei de Newton.
- Usar uma estratégia ampliada para resolução de problemas de dinâmica.
- Compreender o papel desempenhado por molas, cordas e polias.

◀ **Em retrospectiva**
Este capítulo desenvolve o conceito de força. Revise:

- Seções 5.1 – 5.3 O conceito básico de força e o ponto de vista atômico da tensão
- Seção 6.2 A estratégia básica para resolução de problemas de dinâmica

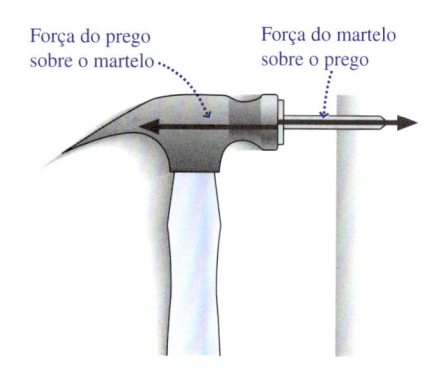

FIGURA 7.1 O martelo e o prego estão interagindo um com o outro.

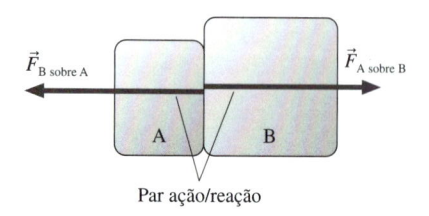

FIGURA 7.2 Um par de forças ação/reação.

forma análoga como acontece quando alguém, por exemplo, subitamente abre uma porta na qual você está escorado.) A cadeira em que você está sentado o empurra para cima (uma força normal), enquanto, simultaneamente, você a empurra para baixo. Estes são exemplos do que chamamos de *interações*. Uma **interação** é uma influência mútua entre dois objetos.

Para ser mais específico, se um objeto A exerce uma força $\vec{F}_{\text{A sobre B}}$ sobre outro objeto B, então este exerce uma força $\vec{F}_{\text{B sobre A}}$ sobre o objeto A. Este par de forças, representado na **FIGURA 7.2**, é chamado de **par ação/reação**. Dois objetos que interagem mutuamente estão exercendo um par de forças ação/reação um sobre o outro. Note os subscritos bastante explícitos dos vetores força. A primeira letra de um subscrito representa o *agente*; a segunda letra, o objeto sobre o qual aquela força é exercida. Assim, $\vec{F}_{\text{A sobre B}}$ representa a força exercida *por* A *sobre* B. Essa distinção é importante, e faremos uso dessa notação explícita em boa parte deste capítulo.

NOTA ▶ A expressão "par ação/reação" é um tanto imprecisa. As forças do par ocorrem simultaneamente, e não se pode dizer qual seja a "ação" e a "reação". Tampouco significa que exista uma relação de causa e efeito, ou seja, a ação não *causa* a reação. **Um par de forças ação/reação ou existe como um par ou não existe**. A chave para identificar pares ação/reação são os subscritos. A força $\vec{F}_{\text{A sobre B}}$ constitui um par ação/reação com a força $\vec{F}_{\text{B sobre A}}$. ◀

Os lutadores de sumô e o martelo e o prego interagem através de forças de contato. As mesmas idéias, no entanto, valem para forças de ação a distância. Provavelmente você já tenha brincado com ímãs de geladeira ou outros tipos de ímãs. Quando você segura dois ímãs, pode sentir com as pontas de seus dedos que *ambos* os ímãs se empurram.

Mas e quanto à gravidade? Se você soltar uma bola, ela cairá porque a gravidade terrestre exerce uma força $\vec{F}_{\text{Terra sobre bola}}$, de cima para baixo, sobre a bola. Mas será que a bola também puxa a Terra para cima? Ou seja, existe uma força $\vec{F}_{\text{bola sobre Terra}}$?

Newton foi o primeiro a perceber que, *de fato*, a bola puxa a Terra para cima. Analogamente, a Lua puxa a Terra em resposta à gravidade da Terra que puxa a Lua. A evidência de que Newton dispunha eram as marés. Cientistas e astrônomos já vinham estudando as marés oceânicas e registrando seus tempos desde a antiguidade. Era sabido que as marés dependem da fase da Lua, mas Newton foi o primeiro a compreender que as marés oceânicas constituem respostas ao puxão gravitacional da Lua sobre a Terra. Como ilustra a **FIGURA 7.3**, os bulbos flexíveis de água estão orientados em direção à Lua, enquanto a crosta terrestre relativamente rígida permanece estacionária.

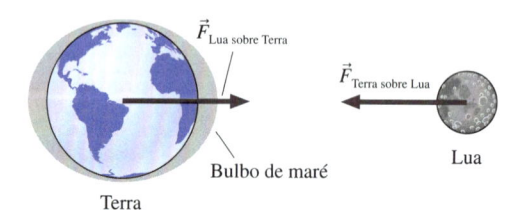

FIGURA 7.3 As marés oceânicas são manifestações da interação gravitacional a distância da Terra com a Lua.

Objetos, sistemas e vizinhança

Nos Capítulos 5 e 6 consideramos forças exercidas sobre um único objeto tratado como uma partícula. A **FIGURA 7.4a** mostra uma representação diagramática da dinâmica de uma única partícula. Se todas as forças exercidas sobre a partícula são conhecidas, podemos usar a segunda lei de Newton, $\vec{a} = \vec{F}_{\text{res}}/m$, para determinar a aceleração da partícula.

Agora desejamos estender o modelo de partícula a situações em que dois ou mais objetos, cada qual representado como uma partícula, interagem uns com os outros. Como exemplo, a **FIGURA 7.4b** mostra três objetos que interagem via pares de força ação/reação. As forças podem ser identificadas por subscritos, tais como $\vec{F}_{\text{1 sobre 2}}$ e $\vec{F}_{\text{2 sobre 1}}$. Como se movem estas partículas?

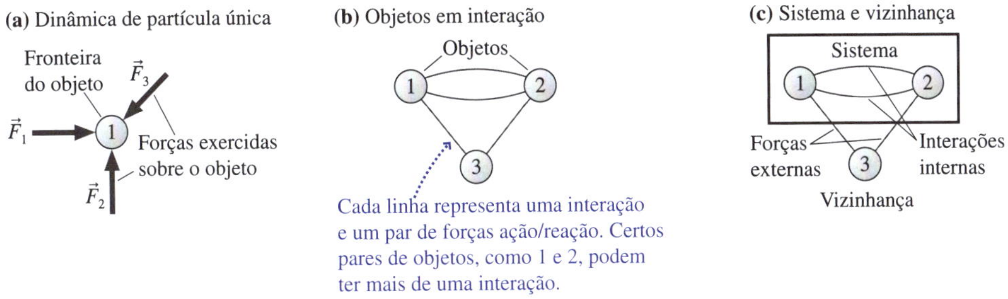

(a) Dinâmica de partícula única

Fronteira do objeto
$\vec{F}_3$
$\vec{F}_1$ → ① Forças exercidas sobre o objeto
$\vec{F}_2$

(b) Objetos em interação

Objetos
① ——— ②
    ③

Cada linha representa uma interação e um par de forças ação/reação. Certos pares de objetos, como 1 e 2, podem ter mais de uma interação.

(c) Sistema e vizinhança

Sistema
① ——— ②
Forças externas ③ Interações internas
Vizinhança

FIGURA 7.4 A dinâmica de partícula única e um modelo para objetos em interação.

Muitas vezes estaremos interessados no movimento de certos objetos, digamos, os objetos 1 e 2, mas não em outros. Por exemplo, os objetos 1 e 2 poderiam ser o martelo e o prego, enquanto o objeto 3 seria a Terra. A Terra interage tanto com o martelo quanto com o prego por meio da gravidade, mas, na prática, a Terra mantém-se "em repouso" enquanto o martelo e o prego se movem. Vamos definir o **sistema** como formado por aqueles objetos cujos movimentos desejamos analisar, e a **vizinhança** como os objetos externos ao sistema definido.

A **FIGURA 7.4C** é um novo tipo de diagrama, chamado de **diagrama de interação**, em que envolvemos os objetos do sistema por uma caixa e representamos as interações por linhas que conectam os objetos. Trata-se de um diagrama esquemático e um tanto abstrato, mas ele revela a essência das interações. Note que as interações com os objetos da vizinhança são chamadas de **forças externas**. Para o martelo e o prego, a força gravitacional exercida sobre cada um deles — uma interação com a Terra — é uma força externa.

NOTA ▶ A distinção sistema-vizinhança é de natureza prática, e não, fundamental. Se o objeto A empurra ou puxa o objeto B, então este empurra ou puxa o objeto A. *Cada* força é um dos membros de um par ação/reação, e não existe algo que seja uma verdadeira "força externa". O que chamamos de força externa é uma interação entre um objeto de interesse, que escolhemos incluir no sistema, e outro objeto em cujo movimento não temos interesse. ◀

A segunda lei de Newton, $\vec{a} = \vec{F}_{res}/m$, aplica-se *separadamente* aos objetos 1 e 2 da Figura 7.4c:

$$\text{Objeto 1:} \quad \vec{a}_1 = \frac{\vec{F}_{1\,res}}{m_1} = \frac{1}{m_1}\sum \vec{F}_{\text{sobre }1}$$

$$\text{Objeto 2:} \quad \vec{a}_2 = \frac{\vec{F}_{2\,res}}{m_2} = \frac{1}{m_2}\sum \vec{F}_{\text{sobre }2}$$

(7.1)

A força resultante sobre o objeto 1, denotada por $\vec{F}_{\text{sobre }1}$, é a soma de *todas* as forças exercidas *sobre* o objeto 1. Esta soma inclui tanto as forças devido ao objeto 2 ($\vec{F}_{2\,\text{sobre }1}$) quanto quaisquer forças externas com origem na vizinhança.

O bastão e a bola interagem um com o outro.

NOTA ▶ As forças exercidas *pelo* objeto 1, como $\vec{F}_{1\,\text{sobre }2}$, não aparecem na equação correspondente ao objeto 1. Os objetos alteram seus movimentos em resposta às forças externas exercidas *sobre ele*, e não por causa das forças exercidas *por* ele. ◀

7.2 Analisando objetos em interação

Os passos cruciais para analisar objetos em interação são: (1) a identificação dos pares de força ação/reação e (2) o desenho de diagramas de corpo livre. O diagrama de interação será nossa principal ferramenta.

BOX TÁTICO 7.1 — Analisando objetos em interação

❶ **Represente cada objeto por um círculo.** Localize cada um na posição correta em relação aos outros objetos.

- Represente cada um por um símbolo e use índices.
- A superfície da Terra (forças de contato) e a Terra com um todo (forças de ação a distância) devem ser consideradas como objetos separados. Denote a Terra toda por TT.
- Cordas e polias com freqüência devem ser consideradas como objetos.

❷ **Identifique as interações.** Trace linhas ligando os círculos para representar as interações entre os objetos.

- Trace *uma* linha para cada interação. Denote-a de acordo com o tipo de força correspondente.
- Cada linha de interação conecta dois, e apenas dois objetos.
- Pode haver, no máximo, duas interações em uma superfície: uma força paralela à mesma (p.ex., o atrito) e uma força perpendicular à superfície (p.ex., a força normal).
- A Terra inteira interage somente pela força gravitacional de ação a distância.

❸ **Identifique o sistema.** Identifique os objetos de interesse; desenhe uma caixa em torno deles e identifique-a por um símbolo. Isso completará o diagrama de interação.

❹ **Desenhe um diagrama de corpo livre para cada objeto do sistema.** Inclua somente as forças exercidas *sobre* cada objeto, e não, as forças exercidas por ele.

- Cada linha de interação que atravesse a fronteira do sistema corresponde a uma força externa exercida sobre o objeto. Podem ser usados os símbolos usuais, tais como $\vec{n}$ ou $\vec{T}$.
- Cada linha de interação contida na fronteira do sistema corresponde a um par de forças ação/reação. Existe apenas um vetor força sobre *cada* um dos objetos, e estas forças sempre apontam em sentidos contrários. Use subscritos, tais como $\vec{F}_{1\,sobre\,2}$ e $\vec{F}_{2\,sobre\,1}$.
- Conecte as duas forças do par ação/reação – que devem estar em *diferentes* diagramas de corpo livre – por uma linha tracejada.

Exercícios 1–7

Ilustraremos estas idéias com dois exemplos concretos. O primeiro deles será muito mais longo do que o normal porque apresentaremos detalhadamente cada etapa do raciocínio.

EXEMPLO 7.1 Empurrando um caixote

A **FIGURA 7.5** mostra uma pessoa que empurra um grande caixote sobre uma superfície áspera. Identifique todas as interações envolvidas, representando-as em um diagrama de interação, depois desenhe um diagrama de corpo livre para a pessoa e para o caixote.

VISUALIZAÇÃO O diagrama de interação da **FIGURA 7.6** inicia representando cada objeto por um círculo na posição correta, mas separado dos demais objetos. A pessoa e o caixote são objetos óbvios. A Terra também é um objeto que tanto exerce quanto sofre ação de forças, mas é preciso fazer distinção entre a superfície, que exerce forças de contato, e a Terra toda, que exerce forças gravitacionais de ação a distância.

FIGURA 7.5 Uma pessoa empurra um caixote sobre uma superfície áspera.

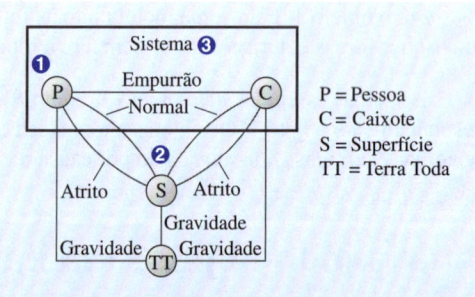

FIGURA 7.6 O diagrama de interação.

P = Pessoa
C = Caixote
S = Superfície
TT = Terra Toda

A Figura 7.6 também identifica as diversas interações. Algumas delas, como a interação do empurrão entre a pessoa e o caixote, são muito óbvias. As interações com a Terra são um pouco mais complicadas. A gravidade, uma força de ação a distância, é uma interação entre cada objeto (incluindo a superfície!) e a Terra como um todo. As forças de atrito e as forças normais são interações de contato entre cada objeto e a superfície terrestre. Essas são duas interações diferentes, de modo que as duas linhas de interação conectam o caixote à superfície e a pessoa a esta. Ao todo, são oito interações. Finalmente, envolvemos tanto a pessoa quanto o caixote por uma caixa definida como sistema. Estes são os objetos cujos movimentos desejamos analisar.

NOTA ▶ As interações são entre dois *diferentes* objetos. Não existe nenhuma interação do objeto consigo mesmo. ◀

Podemos agora desenhar diagramas de corpo livre para os objetos do sistema, o caixote e a pessoa. A **FIGURA 7.7** localiza corretamente o diagrama de corpo livre do caixote à direita do diagrama de corpo livre da pessoa. Em cada um, três linhas de interação atravessam a fronteira do sistema e, portanto, representam forças externas. Estas são: a força exercida pela Terra inteira, a força normal devido à superfície e a força de atrito também devido a ela. Podemos usar índices familiares tais como $\vec{n}_P$ e $\vec{f}_C$, **mas é importante distinguir forças diferentes por meio de subscritos**. No presente caso, existe mais de uma força normal. Se você as denotasse, simplesmente, por $\vec{n}$, provavelmente cometeria erros quando fosse escrever as equações da segunda lei de Newton.

Os sentidos das forças normais e gravitacionais são claros, mas temos de tomar cuidado com os das forças de atrito. A força de atrito $\vec{f}_C$ é o atrito cinético sobre o caixote que escorrega em cima da superfície, de modo que ela aponta para a esquerda, em sentido oposto ao do movimento. E quanto à força de atrito entre a pessoa e a superfície? É tentador desenhar a força $\vec{f}_P$ apontando para a esquerda. Afinal de contas, as forças de atrito supostamente têm sempre sentidos opostos aos dos movimentos. Mas se fosse assim, haveria duas forças sobre a pessoa apontando para a esquerda, $\vec{F}_{C \text{ sobre } P}$ e $\vec{f}_P$, e nenhuma para a direita, com o que a pessoa aceleraria *para trás*! Obviamente não é isso o que ocorre, mas o que está errado, então?

Imagine-se empurrando um caixote para a direita sobre areia fofa. Cada vez que você desse um passo, tenderia a empurrar a areia para a *esquerda*, para trás de si próprio. Portanto, a força de atrito $P_{\text{sobre}} S$, a força com a qual a pessoa empurra a superfície da Terra, está orientada para a *esquerda*. Em resposta, a força de atrito da superfície da Terra sobre a pessoa é uma força orientada para a *direita*. É a força $S_{\text{sobre}} P$, abreviada por $\vec{f}_P$, que faz a pessoa acelerar para a frente. Além disso, como será discutido mais adiante, trata-se de uma força de atrito *estático*; seu pé está "plantado" no solo, sem escorregar sobre o mesmo.

Finalmente, temos uma interação interna. O caixote é empurrado pela força $\vec{F}_{P \text{ sobre } C}$. Se A empurra ou puxa B, então este corpo empurra ou puxa A de volta. A reação à força $\vec{F}_{P \text{ sobre } C}$ é $\vec{F}_{C \text{ sobre } P}$, o caixote empurrando de volta a mão da pessoa. A força $\vec{F}_{P \text{ sobre } C}$ é uma força exercida sobre o caixote, de modo que ela aparece no diagrama de corpo livre do caixote. A força $\vec{F}_{C \text{ sobre } P}$ é exercida sobre a pessoa, de modo que ela aparece no diagrama de corpo livre da pessoa. **As duas forças que constituem um par ação/reação jamais são exercidas sobre um mesmo objeto**. Note que as forças $\vec{F}_{P \text{ sobre } C}$ e $\vec{F}_{C \text{ sobre } P}$ apontam em sentidos opostos. Nós as conectamos por uma linha tracejada para indicar que elas formam um par ação/reação.

AVALIAÇÃO Os diagramas de corpo livre completos da Figura 7.7 podem, agora, servir de base para uma análise quantitativa.

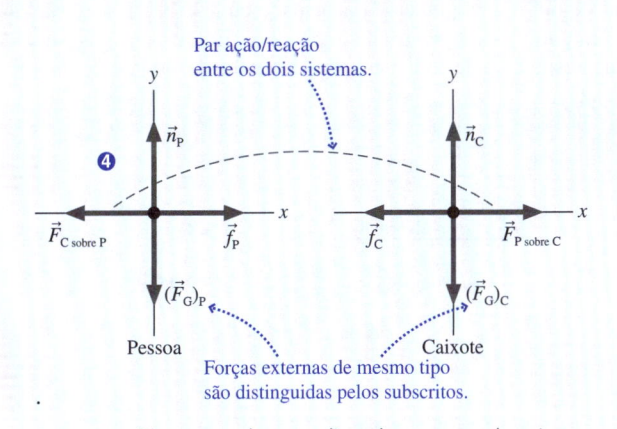

FIGURA 7.7 Diagramas de corpo livre da pessoa e do caixote.

Impulsão

A força de atrito $\vec{f}_P$ (da superfície sobre a pessoa) é um exemplo de **força de impulsão**. Trata-se de uma força que um sistema dotado de fonte interna de energia usa para impulsionar a si mesmo para a frente. A impulsão é uma característica importante não somente para se poder caminhar ou correr, mas também para o movimento de carros, jatos e foguetes. A impulsão é um tanto contra-intuitiva; logo, é bom darmos uma olhada nela com mais detalhamento.

Se você tentar caminhar sobre um piso desprovido de atrito, seu pé escorregará e deslizará *para trás*. A fim de poder caminhar, o piso precisa oferecer algum atrito, de modo que seu pé *grude-se* a ele enquanto você estica a perna, movendo seu corpo para a frente. O atrito que o impede de escorregar é o atrito *estático*. Como você deve se recordar, o atrito estático atua na direção e no sentido que impeça o escorregamento. A força de atrito estático $\vec{f}_P$ tem de apontar no sentido do movimento a fim de impedir seu pé de escorregar para trás. É esta força de atrito estático direcionada para a frente que o impulsiona para a frente! A força exercida por seu pé sobre o piso, a outra metade de um par ação/reação, está em sentido contrário.

A diferença entre você e o caixote é que você dispõe de uma *fonte interna de energia* que lhe permite esticar sua perna empurrando o piso para trás. Em essência, você caminha empurrando a Terra para trás de si. A superfície terrestre responde empurrando-o para frente. Estas duas são forças de atrito estático. Em contraste, tudo que o caixote pode fazer é escorregar de maneira que o atrito *cinético* se oponha ao seu movimento.

Que forças fazem o velocista acelerar?

A **FIGURA 7.8** mostra como funciona a impulsão. Um carro usa seu motor para girar os pneus, fazendo-os empurrar o piso para trás. Eis por que poeira e cascalho são arremessados para trás pelos pneus, e não, para a frente. A superfície da Terra responde empurrando o pneu do carro para a frente. Trata-se de duas forças de atrito estático. O pneu está rolando, porém a parte inferior do mesmo, onde existe contato com o piso, encontra-se instantaneamente em repouso. Se não estivesse, você deixaria uma gigantesca marca de derrapagem atrás de si enquanto dirigisse seu carro e queimaria os pneus após alguns quilômetros de rodagem.

A pessoa empurra o solo para trás. Esta responde empurrando a pessoa para a frente. Atrito estático.

O carro empurra o solo para trás. Esta responde empurrando o carro para a frente. Atrito estático.

O foguete empurra os gases quentes para trás. Os gases o empurram para a frente. Força de empuxo.

FIGURA 7.8 Exemplos de impulsão.

Os motores de foguete são um tanto diferentes porque eles não empurram *contra* alguma coisa. Por isso a impulsão de um foguete funciona no espaço onde existe vácuo. Em vez disso, o motor do foguete empurra gases quentes para trás de si. Em resposta, os gases de exaustão empurram o foguete para a frente com uma força denominada, no jargão, *empuxo*.

EXEMPLO 7.2 Rebocando um carro

Um caminhão reboca um carro ao longo de uma rodovia horizontal, como ilustrado na **FIGURA 7.9**. Identifique todas as interações, represente-as em um diagrama de interação e depois desenhe um diagrama de corpo livre para cada objeto do sistema.

CAR = Carro
C = Corda
CAM = Caminhão
S = Superfície
TT = Terra Toda

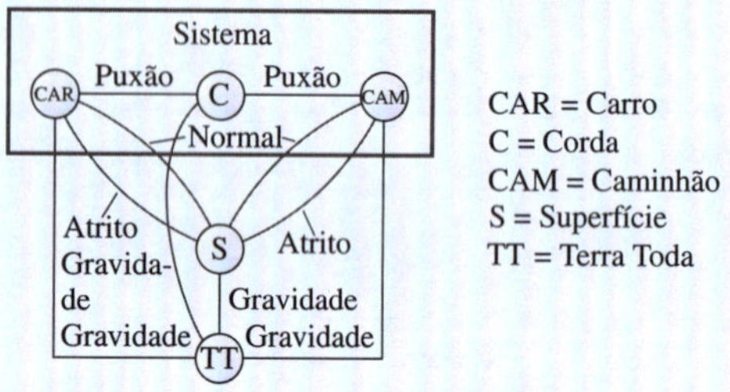

FIGURA 7.10 O diagrama de interação.

FIGURA 7.9 Um caminhão reboca um carro.

VISUALIZAÇÃO No diagrama de interação da **FIGURA 7.10** os objetos são representados por círculos separados, mas com as posições relativas corretas. A corda é mostrada como um objeto separado. Muitas das interações são idênticas às do Exemplo 7.1. O sistema — os objetos em movimento — consiste no caminhão, na corda e no carro.

Os três objetos do sistema requerem três diferentes diagramas de corpo livre, mostrados na **FIGURA 7.11**. A gravidade, o atrito e as forças normais da superfície são interações que atravessam a fronteira do sistema e, assim, são mostradas como forças externas. O carro é um objeto inerte que rola atrás do caminhão. Ele desaceleraria e acabaria parando se a corda fosse cortada, de modo que a superfície deve exercer uma força de atrito de rolamento, $\vec{f}_{CAR}$, orientada para a esquerda. O caminhão, todavia, possui uma fonte interna de energia. As rodas do caminhão empurram o piso para a esquerda com uma força $\vec{f}_{CAM\,sobre\,S}$. Em reação, o piso impulsiona o caminhão para a frente, à direita, com uma força $\vec{f}_{CAM}$.

Agora temos de identificar as forças horizontais entre o carro, o caminhão e a corda. Esta puxa o carro com uma força de tensão $\vec{T}_{C\,sobre\,CAR}$. Talvez você se sinta tentado a colocar a reação sobre o carro porque se costuma dizer "o caminhão puxa o carro", porém ele não tem contato com o carro. O caminhão puxa a corda, e esta puxa o carro. Logo, a reação correspondente a $\vec{T}_{C\,sobre\,CAR}$ é uma força exercida sobre a *corda*:

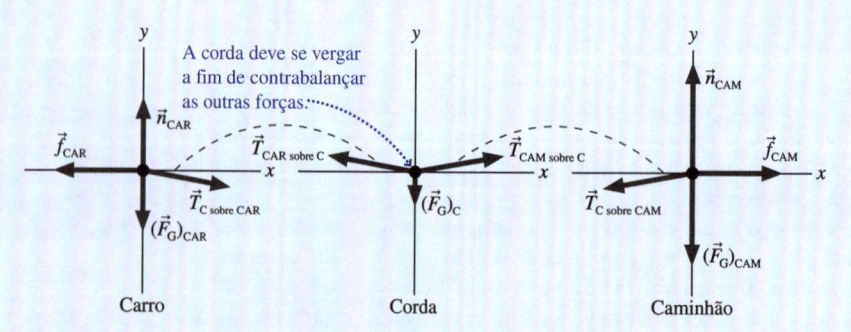

FIGURA 7.11 Diagramas de corpo livre do Exemplo 7.2

$\vec{T}_{\text{CAR sobre C}}$. Estas forças formam um par ação/reação. Na outra extremidade, $\vec{T}_{\text{CAM sobre C}}$ e $\vec{T}_{\text{C sobre CAM}}$ também constituem outro par ação/reação.

NOTA ▶ Desenhar um diagrama de interação o ajudará a evitar erros porque ele lhe mostra muito claramente o que está interagindo com o quê. ◀

Note que as forças de tensão da corda *não podem* ser horizontais. Se fossem, o diagrama de corpo livre da corda deveria mostrar uma força resultante para baixo, e a corda deveria acelerar para baixo também. As forças de tensão $\vec{T}_{\text{CAM sobre C}}$ e $\vec{T}_{\text{CAR sobre C}}$ possuem ângulos de orientação ligeiramente acima da horizontal a fim de contrabalançar a força gravitacional, de modo que qualquer corda real tem de vergar, ao menos um pouco, em sua parte mais central.

AVALIAÇÃO Você deve ter certeza de que evitou o erro comum de considerar $\vec{n}$ e $\vec{F}_G$ como sendo um par ação/reação. Trata-se de duas forças exercidas sobre o *mesmo* objeto, ao passo que duas forças que formem um par ação/reação devem ser exercidas, sempre, sobre dois objetos *diferentes* em interação um com o outro. As forças normais e gravitacionais com freqüência são de mesmo módulo, entretanto elas não constituem um par de forças ação/reação.

PARE E PENSE 7.1 Uma linha de pesca com massa desprezível ergue um peixe fisgado com velocidade constante. A linha e o peixe constituem o sistema, enquanto a vara de pesca faz parte da vizinhança. O que está errado nos dois diagramas de corpo livre mostrados, se este for o caso?

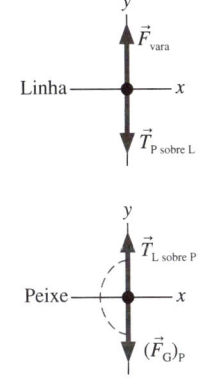

7.3 A terceira lei de Newton

Newton foi o primeiro a descobrir a maneira como estão relacionados os dois membros de um par de forças ação/reação. Hoje conhecemos sua descoberta como a terceira lei de Newton:

TERCEIRA LEI DE NEWTON Toda força existe como um dos membros de um par de forças ação/reação.

- Os dois membros de qualquer par ação/reação são exercidos sobre *diferentes* objetos.
- Os dois membros de um par ação/reação têm o mesmo módulo, mas sentidos contrários um ao outro: $\vec{F}_{\text{A sobre B}} = -\vec{F}_{\text{B sobre A}}$.

Na Seção 7.2 apresentamos a maior parte da terceira lei. Lá constatamos que os dois membros de um par ação/reação sempre possuem sentidos contrários um ao outro (ver Figuras 7.7 e 7.11). De acordo com a terceira lei, isto sempre será verdadeiro. Mas a parte mais significativa da terceira lei, e que não é óbvia, é que os dois membros de um par ação/reação possuem módulos *iguais*, ou seja, $F_{\text{A sobre B}} = F_{\text{B sobre A}}$. Esta é uma relação quantitativa que lhe permitirá resolver problemas de objetos em interação.

A terceira lei de Newton é normalmente enunciada como "A cada ação corresponde uma reação de mesmo módulo, mas oposta". Embora esta frase seja um clichê, ela sofre de falta de precisão em relação à nossa versão preferida. Em particular, ela deixa de capturar uma característica essencial de qualquer par de forças ação/reação — que elas são exercidas sobre *distintos* objetos.

NOTA ▶ A terceira lei de Newton amplia e completa nosso conceito de *força*. Agora podemos considerar uma força como uma *interação* entre objetos, em vez de alguma "coisa" com uma existência por si mesma. O conceito de interação se tornará cada vez mais importante quando iniciarmos nosso estudo dos princípios do momentum e da energia. ◀

Raciocinando com base na terceira lei de Newton

É fácil enunciar a terceira lei de Newton, porém é mais difícil compreendê-la inteiramente. Por exemplo, considere o que ocorre quando você solta uma bola. Sem nada de surpreendente, ela cai. Mas se a Terra e a bola exercem uma sobre a outra forças de mesmo módulo, mas opostas, como estabelece a terceira lei de Newton, então por que não vemos a Terra "cair" em direção à bola?

A chave para compreender este e muitos outros enigmas é que as forças são de mesmo valor, mas não as acelerações decorrentes. A força sobre a bola B é, simplesmente, a força gravitacional discutida no Capítulo 6:

$$\vec{F}_{\text{Terra sobre bola}} = (\vec{F}_G)_B = -m_B g \hat{j} \tag{7.2}$$

onde m_B é a massa da bola. De acordo com a segunda lei de Newton, esta força imprime à bola uma aceleração dada por

$$\vec{a}_B = \frac{(\vec{F}_G)_B}{m_B} = -g\hat{j} \tag{7.3}$$

Esta é justamente a familiar aceleração de queda livre.

De acordo com a terceira lei de Newton, a bola puxa a Terra para cima com uma força $\vec{F}_{\text{bola sobre Terra}}$. Enquanto a bola acelera para baixo, a Terra como um todo acelera para cima com valor de aceleração

$$\vec{a}_T = \frac{\vec{F}_{\text{bola sobre Terra}}}{m_T} \tag{7.4}$$

onde m_T é a massa da Terra. Uma vez que $\vec{F}_{\text{Terra sobre bola}}$ e $\vec{F}_{\text{bola sobre Terra}}$ formam um par ação/reação, $\vec{F}_{\text{bola sobre Terra}}$ deve ser de mesmo módulo que $\vec{F}_{\text{Terra sobre bola}}$, mas oposta, ou seja,

$$\vec{F}_{\text{bola sobre Terra}} = -\vec{F}_{\text{Terra sobre bola}} = -(\vec{F}_G)_B = +m_B g \hat{j} \tag{7.5}$$

Usando este resultado na Equação 7.4, obtemos a aceleração da Terra como um todo, orientada para cima, dada por

$$\vec{a}_T = \frac{\vec{F}_{\text{bola sobre Terra}}}{m_T} = \frac{m_B g \hat{j}}{m_T} = \left(\frac{m_B}{m_T}\right) g \hat{j} \tag{7.6}$$

A aceleração da Terra, orientada para cima, é menor do que a aceleração da bola para baixo por um fator igual a m_B/m_T. Se considerarmos uma bola de 1 kg, podemos estimar o módulo de $\vec{a}_T$:

$$a_T = \frac{1 \text{ kg}}{6 \times 10^{24} \text{ kg}} g \approx 2 \times 10^{-24} \text{ m/s}^2$$

Com tal aceleração, incrivelmente pequena, levaria 8×10^{15} anos, cerca de 500.000 vezes a idade do universo, para a Terra adquirir uma velocidade de 1,5 km/h! Portanto, você certamente não espera ver ou sentir a Terra "subir" enquanto a bola cai.

NOTA ▶ A terceira lei de Newton iguala os módulos de duas forças, e não, de duas acelerações. A aceleração continua a depender da massa, como estabelece a segunda lei de Newton. **Na interação entre dois objetos de massas muito diferentes, praticamente só o de menor massa adquirirá aceleração, embora as forças exercidas sobre os dois objetos sejam de mesma intensidade.** ◀

FIGURA 7.12 As forças do par ação/reação de uma bola e da Terra são de mesmo módulo.

EXEMPLO 7.3 Forças sobre caixas aceleradas

A mão mostrada na **FIGURA 7.13** empurra duas caixas A e B para a direita sobre uma mesa desprovida de atrito. A massa de B é maior do que a de A.

a. Desenhe diagramas de corpo livre para as caixas A e B e para a mão M que representem apenas as forças *horizontais* envolvidas. Conecte os pares ação/reação por linhas tracejadas.

b. Ordene, em seqüência de valores decrescentes, as forças horizontais representadas em seus diagramas de corpo livre.

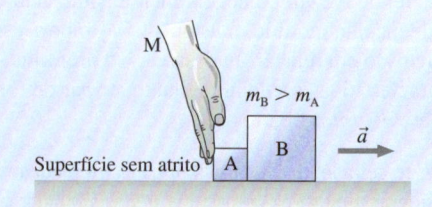

FIGURA 7.13 A mão M empurra as caixas A e B.

VISUALIZAÇÃO a. A mão M empurra a caixa A, e esta empurra de volta a mão. Logo, $\vec{F}_{\text{M sobre A}}$ e $\vec{F}_{\text{A sobre M}}$ formam um par ação/reação. Analogamente, A empurra B, e esta empurra A de volta. A mão M de fato não toca a caixa B, de modo que não existe interação entre elas. Também não existe o atrito. A **FIGURA 7.14** mostra as quatro forças horizontais e identifica dois pares ação/reação. (Preferimos ignorar as forças do punho ou do braço sobre a mão porque nossos objetos de interesse são as caixas A e B.) Note que cada força é representada no diagrama de corpo livre do objeto *sobre o qual* ela é exercida.
b. De acordo com a terceira lei de Newton, $F_{\text{A sobre M}} = F_{\text{M sobre A}}$ e $F_{\text{A sobre B}} = F_{\text{B sobre A}}$. Todavia a terceira lei não é a única ferramenta de que dispomos. Uma vez que as caixas estão acelerando para a direita, a *segunda* lei de Newton nos diz que sobre a caixa A é exercida uma força resultante para a direita. Conseqüentemente, $F_{\text{M sobre A}} > F_{\text{B sobre A}}$. Portanto,

$$F_{\text{A sobre M}} = F_{\text{M sobre A}} > F_{\text{B sobre A}} = F_{\text{A sobre B}}$$

AVALIAÇÃO Talvez você esperasse que $F_{\text{A sobre B}}$ fosse maior do que $F_{\text{M sobre A}}$ porque $m_B > m_A$. É verdade que a força *resultante* sobre B é maior do que a força *resultante* sobre A, mas temos uma razão mais profunda para avaliar as forças individuais. Note como usamos tanto a segunda quanto a terceira lei para responder a esta questão.

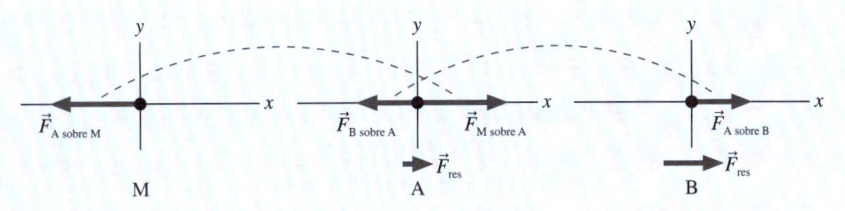

FIGURA 7.14 Os diagramas de corpo livre, mostrando apenas as forças horizontais.

PARE E PENSE 7.2 O carro B parou em um semáforo vermelho. O motorista do carro A, de mesma massa que o carro B, não vê a luz vermelha e vai de encontro à traseira de B. Qual das seguintes afirmações é verdadeira?

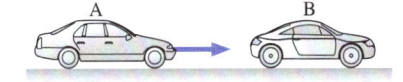

a. B exerce uma força sobre A, mas este não exerce uma força sobre B.
b. B exerce uma força sobre A maior do que a força que este exerce sobre B.
c. B exerce uma força sobre A de mesma intensidade que a força que este exerce sobre B.
d. A exerce uma força sobre B maior do que a força que este exerce sobre A.
e. A exerce uma força sobre B, mas este não exerce uma força sobre A.

Vínculos de aceleração

A terceira lei de Newton constitui uma relação quantitativa que você pode usar para resolver problemas de objetos interagentes. Além disso, em um problema com freqüência dispomos de outras informações acerca do movimento. Por exemplo, pense nas duas caixas do Exemplo 7.3. Desde que estejam em contato, a caixa A *tem* a mesma aceleração da caixa B. Se elas acelerassem diferentemente, a caixa B se adiantaria e perderia contato com a outra caixa ou ela desaceleraria subitamente enquanto A colidisse com B! Nosso problema considera implicitamente que nenhuma dessas situações ocorre. Logo, as duas acelerações são *obrigadas* a ser iguais: $\vec{a}_A = \vec{a}_B$. Uma relação bem-definida entre as acelerações de dois ou mais objetos constitui o que chamamos de **vínculo de aceleração**. Trata-se de uma parte independente de informação que pode nos ajudar a resolver um determinado problema.

Na prática, expressaremos vínculos de aceleração em relação aos componentes x e y de $\vec{a}$. Considere o carro sendo rebocado pelo caminhão da **FIGURA 7.15**. Se a corda está tensionada, as acelerações são obrigatoriamente iguais: $\vec{a}_{\text{CAR}} = \vec{a}_{\text{CAM}}$. Trata-se de um problema unidimensional, pois para sua resolução usaríamos apenas os componentes $a_{\text{CAR }x}$ e $a_{\text{CAM }x}$. Em termos destes componentes, o vínculo de aceleração é expresso como

$$a_{\text{CAR }x} = a_{\text{CAM }x} = a_x.$$

Uma vez que as acelerações dos dois objetos são iguais, podemos deixar de usar os subscritos CAR e CAM e denotar ambas por a_x.

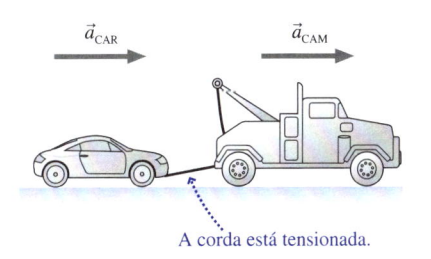

FIGURA 7.15 O carro e o caminhão possuem a mesma aceleração.

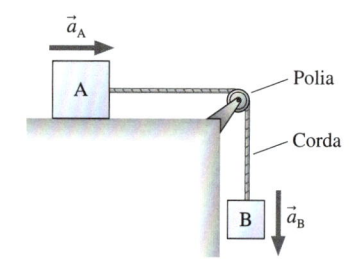

FIGURA 7.16 A corda obriga os dois objetos a acelerarem juntos.

Não considere que as acelerações de A e de B terão sempre o mesmo sinal. Considere os blocos A e B da **FIGURA 7.16**. Eles estão ligados por uma corda, de modo que são obrigados a se moverem juntos e que suas acelerações são necessariamente de mesmo módulo. Mas A possui uma aceleração positiva (para a direita) sobre o eixo x, enquanto B possui uma aceleração negativa (para baixo) ao longo do eixo y. Portanto, o vínculo de aceleração é

$$a_{Ax} = -a_{By}$$

Esta relação *não* significa que a_{Ax} seja um número negativo. Ela é, simplesmente, um enunciado relacional que expressa o fato de que a_{Ax} é igual a (-1) multiplicado pelo valor de a_{By}, seja ele qual for. Na Figura 7.16, a aceleração a_{By} é negativa, de modo que a_{Ax} é um número positivo. Em certos problemas, os sinais de a_{Ax} e de $-a_{By}$ podem não ser conhecidos até o problema ser resolvido, mas a *relação* entre ambos é conhecida desde o início.

Uma estratégia revisada para problemas de objetos em interação

Problemas sobre objetos mutuamente interagentes podem ser resolvidos com algumas poucas modificações na estratégia básica de resolução de problemas que desenvolvemos no Capítulo 6. Uma estratégia revisada para resolução de problemas é mostrada abaixo.

NOTA ▶ Temos obtido o diagrama de movimento a partir da representação pictórica. Os diagramas de movimento desempenharam uma útil função nos capítulos anteriores, mas, agora, devemos ser capazes de determinar as orientações dos vetores aceleração sem a necessidade de um diagrama explícito desses. Mas se você tem dúvidas, use um! ◀

ESTRATÉGIA PARA RESOLUÇÃO DE PROBLEMAS 7.1   **Problemas sobre objetos em interação**

MODELO Identifique quais são os objetos que fazem parte do sistema e quais são os que fazem parte da vizinhança. Considere hipóteses simplificadoras.

VISUALIZAÇÃO Desenhe uma representação pictórica.

- Mostre quais são os pontos importantes do movimento através de um esboço. Talvez você prefira usar um sistema de coordenadas específico para cada objeto. Defina os símbolos usados e identifique o que o problema pede para determinar.
- Identifique os vínculos de aceleração.
- Desenhe um diagrama de interação para identificar as forças sobre cada objeto e todos os pares ação/reação.
- Desenhe um diagrama de corpo livre *separado* para cada objeto.
- Conecte por linhas tracejadas os vetores força de pares ação/reação. Use subscritos para distinguir entre forças exercidas independentemente sobre mais de um objeto.

RESOLUÇÃO Use a segunda e a terceira leis de Newton.

- Escreva as equações da segunda lei de Newton para *cada* objeto do sistema usando as informações sobre as forças obtidas dos diagramas de corpo livre.
- Iguale os módulos das forças de pares ação/reação.
- Inclua os vínculos de aceleração, o modelo de atrito usado e outras informações quantitativas relevantes para o problema.
- Obtenha a aceleração e, depois, use a cinemática para determinar as velocidades e as posições.

AVALIAÇÃO Verifique se o resultado está expresso nas unidades corretas, se ele é plausível e se responde de fato à questão.

Talvez você esteja intrigado porque a etapa Resolução pede que se use a terceira lei de Newton para igualar apenas os *módulos* das forças de um par ação/reação. E quanto à parte do enunciado da terceira lei expressa pela expressão "de sentido contrário"? Você já a usou! Seus diagramas de corpo livre devem apresentar os dois membros de cada par ação/reação com sentidos opostos, e esta informação deve ser usada para se escrever as equações da segunda lei de Newton. Como a informação sobre as orientações dos vetores já foi usada, tudo o que resta de informação na terceira lei diz respeito aos módulos desses vetores.

NOTA ▶ Duas etapas são de especial importância ao desenhar diagramas de corpo livre. Primeiro, desenhe um diagrama *separado* para cada objeto. Os diagramas não precisam ter o mesmo sistema de coordenadas. Segundo, represente apenas as forças exercidas *sobre* cada objeto. A força $\vec{F}_{\text{A sobre B}}$ fica no diagrama de corpo livre do objeto B, ao passo que $\vec{F}_{\text{B sobre A}}$ pertence ao diagrama do objeto A. Os dois membros de um par ação/reação *sempre* devem aparecer em dois diferentes diagramas de corpo livre – *jamais* em um mesmo diagrama. ◀

EXEMPLO 7.4 Para que o caixote não escorregue

Você seu colega acabam de colocar um caixote de 200 kg, cheio de objetos de arte inestimáveis, sobre a carroceria de um caminhão de 2.000 kg. Quando você pisa no acelerador do veículo, a força $\vec{F}_{\text{superfície sobre caminhão}}$ impulsiona o caminhão para a frente. Para simplificar, vamos denotar esta força por, simplesmente, $\vec{F}_C$. Qual é o valor máximo que o módulo de $\vec{F}_C$ pode atingir sem que o caixote escorregue? Os coeficientes de atrito estático e cinético entre o caixote e a carroceria valem, respectivamente, 0,80 e 0,30. O atrito de rolamento do caminhão é desprezível.

MODELO O caixote e o caminhão são objetos distintos que formam o nosso sistema. Consideraremos ambos como partículas. A Terra e a superfície da rodovia são partes da vizinhança.

VISUALIZAÇÃO O esboço da **FIGURA 7.17** estabelece um sistema de coordenadas, lista a informação conhecida e – o que é novo em problemas sobre objetos em interação – identifica vínculos de aceleração. Enquanto o caixote não escorregar, ele terá de acelerar *junto* com o caminhão. Ambas as acelerações possuem o sentido positivo do eixo x; logo, o vínculo de aceleração neste problema é

$$a_{\text{CX}x} = a_{\text{C}x} = a_x$$

O diagrama de interação da Figura 7.17 mostra o caixote interagindo de duas maneiras com o caminhão – através de uma força de atrito paralela à superfície da carroceria e por uma força normal perpendicular àquela superfície. O caminhão interage de forma parecida com a superfície da rodovia, mas note que o caixote não interage com o piso; não existe contato entre eles. Cada uma das duas interações no interior do sistema corresponde a um par ação/reação, de modo que isso dá um total de quatro forças. Você também pode verificar que existem quatro forças externas atravessando a fronteira do sistema, logo os diagramas de corpo livre devem apresentar um total de oito forças.

Finalmente, a informação acerca das interações é transferida para os diagramas de corpo livre, onde o atrito entre o caixote e a carroceria corresponde a um par ação/reação, e as forças normais (o caminhão empurra o caixote para cima, e este empurra a carroceria para baixo), a outro par ação/reação. É fácil esquecer de forças tais como $f_{\text{CX sobre C}}$, mas você não cometerá este erro se primeiro identificar os pares ação/reação em um diagrama de interação. Note que $\vec{f}_{\text{CX sobre C}}$ e $\vec{f}_{\text{C sobre CX}}$ são forças de atrito estático, pois essas são as forças que impedem o escorregamento; a força $\vec{f}_{\text{C sobre CX}}$ deve apontar para a frente a fim de impedir o caixote de escorregar para trás sobre o caminhão.

RESOLUÇÃO Agora estamos prontos para escrever a segunda lei de Newton. Para o caixote:

$$\sum (F_{\text{sobre o caixote}})_x = f_{\text{C sobre CX}} = m_{\text{CX}} a_{\text{CX}x} = m_{\text{CX}} a_x$$

$$\sum (F_{\text{sobre o caixote}})_y = n_{\text{C sobre CX}} - (F_G)_{\text{CX}} = n_{\text{C sobre CX}} - m_{\text{CX}} g = 0$$

Para o caminhão:

$$\sum (F_{\text{sobre o caminhão}})_x = F_C - f_{\text{CX sobre C}} = m_C a_{\text{C}x} = m_C a_x$$

$$\sum (F_{\text{sobre o caminhão}})_y = n_C - (F_G)_{\text{C}} - n_{\text{CX sobre C}}$$

$$= n_C - m_C g - n_{\text{CX sobre C}} = 0$$

Você deve revisar todos os sinais para ter certeza de que estão corretos, baseando-se nos diagramas de corpo livre. A força resultante na direção y é nula porque não existe movimento nesta direção. Pode parecer cansativo demais escrever todos os subscritos, mas eles são muito importantes em problemas que envolvem mais de um objeto.

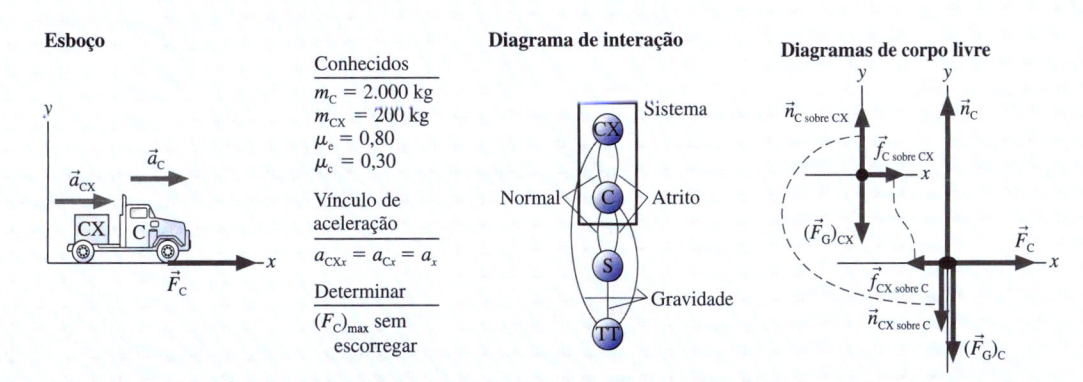

FIGURA 7.17 A representação pictórica do caixote e do caminhão do Exemplo 7.4.

Continua

Note que já usamos o vínculo de aceleração $a_{CXx} = a_{Cx} = a_x$. Outra parte importante da informação é a terceira lei de Newton, que nos diz que $f_{CX \text{ sobre } C} = f_{C \text{ sobre } CX}$ e que $n_{CX \text{ sobre } C} = n_{C \text{ sobre } CX}$. Finalmente, sabemos que o máximo valor de F_C ocorrerá quando o atrito estático sobre o caixote atingir seu máximo valor:

$$f_{C \text{ sobre } CX} = f_{e\,max} = \mu_e n_{C \text{ sobre } CX}$$

O atrito depende da força normal sobre o caixote, e não, da força normal sobre o caminhão.

Agora podemos juntar todas as partes. Da equação em y do caixote, $n_{C \text{ sobre } CX} = m_{CX}g$. Portanto,

$$f_{C \text{ sobre } CX} = \mu_e n_{C \text{ sobre } CX} = \mu_e m_{CX}g$$

Usando isto na equação em x do caixote, obtemos a aceleração como

$$a_x = \frac{f_{C \text{ sobre } C_x}}{m_{C_x}} = \mu_e g$$

Esta é a máxima aceleração do caminhão sem que o caixote escorregue. Use agora esta aceleração e o fato de que $f_{CX \text{ sobre } C} = f_{C \text{ sobre } CX} = \mu_e m_{CX}g$ na equação em x do caminhão para obter

$$F_C - f_{CX \text{ sobre } C} = F_C - \mu_e m_{CX}g = m_C a_x = m_C \mu_e g$$

Isolando F_C, encontramos a impulsão máxima possível sem que o caixote escorregue:

$$(F_C)_{max} = \mu_e(m_C + m_{CX})g$$
$$= (0{,}80)(2.200 \text{ kg})(9{,}8 \text{ m/s}^2) = 17.000 \text{ N}$$

AVALIAÇÃO Trata-se de um resultado de difícil avaliação. Poucos de nós têm alguma intuição acerca das intensidades das forças que impulsionam carros e caminhões. Mesmo assim, o fato de que a força que impulsiona o caminhão para a frente corresponde a uma fração significativa (80%) do peso conjunto do caminhão e do caixote parece plausível. Poderíamos ter desconfiança caso F_C correspondesse a somente uma minúscula fração do peso ou se ele tivesse um valor muito maior do que este.

Como você pode ver, existem muitas equações e muita informação para manter em mente enquanto se resolve problemas sobre objetos em interação. Estes problemas não são inerentemente mais difíceis de resolver do que aqueles que aprendemos a resolver no Capítulo 6, porém requerem um nível mais alto de organização. Usar a abordagem sistemática da estratégia de resolução de problemas o ajudará a resolver com sucesso problemas parecidos.

PARE E PENSE 7.3 As caixas A e B deslizam para a direita sobre uma mesa desprovida de atrito. A mão M está desacelerando-os. A massa de A é maior do que a de B. Ordene em seqüência, do maior para o menor, os valores das forças *horizontais* exercidas sobre A, B e M.

a. $F_{B \text{ sobre } M} = F_{M \text{ sobre } B} = F_{A \text{ sobre } B} = F_{B \text{ sobre } A}$
b. $F_{B \text{ sobre } M} = F_{M \text{ sobre } B} > F_{A \text{ sobre } B} = F_{B \text{ sobre } A}$
c. $F_{B \text{ sobre } M} = F_{M \text{ sobre } B} < F_{A \text{ sobre } B} = F_{B \text{ sobre } A}$
d. $F_{M \text{ sobre } B} = F_{M \text{ sobre } A} > F_{A \text{ sobre } B}$

7.4 Cordas e polias

Muitos objetos são ligados por barbantes, cordas, cabos e assim por diante. Na dinâmica de partícula única, definimos a *tensão* como a força exercida por uma corda ou barbante sobre um dado objeto. Agora, todavia, precisamos pensar com mais profundidade sobre a corda em si. Exatamente o que estamos querendo expressar ao falar sobre a tensão "em" um barbante?

A tensão revisitada

A **FIGURA 7.18a** mostra um cofre pesado suspenso por uma corda, tensionando-a. Se você cortasse a corda, o cofre e a porção inferior da corda cairiam. Logo, deve haver uma força *no interior* da corda com a qual a parte superior da corda puxa para cima a parte inferior da mesma e a impede de cair.

No capítulo 5, apresentamos um modelo atômico em que a tensão deve-se ao esticamento de ligações moleculares do tipo mola, como se fossem minúsculas molas, no interior da corda. Molas esticadas exercem forças que puxam, e a força conjunta de bilhões de molas moleculares esticadas dentro da corda constitui o que chamamos de *tensão*.

Um aspecto importante da tensão é que ela puxa igualmente *nos dois sentidos*. A **FIGURA 7.18b** representa a ampliação de uma secção transversal extremamente fina da corda. Este minúsculo pedaço de corda encontra-se em equilíbrio; logo, ele deve estar sendo puxado com a mesma intensidade de ambos os lados. Para adquirir uma imagem mental, mantenha seus braços esticados e abertos na horizontal e peça a dois colegas para puxá-los. Você permanecerá em repouso — mas "tensionado" — desde que os dois colegas o puxem com igual intensidade e em sentidos opostos. Mas se um deles o soltar, o que é análogo ao rompimento das ligações moleculares se a corda se romper ou for cortada, você tombará bruscamente para o lado do outro colega!

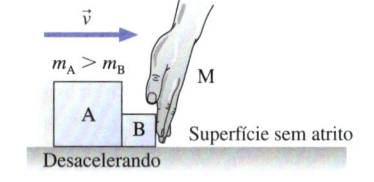

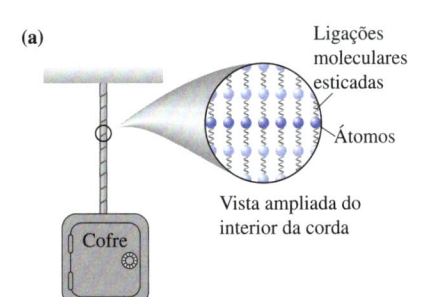

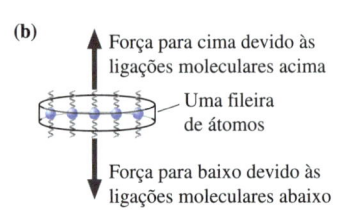

FIGURA 7.18 Forças de tensão no interior da corda devem-se ao esticamento das ligações moleculares do tipo mola.

EXEMPLO 7.5 Puxando uma corda

A **FIGURA 7.19a** mostra um estudante que puxa com 100 N de força uma corda horizontal presa a uma parede. Na **FIGURA 7.19b**, dois estudantes disputam um cabo-de-guerra e puxam as extremidades da corda com 100 N cada. A tensão na segunda corda é maior, menor ou igual à na primeira corda?

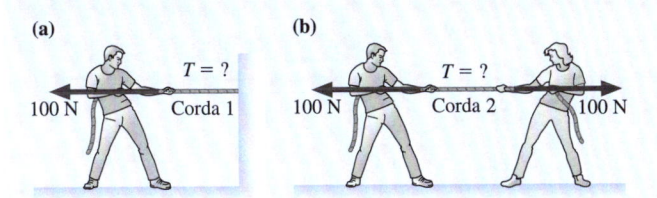

FIGURA 7.19 Puxando uma corda. Qual das duas pessoas produz tensão maior?

RESOLUÇÃO Certamente puxar uma corda por ambas as extremidades causa maior tensão do que puxá-la de um lado apenas. Certo? Antes de ir para as conclusões, vamos analisar a situação com maior cuidado.

Suponha que façamos um corte imaginário na corda, como ilustrado na **FIGURA 7.20a**. A metade direita da corda puxa a metade esquerda com $\vec{T}_{\text{D sobre E}}$, enquanto a metade esquerda puxa a metade direita com $\vec{T}_{\text{E sobre D}}$. Estas duas forças formam um par ação/reação, e, portanto, seus módulos são o que queremos *expressar* com "tensão na corda". A metade esquerda da corda encontra-se em equilíbrio; logo, a força $\vec{T}_{\text{D sobre E}}$ deve contrabalançar exatamente os 100 N de força com que o estudante puxa. Assim,

$$T_{\text{E sobre D}} = T_{\text{D sobre E}} = F_{\text{EST sobre E}} = 100 \text{ N}$$

A primeira igualdade baseia-se na terceira lei de Newton (par ação/reação). A segunda igualdade segue da primeira lei de Newton (a metade esquerda está em equilíbrio). Este raciocínio nos leva a concluir que a tensão na primeira corda é de 100 N.

Agora faça um corte imaginário na corda da **FIGURA 7.20b**. A metade esquerda da corda é puxada pelas forças $\vec{T}_{\text{D sobre E}}$ e $\vec{F}_{\text{EST1 sobre E}}$. Esta metade de corda encontra-se também em equilíbrio, pois ela se mantém em repouso, de modo que, da primeira lei de Newton,

$$T_{\text{D sobre E}} = F_{\text{EST1 sobre E}} = 100 \text{ N}$$

Analogamente, a metade direita da corda é puxada pelas forças $\vec{T}_{\text{E sobre D}}$ e $\vec{F}_{\text{EST2 sobre D}}$. Este pedaço de corda está também em equilíbrio; logo,

$$T_{\text{E sobre D}} = F_{\text{EST2 sobre D}} = 100 \text{ N}$$

A tensão é a mesma nas duas cordas! Ela continua valendo 100 N.

Pode ser que você tenha *considerado* que o estudante da direita da Figura 7.20b esteja fazendo algo à corda que a parede da Figura 7.20a não faz. Mas vamos olhar mais de perto. A **FIGURA 7.21** mostra uma vista ampliada do ponto onde a corda da Figura 7.20a está presa à parede. Uma vez que a corda puxa a parede com força $\vec{F}_{\text{C sobre P}}$, a parede deve puxar a corda de volta (par ação/reação) com força $\vec{F}_{\text{P sobre C}}$. Uma vez que a corda como um todo se encontra em equilíbrio, o puxão da parede para a direita deve contrabalançar o puxão do estudante para a esquerda: $F_{\text{P sobre C}} = F_{\text{EST sobre C}} = 100 \text{ N}$.

FIGURA 7.21 Uma visão mais detalhada das forças sobre a corda.

Em outras palavras, a parede da Figura 7.20a puxa a extremidade direita da corda com uma força de 100 N. Na Figura 7.20b, o estudante puxa a extremidade direita com uma força de 100 N. Para a corda é indiferente quanto a ser puxada por uma parede ou por uma mão. Em ambos os casos, ela experimenta a mesma força; logo, a tensão na corda vale os mesmos 100 N nos dois casos.

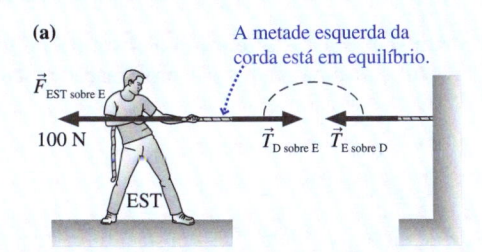

FIGURA 7.20 Análise das forças de tensão.

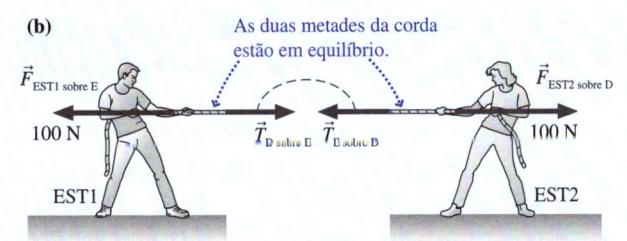

PARE E PENSE 7.4 Todos estes blocos de 50 kg encontram-se em repouso. A tensão na corda 2 é maior, menor ou igual à tensão na corda 1?

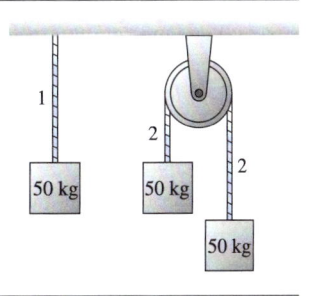

Aproximação de corda sem massa

A tensão é constante ao longo de uma corda que se encontra em equilíbrio, mas o que ocorrerá se a corda for acelerada? Por exemplo, a **FIGURA 7.22a** mostra dois blocos ligados sendo puxados pela força $\vec{F}$. A tensão na extremidade direita da corda, que puxa para trás o bloco B, é de mesmo valor que a tensão na extremidade esquerda da corda, que puxa o bloco A para a frente?

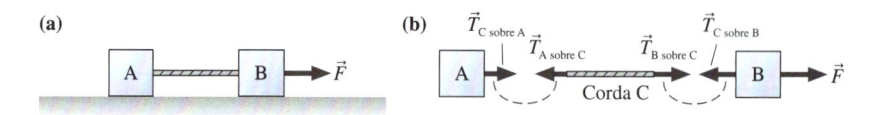

FIGURA 7.22 A tensão na corda puxa o bloco A para a frente e o bloco B para trás.

A **FIGURA 7.22b** mostra as forças horizontais exercidas sobre o bloco e a corda. Se esta está acelerada, então deve haver uma força resultante exercida sobre ela. As únicas forças exercidas sobre a corda são $\vec{T}_\text{A sobre C}$ e $\vec{T}_\text{B sobre C}$, de modo que a segunda lei de Newton *para a corda* é

$$(F_\text{res})_x = T_\text{B sobre C} - T_\text{A sobre C} = m_\text{C} a_x \tag{7.7}$$

onde m_C é a massa da corda.

Se a corda estiver acelerando, então as tensões nas duas extremidades *não* podem ser de mesmo valor. De fato, você pode verificar que

$$T_\text{B sobre C} = T_\text{A sobre C} + m_\text{C} a_x \tag{7.8}$$

A tensão na extremidade "da frente" da corda é maior do que a tensão na extremidade "de trás". Esta diferença de tensão é necessária para acelerar a corda! Por outro lado, a tensão é constante ao longo de uma corda em equilíbrio ($a_x = 0$). Esta era a situação do Exemplo 7.5.

Com freqüência em problemas de física e de engenharia a massa de um barbante ou de uma corda é muito menor do que a dos objetos que elas ligam. Nestes casos, podemos adotar a **aproximação de corda sem massa**. No limite $m_\text{C} \to 0$, a Equação 7.8 se torna

$$T_\text{B sobre C} = T_\text{A sobre C} \text{ (aproximação de corda sem massa)} \tag{7.9}$$

Em outras palavras, **em uma corda sem massa, a tensão é constante ao longo da mesma**. Isso é bom, mas não é a justificativa básica para a aproximação de corda sem massa.

Observe novamente a Figura 7.22b. Se $T_\text{B sobre C} = T_\text{A sobre C}$, então

$$\vec{T}_\text{C sobre A} = -\vec{T}_\text{C sobre B} \tag{7.10}$$

Ou seja, a força sobre o bloco A é de mesmo módulo, mas oposta à força sobre o bloco B. As forças $\vec{T}_\text{C sobre A}$ e $\vec{T}_\text{C sobre B}$ se comportam *como se* formassem um par de forças ação/reação. Logo, podemos desenhar o diagrama simplificado da **FIGURA 7.23**, no qual a corda não aparece e os blocos A e B interagem diretamente um com o outro por meio das forças que denotamos por $\vec{T}_\text{A sobre B}$ e $\vec{T}_\text{B sobre A}$.

Em outras palavras, **se os objetos A e B interagem um com o outro através de uma corda sem massa, podemos omiti-la e considerar que as forças $\vec{F}_\text{A sobre B}$ e $\vec{F}_\text{B sobre A}$ se comportam *como se* formassem um par ação/reação**. Isto não é literalmente verdadeiro porque A e B não estão em contato. Apesar disso, tudo o que faz uma corda sem massa é transmitir uma força de A para B sem alterar seu módulo. Este é o significado real da aproximação de corda sem massa.

NOTA ▶ Nos problemas deste livro, você pode considerar que todos os barbantes e todas as cordas são desprovidos de massa a menos que o enunciado estabeleça explicitamente que não. Nessas circunstâncias, a vista simplificada da Figura 7.23 é apropriada. Mas se a corda possui massa, ela deve ser tratada como um objeto separado. ◀

A tensão no cabo puxa para cima o assento e, simultaneamente, puxa para baixo o motor e os suportes no topo do elevador.

Este par de forças se comporta como se fosse um par de forças ação/reação.

Podemos omitir a corda se a consideramos sem massa.

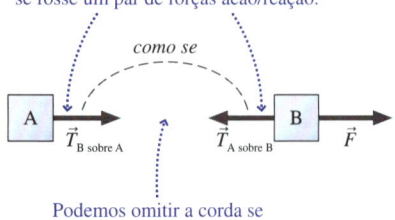

FIGURA 7.23 A aproximação de corda sem massa permite que os objetos A e B atuem *como se* eles estivessem interagindo diretamente um com o outro.

EXEMPLO 7.6 Comparando duas tensões

Os blocos A e B da **FIGURA 7.24** estão ligados pela corda 2, desprovida de massa, e são puxados sobre uma mesa desprovida de atrito pela corda 1, também sem massa. B possui uma massa maior do que a de A. A tensão na corda 2 é maior, menor ou de mesmo valor que na corda 1?

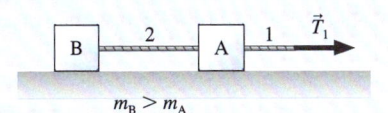

FIGURA 7.24 Os blocos A e B são puxados sobre uma mesa desprovida de atrito por meio de cordas sem massa.

MODELO A aproximação de corda sem massa nos permite tratar A e B *como se* eles interagissem diretamente um com o outro. Os blocos estão acelerando porque existe uma força exercida para a direita e nenhum atrito.

RESOLUÇÃO B tem a maior massa; logo, pode ser tentador concluir que a tensão na corda 2, que puxa B, é maior do que a tensão na corda 1, que puxa A. A falha deste argumento é que a segunda lei de Newton fala apenas na força *resultante*. A força resultante sobre B é maior do que a força resultante sobre A, mas a força resultante sobre A não é apenas a tensão $\vec{T}_1$ com sentido para a frente. A tensão na corda 2 também puxa A *para trás*!

A **FIGURA 7.25** mostra as forças horizontais envolvidas nesta situação sem atrito. As forças $\vec{T}_{\text{A sobre B}}$ e $\vec{T}_{\text{B sobre A}}$ se comportam *como se* formassem um par ação/reação.

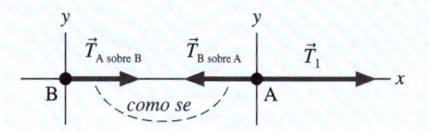

FIGURA 7.25 As forças horizontais sobre os blocos A e B.

Da terceira lei de Newton, obtemos

$$T_{\text{A sobre B}} = T_{\text{B sobre A}} = T_2$$

onde T_2 é a tensão na corda 2. Da segunda lei de Newton, a força resultante sobre A é

$$(F_{\text{A res}})_x = T_1 - T_{\text{B sobre A}} = T_1 - T_2 = m_A a_{Ax}.$$

A força resultante sobre A é igual à *diferença* entre as tensões. Os blocos estão acelerando para a direita, o que significa que $a_{Ax} > 0$, de modo que

$$T_1 > T_2$$

A tensão na corda 2 é *menor* do que a tensão na corda 1.

AVALIAÇÃO Este não é um resultado intuitivamente óbvio. Vale a pena fazer uma análise cuidadosa do raciocínio empregado neste exemplo. Uma análise alternativa seria notar que $\vec{T}_1$ puxa *ambos* os blocos, de massa conjunta $(m_A + m_B)$, enquanto $\vec{T}_2$ puxa apenas o bloco B. Assim, a corda 1 deve ter maior tensão.

Polias

Barbantes e cordas freqüentemente são usados com polias. A aplicação poderia ser tão simples quanto erguer uma carga pesada ou tão complexa quanto o arranjo interno de cabos e polias que movimenta com precisão o braço de um robô.

A **FIGURA 7.26a** mostra uma situação simples em que o bloco B puxa o bloco A sobre uma mesa sem atrito enquanto B desce verticalmente. A **FIGURA 7.26b** mostra os objetos separadamente, assim como as forças envolvidas. Enquanto a corda se move, o atrito estático entre a corda e a periferia da polia faz a polia girar. Se considerarmos que:

- a corda *e* a polia são ambas desprovidas de massa, e
- não existe atrito com o eixo onde a polia gira,

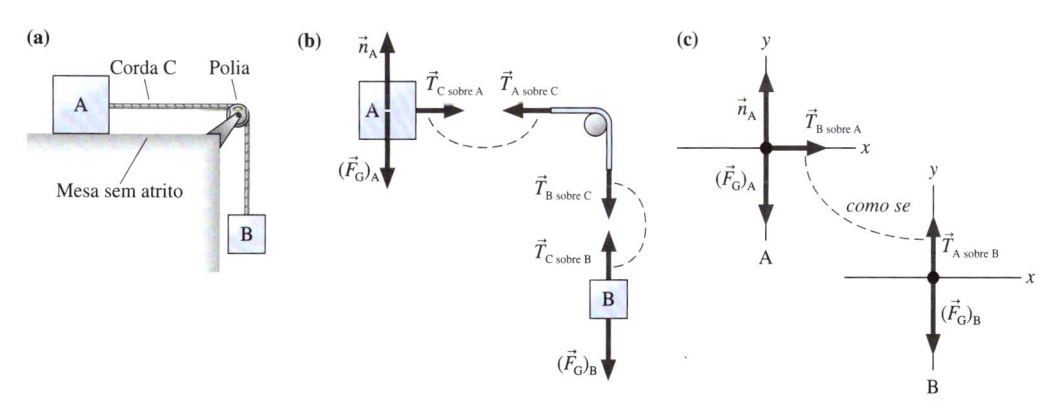

FIGURA 7.26 Os blocos A e B estão ligados por uma corda que passa por uma polia.

então não é necessária nenhuma força resultante para acelerar a corda ao redor da polia. Neste caso,

$$T_{\text{A sobre C}} = T_{\text{B sobre C}}$$

Em outras palavras, **em uma corda sem massa a tensão se mantém constante quando ela passa através de uma polia sem massa e desprovida de atrito**.

Por isso, podemos desenhar um diagrama de corpo livre simplificado como o da **FIGURA 7.26c**, em que a corda e a polia foram omitidas. As forças $\vec{T}_{\text{A sobre B}}$ e $\vec{T}_{\text{B sobre A}}$ se comportam *como se* formassem um par ação/reação, mesmo não tendo sentidos opostos. Novamente podemos dizer que A e B são objetos que interagem um com o outro *através da corda*, e, deste modo, a força de A sobre B forma um par com a força de B sobre A. A força de tensão é "girada" através da polia, razão por que as duas forças não são contrárias uma à outra, porém ainda podemos considerar iguais os seus módulos.

PARE E PENSE 7.5 Na Figura 7.26, a tensão na corda é maior, menor ou de mesmo valor que a força gravitacional exercida sobre o bloco B?

7.5 Exemplos de problemas sobre objetos em interação

Concluiremos o capítulo com quatro exemplos relativamente longos. Embora seja necessário usar mais matemática do que nos exemplos que temos apresentado até aqui, continuaremos a enfatizar o *raciocínio* usado para resolver problemas como estes. As soluções serão baseadas na Estratégia para Resolução de Problemas 7.1. De fato, esses problemas atingem um nível de complexidade tal que, para fins práticos, torna-se muito difícil resolvê-los a menos que se siga uma estratégia bem-planejada. Nossa ênfase anterior na identificação de forças e no emprego de diagramas de corpo livre começará agora a realmente dar bons frutos!

EXEMPLO 7.7 Escalando uma montanha

Um alpinista de 90 kg está suspenso pela corda mostrada na **FIGURA 7.27a**. A máxima tensão que a corda 3 pode suportar sem romper-se é de 1.500 N. Qual é o menor valor que o ângulo θ pode ter antes que a corda se rompa e o alpinista caia no desfiladeiro?

MODELO O alpinista A, considerado aqui como uma partícula, é um objeto. Outro ponto sobre o qual uma força é exercida é o nó N, onde as três cordas estão amarradas juntas. Consideraremos o nó N como um segundo objeto. Esses dois objetos estão em equilíbrio estático. Também consideraremos que as cordas não tenham massas.

VISUALIZAÇÃO A **FIGURA 7.27b** mostra dois diagramas de corpo livre. As forças $\vec{T}_{\text{A sobre N}}$ e $\vec{T}_{\text{N sobre A}}$, estritamente falando, não constituem um par ação/reação, pois o alpinista não está em contato com o nó. Mas se as cordas são desprovidas de massa, $\vec{T}_{\text{A sobre N}}$ e $\vec{T}_{\text{N sobre A}}$ comportam-se *como se* formassem um par ação/reação.

RESOLUÇÃO Trata-se de uma situação de equilíbrio estático, de modo que as forças resultantes sobre o alpinista e sobre o nó são nulas.

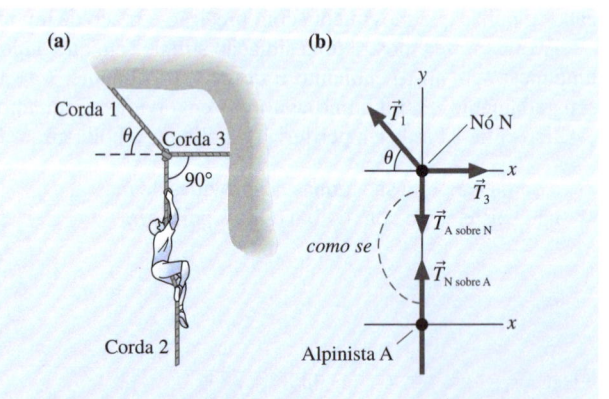

FIGURA 7.27 Um alpinista suspenso por cordas.

Para o alpinista:

$$\sum (F_{\text{sobre A}})_y = T_{\text{N sobre A}} - mg = 0$$

E para o nó:

$$\sum (F_{\text{sobre N}})_x = T_3 - T_1 \cos\theta = 0$$

$$\sum (F_{\text{sobre N}})_y = T_1 \sen\theta - T_{\text{A sobre N}} = 0$$

Da terceira lei de Newton, temos

$$T_{\text{A sobre N}} = T_{\text{N sobre A}}$$

Porém, da equação para o alpinista, $T_{\text{N sobre A}} = mg$; logo, $T_{\text{A sobre N}} = mg$. Usando este resultado nas equações para o nó, obtemos

$$T_1 \cos\theta = T_3$$

$$T_1 \sen\theta = mg$$

Dividindo, membro a membro, a segunda equação pela primeira, obtemos

$$\frac{T_1 \sen\theta}{T_1 \cos\theta} = \tg\theta = \frac{mg}{T_3}$$

Se o ângulo θ for muito pequeno, a tensão T_3 excederá 1.500 N. O menor valor possível para θ, para o qual a tensão T_3 atinge 1.500 N, é

$$\theta_{\min} = \tg^{-1}\left(\frac{mg}{T_{3\,\max}}\right) = \tg^{-1}\left(\frac{(90\text{ kg})(9{,}80\text{ m/s}^2)}{1500\text{ N}}\right) = 30°$$

EXEMPLO 7.8 O show deve continuar!

Um equipamento eletrônico de 200 kg, usado em uma peça teatral, está guardado, suspenso no sótão do palco. A corda que sustenta o equipamento passa por uma polia e está presa ao fundo do palco. O diretor pede a um cenógrafo de 100 kg que baixe o equipamento. Quando o técnico desamarra a corda, o equipamento cai e o azarado rapaz é erguido até o sótão. Qual é a aceleração do rapaz?

MODELO O sistema é formado pelo cenógrafo H e pelo equipamento E, que trataremos como partículas. Considere a corda e a polia como desprovidas de massa, sendo a polia também livre de atrito.

VISUALIZAÇÃO A **FIGURA 7.28** mostra a representação pictórica. A aceleração do cenógrafo, a_{Hy}, é positiva, enquanto a do equipamento, a_{Ey}, é negativa. Estas duas acelerações têm o mesmo módulo porque os dois objetos estão ligados pela corda, mas elas possuem sinais contrários. Assim, o vínculo de aceleração é $a_{Ey} = -a_{Hy}$. As forças $\vec{T}_{\text{H sobre E}}$ e $\vec{T}_{\text{E sobre H}}$ não formam realmente um par ação/reação, mas se comportam *como se* formassem, pois a corda não tem massa, e a polia, nem massa nem atrito. Note que a polia "gira" a força de tensão de maneira que $\vec{T}_{\text{H sobre E}}$ e $\vec{T}_{\text{E sobre H}}$ sejam mutuamente *paralelos e de mesmo sentido*, em vez de opostos, como devem ser os membros de um verdadeiro par ação/reação.

RESOLUÇÃO As equações da segunda lei de Newton para o cenógrafo e o equipamento são

$$\sum (F_{\text{sobre H}})_y = T_{\text{E sobre H}} - m_H g = m_H a_{Hy}$$

$$\sum (F_{\text{sobre E}})_y = T_{\text{H sobre E}} - m_E g = m_E a_E = -m_E a_{Hy}$$

Somente as equações em y são necessárias. Note que usamos o vínculo de aceleração na última passagem. A terceira lei de Newton é

$$T_{\text{H sobre E}} = T_{\text{E sobre H}} = T$$

onde não escrevemos os subscritos e representamos a tensão por, simplesmente, T. Com essa substituição, as duas equações da segunda lei podem ser escritas na forma

$$T - m_H g = m_H a_{Hy}$$

$$T - m_E g = -m_E a_{Hy}$$

Trata-se de duas equações simultâneas nas duas incógnitas T e a_{Hy}. Podemos eliminar T subtraindo a segunda equação da primeira, obtendo

$$(m_E - m_H)g = (m_E + m_H)a_{Hy}$$

Finalmente, isolamos a aceleração do pobre cenógrafo:

$$a_{Hy} = \frac{m_E - m_H}{m_E + m_H}g = \frac{100\text{ kg}}{300\text{ kg}}9{,}80\text{ m/s}^2 = 3{,}27\text{ m/s}^2$$

Esta é também a aceleração com que o equipamento cai. Se a tensão na corda fosse pedida, poderíamos agora determinar $T = m_H a_{Hy} + m_H g$.

AVALIAÇÃO Se o cenógrafo não ficasse segurando a corda, o equipamento cairia com a aceleração de queda livre g. O cenógrafo atua como um *contrapeso* que reduz a aceleração do equipamento.

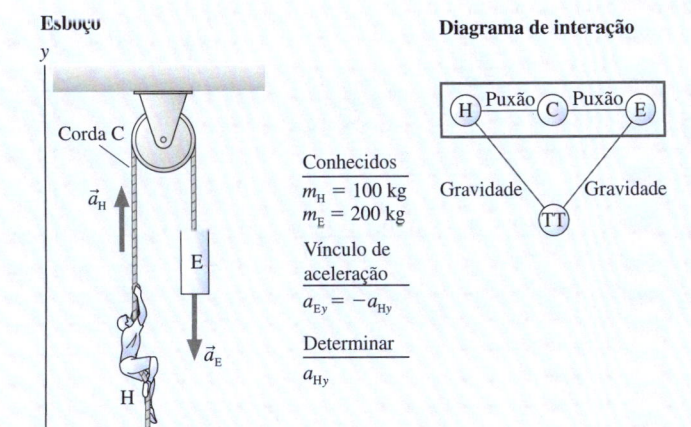

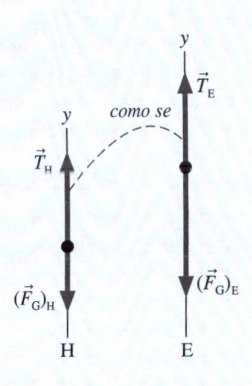

FIGURA 7.28 Representação pictórica para o Exemplo 7.8.

EXEMPLO 7.9 Um roubo de banco meio estúpido

Ladrões de banco empurraram um cofre de 1.000 kg até a janela do segundo andar de um banco. Eles planejam quebrar a janela e depois descer o cofre por 3,0 m até o caminhão. Não sendo muito espertos, eles empilham 500 kg de mobília, amarram uma corda ao redor do cofre e da pilha de mobília e passam a mesma por uma polia. Depois, eles empurram o cofre para fora da janela. Qual será o valor da velocidade do cofre ao chegar à carroceria do caminhão? O coeficiente de atrito cinético entre a mobília empilhada e o piso vale 0,50.

MODELO Isto é uma continuação da situação analisada nas Figuras 7.16 e 7.26, que são importantes de rever. O sistema é formado pelo cofre C e pela pilha de mobília M, ambos modelados como partículas. Consideraremos a corda sem massa, e a polia sem massa e livre de atrito.

VISUALIZAÇÃO O cofre e a mobília estão amarrados um ao outro; logo, suas acelerações são de mesmo módulo. O cofre tem um componente y de aceleração a_{Cy} que é negativo porque o cofre acelera no sentido negativo do eixo y. A mobília tem um componente x de aceleração, a_M, que é positivo. Assim, o vínculo de aceleração é

$$a_{Mx} = -a_{Cy}$$

Os diagramas de corpo livre da **FIGURA 7.29** foram modelados após a Figura 7.26, mas incluem agora uma força de atrito cinético sobre a mobília. As forças $\vec{T}_{M\,sobre\,C}$ e $\vec{T}_{C\,sobre\,M}$ se comportam *como se* fossem um par ação/reação, de modo que foram ligadas por uma linha tracejada.

RESOLUÇÃO Podemos escrever as equações da segunda lei de Newton diretamente dos diagramas de corpo livre. Para a mobília,

$$\sum (F_{sobre\,M})_x = T_{C\,sobre\,M} - f_c = T - f_c = m_M a_{Mx} = m_M a_{Cx}$$
$$\sum (F_{sobre\,M})_y = n - m_M g$$

E para o cofre,

$$\sum (F_{sobre\,C})_y = T - m_C g = m_C a_{Cy}$$

Note que usamos o vínculo de aceleração na primeira equação. Seguindo adiante, fizemos uso da terceira lei de Newton: $T_{M\,sobre\,C} = T_{C\,sobre\,M} = T$. Temos ainda uma parte de informação para usar, o modelo do atrito cinético:

$$f_c = \mu_c n = \mu_c m_M g$$

onde usamos a equação em y da mobília para deduzir que $n = m_M g$. Substituímos este resultado para f_c na equação em x da mobília, e depois reescrevemos a equação em x da mobília e a equação em y do cofre:

$$T - \mu_c m_M g = -m_M a_{Cy}$$
$$T - m_C g = -m_C a_{Cy}$$

Tivemos sucesso em reduzir nosso conhecimento a duas equações simultâneas nas incógnitas a_{Cy} e T. Subtraindo a segunda equação da primeira, eliminamos T:

$$(m_C - \mu_c m_M)g = -(m_C + m_M)a_{Cy}.$$

Finalmente, isolamos a aceleração do cofre:

$$a_{Cy} = -\left(\frac{m_C - \mu_c m_M}{m_C + m_M}\right)g$$

$$= -\frac{1000\,kg - 0{,}5(500\,kg)}{1000\,kg + 500\,kg}9{,}80\,m/s^2 = -4{,}9\,m/s^2$$

Agora precisamos determinar a cinemática do cofre em queda. Como o tempo de queda do cofre não é conhecido ou pedido, podemos usar

$$v_{1y}^2 = v_{0y}^2 + 2a_{Cy}\Delta y = 0 + 2a_{Cy}(y_1 - y_0) = -2a_{Cy}y_0$$
$$v_1 = \sqrt{-2a_{Cy}y_0} = \sqrt{-2(-4{,}9\,m/s^2)(3{,}0\,m)} = 5{,}4\,m/s$$

O valor de v_{1y} é negativo, mas como precisamos determinar apenas o módulo da velocidade, ficamos com seu valor absoluto. Parece improvável que o caminhão sobreviva ao impacto do cofre de 1.000 kg!

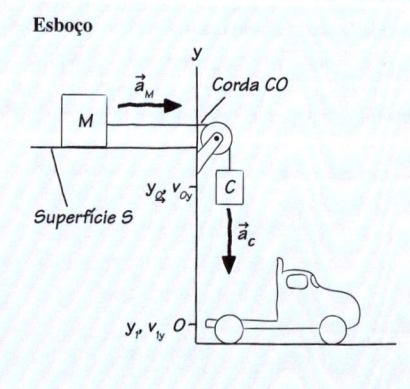

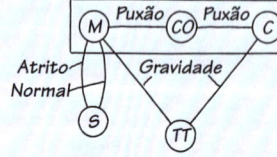

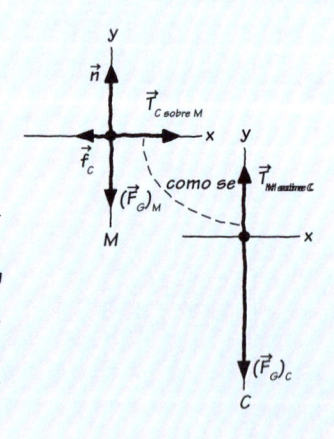

FIGURA 7.29 Representação pictórica do Exemplo 7.9.

EXEMPLO 7.10 Empurrando um pacote

Um rapaz de 40 kg ajuda na loja de informática de seu pai. Uma de suas tarefas é tirar carga do caminhão de entregas. Ele coloca cada pacote sobre uma rampa de 30° e o empurra rampa acima para dentro do galpão de armazenamento da loja. Ele precisa empurrar o pacote com uma aceleração de pelo menos 1,0 m/s² a fim de que o mesmo chegue ao topo da rampa. Certo dia, o piso está molhado da chuva e o rapaz está usando um sapato com sola de couro que facilmente escorrega. O coeficiente de atrito estático entre os sapatos e o piso vale somente 0,25. O pacote mais pesado do dia é de 15 kg, e seu coeficiente de atrito cinético com a rampa vale 0,40. O rapaz poderá empurrar este pacote com força suficientemente grande para atingir o topo da rampa sem que seus sapatos escorreguem?

MODELO O sistema é formado pelo rapaz R e pelo pacote P, que serão tratados como partículas.

VISUALIZAÇÃO Há muita informação neste problema; logo, é essencial desenhar uma representação pictórica como a da **FIGURA 7.30**. O pacote está se movendo rampa acima, enquanto o rapaz, caso escorregue, move-se na horizontal. Conseqüentemente, é útil estabelecer diferentes sistemas de coordenadas para os dois objetos. Os diagramas de corpo livre mostram que o rapaz empurra o pacote com uma força $\vec{F}_{\text{R sobre P}}$, enquanto o pacote o empurra de volta com uma força $\vec{F}_{\text{P sobre R}}$. Se o atrito estático está presente, ele deve apontar *para a frente* a fim de evitar que os sapatos do rapaz escorreguem para trás. Para responder a esta questão, vamos primeiro calcular qual é o valor necessário do atrito estático para que o rapaz consiga empurrar o pacote com uma aceleração de 1,0 m/s². Depois o compararemos com o máximo valor possível do atrito estático $f_{e\,\text{max}}$.

RESOLUÇÃO Agora estamos prontos para escrever as equações da segunda lei. O rapaz encontra-se em equilíbrio estático, com $\vec{F}_{\text{res}} = \vec{0}$, de modo que as equações da segunda lei para ele são

$$\sum (F_{\text{sobre R}})_x = f_e - F_{\text{P sobre R}} \cos \theta = f_e - F \cos \theta = 0$$

$$\sum (F_{\text{sobre R}})_y = n_R - m_R g - F \sen \theta = 0$$

O pacote sobe a rampa acelerado pelo rapaz; logo, as equações correspondentes para o pacote são

$$\sum (F_{\text{sobre P}})_x = F - f_c - m_P g \sen \theta = m_P a_x$$

$$\sum (F_{\text{sobre P}})_y = n_P - m_P g \cos \theta = 0$$

Seguindo em frente, fazemos uso da terceira lei de Newton: $F_{\text{P sobre R}} = F_{\text{R sobre P}} = F$. A equação em y para o pacote significa que $n_P = m_P g \cos \theta$; logo, a força de atrito cinético do pacote é

$$f_c = \mu_c n_P = \mu_c m_P g \cos \theta$$

Substituindo isto na equação em x para o pacote, podemos isolar a força F:

$$F - \mu_c m_P g \cos \theta - m_P g \sen \theta = m_P a_x$$

$$F = m_P(a_x + g \sen \theta + \mu_c g \cos \theta) = 139 \text{ N}$$

Esta é a intensidade da força que acelerará o pacote rampa acima a 1,0 m/s². Se, agora, substituirmos este resultado na equação em x para o rapaz, obtemos

$$f_e = F \cos\theta = 120 \text{ N}$$

O rapaz *precisa* deste valor de atrito estático para não escorregar. Mas precisar deste valor não significa que ele seja possível de atingir. O máximo valor possível para o atrito estático é $f_{e\,\text{Max}} = \mu_e n_R$. Nesta situação, a força normal exercida sobre o rapaz não é, simplesmente, F_G, pois ela é afetada pela componente vertical de $\mu_{\text{P sobre R}}$. A partir de sua equação em y, obtemos

$$n_R = m_R g + F \sen \theta = 462 \text{ N}$$

Portanto, o atrito estático máximo, sem que haja escorregamento, é

$$f_{e\,\text{max}} = \mu_e n_R = 115 \text{ N}$$

Conseqüentemente, o rapaz *não poderá* empurrar o pacote forte o suficiente sem escorregar no piso.

AVALIAÇÃO Este exemplo é uma excelente ilustração de quão crucial é focar em informações claras, identificar forças e desenhar diagramas de corpo livre. O restante do problema não foi trivial, mas pudemos trabalhar com confiança em sua resolução depois de ter identificado as interações envolvidas e de ter traçado os diagramas de corpo livre. Haveria poucas chances de sucesso, mesmo para um físico com experiência, se tentasse usar logo as leis de Newton, sem antes fazer esta análise.

Esboço

Conhecidos
$m_R = 40$ kg
$m_P = 15$ kg
$\theta = 30°$
$a_x = 1,0$ m/s²
$\mu_e = 0,25$
$\mu_c = 0,40$

Determinar
Compare f_e to $f_{e\,\text{max}}$

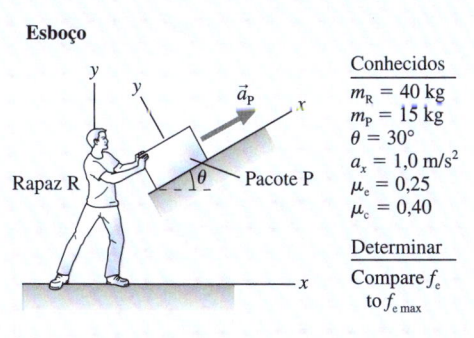

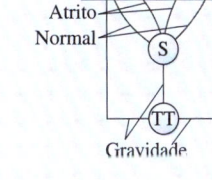

Diagrama de interação

Diagramas de corpo livre

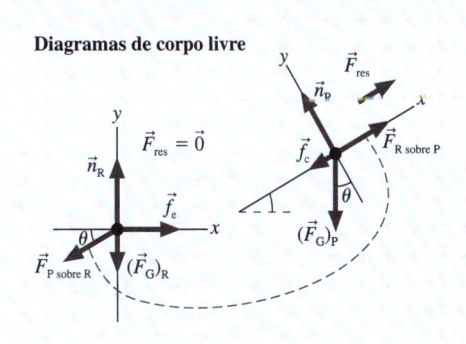

FIGURA 7.30 Representação pictórica do Exemplo 7.10.

PARE E PENSE 7.6 Um carro pequeno puxa um grande caminhão cuja bateria está descarregada. A massa do caminhão é maior do que a do carro. Qual das seguintes afirmações é correta?

a. O carro exerce uma força sobre o caminhão, mas este não exerce uma força sobre o carro.
b. O carro exerce uma força maior sobre o caminhão do que este sobre o carro.
c. O carro exerce a mesma intensidade de força sobre o caminhão do que este exerce sobre o carro.
d. O caminhão exerce uma força maior sobre o carro do que este sobre o caminhão.
e. O caminhão exerce uma força sobre o carro, mas este não exerce uma força sobre o caminhão.

RESUMO

O objetivo do Capítulo 7 foi aprender a usar a terceira lei de Newton para compreender objetos em interação.

Princípios gerais

Terceira lei de Newton

Toda força sempre existe como um membro de um **par de forças ação/reação**. Os dois membros de um par ação/reação:

- São exercidos sobre *diferentes* objetos.
- São iguais em módulo, mas de sentidos contrários.

$$\vec{F}_{\text{A sobre B}} = -\vec{F}_{\text{B sobre A}}$$

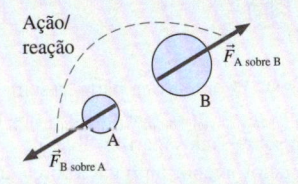

Resolução de problemas sobre objetos em interação

MODELO Escolha o objeto de interesse.

VISUALIZAÇÃO
Desenhe uma representação pictórica.
 Esboce e defina as coordenadas.
 Identifique os vínculos de aceleração.
 Desenhe um diagrama de interação.
 Desenhe um diagrama de corpo livre separado para cada objeto.
 Ligue pares ação/reação por linhas tracejadas.

RESOLUÇÃO Escreva a segunda lei de Newton para cada objeto.
Inclua *todas* as forças exercidas *sobre* cada objeto.
Use a terceira lei de Newton para igualar os módulos das forças de pares ação/reação.
Inclua os vínculos de aceleração e o atrito.

AVALIAÇÃO O resultado é plausível?

Conceitos importantes

Objetos, sistemas e vizinhança

Objetos cujos movimentos são de interesse constituem o sistema.
Objetos cujos movimentos não são de interesse fazem parte da vizinhança.
Os objetos de interesse interagem com os da vizinhança, mas estas interações podem ser consideradas como forças externas.

Diagrama de interação

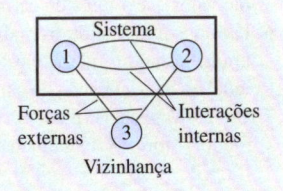

Aplicações

Vínculos de aceleração

Objetos obrigados a se mover juntos devem ter acelerações de mesmo módulo: $a_A = a_B$.
Isso deve ser expresso em relação aos componentes, tal como $a_{Ax} = -a_{By}$.

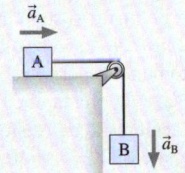

Cordas e polias

A tensão em uma corda ou em um barbante puxa nos dois sentidos. A tensão é constante ao longo de uma corda se ela

- Não possuir massa, ou
- Estiver em equilíbrio

Objetos ligados por cordas sem massa e que passam por polias sem massa e livres de atrito se comportam *como se* interagissem via um par de forças ação/reação.

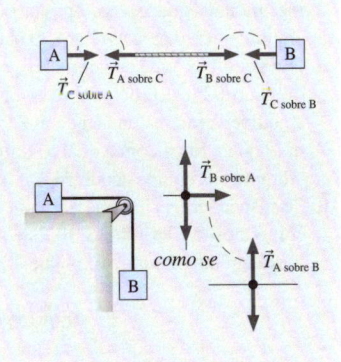

Termos e notação

interação
par ação/reação
sistema

vizinhança
diagrama de interação
força externa

impulsão
terceira lei de Newton
vínculo de aceleração

aproximação de corda sem massa

(MP) Para a tarefa de casa indicada no *MasteringPhysics*, acessar www.masteringphysics.com A dificuldade de um problema é indicada por símbolos que vão de I (fácil) a III (desafiador).	Problemas indicados pelo ícone 🖉 podem ser feitos nas *Dynamics Worksheet*.

QUESTÕES CONCEITUAIS

1. Você se encontra no meio de um lago congelado com superfície tão lisa ($\mu_e = \mu_c = 0$) que não consegue caminhar. Todavia, você dispõe de diversas pedras em seu bolso. O gelo é extremamente duro. Ele não pode ser raspado, e as pedras deslizam nele da mesma forma que seus sapatos. Você pode pensar em uma maneira de conseguir deslizar? Use desenhos, forças e as leis de Newton para explicar seu raciocínio.

2. Como se consegue remar e impulsionar uma canoa para a frente? Explique. Sua explicação deve conter diagramas que mostrem as forças exercidas sobre a água e sobre a pá do remo.

3. Como decola um foguete? Qual é a força exercida para cima sobre ele? Sua explicação deve conter diagramas que mostrem as forças exercidas sobre o foguete e sobre a porção de gases quentes que acaba de ser expelida pelo tubo de exaustão do mesmo.

4. Como os jogadores de basquete saltam verticalmente no ar? Sua explicação deve conter desenhos que mostrem as forças exercidas sobre o jogador e sobre o piso.

5. Um mosquito colide frontalmente com um carro que trafega a 80 km/h. A força do mosquito sobre o carro é maior, menor ou de mesmo valor que a força do carro sobre o inseto? Explique.

6. Um mosquito colide frontalmente com um carro que trafega a 80 km/h. O módulo da aceleração do mosquito é maior, menor ou igual ao da aceleração do carro? Explique.

7. Um carro pequeno puxa um caminhão grande. Ambos estão acelerando. A força do caminhão sobre o carro é maior, menor ou igual à força do carro sobre o caminhão? Explique.

8. Uma garota de 3 anos de idade e muito esperta ganha um carrinho de brinquedo no seu aniversário. Ela se recusa a usá-lo. "Afinal de contas", ela diz, "a terceira lei de Newton afirma que não importa quão fortemente eu empurre o carro, ele exercerá sobre mim uma força de mesma intensidade, mas oposta. Logo, jamais serei capaz de pô-lo em movimento para a frente". O que você lhe diria em resposta?

9. Duas equipes, uma de vermelho e outra de azul, disputam um cabo-de-guerra. De acordo com terceira lei de Newton, a força com que a equipe vermelha puxa a equipe azul é exatamente de mesmo módulo que a força com a qual a equipe azul puxa a equipe vermelha. Alguma das equipes pode ganhar a disputa? Explique.

10. Se suspendermos um ímã na dianteira de um carrinho feito de ferro, como mostra a **FIGURA Q7.10**, este será posto em movimento? Explique.

FIGURA Q7.10

11. A **FIGURA Q7.11** mostra duas massas em repouso. A corda é desprovida de massa, e a polia, livre de atrito. A escala do dinamômetro está calibrada em kg. Quanto marca o dinamômetro?

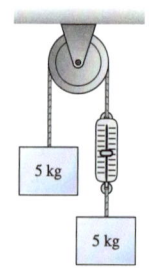

FIGURA Q7.11

12. A **FIGURA Q7.12** mostra duas massas em repouso. A corda é desprovida de massa, e a polia livre de atrito. A escala do dinamômetro está calibrada em kg. Quanto marca o dinamômetro?

FIGURA Q7.12

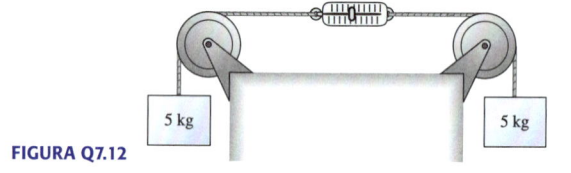

13. A mão da **FIGURA Q7.13** empurra a parte traseira do bloco A. Os blocos A e B, com $m_B > m_A$, estão ligadas por uma corda sem massa e deslizam sobre uma superfície livre de atrito. A força da corda sobre B é maior, menor ou igual à força da mão sobre A? Explique.

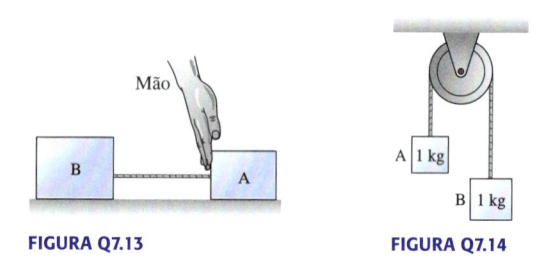

FIGURA Q7.13   **FIGURA Q7.14**

14. Os blocos A e B da **FIGURA Q7.14** estão ligados por uma corda sem massa através de uma polia livre de atrito. Os blocos acabam de ser liberados a partir do repouso. A polia gira em sentido horário ou anti-horário, ou ela absolutamente não roda? Explique.

15. No caso a da **FIGURA Q7.15**, o bloco A acelera sobre uma mesa livre de atrito sustentando um peso de 10 N (correspondente a 1,02 kg). No caso b, o bloco A acelera sobre uma mesa livre de atrito puxado por uma tensão de 10 N na corda. Esta não possui massa, e a polia também não, além de ser livre de atrito. No caso b, a aceleração de A é maior, menor ou igual à aceleração que ele tem no caso a? Explique.

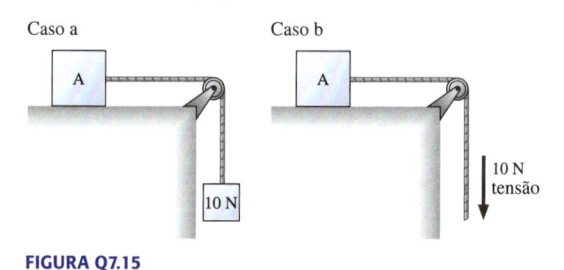

FIGURA Q7.15

EXERCÍCIOS E PROBLEMAS

Exercícios

Seção 7.2 Analisando objetos em interação

Os Exercícios de 1 a 6 descrevem, cada um, uma situação. Em cada um:
a. Seguindo os passos do Box Tático 7.1, desenhe um diagrama de interação.
b. Identifique o "sistema" em seu diagrama de interação.
c. Desenhe um diagrama de corpo livre para cada objeto do sistema. Use linhas tracejadas para conectar os membros de um mesmo par ação/reação.

1. | Um halterofilista está agachado sustentando um pesado haltere sobre seus ombros.
2. | Uma bola de futebol e uma de boliche colidem frontalmente. O atrito de rolamento é desprezível.
3. | Um alpinista usa uma corda para puxar um saco de mantimentos por uma rampa com 45° de inclinação. A corda tem massa desprezível.
4. | Um carrinho de brinquedo movido a bateria empurra um coelho de pelúcia sobre o piso.
5. || O bloco A da **FIGURA EX7.5** é mais pesado do que o bloco B e está escorregando para baixo em uma rampa. Todas as superfícies têm atrito. A corda é desprovida de massa, e as polias são todas desprovidas de massa e giram sobre esferas livre de atrito. A corda e a polia estão entre os objetos que interagem, mas você terá de decidir se elas fazem ou não parte do sistema.

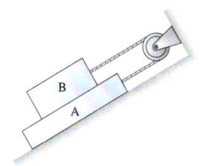

FIGURAS EX7.5 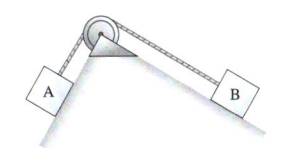   **FIGURAS EX7.6**

6. || O bloco A da **FIGURA EX7.6** escorrega rampa abaixo. A corda não tem massa, e a polia, também sem massa, gira livre de atrito sobre pequenas esferas, mas a superfície tem atrito. A corda e a polia estão entre os objetos que interagem, mas você terá de decidir se elas fazem ou não parte do sistema.

Seção 7.3 A terceira lei de Newton

7. | a. Quanta força faz um astronauta de 80 kg sobre seu assento quando o foguete encontra-se parado na plataforma de lançamento?
b. Quanta força faz o astronauta sobre seu assento quando o foguete sobe acelerando a 10 m/s^2?
8. || A **FIGURA EX7.8** mostra dois ímãs potentes localizados nas superfícies opostas de uma pequena mesa. A força atrativa de ação a distância entre eles mantém o ímã inferior no lugar.

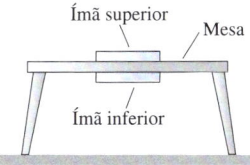

FIGURA EX7.8

a. Desenhe um diagrama de interação e também diagramas de corpo livre para os dois ímãs e para a mesa. Use linhas tracejadas para ligar forças que constituem pares ação/reação.
b. Suponha que o peso da mesa seja de 20 N, que o peso de cada ímã seja de 2,0 N e que a força magnética sobre o ímã inferior corresponda a três vezes o seu peso. Determine o módulo de cada uma das forças que aparecem nos seus diagramas de corpo livre.

9. || Um carro de 1.000 kg empurra um caminhão de 2.000 kg cuja bateria descarregou. Quando o motorista pisa no acelerador, as rodas do carro empurram o piso para trás com uma força total de 4.500 N. O atrito de rolamento pode ser desprezado.
a. Qual é o módulo da força do carro sobre o caminhão?
b. Qual é o módulo da força do caminhão sobre o carro?

10. || Blocos com massas de 1 kg, 2 kg e 3 kg são postos em fila, em contato mútuo, sobre uma mesa sem atrito. Os três são empurrados juntos por uma força de 12 N exercida sobre o bloco de 1 kg.
a. Que força o bloco de 2 kg exerce sobre o de 3 kg?
b. Que força o bloco de 2 kg exerce sobre o de 1 kg?

11. || Um cabo de aço maciço arrasta um bloco de 20 kg sobre uma superfície horizontal sem atrito. Uma força de 100 N, exercida sobre o cabo, faz com que o bloco atinja uma velocidade de 4,0 m/s ao final de uma distância percorrida de 2,0 m. Qual é a massa do cabo?

Seção 7.4 Cordas e polias

12. | Quanto vale a tensão no cabo da **FIGURA EX7.12**?

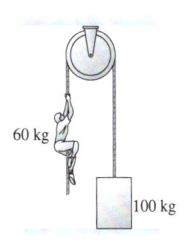

FIGURA EX7.12

13. | Jimmy acaba de pegar dois peixes no Arroio Amarelo. Ele prendeu ao rabo de uma carpa de 1,5 kg a linha onde está fisgada uma truta de 3,0 kg. A fim de mostrar os peixes a um amigo, ele ergue a carpa com uma força de 60 N.
a. Desenhe diagramas de corpo livre separados para a truta e para a carpa. Denote todas as forças e depois use linhas tracejadas para ligar pares de força ação/reação ou forças que se comportam como se formassem este tipo de par.
b. Ordene em ordem decrescente de valor o módulo de todas as forças representadas nos diagramas de corpo livre. Explique o raciocínio feito.

14. | Uma corda de 500 g e 2 m de comprimento puxa um bloco de gelo de 10 kg sobre uma superfície horizontal livre de atrito. O bloco acelera a 2,0 m/s^2. Que força puxa para a frente (a) o gelo? e (b) a corda?

15. | Os bondes de S. Francisco, EUA, são puxados ao longo dos trilhos por cabos de aço subterrâneos que se movem a 15 km/h. O cabo é puxado, por sua vez, por grandes motores em uma central de energia elétrica e se estende, por meio de um complexo arranjo de polias, por várias milhas abaixo das ruas da cidade. O comprimento de um cabo chega a aumentar em 30 m durante seu tempo de vida útil.

FIGURA EX7.15

Para manter constante a tensão, a cabo passa ao redor de uma "polia a tensionadora" com 1,5 m de diâmetro e que gira para a frente e para trás sobre trilhos, como mostrado na **FIGURA EX7.15**. Um bloco de 2.000 kg é preso ao carrinho da polia tensionadora, por meio de uma corda e de uma polia, e suspenso em um poço profundo. Quanto vale a tensão no cabo do bonde?

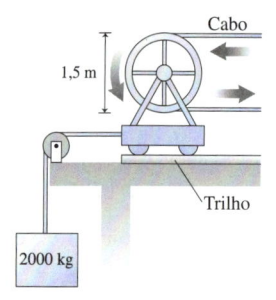

16. | Uma corda de 2,0 kg está pendurada no teto de uma casa. Quanto vale a tensão no ponto médio da corda?

17. || Um móbile de um museu de arte tem um gato de aço de 2,0 kg e um cachorro, também de aço e de 4,0 kg, suspensos em um cabo sem massa, como mostra a **FIGURA EX7.17**. Constata-se que $\theta_1 = 20°$ quando a parte central da corda é ajustada para ficar exatamente na horizontal. Quanto valem a tensão e o ângulo da corda 3?

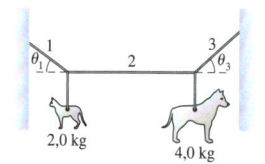

FIGURA EX7.17

Problemas

18. || O bloco B da **FIGURA P7.18** repousa sobre uma superfície para a qual os valores dos coeficientes de atrito estático e cinético valem, respectivamente, 0,60 e 0,40. As cordas são de massas desprezíveis. Qual é o máximo valor de massa do bloco A para o qual o sistema ainda se mantém em equilíbrio?

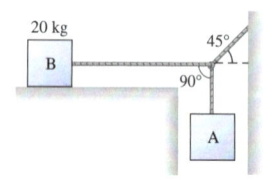

FIGURA P7.18

19. || Em uma caminhada espacial fora da nave, um astronauta de 80 kg empurra para longe um satélite de 640 kg, exercendo sobre ele uma força de 100 N durante a demora de 0,50 s para o astronauta esticar os braços. A que distância estará o astronauta do satélite após 1,0 minuto?

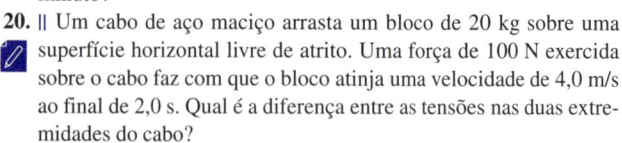

20. || Um cabo de aço maciço arrasta um bloco de 20 kg sobre uma superfície horizontal livre de atrito. Uma força de 100 N exercida sobre o cabo faz com que o bloco atinja uma velocidade de 4,0 m/s ao final de 2,0 s. Qual é a diferença entre as tensões nas duas extremidades do cabo?

21. || Um cabo de aço maciço com 1,0 m de comprimento arrasta um bloco de 20 kg sobre uma superfície horizontal livre de atrito. Uma força de 100 N exercida sobre o cabo faz com que o bloco percorra 4,0 m em 2,0 s. Desenhe o gráfico da tensão no cabo em função da posição ao longo do cabo, começando no ponto onde o cabo é preso ao bloco.

22. || Uma corda de 3,0 m de comprimento e 2,2 kg de massa é pendurada no telhado de uma casa. Desenhe o gráfico da tensão na corda em função da posição ao longo da corda, partindo da extremidade inferior da mesma.

23. || O cachorro da **FIGURA P7.23** arrasta os trenós A e B sobre a neve. Os coeficientes de atrito dos trenós com a neve valem

FIGURA P7.23

0,10. Se a tensão na corda 1 for de 150 N, qual será o valor da tensão na corda 2?

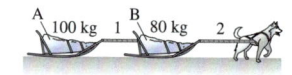

24. || Enquanto dirigia meu carro para o trabalho no ano passado, eu segurava minha caneca de café com a mão esquerda enquanto trocava o CD com a mão direita. Então o celular tocou, de modo que coloquei minha caneca sobre a parte horizontal do painel do veículo. Então, acredite ou não, um veado correu de dentro da floresta direto para a rodovia bem à frente do carro. Felizmente meu tempo de reação foi nulo e eu consegui deter o carro, que estava inicialmente a 20 m/s, ao longo de meros 50 m, distância exata para evitar colidir com o animal. Testes posteriores revelaram que os coeficientes de atrito estático e cinético da caneca de café sobre o painel valem, respectivamente, 0,50 e 0,30; que a caneca com café tem massa de 0,50 kg; e que a massa do veado vale 120 kg. Minha caneca de café escorregou naquele dia?

25. || a. Por que um carro acelera, mas uma casa não pode fazê-lo? A explicação deve ser dada em termos das forças e de suas propriedades.
b. Dois terços do peso de um carro de 1.500 kg com motor dianteiro são sustentados pelas rodas da frente do veículo. Quanto vale a aceleração máxima deste carro sobre um piso de concreto?

26. || Uma espaçonave da Federação ($2,0 \times 10^6$ kg) usa seu raio-trator para puxar para bordo uma nave de serviço ($2,0 \times 10^4$ kg) a 10 km de distância. O raio-trator exerce uma força constante de $4,0 \times 10^4$ N sobre a nave de serviço. As duas naves estão inicialmente em repouso. Que distância a nave-mãe percorre enquanto puxa a nave de serviço até seu interior?

27. || Bob, com uma massa de 75 kg, consegue arremessar uma pedra de 500 g com velocidade de 30 m/s. A distância percorrida por sua mão enquanto ela acelera a pedra do repouso até sua liberação é de 1,0 m.
a. Que valor de força constante Bob deve exercer sobre a pedra para arremessá-la com este valor de velocidade?
b. Se Bob está em pé sobre uma superfície de gelo sem atrito, qual é o valor de sua velocidade de recuo após a liberação da pedra?

28. || Você enxerga o rapaz da porta ao lado tentando descer um caixote para a rua empurrando-o. Ele mal consegue mantê-lo em movimento, e seus pés de vez em quando escorregam sobre o piso. Você começa a se indagar quão pesado é o caixote. Você, então, chama o rapaz e pergunta-lhe qual é sua massa, ao que ele responde "50 kg". Baseado em suas recentes aulas de física, você estima que os coeficientes de atrito estático e cinético valem, respectivamente, 0,80 e 0,40 para os sapatos do rapaz, e 0,5 e 0,2 para o caixote. Estime, agora, a massa do caixote.

29. || Dois pacotes dos Correios escorregam para baixo da rampa de 20° de inclinação mostrada na **FIGURA P7.29**. O pacote A tem uma massa de 5,0 kg e um coeficiente de atrito de 0,20. O pacote B tem 10 kg de massa e coeficiente de atrito igual a 0,15. Quanto tempo leva o caixote A para chegar à base da rampa?

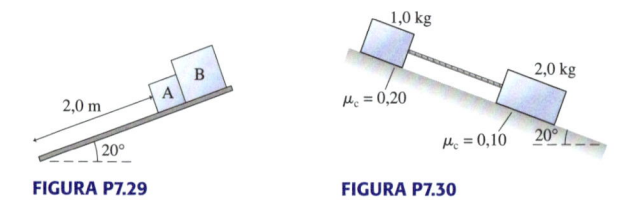

FIGURA P7.29

FIGURA P7.30

30. || Os dois blocos da **FIGURA P7.30** escorregam rampa abaixo. Quanto vale a tensão na corda, desprovida de massa?

31. ‖ A **FIGURA P7.31** mostra dois blocos de 1,0 kg cada ligados por uma corda. Uma segunda corda está presa ao bloco inferior. As duas cordas têm 250 g de massa. O conjunto inteiro é acelerado para cima a 3,0 m/s² pela força $\vec{F}$.
a. Quanto vale F?
b. Quanto vale a tensão na extremidade superior da corda 1?
c. Quanto vale a tensão na extremidade inferior da corda 1?
d. Quanto vale a tensão na extremidade superior da corda 2?

FIGURA P7.31

32. ‖ O bloco de 1,0 kg da **FIGURA P7.32** está preso a uma parede por meio de uma corda. Ele está colocado sobre outro bloco de 2,0 kg. O bloco inferior é puxado para a direita por uma força de tensão de 20 N. O coeficiente de atrito cinético nas superfícies inferior e superior do bloco de 2,0 kg é $\mu_c = 0{,}40$.
a. Quanto vale a tensão na corda que prende o bloco de 1,0 kg à parede?
b. Quanto vale a aceleração do bloco de 2,0 kg?

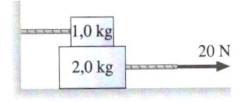

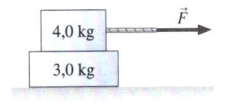

FIGURA P7.32

FIGURA P7.33

33. ‖ O coeficiente de atrito estático entre os dois blocos da **FIGURA P7.33** vale 0,60. O coeficiente de atrito cinético entre o bloco inferior e o piso é de 0,20. A força $\vec{F}$ faz com que os dois blocos percorram uma distância de 5,0 m, tendo partido do repouso. Qual é o mínimo intervalo de tempo no qual este movimento pode ser completado sem que o bloco superior escorregue sobre o inferior?

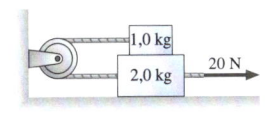

FIGURA P7.34

34. ‖‖ O bloco inferior da **FIGURA P7.34** é puxado por uma força de tensão de 20 N. O coeficiente de atrito cinético entre o bloco inferior e a superfície vale 0,30. O coeficiente de atrito cinético entre os dois blocos também vale 0,30. Quanto vale a aceleração do bloco de 2,0 kg?

35. ‖‖ Um trenó de madeira é puxado para cima, por uma corda, sobre a lateral de uma colina com 20° de inclinação e coberta de neve. Um caixote de madeira de 10 kg encontra-se sobre o trenó. Se a tensão na corda aumentar constantemente, para que valor de tensão o caixote começará a escorregar?

36. ‖ O bloco de 100 kg da **FIGURA P7.36** leva 0,6 s para chegar ao piso após ser solto a partir do repouso. Qual é a massa do bloco da esquerda?

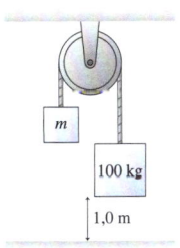

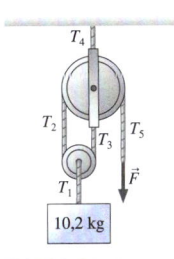

FIGURA P7.36

FIGURA P7.37

37. O bloco de 10,2 kg da **FIGURA P7.37** é mantido em repouso pela corda sem massa que passa por duas polias sem massa e livres de atrito. Determine os valores das tensões de T_1 a T_5 e o módulo da força $\vec{F}$.

38. ‖ O coeficiente de atrito cinético entre o bloco de 2,0 kg da **FIGURA P7.38** e a mesa vale 0,30. Quanto vale a aceleração do bloco de 2,0 kg?

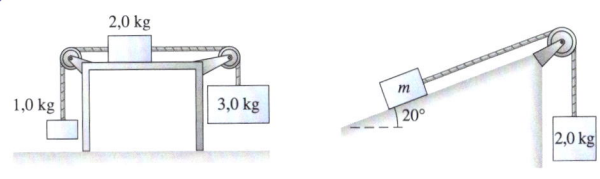

FIGURAS P7.38

FIGURAS P7.39

39. ‖ A **FIGURA P7.39** mostra um bloco de massa m em repouso sobre uma rampa com 20° de inclinação. Os coeficientes de atrito do bloco com a superfície são $\mu_e = 0{,}80$ e $\mu_c = 0{,}50$. Ele está ligado a outro bloco, de 2,0 kg, suspenso por meio de uma corda sem massa que passa por uma polia também desprovida de massa e livre de atrito.
a. Qual é o mínimo valor de m para o qual o primeiro bloco ainda se mantém parado, sem deslizar?
b. Se esta massa mínima for cutucada ainda que ligeiramente, ela passará a subir a rampa. Que aceleração ela terá?

40. ‖ Uma caixa de 4,0 kg, sobre uma rampa sem atrito e inclinada em 35°, está ligada a um peso de 20 kg, suspenso, através de um barbante de massa desprezível que passa por uma polia, também sem massa e livre de atrito. O desenho da situação é semelhante ao da Figura P7.39.
a. Quanto vale a tensão na corda quando a caixa de 4,0 kg é mantida no lugar e não pode se mover?
b. Se, então, a caixa for liberada, de que maneira ela se moverá na rampa?
c. Quanto vale a tensão na corda uma vez que a caixa tenha começado a deslizar?

41. ‖ O livro de física de 1,0 kg da **FIGURA P7.41** está ligado por um barbante a uma caneca de café de 500 g. Dá-se um pequeno empurrão no livro para cima e ele é liberado com uma velocidade de 3,0 m/s. Os coeficientes de atrito são $\mu_e = 0{,}50$ e $\mu_c = 0{,}20$.
a. Que distância o livro subirá deslizando?
b. No ponto mais alto, o livro fica grudado na rampa ou ele desliza de volta para baixo?

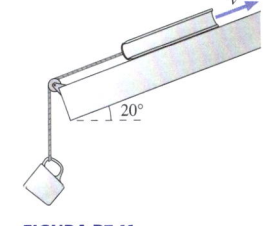

FIGURA P7.41

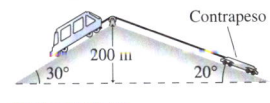

42. ‖ O bonde mostrado na **FIGURA P7.42** desce uma colina de 200 m de altura. Além dos freios, o bonde pode controlar sua velocidade puxando um contrapeso de 1.800 kg que sobe simultaneamente pelo outro lado da colina. O atrito de rolamento sobre o bonde e o contrapeso é desprezível.
a. De que valor de força de freagem o bonde precisa para descer a rampa com velocidade constante?
b. Certo dia os freios falham logo após o bonde sair do topo em uma viagem para baixo. Qual será o valor da velocidade do carro ao chegar à base da colina?

FIGURA P7.42

43. ‖ Os centenários *elevadores* de Valparaíso, no Chile, são pequenos bondes que sobem e descem as ruas inclinadas. Como mostra a **FIGURA P7.43**, um elevador sobe enquanto outro desce. Os vagões usam um arranjo de dois cabos para compensar o atrito; um deles passa por uma grande polia e liga os vagões, o segundo é puxado por um pequeno motor. Suponha que a massa de ambos os carros (com seus passageiros) seja de 1.500 kg, que o coeficiente de atrito de rolamento valha 0,020 e que os vagões se movam com velocidade constante. Quanto vale a tensão (a) no cabo que liga os vagões e (b) no cabo do motor?

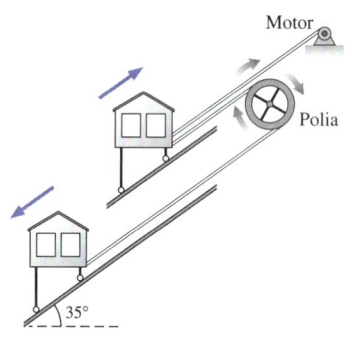

FIGURA P7.43

44. ‖ Um pintor de paredes usa o arranjo de uma cadeira e uma polia mostrado na **FIGURA P7.44** para se erguer pelo lado externo de uma residência. A massa do pintor é de 70 kg, e a da cadeira, 10 kg. Com que intensidade de força ele deve puxar a corda para baixo a fim de acelerar para cima a 0,20 m/s²?

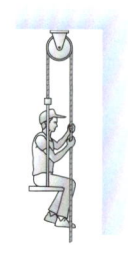

FIGURA P7.44

45. ‖‖ Um equilibrista de 70 kg está em pé sobre o centro de uma corda esticada horizontalmente. Os suportes da corda se encontram a 10 m um do outro e a corda forma 10° com a horizontal nas duas extremidades. O equilibrista se abaixa um pouco e depois salta da corda com aceleração de 8,0 m/s² a fim de apanhar um trapézio que passa por ele. Quanto vale a tensão na corda quando ele salta?

46. ‖ Obtenha uma expressão para o módulo da força horizontal F da **FIGURA P7.46** para a qual m_1 não escorregue para cima nem para baixo sobre a cunha. Todas as superfícies são livres de atrito.

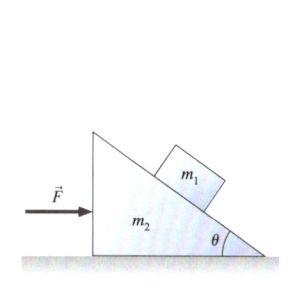

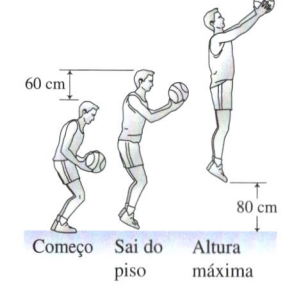

FIGURAS P7.46

FIGURAS P7.47

47. ‖ Um jogador de basquete de 100 kg consegue saltar verticalmente até 80 cm no ar, como mostrado na **FIGURA P7.47**. Analisando a seguinte situação, você poderá compreender como:

a. O jogador dobra suas pernas até que a parte superior de seu corpo baixe em 60 cm e depois começa seu salto. Desenhe diagramas de corpo livre separados para o jogador e para o piso *quando* ele está saltando, antes de seus pés perderem contato com o piso.

b. Existe uma força resultante sobre o jogador quando ele salta (antes de seus pés deixarem o piso)? Como isso ocorre? Explique.

c. Com que valor de velocidade o jogador deve sair do piso a fim de saltar verticalmente 80 cm?

d. Quanto vale sua aceleração, considerando que seja constante, quando ele salta (antes de sair do piso)?

e. Suponha que o jogador salte enquanto está sobre uma balança de banheiro que marca o peso em newtons. Quanto marca a balança antes do salto, durante o salto e depois que seus pés deixaram o piso?

Os Problemas 48 e 49 mostram diagramas de corpo livre de dois sistemas em interação. Para cada um deles, você deve

a. Redigir um problema realista para o qual o par de diagramas correspondente seja correto. Verifique se a resposta pedida no enunciado é realmente consistente com o que os diagramas mostram.

b. Resolva o problema proposto.

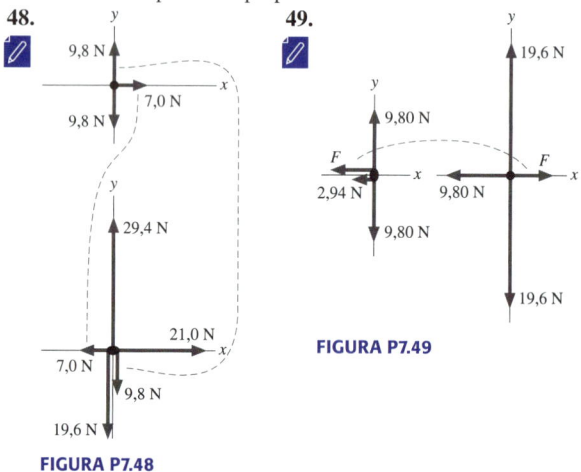

48.

49.

FIGURA P7.49

FIGURA P7.48

Problemas desafiadores

50. Uma bola de argila de 100 g é arremessada horizontalmente, com velocidade de 10 m/s, contra um bloco de 900 g em repouso sobre uma superfície livre de atrito. Ela bate no bloco e fica grudada. A argila exerce uma força constante sobre o bloco durante os 10 ms decorridos para a argila atingir o repouso relativo ao bloco. Após 10 ms, o bloco e a argila estão deslizando sobre a superfície, formando um único corpo.

a. Qual é o valor da velocidade após a colisão?
b. Qual é a força que a argila exerce sobre o bloco durante a colisão?
c. Quanto vale a força do bloco sobre a argila?

NOTA ▶ Este problema pode ser tratado usando-se as leis de conservação que você aprenderá nos próximos capítulos. Todavia, aqui se pede que você resolva os problemas com o emprego das leis de Newton. ◀

51. Para a situação da **FIGURA PD7.51**, obtenha uma expressão para a aceleração de m_1. Considere a mesa desprovida de atrito.
Sugestão: reflita cuidadosamente sobre o vínculo de aceleração.

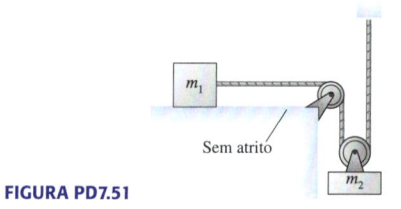

FIGURA PD7.51

52. Quanto vale a aceleração do bloco de 2,0 kg sobre a mesa livre de atrito da **FIGURA PD7.52**?
Sugestão: reflita cuidadosamente sobre o vínculo de aceleração.

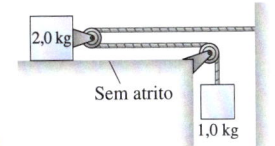

FIGURA PD7.52

53. A **FIGURA PD7.53** mostra um hamster de 200 g parado sobre a rampa de um bloco em cunha de 800 g. O bloco, por sua vez, repousa sobre uma balança de banheiro.
  a. Inicialmente, o atrito estático é suficiente para impedir o hamster de escorregar. Neste caso, o hamster e o bloco constituem, efetivamente, uma única massa de 1.000 g, e a balança deve marcar 9,8 N. Mostre que este é o caso tratando o hamster e o bloco como objetos *separados* e analisando as forças envolvidas.

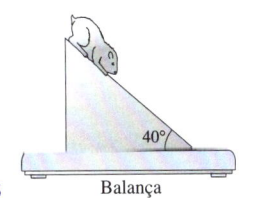

FIGURA PD7.53

  b. Um óleo lubrificante extrafino com $\mu_e = \mu_c = 0$ é espalhado sobre a superfície superior do bloco, fazendo com que o hamster escorregue para baixo. O atrito entre o bloco e a balança é suficientemente grande para que o bloco *não* escorregue sobre a balança. Quanto marca a balança agora, enquanto o hamster desce a rampa?

54. A **FIGURA PD7.54** mostra três massas suspensas conectadas por barbantes sem massa que passam por duas polias de massas desprezíveis e livres de atrito.
  a. Determine o vínculo de aceleração para este sistema. Trata-se de uma única equação relacionando a_{1y}, a_{2y} e a_{3y}.
  Sugestão: y_A não é constante.
  b. Obtenha uma expressão para a tensão no barbante A.
  Sugestão: você deve ser capaz de escrever quatro equações a partir da segunda lei. Estas, mais o vínculo de aceleração, constituem um sistema de cinco equações em cinco incógnitas.
  c. Suponha que: $m_1 = 2,5$ kg, $m_2 = 1,5$ kg e $m_3 = 4,0$ kg. Determine a aceleração de cada uma dessas massas.
  d. A massa de 4,0 kg aparentemente estaria em equilíbrio. Explique por que ela acelera.

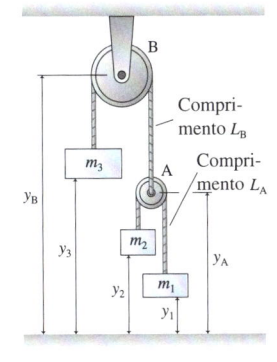

FIGURA PD7.54

RESPOSTAS DAS QUESTÕES DO TIPO PARE E PENSE

Pare e Pense 7.1: A força gravitacional e a força de tensão foram incorretamente identificadas como um par ação/reação. A força $\vec{T}_{\text{L sobre P}}$ deve formar um par com a força $\vec{T}_{\text{P sobre L}}$. A gravidade é a atração devido à Terra inteira, logo $(\vec{F}_G)_P$ deve formar um par com a força que puxa a Terra inteira para cima.

Pare e Pense 7.2: c. A terceira lei de Newton estabelece que a força de A sobre B é de *mesmo módulo*, mas oposta à força de B sobre A. Isto é sempre verdadeiro. O valor da velocidade do objeto é irrelevante.

Pare e Pense 7.3: b. $F_{\text{B sobre M}} = F_{\text{M sobre B}}$ e $F_{\text{A sobre B}} = F_{\text{B sobre A}}$ porque se trata de dois pares ação/reação. A caixa B está desacelerando e, portanto, deve haver uma força resultante exercida sobre ela para a esquerda. Logo, da segunda lei de Newton, também sabemos que $F_{\text{M sobre B}} > F_{\text{A sobre B}}$.

Pare e Pense 7.4: Igual. Cada bloco está suspenso em equilíbrio, sem nenhuma força resultante exercida sobre ele, de modo que a força de tensão para cima é mg.

Pare e Pense 7.5: Menor. O bloco B *acelera* para baixo; logo, a força resultante sobre ele deve apontar para baixo. As únicas forças exercidas sobre B são a tensão e a gravidade, de modo que $T_{\text{C sobre B}} < (F_G)_B$.

Pare e Pense 7.6: c. A terceira lei de Newton estabelece que a força de A sobre B deve ser de *mesmo módulo*, mas oposta à força de B sobre A. Isto é sempre verdadeiro. A massa do objeto é irrelevante.

8 Dinâmica II: Movimento no Plano

Por que o vagão da montanha-russa não sai do trilho no topo do *loop*?

▶ **Olhando adiante**
O objetivo do Capítulo 8 é aprender a resolver problemas sobre movimentos no plano. Neste capítulo, você aprenderá a:

- Compreender a dinâmica em duas dimensões.
- Usar as leis de Newton para analisar o movimento circular.
- Entender órbitas circulares de satélites e planetas.
- Pensar a respeito do peso e das forças fictícias sobre objetos em movimento circular.

◀ **Em retrospectiva**
Este capítulo estende idéias da dinâmica unidimensional para duas dimensões. Revise:

- Capítulo 4 Cinemática do movimento circular em um plano
- Seções 6.1 e 6.2 Usando a primeira e a segunda leis de Newton
- Seção 6.3 Gravidade e Peso

Um vagão de uma montanha-russa, descrevendo o *loop* completo, constitui um exemplo expressivo de movimento circular. Mas por que os vagões não se descolam dos trilhos quando se encontram no topo do *loop*? Para responder a isso, devemos estudar como os objetos se movem em círculos. Nos Capítulos 6 e 7 nos limitamos ao movimento em uma linha reta, mas, no mundo real, o movimento normalmente ocorre em duas ou três dimensões. Um carro que dobra uma esquina, um planeta que descreve uma órbita ao redor do Sol e a montanha-russa da fotografia são exemplos de movimentos bidimensionais em planos. Foi para que nos concentrássemos nos princípios físicos básicos que nos restringimos ao movimento unidimensional, mas é hora de ultrapassarmos nossos horizontes.

As leis de Newton são "leis da natureza". Elas descrevem todos os movimentos, e não, apenas o movimento retilíneo. Este capítulo estenderá a aplicação das leis de Newton a novas situações. Começaremos com um movimento em que os componentes em x e em y da aceleração são independentes um do outro. O movimento de projéteis constitui um exemplo importante. Então retornaremos ao movimento circular, onde os componentes *não* são mutuamente independentes.

8.1 Dinâmica em duas dimensões

A segunda lei de Newton, $\vec{a} = \vec{F}_{res}/m$, determina a aceleração de um objeto. Ela não faz distinção entre movimento linear e movimento no plano. Em geral, os componentes em x e em y do vetor aceleração são dados por

$$a_x = \frac{(F_{res})_x}{m} \quad \text{e} \quad a_y = \frac{(F_{res})_y}{m} \tag{8.1}$$

Para os movimentos retilíneos dos Capítulos 6 e 7, fomos capazes de escolher um sistema de coordenadas em que ou a_x ou a_y fosse nulo. Isso simplificou a análise, mas tal escolha nem sempre é possível.

Suponha que os componentes em x e em y da aceleração sejam *independentes* um do outro, ou seja, a_x não depende de y ou de v_y, e, analogamente, a_y não depende de x ou de v_x. Assim, a Estratégia para Resolução de Problemas 6.2 para problemas de dinâmica, na página 155, ainda é válida. Como uma rápida revisão, você deveria

1. Desenhar uma representação pictórica — um diagrama de movimento (se necessário) e um diagrama de corpo livre.
2. Usar a segunda lei de Newton na forma de componentes:

$$(F_{res})_x = \sum F_x = ma_x \quad \text{e} \quad (F_{res})_y = \sum F_y = ma_y$$

Os componentes da força (com os sinais apropriados) são obtidos do diagrama de corpo livre.
3. Isolar a aceleração. Se ela for constante, use as equações da cinemática bidimensional do Capítulo 4 para obter velocidades e posições:

$$x_f = x_i + v_{ix}\Delta t + \tfrac{1}{2}a_x(\Delta t)^2 \quad y_f = y_i + v_{iy}\Delta t + \tfrac{1}{2}a_y(\Delta t)^2$$
$$v_{fx} = v_{ix} + a_x\Delta t \quad v_{fy} = v_{iy} + a_y\Delta t$$

EXEMPLO 8.1 Lançando um foguete em um dia ventoso

Um pequeno foguete para coleta de dados meteorológicos tem 30 kg de massa e gera 1.500 N de empuxo. Em um dia ventoso, o vento exerce uma força horizontal de 20 N sobre o foguete. Se ele for lançado verticalmente para cima, qual será a forma de sua trajetória e em quanto ele terá sido desviado lateralmente quando atingir uma altitude de 1,0 km? Como o foguete alcança altura muito maior do que esta, consideraremos que não exista perda de massa significativa durante o primeiro quilômetro de vôo.

MODELO Trate o foguete como uma partícula. Precisamos encontrar uma *função* $y(x)$ que descreva a curva seguida pelo foguete. Uma vez que ele possui uma forma alongada e aerodinâmica, consideraremos que não exista resistência do ar na direção vertical.

VISUALIZAÇÃO A **FIGURA 8.1** mostra uma representação pictórica. Escolhemos um sistema de coordenadas com o eixo y vertical. Três forças são exercidas sobre o foguete: duas verticais (consideraremos que o vento não faça o foguete girar, o que mudaria o ângulo de orientação do empuxo) e uma horizontal. A força do vento é, essencialmente, arraste (o foguete se move lateralmente em relação ao vento), de modo que a denotaremos por $\vec{D}$.

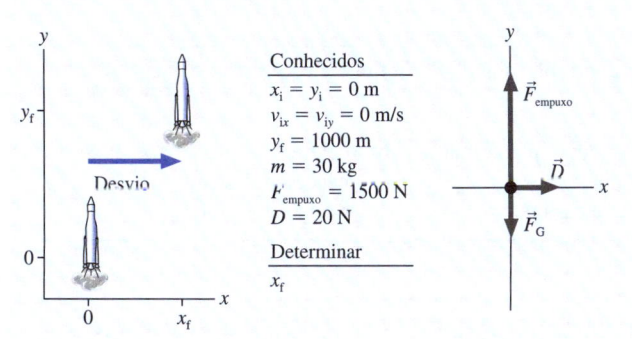

FIGURA 8.1 Representação pictórica do lançamento do foguete.

RESOLUÇÃO As forças verticais e horizontais são mutuamente independentes; logo, podemos seguir a estratégia para resolução de problemas resumida acima. A segunda lei de Newton é

$$a_x = \frac{(F_{res})_x}{m} = \frac{D}{m}$$

$$a_y = \frac{(F_{res})_y}{m} = \frac{F_{empuxo} - mg}{m}$$

Ambas são acelerações constantes, de modo que podemos usar as equações cinemáticas correspondentes para obter

$$x = \tfrac{1}{2}a_x(\Delta t)^2 = \frac{D}{2m}(\Delta t)^2$$

$$y = \tfrac{1}{2}a_y(\Delta t)^2 = \frac{F_{empuxo} - mg}{2m}(\Delta t)^2$$

onde usamos o fato de que as posições e as velocidades iniciais são nulas. A partir da equação em x, obtemos $(\Delta t)^2 = 2mx/D$. Substituindo isto na equação em y, obtemos

$$y(x) = \frac{F_{empuxo} - mg}{D} x$$

Esta é a equação da trajetória do foguete. Trata-se de uma equação linear. Um tanto surpreendentemente, dado que o foguete possui tanto aceleração vertical quanto horizontal, sua trajetória é uma *linha reta*. Podemos rearranjar este resultado para obter o desvio à altitude y:

$$x = \frac{D}{F_{empuxo} - mg} y$$

Dos dados fornecidos, obtemos um desvio de 17 m à altitude de 1.000 m.

AVALIAÇÃO A solução depende do fato de que o parâmetro temporal Δt é o *mesmo* para ambos os componentes do movimento.

Movimento de projéteis

No Capítulo 4, foi desenvolvida a cinemática do movimento de projéteis. O resultado importante é que — na ausência da resistência do ar — um projétil segue uma trajetória parabólica. Chegamos a esta conclusão através da simples consideração de que exista uma aceleração vertical $a_y = g$ e nenhuma aceleração horizontal. Agora podemos usar as leis de Newton para justificar essas hipóteses.

No Capítulo 6, obtivemos que a força gravitacional sobre um objeto próximo à superfície de um planeta é $\vec{F}_G = (mg,$ para baixo$)$. Se escolhermos um sistema de coordenadas com um eixo y vertical, então

$$\vec{F}_G = -mg\hat{j} \tag{8.2}$$

Conseqüentemente, da segunda lei de Newton, a aceleração é dada por

$$a_x = \frac{(F_G)_x}{m} = 0$$
$$a_y = \frac{(F_G)_y}{m} = -g \tag{8.3}$$

Estas são as acelerações que, no Capítulo 4, levaram à conclusão de que o movimento de um projétil é parabólico na ausência da força de arraste provocada pelo ar. O movimento vertical é uma queda livre, enquanto o horizontal é com velocidade constante.

Todavia, a situação é completamente diferente no caso de um projétil de pequena massa, onde os efeitos do arraste são grandes demais para serem ignorados. Do Capítulo 6, o arraste sobre um projétil é dado por $\vec{D} \approx (\frac{1}{4}Av^2,$ sentido oposto ao movimento$)$, onde A é a área da secção transversal. Deixaremos como tarefa para casa você demonstrar que a aceleração de um projétil sujeito a arraste é

$$a_x = -\frac{A}{4m}v_x\sqrt{v_x^2 + v_y^2}$$
$$a_y = -g - \frac{A}{4m}v_y\sqrt{v_x^2 + v_y^2} \tag{8.4}$$

Aqui, os componentes da aceleração *não* são independentes um do outro porque a_x depende de v_y e vice-versa. Ocorre que estas equações não podem ser resolvidas exatamente para obtermos a trajetória, porém podem ser resolvidas numericamente. A **FIGURA 8.2** mostra a solução numérica para o movimento de uma bola plástica de 5 g arremessada com velocidade inicial de 25 m/s. Ela não vai muito longe (no vácuo, o alcance máximo seria de mais de 60 m), e o alcance máximo não mais corresponde a um ângulo de lançamento de 45°. Neste caso, o alcance máximo é atingido quando a bola é arremessada com um ângulo de 30°. Com um ângulo de lançamento de 60°, que corresponde ao mesmo alcance de 30° no vácuo, a distância horizontal percorrida é de somente ≈ 75% daquela distância. Note que as trajetórias não são parabólicas.

Quando o arraste do ar é levado em conta, o ângulo de alcance máximo de um projétil depende de seu tamanho, de sua massa e do valor de sua velocidade inicial. O ângulo ótimo é de aproximadamente 35° para bolas de beisebol. O vôo de uma bola de golfe é ainda mais complexo por causa das pequenas depressões na sua superfície e da alta taxa de rotação, que afeta em muito a aerodinâmica. Jogadores de golfe profissionais atingem alcance máximo com ângulos de lançamento de aproximadamente 15°.

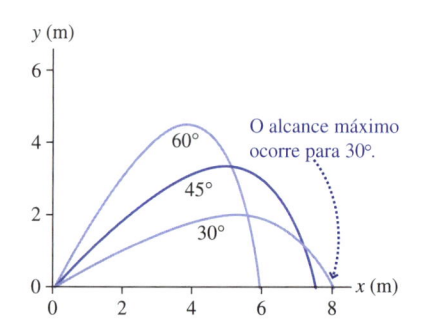

FIGURA 8.2 Movimento de um projétil na presença de arraste.

PARE E PENSE 8.1 A aceleração representada na figura fará com que a partícula:

a. Acelere para cima e se curve para cima.
b. Acelere e se curve para baixo.
c. Desacelere e se curve para cima.
d. Desacelere e se curve para baixo.
e. Mova-se para a direita e para baixo.
f. Inverta seu sentido.

8.2 Velocidade e aceleração no movimento circular uniforme

No Capítulo 4, estudamos a matemática envolvida no movimento circular, e uma revisão do material é *altamente* recomendada. Recorde-se de que uma partícula em movimento circular uniforme com velocidade angular ω possui rapidez dada por $v = \omega r$ e aceleração centrípeta

$$\vec{a} = \left(\frac{v^2}{r}, \text{ para o centro do círculo}\right) = (\omega^2 r, \text{ para o centro do círculo}) \quad (8.5)$$

Agora estamos prontos para estudar a *dinâmica* — ou como as forças *causam* o movimento.

O sistema de coordenadas *xy* que usamos para o movimento linear e para o movimento de projéteis não é o mais adequado para a dinâmica circular. A **FIGURA 8.3** mostra uma trajetória circular e o plano no qual ela está contida. Vamos estabelecer um sistema de coordenadas com origem no ponto onde a partícula se encontra. Os eixos são definidos da seguinte maneira:

- O eixo *r* (eixo radial) aponta *da* partícula *para o* centro do círculo.
- O eixo *t* (eixo tangencial) é tangente ao círculo e aponta em sentido anti-horário.
- O eixo *z* é perpendicular ao plano de movimento.

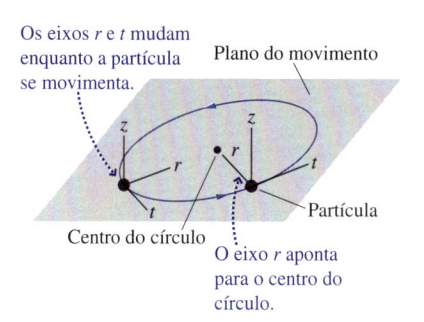

Os três eixos deste sistema de coordenadas *rtz* são mutuamente perpendiculares, da mesma forma como os eixos do sistema de coordenadas *xyz* que nos é familiar. Note como os eixos se movem junto com a partícula, de modo que o eixo *r* sempre aponta para o centro do círculo. Levará um pouco de tempo para você se acostumar com ele, mas logo perceberá que os problemas sobre movimento circular são mais facilmente resolvidos quando forem descritos neste sistema de coordenadas.

A **FIGURA 8.4** mostra um vetor $\vec{A}$ contido no plano de movimento. Podemos decompor $\vec{A}$ em seus componentes radial e tangencial:

$$A_r = A \cos \phi$$
$$A_t = A \, \text{sen} \, \phi$$

onde ϕ é o ângulo que o vetor faz com o eixo *r*. O sentido positivo de *r* é, por definição, apontando para o centro do círculo, de modo que o componente radial A_r tem um valor positivo. O vetor $\vec{A}$ está situado no plano de movimento, de modo que sua componente perpendicular ao plano é $A_z = 0$.

NOTA ▶ No Capítulo 4, observamos que o vetor aceleração $\vec{a}$ pode ser decomposto em um componente $\vec{a}_\parallel$, paralelo ao movimento, e em outro componente $\vec{a}_\perp$, perpendicular ao movimento. Esta é a razão básica para o uso do sistema de coordenadas *rtz*. Uma vez que o vetor velocidade $\vec{v}$ é tangente ao círculo, o componente tangencial A_t do vetor $\vec{A}$ é o componente deste vetor que é paralelo ao movimento. O componente radial A_r é o componente perpendicular ao movimento. ◀

Para uma partícula em movimento circular uniforme, tal como a da **FIGURA 8.5**, o vetor velocidade $\vec{v}$ é tangente ao círculo. Em outras palavras, **o vetor velocidade possui apenas um componente tangencial v_t**. O componente radial e perpendicular de $\vec{v}$ são sempre nulos.

O componente tangencial de velocidade, v_t, é a taxa ds/dt com a qual a partícula se move *ao longo* da circunferência, onde *s* é o comprimento de arco medido a partir do semi-eixo *x* positivo. Do Capítulo 4, o comprimento de arco é $s = r\theta$. Tomando a derivada, obtemos

$$v_t = \frac{ds}{dt} = r \frac{d\theta}{dt}$$

Todavia, $d\theta/dt$ é a velocidade angular ω. Assim, a velocidade em coordenadas *rtz* é decomposta em

$$\begin{aligned} v_r &= 0 \\ v_t &= \omega r \quad \text{(onde } \omega \text{ está em rad/s.)} \\ v_z &= 0 \end{aligned} \quad (8.6)$$

NOTA ▶ ω deve ser expresso em rad/s porque a relação $s = r\theta$ é a definição de radianos. Embora, em certos problemas, seja mais conveniente expressar ω em rev/s ou rpm, na hora em que for usar a Equação 8.6 você ω deve converter para a unidade do SI, rad/s.

Definimos ω como positivo para o caso de uma rotação anti-horária; portanto, a velocidade tangencial v_t será positiva no caso de movimento anti-horário e negativa para o mo-

FIGURA 8.3 O sistema de coordenadas *rtz*.

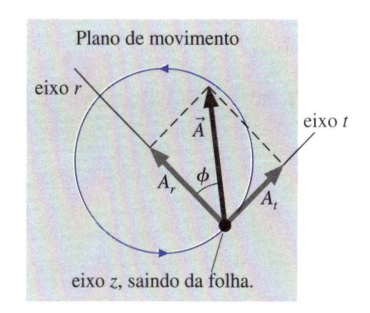

FIGURA 8.4 O vetor $\vec{A}$ pode ser decomposto em um componente radial e em outro, tangencial.

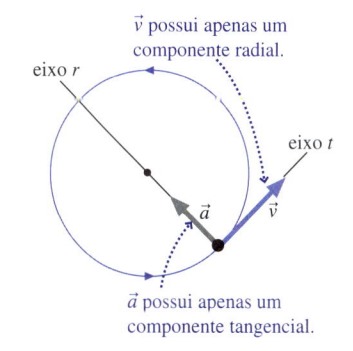

FIGURA 8.5 Os vetores velocidade e aceleração no sistema de coordenadas *rtz*.

vimento horário. Como v_t é o único componente não-nulo de $\vec{v}$, o módulo da velocidade da partícula é dado por $v = |v_t| = |\omega| r$. Às vezes escreveremos isto como $v = \omega r$ se não houver ambigüidade acerca do sinal de ω.

A aceleração do movimento circular uniforme, ilustrada na Figura 8.5 e dada pela Equação 8.5, aponta sempre para o centro do círculo. Logo, **o vetor aceleração possui apenas o componente radial a_r**. Assim, no sistema de coordenadas rtz, a aceleração do movimento circular uniforme é convenientemente decomposta em

$$a_r = \frac{v^2}{r} = \omega^2 r$$
$$a_t = 0 \qquad (8.7)$$
$$a_z = 0$$

Com $\vec{v}$ e $\vec{a}$ possuindo apenas um componente cada um, você pode começar a enxergar as vantagens do sistema de coordenadas rtz. Por conveniência, com freqüência nos referiremos ao componente a_r como "a aceleração centrípeta".

EXEMPLO 8.2 A aceleração de um elétron atômico

Mais tarde estudaremos o modelo atômico de Bohr. Trata-se de um modelo simples do átomo de hidrogênio, em que um elétron circula em torno de um próton com raio orbital de $5,29 \times 10^{-11}$ m e período de $1,52 \times 10^{-16}$ s. Qual é a aceleração centrípeta do elétron?

RESOLUÇÃO Do Capítulo 4, o módulo da velocidade do elétron é

$$v = \frac{2\pi r}{T} = \frac{2\pi(5,29 \times 10^{-11} \text{ m})}{1,52 \times 10^{-16} \text{ s}} = 2,19 \times 10^6 \text{ m/s}$$

Então, da Equação 8.7,

$$a_r = \frac{v^2}{r} = \frac{(2,19 \times 10^6 \text{ m/s})^2}{5,29 \times 10^{-11} \text{ m}} = 9,07 \times 10^{22} \text{ m/s}^2$$

AVALIAÇÃO Este exemplo ilustra as acelerações incrivelmente enormes existentes em nível atômico. Não deveria parecer surpreendente que as partículas atômicas se comportam de maneiras tais que nossa intuição, forjada a partir das acelerações de apenas alguns m/s², não consiga abarcá-las facilmente.

PARE E PENSE 8.2 Ordene em seqüência decrescente as acelerações centrípetas de $(a_r)_a$ a $(a_r)_e$ das partículas de a a e.

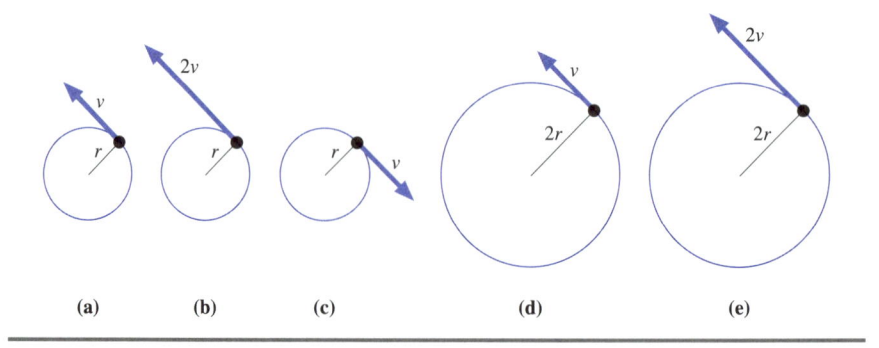

(a) (b) (c) (d) (e)

8.3 Dinâmica do movimento circular uniforme

Uma partícula em movimento circular uniforme claramente não se desloca com velocidade constante em linha reta. Conseqüentemente, de acordo com a primeira lei de Newton, *deve* estar sendo exercida uma força resultante sobre a partícula. Já determinamos a aceleração de uma partícula em movimento circular uniforme — a aceleração centrípeta dada pela Equação 8.5. A segunda lei de Newton nos diz justamente quanta força resultante é necessária para gerar essa aceleração:

$$\vec{F}_{res} = m\vec{a} = \left(\frac{mv^2}{r}, \text{ para o centro do círculo}\right) \qquad (8.8)$$

As curvas de auto-estradas e de pistas de corrida são inclinadas lateralmente a fim de permitir que a força normal da pista forneça a aceleração centrípeta necessária para realizar a curva.

Em outras palavras, sobre uma partícula de massa m que se mova com rapidez constante v em um círculo de raio r deve haver uma força resultante exercida de módulo igual a mv^2/r

e que aponta para o centro do círculo. Sem haver tal força, a partícula se moverá em uma linha reta tangente ao círculo.

A **FIGURA 8.6** mostra a força resultante $\vec{F}_{res}$ exercida sobre uma partícula que descreve um movimento circular uniforme. Você pode verificar que **a força $\vec{F}_{res}$ tem a direção radial do sistema de coordenadas *rtz* e aponta para o centro**. Os componentes tangencial e radial de $\vec{F}_{res}$ são ambos nulos.

NOTA ▶ A força descrita na Equação 8.8 não é uma *nova* força. Nossas regras de identificação de forças não mudaram. O que estamos dizendo é que uma partícula descreve um movimento circular uniforme *se, e somente se*, a força resultante sempre apontar para o centro do círculo. A força em si deve ter algum agente identificável e será uma das forças que nos são familiares, como a tensão ou a força normal. A Equação 8.8 simplesmente nos diz como a força deve ser exercida — com que intensidade e com que orientação — a fim de fazer com que a partícula se mova com módulo de velocidade v em um círculo de raio r. ◀

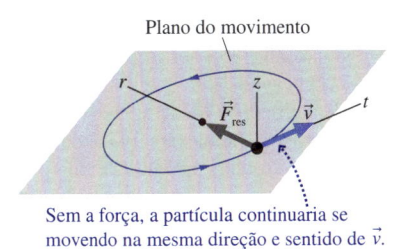

FIGURA 8.6 A força resultante tem direção radial e aponta para o centro.

A utilidade do sistema de coordenadas *rtz* torna-se aparente quando escrevemos a segunda lei de Newton, a Equação 8.8, em termos dos componentes em r, em t e em z:

$$(F_{res})_r = \sum F_r = ma_r = \frac{mv^2}{r} = m\omega^2 r$$
$$(F_{res})_t = \sum F_t = ma_t = 0 \qquad (8.9)$$
$$(F_{res})_z = \sum F_z = ma_z = 0$$

Note que usamos nosso conhecimento explícito da aceleração, como dada pela Equação 8.7, para escrever os lados direitos dessas equações. **Para o movimento circular uniforme, a soma das forças ao longo do eixo *t* e do eixo *z* devem ser nulas, e a soma das forças ao longo do eixo *r* deve ser igual a ma_r, onde a_r é a aceleração centrípeta**.

Poucos exemplos serão suficientes para tornar mais claras essas idéias e mostrarão de que maneira algumas das forças que você já conhece podem estar envolvidas no movimento circular.

EXEMPLO 8.3 Girando em um círculo

Um pai enérgico coloca seu filho de 20 kg em um carrinho de 5,0 kg ao qual uma corda de 2,0 m de comprimento foi presa. Ele, então, segura a extremidade livre da corda e faz o carrinho descrever um círculo, mantendo a corda paralela ao solo. Se a tensão na corda for de 100 N, quantas revoluções por minuto (rpm) o carrinho efetuará? O atrito de rolamento entre as rodas do carrinho e o solo é desprezível.

MODELO Tratamos a criança como uma partícula em movimento circular uniforme.

VISUALIZAÇÃO A **FIGURA 8.7** mostra a representação pictórica. Um problema sobre movimento circular normalmente não tem pontos iniciais ou finais como no caso de um projétil, de modo que os subscritos numéricos tais como x_1 ou y_2 com freqüência são desnecessários. Aqui, precisamos definir o módulo v da velocidade do carrinho e o raio r do círculo que ele descreve. Além disso, não é necessário desenhar um diagrama de movimento porque já sabemos que a aceleração $\vec{a}$ aponta sempre para o centro do círculo.

A parte essencial da representação pictórica é o diagrama de corpo livre. **Para o movimento circular uniforme, desenharemos o diagrama de corpo livre no plano *rtz*, com o círculo visto de lado, pois este é o plano das forças exercidas**. As forças de contato exercidas sobre o carrinho são a força normal do solo e a força de tensão da corda. A força normal é perpendicular ao plano do movimento e,

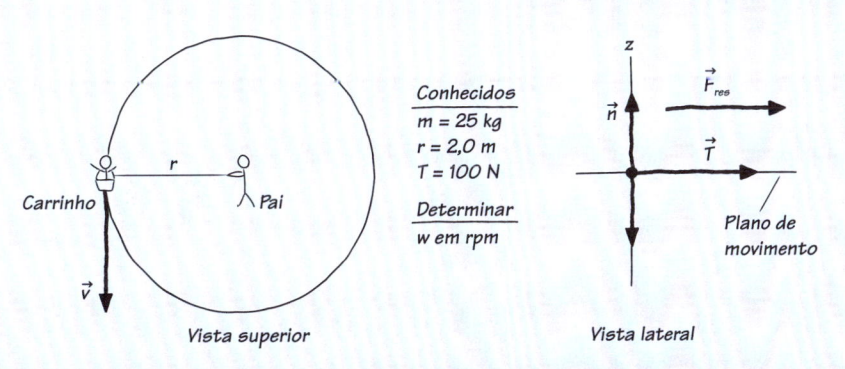

FIGURA 8.7 Representação pictórica de um carrinho em um círculo.

Continua

assim, está na direção e no sentido de z. A orientação de $\vec{T}$ é determinada pelo enunciado de que a corda é paralela ao solo. Além disso, existe a força gravitacional de ação a distância.

RESOLUÇÃO Definimos o eixo r apontando para o centro do círculo, de modo que $\vec{T}$ aponta no sentido positivo do eixo r e possui componente $T_r = T$. Usando os componentes rtz das Equações 8.9, a segunda lei de Newton é dada por

$$\sum F_r = T = \frac{mv^2}{r}$$

$$\sum F_z = n - mg = 0$$

Obtivemos os componentes em r e em z das forças diretamente do diagrama de corpo livre, como aprendido no Capítulo 6. Depois, igualamos *explicitamente* as somas a $a_r = v^2/r$ e $a_z = 0$. Esta é a estratégia básica para todos os problemas sobre movimento circular uniforme. Da equação em z, obtivemos que $n = mg$. Isso seria de utilidade se necessitássemos determinar a força de atrito, mas ela não é necessária neste problema. Da equação em r, o módulo da velocidade do carrinho é

$$v = \sqrt{\frac{rT}{m}} = \sqrt{\frac{(2{,}0 \text{ m})(100 \text{ N})}{25 \text{ kg}}} = 2{,}83 \text{ m/s}$$

A velocidade angular do carrinho é dada pela Equação 8.6:

$$\omega = \frac{v_t}{r} = \frac{v}{r} = \frac{2{,}83 \text{ m/s}}{2{,}0 \text{ m}} = 1{,}41 \text{ rad/s}$$

Este é outro caso em que inserimos a unidade radiano porque ω é, especificamente, a velocid*ade angular*. Finalmente, precisamos converter ω para rpm:

$$\omega = \frac{1{,}41 \text{ rad}}{1 \text{ s}} \times \frac{1 \text{ rev}}{2\pi \text{ rad}} \times \frac{60 \text{ s}}{1 \text{ min}} = 14 \text{ rpm}$$

AVALIAÇÃO Uma velocidade angular de 70 rpm corresponde a um período T de 4,3 s. Trata-se de um resultado plausível.

Este foi um típico problema de movimento circular. Talvez você queira pensar sobre como resolver este problema se a corda não for paralela ao solo.

EXEMPLO 8.4 Dobrando uma esquina I

Qual é o máximo valor de velocidade com o qual um carro de 1.500 kg pode fazer uma curva à esquerda com raio de 50 m em uma rodovia (não-inclinada nas curvas) sem derrapar?

MODELO Embora o carro descreva uma curva de apenas um quarto de círculo, podemos considerá-lo, enquanto faz a curva, como uma partícula em movimento circular uniforme. Considere desprezível o atrito de rolamento.

VISUALIZAÇÃO A **FIGURA 8.8** mostra a representação pictórica. O carro se move ao longo de um arco circular de um quarto de círculo com uma rapidez constante suficiente para completar a curva. Antes e após a curva o movimento não é relevante. O aspecto mais interessante é *como* um carro faz uma curva. Que força, ou forças, faz variar a orientação do vetor velocidade? Imagine que você esteja dirigindo um carro sobre uma estrada inteiramente livre de atrito, tal como uma estrada coberta de gelo. Você não conseguiria dobrar numa esquina. Girar o volante da direção seria inútil; o carro derraparia diretamente em frente, de acordo tanto com a primeira lei de Newton quanto com a experiência de qualquer um que tenha experimentado dirigir com gelo na pista! Portanto, deve ser o *atrito* que, de alguma maneira, permite que o carro consiga fazer uma curva.

A Figura 8.8 mostra uma vista superior de um pneu ao dobrar uma esquina. Se não houvesse atrito com a superfície do piso, o pneu derraparia diretamente em frente. A força que impede um objeto de escorregar sobre uma superfície é o *atrito estático*. O atrito estático $\vec{f}_e$ empurra o pneu *lateralmente* para o centro do círculo. Como sabemos que a direção é lateral? Se $\vec{f}_e$ tivesse um componente paralelo a $\vec{v}$ ou oposto a ela, ele faria o carro acelerar ou desacelerar. Uma vez que o carro muda de direção sem mudar sua rapidez, o atrito estático deve ser perpendicular a $\vec{v}$. O atrito $\vec{f}_e$ produz a aceleração centrípeta do movimento circular e, portanto, o diagrama de corpo livre, mostrando o carro de trás, representa a força de atrito estático apontando para o centro do círculo.

RESOLUÇÃO Uma vez que a força de atrito estático atinge um valor máximo, há um valor máximo de velocidade com a qual o carro pode fazer a curva sem derrapar. Esse valor máximo é atingido quando a força de atrito atinge seu máximo valor $f_{e\,\text{max}} = \mu_e n$. Se o carro "entra na curva" com uma velocidade de valor maior do que este, o atrito estático não mais será capaz de prover a força centrípeta necessária, e o carro derraparpá.

A força de atrito estático aponta no sentido positivo do eixo r, de modo que seu componente radial é, simplesmente, o módulo do vetor: $(f_e)_r = f_e$. Em relação ao sistema de coordenadas rtz, a segunda lei de Newton é escrita como

$$\sum F_r = f_e = \frac{mv^2}{r}$$

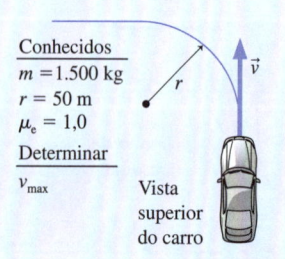

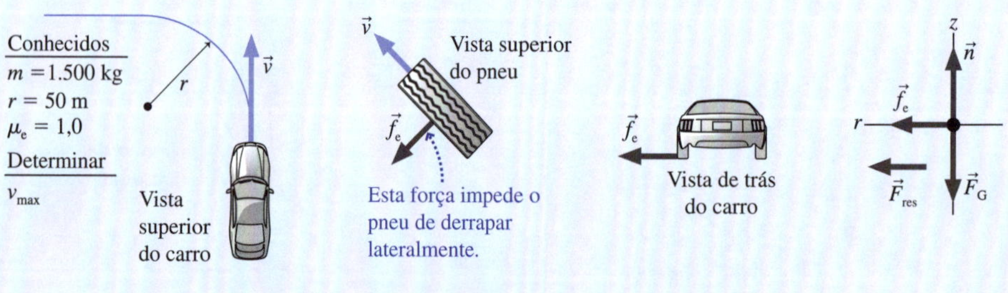

$$\sum F_z = n - mg = 0$$

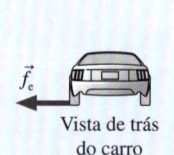

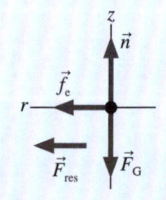

FIGURA 8.8 Representação pictórica de um carro ao fazer uma curva.

A única diferença em relação à Equação 8.3 é que a força de tensão, que apontava para o centro, foi substituída por uma força de atrito estático, que também aponta para o centro. Da equação radial, o módulo da velocidade é

$$v = \sqrt{\frac{rf_e}{m}}$$

A rapidez atinge um valor máximo quando f_e atinge seu valor máximo:

$$f_e = f_{e\,max} = \mu_e n = \mu_e mg$$

onde usamos $n = mg$, obtido da equação em z. Naquele ponto,

$$v_{max} = \sqrt{\frac{rf_{e\,max}}{m}} = \sqrt{\mu_e rg}$$
$$= \sqrt{(1,0)(50\text{ m})(9,80\text{ m/s}^2)} = 22\text{ m/s}$$

onde o valor $\mu_e = 1,0$ foi obtido da Tabela 6.1.

AVALIAÇÃO Uma velocidade de 22 m/s corresponde a aproximadamente 80 km/h, uma resposta plausível para a velocidade máxima com a qual um carro pode fazer uma curva nivelada. Note que a massa do carro foi cancelada em uma das passagens e que a equação final para v_{max} é muito simples. Este é outro exemplo de por que vale a pena operar algebricamente até bem próximo do final.

Uma vez que μ_e depende das condições da rodovia, a velocidade máxima com que podemos fazer uma curva com segurança pode variar enormemente. Em rodovias molhadas, em particular, o valor de μ_e é diminuído e, assim, também diminui a velocidade para se fazer uma curva. Condições de gelo na pista são ainda piores. A esquina que diariamente você dobra a 75 km/h requer uma velocidade de não mais do que 25 km/h se o coeficiente de atrito estático cai para 0,1.

EXEMPLO 8.5 Dobrando uma esquina II

A curva de uma auto-estrada, com raio de 70 m, tem o piso inclinado em um ângulo de 15°. Com que valor v_0 de velocidade pode um carro fazer esta curva sem qualquer ajuda do atrito?

MODELO O carro é uma partícula em movimento circular uniforme.

VISUALIZAÇÃO Tendo acabado de discutir o papel do atrito ao se fazer curvas, talvez surpreenda sugerir que a mesma curva possa ser feita sem atrito. No Exemplo 8.4 considerou-se uma curva nivelada, mas as curvas das auto-estradas reais são "compensadas", ou seja, *inclinadas* para cima no lado de fora da curva. O ângulo é modesto em auto-estradas comuns, mas pode atingir valores bem grandes em pistas de corrida de alta velocidade. O propósito da compensação se torna claro se você olhar o diagrama de corpo livre da **FIGURA 8.9**. A força normal $\vec{n}$ é perpendicular à rodovia, portanto inclinar o piso da rodovia faz com que $\vec{n}$ tenha um componente voltado para o centro do círculo. O componente radial n_r é a força orientada para dentro que gera a aceleração centrípeta necessária para o carro fazer a curva. Note que *não* usamos um sistema de coordenadas inclinado, embora este se pareça com um problema de plano inclinado. O centro do círculo encontra-se no mesmo plano horizontal que o carro, e em problemas sobre movimento circular precisamos que o eixo r passe por este centro. Eixos inclinados são adequados para movimentos *lineares* ao longo de planos inclinados.

RESOLUÇÃO Sem atrito, $n_r = n\,\text{sen}\,\theta$ é o único componente de força na direção radial. É este componente da força normal, exercida sobre o carro para dentro da curva, que faz o carro dobrar na curva. A segunda lei de Newton é

$$\sum F_r = n\,\text{sen}\,\theta = \frac{mv_0^2}{r}$$
$$\sum F_z = n\cos\theta - mg = 0$$

onde θ é o ângulo de inclinação da rodovia e onde consideramos que o carro trafegue com o valor correto v_0 de velocidade. Da equação em z,

$$n = \frac{mg}{\cos\theta}$$

Substituindo isso na equação em r e isolando v_0, obtemos

$$\frac{mg}{\cos\theta}\text{sen}\,\theta = mg\,\text{tg}\,\theta = \frac{mv_0^2}{r}$$
$$v_0 = \sqrt{rg\,\text{tg}\,\theta} = 14\text{ m/s}$$

AVALIAÇÃO Isso corresponde a cerca de 50 km/h, um valor razoável de velocidade. Somente com este valor específico de velocidade a curva pode ser realizada sem o auxílio de forças de atrito.

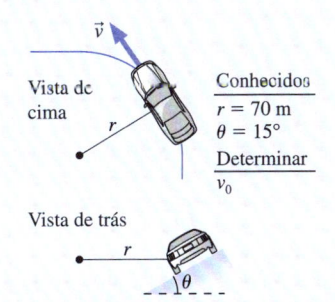

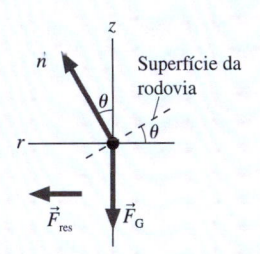

FIGURA 8.9 Representação pictórica de um carro em uma curva inclinada.

(a) $v > v_0$

Superfície da rodovia

A força resultante dirigida para o centro do círculo é maior.

(b) $v < v_0$

Superfície da rodovia

A força resultante dirigida para o centro do círculo é menor.

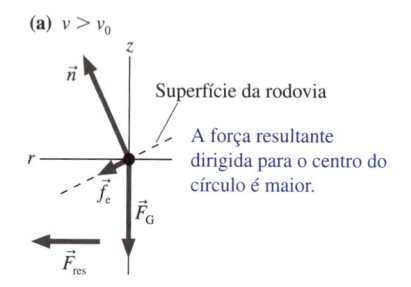

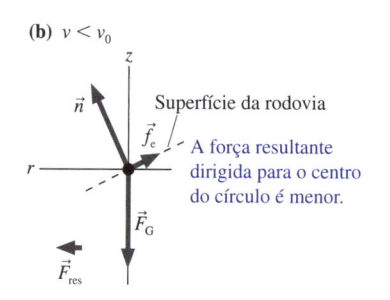

FIGURA 8.10 Diagramas de corpo livre que mostram a força de atrito estático quando $v > v_0$ e quando $v < v_0$.

É interessante explorar o que acontece para outros valores de velocidade. O carro necessitará contar com a inclinação do piso *e* com o atrito se ele fizer a curva com velocidade maior ou menor do que v_0. A **FIGURA 8.10a** traz o diagrama de corpo livre modificado para incluir uma força de atrito estático. Lembre-se de que $\vec{f}_e$ deve ser paralela à superfície, de modo que ela fica inclinada para baixo no ângulo θ. Uma vez que $\vec{f}_e$ possui um componente com o sentido positivo do eixo *r*, a força radial *resultante* é maior do que a correspondente a $\vec{n}$ apenas. Isso permitirá ao carro fazer a curva com $v > v_0$. Poderíamos fazer uma análise quantitativa semelhante à do Exemplo 8.5 para determinar o máximo valor de velocidade em uma curva compensada analisando a Figura 8.10a para $f_e = f_{e\,max}$.

Mas e quando a curva for feita com uma velocidade de valor $v < v_0$? Nesta situação, o componente *r* da força normal será grande demais; não é necessária uma força tão dirigida para o centro. Como mostra a **FIGURA 8.10b**, a força resultante pode ser reduzida por existir $\vec{f}_e$, que aponta *para cima* paralelamente à superfície da curva! À primeira vista isso pode parecer muito estranho, mas considere então o caso limite em que o carro esteja estacionado sobre o piso inclinado na curva, com $v = 0$. Não fosse pela força de atrito estático que aponta *para cima* paralelamente à rampa, o carro derraparia lateralmente para baixo da mesma. De fato, para qualquer velocidade menor do que v_0 o carro derrapará para dentro da curva, a menos que seja impedido de fazê-lo por uma força de atrito estático que aponte para cima, paralelamente à superfície.

Nossa análise, portanto, chegou a três faixas de valores de velocidade. A v_0, o carro realiza a curva sem qualquer auxílio do atrito. A velocidades maiores, o carro derrapará para fora da curva, a menos que uma força de atrito estático direcionada para dentro aumente a intensidade da força resultante. E por último, a velocidades menores, o carro derrapará para dentro da curva, a menos que exista uma força de atrito direcionada para fora que o impeça de fazê-lo.

EXEMPLO 8.6 Uma pedra em uma funda

Um caçador da Idade da Pedra coloca uma pedra de 1,0 kg em uma funda e a faz girar em círculo horizontal ao redor de sua cabeça por meio de um cipó com 1,0 m de comprimento. Se o cipó rompe-se à tensão de 200 N, qual é a velocidade angular máxima, em rpm, com a qual o homem pode girar a pedra?

MODELO Trate a pedra como uma partícula em movimento circular uniforme.

VISUALIZAÇÃO À primeira vista, este problema parece essencialmente o mesmo que o Exemplo 8.3, em que um pai gira seu filho por meio de uma corda. Todavia, a ausência de uma normal exercida por uma superfície de sustentação faz uma *grande* diferença. Neste caso, a *única* força de contato sobre a pedra é a tensão no cipó. Uma vez que a pedra se move em um círculo horizontal, talvez você se sinta tentado a desenhar um diagrama de corpo livre como o da **FIGURA 8.11a**, onde $\vec{T}$ está direcionado ao longo do eixo *r*. Mas você logo ficaria em dúvida, entretanto, porque este diagrama traz uma força resultante na direção do eixo *z* e é impossível satisfazer à condição $\Sigma F_z = 0$. A força gravitacional $\vec{F}_G$ certamente aponta verticalmente para baixo, de modo que a dificuldade deve estar em $\vec{T}$.

Como um experimento, amarre um pequeno peso a um barbante, gire-o sobre sua cabeça e verifique o *ângulo* formado pelo barbante. Você logo descobrirá que este *não* é horizontal, mas, em vez disso, está inclinado para baixo. O esboço da **FIGURA 8.11b** mostra o ângulo θ. Note que a pedra se move em um círculo *horizontal*, de modo que o centro do mesmo *não* se encontra em sua mão. O eixo *r* aponta para o centro do círculo, porém a força de tensão está direcionada ao longo do cipó. Portanto, o diagrama de corpo livre correto é o mostrado na Figura 8.11b.

RESOLUÇÃO O diagrama de corpo livre mostra que a força gravitacional exercida para baixo é contrabalançada pelo componente da tensão orientado para cima, deixando o componente radial da tensão gerar a aceleração centrípeta. A segunda lei de Newton se escreve

$$\sum F_r = T\cos\theta = \frac{mv^2}{r}$$

$$\sum F_z = T\,\mathrm{sen}\,\theta - mg = 0$$

onde θ é o ângulo formado pelo cipó abaixo da horizontal. Da equação em *z*, obtemos

$$\mathrm{sen}\,\theta = \frac{mg}{T}$$

$$\theta = \mathrm{sen}^{-1}\left(\frac{(1,0\text{ kg})(9,8\text{ m/s}^2)}{200\text{ N}}\right) = 2,81°$$

onde calculamos o valor do ângulo para a tensão máxima de 200 N. O ângulo de inclinação do cipó é pequeno, mas não é nulo.

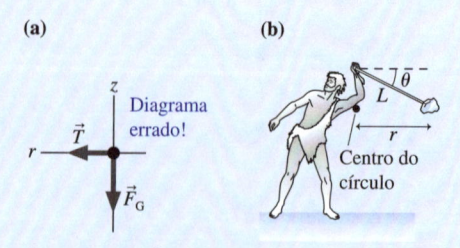

(a) Diagrama errado!

(b)

Centro do círculo

Conhecidos
$m = 1,0$ kg
$L = 1,0$ m
$T_{max} = 200$ N

Determinar
ω_{max}

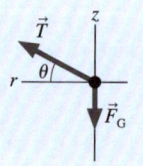

FIGURA 8.11 Representação pictórica de uma pedra em uma funda.

Partindo agora da equação em r, obtemos o valor da velocidade da pedra como

$$v = \sqrt{\frac{rT\cos\theta}{m}}$$

Cuidado! O raio r do círculo *não* é igual ao comprimento L do cipó. Da Figura 8.11 você pode verificar que $r = L\cos\theta$. Assim,

$$v = \sqrt{\frac{LT\cos^2\theta}{m}} = \sqrt{\frac{(1{,}0\text{ m})(200\text{ N})(\cos 2{,}81°)^2}{1{,}0\text{ kg}}} = 14{,}1\text{ m/s}$$

Podemos agora determinar a velocidade angular máxima, o valor de ω que faz com que a tensão no barbante atinja seu ponto de ruptura:

$$\omega_{max} = \frac{v}{r} = \frac{v}{L\cos\theta} = \frac{14{,}1\text{ rad}}{1\text{ s}} \times \frac{1\text{ rev}}{2\pi\text{ rad}} \times \frac{60\text{ s}}{1\text{ min}} = 135\text{ rpm}$$

PARE E PENSE 8.3 Uma pedra presa a um barbante gira em um círculo horizontal sobre uma mesa sem atrito. Ordene em seqüência decrescente os módulos das tensões de T_a a T_e exercidas sobre os blocos de *a* a *e*.

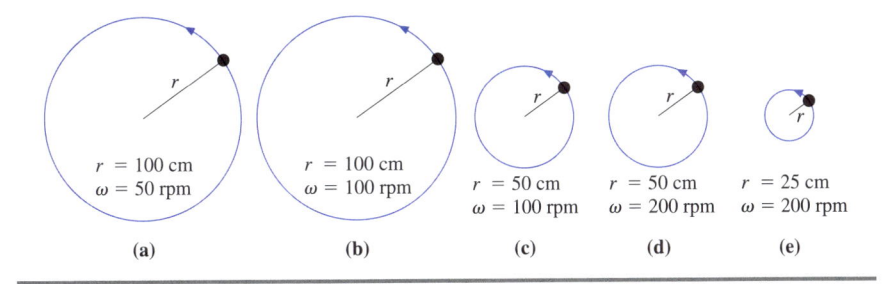

(a) $r = 100$ cm, $\omega = 50$ rpm
(b) $r = 100$ cm, $\omega = 100$ rpm
(c) $r = 50$ cm, $\omega = 100$ rpm
(d) $r = 50$ cm, $\omega = 200$ rpm
(e) $r = 25$ cm, $\omega = 200$ rpm

8.4 Órbitas circulares

Satélites orbitam a Terra, a Terra orbita o Sol e nosso sistema solar inteiro orbita o centro da galáxia Via Láctea. Nem todas as órbitas são circulares, porém, nesta seção, nos limitaremos a analisar as órbitas circulares. Iremos analisar as órbitas elípticas de satélites e de planetas no Capítulo 13.

Como um satélite orbita a Terra? Que forças são exercidas sobre ele? Por que ele se move em círculo? Para responder a estas importantes questões vamos voltar, por um momento, ao movimento de projéteis. Este movimento ocorre quando a única força exercida sobre o objeto é a gravidade. Nossa análise dos projéteis considerou que a Terra fosse plana e que a aceleração da gravidade fosse vertical para baixo em todos os lugares. Essa aproximação é aceitável para projéteis de alcance limitado, tais como bolas de beisebol ou balas de canhão, mas chegamos a um ponto em que não podemos mais ignorar a curvatura da Terra.

A **FIGURA 8.12** mostra um planeta sem atmosfera, esférico e perfeitamente liso com uma torre de altura h. Um projétil é lançado da torre paralelamente ao solo ($\theta = 0°$) com velocidade de valor v_0. Se este valor for muito pequeno, como no caso da trajetória A, a "aproximação de Terra plana" será válida e o problema será idêntico ao Exemplo 4.4, no qual um carro projetou-se de um penhasco. O projétil simplesmente caiu até o solo ao longo de uma trajetória parabólica.

Quando o valor v_0 da velocidade inicial é aumentado, o projétil começa a ser afetado pelo encurvamento do chão sob ele. Ele está em queda o tempo todo, sempre se aproximando do solo, mas a distância que ele percorre antes de finalmente chegar ao solo — ou seja, o seu alcance — aumenta porque o projétil deve atingir o solo que se curva afastando-se dele. As trajetórias B e C são deste tipo. O cálculo real dessas trajetórias está além do objetivo deste livro, mas você deve ser capaz de compreender os fatores que influenciam a trajetória.

Se o valor v_0 da velocidade de lançamento for suficientemente grande, chega um ponto em que a curva da trajetória e a curva da superfície da Terra se tornam paralelas. Neste caso, o projétil "cai" sem jamais se aproximar do solo! Esta é a situação correspondente à trajetória D. Uma trajetória fechada ao redor de um planeta ou de uma estrela, tal como a trajetória D, é chamada de **órbita**.

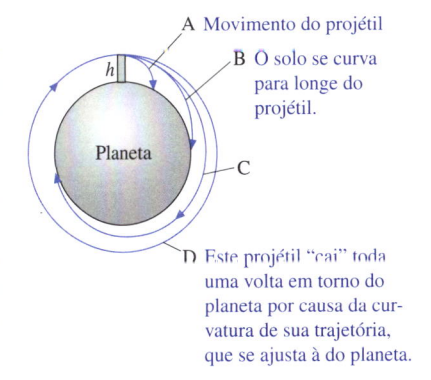

A Movimento do projétil
B O solo se curva para longe do projétil.
C
D Este projétil "cai" toda uma volta em torno do planeta por causa da curvatura de sua trajetória, que se ajusta à do planeta.

FIGURA 8.12 Projéteis lançados com velocidades cada vez maiores de uma altura h sobre um planeta liso e sem atmosfera.

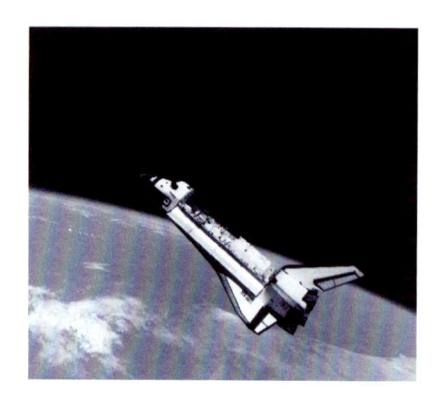

O ônibus espacial encontra-se em queda livre.

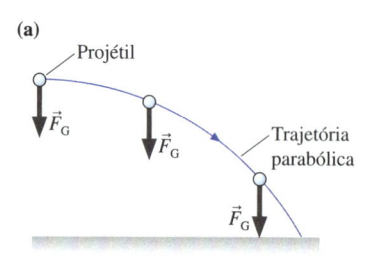

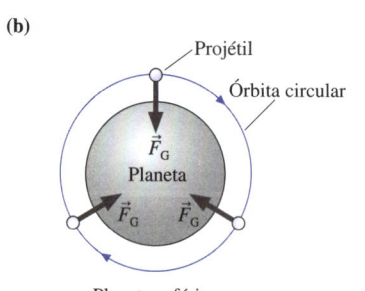

FIGURA 8.13 A força gravitacional "real" está sempre direcionada para o centro do planeta.

(a) Aproximação de Terra plana

(b) Planeta esférico

O aspecto mais importante dessa análise qualitativa é que **um projétil em órbita está em queda livre**. Trata-se, indubitavelmente, de uma idéia estranha, mas que merece uma reflexão cuidadosa. Um projétil em órbita realmente não difere de uma bola de beisebol arremessada ou de um carro que despenca de um penhasco. A única força exercida sobre ele é a gravidade, porém a velocidade tangencial é tão grande que a curvatura de sua trajetória "casa" exatamente com a da Terra. Quando isso ocorre, o projétil "cai" sob a influência da gravidade, mas jamais se aproxima da superfície terrestre, que se curva abaixo dele.

Na aproximação de Terra plana, mostrada na **FIGURA 8.13a**, a força gravitacional exercida sobre um objeto de massa m é

$$\vec{F}_G = (mg, \text{vertical para baixo}) \quad \text{(aproximação de Terra plana)} \quad (8.10)$$

Mas como as estrelas e os planetas são realmente esféricos (ou muito próximos disso), a força "real" da gravidade exercida sobre o objeto está direcionada para o *centro* do planeta, como mostra a **FIGURA 8.13b**. Neste caso, a força gravitacional é

$$\vec{F}_G = (mg, \text{para o centro}) \quad \text{(planeta esférico)} \quad (8.11)$$

Como você aprendeu, uma força de intensidade constante que sempre aponta para o centro de um círculo produz a aceleração centrípeta do movimento circular uniforme. Portanto, a força gravitacional da Equação 8.11 exercida sobre o objeto da Figura 8.13b, o faz ter uma aceleração dada por

$$\vec{a} = \frac{\vec{F}_{res}}{m} = (g, \text{para o centro}) \quad (8.12)$$

Um objeto que se mova com velocidade de módulo $v_{orbital}$ em um círculo de raio r terá esta aceleração centrípeta se

$$a_r = \frac{(v_{orbital})^2}{r} = g \quad (8.13)$$

Ou seja, se um objeto se move paralelamente à superfície com velocidade de valor

$$v_{orbital} = \sqrt{rg} \quad (8.14)$$

então a aceleração de queda livre provê exatamente a aceleração centrípeta necessária para descrever uma órbita circular de raio r. Um objeto com qualquer outro valor de velocidade não terá uma trajetória circular.

O raio da Terra é $r = R_T = 6,37 \times 10^6$ m. (Na parte interna da contracapa deste livro encontra-se uma tabela de dados astronômicos úteis.) O valor da velocidade orbital de um projétil que passe rasante à superfície de uma Terra lisa e sem ar é

$$v_{orbital} = \sqrt{rg} = \sqrt{(6,37 \times 10^6 \text{ m})(9,80 \text{ m/s}^2)} = 7.900 \text{ m/s} \approx 16.000 \text{ mph}$$

Mesmo se não existissem árvores e montanhas, um projétil real que se movesse a tal velocidade queimaria por causa do atrito da resistência do ar.

Suponha, todavia, que lançássemos o satélite de uma torre de altura $h = 320$ km $\approx 3,2 \times 10^5$ m, logo acima da atmosfera terrestre. Essa é, aproximadamente, a altitude dos satélites de órbitas baixas, tais como o ônibus espacial norte-americano. Note que $h \ll R_T$, de modo que o raio da órbita $r = R_T + h = 6,69 \times 10^6$ m é somente 5% maior do que o raio da própria Terra. Muitas pessoas têm a imagem mental de que os satélites estão em órbitas muito acima da Terra, porém, de fato, os satélites chegam perto de "roçar" a superfície terrestre. Nosso cálculo de $v_{orbital}$, portanto, constitui uma estimativa muito boa da rapidez de um satélite em órbita:

$$T = \frac{2\pi r}{v_{orbital}} = 2\pi \sqrt{\frac{r}{g}} \quad (8.15)$$

Para uma órbita baixa em torno da Terra, com $r = R_T + 320$ km, obtemos $T = 5.190$ s $= 87$ min. O período do ônibus espacial a uma altitude de 320 km é, de fato, próximo de 87 minutos. (O período real do ônibus espacial a esta altitude é de 91 minutos. A diferença, você aprenderá no Capítulo 13, surge porque g é ligeiramente menor à altitude do satélite.)

Quando discutimos a *imponderabilidade* no Capítulo 6, descobrimos que ela ocorre durante a queda livre. No final da Seção 6.3, nos indagamos se os astronautas e sua espaçonave estavam em queda livre. Agora podemos dar uma resposta afirmativa: eles estão, de fato, em queda livre. Eles estão continuamente em queda ao redor da Terra, sob influência apenas da força gravitacional, mas jamais se aproximando do solo porque a superfície da Terra também se curva abaixo deles. No espaço, a imponderabilidade não é diferente da imponderabilidade que se experimenta em um elevador em queda livre. Ela *não* se deve à ausência da gravidade. De fato, o astronauta, a espaçonave e tudo em seu interior estão sem peso por estarem todos caindo juntos.

Gravidade

Podemos encerrar esta seção com uma rápida olhada à frente, onde examinaremos a força gravitacional mais detalhadamente. Se um satélite está simplesmente "em queda" ao redor da Terra, com a força gravitacional gerando a aceleração centrípeta, então e quanto à Lua? Ela obedece às mesma leis físicas? Ou os corpos celestes obedecem a leis que não podemos descobrir através de experimentos realizados aqui na Terra?

O raio da órbita lunar ao redor da Terra é $r = R_L = 3,84 \times 10^8$ m. Se usarmos a Equação 8.15 para calcular o período da órbita lunar, o tempo que ela leva para circundar a Terra uma vez, obteremos

$$T = 2\pi\sqrt{\frac{r}{g}} = 2\pi\sqrt{\frac{3,84 \times 10^8 \text{ m}}{9,80 \text{ m/s}^2}} = 655 \text{ min} \approx 11 \text{ h}$$

Este resultado, claramente, está errado. Como você provavelmente sabe, o lua cheia ocorre aproximadamente uma vez a cada mês. Mais precisamente, sabemos a partir das medições astronômicas que o período da órbita da Lua é $T = 27,3$ dias $= 2,36 \times 10^6$ s, um valor cerca de 60 vezes maior do que aquele que calculamos.

Newton acreditava que as leis do movimento que ele descobrira eram *universais*, ou seja, que elas deveriam ser aplicáveis ao movimento da Lua bem como aos movimentos de objetos em laboratórios. Mas por que devemos considerar que a aceleração de queda livre g seja a mesma à distância da Lua e próximo à superfície terrestre? Se a gravidade é a força com a qual a Terra puxa um objeto, parece plausível que a intensidade da força, e, assim, o módulo de g, deveria diminuir com o aumento da distância relativa à Terra.

Se a Lua orbita a Terra por causa da atração gravitacional terrestre, qual será o valor de g necessário para explicar o período lunar? Podemos calcular $g_{\text{na Lua}}$ a partir da Equação 8.15 e do valor observado do período lunar:

$$g_{\text{na Lua}} = \frac{4\pi^2 R_L}{T_{\text{Lua}}^2} = 0,00272 \text{ m/s}^2$$

Isso é muito menor do que o valor de $9,80$ m/s² próximo à Terra.

Como você aprendeu no Capítulo 6, Newton propôs a idéia de que a força da gravidade da Terra diminui inversamente com o quadrado da distância relativa ao nosso planeta. No Capítulo 13, usaremos a lei de Newton da gravitação, a massa da Terra e a distância até a Lua para *prever* que $g_{\text{na Lua}} = 0,00272$ m/s², exatamente o esperado. A Lua, exatamente da mesma forma que o ônibus espacial, está, simplesmente, "em queda" ao redor da Terra!

Os belos anéis de Saturno consistem de partículas de poeira e de pequenas rochas em órbita do planeta.

8.5 Forças fictícias

Se você estiver dirigindo um carro e parar bruscamente, sentirá como se uma força o "arremessasse" para a frente em direção ao pára-brisa do carro. Mas tal força realmente não existe. Você não consegue identificar qualquer agente que o empurre. Um observador que assista a tudo parado, ao lado da rodovia, simplesmente o veria prosseguindo para a frente enquanto o carro pára.

FIGURA 8.14 As forças são identificadas corretamente somente em um referencial inercial.

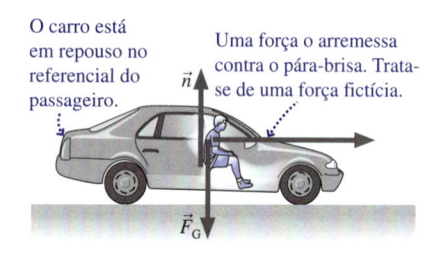

Referencial não-inercial do passageiro — O carro está em repouso no referencial do passageiro. Uma força o arremessa contra o pára-brisa. Trata-se de uma força fictícia.

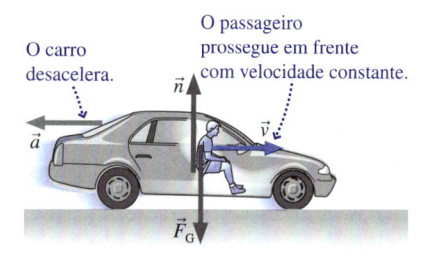

Referencial inercial do solo — O carro desacelera. O passageiro prossegue em frente com velocidade constante.

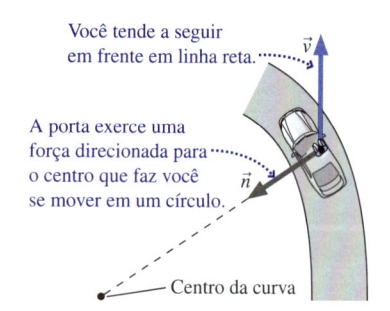

FIGURA 8.15 O passageiro ao dobrar uma esquina como visto por um pássaro.

Você tende a seguir em frente em linha reta. A porta exerce uma força direcionada para o centro que faz você se mover em um círculo.

O carro desacelerado não constitui um referencial inercial. No Capítulo 5, você aprendeu que as leis de Newton são válidas apenas em sistemas de referência inerciais. O observador parado ao lado da rodovia está no referencial inercial da Terra. Suas observações da desaceleração do carro em relação à Terra enquanto você prossegue para a frente com velocidade constante estão de acordo com as leis de Newton.

Apesar disso, o fato de que você *parece* ser atirado para a frente em relação ao carro constitui uma experiência bem real. Você pode descrever sua experiência em termos do que são chamadas **forças fictícias**. Elas não são forças reais porque nenhum agente externo as exerce, todavia elas descrevem seu movimento *em relação a um sistema de referência não-inercial*. A **FIGURA 8.14** mostra a situação a partir de ambos os referenciais.

Força centrífuga?

Se o carro dobra uma esquina rapidamente, você se sente "arremessado" contra a porta. Todavia existe realmente uma força exercida sobre você? A **FIGURA 8.15** mostra a vista que um pássaro tem de seu carro quando ele faz uma curva para a esquerda. Você tende a seguir movendo-se em linha reta, obedecendo à primeira lei de Newton, quando — sem ter provocado — a porta subitamente se interpõe à sua frente e vai em sua direção! Aí você realmente sente a força da porta, pois existe agora a força normal exercida pela porta, e que aponta *para o centro* da curva, a qual faz com que seu carro dobre a esquina. Mas você não é "arremessado" contra a porta; ela é que "corre" em sua direção. O ponto de vista do pássaro, a partir de um referencial inercial, dá a perspectiva apropriada do que acontece.

A "força" que parece empurrar um objeto para fora de uma trajetória circular é chamada de *força centrífuga*. A despeito do nome, a força centrífuga é uma força fictícia. Ela descreve o que você experimenta *em relação a um referencial não-inercial*, todavia essa força, de fato, não existe. **Você sempre deve usar as leis de Newton em relação a um referencial inercial**. Não existem forças centrífugas em um sistema de referência inercial.

> **NOTA** ▶ Talvez você esteja preocupado acerca do sistema de coordenadas *rtz* ser realmente um referencial inercial. Ele é, de fato, e as leis de Newton se aplicam nele, embora a razão seja muito sutil. Nós usamos as coordenadas *rtz* para estabelecer direções para a decomposição de vetores, entretanto não efetuamos nossas medições com este sistema de coordenadas, ou seja, as velocidades e as acelerações são medidas no sistema de referência que convencionamos chamar de laboratório. Se medíssemos as velocidades com relação ao sistema de referência fixo na partícula, ela sempre estaria em repouso ($\vec{v} = \vec{0}$). Portanto, a análise deste capítulo realmente é feita no referencial inercial do laboratório. ◀

A gravidade em uma terra que gira

Existe um pequeno problema com o aviso de que você deve usar as leis de Newton em um referencial inercial: um sistema de coordenadas fixo em relação ao solo não é realmente inercial por causa da rotação da Terra. Felizmente, porém, podemos fazer uma correção simples que nos permite continuar usando as leis de Newton próximo à superfície da Terra.

A **FIGURA 8.16** mostra um objeto sendo pesado em uma balança de banheiro no equador terrestre. Um observador flutuando em um referencial inercial acima do pólo norte identifica duas forças exercidas sobre o objeto: a força gravitacional $\vec{F}_{M \text{ sobre } m}$, dada pela lei de Newton da gravitação, e a força $\vec{F}_{\text{elast}}$, direcionada para fora, exercida pela balança. O objeto descreve um círculo enquanto a Terra gira — ele está acelerando —, e o movimento circular *requer* uma força resultante direcionada para o centro do círculo. A força gravitacional aponta para o centro do mesmo, a força elástica aponta para fora; logo, a segunda lei de Newton assume a forma

$$\sum F_r = F_{M \text{ sobre } m} - F_{\text{elast}} = m\omega^2 R$$

onde ω é a velocidade angular da rotação da Terra. A balança de banheiro marca $F_{\text{elast}} = F_{M \text{ sobre } m} - m\omega^2 r$, o que é *menos* do que ela marcaria sobre uma Terra que não girasse.

O *zoom* dado em um detalhe da Figura 8.16 mostra como vemos as coisas acontecerem em um referencial não-inercial de Terra plana. Neste caso, o objeto encontra-se parado, em equilíbrio estático. Se insistirmos em usar as leis de Newton, somos obrigados a concluir que $\vec{F}_{res} = \vec{0}$ e, daí, que a força elástica direcionada para cima é contrabalançada precisamente pela força gravitacional $\vec{F}_G$. Portanto, a balança marca $F_{elast} = F_G$.

Todavia nós e o observador inercial que flutua sobre o pólo medem a mesma compressão da mola e lêem o mesmo número na escala. Se F_{elast} é, portanto, a mesma para ambos, então

$$F_G = F_{M \text{ sobre } m} = m\omega^2 R \tag{8.16}$$

Em outras palavras, a força $\vec{F}$ — que chamamos de força gravitacional *efetiva* no Capítulo 6 — é ligeiramente menor do que a verdadeira força gravitacional $\vec{F}_{M \text{ sobre } m}$ por causa da rotação da Terra. Em essência, $m\omega^2 r$ é a força centrífuga, uma força fictícia que tende a — de nosso ponto de vista em um referencial não-inercial — nos "arremessar" para fora da plataforma giratória. Ela tem o efeito de "enfraquecer" a gravidade. Tal força realmente não existe, todavia — e este é um aspecto importante — **podemos continuar usando as leis de Newton em nosso referencial em rotação como se ela existisse**.

Uma vez que $F_G = mg$ para um objeto parado, o efeito do termo centrífuga da Equação 8.16 torna g um pouco menor do que ele seria em uma Terra sem rotação:

$$g = \frac{F_G}{m} = \frac{F_{M \text{ sobre } m} - m\omega^2 R}{m} = \frac{GM}{R^2} - \omega^2 R = g_{\text{Terra}} - \omega^2 R \tag{8.17}$$

No Capítulo 6 nós calculamos $g_{\text{Terra}} = 9,83$ m/s². Usando $\omega = 1$ rev/dia (que deve ser convertida para unidades do SI) e $R = 6.370$ km, obtemos $\omega^2 R = 0,033$ m/s² no equador. Portanto, a aceleração de queda livre — a que nós realmente medimos em nosso referencial em rotação — é cerca de 9,80 m/s². A aceleração puramente gravitacional g_{Terra} é reduzida pela aceleração centrípeta de nossa rotação.

As coisas são um pouco mais complicadas em outras latitudes porque o centro do movimento circular correspondente não é o centro da Terra (como no caso da pedra do Exemplo 8.6), $r \neq R$ e a Terra não é uma esfera perfeita. Com um cálculo mais detalhado obtemos que g é diminuída em 0,02 a 0,03 m/s² em latitudes médias na Terra. Logo, dependendo de sua localização, o valor da aceleração de queda livre local está, provavelmente, entre 9,80 m/s² e 9,81 m/s². Este livro usa 9,80 m/s² como um valor numérico adequado, mas g realmente varia quando se vai do equador aos pólos. Nos pólos, o efeito da rotação terrestre não afeta g.

A conclusão geral é que podemos usar com segurança as leis de Newton em nosso referencial não-inercial sobre a superfície da Terra em rotação se calcularmos a força gravitacional — como estivemos fazendo — como $F_G = mg$, com g sendo o valor da aceleração medida de queda livre, um valor que leva em conta nossa rotação, em vez do valor g_{Terra} de origem puramente gravitacional.

8.6 Por que a água fica no balde?

Imagine-se girando um balde verticalmente sobre sua cabeça. Se você o girar rapidamente, a água se manterá dentro dele. Mas você levaria um banho se o girasse lentamente. Por que a água se mantém no balde? Talvez você se sinta tentado a propor que é a força centrífuga que mantém a água no lugar, mas já vimos que tal força não existe. Analisar essa questão nos dará um bocado de informações sobre as forças exercidas nos movimentos, em geral, e no movimento circular, em particular. Vamos começar examinando uma situação semelhante — a de uma montanha-russa — e, depois, voltar ao caso da água no balde.

A **FIGURA 8.17a** mostra um vagão de montanha-russa que completa um *loop* vertical de raio r. Vamos supor que o movimento seja um círculo completo e não nos preocupar com a entrada e a saída do *loop*. Por que o vagão não cai dos trilhos no topo do círculo?

Para começar a responder a esta questão, a **FIGURA 8.17b** mostra o diagrama de corpo livre do vagão no fundo do *loop*. Repare que este movimento circular vertical *não* é uniforme; o vagão desacelera enquanto sobe por um lado e acelera ao descer pelo outro. Mas, bem no topo e no fundo do *loop*, o carro está mudando apenas a direção e não a rapidez, de modo que naqueles pontos a aceleração é puramente centrípeta, e a versão circular da segunda lei de Newton, vista na Seção 8.3, se aplica.

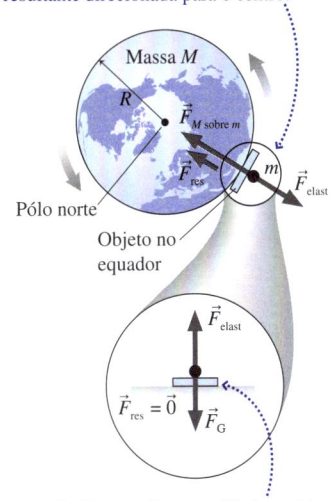

FIGURA 8.16 A rotação da Terra afeta o valor medido de g.

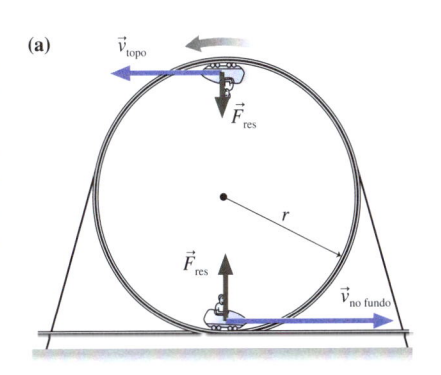

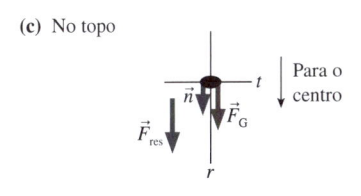

FIGURA 8.17 Um vagão de montanha-russa completando um *loop*.

As únicas forças exercidas sobre o vagão são a força gravitacional $\vec{F}_G$ e a força normal $\vec{n}$ com que os trilhos o empurram para cima. Uma vez que o vagão está descrevendo um círculo, *deve* haver uma força resulte que aponte para o centro do círculo. Neste caso, o centro do círculo está *acima*; logo, $n > F_G$ ou, como $F_G = mg$, $n > mg$. Em resumo, a força normal *tem de ser maior* do que a força gravitacional a fim de prover a força resultante necessária para "fazer a curva" da parte inferior do círculo. A lógica envolvida nessa análise é particularmente importante.

A mesma análise se aplicaria ao passageiro do vagão: $n > mg$, onde n é a força normal exercida para cima pelo assento. Se você andasse de montanha-russa sentado sobre uma balança de banheiro, esta forneceria a força orientada para cima (n sendo substituída por F_{elast}). Uma vez que seu peso é o que marca a balança sobre a qual você está parado, no fundo do *loop* seu peso seria maior do que mg, o seu peso em repouso. Assim — como você sabe — ,você se sentiria mais pesado do que o normal no fundo do *loop* ou na parte mais inferior de uma curva vertical.

Para analisar a situação quantitativamente, note que o eixo r, que aponta para o centro do círculo, aponta *para cima*. Assim, o componente em r da segunda lei de Newton do movimento circular é

$$\sum F_r = n_r + (F_G)_r = n - mg = ma_r = \frac{m(v_{fundo})^2}{r} \qquad (8.18)$$

Da Equação 8.18, obtemos

$$n = mg + \frac{m(v_{fundo})^2}{r} \qquad (8.19)$$

A força normal, no fundo do *loop*, é *maior* do que mg.

Agora vamos examinar o vagão de montanha-russa quando ele está passando pelo topo do *loop*. Essa situação se parece muito com a da água no balde girante, mas as coisas aqui são um pouco mais complicadas. Embora a força normal dos trilhos empurre o vagão para cima quando ele se encontra no fundo do círculo, ela *pressiona para baixo* quando o vagão se encontra no topo e abaixo dos trilhos. A **FIGURA 8.17C** apresenta o diagrama de corpo livre do vagão no topo do *loop*. Reflita cuidadosamente sobre este diagrama até se convencer de que concorda com ele.

O vagão ainda se encontra movendo-se em um círculo vertical, logo deve haver uma força resultante direcionada para o centro do mesmo, a qual gera a aceleração centrípeta necessária. O eixo r, que aponta para o centro do círculo, aponta agora para baixo. Conseqüentemente, as duas forças possuem componentes positivos. No topo do círculo, a segunda lei de Newton assume a forma

$$\sum F_r = n_r + (F_G)_r = n + mg = \frac{m(v_{topo})^2}{r} \qquad (8.20)$$

Você deve estar convencido de que entende por que essa equação difere da Equação 8.18.

Da Equação 8.20, a força normal que os trilhos exercem sobre o vagão é

$$n = \frac{m(v_{topo})^2}{r} - mg \qquad (8.21)$$

A força normal no topo pode exceder mg se v_{topo} for suficientemente grande. Nosso interesse, entretanto, é quanto ao que acontece quando o carro fica cada vez mais lento. Da Equação 8.21 note que, quando v_{topo} diminui, chega um ponto em que n se torna nula. Neste ponto, os trilhos *não* empurram o carro para baixo. De fato, o carro é capaz de completar o círculo por causa da força gravitacional, que, sozinha, provê aceleração centrípeta suficiente.

O valor de velocidade no qual $n = 0$ é chamado de *velocidade crítica* v_c:

$$v_c = \sqrt{\frac{rmg}{m}} = \sqrt{rg} \qquad (8.22)$$

A velocidade crítica é o menor valor de velocidade com que o vagão pode completar o círculo. Para compreender por que, note que a Equação 8.21 fornece um valor negativo

Muitos brinquedos comuns de parques de diversões são baseados no movimento circular.

para n se $v < v_c$. Porém isto é fisicamente impossível. Os trilhos podem empurrar as rodas do vagão ($n > 0$), mas não podem puxá-las. Quando uma solução se torna fisicamente impossível, ela normalmente indica que fizemos alguma hipótese errada acerca da situação. Neste caso, *assumimos* que o movimento fosse circular. Mas se obtemos que $n < 0$, nossa hipótese não é mais válida. Se $v < v_c$, o vagão não pode completar o *loop*, mas, em vez disso, perde contato com os trilhos e se torna um projétil!

Se você olhar de novo o diagrama de corpo livre, **a velocidade crítica v_c é aquela com que a gravidade sozinha pode ser responsável pelo movimento circular no topo**. A força normal, então, se reduz a zero. O movimento circular com uma velocidade de valor menor que v_c não é possível por existir uma força intensa *demais* exercida para baixo. Se o carro tenta completar o círculo com uma velocidade menor, a força normal cai a zero *antes* que ele atinja o topo. "Força normal nula" significa "sem contato". O carro perde contato com os trilhos quando n se anula, tornando-se um projétil sob influência apenas da força gravitacional. A **FIGURA 8.18** resume este raciocínio para o carro no topo do *loop*.

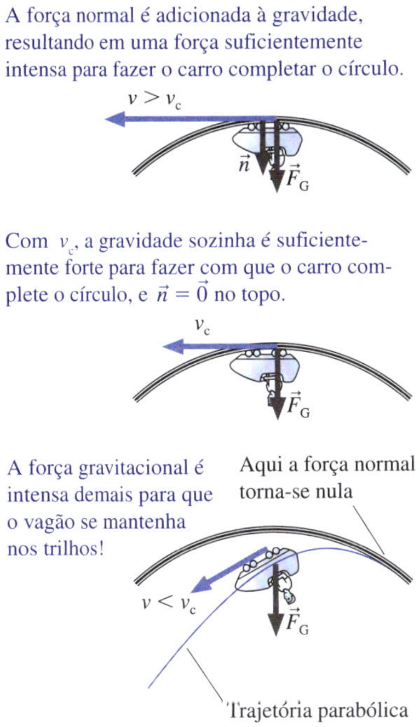

Retornemos agora ao caso da água no balde. A **FIGURA 8.19** mostra um balde parcialmente cheio com água no topo de um círculo vertical de raio r. Note que a água possui uma velocidade tangencial. Se o balde subitamente sumisse, a água não cairia verticalmente. Em vez disso, ela seguiria uma trajetória parabólica como a de uma bola arremessada horizontalmente. Este é o movimento descrito por um objeto sob influência apenas da gravidade.

Se a água deve seguir uma trajetória *mais curva* do que a parábola, ela necessita de *mais força* do que somente a gravidade. A força extra é provida pelo fundo do balde, que empurra a água. Como o balde empurra a água, ele e a água estão em contato e, portanto, a água está "dentro" do balde. (A água é uma substância deformável, de modo que é necessário haver a lateral do balde para manter o líquido junto, mas fora isso a lateral é irrelevante para o movimento.)

Note a semelhança com o carro que faz uma curva para a direita na Figura 8.15. O passageiro sente como se estivesse sendo "arremessado" contra a porta por uma força centrífuga, mas de fato é a porta, que empurra em direção ao centro do círculo, que faz com que o passageiro faça a curva em vez de seguir se movendo em linha reta. Aqui parece como se a água estivesse "grudada" ao fundo do balde por uma força centrífuga, mas, de fato, é a força com a qual o fundo do balde empurra que faz a água se mover em um círculo em vez de seguir, em queda livre, uma parábola.

Quando você gradualmente diminui a velocidade do balde, a força normal dele sobre a água torna-se cada vez menor. Enquanto a velocidade angular vai diminuindo, chega-se a um ponto em que n se torna nula. Neste ponto, o balde *não* empurra mais a água. E de fato, a água é capaz de completar o círculo porque a gravidade sozinha gera aceleração centrípeta suficiente.

A velocidade angular crítica ω_c é aquela na qual a gravidade sozinha é suficiente para manter o movimento circular no topo. Não é possível haver um movimento circular vertical com velocidade angular inferior a ω_c porque, nesta situação, existe uma força *intensa demais* exercida para baixo. Se você tentasse fazer o balde girar com uma velocidade angular menor, a força normal cairia a zero *antes* que a água atingisse o topo. "Força normal nula" significa "sem contato". A água sairia do balde quando n fosse nula, tornando-se um projétil sob influência apenas da força gravitacional. É nesta situação que você se molha!

A análise é exatamente igual àquela do vagão de montanha-russa. A única diferença é que você provavelmente gira o balde com um valor constante de velocidade angular (o módulo da velocidade do vagão da montanha-russa *não é* constante); logo, é mais útil calcular a velocidade angular crítica em vez do valor da velocidade crítica. Podemos determinar a velocidade angular crítica pela Equação 8.22, usando $v_c = \omega_c r$. Disso resulta

$$\omega_c = \sqrt{\frac{g}{r}} \qquad (8.23)$$

Não é fácil entender por que a água se mantém no balde. Uma reflexão atenta sobre o *raciocínio* apresentado nesta seção aumentará em muito sua compreensão das forças e do movimento circular.

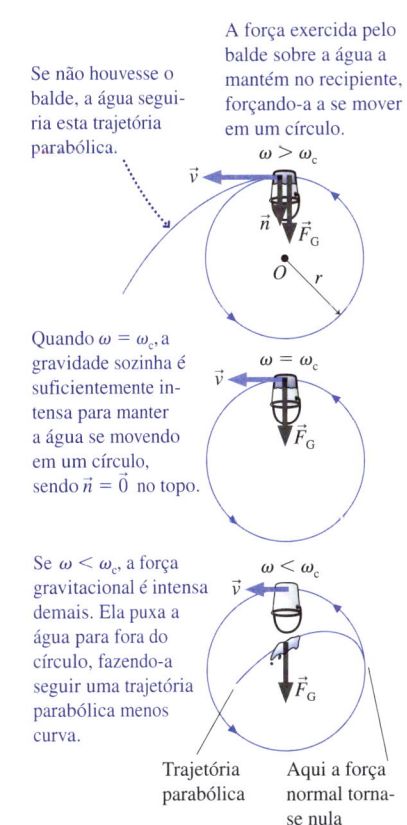

FIGURA 8.18 O vagão de uma montanha-russa no topo do *loop*.

FIGURA 8.19 Água em um balde.

PARE E PENSE 8.4 Um carro que ficou sem gasolina está passando pelo topo de uma colina a uma rapidez v. Neste instante,

a. $n > F_G$
b. $n < F_G$
c. $n = F_G$
d. Não podemos afirmar nada sobre n sem conhecer v.

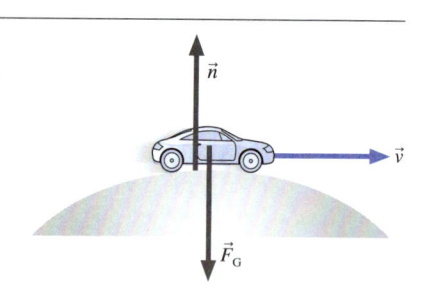

8.7 Movimento circular não-uniforme

Muitos exemplos interessantes de movimento circular envolvem objetos cujo módulo de velocidade é variável. Como já observamos, ao percorrer um *loop*, o vagão de uma montanha-russa desacelera ao subir por um lado e acelera ao descer pelo outro. O movimento circular descrito com uma velocidade que muda de valor é chamado de *movimento circular não-uniforme*.

A **FIGURA 8.20**, emprestada do Capítulo 4, serve para que você recorde-se das idéias-chave. Aqui a partícula desacelera ou acelera enquanto se move em círculo. Qualquer movimento circular, seja uniforme ou não-uniforme, possui uma aceleração centrípeta a_r na direção radial. A aceleração centrípeta, perpendicular a $\vec{v}$, é a aceleração relacionada à variação de direção. Além dela, uma partícula em movimento circular não-uniforme possui uma aceleração tangencial a_t. A aceleração tangencial, paralela a $\vec{v}$, é a aceleração relacionada à variação do módulo da velocidade. Matematicamente, a aceleração tangencial é, simplesmente, a taxa segundo a qual a velocidade tangencial varia:

$$a_t = \frac{dv_t}{dt} \tag{8.24}$$

Se a_t é constante, o comprimento de arco s descrito pela partícula ao longo da circunferência e a velocidade tangencial v_t são obtidos da cinemática de aceleração constante:

$$\begin{aligned} s_f &= s_i + v_{it}\Delta t + \tfrac{1}{2}a_t(\Delta t)^2 \\ v_{ft} &= v_{it} + a_t\Delta t \end{aligned} \tag{8.25}$$

Entretanto, normalmente é mais conveniente escrever as equações cinemáticas em termos da velocidade angular ω e da aceleração angular $\alpha = d\omega/dt$. No Capítulo 4, obtivemos a relação entre a aceleração tangencial e a aceleração angular como

$$a_t = r\alpha \tag{8.26}$$

Esta equação é análoga a $v_t = r\omega$, uma relação entre a velocidade tangencial e a angular. Em termos das grandezas angulares, as equações da cinemática de aceleração constante são

$$\begin{aligned} \theta_f &= \theta_i + \omega_i\Delta t + \tfrac{1}{2}\alpha(\Delta t)^2 \\ \omega_f &= \omega_i + \alpha\Delta t \end{aligned} \tag{8.27}$$

Além disso, a equação da aceleração centrípeta, $a_r = v^2/r = \omega^2 r$ ainda é válida.

A dinâmica do movimento circular não-uniforme

A **FIGURA 8.21** mostra uma força resultante $\vec{F}_{res}$ exercida sobre uma partícula que se move em um círculo de raio r. O vetor $\vec{F}_{res}$ provavelmente é uma superposição de várias forças, tais como a força de tensão em uma corda, uma força de empuxo, uma força de atrito e assim por diante.

Podemos decompor o vetor força $\vec{F}_{res}$ em um componente *tangencial* $(F_{res})_t$ e um componente radial $(F_{res})_r$. O componente $(F_{res})_t$ é positivo para uma força em sentido anti-horário e negativo para uma força de sentido horário. Por causa de nossa definição do eixo r, o componente $(F_{res})_r$ é positivo para uma força radial direcionada *para* o centro e negativo para

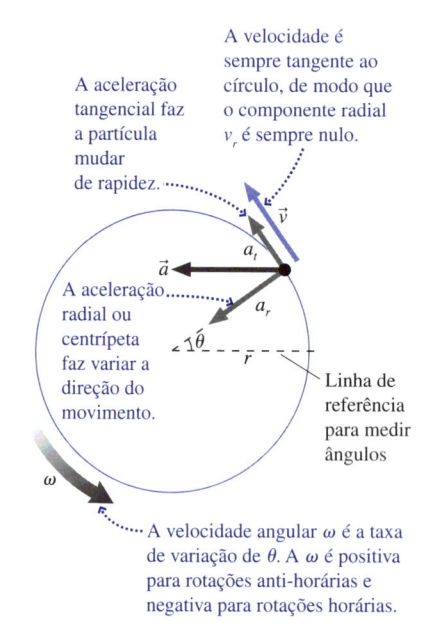

FIGURA 8.20 Movimento circular não-uniforme.

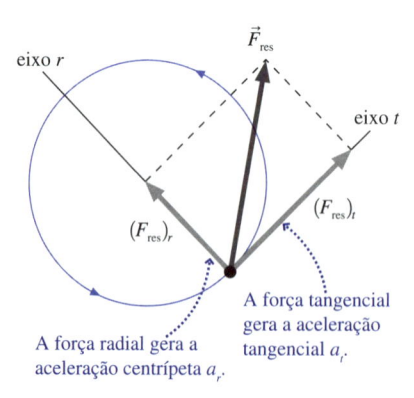

FIGURA 8.21 A força resultante $\vec{F}_{res}$ é exercida sobre uma partícula que se move em círculo.

uma força radial que aponta para fora do centro. Por exemplo, a força particular ilustrada na Figura 8.21 possui componentes $(F_{res})_r$ e $(F_{res})_t$ de valores positivos.

O componente de força $(F_{res})_r$, perpendicular à trajetória, gera uma aceleração centrípeta e causa a variação de direção do movimento da partícula. É o componente $(F_{res})_t$, paralelo à trajetória, que gera a aceleração tangencial e faz variar o módulo da velocidade da partícula. A força e a aceleração estão relacionadas uma com a outra através da segunda lei de Newton:

$$(F_{res})_r = \sum F_r = ma_r = \frac{mv^2}{r} = m\omega^2 r$$
$$(F_{res})_t = \sum F_t = ma_t \qquad (8.28)$$
$$(F_{res})_z = \sum F_z = 0$$

NOTA ▶ As Equações 8.28 são diferentes das Equações 8.9 para o movimento circular uniforme somente pelo fato de a_t não estar mais restrito a ser nulo. ◀

EXEMPLO 8.7 Movimento circular desacelerado

Um motor gira a 200 rpm um bloco de aço de 2,0 kg preso a uma haste de 80 cm de comprimento. O bloco é sustentado por uma mesa de aço. Depois que o motor pára, quanto tempo leva para o bloco atingir o repouso? Quantas revoluções ele completa até parar? Considere que não exista atrito no eixo.

MODELO Considere o bloco de aço como uma partícula em movimento circular não-uniforme.

VISUALIZAÇÃO A **FIGURA 8.22** mostra a representação pictórica. Pela primeira vez, precisamos de um diagrama de corpo livre que represente as forças em três dimensões.

RESOLUÇÃO Se a mesa fosse livre de atrito, o bloco ficaria girando eternamente. Todavia, o atrito entre o bloco e a mesa exerce sobre o bloco uma força retardadora $\vec{f}_c$. O atrito cinético é sempre oposto ao sentido do movimento dado por $\vec{v}$, de modo que $\vec{f}_c$ é *tangente* ao círculo descrito.

O módulo da força de atrito é $f_c = \mu_c n$. As forças verticais, perpendiculares ao plano de movimento, são a força normal $\vec{n}$ e a força gravitacional $\vec{F}_G$. Não existe força resultante na direção vertical; logo, o componente z da segunda lei de Newton é

$$\sum F_z = n - F_G = 0$$

de onde concluímos que $n = F_G = mg$ e, assim, que $f_c = \mu_c mg$. A força de atrito constitui o único componente tangencial de força, de modo que o componente t da segunda lei de Newton é

$$\sum F_t = (f_c)_t = -f_c = ma_t$$
$$a_t = \frac{-f_c}{m} = \frac{-\mu_c mg}{m} = -\mu_c g = -5{,}88 \text{ m/s}^2$$

Portanto, a aceleração angular é

$$\alpha = \frac{a_t}{r} = -7{,}35 \text{ rad/s}^2$$

O coeficiente de atrito para aço sobre aço foi retirado da Tabela 6.1. O componente $(f_c)_t$ é negativo porque o vetor força de atrito tem sentido horário.

A velocidade angular média deve ser convertida para rad/s:

$$\omega_i = \frac{200 \text{ rev}}{1 \text{ min}} \times \frac{2\pi \text{ rad}}{1 \text{ rev}} \times \frac{1 \text{ min}}{60 \text{ s}} = 20{,}9 \text{ rad/s}$$

Podemos agora usar a Equação 8.27 para a cinemática do movimento circular e determinar o tempo decorrido até o bloco parar:

$$\omega_f = 0 \text{ rad/s} = \omega_i + \alpha \Delta t = \omega_i + \alpha t_f$$
$$t_f = -\frac{\omega_i}{\alpha} = -\frac{20{,}9 \text{ rad/s}}{-7{,}35 \text{ rad/s}^2} = 2{,}8 \text{ s}$$

O deslocamento angular do bloco até que ele pare é, portanto,

$$\Delta \theta = \theta_f - \theta_i = \omega_i t_f + \tfrac{1}{2}\alpha t_f^2$$
$$= (20{,}9 \text{ rad/s})(2{,}8 \text{ s}) + \tfrac{1}{2}(-7{,}35 \text{ rad/s}^2)(2{,}8 \text{ s})^2$$
$$= 29{,}7 \text{ rad} \times \frac{1 \text{ rev}}{2\pi \text{ rad}} = 4{,}7 \text{ rev}$$

AVALIAÇÃO Essa é uma resposta plausível? O bloco estava se movendo muito rapidamente – 200 rpm preso a uma haste de 80 cm de comprimento. Embora o atrito do aço contra o aço seja muito grande, é plausível que o bloco complete várias revoluções antes de parar. O propósito da avaliação, como sempre, não é provar que a resposta está certa, e sim descartar respostas obviamente irreais que tenham sido obtidas por erro.

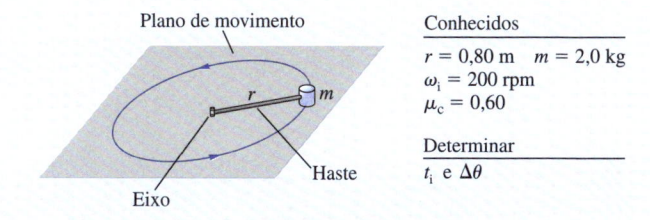

FIGURA 8.22 Representação pictórica do bloco do Exemplo 8.7.

Fizemos um longo caminho desde nossos primeiros problemas sobre dinâmica no Capítulo 6, porém nossa estratégia básica não mudou.

ESTRATÉGIA PARA RESOLUÇÃO DE PROBLEMAS 8.1 — **Problemas sobre movimento circular**

MODELO Faça hipóteses simplificadoras.

VISUALIZAÇÃO Desenhe uma representação pictórica

- Escolha um sistema de coordenadas com o eixo r apontando para o centro do círculo.
- Mostre os aspectos importantes do movimento em um esboço. Defina os símbolos e identifique o que o enunciado pede para determinar.
- Identifique as forças envolvidas e represente-as em um diagrama de corpo livre.

RESOLUÇÃO A segunda lei de Newton é

$$(F_{\text{res}})_r = \sum F_r = ma_r = \frac{mv^2}{r} = m\omega^2 r$$

$$(F_{\text{res}})_t = \sum F_t = ma_t$$

$$(F_{\text{res}})_z = \sum F_z = 0$$

- Determine os componentes de força a partir do diagrama de corpo livre. Tenha cuidado com os sinais.
- Isole a aceleração, depois use a cinemática para obter velocidades e posições.

AVALIAÇÃO Verifique se seu resultado está expresso nas unidades corretas, se ele é plausível e se responde à questão.

PARE E PENSE 8.5 Uma bola presa a um barbante gira em um círculo vertical. O barbante se rompe quando está paralelo ao solo, e a bola, se movendo para cima. Que trajetória a bola seguirá?

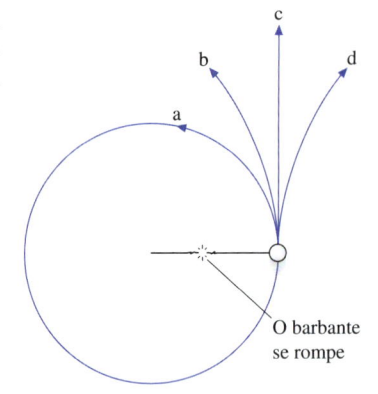

RESUMO

O objetivo do Capítulo 8 foi aprender a resolver problemas sobre movimentos em um plano.

Princípios gerais

A segunda lei de Newton

Expressa em termos de componentes x e y:

$$(F_{res})_x = \sum F_x = ma_x$$

$$(F_{res})_y = \sum F_y = ma_y$$

Expressa em termos de componentes rtz:

$$(F_{res})_r = \sum F_r = ma_r = \frac{mv^2}{r} = m\omega^2 r$$

$$(F_{res})_t = \sum F_t = \begin{cases} 0 & \text{movimento circular uniforme} \\ ma_t & \text{movimento circular não-uniforme} \end{cases}$$

$$(F_{res})_z = \sum F_z = 0$$

Movimento circular uniforme

- v é constante.
- $\vec{F}_{res}$ aponta para o centro do círculo.
- A **aceleração centrípeta** $\vec{a}$ aponta para o centro do círculo. Ela está associada à variação da direção do movimento da partícula, e não, à variação de sua rapidez.

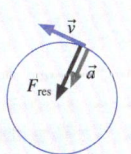

Movimento circular não-uniforme

- v varia.
- $\vec{a}$ é paralelo a $\vec{F}_{res}$.
- O componente radial a_r está associado à variação da direção da partícula.
- O componente tangencial a_t está associado à variação da rapidez da partícula.

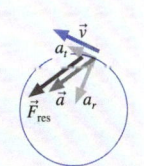

Conceitos importantes

Coordenadas rtz

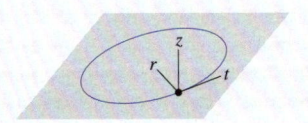

Velocidade angular

$\omega = d\theta/dt$

$v_t = \omega r$

Aceleração angular

$\alpha = d\omega/dt$

$a_t = \alpha r$

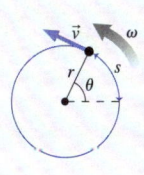

Aplicações

Órbitas

Uma órbita circular tem raio r se

$$v = \sqrt{rg}$$

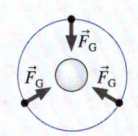

Loops

O movimento circular requer uma força resultante que aponte para o centro. A normal n deve ser > 0 a fim de que o objeto esteja em contato com uma superfície.

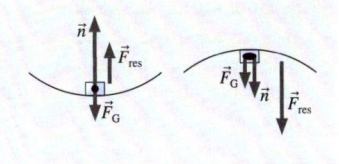

Termos e notação

órbita
força fictícia

QUESTÕES CONCEITUAIS

1. Tarzan balança-se na floresta pendurado em um cipó. No ponto mais baixo do balanço, o valor da tensão no cipó é maior, menor ou igual à intensidade da força gravitacional sobre Tarzan? Explique.

2. Um carro fica sem gasolina e desce uma colina em ponto-morto. Ele prossegue assim atravessando o vale e começa a subida pelo outro lado. Para o momento em que o carro passa exatamente pelo fundo do vale, qual dos diagramas de corpo livre da **FIGURA Q8.2** está correto? O carro se move para a direita, e a força de arraste e a de atrito de rolamento são desprezíveis.

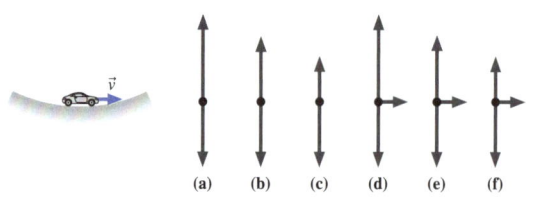

FIGURA Q8.2

3. A **FIGURA Q8.3** ilustra como um pássaro vê os movimentos de várias partículas em círculos horizontais sobre uma mesa. Todas elas se movem com o mesmo módulo de velocidade. Ordene em seqüência decrescente os valores de T_a a T_d das tensões nos barbantes. Expresse sua resposta na forma a > b = c > d e justifique o seu ordenamento.

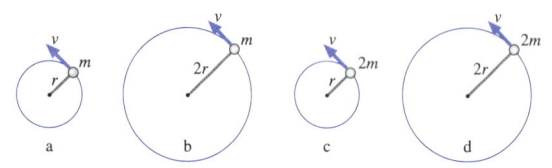

FIGURA Q8.3

4. Uma bola presa a um barbante move-se em um círculo vertical. Quando a bola encontra-se no ponto mais alto, a tensão no barbante é maior, menor ou igual à força gravitacional sobre a bola? Explique.

5. A **FIGURA Q8.5** mostra duas bolas de mesma massa que se movem em círculos verticais. A tensão no barbante A será maior, menor ou igual à tensão no barbante B se, no topo do círculo, as bolas se movem (a) com a mesma rapidez e (b) com a mesma velocidade angular?

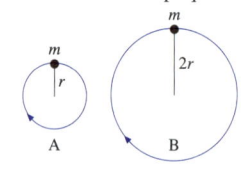

FIGURA Q8.5

6. Ramon e Sally observam um carrinho de brinquedo acelerar enquanto percorre um trilho circular. Ramon diz: "o carrinho está acelerando; logo, deve existir uma força resultante paralela ao trilho". "Eu acho que não", responde Sally. "Ele se move em um círculo, o que requer uma aceleração centrípeta. A força resultante aponta para o centro do círculo, portanto." Você concorda com Romam, com Sally ou com nenhum deles? Explique.

7. Um avião a jato voa com velocidade constante mantendo um curso nivelado com o solo. Os motores funcionam a pleno vapor.
   a. Quanto vale a força resultante sobre o avião? Explique.
   b. Desenhe um diagrama de corpo livre para o avião visto de lado enquanto voa da esquerda para a direita. Nomeie (e não simplesmente denote) cada uma das forças representadas no diagrama.
   c. Os aviões inclinam-se lateralmente quando fazem uma curva. Desenhe um diagrama de corpo livre para um avião, visto de baixo, que faz uma curva para a direita.
   d. *Por que* os aviões se inclinam lateralmente ao fazerem curvas? Explique.

8. Um pequeno projétil é lançado paralelamente ao solo, de uma altura $h = 1$ m, com velocidade suficientemente grande para efetuar uma órbita completa em torno de um planeta liso e sem atmosfera. Um inseto está dentro de um pequeno buraco no projétil. O inseto encontra-se em imponderabilidade? Explique.

9. Se balançá-la com velocidade suficiente, você conseguirá girar em um círculo vertical uma bola presa por um barbante. Mas se balançá-la com velocidade pequena, o barbante ficará frouxo quando a bola estiver próxima ao topo da trajetória circular. Explique *por que* existe um valor mínimo de velocidade capaz de manter a bola se movendo em um círculo vertical.

10. Uma golfista inicia sua jogada com o taco acima da cabeça e o movimenta em arco de modo que atinja a máxima velocidade quando estiver para entrar em contato com a bola. Na metade do caminho, quando a pá do taco encontra-se paralela ao solo, o vetor aceleração da pá do taco aponta (a) diretamente para baixo, (b) paralelamente ao solo, apontando aproximadamente na direção dos ombros da jogadora, (c) aproximadamente para os pés da jogadora ou (d) em direção a um ponto acima da cabeça dela? Explique.

EXERCÍCIOS E PROBLEMAS

Exercícios

Seção 8.1 Dinâmica em duas dimensões

1. ‖ Como parte de um sério projeto científico, você deseja lançar um modelo de foguete de 800 g verticalmente para cima e atingir um alvo que se move horizontalmente quando este passa 30 m acima do ponto de lançamento. O motor do foguete gera um empuxo constante de 15,0 N. O alvo está se aproximando com uma velocidade de 15 m/s. A que distância horizontal entre o alvo e o foguete você deveria lançá-lo?

2. ‖ Um modelo de foguete de 500 g está fixo a um carro que se desloca para a direita a 3,0 m/s. O motor do foguete, quando disparado, exerce 8,0 N de empuxo sobre o foguete. Seu objetivo é fazer com que o foguete passe através de uma pequena argola horizontal posicionada 20 m acima do ponto de lançamento. De que distância horizontal à esquerda da argola o foguete deve ser lançado?

3. ‖ Um asteróide de $4,0 \times 10^{10}$ kg está indo diretamente de encontro ao centro da Terra a constantes 20 km/s. A fim de salvar o planeta, os astronautas impulsionam uma gigantesca rocha contra o asteróide em uma direção perpendicular ao movimento do mesmo. O foguete usado gera $5,0 \times 10^{9}$ N de empuxo. O foguete é disparado quando o asteróide se encontra a $4,0 \times 10^{6}$ km da Terra. Despreze a força gravitacional da Terra sobre o asteróide, assim como a rotação do planeta em torno do Sol.
   a. Se a missão falhar, quantas horas levará até que o asteróide atinja a Terra?
   b. O raio aproximado da Terra é de 6.400 km. Em que valor mínimo de ângulo o asteróide deve ser desviado a fim de não atingir a Terra?
   c. O motor do foguete funciona ao máximo durante 300 s antes que acabe o combustível. A Terra será salva?

Seção 8.2 Velocidade e aceleração no movimento circular uniforme
Seção 8.3 Dinâmica do movimento circular uniforme

4. ‖ Um vagão de 1.500 kg desloca-se a 25 m/s em um trilho circular com 200 m de diâmetro. Qual é o módulo e qual é a orientação da força resultante sobre o vagão? O que causa esta força?

5. ‖ Um carro de 1.500 kg faz uma curva de 50 m de raio, cujo piso é horizontal, a 15 m/s. Qual é a intensidade da força de atrito sobre o carro?

6. ‖ Um bloco de 200 g, preso por um barbante de 50 cm de comprimento, descreve um círculo sobre uma mesa horizontal, livre de atrito, a 75 rpm.
   a. Quanto vale a velocidade do bloco?
   b. Quanto vale a tensão no barbante?

7. ‖ No modelo atômico de Bohr para o hidrogênio, um elétron (massa $m = 9,1 \times 10^{-31}$ kg) orbita um próton a uma distância de $5,3 \times 10^{-11}$ m. O próton atrai o elétron com uma força elétrica de valor $8,2 \times 10^{-8}$ N. Quantas revoluções por segundo o elétron efetua?

8. ‖ Uma curva de auto-estrada com raio de 500 m foi projetada para o tráfego a 90 km/h. Qual é o ângulo correto de inclinação lateral da pista?

9. ‖ Suponha que a Lua fosse mantida em órbita não pela gravidade, mas por meio de um cabo de massa desprezível preso ao centro da Terra. Quanto seria a tensão no cabo? Use os dados astronômicos da parte interna da contracapa deste livro.

10. ‖ Uma bola de 30 g rola a 60 rpm ao longo do trilho em L, dobrado em um arco de 40 cm de diâmetro, mostrado na **FIGURA EX8.10**. Qual é o módulo da força resultante que o trilho exerce sobre a bola? O atrito de rolamento é desprezível.

FIGURA EX8.10

Seção 8.4 Órbitas circulares

11. ‖ Um satélite em órbita da Lua, muito próximo à superfície, tem período de 110 min. Qual é a aceleração gravitacional da Lua próximo à superfície? Use os dados astronômicos da parte interna da contracapa deste livro.

12. ‖ Quanto vale a aceleração devido à gravidade do Sol na distância da órbita da Terra? Use os dados astronômicos da parte interna da contrapa deste livro.

Seção 8.5 Forças fictícias
Seção 8.6 Por que a água fica no balde?

13. | Um carro trafega sobre o topo de uma colina cujo raio é de 50 m. Quanto vale a máxima velocidade que o carro pode ter sem que perca contato com a pista no topo da colina?

14. ‖ O peso dos passageiros de uma montanha-russa aumenta em 50% quando o vagão passa pela parte baixa do trilho que corresponde a um arco de círculo com 30 m de raio. Quanto vale a velocidade do vagão no fundo do arco?

15. ‖ Um vagão de montanha-russa passa pelo topo de um *loop* vertical e circular com velocidade duas vezes maior do que a velocidade crítica. Qual é a razão entre a força normal e a força gravitacional?

16. ‖ A força normal iguala-se em intensidade à força gravitacional quando um vagão de montanha-russa passa pelo topo de um *loop* vertical com 40 m de diâmetro. Quanto vale a velocidade do vagão no topo?

17. ‖ Um estudante tem braços de 65 cm de comprimento. Qual é a velocidade angular mínima (em rpm) com a qual ele deve balançar um balde com água em um movimento circular vertical sem derramar água alguma? A distância da mão até o fundo do balde é de 35 cm.

Seção 8.7 Movimento circular não-uniforme

18. | Um modelo novo de carro é testado em uma pista com 200 m de diâmetro. Se o carro acelerar a constantes 1,5 m/s^2, em quanto tempo após a partida sua aceleração centrípeta se igualará à aceleração tangencial?

19. ‖ Um trem de brinquedo percorre um trilho horizontal com 1,0 m de diâmetro. O coeficiente de atrito de rolamento vale 0,10.
   a. Quanto vale a aceleração angular do trem após ser liberado?
   b. Quanto tempo decorre para que o trem pare depois de liberado com velocidade angular de 30 rpm?

Problemas

20. ‖ Um popular passatempo consiste em ver quem consegue empurrar um objeto para mais perto da borda de uma mesa sem que ele caia para fora. Você empurra o objeto de 100 g e o libera a 2,0 m da borda da mesa. Infelizmente, seu empurrão foi um pouco forte demais. O objeto desliza através da mesa, sai voando pela borda, cai 1 cm até o chão e aterrissa a 30 cm da borda da mesa. Se o coeficiente de atrito cinético vale 0,50, qual era o valor da velocidade do objeto quando você o soltou?

21. ‖ Alice fixa um modelo pequeno de foguete a um disco de hóquei no gelo de 400 g. O foguete gera 8,0 N de empuxo. Alice orienta o disco de modo que o foguete aponte seu nariz no sentido positivo do eixo *y* e depois o empurra sobre a superfície livre de atrito do gelo, no sentido positivo de *x*, com velocidade de 2,0 m/s. O foguete é disparado no exato instante em que o disco está passando pela origem. Obtenha uma equação do tipo *y*(*x*) para a trajetória do disco e depois a desenhe.

22. ‖ Sam (75 kg) sobe uma rampa de neve de 50 m de altura, inclinada em 10°, com seus esquis movidos a jato. Os esquis desenvolvem um empuxo de 200 N. Ele mantém seus esquis inclinados em 10° depois de iniciar a decolagem, como ilustrado na **FIGURA P8.22**. A que distância horizontal da base do penhasco Sam aterrissará?

FIGURA P8.22

23. ‖ Um motociclista audacioso planeja decolar de uma rampa com 2,0 m de altura, inclinada em 20°, projetar-se por sobre uma piscina de 10 m cheia de crocodilos famintos e aterrissar no solo plano do

outro lado. Ele treinou isso várias vezes e está bastante confiante. Infelizmente, o motor da moto pára de funcionar no momento em que ela começa a subir a rampa. Neste instante, ele está indo a 11 m/s, e o atrito de rolamento sobre os pneus de borracha não é desprezível. Ele sobreviverá ou se tornará comida de crocodilo?

24. || Um foguete interceptador de 5.000 kg é lançado em um ângulo de 44,7°. O empuxo gerado pelo motor do foguete é de 140.700 N.
    a. Obtenha uma equação do tipo $y(x)$ que descreva a trajetória do foguete.
    b. Qual é a forma da trajetória?
    c. A que altitude o foguete atinge a velocidade do som, de 330 m/s?

25. || Um disco de hóquei no gelo é impulsionado por um foguete que gera um empuxo de 2,0 N. A massa total do conjunto é de 1,0 kg e ele é liberado a partir do repouso sobre uma mesa livre de atrito, com altura igual a 2,0 m, de um ponto situado a 4,0 m da borda. O nariz do foguete aponta perpendicularmente à borda. A que distância horizontal da borda da mesa o disco aterrissará?

26. || Um modelo de foguete de 500 g foi colocado em repouso horizontalmente em cima de um muro com 40,0 m de altura quando recebe uma batida acidental. Na batida, ele é impulsionado para fora do muro com velocidade horizontal de 0,5 m/s e, simultaneamente o motor do foguete é acionado. Quando o motor dispara, ele exerce uma força de empuxo horizontal e constante de 20 N que o afasta do muro.
    a. A que distância horizontal da base do muro o foguete aterrissará?
    b. Descreva a trajetória do foguete durante seu vôo até o solo.

27. || Satélites de comunicação são colocados em órbitas circulares onde eles ficam estacionários sobre um ponto fixo do equador enquanto a Terra gira. Tais órbitas são chamadas de *órbitas geossíncronas*. A altitude das órbitas geossíncronas é de $3,58 \times 10^7$ m.
    a. Qual é o período de um satélite geossíncrono?
    b. Determine o valor de g naquela altitude.
    c. Qual é o peso de um satélite de 2.000 kg em uma órbita geossíncrona?

28. || Um homem de 75 kg se pesa no pólo norte e no equador. Em qual dos casos a balança marca um peso maior? Em quanto?

29. || O pai do Exemplo 8.3 está em pé no topo de uma colina de forma cônica enquanto gira seu filho de 20 kg em um carrinho preso por uma corda de 2,0 m de comprimento. Os lados da colina são inclinados em 20°. Ele mantém a corda paralela ao solo, e o atrito é desprezível. Que valor de tensão na corda permitirá que o carro gire com as mesmas 14 rpm daquele exemplo?

30. || Uma bola de 50 g oscila em um círculo vertical presa por um barbante de 1,5 m de comprimento. Quando a bola se encontra no fundo da trajetória circular, a tensão no barbante é de 15 N. Quanto vale a velocidade da bola neste ponto?

31. ||| Uma curva de auto-estrada de concreto, com 70 m de raio, é inclinada lateralmente em um ângulo de 15°. Qual é o máximo valor de velocidade com que um pneu de carro, feito de borracha, pode fazer esta curva sem derrapar?

32. || Um estudante amarra uma pedra de 500 g por um barbante de 1,0 m de comprimento e a gira sobre a cabeça em um círculo horizontal. A que valor de velocidade angular, em rpm, o barbante ficará inclinado para baixo em 10°?

33. || Uma moeda de 5,0 g encontra-se a 15 cm do centro de uma plataforma giratória. A moeda tem coeficientes de atrito estático e cinético com a superfície da plataforma que valem, respectivamente, $\mu_e = 0,80$ e $\mu_c = 0,50$. A plataforma acelera muito lentamente até 60 rpm. A moeda escorregará para fora?

34. || Você leva a filha pequena de seu vizinho a um parque de diversões para brincar em diversos brinquedos. Ela quer ir no brinquedo chamado O Foguete. Oito assentos em forma de foguetes são suspensos por correntes à borda de um grande disco de aço. Um eixo vertical passa pelo centro do disco e o faz girar; assim, os foguetes de brinquedo passam a descrever círculos horizontais. Você acaba de ter aula de física, de modo que decide descobrir o valor da velocidade dos foguetes enquanto espera. Você, então, estima que o disco tenha uns 5 m de diâmetro, e as correntes, 6 m de comprimento. O brinquedo leva 10 s para atingir a velocidade final, quando as correntes formam 20° com a vertical. Quanto vale a velocidade do foguete?

35. || Um *pêndulo cônico* é formado por uma bola de 500 g presa a um barbante de 1,0 m de comprimento, fazendo com que a massa se mova em um círculo horizontal com 20 cm de raio. A **FIGURA P8.35** mostra que, ao girar, o barbante descreve a superfície de um cone imaginário, daí o nome do dispositivo.
    a. Quanto vale a tensão no barbante?
    b. Qual é a velocidade angular da bola, em rpm?

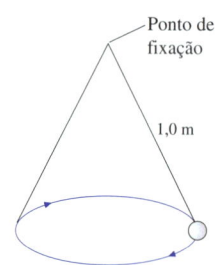

FIGURA P8.35

36. || Em um brinquedo de um antigo parque de diversões, os passageiros ficam em pé dentro de um cilindro oco, de aço, com 5,0 m de diâmetro, com suas costas voltadas para a parede interna do mesmo. O cilindro começa a girar em torno de um eixo vertical. Então o piso sobre o qual os passageiros estão em pé subitamente é retirado! Se tudo correr bem, os passageiros permanecerão "grudados" à parede e não escorregarão para baixo. As roupas têm um coeficiente de atrito estático com o aço na faixa entre 0,60 e 1,0, enquanto seus coeficientes de atrito cinético estão na faixa de 0,40 a 0,70. Um aviso próximo à entrada diz "Não são permitidas crianças com menos de 30 kg". Qual é a mínima velocidade angular, em rpm, para a qual o brinquedo é seguro?

37. || Uma pequena esfera de aço de 10 g rola de maneira que ela percorre a face *interna* de um cilindro de aço vertical. O cilindro, mostrado na **FIGURA P8.37**, tem 12 cm de diâmetro. Considere que a resistência de rolamento seja suficientemente pequena para que a esfera efetue 150 rpm por vários segundos. Durante este tempo, a esfera descreverá um círculo horizontal, a uma altura constante, ou descreverá uma trajetória espiralada para baixo, dentro do tubo?

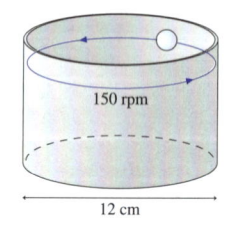

FIGURA P8.37

38. || Três carros estão trafegando a 25 m/s na rodovia mostrada na **FIGURA P8.38**. O carro B encontra-se no fundo de um vale, entre as colinas, e o carro C, no topo de uma colina, tendo tanto o vale quanto a colina um raio de curvatura de 200 m. Suponha que, subitamente, cada carro seja freado fortemente e comece a derrapar. Quanto vale a aceleração tangencial (i.e., a aceleração paralela à rodovia) de cada carro? Considere que $\mu_c = 1,0$.

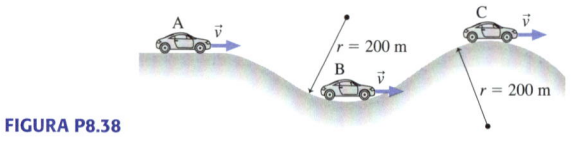

FIGURA P8.38

39. || Uma bola de 500 g move-se em um círculo vertical presa por um barbante de 102 cm de comprimento. Se a velocidade no topo vale

4,0 m/s, o valor da velocidade no fundo será 7,5 m/s. (No Capítulo 10 você aprenderá a demonstrar isto.)
   a. Quanto vale a força gravitacional exercida sobre a bola?
   b. Quanto vale a tensão no barbante quando a bola se encontra no topo?
   c. Quanto vale a tensão no barbante quando a bola se encontra no fundo?

40. ||Durante uma festa, você decide se divertir na roda gigante. Tendo comido exageradamente maçãs e orelhas doces, você acha um tanto desagradável o movimento. Para que sua mente esqueça o estômago, você começa a se indagar acerca do movimento do brinquedo. Então estima que o raio da roda gigante seja de 15 m, e usando o seu relógio de pulso, determina que cada volta é completada em 25 s.
   a. Qual é o módulo de sua velocidade e o de sua aceleração?
   b. Qual é o valor da razão entre seu peso no topo de cada volta e seu peso quando está em pé no solo?
   c. Qual é o valor da razão entre seu peso na parte inferior de cada volta e seu peso em pé no solo?

41. || Em um parque de diversões, os passageiros do brinquedo chamado O Rotor ficam em pé dentro de um anel girante com 16 m de diâmetro. Depois que o anel adquiriu velocidade suficiente, ele se inclina até ficar girando no plano vertical, como mostrado na **FIGURA P8.41**.
   a. Suponha que o anel complete cada volta em 4,5 s. Se a massa de um passageiro for de 55 kg, com que intensidade de força o anel o empurrará no topo de uma volta? E no fundo?
   b. Qual é o máximo período de rotação do anel que impedirá os passageiros de caírem quando passarem pelo topo?

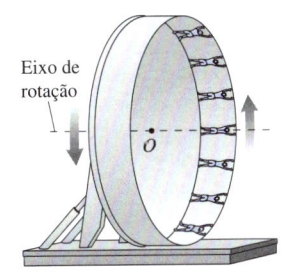

FIGURA P8.41

42. || Você tem um novo emprego como projetista de brinquedo para um parque de diversões. Em um dos brinquedos, a cadeira do passageiro é presa por uma corrente de 9,0 m de comprimento ao topo de uma torre capaz de girar. A torre gira a cadeira e o passageiro a uma taxa de 1,0 rev a cada 4,0 s. Em seu projeto, você supõe que a massa máxima conjunta da cadeira e do passageiro seja de 150 kg. Você encontrou cadeiras por um preço bom em uma loja local que está fazendo promoções, mas seu supervisor fica preocupado se elas serão suficientemente resistentes. Você entra em contato com o fabricante e descobre que a cadeira foi projetada para resistir a uma tensão de até 3.000 N. A cadeira será resistente o suficiente para ser usada no brinquedo?

43. || Suponha que você balance uma bola, tentado fazê-la descrever um círculo vertical presa por um barbante de 1,0 m de comprimento. Como provavelmente você sabe a partir da experiência, existe um valor *mínimo* para a velocidade angular ω_{min} que você deve manter se deseja que a bola complete o círculo. Se você balançar a bola com $\omega < \omega_{min}$, o barbante ficará frouxo antes de atingir o topo do círculo pretendido. Qual é o valor de ω_{min}? Expresse sua resposta em rpm.

44. || Uma bola pesada com 100 N de peso ($m = 10,2$ kg) é presa ao teto de uma sala de leitura por uma corda de 4,5 m de comprimento. A bola é empurrada para um lado e liberada para oscilar como um pêndulo, atingindo uma velocidade de 5,5 m/s quando passa pelo ponto mais baixo da trajetória. Quanto vale a tensão na corda neste ponto?

45. || Propõe-se que, no futuro, as estações espaciais gerem gravidade artificial por meio da rotação. Suponha que uma estação seja construída na forma de um gigantesco cilindro com 1.000 m de diâmetro que gira em torno de seu eixo. A superfície interior constitui o convés da estação espacial. Que período de rotação estabelecerá a gravidade "normal"?

46. || A massa m_1 sobre a mesa livre de atrito da **FIGURA P8.46** é conectada por um barbante, que passa por um buraco na mesa, a uma massa suspensa m_2. Com que valor de velocidade m_1 deve girar, descrevendo sobre a mesa um círculo de raio r, a fim de que m_2 se mantenha suspensa e parada?

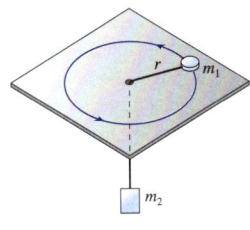

FIGURA P8.46

47. || Uma bola de 100 g, presa por um barbante de 60 cm de comprimento, é girada em um círculo vertical ao redor de um ponto 200 cm acima do solo. Quando a bola está na parte mais baixa do círculo, a tensão no barbante é de 5,0 N. Uma lâmina muito afiada é subitamente inserida, como mostra a **FIGURA P8.47**, a fim de cortar o barbante diretamente abaixo do seu ponto de fixação. A que distância horizontal à direita de onde o barbante foi cortado a bola aterrissará?

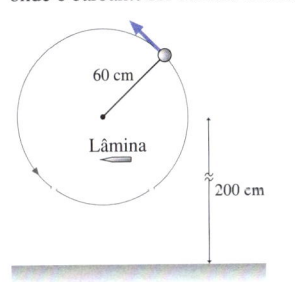

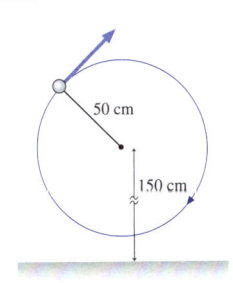

FIGURA P8.47   **FIGURA P8.48**

48. || Uma bola de 60 g é presa à extremidade de um barbante de 50 cm de comprimento e girada em um círculo vertical. O centro do círculo, como mostra a **FIGURA P8.48**, encontra-se 150 cm acima do piso. A bola é girada com a mínima velocidade necessária para que atinja o topo sem que o barbante fique frouxo. Se a pessoa solta o barbante em um instante no qual a bola esteja no topo do *loop*, a que distância horizontal à direita a bola atingirá o solo?

49. || Uma bola de 100 g, presa a um barbante de 60 cm de comprimento, gira em um círculo vertical em torno de um ponto a 200 cm do piso. Subitamente, o barbante se rompe quando está paralelo ao solo, com a bola se movendo para cima. A bola atinge uma altura de 600 cm acima do piso. Quanto vale a tensão imediatamente antes do barbante se romper?

50. || Um carro de 1.500 kg parte do repouso e se desloca em uma pista circular horizontal com 50 m de diâmetro. A força para a frente exercida pelas rodas do carro é constante e vale 1.000 N.
   a. Qual é o módulo e qual é a orientação da aceleração do carro em $t = 10$ s? Expresse a direção como um ângulo formado com o eixo r.
   b. Se os pneus do carro são de borracha, e o piso de concreto, quanto tempo decorrerá para que o carro comece a derrapar para fora do círculo?

51. || Um bloco de aço de 500 g descreve um círculo preso por uma haste de peso desprezível com 2,0 m de comprimento. Ar comprimido é introduzido pela haste e injetado por um bico na parte traseira do bloco, exercendo sobre ele uma força de empuxo de 3,5 N. O bico está orientado a 70° da linha radial, como mostra a **FIGURA P8.51**. O bloco parte do repouso.
   a. Qual é a velocidade angular do bloco após 10 revoluções?
   b. Quanto vale a tensão na haste após 10 revoluções?

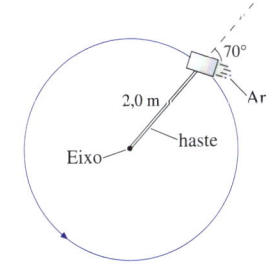

FIGURA P8.51

52. ‖ Uma bola de 2,0 kg gira descrevendo um círculo vertical presa na ponta de um fio com 80 cm de comprimento. A tensão no fio é de 20 N quando ele forma um ângulo $\theta = 30°$ com a vertical.
   a. Qual é a rapidez da bola quando $\theta = 30°$?
   b. Qual é o módulo e qual é a orientação da aceleração da bola quando $\theta = 30°$?

Em cada um dos Problemas de 53 a 54 lhe é fornecida uma equação (ou equações) a ser usada na resolução. Em cada caso, você deve
   a. Redigir um problema realista para o qual a equação se aplique. Verifique se a resposta ao problema é consistente com as equações fornecidas.
   b. Resolva o problema proposto.

53. 60 N = (0,30 kg) ω^2 (0,50 m)
54. (1.500 kg)(9,8 m/s^2) − 11.760 N = (1.500 kg) v^2/(200 m)

Problemas desafiadores

55. Na ausência da resistência do ar, um projétil que aterrisse na mesma elevação de onde foi lançado atinge o alcance máximo quando o ângulo de lançamento é de 45°. Suponha que um projétil de massa m seja lançado com velocidade de módulo v_0 contra um vento horizontal que exerce uma força retardadora $\vec{F}_{vento} = -F_{vento}\hat{\imath}$.
   a. Obtenha uma expressão para o ângulo de alcance máximo.
   b. Em que percentagem é reduzido o alcance máximo de uma bola de 0,50 kg se $F_{vento} = 0,60$ N?

56. Demonstre as Equações 8.4 para a aceleração de um projétil sujeito a uma força de arraste.

57. Em filmes, pilotar uma espaçonave parece fácil. Imagine-se como um estudante de física do século XXXI. Você vive em uma remota colônia espacial onde a força gravitacional devido a qualquer estrela ou planeta é desprezível. Você está indo de sua casa para a escola, deslocando-se em sua espaçonave pessoal de 20.000 kg a 2,0 km/s, quando o computador da nave alerta para o fato de que a entrada do estacionamento está a 500 km de distância ao longo de uma linha que forma 30° com a presente orientação de sua espaçonave, como mostra a **FIGURA PD8.57**. Você precisa fazer uma curva à esquerda de modo a entrar no estacionamento seguindo diretamente à frente a 1,0 km/s. Você poderia conseguir isso acionando uma série de pequenos foguetes, mas você deseja impressionar as garotas na espaçonave atrás da sua passando pela entrada com um simples disparo de foguete. Você pode usar os pequenos impulsores para fazer sua nave girar rapidamente até outra orientação diferente da original e, então, ligar o foguete principal.
   a. Você precisa determinar três coisas: como orientar sua espaçonave para acionar depois o foguete principal, a intensidade F_{empuxo} gerada pelo foguete e a duração da queima. Use um sistema de coordenadas em que você parte da origem e está inicialmente se movendo ao longo do eixo x. Determine a orientação de sua espaçonave por meio do ângulo que ela faz com o semi-eixo positivo de x. Sua orientação inicial é de 0°. Você pode encerrar a queima antes de chegar à entrada, todavia é proibido passar pela entrada com o foguete ligado. A perda de massa durante a queima é desprezível.
   b. Calcule as coordenadas de sua posição a cada 50 s até chegar à entrada e depois desenhe um gráfico da trajetória. Verifique se você indicou a posição da entrada.

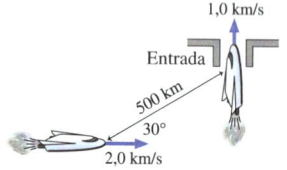

FIGURA PD8.57

58. Uma pequena bola rola descrevendo um círculo horizontal a uma altura y, dentro do cone mostrado na **FIGURA P8.58**. Obtenha uma expressão para o módulo da velocidade da bola em termos de a, h, y e g.

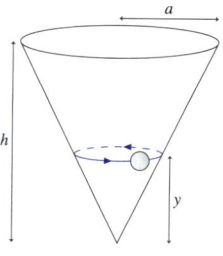

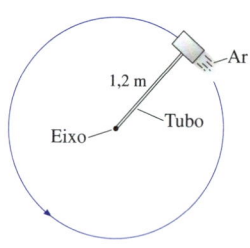

FIGURA PD8.58

FIGURA PD8.59

59. Um bloco de aço de 500 g descreve um círculo sobre uma mesa de aço, presa por um barbante de 1,2 m de comprimento, como mostrado na **FIGURA PD8.59**. Ar comprimido é introduzido através do tubo e ejetado através de um bico existente na traseira do bloco, exercendo uma força de empuxo de 4,0 N perpendicularmente ao tubo. A máxima tensão à qual o tubo pode resistir e não se romper é de 50 N. Se o bloco parte do repouso, quantas revoluções ele completará antes que o tubo se rompa?

60. Dois arames são presos à esfera de 2,0 kg mostrada na **FIGURA PD8.60**. A esfera descreve um círculo horizontal com velocidade de módulo constante.
   a. Para que valor de velocidade a tensão em ambos os arames é a mesma?
   b. Quanto vale esta tensão?

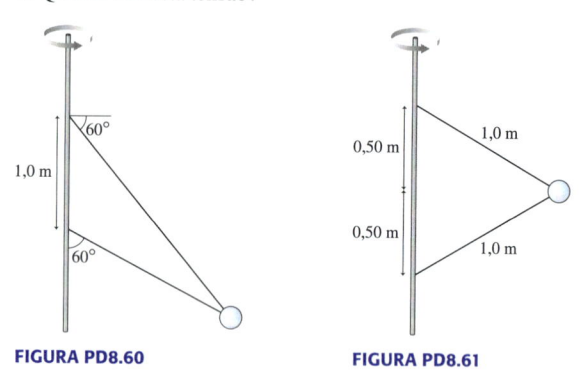

FIGURA PD8.60

FIGURA PD8.61

61. Dois arames são presos à esfera de 300 g mostrada na **FIGURA PD8.61**. A esfera descreve um círculo horizontal com uma velocidade de módulo constante de 7,5 m/s. Quanto vale a tensão em cada arame?

62. Uma pequena bola rola ao longo de um círculo horizontal a uma altura y, dentro de uma tigela esférica de raio R, como mostra a **FIGURA PD8.62**.
   a. Obtenha uma expressão para a velocidade angular da bola em termos de R, y e g.
   b. Qual é o mínimo valor de ω para que a bola consiga se mover em um círculo?
   c. Quanto vale ω, em rpm, se $R = 20$ cm e a bola estiver na metade do caminho de subida?

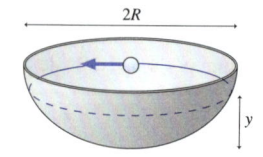

FIGURA PD8.62

63. Você está voando para Nova York e acaba de ler uma revista de bordo que traz um artigo sobre a física do vôo. Você aprendeu que o fluxo de ar sobre as asas cria uma *força de sustentação* que é sempre perpendicular às asas. Em vôo nivelado, a sustentação orientada para cima contrabalança exatamente a força gravitacional dirigida para baixo. A piloto diz pelos fones que, devido ao tráfico aéreo intenso, o avião vai permanecer circulando ao redor do aeroporto por algum tempo. Ela diz que manterá o avião a uma velocidade de 400 mph e a uma altitude de 20.000 pés. Então você começa a se indagar sobre qual é o diâmetro do círculo horizontal descrito pelo avião ao redor do aeroporto. Você percebe que a piloto inclinou lateralmente o avião, de modo que suas asas formem 10° com a horizontal. O cartão com instruções sobre segurança na bolsa da parte de trás do banco da frente informa que o comprimento da asa do avião é de 250 pés. O que pode você descobrir a respeito do diâmetro?

64. Se um cilindro vertical de água (ou qualquer outro líquido) gira em torno de seu eixo, como mostra a **FIGURA PD8.64**, a superfície forma uma curva suave. Considerando que a água gire como uma unidade (i.e., toda ela gira com a mesma velocidade angular), mostre que a forma da superfície do líquido é uma parábola descrita pela equação $z = (\omega^2/2g)r^2$.

Sugestão: cada partícula de água na superfície experimenta somente duas forças: a gravidade e a força normal devido à água embaixo dela. A força normal, como sempre, é exercida perpendicularmente à superfície.

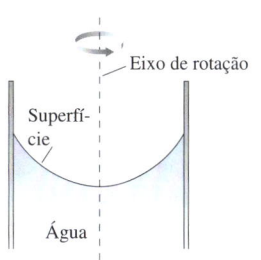

FIGURA PD8.64

RESPOSTAS DAS QUESTÕES DO TIPO PARE E PENSE

Pare e Pense 8.1: d. O componente paralelo de $\vec{a}$ é oposto a $\vec{v}$ e desacelerará a partícula. O componente perpendicular de $\vec{a}$ inclinará a direção de movimento da partícula para baixo.

Pare e Pense 8.2: $(a_r)_b > (a_r)_e > (a_r)_a = (a_r)_c > (a_r)_d$. A aceleração centrípeta é v^2/r. Dobrando-se r, a_r diminui por um fator de 2. E dobrando-se v, a_r aumenta por um fator de 4. Inverter o sentido não afeta a_r.

Pare e Pense 8.3: $T_d > T_b = T_e > T_c > T_a$. A força direcionada para o centro é $m\omega^2 r$. Aumentar r por um fator de 2 muda a tensão por um fator de 2, porém aumentar ω por um fator de 2 faz a tensão aumentar por um fator de 4.

Pare e Pense 8.4: b. O carro está se movendo em um círculo; logo, deve haver uma força resultante exercida sobre ele que aponta para o centro do círculo. Este fica por baixo do carro, de modo que a força resultante sobre ele deve apontar para baixo. Isso pode ser verdade somente se $F_G > n$.

Pare e Pense 8.5: c. A bola não possui "memória" de seu movimento prévio. A velocidade $\vec{v}$ aponta diretamente para cima no instante em que o barbante se rompe. Após este instante, a única força exercida sobre a bola é a força gravitacional, diretamente para baixo. Isso é exatamente como atirar uma bola diretamente para cima.

PARTE I

RESUMO
As Leis de Newton

O objetivo da Parte I foi descobrir a relação entre força e movimento. Começamos com a *cinemática*, que é a descrição matemática do movimento; depois seguimos para a *dinâmica*, que é a explicação do movimento em termos das forças. As três leis de Newton do movimento constituem a base de nossa explicação. Todos os exemplos que estudamos até aqui são aplicações das leis de Newton.

A tabela abaixo é chamada de *estrutura de conhecimento* para as leis de Newton. Ela sintetiza os conceitos essenciais, os princípios gerais e as aplicações primárias de uma teoria. A primeira seção da tabela nos informa que a mecânica newtoniana diz respeito a como as *partículas* respondem às *forças* exercidas. A segunda seção indica que introduzimos somente três princípios gerais, as três leis de Newton do movimento.

Você deve usar essa estrutura de conhecimento trabalhando da sua maneira preferida do início ao fim. Uma vez que você tenha reconhecido um problema como sendo de dinâmica, imediatamente sabe que deve começar pelas leis de Newton. Você pode determinar o tipo de movimento e aplicar a segunda lei de Newton da forma apropriada. A terceira lei de Newton o ajudará a identificar as forças exercidas sobre as partículas enquanto elas interagem. Finalmente, as equações cinemáticas lhe permitem encontrar a solução procurada.

A estrutura de conhecimento fornece um *procedimento prático* para resolver problemas de dinâmica, porém ela não representa o conhecimento total necessário. Ela deve ser acrescentada ao conhecimento sobre o que são a posição e a velocidade, sobre como as forças são identificadas, sobre os pares ação/reação, sobre desenhos, sobre traçado de diagramas de corpo livre e assim por diante. Estas são *ferramentas* específicas para a resolução de problemas. As estratégias para a resolução de problemas apresentadas nos Capítulos de 5 a 8 combinam os procedimentos e as ferramentas em um método poderoso de pensar a respeito de problemas e de resolvê-los.

ESTRUTURA DE CONHECIMENTO I As Leis de Newton

CONCEITOS ESSENCIAIS Partícula, aceleração, força, interação
OBJETIVOS BÁSICOS Como uma partícula responde a uma força? Como os objetos interagem?

PRINCÍPIOS GERAIS

Primeira lei de Newton Um objeto permanecerá em repouso ou continuará movendo-se com velocidade constante (equilíbrio) se e somente se $\vec{F}_{res} = \vec{0}$.
Segunda lei de Newton $\vec{F}_{res} = m\vec{a}$
Terceira lei de Newton $\vec{F}_{A \text{ sobre } B} = -\vec{F}_{B \text{ sobre } A}$

ESTRATÉGIA BÁSICA DE RESOLUÇÃO DE PROBLEMAS Use a segunda lei de Newton para cada partícula ou objeto. Use a terceira lei de Newton para igualar os módulos dos dois membros de cada par ação/reação.

Movimento linear

$\sum F_x = ma_x$ ou $\sum F_x = 0$
$\sum F_y = 0$ $\sum F_y = ma_y$

Movimento em um plano

$\sum F_x = ma_x$
$\sum F_y = ma_y$

Movimento circular

$\sum F_r = mv^2/r = m\omega^2 r$
$\sum F_t = 0$ ou ma_t
$\sum F_z = 0$

Cinemática do movimento linear e do movimento no plano

Aceleração uniforme:
(a_s = constante)

$v_{fs} = v_{is} + a_s \Delta t$
$s_f = s_i + v_{is} \Delta t + \frac{1}{2} a_s (\Delta t)^2$
$v_{fs}^2 = v_{is}^2 + 2a_s \Delta s$

Trajetórias: as mesmas equações são usadas tanto para x quanto para y.
Movimento uniforme: $s_f = s_i + v_s \Delta t$
($a = 0$, v_s = constante)

Caso geral

$v_s = ds/dt$ = declividade do gráfico da posição
$a_s = dv/dt$ = declividade do gráfico da velocidade
$v_{fs} = v_{is} + \int_{t_i}^{t_f} a_s dt = v_{is} +$ area sob a curva da aceleração
$s_f = s_i + \int_{t_i}^{t_f} v_s dt = s_i +$ área sob a curva da velocidade

Cinemática circular

Movimento circular uniforme:

$T = 2\pi r/v = 2\pi/\omega$
$\theta_f = \theta_i + \omega \Delta t$
$a_r = v^2/r = \omega^2 r$
$v_t = \omega r$

Movimento circular não-uniforme:

$\omega_f = \omega_i + \alpha \Delta t$
$\theta_f = \theta_i + \omega_i \Delta t + \frac{1}{2} \alpha (\Delta t)^2$

UM PASSO ALÉM

As Forças da Natureza

Quais são as forças fundamentais da natureza? Ou seja, que conjunto irredutível de forças distintas pode explicar tudo o que conhecemos acerca da natureza? Esta é uma questão que por muito tempo tem intrigado os físicos. Por exemplo, o atrito não é uma força fundamental da natureza porque ele pode ser reduzido a forças elétricas entre os átomos. E quanto às outras forças?

Os físicos há muito perceberam que havia três forças básicas da natureza: a força gravitacional, a força elétrica e a força magnética. A força gravitacional é a atração inerente entre duas massas. A força elétrica é exercida entre cargas elétricas. As forças magnéticas, um pouco mais misteriosas, fazem com que a agulha de uma bússola aponte para o norte e mantém sua lista de compras presa à porta do refrigerador.

Na década de 1860, o físico escocês James Clerk Maxwell formulou uma teoria que *unificou* a força elétrica e a magnética em uma única *força eletromagnética*. Onde parecia haver duas forças separadas, Maxwell descobriu que existe uma força única que, sob condições apropriadas, exibe um "comportamento elétrico" ou um "comportamento magnético". Maxwell usou sua teoria para prever a existência de *ondas eletromagnéticas*, incluindo a luz. Toda a nossa indústria de telecomunicações é a comprovação do gênio de Maxwell.

Logo se percebeu que a força eletromagnética de Maxwell é a "cola" que mantêm juntos os átomos, as moléculas e os sólidos. Com exceção da gravidade, *cada* uma das forças com que nos deparamos até aqui tem origem nas forças eletromagnéticas exercidas entre os átomos.

A descoberta do núcleo atômico, por volta de 1910, revelou dificuldades que não podiam ser explicadas por meio de forças gravitacionais ou eletromagnéticas. O núcleo atômico é uma bola incrivelmente densa formada por prótons e nêutrons. Todavia, o que os mantém juntos contra as forças elétricas repulsivas entre os prótons? Devia haver uma força atrativa exercida no interior do núcleo, mais intensa do que a força elétrica repulsiva. Esta força, chamada de *interação forte*, é a força que mantém íntegros os núcleos atômicos. A interação forte é uma força de ação à distância de *curto alcance*, exercida somente a distâncias de ordem de até 10^{-14} m. Ela se torna pequena demais fora do núcleo atômico. As partículas subatômicas chamadas de *quarks*, das quais você já deve ter ouvido falar, fazem parte de nossa compreensão sobre como funciona a interação forte.

Na década de 1930, os físicos descobriram que a radioatividade de origem nuclear chamada de *decaimento beta* não podia ser explicada nem pela interação eletromagnética nem pela interação forte. Através de meticulosos experimentos constatou-se que tal decaimento devia-se a uma força ainda desconhecida no interior do núcleo. A intensidade dessa força é menor do que a da força eletromagnética e do que a da interação forte, de modo que essa nova força recebeu o nome de *interação fraca*. Embora tenha sido descoberta relacionada à radioatividade, sabemos agora que a interação fraca desempenha um papel importante em reações de fusão que geram a energia das estrelas.

Na década de 1940, as forças básicas da natureza conhecidas eram quatro: a força gravitacional, a força eletromagnética, a interação forte e a interação fraca. Compreensivelmente, os físicos estavam curiosos para saber se estas quatro forças eram realmente fundamentais ou se algumas delas poderiam ser unificadas ainda mais. De fato, trabalhos inovadores realizados nas décadas de 1960 e 1970 produziram uma teoria que unificou a interação eletromagnética e a interação fraca.

As previsões desta nova teoria foram confirmadas na década de 1980 em alguns dos maiores aceleradores de partículas do mundo, e agora ela é chamada de teoria da *interação eletrofraca*. Sob certas condições, a interação eletrofraca exibe "comportamento eletromagnético" ou "comportamento fraco". Porém, sob outras condições, novos fenômenos parecem ser consequências da interação eletrofraca. Estas condições existem na Terra somente nos maiores e mais energéticos aceleradores de partículas, razão pela qual nós anteriormente ignorávamos a natureza unificada dessas duas forças. Todavia, nos primeiros momentos do *Big Bang* existiam as condições certas para a interação eletrofraca desempenhar um papel importante. Assim, uma teoria desenvolvida para nos ajudar a compreender o funcionamento da natureza nas menores escalas subatômicas inesperadamente nos fornece novos e poderosos *insights* sobre a origem do Universo.

O sucesso da teoria eletrofraca motivou, de imediato, esforços para unificar a interação eletrofraca com a interação forte em uma *Teoria da Grande Unificação*. Somente o tempo dirá se a interação forte e a interação fraca são apenas dois aspectos diferentes de uma única força ou se são realmente distintas. Alguns físicos chegam a prever que um dia todas as forças da natureza estarão unificadas em uma única teoria, a assim chamada *Teoria de Tudo*! Atualmente, entretanto, nossa compreensão acerca das forças da natureza está baseada em três forças fundamentais: a força gravitacional, a interação eletrofraca e a interação forte.

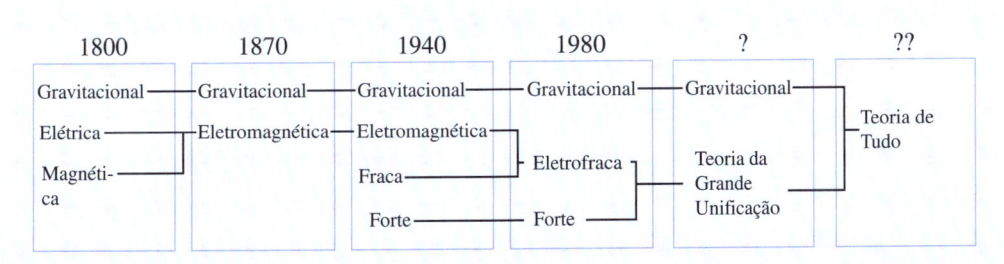

FIGURA I.1 A evolução histórica de nossa compreensão acerca das forças fundamentais da natureza.

PARTE II
Princípios de Conservação

A energia é o líquido vital da sociedade moderna. Esta usina de geração de energia no Deserto de Mojave, EUA, transforma energia solar em energia elétrica e, inevitavelmente, aumenta a energia térmica.

PANORAMA

Por que algumas coisas não mudam

A Parte I deste livro foi sobre *mudança*. Um tipo particular de mudança – o movimento – é governado pela segunda lei de Newton. Embora a segunda lei de Newton seja um enunciado muito poderoso, ela não representa a história inteira. Na Parte II focaremos nossa atenção em coisas que *se mantêm inalteradas* enquanto outras ao redor sofrem variações.

Considere, por exemplo, uma reação química explosiva que ocorre no interior de uma caixa lacrada. Não importa quão violenta ela seja, a massa total dos produtos da reação – a massa final M_f – é igual à massa inicial M_i dos reagentes. Em outras palavras, a matéria não pode ser criada nem destruída, somente rearranjada.

Uma grandeza que *se mantém inalterada* ao longo de uma interação é dita *conservada*. Nosso conhecimento acerca da massa pode ser enunciado na forma de uma *lei de conservação*:

LEI DE CONSERVAÇÃO DA MASSA A massa total de um sistema fechado é constante. Matematicamente, $M_f = M_i$.[1]

A qualificação "em um sistema fechado" é importante. A massa certamente não é conservada se você deixar a caixa parcialmente aberta e remover dela alguma matéria. Outras leis de conservação que iremos descobrir também possuem qualificações que estabelecem as circunstâncias sob as quais elas se aplicam.

Um sistema de objetos em interação possui outras propriedades curiosas. Cada sistema é caracterizado por um certo número, e não importa quão complexas sejam as interações, o valor deste número jamais se altera. Este número é chamado a *energia* do sistema, e o fato de que ela jamais sofre variação é chamado de *lei de conservação da energia*. Talvez esta seja a mais importante lei da física já descoberta.

Todavia, o que é a energia? Como se determina o valor da energia de um sistema? Estas não são questões fáceis de responder. A idéia de energia é abstrata, não tão tangível ou fácil de visualizar quanto a de força ou a de massa. Nosso conceito moderno da energia não foi completamente formulado até a metade do século XIX, dois séculos depois de Newton, quando finalmente se compreendeu a relação existente entre *energia* e *calor*. Este é um tópico que abordaremos na Parte IV, onde o conceito de energia será a base da termodinâmica. Porém tudo em seu devido tempo. Na Parte II nos contentaremos a introduzir o conceito de energia e a mostrar como ele pode ser uma ferramenta útil na resolução de problemas. Também encontraremos outra grandeza – o *momentum* – que é conservada sob certas circunstâncias.

Leis de conservação nos dão uma perspectiva nova e diferente acerca do movimento. Isso não é insignificante. Você já deve ter visto ilusões ópticas em que uma imagem aparece primeiro de uma maneira, depois de outra, embora a informação não tenha sido alterada. Analogamente, isso ocorre com o movimento. Certas situações são mais facilmente analisadas a partir da perspectiva das leis de Newton; outras, fazem mais sentido a partir de uma perspectiva de uma lei ou princípio de conservação. Um objetivo importante da Parte II é aprender a escolher o que é melhor para resolver um dado problema.

---

[1] Curiosamente, a teoria da relatividade de Einstein, de 1905, mostrou que existem circunstâncias em que a massa *não* é conservada, mas pode ser convertida em energia de acordo com sua famosa equação $E = mc^2$. Apesar disso, a conservação da massa é uma aproximação extremamente boa em praticamente todas as aplicações em ciência e engenharia.

9 Impulso e Momentum

Explosões de fogos de artifício são eventos espetaculares. Apesar disso, elas devem obedecer a algumas leis simples da física.

▶ **Olhando adiante**
Os objetivos do Capítulo 9 são introduzir as idéias de impulso e de momentum e aprender uma nova estratégia de resolução de problemas baseada em em princípios de conservação. Neste capítulo, você aprenderá a:

- Entender e usar os conceitos de impulso e de momentum.
- Usar uma nova representação pictórica do tipo antes-e-após.
- Usar gráficos de barras de momentum.
- Resolver problemas usando o princípio de conservação do momentum.
- Aplicar estas idéias a explosões e colisões.

◀ **Em retrospectiva**
O princípio de conservação do momentum é baseada na terceira lei de Newton. Revise:

- Seções 7.2-7.3 Pares de força ação/reação e terceira lei de Newton

Uma explosão é uma interação complexa que empurra dois ou mais objetos para longe uns do outros. Usar a segunda lei de Newton para prever o resultado de uma explosão seria um desafio intimidador. Apesar disso, algumas explosões têm resultados muito simples. Por exemplo, considere um arqueiro de 75 kg sobre patins de gelo. Se o arqueiro dispara uma flecha de 75 g diretamente para a frente, ele recuará em resposta. Esse evento pode não ser tão espetacular quanto o de fogos de artifício, todavia, mesmo assim, trata-se de uma explosão em duas partes. A interação entre o arqueiro, o arco e a flecha é muito complexa, ainda que a velocidade de recuo do arqueiro seja sempre igual a 1/1.000 do valor da velocidade da flecha. Como pode uma interação complexa como essa dar origem a um resultado tão simples?

O evento oposto a uma explosão é uma *colisão*. Imagine um vagão de trem deslocando-se nos trilhos em direção a outro vagão idêntico em repouso. Os dois vagões se acoplam um ao outro após o impacto e passam a se deslocar juntos nos trilhos. As forças exercidas entre os vagões de trem, durante a colisão, são incrivelmente complexas, mas os dois vagões acoplados deslocam-se com precisamente a metade da velocidade do vagão que se movia antes do impacto. Outro resultado é simples.

Neste capítulo, nosso objetivo é aprender como prever estes resultados simples sem ter de conhecer todos os detalhes das forças da interação. A nova idéia que tornará isso possível é a de *momentum*, um conceito que usaremos para relacionar a situação de "antes" de uma interação à situação de "depois" da interação. Essa perspectiva do tipo antes-e-após será uma nova e poderosa ferramenta na resolução de problemas.

9.1 Momentum e impulso

Pam! A colisão de uma bola de tênis com a raquete constitui uma interação "espetacular" e complexa em que o movimento da bola muda subitamente de orientação. Tentar analisar a colisão por meio da segunda lei de Newton seria uma tarefa intimidadora. Mesmo assim, nosso objetivo neste capítulo é obter uma relação simples entre as velocidades dos objetos antes da interação e as velocidades dos mesmos após a interação. Começaremos examinando as colisões; mais adiante, ainda neste capítulo, examinaremos as explosões.

Uma **colisão** é uma interação de curta duração entre dois objetos. A colisão de uma bola de tênis com uma raquete, ou de uma bola de beisebol com um bastão, pode parecer instantânea aos nossos olhos, mas isso é apenas uma limitação de nossos sentidos. Um exame cuidadoso da fotografia revelará que o lado direito da bola está achatado e comprimido contra o encordoamento da raquete. Leva algum tempo para que a bola seja comprimida, e mais tempo para que ela se expanda novamente até deixar a raquete.

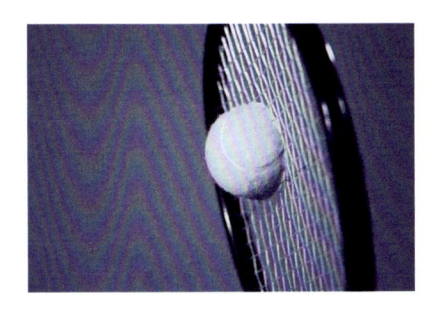

A duração de uma colisão depende dos materiais dos quais os objetos são feitos, mas durações entre 1 e 10 ms (0,001 a 0,010 s) são bem típicas. Este é o tempo durante o qual os dois objetos estão em contato um com o outro. Quanto mais duros eles forem, mais curto é o tempo de contato. Uma colisão entre bolas de aço dura menos de 1 ms.

Uma bola de tênis colide com uma raquete. Note que o lado direito da bola está achatado.

A **FIGURA 9.1** mostra uma visão microscópica de uma colisão na qual o objeto A ricocheteia no objeto B. Durante uma colisão, às ligações moleculares tipo mola — as mesmas ligações que dão origem às forças normais e às de tensão — são comprimidas e depois expandidas quando A ricocheteia de volta. As forças $\vec{F}_{\text{A sobre B}}$ e $\vec{F}_{\text{B sobre A}}$ constituem um par ação/reação e, de acordo com a terceira lei de Newton, possuem módulos iguais: $F_{\text{A sobre B}} = F_{\text{B sobre A}}$. A força aumenta rapidamente enquanto as ligações são comprimidas, atinge um valor máximo no instante em que A está em repouso (ponto de máxima compressão) e depois diminui enquanto as ligações novamente se expandem.

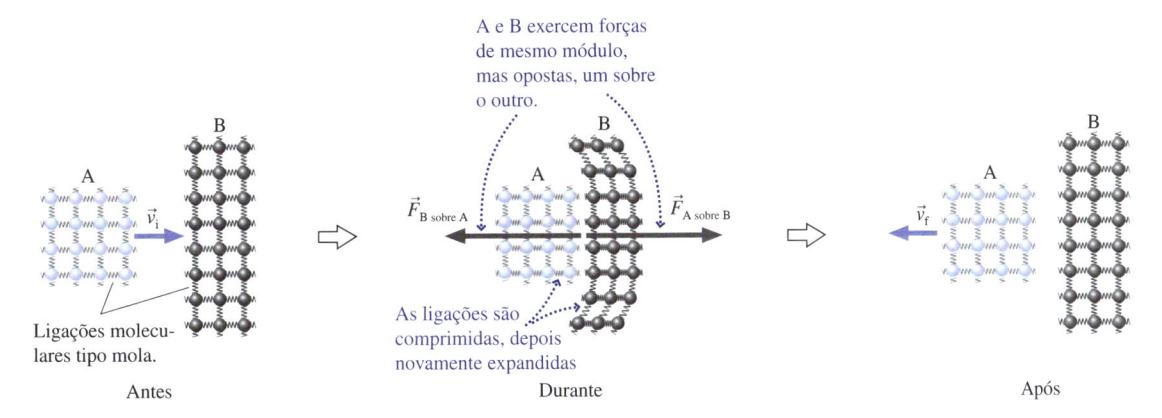

FIGURA 9.1 Modelo atômico de uma colisão.

Uma força intensa, exercida durante um curto intervalo de tempo, é chamada de **força impulsiva**. A força de uma raquete de tênis sobre uma bola, que se comporta muito semelhante ao que mostra a **FIGURA 9.2**, é um bom exemplo de uma força impulsiva. Note que uma força impulsiva possui uma duração bem-definida.

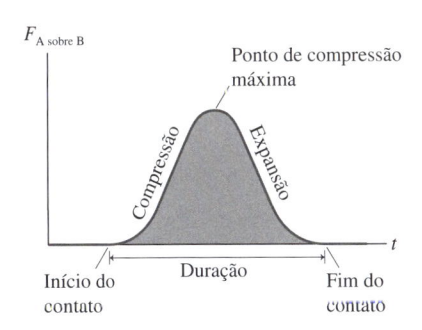

NOTA ▶ Até agora, não tratamos de casos de forças que variam em função do tempo. Como uma força impulsiva é uma função do tempo, nós a representaremos por $F(t)$. ◀

Para explorar as implicações de uma colisão, a **FIGURA 9.3** mostra uma partícula que se desloca ao longo do eixo x com velocidade inicial v_{ix}. Subitamente, ela colide com outro objeto e passa a experimentar uma força impulsiva $F_x(t)$ que inicia no instante t_i e termina no instante t_f. Após a colisão, a velocidade final da partícula é v_{fx}.

FIGURA 9.2 O módulo da força varia rapidamente durante uma colisão.

NOTA ▶ Tanto v_x quanto F_x são componentes de vetores e, portanto, possuem *sinais algébricos* que indicam em que sentido os vetores apontam. ◀

Podemos analisar a colisão através da segunda lei de Newton e determinar a velocidade final. A aceleração em uma dimensão é $a_x = dv_x/dt$, de modo que a segunda lei assume a forma

$$ma_x = m\frac{dv_x}{dt} = F_x(t)$$

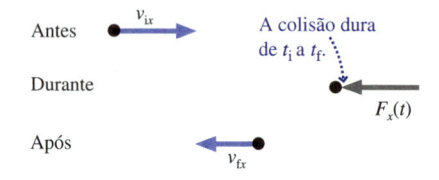

FIGURA 9.3 Uma partícula sofre uma colisão.

Após multiplicar os dois lados dessa equação por dt, a segunda lei fica escrita como

$$m\, dv_x = F_x(t)\, dt \tag{9.1}$$

A força não é nula somente durante o intervalo de tempo que vai de t_i a t_f, logo vamos integrar a Equação 9.1 neste intervalo. Durante a colisão, a velocidade varia de v_{ix} para v_{fx}; então,

$$m\int_{v_i}^{v_f} dv_x = mv_{fx} - mv_{ix} = \int_{t_i}^{t_f} F_x(t)\, dt \tag{9.2}$$

Precisamos agora de novas ferramentas para dar sentido à Equação 9.2.

Momentum

O produto da massa de uma partícula por sua velocidade é chamado de momentum da partícula:

$$\mathbf{momentum} = \vec{p} = m\vec{v} \tag{9.3}$$

Como a velocidade, o momentum é um vetor. Sua unidade do SI é o kg m/s. ◄

NOTA ▶ O plural de "momentum" é "momenta", por causa de sua origem latina.

O vetor momentum $\vec{p}$ é paralelo ao vetor velocidade $\vec{v}$. A **FIGURA 9.4** mostra que $\vec{p}$, como qualquer vetor, pode se decomposto em componentes x e y. A Equação 9.3, uma equação vetorial, é uma maneira sintética de se escrever duas equações simultâneas:

$$p_x = mv_x$$
$$p_y = mv_y$$

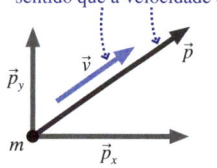

FIGURA 9.4 O vetor momentum $\vec{p}$ da partícula pode ser decomposto em componentes x e y.

NOTA ▶ Um dos erros mais comuns em problemas sobre momentum consiste no emprego errôneo de sinais algébricos. O componente p_x do momentum tem o mesmo sinal de v_x. O momentum é *negativo* para uma partícula que se mova para a esquerda (sobre o eixo x) ou para baixo (sobre o eixo y). ◄

Momentum é outro termo que usamos cotidianamente na fala sem uma definição precisa. Em física e engenharia, momentum é um termo técnico cujo significado é definido pela Equação 9.3. Um objeto pode possuir um grande momentum por ter uma pequena massa, mas uma grande velocidade (uma bala disparada por um rifle) ou por ter uma grande massa e uma pequena velocidade (um caminhão grande trafegando lentamente a 1,5 km/h).

Newton de fato formulou sua segunda lei em termos do momentum, e não da aceleração:

$$\vec{F} = m\vec{a} = m\frac{d\vec{v}}{dt} = \frac{d(m\vec{v})}{dt} = \frac{d\vec{p}}{dt} \tag{9.4}$$

Esta forma da segunda lei, em que **a força é a taxa de variação do momentum**, é mais geral do que nossa versão prévia $\vec{F} = m\vec{a}$. Ela abre a possibilidade de que a massa do objeto possa variar, como em um foguete que expele massa enquanto queima o combustível.

De volta à Equação 9.2, note que mv_{ix} e mv_{fx} são, respectivamente, p_{ix} e p_{fx}, os componentes x do momentum da partícula antes e após a colisão. Além disso, $p_{fx} - p_{ix}$ é Δp_x, a *variação* do momentum da partícula. Em termos de momentum, a Equação 9.2 é

$$\Delta p_x = p_{fx} - p_{ix} = \int_{t_i}^{t_f} F_x(t)\, dt \tag{9.5}$$

Agora precisamos examinar o lado direito da Equação 9.5.

Impulso

A Equação 9.5 significa que a variação de momentum da partícula está relacionada à integral da força no tempo. Vamos definir a grandeza J_x, chamada de *impulso*, como

$$\text{impulso} = J_x = \int_{t_i}^{t_f} F_x(t)\, dt \tag{9.6}$$

$$= \text{área sob a curva de } F_x(t) \text{ entre } t_i \text{ e } t_f.$$

Estritamente falando, o impulso tem por unidade o Ns, entretanto você deve ser capaz de mostrar que Ns equivale a kg m/s, a unidade de momentum.

A interpretação para a integral na Equação 9.6 como uma área sob uma curva tem especial importância. A **FIGURA 9.5a** descreve o impulso graficamente. Como a força varia de uma maneira complicada durante uma colisão, geralmente é útil descrever a colisão em termos de uma força *média* F_{med}. Como mostra a **FIGURA 9.5b**, F_{med} corresponde à altura de um retângulo com a mesma área, e, portanto, o mesmo impulso, da curva da força real. O impulso dado durante a colisão é

$$J_x = F_{\text{med}}\, \Delta t \tag{9.7}$$

A Equação 9.2, a qual obtivemos por integração da segunda lei de Newton, pode agora ser reescrita em relação ao impulso e ao momentum como

$$\Delta p_x = J_x \quad \text{(teorema impulso-momentum)} \tag{9.8}$$

Este resultado é chamado o **teorema impulso-momentum**. O nome é um pouco incomum, mas não é ele que importa. O importante é a nova *idéia* de que **um impulso exercido sobre uma partícula faz variar o momentum da mesma**. O momentum p_{fx} "após" uma interação, como uma colisão ou uma explosão, é igual ao momentum p_{ix} "antes" da interação *mais* o impulso comunicado pela interação:

$$p_{fx} = p_{ix} + J_x \tag{9.9}$$

O teorema impulso-momentum significa que *não* precisamos conhecer todos os detalhes da função força $F_x(t)$ para aprender como a partícula ricocheteia. Não importa quão complicada seja a força, somente a sua integral — a área sob a curva da força — é necessária para determinar p_{fx}.

A **FIGURA 9.6** ilustra o teorema impulso-momentum para uma bola de borracha que ricocheteia numa parede. Note os sinais; eles são muito importantes. A bola inicialmente desloca-se para a direita, de modo que v_{ix} e p_{ix} são positivos. Após o ricocheteio, v_{fx} e p_{fx} são negativos. A força *sobre a bola* aponta para a esquerda, logo F_x também é negativa. Os gráficos mostram como a força e o momentum variam com o tempo.

Embora a interação seja muito complexa, o impulso — a área sob a curva da força — é tudo o que precisamos saber para determinar a velocidade da bola depois que ela ricocheteia na parede. O momentum final é

$$p_{fx} = p_{ix} + J_x = p_{ix} + \text{área sob a curva da força}$$

Portanto, a velocidade final é

$$v_{fx} = \frac{p_{fx}}{m} = v_{ix} + \frac{\text{área sob a curva da força}}{m}$$

Neste exemplo, a área sob a curva tem um valor negativo.

Gráficos de barras do momentum

O teorema impulso-momentum significa que **o impulso transfere momentum para um objeto**. Se um objeto possui 2 kg m/s de momentum, um impulso de 1 kg m/s exercido sobre ele aumentará seu momentum para 3 kg m/s, ou seja, $p_{fx} = p_{ix} + J_x$.

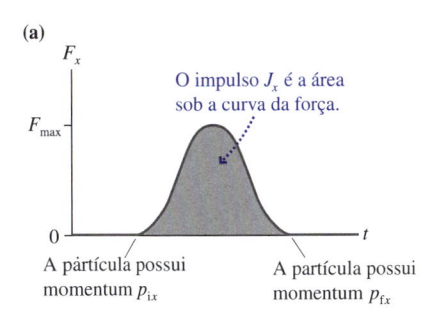

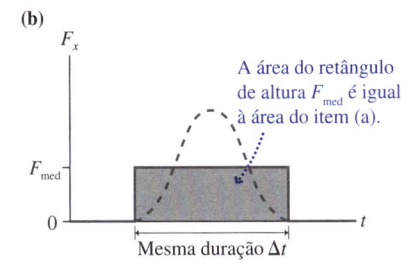

FIGURA 9.5 Interpretação gráfica do impulso.

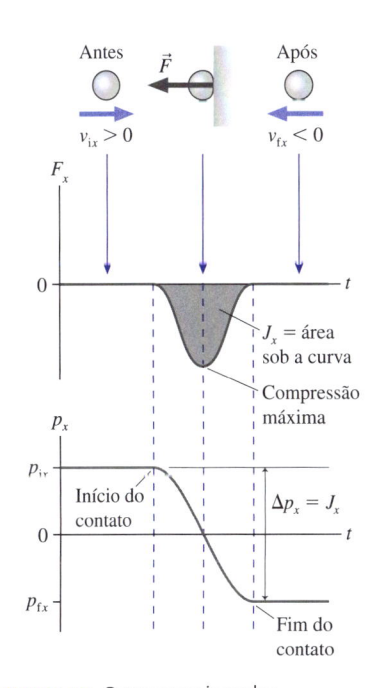

FIGURA 9.6 O teorema impulso-momentum nos ajuda a compreender o ricocheteio de uma bola de borracha em uma parede.

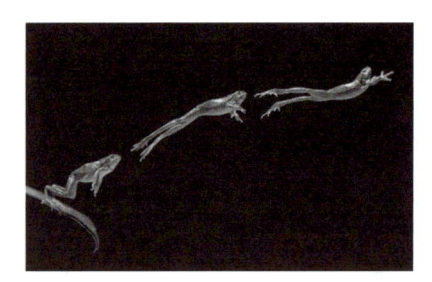

As pernas longas deste sapo aumentam a duração do salto. Isso permite que o chão forneça um impulso maior ao sapo, comunicando-lhe um momentum maior e, assim, resultando em um salto mais longo do que o de um animal de pernas curtas.

Podemos representar esta "contabilidade do momentum" por meio de um **gráfico de barras do momentum**. A **FIGURA 9.7a** mostra um gráfico de barras em que uma unidade de impulso é adicionada a duas unidades de momentum, resultando em três unidades de momentum. O gráfico de barras da **FIGURA 9.7b** representa a colisão da bola com a parede na Figura 9.6. Gráficos de barras do momentum constituem uma ferramenta para visualizar uma interação.

1. A bola inicialmente se movia para a direita.
2. Ela recebe um golpe para a esquerda.
3. A bola ricocheteia para a esquerda sem perda de rapidez.

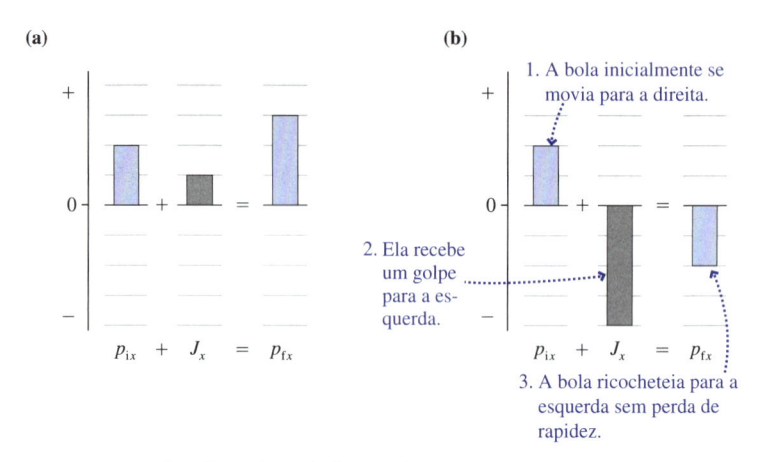

FIGURA 9.7 Dois exemplos de gráficos de barras do momentum.

NOTA ▶ A escala vertical de um gráfico de barras do momentum não possui números; ela pode ser ajustada para qualquer problema. Todavia, todas as barras em um dado problema devem corresponder a uma escala consistente. ◀

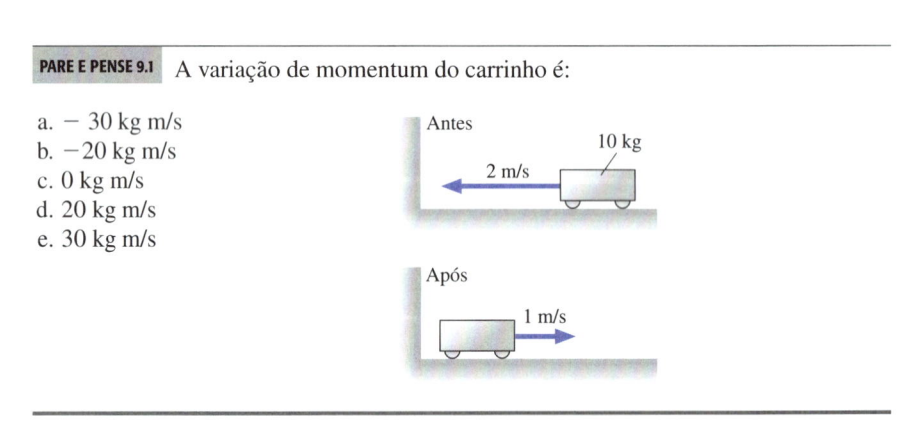

PARE E PENSE 9.1 A variação de momentum do carrinho é:

a. -30 kg m/s
b. -20 kg m/s
c. 0 kg m/s
d. 20 kg m/s
e. 30 kg m/s

9.2 Resolvendo problemas de impulso e momentum

Representações pictóricas tornaram-se uma importante ferramenta para a resolução de problemas. As representações pictóricas que você aprendeu a desenhar na Parte I eram orientadas para o uso das leis de Newton e a subseqüente análise cinemática. Agora, estamos interessados em estabelecer uma ligação entre "antes" e "após".

BOX TÁTICO 9.1 Desenhando uma representação pictórica do tipo antes-e-após

① **Faça um esboço da situação**. Use dois desenhos, rotulados por "Antes" e "Após", a fim de mostrar os objetos *antes* que haja a interação e, novamente, *após* eles terem interagido.
② **Escolha um sistema de coordenadas**. Selecione os eixos de modo a se ajustarem ao movimento.
③ **Defina os símbolos usados**. Defina os símbolos para as massas e para as velocidades antes e após a interação. Posição e tempo não são necessários.
④ **Liste as informações conhecidas**. Indique os valores das grandezas que são conhecidas a partir do enunciado do problema e que podem ser obtidas rapidamente por geometria simples ou por conversões de unidades. Diagramas do tipo antes-e-após são mais simples do que os diagramas para problemas de dinâmica; logo, é adequado listar as informações conhecidas sobre o esboço.
⑤ **Identifique as incógnitas requeridas**. Que grandeza ou grandezas lhe permitirão responder à questão? Estas devem ter sido definidas no passo 3.
⑥ Se for apropriado, **desenhe um gráfico de barras do momentum** a fim de esclarecer a situação e estabelecer os sinais adequados.

Exercícios 16–18

NOTA ▶ Os subscritos genéricos i e f, para *inicial* e *final*, são adequados nas equações de problemas simples, mas usar subscritos numéricos, como v_{1x} e v_{2x}, ajudará a identificar mais diretamente o significado dos símbolos nos problemas mais complexos. ◀

EXEMPLO 9.1 Rebatendo uma bola de beisebol

Uma bola de beisebol de 150 g é arremessada a 20 m/s. Ela é rebatida diretamente de volta para o arremessador a 40 m/s. A força de interação da bola com o bastão é representada na **FIGURA 9.8**. Qual é o valor *máximo* da força F_{max} que o bastão exerce sobre a bola? Qual é o valor *médio* da força do bastão sobre a bola?

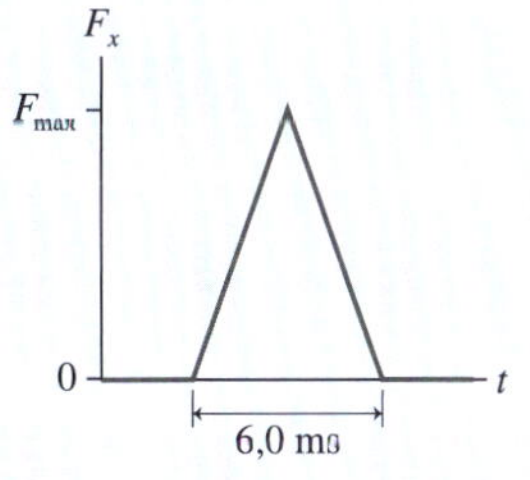

FIGURA 9.8 A força de interação entre a bola de beisebol e o bastão.

MODELO Trataremos a bola de beisebol como uma partícula, e a interação, como uma colisão.

VISUALIZAÇÃO A **FIGURA 9.9** é uma representação pictórica do tipo antes-e-após. Os passos do Box Tático 9.1 estão explicitamente indicados. Como F_x é positivo (a força está para a direita), sabemos que a bola se movia inicialmente para a esquerda e foi atingida pela direita. Assim, convertemos fatos sobre a *rapidez* em informação sobre a *velocidade*, com v_{ix} negativo.

RESOLUÇÃO Até agora começamos consistentemente a representação matemática com a segunda lei de Newton. Agora desejamos usar o teorema impulso-momentum:

$$\Delta p_x = J_x = \text{área sob a curva da força.}$$

Conhecemos a velocidade anterior e a posterior à colisão, de modo que podemos calcular o momentum da bola:

$$p_{ix} = mv_{ix} = (0{,}15 \text{ kg})(-20 \text{ m/s}) = -3{,}0 \text{ kg m/s}$$

$$p_{fx} = mv_{fx} = (0{,}15 \text{ kg})(40 \text{ m/s}) = 6{,}0 \text{ kg m/s}$$

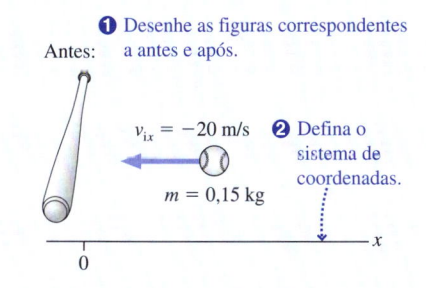

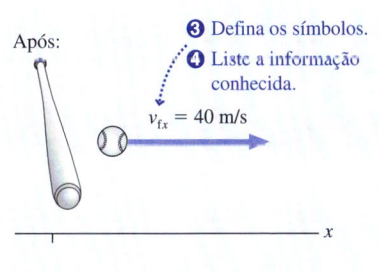

FIGURA 9.9 Representação pictórica do tipo antes-e-após.

Continua

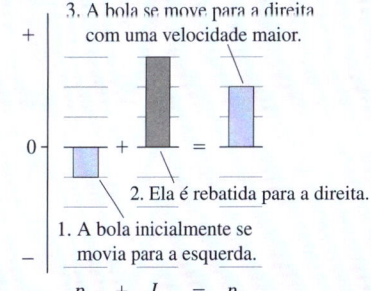

Portanto, a *variação* de momentum é

$$\Delta p_x = p_{fx} - p_{ix} = 9{,}0 \text{ kg m/s}$$

A curva da força é um triângulo de altura F_{max} e largura de 6,0 ms. A área sob esta curva é

$$J_x = \text{área} = \frac{1}{2} \times F_{max} \times (0{,}0060 \text{ s}) = (F_{max})(0{,}0030 \text{ s})$$

De acordo com o teorema impulso-momentum,

$$9{,}0 \text{ kg m/s} = (F_{max})(0{,}0030 \text{ s})$$

Assim, a força *máxima* é

$$F_{max} = \frac{9{,}0 \text{ kg m/s}}{0{,}0030 \text{ s}} = 3000 \text{ N}$$

A força *média*, que depende da duração da colisão, $\Delta t = 0{,}0060$ s, tem um valor menor:

$$F_{med} = \frac{J_x}{\Delta t} = \frac{\Delta p_x}{\Delta t} = \frac{9{,}0 \text{ kg m/s}}{0{,}0060 \text{ s}} = 1500 \text{ N}$$

AVALIAÇÃO F_{max} é um valor de força grande, mas bastante típico das forças impulsivas em colisões. O aspecto principal a ser focado é nossa nova perspectiva: um impulso faz variar o momentum de um objeto.

Durante uma colisão ou outro tipo de interação de curta duração, geralmente outras forças também são exercidas sobre o objeto. No Exemplo 9.1, a gravidade também é exercida sobre a bola. Normalmente estas são forças *muito* menos intensas do que as forças impulsivas. O peso de 1,5 N da bola é *muitíssimo* menor do que os 3.000 N da força do bastão sobre a bola. *Durante* o breve intervalo de tempo de existência da força impulsiva, podemos desprezar essas forças pouco intensas e usar o que se chama **aproximação de impulso**.

Quando se usa a aproximação de impulso, p_{ix} e p_{fx} (e v_{ix} e v_{fx}) são os momenta (e velocidades) *imediatamente* antes e *imediatamente* após a colisão. Por exemplo, as velocidades do Exemplo 9.1 são as da bola um pouco antes e logo após ela colidir com o bastão. Poderíamos, então, aperfeiçoar o problema, incluindo a gravidade e a força de arraste, e determinar a velocidade da bola um segundo depois que o homem da segunda base a apanhe. Faremos alguns exemplos em duas partes no próximo capítulo.

EXEMPLO 9.2 Uma bola ricocheteia

Uma bola de borracha de 100 g é deixada cair de uma altura de 2,00 m em relação a um piso duro. A **FIGURA 9.10** mostra o comportamento da força que o piso exerce sobre a bola. A que altura ela ricocheteará?

MODELO Considere a bola como uma partícula sujeita a uma força impulsiva enquanto em contato com o piso. Usando a aproximação de impulso, vamos desprezar a gravidade durante estes 8,00 ms. A descida da bola e a subseqüente subida são, ambas, movimentos de queda livre.

VISUALIZAÇÃO A **FIGURA 9.11** é uma representação pictórica. Aqui temos um problema em três partes (queda livre para baixo, colisão impulsiva e queda livre para cima); logo, a representação pictórica inclui tanto o instante imediatamente anterior e imediatamente posterior à colisão (v_{1y} muda para v_{2y}) quanto os movimentos de queda livre inicial e final. O gráfico de barras mostra a variação de momentum durante a breve colisão. Note que p é negativo no caso de movimento para baixo.

FIGURA 9.10 A força do piso sobre uma bola de borracha ao ricochetear no mesmo.

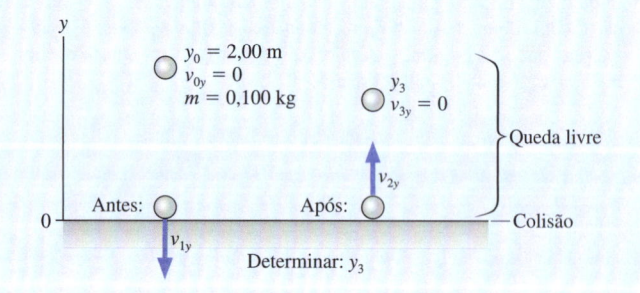

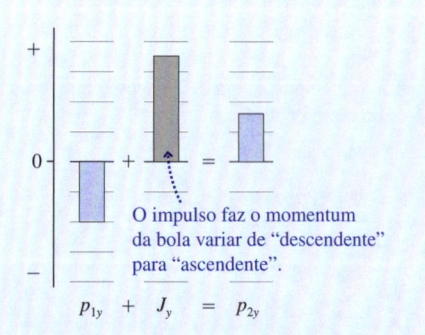

FIGURA 9.11 Representação pictórica da bola e um gráfico de barras do momentum para a colisão com o piso.

RESOLUÇÃO A velocidade v_{1y} da bola, *imediatamente* antes da colisão, é obtida usando-se a cinemática de queda livre com $\Delta y = -2{,}0$ m:

$$v_{1y}^2 = v_{0y}^2 - 2g\Delta y = 0 - 2g\Delta y$$

$$v_{1y} = \sqrt{-2g\Delta y} = \sqrt{-2(9{,}80 \text{ m/s}^2)(-2{,}00 \text{ m})} = -6{,}26 \text{ m/s}$$

Escolhemos a raiz negativa porque a bola se move no sentido negativo de y.

O teorema impulso-momentum é $p_{2y} = p_{1y} + J_y$. O momentum inicial, um instante antes da colisão, é $p_{1y} = mv_{1y} = -0{,}626$ kg m/s. O piso exerce uma força para cima, de modo que J_y é positivo. Da Figura 9.10, o impulso J_y é

$$J_y = \text{área sob a curva da força} = \frac{1}{2} \times (300 \text{ N}) \times (0{,}0080 \text{ s})$$

$$= 1{,}200 \text{ Ns}.$$

Logo,

$$p_{2y} = p_{1y} + J_y = (-0{,}626 \text{ kg m/s}) + (1{,}200 \text{ N s}) = 0{,}574 \text{ kg m/s}$$

e a velocidade após a colisão é

$$v_{2y} = \frac{p_{2y}}{m} = \frac{0{,}574 \text{ kg m/s}}{0{,}100 \text{ kg}} = 5{,}74 \text{ m/s}$$

A velocidade de ricocheteio é menor do que a de impacto, como esperado. Finalmente, um novo emprego da cinemática da queda livre resulta em

$$v_{3y}^2 = 0 = v_{2y}^2 - 2g\Delta y = v_{2y}^2 - 2gy_3$$

$$y_3 = \frac{v_{2y}^2}{2g} = \frac{(5{,}74 \text{ m/s})^2}{2(9{,}80 \text{ m/s}^2)} = 1{,}68 \text{ m}$$

A bola ricocheteia até uma altura de 1,68 m.

AVALIAÇÃO A bola ricocheteia e sobe até uma altura menor do que a inicial, o que é realista.

NOTA ▶ O Exemplo 9.2 ilustra um ponto importante: o teorema impulso-momentum se aplica *somente* durante o breve intervalo de tempo em que a força impulsiva é aplicada. Em muitos problemas, partes do movimento serão analisadas com a cinemática ou as leis de Newton. O teorema impulso-momentum é uma ferramenta nova e útil, mas não substitui tudo o que você aprendeu até agora. ◀

PARE E PENSE 9.2 Uma bola de borracha de 10 g e outra de argila, também de 10 g, são arremessadas contra uma parede com velocidades iguais. Qual delas exerce um impulso maior sobre a parede?

a. A bola de argila, pois ela fica grudada.
b. A bola de borracha, pois ela ricocheteia.
c. Elas exercem impulsos iguais porque ambas possuem momenta iguais.
d. Nenhuma delas exerce qualquer impulso sobre a parede porque esta não se move.

9.3 Conservação do momentum

O teorema impulso-momentum foi derivado da segunda lei de Newton e constitui, de fato, uma maneira alternativa de olhar para aquela lei. Ele é usado no contexto da dinâmica de partícula única, semelhante ao que fizemos nos Capítulos 5-8.

Este capítulo iniciou com a observação de que as interações muito complexas, como a dos dois trens que se acoplam, às vezes produzem resultados muito simples. Para prever os resultados, precisamos verificar como a *terceira* lei de Newton é expressa na linguagem de impulso e momentum. Ela nos levará a um dos mais importantes princípios de conservação da física.

A **FIGURA 9.12** mostra dois objetos com velocidades iniciais $(v_{ix})_1$ e $(v_{ix})_2$. Os objetos colidem, depois ricocheteiam e se afastam com velocidades $(v_{fx})_1$ e $(v_{fx})_2$. Durante a colisão, enquanto os objetos interagem, as forças exercidas formam um par ação/reação $\vec{F}_{1 \text{ sobre } 2}$ e $\vec{F}_{2 \text{ sobre } 1}$. Por ora, continuaremos a considerar que o movimento seja unidimensional, ao longo do eixo x.

NOTA ▶ A notação, com todos os subscritos, pode parecer excessiva, mas existem dois objetos, e cada um possui uma velocidade inicial e outra final, de modo que precisamos distinguir entre quatro diferentes velocidades. ◀

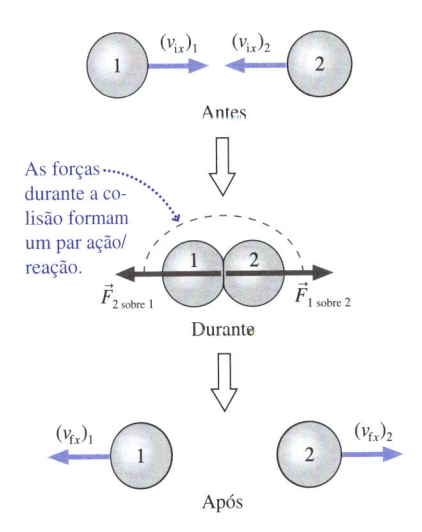

FIGURA 9.12 Uma colisão entre dois objetos.

A segunda lei de Newton para cada objeto, *durante* a colisão, é

$$\frac{d(p_x)_1}{dt} = (F_x)_{2\text{ sobre }1}$$

$$\frac{d(p_x)_2}{dt} = (F_x)_{1\text{ sobre }2} = -(F_x)_{2\text{ sobre }1}$$
(9.10)

Usamos explicitamente a terceira lei de Newton na segunda equação.

Embora as Equações 9.10 sejam para dois objetos diferentes, suponha — só para ver o que acontece — que *adicionemos* as duas equações membro a membro. Se fizermos isso, obteremos

$$\frac{d(p_x)_1}{dt} + \frac{d(p_x)_2}{dt} = \frac{d}{dt}((p_x)_1 + (p_x)_2) = (F_x)_{2\text{ sobre }1} + (-(F_x)_{2\text{ sobre }1}) = 0 \quad (9.11)$$

Se a derivada no tempo da grandeza $(p_x)_1 + (p_x)_2$ é nula, trata-se, então, de um caso em que

$$(p_x)_1 + (p_x)_2 = \text{constante} \quad (9.12)$$

A Equação 9.12 é uma lei de conservação! Se $(p_x)_1 + (p_x)_2$ é uma constante, então a soma dos momenta *após* a colisão é igual à soma dos momenta *antes* da colisão, ou seja,

$$(p_{\text{f}x})_1 + (p_{\text{f}x})_2 = (p_{\text{i}x})_1 + (p_{\text{i}x})_2 \quad (9.13)$$

Além disso, esta igualdade independe da força de interação. Não precisamos saber nada sobre $\vec{F}_{1\text{ sobre }2}$ ou $\vec{F}_{2\text{ sobre }1}$ para usar a Equação 9.13.

Como um exemplo, a **FIGURA 9.13** é uma representação pictórica do tipo antes-e-após de dois vagões de trem, de mesma massa, que colidem e se acoplam. A Equação 9.13 relaciona os momenta dos vagões após a colisão a seus momenta antes da mesma:

$$m_1(v_{\text{f}x})_1 + m_2(v_{\text{f}x})_2 = m_1(v_{\text{i}x})_1 + m_2(v_{\text{i}x})_2$$

Inicialmente, o vagão 1 move-se com velocidade $(v_{\text{i}x})_1 = v_\text{i}$ enquanto o vagão 2 está parado. Ao final, eles se deslocam juntos com a velocidade final comum v_f. Além disso, $m_1 = m_2 = m$. Com essa informação, a soma dos momenta é

$$mv_\text{f} + mv_\text{f} = 2mv_\text{f} = mv_\text{i} + 0$$

As massas se cancelam e obtemos que a velocidade final dos vagões de trem é $v_\text{f} = \frac{1}{2}v_\text{i}$, ou seja, podemos fazer uma previsão simples de que a velocidade final será exatamente a metade da velocidade inicial do vagão 1 sem saber nada acerca de todas as interações complexas entre os vagões quando colidem.

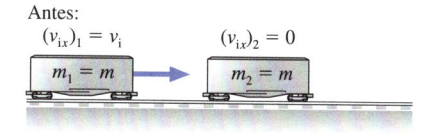

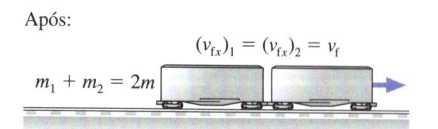

FIGURA 9.13 Dois vagões de trem colidem.

Princípio de conservação do momentum

A Equação 9.1 ilustra a idéia de uma lei de conservação do momentum, mas ela foi derivada para o caso particular de uma colisão unidimensional de duas partículas. Nosso objetivo é desenvolver uma lei mais geral de conservação do momentum, uma lei que seja válida em três dimensões e que funcione para todos os tipos de interações. Os próximos dois parágrafos são principalmente matemáticos, de modo que talvez você queira começar olhando, mais adiante, a Equação 9.21 e o enunciado do princípio de conservação do momentum para verificar aonde estamos indo.

Considere um sistema que consiste em N partículas. A **FIGURA 9.14** mostra um caso simples onde $N = 3$. As partículas podem ser entidades grandes (carros, bolas de beisebol, etc.) ou podem ser os átomos microscópicos de um gás. Podemos diferenciar cada partícula das outras por meio de um número de identificação k. Cada partícula do sistema *interage* com cada outra via pares de força ação/reação $\vec{F}_{j\text{ sobre }k}$ e $\vec{F}_{k\text{ sobre }j}$. Além disso, cada partícula está sujeita a possíveis *forças externas* $\vec{F}_{\text{ext sobre }k}$ de agentes externos ao sistema.

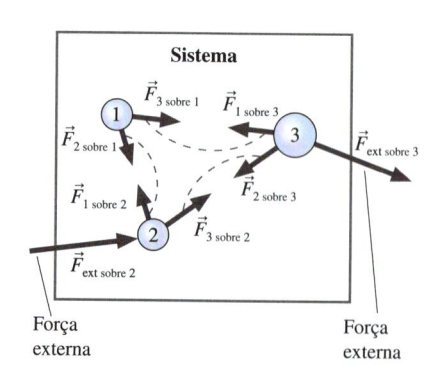

FIGURA 9.14 Um sistema de partículas.

Se a partícula k possui velocidade $\vec{v}_k$, seu momentum é $\vec{p}_k = m_k\vec{v}_k$. Definimos o **momentum total** $\vec{P}$ do sistema como o vetor soma

$$\vec{P} = \text{momentum total} = \vec{p}_1 + \vec{p}_2 + \vec{p}_3 + \cdots + \vec{p}_N = \sum_{k=1}^{N} \vec{p}_k \qquad (9.14)$$

Em outras palavras, o momentum total *do sistema* é a soma de todos os momenta individuais.

A derivada no tempo de $\vec{P}$ nos diz como o momentum total do sistema varia com o tempo:

$$\frac{d\vec{P}}{dt} = \sum_k \frac{d\vec{p}_k}{dt} = \sum_k \vec{F}_k \qquad (9.15)$$

onde usamos a segunda lei de Newton, para cada partícula, na forma $\vec{F}_k = d\vec{p}_k/dt$, que é a Equação 9.4.

A força resultante exercida sobre a partícula k pode ser dividida em *forças externas*, com origem fora do sistema, e em *forças internas*, devido às outras partículas do sistema:

$$\vec{F}_k = \sum_{j \neq k} \vec{F}_{j \text{ sobre } k} + \vec{F}_{\text{ext sobre } k} \qquad (9.16)$$

A restrição $i \neq j$ expressa o fato de que a partícula k de fato não exerce força sobre si mesma. Usando isso na Equação 9.15, obtemos a taxa de variação do momentum total $\vec{P}$ do sistema:

$$\frac{d\vec{P}}{dt} = \sum_k \sum_{j \neq k} \vec{F}_{j \text{ sobre } k} + \sum_k \vec{F}_{\text{ext sobre } k} \qquad (9.17)$$

A dupla somatória em $\vec{F}_{j \text{ sobre } k}$ adiciona *cada* força de interação dentro do sistema. Mas as forças de interação formam pares ação/reação, com $\vec{F}_{k \text{ sobre } j} = -\vec{F}_{j \text{ sobre } k}$, de modo que $\vec{F}_{k \text{ sobre } j} + \vec{F}_{j \text{ sobre } k} = \vec{0}$. Conseqüentemente, **a soma de todas as forças de interação é nula**. Como resultado, a Equação 9.17 assume a forma

$$\frac{d\vec{P}}{dt} = \sum_k \vec{F}_{\text{ext sobre } k} = \vec{F}_{\text{res}} \qquad (9.18)$$

onde $\vec{F}_{\text{res}}$ é a força resultante exercida sobre o sistema pelos agentes externos ao mesmo. Todavia esta é justamente a segunda lei de Newton escrita para o sistema como um todo! Ou seja, **a taxa de variação do momentum total do sistema é igual à força resultante exercida sobre o sistema**.

A Equação 9.18 tem duas implicações importantes. Primeiro, podemos analisar o movimento do sistema como um todo sem precisar levar em conta as forças de interação entre as partículas que constituem o sistema. De fato, temos usado essa idéia como uma *hipótese* do modelo de partícula. Quando tratamos carro, pedras e bolas de beisebol como partículas, consideramos que as forças internas entre seus átomos — as forças que mantêm íntegro o objeto — não afetam em nada o movimento do objeto como um todo. Agora acabamos de *justificar* essa consideração.

A segunda implicação da Equação 9.18, e a mais importante a partir da perspectiva deste capítulo, aplica-se ao que chamamos de *sistema isolado*. Um **sistema isolado** é aquele para o qual a força *resultante* externa é nula: $\vec{F}_{\text{res}} = \vec{0}$, ou seja, um sistema isolado é aquele sobre o qual *não* são exercidas forças externas ou para o qual as forças externas exercidas se contrabalançam e sua soma resulta em zero.

Para um sistema isolado, a Equação 9.18 é, simplesmente,

$$\frac{d\vec{P}}{dt} = \vec{0} \qquad \text{(sistema isolado)} \qquad (9.19)$$

O momentum total do sistema foguete + gases é conservado, de modo que o foguete acelera para cima enquanto os gases são expelidos por baixo.

Em outras palavras, **o momentum total de um sistema isolado não varia**. O momentum total $\vec{P}$ mantém-se constante, *sejam quais forem* as interações *no interior* do sistema. A importância deste resultado é suficiente para elevá-lo à categoria de uma lei da natureza, junto com as leis de Newton.

> **PRINCÍPIO DE CONSERVAÇÃO DO MOMENTUM** O momentum total $\vec{P}$ de um sistema isolado é uma constante. As interações dentro do sistema são incapazes de alterar o momentum total do sistema.

NOTA ▶ É importante enfatizar o papel crucial da terceira lei de Newton na derivação da Equação 9.19. O princípio de conservação do momentum é uma conseqüência direta do fato de que todas as interações dentro de um sistema isolado correspondem a pares de forças ação/reação. ◀

Matematicamente, o princípio de conservação do momentum para um sistema isolado é

$$\vec{P}_f = \vec{P}_i \tag{9.20}$$

O momentum total após uma interação é igual ao momentum total antes da mesma. Uma vez que a Equação 9.20 é uma equação vetorial, a igualdade é verdadeira para cada um dos componentes do vetor momentum, ou seja,

$$(p_{fx})_1 + (p_{fx})_2 + (p_{fx})_3 + \cdots = (p_{ix})_1 + (p_{ix})_2 + (p_{ix})_3 + \cdots$$
$$(p_{fy})_1 + (p_{fy})_2 + (p_{fy})_3 + \cdots = (p_{iy})_1 + (p_{iy})_2 + (p_{iy})_3 + \cdots \tag{9.21}$$

A equação em x é uma extensão da Equação 9.13 para N partículas em interação.

EXEMPLO 9.3 Duas bolas disparadas de um tubo

Uma bola de 10 g e outra de 30 g são colocadas em um tubo com uma mola sem massa comprimida entre elas. Quando a mola é liberada, a bola de 10 g sai do tubo a 6,0 m/s. Com que valor de velocidade a bola de 30 g emerge pelo outro lado?

MODELO As duas bolas constituem o sistema. As bolas interagem uma com a outra, mas elas formam um sistema isolado porque, para cada bola, a força normal orientada para cima do tubo contrabalança a força gravitacional para baixo, de modo que $\vec{F}_{res} = \vec{0}$. Portanto, o momentum total do sistema é conservado.

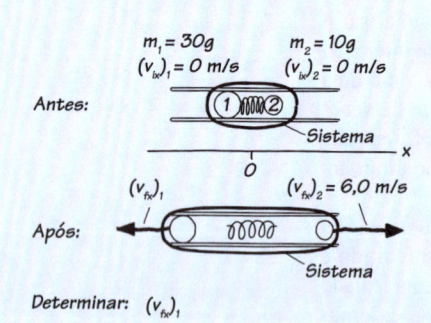

FIGURA 9.15 Representação pictórica do tipo antes-e-após de duas bolas lançadas de um tubo.

VISUALIZAÇÃO A **FIGURA 9.15** mostra uma representação do tipo antes-e-após para as duas bolas. O momentum total antes da mola ser liberada é $\vec{P}_i = \vec{0}$ porque ambas as bolas estão inicialmente paradas. Conseqüentemente, o momentum *total* será também $\vec{0}$ após a mola ser liberada. O enunciado matemático da conservação do momentum, a Equação 9.21, é

$$m_1 (v_{fx})_1 + m_2 (v_{fx})_2 = m_1 (v_{ix})_1 + m_2 (v_{ix})_2 = 0$$

onde escrevemos o componente x do momentum em termos de v_x e usamos o fato de que as velocidades iniciais são, ambas, nulas.

RESOLUÇÃO Isolando $(v_{fx})_1$, obtemos

$$(v_{fx})_1 = -\frac{m_2}{m_1}(v_{fx})_2 = -\frac{1}{3}(v_{fx})_2 = -2{,}0 \text{ m/s}$$

A bola de 30 g emerge com uma *rapidez* de 2,0 m/s, correspondente a um terço da velocidade da bola de 10 g.

AVALIAÇÃO O momentum *total* do sistema é zero, mas os momenta individuais não são nulos. Uma vez que as bolas devem possuir momenta de módulos iguais (mas de sentidos opostos), uma bola com massa 3 vezes maior tem $\frac{1}{3}$ da velocidade. Não precisamos conhecer nenhum detalhe sobre a mola para chegar a essa conclusão.

Uma estratégia para problemas de conservação do momentum

Nossa derivação do princípio da conservação do momentum e as condições sob as quais ele é válido sugere uma estratégia para resolução de problemas.

6.3, 6.4, 6.6, 6.7, 6.10

ESTRATÉGIA PARA RESOLUÇÃO DE PROBLEMAS 9.1 **Conservação do momentum** (MP)

MODELO Defina claramente *o sistema*.

- Se possível, escolha um sistema que seja isolado ($\vec{F}_{\text{res}} = \vec{0}$) ou dentro do qual as interações sejam suficientemente breves e intensas para que possamos desprezar as forças externas durante a duração da interação (aproximação de impulso). O momentum é conservado.
- Se não for possível escolher um sistema que seja isolado, tente dividir o problema em partes tais que o momentum seja conservado em uma delas. As outras partes do movimento podem ser analisadas usando-se as leis de Newton ou, como você aprenderá nos Capítulos 10 e 11, a conservação da energia.

VISUALIZAÇÃO Desenhe uma representação pictórica do tipo antes-e-após. Defina os símbolos que serão usados no problema, liste os valores conhecidos e identifique o que você está tentando determinar.

RESOLUÇÃO A representação matemática é baseada no princípio da conservação do momentum: $\vec{P}_f = \vec{P}_i$. Em termos dos componentes, ele assume a forma

$$(p_{fx})_1 + (p_{fx})_2 + (p_{fx})_3 + \ldots = (p_{ix})_1 + (p_{ix})_2 + (p_{ix})_3 + \ldots$$

$$(p_{fy})_1 + (p_{fy})_2 + (p_{fy})_3 + \ldots = (p_{iy})_1 + (p_{iy})_2 + (p_{iy})_3 + \ldots$$

AVALIAÇÃO Verifique se seu resultado está em unidades corretas, se ele é plausível e se responde à questão.

EXEMPLO 9.4 Rolando para longe

Bob vê um carrinho parado 8,0 m à sua frente. Ele decide correr até o carrinho com a maior velocidade que puder, saltar sobre o mesmo e seguir rolando pela calçada. Bob tem 75 kg de massa, e o carrinho, 25 kg. Se Bob acelera constantemente a 1,0 m/s², quanto vale a velocidade do carrinho logo após Bob ter pousado nele?

MODELO Trata-se de um problema em duas partes. Primeiro, Bob acelera ao longo do chão. Depois, ele aterrissa e fica grudado ao carrinho, uma "colisão" entre Bob e o carrinho. As forças de interação entre Bob e o carrinho (i.e., os atritos) são exercidas somente durante a fração de segundo que leva para os pés de Bob grudarem ao carrinho. Usando a aproximação de impulso, o sistema Bob + carrinho pode ser tratado como um sistema isolado durante o breve intervalo de tempo da "colisão", e, portanto, o momentum total de Bob + carrinho é conservado durante esta interação. Todavia o sistema Bob + carrinho *não* é isolado durante o problema inteiro, pois a aceleração inicial de Bob não tem nada a ver com o carrinho.

VISUALIZAÇÃO Nossa estratégia é dividir o problema em uma etapa de *aceleração*, que pode ser analisada por meio da cinemática, e uma etapa de *colisão*, que pode ser analisada por meio da conservação do momentum. A representação pictórica da **FIGURA 9.16** inclui informa-

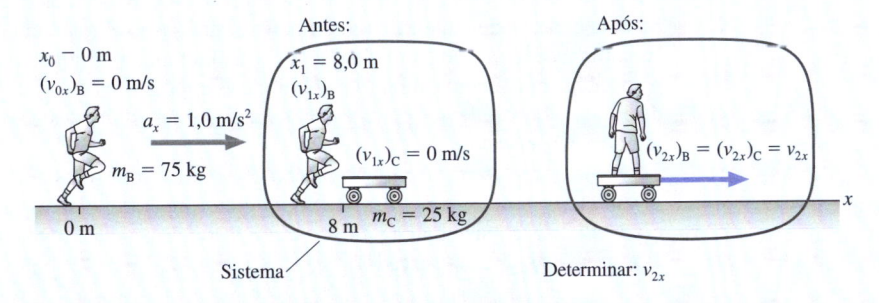

FIGURA 9.16 Representação pictórica de Bob e do carrinho.

Continua

ção sobre ambas as partes. Note dois aspectos importantes. Primeiro, a velocidade $(v_{1x})_B$ de Bob ao final da corrida é a velocidade "antes" da colisão. Segundo, Bob e o carrinho se movem juntos até o final, de modo que v_{2x} é a velocidade comum de ambos.

RESOLUÇÃO A primeira parte da representação matemática é inteiramente cinemática. Não sabemos por quanto tempo Bob acelera, mas conhecemos sua aceleração e a distância. Assim,

$$(v_{1x})_B^2 = (v_{0x})_B^2 + 2a_x(x_1 - x_0) = 2a_x x_1$$

A velocidade de Bob, após acelerar ao longo de 8,0 m, é

$$(v_{1x})_B = \sqrt{2a_x x_1} = 4{,}0 \text{ m/s}$$

Na segunda parte do problema, a colisão, usamos a conservação do momentum: $P_{2x} = P_{1x}$. Escrito em termos dos momenta individuais, isso assume a forma

$$m_B (v_{2x})_B + m_C (v_{2x})_C = (m_B + m_C) v_{2x}$$
$$= m_B (v_{1x})_B + m_C (v_{1x})_C = m_B (v_{1x})_B$$

onde usamos $(v_{1x})_C = 0$ m/s porque o carrinho parte do repouso. Isolando v_{2x}, obtemos

$$v_{2x} = \frac{m_B}{m_B + m_C}(v_{1x})_B = \frac{75 \text{ kg}}{100 \text{ kg}} \times 4{,}0 \text{ m/s} = 3{,}0 \text{ m/s}$$

A rapidez do carrinho é 3,0 m/s imediatamente após Bob saltar sobre o mesmo.

Note como foi fácil! Nem forças, nem vínculos de aceleração e nem equações simultâneas. Por que não pensamos nisto antes? As leis de conservação são realmente poderosas, todavia elas podem responder apenas a certos tipos de questões. Se quiséssemos saber que distância Bob escorrega sobre o carrinho até grudar-se nele, quanto dura esse deslizamento ou qual foi a aceleração do carrinho durante a colisão, não teríamos sido capazes de responder a tais questões com base em leis de conservação. Existe um preço a pagar por uma ligação tão simples entre antes e após, e o preço é a perda de informação acerca dos detalhes da interação. Se nos contentamos em saber somente acerca do antes e do após, então as leis de conservação constituem uma maneira simples e direta de proceder. Entretanto muitos problemas *de fato* irão requerer que compreendamos a interação, e para estes não há como evitar as leis de Newton.

Depende do sistema

O primeiro passo da estratégia para resolução de problemas pede que esclareçamos qual é *o sistema*. É importante enfatizar isso porque muitos erros surgem na resolução de problemas por se tentar aplicar a conservação do momentum para sistemas inadequados. **O objetivo é escolher um sistema cujo momentum seja conservado**. Mesmo assim, é o momentum *total* do sistema que é conservado, e não, os momenta das partículas individuais que constituem o sistema.

Como um exemplo, considere o que acontecerá se você deixar uma bola de borracha cair e ricochetear em um piso duro. Durante a colisão da bola com o piso, o momentum é conservado? Talvez você se sinta tentado a responder "sim" porque o módulo da velocidade de ricocheteio é muito próximo do módulo da velocidade de impacto. Porém existem dois erros neste raciocínio.

Primeiro, o momentum depende da *velocidade*, e não, da rapidez correspondente. Imediatamente antes da colisão, a velocidade da bola e seu momentum são negativos. Após a colisão, eles são positivos. Embora seus módulos sejam iguais, o momentum da bola após a colisão *não* é igual ao seu momentum antes da mesma.

Mais importante ainda, não definimos o sistema. Trata-se do momentum de quê? Se o momentum é ou não conservado dependerá da definição do sistema. A **FIGURA 9.17** mostra duas diferentes escolhas de sistema. Na **FIGURA 9.17a**, onde a própria bola foi escolhida como sistema, a força gravitacional da Terra sobre a bola é uma força externa. Essa força acelera a bola em direção à Terra, alterando o momentum da bola. A força do piso sobre ela também é uma força externa. O impulso de $\vec{F}_{\text{piso sobre bola}}$ altera o momentum da bola de "descendente" para "ascendente". O momentum deste sistema definitivamente *não* é conservado.

A **FIGURA 9.17b** mostra uma escolha diferente. Aqui o sistema escolhido é bola + Terra. Neste caso, a força gravitacional e as forças impulsivas da colisão são interações *internas* ao sistema. Trata-se de um sistema isolado; logo, seu momentum *total* $\vec{P} = \vec{p}_{\text{bola}} + \vec{p}_{\text{Terra}}$ é conservado.

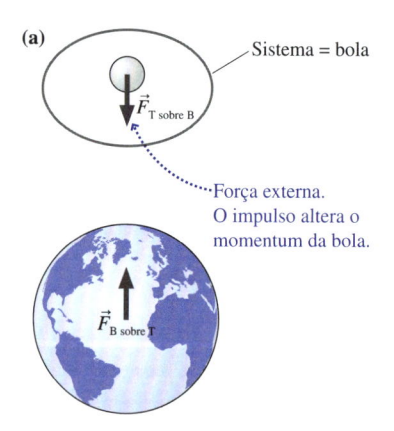

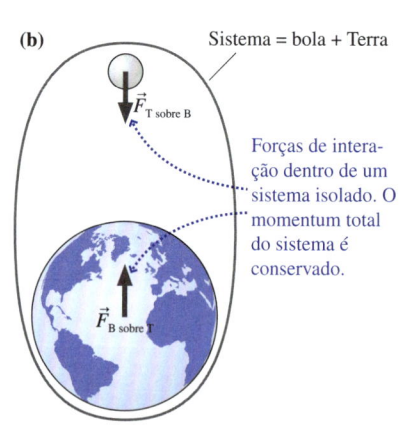

FIGURA 9.17 Se o momentum é conservado ou não quando a bola cai em direção à Terra depende de sua escolha do sistema.

De fato, o momentum total é $\vec{P} = \vec{0}$. Antes de você liberar a bola, tanto a bola quanto a Terra estão em repouso (no sistema de referência da Terra). O momentum total é nulo antes da liberação da bola; logo, ele deverá ser *sempre* nulo. Considere a situação exatamente antes de a bola atingir o piso. Se a velocidade de ricocheteio da bola é v_{By}, esta deve ser tal que

$$m_B v_{By} + m_T v_{Ty} = 0$$

e, portanto,

$$v_{Ty} = -\frac{m_B}{m_T} v_{By}$$

Em outras palavras, quando a bola é puxada para baixo pela Terra, a bola puxa a Terra para cima (par de forças ação/reação) até que a Terra inteira atinja a velocidade v_{Ty}. O momentum da Terra é de mesmo valor, porém oposto ao da bola.

Por que não notamos que a Terra "sobe" em nossa direção a cada vez que deixamos algo cair? Por causa da enorme massa da Terra em relação à dos objetos do cotidiano. Uma típica bola de borracha tem uma massa de 60 g e atinge a Terra com uma velocidade de, aproximadamente, -5 m/s. A velocidade ascendente da Terra é, portanto,

$$v_{Ty} \approx -\frac{6 \times 10^{-2} \text{ kg}}{6 \times 10^{24} \text{ kg}}(-5 \text{ m/s}) = 5 \times 10^{-26} \text{ m/s}$$

De fato, a Terra possui um momentum de mesmo módulo, mas oposto ao da bola, porém a Terra tem uma massa tão grande que ela precisa de apenas uma velocidade de valor infinitesimal para que seu momentum se iguale ao da bola. Com tal velocidade, levaria cerca de 300 milhões de anos para a Terra se deslocar por uma distância igual ao diâmetro de um átomo!

PARE E PENSE 9.3 Os objetos A e C são feitos de materiais diferentes, com elasticidades diferentes, mas possuem a mesma massa e encontram-se inicialmente em repouso. Quando a bola B colide com o objeto A, ela atinge o repouso. Quando a bola B é arremessada com grande velocidade e colide com o objeto C, ela ricocheteia para a esquerda. Compare as velocidades de A e de C após as colisões. v_A é maior, igual ou menor do que v_C?

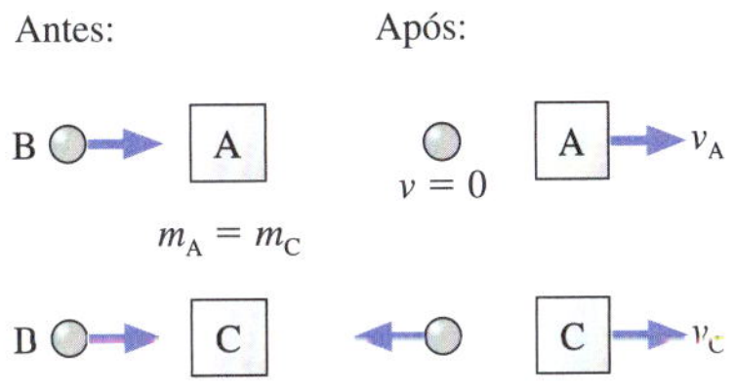

9.4 Colisões inelásticas

As colisões podem ter diferentes possíveis resultados. Uma bola de borracha que cai sobre um piso ricocheteia nele, mas uma bola de argila gruda-se ao piso e não ricocheteia. A extremidade de um taco de golfe, ao bater em uma bola de golfe, faz com que esta se afaste do taco, mas uma bala que atinge um bloco de madeira incrusta-se no mesmo.

Uma colisão em que os dois objetos envolvidos grudam-se um no outro e passam a se mover com uma velocidade comum é chamada de **colisão perfeitamente inelástica**. A argila que atinge o piso e a bala que fica incrustada na madeira são exemplos de colisões perfeitamente inelásticas. Outros exemplos são vagões de trem que se acoplam após um impacto e dardos que atingem um alvo. A **FIGURA 9.18** enfatiza o fato de que os dois objetos possuem uma velocidade comum após colidirem.

Em uma *colisão elástica*, em contraste, os dois objetos ricocheteiam um no outro e se afastam. Já vimos alguns exemplos de colisões inelásticas, mas uma análise completa requer que usemos idéias relacionadas à energia. No Capítulo 10, voltaremos às colisões elásticas.

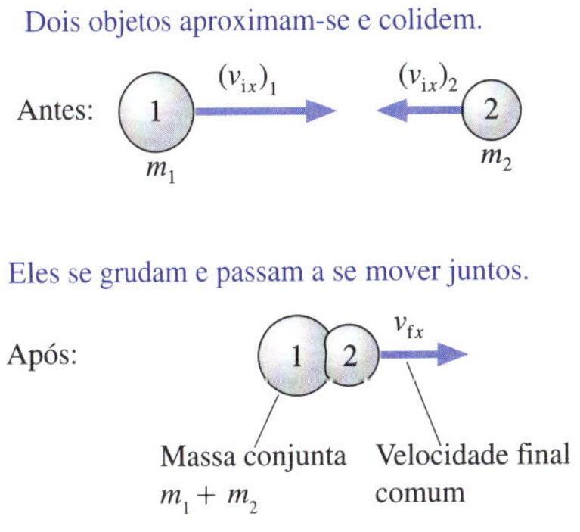

FIGURA 9.18 Uma colisão inelástica.

EXEMPLO 9.5 Uma colisão inelástica entre deslizadores

Em um experimento de laboratório, um deslizador de trilho de ar com 200 g e outro, de 400 g, são empurrados um em direção ao outro a partir das extremidades opostas do trilho. Eles possuem pedaços de velcro nas dianteiras e se grudam após colidirem. O deslizador de 200 g é empurrado com velocidade inicial de 3,0 m/s. A colisão faz com que ele inverta o sentido de movimento a 0,40 m/s. Qual era o valor da velocidade inicial do deslizador de 400 g?

MODELO Trataremos os deslizadores como partículas. O sistema é definido como formado pelos dois deslizadores. Trata-se de um sistema isolado, de modo que seu momentum total é conservado na colisão. Eles ficam grudados depois disso; logo, trata-se de uma colisão perfeitamente inelástica.

VISUALIZAÇÃO A **FIGURA 9.19** mostra uma representação pictórica. Escolhemos representar o deslizador de 200 g (deslizador 1) movendo-se inicialmente para a direita, de modo que $(v_{ix})_1$ vale 3,0 m/s positivos. Após a colisão, os deslizadores se movem para a esquerda, de modo que sua velocidade comum é $v_{fx} = -0,40$ m/s. A velocidade $(v_{ix})_2$ será negativa.

RESOLUÇÃO O princípio de conservação do momentum, $P_{fx} = P_{ix}$, é

$$(m_1 + m_2)v_{fx} = m_1(v_{ix})_1 + m_2(v_{ix})_2$$

onde usamos o fato de que as massas m_1 e m_2 movem-se juntamente após a colisão. Podemos facilmente isolar a velocidade inicial do deslizador de 400 g:

$$(v_{ix})_2 = \frac{(m_1 + m_2)v_{fx} - m_1(v_{ix})_1}{m_2}$$

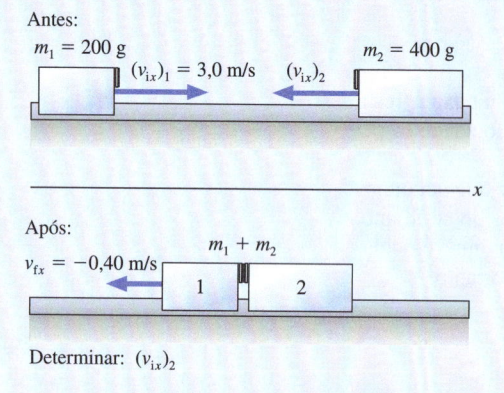

$$= \frac{(0,60\text{ kg})(-0,40\text{ m/s}) - (0,20\text{ kg})(3,0\text{ m/s})}{0,40\text{ kg}}$$

$$= -2,1\text{ m/s}$$

FIGURA 9.19 A representação pictórica do tipo antes-e-após de uma colisão inelástica.

Antes:
$m_1 = 200$ g, $(v_{ix})_1 = 3,0$ m/s, $(v_{ix})_2$, $m_2 = 400$ g

Após:
$v_{fx} = -0,40$ m/s, $m_1 + m_2$

Determinar: $(v_{ix})_2$

O sinal negativo, que havíamos antecipado, indica que o deslizador de 400 g partiu movendo-se para a esquerda. A *rapidez* inicial do deslizador, que é o que se pede para determinar, é de 2,1 m/s.

EXEMPLO 9.6 Momentum em uma colisão de carros

Um Cadillac de 2.000 kg acaba de partir de um semáforo quando é abalroado por trás por um Volkswagen de 1.000 kg. Os pára-choques ficam engatados um no outro, e os dois veículos passam a derrapar juntos até atingirem o repouso. Felizmente, os dois carros são equipados com *airbags* e os motoristas estavam usando os cintos de segurança, de modo que ninguém ficou machucado. O policial Tom, que responde pelo registro de ocorrência do acidente, constata que o comprimento das marcas da derrapagem é de 3,0 m. Ele também toma o testemunho do motorista do Cadillac, que afirma que estava se movendo a 5,0 m/s antes da batida. O policial Tom multou o motorista do Volkswagen por direção irresponsável. Este motorista deveria ser multado por exceder o limite de velocidade de 50 km/h? O juiz da questão chama você como uma "testemunha-especialista" para analisar as evidências. Qual será sua conclusão?

MODELO Trata-se, na realidade, de dois problemas. Primeiro, ocorre uma colisão inelástica. Os dois carros não constituem um sistema isolado por causa das forças de atrito externas, porém o atrito acaba sendo insignificante durante a breve colisão. Na aproximação de impulso, o momentum do sistema Volkswagen + Cadillac é conservado na colisão. Logo temos um segundo problema, um problema de dinâmica em que dois carros derrapam.

VISUALIZAÇÃO A **FIGURA 9.20a** é uma representação pictórica que mostra os momentos anterior e posterior à colisão e o desenho mais familiar da dinâmica da colisão. Não precisamos levar em conta as forças exercidas durante a colisão porque usaremos o princípio de conservação do momentum, entretanto necessitamos de um diagrama de corpo livre dos carros durante a subseqüente derrapagem.

(a) Antes:
$m_{VW} = 1000$ kg, $m_C = 2000$ kg
$(v_{0x})_{VW}$, $(v_{0x})_C = 5,0$ m/s

Após:
v_{1x}, $v_{2x} = 0$ m/s
$x_1 = 0$ m, $x_2 = 3$ m

Colisão — Dinâmica

$\mu_c = 0,80$
Limite de velocidade: 50 km/h = 14 m/s   Determinar: $(v_{0x})_{VW}$

(b) Diagrama de corpo livre: $\vec{n}$, $\vec{f_c}$, $\vec{F_G}$

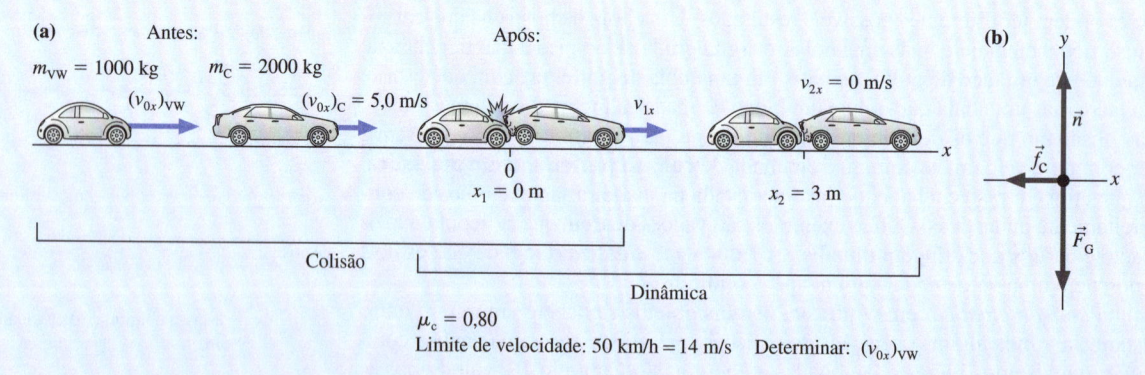

FIGURA 9.20 Representação pictórica e diagrama de corpo livre dos carros durante a derrapagem.

Os carros possuem uma velocidade comum v_{1x} imediatamente após a colisão. Esta é a velocidade *inicial* para o problema de dinâmica. Nosso objetivo é determinar $(v_{0x})_{VW}$, a velocidade do Volkswagen no momento do impacto. O limite de velocidade de 50 km/h deve ser convertido para 14 m/s.

RESOLUÇÃO Primeiro, a colisão inelástica. O princípio de conservação do momentum é

$$(m_{VW} + m_C)v_{1x} = m_{VW}(v_{0x})_{VW} + m_C(v_{0x})_C$$

Isolando a velocidade inicial do Volkswagen, obtemos

$$(v_{0x})_{VW} = \frac{(m_{VW} + m_C)v_{1x} - m_C(v_{0x})_C}{m_{VW}}$$

Para calcular $(v_{0x})_{VW}$, precisamos conhecer v_{1x}, a velocidade *imediatamente* após a colisão, quando os carros começam a derrapar. Essa informação sai da dinâmica da derrapagem. As equações da segunda lei de Newton, baseadas no diagrama de corpo livre, e o modelo de atrito cinético são

$$\sum F_x = -f_c = (m_{VW} + m_C)a_x$$
$$\sum F_y = n - (m_{VW} + m_C)g = 0$$
$$f_c = \mu_c n$$

onde usamos o fato de que $\vec{f}_c$ aponta para a esquerda (componente x negativo) e que a massa total é $m_{VW} + m_C$. Da equação em y e da equação do atrito,

$$f_c = \mu_c(m_{VW} + m_C)g$$

Usando isso na equação em x, obtemos a aceleração durante a derrapagem:

$$a_x = \frac{-f_c}{m_{VW} + m_C} = -\mu_c g = -7{,}84 \text{ m/s}^2$$

onde o coeficiente de atrito cinético para borracha sobre concreto foi tirado da Tabela 6.1. Com a aceleração determinada, podemos passar para a cinemática. Trata-se de uma aceleração constante, de modo que

$$v_{2x}^2 = 0 = v_{1x}^2 + 2a_x(x_2 - x_1) = v_{1x}^2 + 2a_x x_2$$

Logo, a derrapagem inicia com velocidade

$$v_{1x} = \sqrt{-2a_x x_2} = \sqrt{-2(-7{,}84 \text{ m/s}^2)(3{,}0 \text{ m})} = 6{,}9 \text{ m/s}$$

Como já observamos, esta é a velocidade final da colisão. Inserindo v_{1x} de volta na equação da conservação do momentum, determinamos finalmente que

$$(v_{0x})_{VW} = \frac{(3000 \text{ kg})(6{,}9 \text{ m/s}) - (2000 \text{ kg})(5{,}0 \text{ m/s})}{1000 \text{ kg}}$$

$$= 11 \text{ m/s}$$

Com base em seu testemunho, o motorista do Volkswagen *não* é multado por excesso de velocidade!

NOTA ▶ O momentum é conservado somente quando o sistema é isolado. Neste exemplo, o momentum foi conservado durante a colisão (sistema isolado), mas *não* durante a derrapagem (quando o sistema não é isolado). Na prática, não é incomum que o momentum seja conservado em uma parte ou em um aspecto de um problema, e não, em outras. ◀

PARE E PENSE 9.4 As duas partículas da figura se movem para a direita. A partícula 1 alcança a partícula 2 e colide com ela. As partículas se grudam e seguem com velocidade v_f. Qual das afirmações abaixo é correta?

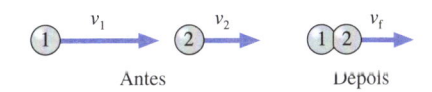

a. v_f é maior do que v_1.
b. $v_f = v_1$.
c. v_f é maior do que v_2, porém menor do que v_1.
d. $v_f = v_2$.
e. v_f é menor do que v_2.
f. Nada se pode afirmar sem se conhecer as massas.

9.5 Explosões

Uma **explosão**, em que as partículas do sistema se afastam umas das outras após uma breve e intensa interação, é o contrário de uma colisão. As forças explosivas, que poderiam ser de molas em expansão ou geradas por gases em expansão, são forças *internas*. Se o sistema for isolado, seu momentum total durante a explosão será conservado.

EXEMPLO 9.7 O recuo de um rifle

Uma bala de 10 g é disparada de um rifle de 3,0 kg com uma velocidade de 500 m/s. Qual é a velocidade de recuo do rifle?

MODELO Uma análise simples revela que o rifle exerce uma força sobre a bala, e esta, pela terceira lei de Newton, exerce uma força sobre o rifle, fazendo-o recuar. Todavia, esta análise é *um tanto* simples demais. Afinal de contas o rifle não tem como exercer uma força sobre a bala. Em vez disso, o rifle faz com que exploda uma pequena quantidade de pólvora. Os gases em expansão, então, exercem forças *tanto* sobre a bala *quanto* sobre o rifle.

Vamos definir o sistema como formado por bala + gás + rifle. As forças devido à expansão dos gases durante a explosão são forças internas, exercidas no interior do sistema. Quaisquer forças de atrito entre a bala e o rifle enquanto aquela se desloca dentro do cano são forças internas também. A gravidade, a única força externa, é contrabalançada pela força normal do cano sobre a bala e a pessoa que segura a arma, de modo que $\vec{F}_{res} = \vec{0}$. Trata-se de um sistema isolado, e o princípio de conservação do momentum se aplica ao mesmo.

VISUALIZAÇÃO A **FIGURA 9.21** traz uma representação pictórica que mostra a situação antes e após o disparo da bala.

RESOLUÇÃO O componente x do momentum total é $P_x = (p_x)_B + (p_x)_R + (p_x)_{gás}$. Antes do gatilho ser acionado, todos estão em repouso, de modo que o momentum inicial é nulo. Após o acionamento do gatilho, o momentum dos gases em expansão é a soma de todos os momenta das partículas que o constituem. Para cada molécula que se move em uma direção e sentido, com velocidade v e momentum mv, existe, em média, outra molécula que se move no sentido contrário com velocidade $-v$ e momentum $-mv$. Quando somamos sobre o enorme número de moléculas do gás, ficamos com $p_{gás} \approx 0$. Além disso, a massa de gás é muito menor do que a do rifle ou da bala. Por essas duas razões, é razoável desprezar o momentum do gás. O princípio de conservação do momentum é, portanto,

$$P_{fx} = m_B (v_{fx})_B + m_R (v_{fx})_R = P_{ix} = 0$$

Isolando a velocidade do rifle, obtemos

$$(v_{fx})_R = -\frac{m_B}{m_R}(v_{fx})_B = -\frac{0,010 \text{ kg}}{3,0 \text{ kg}} \times 500 \text{ m/s} = -1,7 \text{ m/s}$$

O sinal negativo indica que o rifle recua para a esquerda. A *rapidez* de recuo do rifle é de 1,7 m/s.

Antes:
$m_B = 0,010$ kg
$(v_{ix})_B = 0$ m/s
Sistema
$m_R = 3,0$ kg
$(v_{ix})_R = 0$ m/s

Após:
$(v_{fx})_R$
$(v_{fx})_B = 500$ m/s

Determinar: $(v_{fx})_R$

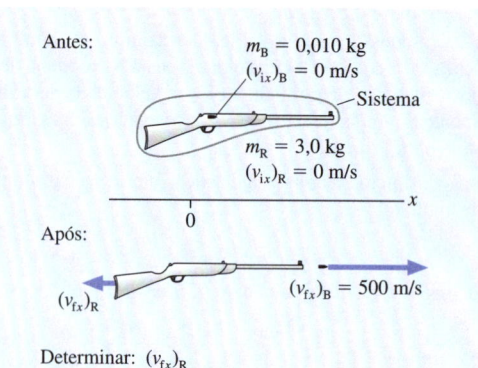

FIGURA 9.21 Representação pictórica do tipo antes-e-após de um rifle que dispara uma bala.

Não saberíamos por onde iniciar a resolução de um problema deste tipo usando as leis de Newton. Todavia o Exemplo 9.7 é um problema simples quando abordado a partir de uma perspectiva tipo antes-e-após baseada em uma lei de conservação. A escolha do "sistema" como sendo bala + gás + rifle foi o passo crucial. Para que o princípio de conservação do momentum fosse útil, tivemos de escolher um sistema em que as complicadas forças devido à expansão do gás e aos atritos fossem, todas, forças internas. O rifle em si mesmo *não* é um sistema isolado; logo, seu momentum *não* é conservado.

EXEMPLO 9.8 Radioatividade

Um núcleo ^{238}U de urânio é radioativo. Ele sofre desintegração espontânea em um pequeno fragmento, que é ejetado com uma velocidade medida de $1,50 \times 10^7$ m/s, e em um "núcleo-filho" que sofre recuo com velocidade de $2,56 \times 10^5$ m/s. Quais são as massas atômicas do fragmento ejetado e do núcleo-filho?

MODELO A notação ^{238}U indica o isótopo de urânio com uma massa atômica de 238u, onde u é a abreviatura para *unidade de massa atômica*. O núcleo contém 92 prótons (o urânio tem número atômico igual a 92) e 146 nêutrons. A desintegração de um núcleo é, em essência, uma explosão. Somente forças nucleares *internas* estão envolvidas, de modo que o momentum total é conservado na desintegração.

VISUALIZAÇÃO A **FIGURA 9.22** mostra a representação pictórica correspondente. A massa do núcleo-filho é m_1, e a do fragmento ejetado é m_2. Note que convertemos a informação sobre a rapidez em informação sobre a velocidade, resultando em sinais opostos para $(v_{fx})_1$ e $(v_{fx})_2$.

Antes:
^{238}U
$m = 238$ u
$v_{ix} = 0$ m/s

Após:
m_1 ① m_2 ②
$(v_{fx})_1 = -2,56 \times 10^5$ m/s
$(v_{fx})_2 = 1,50 \times 10^7$ m/s

Determinar: m_1 e m_2

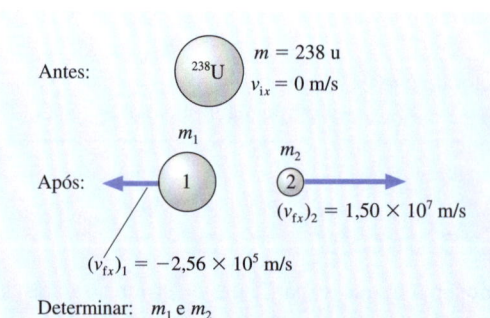

FIGURA 9.22 Representação pictórica do tipo antes-e-após do decaimento de um núcleo ^{238}U.

RESOLUÇÃO O núcleo estava inicialmente parado, portanto seu momentum total era nulo. Após a desintegração, o momentum ainda será nulo se os dois pedaços estiverem se afastando em sentidos opostos, com momenta de mesmo módulo, mas de sinais contrários, ou seja,

$$P_{fx} = m_1 (v_{fx})_1 + m_2 (v_{fx})_2 = P_{ix} = 0.$$

Embora conheçamos as duas velocidades finais, isto não constitui informação suficiente para determinar as duas massas desconhecidas. Entretanto, dispomos também de outra lei de conservação, a de conservação da massa, que requer

$$m_1 + m_2 = 238u.$$

Combinando essas duas leis de conservação, obtemos

$$m_1 (v_{fx})_1 + (238u - m_1)(v_{fx})_2 = 0.$$

A massa do núcleo-filho é

$$m_1 = \frac{(v_{fx})_2}{(v_{fx})_2 - (v_{fx})_1} \times 238\,u$$

$$= \frac{1{,}50 \times 10^7 \text{ m/s}}{(1{,}50 \times 10^7 - (-2{,}56 \times 10^5))\text{ m/s}} \times 238\,u = 234\,u$$

Com m_1 conhecida, a massa do fragmento ejetado é $m_2 = 238u - m_1 = 4u$.

AVALIAÇÃO Tudo que obtivemos por meio de uma analise baseada em momentum foram as massas. A análise química revela que o núcleo-filho é o elemento tório, com número atômico 90, com dois prótons a menos do que o urânio. O fragmento ejetado levou consigo os dois prótons como parte de sua massa de 4u, de maneira que ele deve ser uma partícula constituída por dois prótons e dois nêutrons. Essa partícula é um núcleo de um átomo de hélio, ^{4}He, que, em física nuclear, é chamada de *partícula alfa* (α, a letra grega minúscula "alfa"). Portanto, o decaimento radioativo do ^{238}U pode ser escrito na forma $^{238}\text{U} \rightarrow {}^{234}\text{Th} + \alpha$.

Boa parte desse raciocínio explica como um foguete ou um avião a jato acelera. A **FIGURA 9.23** mostra um foguete com uma porção de combustível no tanque. A queima converte o combustível em gases quentes que são expelidos do motor do foguete. Se escolhermos o sistema como foguete + gases, este será um sistema fechado, onde a queima e a expulsão são forças internas. Não existem outras forças envolvidas; logo, o momentum *total* do sistema deve se conservar. O foguete ganha velocidade para a frente enquanto os gases da exaustão são expelidos para trás, todavia o momentum total do sistema mantém-se nulo.

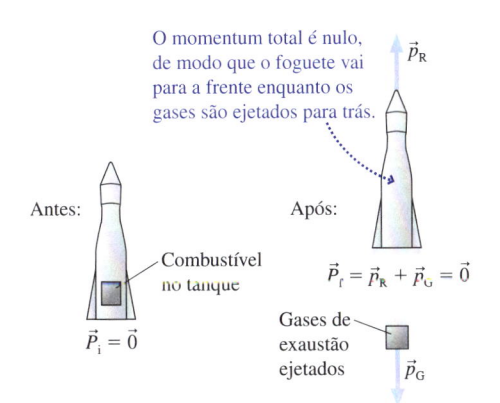

FIGURA 9.23 A propulsão do foguete é um exemplo da conservação do momentum.

Muitas pessoas acham difícil entender como um foguete consegue acelerar no vácuo do espaço porque não existe nada "contra o que empurrar". Pensando em termos de momentum, você pode verificar que o foguete não empurra contra nada *externo*, mas somente contra os gases que ele expulsa por trás. Em resposta, de acordo com a terceira lei de Newton, os gases empurram o foguete em sentido contrário. Os detalhes da propulsão de foguetes são mais complexos do que os com que pretendemos lidar, pois a massa do foguete é variável, todavia você deve ser capaz de usar o princípio de conservação do momentum para entender o princípio básico pelo qual ocorre a propulsão de um foguete.

PARE E PENSE 9.5 Uma explosão em um tubo rígido o fragmenta em três partes. Um pedaço de 6 g sai pelo lado direito. Outro pedaço de 4 g sai pela esquerda com velocidade duas vezes maior do que a do pedaço de 6 g. Para que lado, esquerdo ou direito, emerge o terceiro pedaço?

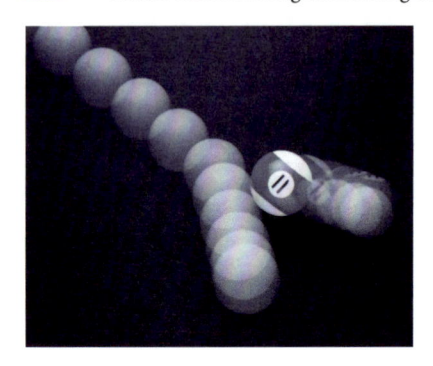

9.6 O momentum em duas dimensões

Nossos exemplos, até aqui, estiveram limitados a movimentos em um eixo unidimensional. Muitos exemplos práticos de conservação do momentum envolvem movimentos em planos. O momentum total $\vec{P}$ é um *vetor* soma dos momenta $\vec{p} = m\vec{v}$ das partículas individuais. Conseqüentemente, como verificamos na Seção 9.3, o momentum é conservado somente se cada componente de $\vec{P}$ for conservado:

$$(p_{fx})_1 + (p_{fx})_2 + (p_{fx})_3 + \ldots = (p_{ix})_1 + (p_{ix})_2 + (p_{ix})_3 + \ldots$$
$$(p_{fy})_1 + (p_{fy})_2 + (p_{fy})_3 + \ldots = (p_{iy})_1 + (p_{iy})_2 + (p_{iy})_3 + \ldots \quad (9.22)$$

Colisões e explosões geralmente envolvem movimento em duas dimensões.

Nesta seção aplicaremos a conservação do momentum em duas dimensões.

EXEMPLO 9.9 Momentum em uma colisão 2D de dois carros

O Cadillac de 2.000 kg e o Volkswagen de 1.000 kg do Exemplo 9.6 cruzam-se novamente uma semana depois, logo após saírem da oficina onde foram consertados. O semáforo acabou de ficar verde, e o Cadillac, orientado para o norte, parte para cruzar a intersecção. O Volkswagen, que trafega para o leste, não consegue parar a tempo. O Volkswagen colide com o pára-lama esquerdo do Cadillac, depois os carros derrapam juntos até pararem. O policial Tom, que registra o acidente, constata que a marcas da derrapagem formam 35° a nordeste do ponto de impacto. O motorista do Cadillac, que mantinha um olho no velocímetro, relata que estava trafegando a 3,0 m/s quando ocorreu o acidente. Com que valor de velocidade o Volkswagen trafegava imediatamente antes do impacto?

MODELO Trata-se de uma colisão inelástica. O momentum total do sistema Volkswagen + Cadillac é conservado.

VISUALIZAÇÃO A **FIGURA 9.24** é uma representação pictórica do tipo antes-e-após. O Volkswagen trafega no eixo x, e o Cadillac, no eixo y; daí, $(v_{0y})_{VW} = 0$ e $(v_{0x})_C = 0$.

RESOLUÇÃO Após a colisão, os dois carros se movem com a velocidade comum $\vec{v}_1$. Os componentes da velocidade, como em um problema de movimento de um projétil, são $v_{1x} = v_1 \cos\theta$ e $v_{1y} = v_1 \sin\theta$. Logo, as equações de momentum simultâneas em x e em y são

$$(m_C + m_{VW})v_{1x} = (m_C + m_{VW})v_1\cos\theta$$
$$= m_C(v_{0x})_C + m_{VW}(v_{0x})_{VW} = m_{VW}(v_{0x})_{VW}$$
$$(m_C + m_{VW})v_{1y} = (m_C + m_{VW})v_1\sin\theta$$
$$= m_C(v_{0y})_C + m_{VW}(v_{0y})_{VW} = m_C(v_{0y})_C$$

Podemos usar a equação em y para determinar a velocidade imediatamente após o impacto:

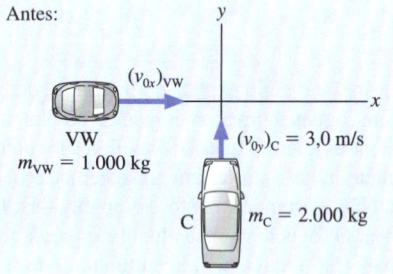

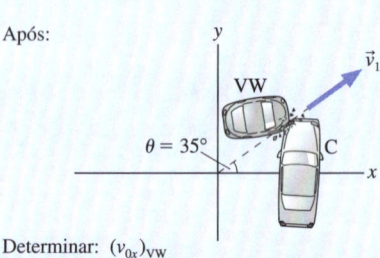

FIGURA 9.24 Representação pictórica da colisão entre o Cadillac e o Volkswagen.

$$v_1 = \frac{m_C(v_{0y})_C}{(m_C + m_{VW})\sin\theta} = \frac{(2000 \text{ kg})(3,0 \text{ m/s})}{(3000 \text{ kg})\sin 35°} = 3,49 \text{ m/s}$$

Usando este valor de v_1 na equação em x, concluímos que a velocidade do Volkswagen era

$$(v_{0x})_{VW} = \frac{(m_C + m_{VW})v_1\cos\theta}{m_{VW}} = 8,6 \text{ m/s}$$

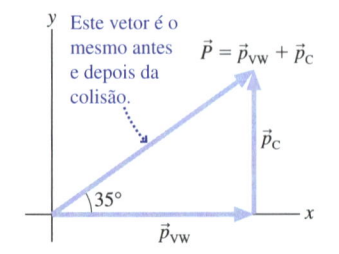

É instrutivo examinar esta colisão por meio de um desenho dos vetores momentum. Antes da colisão, $\vec{p}_{VW} = (1000 \text{ kg})(8,6 \text{ m/s})\hat{\imath} = 8600\hat{\imath}$ kg m/s e $\vec{p}_C = (2000 \text{ kg})(3,0 \text{ m/s})\hat{\jmath} = 6000\hat{\jmath}$ kg m/s. Estes vetores, e sua soma $\vec{P} = \vec{p}_{VW} + \vec{p}_C$, estão representados na **FIGURA 9.25**. Você pode verificar que o vetor momentum total faz um ângulo de 35° com o eixo x. Os momenta individuais variam durante a colisão, *porém o momentum total não sofre variação*. É por isso que as marcas de derrapagem estão a 35° nordeste.

FIGURA 9.25 Os vetores momentum da colisão dos carros.

EXEMPLO 9.10 Uma explosão em três partes

Um projétil de 10 g desloca-se a 2,0 m/s quando subitamente explode, dividindo-se em três partes. Um fragmento de 3,0 g é arremessado para oeste a 10 m/s, enquanto outro fragmento de mesma massa é arremessado a 40° nordeste a 12 m/s. Qual é o módulo e qual é a orientação do terceiro fragmento?

MODELO Embora muitas forças complexas estejam envolvidas na explosão, todas elas são internas ao sistema. Não existem forças externas exercidas, de modo que se trata de um sistema isolado e que seu momentum total é conservado.

VISUALIZAÇÃO A **FIGURA 9.26** mostra uma representação pictórica do tipo antes-e-após. Usaremos os superíndices M e V para diferenciar o objeto original dos três pedaços em que ele explodiu.

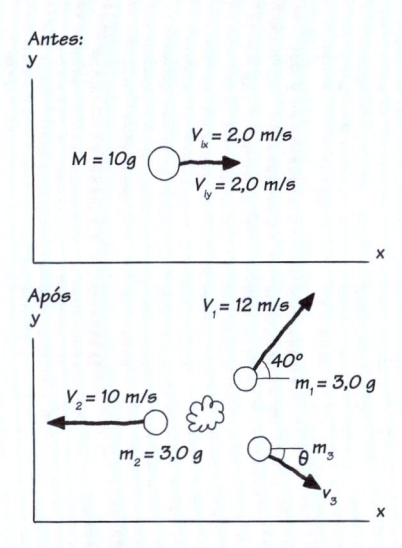

FIGURA 9.26 Representação pictórica do tipo antes-e-após da explosão em três partes.

RESOLUÇÃO O sistema é o objeto inicial e as subseqüentes três partes em que ele se divide. A conservação do momentum requer que

$$m_1 (v_{fx})_1 + m_2 (v_{fx})_2 + m_3 (v_{fx})_3 = MV_{ix}$$
$$m_1 (v_{fy})_1 + m_2 (v_{fy})_2 + m_3 (v_{fy})_3 = MV_{iy}$$

A conservação da massa implica que

$$m_3 = M - m_1 - m_2 = 4{,}0 \text{ g}$$

Nem o objeto original nem m_2 possuem componente algum ao longo do eixo y. Podemos usar a Figura 9.26 para escrever os componentes x e y de $\vec{v}_1$ e $\vec{v}_2$, obtendo

$$m_1 v_1 \cos 40° - m_2 v_2 + m_3 v_3 \cos \theta = MV$$
$$m_1 v_1 \operatorname{sen} 40° - m_3 v_3 \operatorname{sen} \theta = 0$$

onde usamos $(v_{fx})_2 = -v_2$ porque m_2 se move no sentido negativo de x. Inserindo agora os valores conhecidos nessas equações, obtemos

$$-2{,}42 + 4v_3 \cos \theta = 20$$
$$23{,}14 - 4v_3 \operatorname{sen} \theta = 0$$

Nesta situação, podemos deixar a massa em gramas porque o fator de conversão para quilograma aparece em ambos os membros da equação e se cancelam. Para resolver o sistema de equações, use primeiro a segunda equação para obter $v_3 = 5{,}79/\operatorname{sen}\theta$. Substitua este resultado na primeira equação, lembrando que $\cos\theta/\operatorname{sen}\theta = 1/\operatorname{tg}\theta$, para obter

$$-2{,}42 + 4\left(\frac{5{,}79}{\operatorname{sen}\theta}\right)\cos\theta = -2{,}42 + \frac{23{,}14}{\operatorname{tg}\theta} = 20$$

Agora, isole θ:

$$\operatorname{tg}\theta = \frac{23{,}14}{20 + 2{,}42} = 1{,}03$$

$$\theta = \operatorname{tg}^{-1}(1{,}03) = 45{,}8°$$

Finalmente, use este resultado na expressão anterior para v_3 a fim de determinar

$$v_3 = \frac{5{,}79}{\operatorname{sen} 45{,}8°} = 8{,}1 \text{ m/s}$$

O terceiro fragmento, com massa de 4,0 g, é arremessado a 46° sudeste, com uma velocidade de 8,1 m/s.

RESUMO

Os objetivos do Capítulo 9 foram introduzir as idéias de impulso e momentum, e aprender uma nova estratégia de resolução de problemas, baseada em leis de conservação.

Princípios gerais

Princípio de conservação do momentum
O momentum total $\vec{P} = \vec{p}_1 + \vec{p}_2 + \cdots$ de um sistema isolado é constante. Logo,

$$\vec{P}_f = \vec{P}_i$$

Segunda lei de Newton
Em termos do momentum, a segunda lei de Newton é expressa como

$$\vec{F} = \frac{d\vec{p}}{dt}$$

Resolução de problemas de conservação do momentum

MODELO Defina um sistema isolado ou um sistema que seja isolado durante uma parte do problema.

VISUALIZAÇÃO Desenhe uma representação pictórica do sistema antes e após a interação.

RESOLUÇÃO Escreva o princípio de conservação do momentum em função dos componentes dos vetores:

$$(p_{fx})_1 + (p_{fx})_2 + \ldots = (p_{ix})_1 + (p_{ix})_2 + \ldots$$
$$(p_{fy})_1 + (p_{fy})_2 + \ldots = (p_{iy})_1 + (p_{iy})_2 + \ldots$$

AVALIAÇÃO O resultado é plausível?

Conceitos importantes

Momentum $\vec{p} = m\vec{v}$

Impulso $J_x = \int_{t_i}^{t_f} F_x(t)\, dt$ = área sob a curva do gráfico da força

O impulso e o momentum estão relacionados pelo **teorema impulso-momentum**

$$\Delta p_x = J_x$$

Este é um enunciado alternativo da segunda lei de Newton.

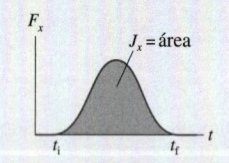

Sistema Um grupo de partículas interagentes.

Sistema isolado Um sistema sobre o qual nenhuma força externa ou força resultante externa é exercida.

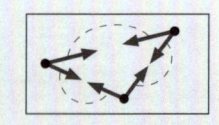

Representação pictórica do tipo antes-e-após
- Defina o sistema.
- Faça dois desenhos que representem o sistema *antes* e *após* a interação.
- Liste a informação conhecida e identifique o que você está tentando determinar.

Aplicações

Colisões Duas ou mais partículas se encontram. Em uma colisão perfeitamente inelástica, elas se grudam e passam a se mover com velocidade comum.

Explosões Duas ou mais partículas se afastam umas das outras.

Duas dimensões Nenhuma idéia nova, porém os componentes x e y de $\vec{P}$ devem se conservar, fornecendo duas equações simultâneas.

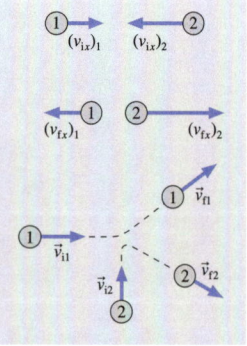

Gráficos de barras do momentum representam o teorema impulso-momentum $p_{fx} = p_{ix} + J_x$ de forma gráfica.

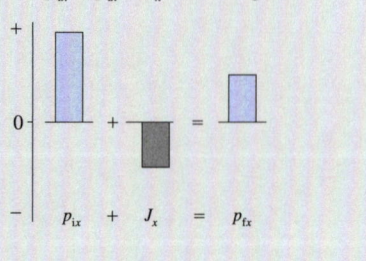

Termos e notação

colisão	teorema impulso-momentum	sistema isolado	colisão perfeitamente inelástica
força impulsiva	gráfico de barras do momentum	princípio de conservação do momentum	explosão
momentum, $\vec{p}$	aproximação de impulso		
impulso, J_x	momentum total, $\vec{P}$		

QUESTÕES CONCEITUAIS

1. Ordene em seqüência decrescente os momenta de $(p_x)_a$ a $(p_x)_e$ correspondentes aos objetos da **FIGURA Q9.1**.

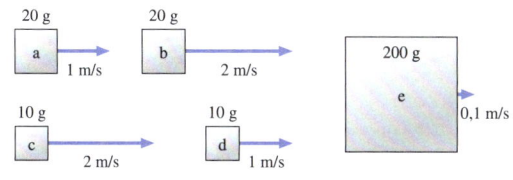

   - a: 20 g, 1 m/s
   - b: 20 g, 2 m/s
   - c: 10 g, 2 m/s
   - d: 10 g, 1 m/s
   - e: 200 g, 0,1 m/s

   FIGURA Q9.1

2. Explique o conceito de *impulso* em linguagem não-matemática, ou seja, não expresse em palavras, simplesmente, a equação, dizendo "o impulso é a integral da força em relação ao tempo". Explique isso em termos que façam sentido para uma pessoa com formação que jamais tenha ouvido falar em impulso.

3. Explique o conceito de *sistema isolado* em linguagem não-matemática de maneira que faça sentido para uma pessoa com formação, porém que jamais tenha ouvido falar em sistema isolado.

4. Um carrinho de plástico de 0,2 kg e um carrinho de chumbo de 20 kg podem, ambos, rolar sem atrito sobre uma superfície horizontal. Forças de mesma intensidade são exercidas para empurrar os dois carros para a frente durante um tempo de 1 s, a partir do repouso. Após a força cessar em $t = 1$ s, o momentum do carrinho plástico é maior, menor ou igual ao momentum do carrinho de chumbo? Explique.

5. Um carrinho de plástico de 0,2 kg e um carrinho de chumbo de 20 kg podem, ambos, rolar sem atrito sobre uma superfície horizontal. Forças de mesma intensidade são exercidas para empurrar os dois carros para a frente ao longo de 1 m de distância, a partir do repouso. Após a força cessar quando o carrinho tiver percorrido 1 m, o momentum do carrinho plástico é maior, menor ou igual ao momentum do carrinho de chumbo? Explique.

6. Angie, Brad e Carlos estão discutindo um problema de física em que duas balas idênticas são disparadas com velocidades iguais contra um bloco de madeira e outro de aço, ambos de mesma massa, em repouso sobre uma mesa livre de atrito. Uma das balas ricocheteia no bloco de aço, enquanto a outra fica incrustada no bloco de madeira. "Todas as massas e velocidades são iguais", diz Angie, "de modo que eu acho que ambos terão a mesma velocidade após as colisões". "Mas e quanto ao momentum?", pergunta Brad. "Ao bater no bloco de madeira, a bala transfere todo seu momentum e toda sua energia para o bloco, de modo que o bloco de madeira deveria adquirir uma velocidade maior que a do bloco de aço". "Eu acho que o ricocheteio é um fator importante", replica Carlos, "O bloco de aço deve adquirir uma velocidade maior porque a bala ricocheteia nele e volta em sentido contrário". Com qual dos três você concorda e por quê?

7. É melhor pegar uma bola dura vestindo-se luvas grossas do que pegá-la com a mão nua. Use as idéias deste capítulo para explicar por quê.

8. Os automóveis são projetados com "zonas de colapso" para serem amassadas em colisões. Use as idéias deste capítulo para explicar por quê.

9. Um objeto de 2 kg move-se para a direita com uma velocidade de 1 m/s quando recebe um impulso de 4 N s. Quanto vale a velocidade do objeto após o impulso?

10. Um objeto de 2 kg move-se para a direita com uma velocidade de 1 m/s quando recebe um impulso de -4 N s. Quanto vale a velocidade do objeto após o impulso?

11. A pá de um taco de golfe segue se movendo para a frente após atingir a bola de golfe. O momentum da mesma é conservado na colisão? Explique, identificando claramente qual é "o sistema".

12. Suponha que uma bola de borracha colida frontalmente com uma bola de aço de mesma massa, que se desloca em sentido oposto com a mesma rapidez. Qual das bolas, se for o caso, recebe o impulso maior? Explique.

13. Duas partículas colidem entre si, uma das quais estava inicialmente em movimento, e a outra, parada.
    a. É possível que *ambas* fiquem em repouso após colidirem? Dê um exemplo em que isso ocorra ou explique por que isso não acontece.
    b. É possível que *uma* das partículas fique em repouso após a colisão? Dê um exemplo em que isso ocorra ou explique por que isso não acontece.

14. Dois patinadores no gelo, Paula e Ricardo, empurram-se um ao outro. Ricardo pesa mais do que Paula.
    a. Qual patinador, se for o caso, possui maior momentum após o empurrão? Explique.
    b. Qual patinador, se for o caso, possui maior velocidade após o empurrão? Explique.

15. Um objeto em repouso explode e divide-se em três fragmentos. A **FIGURA Q9.15** mostra os vetores momentum de dois dos fragmentos. Quais são p_x e p_y do terceiro fragmento?

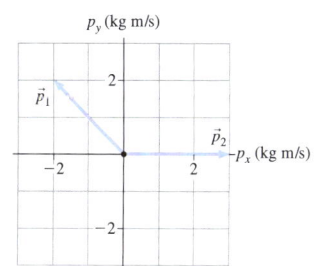

    FIGURA Q9.15

EXERCÍCIOS E PROBLEMAS

Exercícios

Seção 9.1 Momentum e impulso

1. | Qual é o módulo do momentum de
   a. Um carro de 1.500 kg que trafega a 10 m/s?
   b. Uma bola de beisebol de 200 g arremessada a 40 m/s?
2. | Com que valor de velocidade uma bicicleta e seu passageiro, com uma massa conjunta de 100 kg, possuem o mesmo momentum de um carro de 1.500 kg que trafega a 5 m/s?
3. | Que impulso exerce a força mostrada na FIGURA EX9.3 sobre uma partícula de 250 g?

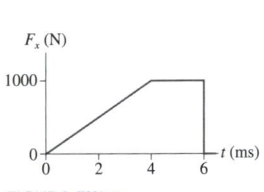

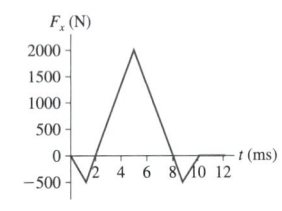

FIGURA EX9.3

FIGURA EX9.4

4. || Qual é o impulso dado a uma partícula de 3,0 kg que experimenta a força mostrada na FIGURA EX9.4?
5. || Na FIGURA EX9.5, que valor de F_{max} comunica um impulso de 6,0 N s?

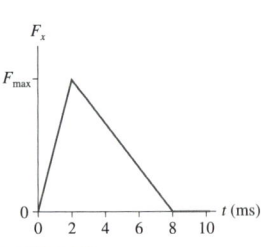

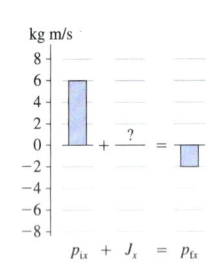

FIGURA EX9.5

FIGURA EX9.6

6. || A FIGURA EX9.6 é um gráfico de barras incompleto do momentum correspondente a uma colisão que dura 10 ms. Qual é o módulo e qual é a orientação da força média exercida sobre o objeto na colisão?

Seção 9.2 Resolvendo problemas de impulso e momentum

7. | Um objeto de 2,0 kg move-se para a direita com velocidade de 1,0 m/s quando passa a experimentar a força representada na FIGURA EX9.7. Qual é o módulo e qual é a orientação da velocidade do objeto depois que cessa a força?

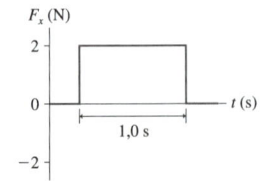

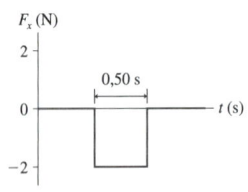

FIGURA EX9.7

FIGURA EX9.8

8. | Um objeto de 2,0 kg move-se para a direita com uma velocidade de 1,0 m/s quando passa a experimentar a força representada na FIGURA EX9.8. Qual é o módulo e qual é a orientação da velocidade do objeto depois que cessa a força?

9. | Um trenó desliza sobre uma superfície horizontal em que o coeficiente de atrito cinético vale 0,25. No ponto A, sua velocidade é de 8,0 m/s, e no ponto B, é de 5,0 m/s. Use o teorema impulso-momentum para determinar em quanto tempo o trenó se desloca de A para B.
10. | Use o teorema impulso-momentum para determinar em quanto tempo um objeto em queda leva para aumentar sua rapidez de 5,5 m/s para 10,4 m/s.
11. || Uma bola de tênis de 60 g e com velocidade inicial de 32 m/s colide com uma parede e ricocheteia com o mesmo valor de velocidade. A FIGURA EX9.11 representa a força da parede sobre a bola durante a colisão. Qual é o valor de F_{max}, o máximo valor da força de contato durante a colisão?

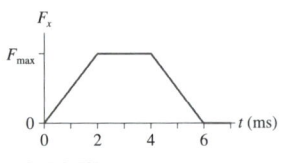

FIGURA EX9.11

12. || Uma bola de 250 g colide com uma parede. A FIGURA EX9.12 mostra a velocidade da bola e a força exercida sobre ela pela parede. Quanto vale v_{fx}, a velocidade de ricocheteio da bola?

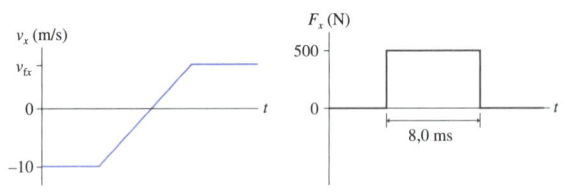

FIGURA EX9.12

13. || Um deslizador de trilho de ar com massa de 600 g colide com uma mola fixa a uma das extremidades do trilho. A FIGURA 9.13 mostra a velocidade do deslizador e a força exercida sobre ele pela mola. Por quanto tempo o deslizador fica em contato com a mola?

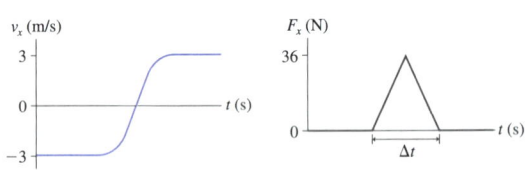

FIGURA EX9.13

Seção 9.3 Conservação do momentum

14. | Um vagão de trem de 10.000 kg desloca-se a 2,0 m/s quando uma carga de 4.000 kg de cascalho subitamente cai dentro do mesmo. Qual é a velocidade do vagão logo após a carga de cascalho ter caído dentro dele?
15. | Um vagão aberto de trem de 5.000 kg desloca-se sem atrito sobre os trilhos a 22 m/s quando começa a chover torrencialmente. Alguns minutos mais tarde, a velocidade do vagão baixou para 20 m/s. Qual é a massa de água que foi coletada pelo vagão?
16. || Um planador com 10 m de comprimento e massa de 680 kg (incluindo a dos passageiros) plana horizontalmente a 30 m/s quando um pára-quedista de 60 kg cai do planador após liberar a trava que o mantinha seguro. Qual é a velocidade do planador logo após o pára-quedista ter saltado?

Seção 9.4 Colisões inelásticas

17. | Um pássaro de 300 g voa a 6,0 m/s quando vê um inseto de 10 g indo diretamente para ele a 30 m/s. O pássaro abre sua boca e saboreia o almoço. Qual é o valor da velocidade do pássaro imediatamente após engolir o inseto?

18. ‖ O freio de mão de um Cadillac de 2.000 kg falha e o veículo segue deslocando-se lentamente, a 1,5 km/h, em direção a um grupo de crianças pequenas. Vendo o que acontece, você dispõe do tempo exato para jogar seu Volkswagen de 1.000 kg frontalmente contra o Cadillac e salvar as crianças. Com que valor de velocidade você deve colidir com o Cadillac a fim de pará-lo?

19. | Um carro de 1.500 kg trafega a 2,0 m/s. Você deseja pará-lo arremessando contra ele um pedaço de argila mole com 10 kg de massa. Com que valor de velocidade você deve arremessar a argila?

Seção 9.5 Explosões

20. Um arqueiro de 50 kg, em pé sobre gelo sem atrito, dispara uma flecha de 100 g a 100 m/s. Quanto vale a velocidade de recuo do arqueiro?

21. | No Problema 27 do Capítulo 7 você determinou a velocidade de recuo de Bob quando ele atirou uma pedra enquanto estava em pé sobre gelo livre de atrito. Bob tem uma massa de 75 kg e consegue atirar uma pedra de 500 g a 30 m/s. Determine a velocidade de recuo de Bob novamente, desta vez usando a conservação do momentum.

22. ‖ Dan está deslizando com seu *skate* a 4,0 m/s. Subitamente, ele salta para fora do *skate* por trás do mesmo, impulsionando o *skate* para a frente a 8,0 m/s. Qual é o valor da velocidade de Dan ao tocar no solo? A massa de Dan é de 50 kg, e a do *skate* é de 5,0 kg.

Seção 9.6 Momentum em duas dimensões

23. | Duas partículas colidem uma com a outra e ricocheteiam. A **FIGURA EX9.23** mostra os momenta iniciais de ambas e o momentum final da partícula 2. Qual é o momentum final da partícula 1? Expresse sua resposta na forma de componentes.

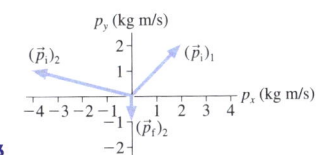

FIGURA EX9.23

24. ‖ Uma bola de argila de 20 g desloca-se para leste a 3,0 m/s quando colide com uma bola de argila de 30 g que se desloca para norte a 2,0 m/s. Quais serão o módulo e a orientação da bola resultante de 50 g de argila?

Problemas

25. ‖ Uma bola de 50 g é lançada do nível do solo com um ângulo de 30° acima da horizontal. A velocidade inicial é de 25 m/s.
    a. Quais são os valores de p_x e de p_y um instante após a bola ser lançada, no ponto de altura máxima e um instante antes da bola atingir o solo?
    b. Por que um dos componentes de $\vec{p}$ é constante? Explique.
    c. Para o componente de $\vec{p}$ que é variável, mostre que a variação de momentum é igual à força gravitacional sobre a bola multiplicada pelo tempo de vôo. Explique por que isso ocorre dessa maneira.

26. ‖ Longe no espaço, onde a gravidade é desprezível, um foguete de 425 kg se desloca a 75 m/s e dispara seus motores. A **FIGURA P9.26** mostra a força de empuxo gerada em função do tempo. A massa perdida pelo foguete durante estes 30 s é desprezível.
    a. Que impulso o motor comunica ao foguete?
    b. Em que instante o foguete atinge a velocidade máxima? Quanto vale sua velocidade máxima?

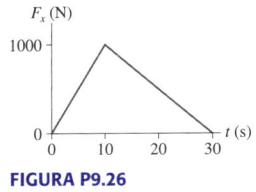

FIGURA P9.26

27. ‖ A força $F_x = (10\ \text{N})\text{sen}(2\pi t/4{,}0\ \text{s})$ é exercida durante o intervalo $0 \leq t \leq 2{,}0$ s sobre uma partícula de 250 g. Se a partícula parte do repouso, quanto vale sua velocidade em $t = 2{,}0$ s?

28. ‖ Uma jogadora de tênis move sua raquete descrevendo um arco com velocidade de 10 m/s. Ela golpeia uma bola de tênis de 60 g que se aproxima dela a 20 m/s. A bola ricocheteia a 40 m/s.
    a. Qual é o valor da velocidade da raquete logo após o golpe? Você pode ignorar a interação da raquete com a mão da jogadora durante a breve duração da colisão.
    b. Se a bola de tênis e a raquete ficam em contato por 10 ms, quanto vale a força média que a raquete exerce sobre a bola? Como ela se compara com a força gravitacional sobre a bola?

29. ‖ Uma bola de 200 g cai de 2,0 m de altura, ricocheteia em um piso duro e sobe até uma altura de 1,5 m. A **FIGURA P9.29** mostra o impulso recebido do piso. Qual é a força máxima que o piso exerce sobre a bola?

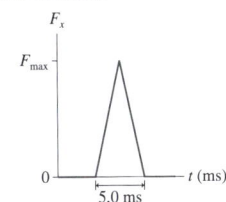

FIGURA P9.29

30. ‖ Uma bola de borracha de 40 g cai de uma altura de 1,8 m, ricocheteia e sobe até dois terços da altura inicial.
    a. Quais são o módulo e a orientação do impulso que o piso exerce sobre a bola?
    b. Usando observações simples de uma bola de borracha comum, esboce um gráfico fisicamente plausível da força do piso sobre a bola em função do tempo.
    c. Faça uma estimativa plausível da duração do contato da bola com o piso, depois use o valor calculado para estimar a força média do piso sobre a bola.

31. ‖ Um carrinho de 500 g é liberado, partindo do repouso, 1,0 m acima da base de uma rampa sem atrito e inclinada em 30°. O carrinho rola rampa abaixo e ricocheteia em um bloco de borracha localizado na base. A **FIGURA P9.31** mostra a força exercida durante a colisão. Depois que o carrinho ricocheteia, que distância ele percorre subindo a rampa?

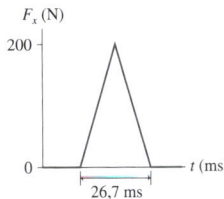

FIGURA P9.31

32. ‖ Uma partícula de massa m encontra-se em repouso em $t = 0$. Para $t > 0$, seu momentum é dado por $p_x = 6t^2$ kg m/s, onde t está em s. Determine uma expressão para $F_x(t)$, a força exercida sobre a partícula em função do tempo.

33. ‖ Um pequeno foguete de coleta de dados meteorológicos é lançado verticalmente para cima. Após vários segundos de vôo, sua velocidade é de 120 m/s e sua aceleração é de 18 m/s². Neste instante, a massa do foguete vale 48 kg, e ele perde massa a uma taxa de 0,50 kg/s enquanto queima combustível. Qual é a força resultante sobre o foguete? **Sugestão:** a segunda lei de Newton foi apresentada em uma nova forma neste capítulo.

34. | Três vagões ferroviários idênticos, acoplados entre si, deslocam-se para leste a 2,0 m/s. Um quarto vagão, deslocando-se para leste a 4,0 m/s alcança os outros três e acopla-se a eles, formando um trem com quatro vagões. Um instante depois, os vagões do trem alcançam um quinto vagão que está em repouso nos trilhos, acoplando-se a ele para formar um trem de cinco vagões. Qual é o valor da velocidade do trem de cinco vagões?

35. ‖ Um dardo de 30 g é arremessado diretamente para cima a 9,0 m/s. No mesmo instante, uma bola de cortiça de 20 g é solta de uma posição 3,0 m acima do dardo. Qual é o módulo e qual é a orientação do movimento da bola de cortiça imediatamente após ela ser atingida

pelo dardo? Considere que a colisão seja exatamente frontal e que o dardo se fixe à cortiça.

36. ‖ A maioria dos geólogos acredita que os dinossauros foram extintos há 65 milhões de anos, quando um grande cometa ou asteróide chocou-se com a Terra, levantando tanta poeira que a luz solar ficou bloqueada por um período de muitos meses. Supõe-se que o asteróide tivesse um diâmetro de 2,0 km e uma massa de $1,0 \times 10^{13}$ kg e que tenha colidido com a Terra a $4,0 \times 10^4$ m/s.
    a. Qual foi a velocidade de recuo da Terra após a colisão? (Use um referencial que esteja em repouso em relação à Terra antes do impacto.)
    b. A que percentagem do valor da velocidade da Terra ao redor do Sol corresponde o valor calculado no item anterior? (Use os dados astronômicos encontrados na parte interna da contracapa.)

37. ‖ No centro de um ringue circular de patinação no gelo com 50 m de diâmetro, um patinador de 75 kg patina em direção norte a 2,5 m/s quando colide com outro patinador de 60 kg, que se deslocava para oeste a 3,5 m/s, segurando-se nele.
    a. Quanto tempo decorrerá para que os dois patinadores cheguem juntos à borda do ringue?
    b. Onde eles a alcançarão? Expresse sua resposta como um ângulo a noroeste.

38. ‖ Dois patinadores de gelo, com massas de 50 kg e 75 kg, encontram-se no centro de um ringue de patinação circular com 60 m de diâmetro. Os patinadores empurram um ao outro e deslizam em sentidos opostos ao longo do ringue. Se o mais pesado deles alcança a borda em 20 s, quanto tempo leva para que o outro alcance a borda também?

39. ‖ Um fogo de artifício é posto dentro de um coco e o explode em três pedaços. Dois deles são de mesma massa e saem para o sul e o oeste, perpendicularmente um ao outro, a 20 m/s. O terceiro pedaço tem o dobro da massa dos outros. Quanto vale o módulo e qual é a orientação da velocidade com que sai o terceiro pedaço? Represente a orientação como um ângulo a nordeste.

40. ‖ Uma bola de bilhar é tacada em direção leste a 2,0 m/s. Uma segunda bola, idêntica à outra, recebe uma tacada e sai em direção oeste a 1,0 m/s. Elas chocam-se de raspão, e não frontalmente, desviando em 90° a segunda bola e mandando-a em direção norte a 1,41 m/s. Quanto vale o módulo e qual é a orientação do movimento da primeira bola após a colisão? Represente a orientação como um ângulo a sudeste.

41. ‖ Uma bala de 10 g é disparada contra um bloco de madeira de 10 kg em repouso sobre uma mesa de madeira. Com a bala incrustada nele, o bloco desliza por 5 cm sobre a mesa. Qual era o valor da velocidade da bala?

42. ‖ Fred (massa de 60 kg) corre segurando uma bola de futebol americano a 6,0 m/s quando é abalroado frontalmente por Brutus (massa de 120 kg), que se move a 4,0 m/s. Brutus agarra Fred com força e ambos caem no chão. De que maneira e por que distância eles escorregam? O coeficiente de atrito cinético entre um uniforme de futebol americano e a grama artificial é de 0,30.

43. ‖ Você faz parte de uma equipe de resgate à procura de um explorador perdido. Você acaba de encontrar o explorador desaparecido, mas está separado dele por uma garganta de 200 m de altura com um rio de 30 m de largura. Para salvá-lo, você precisa fazer chegar a ele um pacote de 5,0 kg de suprimentos de emergência por sobre o rio. Infelizmente, você não conseguiria arremessar o pacote com velocidade suficiente para que atravessasse o rio. Mas, felizmente, você tem consigo um foguete de 1,0 kg que pretendia usar para disparar fogos.

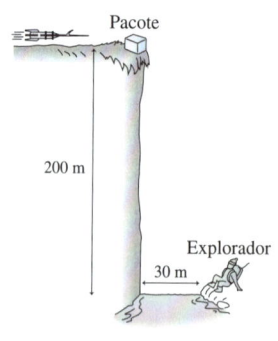

FIGURA P9.43

Improvisando rapidamente, você prende firmemente uma haste pontiaguda à frente do foguete, de modo que este se fixe ao pacote quando em movimento, e, então, dispara o foguete horizontalmente em direção ao pacote. Qual é o valor mínimo de velocidade que o foguete deve ter imediatamente antes do impacto, a fim de salvar a vida do explorador?

44. ‖ Uma bola de argila de 20 g é arremessada para a direita (sentido positivo do eixo x), a 12 m/s, em direção a outra bola de argila de 40 g e em repouso. As bolas de argila colidem e se grudam. Chame de S a este sistema de referência.
    a. Qual é o momentum total no referencial S?
    b. Qual é a velocidade $\vec{V}$ de um sistema de referência S' em relação ao qual o momentum total seja nulo?
    c. Após a colisão, qual é a velocidade da bola de argila resultante de 60 g no referencial S'? Esta questão requer apenas raciocínio, e não cálculos.
    d. Use sua resposta ao item anterior e a transformação de Galileu para velocidades a fim de determinar a velocidade pós-colisão da bola de 60 g de argila no referencial S.

45. Um objeto em repouso sobre uma superfície plana e horizontal explode dividindo-se em três fragmentos, um deles com massa sete vezes maior que a do outro. O fragmento mais pesado desliza por 8,2 m até parar. Quanto desliza o fragmento menor? Considere o mesmo coeficiente de atrito cinético para os dois fragmentos.

46. ‖ Um foguete meteorológico de 1.500 kg acelera para cima a 10 m/s². Passados 2,0 s da decolagem, o foguete explode e divide-se em dois pedaços, um com o dobro da massa do outro. Fotos tiradas revelam que o fragmento mais leve deslocou-se diretamente para cima e atingiu uma altura máxima de 530 m. Qual era o módulo e qual era a orientação da velocidade do fragmento mais pesado logo após a explosão?

47. ‖ Em um teste balístico, uma bala de 25 g desloca-se horizontalmente, a 1.200 m/s, em direção a um alvo estacionário de 30 cm de espessura e 350 kg de massa e emerge do mesmo com velocidade de 900 m/s. O alvo é livre para se mover sobre uma superfície horizontal lisa.
    a. Por quanto tempo a bala se encontra dentro do alvo? Qual é a força média que a bala exerce sobre o alvo?
    b. Quanto vale a velocidade do alvo imediatamente após a bala emergir do mesmo?

48. | Dois blocos de madeira de 500 g cada um estão a 2,0 m de distância mútua, sobre uma mesa desprovida de atrito. Uma bala de 10 g é disparada a 400 m/s contra os blocos. Ela atravessa inteiramente o primeiro deles e depois fica incrustada no segundo. Imediatamente após a bala tê-lo atravessado, o primeiro bloco se move a 6,0 m/s. Quanto vale a velocidade do segundo bloco após a bala ter parado dentro dele?

49. A dupla de esquiadores formada por Brian (80 kg) e Ashley (50 kg) sempre é assistida com prazer por uma multidão. Rotineiramente, Brian, usando esquis de madeira, parte do topo de uma rampa com 200 m de comprimento e 20° de inclinação. Ashley espera por Brian no meio da descida. Quando ele passa por Ashley, esta salta nos braços de Brian e segue junto com ele no caminho restante para baixo. Quanto vale sua velocidade comum na base da rampa?

50. Em um teste militar, um avião espião não-tripulado, com massa de 575 kg e velocidade de 450 m/s, desloca-se para norte a uma altitude de 2.700 m. Ele é interceptado por um foguete de 1.280 kg que se desloca para leste a 725 m/s. Se o foguete e o avião espião ficam presos um ao outro após a colisão, em que posição, em relação ao ponto de impacto, eles atingirão o solo? Expresse a orientação como um ângulo a leste de norte.

51. ‖ Uma espaçonave com massa de $2,0 \times 10^6$ kg está voando em velocidade de cruzeiro de $5,0 \times 10^6$ m/s quando o reator de antimatéria falha, provocando a explosão da nave em três pedaços. Um deles, com massa de $5,0 \times 10^5$ kg, é arremessado diretamente para trás com uma

velocidade de $2,0 \times 10^6$ m/s. Um segundo pedaço, com massa de $8,0 \times 10^5$ kg, segue em frente a $1,0 \times 10^6$ m/s. Quais são a orientação e o módulo da velocidade do terceiro pedaço?

52. || Um vagão ferroviário de 30 ton, e outro, de 90 ton, inicialmente parado, acoplam-se um ao outro por meio de uma mola gigante, porém de massa desprezível, comprimindo-a. Quando liberados, o vagão de 30 ton é empurrado para longe a 4,0 m/s em relação ao vagão de 90 ton. Qual é o valor da velocidade do vagão de 30 ton em relação ao solo?

53. || Uma bomba de 75 kg é arremessada a 125 m/s segundo um ângulo de 55° acima da horizontal. A resistência do ar é desprezível. No ponto mais alto da trajetória, a bomba explode e se divide em dois fragmentos, um dos quais de massa quatro vezes maior que a do outro. O fragmento mais pesado aterrissa diretamente abaixo do ponto da explosão. Se a explosão exerce força apenas na direção horizontal, a que distância do ponto de lançamento aterrissa o fragmento mais leve?

54. || Um próton (massa de 1 u) é lançado com uma velocidade de $5,0 \times 10^7$ m/s em direção a um alvo de ouro. O núcleo de um átomo de ouro (massa de 197 u) repele o próton e o desvia diretamente para trás, em direção à fonte, com 90% de sua velocidade inicial. Quanto vale a velocidade de recuo do núcleo de ouro?

55. || Um próton (massa de 1 u) é lançado contra um núcleo-alvo com velocidade de $2,50 \times 10^6$ m/s. O próton ricocheteia com sua velocidade reduzida em 25%, enquanto o núcleo-alvo adquire uma velocidade de $3,12 \times 10^5$ m/s. Qual é a massa, em unidades de massa atômica, do núcleo-alvo?

56. | O núcleo do isótopo do polônio ^{214}Po (massa de 214 u) é radioativo e sofre decaimento emitindo uma partícula alfa (um núcleo de hélio com massa de 4 u). Através de experimentos de laboratório, mede-se a velocidade da partícula alfa como $1,92 \times 10^7$ m/s. Considerando que o núcleo de polônio esteja inicialmente em repouso, quanto vale a velocidade de recuo do núcleo remanescente após o decaimento?

57. || O nêutron é uma partícula subatômica eletricamente neutra com uma massa ligeiramente maior do que a do próton. Qualquer nêutron livre é radioativo e decai, após decorridos alguns minutos, em outras partículas subatômicas. Em um experimento, observou-se que um nêutron em repouso decai em um próton (massa de $1,67 \times 10^{-27}$ kg) e um elétron (massa de $9,11 \times 10^{-31}$ kg). O próton e o elétron saem em alta velocidade em sentidos opostos. A velocidade do próton foi medida como $1,0 \times 10^5$ m/s, e a do elétron, $3,0 \times 10^7$ m/s. Nenhum outro produto foi detectado no decaimento.

  a. O momentum foi conservado neste decaimento do nêutron?

  NOTA ► Experimentos deste tipo foram realizados pela primeira vez na década de 1930 e pareciam indicar uma violação do princípio de conservação do momentum. Em 1933, Wolfgang Pauli postulou que o decaimento do nêutron deveria dar origem a um *terceiro* produto, praticamente impossível de detectar. Mesmo assim, ele pode levar consigo momentum suficiente para que o momentum total seja conservado. Esta partícula proposta foi chamada de *neutrino*, que significa "pequeno nêutron" em italiano. O neutrino foi descoberto, de fato, 20 anos depois. ◄

  b. Se um neutrino foi emitido no decaimento do nêutron mencionado acima, em que direção e sentido ele se desloca? Explique seu raciocínio.

  c. Quanto momentum o neutrino "carrega" consigo?

58. || Uma bola de argila de 20 g desloca-se para leste a 2,0 m/s quando colide com outra bola de argila de 30 g que se desloca com a orientação de 30° sudoeste a 1,0 m/s. Qual é o módulo e qual é a orientação do movimento da porção de argila resultante de 50 g?

59. || A **FIGURA P9.59** mostra uma colisão entre três bolas de argila. As três colidem simultaneamente umas com as outras e ficam grudadas juntas. Qual é o módulo e qual é a orientação do movimento da porção resultante de argila?

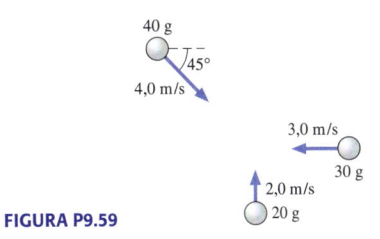

FIGURA P9.59

60. || Um caminhão de 2.100 kg trafega a 2,0 m/s em direção ao leste quando, em um cruzamento, sofre duas colisões simultaneamente, uma pelo lado e outra por trás. (Algumas pessoas têm muita sorte!) Um dos carros envolvidos é pequeno, com massa de 1.200 kg, e desloca-se para norte a 5,0 m/s. O outro é um carro médio de 1.500 kg que trafega para leste a 10 m/s. Os três veículos ficam presos uns aos outros e derrapam como um só corpo. Qual é o módulo e qual é a orientação da velocidade comum dos veículos logo após a colisão?

61. || O isótopo do carbono ^{14}C é usado para realizar datação de artefatos arqueológicos por meio do carbono. O ^{14}C (massa de $2,34 \times 10^{-26}$ kg) decai pelo processo conhecido como *decaimento beta*, em que o núcleo emite um elétron (a partícula beta) e uma partícula subatômica chamada de neutrino. Em um desses decaimentos, o elétron e o neutrino são emitidos formando um ângulo reto um com o outro. O elétron (massa de $9,11 \times 10^{-31}$ kg) possui velocidade de $5,0 \times 10^7$ m/s, e o neutrino possui um momentum de $8,0 \times 10^{-24}$ kg m/s. Quanto vale a velocidade de recuo do núcleo?

Nos Problemas de 62 a 65, lhe é fornecida a equação a ser usada para resolver o problema. Em cada um deles, você deve

  a. Redigir um problema realista para o qual esta equação seja correta.

  b. Resolver o problema elaborado, incluindo uma representação pictórica.

62. $(0,10 \text{ kg})(40 \text{ m/s}) - (0,10 \text{ kg})(-30 \text{ m/s}) = \frac{1}{2}(1.400 \text{ N}) \Delta t$

63. $(600 \text{ g})(4,0 \text{ m/s}) = (400 \text{ g})(3,0 \text{ m/s}) + (200 \text{ g})(v_{ix})_2$

64. $(3.000 \text{ kg}) v_{fx} = (2.000 \text{ kg})(5,0 \text{ m/s}) + (1.000 \text{ kg})(-4,0 \text{ m/s})$

65. $(50 \text{ g})(v_{fx})_1 + (100 \text{ g})(7,5 \text{ m/s}) = (150 \text{ g})(1,0 \text{ m/s})$

Problemas desafiadores

66. Uma carroça de 1.000 kg desloca-se para a direita a 5,0 m/s. Um homem de 70 kg está em pé sobre a parte frontal da carroça. Qual será a velocidade da carroça se o homem subitamente começar a correr para a esquerda com uma velocidade de 10 m/s em relação à carroça?

67. Ann (massa de 50 kg) está em pé sobre a extremidade esquerda de um vagão de 15 m de comprimento e 500 kg de massa, dotado de rodas capazes de girar sem atrito sobre trilhos. Inicialmente, tanto Ann quanto o vagão estão parados. Subitamente, Ann começa a correr ao longo do comprimento do vagão com 5,0 m/s de velocidade em relação ao vagão. Que distância Ann terá corrido *em relação ao solo* quando ela chegar à outra extremidade do vagão?

68. Uma bola de madeira de 20 kg está suspensa por um fio com 2,0 m de comprimento. A máxima tensão que o fio pode suportar sem se romper é de 400 N. Um projétil de 1,0 kg, deslocando-se horizontalmente, colide com a bola e fica incrustado na madeira. Qual é o máximo valor de velocidade que o projétil pode possuir sem que o fio se rompa na colisão?

69. Um foguete de dois estágios desloca-se a 1.200 m/s com relação à Terra quando acaba o combustível do primeiro estágio. Parafusos explosivos liberam o primeiro estágio e o empurram para trás com uma velocidade de 35 m/s em relação ao segundo estágio. O primeiro estágio possui massa três vezes maior do que a do segundo estágio. Quanto vale a velocidade do segundo estágio após a separação?

70. As forças armadas da Nação do Por Que Não têm planos de propelir um pequeno veículo através do campo de batalha atirando balas contra o mesmo, por detrás do veículo. Eles contrataram você como consultor para ajudar em um próximo teste. O veículo de teste, de 100 kg, rola sobre trilhos livres de atrito. Ele possui uma "vela" alta feita de aço extremamente duro. Testes anteriores revelaram que uma bala de 20 g, deslocando-se a 400 m/s, ricocheteia na vela e retorna com 200 m/s de velocidade. O objetivo do projeto é que o veículo atinja uma velocidade de 12 m/s em 20 s. Você deve dizer a eles quantas balas dessas devem ser disparadas por segundo. Um general de cinco estrelas assistirá ao teste, de modo que sua capacidade de, no futuro, conseguir novas consultorias depende do resultado deste teste.

71. Você é o diretor de vôo em terra de um foguete científico de 2.000 kg que se aproxima de Marte a 25.000 km/h. Ele deve rapidamente baixar sua velocidade para 15.000 km/h a fim de iniciar uma descida controlada até a superfície. Se o foguete entrar na atmosfera marciana com muita velocidade, ele queimará completamente, e se entrar lento demais, terá de consumir seu combustível em manobras antes de se aproximar da superfície e acabará se chocando com ela. O foguete tem um novo sistema de freagem: várias "balas" de 5,0 kg cada uma podem ser disparadas diretamente para a frente. Cada uma delas possui uma carga altamente explosiva que a impulsiona a 139.000 km/h em relação ao foguete. Você precisa enviar ao foguete uma instrução para que ele dispare o número de balas desejado. O sucesso da empreitada lhe trará fama e glória, todavia o fracasso da missão de 500 milhões de dólares significará a completa ruína de sua carreira.

72. Você é um mundialmente famoso advogado-físico que defende um cliente acusado de assassinato. Alega-se que seu cliente, o Sr. Smith, atirou na vítima, o Sr. Wesson. O detetive que examinou a cena do crime encontrou uma segunda bala, que não atingira o Sr Wesson, incrustada em uma poltrona. Você se levanta para interrogar o detetive.

Você: Em que tipo de poltrona a bala foi encontrada?
Detetive: Uma cadeira de madeira.
Você: Qual é a massa da cadeira?
Detetive: Ela tem uma massa de 20 kg.
Você: Como a poltrona respondeu ao ser atingida pela bala?
Detetive: Ela deslizou sobre o piso.
Você: Que distância ela percorreu?
Detetive: Três centímetros. As marcas do deslizamento sobre o piso empoeirado são bem distintas.
Você: De que tipo de piso se trata?
Detetive: Um piso de madeira, feito de tacos de carvalho muito bonitos.
Você: Qual é a massa da bala que você retirou da poltrona?
Detetive: Uma massa de 10 g.
Você: E quanto ela penetrou na madeira?
Detetive: Uma distância de 4 cm.
Você: Você testou a arma encontrada com o Sr Smith?
Detetive: Sim.
Você: E com que valor de velocidade as balas saem do cano dessa arma?
Detetive: Com uma velocidade de 450 m/s.
Você: E qual é o comprimento do cano da arma?
Detetive: A arma tem um cano com 62 cm de comprimento.
Hesitando apenas ligeiramente, você se vira confiantemente para o júri e proclama: "meu cliente não disparou estas balas!". Como você conseguirá convencer o júri e o juiz disso?

RESPOSTAS DAS QUESTÕES DO TIPO PARE E PENSE

Pare e Pense 9.1: f. O carrinho está inicialmente se movendo no sentido negativo do eixo x, de modo que $p_{ix} = -20$ kg m/s. Após ricochetear, $p_{fx} = 10$ kg m/s. Logo, $\Delta p = (10$ kg m/s$) - (-20$ kg m/s$) = 30$ kg m/s.

Pare e Pense 9.2: b. A bola de argila vai de $v_{ix} = v$ para $v_{fx} = 0$, de modo que $J_{argila} = \Delta p_x = -mv$. A bola de borracha ricocheteia, passando de $v_{ix} = v$ para $v_{fx} = -v$ (mesma rapidez, mas em sentido oposto). Portanto, $J_{borracha} = \Delta p_x = -2mv$. A bola de borracha sofre uma variação de momentum maior, e isso requer um impulso maior.

Pare e Pense 9.3: Menor. O momentum da bola, $m_B v_B$, é o mesmo nos dois casos. O momentum é conservado, de modo que o momentum *total* é o mesmo, antes e após as colisões. A bola que ricocheteia em C possui um momentum *negativo*; logo, C deve possuir um momentum maior do que o de A.

Pare e Pense 9.4: c. A conservação do momentum requer que $(m_1 + m_2) \times v_f = m_1 v_1 + m_2 v_2$. Como $v_1 > v_2$, então deve acontecer de $(m_1 + m_2) \times v_f = m_1 v_1 + m_2 v_2 > m_1 v_2 + m_2 v_2 = (m_1 + m_2) v_2$. Logo, $v_f > v_2$. Analogamente, $v_2 < v_1$, de modo que $(m_1 + m_2) v_f = m_1 v_1 + m_2 v_2 < m_1 v_1 + m_2 v_1 = (m_1 + m_2) v_1$. Portanto, $v_f < v_1$. A colisão faz com que m_1 desacelere e m_2 acelere.

Pare e Pense 9.5: Lado direito. Os pedaços iniciaram em repouso, de modo que o momentum total do sistema é nulo. Trata-se de um sistema isolado, então o momentum total após a explosão continua sendo nulo. O pedaço de 6 g tem momentum igual a $6v$. O pedaço de 4 g, com velocidade $-2v$, tem momentum igual a $-8v$. O momentum combinado desses dois pedaços é igual a $-2v$. A fim de que P seja nulo, o terceiro pedaço deve possuir um momentum *positivo* ($+2v$) e, assim, uma velocidade positiva também.

Energia 10

Esta atleta de salto com vara consegue se erguer cerca de 6 m em relação ao solo transformando a energia cinética de sua corrida em energia potencial gravitacional.

Energia. Esta é uma palavra que você escuta o tempo todo. Usamos a energia química para aquecer nossas casas e nossos corpos, a energia elétrica para fazer funcionar nossas lâmpadas e nossos computadores e a energia solar para desenvolver nossas colheitas e florestas. Diz-se que fazemos amplo uso da energia e que não devemos desperdiçá-la. Atletas e estudantes cansados consomem "barras energéticas" e "bebidas energéticas" para obter energia rapidamente.

Todavia, o que é a energia? O conceito de energia desenvolveu-se e sofreu alterações com o tempo e não é fácil definir de uma maneira geral o que seja a energia. Em vez de iniciarmos com uma definição formal da energia, vamos expandir gradualmente o conceito de energia ao longo de vários capítulos. O objetivo deste capítulo é introduzir as duas formas mais fundamentais de energia, a energia cinética e a energia potencial. Nosso objetivo é compreender as características da energia, como ela é usada e, o que é de especial importância, como ela é transformada de uma forma em outra. Por exemplo, esta saltadora com vara, após anos de treinamento, tornou-se extremamente hábil em transformar energia cinética em energia potencial gravitacional.

Por último, descobriremos um princípio de conservação da energia que é muito poderoso. Alguns cientistas consideram o princípio de conservação da energia como a mais importante de todas as leis da natureza. Mas tudo em seu devido tempo; primeiro, temos de começar com as idéias básicas.

10.1 Uma "moeda natural" chamada energia

Iniciaremos nossa discussão com o que parece ser um assunto completamente não-relacionado com a física: dinheiro. Como você constatará, os sistemas monetários têm muito em comum com a energia. Vamos começar contando uma pequena história.

▶ **Olhando adiante**
Os objetivos do Capítulo 10 são introduzir as idéias sobre energia cinética e energia potencial e aprender uma nova estratégia de resolução de problemas baseada na conservação da energia. Neste capítulo, você aprenderá a:

- Entender e usar os conceitos de energia cinética e de energia potencial.
- Usar gráficos de barras de energia.
- Usar e interpretar diagramas de energia.
- Resolver problemas usando o princípio de conservação da energia mecânica.
- Aplicar estas idéias nas colisões elásticas.

◀ **Em retrospectiva**
Nossa introdução sobre a energia se baseará na queda livre. Usaremos a representação pictórica do tipo antes-e-após, desenvolvida para problemas sobre impulso e momentum. Revise:

- Seção 2.6 Cinemática da queda livre
- Seções 9.2-9.3 Representações pictóricas do tipo antes-e-após e conservação do momentum

A parábola da moedinha perdida

John era um trabalhador dedicado. Seu único recurso financeiro era o cheque de pagamento que ele recebia a cada mês. Embora a maior parte do pagamento fosse para pagar suas necessidades básicas, John era bem-sucedido em manter um notável equilíbrio de sua conta bancária. Ele eventualmente até conseguia comprar alguns títulos e ações, seus investimentos para o futuro.

John jamais deu importância às moedas pequenas e de pouco valor, de modo que mantinha próximo à porta um vaso onde, todo fim de dia, deixava cair suas moedinhas. Vai chegar o dia, ele racionava, em que será melhor levar essas moedas ao banco e transformá-las em novos dólares em sua conta.

John achava fascinante acompanhar as várias formas do dinheiro. Para seu desespero, ele notou que a quantidade de dinheiro em seus investimentos não aumentava a cada noite. Além disso, parecia existir uma correlação nítida entre o valor de seu cheque de pagamento e a quantidade de dinheiro de que ele dispunha no banco. Assim, John decidiu embarcar em um estudo sistemático do dinheiro.

Como faria qualquer bom cientista, ele começou usando suas observações iniciais para formular uma hipótese. John chamou sua hipótese de um *modelo* do sistema monetário. Ele verificou que poderia representar seu modelo monetário através do diagrama de fluxo mostrado na **FIGURA 10.1**.

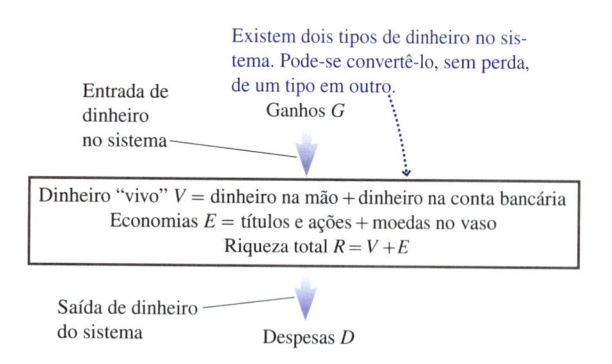

FIGURA 10.1 O modelo de John para o sistema monetário.

Como mostra o diagrama, John dividiu seu dinheiro em dois tipos básicos: dinheiro "vivo", representando sua liquidez, e dinheiro investido. O *dinheiro vivo* V, que inclui o dinheiro em sua conta e as notas de sua carteira, é aquele disponível para uso imediato. Suas *economias*, E, que incluem que títulos e ações, bem como as moedas guardadas no vaso em sua casa, têm *potencial* para ser convertido em dinheiro vivo, mas não estão disponíveis para uso imediato. John decidiu chamar de *riqueza* a soma total dos recursos financeiros: $R = V + E$.

Os recursos financeiros de John eram, mais ou menos, simples definições. A questão mais interessante, ele pensava, seria como a riqueza depende dos *ganhos financeiros*, G, e das *despesas*, D. Isso significa dinheiro transferido *para* ele pelo seu patrão e transferido *por* ele para as lojas e os coletores de impostos. Depois de penosamente pagar os impostos e analisar seus dados, John finalmente chegou à conclusão de que a relação entre as transferências monetárias e a riqueza é dada por

$$\Delta R = G - D$$

John interpretou esta equação de modo que a *variação* de sua riqueza, ΔR, era numericamente igual à transferência monetária *resultante* $G - D$.

Durante o período de uma semana, enquanto John estava doente em casa, isolado do resto do mundo, ele nem ganhou nem gastou dinheiro. Confirmando inteiramente suas hipóteses, ele verificou que sua riqueza R_f ao final de cada semana era igual à sua riqueza R_i no início da semana, ou seja, $R_f = R_i$. Isso ocorria a despeito do fato de ele transferir moedas de seu bolso para o vaso e também quando, por telefone, ele vendia algumas de suas ações e transferia o dinheiro para sua conta. Em outras palavras, John constatou que ele podia realizar todos os tipos de conversões *internas* de recursos monetários, da forma que desejasse, porém sua riqueza total mantinha-se constante (R = constante) desde que ele constituísse um sistema isolado do resto do mundo. Este fato lhe pareceu tão notável que John decidiu chamá-lo *de princípio de conservação da riqueza*.

Certo dia, entretanto, John efetuou a soma de seus ganhos e de suas despesas, bem como as alterações em seus diversos recursos durante a semana, e descobriu que 1 centavo havia desaparecido! Inexplicavelmente, algum dinheiro parecia haver desaparecido. Ele ficou desolado. Todos aqueles anos de cuidadosas pesquisas, e agora parecia que sua hipótese monetária poderia não ser verdadeira. Sob tais circunstâncias, ainda por serem descobertas, parecia que $\Delta R \neq G - D$. Tudo por um mero centavo. Um vida dedicada à ciência desperdiçada...

Mas espere! Em um lapso de imaginação, John percebeu que talvez houvesse outros tipos de recursos, ainda por serem descobertos, e que sua hipótese monetária ainda seria válida se *todos* os recursos monetários fossem incluídos. Durante semanas de frenética atividade de pesquisa, John não teve sucesso em descobrir o recurso *escondido*. Então um dia, quando ele levantava a almofada do sofá de sua casa a fim de aspirar farelos de biscoito que haviam caído lá embaixo, lá estava ele — a moedinha perdida!

John correu para completar sua teoria, incluindo agora o sofá (bem como a máquina de lavar roupas) como uma forma de dinheiro guardado e que deveria ser incluído em E. Outros pesquisadores logo descobriram outros tipos de recursos monetários, tais como a notável descoberta do "dinheiro da amante". Até hoje, desde que *todos* os recursos estejam incluídos, os cientistas monetários jamais constataram alguma violação da hipótese simples de John de que $\Delta R = G - D$. Da última vez que foi visto John estava velejando para Estocolmo a fim de receber o prêmio Nobel por sua Teoria da Riqueza.

Energia

A despeito de seus dedicados esforços, John não descobriu uma lei da natureza. O sistema monetário é uma criação do homem que, por concepção, obedece às "leis" de John. As leis do sistema monetário, como a de não se poder imprimir dinheiro sem o lastro correspondente, são aceitas pela sociedade, não pela natureza. Todavia suponha que os objetos físicos possuíssem um "dinheiro natural" que fosse governado por uma teoria, ou modelo, semelhante ao de John. Um objeto poderia dispor de diversas formas de dinheiro natural que pudessem ser convertidas de uma forma em outra, mas a quantidade de dinheiro natural de um determinado objeto só *variaria* se o dinheiro natural fosse *transferido* para o objeto ou para fora do mesmo. No modelo de John, as duas palavras mais importantes são *transferência* e *variação*.

Uma das maiores e mais significativas descobertas da ciência é que existe algo como um "dinheiro natural", chamado de **energia**. Você já ouviu falar em muitas formas de energia, tais como energia solar ou energia nuclear, mas outras talvez sejam novas para você. Estas formas de energia podem diferir entre si tanto quanto o dinheiro na conta difere pela variação perdida no sofá. Boa parte de nosso estudo estará centrada nas *transformações* de energia de uma forma para outra. Muita de nossa tecnologia atual diz respeito às transformações de energia de moléculas, tais como as do petróleo, em energia elétrica ou energia cinética de seu carro.

Quando usarmos conceitos de energia, estaremos "levando em conta" a energia que é transferida para dentro ou para fora de um sistema e a que é transformada de uma forma em outra no interior do sistema. A **FIGURA 10.2** mostra um modelo simples de energia baseado no modelo de John para o sistema monetário. Existem muitos detalhes que podem ser acrescentados ao modelo, todavia ele constitui um bom ponto de partida. O fato de que a natureza "faz contabilidade" da energia é uma das mais profundas descobertas da ciência.

O objetivo principal é determinar sob que condições a energia é conservada. Curiosamente, o *princípio de conservação da energia* não foi reconhecido como uma lei da física até meados do século XIX, muito depois de Newton. A razão, análoga à da moedinha perdida de John, foi que levou muito tempo para que os cientistas descobrissem quantos são os tipos de energia e as várias maneiras como ela pode ser convertida de uma forma em outra. Como você logo aprenderá, as idéias acerca da energia vão muito além da mecânica newtoniana e incluem conceitos novos acerca do calor, da energia química e das energias dos átomos e das moléculas individuais que constituem um sistema. Todas essas formas de energia devem, em última instância, ser contabilizadas em nosso esquema baseado em energia.

Muito existe a dizer sobre a energia, e a energia é uma idéia abstrata, de modo que daremos um passo de cada vez. Boa parte dessa "teoria" será postergada para o Capítulo 11, depois que você tiver alguma prática em usar os conceitos de energia introduzidos neste capítulo. No Parte IV, ampliaremos essas idéias quando começarmos o estudo da termodinâmica.

10.2 Energia cinética e energia potencial gravitacional

Para começar, considere um objeto em queda livre vertical. Ele pode se mover apenas para cima ou para baixo, e a única força que experimenta é a força gravitacional, $\vec{F}_G$. A posição e a velocidade do objeto são dadas pelas equações cinemáticas da queda livre do Capítulo 2, em que $a_y = -g$.

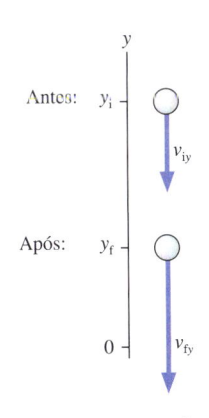

A **FIGURA 10.3** mostra uma representação pictórica do tipo antes-e-após de um objeto em queda livre, como as que você aprendeu a desenhar no Capítulo 9. No Capítulo 2, não chamamos a atenção, todavia uma das equações da queda livre também relaciona o "antes" e o "após". Em particular, a equação cinemática

$$v_{fy}^2 = v_{iy}^2 + 2a_y \Delta y = v_{iy}^2 - 2g(y_f - y_i) \quad (10.1)$$

pode ser facilmente reescrita na forma

$$v_{fy}^2 + 2gy_f = v_{iy}^2 + 2gy_i \quad (10.2)$$

Esta equação representa o princípio de conservação da energia para o movimento de queda livre. Ela significa que a grandeza $v_y^2 + 2gy$ tem, *após* a queda livre (sem importar se o movimento é para cima ou ao contrário), o mesmo valor de *antes* da queda livre. Porém a queda livre é um caso muito particular de movimento, de modo que não está claro se este "princípio" ou "lei" tem uma validade mais geral. Vamos introduzir uma técnica mais geral de obter o mesmo resultado, mas que pode ser aplicada a outros tipos de movimento.

Para um movimento unidimensional na direção y, a segunda lei de Newton assume a forma

$$(F_{res})_y = ma_y = m\frac{dv_y}{dt} \quad (10.3)$$

A força resultante sobre um objeto em queda livre é $(F_{res})_y = -mg$, de modo que a Equação 10.3 é

$$m\frac{dv_y}{dt} = -mg \qquad (10.4)$$

Do Cálculo, recorde-se que usamos a regra da cadeia para escrever

$$\frac{dv_y}{dt} = \frac{dv_y}{dy}\frac{dy}{dt} = v_y\frac{dv_y}{dy} \qquad (10.5)$$

onde usamos $v_y = dy/dt$. Substituindo isto na Equação 10.4, obtemos

$$mv_y\frac{dv_y}{dy} = -mg \qquad (10.6)$$

A regra da cadeia nos permitiu converter uma derivada de v_y em relação ao tempo para uma derivada de v_y em relação à posição. Esta simples troca constituirá um passo crucial na rota da energia.

Podemos reescrever a Equação 10.6 na forma

$$mv_y\, dv_y = -mg\, dy \qquad (10.7)$$

Com isso, podemos integrar os dois lados da equação. Entretanto, temos de ser cuidadosos quanto aos limites de integração, que devem ser consistentes. Desejamos integrar a equação desde o "antes", quando o objeto se encontra em uma posição y_i e possui uma velocidade v_{iy}, até o "após", quando o objeto se encontra em uma posição y_f e com velocidade v_{fy}. A Figura 10.3 mostra estes pontos do movimento. Com tais limites, as integrais são

$$\int_{v_{iy}}^{v_{fy}} mv_y\, dv_y = -\int_{y_i}^{y_f} mg\, dy \qquad (10.8)$$

Efetuando as integrações, sendo m e g constantes, obtemos

$$\frac{1}{2}mv_y^2\bigg|_{v_{iy}}^{v_{fy}} = \frac{1}{2}mv_{fy}^2 - \frac{1}{2}mv_{iy}^2 = -mgy\bigg|_{y_i}^{y_f} = -mgy_f + mgy_i \qquad (10.9)$$

Uma vez que v_y está elevado ao quadrado onde quer que apareça na Equação 10.9, o sinal de v_y não é relevante. Tudo que precisamos saber são os módulos da velocidade inicial e da final, v_i e v_f, respectivamente. Assim, a equação 10.9 pode ser escrita

$$\frac{1}{2}mv_f^2 + mgy_f = \frac{1}{2}mv_i^2 + mgy_i \qquad (10.10)$$

Você deve ter percebido que a Equação 10.10, a não ser por um fator constante de $\frac{1}{2}m$, é a mesma que a Equação 10.2. Tudo isso parece constituir um grande esforço para obter a mesma resposta que já conhecíamos, mas nosso propósito não é conseguir uma resposta, e sim, introduzir um *procedimento* que acabará tendo outras aplicações valiosas.

Energia cinética e energia potencial

A grandeza

$$K = \frac{1}{2}mv^2 \quad \text{(energia cinética)} \qquad (10.11)$$

é chamada de **energia cinética** do objeto. A grandeza

$$U_g = mgy \quad \text{(energia potencial gravitacional)} \qquad (10.12)$$

é a **energia potencial gravitacional** do objeto. Estas são as duas formas de energia mais básicas. **A energia cinética é a energia de movimento**. Ela depende da rapidez do objeto, mas não de sua localização. **A energia potencial é uma energia de posição**. Ela depende da posição do objeto, mas não de sua velocidade.

Uma das características mais importantes da energia é que se trata de uma grandeza escalar, e não, vetorial. A energia cinética depende da rapidez v do objeto, mas *não*, da orientação do movimento. A energia cinética de uma partícula é a mesma, estando ela a subir ou descer, ou deslocando-se para a direita ou para a esquerda. Conseqüentemente, a matemática requerida no emprego da energia normalmente é muito mais fácil do que a matemática vetorial requerida para força e aceleração.

NOTA ▶ Por definição, a energia cinética jamais pode ser um número negativo. Se, durante a resolução de um problema, você se deparar com K de valor negativo, pare! Você deve ter cometido um erro em algum lugar. Não "perca" o sinal negativo em algum lugar e fique esperando que tudo fique OK. ◀

A unidade de energia cinética é uma unidade de massa multiplicada pela de velocidade elevada ao quadrado. No sistema SI, isto resulta em kg m²/s². Essa unidade de energia é tão importante que recebeu nome próprio, **joule**. Nós definimos:

$$1 \text{ joule} = 1 \text{ J} \equiv 1 \text{ kg m}^2/\text{s}^2$$

A unidade de energia potencial, kg × m/s² × m = kg²m²/s², também é o joule.

Para lhe dar uma idéia acerca do valor de um joule, considere 0,5 kg de massa (cerca de 5 N na Terra) que se mova a 4 m/s (cerca de 14 km/h). Sua energia cinética é

$$K = \frac{1}{2}mv^2 = \frac{1}{2}(0{,}5 \text{ kg})(4 \text{ m/s})^2 = 4 \text{ J}$$

Sua energia potencial gravitacional a uma altura de 1 m é

$$U_g = mgy = (0{,}5 \text{ kg})(9{,}8 \text{ m/s}^2)(1 \text{ m}) \approx 5 \text{ J}$$

Isto sugere que os objetos de tamanho comum, que se movam a velocidades ordinárias, terão energias desde uma fração de joule até alguns milhares de joules (uma pessoa comum correndo possui $K \approx 1.000$ J). Um caminhão em alta velocidade pode possuir $K \approx 10^6$ J.

NOTA ▶ Você *deve* ter as massas expressas em kg, e as velocidades em m/s, antes de efetuar os cálculos. ◀

Em termos da energia, a Equação 10.10 significa que, para um objeto em queda livre,

$$K_f + U_{gf} = K_i + U_{gi} \qquad (10.13)$$

Em outras palavras, a soma $K + U_g$, da energia cinética com a energia potencial gravitacional, não sofre variação devido à queda livre. Seu valor *após* a queda livre (seja o movimento ascendente ou descendente) é igual ao seu valor *antes* da mesma. A **FIGURA 10.4** ilustra esta idéia importante.

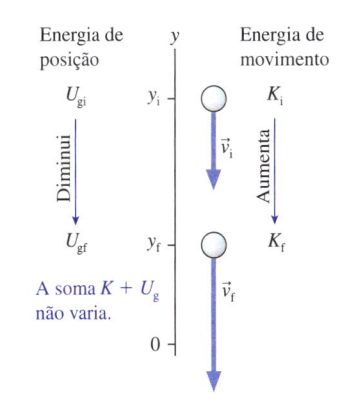

FIGURA 10.4 Energia cinética e energia potencial gravitacional.

EXEMPLO 10.1 Lançando uma pedrinha

Bob usa um estilingue para atirar uma pedrinha de 20 g diretamente para cima a 25 m/s. Que altura máxima atingirá a pedrinha?

MODELO Trata-se de um movimento de queda livre, de modo que a soma da energia cinética com a energia potencial gravitacional não sofre variação enquanto a pedrinha sobe.

VISUALIZAÇÃO A **FIGURA 10.5** mostra uma representação do tipo antes-e-após. A representação pictórica em problemas sobre energia é essencialmente igual a que você aprendeu nos problemas sobre momentum no Capítulo 9. Usaremos subscritos numéricos iguais a 0 ou 1 para indicar os pontos inicial e final, respectivamente.

RESOLUÇÃO A Equação 10.13,

$$K_1 + U_{g1} = K_0 + U_{g0}$$

significa que a soma $K + U_g$ não varia devido ao movimento.

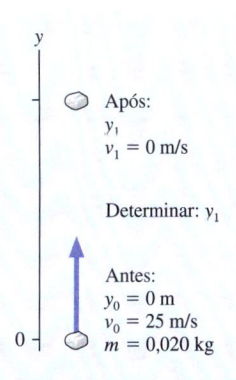

FIGURA 10.5 Representação pictórica de uma pedrinha atirada para cima por um estilingue.

Continua

Usando as definições de K e de U_g,

$$\frac{1}{2}mv_1^2 + mgy_1 = \frac{1}{2}mv_0^2 + mgy_0$$

Aqui $y_0 = 0$ m e $v_1 = 0$ m/s, de modo que a equação é simplificada para

$$mgy_1 = \frac{1}{2}mv_0^2$$

Daí facilmente isolamos a altura y_1:

$$y_1 = \frac{v_0^2}{2g} = \frac{(25 \text{ m/s})^2}{2(9,80 \text{ m/s}^2)} = 32 \text{ m}$$

AVALIAÇÃO Note que a massa se cancelou e que ela não foi necessária, um fato sobre a queda livre que você deve se lembrar do capítulo 2.

Gráficos de barras para a energia

A pedrinha do Exemplo 10.1 partiu com sua energia cinética integral, uma energia de movimento. Enquanto ela subia, a energia cinética foi sendo convertida em energia potencial gravitacional, *mas a soma das duas não sofreu variação alguma*. No topo, a energia da pedrinha era inteiramente energia potencial. O gráfico de barras simples da **FIGURA 10.6** ilustra como a energia cinética é convertida em energia potencial gravitacional durante a subida da pedrinha. A energia potencial é, então, convertida de volta em energia cinética durante a descida da pedrinha. A soma $K + U_g$ mantém-se constante durante o movimento.

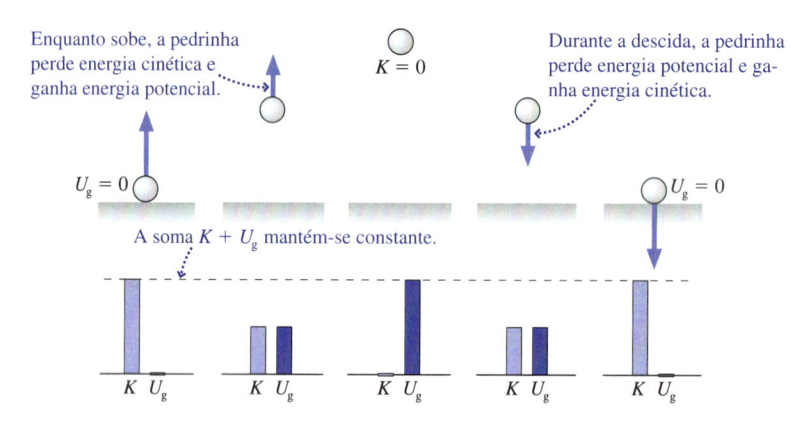

FIGURA 10.6 Um gráfico de barras simples da energia de uma pedrinha arremessada no ar.

A **FIGURA 10.7a** é um gráfico de barras mais adequado para resolver problemas. Ele constitui uma representação gráfica da equação da energia $K_f + U_{gf} = K_i + U_{gi}$. A **FIGURA 10.7b** se aplica à pedrinha do Exemplo 10.1. A energia cinética inicial está inteiramente convertida em energia potencial no momento em que ela atinge a altura máxima. Não existem escalas numéricas no gráfico de barras, mas você deve desenhar as barras com alturas proporcionais à quantidade de energia de cada tipo.

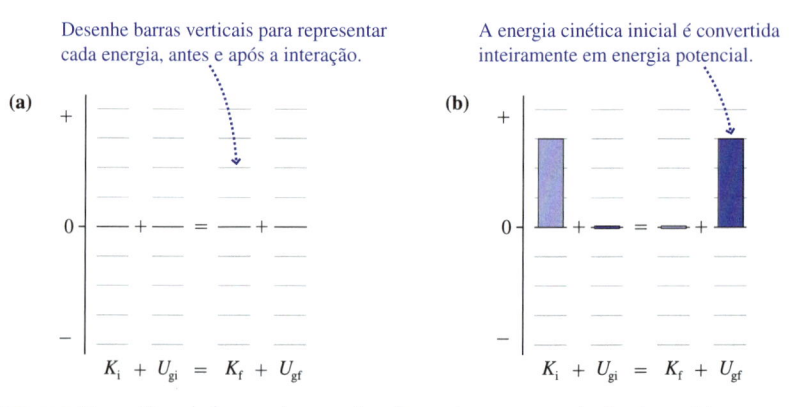

FIGURA 10.7 Um gráfico de barras da energia adequado para a resolução de problemas.

PARE E PENSE 10.1 Ordene em seqüência decrescente as energias potenciais gravitacionais das bolas de *a* a *d*.

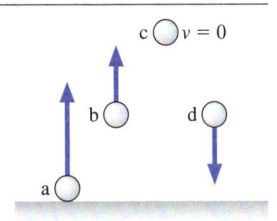

O zero da energia potencial

Nossa expressão para a energia potencial gravitacional, $U_g = mgy$, parece muito simples. Porém, após refletir um pouco mais, você pode observar que o valor de U_g depende de onde você escolher localizar a origem de seu sistema de coordenadas. Considere a **FIGURA 10.8**, onde Amber e Bill estão tentando determinar a energia potencial de uma pedra de 1 kg que se encontra 1m acima do solo. Amber escolhe localizar a origem de seu sistema de coordenadas no solo, mede $y_{pedra} = 1$m e rapidamente calcula $U_g = mgy = 9,8$ J. Bill, por outro lado, relê o Capítulo 1 com muito cuidado e considera inteiramente adequado para ele elevar a origem do sistema de coordenadas. Assim, ele escolhe localizar a origem próxima à pedra, e mede $y_{pedra} = 0$ m, declarando que $U_g = mgy = 0$ J!

Como pode a energia potencial de uma pedra ter dois valores diferentes? A fonte desta aparente dificuldade provém de nossa interpretação da Equação 10.9. A integral de $-mgdy$ resultou na expressão $-mg(y_f - y_i)$, e isto nos levou a propor que $U_g = mgy$. Todavia tudo o que *realmente* justificamos em nossa conclusão é que a energia potencial *varia* em $\Delta U = -mg(y_f - y_i)$. Para ir além disto, proclamamos que $U_g = mgy$ é consistente com $\Delta U = -mg(y_f - yi)$, porém poderia ser afirmado que $U_g = mgy + C$, onde C é uma constante qualquer.

Não importa onde esteja localizada a pedra, o valor de Amber para *y* será sempre igual ao valor de *y* para Bill mais 1 m. Conseqüentemente, o valor que ela atribui à energia potencial é sempre igual ao valor que Bill lhe atribui mais 9,8 J, ou seja, seus valores para ΔU_g diferem por uma constante. Apesar disso, ambos calcularão exatamente o *mesmo* valor para ΔU se a posição da pedra mudar.

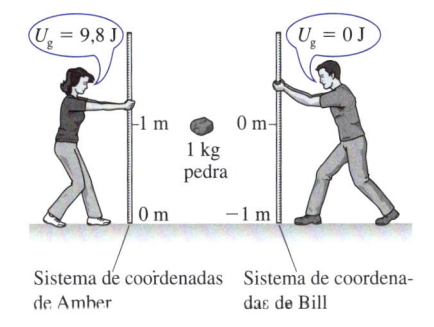

FIGURA 10.8 Amber e Bill usam sistemas de coordenadas com origens diferentes para determinar a energia potencial de uma pedra.

EXEMPLO 10.2 A velocidade de uma pedra em queda

A pedra de 1,0 kg mostrada da Figura 10.8 é solta do repouso. Use tanto o ponto de vista de Amber quanto o de Bill para calcular os valores de velocidade da pedra calculados por eles imediatamente antes da pedra tocar no solo.

MODELO Este é um problema sobre o movimento de queda livre; logo, a soma da energia cinética com a energia potencial gravitacional não sofre variação durante a queda da pedra.

VISUALIZAÇÃO A **FIGURA 10.9** mostra uma representação pictórica do tipo antes-e-após que usa os sistemas de coordenadas de Amber e de Bill.

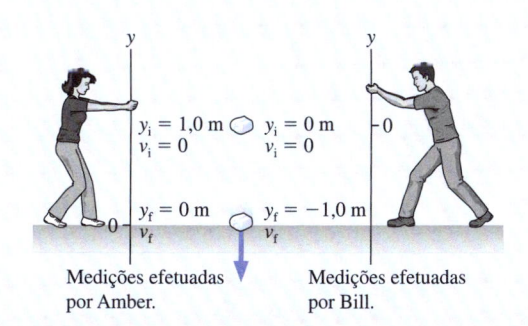

FIGURA 10.9 A representação pictórica do tipo antes-e-após de uma pedra em queda.

RESOLUÇÃO A equação de energia é $K_f + U_{gf} = K_i + U_{gi}$. Bill e Amber concordam que $K_i = 0$ porque a pedra foi solta do repouso; logo, temos

$$K_f = \frac{1}{2}mv_f^2 = -(U_{gf} - U_{gi}) = -\Delta U$$

De acordo com Amber, $U_{gi} = mgy_i = 9,8$ J, e $U_{gf} = mgy_f = 0$ J. Assim,

$$\Delta U_{Amber} = U_{gf} - U_{gi} = -9,8 \text{ J}$$

A pedra *perde* energia potencial enquanto cai. De acordo com Bill, $U_{gi} = mgy_i = 0$ J e $U_{gf} = mgy_f = -9,8$ J. Logo,

$$\Delta U_{Bill} = U_{gf} - U_{gi} = -9,8 \text{ J}$$

Bill tem valores diferentes para U_{gi} e U_{gf}, mas determina o mesmo valor para ΔU. Assim, ambos concordam que a pedra atingirá o solo com velocidade de valor dado por

$$v_f = \sqrt{\frac{-2\Delta U}{m}} = \sqrt{\frac{-2(-9,8 \text{ J})}{1,0 \text{ kg}}} = 4,4 \text{ m/s}$$

A **FIGURA 10.10** mostra os gráficos de barras da energia traçados por Amber e por Bill. A despeito de sua discordância quanto ao valor de U_g, Amber e Bill chegam ao mesmo resultado para o valor de v_f, e as alturas de suas barras de K_f são iguais. A razão é que apenas ΔU tem significado físico, e não U_g em si mesma, e Amber e Bill medem o mesmo valor de ΔU. **Você pode alterar a origem de seu sistema de coordenadas e, com isso, o "zero da energia potencial" da maneira que desejar e ter certeza de que, independentemente disso, encontrará a resposta correta para um problema.**

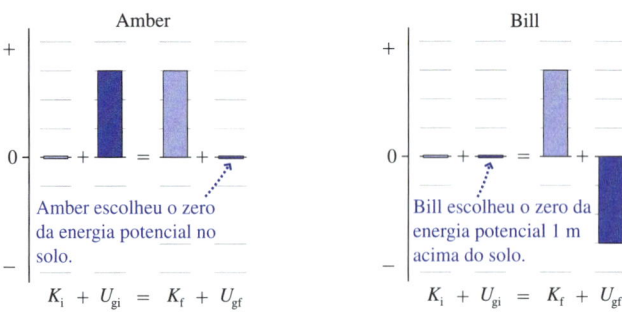

FIGURA 10.10 Gráficos de barras da energia de uma pedra em queda desenhados por Amber e por Bill.

NOTA ▶ A energia potencial gravitacional pode ser negativa, como U_{gf} é para Bill. **Um valor negativo de U_g significa que a partícula possui *menor* potencial para o movimento naquele ponto do que em $y = 0$.** Todavia, nada há de errado nisso. Confronte isso com a energia cinética, que não pode ser negativa. ◀

10.3 Uma olhada de perto na energia potencial gravitacional

O conceito de energia seria de pouco interesse para nós se ele se aplicasse apenas à queda livre. Vamos começar a ampliar a idéia. A **FIGURA 10.11a** mostra um objeto de massa m que desliza sobre uma superfície livre de atrito. As únicas forças exercidas sobre o objeto são a gravidade e a força normal da superfície. Se esta é curva você sabe, do Cálculo, que ela pode ser subdividida em muitos pequenos pedaços (talvez infinitesimais) que constituem segmentos retilíneos. A **FIGURA 10.11b** mostra um segmento da superfície ampliado que, ao longo de uma pequena distância, é um segmento retilíneo que faz um ângulo θ com a horizontal.

Podemos analisar o movimento ao longo deste pequeno segmento usando o procedimento das de Equações 10.3 a 10.10. Definimos um eixo s paralelo à direção do movimento. Ao longo dele, a segunda lei de Newton assume a forma

$$(F_{\text{res}})_s = ma_s = m\frac{dv_s}{dt} \tag{10.14}$$

Usando a regra da cadeia, podemos escrever a Equação 10.14 na forma

$$(F_{\text{res}})_s = m\frac{dv_s}{dt} = m\frac{dv_s}{ds}\frac{ds}{dt} = mv_s\frac{dv_s}{ds} \tag{10.15}$$

onde, na última passagem, usamos a definição $ds/dt = v_s$.

Da Figura 10.11b, você pode verificar que a força resultante ao longo do eixo s é

$$(F_{\text{res}})_s = -F_G \text{sen}\,\theta = -mg\,\text{sen}\,\theta \tag{10.16}$$

Portanto a segunda lei de Newton se torna

$$-mg\,\text{sen}\,\theta = mv_s\frac{dv_s}{ds} \tag{10.17}$$

Multiplicando ambos os lados por ds, resulta em

$$mv_s\,dv_s = -mg\,\text{sen}\,\theta\,ds \tag{10.18}$$

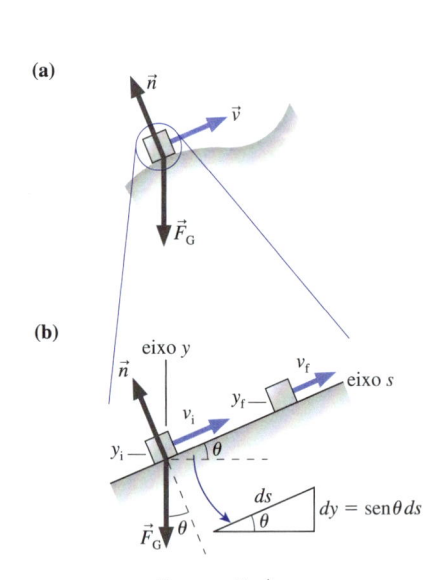

FIGURA 10.11 Uma partícula se move ao longo de uma superfície sem atrito e de forma qualquer.

Você pode verificar a partir da figura que sen $\theta\, ds$ é igual a dy, de modo que a Equação 10.18 assume a forma

$$mv_s dv_s = -mg\, dy \qquad (10.19)$$

Esta é *idêntica* à Equação 10.7, que obtivemos para a queda livre. Conseqüentemente, integrando esta equação desde o "antes" até o "após" chega-se novamente à equação 10.10:

$$\frac{1}{2}mv_f^2 + mgy_f = \frac{1}{2}mv_i^2 + mgy_i \qquad (10.20)$$

onde v_i^2 e v_f^2 são os quadrados dos módulos das velocidades no início e no final deste segmento de movimento.

Anteriormente, havíamos definido a energia cinética $K = \frac{1}{2}mv^2$ e a energia potencial gravitacional $U_g = mgy$. A Equação 10.20 mostra que

$$K_f + U_{gf} = K_i + U_{gi} \qquad (10.21)$$

para uma partícula que se mova ao longo de qualquer superfície *desprovida* de atrito, seja qual for sua forma.

A energia potencial da montanha-russa é convertida em energia cinética enquanto ela acelera em direção à base da descida.

NOTA ▶ Ao efetuar cálculos de energia, o eixo y deve ser considerado, especificamente, como um eixo *vertical*. A energia potencial gravitacional depende da *altura* acima da superfície da Terra. Não funciona escolher um sistema de coordenadas inclinado, como os que usamos com freqüência em problemas de dinâmica, em problemas que envolvam energia potencial gravitacional. ◀

PARE E PENSE 10.2 Uma criança pequena escorrega para baixo ao longo dos escorregadores mostrados nas figuras a-d. Todos possuem a mesma altura. Ordene em seqüência decrescente os módulos das velocidades, de v_a a v_d, na base.

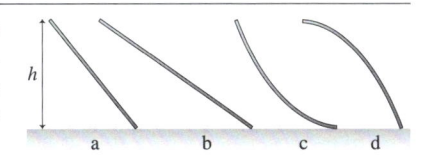

EXEMPLO 10.3 **A rapidez de um trenó**

Christine corre empurrando seu trenó a 2,0 m/s. Quando está no topo de uma rampa de 5,0 m de altura, ela pula para cima do trenó. Qual será a sua rapidez na base?

MODELO Trate Christine e o trenó como uma partícula. Considere a rampa como desprovida de atrito. Neste caso, a soma de sua energia cinética com sua energia potencial gravitacional não sofre variação durante a descida.

VISUALIZAÇÃO A **FIGURA 10.22a** mostra uma representação pictórica do tipo antes-e-após. Não foi dado o ângulo de inclinação da rampa, nem mesmo se ela é retilínea, mas a *variação* da energia potencial depende apenas da altura que Christine desce e, *não*, da forma da pista de descida. A **FIGURA 10.2b** mostra um gráfico de barras da energia em que vemos uma energia cinética inicial e uma energia potencial inicial sendo transformadas inteiramente em energia cinética enquanto ela desce a rampa. O gráfico de barras serve para visualizar como varia a energia, e podemos mostrar isso sem conhecer qualquer valor numérico.

RESOLUÇÃO A grandeza $K + U$ é igual tanto na base quanto no topo da rampa. Logo,

$$\frac{1}{2}mv_1^2 + mgy_1 = \frac{1}{2}mv_0^2 + mgy_0$$

A rapidez de Christine na base pode facilmente ser isolada:

$$v_1 = \sqrt{v_0^2 + 2g(y_0 - y_1)} = \sqrt{v_0^2 + 2gh} = 10 \text{ m/s}$$

AVALIAÇÃO Não foi preciso conhecer nem a massa de Christine nem a do trenó.

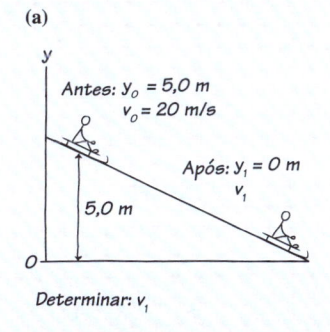

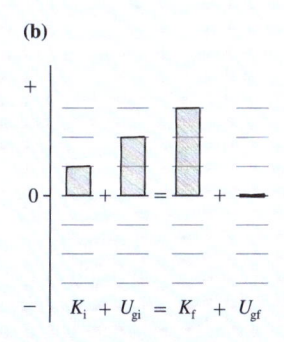

FIGURA 10.12 Representação pictórica e gráfico de barras da energia da descida de Christine pela rampa.

Note que a força normal $\vec{n}$ de fato não entrou na análise baseada em energia. A equação $K_f + U_{gf} = K_i + U_{gi}$ constitui um enunciado sobre a maneira como varia a rapidez da partícula em função de sua posição. O vetor $\vec{n}$ não possui um componente na direção do movimento, de modo que ele não pode alterar o módulo da velocidade da partícula.

O mesmo é verdadeiro no caso de um objeto preso a um barbante e que se mova em um círculo. A tensão no barbante produz uma variação da orientação da velocidade, todavia $\vec{T}$ não possui um componente na direção do movimento, e não pode alterar o módulo da velocidade do objeto. Portanto, a Equação 10.21 também se aplica a um pêndulo.

EXEMPLO 10.4 O pêndulo balístico

Uma bala de 10 g é disparada contra um bloco de madeira de 1.200 g suspenso por um barbante de 150 cm de comprimento. A bala se incrusta no bloco, e este, então, oscila até o fio formar 40° com a vertical. Qual era o valor da velocidade da bala? (Este tipo de pêndulo é chamado de *pêndulo balístico*.)

MODELO Trata-se de um problema em duas partes. O impacto da bala no bloco é uma colisão inelástica. Não fizemos uma análise do que ocorre com a energia durante uma colisão, mas você aprendeu no Capítulo 9 que o *momentum* é conservado em uma colisão inelástica. Após terminar a colisão, o bloco oscila como um pêndulo. A soma de sua energia cinética com sua energia potencial gravitacional não sofre variação durante a oscilação do bloco até atingir o ângulo máximo do fio com a vertical.

VISUALIZAÇÃO A **FIGURA 10.13** é uma representação pictórica em que identificamos os valores anteriores e posteriores tanto para a colisão quanto para a oscilação decorrente.

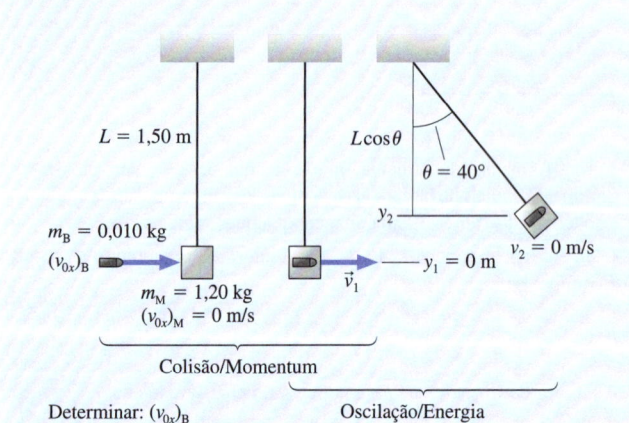

FIGURA 10.13 O pêndulo balístico é usado para medir a velocidade de uma bala.

RESOLUÇÃO A equação da conservação do momentum, $P_f = P_i$, aplicada à colisão inelástica, fornece

$$(m_M + m_B)v_{1x} = m_M (v_{0x})_M + m_B (v_{0x})_B$$

O bloco de madeira se encontrava inicialmente parado, com $(v_{0x})_M = 0$; portanto, a velocidade da bala é

$$(v_{0x})_B = \frac{m_M + m_B}{m_B} v_{1x}$$

onde v_{1x} é a velocidade do bloco + bala *imediatamente* após a colisão, quando o pêndulo começa a oscilar. Se pudermos determinar v_{1x} analisando a oscilação, então seremos capazes de calcular o valor da velocidade da bala. Voltando nossa atenção para a oscilação, a equação da energia $K_f + U_{gf} = K_i + U_{gi}$ assume a forma

$$\frac{1}{2}(m_M + m_B)v_2^2 + (m_M + m_B)gy_2$$

$$= \frac{1}{2}(m_M + m_B)v_1^2 + (m_M + m_B)gy_1$$

Nós usamos a massa *total* ($m_M + m_B$) do bloco com a bala incrustada nele, mas note que ela se cancela. Também deixamos de usar o subscrito x em v_1 porque em cálculos de energia necessitamos apenas da rapidez, e não, da velocidade. A rapidez é nula no topo da oscilação ($v_2 = 0$), e definimos o eixo y de forma que $y_1 = 0$ m. Portanto,

$$v_1 = \sqrt{2gy_2}$$

A rapidez inicial é determinada, simplesmente, a partir da altura máxima da oscilação. Da geometria da Figura 10.13, você pode verificar que

$$y_2 = L - L\cos\theta = L(1 - \cos\theta) = 0{,}351 \text{ m}$$

Com isso, a velocidade inicial do pêndulo, imediatamente após a colisão, é

$$v_{1x} = v_1 = \sqrt{2gy_2} = \sqrt{2(9{,}80 \text{ m/s}^2)(0{,}351 \text{ m})} = 2{,}62 \text{ m/s}$$

Tendo determinado v_{1x} por meio de uma análise baseada na energia da oscilação, podemos agora calcular a rapidez inicial da bala como

$$(v_{0x})_B = \frac{m_M + m_B}{m_B} v_{1x} = \frac{1{,}210 \text{ kg}}{0{,}010 \text{ kg}} \times 2{,}62 \text{ m/s} = 320 \text{ m/s}$$

AVALIAÇÃO Teria sido muito difícil resolver este problema usando as leis de Newton, mas, por meio de uma análise baseada em conceitos de energia, sua resolução é simples.

Conservação da energia mecânica

A soma da energia cinética com a energia potencial de um sistema é chamada de **energia mecânica**:

$$E_{mec} = K + U \qquad (10.22)$$

Aqui K representa a energia cinética total de todas as partículas do sistema, e U, a energia potencial armazenada no sistema. Até aqui, portanto, nossos exemplos sugerem que a energia mecânica de uma partícula que se move sob a influência da gravidade não varia. A energia cinética e a potencial podem variar, desde que se convertam de uma em outra, mantendo constante, todavia, a sua soma. Podemos expressar a invariância do valor de E_{mec} como

$$\Delta E_{mec} = \Delta K + \Delta U = 0 \qquad (10.23)$$

Esta expressão é chamada de **princípio de conservação da energia mecânica**.

> **NOTA** ▶ O princípio de conservação da energia mecânica *não* significa que $\Delta K = \Delta U$. Uma das variações deve ser positiva, e outra, negativa a fim de que a energia mecânica seja conservada. ◀

Porém isso constitui realmente uma lei da natureza? Considere uma caixa que é empurrada e depois desliza sobre um piso até parar. A caixa perde energia cinética enquanto desacelera, entretanto $\Delta U_g = 0$, pois y não sofre variação. Portanto, ΔE_{mec} *não é* igual a zero para a caixa; sua energia mecânica não é conservada.

No Capítulo 9, você aprendeu que o momentum só é conservado para um sistema isolado. Um dos objetivos mais importantes deste capítulo e do próximo é aprender sob que condições a energia mecânica é conservada. Já vimos que a energia mecânica *é* conservada para uma partícula que se move ao longo de uma trajetória livre de atrito sob influência da gravidade, mas a energia mecânica *não é* conservada quando existe atrito.

Você sabe, é claro, que após a caixa ter escorregado sobre o piso, tanto ela quanto o piso estarão ligeiramente mais quentes do que antes. A energia cinética não foi transformada em energia potencial, mas *algo* aconteceu. Já havíamos observado que existem diferentes tipos de energia. Talvez o atrito faça com que a energia cinética seja convertida em outra forma de energia, diferente da potencial. Isto é uma característica muito importante, que iniciaremos a explorar no próximo capítulo.

O modelo básico de energia

Estamos começando a desenvolver o que chamaremos de *modelo básico de energia*. Trata-se de um modelo baseado no conceito de energia como uma espécie de "dinheiro da natureza". Ele é baseado em três hipóteses:

1. A energia cinética está associada ao movimento de uma partícula, e a energia potencial, à sua posição.
2. A energia cinética pode ser convertida em energia potencial, e esta, em energia cinética.
3. Sob certas circunstâncias, a energia mecânica $E_{mec} = K + U$ é conservada. Seu valor é igual no início e no final de um processo.

Nossa tarefa, se o modelo básico de energia for útil, é responder a três questões cruciais:

1. Sob que condições E_{mec} é conservada?
2. O que acontece à energia quando E_{mec} não é conservada?
3. Como se calcula a energia potencial U para outras forças que não a da gravidade?

Existem muitas partes no enigma da energia, e deveremos juntá-las uma a uma. Este capítulo se concentra em como usar a energia em situações nas quais a E_{mec} for conservada. Voltaremos nossa atenção para responder a estas três questões importantes somente no próximo capítulo. Por ora, podemos começar a desenvolver uma estratégia para usar a energia na resolução de problemas.

> **ESTRATÉGIA PARA RESOLUÇÃO DE PROBLEMAS 10.1   Conservação da energia mecânica**   (MP)
>
> **MODELO** Defina um sistema livre de atrito e de outras fontes de perda de energia mecânica.
>
> **VISUALIZAÇÃO** Desenhe uma representação pictórica do tipo antes-e-após. Defina os símbolos que serão usados no problema, liste as grandezas conhecida e identifique o que você deve determinar.
>
> **RESOLUÇÃO** A representação matemática deve ser baseada no princípio de conservação da energia mecânica:
>
> $$K_f + U_f = K_i + U_i$$
>
> **AVALIAÇÃO** Verifique se seu resultado está expresso em unidades corretas, se é plausível e se responde à questão.

PARE E PENSE 10.3 Uma caixa desliza ao longo da superfície curva e livre de atrito da figura. Ela é liberada a partir do repouso na posição mostrada. O ponto mais alto que a caixa atingirá do outro lado da pista pertence ao nível a, b ou c?

10.4 Forças restauradoras e lei de Hooke

Se você esticar uma tira de borracha, surgirá uma força que tende a puxar a tira de modo que ela volte a ter o comprimento de equilíbrio, quando não é esticada. A força que faz o sistema retornar à posição de equilíbrio é chamada de **força restauradora**. Qualquer sistema que exiba forças deste tipo é chamado de **elástico**. Os exemplos mais elementares de sistemas elásticos são as molas e as tiras de borracha. Se você esticar uma mola, uma força de tensão a puxará de volta. Analogamente, uma mola comprimida tende a se expandir até seu comprimento de equilíbrio. Há muitos outros exemplos de elasticidades e de forças restauradoras. As vigas de aço de uma ponte se vergam ligeiramente quando seu carro trafega sobre a ponte, mas elas retornam ao equilíbrio depois de seu carro terminar de atravessá-la. Praticamente qualquer coisa que estique, comprima, flexione, dobre-se ou torça-se exibe uma força restauradora e pode ser chamada de elástica.

Vamos usar uma mola comum como protótipo de um sistema elástico. Suponha que você disponha de uma mola cujo **comprimento de equilíbrio** seja L_0. Este é o comprimento da mola quando ela não é puxada nem empurrada. Se você esticá-la até um comprimento final L, com que força ela o puxará de volta? Uma maneira de descobrir isso é fixar a mola a uma viga, como mostrado na **FIGURA 10.14**, e depois pendurar uma massa m à mola. A massa estica a mola até um comprimento L, e os comprimentos L_0 e L podem ser facilmente medidos com uma régua comum.

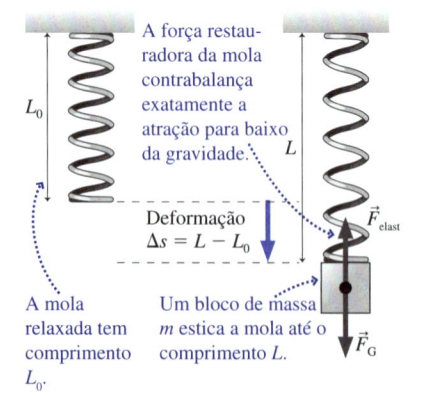

A massa fica suspensa em equilíbrio estático, de modo que a força $\vec{F}_{elast}$ exercida pela mola, de baixo para cima, sobre a massa contrabalança precisamente a força gravitacional $\vec{F}_G$, para baixo, de modo que $\vec{F}_{res} = \vec{0}$, ou seja,

$$F_{elast} = F_G = mg \tag{10.24}$$

Usando massas diferentes, a mola esticará até comprimentos finais diferentes, e poderemos determinar como F_{elast}, o módulo da força restauradora da mola, depende do comprimento L.

A **FIGURA 10.15** mostra dados medidos da força restauradora de uma mola real. Observe que a grandeza representada no eixo horizontal é $\Delta s = L - L_0$. Trata-se da distância descrita pela extremidade da mola ao ser esticada, a qual chamaremos de **deformação a partir do equilíbrio**. O gráfico revela que a força restauradora é proporcional à deformação, ou seja, os dados correspondem a pontos sobre uma linha reta dada por

$$F_{elast} = k\,\Delta s \tag{10.25}$$

Elásticos e tiras de borracha armazenam energia – energia potencial – que pode ser transformada em energia cinética.

FIGURA 10.14 Uma massa suspensa estica a mola de um comprimento de equilíbrio L_0 até o comprimento L.

A constante de proporcionalidade k, a declividade do gráfico da força restauradora versus deformação, é chamada de **constante elástica** da mola. A unidade do SI da constante elástica é o N/m.

NOTA ▶ A força não depende do comprimento físico L da mola, mas, em vez disso, depende da *deformação* Δs da extremidade livre da mola. ◀

A constante elástica k é uma propriedade que caracteriza uma mola da mesma forma como a massa m caracteriza uma partícula. Se k for grande, é preciso uma força intensa para causar um esticamento significativo, e dizemos que a mola é "dura". Uma mola com k pequeno pode ser esticada por uma força muito pequena, e dizemos que se trata de uma mola "mole". A constante elástica da mola da Figura 10.15 pode ser determinada a partir da declividade da reta e vale 3,5 N/m.

FIGURA 10.15 Dados medidos para a força restauradora de uma mola real.

NOTA ▶ Da mesma maneira como usamos cordas desprovidas de massa em nossos exemplos, adotaremos também a idealização de *mola sem massa*. Embora isso não constitua uma descrição perfeita, trata-se de uma boa aproximação quando a massa fixada à mola é muito maior do que a da própria mola. ◀

A lei de Hooke

A **FIGURA 10.16** mostra uma mola disposta ao longo de um eixo s genérico. A posição de equilíbrio da extremidade livre da mola é denotada por s_e. Esta é a *posição*, ou coordenada, da extremidade livre da mola, e *não*, seu comprimento de equilíbrio L_0.

Quando a mola é esticada, a deformação a partir de sua posição de equilíbrio $\Delta s = s - s_0$ é *positiva*, enquanto $(F_{elast})_s$, o componente s da força restauradora que aponta para a esquerda, é *negativo*. Se a mola for comprimida, a deformação a partir da posição de equilíbrio Δs será negativa, enquanto o componente s de $\vec{F}_{elast}$, que agora apontará para a direita, é positivo. De qualquer maneira, o sinal do componente de força $(F_{elast})_s$ é sempre oposto ao sinal da deformação Δs. Podemos expressar isso matematicamente como

$$(F_{elast})_s = -k\Delta s \quad \text{(lei de Hooke)} \quad (10.26)$$

onde $\Delta s = s - s_e$ é o deslocamento da extremidade livre da mola a partir do equilíbrio. O sinal negativo é a característica matemática de uma força *restauradora*.

A Equação 10.26 para uma força restauradora de uma mola é chamada de **lei de Hooke**. Esta "lei" foi proposta pela primeira vez por Robert Hooke, um contemporâneo (e às vezes rival) de Newton. A lei de Hooke não é uma verdadeira "lei da natureza", no mesmo sentido em que as leis de Newton o são, mas, de fato, apenas um *modelo* de uma força restauradora. Ela funciona extremamente bem para algumas molas, como a da Figura 10.15, e não tão bem para outras. A lei de Hooke falhará para qualquer mola que seja esticada ou comprimida demais.

NOTA ▶ Alguns estudantes, em cursos introdutórios de física, talvez tenham aprendido a lei de Hooke como $F_{elast} = -kx$ (para uma mola ao longo do eixo x), em vez de $-k\Delta s$. Essa notação pode ser confusa e constitui uma fonte comum de erros. A força restauradora será igual a $-kx$ *somente* se o sistema de coordenadas do problema for escolhido com a origem localizada na posição de equilíbrio da extremidade livre da mola, ou seja, $\Delta x = x$ somente se $x_e = 0$. Isso é feito com freqüência, mas em certos problemas será mais conveniente localizar a origem do sistema de coordenadas em outro lugar. Se você tentar usar a relação $F_{elast} = -kx$ depois que a origem tiver sido movida para outro lugar, enfrentará um grande problema. Você deve estar certo de que aprendeu corretamente a lei de Hooke, na forma $(F_{elast})_s = -k\Delta s$. ◀

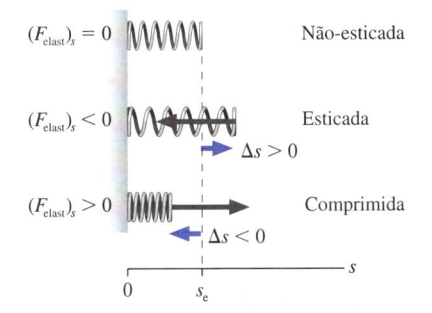

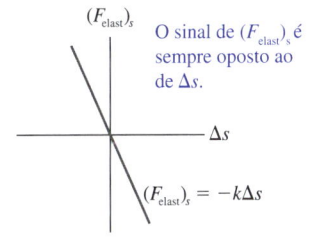

FIGURA 10.16 O sentido de $\vec{F}_{elast}$ é sempre contrário ao do deslocamento $\Delta \vec{s}$.

EXEMPLO 10.5 Puxe até deslizar

A **FIGURA 10.17** mostra uma mola fixada a um bloco de 2,0 kg. A outra extremidade da mola é puxada por um trem de brinquedo motorizado que se move para a frente a 5,0 cm/s. A constante elástica da mola vale 50 N/m, e o coeficiente de atrito estático entre o bloco e a superfície vale 0,60. A mola está com seu comprimento de equilíbrio em $t = 0$ s quando o trem começa a se mover. Quando o bloco deslizará?

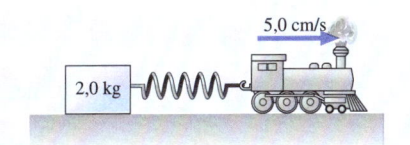

FIGURA 10.17 Um trem de brinquedo estica a mola até o bloco deslizar.

Continua

MODELO Tratamos o bloco como uma partícula e consideramos a mola como ideal, obedecendo à lei de Hooke.

VISUALIZAÇÃO A **FIGURA 10.18** mostra o diagrama de corpo livre para o bloco.

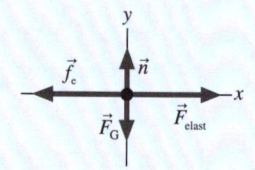

FIGURA 10.18 O diagrama de corpo livre.

RESOLUÇÃO Recorde-se que a tensão em uma corda desprovida de massa puxa igualmente *ambas* as extremidades da corda. O mesmo é verdadeiro para a força da mola: ela puxa (ou empurra) igualmente nas *duas extremidades*. Essa idéia é crucial na resolução de problemas. Quando a extremidade direita da mola se move, esticando-a, a mola puxa de volta o trem *e* o bloco com a mesma intensidade. Quando a mola estica, a força de atrito estático sobre o bloco aumenta de intensidade a fim de manter o bloco em repouso. O bloco encontra-se em equilíbrio estático, de modo que

$$\sum (F_{res})_x = (F_{elast})_x + (f_e)_x = F_{elast} - f_e = 0$$

onde F_{elast} é o *módulo* da força exercida pela mola. O módulo é dado pela relação $F_{elast} = k\Delta x$, onde $\Delta x = v_x t$ é a distância percorrida pelo trem. Assim,

$$f_e = F_{elast} = k\Delta s$$

O bloco começa a deslizar quando a força de atrito estático atinge seu valor máximo $f_{e\,max} = \mu_e n = \mu_e mg$. Isso ocorre quando o trem tiver se deslocado por

$$\Delta x = \frac{f_{e\,max}}{k} = \frac{\mu_e mg}{k} = \frac{(0,60)(2,0 \text{ kg})(9,80 \text{ m/s}^2)}{50 \text{ N/m}}$$
$$= 0,235 \text{ m} = 23,5 \text{ cm}$$

O instante em que o bloco começa a deslizar é

$$t = \frac{\Delta x}{v_x} = \frac{23,5 \text{ cm}}{5,0 \text{ cm/s}} = 4,7 \text{ s}$$

O deslocamento pode ser de alguns centímetros, em terremotos relativamente fracos, a vários metros, em terremotos muito fortes.

Este exemplo ilustra uma classe de *movimento* chamado de *pára-desliza*. Uma vez que o bloco desliza, ele percorre certa distância, então pára e depois volta a deslizar novamente. Se o trem continua a se mover para a frente, ocorrerá uma seqüência recorrente do tipo do desliza, pára, desliza, pára, desliza... Não é difícil determinar o período deste movimento desliza-pára, embora isto esteja um pouco além de onde estamos agora.

Um terremoto constitui um exemplo importante de movimento do tipo desliza-pára. As grandes placas tectônicas que formam a crosta da Terra tentam deslizar umas pelas outras, mas o atrito faz com que as bordas das placas se grudem. O movimento contínuo das placas verga e deforma as rochas ao longo das bordas. Talvez você pense que as rochas sejam rígidas e desprovidas de elasticidade, mas grandes massas de rocha, especialmente quando submetidas a pressões imensas no interior da Terra, possuem alguma elasticidade e podem ser "esticadas". A força elástica das rochas acabará excedendo a força de atrito entre as placas. Um terremoto ocorrerá quando as placas finalmente deslizarem e se moverem bruscamente. Uma vez que a tensão seja liberada, as placas se grudam novamente e o processo começa de novo.

PARE E PENSE 10.4 O gráfico mostra a força em função da deformação para três molas. Ordene em seqüência decrescente as constantes elásticas k_a, k_b e k_c.

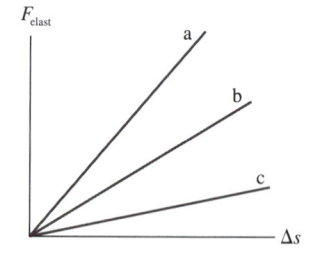

10.5 Energia potencial elástica

As forças com que nos deparamos até aqui — a gravidade, o atrito, a tensão — são forças constantes, ou seja, seus módulos não sofrem variações enquanto o objeto se move. Essa característica tem sido importante porque as equações cinemáticas desenvolvidas no Capítulo 2 são válidas para movimentos com acelerações constantes. Mas a força que uma mola exerce é uma força *variável*. Ela é nula quando $\Delta s = 0$ (nenhuma deformação presente) e aumenta uniformemente quando a deformação da mola aumenta. O "movimento natural" de uma massa presa a uma mola — pense em puxar a mola para baixo e, depois, soltá-la

– é uma *oscilação*. *Não* se trata de um movimento com aceleração constante, e ainda não desenvolvemos a cinemática com a qual possamos abordar o movimento oscilatório.

Mas suponha que não estejamos interessados na dependência temporal do movimento, mas apenas em situações do tipo antes-e-após com respeito ao movimento. Por exemplo, a **FIGURA 10.19** mostra uma situação do tipo antes-e-após em que uma bola é lançada por uma mola. Indagar sobre como a compressão da mola (o "antes") afeta a rapidez da bola (o "após") é muito diferente de desejar saber qual é a posição da bola em função do tempo enquanto a mola se expande.

Você certamente possui a intuição de que uma mola comprimida possui "energia armazenada", e a Figura 10.19 ilustra claramente que a energia armazenada é convertida em energia cinética da bola. Vamos analisar este processo com o mesmo método que desenvolvemos para o movimento sob influência da gravidade. A segunda lei de Newton para a bola é

$$(F_{\text{res}})_s = ma_s = m\frac{dv_s}{dt} \tag{10.27}$$

A força resultante sobre a bola é dada pela lei de Hooke, $(F_{\text{res}})_s = -k(s - s_e)$. Logo,

$$m\frac{dv_s}{dt} = -k(s - s_e) \tag{10.28}$$

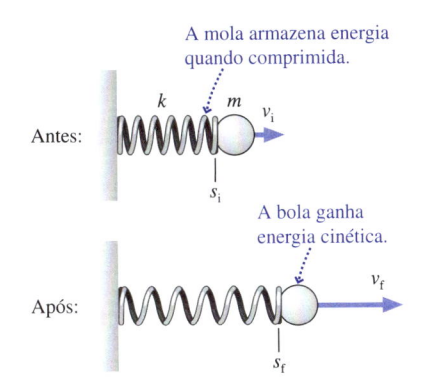

FIGURA 10.19 Antes e após uma mola lançar uma bola.

Usaremos um eixo s genérico, embora, na resolução de problemas reais, seja melhor usar um eixo x ou y, dependendo se o movimento for horizontal ou vertical.

Como fizemos anteriormente, usamos a regra da cadeia para escrever

$$\frac{dv_s}{dt} = \frac{dv_s}{ds}\frac{ds}{dt} = v_s\frac{dv_s}{ds} \tag{10.29}$$

Substituímos isso na Equação 10.28 e depois multiplicamos os dois lados por ds, obtendo

$$mv_s\, dv_s = -k(s - s_e)\, ds \tag{10.30}$$

Podemos agora integrar ambos os lados da equação a partir das condições iniciais indicadas por i até as condições finais indicadas por f — ou seja, integrar "do antes até o após" —, obtendo

$$\int_{v_i}^{v_f} mv_s\, dv_s = \frac{1}{2}mv_f^2 - \frac{1}{2}mv_i^2 = -k\int_{s_i}^{s_f}(s - s_e)\, ds \tag{10.31}$$

A integral do lado direito não é difícil, mas muitos dos estudantes são novatos em cálculo, de modo que prosseguiremos passo a passo. A maneira mais fácil de obter a resposta na forma mais útil é efetuar uma troca de variáveis. Definimos $u = (s - s_e)$, de modo que $ds = du$. Com isso, o integrando muda de $(s - s_e)\, ds$ para $u\, du$.

Quando trocamos de variáveis, devemos também trocar os limites de integração. Em particular, $s = s_i$, e o limite inferior de integração é $u = s_i - s_e = \Delta s_i$, onde Δs_i é a deformação inicial da mola a partir do comprimento de equilíbrio. Analogamente, $s = s_f$ corresponde a $u = s_f - s_e = \Delta s_f$ no limite superior. A **FIGURA 10.20** esclarece os significados de Δs_i e Δs_f.

Com essa troca de variável, a integral torna-se

$$-k\int_{s_i}^{s_f}(s - s_e)\, ds = -k\int_{\Delta s_i}^{\Delta s_f} u\, du = -\frac{1}{2}ku^2\Big|_{\Delta s_i}^{\Delta s_f}$$
$$= -\frac{1}{2}k(\Delta s_f)^2 + \frac{1}{2}k(\Delta s_i)^2 \tag{10.32}$$

Usando este resultado, a Equação 10.31 assume a forma

$$\frac{1}{2}mv_f^2 - \frac{1}{2}mv_i^2 = -\frac{1}{2}k(\Delta s_f)^2 + \frac{1}{2}k(\Delta s_i)^2 \tag{10.33}$$

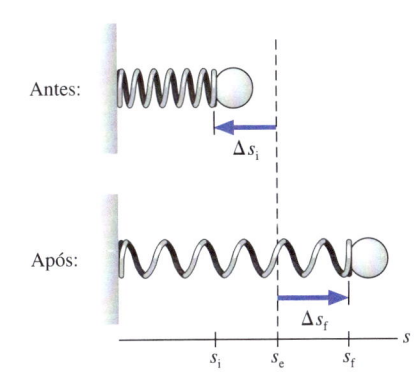

FIGURA 10.20 As deformações inicial e final da mola.

que pode ser reescrita como

$$\frac{1}{2}mv_f^2 + \frac{1}{2}k(\Delta s_f)^2 = \frac{1}{2}mv_i^2 + \frac{1}{2}k(\Delta s_i)^2 \tag{10.34}$$

Tivemos sucesso em nosso objetivo de relacionar o antes ao após. Em particular, a grandeza

$$\frac{1}{2}mv^2 + \frac{1}{2}k(\Delta s)^2 \qquad (10.35)$$

não sofre variação quando a mola é comprimida ou esticada. Você reconhece $\frac{1}{2}mv^2$ como a energia cinética K. Vamos agora definir a *energia potencial elástica* U_e de uma mola como

$$U_e = \frac{1}{2}k(\Delta s)^2 \quad \text{(energia potencial elástica)} \qquad (10.36)$$

Então a Equação 10.34 significa que um objeto que se mova preso a uma mola satisfaz à relação

$$K_f + U_{ef} = K_i + U_{ei} \qquad (10.37)$$

Em outras palavras, a energia mecânica $E_{mec} = K + U_e$ é conservada para um objeto que se mova, *sem atrito*, preso a uma mola ideal.

NOTA ▶ Uma vez que Δs aparece elevado ao quadrado, a energia potencial elástica é positiva, esteja a mola esticada ou comprimida. U_e é nula quando a mola encontra-se em seu comprimento de equilíbrio L_0 e $\Delta s = 0$. ◄

EXEMPLO 10.6 Uma bola de plástico lançada por uma mola

Uma arma de brinquedo acionada por uma mola interna lança uma bola plástica de 10 g. A mola, de constante elástica de 10 N/m, é comprimida em 10 cm quando a bola é empurrada para dentro do cano da arma. Quando o gatilho é puxado, a mola é liberada e arremessa a bola para fora. Qual é a rapidez da bola ao sair do cano? Considere que o atrito seja desprezível.

MODELO Considere uma mola ideal que satisfaça a lei de Hooke. Considere também que a arma seja mantida firme, de modo a impedir seu recuo. Não existe atrito; portanto, a energia mecânica $K + U_e$ é conservada.

VISUALIZAÇÃO A **FIGURA 10.21a** mostra uma representação pictórica do tipo antes-e-após. A mola comprimida empurrará a bola até que seu comprimento retorne ao valor de equilíbrio. Escolhemos localizar a origem do sistema de coordenadas na posição de equilíbrio da extremidade livre da mola, de modo que $x_1 = -10$ cm e $x_2 = x_e = 0$ cm. Também é útil ter um gráfico de barras de energia para conferir. O gráfico de barras da **FIGURA 10.21b** mostra a energia potencial armazenada na mola comprimida sendo inteiramente convertida em energia cinética da bola.

RESOLUÇÃO A equação da conservação da energia é $K_2 + U_{e2} = K_1 + U_{e1}$. Podemos usar a energia potencial elástica da mola, dada pela Equação 10.36, para escrever isto na forma

$$\frac{1}{2}mv_2^2 + \frac{1}{2}k(x_2 - x_e)^2 = \frac{1}{2}mv_1^2 + \frac{1}{2}k(x_1 - x_e)^2$$

Note que usamos x, em vez de s genérico, e que escrevemos explicitamente o significado de Δx_1 e Δx_2. Usando $x_2 = x_e = 0$ m e $v_1 = 0$ m/s, isso é simplificado para

$$\frac{1}{2}mv_2^2 = \frac{1}{2}kx_1^2$$

Agora é muito fácil isolar a velocidade da bola:

$$v_2 = \sqrt{\frac{kx_1^2}{m}} = \sqrt{\frac{(10 \text{ N/m})(-0{,}10 \text{ m})^2}{0{,}010 \text{ kg}}} = 3{,}2 \text{ m/s}$$

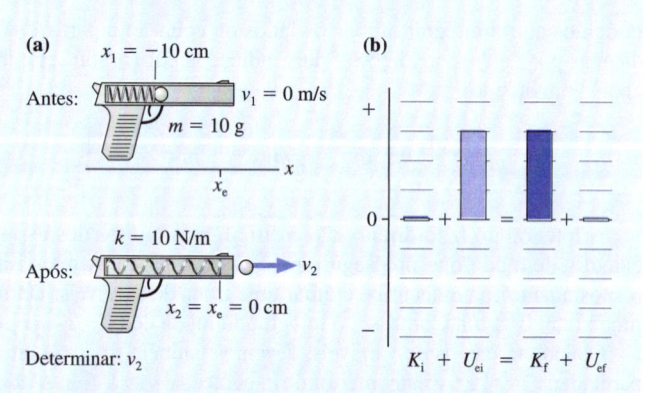

FIGURA 10.21 Representação pictórica e gráfico de barras da energia para uma bola disparada de uma arma de brinquedo acionada por mola.

AVALIAÇÃO Este é um problema que não poderíamos resolver com as leis de Newton. A aceleração não é constante, e ainda não aprendemos como manipular a cinemática quando a aceleração não é constante. Mas usando a conservação da energia, foi fácil de resolver!

Se um objeto, preso a uma mola, move-se verticalmente, o sistema terá tanto energia potencial elástica *quanto* energia potencial gravitacional. A energia mecânica, então, contém *dois* termos de energia potencial:

$$E_{mec} = K + U_g + U_e \qquad (10.38)$$

Em outras palavras, agora existem duas maneiras diferentes de armazenar energia no sistema. O exemplo seguinte ilustra essa idéia.

EXEMPLO 10.7 Um satélite lançado por uma mola

O príncipe Harry, o Horrível, desejava ser o primeiro a lançar um satélite. Ele colocou uma carga de 2,0 kg em cima de uma mola muito dura com 2,0 m de comprimento e constante elástica de 50.000 N/m. O príncipe, então, ordenou que seu homem mais forte usasse uma manivela para comprimir a mola até que ela tivesse apenas 80 cm de comprimento. Ao ser liberada, a mola arremessou a carga diretamente para cima. Que altura esta atingiu?

MODELO Considere uma mola ideal que obedece à lei de Hooke. Não existe atrito, e vamos também considerar que não existe arraste; portanto, a energia mecânica $K + U_g + U_e$ é conservada.

VISUALIZAÇÃO A **FIGURA 10.22a** mostra o satélite pronto para o lançamento. Escolhemos localizar a origem do sistema de coordenadas sobre o solo, o que significa que a posição de equilíbrio da extremidade livre quando a mola não está comprimida *não* é $y_e = 0$ m, mas, em vez disso, é $y_e = 2,0$ m. A carga atinge a altura y_2, onde $v_2 = 0$ m/s.

RESOLUÇÃO A equação da conservação da energia, $K_2 + U_{g2} + U_{e2} = K_1 + U_{g1} + U_{e1}$, assume a forma

$$\frac{1}{2}mv_2^2 + \frac{1}{2}k(y_e - y_e)^2 + mgy_2 = \frac{1}{2}mv_1^2 + \frac{1}{2}k(y_1 - y_e)^2 + mgy_1$$

Note que o termo da energia potencial elástica no lado esquerdo contém $(y_e - y_e)^2$, e não $(y_2 - y_e)^2$. A carga se move para a posição y_2, *mas não a mola*! A extremidade da mola pára em y_e. A velocidade inicial v_1 e a final v_2 são ambas nulas. Isolando a altura:

$$y_2 = y_1 + \frac{k(y_1 - y_e)^2}{2mg} = 1.800 \text{ m}$$

AVALIAÇÃO A **FIGURA 10.22b** mostra uma gráfico de barras da energia. O efeito líquido do lançamento é transformar inteiramente a energia potencial armazenada na mola em energia potencial gravitacional. A energia cinética é nula no início e também no ponto mais alto da trajetória. A carga realmente possui energia cinética ao deixar a mola, mas não precisamos saber quanto vale esta energia para resolver o problema.

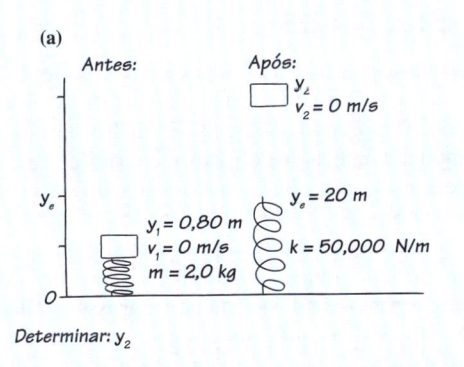

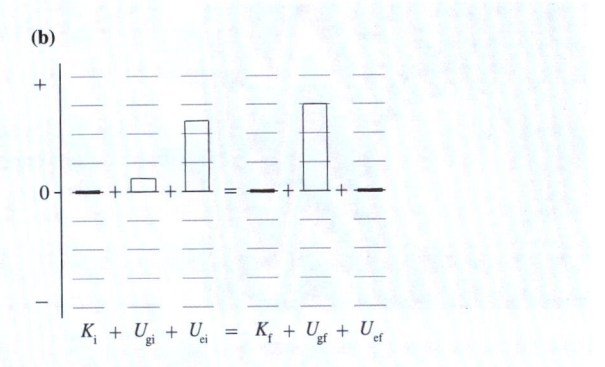

FIGURA 10.22 Representação pictórica e gráfico de barras da energia da carga lançada pelo príncipe Harry.

EXEMPLO 10.8 Empurrando para afastar

Uma mola de constante elástica igual a 2.000 N/m é colocada entre um bloco de 1,0 kg e outro, de 2,0 kg, sobre uma mesa sem atrito. Os blocos são empurrados um contra o outro, comprimindo a mola em 10 cm, e depois são liberados. Quanto valem as velocidades com que os blocos se afastam um do outro?

MODELO Considere uma mola ideal que obedece à lei de Hooke. Não existe atrito; logo, a energia mecânica $K + U_e$ é conservada. Além disso, como os blocos e a mola constituem um sistema isolado, seu momentum total também é conservado.

VISUALIZAÇÃO A **FIGURA 10.23** mostra uma representação pictórica.

FIGURA 10.23 Representação pictórica dos blocos e da mola.

RESOLUÇÃO A energia inicial, quando a mola está comprimida, é inteiramente potencial. A energia final, por sua vez, é inteiramente cinética. A conservação da energia $K_f + U_{ef} = K_i + U_{ei}$ requer que

$$\frac{1}{2}m_1(v_f)_1^2 + \frac{1}{2}m_2(v_f)_2^2 + 0 = 0 + 0 + \frac{1}{2}k(\Delta x_i)^2$$

Note que *os dois* blocos contribuem para a energia cinética. A equação da energia tem duas incógnitas, $(v_f)_1$ e $(v_f)_2$, e uma equação não é suficiente, neste caso, para resolver o problema. Felizmente, o momentum também é conservado. O momentum inicial é nulo, pois ambos os blocos estão em repouso, de modo que a equação do momentum é

$$m_1(v_{fx})_1 + m_2(v_{fx})_2 = 0$$

que pode ser resolvida, resultando em

$$(v_{fx})_1 = -\frac{m_2}{m_1}(v_{fx})_2$$

O sinal negativo indica que os blocos se movem em sentidos opostos. A rapidez $(v_f)_1 = (m_2/m_1)(v_f)_2$ é tudo de que precisamos para calcular a energia cinética. Substituindo $(v_f)_1$ na equação da energia, obtemos

$$\frac{1}{2}m_1\left(\frac{m_2}{m_1}(v_f)_2\right)^2 + \frac{1}{2}m_2(v_f)_2^2 = \frac{1}{2}k(\Delta x_i)^2$$

que é simplificada para

Continua

$$m_2\left(1 + \frac{m_2}{m_1}\right)(v_f)_2^2 = k(\Delta x_i)^2$$

Isolando $(v_f)_2$, encontramos

$$(v_f)_2 = \sqrt{\frac{k(\Delta x_i)^2}{m_2(1 + m_2/m_1)}} = 1,8 \text{ m/s}$$

Finalmente, obtemos

$$(v_{fx})_1 = -\frac{m_2}{m_1}(v_{fx})_2 = -3,6 \text{ m/s}$$

O bloco de 2,0 kg move-se para a direita a 1,8 m/s, enquanto o bloco de 1,0 kg segue para a esquerda a 3,6 m/s.

AVALIAÇÃO Este exemplo ilustra perfeitamente o poder das leis de conservação como ferramentas para a resolução de problemas.

PARE E PENSE 10.5 Uma arma acionada por mola dispara uma bola de plástico a 4 m/s. Se a mola for comprimida duas vezes mais, o módulo da velocidade da bola será:

a. 2 m/s. b. 4 m/s.
c. 8 m/s. d. 16 m/s.

10.6 Colisões elásticas

A Figura 9.1 mostrou uma vista em nível molecular de uma colisão. Bilhões de ligações moleculares do tipo mola são comprimidas quando dois objetos colidem um com o outro, depois elas se expandem e empurram os objetos de modo a afastá-los. Em linguagem baseada em energia, a energia cinética dos objetos é convertida em energia potencial elástica das ligações moleculares e, depois, é transformada novamente em energia cinética quando os dois objetos se afastam.

Em certos casos, como os das colisões inelásticas do Capítulo 9, parte da energia mecânica é dissipada no interior dos objetos e nem toda a energia cinética é recuperada, ou seja, $K_f < K_i$. (Uma tarefa para casa é você demonstrar isso explicitamente.) Agora estamos interessados em colisões nas quais *toda* a energia cinética seja armazenada, como energia potencial elástica, nas ligações, e depois *toda* esta seja convertida de volta em energia cinética pós-colisão dos objetos envolvidos. Uma colisão em que a energia mecânica é conservada é chamada de **colisão perfeitamente elástica**.

Nem é preciso dizer, a maioria das colisões reais situa-se, em algum grau, entre uma colisão perfeitamente elástica e uma colisão perfeitamente inelástica. Uma bola de borracha que ricocheteia em um piso pode "perder" 20% de sua energia cinética a cada rebatida e retornar a apenas 80% da altura da rebatida anterior. Colisões perfeitamente elásticas e inelásticas constituem casos limite raramente encontrados no mundo real, todavia, apesar disso, elas são instrutivas para demonstrar as idéias principais sem tornar muito complexa a matemática envolvida. Colisões entre dois objetos muito duros, como bolas de bilhar ou de aço, chegam perto de ser perfeitamente elásticas.

A **FIGURA 10.24** mostra uma colisão frontal e perfeitamente elástica de uma bola de massa m_1, de velocidade inicial $(v_{ix})_1$, com outra bola de massa m_2 inicialmente parada. Após a colisão, as velocidades das bolas são $(v_{fx})_1$ e $(v_{fx})_2$. Trata-se das velocidades, e não, dos módulos das mesmas, e, portanto, elas possuem sinais algébricos. A bola 1, em particular, poderia ricochetear para trás e passar a ter um valor negativo de $(v_{fx})_1$.

A colisão deve satisfazer a duas leis de conservação: a da conservação do momentum (sempre satisfeita em colisões) e a da conservação da energia (pois a colisão é perfeitamente elástica). Embora a energia se converta em energia potencial durante a colisão, a energia mecânica anterior e posterior à colisão é puramente cinética. Portanto,

conservação do momentum: $m_1(v_{fx})_1 + m_2(v_{fx})_2 = m_1(v_{ix})_1$ (10.39)

conservação da energia: $\frac{1}{2}m_1(v_{fx})_1^2 + \frac{1}{2}m_2(v_{fx})_2^2 = \frac{1}{2}m_1(v_{ix})_1^2$ (10.40)

A conservação do momentum sozinha não é suficiente para analisar a colisão porque existem duas incógnitas: as duas velocidades finais. É por isso que não abordamos as

Em uma colisão perfeitamente elástica tanto o momentum quanto a energia mecânica são conservados.

FIGURA 10.24 Uma colisão perfeitamente elástica.

colisões perfeitamente elásticas no Capítulo 9. A conservação da energia nos dá outra condição. Isolando $(v_{fx})_1$ na Equação 10.39, obtemos

$$(v_{fx})_1 = (v_{ix})_1 - \frac{m_2}{m_1}(v_{fx})_2 \qquad (10.41)$$

Substituindo isso na Equação 10.40, chega-se a:

$$\frac{1}{2}m_1\left((v_{ix})_1 - \frac{m_2}{m_1}(v_{fx})_2\right)^2 + \frac{1}{2}m_2(v_{fx})_2^2$$

$$= \frac{1}{2}\left(m_1(v_{ix})_1^2 - 2m_2(v_{ix})_1(v_{fx})_2 + \frac{m_2^2}{m_1}(v_{fx})_2^2 + m_2(v_{fx})_2^2\right)$$

$$= \frac{1}{2}m_1(v_{ix})_1^2$$

Isso parece horrível, porém os primeiros termos de cada lado se cancelam, e a equação resultante pode ser rearranjada na forma

$$(v_{fx})_2\left[\left(1 + \frac{m_2}{m_1}\right)(v_{fx})_2 - 2(v_{ix})_1\right] = 0 \qquad (10.42)$$

Uma solução possível desta equação parece ser $(v_{fx})_2 = 0$. Entretanto, esta solução não é de interesse; ela corresponde ao caso em que a bola 1 não acertaria a bola 2. A outra solução é

$$(v_{fx})_2 = \frac{2}{1 + m_2/m_1}(v_{ix})_1 = \frac{2m_1}{m_1 + m_2}(v_{ix})_1$$

que, finalmente, pode ser substituída na Equação 10.41 para que se obtenha $(v_{fx})_1$. A solução completa é

$$\begin{aligned} (v_{fx})_1 &= \frac{m_1 - m_2}{m_1 + m_2}(v_{ix})_1 \\ (v_{fx})_2 &= \frac{2m_1}{m_1 + m_2}(v_{ix})_1 \end{aligned} \quad \text{(colisão perfeitamente elástica com a bola 2 inicialmente parada)} \qquad (10.43)$$

As Equações 10.43 nos permitem calcular a velocidade final de cada bola. Estas equações são um pouco difíceis de interpretar, de modo que vamos examinar os três casos especiais mostrados na **FIGURA 10.25**.

Caso 1: $m_1 = m_2$. Este é o caso em que uma bola de bilhar colide com outra de mesma massa. Neste caso, a Equação 10.43 fornece

$$v_{1f} = 0$$
$$v_{2f} = v_{1i}$$

Caso 2: $m_1 \gg m_2$. Trata-se do caso de uma bola de boliche rolando que colide com uma bola de pingue-pongue parada. Não desejamos uma solução exata aqui, mas uma solução aproximada para o caso limite em que $m_1 \to \infty$. As Equações 10.43, neste limite, fornecem

$$v_{1f} \approx v_{1i}$$
$$v_{2f} \approx 2v_{1i}$$

Caso 3: $m_1 \ll m_2$. Este é o caso inverso de uma bola de pingue-pongue rolando que atinge uma bola de boliche parada. Aqui temos interesse no caso limite $m_1 \to 0$, para o qual as Equações 10.43 assumem as formas

$$v_{1f} \approx -v_{1i}$$
$$v_{2f} \approx 0$$

Estes casos concordam com o esperado e nos dão confiança de que as Equações 10.43 descrevem corretamente uma colisão perfeitamente elástica.

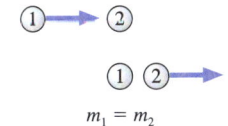

$m_1 = m_2$

A bola 1 pára. A bola 2 segue em frente com $v_2 = v_1$

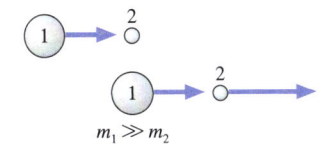

$m_1 \gg m_2$

A bola 1 desacelera muito pouco. A bola 2 é impulsionada violentamente para a frente com $v_2 \approx 2v_1$.

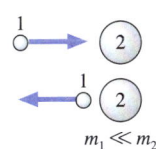

$m_1 \ll m_2$

A bola 1 ricocheteia na bola 2 quase sem perder velocidade. A bola 2 praticamente não se move.

FIGURA 10.25 Três colisões elásticas especiais.

EXEMPLO 10.9 Um pêndulo ricocheteia

Uma bola de aço de 200 g é suspensa por um barbante de 1,0 de comprimento. A bola é puxada lateralmente, até que o barbante forme 45° com a vertical, e depois é solta. No ponto mais baixo de sua trajetória, a bola colide com um peso de aço para segurar papéis, de 500 g, em repouso sobre uma mesa livre de atrito. Depois que a bola ricocheteia, qual é o máximo ângulo que o barbante formará com a vertical?

MODELO Trata-se de um problema desafiador. Podemos dividi-lo em três partes. Primeiro, a bola desce descrevendo um arco como um pêndulo. Segundo, a bola e o peso para papéis colidem um com o outro. Bolas de aço ricocheteiam muito bem uma na outra, de modo que consideraremos que a colisão seja perfeitamente elástica. Terceiro, após ricochetear no peso de aço, a bola sobe descrevendo novamente um arco como faz um pêndulo.

VISUALIZAÇÃO A **FIGURA 10.26** mostra quatro diferentes instantes de tempo: quando a bola é solta, um instante antes da colisão, um instante após a colisão (mas antes que ela e o peso de aço tenham tido tempo para se mover), e quando a bola atinge o ponto mais alto em seu movimento de volta. Denote a bola por A, e o peso de aço por B, de modo que $m_A = 0{,}20$ kg e $m_B = 0{,}50$ kg.

RESOLUÇÃO Parte 1: a primeira parte envolve somente a bola. Sua altura inicial é

$$(y_0)_A = L - L\cos\theta_0 = L(1 - \cos\theta_0) = 0{,}293 \text{ m}$$

Podemos usar a conservação da energia mecânica para determinar a velocidade da bola no ponto mais baixo de sua trajetória, imediatamente antes do impacto com o peso para papéis:

$$\frac{1}{2}m_A(v_1)_A^2 + m_A g(y_1)_A = \frac{1}{2}m_A(v_0)_A^2 + m_A g(y_0)_A$$

Sabemos que $(v_0)_A = 0$. Isolando a velocidade no ponto mais baixo, onde $(y_1)_A = 0$, obtemos

$$(v_1)_A = \sqrt{2g(y_0)_A} = 2{,}40 \text{ m/s}$$

Parte 2: A bola e o peso de aço sofrem uma colisão perfeitamente elástica em que o peso para papéis está inicialmente em repouso. Estas são as condições para as quais as Equações 10.43 foram derivadas. As velocidades *imediatamente* após a colisão, antes de ocorrer qualquer movimento posterior, são

$$(v_{2x})_A = \frac{m_A - m_B}{m_A + m_B}(v_{1x})_A = -1{,}03 \text{ m/s}$$

$$(v_{2x})_B = \frac{2m_A}{m_A + m_B}(v_{1x})_A = +1{,}37 \text{ m/s}$$

A bola ricocheteia para a esquerda a 1,03 m/s, enquanto o peso para papéis move-se para a direita a 1,37 m/s. A energia cinética é conservada (você pode verificar isso), todavia ela agora é compartilhada entre a bola e o peso de aço.

Parte 3: Agora a bola é um pêndulo com uma velocidade inicial de 1,03 m/s. A energia mecânica é, novamente, conservada, de modo que podemos determinar sua altura máxima no ponto em que $(v_3)_A = 0$:

$$\frac{1}{2}m_A(v_3)_A^2 + m_A g(y_3)_A = \frac{1}{2}m_A(v_2)_A^2 + m_A g(y_2)_A$$

Isolando a altura máxima, obtemos

$$(y_3)_A = \frac{(v_2)_A^2}{2g} = 0{,}0541 \text{ m}$$

A altura $(y_3)_A$ está relacionada ao ângulo θ através de $(y_3)_A = L(1 - \cos\theta)$. Com isso, pode-se determinar o ângulo atingido após a rebatida:

$$\theta_3 = \cos^{-1}\left(1 - \frac{(y_3)_A}{L}\right) = 19°$$

O peso para papéis se afasta a 1,37 m/s, e a bola ricocheteia até que o barbante forme 19° com a vertical.

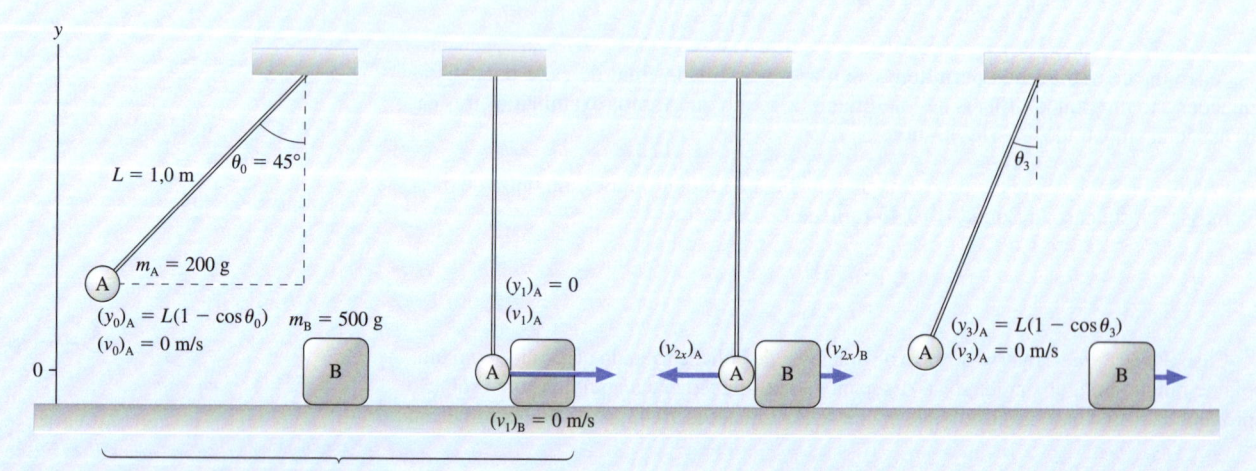

FIGURA 10.26 Quatro instantes da colisão de um pêndulo com um peso para papéis.

Usando sistemas de referência

As Equações 10.43 assumem que a bola 2 estava parada antes da colisão. Suponha, entretanto, que precisemos analisar a colisão perfeitamente elástica que ocorre como mostrado na **FIGURA 10.27**. Quais são a orientação e o módulo da velocidade de cada bola após a colisão? Para isso, você poderia resolver as equações simultâneas do momentum e da energia, mas a matemática envolvida torna-se muito complicada quando ambas as bolas possuem velocidades iniciais. Felizmente, existe uma maneira mais fácil.

Você já sabe a resposta — as Equações 10.43 — quando a bola 2 encontra-se inicialmente em repouso; e no Capítulo 4 você aprendeu sobre a transformação de Galileu para velocidades. Essa transformação relaciona a velocidade v de um objeto como medida em um dado sistema de referência S à sua velocidade v' em um diferente sistema de referência S' que se move com velocidade V em relação a S. As transformações de Galileu provêm uma maneira elegante e direta de analisar a colisão da Figura 10.27.

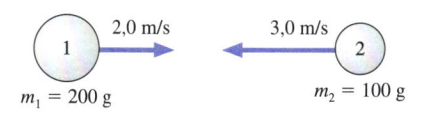

FIGURA 10.27 Uma colisão perfeitamente elástica em que ambas as bolas possuem uma velocidade inicial.

BOX TÁTICO 10.1   **Analisando colisões elásticas**   (MP)

❶ Use a transformação de Galileu para transformar as velocidades iniciais das bolas 1 e 2 do "sistema laboratório" S para um sistema de referência S', em que a bola 2 esteja em repouso.
❷ Use as Equações 10.43 para determinar o resultado da colisão no sistema S'.
❸ Transforme as velocidades finais de volta para o "sistema laboratório" S.

A **FIGURA 10.28a** mostra a situação "antes" no referencial S, que consideraremos como o sistema laboratório. Note, comparando com a Figura 10.27, que estamos considerando $(v_{ix})_2$ como uma *velocidade*, dotada de sinal apropriado. O referencial S' em que a bola 2 se encontra parada é um sistema que se desloca conjuntamente com a bola 2 à mesma velocidade: $V = -3{,}0$ m/s.

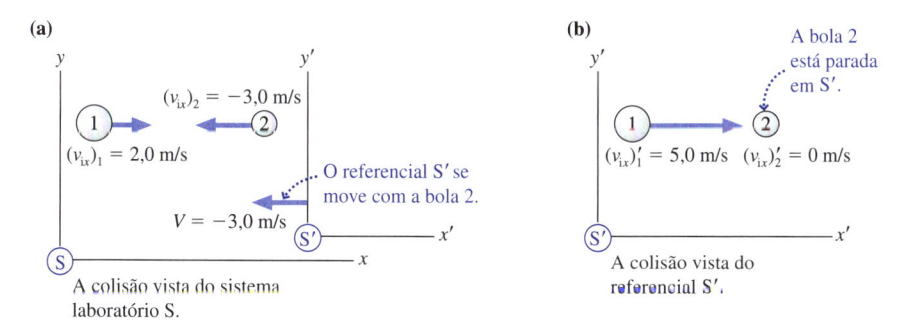

FIGURA 10.28 A colisão vista em dois sistemas de referência, S e S'.

A transformação de Galileu para velocidades é

$$v' = v - V \tag{10.44}$$

onde o apóstrofo em v' indica uma velocidade medida em relação a S'. Podemos aplicar esta relação para determinar as velocidades iniciais das duas bolas em S':

$$(v_{ix})'_1 = (v_{ix})_1 - V = 2{,}0 \text{ m/s} - (-3{,}0 \text{ m/s}) = 5{,}0 \text{ m/s}$$
$$(v_{ix})'_2 = (v_{ix})_2 - V = -3{,}0 \text{ m/s} - (-3{,}0 \text{ m/s}) = 0 \text{ m/s} \tag{10.45}$$

A **FIGURA 10.28b** mostra a situação "antes" no referencial S', onde a bola 2 está parada.

Agora usamos as Equações 10.43 para encontrar as velocidades pós-colisão no referencial S':

$$(v_{fx})'_1 = \frac{m_1 - m_2}{m_1 + m_2}(v_{ix})'_1 = 1{,}7 \text{ m/s}$$

$$(v_{fx})'_2 = \frac{2m_1}{m_1 + m_2}(v_{ix})'_1 = 6{,}7 \text{ m/s} \quad (10.46)$$

O referencial S' não mudou — ele continua se movendo a $V = -3{,}0$ m/s —, mas a colisão fez com que ambas as bolas tivessem uma velocidade em S'.

Finalmente, precisamos aplicar a transformação inversa $v = v' + V$, com a mesma V, para transformar as velocidades pós-colisão de volta para o referencial laboratório:

$$(v_{fx})_1 = (v_{fx})'_1 + V = 1{,}7 \text{ m/s} + (-3{,}0 \text{ m/s}) = -1{,}3 \text{ m/s}$$

$$(v_{fx})_2 = (v_{fx})'_2 + V = 6{,}7 \text{ m/s} + (-3{,}0 \text{ m/s}) = 3{,}7 \text{ m/s} \quad (10.47)$$

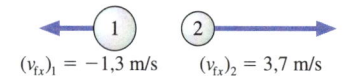

FIGURA 10.29 Velocidades pós-colisão no sistema laboratório.

$(v_{fx})_1 = -1{,}3$ m/s $(v_{fx})_2 = 3{,}7$ m/s

A **FIGURA 10.29** mostra a situação após a colisão. É fácil verificar que, com estas velocidades finais, de fato, tanto o momentum quanto a energia são conservados.

10.7 Diagramas de energia

A energia potencial é uma energia de posição. A energia potencial gravitacional depende da altura de um objeto, e a energia potencial elástica depende da deformação de uma mola. Futuramente, você encontrará outras energias potenciais que, de alguma maneira, dependem de posição. Funções de posição são facilmente representadas em gráficos. Um gráfico que mostre a energia potencial do sistema e sua energia total como funções de posição é chamado de **diagrama de energia**. Tais diagramas permitem a você visualizar o movimento com base em considerações de energia. Eles também podem ser ferramentas úteis na resolução de problemas e desempenharão um papel importante quando chegarmos à física quântica, na Parte VII.

A **FIGURA 10.30** é o diagrama de energia de uma partícula em queda livre. A energia potencial gravitacional $U_g = mgy$ está representada graficamente como uma linha que passa pela origem com declividade mg. A *curva da energia potencial* está indicada por EP. A linha indicada por ET é a *linha da energia total*, $E = K + U_g$. Ela é horizontal porque a energia mecânica é conservada, o que significa que a energia mecânica E do objeto tem o mesmo valor em cada posição.

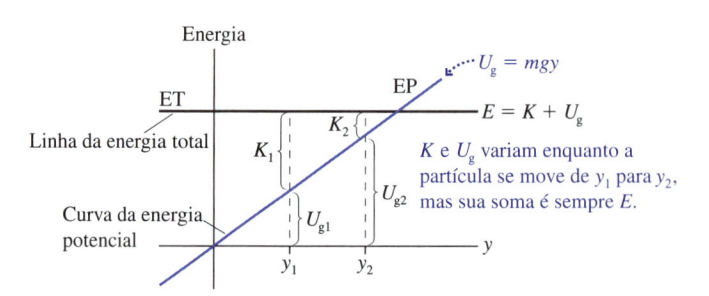

FIGURA 10.30 Diagrama de energia de uma partícula em queda livre.

Suponha que a partícula esteja na posição y_1. Por definição, a distância do eixo até a curva da energia potencial é a energia potencial U_{g1} da partícula naquela posição. Como $K_1 = E - U_{g1}$, a distância entre a curva da energia potencial e a linha da energia total é a energia cinética da partícula.

O "filme" de quatro quadros da **FIGURA 10.31** ilustra como um diagrama de energia pode ser usado para visualizar o movimento. O primeiro quadro mostra uma partícula lançada para cima a partir de $y_a = 0$, com energia cinética K_a. Inicialmente, a energia é inteiramente cinética, com $U_{ga} = 0$. Uma representação pictórica e um gráfico de barras da energia ajudam a ilustrar o que o diagrama de energia mostra.

CAPÍTULO 10 ■ Energia **289**

A partícula é lançada para cima. A energia é inteiramente cinética.	A partícula ganhou energia potencial e perdeu energia cinética.	No ponto de retorno, a energia é inteiramente potencial.	A partícula ganha energia cinética e perde energia potencial enquanto desce.

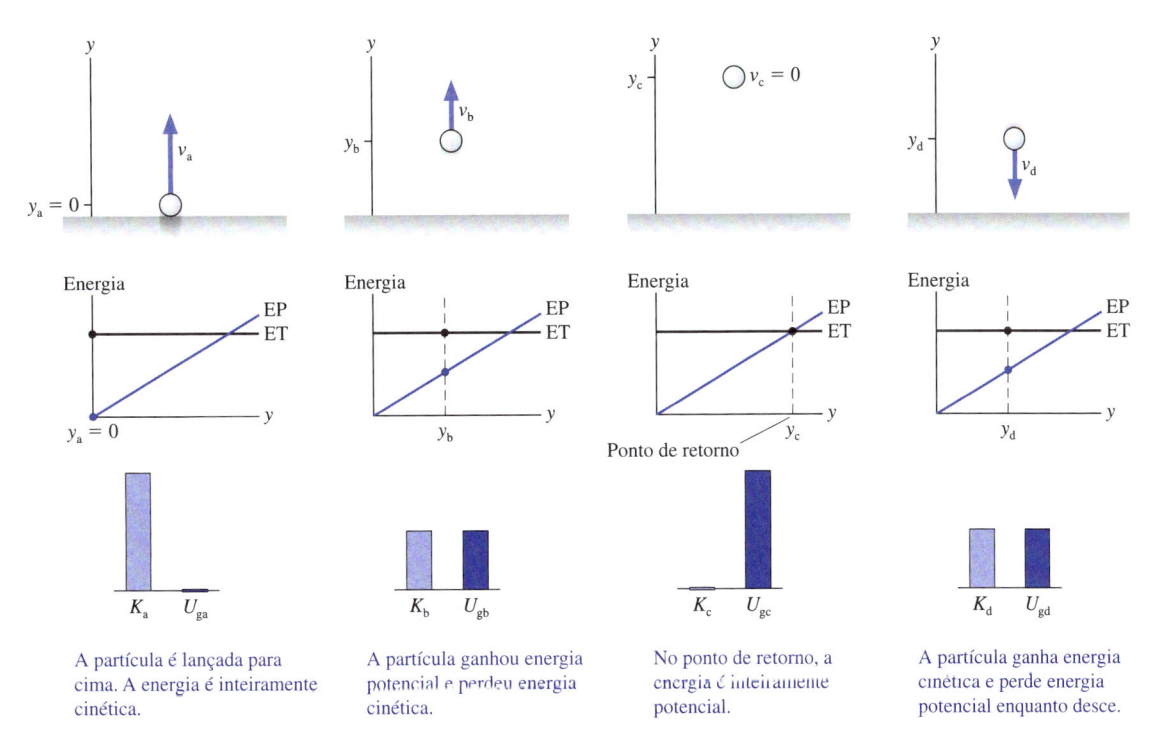

FIGURA 10.31 Um "filme" de quatro quadros de uma partícula em queda livre.

No segundo quadro, a partícula ganhou altura, mas perdeu rapidez. A curva da energia potencial U_{gb} é mais alta, e a distância K_b entre a curva da energia potencial e a linha da energia total é menor. A partícula prossegue elevando-se e desacelerando até que, no terceiro quadro, ela atinge o valor de y para o qual a linha da energia cruza com a curva da energia potencial. Este ponto, onde $K = 0$ e a energia é inteiramente do tipo potencial, é um *ponto de retorno*, em que a partícula inverte o sentido de movimento. Finalmente, vemos a partícula acelerando enquanto cai.

Uma partícula dotada desta energia total necessitaria ter energia cinética negativa para estar à direita do ponto de retorno localizado em y_c, onde a linha da energia total cruza com a curva da energia potencial. Todavia é fisicamente impossível haver um valor negativo de K, de modo que **a partícula não pode estar em posições para as quais $U > E$**. Agora, é certamente verdade que você conseguiria fazer com que a partícula atingisse valor maior de y simplesmente arremessando-a com uma força mais intensa. Porém isso aumentaria E, deslocando a linha da energia para uma posição mais elevada.

NOTA ▶ A linha ET está sob seu controle. Você pode movê-la mais para cima ou mais para baixo como desejar, alterando as condições iniciais, como lançando a partícula para cima com diferentes valores de velocidade ou soltando-a de alturas diferentes. Uma vez que tenha determinado as condições iniciais, você pode usar o diagrama de energia para analisar o movimento correspondente àquele valor de energia total. ◀

A **FIGURA 10.32** mostra o diagrama de energia de uma massa presa a uma mola horizontal. A curva do gráfico da energia potencial $U_e = \frac{1}{2}k(x - x_e)^2$ é uma parábola centrada na posição de equilíbrio x_e. A curva da energia potencial EP é determinada pela constante elástica; você não pode alterá-la. Mas você pode fixar a ET em qualquer altura que queira simplesmente esticando a mola até um comprimento apropriado. A figura mostra uma possível linha da ET.

Suponha que você puxe a massa para fora até a posição x_R e a libere. A **FIGURA 10.33** é uma seqüência de quatro quadros do movimento subseqüente. Inicialmente, a energia é inteiramente potencial. A força restauradora da mola puxa a massa de volta para x_e, aumentando a energia cinética enquanto a energia potencial diminui. A massa atinge a velocidade máxima na posição x_e, onde $U_e = 0$, e, depois, desacelera enquanto a mola é comprimida.

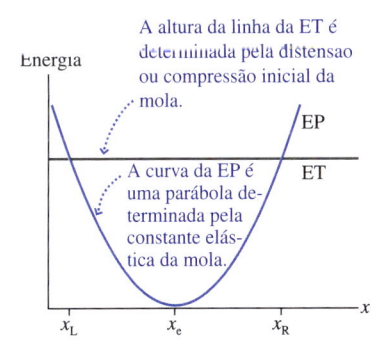

FIGURA 10.32 O diagrama de energia de uma massa presa a uma mola horizontal.

290 Física: Uma Abordagem Estratégica

A massa é liberada a partir do repouso. A energia é inteiramente potencial.

A partícula ganhou energia cinética enquanto a mola perdeu energia potencial.

Este é o ponto onde a velocidade é máxima. A energia é inteiramente cinética.

A partícula perde energia cinética e ganha energia potencial enquanto comprime a mola.

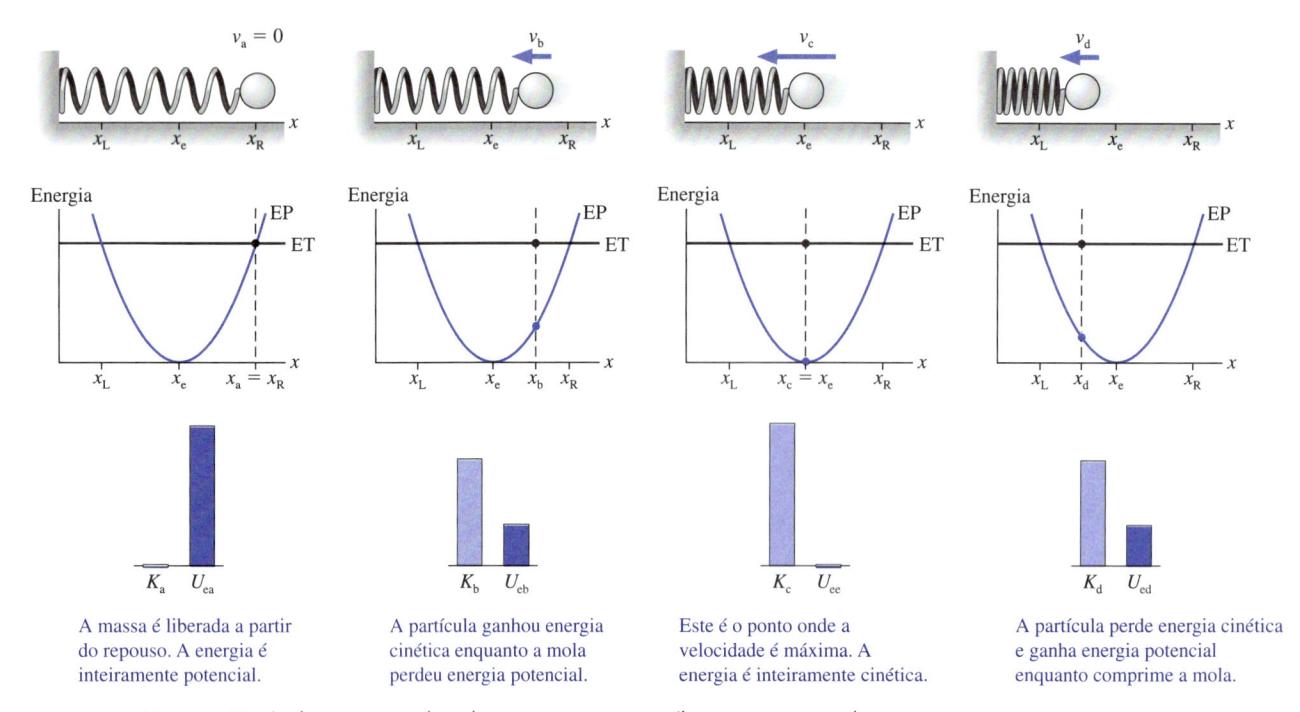

FIGURA 10.33 Uma seqüência de quatro quadros de uma massa que oscila presa a uma mola.

Se a seqüência prosseguisse, você deveria ser capaz de visualizar que a posição x_L é um ponto de retorno. A massa teria, instantaneamente, $v_L = 0$ e $K_L = 0$ e, depois, inverteria o sentido de movimento com a expansão da mola. A massa aceleraria até chegar a x_e, depois desaceleraria até chegar a x_R, de onde partira. Este é outro ponto de retorno. Ela inverteria o sentido novamente e começaria a repetir todo o processo. Em outras palavras, a massa *oscilaria* de um lado para o outro, entre os pontos de retorno esquerdo e direito, localizados em x_L e x_R, respectivamente, onde a linha da ET cruza a curva da EP.

A **FIGURA 10.34** ilustra essas idéias para o caso de um diagrama de energia mais geral. Não se sabe como foi originada esta energia potencial, mas podemos visualizar o movimento de uma partícula sujeita a essa energia potencial. Suponha que a partícula seja liberada do repouso em uma posição x_1. Como ela se moveria depois disso?

A energia cinética da partícula em x_1 é nula; logo, a linha da ET deve cruzar a curva da EP neste ponto. A partícula não pode se mover para a esquerda porque $U > E$, de modo que ela começa a se mover para a direita. Ela acelera entre x_1 e x_2 enquanto U diminui e K aumenta, depois desacelera entre x_2 e x_3 enquanto "sobe a colina da energia potencial". Todavia ela não pára em x_3 porque ainda possui energia cinética. Entre x_3 e x_4 ela acelera, atingindo a velocidade máxima em x_4, depois desacelera entre x_4 e x_5. A posição x_5 é um ponto de retorno, onde a linha da ET cruza com a curva da EP. A partícula encontra-se instantaneamente em repouso, depois inverte o sentido de movimento. Ela oscilará de um lado para o outro entre x_1 e x_5, seguindo o padrão de desaceleração e aceleração resumidamente descrito antes.

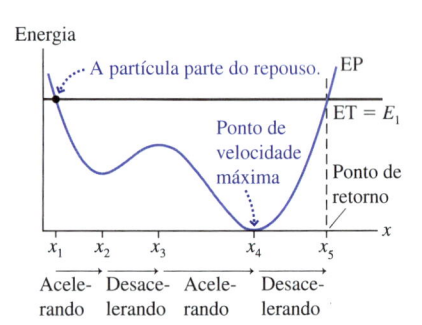

FIGURA 10.34 Um diagrama de energia mais geral.

Posições de equilíbrio

As posições x_2, x_3 e x_4, onde a energia potencial tem um mínimo ou um máximo local são posições especiais. Considere a partícula com energia total E_2 mostrada na **FIGURA 10.35**. Ela pode estar em repouso em x_2, com $K = 0$, mas não pode sair dessa posição. Em outras palavras, uma partícula com energia E_2 encontra-se em *equilíbrio estático* em x_2. Se você perturbá-la, dando-lhe uma pequena quantidade de energia cinética, de modo que sua energia total seja apenas *ligeiramente* maior do que E_2, a partícula passará a descrever uma pequena oscilação centrada em x_2, como uma bola de gude no fundo de uma tigela esférica. Este tipo de equilíbrio, para o qual uma pequena perturbação causa pequenas oscilações, é chamado de **equilíbrio estável**. Você deve ser capaz de perceber que *qualquer* mínimo na curva da EP corresponde a um ponto de equilíbrio estável. A posição x_4 também é um ponto de equilíbrio estável, neste caso para uma partícula com $E = 0$.

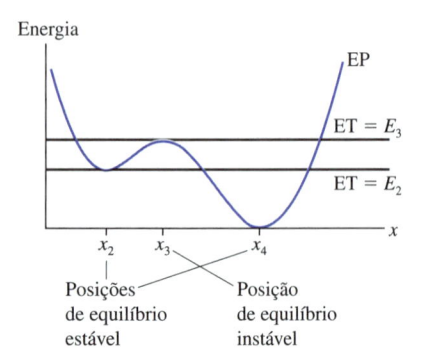

FIGURA 10.35 Pontos de equilíbrio estável e instável.

A Figura 10.35 também mostra uma partícula com energia E_3 que é tangente à curva em x_3. Se uma partícula for colocada *exatamente* na posição x_3, ela permanecerá ali em repouso ($K = 0$). Mas se, nesta posição, você perturba a partícula, fazendo com que sua energia seja apenas ligeiramente maior do que E_3, ela acelerará e se afastará de x_3. É como tentar equilibrar uma bola de gude no topo de um morrinho. Qualquer ligeira perturbação a fará rolar morro abaixo. Um ponto de equilíbrio para o qual uma pequena perturbação faz com que a partícula se afaste é chamado de **ponto de equilíbrio instável**. Qualquer máximo da curva da EP, como x_3, é um ponto de equilíbrio instável.

Podemos resumir essas lições da seguinte maneira:

BOX TÁTICO 10.2 Interpretando um diagrama de energia

❶ A distância vertical entre o eixo horizontal e a curva da EP da partícula é a energia potencial da mesma. A distância entre a curva da EP e a linha da ET é a sua energia cinética. Elas podem ser transformadas enquanto a posição varia, fazendo a partícula acelerar ou desacelerar, mas a soma $K + U$ não muda.

❷ Um ponto em que a linha da ET cruza a curva da EP é um ponto de retorno. Ali, a partícula inverte seu sentido de movimento.

❸ A partícula não pode estar em um ponto onde a curva da EP esteja acima da linha da ET.

❹ A curva da EP é determinada pelas propriedades do sistema — massa, constante elástica e outras propriedades similares. Você não pode alterar a curva da EP. Todavia, você pode elevar ou abaixar a linha da ET simplesmente alterando as condições iniciais, dando mais ou menos energia total à partícula.

❺ Qualquer mínimo da curva da EP é um ponto de equilíbrio estável. Qualquer máximo da mesma curva é um ponto de equilíbrio instável.

Exercícios 18–20

EXEMPLO 10.10 Equilibrando uma massa sobre uma mola

Uma mola de comprimento L_0 e constante elástica k está apoiada sobre uma de suas extremidades. Um bloco de massa m é colocado sobre a mola, comprimindo-a. Qual é o comprimento da mola comprimida?

MODELO Considere uma mola ideal que satisfaz à lei de Hooke. O sistema bloco + mola possui *tanto* energia potencial gravitacional U_g *quanto* energia potencial elástica U_e. O bloco situado no topo da mola encontra-se em um ponto de equilíbrio estável (uma pequena perturbação fará o bloco oscilar ligeiramente em torno da posição de equilíbrio), de modo que podemos resolver este problema examinando o diagrama de energia.

VISUALIZAÇÃO A **FIGURA 10.36a** é uma representação pictórica. Usamos um sistema de coordenadas com origem ao nível do solo, portanto a posição de equilíbrio da mola não comprimida é $y_e = L_0$.

RESOLUÇÃO A **FIGURA 10.36b** mostra separadamente as duas energias potenciais e também a energia potencial total:

$$U_{tot} = U_g + U_e = mgy + \frac{1}{2}k(y - L_0)^2$$

A posição de equilíbrio (o mínimo de U_{tot}) deslocou-se de L_0 para um valor menor de y, mais próximo ao solo. Podemos determinar o equilíbrio localizando a posição do mínimo da curva da EP. Do Cálculo,

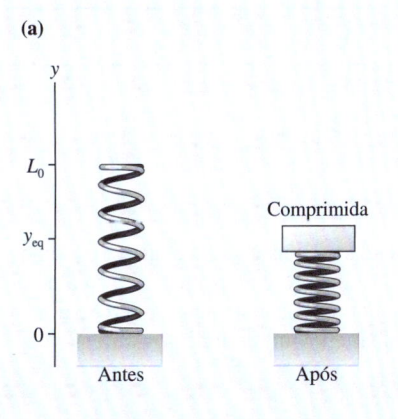

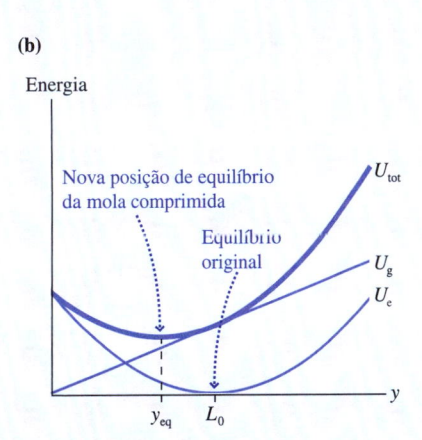

FIGURA 10.36 O sistema bloco + mola possui energia potencial gravitacional e elástica.

Continua

você sabe que o mínimo de uma função localiza-se no ponto em que a derivada (ou declividade) é nula. A derivada de U_{tot} é

$$\frac{dU_{tot}}{dy} = mg + k(y - L_0)$$

A derivada é nula no ponto y_{eq}; logo, podemos facilmente obter

$$mg + k(y_{eq} - L_0) = 0$$

$$y_{eq} = L_0 - \frac{mg}{k}$$

O bloco comprime a mola em um comprimento igual a mg/k a partir de seu comprimento original L_0, resultando em um novo comprimento de equilíbrio $L_0 - mg/k$.

PARE E PENSE 10.6 Uma partícula com a energia potencial mostrada no gráfico está se movendo para a direita. Ela possui 1 J de energia cinética no ponto $x = 1$ m. Onde se encontra o ponto de retorno da partícula?

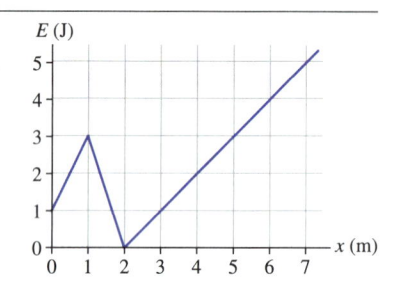

Ligações moleculares

Vamos terminar o capítulo vendo como os diagramas de energia nos possibilitam compreender um pouco a respeito das ligações moleculares. Uma *ligação molecular*, que mantém dois átomos juntos, é uma interação elétrica entre os elétrons e o núcleo eletricamente carregados. A **FIGURA 10.37** mostra o diagrama de energia potencial para moléculas diatômicas de HCl (cloreto de hidrogênio), como determinado experimentalmente. A distância x é a *separação inter-atômica*, a distância entre o átomo de hidrogênio e o de cloro. Note as distâncias muito pequenas envolvidas: 1 nm = 10^{-9} m.

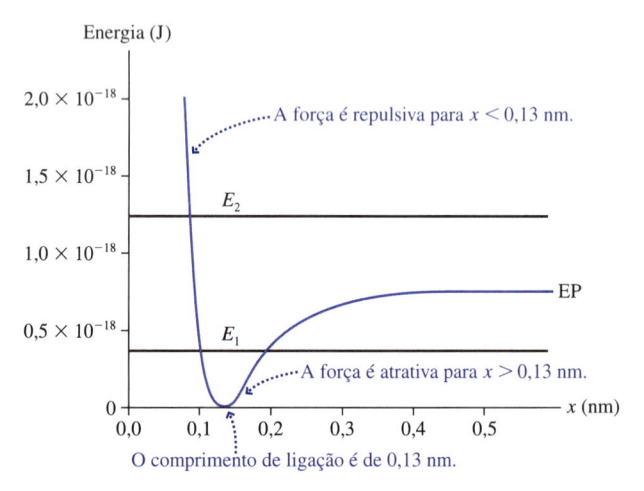

FIGURA 10.37 Diagrama de energia da molécula diatômica HCl.

Embora a energia potencial seja uma energia elétrica, podemos *interpretar* o diagrama usando as etapas do Box Tático 10.2. A primeira coisa a notar é que este diagrama de energia potencial guarda algumas semelhanças com o de uma mola, com um vale de potencial profundo, mas também possui diferenças significativas.

A molécula encontra-se em equilíbrio estável a uma separação inter-atômica de $x_{eq} = 0{,}13$ nm. Este é o *comprimento de ligação* do HCl, e você pode obter este valor listado em livros de química. Se você tentar empurrar os átomos para mais perto um do outro (x menor), a energia potencial se elevará muito rapidamente. Fisicamente, trata-se da força elétrica repulsiva entre os elétrons que orbitam cada núcleo, impedindo os átomos de se aproximarem mais.

Existe também uma força atrativa entre os átomos, chamada de *força de polarização*. Ela é parecida com a força eletrostática pela qual um pente que foi esfregado em seu cabelo atrai pequenos pedaços de papel. Se você tentar puxar os átomos para afastá-los (x maior), a força atrativa de polarização resistirá e será responsável pelo aumento da energia potencial para $x > x_{eq}$. A posição de equilíbrio é onde a força repulsiva entre os elétrons e a força atrativa de polarização se contrabalançam exatamente.

A força repulsiva torna-se mais intensa à medida que você empurra os átomos um contra o outro, e, assim, a curva da energia potencial torna-se mais íngreme para a esquerda. Mas a força atrativa de polarização torna-se *mais fraca* à medida que os átomos se afastam. É por isso que a curva da energia potencial torna-se *menos* inclinada para cima quando a separação inter-atômica aumenta. Finalmente, para valores muito grandes de x, a energia potencial deixa de variar. Isso não é surpreendente, porque dois átomos distantes não devem interagir um com o outro. Essa diferença entre as forças repulsiva e atrativa dá origem a uma curva *assimétrica*.

Acontece que, por razões que dizem respeito à física quântica, uma molécula não pode possuir $E = 0$ e, assim, estar simplesmente parada na posição de equilíbrio. Requerendo que a molécula tenha alguma energia, como E_1, vemos que os átomos oscilarão para a frente e para trás entre dois pontos de retorno. Isso é o que se chama de *vibração molecular*, e os átomos mantidos juntos por meio de ligações moleculares estão vibrando constantemente. Para uma molécula com uma energia $E_1 = 0{,}35 \times 10^{-18}$ J, como ilustrado na Figura 10.37, o comprimento da ligação oscila aproximadamente entre 0,10 nm e 0,18 nm.

Suponha que aumentemos a energia da molécula para $E_2 = 1{,}25 \times 10^{-18}$ J. Isso poderia ocorrer se a molécula absorvesse alguma luz. Do diagrama de energia, você pode verificar que átomos com tal energia não podem estar ligados juntos para valores maiores de x. Não existe ponto de retorno à direita, de modo que os átomos continuarão se afastando. Elevar a energia da molécula para E_2 *quebrará a ligação molecular*. Se acontecer de os átomos estarem se movendo juntos no instante em que a energia é alterada, eles "ricochetearão" uma última vez (pois ainda existe um ponto de retorno à *esquerda*) e, depois, se afastarão um do outro e não mais retornarão. A ruptura de ligações moleculares pela absorção de luz é chamada de *fotodissociação*. Trata-se de um processo importante na confecção de circuitos integrados.

RESUMO

O objetivo do Capítulo 10 foi introduzir as idéias de energia cinética e potencial e aprender uma nova estratégia de resolução de problemas baseada na conservação da energia.

Princípios gerais

Princípio de conservação da energia mecânica

Se não existe atrito ou outros processos de perda de energia (a serem mais explorados no Capítulo 11), a energia mecânica $E_{mec} = K + U$ de um sistema se conserva. Portanto,

$$K_f + U_f = K_i + U_i$$

- K é a soma das energias cinéticas de todas as partículas.
- U é a soma de todas as energias potenciais.

Resolução de problemas sobre conservação da energia

MODELO Defina um sistema sem atrito ou outras perdas de energia mecânica.
VISUALIZAÇÃO Desenhe uma representação pictórica do tipo antes-e-após.
RESOLUÇÃO Use o princípio de conservação da energia:

$$K_f + U_f = K_i + U_i$$

AVALIAÇÃO O resultado obtido é plausível?

Conceitos importantes

A energia cinética é uma energia de movimento:

$$K = \frac{1}{2}mv^2$$

A energia potencial é uma energia de posição.

- **Gravitacional:** $U_g = mgy$
- **Elástica:** $U_s = \frac{1}{2}k(\Delta s)^2$

Modelo básico de energia

Entrada de energia no sistema

Energia prontamente disponível K
Energia armazenada U
Energia mecânica $E_{mec} = K + U$

A energia pode ser transformada, sem perdas, dentro do sistema.

Saída de energia do sistema

Diagramas de energia

Estes diagramas mostram a curva da energia potencial e a linha da energia mecânica total ET.

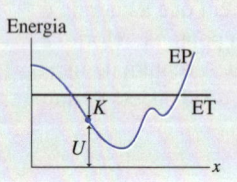

- A distância vertical entre o eixo horizontal e a curva é a EP.
- A distância vertical entre a curva e a linha da ET é a EC.
- Um ponto em que a linha da ET cruza com a curva da energia potencial EP é um **ponto de retorno**.
- Mínimos da curva da EP são pontos de **equilíbrio estável**.
- Máximos dessa curva são pontos de **equilíbrio instável**.

Aplicações

Lei de Hooke

A força restauradora de uma mola ideal é dada por

$$(F_{elast})_s = -k\,\Delta s$$

onde k é a constante elástica e $\Delta s = s - s_e$ é a deformação a partir do equilíbrio.

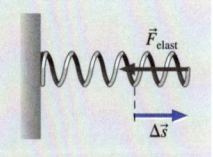

Colisões perfeitamente elásticas

Tanto a energia mecânica quanto o momentum se conservam.

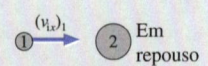

$$(v_{fx})_1 = \frac{m_1 - m_2}{m_1 + m_2}(v_{ix})_1 \qquad (v_{fx})_2 = \frac{2m_1}{m_1 + m_2}(v_{ix})_1$$

Se a bola 2 está se movendo, mude para um sistema de referência em que a bola 2 esteja em repouso.

Termos e notação

energia
energia cinética, K
joule, J
energia mecânica
princípio de conservação da energia mecânica
força restauradora

elástico
comprimento de equilíbrio, L_0
deformação a partir do equilíbrio, Δs
constante elástica, k
lei de Hooke
energia potencial elástica, U_e

colisão perfeitamente elástica
diagrama de energia
equilíbrio estável
equilíbrio instável

QUESTÕES CONCEITUAIS

1. Em certo mês, John recebeu R$ 3.000 e teve uma despesa total de R$ 2.500, de modo que retirou R$ 300 de aplicações.
   a. Você pode determinar a *variação* do dinheiro vivo de John neste mês? Em caso afirmativo, quanto vale ΔV?
   b. Você pode determinar o quanto variou o dinheiro vivo, V, de John durante este período? Em caso afirmativo, quanto vale V? Em caso negativo, por que não?
2. De que grandeza fundamental depende a energia cinética? De que grandeza fundamental depende a energia potencial?
3. A energia cinética pode ser negativa? E quanto à energia potencial gravitacional? Para cada uma dessas, dê uma *razão* plausível para justificar sua resposta sem usar qualquer equação.
4. Se a velocidade de uma partícula aumentar por um fator de 3, por que fator irá variar sua energia cinética?
5. A partícula A tem massa duas vezes menor e energia cinética oito vezes menor do que a partícula B. Qual é a razão v_A/v_B entre os módulos das velocidades?
6. Um vagão de montanha-russa desce por um trilho sem atrito algum, atingindo uma rapidez v_0 na base da descida. Se você deseja que o vagão chegue à base com velocidade duas vezes maior, em que fator deverá aumentar a altura da qual o vagão desce? Explique.
7. As três bolas da **FIGURA Q10.7**, todas de mesma massa, são arremessadas com a mesma rapidez e da mesma altura acima do solo. Ordene em seqüência decrescente, os módulos v_a, v_b e v_c das velocidades das bolas ao atingirem o solo. Explique.

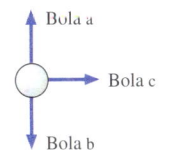

FIGURA Q10.7

8. As três bolas da **FIGURA Q10.8**, todas de mesma massa, são arremessadas com mesma rapidez segundo os ângulos mostrados. Ordene em seqüência decrescente, os módulos v_a, v_b e v_c de suas velocidades ao atravessarem a linha horizontal. Explique. (Todas as três são arremessadas com velocidades suficientemente grandes para que alcancem a linha.)

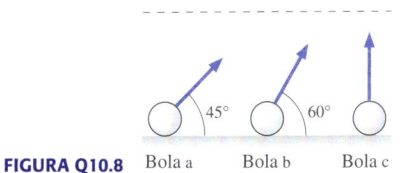

FIGURA Q10.8

9. Uma mola tem 10 cm de comprimento quando não é esticada. Ela exerce uma força restauradora F quando esticada para 11 cm.
   a. Qual é o comprimento dessa mola se a força restauradora valer $3F$?
   b. Em quanto a mola estará comprimida quando a força restauradora valer $2F$?
10. A extremidade esquerda de uma mola está presa a uma parede. Quando Bob a puxa para a direita com 200 N de força, ele estica a mola em 20 cm. A mesma mola é, então, usada em um cabo-de-guerra entre Bob e Carlos. Cada um puxa para seu lado com 200 N de força. Quanto se move a extremidade segurada por Carlos? Explique.
11. Ordene, em seqüência decrescente, as quantidades de energia potencial elástica de $(U_e)_a$ a $(U_e)_d$ armazenadas nas molas da **FIGURA Q10.11**. Explique.

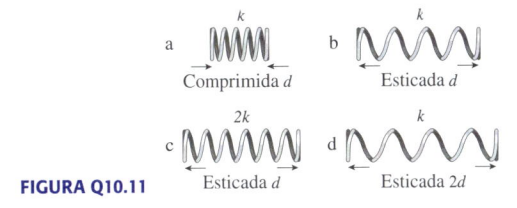

FIGURA Q10.11

12. Uma mola está comprimida em 10 cm. Em quanto deve ser comprimida uma mola de constante elástica duas vezes maior a fim de armazenar a mesma quantidade de energia?
13. A mola de uma arma de brinquedo atira uma bola de plástico com rapidez v_0. A mola, então, é comprimida em uma distância duas vezes maior do que na primeira vez em que foi disparada. Por que fator aumenta a rapidez da bola arremessada? Explique.
14. Uma partícula com a energia potencial mostrada na **FIGURA Q10.14** move-se para a direita do ponto $x = 5$ m com energia total E.
    a. Em que valores de x a velocidade da partícula atinge um máximo?
    b. Essa partícula possui algum ponto ou pontos de retorno na faixa de valores de x coberta pelo gráfico? Em caso afirmativo, onde?
    c. Se E for alterada adequadamente, a partícula poderia permanecer em repouso em algum ponto ou pontos da faixa de valores de x coberta pelo gráfico? Em caso afirmativo, onde?

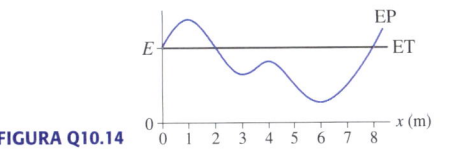

FIGURA Q10.14

15. Duas bolas de argila, de massas conhecidas, são suspensas em um teto por meio de molas sem massa e de mesmo comprimento. Elas mal se tocam quando ficam suspensas em repouso. Uma delas é puxada para trás até que o barbante forme 45° e, depois, é liberada. Ela descreve um arco para baixo e colide com a segunda bola, e as duas se grudam. Para determinar até que ângulo as bolas oscilarão no lado oposto, você deve invocar (a) a conservação do momentum, (b) a conservação da energia mecânica, (c) ambos os princípios ou (d) nenhum dos princípios? Explique.

EXERCÍCIOS E PROBLEMAS

Exercícios

Seção 10.2 Energia cinética e energia potencial gravitacional

1. | Qual objeto possui maior energia cinética: uma bala de 10 g disparada a 500 m/s ou um estudante de 75 kg correndo a 5,5 m/s?
2. | O ponto mais baixo do Vale da Morte, EUA, encontra-se 85 m abaixo do nível do mar. O cume do vizinho Monte Whitney tem uma elevação de 4.420 m. Qual é a variação de energia potencial de um caminhante enérgico de 65 kg que sobe do fundo do Vale da Morte até o cume do Monte Whitney?
3. | Quanto vale a velocidade de um carro pequeno de 1.000 kg que possui a mesma energia cinética de um caminhão de 20.000 kg que trafega a 25 km/h?
4. | a. Qual é a energia cinética de um carro de 1.500 kg que trafega a 30 m/s ($\approx$100 km/h)?
   b. De que altura o carro teria de ser solto para ter esta quantidade de energia cinética imediatamente antes do impacto?
   c. Sua resposta ao item anterior depende da massa do carro?
5. | Um rapaz se estica para fora de uma janela e arremessa uma bola diretamente para cima a 10 m/s. A bola encontra-se 20 m acima do solo quando é liberada. Use a conservação da energia para determinar
   a. a máxima altura atingida acima do solo.
   b. o módulo de sua velocidade quando ela passa pela janela na volta.
   c. o módulo da velocidade de impacto com o solo.
6. || a. Qual é a mínima velocidade com que você deve arremessar uma bola de 100 g, diretamente para cima, a fim de que ela bata no teto de 10 m de altura de um ginásio se a bola é liberada 1,5 m acima do solo? Resolva este problema usando a conservação da energia.
   b. Com que valor de velocidade a bola atinge o solo?
7. || A massa de um átomo de oxigênio é quatro vezes maior do que a de um átomo de hélio. Em uma experiência, um átomo de hélio e outro, de oxigênio, possuem a mesma energia cinética. Qual é a razão v_{He}/v_O entre os valores de suas velocidades?

Seção 10.3 Uma olhada de perto na energia potencial gravitacional

8. | Uma bola de 50 g é solta a partir do repouso 1,0 m acima da base da pista mostrada na FIGURA EX10.8. Ela desce rolando um trecho com 30° de inclinação, depois atinge outro trecho parabólico cuja forma é dada por $y = \frac{1}{4}x^2$, onde x e y estão em metros. Que altura a bola atingirá do lado direito da pista antes de inverter seu movimento e começar a retornar?

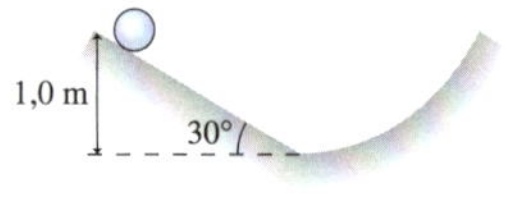

FIGURA EX10.8

9. | Um praticante de *skate*, com 55 kg, deseja chegar e parar precisamente no topo de um *quarter pipe**, uma pista que corresponde a um quarto de um círculo com raio de 3,0 m. Qual é o valor de velocidade que ele deve possuir na base da pista?
10. || Qual é a velocidade mínima que um disco de hóquei no gelo deve ter para atingir o topo de uma rampa de gelo sem atrito, com 20° de inclinação e 3,0 m de comprimento?
11. || Um pêndulo é construído amarrando-se uma bola de 500 g a um fio de 75 cm de comprimento. O pêndulo é deslocado lateralmente em 30° e, então, é liberado.
    a. Qual é o módulo da velocidade da bola no ponto mais baixo da trajetória?

---
* N. de T.: Quarto de tubo.

b. Até que valor de ângulo o pêndulo oscilará do outro lado?

12. | Uma criança de 20 kg senta-se em um balanço com correntes de 3,0 de comprimento. Qual será sua velocidade máxima se ela oscila até um ângulo máximo de 45° com a vertical?
13. | Um carro de 1.500 kg trafega a 10 m/s quando, subitamente, fica sem gasolina próximo do início da descida do vale mostrado na FIGURA EX10.13. Qual será o valor da velocidade do carro quando ele estiver chegando, rolando em ponto-morto, no posto de gasolina do outro lado do vale?

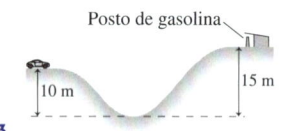

FIGURA EX 10.13

Seção 10.4 Forças restauradoras e lei de Hooke

14. | Calçando sapatos com travas no solado, um corredor empurra um trenó de 20 kg sobre o gelo sem atrito por meio de uma mola horizontal cuja constante elástica vale 150 N/m. A mola está esticada 20 cm em relação ao comprimento de equilíbrio. Qual é a aceleração do trenó?
15. | Você precisa construir um dinamômetro para medir massas. Você deseja que cada 1,0 cm de comprimento ao longo da escala corresponda a uma diferença de massa de 100 g. Qual deve ser o valor da constante elástica da mola?
16. || Uma mola de 10 cm de comprimento é presa ao teto de uma casa. Quando uma massa de 2,0 kg é suspensa por ela, a mola passa a ter o comprimento de 15 cm.
    a. Qual é a constante elástica da mola?
    b. Qual será o comprimento da mola quando uma massa de 3,0 kg estiver suspensa por ela?
17. || Uma massa de 5,0 kg, suspensa por um dinamômetro, é gradualmente empurrada para baixo sobre uma mola vertical, como mostrado na FIGURA EX10.17. O dinamômetro marca o peso em newtons.
    a. Quanto marca o dinamômetro imediatamente antes de a massa tocar na mola que está por baixo?
    b. O dinamômetro marca 20 N quando a mola está comprimida em 2,0 cm. Qual é o valor da constante elástica da mola de baixo?
    c. Qual é a deformação da mola quando o dinamômetro marca zero?

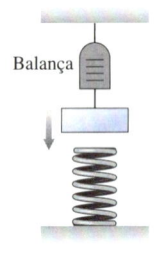

FIGURA EX10.17

18. || Um estudante de 60 kg está em pé sobre uma mola, dentro de um elevador que sobe acelerando a 3,0 m/s². A constante elástica da mola é de 2.500 N/m. Em quanto está comprimida a mola?

Seção 10.5 Energia potencial elástica

19. | Quanta energia pode ser armazenada em uma mola com $k = 500$ N/m se a máxima distensão possível é de 20 cm?
20. | Em quanto você deve esticar uma mola com $k = 1.000$ N/m a fim de armazenar 200 J de energia?
21. || Uma estudante coloca seu livro de física de 500 g sobre uma mesa desprovida de atrito. Ela empurra o livro contra uma mola, comprimindo-a em 4,0 cm, e depois o libera. Com que valor de velocidade o livro se afasta? A constante elástica é de 1.250 N/m.
22. | Um bloco desliza, sem atrito e com rapidez v, sobre uma superfície horizontal quando colide com uma mola, comprimindo-a em 2,0 cm. Qual seria a compressão da mola se o mesmo bloco colidisse com ela com uma rapidez igual a $2v$?

23. || Um carrinho de compras de 10 kg rola em direção a uma mola, de constante elástica igual a 250 N/m, e a comprime em 60 cm. Qual era o módulo da velocidade do carrinho imediatamente antes de colidir com a mola?

24. || Quando um avião a jato de 15.000 kg aterrissa sobre um porta-aviões, um gancho em sua cauda prende-se a um cabo para desacelerar o avião. O cabo é preso a uma mola com constante elástica de 60.000 N/m. Se a mola estica 30 m até a parada do avião, quanto vale a velocidade do avião na aterrissagem?

Seção 10.6 Colisões elásticas

25. | Uma bolinha de 50 g, movendo-se a 2,0 m/s, colide com outra bolinha de 20 g que está parada. Qual é o módulo da velocidade de cada bolinha imediatamente após a colisão?

26. | Um próton desloca-se para a direita a $2,0 \times 10^7$ m/s. Ele sofre uma colisão frontal e perfeitamente elástica com um átomo de carbono. A massa deste átomo é doze vezes maior que a do próton. Qual é a rapidez e qual é a orientação de cada partícula após a colisão?

27. || Uma bola de argila de 50 g desloca-se com rapidez v_0 ao colidir com um tijolo de 1,0 kg, que está em repouso sobre uma superfície livre de atrito, grudando-se ao mesmo.
    a. Qual é a rapidez do tijolo após a colisão?
    b. Que percentual da energia inicial da bola é perdida nesta colisão?

28. || A bola 1, com 100 g de massa deslocando-se a 10 m/s, colide frontalmente com a bola 2, que tem 300 g de massa e encontra-se inicialmente parada. Qual é a velocidade final de cada bola se a colisão é (a) perfeitamente elástica? (b) perfeitamente inelástica?

Seção 10.7 Diagramas de energia

29. | A **FIGURA EX10.29** é o diagrama de energia potencial para uma partícula de 20 g que é liberada do repouso em $x = 1,0$ m.
    a. A partícula se moverá para a direita ou para a esquerda? Como você pode descobrir?
    b. Qual é velocidade máxima da partícula? Em que posição ela possui tal velocidade?
    c. Onde se encontram os pontos de retorno do movimento?

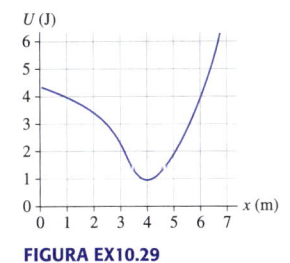

FIGURA EX10.29

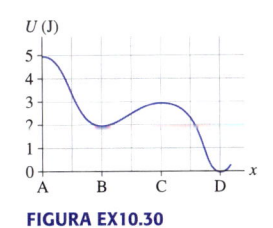

FIGURA EX10.30

30. | A **FIGURA EX10.30** é o diagrama de energia potencial para uma partícula de 500 g que é liberada do repouso em A. Quanto vale a velocidade da partícula em B, C e D?

31. || Qual é a velocidade máxima de uma partícula de 2,0 g que oscila entre $x = 2,0$ mm e $x = 8,0$ mm na **FIGURA EX10.31**?

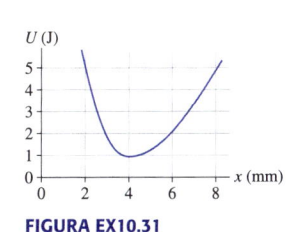

FIGURA EX10.31

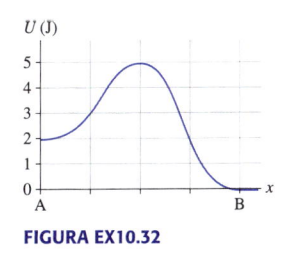

FIGURA EX10.32

32. || a. Na **FIGURA EX10.32**, qual é o valor mínimo de velocidade que uma partícula de 100 g necessita ter no ponto A para poder chegar ao ponto B?
    b. Qual é o mínimo valor de velocidade que uma partícula de 100 g precisa ter, no ponto B, para poder chegar ao ponto A?

Problemas

33. | Você dirige a 35 km/h quando a estrada subitamente desce 15 m em direção a um vale. Você tira o pé do acelerador e desce em ponto-morto para o vale. Exatamente quando atinge o fundo do vale, você vê um policial escondido atrás da placa de limite de velocidade onde se lê "70 km/h". Você será multado por excesso de velocidade?

34. || De cima do muro de 10 m de altura de uma fortaleza, um canhão inclinado em 30° acima da horizontal dispara uma bala com 80 m/s. Qual será o módulo da velocidade da bala no solo?

35. || O *Frisbee* de seu amigo ficou preso em uma árvore a 16 m acima do solo. Você deseja desalojá-lo acertando-o com uma pedra. O brinquedo está firmemente preso à árvore, de modo que você percebe que a pedra precisa estar se deslocando com velocidade de, no mínimo, 5,0 m/s ao bater no *Frisbee*.
    a. O valor da velocidade de arremesso da pedra depende do ângulo segundo o qual ela é arremessada? Explique.
    b. Se a pedra for liberada a 2,0 m acima do solo, com que valor mínimo de velocidade você deverá arremessá-la?

36. || Um cubo de gelo bem liso desliza dentro de um tubo horizontal liso com 20 cm de diâmetro interno, descrevendo uma trajetória em um *plano vertical*. Na parte mais inferior do tubo, a velocidade do cubo de gelo é de 3,0 m/s.
    a. Quanto vale a velocidade do cubo no topo?
    b. Obtenha uma expressão algébrica para o módulo da velocidade do cubo quando este estiver em uma posição angular θ, onde este é um ângulo medido em sentido anti-horário a partir da parte inferior do tubo. Sua expressão deve resultar em 3,0 m/s e $\theta = 0°$, e sua resposta ao item a, em $\theta = 180°$.
    c. Desenhe um gráfico de v versus θ que cubra uma revolução inteira.

37. || Uma pedra de 50 g é colocada em um estilingue e a tira de borracha é esticada. A força resultante da tira sobre a pedra é representada no gráfico da **FIGURA P10.37**.
    a. A tira de borracha foi esticada para a direita ou para a esquerda? Como você pode descobrir isso?
    b. Esta tira de borracha satisfaz à lei de Hooke? Explique.
    c. Quanto vale a constante elástica k da tira de borracha?
    d. A tira de borracha é esticada em 30 cm e, depois é liberada. Qual será o módulo da velocidade de arremesso da pedra?

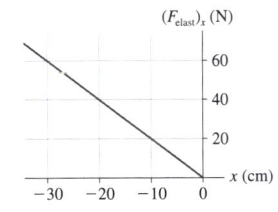

FIGURA P10.37

38. || A mola da **FIGURA P10.38a** é comprimida em Δx. Ela lança o bloco com rapidez v_0 ao longo de uma superfície livre de atrito. As duas molas da **FIGURA P10.38b** são idênticas à mola da Figura P10.38a. Elas estão comprimidas no mesmo valor Δx e são usadas para lançar o mesmo bloco. Qual será, agora, o módulo da velocidade do bloco?

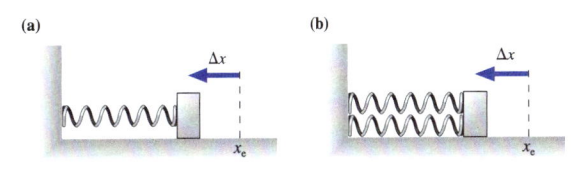

FIGURA P10.38

39. ‖ A mola da **FIGURA P10.39a** é comprimida em Δx. Ela lança o bloco ao longo de uma superfície sem atrito com velocidade v_0. As duas molas da **FIGURA P10.39b** são idênticas à da Figura 10.39a. Elas são comprimidas pelo mesmo Δx *total* e usadas para lançar o mesmo bloco. Quanto valerá, agora, a velocidade de lançamento do bloco?

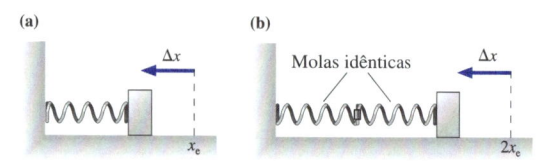

FIGURA P10.39

40. ‖ Uma bola de borracha de 500 g é solta de uma altura de 10 m e sofre uma colisão perfeitamente elástica com a Terra.
   a. Qual é a velocidade da Terra após a colisão? Considere que a Terra esteja em repouso imediatamente antes da colisão.
   b. Quantos anos decorreria para que a Terra se movesse 1,0 mm com este valor de velocidade?

41. ‖ Um cubo de gelo de 50 g pode deslizar sem atrito para cima e para baixo de uma rampa de 30°. O cubo de gelo é empurrado contra uma mola na base da rampa, comprimindo-a em 10 cm. A constante elástica da mola é de 25 N/m. Quando o cubo de gelo for liberado, que distância ele percorrerá, subindo a rampa, antes de inverter o sentido de seu movimento?

42. ‖ Um pacote de massa m é liberado a partir do repouso do galpão de armazenamento de uma loja e desliza sem atrito por uma rampa até o caminhão estacionado. Infelizmente, o motorista estacionou o caminhão sem remover um pacote anterior, de massa $2m$, que está na base da rampa.
   a. Suponha que os pacotes se grudem. Qual será sua velocidade após a colisão?
   b. Suponha agora que a colisão dos dois pacotes seja perfeitamente elástica. Até que altura o pacote de massa m subirá de volta na rampa?

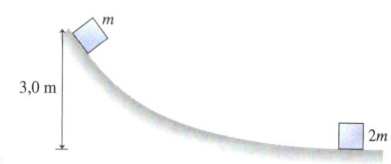

FIGURA P10.42

43. ‖ Um cubo de granito de 100 g desce deslizando por uma rampa sem atrito e com 40° de inclinação. Na base da mesma, exatamente quando o cubo entra na superfície horizontal de uma mesa, ele colide com um cubo de aço de 200g em repouso. A que altura acima da mesa o cubo de granito deve ser liberado a fim de que o cubo de aço adquira uma velocidade de 150 cm/s?

44. ‖‖ Um cofre de 1.000 kg encontra-se 2,0 m acima de uma mola dura e resistente quando o cabo que o sustenta se rompe. O cofre colide com a mola e a comprime em 50 cm. Qual é a constante elástica da mola?

45. ‖ Uma mola com $k = 490$ N/m está apoiada verticalmente sobre o solo. Você segura um bloco de 5,0 kg logo acima da mola, quase sem tocá-la.
   a. Em quanto a mola será comprimida se você soltar o bloco de repente?
   b. Em quanto a mola será comprimida se você, lentamente, baixar o bloco até um ponto em que possa tirar sua mão sem que ele se mexa?
   c. Por que as duas respostas anteriores são diferentes entre si?

46. ‖ Os desesperados competidores de um programa de TV sobre sobrevivência em uma ilha estão com muita fome. O único alimento que eles conseguem ver são algumas frutas suspensas em um ramo muito alto de uma grande árvore. Felizmente, eles dispõem de uma mola que podem usar para lançar uma pedra. A constante da mola é de 1.000 N/m, e eles podem comprimi-la, no máximo, em 30 cm. Todas as pedras da ilha parecem ter a mesma massa de 400 g.
   a. Com que valor de velocidade a pedra deixa a mola?
   b. Se a fruta está suspensa a 15 m do solo, eles se banquetearão ou continuarão famintos?

47. ‖ Uma panela de massa desprezível está suspensa por uma mola presa ao teto. Quando vazia, a panela fica parada a 50 cm abaixo do teto. Se um punhado de 100 g de argila é suavemente colocado na panela, ela passa a ficar parada a 60 cm do teto. Suponha que o punhado de argila seja solto, do teto, e caia dentro da panela. Qual será a máxima distância, da panela ao teto, atingida quando a mola atinge o comprimento máximo?

48. ‖ Você foi incumbido de projetar um vagão de montanha-russa, a ser lançado por uma mola e que leve dois passageiros. O vagão deve subir uma colina com 10 m de altura, depois descer 15 m até o ponto mais baixo do trilho. Você constata que a mola pode ser comprimida em 2,0 m, no máximo, e que um vagão lotado terá massa máxima de 400 kg. Por razões de segurança, a constante da mola lançadora deve ser 10% maior do que o valor mínimo necessário para que a mola consiga fazer o vagão chegar e parar bem no topo.
   a. Que valor de constante elástica você deve especificar?
   b. Quanto vale a velocidade máxima de um vagão de 350 kg se a mola lançadora for comprimida ao máximo?

49. ‖ É um belo dia com neve nova e muito lisa. Julie inicia no topo da rampa com 60° de inclinação mostrada na **FIGURA P10.49**. Na base da mesma, um arco circular a conduz para cima, descrevendo 90°, e então ela é lançada da rampa a 3,0 m de altura. A que distância horizontal da extremidade da rampa ela aterrissará na neve?

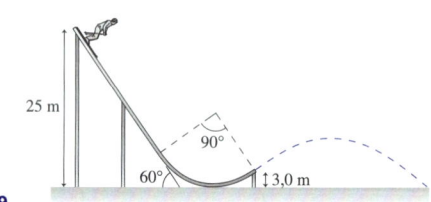

FIGURA P10.49

50. ‖ Um bloco de 100 g, sobre uma mesa livre de atrito, está firmemente preso à extremidade de uma mola com $k = 20$ N/m. A outra extremidade está ancorada a uma parede. Uma bola de 20 kg é arremessada horizontalmente em direção ao bloco com uma velocidade de 5,0 m/s.
   a. Se a colisão for perfeitamente elástica, qual será o módulo da velocidade da bola logo após a colisão?
   b. Qual será a máxima compressão da mola?
   c. Refaça os itens anteriores para o caso de uma colisão perfeitamente inelástica.

51. ‖ Você foi designado para projetar um "sistema balístico de mola" com a finalidade de medir a velocidade de balas. Uma bala de massa m é disparada contra um bloco de massa M. O bloco, com a bala incrustada nele, desliza, então, sobre uma mesa sem atrito e colide com uma mola horizontal de constante elástica k. A extremidade oposta da mola está ancorada numa parede. Mede-se, assim, a máxima compressão d atingida pela mola.
   a. Obtenha uma expressão para a velocidade v_B da bala em função de m, M, k e d.

b. Qual é a rapidez de uma bala de 5,0 g se a massa do bloco for de 2,0 kg e se a mola, com $k = 50$ N/m, for comprimida em 10 cm?
c. Que fração da energia da bala foi "perdida"? O que aconteceu com ela?

52. ‖ Você foi designado para projetar um "sistema balístico de mola" com a finalidade de medir a velocidade de balas. Uma mola de constante elástica k é suspensa ao teto. Um bloco de massa M é preso a ela. Então, uma bala de massa m é disparada verticalmente contra ele, por baixo do mesmo. Mede-se, assim, a máxima compressão d atingida pela mola.
a. Obtenha uma expressão para a velocidade v_B da bala em função de m, M, k e d.
b. Qual é a velocidade de uma bala de 10 g se a massa do bloco for de 2,0 kg e se a mola, com $k = 50$ N/m, for comprimida em 45 cm?

53. ‖ O vagão de montanha-russa sobre o trilho sem atrito da **FIGURA P10.53** parte do repouso na altura h. O trecho do trilho em vale e o trecho em forma de colina são, ambos, arcos circulares de raio R.
a. Qual é a altura *máxima* h_{max} de partida para a qual o vagão não perde contato com o trilho no topo da colina? Expresse sua resposta como um múltiplo de R.
Sugestão: Determine primeiro a velocidade máxima do vagão sem que ele decole do trilho no topo da colina.
b. Calcule h_{max} para o vagão se $R = 10$ cm.

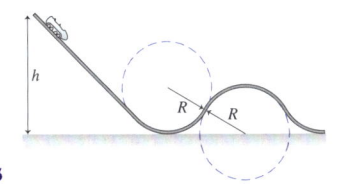

FIGURA P10.53

54. ‖ Um bloco de massa m desliza sem atrito por um trilho e depois descreve um *loop* vertical circular de raio R. De que altura mínima h o bloco deve partir a fim de completar o *loop* sem sair do trilho no topo? Expresse sua resposta como um múltiplo de R.

55. ‖ Uma nova prova foi proposta para os Jogos Olímpicos de Inverno. Partindo do repouso, um atleta correrá 100 m, depois saltará sobre um trenó de 20 kg. O atleta e o trenó, então, descerão uma rampa com 50 m de comprimento, coberta de gelo, com 20° de inclinação, e colidirão com uma mola de constante elástica cuidadosamente calculada de 2.000 N/m. O atleta que comprimir mais a mola ganhará a medalha de ouro. Lisa, cuja massa é de 40 kg, tem treinado para esta prova. Ela consegue atingir uma velocidade máxima de 12 m/s nos 100 m rasos.
a. Em quanto Lisa comprimirá a mola?
b. O Comitê Olímpico possui especificações muito rígidas a respeito da forma e do ângulo da rampa. Isso é necessário? Que características da rampa são importantes?

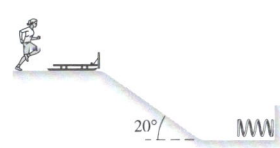

FIGURA P10.55

56. ‖‖ Uma bola de 20 g é disparada horizontalmente, com velocidade v_0, contra uma bola de 100 g que se encontra em repouso, suspensa por um barbante com 1,0 m de comprimento. As bolas sofrem uma colisão frontal perfeitamente elástica, após a qual a bola de 100 g oscila até um ângulo máximo $\theta_{max} = 50°$. Quanto vale v_0?

57. ‖ Uma bola de 100 g se move para a direita a 4,0 m/s quando colide frontalmente com outra bola de 200 g que se move para a esquerda a 3,0 m/s.
a. Se a colisão for perfeitamente elástica, quais serão os módulos e as orientações das velocidades das bolas após a colisão?
b. Se a colisão for perfeitamente inelástica, quais serão os módulos e as orientações das velocidades das bolas após a colisão?

58. ‖ Uma bola de 100 g que se move para a direita a 4,0 m/s alcança e colide com outra bola de 400 g que se move para a direita a 1,0 m/s. Se a colisão for perfeitamente elástica, quais serão os módulos e as orientações das velocidades das bolas após a colisão?

59. ‖ A **FIGURA P10.59** mostra a energia potencial de uma partícula de 500 g que se move ao longo do eixo x. Suponha que a energia mecânica da partícula seja de 12 J.
a. Onde estão os pontos de retorno da partícula?
b. Qual é a rapidez da partícula quando ela se encontra em $x = 2,0$ m?
c. Qual é a máxima velocidade da partícula? Em que posição ou posições ela é atingida?
d. Redija uma descrição do movimento da partícula quando ela se move do ponto de retorno esquerdo para o ponto de retorno direito.
e. Suponha que a energia da partícula seja diminua para 4,0 J. Descreva os movimentos possíveis.

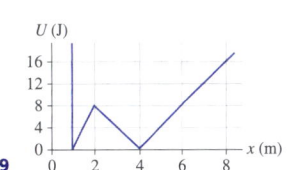

FIGURA P10.59

60. ‖ A molécula NH_3 de amônia tem a estrutura tetraédrica mostrada na **FIGURA P10.60a**. Os três átomos de hidrogênio formam um triângulo no plano xy em $z = 0$. O átomo de nitrogênio constitui o vértice da pirâmide. A **FIGURA P10.60b** mostra a energia potencial do átomo de nitrogênio ao longo do eixo z, que é perpendicular ao triângulo formado pelos hidrogênios.
a. À temperatura ambiente, o átomo de nitrogênio tem energia mecânica de aproximadamente $0,4 \times 10^{-20}$ J. Descreva a posição e o movimento do átomo de hidrogênio.
b. O átomo de nitrogênio pode ganhar energia absorvendo-a de uma onda luminosa. Descreva o movimento do átomo de nitrogênio se sua energia for de 2×10^{-20} J.

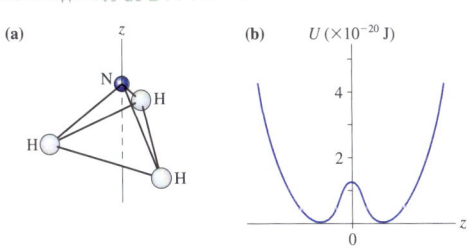

FIGURA P10.60

61. ‖ Uma partícula tem energia potencial dada por

$$U(x) = x + \text{sen}((2 \text{ rad/m})x)$$

no intervalo $0 \text{ m} \leq x \leq \pi$ m.
a. Onde se encontram as posições de equilíbrio neste intervalo?
b. Para cada uma delas, trata-se de um ponto de equilíbrio estável ou instável?

62. ‖ Prótons e nêutrons (conjuntamente chamados de *núcleons*) são mantidos juntos dentro do núcleo de um átomo por uma força chamada de *interação forte*. Para separações muito pequenas, a interação forte entre dois núcleons é mais intensa do que a força elétrica repulsiva entre dois prótons — daí seu nome. Mas a interação forte enfraquece rapidamente com o aumento da distância entre os prótons. Um modelo bem-estabelecido para a energia potencial de dois núcleons que interagem via interação forte é dado por

$$U = U_0[1 - e^{-x/x_0}]$$

onde x é a distância entre os centros dos dois núcleons, x_0 é uma constante de valor $x_0 = 2{,}0 \times 10^{-15}$ m e $U_0 = 6{,}0 \times 10^{-11}$ J.
  a. Calcule e desenhe uma curva de energia potencial acurada desde $x = 0$ até $x = 10 \times 10^{-15}$ m. Calcule manualmente seu valor em 10 pontos ou use um *software* de computador para tal.
  b. Efeitos quânticos são essenciais para uma compreensão adequada do comportamento dos núcleons. Apesar disso, vamos inocentemente considerar dois nêutrons como se eles fossem pequenas esferas eletricamente neutras e duras, com massa de $1{,}67 \times 10^{-27}$ kg e diâmetro de $1{,}0 \times 10^{-15}$ m. (Consideraremos nêutrons em vez de prótons a fim de evitar complicações advindas das forças elétricas entre os prótons.) Você segura dois nêutrons separados por uma distância de $5{,}0 \times 10^{-15}$ m, medida entre seus centros, e depois os solta. Desenhe a linha da energia total para esta situação em seu diagrama do item a.
  c. Qual é a rapidez de cada nêutron ao colidir um com o outro? Tenha em mente que os *dois* nêutrons estão em movimento.

63. Redija um problema realista para o qual o gráfico de barras da energia da **FIGURA P10.63** represente corretamente a energia no início e no final do problema.

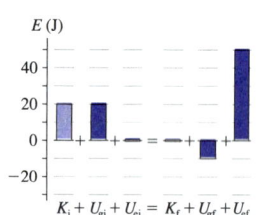

FIGURA P10.63

Nos problemas de 64 a 67, são fornecidas equações para serem usadas na resolução de um problema. Para cada uma delas, você deve
  a. Redigir um problema realista para o qual esta equação se aplique.
  b. Desenhar uma representação pictórica do tipo antes-e-após.
  c. Obter a solução do problema proposto.

64. $\frac{1}{2}(1500 \text{ kg})(5{,}0 \text{ m/s})^2 + (1500 \text{ kg})(9{,}80 \text{ m/s}^2)(10 \text{ m})$

$= \frac{1}{2}(1500 \text{ kg})(v_i)^2 + (1500 \text{ kg})(9{,}80 \text{ m/s}^2)(0 \text{ m})$

65. $\frac{1}{2}(0{,}20 \text{ kg})(2{,}0 \text{ m/s})^2 + \frac{1}{2}k(0 \text{ m})^2$

$= \frac{1}{2}(0{,}20 \text{ kg})(0 \text{ m/s})^2 + \frac{1}{2}k(-0{,}15 \text{ m})^2$

66. $(0{,}10 \text{ kg} + 0{,}20 \text{ kg})v_{1x} = (0{,}10 \text{ kg})(3{,}0 \text{ m/s})$

$\frac{1}{2}(0{,}30 \text{ kg})(0 \text{ m/s})^2 + \frac{1}{2}(3{,}0 \text{ N/m})(\Delta x_2)^2$

$= \frac{1}{2}(0{,}30 \text{ kg})(v_{1x})^2 + \frac{1}{2}(3{,}0 \text{ N/m})(0 \text{ m})^2$

67. $\frac{1}{2}(0{,}50 \text{ kg})(v_f)^2 + (0{,}50 \text{ kg})(9{,}80 \text{ m/s}^2)(0 \text{ m})$

$+ \frac{1}{2}(400 \text{ N/m})(0 \text{ m})^2$

$= \frac{1}{2}(0{,}50 \text{ kg})(0 \text{ m/s})^2$

$+ (0{,}50 \text{ kg})(9{,}80 \text{ m/s}^2)((-0{,}10 \text{ m})\operatorname{sen}30°)$

$+ \frac{1}{2}(400 \text{ N/m})(-0{,}10 \text{ m})^2$

Problemas desafiadores

68. Em uma experiência de laboratório de física, uma mola comprimida lança uma esfera metálica de 20 g segundo um ângulo de 30°. A compressão da mola em 20 cm faz com que a esfera atinja o solo, 1,5 m abaixo do ponto de lançamento após deslocar-se 5,0 m na horizontal. Qual é o valor da constante elástica?

69. Um pêndulo é constituído por uma pequena esfera de massa m presa a um barbante de comprimento L. Como mostra a **FIGURA PD10.69**, a uma altura $h = L/3$ em relação ao ponto mais baixo da trajetória normal do pêndulo, há um pino fixo. Qual é o mínimo valor do ângulo θ, a partir do qual o pêndulo é solto, para qual a esfera conseguirá completar um círculo em torno do pino com o barbante esticado?

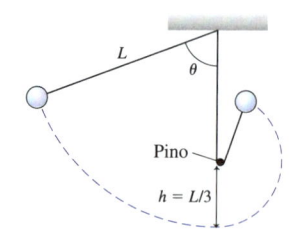

FIGURA PD10.69

70. É o seu aniversário, e para celebrar você vai fazer seu primeiro *bungee jump*. Você está em pé em uma ponte, 100 m acima de um rio violento, preso por um arnês a uma corda de *bungee jump* com 30 m de comprimento. Basicamente, uma corda de *bungee jump* é, simplesmente, uma corda comprida e elástica, com constante elástica de 40 N/m. Considere que sua massa seja de 80 kg. Após alguma hesitação, você salta da ponte. A que distância acima das águas você se encontrará quando a corda atingir a máxima elongação?

71. Um caixote de 10 kg desce deslizando 4,0 m pela rampa sem atrito da **FIGURA PD10.71**, e, depois, colide com uma mola cuja constante elástica vale 250 N/m.
  a. Qual é a máxima compressão da mola?
  b. Para que valor de compressão da mola o caixote atinge a rapidez máxima?

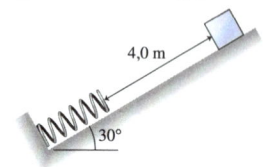

FIGURA PD10.71

72. Navios de guerra antigos disparavam balas de canhão de 10 kg com canhões de 200 kg. Era muito importante deter o recuo do canhão, se não o pesado canhão escorregaria sem controle pelo convés. Em um dos projetos, uma grande mola, com constante elástica de 20.000 N/m, era posicionada atrás do canhão. A outra extremidade da mola era amarrada a um poste firmemente ancorado à estrutura do navio. Qual era a rapidez da bala disparada se a mola sofria 50 cm de compressão quando o canhão disparava?

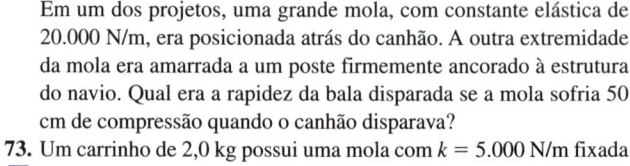

73. Um carrinho de 2,0 kg possui uma mola com $k = 5.000$ N/m fixada em sua frente, paralelamente ao chão. O carrinho se desloca a 4,0 m/s em direção a outro carrinho, estacionário, de 1,0 kg.
  a. Qual é a máxima compressão da mola durante a colisão?
  b. Qual é a rapidez de cada carrinho após a colisão?

74. Os deslizadores de trilho de ar da **FIGURA PD10.74** deslizam para a direita a 1,0 m/s. A mola entre eles tem constante elástica de 120 N/m e está comprimida em 4,0 cm. Em um determinado trecho, os deslizadores passam sobre uma chama que queima o barbante que os mantinha juntos. Depois disso, quais serão o módulo e a orientação da velocidade de cada deslizador?

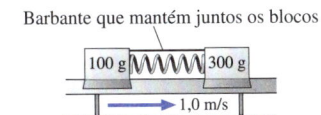

FIGURA PD10.74

75. Uma bola de aço de 100 g e outra, também de aço e com 200 g, estão suspensas por barbantes de 1,0 m de comprimento. Em repouso, as bolas situam-se lado a lado, mal se tocando. A bola de 100 g é puxada para a esquerda até que seu barbante forme 45° com a vertical. A bola de 200 g é puxada em 45° para a direita. As bolas são liberadas de modo que colidem exatamente no ponto mais baixo de suas oscilações. Até que ângulo cada bola ricocheteia?

76. Um trenó parte do repouso do topo da colina hemisférica, coberta de neve e livre de atrito, mostrada na **FIGURA PD10.76**.
  a. Obtenha uma expressão para o módulo da velocidade do trenó quando sua posição angular é dada pelo ângulo ϕ.
  b. Use as leis de Newton para determinar a máxima velocidade que o trenó pode ter, para um dado valor de ϕ, sem perder contato com a superfície.
  c. Para que ângulo ϕ_{max} o trenó "decola" da superfície?

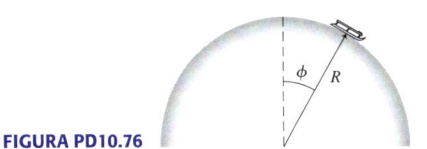

FIGURA PD10.76

RESPOSTAS DAS QUESTÕES DO TIPO PARE E PENSE

Pare e Pense 10.1: $(U_g)_c > (U_g)_b = (U_g)_d > (U_g)_a$. A energia potencial gravitacional depende apenas da altura, e não, da rapidez.

Pare e Pense 10.2: $v_a = v_b = v_c = v_d$. O aumento de energia cinética depende apenas da altura vertical da qual ela sai, e não, da forma do escorregador.

Pare e Pense 10.3: b. A energia mecânica é conservada sobre uma superfície livre de atrito. Como $K_i = 0$ e $K_f = 0$, deve ser verdade que $U_f = U_i$ e, assim, $y_f = y_i$. A altura final bate com a altura inicial.

Pare e Pense 10.4: $k_a > k_b > k_c$. A constante elástica é a declividade do gráfico da força *versus* deformação.

Pare e Pense 10.5: c. U_e depende de $(\Delta s)^2$; logo, dobrando-se a compressão, U_e aumenta por um fator de 4. Toda a energia potencial é convertida em energia cinética, de modo que K aumenta também por um fator de 4. Entretanto K depende de v^2, de modo que v aumenta por um fator de apenas $(4)^{1/2} = 2$.

Pare e Pense 10.6: $x = 6$ **m**. A partir do gráfico, a energia potencial da partícula em $x = 1$ m é $U = 3$ J. Sua energia total, portanto, é $E = K + U = 4$ J. A linha da ET cruza com a curva da EP em $x = 6$ m.

11 Trabalho

A equipe do trenó está aumentando a energia cinética empurrando o trenó para a frente. Na linguagem da física, eles estão realizando *trabalho* sobre o trenó.

▶ **Olhando adiante**
O objetivo do Capítulo 11 é desenvolver uma compreensão mais completa da energia e de sua conservação. Neste capítulo você aprenderá a:

- Compreender e aplicar o modelo básico de energia.
- Calcular o trabalho realizado sobre um sistema.
- Compreender e usar um enunciado mais completo da conservação da energia.
- Usar uma estratégia geral para resolução de problemas sobre energia.
- Calcular a potência fornecida ou dissipada por um sistema.

◀ **Em retrospectiva**
Este capítulo continua a desenvolver as idéias baseadas em energia introduzidas no Capítulo 10. Revise:

- Seções 10.2-10.3 Energia potencial gravitacional
- Seções 10.4-10.5 Lei de Hooke e energia potencial elástica

No Capítulo 10 foi introduzido o conceito de energia. Embora a energia pareça ser uma idéia útil, três questões principais permanecem não-respondidas:

- Quantos tipos de energia existem?
- Sob que condições a energia se conserva?
- De que maneira um sistema ganha ou perde energia?

Por exemplo, o trenó da foto ganha energia cinética, mas consegue isso sem perder energia potencial. Em vez disso, os corredores lhe fornecem energia cinética empurrando-o com velocidade cada vez maior. Um de nossos objetivos neste capítulo é relacionar a energia ganha pelo trenó à intensidade do empurrão que lhe é dado. A energia transferida através de empurrões ou puxões é chamada de *trabalho*.

Nós também exploraremos a maneira como a energia é *dissipada*. Devido ao atrito, ao deslizar sobre uma superfície horizontal o trenó gradualmente desacelera até parar. O que acontece com sua energia cinética? Acrescentando estes tópicos, estabeleceremos o conceito de energia sobre bases mais firmes.

Muitas idéias deste capítulo serão novas para você e, em certos casos, um tanto abstratas. Por esta razão, iniciaremos com uma panorâmica sobre até onde o capítulo nos levará e, depois, voltaremos para incluir os detalhes.

11.1 O modelo básico de energia

Considere um sistema de objetos interagentes. Por exemplo:

- Um carro derrapa até parar (carro + Terra).
- Uma bola oscila sobre uma mola (bola + mola + Terra).

O sistema pode ser caracterizado por duas grandezas: a *energia cinética* e a *energia potencial*. A energia cinética K deve-se ao *movimento* dos objetos. A energia potencial U, freqüentemente chamada de "energia armazenada", deve-se à *interação* entre os objetos. Por exemplo, duas bolas ligadas por uma mola esticada possuem energia potencial.

A soma da energia cinética com a energia potencial é a *energia mecânica* do sistema: $E_{mec} = K + U$. O termo *mecânica* designa esta forma de energia como devida ao movimento e aos efeitos mecânicos, tais como o esticar de molas, mais do que aos efeitos químicos ou térmicos.

Todavia a energia mecânica não é a única energia que existe. Se você pudesse olhar dentro da matéria de uma bola em repouso, com energia mecânica nula, veria seus átomos vibrando de um lado para o outro em suas ligações moleculares do tipo mola. Tal movimento microscópico de átomos e moléculas *no interior* do objeto constitui uma forma de energia diferente da energia mecânica do objeto. A energia total dos movimentos atômicos e das ligações atômicas distendidas dentro do objeto é chamada de **energia térmica** E_{term}.

A energia térmica está associada à *temperatura* do sistema. Uma temperatura mais alta significa mais movimento microscópico e mais energia térmica. O atrito eleva a temperatura — pense em quando se esfrega as mãos vigorosamente uma na outra —, de modo que um sistema onde exista atrito "desacelera" enquanto sua energia mecânica vai sendo convertida em energia térmica. Deixaremos para falar mais sobre a energia térmica na Seção 11.7.

NOTA ▶ Uma partícula não possui estrutura interna e, assim, não pode ter energia térmica alguma. Levar em conta a energia térmica é nosso primeiro passo *além* do modelo de partícula. ◀

Podemos definir a **energia do sistema** E_{sis} como a soma das energias mecânicas *dos* objetos que o constituem com a energia térmica dos átomos no *interior* da matéria desses objetos, ou seja,

$$E_{sis} = E_{mec} + E_{term} = K + U + E_{term} \tag{11.1}$$

Como mostra a **FIGURA 11.1**, as energias cinética e potencial podem ser convertidas de uma em outra nos dois sentidos. Você estudou esses processos no Capítulo 10. As energias cinética e potencial também podem ser convertidas em energia térmica, porém, como discutiremos mais adiante, a energia térmica normalmente não é transformada em energia cinética ou potencial. As conversões de energia dentro do sistema são chamadas de **transformações de energia** e não alteram o valor de E_{sis}.

NOTA ▶ Usaremos uma seta → como uma maneira sintética de indicar uma transformação de energia. Se a energia cinética de um carro for transformada em energia térmica durante uma derrapagem até parar, indicaremos isto por $K \rightarrow E_{term}$. ◀

Um sistema sempre é circundado por uma *vizinhança*. A menos que ele seja inteiramente isolado, existe a possibilidade de o sistema trocar energia com a vizinhança. Uma troca de energia entre o sistema e a vizinhança é chamada de **transferência de energia**. Existem dois processos primários de transferência de energia. O primeiro, e o único em que estaremos por ora interessados, deve-se a forças — empurrões ou puxões — exercidas sobre o sistema pela vizinhança. Por exemplo, você fornece energia cinética a uma bola empurrando-a. Essa transferência *mecânica* de energia para ou a partir do sistema é chamada de **trabalho**. O símbolo que usaremos para o trabalho é W.

O segundo processo de transferência de energia entre o sistema e sua vizinhança é um processo *não-mecânico* chamado *calor*. O calor é uma idéia crucial que acrescentaremos ao modelo baseado em energia quando estudarmos a termodinâmica; mas por ora vamos nos concentrar na transferência mecânica de energia via trabalho.

A **FIGURA 11.2** mostra **um modelo básico de energia** em que a energia pode ser *transferida* para fora e para dentro de um sistema e, também, *transformada* dentro do sistema. Note a semelhança entre a Figura 11.2 e o modelo de John do sistema monetário apresentado no Capítulo 10. Como um modelo *básico*, a Figura 11.2 certamente não é completa, e deveremos acrescentar-lhe novas características quando for necessário. Mesmo assim, o modelo constitui um bom ponto de partida.

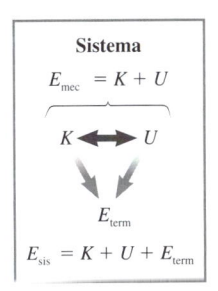

FIGURA 11.1 A energia pode ser transformada dentro de um sistema.

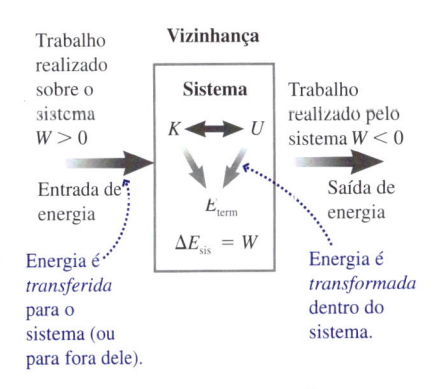

FIGURA 11.2 O modelo básico de energia de um sistema em interação com sua vizinhança.

Como indicam as setas da Figura 11.2, a energia pode tanto entrar quanto sair do sistema. Diferenciaremos entre os dois sentidos de transferência de energia permitindo que o trabalho W seja positivo ou negativo. O sinal de W pode ser interpretado da seguinte maneira:

$W > 0$ **A vizinhança realiza trabalho sobre o sistema e a energia do mesmo aumenta.**

$W < 0$ **O sistema realiza trabalho sobre a vizinhança e a energia do mesmo diminui.**

Isto equivale a considerar despesas (i.e., saída de dinheiro) como entradas negativas. De fato, é desta maneira que os contadores manipulam as despesas.

Qual é a relação entre as grandezas do modelo básico de energia? Nossa hipótese, confirmada por experimentos, é que

$$\Delta E_{sis} = \Delta K + \Delta U + \Delta E_{term} = W \qquad (11.2)$$

As duas idéias essenciais do modelo básico de energia e da Equação 11.2 são:

1. A energia pode ser *transferida* para um sistema realizando-se trabalho sobre ele. Esse processo faz variar a energia do sistema: $\Delta E_{sis} = W$.
2. A energia pode ser *transformada*, dentro do sistema, entre K, U e E_{term}. Esse processo não altera a energia do sistema: $\Delta E_{sis} = 0$.

Esta é a essência do modelo básico de energia. O restante do Capítulo 11 tornará mais concreto o significado da Equação 11.2 e examinará suas múltiplas aplicações.

PARE E PENSE 11.1 Uma criança desce o escorregar de um *playground* com velocidade de módulo constante. A transformação de energia envolvida é:

a. $U \rightarrow K$ b. $K \rightarrow U$
c. Não existe transformação porque a energia é conservada.
d. $U \rightarrow E_{term}$ e. $K \rightarrow E_{term}$

11.2 Trabalho e energia cinética

Nosso dicionário define "trabalho" como:
1. Esforço físico ou mental; labor.
2. Atividade com a qual alguém se sustenta.
3. Tarefa ou dever a ser feito.
4. Produção resultante de esforço, tal como um trabalho artístico.
5. Local onde se exerce essa atividade.
6. Ação contínua e progressiva de uma força natural e o resultado dessa ação.
7. Transferência de energia para um corpo por meio de uma força exercida.

"Trabalho! Eis uma palavra de uso comum no português e com muitos significados. Quando você pensa pela primeira vez em trabalho, provavelmente pensa nas primeiras duas definições da lista ao lado; pois afinal falamos em "esforço" ou dizemos: "Eu vou para casa depois do trabalho". Todavia *não é* esse o significado de trabalho na física.

O modelo básico de energia emprega "trabalho" no sentido da definição 7: transferência de energia para um corpo ou para fora dele por meio da aplicação de uma força. A questão crucial que devemos responder é: *quanto de energia* esta força transfere?

Podemos responder a esta questão seguindo o procedimento que usamos no Capítulo 10 para obter a energia potencial gravitacional e a energia potencial elástica de uma mola. Iniciaremos, na **FIGURA 11.3**, com uma força $\vec{F}$ exercida sobre uma partícula de massa m que se move ao longo de um eixo s, partindo de uma posição inicial s_i, com energia cinética K_i e deslocando-se até uma posição final s_f onde a energia cinética é K_f.

NOTA ▶ $\vec{F}$ pode não ser a única força exercida sobre a partícula. Entretanto, por ora consideraremos que $\vec{F}$ seja a única força com um componente paralelo ao eixo s e, portanto, a única força capaz de alterar o módulo da velocidade da partícula. ◀

O componente de força F_s paralelo ao eixo s faz com que a partícula acelere ou desacelere, transferindo, assim, energia para a partícula ou dela para a vizinhança. Dizemos que a força $\vec{F}$ *realiza trabalho* sobre a partícula. Nosso objetivo é obter uma relação entre F_s e ΔK. O componente s da segunda lei de Newton é

$$F_s = ma_s = m\frac{dv_s}{dt} \qquad (11.3)$$

onde v_s é o componente s de $\vec{v}$. Como fizemos no Capítulo 10, podemos usar a regra da cadeia para escrever

$$m\frac{dv_s}{dt} = m\frac{dv_s}{ds}\frac{ds}{dt} = mv_s\frac{dv_s}{ds} \qquad (11.4)$$

onde $ds/dt = v_s$. Substituindo a Equação 11.4 na Equação 11.3, obtemos

$$F_s = mv_s\frac{dv_s}{ds} \qquad (11.5)$$

Aqui, como no Capítulo 10, o passo crucial consiste em transformar uma derivada em relação ao tempo em uma derivada em relação à posição. Vamos querer integrar, de modo que primeiro multiplicamos a última equação por ds para obter

$$mv_s\, dv_s = F_s\, ds \qquad (11.6)$$

Agora podemos integrar os dois lados, desde "antes", em que a posição é s_i e a velocidade v_i, até "depois", obtendo

$$\int_{v_i}^{v_f} mv_s\, dv_s = \frac{1}{2}mv_s^2\Big|_{v_i}^{v_f} = \frac{1}{2}mv_f^2 - \frac{1}{2}mv_i^2 = \int_{s_i}^{s_f} F_s\, ds \qquad (11.7)$$

O lado esquerdo da Equação 11.7 é ΔK, a variação de energia cinética da partícula ao se mover de s_i para s_f. A integral do lado direito aparentemente especifica o valor da força aplicada que faz variar a energia cinética da partícula. Definimos o *trabalho* realizado pela força $\vec{F}$ quando a partícula se move de s_i para s_f como

$$W = \int_{s_i}^{s_f} F_s\, ds \qquad (11.8)$$

A unidade de trabalho, do tipo força multiplicada por distância, é o N m. Usando a definição de newton, obtemos

$$1\text{ N m} = 1\text{ (kg m/s}^2\text{) m} = 1\text{ kg m}^2/\text{s}^2 = 1\text{ J}$$

Assim, a unidade de trabalho é realmente a mesma de energia. Isso é consistente com a idéia de que o trabalho é uma transferência de energia. Em vez de usar N m, mediremos trabalho da mesma forma como fazemos com energia, em joules.

Usando a Equação 11.8 como a definição de trabalho, podemos escrever a Equação 11.7 na forma

$$\Delta K = W \qquad (11.9)$$

Esta equação é o enunciado quantitativo de que uma força transfere energia cinética para uma partícula e, assim, *altera* a energia cinética da mesma, empurrando ou puxando a partícula. Além disso, a **Equação 11.8 nos fornece um método específico para calcular *quanto de* energia é transferida pelo empurrão ou puxão**. Essa energia transferida por meios mecânicos é o que queremos expressar com o termo "trabalho".

Note que *nenhum* trabalho é realizado quando não existe deslocamento ($s_f = s_i$) porque uma integral correspondente a um intervalo nulo é igual a zero. **Para alterar a energia de uma partícula, uma força deve ser exercida enquanto a partícula se desloca**. Se você mantivesse erguido um peso de 90 kg acima da cabeça, começaria talvez a suar e a sentir os braços cansados. Você poderia "sentir" ter feito um bocado de trabalho, mas *não* teria na verdade realizado trabalho algum em sentido físico, pois o peso não foi deslocado enquanto você o manteve erguido e, assim, nenhuma energia foi transferida para ele.

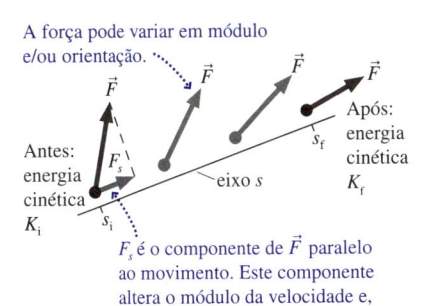

FIGURA 11.3 A força $\vec{F}$ realiza trabalho enquanto a partícula se move de s_i para s_f.

O teorema trabalho-energia cinética

A Equação 11.8 representa o trabalho realizado por uma força. Uma vez que $\vec{F}_{res} = \sum \vec{F}_i$, é fácil verificar que o trabalho resultante ou total realizado sobre uma partícula pelas várias forças é $W_{res} = \sum W_i$, onde W_i é o trabalho realizado pela força $\vec{F}_i$. Neste caso, a Equação 11.9 assume a forma

$$\Delta K = W_{res} \tag{11.10}$$

Essa idéia básica — de que o trabalho resultante realizado sobre uma partícula causa uma variação de sua energia cinética — constitui um princípio geral, tão importante a ponto de receber uma denominação especial:

TEOREMA TRABALHO-ENERGIA CINÉTICA Quando uma ou mais forças são exercidas sobre uma partícula enquanto a mesma é deslocada de uma posição inicial para outra final, o trabalho resultante realizado sobre a partícula por estas forças causa uma variação de sua energia cinética dada por $\Delta K = W_{res}$.

Uma das questões que abriram este capítulo era "quanto o sistema ganha ou perde de energia?" O teorema trabalho-energia cinética começa a responder a esta questão enunciando que **um sistema ganha ou perde energia cinética quando o trabalho transfere energia entre a vizinhança e o sistema**.

Uma analogia com o teorema impulso-momentum

Talvez você tenha notado que existe uma semelhança entre o teorema trabalho-energia cinética e o teorema impulso-momentum do Capítulo 9:

$$\text{Teorema trabalho-energia cinética:} \quad \Delta K = W = \int_{s_i}^{s_f} F_s \, ds$$

$$\text{Teorema impulso-momentum:} \quad \Delta p_s = J_s = \int_{t_i}^{t_f} F_s \, dt \tag{11.11}$$

Em ambos os casos, uma força exercida sobre uma partícula altera o estado do sistema. Se a força é exercida durante um intervalo de tempo entre t_i e t_f, ela gera um *impulso* que faz variar o momentum da partícula. Se a força é exercida durante um intervalo espacial de s_i a s_f, ela realiza um *trabalho* que faz variar a energia cinética da partícula. A **FIGURA 11.4** mostra que a interpretação geométrica do impulso, como a área sob a curva F versus t, é consistente com uma interpretação do trabalho com a área sob a curva do gráfico F versus s.

Isso de fato não significa que uma força gere um impulso *ou* realize um trabalho, mas não ambos. Ao contrário. Uma força exercida sobre uma partícula gera um impulso *e também* realiza um trabalho, alterando tanto o momentum quanto a energia cinética da partícula. Se você deve usar o teorema trabalho-energia cinética ou o teorema impulso-momentum dependerá da questão a que tenta responder.

Nós podemos, de fato, expressar a energia cinética em função do momentum como

$$K = \frac{1}{2}mv^2 = \frac{(mv)^2}{2m} = \frac{p^2}{2m} \tag{11.12}$$

Você não pode alterar a energia cinética de uma partícula sem alterar junto o momentum da mesma.

Este arremessador está aumentando a energia cinética da bola ao realizar trabalho sobre a mesma.

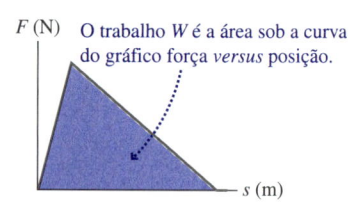

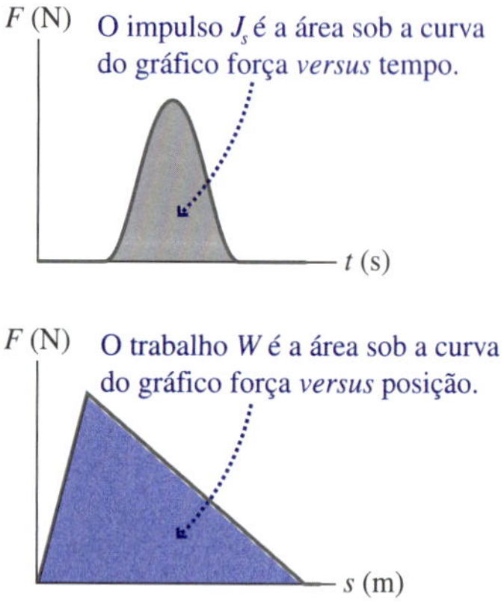

FIGURA 11.4 O impulso e o trabalho correspondem, ambos, a áreas sob as curvas dos gráficos da força, porém é muito importante saber o que representa o eixo horizontal do gráfico.

O impulso J_s é a área sob a curva do gráfico força *versus* tempo.

O trabalho W é a área sob a curva do gráfico força *versus* posição.

PARE E PENSE 11.2 Uma partícula se move ao longo do eixo x e experimenta a força representada no gráfico. Se a partícula possui 2 J de energia cinética ao passar por $x = 0$ m, qual será sua energia cinética ao chegar a $x = 4$ m?

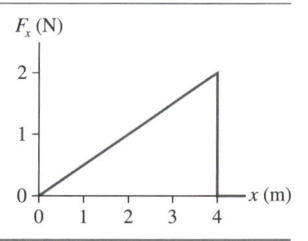

11.3 Calculando e usando trabalho

O teorema trabalho-energia cinética é um enunciado formal a respeito da energia transferida para ou a partir da partícula por empurrões e puxões. Para ele ser de utilidade, porém, devemos ser capazes de calcular o trabalho. Nesta seção, exercitaremos o cálculo do trabalho e o uso do teorema trabalho-energia cinética. Também introduziremos uma nova idéia matemática, a do *produto escalar* de dois vetores, que nos permitirá expressar o trabalho em uma notação compacta.

Força constante

Começaremos calculando o trabalho realizado por uma força $\vec{F}$ exercida com intensidade e orientação *constantes* enquanto uma partícula se move ao longo de uma reta realizando um deslocamento $\Delta\vec{r}$. Como mostra a **FIGURA 11.5a**, definiremos o eixo s apontando no sentido do movimento.

A **FIGURA 11.5b** mostra a força exercida sobre a partícula enquanto esta se move em linha reta. O vetor força $\vec{F}$ faz um ângulo θ com o deslocamento $\Delta\vec{r}$, portanto o componente do vetor força na direção do movimento é $F_s = F\cos\theta$. De acordo com a Equação 11.8, o trabalho realizado sobre a partícula por esta força é

$$W = \int_{s_i}^{s_f} F_s \, ds = \int_{s_i}^{s_f} F\cos\theta \, ds$$

Tanto F quanto θ são constantes; logo, podem sair da integral. Com isso,

$$W = F\cos\theta \int_{s_i}^{s_f} ds = F\cos\theta(s_f - s_i) = F(\Delta r)\cos\theta \quad (11.13)$$

onde usamos a relação $s_f - s_i = \Delta r$, o módulo do deslocamento da partícula. Podemos usar a Equação 11.13 para calcular o trabalho realizado por uma força constante se conhecermos o seu módulo F, o ângulo θ entre a força e a linha do movimento e a distância Δr do deslocamento da partícula.

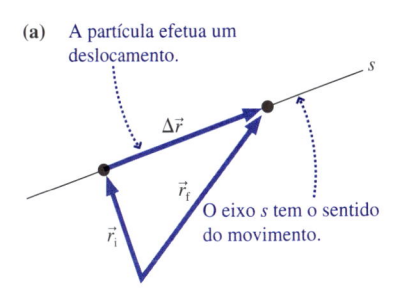

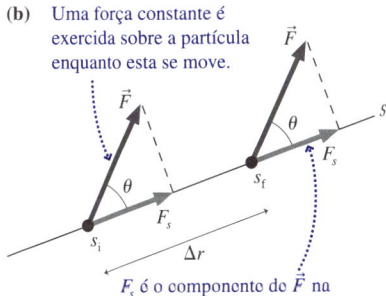

FIGURA 11.5 Trabalho sendo realizado por uma força *constante* quando a partícula realiza o deslocamento $\Delta\vec{r}$.

EXEMPLO 11.1 Puxando uma mala

Uma corda inclinada em 45° puxa uma mala com rodinhas em um aeroporto. A tensão na corda é de 20 N. Que trabalho a tensão realiza quando a mala é puxada por 100 m?

MODELO Trate a mala como uma partícula.

VISUALIZAÇÃO A **FIGURA 11.6** mostra uma representação pictórica.

RESOLUÇÃO O movimento se dá ao longo do eixo x, de modo que, neste caso, $\Delta r = \Delta x$. Podemos usar a Equação 11.13 para obter o trabalho realizado pela tensão:

$$W = T(\Delta x)\cos\theta = (20 \text{ N})(100 \text{ m})\cos 45° = 1.400 \text{ J}$$

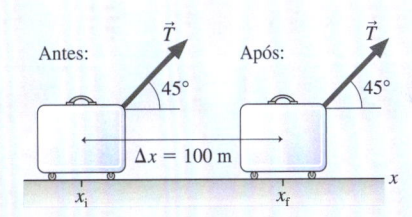

FIGURA 11.6 Representação pictórica de uma mala puxada por uma corda.

AVALIAÇÃO Uma vez que uma pessoa está puxando a corda, diríamos, informalmente, que essa pessoa realiza 1.400 J de trabalho sobre a mala.

De acordo com o modelo básico de energia, o trabalho realizado pode ser positivo ou negativo, indicando, respectivamente, energia transferida para dentro ou para fora do mesmo. As grandezas F e Δr são sempre positivas, de modo que o sinal de W é determinado inteiramente pelo ângulo θ entre a força $\vec{F}$ e o deslocamento $\Delta\vec{r}$.

BOX TÁTICO 11.1 Calculando o trabalho realizado por uma força constante

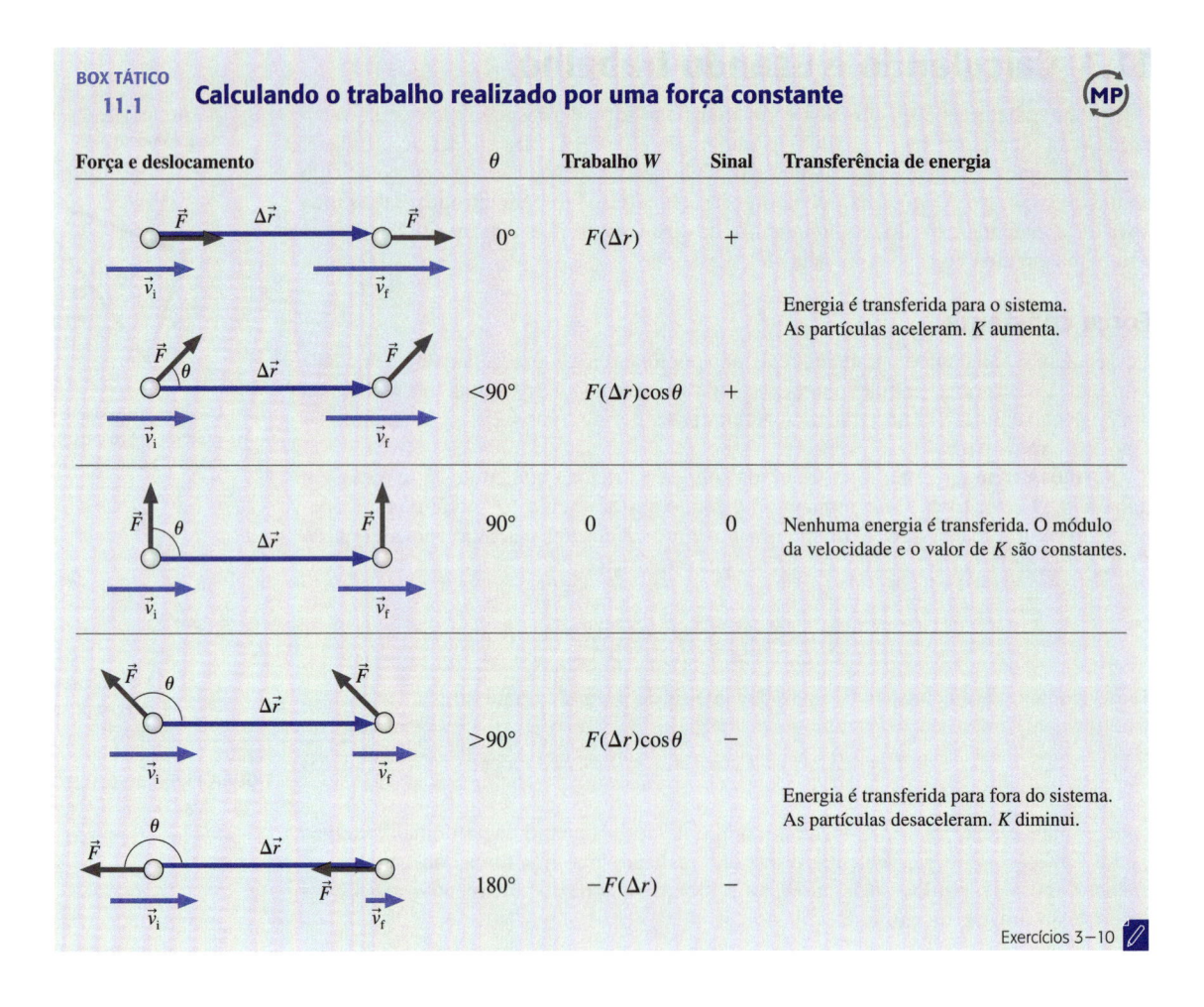

Força e deslocamento	θ	Trabalho W	Sinal	Transferência de energia
(força paralela ao deslocamento)	0°	$F(\Delta r)$	+	Energia é transferida para o sistema. As partículas aceleram. K aumenta.
(força em ângulo agudo)	<90°	$F(\Delta r)\cos\theta$	+	
(força perpendicular)	90°	0	0	Nenhuma energia é transferida. O módulo da velocidade e o valor de K são constantes.
(força em ângulo obtuso)	>90°	$F(\Delta r)\cos\theta$	−	Energia é transferida para fora do sistema. As partículas desaceleram. K diminui.
(força oposta ao deslocamento)	180°	$-F(\Delta r)$	−	

Exercícios 3–10

NOTA ▶ Talvez você tenha aprendido em um curso anterior de física que trabalho é "força vezes distância". Esta *não* é a definição de trabalho, e sim, um mero caso particular. O trabalho é "força vezes distância" apenas quando a força for constante *e* paralela ao deslocamento (i.e., $\theta = 0°$). ◀

EXEMPLO 11.2 Trabalho durante o lançamento de um foguete

Um foguete de 150.000 kg é lançado diretamente para cima. O motor do foguete gera um empuxo de $4,0 \times 10^6$ N. Qual será o módulo da velocidade do foguete quando ele atingir a altitude de 500 m? Despreze a resistência do ar e qualquer pequena perda de massa.

MODELO Trate o foguete como uma partícula. O empuxo e a gravidade são forças constantes que realizam trabalho sobre o foguete.

VISUALIZAÇÃO A **FIGURA 11.7** mostra uma representação pictórica e um diagrama de corpo livre.

RESOLUÇÃO Podemos resolver este problema por meio do teorema trabalho-energia cinética, $\Delta K = W_{res}$. As duas forças realizam trabalho sobre o foguete. O empuxo está no sentido do movimento, com $\theta = 0°$, portanto

$$W_{empuxo} = F_{empuxo}(\Delta r) = (4,0 \times 10^6 \text{ N})(500 \text{ m}) = 2,00 \times 10^9 \text{ J}$$

A força gravitacional aponta para baixo, contrariamente ao deslocamento $\Delta \vec{r}$; logo, $\theta = 180°$. Portanto, o trabalho realizado pela gravidade é

$$W_{grav} = -F_G(\Delta r) = -mg(\Delta r)$$
$$= -(1,5 \times 10^5 \text{ kg})(9,8 \text{ m/s}^2)(500 \text{ m}) = -0,74 \times 10^9 \text{ J}$$

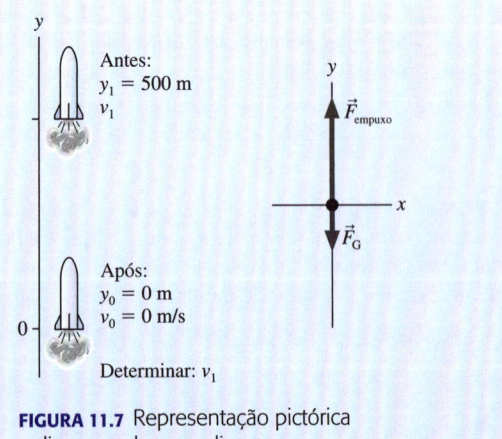

FIGURA 11.7 Representação pictórica e diagrama de corpo livre para o lançamento de um foguete.

Antes: $y_1 = 500$ m, v_1
Após: $y_0 = 0$ m, $v_0 = 0$ m/s
Determinar: v_1

O trabalho realizado pelo empuxo é positivo. Por si só, o empuxo aceleraria o foguete. O trabalho realizado pela gravidade é negativo. Por si só, ela desaceleraria o foguete. O teorema trabalho-energia cinética, usando-se $v_0 = 0$ m/s, é

$$\Delta K = \frac{1}{2}mv_1^2 - 0 = W_{res} = W_{empuxo} + W_{grav} = 1{,}26 \times 10^9 \text{ J}$$

É fácil isolar o módulo da velocidade:

$$v_1 = \sqrt{\frac{2W_{res}}{m}} = 130 \text{ m/s}$$

AVALIAÇÃO O trabalho resultante é positivo, o que significa que energia é transferida *para* o foguete. Em resposta, o foguete acelera.

NOTA ▶ O trabalho realizado por uma força depende do ângulo θ entre a força $\vec{F}$ e o deslocamento $\Delta \vec{r}$, e não, da orientação de movimento da partícula. O trabalho realizado sobre as quatro partículas da **FIGURA 11.8** é o mesmo, a despeito do fato de que elas se movem em quatro diferentes orientações. ◀

Força perpendicular à direção de movimento

A **FIGURA 11.9a** mostra a vista aérea de um carro que faz uma curva. Como você aprendeu no Capítulo 8, uma força de atrito aponta para o centro do círculo. Que valor de trabalho o atrito realiza sobre o carro?

Zero! Na **FIGURA 11.9b** nós "curvamos" o eixo s de modo a seguir a curva descrita pelo carro. Você pode verificar que, em todo lugar, a força de atrito é perpendicular aos pequenos deslocamentos $d\vec{s}$. Em todo lugar, o componente F_s da força paralelo ao movimento é sempre nulo. Portanto, o atrito estático *não* realiza trabalho sobre o carro. Isso não deveria surpreender. Você sabe que a rapidez do carro, e, portanto, sua energia cinética, não varia durante a curva. Logo, de acordo com o teorema trabalho-energia cinética, $W = \Delta K = 0$.

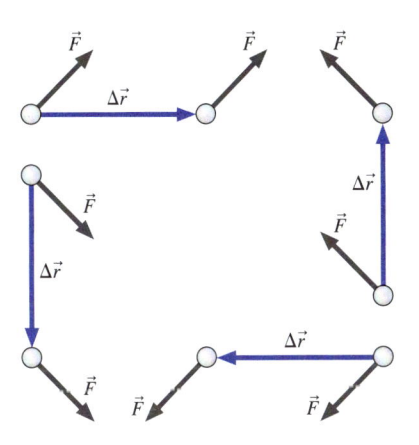

FIGURA 11.8 O mesmo trabalho é realizado sobre cada uma dessas partículas.

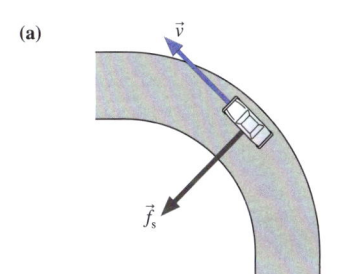

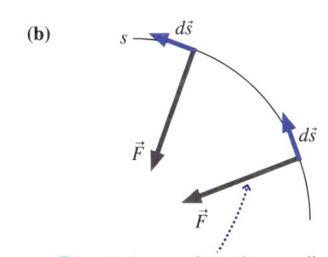

FIGURA 11.9 A força de atrito não realiza trabalho.

Usamos o caso de um carro realizando uma curva como um exemplo concreto, mas este é um resultado geral: **uma força que, em todo lugar, é perpendicular ao movimento, não realiza trabalho**. Uma força perpendicular altera a *orientação* do movimento, mas não, o módulo da velocidade da partícula.

EXEMPLO 11.3 Empurrando um disco de hóquei

Um disco de hóquei no gelo de 500 g desliza sem atrito sobre o gelo com uma velocidade inicial de 2,0 m/s. Uma arma de ar comprimido pode ser usada para exercer uma força de 1,0 N sobre o disco. A arma é apontada para a extremidade frontal do disco com o fluxo de ar comprimido formando 30° abaixo da horizontal. A força é exercida continuamente enquanto o disco se move 50 cm. Qual é a rapidez final do disco?

MODELO Trate o disco de hóquei como uma partícula. Use o teorema trabalho-energia cinética para obter sua rapidez final.

VISUALIZAÇÃO A **FIGURA 11.10** mostra uma representação pictórica. O ângulo entre a força $\vec{F}$ exercida pelo ar comprimido e o deslocamento $\Delta \vec{r}$ é $\theta = 150°$.

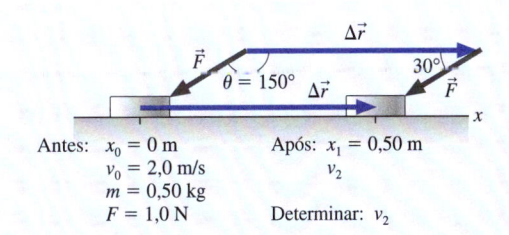

FIGURA 11.10 Representação pictórica do disco de hóquei.

Antes: $x_0 = 0$ m
$v_0 = 2{,}0$ m/s
$m = 0{,}50$ kg
$F = 1{,}0$ N

Após: $x_1 = 0{,}50$ m
v_2

Determinar: v_2

RESOLUÇÃO Três forças são exercidas sobre o disco: a gravidade, a força normal e a força do ar comprimido. A gravidade e a força normal são perpendiculares à direção do movimento ($\theta = 90°$); logo, elas não rea-

Continua

lizam trabalho sobre o disco. O único trabalho W é feito pela força $\vec{F}$ do ar comprimido. Este trabalho é

$$W = F(\Delta r)\cos\theta = (1{,}0\text{ N})(0{,}50\text{ m})\cos 150° = -0{,}433\text{ J}$$

Agora podemos usar o teorema trabalho-energia cinética para calcular a velocidade final:

$$\Delta K = \frac{1}{2}mv_1^2 - \frac{1}{2}mv_0^2 = W$$

e, assim,

$$v_1 = \sqrt{v_0^2 + \frac{2W}{m}} = \sqrt{(2{,}0\text{ m/s})^2 + \frac{2(-0{,}433\text{ J})}{0{,}50\text{ kg}}}$$
$$= 1{,}5\text{ m/s}$$

AVALIAÇÃO O trabalho é negativo, o que significa que energia é transferida *a partir do* disco. Em resposta, o disco desacelera.

PARE E PENSE 11.3 Um guindaste ergue uma viga mestra para colocá-la na posição correta. A viga é erguida com velocidade constante. Considere o trabalho W_G feito pela gravidade e o trabalho W_T feito pela tensão no cabo. Qual das seguintes afirmativas é correta?

a. W_G é positivo e W_T é positivo.
b. W_G é positivo e W_T é negativo.
c. W_G é negativo e W_T é positivo.
d. W_G é negativo e W_T é negativo.
e. W_G e W_T são nulos.

O produto escalar de dois vetores

Há algo de diferente acerca da grandeza $F(\Delta r)\cos\theta$ da Equação 11.13. Em vários capítulos já gastamos tempo efetuando somas de vetores, mas esta é a primeira vez em que *multiplicamos* dois vetores. Multiplicar vetores não é como multiplicar escalares. Na realidade, não existe uma única maneira de efetuar isso. Uma delas será apresentada agora, o *produto escalar*, assim chamado porque o resultado da operação é um escalar.

A **FIGURA 11.11** mostra dois vetores, $\vec{A}$ e $\vec{B}$, que formam um ângulo α entre eles. Define-se o **produto escalar** de $\vec{A}$ e $\vec{B}$ como

$$\vec{A}\cdot\vec{B} = AB\cos\alpha \qquad (11.14)$$

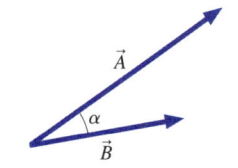

FIGURA 11.11 Os vetores $\vec{A}$ e $\vec{B}$, com o ângulo α entre si.

Um produto escalar deve *trazer sempre* o símbolo · entre os vetores envolvidos. A notação $\vec{A}\vec{B}$, sem o ponto, não significa o mesmo que $\vec{A}\cdot\vec{B}$. O **produto escalar** também é chamado muitas vezes de *produto interno*. Mais adiante, quando for necessário, apresentaremos outra maneira de multiplicar vetores, chamada de *produto vetorial*.

O produto escalar ou interno de dois vetores depende da orientação dos mesmos. A **FIGURA 11.12** mostra cinco diferentes situações, incluindo os três "casos especiais" onde $\alpha = 0°$, $90°$ e $180°$.

NOTA ▶ O produto escalar de um vetor por si mesmo é bem-definido. Se $\vec{B} = \vec{A}$ (i.e., se $\vec{B}$ for uma cópia de $\vec{A}$), então $\alpha = 0°$. Logo, $\vec{A}\cdot\vec{A} = A^2$. ◀

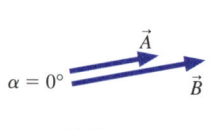

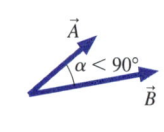

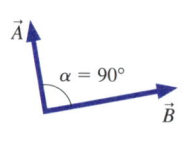

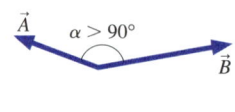

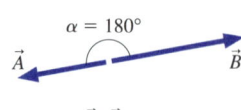

$\alpha = 0°$	$\alpha < 90°$	$\alpha = 90°$	$\alpha > 90°$	$\alpha = 180°$
$\vec{A}\cdot\vec{B} = AB$	$\vec{A}\cdot\vec{B} > 0$	$\vec{A}\cdot\vec{B} = 0$	$\vec{A}\cdot\vec{B} < 0$	$\vec{A}\cdot\vec{B} = -AB$

FIGURA 11.12 O produto escalar $\vec{A}\cdot\vec{B}$ quando α varia entre 0° e 180°.

EXEMPLO 11.4 Calculando o produto escalar

Calcule o produto escalar entre os dois vetores da **FIGURA 11.13**.

RESOLUÇÃO O ângulo formado entre os vetores é $\alpha = 30°$; logo,

$$\vec{A}\cdot\vec{B} = AB\cos\alpha = (3)(4)\cos 30° = 10{,}4$$

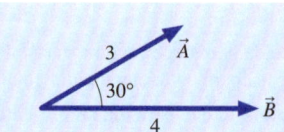

FIGURA 11.13 Os vetores $\vec{A}$ e $\vec{B}$ do Exemplo 11.4.

Da mesma forma como ocorre com a soma e a subtração de vetores, com freqüência é mais fácil calcular o produto escalar de dois vetores fazendo uso de componentes vetoriais. A **FIGURA 11.14** serve para relembrá-lo dos vetores unitários $\hat{i}$ e $\hat{j}$ que apontam, respectivamente, no sentido positivo do eixo x e no sentido positivo do eixo y. Esses dois vetores unitários são mutuamente perpendiculares; logo, seu produto escalar é $\hat{i} \cdot \hat{j} = 0$. Além disso, uma vez que os módulos de $\hat{i}$ e $\hat{j}$ valem 1, então $\hat{i} \cdot \hat{i} = 1$ e $\hat{j} \cdot \hat{j} = 1$.

Em função dos componentes, podemos escrever o produto escalar dos vetores $\vec{A}$ e $\vec{B}$ na forma

$$\vec{A} \cdot \vec{B} = (A_x\hat{i} + A_y\hat{j}) \cdot (B_x\hat{i} + B_y\hat{j})$$

FIGURA 11.14 Os vetores unitários $\hat{i}$ e $\hat{j}$.

Efetuando os produtos envolvidos no lado direito e usando os resultados dos produtos escalares dos vetores unitários obtemos:

$$\vec{A} \cdot \vec{B} = A_x B_x \hat{i} \cdot \hat{i} + (A_x B_y + A_y B_x)\hat{i} \cdot \hat{j} + A_y B_y \hat{j} \cdot \hat{j}$$
$$= A_x B_x + A_y B_y \quad (11.15)$$

Ou seja, **o produto escalar é a soma dos produtos dos componentes**.

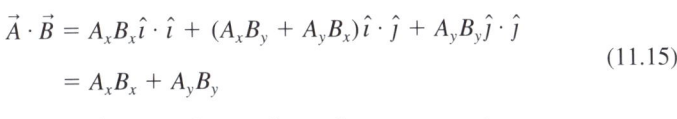

EXEMPLO 11.5 Calculando o produto escalar por meio dos componentes

Calcule o produto escalar de $\vec{A} = 3\hat{i} + 3\hat{j}$ e $\vec{B} = 4\hat{i} - \hat{j}$.

RESOLUÇÃO A **FIGURA 11.15** mostra os vetores $\vec{A}$ e $\vec{B}$. Poderíamos calcular este produto escalar usando a geometria para encontrar primeiro o valor do ângulo entre os vetores e, depois, fazendo uso da Equação 11.14. Todavia calcular o mesmo produto escalar a partir dos componentes dos vetores é muito mais fácil. Ele é

$$\vec{A} \cdot \vec{B} = A_x B_x + A_y B_y = (3)(4) + (3)(-1) = 9$$

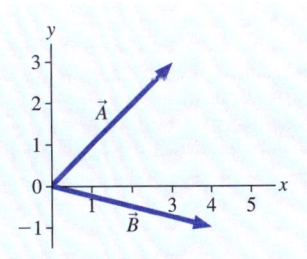

FIGURA 11.15 Os vetores $\vec{A}$ e $\vec{B}$.

Olhando para a Equação 11.13, o trabalho realizado por uma força constante, você deve reconhecer que se trata do produto escalar do vetor força pelo vetor deslocamento:

$$W = \vec{F} \cdot \Delta\vec{r} \quad \text{(trabalho realizado por uma força constante)} \quad (11.16)$$

Essa definição de trabalho é válida apenas quando a força for constante.

EXEMPLO 11.6 Calculando o trabalho através do produto escalar

Um esquiador de 70 kg desliza a 2,0 m/s quando se depara com uma rampa inclinada para baixo em 10°, muito lisa, com 50 m de comprimento. Qual será o módulo de sua velocidade na base da rampa?

MODELO Trate o esquiador como uma partícula e interprete "muito lisa" como ausência de atrito. Use o teorema trabalho-energia cinética para determinar o módulo da velocidade final.

VISUALIZAÇÃO A **FIGURA 11.16** mostra uma representação pictórica do esquiador.

Antes:
$x_0 = 0$ m
$v_0 = 2,0$ m/s
$m = 70$ kg

Após:
$x_1 = 50$ m
v_1

Determinar: v_1

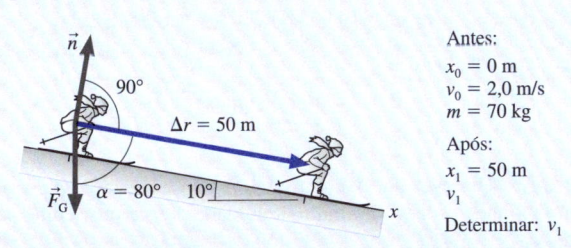

FIGURA 11.16 Representação pictórica do esquiador.

RESOLUÇÃO As únicas forças exercidas sobre o esquiador são $\vec{F}_G$ e $\vec{n}$. A força normal é perpendicular ao movimento e, portanto, não realiza trabalho. O trabalho feito pela gravidade é facilmente calculado por meio do produto escalar:

$$W = \vec{F}_G \cdot \Delta\vec{r} = mg(\Delta r)\cos\alpha$$
$$= (70 \text{ kg})(9,8 \text{ m/s}^2)(50 \text{ m})\cos 80° = 5960 \text{ J}$$

Note que o ângulo formado *entre* os vetores é de 80°, e não, de 10°. Então, do teorema trabalho-energia cinética, obtemos

$$\Delta K = \frac{1}{2}mv_1^2 - \frac{1}{2}mv_0^2 = W$$

$$v_1 = \sqrt{v_0^2 + \frac{2W}{m}} = \sqrt{(2,0 \text{ m/s})^2 + \frac{2(5960 \text{ J})}{70 \text{ kg}}} = 13 \text{ m/s}$$

NOTA ▶ Embora envolvido com a matemática do cálculo do trabalho, você não deve perder de vista o significado do teorema trabalho-energia cinética. Ele é um enunciado sobre a *transferência de energia*, afirmando que o trabalho é a energia transferida para ou de um sistema devido a forças exercidas sobre o mesmo. O trabalho aumenta ou diminui a energia cinética do sistema. ◀

PARE E PENSE 11.4 Qual das forças abaixo realiza o maior trabalho?

a. A força de 10 N.
b. A força de 8 N.
c. A força de 6 N.
d. Todas elas realizam o mesmo trabalho.

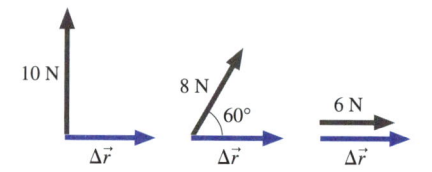

11.4 O trabalho realizado por uma força variável

Já aprendemos a calcular o trabalho realizado sobre um objeto por uma força constante, mas e quando o módulo ou a orientação da força muda enquanto o objeto se desloca? A Equação 11.8, a definição de trabalho, é tudo de que precisamos:

$$W = \int_{s_i}^{s_f} F_s \, ds = \text{área sob gráfico força } versus \text{ posição} \tag{11.17}$$

A integral é a soma de pequenas quantidades de trabalho $F_s \, ds$ realizado a cada passo dado ao longo da trajetória. Uma vez que agora F_s varia a cada posição, o único aspecto novo é que não podemos tirar F_s para fora da integral. Devemos, agora, calculá-la geometricamente, determinando a área sob a curva ou efetuando realmente a integração.

EXEMPLO 11.7 Usando o trabalho para determinar a velocidade de um carro

Um carro de 1.500 kg acelera a partir do repouso. A **FIGURA 11.17** mostra o comportamento da força resultante sobre o carro (força de impulsão menos força de arraste) enquanto este se desloca de $x = 0$ m para $x = 200$ m. Qual é o módulo da velocidade do carro após se deslocar 200 m?

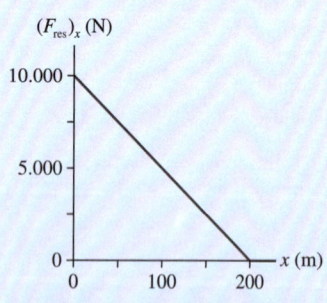

FIGURA 11.17 Gráfico da força *versus* posição de um carro.

RESOLUÇÃO A aceleração $a_x = (F_{\text{res}})_x/m$ é grande quando o carro parte, mas diminui à medida que o carro ganha velocidade por causa do arraste cada vez maior. A Figura 11.17 é um retrato mais realista da força resultante sobre um carro do que o nosso modelo anterior de uma força constante. Todavia uma força variável significa que não podemos usar a cinemática familiar de aceleração constante. Em seu lugar, podemos usar o teorema trabalho energia-cinética. Como $v_i = 0$ m/s, temos

$$\Delta K = \frac{1}{2} m v_f^2 - 0 = W_{\text{res}}$$

Tendo partido de $x_i = 0$ m, o trabalho realizado é

$$W_{\text{res}} = \int_{0\,\text{m}}^{x_f} (F_{\text{res}})_x \, dx$$

$$= \text{área sob a curva do gráfico de } (F_{\text{res}})_x \text{ versus } x \text{ desde 0 até } x_f$$

A área sob a curva da Figura 11.17 é a de um triângulo com largura de 200 m. Portanto,

$$W_{\text{res}} = \text{área} = \frac{1}{2}(10.000 \text{ N})(200 \text{ m}) = 1.000.000 \text{ J}$$

O teorema trabalho-energia cinética, então, fornece

$$v_f = \sqrt{\frac{2W_{\text{res}}}{m}} = \sqrt{\frac{2(1.000.000 \text{ J})}{1500 \text{ kg}}} = 37 \text{ m/s}$$

AVALIAÇÃO Uma vez que 1 J = 1 kg m²/s², a grandeza W/m possui como unidade o m²/s². Portanto, a unidade de v_f é m/s, como esperado.

EXEMPLO 11.8 Usando o teorema trabalho-energia cinética para o caso de uma mola

A "máquina de *pincube*" foi uma mal-sucedida precursora da máquina de *pinball*. Um cubo de 100 g é lançado puxando-se uma mola para trás em 20 cm e, em seguida, liberando-a. Qual é o módulo da velocidade de lançamento do cubo, quando ele perde contato com a mola, se a constante elástica da mola for de 20 N/m e o coeficiente de atrito cinético valer 0,10?

MODELO Considere a mola como ideal, obedecendo à lei de Hooke. Use o teorema trabalho-energia cinética para obter o valor da velocidade de lançamento.

VISUALIZAÇÃO A **FIGURA 11.18** mostra uma representação do tipo antes-e-após e um diagrama de corpo livre. Escolhemos a origem do eixo x na posição de equilíbrio da mola.

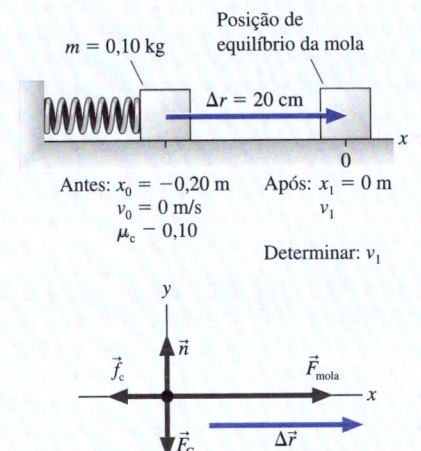

FIGURA 11.18 Representação pictórica e diagrama de corpo livre para o Exemplo 11.8.

RESOLUÇÃO A força normal e a gravidade são, ambas, perpendiculares ao movimento e não realizam trabalho. Podemos usar o teorema trabalho-energia cinética, com $v_0 = 0$ m/s, para determinar o módulo v_0 da velocidade de lançamento:

$$\Delta K = \frac{1}{2} m v_1^2 - 0 = W_{res} = W_{atrito} + W_{mola}$$

O atrito é uma força constante de módulo $f_c = \mu_c mg$ e sentido contrário ao do movimento, com $\theta = 180°$, de modo que o trabalho realizado pelo atrito é

$$W_{atrito} = \vec{f}_c \cdot \Delta \vec{r} = f_c (\Delta r) \cos 180° = -\mu_c mg \Delta x = -0,020 \text{ J}$$

O trabalho negativo do atrito, por si só, desaceleraria o bloco.

A força exercida pela mola é variável: $(F_{mola})_x = -k\Delta x = -kx$, onde $\Delta x = x - x_e = x$ porque escolhemos usar um sistema de coordenadas em que $x_e = 0$ m. A despeito do sinal negativo, $(F_{mola})_x$ é uma grandeza positiva (a força aponta para a direita) porque x é negativo em todo o movimento. A força da mola aponta no sentido do movimento, portanto W_{mola} é positivo. Podemos usar a Equação 11.17 para calcular W_{mola}:

$$W_{mola} = \int_{x_0}^{x_1} (F_{mola})_x \, dx = -k \int_{x_0}^{x_1} x \, dx = -\frac{1}{2} kx^2 \Big|_{x_0}^{x_1}$$

$$= -\left(\frac{1}{2} kx_1^2 - \frac{1}{2} kx_0^2 \right)$$

Calculando W_{mola} com $x_0 = -0,20$ m e $x_1 = 0$ m, obtemos

$$W_{mola} = \frac{1}{2}(20 \text{ N/m})(-0,20 \text{ m})^2 = 0,400 \text{ J}$$

O trabalho resultante é $W_{res} = W_{atr} + W_{mola} = 0,380$ J, com o qual podemos agora obter

$$v_1 = \sqrt{\frac{2 W_{res}}{m}} = \sqrt{\frac{2(0,380 \text{ J})}{0,100 \text{ kg}}} = 2,8 \text{ m/s}$$

Talvez você tenha notado que o trabalho realizado pela mola se parece com a energia potencial elástica $U_{elast} = \frac{1}{2} k \Delta x^2$. Na próxima seção obteremos uma relação entre trabalho e energia potencial.

11.5 Força, trabalho e energia potencial

Agora que já relacionamos força a trabalho, chegou a hora de olhar mais detalhadamente para as relações existentes entre força, trabalho e energia potencial. Como ponto de partida, vamos calcular o trabalho realizado pela gravidade sobre um objeto que desliza ao longo de uma pista livre de atrito e de forma arbitrária. A **FIGURA 11.19** mostra o objeto se movendo entre uma posição inicial de altura y_i e uma posição final de altura y_f. O deslocamento ds é, em essência, um segmento de reta ao longo do trecho muito pequeno do movimento que é mostrado na ampliação na figura. A pequena quantidade de trabalho dW_{grav} feito pela gravidade enquanto o objeto efetua o deslocamento ds é

$$dW_{grav} = \vec{F}_G \cdot \Delta \vec{r} = mg \cos \theta \, ds \quad (11.18)$$

É fácil verificar que $\cos \theta \, ds$ corresponde a um deslocamento vertical, porém precisamos ter cuidado com os sinais. O pequeno deslocamento ds é positivo em virtude de nossa escolha prévia do eixo s positivo com o mesmo sentido do movimento. Todavia o eixo y aponta para cima, de modo que dy da Figura 11.19 é negativo. Em particular, $dy = -\cos \theta \, ds$. Portanto, o trabalho realizado pela gravidade é

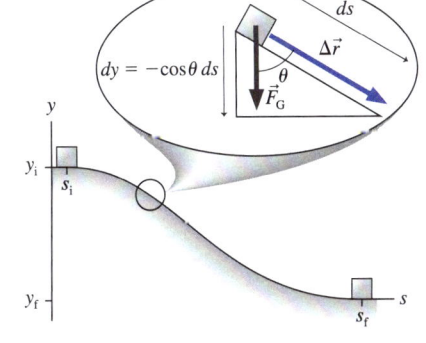

$$dW_{grav} = -mg \, dy \quad (11.19)$$

FIGURA 11.19 Um objeto se move ao longo de uma pista de forma arbitrária.

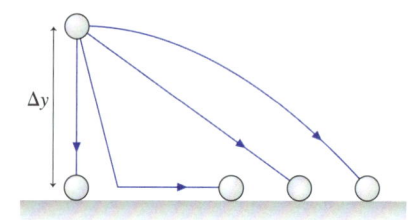

FIGURA 11.20 O trabalho realizado pela gravidade é igual nos quatro casos.

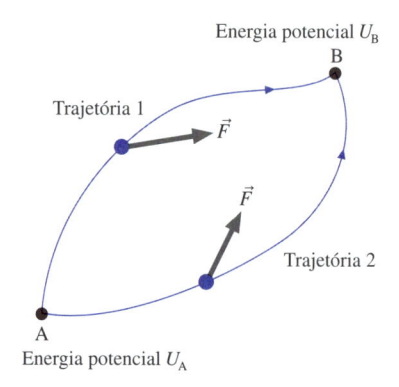

FIGURA 11.21 Um objeto pode mover-se de A para B ao longo da trajetória 1 ou 2.

A principal característica da Equação 11.19 é que dW_{grav} independe de θ. Ele depende apenas do deslocamento vertical dy, mas não, da declividade da superfície. O trabalho total realizado pela gravidade é obtido somando-se os trabalhos realizados em cada pequeno trecho do movimento (i.e., integrando-se a Equação 11.19). O resultado é

$$W_{\text{grav}} = -mg(y_{\text{f}} - y_{\text{i}}) = -mg\Delta y \qquad (11.20)$$

Note que **o trabalho realizado pela gravidade é independente da trajetória seguida pelo objeto**. Ele depende das alturas inicial e final, mas não, da maneira como o objeto seguiu de uma altura y_{i} para uma altura y_{f}. Por exemplo, a **FIGURA 11.20** mostra uma partícula que se move ao longo de quatro diferentes trajetórias correspondentes ao mesmo deslocamento vertical total Δy. A despeito de se tratar de trajetórias muito diferentes entre si, o trabalho realizado pela gravidade é igual nos quatro casos.

Forças conservativas e não-conservativas

A independência do trabalho em relação à trajetória talvez surpreenda, porém ela é um ingrediente essencial de qualquer força à qual corresponda uma energia potencial. Para demonstrar isso, a **FIGURA 11.21** mostra um objeto que se move de A para B ao longo de duas possíveis trajetórias enquanto a força $\vec{F}$ é exercida sobre ele. Suponha que uma energia potencial U esteja associada com a força $\vec{F}$ de uma maneira muito parecida com a qual a energia potencial $U_{\text{g}} = mgy$ está associada à força gravitacional $\vec{F}_{\text{G}} = -mg\hat{j}$.

Existem três passos básicos nesta lógica:

1. A energia potencial é uma energia de posição. O sistema possui apenas um valor de energia potencial quando o objeto encontra-se em A e outro valor diferente quando em B. Assim, a variação total de energia potencial $\Delta U = U_{\text{B}} - U_{\text{A}}$ é a mesma quando o objeto se move ao longo da trajetória 1 ou da trajetória 2.
2. A energia potencial é transformada em energia cinética, com $\Delta K = -\Delta U$. Se ΔU independe de trajetória, então ΔK também é independente de trajetória. A transformação da energia faz com que o objeto tenha a mesma energia cinética em B sem que importe a trajetória seguida.
3. A variação da energia cinética de um objeto está relacionada ao trabalho realizado sobre o objeto pela força $\vec{F}$. De acordo com o teorema trabalho-energia cinética, $\Delta K = W$. Uma vez que ΔK independe de trajetória, o mesmo *deve* valer para o trabalho realizado pela força $\vec{F}$ quando o objeto se move de A para B.

Uma força cujo trabalho feito sobre um objeto quando este se move de uma posição inicial para outra final é independente da trajetória seguida é chamada de **força conservativa**. (O nome, como você logo verá, está relacionado às condições sob as quais a energia mecânica é conservada.) A importância das forças conservativas está no fato de que **uma energia potencial pode ser associada a qualquer força conservativa**. Por exemplo, nossa análise da Figura 11.19 mostrou que a gravidade é uma força conservativa. Conseqüentemente, podemos definir uma energia potencial gravitacional.

A fim de definir uma relação geral entre trabalho e energia potencial, suponha que um objeto se mova de uma posição inicial i para outra posição final f sob influência exclusiva de uma força conservativa $\vec{F}$. Vamos denotar o trabalho realizado por esta força por $W_{\text{c}}(\text{i} \to \text{f})$, onde a notação $\text{i} \to \text{f}$ significa "quando o objeto se move da posição i para a posição f". Uma vez que $\Delta K = W$ e $\Delta K = -\Delta U$, a diferença de energia potencial entre esses dois pontos deve ser igual a

$$\Delta U = U_{\text{f}} - U_{\text{i}} = -W_{\text{c}}(\text{i} \to \text{f}) \qquad (11.21)$$

A Equação 11.21 constitui uma definição geral da energia potencial associada a uma força conservativa.

Por exemplo, na Equação 11.20 encontramos que o trabalho devido à gravidade independe da trajetória e é dado por $W_{\text{grav}}(\text{i} \to \text{f}) = -mg(y_{\text{f}} - y_{\text{i}})$. A energia potencial gravitacional é definida por

$$U_{\text{f}} - U_{\text{i}} = -W_{\text{grav}}(\text{i} \to \text{f}) = mgy_{\text{f}} - mgy_{\text{i}}$$

e, portanto, $U_{\text{g}} = mgy$. Isso está em concordância com a energia potencial gravitacional obtida no Capítulo 10, o que não é inesperado. A análise realizada no Capítulo 10, que resultou na relação $U_g = mgy$ foi, de fato, um cálculo de trabalho, embora não a tenhamos classificado como tal daquela vez. O que fizemos agora foi generalizar aquela análise para aplicá-la a *qualquer* força conservativa.

NOTA ▶ A Equação 11.21 define tão somente a *variação* ΔU de energia potencial. Podemos adicionar uma mesma constante a U_f e a U_i sem que, com isso, alteremos a energia potencial. Foi nisto que se baseou nossa discussão, no Capítulo 10, a respeito do zero da energia potencial. ◀

E quanto às molas? Uma tarefa para casa deixada para você será a de mostrar que a lei de Hooke também é uma força conservativa. No Exemplo 11.8, demonstramos que o trabalho realizado por uma mola é dado por

$$W_{elast}(i \to f) = \int_{x_i}^{x_f} F_{elast}\,dx = -\left(\frac{1}{2}kx_f^2 - \frac{1}{2}kx_i^2\right)$$

de onde segue que $U_e = \frac{1}{2}kx^2$. O Exemplo 11.8 constitui um "caso particular" em que escolhemos um sistema de coordenadas para o qual $x_e = 0$. Uma análise mais geral levaria ao resultado $U_e = \frac{1}{2}k(\Delta s)^2$, como você aprendeu no Capítulo 10.

Nem todas as forças são conservativas. Por exemplo, a Figura 11.22 ilustra como um pássaro vê duas partículas deslizando sobre uma superfície. A força de atrito é sempre oposta ao movimento, formando 180° com $d\vec{s}$, de modo que a pequena quantidade de trabalho realizado durante o deslocamento $d\vec{s}$ é $dW_{atr} = \vec{f_c} \cdot d\vec{s} = -\mu_c mg\,ds$. Somando todos os termos deste tipo para a trajetória inteira, o trabalho realizado pelo atrito quando uma partícula percorre a distância total Δs é $W_{atr} = -\mu_c mg\Delta s$. Vemos que o trabalho feito pelo atrito depende de Δs, a distância percorrida. Uma quantidade maior de trabalho é realizada sobre a partícula quando ela percorre a trajetória mais longa; portanto, o trabalho do atrito *não* é independente da trajetória seguida.

NOTA ▶ Esta análise aplica-se apenas ao movimento de uma partícula, que não possui estrutura interna e não pode esquentar. Estas idéias serão estendidas para situações mais realistas — como a de um carro que derrapa até parar — na Seção 11.7, sobre a energia térmica. A equação de partícula $W_{atr} = -\mu_c mg\Delta s$ *não* deve ser usada na resolução de qualquer problema. ◀

Uma força para a qual o trabalho realizado *não* é independente de trajetória é chamada de **força não-conservativa**. Não é possível definir uma energia potencial associada a uma força não-conservativa. O atrito é uma força não-conservativa, portanto não podemos definir uma energia potencial de atrito.

Isso faz sentido. Se você arremessar uma bola diretamente para cima, a energia cinética da mesma será transformada em energia potencial gravitacional. A bola tem o potencial para transformá-la de volta em energia cinética, o que faz ao cair de volta. Mas você não pode recuperar a energia cinética perdida por atrito quando um caixote desliza até parar. Não existe "potencial" que possa ser transformado novamente em energia cinética.

Energia mecânica

Considere um sistema de objetos em interação via forças conservativas e não-conservativas. As forças conservativas realizam um trabalho total W_c quando as partículas se movem das posições iniciais i para as posições finais f. As forças não-conservativas realizam um trabalho total W_{nc}. O trabalho total realizado por *todas* as forças exercidas é $W_{res} = W_c + W_{nc}$. A variação da energia cinética do sistema, ΔK, como determinado pelo teorema trabalho-energia cinética, é

$$\Delta K = W_{res} = W_c(i \to f) + W_{nc}(i \to f) \tag{11.22}$$

O trabalho feito pelas forças conservativas pode, agora, ser associado a uma energia potencial U. De acordo com a Equação 11.21, $W_c(i \to f) = -\Delta U$. Com tal definição, a Equação 11.22 assume a forma

$$\Delta K + \Delta U = \Delta E_{mec} = W_{nc} \tag{11.23}$$

onde, como no Capítulo 10, a *energia mecânica* é $E_{mec} = K + U$.

FIGURA 11.22 Vista superior de duas partículas que deslizam sobre uma superfície.

A energia mecânica nem sempre é conservada. Aqui, a energia mecânica está sendo transformada em energia térmica.

Agora podemos ver que **a energia mecânica é conservada se não existirem forças não-conservativas**, ou seja,

$$\Delta E_{mec} = 0 \text{ se } W_{nc} = 0 \qquad (11.24)$$

Essa importante conclusão é o que chamamos de princípio de conservação da energia mecânica no Capítulo 10. Lá, vimos que o atrito impede E_{mec} de ser conservada, mas, de fato, não sabíamos por quê. A Equação 11.23 nos diz que qualquer força não-conservativa faz variar a energia mecânica. O atrito e outras "forças dissipativas" geram perdas de energia mecânica. Outras forças externas, como o puxão de uma corda, podem aumentar a energia mecânica.

Igualmente importante, a Equação 11.23 nos diz o que fazer quando a energia mecânica não for conservada. Você ainda pode empregar conceitos de energia para analisar o movimento desde que calcule o trabalho realizado pelas forças não-conservativas.

EXEMPLO 11.9 Usando o trabalho e a energia potencial conjuntamente

O esquiador do Exemplo 11.6 repete sua corrida quando existe vento soprando. Lembre-se de que o esquiador de 70 kg estava deslizando a 2,0 m/s quando começou a descer uma rampa de 50 m de comprimento, 10° de inclinação e livre de atrito. Qual será a rapidez do esquiador na base da rampa se o vento exerce uma força retardadora e constante de 50 N, contrária ao movimento do esquiador?

MODELO Neste caso, o sistema será constituído pelo esquiador e pela Terra.

VISUALIZAÇÃO A Figura 11.16 mostra a representação pictórica e o diagrama de corpo livre da situação.

RESOLUÇÃO Para resolver este problema através do teorema trabalho-energia cinética, teremos de calcular explicitamente o trabalho realizado pela gravidade. Então vamos usar a Equação 11.23. A gravidade é uma força conservativa que podemos associar à energia potencial gravitacional U_g. A força retardadora do vento é não-conservativa. Portanto,

$$\Delta K + \Delta U_g = W_{nc} = W_{vento}$$

A energia potencial gravitacional é $U_g = mgy$. Como a força do vento é oposta ao movimento do esquiador, com $\theta = 180°$, ela realiza um trabalho $W_{vento} = \vec{F}_{vento} \cdot \Delta \vec{r} = F_{vento}\Delta r$. Assim, a equação da energia assume a forma

$$\frac{1}{2}mv_1^2 - \frac{1}{2}mv_0^2 + mgy_1 - mgy_0 = -F_{vento}\Delta r$$

Usando $v_0 = 2{,}0$ m/s, $y_0 = (50 \text{ m}) \text{ sen } 10° = 8{,}68$ m, e $y_1 = 0$ m, obtemos

$$v_1 = \sqrt{v_0^2 + 2gy_0 - 2F_{vento}\Delta r/m} = 10 \text{ m/s}$$

AVALIAÇÃO O que parecia ser um problema difícil, com a gravidade e uma força retardadora envolvidas, acabou revelando-se muito fácil quando abordado com base em energia e trabalho. O módulo da velocidade final do esquiador é cerca de 25% menor do que seria se não houvesse vento.

O Exemplo 11.6 ilustra uma idéia importante. Quando associamos uma energia potencial a uma força conservativa, nós

- Ampliamos o sistema definido, de maneira a incluir todos os objetos que interagem através de forças conservativas.
- "Pré-computamos" o trabalho. Podemos conseguir isso porque não precisamos saber as trajetórias seguidas pelos objetos do sistema. Esse trabalho pré-computado torna-se uma energia potencial e passa do lado direito de $\Delta K = W$ para o lado esquerdo da Equação 11.23.

No Exemplo 11.6, o sistema consistiu no esquiador apenas. Lá, nós tratamos o campo gravitacional como uma força exercida pela vizinhança que realizava trabalho sobre o sistema. No Exemplo 11.9, onde voltamos ao mesmo problema, incluímos a Terra no sistema definido e representamos a interação conservativa esquiador-Terra por uma energia potencial.

NOTA ▶ Quando você usa uma energia potencial, você já está levando em conta o trabalho realizado por aquela força. Não calcule o trabalho explicitamente, ou você estará levando-o em conta duas vezes! ◀

Para analisar um problema baseado em trabalho e energia, você pode

1. Usar o teorema trabalho-energia cinética $\Delta K = W$ e calcular explicitamente o trabalho realizado por *cada* força. Este foi o método empregado no Exemplo 11.6. Ou
2. Representar o trabalho feito pelas forças conservativas através das energias potenciais associadas e, depois, usar a relação $\Delta K + \Delta U = W_{nc}$. O único trabalho que deve ser calculado explicitamente é aquele realizado por todas as forças não-conservativas. Este foi o método usado no Exemplo 11.9.

É importante ter consciência de que **estes dois métodos dão os mesmos resultados!** Apenas no método 2 se "pré-computa" parte do trabalho realizado, que é representado através de uma energia potencial associada. Na prática, **o segundo deles é sempre o método mais simples e preferido.**

11.6 Obtendo a força a partir da energia potencial

Sabemos como determinar a energia potencial associada a forças conservativas. Agora precisamos aprender como realizar o inverso, ou seja, conhecendo-se a energia potencial de um objeto, como encontrar a força exercida sobre ele?

A **FIGURA 11.23a** mostra um objeto que descreve um *pequeno* deslocamento Δs enquanto uma força conservativa $\vec{F}$ é exercida sobre ele. Se Δs for suficientemente pequeno, o componente de força F_s, no sentido de movimento, será práticamente constante enquanto o objeto realiza aquele deslocamento. O trabalho realizado enquanto o objeto se move de s para $s + \Delta s$ é

$$W(s \to s + \Delta s) = F_s \Delta s \tag{11.25}$$

Tal trabalho é mostrado na **FIGURA 11.23b** como a área sob a curva da força correspondente ao retângulo de largura Δs.

Uma vez que $\vec{F}$ é uma força conservativa, a energia potencial do objeto quando ele se desloca Δs sofre uma variação dada por

$$\Delta U = -W(s \to s + \Delta s) = -F_s \Delta s$$

que podemos reescrever como

$$F_s = -\frac{\Delta U}{\Delta s} \tag{11.26}$$

No limite $\Delta s \to 0$, obtemos que, na posição s, a força é dada por

$$F_s = \lim_{\Delta s \to 0}\left(-\frac{\Delta U}{\Delta s}\right) = -\frac{dU}{ds} \tag{11.27}$$

Vemos que a força sobre o objeto é o *negativo* da derivada da energia potencial em relação à posição. A **FIGURA 11.23c** mostra que podemos interpretar este resultado graficamente como

$$F_s = \text{o negativo da declividade do gráfico } U \text{ versus } s \text{ em } s \tag{11.28}$$

Na prática, é claro, nós geralmente usaremos $F_x = -dU/dx$ ou $F_y = -dU/dy$.

Como exemplo, considere a energia potencial gravitacional $U_g = mgy$. A **FIGURA 11.24a** mostra o diagrama U_g versus y. Ele é, simplesmente, o gráfico de uma linha reta que passa pela origem. A força sobre o objeto na posição y, de acordo com as Equações 11.27 e 11.28, é, simplesmente,

$$(F_G)_y = -\frac{dU_g}{dy} = -(\text{declividade de } U_g) = -mg$$

O sinal negativo, como sempre, indica que a força aponta no sentido negativo de y. A **FIGURA 11.24b** mostra o correspondente gráfico de F versus y. Em cada ponto, o *valor* de E é igual ao negativo da *declividade* do gráfico de U versus y. Este se assemelha aos gráficos de posição e velocidade, onde o valor de v_x em um instante de tempo qualquer t é igual à declividade do gráfico x versus t.

Já sabíamos que $(F_G)_y = -mg$, é claro, de modo que a importância deste particular problema foi ilustrar o significado da Equação 11.28 mais do que descobrir algo de novo. Se *não* conhecêssemos a força gravitacional, verificaríamos que é possível obtê-la a partir da energia potencial.

A **FIGURA 11.25** constitui um exemplo mais interessante. A declividade do gráfico da energia potencial é negativa entre x_1 e x_2. Isso significa que a força exercida sobre o objeto, que é o negativo da declividade de U, é *positiva*. Um objeto situado entre x_1 e x_2 experimenta uma força que aponta para a direita. A força diminui quando o valor absoluto da declividade diminui até que, em x_2, $F_x = 0$. Isto é consistente com nossa identificação anterior de x_2 como um ponto de *equilíbrio* estável. A declividade é positiva (a força é negativa e, assim, aponta para a esquerda) entre x_2 e x_3, é nula (força nula) no ponto de

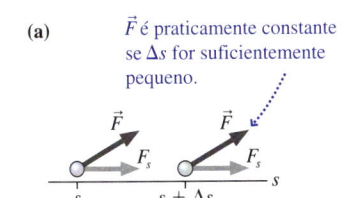

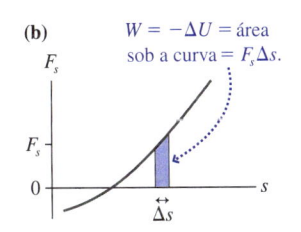

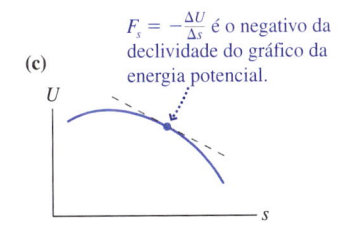

FIGURA 11.23 Relacionando força com energia potencial.

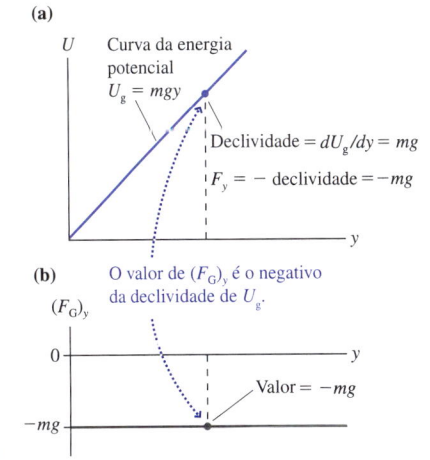

FIGURA 11.24 Diagramas da energia potencial gravitacional e da força da gravidade.

318 Física: Uma Abordagem Estratégica

(a) A declividade é negativa e decresce em valor absoluto.

Declividade = 0

EP

Declividade máxima

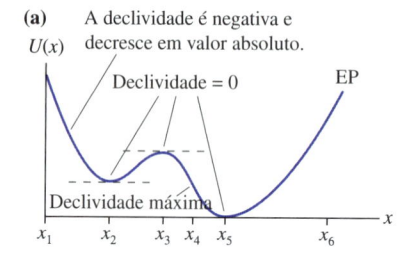

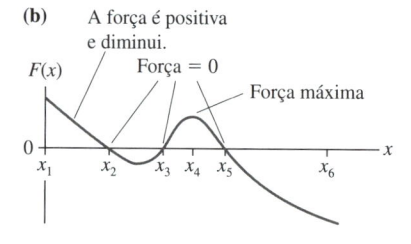

$x_1 \quad x_2 \quad x_3 \quad x_4 \quad x_5 \quad x_6$

(b) A força é positiva e diminui.

Força = 0

Força máxima

$x_1 \quad x_2 \quad x_3 \quad x_4 \quad x_5 \quad x_6$

FIGURA 11.25 Um diagrama de energia potencial e o correspondente diagrama de força.

equilíbrio instável x_3 e assim por diante. O ponto x_4, onde a declividade é negativa ao máximo, é o ponto de máxima força.

A **FIGURA 11.25b** é um gráfico plausível de F versus x. Não sabemos a forma exata porque não dispomos de uma expressão exata para U, todavia o gráfico da força deve se parecer muito com este.

PARE E PENSE 11.5 Uma partícula se move ao longo do eixo x com a energia potencial mostrada. O componente x da força sobre a partícula quando esta se encontra em $x = 4$ m é:

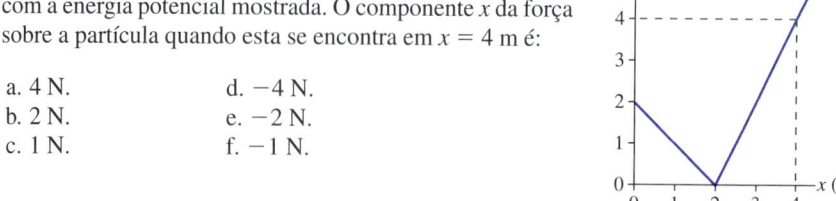

a. 4 N.   d. −4 N.
b. 2 N.   e. −2 N.
c. 1 N.   f. −1 N.

11.7 Energia térmica

Todos os objetos que manuseamos e usamos no dia-a-dia consistem de um vasto número de partículas atômicas. Empregaremos o termo **macrofísica** para nos referir ao movimento e à dinâmica dos objetos como um todo, e o termo **microfísica** para o movimento dos átomos. Você provavelmente conhece o prefixo *micro*, que significa "pequeno". Todavia pode não estar familiarizado com o termo *macro*, que significa "grande" ou "de escala grande".

Energia cinética e potencial em nível microscópico

A Figura 11.26 mostra duas perspectivas diferentes de um mesmo objeto. Na perspectiva macroscópica da **FIGURA 11.26a**, você vê um objeto de massa M que se move como um todo com velocidade v_{obj}. Em conseqüência do movimento, o objeto possui energia cinética $K_{macro} = \frac{1}{2}Mv_{obj}^2$.

A **FIGURA 11.26b** constitui uma visão microfísica do mesmo objeto, onde agora vemos um *sistema de partículas*. Cada um destes átomos está em movimento e, com isso, eles distendem ou comprimem as ligações moleculares do tipo mola entre eles. Em conseqüência, existe uma energia cinética e uma energia potencial *microscópica*, associadas, respectivamente, aos movimentos dos átomos e às suas ligações.

A energia cinética de um átomo é extremamente pequena, mas existe um número enorme de átomos em um objeto macroscópico. A energia cinética total de todos os átomos é o que chamamos de *energia cinética microscópica* K_{micro}. A energia potencial total correspondente a todas as ligações é a *energia potencial microscópica* U_{micro}. Estas energias microscópicas são completamente diferentes das energias K_{macro} e U_{macro} do objeto como um todo.

A energia microscópica tem realmente importância? Para verificar isso, considere uma esfera maciça de ferro de 500 g que se move à respeitável velocidade de 20 m/s (72 km/h). Sua energia cinética macroscópica é

$$K_{macro} = \frac{1}{2}Mv_{obj}^2 = 100 \text{ J}$$

Uma tabela periódica dos elementos mostrará que o ferro possui massa atômica igual a 56. De seus cursos de química, lembre-se de que 56 g de ferro correspondem a 1 mol de ferro e a um número de átomos igual ao número de Avogadro ($N_A = 6{,}02 \times 10^{23}$). Portanto, 500 g de ferro equivalem aproximadamente a 9 mols de ferro e contêm $N \approx 9N_A \approx 5{,}4 \times 10^{24}$ átomos de ferro. A massa de cada átomo, portanto, é

$$m = \frac{M}{N} \approx \frac{0{,}50 \text{ kg}}{5{,}4 \times 10^{24}} \approx 9 \times 10^{-26} \text{ kg}$$

Com que rapidez tais átomos se movem? Futuramente aprenderá que o módulo da velocidade de propagação do som no ar é cerca de 340 m/s. O som se propaga por meio das colisões entre os átomos; logo, os átomos do ar devem possuir velocidades com

---

(a) O movimento macroscópico do sistema como um todo

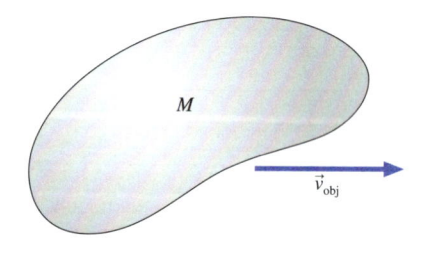

M

$\vec{v}_{obj}$

(b) O movimento microscópico dos átomos no interior

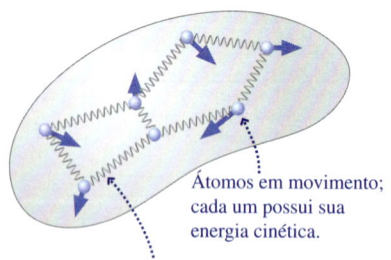

Átomos em movimento; cada um possui sua energia cinética.

Ligações moleculares distendidas ou comprimidas; cada uma possui energia potencial.

FIGURA 11.26 Duas perspectivas de movimento e energia.

módulos de pelo menos 340 m/s. A rapidez do som em sólidos é ainda mais alta, normalmente cerca de 1.000 m/s. Como uma estimativa grosseira, $v \approx 500$ m/s é razoável. A energia cinética de um átomo de ferro dotado deste valor de velocidade é

$$K_{\text{átomo}} = \frac{1}{2}mv^2 \approx 1,1 \approx 10^{-20} \text{ J}$$

Isto é realmente muito pouco, mas existe um grande número de átomos. Se supusermos, segundo nossa estimativa, que todos os átomos movem-se com tal valor de velocidade, a energia cinética microscópica seria

$$K_{\text{micro}} \approx NK_{\text{átomo}} \approx 60.000 \text{ J}$$

Veremos mais tarde que em média, para um sólido, U_{micro} é igual a K_{micro}, de modo que a energia microscópica total é cerca de 120.000 J, ou seja, a energia microscópica é muito maior do que a energia cinética macroscópica do objeto como um todo!

A soma da energia cinética microscópica dos átomos com a energia potencial microscópica dos mesmos é chamada de *energia térmica* do sistema:

$$E_{\text{term}} = K_{\text{micro}} + U_{\text{micro}} \quad (11.29)$$

Esta energia normalmente é imperceptível a partir de uma perspectiva macroscópica, mas ela é completamente real. Comprovaremos mais tarde, quando chegarmos à termodinâmica, que a energia térmica é proporcional à *temperatura* do sistema. A elevação da temperatura faz com que os átomos se tornem mais velozes e com que as suas ligações sofram maiores deformações, aumentando a energia térmica do sistema.

NOTA ▶ A energia microscópica dos átomos *não* se chama "calor". A palavra "calor", como "trabalho", possui um significado específico e preciso em física, muito mais restritivo do que aquele com que empregamos esta palavra cotidianamente. Introduziremos o conceito de calor mais tarde, quando for necessário. Por ora queremos empregar o termo correto, "energia térmica", para designar o movimento aleatório de origem térmica das partículas de um sistema. Se a temperatura do sistema subir (i.e., se ele ficar mais quente), é porque a energia térmica do sistema aumentou. ◀

Forças dissipativas

No início do capítulo indagamos: "o que acontece com a energia?" quando um sistema "desacelera" devido ao atrito. Se você lançar um livro escorregando sobre uma mesa, ele gradualmente desacelerará e acabará parado. Para onde foi a energia que ele tinha? A resposta comum "ela transformou-se em calor" não é inteiramente correta.

A **FIGURA 11.27**, o modelo atômico do atrito visto no Capítulo 6, mostra por quê. Quando os *dois* objetos são esfregados um no outro, ligações moleculares são distendidas em ambos os lados da fronteira. Quando essas ligações temporárias se rompem, os átomos rapidamente retornam para as posições originais e passam a vibrar com uma energia cinética microscópica. (Imagine ter várias bolas conectadas umas às outras por molas. Se você puxar uma delas e soltá-la, fará o sistema inteiro balançar e vibrar.) Em outras palavras, as interações atômicas na fronteira transformam energia cinética K_{macro} do objeto em movimento — desacelerando-o — em energia cinética microscópica e em energia potencial de átomos em vibração e de ligações distendidas. A transformação de energia é denotada por $K \rightarrow E_{\text{term}}$ e nós sentimos isso como um aumento de temperatura dos *dois* objetos em contato. Assim, a resposta correta para "o que acontece com a energia?" é: "ela é transformada em energia térmica".

Forças tais como a de atrito ou a de arraste fazem com que a energia cinética macroscópica de um sistema seja "dissipada" em energia térmica. Por isso elas são chamadas de **forças dissipativas**. A análise baseada em energia das forças dissipativas é um pouco sutil. Uma vez que o atrito aquece *os dois* objetos, devemos definir o sistema de modo que inclua ambos os objetos — o livro *e* a mesa ou o carro *e* a rodovia.

A **FIGURA 11.28** mostra uma caixa sendo puxada com velocidade constante sobre uma superfície horizontal com atrito. Como você deve estar imaginando, tanto a superfície quanto a caixa estão se tornando mais quentes — aumentando suas energias térmicas. Mas nem a energia cinética nem a energia potencial da caixa estão variando, portanto de onde provém a energia térmica? A partir do modelo de energia, lembre-se de que trabalho é energia transferida para um sistema por forças exercidas pela vizinhança. Se definirmos o

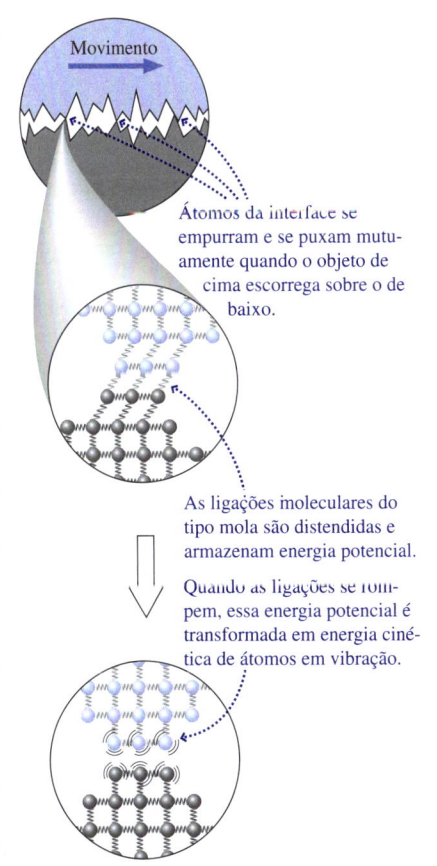

FIGURA 11.27 A visão do atrito em nível atômico.

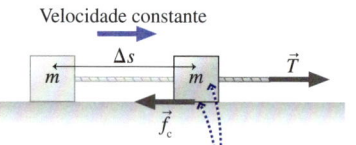

FIGURA 11.28 O trabalho feito pela tensão é dissipado como aumento da energia térmica.

O trabalho realizado pela tensão aumenta a energia térmica da caixa e da superfície.

Energia cinética de um jogador sendo transformada em energia térmica.

sistema como caixa + superfície, então o aumento de energia térmica do sistema se deverá inteiramente ao trabalho realizado sobre o sistema pela tensão da corda: $\Delta E_{term} = W_{tensão}$.

O trabalho realizado pela tensão ao puxar a caixa por uma distância Δs é, simplesmente, $W_{tensão} = T\Delta s$; logo, $\Delta E_{term} = T\Delta s$. Uma vez que a caixa se move com velocidade constante, a primeira lei de Newton, $\vec{F}_{res} = \vec{0}$, exige que a tensão contrabalance exatamente a força de atrito, $T = f_c$. Conseqüentemente, a aumento de energia térmica devido à força dissipativa do atrito é

$$\Delta E_{term} = f_c \Delta s \quad \text{(aumento de energia térmica devido ao atrito)} \quad (11.30)$$

Note que o aumento de energia térmica é diretamente proporcional à distância total do deslizamento. **Forças dissipativas sempre aumentam a energia térmica, jamais a diminuem.**

Você deve estar preocupado por que simplesmente não calculamos o trabalho feito pelo atrito. A razão um tanto sutil é que o trabalho foi definido para forças exercidas sobre uma *partícula* ou sobre um objeto completamente rígido que pode ser tratado como uma partícula. Uma partícula não possui estrutura interna e, portanto, não pode possuir energia térmica. Tal energia requer que trabalhemos com objetos estendidos, sistemas não-rígidos formados por muitas partículas atômicas. É por isso que a breve introdução à energia térmica do início do capítulo fez menção à necessidade de começar a ir além do modelo de partícula.

Existe trabalho realizado sobre átomos individuais da fronteira quando eles são puxados de uma maneira ou de outra, mas seria necessário um conhecimento em nível atômico das forças para calcular tal trabalho. A força de atrito $\vec{f}_c$ é uma força média exercida sobre o objeto como um todo; ela não é uma força sobre qualquer partícula específica, de modo que não podemos usá-la para calcular o trabalho. Além disso, o aumento de energia térmica não é uma transferência de energia do livro para a superfície ou desta para o livro. Tanto o livro *quanto* a superfície ganham energia térmica à custa da energia cinética macroscópica.

NOTA ▶ A análise da energia térmica é mais sutil, como notado acima. As considerações que resultaram na Equação 11.30 nos permitem calcular o aumento total de energia térmica do sistema inteiro, mas não podemos determinar que fração de ΔE_{term} vai para o livro e que fração vai para a superfície. ◀

EXEMPLO 11.10 Calculando o aumento de energia térmica

Uma corda puxa um caixote de madeira de 10 kg por 3,0 m ao longo de um piso de madeira. Qual é o aumento de energia térmica? O coeficiente de atrito cinético é 0,20.

MODELO Consideremos o sistema formado pelo caixote e pelo piso. Suponha que o piso seja horizontal.

RESOLUÇÃO A força de atrito exercida sobre o objeto em movimento sobre uma superfície horizontal é $f_c = \mu_c n = \mu_c mg$. Assim, a variação de energia térmica, dada pela Equação 11.30, é

$$\Delta E_{term} = f_c \Delta s = \mu_c mg \Delta s$$
$$= (0,20)(10 \text{ kg})(9,80 \text{ m/s}^2)(3,0 \text{ m}) = 59 \text{ J}$$

AVALIAÇÃO A energia térmica do caixote e do piso aumentaram, conjuntamente, em 59 J. Não podemos determinar ΔE_{term} do caixote (ou do piso) isoladamente.

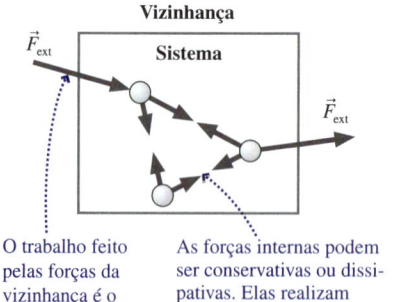

FIGURA 11.29 Um sistema em que existem tanto forças internas de interação quanto forças externas.

O trabalho feito pelas forças da vizinhança é o trabalho externo W_{ext}.

As forças internas podem ser conservativas ou dissipativas. Elas realizam trabalhos W_c e W_{diss}, respectivamente.

11.8 Conservação da energia

Vamos retornar ao modelo básico de energia e começar a juntar muitas idéias introduzidas neste capítulo. A **FIGURA 11.29** mostra um sistema genérico consistindo de vários objetos macroscópicos. Estes interagem uns com os outros, mas também pode haver forças externas exercidas sobre eles. Tanto as forças de interação mútua quanto as forças externas realizam trabalho sobre os objetos. A variação de energia cinética do sistema é dada pelo teorema trabalho-energia cinética, $\Delta K = W_{res}$.

Anteriormente dividimos W_{res} no trabalho W_c, realizado pelas forças conservativas, e no trabalho W_{nc}, feito pelas forças não-conservativas. O trabalho feito pelas forças conservativas pode ser representado por uma energia potencial U. Agora, vamos fazer mais uma distinção, dividindo as forças não-conservativas em *forças dissipativas* e *forças externas*, ou seja,

$$W_{nc} = W_{diss} + W_{ext} \quad (11.31)$$

Para ilustrar o que queremos expressar por uma força externa, suponha que você pegue uma caixa em repouso sobre o piso e a coloque em repouso sobre uma mesa. A caixa adquire energia potencial, todavia $\Delta K = 0$. Ou imagine puxar uma caixa sobre a mesa por meio de um barbante. A caixa adquire energia cinética, mas não por meio da conversão de energia potencial. A força de sua mão ou da tensão do barbante são forças que "provêm" da vizinhança para alterar o sistema. Portanto, elas são forças externas.

Devemos ser cuidadosos com a escolha do sistema se desejamos que esta distinção seja válida. Como se pode imaginar, vamos associar W_{diss} com ΔE_{term}. Desejamos que E_{term} seja uma energia *do sistema*. De outro modo, não faria sentido falar em transformação de energia cinética em energia térmica. Porém, para que E_{term} pertença ao sistema *os dois* objetos envolvidos na interação dissipativa devem fazer parte do sistema. O livro que desliza sobre a mesa eleva a temperatura tanto dele mesmo *quanto da superfície*. Conseqüentemente, devemos incluir o livro *e a mesa* no sistema definido. As forças dissipativas, como as conservativas, são forças de interação em nível atômico dentro do sistema.

Com esta distinção, o teorema trabalho-energia cinética assume a forma

$$\Delta K = W_c + W_{diss} + W_{ext} \qquad (11.32)$$

Como antes, definimos a energia potencial U de maneira que $\Delta U = -W_c$. Lembre-se de que a energia potencial é, na realidade, apenas o trabalho pré-computado de uma força conservativa. Já havíamos visto que o trabalho realizado por uma força dissipativa — as forças que esticam as ligações moleculares estabelecidas na fronteira — aumentam a energia térmica do sistema: $\Delta E_{term} = -W_{diss}$. Com essas substituições, o teorema trabalho-energia cinética torna-se

$$\Delta K = -\Delta U + -\Delta E_{term} + W_{ext}$$

Podemos escrever isto de maneira mais prática como

$$\Delta K + \Delta U + \Delta E_{term} = \Delta E_{mec} + \Delta E_{term} = \Delta E_{sist} = W_{ext} \qquad (11.33)$$

onde $E_{sis} = E_{mec} + E_{term}$ é a energia total do sistema. A Equação 11.33 é a **equação da energia** do sistema.

A Equação 11.33 é nosso enunciado mais geral de como varia a energia de um sistema, todavia ainda precisamos dar uma interpretação mais clara do que ela significa. No Capítulo 9, definimos um *sistema isolado* como aquele para o qual a força externa resultante é nula. Segue que nenhum trabalho externo é realizado sobre um sistema isolado: $W_{ext} = 0$. Assim, uma conclusão obtida da Equação 11.33 é que **a energia total E_{sis} de um sistema isolado é conservada**, ou seja, $\Delta E_{sis} = 0$ para um sistema isolado. Se, além disso, o sistema for também não-dissipativo (i.e., livre de forças de atrito), então $\Delta E_{term} = 0$. Neste caso, a energia mecânica E_{mec} é conservada.

Essas conclusões sobre a energia podem ser sintetizadas como o *princípio de conservação da energia*:

> **PRINCÍPIO DE CONSERVAÇÃO DA ENERGIA** A energia total $E_{sis} = E_{mec} + E_{term}$ de um sistema isolado é uma constante. A energia cinética, a potencial e a energia térmica dentro do sistema podem ser transformadas de uma em outra, mas sua soma não pode variar. Além disso, a energia mecânica $E_{mec} = K + U$ será conservada se o sistema for isolado e não-dissipativo.

O princípio de conservação da energia é um dos enunciados mais poderosos da física.

A **FIGURA 11.30a** é uma reformulação do modelo básico de energia da Figura 11.2. Agora podemos ver que esta é uma representação pictórica da Equação 11.13. Para que a energia total do sistema E_{sis} varie é necessário que as forças externas transfiram energia para dentro ou para fora do sistema, realizando trabalho sobre o mesmo. A energia cinética, a energia potencial e a energia térmica dentro do sistema podem se transformar de uma em outra através das forças de interação dentro do sistema. Como mostra a **FIGURA 11.30b**, $E_{sis} = K + U + E_{term}$ é constante se o sistema é isolado. O modelo básico de energia diz respeito a *transferências* e *transformações* de energia.

(a) Um sistema que interage com sua vizinhança.

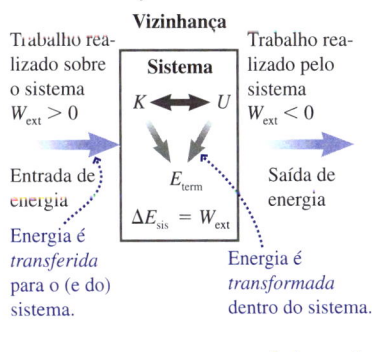

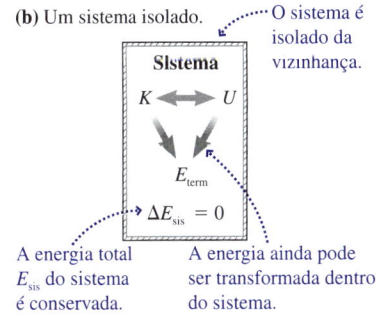

(b) Um sistema isolado.

FIGURA 11.30 O modelo básico de energia é uma representação pictórica da equação da energia.

Gráficos de barras de energia

Os gráficos de barras da energia do Capítulo 10 podem agora ser expandidos para incluir a energia térmica e o trabalho realizado pelas forças externas. A equação da energia, Equação 11.33, pode ser escrita como

$$K_i + U_i + W_{ext} = K_f + U_f + \Delta E_{term} \quad (11.34)$$

O lado esquerdo representa o que havia "antes" ($K_i + U_i$) mais qualquer energia que seja adicionada ao sistema ou dele removida. O lado direito corresponde à situação de "após". A "contabilidade da energia" da Equação 11.34 pode ser representada pelo gráfico de barras da **FIGURA 11.31**.

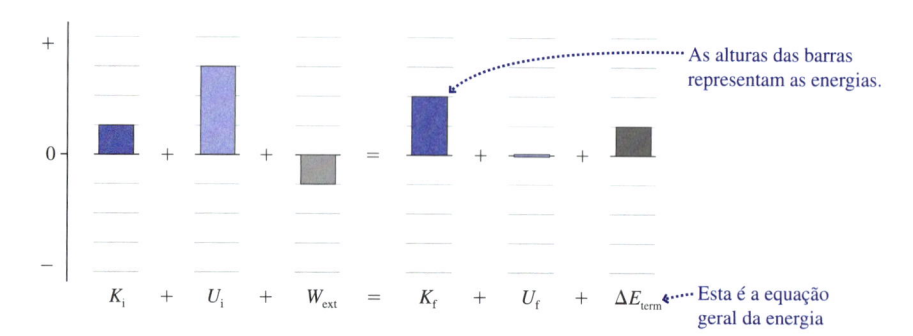

FIGURA 11.31 Um gráfico de barras de energia mostra como toda a energia é contabilizada.

NOTA ▶ Não temos como determinar $(E_{term})_i$ ou $(E_{term})_f$, porém ΔE_{term} será sempre positiva se o sistema contiver forças dissipativas. ◀

Vamos examinar alguns exemplos.

EXEMPLO 11.11 Gráfico de barras da energia I

Um carro de corrida derrapa até parar. Represente as transferências e as transformações de energia em um gráfico de barras de energia.

RESOLUÇÃO O carro possui uma energia cinética inicial K_i. Esta energia é transformada em energia térmica do carro e da rodovia. A energia potencial não varia e nenhum trabalho é realizado por forças externas, de modo que o processo é uma transformação de energia $K_i \rightarrow E_{term}$. Isso é ilustrado na **FIGURA 11.32**. E_{sis} é conservada, mas não E_{mec}.

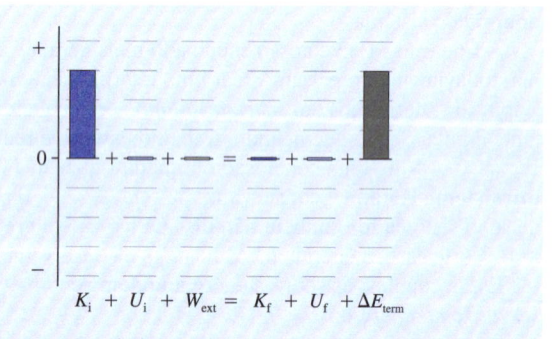

FIGURA 11.32 Gráfico de barras de energia para o Exemplo 11.11.

EXEMPLO 11.12 Gráfico de barras da energia II

Uma corda ergue uma caixa com velocidade constante. Represente as transferências e as transformações de energia em um gráfico de barras de energia.

RESOLUÇÃO A tensão na corda é uma força externa que realiza trabalho sobre a caixa, aumentando sua energia potencial. A energia cinética fica inalterada porque a velocidade é constante. O processo é uma transferência de energia $W_{ext} \rightarrow U_f$, como mostra a **FIGURA 11.33**. Este sistema não é isolado, de modo que E_{sis} não é conservada.

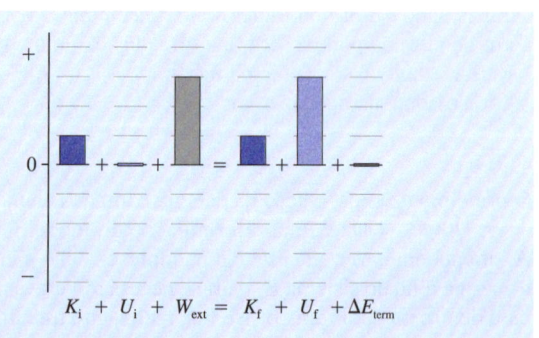

FIGURA 11.33 Gráfico de barras de energia para o Exemplo 11.12.

EXEMPLO 11.13 Gráfico de barras da energia III

A caixa que foi erguida no Exemplo 11.12 cai com velocidade constante enquanto a corda faz girar um gerador elétrico e acender uma lâmpada. A resistência do ar é desprezível. Represente as transferências e transformações de energia em um gráfico de barras.

RESOLUÇÃO A energia potencial inicial diminui, mas K não varia e $\Delta E_{ter} = 0$. A tensão na corda é uma força externa que realiza trabalho, todavia W_{ext} é negativo, neste caso, porque $\vec{T}$ aponta para cima, enquanto o deslocamento $\Delta \vec{r}$ é para baixo. Trabalho negativo significa que energia é transferida do sistema para a vizinhança ou, mais informalmente, que *o sistema realiza trabalho sobre a vizinhança*. A caixa em queda realiza trabalho sobre o gerador ao fazê-lo girar, e a lâmpada acende. Energia é transferida para fora do sistema e acaba na lâmpada como energia elétrica. O processo é $U_i \rightarrow W_{ext}$. Isso é ilustrado na **FIGURA 11.34**.

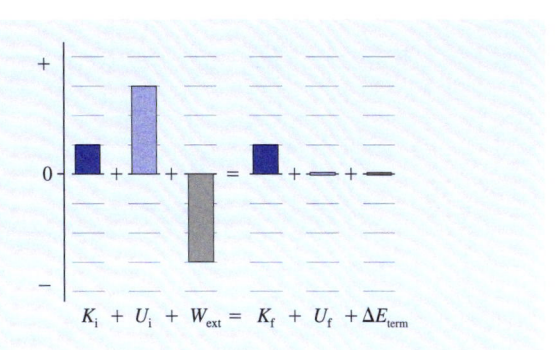

FIGURA 11.34 Gráfico de barras de energia para o Exemplo 11.13.

$$K_i + U_i + W_{ext} = K_f + U_f + \Delta E_{term}$$

Estratégia para resolução de problemas

Este é um bom lugar para resumir a estratégia que tem sido desenvolvida por meio do uso do conceito de energia.

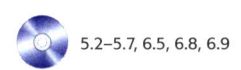

5.2–5.7, 6.5, 6.8, 6.9

ESTRATÉGIA PARA RESOLUÇÃO DE PROBLEMAS 11.1 Resolvendo problemas de energia

MODELO Identifique quais objetos fazem parte do sistema e quais pertencem à vizinhança. Se possível, escolha um sistema livre de atrito ou de outras forças dissipativas. Certos problemas podem ser subdivididos em duas ou mais partes.

VISUALIZAÇÃO Desenhe uma representação pictórica do tipo antes-e-após e um gráfico de barras de energia. Um diagrama de corpo livre pode ser útil se você vai calcular trabalho, embora com freqüência as forças sejam suficientemente simples para ser mostradas apenas na representação pictórica.

RESOLUÇÃO Se o sistema for isolado e não-dissipativo, a energia mecânica será conservada:

$$K_f + U_f = K_i + U_i$$

Se existem forças externas ou forças dissipativas, calcule W_{ext} e ΔE_{term}. Depois, use a equação mais geral da energia

$$K_f + U_f + \Delta E_{term} = K_i + U_i + W_{ext}$$

A cinemática e/ou as leis de conservação podem ser usadas em alguns problemas.

AVALIAÇÃO Verifique se seu resultado está expresso nas unidades corretas, se é plausível e se responde à questão.

EXEMPLO 11.14 Esticando uma mola

Uma caixa de 5,0 kg é presa à extremidade de uma mola de constante elástica 80 N/m. A outra extremidade da mola é fixada a uma parede. Inicialmente, a caixa encontra-se em repouso, e a mola, na posição de equilíbrio. Uma corda com tensão constante de 100 N, então, puxa a caixa, afastando-a da parede. Qual será a velocidade da caixa após ter se deslocado 50 cm? O coeficiente de atrito cinético entre a caixa e o piso é de 0,30.

MODELO Esta é uma situação complexa, mas que podemos analisar. Primeiro, identifique a caixa, a mola e o piso como o sistema. Precisamos que o piso faça parte do sistema por causa do atrito que aumenta a temperatura da caixa *e* do piso. A tensão na corda é uma força externa. O trabalho W_{ext} realizado por ela transfere energia para o sistema, fazendo com que K, U_e e E_{term} também aumentem.

Continua

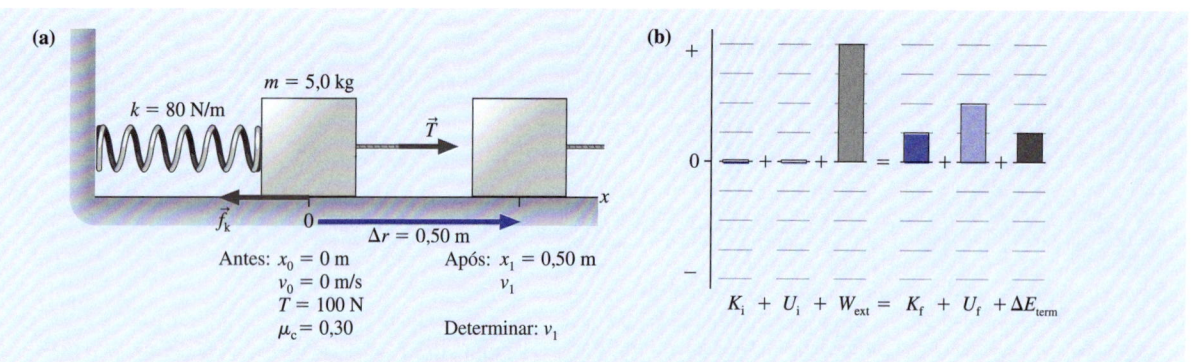

FIGURA 11.35 Representação pictórica e gráfico de barras de energia para o Exemplo 11.14.

VISUALIZAÇÃO A **FIGURA 11.35a** é uma representação pictórica do tipo antes-e-após. As transferências e transformações de energia estão representadas no gráfico de barras de energia da **FIGURA 11.35b**.

RESOLUÇÃO O trabalho externo feito pela tensão da corda é

$$W_{ext} = \vec{T} \cdot \Delta \vec{r} = T(\Delta x)\cos 0° = (100\text{ N})(0{,}50\text{ m}) = 50{,}0\text{ J}$$

O aumento de energia interna é dado pela Equação 11.30:

$$\Delta E_{term} = f_c \Delta x = \mu_c mg \Delta x$$
$$= (0{,}30)(5{,}0\text{ kg})(9{,}80\text{ m/s}^2)(0{,}50\text{ m}) = 7{,}4\text{ J}$$

A equação da energia, $K_f + U_f + \Delta E_{term} = K_i + U_i + W_{ext}$, assume a forma

$$\frac{1}{2}mv_1^2 + \frac{1}{2}kx_1^2 + \Delta E_{term} = \frac{1}{2}mv_0^2 + \frac{1}{2}kx_0^2 + W_{ext}$$

Sabemos que $x_0 = 0$ m e que $v_0 = 0$ m/s; logo, a equação da energia é simplificada para

$$\frac{1}{2}mv_1^2 = W_{ext} - \Delta E_{term} - \frac{1}{2}kx_1^2$$

Isolando a velocidade final v_1, obtemos

$$v_1 = \sqrt{\frac{2(W_{ext} - \Delta E_{term} - \frac{1}{2}kx_1^2)}{m}} = 3{,}6\text{ m/s}$$

AVALIAÇÃO O trabalho realizado pela tensão da corda é energia transferida para o sistema. Parte dela aumenta a velocidade da caixa, outra parte dela aumenta a energia potencial armazenada na mola e o restante é transformado em energia térmica, aumentando a temperatura. Tivemos de juntar todas as idéias de energia para resolver o problema.

Um bom começo, porém...

Começamos bem no entendimento da energia, mas ainda temos muito o que fazer a respeito. Primeiro, o trabalho não é única maneira de transferir energia para um sistema. Suponha que você ponha uma panela com água no queimador do fogão. A temperatura da água subirá, significando que E_{term} está aumentando, todavia nenhum trabalho está sendo realizado. Em vez disso, a energia está sendo transferida para a água de uma maneira *não-mecânica* que nós denominaremos de *calor*. Calor, simbolizado por Q, é a transferência de energia que ocorre quando existe uma diferença de temperatura entre o sistema e sua vizinhança.

Se incluirmos o calor como uma segunda maneira de transferência de energia, a Equação 11.33, a equação da energia, assumirá a forma

$$\Delta E_{sis} = W_{ext} + Q \tag{11.35}$$

Esta expressão mais geral para a energia é chamada de *primeira lei da termodinâmica*. Ampliaremos nosso modelo básico de energia de modo a incluir o calor quando estudarmos a termodinâmica. A Equação 11.35 se tornará essencial na compreensão dos processos térmicos. O aspecto importante a notar por ora é que desenvolvemos um modelo de energia completamente geral que poderá mais tarde ser ampliado de modo a incluir outros tipos de energia e de transferência de energia. A termodinâmica será uma extensão dessas idéias que abordamos nos Capítulo 10 e 11, e não, um assunto inteiramente novo.

Segundo, existe algo de incomum a respeito da energia térmica. Se você arremessar um bloco diretamente para cima, a energia cinética é gradualmente transformada em energia potencial gravitacional. Após o bloco atingir o ponto de retorno, onde $K = 0$, a energia potencial é novamente transformada em energia cinética durante a queda do bloco. Se, em vez disso, você empurrasse o mesmo bloco sobre uma mesa, a energia cinética adquirida pelo bloco seria transformada (via atrito) em energia térmica. Mas quando o bloco parar ($K = 0$), você *jamais* verá a energia térmica ser novamente transformada em energia cinética macroscópica!

Por que não? O princípio de conservação da energia não seria violado se E_{term} diminuísse e K aumentasse. Pense em quão prático isso poderia ser. Os freios de seu carro ficariam muito quentes quando você parasse em um semáforo. Quando a luz ficasse verde, você dificilmente precisaria do motor de seu carro se pudesse transformar a energia térmica de volta em energia cinética. Mas isso jamais foi conseguido por alguém.

Parece existir uma via de mão única para a energia térmica que não existe para a energia cinética e para energia potencial macroscópicas. É fácil transformar energia cinética em energia térmica, mas difícil ou impossível transformá-la de volta em energia cinética. Parece que existe alguma outra lei da física que impede que isso ocorra. E realmente existe: um enunciado muito importante sobre transformações de energia chamado *segunda lei da termodinâmica*.

Assim, nosso modelo básico de energia constitui um bom ponto de partida, mas ainda existe muito a fazer na Parte IV, quando formos estender essas idéias para a ciência da termodinâmica completa.

PARE E PENSE 11.6 Em um *playground*, uma criança escorrega para baixo, ao longo de um poste, com velocidade constante. Esta é uma situação em que:

a. $U \to K$. E_{mec} não é conservada, mas E_{sis}, sim.
b. $U \to E_{term}$. E_{mec} é conservada.
c. $U \to E_{term}$. E_{mec} não é conservada, mas E_{sis}, sim.
d. $K \to E_{term}$. E_{mec} não é conservada, mas E_{sis}, sim.
e. $U \to W_{ext}$. E_{mec} e E_{sis} não se conservam.

11.9 Potência

O trabalho é transferência de energia entre a vizinhança e o sistema. Em muitas situações nós gostaríamos de saber *com que rapidez* essa energia é transferida. A força é exercida rapidamente e transfere energia muito rapidamente ou se trata de uma transferência lenta e preguiçosa? Se você precisar comprar um motor para erguer 1.000 kg de tijolos em 15 m, fará uma *grande* diferença se o motor precisa realizar isso em 30 s ou 30 minutos!

A questão "quão rapidamente" implica que estamos falando sobre uma *taxa*. Por exemplo, a velocidade de um objeto — quão rapidamente ele se move — é a *taxa de variação* da posição. Assim, quando levantamos a questão da rapidez com que a energia é transferida, estamos falando em *taxa de transferência* de energia. A taxa com a qual a energia é transferida é chamada de **potência**, símbolo P, e é definida como

$$P \equiv \frac{dE_{sis}}{dt} \qquad (11.36)$$

A unidade de potência é o **watt**, definido por 1 watt = 1 W ≡ 1 J/s.

Uma força que realiza trabalho (i.e., que transfere energia) a uma taxa de 3 J/s tem uma "potência de saída" de 3 W. Quando o sistema ganha energia a uma taxa de 3 J/s, dizemos que ele "consome" 3 W de potência. Prefixos comuns usados com unidades de potência incluem mW (miliwatt), kW (quilowatt) e MW (megawatt).

A unidade britânica de potência é o *horsepower* (hp)*. O fator de conversão para watts é

1 *horsepower* = 1 hp = 746 W

Muitas aparelhos comuns, como os motores, são especificados em hp.

* N. de T. Existe também a unidade de potência chamada de cavalo-vapor (cv), definida com base em unidades do SI. Por definição, 1 cv é a potência necessária para elevar um corpo de 75 kg em 1 m durante 1 s em um local onde $g = 9,8$ m/s². Portanto, 1 cv = 735 W. Já o hp é uma unidade prática definida por James Watt.

EXEMPLO 11.15 Escolhendo um motor

Qual é a potência que um motor deve ter para fazer subir um elevador de 2.000 kg a uma velocidade constante de 3,0 m/s?

RESOLUÇÃO A tensão no cabo realiza trabalho sobre o elevador a fim de que ele suba. Uma vez que é o motor que puxa o cabo, dizemos que o motor realiza o trabalho de puxar o elevador. A força resultante é nula, pois o elevador sobe com velocidade constante; logo, a tensão no cabo é, simplesmente, $T = mg = 19.600$ N. A energia ganha pelo elevador é

$$\Delta E_{sis} = W_{ext} = T(\Delta y)$$

A potência requerida para dar ao sistema essa energia em um intervalo de tempo Δt é

$$P = \frac{\Delta E_{sis}}{\Delta t} = \frac{T(\Delta y)}{\Delta t}$$

Mas $\Delta y = v\Delta t$, de modo que $P = Tv = (19.600\text{ N})(3,0\text{ m/s}) = 58.800$ W = 79 hp

A idéia da potência como a *taxa* de transferência de energia aplica-se a qualquer forma de energia envolvida. A **FIGURA 11.36** mostra três exemplos da idéia de potência. Por ora, queremos nos concentrar primariamente no trabalho como a fonte da transferência de energia. Com esse objetivo mais estreito, a potência é, simplesmente, a taxa de realização de trabalho: $P = dW/dt$. Se uma partícula descreve um pequeno deslocamento $d\vec{r}$ enquanto uma força $\vec{F}$ é exercida sobre ela, essa força realiza uma pequena quantidade de trabalho dW dada por

$$dW = \vec{F} \cdot d\vec{r}$$

Dividindo-se ambos os lados por dt para obter a taxa de variação, temos

$$\frac{dW}{dt} = \vec{F} \cdot \frac{d\vec{r}}{dt}$$

Porém $d\vec{r}/dt$ é a velocidade $\vec{v}$; logo, podemos escrever a potência como

$$P = \vec{F} \cdot \vec{v} = Fv\cos\theta \tag{11.37}$$

Em outras palavras, a potência fornecida a uma partícula por uma força exercida sobre ela é o produto escalar da força pela velocidade da partícula. Essas idéias se tornarão mais claras com alguns exemplos.

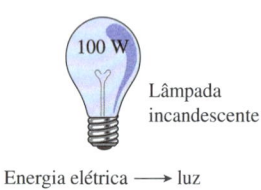

Atletas altamente treinados conseguem uma potência de saída extraordinária.

Lâmpada incandescente — 100 W
Energia elétrica → luz e calor a 100 J/s.

Atleta — $\frac{1}{2}$ hp
Energia química da glicose e da gordura → energia mecânica a ≈350 J/s ≈ $\frac{1}{2}$ hp.

Estufa a gás — 20 kW
Energia química do gás → energia térmica a 20.000 J/s.

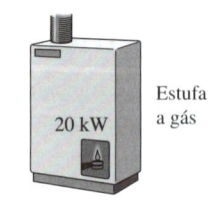

FIGURA 11.36 Exemplos de potência.

EXEMPLO 11.16 Potência de saída de um motor

Uma fábrica utiliza um motor e um cabo para arrastar sobre o piso uma máquina de 300 kg até o lugar adequado. Que potência o motor deve ter para arrastar a máquina a uma velocidade de 0,5 m/s? O coeficiente de atrito entre a máquina e o piso vale 0,60.

RESOLUÇÃO A força exercida pelo motor, por meio do cabo, é a tensão $\vec{T}$. Essa força realiza trabalho sobre a máquina com potência dada por $P = Tv$. A máquina encontra-se em equilíbrio mecânico porque o movimento se dá com velocidade constante; logo, a tensão no cabo que contrabalança o atrito é

$$T = f_c = \mu_c mg$$

Assim, a potência de saída do motor é

$$P = Tv = \mu_c mgv = 882 \text{ W}$$

EXEMPLO 11.17 Potência de saída do motor de um carro

Um carro de 1.500 kg possui um perfil frontal com 1,6 m de largura e 1,4 m de altura. O coeficiente de atrito de rolamento é de 0,02. Que potência o motor deve desenvolver a fim de manter o carro a uma velocidade constante de 30 m/s (108 km/h) se 25% da potência é "perdida" antes de chegar aos eixos das rodas?

RESOLUÇÃO A força resultante sobre um carro em movimento uniforme é nula. Ao movimento se opõem o atrito de rolamento e a resistência do ar. A força para a frente sobre o carro é $\vec{F}_{carro}$ (lembre-se de que esta é, de fato, $\vec{F}_{piso\ sobre\ carro}$, uma força de reação às rodas que empurram o piso para trás com $\vec{F}_{carro\ sobre\ piso}$), a qual contrabalança exatamente as duas forças opostas ao movimento:

$$F_{carro} = f_r + D$$

onde $\vec{D}$ é o arraste devido ao ar. Usando os resultados do Capítulo 6, onde tanto o atrito de rolamento quando o arraste foram abordados, isto se torna

$$F_{carro} = \mu_r mg + \frac{1}{4}Av^2 = 294\ N + 504\ N = 798\ N$$

onde $A = (1,6\ m) \times (1,4\ m)$ é a área da secção transversal do carro. A potência necessária para empurrar o carro para a frente a esta velocidade constante é

$$P_{carro} = F_{carro}\ v = (798\ N)(30\ m/s) = 23.900\ W = 32\ hp$$

Essa é a potência *necessária* para as rodas do carro empurrarem o veículo contra as forças dissipativas do atrito e da resistência do ar. A potência de saída do motor, na verdade, é maior, porque alguma energia é usada para fazer funcionar a bomba d'água e outros componentes e acessórios do carro. Além disso, ocorre perda de energia por atrito no sistema de transmissão do carro. Se 25% da potência do motor for perdida (um valor típico), do que resulta que $P_{carro} = 0,75\ P_{motor}$, a potência de saída do motor será

$$P_{motor} = \frac{P_{carro}}{0,75} = 31.900\ W = 43\ hp$$

AVALIAÇÃO As potências de saída de motores de automóvel, informadas pelos fabricantes, são tipicamente da ordem de 200 hp. A maior parte dessa potência é reservada para obter aceleração rápida ou subir rampas.

PARE E PENSE 11.7 Quatro estudantes sobem correndo os degraus no tempo indicado na figura. Ordene em seqüência decrescente as potências de saída de P_a a P_d.

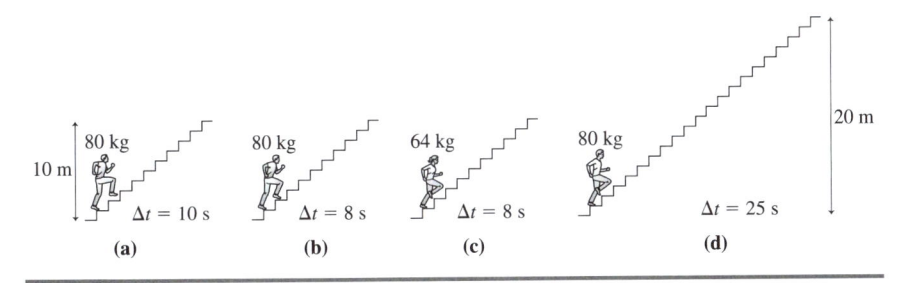

RESUMO

O objetivo do Capítulo 11 foi desenvolver uma compreensão mais completa da energia e de sua conservação.

Princípios gerais

Modelo básico de energia
- A energia é *transferida* para o sistema ou para fora dele.
- A energia é *transformada* dentro do sistema.

As duas versões da equação da energia são
$$\Delta E_{sis} = \Delta K + \Delta U + \Delta E_{term} = W_{ext}$$
$$K_f + U_f + \Delta E_{term} = K_i + U_i + W_{ext}$$

Vizinhança / Sistema: Entrada de Energia, Trabalho $W_{ext} > 0$; $K \leftrightarrow U$; E_{term}; $E_{sis} = K + U + E_{term}$; Saída de Energia, Trabalho $W_{ext} < 0$.

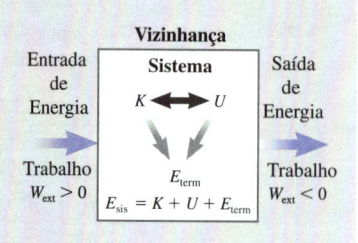

Resolução de problemas sobre energia
MODELO Identifique os objetos que formam o sistema.
VISUALIZAÇÃO Desenhe uma representação pictórica do tipo antes-e-após e um gráfico de barras de energia.
RESOLUÇÃO Use a equação da energia
$$K_f + U_f + \Delta E_{term} = K_i + U_i + W_{ext}$$
AVALIAÇÃO O resultado obtido é plausível?

Princípio de conservação da energia
- **Sistema isolado:** $W_{ext} = 0$. A energia total $E_{sis} = E_{mec} + E_{term}$ é conservada. $\Delta E_{sis} = 0$.
- **Sistema isolado e não-dissipativo:** $W_{ext} = 0$ e $W_{diss} = 0$. A energia mecânica E_{mec} é conservada.

$$\Delta E_{mec} = 0 \text{ ou } K_f + U_f = K_i + U_i$$

Conceitos importantes

O teorema trabalho-energia cinética é
$$\Delta K = W_{res} = W_c + W_{diss} + W_{ext}$$
Com $W_c = -\Delta U$ para forças conservativas e $W_{diss} = -\Delta E_{term}$ para forças dissipativas, esta equação torna-se a equação da energia.

O trabalho realizado por uma força sobre uma partícula quando esta se move de s_i para s_f é
$$W = \int_{s_i}^{s_f} F_s \, ds = \text{área sob a curva da força}$$
$$= \vec{F} \cdot \Delta \vec{r}, \text{ se } \vec{F} \text{ for uma força constante.}$$

Forças conservativas são aquelas para as quais o trabalho é independente da trajetória seguida. O trabalho realizado por uma força conservativa pode ser representado como uma **energia potencial**:
$$\Delta U = U_f - U_i = -W_c(i \to f)$$
Qualquer força conservativa pode ser obtida de uma energia potencial por
$$F_s = -dU/ds = \text{negativo da declividade da curva da EP}$$

Forças dissipativas transformam **energia macroscópica** em energia térmica, que é a **energia microscópica** dos átomos e das moléculas. Para o atrito:
$$\Delta E_{term} = f_c \Delta s$$

Aplicações

A **potência** é a taxa segundo a qual a energia é transferida ou transformada:
$$P = \frac{dE_{sis}}{dt}$$

Para uma partícula que se move com velocidade $\vec{v}$, a potência fornecida a ela pela força $\vec{F}$ é $P = \vec{F} \cdot \vec{v} = Fv \cos\theta$.

Produto escalar
$$\vec{A} \cdot \vec{B} = AB \cos\alpha = A_x B_x + A_y B_y$$

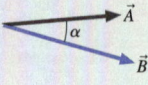

Gráficos de barras de energia constituem uma representação gráfica da equação da energia,
$$K_f + U_f + \Delta E_{term} = K_i + U_i + W_{ext}$$

$K_i + U_i + W_{ext} = K_f + U_f + \Delta E_{term}$

Termos e notação

energia térmica, E_{term}
energia do sistema, E_{sis}
transformação de energia
transferência de energia
trabalho, W
modelo básico de energia

teorema trabalho-energia cinética
produto interno
produto escalar
força conservativa
força não-conservativa
macrofísica

microfísica
força dissipativa
equação da energia
princípio de conservação da energia
potência, P
watt, W

Para a tarefa de casa indicada no *MasteringPhysics*, acessar www.masteringphysics.com

A dificuldade de um problema é indicada por símbolos que vão de | (fácil) a ||| (desafiador).

Problemas indicados pelo ícone podem ser feitos nas *Dynamics Worksheets*.

Problemas indicados pelo ícone integram o material relevante de capítulos anteriores.

QUESTÕES CONCEITUAIS

1. Quais são os dois processos básicos pelos quais a energia pode ser transferida da vizinhança para um sistema?

2. Ocorre um processo em que a energia potencial de um sistema diminui enquanto este realiza trabalho sobre a vizinhança. A energia cinética do sistema aumenta, diminui ou permanece inalterada? Ou não existe informação suficiente para responder? Explique.

3. Ocorre um processo em que a energia potencial de um sistema aumenta quando a vizinhança realiza trabalho sobre o mesmo. A energia cinética do sistema aumenta, diminui ou permanece inalterada? Ou não existe informação suficiente para responder? Explique.

4. A energia cinética de um sistema diminui enquanto sua energia potencial e sua energia térmica permanecessem inalteradas. É a vizinhança que realiza trabalho sobre o sistema ou este que faz trabalho sobre a vizinhança? Explique.

5. Você solta uma bola de uma sacada alta e ela imediatamente cai. A energia cinética da bola aumenta em quantidades iguais durante intervalos de tempo iguais ou aumenta em quantidades iguais durante distâncias percorridas iguais? Explique.

6. Uma partícula se move em um plano vertical ao longo da trajetória *fechada* vista na **FIGURA Q11.6**, partindo de A e retornando ao ponto de partida. Quanto trabalho é realizado sobre a partícula pela gravidade? Explique.

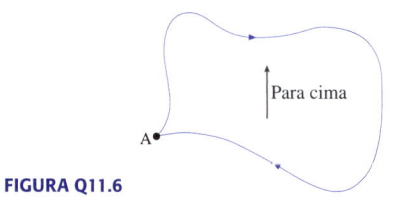

FIGURA Q11.6

7. Um carrinho de plástico de 0,2 kg e outro, feito de chumbo de 20 kg, deslocam-se sem atrito sobre uma superfície horizontal. Forças iguais são empregadas para empurrar os dois por uma distância de 1 m, partindo do repouso. Depois de se deslocarem em 1 m, a energia cinética do carrinho de plástico é maior, menor ou igual à energia cinética do carrinho de chumbo? Explique.

8. Você precisa erguer um bloco pesado puxando-o por meio de uma corda desprovida de massa. Você pode (a) puxar o bloco diretamente para cima até a altura h ou (b) puxá-lo ao longo de um plano inclinado em 25° e sem atrito até que sua altura aumente em h. Considere que o bloco seja movimentado com velocidade constante nos dois casos. Você realizará mais trabalho no caso a ou no caso b? Ou os trabalhos realizados serão iguais? Explique.

9. a. Se a força exercida sobre uma partícula em determinado ponto do espaço for nula, sua energia potencial naquele ponto também deve ser nula? Explique.

   b. Se a energia potencial de uma partícula é nula em determinado ponto do espaço, a força sobre ela também deve ser nula naquele ponto? Explique.

10. O que significa um *sistema isolado*?

11. O motorista de um carro que trafega a 95 km/h trava os freios e o carro derrapa até a parada total. O que aconteceu com a energia cinética do carro no instante imediatamente anterior à parada completa?

12. Que transformações de energia ocorrem quando um esquiador desliza para baixo e com rapidez constante em uma rampa suave?

13. Dê um exemplo *específico* de uma situação em que
    a. $W_{ext} \to K$, enquanto $\Delta U = 0$ e $\Delta E_{term} = 0$.
    b. $W_{ext} \to E_{term}$, enquanto $\Delta K = 0$ e $\Delta U = 0$.

14. O motor de um guindaste desenvolve uma potência P a fim de erguer um cabo de aço. Por que fator deve aumentar a potência desenvolvida pelo motor a fim de erguer o cabo de aço a uma altura duas vezes maior em um tempo duas vezes menor?

EXERCÍCIOS E PROBLEMAS

Exercícios

Seção 11.2 Trabalho e energia cinética

Seção 11.3 Calculando e usando o trabalho

1. | Calcule o produto escalar dos três pares de vetores da **FIGURA EX11.1**

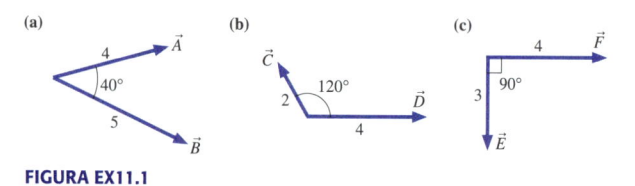

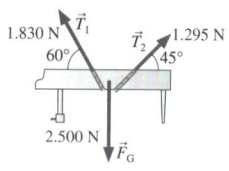

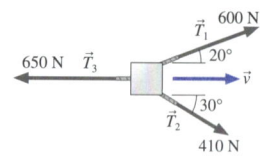

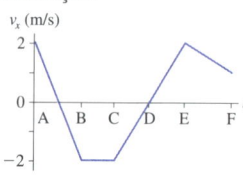

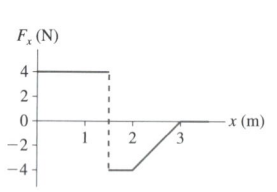

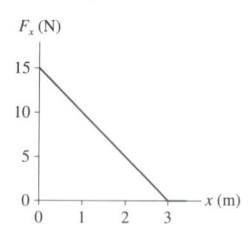

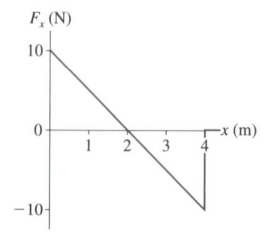

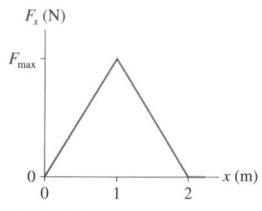

FIGURA EX11.1

2. | Calcule o produto escalar dos três pares de vetores da **FIGURA EX11.2**

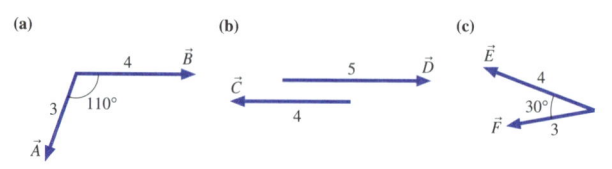

FIGURA EX11.2

3. | Calcule o produto escalar $\vec{A} \cdot \vec{B}$ se
   a. $\vec{A} = 3\hat{i} - 4\hat{j}$ e $\vec{B} = -2\hat{i} + 6\hat{j}$.
   b. $\vec{A} = 2\hat{i} + 3\hat{j}$ e $\vec{B} = 6\hat{i} - 4\hat{j}$.

4. | Calcule o produto escalar $\vec{A} \cdot \vec{B}$ se
   a. $\vec{A} = 4\hat{i} + 2\hat{j}$ e $\vec{B} = -3\hat{i} - 2\hat{j}$.
   b. $\vec{A} = -4\hat{i} + 2\hat{j}$ e $\vec{B} = -\hat{i} - 2\hat{j}$.

5. || Qual é o ângulo formado entre os vetores $\vec{A}$ e $\vec{B}$ de cada item do Exercício 3?

6. || Qual é o ângulo formado entre os vetores $\vec{A}$ e $\vec{B}$ de cada item do Exercício 4?

7. | Quanto trabalho é realizado pela força $\vec{F} = (6,0\hat{i} - 3,0\hat{j})$ N sobre uma partícula quando esta efetua o deslocamento (a) $\Delta\vec{r} = 2,0\hat{i}$ m e (b) $\Delta\vec{r} = 2,0\hat{j}$ m?

8. | Quanto trabalho é realizado pela força $\vec{F} = (-4,0\hat{i} - 6,0\hat{j})$ N sobre uma partícula quando esta efetua o deslocamento (a) $\Delta\vec{r} = 3,0\hat{i}$ m e (b) $\Delta\vec{r} = (-3,0\hat{i} + 2,0\hat{j})$ m?

9. || Uma partícula de 20 g está se movendo para a esquerda a 30 m/s. Quanto trabalho resultante deve ser realizado sobre ela para fazê-la se mover para a direita a 30 m/s?

10. | Um bloco de 2,0 kg encontra-se sobre uma mesa de 0,75 m de altura. Você o pega e o coloca sobre uma prateleira 2,25 m acima do piso.
    a. Quanto trabalho a gravidade realiza sobre o livro?
    b. Quanto trabalho sua mão realiza sobre o livro?

11. || As duas cordas vistas na **FIGURA EX11.11** são usadas para baixar em 5,0 m um piano de 255 kg do segundo andar de uma loja ao térreo. Quanto trabalho é realizado por cada uma das três forças?

FIGURA EX11.11

FIGURA EX11.12

12. | As três cordas que aparecem na vista aérea da **FIGURA EX11.12** são usadas para arrastar um caixote por 3,0 m sobre um piso. Quanto trabalho é realizado por cada uma das três forças?

13. | A **FIGURA EX11.13** é o gráfico velocidade *versus* tempo de um objeto de 2,0 kg que se move ao longo do eixo x. Determine o trabalho feito sobre o objeto durante cada um dos cinco intervalos AB, BC, CD, DE e EF.

FIGURA EX11.13

Seção 11.4 O trabalho realizado por uma força variável

14. | A **FIGURA EX11.14** é o gráfico força *versus* posição de uma partícula que se move ao longo do eixo x. Determine o trabalho feito sobre a partícula durante cada um dos intervalos 0-1 m, 1-2 m e 2-3 m.

FIGURA EX11.14

FIGURA EX11.15

15. || Uma partícula de 500 g que se move ao longo do eixo x experimenta a força representada na **FIGURA EX11.15**. A velocidade da partícula é de 2,0 m/s em $x = 0$ m. Qual é sua velocidade em $x = 1$ m, 2 m e 3 m?

16. || Uma partícula de 2,0 kg que se move ao longo do eixo x experimenta a força representada na **FIGURA EX11.16**. A velocidade da partícula em $x = 0$ m é de 4,0 m/s. Qual é sua velocidade em $x = 2$ m e 4 m?

FIGURA EX11.16

FIGURA EX11.17

17. || Uma partícula de 500 g que se move ao longo do eixo x experimenta a força representada na **FIGURA EX11.17**. Ela passa de $v_x = 2,0$ m/s em $x = 0$ m para $v_x = 6,0$ m/s em $x = 2$ m. Determine F_{max}.

Seção 11.5 Força, trabalho e energia potencial
Seção 11.6 Obtendo a força a partir da energia potencial

18. || Uma partícula possui a energia potencial representada na **FIGURA EX11.18**. Qual é o componente x da força exercida sobre a partícula em x = 5 cm, 15 cm, 25 cm e 35 cm?

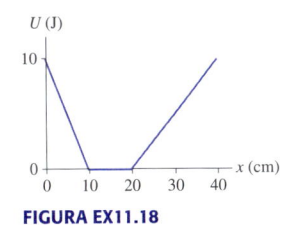

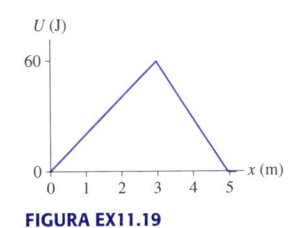

FIGURA EX11.18

FIGURA EX11.19

19. || Uma partícula possui a energia potencial representada na **FIGURA EX11.19**. Qual é o componente x da força exercida sobre a partícula em x = 1 m e x = 4 m?

20. || Uma partícula que se move ao longo do eixo y tem energia potencial $U = 4y^3$ J, onde y está em metros.
    a. Desenhe o gráfico da energia potencial desde y = 0 m até y = 2 m.
    b. Qual é o componente y da força exercida sobre a partícula em y = 0 m, 1 m e 2 m?

21. || Uma partícula que se move ao longo do eixo x tem energia potencial $U = 10/x$, onde x está em metros.
    a. Desenhe o gráfico da energia potencial desde x = 1 m até x = 10 m.
    b. Qual é o componente x da força exercida sobre a partícula em y = 2 m, 5 m e 8 m?

Seção 11.7 Energia térmica

22. | A massa de um átomo de carbono é $2{,}0 \times 10^{-26}$ kg.
    a. Qual é a energia cinética de um átomo de carbono com velocidade de 500 m/s?
    b. Dois átomos de carbono são ligados por uma ligação carbono-carbono do tipo mola. A energia potencial armazenada nas ligações tem o valor que você calculou no item a quando a ligação é distendida em 0,05 nm. Qual é a constante elástica da ligação?

23. | Na Parte IV, você aprenderá a calcular que 1 mol ($6{,}02 \times 10^{23}$ átomos) de átomos de hélio na fase gasosa possui 3.700 J de energia cinética microscópica à temperatura ambiente. Se considerarmos que todos os átomos se movem com o mesmo módulo de velocidade, qual é o valor deste módulo? A massa de um átomo de hélio vale $6{,}68 \times 10^{-27}$ kg.

24. | Um carro de 1.500 kg com velocidade de 20 m/s derrapa até parar.
    a. Descreva as transferências as transformações de energia que ocorrem durante a derrapagem.
    b. Qual é a variação conjunta de energia térmica do carro e da rodovia?

25. || Uma criança de 20 kg escorrega 3,0 m verticais para baixo no escorregador de um *playground*. Ela parte do repouso e atinge 2,0 m/s de velocidade na base do brinquedo.
    a. Descreva as transferências e as transformações de energia que ocorrem durante a descida.
    b. Qual é a variação conjunta de energia térmica do escorregador e da criança?

Seção 11.8 Conservação da energia

26. | Um sistema perde 400 J de energia potencial. No processo, ele realiza 400 J de trabalho sobre a vizinhança e a energia térmica aumenta em 100 J. Represente o processo por um gráfico de barras de energia.

27. Um sistema ganha 500 J de energia cinética enquanto perde 2.000 J de energia potencial. A energia térmica aumenta em 100 J. Represente o processo por um gráfico de barras de energia.

28. || Quanto trabalho é feito pela vizinhança no processo representado na **FIGURA EX11.28**? A energia é transferida da vizinhança para o sistema ou em sentido contrário?

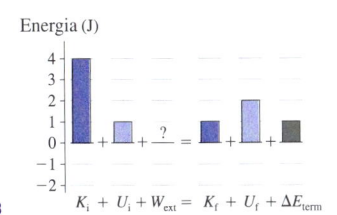

FIGURA EX11.28 $K_i + U_i + W_{ext} = K_f + U_f + \Delta E_{term}$

29. || Um cabo com 20,0 N de tensão puxa diretamente para cima um bloco de 1,02 kg que estava inicialmente em repouso. Quanto vale a velocidade do bloco depois de ele ter sido erguido em 2,00 m? Resolva o problema usando trabalho e energia.

Seção 11.9 Potência

30. | a. Quanto trabalho deve realizar o motor de um elevador a fim de elevá-lo a uma altura de 100 m?
    b. Que potência deve fornecer o motor ao realizar isso em 50 s, com velocidade constante?

31. || a. Quanto trabalho você deve realizar para empurrar um bloco de aço de 10 kg sobre uma mesa também de aço, a uma velocidade constante de 1,0 m/s, durante 3,0 s?
    b. Qual é a potência fornecida por você ao realizar isso?

32. || Ao meio-dia, a energia solar incide sobre o solo com uma intensidade de 1 kW/m^2. Qual é a área de um coletor solar capaz de obter 150 MJ de energia em 1 hora? Isso corresponde, aproximadamente, à energia contida em um galão (3,8 litros) de gasolina.

33. | O que consome mais energia, um secador de cabelo de 1,2 kW usado durante 10 minutos ou uma lâmpada de abajur de 10 W ligada durante 24 horas?

34. || As companhias de energia elétrica cobram suas contas em "quilowatts-hora", abreviados para kWh.
    a. Esta é uma unidade de energia, de potência ou de força? Explique.
    b. O consumo mensal de eletricidade de uma residência típica nos EUA é de 500 kWh. Quanto vale isso em unidades básicas do SI?

35. || Uma velocista de 50 kg, partindo do repouso, corre 50 m em 7,0 s com aceleração constante.
    a. Qual é o módulo da força horizontal exercida sobre a velocista?
    b. Qual é a potência da velocista nos instantes 2,0 s, 4,0 s e 6,0 s?

Problemas

36. | Uma partícula move-se de A para D, como ilustrado na **FIGURA P11.36**, enquanto experimenta a força $\vec{F} = (6\hat{\imath} + 8\hat{\jmath})$ N. Que trabalho realiza esta força se a partícula segue a trajetória (a) ABD, (b) ACD e (c) AD? Trata-se ou não de uma força conservativa? Explique.

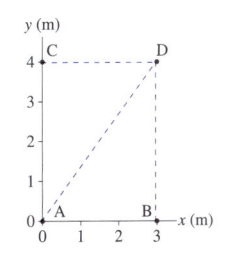

FIGURA P11.36

37. ‖ Uma partícula de 100 g experimenta a força conservativa e unidimensional F_x representada na **FIGURA P11.37**.
  a. Desenhe um gráfico que represente a energia potencial U desde $x = 0$ m até $x = 5$ m. Considere nula a energia potencial em $x = 0$ m.
  Sugestão: pense a respeito da definição de energia potencial e da interpretação geométrica do trabalho realizado por uma força variável.
  b. A partícula é disparada para a direita a 25 m/s, a partir de $x = 1,0$ m. Qual é a energia mecânica da partícula?
  c. Desenhe a linha da energia total no gráfico desenhado no item a.
  d. Onde se encontra o ponto de retorno da partícula?

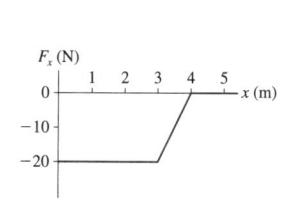

FIGURA P11.37

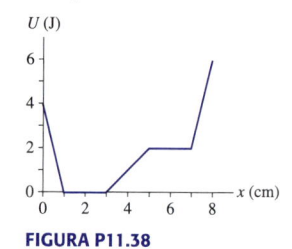

FIGURA P11.38

38. ‖ Uma partícula de 10 g tem a energia potencial representada na **FIGURA P11.38**.
  a. Desenhe o gráfico força versus posição desde $x = 0$ cm até $x = 8$ cm.
  b. Que trabalho realiza a força quando a partícula se move de $x = 2$ cm para $x = 6$ cm?
  c. Qual é o módulo da velocidade que a partícula deve ter em $x = 2$ cm a fim de chegar em $x = 6$ cm com velocidade de 10 m/s?

39. ‖ a. A **FIGURA P11.39a** representa a força F_x exercida sobre uma partícula que se move ao longo do eixo x. Desenhe o gráfico da energia potencial da partícula em função da posição x. Considere que $U = 0$ em $x = 0$ m.
  b. A **FIGURA P11.39b** representa a energia potencial U de uma partícula que se move ao longo do eixo x. Desenhe o gráfico da força F_x em função da posição x.

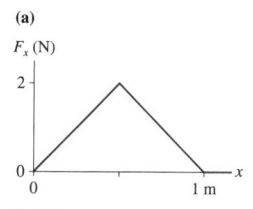

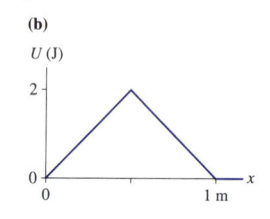

FIGURA P11.39

40. ‖ A **FIGURA P11.40** é o gráfico velocidade versus tempo de uma partícula de 500 g que parte de $x = 0$ m e se move ao longo do eixo x. Desenhe os seguintes gráficos realizando cálculos e plotando pontos correspondentes aos instantes $t = 0, 1, 2, 3$ e 4 s. Depois, esboce retas ou curvas com formas apropriadas entre os pontos obtidos. Verifique se incluiu escalas adequadas para ambos os eixos de cada gráfico.
  a. Aceleração versus tempo.
  b. Posição versus tempo.
  c. Energia cinética versus tempo.
  d. Força versus tempo.
  e. Use seu gráfico de F_x versus t para determinar o impulso dado à partícula durante os intervalos 0-2 s e 2-4 s.
  f. Use o teorema impulso-momentum para determinar a velocidade da partícula em $t = 2$ s e $t = 4$ s. Seus resultados estão em concordância com o gráfico da velocidade?

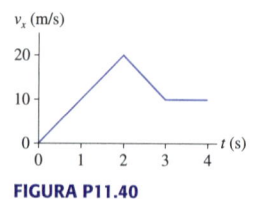

FIGURA P11.40

  g. Agora desenhe o gráfico da força versus posição. Isso não requer qualquer cálculo, apenas reflita cuidadosamente acerca do que obteve nos itens a-d.
  h. Use seu gráfico F_x versus x para determinar o trabalho realizado sobre a partícula durante os intervalos de tempo 0-2 s e 2-4 s.
  i. Use o teorema trabalho-energia cinética para determinar a velocidade da partícula em $t = 2$ s e $t = 4$ s. Seus resultados estão em concordância com o gráfico da velocidade?

41. ‖ Um elevador de 1.000 kg acelera a 1,0 m/s² por 10 m de subida, tendo partido do repouso.
  a. Quanto trabalho realiza a gravidade sobre o elevador?
  b. Quanto trabalho realiza a tensão no cabo sobre o elevador?
  c. Use o teorema trabalho-energia cinética para determinar a energia cinética do elevador ao atingir os 10 m.
  d. Quanto vale a velocidade do elevador nesta posição?

42. | Bob consegue arremessar uma pedra de 500 g a 30 m/s. Ao fazer isso, ele movimenta sua mão para a frente ao longo de 1,0 m.
  a. Quanto trabalho a mão de Bob realiza sobre a pedra?
  b. Que valor de força, considerada constante, Bob exerce sobre a pedra?
  c. Qual é a potência máxima fornecida por Bob durante o arremesso?

43. ‖ Por meio de uma força horizontal e constante de 25 N, Doug empurra um caixote de 5,0 kg sobre uma rampa com 20° de inclinação e sem atrito até subir 2,0 m verticais. Quanto vale a velocidade do caixote no topo da rampa?
  a. Resolva este problema usando trabalho e energia.
  b. Resolva o problema usando as leis de Newton.

44. ‖ Sam, com 75 kg de massa, deslizando sobre esquis desce uma rampa sem atrito com 50 m de altura e 20° de inclinação. Um forte vento de frente exerce sobre ele e os esquis uma força horizontal de 200 N. Determine a velocidade de Sam na base da rampa (a) usando trabalho e energia e (b) usando as leis de Newton.

45. ‖‖ O irmão bebê de Susan, Paul, com 10 kg de massa, está sentado sobre um colchonete. Susan puxa o colchonete sobre o piso por meio de uma corda inclinada em 30° acima do piso. A tensão é constante e igual a 30 N e o coeficiente de atrito cinético vale 0,20. Use trabalho e energia para determinar a velocidade de Paul após ter sido puxado ao longo de 3,0 m.

46. ‖ Uma mola horizontal de constante elástica 100 N/m é comprimida em 20 cm e usada para lançar uma caixa de 2,5 kg sobre uma superfície horizontal e livre de atrito. Após a caixa ter percorrido certa distância, a superfície torna-se áspera. O coeficiente de atrito cinético da mesma passa a ser de 0,15. Use trabalho e energia para determinar que distância a caixa escorregará sobre a superfície áspera até parar.

47. ‖ Um funcionário que descarrega bagagens arremessa uma mala de 15 kg horizontalmente sobre o piso do compartimento de carga de um aeroplano com uma velocidade inicial de 1,2 m/s. A mala escorrega 2,0 m antes de parar. Use trabalho e energia para determinar o coeficiente de atrito cinético com o piso.

48. ‖ Os freios de caminhões podem falhar se ficarem muito aquecidos. Em algumas regiões montanhosas, são construídas rampas de cascalho com a finalidade de deter caminhões que perderam os freios. A combinação de uma inclinação pequena para cima com um grande coeficiente de atrito de rolamento quando os pneus do caminhão afundam no cascalho faz o caminhão parar com segurança. Suponha que uma rampa de cascalho tenha 6,0° de inclinação e coeficiente de atrito de 0,40. Use trabalho e energia para determinar a distância que um caminhão de 15.000 kg percorrerá sobre a rampa se ele entra na mesma a 35 m/s (126 km/h).

49. || Uma empresa de fretes usa uma mola comprimida para lançar pacotes de 2,0 kg para dentro de um caminhão usando uma rampa de 1,0 m de altura, como mostrado na **FIGURA P11.49**. A constante elástica da mola vale 500 N/m e a mola está comprimida em 30 cm.
   a. Qual é o valor da velocidade de um pacote quando ele chega à carroceria do caminhão?
   b. Um funcionário descuidado derrama seu refrigerante sobre a rampa. Isso cria uma mancha grudenta de 50 cm de comprimento com coeficiente de atrito cinético de 0,30. O próximo pacote arremessado chegará à carroceria do caminhão?

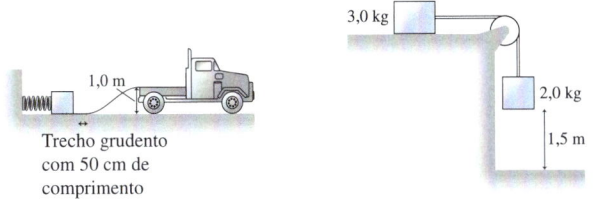

FIGURA P11.49

FIGURA P11.50

50. || Use trabalho e energia para determinar o valor de velocidade do bloco de 2,0 kg da **FIGURA P11.50** imediatamente antes de bater no solo (a) se a mesa for desprovida de atrito e (b) se o coeficiente de atrito cinético do bloco de 3,0 kg for de 0,15.

51. || Um caixote de 8,0 kg é puxado por 5,0 m ao longo de uma rampa com 30° de inclinação por meio de uma corda inclinada 18° acima da rampa. A tensão na corda é de 120 N e o coeficiente de atrito cinético na rampa é de 0,25.
   a. Quanto trabalho é realizado pela tensão, pela gravidade e pela força normal?
   b. Qual é o aumento de energia térmica do caixote e da rampa?

52. || Um foguete meteorológico de 10,2 kg gera um empuxo de 200 N. O foguete, apontado diretamente para cima, é posicionado sobre uma mola vertical. A base da mola, cuja constante elástica vale 500 N/m, está fixa no solo.
   a. Inicialmente, antes do motor ser ligado, o foguete está parado sobre o topo da mola. Em quanto à mola está comprimida?
   b. Após o motor ser ligado, qual é o valor da velocidade do foguete quando a mola tiver se distendido em 40 cm? Para comparação, de quanto seria a velocidade do foguete depois de ter percorrido esta distância sem estar preso à mola?

53. || Uma patinadora de 50 kg está deslizando sobre o gelo, diretamente para o norte, a 4,0 m/s. O gelo possui um baixo coeficiente de atrito estático que impede a patinadora de escorregar lateralmente, todavia $\mu_c = 0$. Subitamente, um vento começa a soprar do nordeste e exerce uma força de 4,0 N sobre a patinadora.
   a. Use trabalho e energia para determinar o valor de velocidade da patinadora após ter deslizado 100 m sob este vento.
   b. Qual é o valor mínimo de μ_e a fim de que a patinadora continue se movendo diretamente para o norte?

54. || a. Um cubo de 50 g de gelo pode deslizar sem atrito para cima e para baixo de uma rampa de 30°. O cubo de gelo é empurrado contra uma mola fixa na base da rampa, comprimindo-a em 10 cm. A constante elástica da mola vale 25 N/m. Quando o cubo for liberado, que distância ele percorrerá para cima antes de inverter o sentido de movimento?
   b. O cubo de gelo é substituído por um cubo de plástico de 50 g, cujo coeficiente de atrito cinético é de 0,20. Que distância o cubo plástico subirá deslizando sobre a rampa?

55. || Partindo do repouso, uma caixa de plástico de 5,0 kg desce deslizando uma elevação sem atrito e com 5,0 m de altura, atravessa uma superfície horizontal com 2,0 m de comprimento e depois colide com uma mola horizontal de constante elástica igual a 500 N/m. A outra extremidade da mola está ancorada a uma parede. O solo sob a mola é desprovido de atrito, porém a superfície horizontal de 2,0 m de largura é áspera, sendo de 0,25 o coeficiente de atrito cinético do caixote com a mesma.
   a. Qual é o valor da velocidade da caixa imediatamente antes de atingir o trecho áspero?
   b. Qual é o valor da velocidade da caixa imediatamente antes de colidir com a mola?
   c. Em quanto será comprimida a mola?
   d. Incluindo a primeira travessia, quantas percursos *completos* a caixa efetuará através do trecho áspero antes de parar?

56. || A mola mostrada na **FIGURA P11.56** é comprimida em 50 cm e usada para lançar um estudante de física de 100 kg. A pista do escorregador é desprovida de atrito até ele começar a subir a rampa, e seu coeficiente de atrito cinético com a mesma é de 0,15.
   a. Quanto vale a velocidade do estudante imediatamente antes de ele perder contato com a mola?
   b. Até que altura sobre a rampa subirá o estudante?

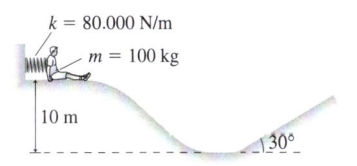

FIGURA P11.56

57. || Um bloco de massa m parte do repouso de uma altura h. Ele desce deslizando sobre uma rampa sem atrito, atravessa uma superfície horizontal áspera de comprimento L e, então, começa a subir por outra rampa, livre de atrito. O coeficiente de atrito cinético da superfície áspera é μ_e.
   a. Quanto vale a velocidade do bloco na base da primeira rampa?
   b. Até que altura o bloco sobe na segunda rampa?
   Expresse suas respostas em função de m, h, L, μ_e e g.

58. || Mostre que a lei de Hooke para uma mola ideal é uma força conservativa. Para tal, calcule o trabalho realizado pela mola quando ela é distendida de A para B. Depois, calcule o trabalho feito por ela quando se expande de A para C, que está além de B, e depois retorna de C para B.

59. || Um engenheiro esperto projeta uma mola que não satisfaz à lei de Hooke, mas que obedece à lei de força $F_x = -q(x - x_e)^3$, onde x_e é a posição de equilíbrio da extremidade da mola e q é a constante elástica da mola. Por simplicidade, vamos considerar $x_e = 0$ m. Com isso, $F_x = -qx^3$.
   a. Qual é a unidade de q?
   b. Desenhe o gráfico de F_x versus x.
   c. Obtenha uma expressão para a energia potencial desta mola distendida ou comprimida.
   d. Uma arma de brinquedo funciona com uma mola desse tipo que arremessa uma bola de plástico de 20 g. Quanto vale a velocidade de lançamento se o valor da constante elástica da mola for de 40.000, nas unidades que você determinou no item a, e se a mola foi comprimida em 10 cm? Considere que não exista atrito no cano da arma.

60. || Uma partícula de massa m parte de $x_0 = 0$ m com $v_0 > 0$ m/s. Ao se mover para a direita sobre o eixo x, a partícula experimenta uma força variável dada por $F_x = F_0 \text{sen}(cx)$, onde F_0 e c são constantes.
   a. Qual é a unidade de F_0?
   b. Qual é a unidade de c?
   c. Em que posição x_{max} a força atinge um valor máximo pela primeira vez? Sua resposta deve ser expressa em função das constantes F_0 e c e talvez de outras constantes numéricas.
   d. Esboce o gráfico de F_x em função de x desde x_0 até x_{max}.
   e. Qual é a velocidade da partícula ao chegar a x_{max}? Expresse sua resposta em função de m, v_0, F_0 e c.

61. ‖ a. Estime a altura total, em metros, das escadas que levam do andar térreo ao segundo andar de um edifício.
   b. Estime quanto tempo você levaria para subir *correndo* essas escadas.
   c. Estime sua potência ao subir as escadas, em watts e em hp.

62. ‖ Um gato de 5,0 kg salta do piso para cima de uma mesa de 95 cm de altura. Se o gato empurrou o piso durante 0,20 s para realizar o salto, de quanto foi a força média que ele exerceu durante o período de salto?

63. ‖ Sobre o solo, um motor elétrico de 2,0 hp bombeia água de um poço cuja superfície se encontra 10 m abaixo do chão. A densidade da água é de 1,0 kg por litro. Quantos litros de água o motor bombeia durante 1 hora?

64. ‖ Em uma usina hidrelétrica, a água cai 25 m e, então, faz girar uma turbina que gera eletricidade.
   a. Quanto vale ΔU para 1,0 kg de água?
   b. Suponha que a usina tenha um rendimento de 80% na conversão da energia potencial da água em energia elétrica. Quantos quilogramas de água devem passar pelas turbinas a cada segundo a fim de gerar 50 MW de eletricidade? Este valor é característico para usinas pequenas.

65. ‖ A força requerida para arremessar um esquiador aquático com velocidade v é proporcional ao módulo dessa velocidade, ou seja, $F_{arremesso} = Av$, onde A é uma constante de proporcionalidade. Se uma rapidez de 4,0 km/h requer 2 hp, quanta potência será requerida para arremessar um esquiador aquático a 12 km/h?

66. ‖ Estime a velocidade máxima de um cavalo. Considere um cavalo com 1,8 m de altura e 0,5 m de largura.

67. ‖ O motor de um carro de 1.500 kg fornece uma potência máxima de 200 hp, porém 25% dela é perdida antes de chegar ao eixo das rodas. O carro possui um perfil frontal com 1,6 m de largura e 1,4 m de altura. O coeficiente de atrito de rolamento é de 0,02. Qual é o valor da velocidade máxima do carro? Sua resposta é plausível?

68. ‖ Um Porsche 944 Turbo tem potência nominal de 217 hp. Dessa potência, 30% é perdida no sistema de transmissão e apenas 70% chega às rodas. A massa total do carro e do motorista é de 1.480 kg, e dois terços do peso são exercidos sobre as rodas de tração.
   a. Qual é a máxima aceleração do Porsche sobre um piso de concreto onde $\mu_e = 1,00$?
   Sugestão: que forças empurram o carro para a frente?
   b. Quanto vale a velocidade do Porsche quando desenvolve a potência máxima?
   c. Se o Porsche acelera com a_{max}, quanto tempo decorre para que ele atinja a máxima potência fornecida pelo motor?

Em cada um dos Problemas de 69 a 72, é fornecida uma ou mais equações para resolver um problema. Em cada um deles, você deve
   a. Redigir um problema realista para o qual a(s) equação(ões) seja(m) apropriada(s).
   b. Desenhar uma representação pictórica correspondente.
   c. Resolver o problema proposto.

69. $\frac{1}{2}(2,0 \text{ kg})(4,0 \text{ m/s})^2 + 0$
$+ (0,15)(2,0 \text{ kg})(9,8 \text{ m/s}^2)(2,0 \text{ m}) = 0 + 0 + T(2,0 \text{ m})$

70. $\frac{1}{2}(20 \text{ kg})v_1^2 + 0$
$+ (0,15)(20 \text{ kg})(9,8 \text{ m/s}^2)\cos 40°((2,5 \text{ m})/\text{sen } 40°)$
$= 0 + (20 \text{ kg})(9,8 \text{ m/s}^2)(2,5 \text{ m}) + 0$

71. $F_{empurrão} - (0,20)(30 \text{ kg})(9,8 \text{ m/s}^2) = 0$
$75 \text{ W} = F_{empurrão} v$

72. $T - (1.500 \text{ kg})(9,8 \text{ m/s}^2) = (1.500 \text{ kg})(1,0 \text{ m/s}^2)$
$P = T(2,0 \text{ m/s})$

Problemas desafiadores

73. Você pegou um emprego de verão em um parque aquático. Em um número de acrobacia, uma esquiadora desliza até o topo da rampa livre de atrito e com 2,0 m de altura da **FIGURA PD11.73**, e depois salta sobre um tanque com 5,0 de largura cheio de tubarões famintos. Você irá pilotar a lancha que impulsionará a esquiadora sobre a rampa. Ela soltará as duas cordas quando estiver na base da rampa, exatamente no momento em que você faz a curva de volta. Qual é máxima velocidade que você deve ter ao chegar à rampa a fim de que a esquiadora sobreviva para o show de amanhã?

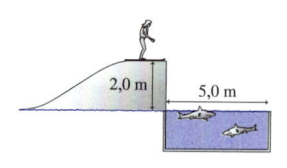

74. A mola da **FIGURA PD11.74** possui constante elástica de 1.000 N/m. Ela é comprimida em 15 cm e, depois, lança um bloco de 200 g. A superfície horizontal é livre de atrito, porém o coeficiente de atrito cinético do bloco na rampa é de 0,20. Que distância d o bloco voa pelo ar?

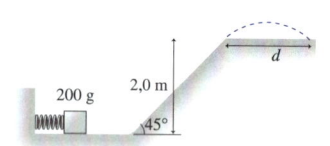

FIGURA PD11.74

75. Como *hobby*, você gosta de participar de encenações de batalhas da Guerra Civil Norte-Americana. Os canhões daquela época eram "carregados pela boca", no sentido de que uma carga de pólvora e uma bola de canhão eram inseridas pela saída da arma e, depois, pressionadas com um longo pilão. Para recriar os canhões autênticos carregados pela boca, mas sem o perigo dos canhões de verdade, os atores da encenação da Guerra Civil inventaram um canhão em que uma mola arremessa uma bola de plástico de 1,0 kg. Uma mola, de constante elástica igual a 3.000 N/m, é fixada na extremidade traseira do cano. Você coloca uma bola dentro do cano, depois usa um longo pilão para pressionar a bola contra a mola a fim de armar a mola na posição correta, pronta para disparar. Para engatar o gatilho da mola, a bola deve estar se movendo com, no mínimo, 2,0 m/s quando a mola estiver comprimida em 30 cm. O coeficiente de atrito cinético da bola com o cano é de 0,30. O pilão não toca a lateral do cano.
   a. Se você empurra o pilão com uma força constante, qual é o mínimo valor de força que deve comprimir a mola até engatar a mola? Considere que nenhum esforço seja necessário para empurrar a bola cano abaixo até que ela faça contato com a mola pela primeira vez.
   b. Quanto vale a velocidade da bola na boca do canhão se ela percorre uma distância total de 1,5 m até a extremidade do cano?

76. A equação mgy para a energia potencial gravitacional é válida somente para objetos próximos à superfície de um planeta. Considere dois objetos muito grandes, de massas m_1 e m_2, tais como estrelas e planetas, cujos centros estão separados por uma grande distância r. Esses dois grandes objetos exercem forças gravitacionais um sobre o outro. No Capítulo 13, você aprenderá que a energia potencial gravitacional é dada por

$$U = -\frac{Gm_1m_2}{r}$$

onde $G = 6,67 \times 10^{-11}$ N m^2/kg^2 é chamada de *constante da gravitação universal*.
   a. Esboce um gráfico de U versus r. A dificuldade matemática em $r = 0$ não constitui um problema físico significativo porque as massas colidirão antes de seus centros se aproximarem muito.

b. Que separação r foi escolhida como a situação em que a energia potencial é nula? Isso faz sentido? Explique.

c. Duas estrelas encontram-se em repouso relativo, separadas por $1,0 \times 10^{14}$ m. Isso corresponde a aproximadamente 10 vezes o diâmetro do Sistema Solar. A primeira delas é do tamanho do Sol, com uma massa de $2,0 \times 10^{30}$ kg e um raio de $7,0 \times 10^8$ m. A segunda estrela possui uma massa de $8,0 \times 10^{30}$ kg e um raio de $11,0 \times 10^8$ m. Elas se atraem por forças gravitacionais. Quais serão os valores de velocidade das estrelas no momento do impacto?

77. Um jardineiro empurra um cortador de grama de 12 kg cujo cabo está inclinado 37° acima da horizontal. O coeficiente de atrito de rolamento do cortador de grama é de 0,15. Que potência o jardineiro deve desenvolver a fim de empurrar o cortador a uma velocidade constante de 1,2 m/s? Considere que ele empurre paralelamente ao cabo.

RESPOSTAS DAS QUESTÕES DO TIPO PARE E PENSE

Parte e Pense 11.1: d. Velocidade com módulo constante significa que $\Delta K = 0$. Ocorre perda de energia potencial gravitacional, e o atrito causa o aquecimento das calças da criança.

Pare e Pense 11.2: 6,0 J. $K_f = K_i + W$. O trabalho W é a área sob a curva, que vale 4,0 J.

Pare e Pense 11.3: b. A força gravitacional $\vec{F}_G$ tem a mesma orientação que o deslocamento. Ela realiza um trabalho positivo. A força de tensão $\vec{T}$ é oposta ao deslocamento e realiza um trabalho negativo.

Pare e Pense 11.4: c. $W = F(\Delta r)\cos\theta$. A força de 10 N a 90° não realiza trabalho algum, e $\cos 60° = 0,5$, de modo que a força de 8 N realiza um trabalho menor do que a de 6 N.

Pare e Pense 11.5: e. A força é o negativo da declividade do diagrama da energia potencial. Em $x = 4$ m, a energia aumentou em 4 J ao longo de uma distância de 2 m; logo, a declividade é de 2 J/m = 2 N.

Pare e Pense 11.6: c. Uma rapidez constante significa que $\Delta K = 0$. Ocorre perda de energia potencial gravitacional, e o atrito causa o aquecimento do poste e das mãos da criança.

Pare e Pense 11.7: $P_b > P_a = P_c > P_d$. O trabalho realizado é $mg\Delta y$, logo, a potência é $mg\Delta y/\Delta t$. O corredor b realiza o mesmo trabalho que o corredor a, mas em um tempo menor. A razão $m/\Delta t$ é a mesma para os corredores a e c. O corredor d realiza o dobro do trabalho feito pelo corredor a, mas gasta duas vezes mais tempo.

PARTE II

RESUMO
Princípios de Conservação

Na Parte II, descobrimos que não precisamos saber todos os detalhes de uma interação para relacionar as propriedades de um sistema "antes" de uma interação com suas propriedades "após" a mesma. Ao longo do caminho, descobrimos duas grandezas importantes, o momentum e a energia, que caracterizam um sistema de partículas.

Existem condições específicas sob as quais o momentum e a energia são conservados. Em particular, o momentum total $\vec{P}$ e a energia total E_{sis} são conservados para um *sistema isolado*, sobre o qual a força resultante externa é nula. Além disso, a energia mecânica de um sistema é conservada se o sistema for isolado e não-dissipativo (i.e., livre de forças de atrito). Essas idéias são expressas nos dois mais importantes princípios de conservação, o do momentum e o da energia.

É claro, nem todos os sistemas são isolados. Para o momentum e para a energia, foi útil desenvolver um *modelo* de sistema que interage com a vizinhança. As interações entre o sistema e a vizinhança fazem variar o momentum do sistema e sua energia. Em particular,

- Impulso é transferência de momentum para o sistema ou a partir dele: $\Delta p_s = J_s$.
- Trabalho é transferência de energia para o sistema ou a partir dele: $\Delta E_{sis} = W_{ext}$.

As interações dentro do sistema não alteram $\vec{P}$ ou E_{sis}. A energia cinética, a potencial e a energia térmica do sistema podem ser transformadas sem alterar E_{sis}. O modelo básico de energia é construído em torno das idéias gêmeas de transferência e de transformação de energia.

A tabela abaixo é uma estrutura de conhecimento dos princípios de conservação. Você deve comparar isto à estrutura de conhecimento da mecânica newtoniana, no Resumo da Parte I. Acrescente estratégias de resolução de problemas e você, agora, terá uma ferramenta poderosa para compreender o movimento.

ESTRUTURA DE CONHECIMENTO II Princípios de conservação

CONCEITOS ESSENCIAIS	Impulso, momentum, trabalho, energia
OBJETIVOS BÁSICOS	Como o sistema "após" uma interação está relacionado ao sistema "antes" da mesma?
	Que grandezas são conservadas e sob que condições?
PRINCÍPIOS GERAIS	**Teorema impulso-momentum** $\quad \Delta p_s = J_s$
	Teorema trabalho-energia cinética $\quad \Delta K = W_{res} = W_c + W_{diss} + W_{ext}$
	Equação da energia $\quad \Delta E_{sis} = \Delta K + \Delta U + \Delta E_{term} = W_{ext}$
PRINCÍPIOS DE CONSERVAÇÃO	Para um sistema isolado, para o qual $\vec{F}_{res} = \vec{0}$ e $W_{res} = 0$
	• O momentum total $\vec{P}$ é conservado.
	• A energia total $E_{sis} = E_{mec} + E_{term}$ é conservada.
	Para um sistema isolado e não-dissipativo, para o qual $W_{diss} = 0$
	• A energia mecânica $E_{mec} = K + U$ é conservada.

ESTRATÉGIA BÁSICA PARA RESOLUÇÃO DE PROBLEMAS Desenhe uma representação pictórica do tipo antes-e-após, depois use as equações do momentum e da energia para relacionar as situações "antes" e "após". Quando possível, escolha um sistema para o qual o momentum e/ou a energia seja conservado. Se necessário, calcule o impulso e/ou o trabalho.

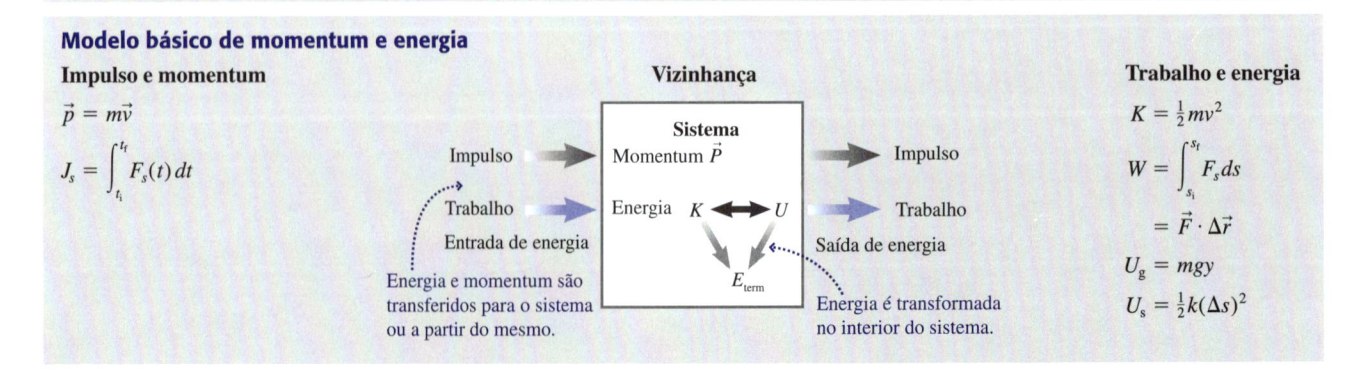

Modelo básico de momentum e energia

Impulso e momentum

$\vec{p} = m\vec{v}$

$J_s = \displaystyle\int_{t_i}^{t_f} F_s(t)\, dt$

Vizinhança

Impulso → Sistema (Momentum $\vec{P}$) → Impulso
Trabalho → Energia $K \leftrightarrow U$ → Trabalho
Entrada de energia → E_{term} → Saída de energia

Energia e momentum são transferidos para o sistema ou a partir do mesmo.

Energia é transformada no interior do sistema.

Trabalho e energia

$K = \tfrac{1}{2} mv^2$

$W = \displaystyle\int_{s_i}^{s_f} F_s\, ds$

$\quad = \vec{F} \cdot \Delta \vec{r}$

$U_g = mgy$

$U_s = \tfrac{1}{2} k(\Delta s)^2$

UM PASSO ALÉM

Conservação da Energia

Você escuta isso o tempo todo. Desligue as luzes. Compre um carro mais econômico. Conserve energia. Mas por que conservar energia se a energia já é conservada? Considere a Terra como um todo. Nenhum trabalho é realizado sobre ela. E enquanto energia térmica flui do Sol para a Terra, esta irradia uma quantidade igual de energia térmica de volta para o espaço. Sem trabalho realizado e sem um fluxo líquido de calor, a energia total da Terra, E_{Terra}, é conservada.

Bombear petróleo, trafegar com seu carro, fazer funcionar um reator nuclear e ligar as luzes são, todas, interações que ocorrem *dentro* do sistema Terra. Elas convertem energia de um tipo em outro, mas não afetam o valor de E_{Terra}. Considere agora alguns exemplos.

- O petróleo cru, armazenado na Terra, possui energia química E_{quim}. A energia química, uma forma de energia potencial microscópica, é liberada quando reações químicas rearranjam as ligações químicas. Quando você queima gasolina no motor de seu carro, a energia química é transformada em energia cinética dos pistões em movimento. Essa energia cinética, por sua vez, é transformada em energia cinética do carro. A energia cinética do carro acaba sendo dissipada como energia térmica dos freios, do ar, dos pneus e da rodovia devido ao atrito e ao arraste. No geral, o processo da energia ao dirigir um carro se parece com

$$E_{quim} \rightarrow K_{pistões} \rightarrow K_{carro} \rightarrow E_{term}$$

- A água armazenada em uma represa possui energia potencial gravitacional U_g. Essa energia potencial é transformada em energia cinética durante a queda da água e, depois, é convertida em energia cinética das turbinas em rotação. As turbinas convertem energia mecânica em energia elétrica E_{elet}. A energia elétrica alcança uma lâmpada incandescente, onde é transformada parcialmente em energia térmica (as lâmpadas são quentes!) e parcialmente em energia luminosa. A luz é absorvida pelas superfícies sobre as quais incide, aquecendo-as ligeiramente e, dessa forma, transformando a energia luminosa em energia térmica. O processo global da energia é

$$U \rightarrow K_{água} \rightarrow K_{turbinas} \rightarrow E_{elet} \rightarrow E_{luminosa} \rightarrow E_{term}$$

Você observou uma tendência geral? Energia armazenada (combustível fóssil, água em uma represa) é transformada através de uma série de etapas, algumas das quais resultam em uma energia "útil", até que a energia acabe finalmente dissipada como energia térmica. **A energia total não foi alterada, mas sua utilidade, sim.**

A energia térmica é raramente uma energia "útil". Uma sala cheia de moléculas de ar em movimento possui uma enorme quantidade de energia térmica, mas você não consegue fazer funcionar suas luzes e seu ar-condicionado com ela. Você não pode transformar a energia térmica de seus freios aquecidos novamente em energia cinética do carro. A energia deve se conservar, todavia existe uma característica de mão única nessas transformações.

A energia armazenada nos combustíveis e a energia solar são energias de "alta qualidade" por causa de seus potenciais para serem transformadas em formas úteis de energia, como as que movem os carros e aquecem as residências. Entretanto, como mostra a **FIGURA II.1**, toda energia de alta qualidade torna-se "degradada", transformada em energia térmica, forma sob a qual ela não é mais útil. Portanto, a expressão "conserve energia" não é usada literalmente. Em vez disso, ela significa que devemos conservar ou preservar as fontes de alta qualidade existentes na Terra.

Conservar a energia de alta qualidade é importante porque as fontes de combustíveis fósseis são finitas. Os especialistas podem discordar sobre quanto tempo durarão os combustíveis fósseis, porém todos concordam que não será para sempre. O petróleo e o gás natural provavelmente se tornarão escassos durante sua vida. Além disso, a queima de combustíveis fósseis produz dióxido de carbono, um dos principais gases causadores do aquecimento global. Conservar energia prolonga a duração dos combustíveis fósseis e minimiza seus efeitos colaterais.

Existem duas formas de conservar energia. Uma delas consiste em usar menos energia de alta qualidade. Desligar as luzes e deslocar-se de bicicleta em vez de usar o carro são ações que preservam energia de alta qualidade. Uma segunda maneira é usar a energia mais eficientemente, ou seja, realizar mais atividades úteis (quilômetros trafegados, salas iluminadas) com a mesma quantidade de energia de alta qualidade.

As lâmpadas incandescentes constituem um bom exemplo. Uma lâmpada incandescente de 100 W produz de fato apenas 10 W de energia luminosa. Noventa watts de energia elétrica de alta qualidade são imediatamente degradados como energia térmica sem realizar nada de útil. Em contraste, uma lâmpada compacta fluorescente de 25 W gera os mesmos 10 W de luz, porém apenas 15 W de energia térmica. A mesma quantidade de energia de alta qualidade pode iluminar quatro vezes mais salas se as lâmpadas incandescentes de 100 W forem substituídas por lâmpadas fluorescentes compactas de 25 W.

Assim, por que conservar energia se ela já é conservada na natureza? Por que a sociedade tecnológica necessita de uma fonte confiável e sustentável de energia de alta qualidade. Tanto melhorias tecnológicas quanto escolhas de estilo de vida nos ajudarão a alcançar um futuro com energia sustentável.

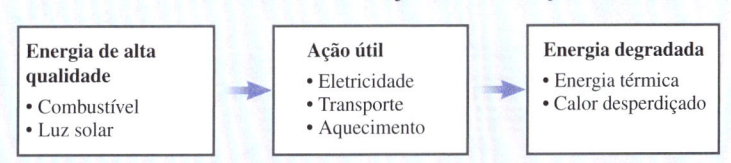

Energia de alta qualidade	Ação útil	Energia degradada
• Combustível • Luz solar	• Eletricidade • Transporte • Aquecimento	• Energia térmica • Calor desperdiçado

FIGURA II.1 "Empregando" transformações de energia de alta qualidade em energia térmica.

PARTE III
Aplicações da Mecânica Newtoniana

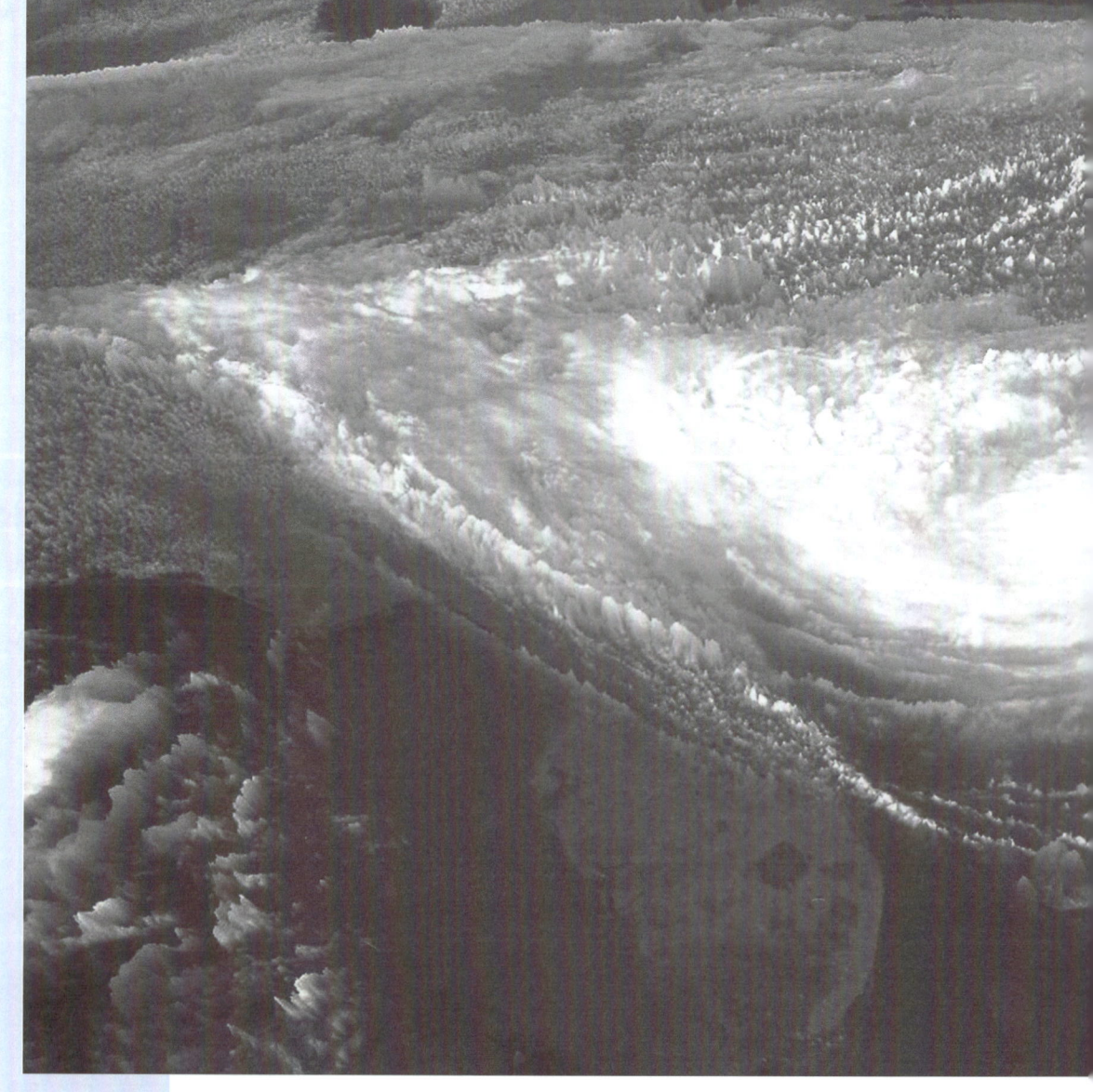

O furacão Hugo se aproxima dos EUA em 1989. Um furacão é um fluido – o ar – movendo-se sobre uma esfera em rotação – a Terra – sob influência da gravidade. A compreensão de um furacão requer uma aplicação em alto nível da mecânica newtoniana.

PANORAMA

O poder sobre o nosso meio ambiente

Os primeiros humanos tiveram de sobreviver com o que a natureza oferecia. Somente nas últimas poucas centenas de anos a agricultura e a tecnologia possibilitaram algum grau de controle sobre o ambiente. E faz apenas um mero par de séculos que as máquinas, e mais tarde a eletrônica, começaram a fazer boa parte de nosso trabalho e a nos suprir com os "confortos da civilização".

Não é uma coincidência que as máquinas começaram a surgir cerca de um século após Newton. Galileu, Newton e outros iniciaram o que hoje chamamos de *revolução científica*. As máquinas e outros dispositivos de que hoje dispomos como "naturais" são conseqüência direta do conhecimento e do método científicos.

As Partes I e II apresentaram a teoria newtoniana do movimento, a fundação da ciência moderna. A maioria das aplicações será desenvolvida em outros cursos de ciências e de engenharia, mas estamos agora em boa posição para examinar alguns dos aspectos mais práticos da mecânica newtoniana.

Para a Parte III, nosso objetivo é aplicar nossa teoria recém-proposta a quatro importantes assuntos:

- **Rotação**. A rotação é uma forma muito importante de movimento, mas precisaremos aprender a ampliar o modelo de partícula. Então, seremos capazes de estudar rodas em rolamento e estações espaciais giratórias. A rotação também levará ao princípio de conservação do momentum angular.
- **Gravidade**. Adicionando mais uma lei, a lei de Newton da gravitação, seremos capazes de entender muito da física do ônibus espacial, dos satélites de comunicação, do Sistema Solar e das viagens interplanetárias.
- **Oscilações**. As oscilações ocorrem em sistemas que vão do pêndulo do relógio de seu avô ao oscilador de cristal de quartzo que gera sinais cronometrados em circuitos eletrônicos sofisticados. A física e a matemática envolvidas nas oscilações constituirão, mais tarde, o ponto de partida para nosso estudo sobre as ondas.
- **Fluidos**. Líquidos e gases *fluem*. Curiosamente, não é necessária uma nova física para entendermos as propriedades básicas dos fluidos. Todavia seremos capazes de entender o que é a pressão, como um navio de aço pode flutuar e como os fluidos escoam através de tubos.

As leis de Newton do movimento e os princípios de conservação, especialmente o de conservação da energia, serão as ferramentas que nos permitirão analisar e compreender uma variedade de aplicações interessantes e práticas.

A ciência tem nos dado o poder de controlar nosso meio ambiente, mas a ciência e a tecnologia são como uma moeda de duas faces. Muito do progresso realizado nos últimos dois séculos foi obtido à custa do meio ambiente. Nós, humanos, desflorestamos boa parte do mundo, poluímos nosso ar e nossa água e conduzimos à extinção muitos dos viajantes de nossa nave espacial Terra. Agora, no começo do século XXI, é crescente a evidência de que os seres humanos estão alterando o clima da Terra e causando outras alterações globais.

Felizmente, a ciência também nos dá a habilidade para entender quais são as conseqüências de nossas ações e para desenvolver melhores técnicas e procedimentos. Nunca foi tão importante que os cientistas e os engenheiros do século XXI saibam distinguir o controle que é benéfico daquele que é danoso. Retornaremos a algumas dessas idéias no Resumo da Parte III.

12 Rotação de um Corpo Rígido

Nem todo movimento pode ser descrito como o de uma partícula. A rotação requer a idéia de um objeto extenso.

▶ **Olhando adiante**
O objetivo do Capítulo 12 é compreender a física de corpos em rotação. Neste capítulo, você aprenderá a:

- Aplicar o modelo de corpo rígido a objetos extensos.
- Calcular torques e momentos de inércia.
- Entender a rotação de um corpo rígido ao redor de um eixo fixo.
- Entender o movimento de rolamento.
- Aplicar a conservação da energia e do momentum angular a problemas sobre rotação.
- Usar a matemática vetorial para descrever o movimento de rotação.

◀ **Em retrospectiva**
O movimento de rotação exigirá a revisão da maioria dos tópicos introduzidos nas Partes I e II, especialmente as propriedades do movimento circular. Revise:

- Seções 4.5-4.7 A matemática do movimento circular
- Seção 6.1 Equilíbrio
- Seção 6.2 A segunda lei de Newton
- Seção 10.2 Energia cinética e energia potencial gravitacional

Esta saltadora move-se em direção à água ao longo de uma trajetória parabólica, muito parecida com a de uma bala de canhão. Ao mesmo tempo, ela gira rapidamente em torno de seu centro de massa. Essa combinação de dois tipos de movimento é o que torna interessante assistir e difícil realizar um grande salto.

Neste capítulo, nosso objetivo é compreender o movimento de rotação. Nos concentraremos naquilo que chamamos de *corpos rígidos*. Rodas, engrenagens e giroscópios constituem exemplos do movimento de rotação. Saltadores olímpicos, ginastas e patinadores do gelo também giram, embora o fato de eles *não* serem rígidos torne os seus movimentos mais complexos. Mesmo assim, seremos capazes de entender muitos dos aspectos de seus movimentos tratando-os como se fossem corpos rígidos.

Rapidamente você descobrirá que a física do movimento de rotação é análoga à do movimento linear que você estudou nas Partes I e II. Por exemplo, os novos conceitos de torque e de aceleração angular são os análogos rotacionais de força e de aceleração, e iremos obter uma nova versão da segunda lei de Newton que é o equivalente rotacional de $\vec{F} = m\vec{a}$. De maneira semelhante, a energia e os princípios de conservação continuarão como ferramentas importantes. O movimento de rotação é uma importante aplicação da mecânica newtoniana a objetos extensos.

12.1 Movimento de rotação

Até aqui, nosso estudo da física concentrou-se quase exclusivamente no *modelo de partícula*, em que um objeto é representado como um único ponto do espaço onde existe uma massa. O modelo de partícula constitui uma descrição perfeita da física em um número vasto de aplicações, porém existem outras situações para as quais precisamos considerar o movimento de um *objeto extenso* — um sistema de partículas para o qual o tamanho e a forma de fato *fazem* diferença e não podem ser desconsiderados.

Um **corpo rígido** é um objeto extenso cujo tamanho e forma não se alteram enquanto ele se move. Por exemplo, a roda de uma bicicleta pode ser considerada um corpo rígido. A **FIGURA 12.1** mostra um corpo rígido como uma coleção de átomos mantidos juntos por "hastes sem massa" rígidas correspondentes às ligações moleculares.

As ligações moleculares reais não são, é claro, perfeitamente rígidas. É por isso que objetos aparentemente rígidos, como uma roda de bicicleta, podem ser flexionados e dobrados. Assim, a Figura 12.1 é, realmente, um *modelo* simplificado de um objeto extenso, o **modelo de corpo rígido**. Este modelo constitui uma aproximação muito boa para diversos objetos reais de interesse prático, tais como rodas e eixos. Mesmo objetos não-rígidos podem, com freqüência, ser tratados como corpos rígidos durante parte de seus movimentos. Por exemplo, a saltadora da foto de abertura do capítulo é bem-descrita como um corpo rígido enquanto ela se encontra na posição encolhida mostrada na foto.

A **FIGURA 12.2** ilustra os três tipos básicos de movimento de um corpo rígido: **movimento de translação, movimento de rotação e movimento combinado**.

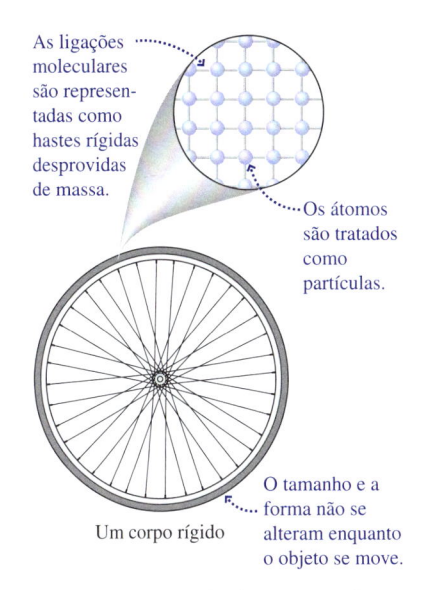

FIGURA 12.1 O modelo de corpo rígido.

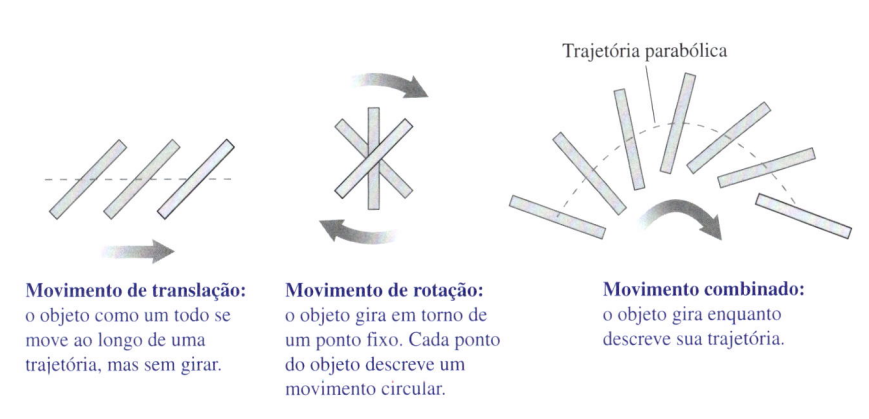

FIGURA 12.2 Os três tipos básicos de movimento de um corpo rígido.

Breve revisão da cinemática da rotação

A rotação é uma extensão do movimento circular, de modo que começaremos com uma breve revisão do Capítulo 4. É altamente recomendado que você faça uma revisão das Seções 4.5-4.7. A **FIGURA 12.3** mostra uma roda em rotação em torno de um eixo. Sua velocidade angular

$$\omega = \frac{d\theta}{dt} \tag{12.1}$$

é a taxa segundo a qual a roda gira. A unidade do SI de ω é o radiano por segundo (rad/s), mas com freqüência são usadas as unidades revoluções por segundo (rev/s) e revoluções por minuto (rpm). Note que todos os pontos possuem velocidades angulares iguais, de modo que podemos nos referir à velocidade angular ω *da roda*.

Se a roda está acelerando ou desacelerando, sua aceleração angular é

$$\alpha = \frac{d\omega}{dt} \tag{12.2}$$

A unidade de aceleração angular é o rad/s². A aceleração angular é a *taxa* segundo a qual varia a velocidade angular ω, da mesma forma como a aceleração linear é a taxa de variação da velocidade linear v. A Tabela 12.1 sintetiza as equações cinemáticas para a rotação com velocidade angular constante.

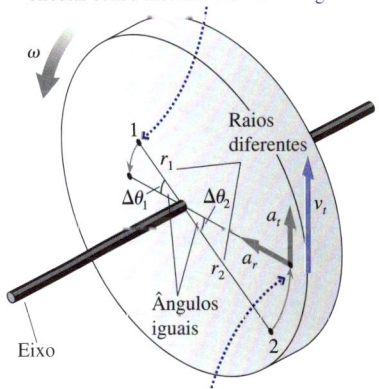

FIGURA 12.3 Os pontos de uma roda giram com a mesma velocidade angular.

TABELA 12.1 Cinemática rotacional quando a aceleração angular é constante

$\omega_f = \omega_i + \alpha \, \Delta t$

$\theta_f = \theta_i + \omega_i \, \Delta t + \frac{1}{2}\alpha(\Delta t)^2$

$\omega_f^2 = \omega_i^2 + 2\alpha \, \Delta\theta$

A **FIGURA 12.4** serve para lembrá-lo das convenções de sinais para a velocidade angular e para aceleração angular. Elas serão especialmente importantes neste capítulo. Seja cuidadoso quanto aos sinais de α. Assim como com a aceleração linear, valores positivos ou negativos de α não podem ser interpretados, simplesmente, como "aceleração" ou "desaceleração".

Velocidade angular inicial

$\omega > 0$
$\alpha > 0$
Acelerando em sentido anti-horário

$\omega > 0$
$\alpha < 0$
Desacelerando em sentido anti-horário.

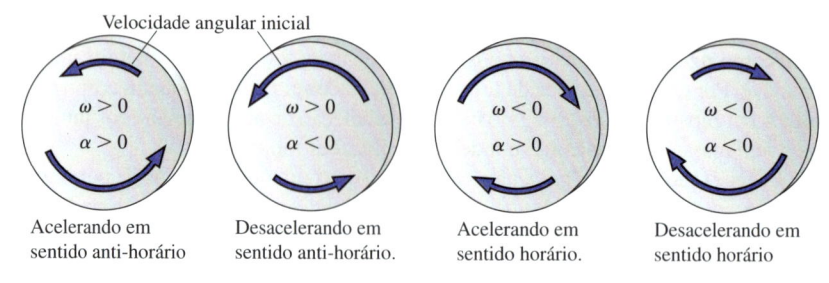

$\omega < 0$
$\alpha > 0$
Acelerando em sentido horário.

$\omega < 0$
$\alpha < 0$
Desacelerando em sentido horário

FIGURA 12.4 Os sinais da velocidade angular e da aceleração angular.

Um ponto situado à distância r do eixo de rotação possui velocidade e aceleração instantâneas, mostradas na Figura 12.3, dadas por

$$v_r = 0 \qquad a_r = \frac{v_t^2}{r} = \omega^2 r$$
$$v_t = r\omega \qquad a_t = r\alpha$$

(12.3)

A convenção de sinais para ω implica que v_t e a_t são positivos se eles tiverem sentido anti-horário de movimento e negativos se tiverem sentido horário.

EXEMPLO 12.1 Um eixo de carro em rotação

O motor de um carro gira em ponto-morto a 500 rpm. Quando o semáforo se torna verde, o eixo de rotação das rodas acelera a uma taxa constante de 2.500 rpm durante 3,0 s. Quantas revoluções o eixo completa nesses 3,0 s?

MODELO O eixo do carro é um corpo rígido em rotação com uma aceleração angular constante.

RESOLUÇÃO Imagine que você tenha pintado um ponto sobre o eixo. Considere que o ponto pintado corresponda a $\theta_i = 0$ rad em $t = 0$ s. Três segundos mais tarde, o ponto terá girado em um ângulo

$$\theta_f = \omega_i \, \Delta t + \frac{1}{2}\alpha(\Delta t)^2$$

onde $\Delta t = 3,0$ s. Podemos determinar a aceleração angular a partir das velocidades angulares inicial e final, todavia devemos primeiro convertê-las para unidades do SI:

$$\omega_i = 500 \, \frac{\text{rev}}{\text{min}} \times \frac{1 \text{ min}}{60 \text{ s}} \times \frac{2\pi \text{ rad}}{1 \text{ rev}} = 52{,}4 \text{ rad/s}$$

$$\omega_f = 2.500 \, \frac{\text{rev}}{\text{min}} = 5\omega_i = 262{,}0 \text{ rad/s}$$

A aceleração angular é

$$\alpha = \frac{\Delta\omega}{\Delta t} = \frac{262{,}0 \text{ rad/s} - 52{,}4 \text{ rad/s}}{3{,}0 \text{ s}} = 69{,}9 \text{ rad/s}^2$$

Durante os 3,0 s, o ponto gira e descreve o ângulo

$$\Delta\theta = (52{,}4 \text{ rad/s})(3{,}0 \text{ s}) + \frac{1}{2}(69{,}9 \text{ rad/s}^2)(3{,}0 \text{ s})^2 = 472 \text{ rad}$$

Uma vez que $474/2\pi = 75$, o eixo completa 75 revoluções enquanto acelera para 2.500 rpm.

AVALIAÇÃO O problema foi resolvido da mesma forma como os problemas sobre cinemática linear que você aprendeu a resolver no Capítulo 2.

PARE E PENSE 12.1 A hélice do ventilador está acelerando. Quais são os sinais de ω e α?

a. ω é positivo e α é positivo.
b. ω é positivo e α é negativo.
c. ω é negativo e α é positivo.
d. ω é negativo e α é negativo.

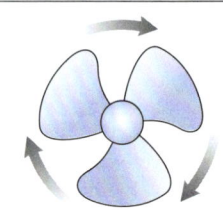

12.2 Rotação em torno do centro de massa

Imagine-se flutuando no espaço dentro de uma cápsula espacial. Suponha que você pegue um objeto como o que é mostrado na **FIGURA 11.5a**, empurre dois cantos do mesmo em sentidos opostos a fim de girá-lo e depois o solte. O objeto entrará em rotação, mas não possuirá movimento de translação enquanto flutua a seu lado. *Em torno de que ponto ele gira*? Esta é uma questão a que precisamos responder.

Um objeto sem vínculos (i.e., sem um eixo fixo ou pivô) sobre o qual não existe uma força resultante exercida gira em torno de um ponto especial chamado de **centro de massa**. O centro de massa se mantém imóvel enquanto todos os outros pontos do objeto descrevem movimentos circulares em torno dele. Não é preciso você ir para o espaço para demonstrar uma rotação em torno do centro de massa. Se você dispõe de um colchão de ar, um corpo em rotação sobre o colchão de ar gira em torno de seu centro de massa.

Para localizar o centro de massa, a **FIGURA 12.5b** modela o corpo como se ele fosse constituído por partículas enumeradas pelo índice $i = 1, 2, 3,...$ A partícula i possui massa m_i e está localizada na posição (x_i, y_i). Mais tarde, nesta seção, provaremos que o centro de massa está localizado na posição

$$x_{cm} = \frac{1}{M} \sum_i m_i x_i = \frac{m_1 x_1 + m_2 x_2 + m_3 x_3 + \cdots}{m_1 + m_2 + m_3 + \cdots}$$

$$y_{cm} = \frac{1}{M} \sum_i m_i y_i = \frac{m_1 y_1 + m_2 y_2 + m_3 y_3 + \cdots}{m_1 + m_2 + m_3 + \cdots}$$

(12.4)

onde $M = m_1 + m_2 + m_3 + \cdots$ é a massa total do corpo.

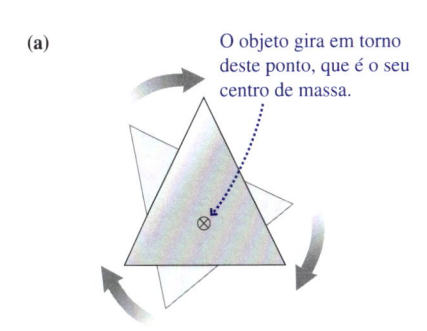

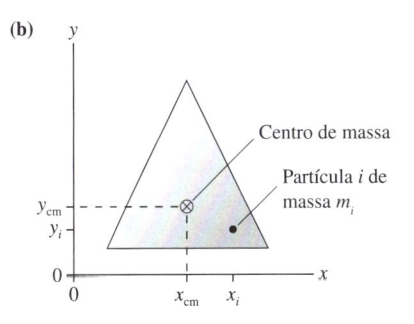

FIGURA 12.5 Rotação em torno do centro de massa.

NOTA ▶ Um objeto tridimensional necessita de uma equação semelhante para z_{cm}. Por simplicidade, nos restringiremos a objetos para os quais apenas as coordenadas x e y são relevantes. ◀

Vamos verificar se as Equações 12.4 fazem sentido. Suponha que você tenha um objeto que consiste em N partículas, todas de mesma massa m, ou seja, $m_1 = m_2 = m_3 = \cdots = m_N = m$. No numerador, podemos pôr em evidência m e, com isso, o denominador torna-se igual, simplesmente, a Nm. O fator m se cancela, e a coordenada x do centro de massa é

$$x_{cm} = \frac{x_1 + x_2 + \cdots + x_N}{N} = x_{média}$$

Neste caso, x_{cm} é, simplesmente, a *média* das coordenadas x de todas as partículas do corpo. Analogamente, y_{cm} será a média de todas as coordenadas y.

Isso *realmente* faz sentido! Se as massas das partículas são todas iguais, o centro de massa deve se localizar no centro do objeto. E o "centro do objeto" é a posição média de todas as suas partículas. Para englobar os casos em que as massas são *desiguais*, as Equações 12.4 são chamadas de *médias ponderadas*. As partículas com as maiores massas têm mais importância do que as de massas menores, mas a idéia básica é a mesma. **O centro de massa é o centro de massa ponderada do objeto**.

EXEMPLO 12.2 O centro de massa

Uma bola de 500 g e outra, de 2,0 kg, estão ligadas por uma haste de massa desprezível e comprimento de 50 cm.

a. Onde se encontra o centro de massa?
b. Qual é o módulo de velocidade de cada bola se elas rodam em torno do centro de massa a 40 rpm?

MODELO Trate cada bola como uma partícula.

VISUALIZAÇÃO A **FIGURA 12.6** mostra as duas massas. Escolhemos um sistema de coordenadas para o qual as massas estão sobre o eixo x, com a massa de 2,0 kg na origem.

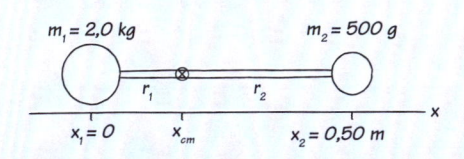

FIGURA 12.6 Determinação do centro de massa.

Continua

RESOLUÇÃO a. Podemos usar as Equações 12.4 para calcular a posição do centro de massa como

$$x_{cm} = \frac{m_1 x_1 + m_2 x_2}{m_1 + m_2}$$

$$= \frac{(2,0 \text{ kg})(0,0 \text{ m}) + (0,50 \text{ kg})(0,50 \text{ m})}{2,0 \text{ kg} + 0,50 \text{ kg}} = 0,10 \text{ m}$$

Neste caso, $y_{cm} = 0$ porque todas as massas se encontram sobre o eixo x. O centro de massa se localiza 20% mais próximo da bola de 2,0 kg do que da bola de 0,5 kg.

b. Cada bola gira em torno do centro de massa. Os raios dos círculos descritos são $r_1 = 0,10$ m e $r_2 = 0,40$ m. As velocidades tangenciais são dadas por $(v_i)_t = r_i \omega$, porém esta equação requer que ω esteja em rad/s. A conversão é

$$\omega = 40 \frac{\text{rev}}{\text{min}} \times \frac{1 \text{ min}}{60 \text{ s}} \times \frac{2\pi \text{ rad}}{1 \text{ rev}} = 4,19 \text{ rad/s}$$

Conseqüentemente,

$$(v_1)_t = r_1 \omega = (0,10 \text{ m})(4,19 \text{ rad/s}) = 0,42 \text{ m/s}$$
$$(v_2)_t = r_2 \omega = (0,40 \text{ m})(4,19 \text{ rad/s}) = 1,68 \text{ m/s}$$

AVALIAÇÃO O centro de massa é mais próximo da bola mais pesada do que da mais leve. Isso era o que esperávamos, pois x_{cm} é uma média ponderada das posições das massas constituintes. Mas a massa menor é mais rápida por estar mais afastada do eixo de rotação.

Para qualquer objeto real, não é prático efetuar as somatórias existentes nas Equações 12.4, envolvendo todos os átomos constituintes do corpo. Em vez disso, como mostra a **FIGURA 12.7**, podemos subdividir um objeto extenso em pequenas células ou cubos, cada qual com uma massa muito pequena Δm. Indexaremos as células pelos números 1, 2, 3,..., da mesma forma como fizemos com as partículas. A célula i tem coordenadas (x_i, y_i) e massa $m_i = \Delta m$. As coordenadas do centro são, então, dadas por

$$x_{cm} = \frac{1}{M} \sum_i x_i \Delta m \quad \text{e} \quad y_{cm} = \frac{1}{M} \sum_i y_i \Delta m$$

Agora, como é de se prever, vamos tornar as células cada vez menores, com seu número total cada vez maior. Uma vez que cada célula se torna arbitrariamente pequena, de tamanho infinitesimal, podemos substituir Δm por dm, e cada somatório por uma integral. Com isso, ficamos com

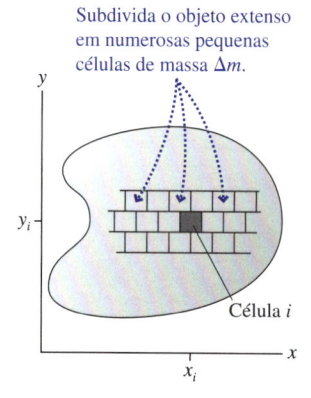

$$x_{cm} = \frac{1}{M} \int x \, dm \quad \text{e} \quad y_{cm} = \frac{1}{M} \int y \, dm \tag{12.5}$$

FIGURA 12.7 Determinando o centro de massa de um objeto extenso.

As Equações 12.5 constituem a definição formal do centro de massa, mas, nesta forma elas ainda *não* estão prontas para a integração. Primeiro, as integrais são calculadas com base em *coordenadas*, e não, em massas. Antes que possamos integrar, devemos substituir dm por uma expressão equivalente que envolva a diferencial de uma coordenada, como dx ou dy. Segundo, não foram especificados os limites de integração. O procedimento para usar as Equações 12.5 é melhor ilustrado com um exemplo.

EXEMPLO 12.3 **O centro de massa de uma barra**

Determine o centro de massa de uma barra delgada, homogênea, de comprimento L e massa M. Depois, use o resultado para obter a aceleração tangencial das extremidades de uma barra de 1,6 m de comprimento que gira em torno de seu centro de massa com uma aceleração angular de 6,0 rad/s².

VISUALIZAÇÃO A **FIGURA 12.8** mostra a barra. Escolhemos um sistema de coordenadas para o qual a barra se encontra ao longo do eixo x, entre 0 e L. Como a barra é "delgada", vamos considerar que $y_{cm} = 0$.

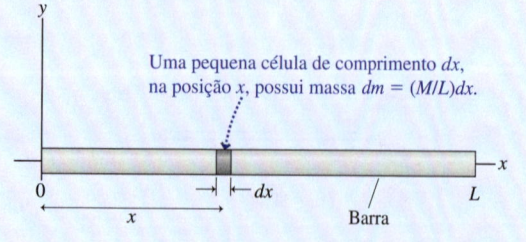

FIGURA 12.8 Determinação do centro de massa de uma barra longa e delgada.

RESOLUÇÃO Nossa primeira tarefa é determinar x_{cm}, situado em algum ponto do eixo x. Para tal, dividimos a barra em numerosas pequenas células de massa dm. Uma dessas células, na posição x, é mostrada na figura. O comprimento da célula é dx. Uma vez que a barra é *homogênea*, a massa dessa pequena célula corresponde à *mesma fração* da massa total M que a razão de dx para o comprimento total L, ou seja,

$$\frac{dm}{M} = \frac{dx}{L}$$

Conseqüentemente, podemos expressar dm em função da diferencial dx como

$$dm = \frac{M}{L} dx$$

NOTA ▶ A troca de variáveis de dm para uma diferencial de coordenada é *a chave* para calcular a posição do centro de massa. ◀

Com essa expressão para dm, a Equação 12.5 para x_{cm} assume a forma

$$x_{cm} = \frac{1}{M}\left(\frac{M}{L}\int x \, dx\right) = \frac{1}{L}\int_0^L x \, dx$$

onde, na última passagem, nós substituímos o somatório de "todas as massas da barra" por uma integração desde $x = 0$ até $x = L$. A integração correspondente é fácil de efetuar, resultando em

$$x_{cm} = \frac{1}{L}\left[\frac{x^2}{2}\right]_0^L = \frac{1}{L}\left[\frac{L^2}{2} - 0\right] = \frac{1}{2}L$$

O centro de massa encontra-se no centro da barra. Para uma barra com 1,6 m de comprimento, cada extremidade da mesma gira em um círculo com $r = \frac{1}{2}L = 0{,}80$ m. A aceleração tangencial, a taxa segundo a qual cada extremidade acelera, é

$$a_t = r\alpha = (0{,}80 \text{ m})(6{,}0 \text{ rad/s}^2) = 4{,}8 \text{ m/s}^2$$

AVALIAÇÃO Você poderia ter adivinhado que o centro de massa encontra-se no centro da barra, mas agora isso foi demonstrado com rigor.

NOTA ▶ Para qualquer objeto simétrico e de densidade uniforme, o centro de massa se localiza no centro geométrico do objeto. ◀

Para ver de onde se originam as equações do centro de massa, a **FIGURA 12.9** mostra um objeto em rotação ao redor do centro de massa. A partícula i move-se em um círculo, de modo que ela *deve* possuir uma aceleração centrípeta. Uma aceleração requer uma força, e esta se deve à tensão nas ligações moleculares que mantêm íntegro o objeto. A força $\vec{T}_i$ exercida sobre a partícula i tem módulo

$$T_i = m_i(a_i)_r = m_i r_i \omega^2 \quad (12.6)$$

onde r_i é a distância da partícula i ao centro de massa e onde usamos a Equação 12.3 para a_r. Todos os pontos de um objeto rígido em rotação possuem a *mesma* velocidade angular, de modo que não precisamos usar um subscrito para ω.

As forças internas de tensão formam, todas, pares ação/reação, com módulos iguais e sentidos opostos, de modo que a soma de todas elas deve se anular, ou seja, $\cos\sum \vec{T}_i = \vec{0}$ = $(x_{cm} - x_i)/r_i$. O componente x deste somatório é

$$\sum_i (T_i)_x = \sum_i T_i \cos\theta_i = \sum_i (m_i r_i \omega^2)\cos\theta_i = 0 \quad (12.7)$$

Da Figura 12.9, você pode verificar que $\cos\theta_i = (x_{cm} - x_i)/r_i$. Assim,

$$\sum_i (T_i)_x = \sum_i (m_i r_i \omega^2)\frac{x_{cm} - x_i}{r_i} = \left(\sum_i m_i x_{cm} - \sum_i m_i x_i\right)\omega^2 = 0 \quad (12.8)$$

Essa equação será verdadeira se o termo entre parênteses for nulo. Como x_{cm} é uma constante, podemos colocá-lo para fora do somatório, obtendo

$$\sum_i m_i x_{cm} - \sum_i m_i x_i = \left(\sum_i m_i\right)x_{cm} - \sum_i m_i x_i = M x_{cm} - \sum_i m_i x_i = 0 \quad (12.9)$$

onde usamos o fato de que $\sum m_i$ é, simplesmente, a massa total M do objeto. Isolando x_{cm}, obtemos a coordenada x do centro de massa do objeto como

$$x_{cm} = \frac{1}{M}\sum_i m_i x_i = \frac{m_1 x_1 + m_2 x_2 + m_3 x_3 + \cdots}{m_1 + m_2 + m_3 + \cdots} \quad (12.10)$$

Esta é a Equação 12.4. A equação em y é encontrada de maneira semelhante.

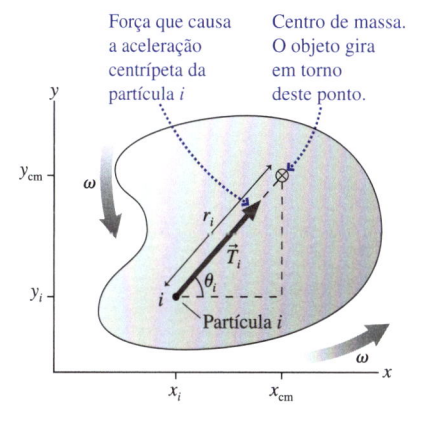

FIGURA 12.9 Determinação do centro de massa.

12.3 Energia de rotação

Um corpo rígido em rotação possui energia cinética porque todos os seus átomos se encontram em movimento. A energia cinética devido à rotação é chamada de **energia cinética de rotação**.

A **FIGURA 12.10** mostra algumas das partículas que constituem um objeto sólido que gira com velocidade angular ω. A partícula i, que gira com raio de rotação r_i, move-se com velocidade $v_i = r_i\omega$. A energia cinética rotacional do objeto é a soma das energias cinéticas de todas as partículas:

$$K_{rot} = \frac{1}{2}m_1v_1^2 + \frac{1}{2}m_2v_2^2 + \cdots$$

$$= \frac{1}{2}m_1r_1^2\omega^2 + \frac{1}{2}m_2r_2^2\omega^2 + \cdots = \frac{1}{2}\left(\sum_i m_i r_i^2\right)\omega^2 \quad (12.11)$$

A grandeza $\sum m_i r_i^2$ é chamada de **momento de inércia** I do corpo:

$$I = m_1r_1^2 + m_2r_2^2 + m_3r_3^2 + \cdots = \sum_i m_i r_i^2 \quad (12.12)$$

A unidade de momento de inércia é o kg m². **O momento de inércia de um objeto depende do eixo de rotação**. Uma vez que este tenha sido especificado, permitindo que os valores de r_i sejam determinados, o momento de inércia *em torno deste eixo* pode ser calculado por meio da Equação 12.12.

> **NOTA** ▶ O "momento" na expressão *momento de inércia* não tem nada a ver com tempo. Tal termo provém do latim *momentum*, que significa "movimento". ◀

Escrito em termos do momento de inércia I, a energia cinética rotacional é dada por

$$K_{rot} = \frac{1}{2}I\omega^2 \quad (12.13)$$

A energia cinética rotacional *não é* uma nova forma de energia. Trata-se da familiar energia cinética de movimento, agora expressa em uma forma especialmente conveniente para o movimento de rotação. Note a analogia com a expressão familiar $\frac{1}{2}mv^2$.

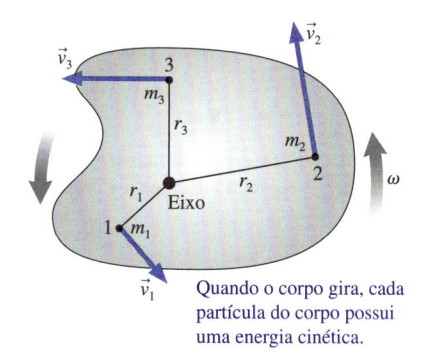

FIGURA 12.10 A energia cinética rotacional deve-se ao movimento das partículas que constituem o corpo.

EXEMPLO 12.4 Uma estrutura em rotação

Estudantes que participam de um projeto de engenharia projetam a estrutura triangular vista na **FIGURA 12.11**. As três massas, mantidas juntas por hastes plásticas de massa desprezível, giram no plano da página em torno de um eixo que passa pelo vértice do ângulo reto. Com que velocidade angular a estrutura possuirá 100 mJ de energia rotacional?

FIGURA 12.11 A estrutura girante.

MODELO A estrutura pode ser tratada como três partículas ligadas por hastes sem massa.

RESOLUÇÃO A energia rotacional é $K = \frac{1}{2}I\omega^2$. O momento de inércia com relação ao eixo de rotação considerado é, portanto,

$$I = \sum_i m_i r_i^2 = (0{,}25 \text{ kg})(0{,}080 \text{ m})^2 + (0{,}15 \text{ kg})(0{,}060 \text{ m})^2$$
$$+ (0{,}30 \text{ kg})(0 \text{ m})^2$$
$$= 2{,}14 \times 10^{-3} \text{ kg m}^2$$

A maior massa não contribui para I porque ela não gira. Conhecendo o valor de I, a velocidade angular pedida é

$$\omega = \sqrt{\frac{2K}{I}} = \sqrt{\frac{2(0{,}10 \text{ J})}{2{,}14 \times 10^{-3} \text{ kg m}^2}}$$
$$= 9{,}67 \text{ rad/s} \times \frac{1 \text{ rev}}{2\pi \text{ rad}} = 1{,}54 \text{ rev/s} = 92 \text{ rpm}$$

AVALIAÇÃO O momento de inércia depende da distância de cada massa ao eixo de rotação. O momento de inércia seria diferente em relação a cada eixo passando pelas outras duas massas, e, portanto, a velocidade angular requerida seria diferente também.

Antes de correr para calcular momentos de inércia, vamos compreender melhor seu significado. Primeiro, note que **o momento de inércia é o equivalente rotacional da massa**. Ele desempenha, na Equação 12.13, o mesmo papel da massa m na agora familiar $K = \frac{1}{2}mv^2$. Lembre-se de que a grandeza que chamamos de *massa* foi, na realidade, definida como *massa inercial*. Objetos com massas maiores possuem *inércias* maiores, o que significa que elas são mais difíceis de acelerar. Analogamente, um objeto com momento de inércia maior é mais difícil de ser posto em rotação. O fato de que a expressão *momento de inércia* retém a palavra "inércia" em sua denominação serve para nos lembrar disso.

Mas por que o momento de inércia depende da distância r_i até o eixo de rotação? Reflita a respeito das duas rodas da **FIGURA 12.12**. Elas possuem a mesma massa total M e o mesmo raio R. Como você provavelmente sabe por experiência de vida, é muito mais fácil pôr a girar a roda cuja massa está mais concentrada na parte central do que pôr em rotação aquela cuja massa está concentrada na borda. Isso porque ter mais massa próxima ao centro (menores valores de r_i) diminui o valor do momento de inércia.

Portanto, o momento de inércia de um objeto depende não apenas da massa do mesmo, mas também da maneira *como a massa está distribuída* em torno do eixo de rotação escolhido. Isso é bem-sabido pelos ciclistas de corrida. Cada vez que um ciclista acelera, ele tem de "acelerar" as rodas e os pneus. Quanto maior for o momento de inércia, mais esforço isso exigirá e menor será a aceleração obtida. Por isso são usados os pneus mais leves possíveis, instalados em rodas projetadas para concentrar ao máximo sua própria massa próxima ao centro sem sacrificar demasiadamente a resistência e a rigidez necessárias.

Os momentos de inércia de muitos objetos sólidos estão tabelados e são encontrados em inúmeros manuais de ciência e de engenharia. Você precisaria calcular o momento de inércia apenas para um objeto de forma incomum. A Tabela 12.2 traz uma pequena lista de momentos de inércia de objetos comuns. Na próxima seção veremos de onde essas fórmulas se originam, mas se deve observar, em todas elas, de que maneira I depende do eixo de rotação escolhido.

Se o eixo de rotação escolhido não passar pelo centro de massa, então a rotação pode fazer este ponto se mover para cima e para baixo. Neste caso, a energia potencial gravitacional do objeto, $U_g = Mgy_{cm}$, sofrerá variação. Se não existirem forças dissipativas (i.e., se não houver atrito no eixo) e se nenhum trabalho for realizado por forças externas, então a energia mecânica do objeto,

$$E_{mec} = K_{rot} + U_g = \frac{1}{2}I\omega^2 + Mgy_{cm} \qquad (12.14)$$

será uma grandeza conservada.

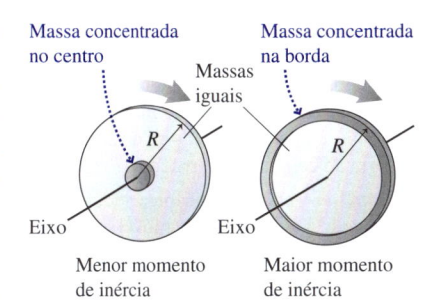

FIGURA 12.12 O momento de inércia depende tanto da massa quanto da maneira como ela está distribuída.

7.12, 7.13

TABELA 12.2 Momentos de inércia de objetos com densidade uniforme

Objeto e eixo	Desenho	I	Objeto e eixo	Desenho	I
Barra delgada, em torno do centro		$\frac{1}{12}ML^2$	Cilindro ou disco, em torno do centro		$\frac{1}{2}MR^2$
Barra delgada, em torno de uma extremidade		$\frac{1}{3}ML^2$	Aro cilíndrico, em torno do centro		MR^2
Plano ou chapa, em torno do centro		$\frac{1}{12}Ma^2$	Esfera maciça, em torno do diâmetro		$\frac{2}{5}MR^2$
Plano ou chapa, em torno de um lado		$\frac{1}{3}Ma^2$	Casca esférica, em torno do diâmetro		$\frac{2}{3}MR^2$

EXEMPLO 12.5 A velocidade de uma barra em rotação

Uma barra com 1,0 m de comprimento e massa de 200 g é presa a uma parede por uma junta móvel. A barra é mantida na horizontal e, depois, é liberada. Qual será o valor da velocidade da extremidade da barra ao colidir com a parede?

MODELO A energia mecânica será conservada se considerarmos que não exista atrito na junta móvel. Neste caso, a energia potencial gravitacional da barra é transformada em energia cinética de rotação durante a "queda" da barra.

VISUALIZAÇÃO A **FIGURA 12.13** é uma familiar representação pictórica da barra do tipo antes-e-após. Localizamos a origem do sistema de coordenadas na junta móvel.

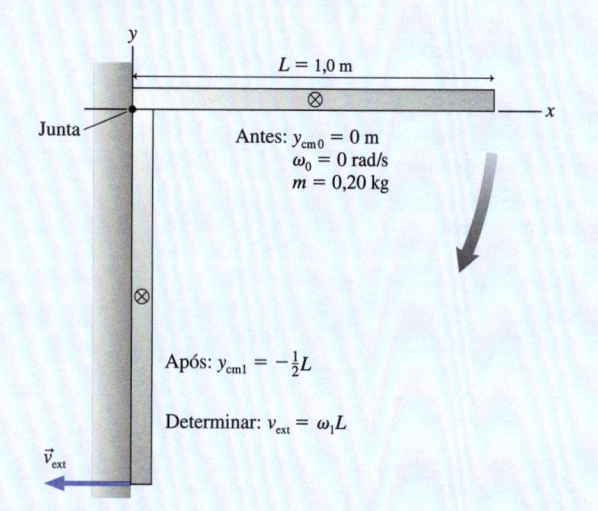

FIGURA 12.13 A representação pictórica do tipo antes-e-após da barra.

RESOLUÇÃO A energia mecânica é conservada; logo, podemos igualar a energia mecânica final da barra à sua energia mecânica inicial:

$$\frac{1}{2}I\omega_1^2 + Mgy_{cm1} = \frac{1}{2}I\omega_0^2 + Mgy_{cm0}$$

As condições iniciais da barra são: $\omega_0 = 0$ e $y_{cm0} = 0$. O centro de massa move-se para $y_{cm1} = -L/2$ na rotação em torno da extremidade presa à junta móvel. Da Tabela 12.2, obtemos $I = \frac{1}{3}ML^2$ para uma barra que gira em torno de uma das extremidades. Portanto,

$$\frac{1}{2}I\omega_1^2 + Mgy_{cm1} = \frac{1}{6}ML^2\omega_1^2 - \frac{1}{2}MgL = 0$$

Podemos, então, isolar a velocidade angular da barra ao bater na parede:

$$\omega_1 = \sqrt{\frac{3g}{L}}$$

A ponta da barra descreve um círculo de raio $r = L$. O módulo de sua velocidade final é, portanto,

$$v_{ext} = \omega_1 L = \sqrt{3gL} = 5{,}4 \text{ m/s}$$

AVALIAÇÃO A conservação da energia é uma ferramenta poderosa para analisar o movimento de rotação, assim como no caso do movimento de translação.

12.4 Calculando o momento de inércia

A equação para a energia rotacional é fácil de escrever, todavia não se pode usá-la sem conhecer o momento de inércia de um objeto. Diferentemente da massa, não se pode determinar o momento de inércia de um corpo com uma balança. E enquanto podemos inferir que o centro de massa de um objeto está localizado no centro geométrico de um objeto simétrico, em geral *não* somos capazes de inferir o momento de inércia mesmo de um objeto simples. A fim de determinar I, devemos realmente efetuar um cálculo.

A Equação 12.12 define o momento de inércia como o somatório dos momentos de inércia de todas as partículas de um sistema. Como fizemos no caso do centro de massa, podemos substituir as partículas individuais por células 1, 2, 3,… de massa Δm. Com isso o somatório do momento de inércia pode ser convertida em uma integração:

$$I = \sum_i r_i^2 \Delta m \xrightarrow{\Delta m \to 0} I = \int r^2 \, dm \qquad (12.15)$$

onde r é a distância em relação ao eixo de rotação. Se considerarmos o eixo z como o eixo de rotação, podemos escrever o momento de inércia na forma

$$I = \int (x^2 + y^2) \, dm \qquad (12.16)$$

NOTA ▶ Você *deve* substituir dm por uma expressão equivalente que envolva uma diferencial de coordenada, tal como dx ou dy, antes de efetuar a integração da Equação 12.16. ◀

Você pode utilizar qualquer sistema de coordenadas para calcular as coordenadas x_{cm} e y_{cm} do centro de massa, mas o momento de inércia é definido para rotações em torno de um eixo particular, com r medido em relação a este eixo. Portanto, o sistema de coordenadas usado para cálculos de momentos de inércia *deve* ter sua origem no eixo escolhido. Essas idéias serão agora ilustradas por dois exemplos

EXEMPLO 12.6 Momento de inércia de uma barra em torno de uma extremidade

Determine o momento de inércia de uma barra delgada, homogênea, de comprimento L e massa M, girando em torno de uma das extremidades.

MODELO O momento de inércia de um corpo depende do eixo de rotação escolhido. Neste caso, o eixo de rotação encontra-se numa das extremidades da barra.

VISUALIZAÇÃO A **FIGURA 12.14** define um eixo x com origem no eixo de rotação.

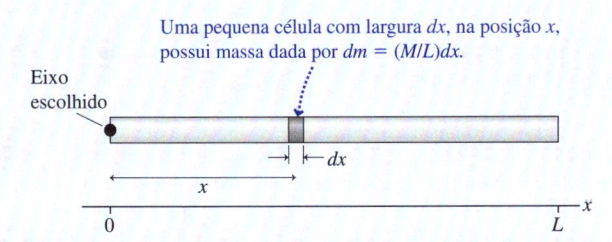

FIGURA 12.14 Determinação do momento de inércia em relação a uma das extremidades de uma barra longa e delgada.

RESOLUÇÃO Uma vez que a barra é delgada, podemos considerar que $y \approx 0$ para todos os pontos da barra. Portanto,

$$I = \int x^2\, dm$$

A pequena parcela de massa dm existente no comprimento dx é $dm = (M/L)\, dx$, como determinado no Exemplo 12.3. A barra se estende desde $x = 0$ até $x = L$, de modo que o momento de inércia da barra em torno da extremidade é

$$I_{ext} = \frac{M}{L}\int_0^L x^2\, dx = \frac{M}{L}\left[\frac{x^3}{3}\right]_0^L = \frac{1}{3}ML^2$$

AVALIAÇÃO O cálculo de momento de inércia envolve o produto da massa total pelo *quadrado* do comprimento da mesma, L neste caso. Todos os momentos de inércia têm forma parecida, embora a fração que apareça na frente varie de um caso para outro. Este resultado foi ilustrado anteriormente na Tabela 12.2.

EXEMPLO 12.7 Momento de inércia de um disco circular em torno de um eixo que passa pelo centro

Determine o momento de inércia de um disco circular de raio R e massa M que gira em torno de um eixo que passa pelo centro

VISUALIZAÇÃO A **FIGURA 12.15** mostra o disco e define a distância r em relação ao eixo.

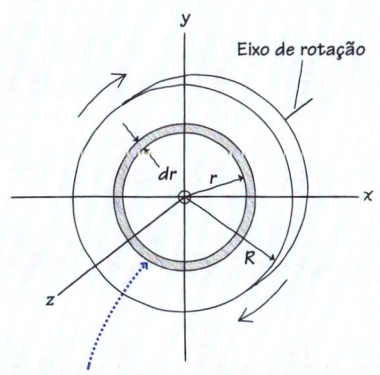

FIGURA 12.15 Determinação do momento de inércia de um disco em torno de um eixo que passa pelo centro.

RESOLUÇÃO Trata-se de uma situação de grande importância prática. Para resolver o problema, precisamos empregar o esquema para integração dupla que aprendemos no cálculo. Melhor do que dividir o disco em pequenos cubos, vamos dividi-lo em uma série de *anéis* estreitos de massa dm. A Figura 12.15 mostra um desses anéis, com raio r e largura dr. Seja dA a representação da área deste anel. Sua massa dm é a mesma fração da massa total que o quociente de dA para A, ou seja,

$$\frac{dm}{M} = \frac{dA}{A}$$

Portanto, a massa correspondente à pequena área dA é

$$dm = \frac{M}{A}\, dA$$

Este é o mesmo raciocínio usado para determinar o centro de massa de uma barra no Exemplo 12.3, agora apenas estamos empregando-o em duas dimensões.

A área total de um disco é $A = \pi R^2$, porém quanto vale dA? Se imaginariamente desenrolássemos o pequeno anel, ficaríamos com uma fita de comprimento $2\pi R$ e largura dr. Assim, a *área* deste pequeno anel é $dA = 2\pi r\, dr$. Com essa informação, podemos escrever

$$dm = \frac{M}{\pi R^2}(2\pi r\, dr) = \frac{2M}{R^2} r\, dr$$

Agora dispomos de uma expressão para dm em função de uma diferencial de coordenada, dr, de modo que podemos prosseguir para efetuar a integração e obter I. Usando a Equação 12.15, obtemos

$$I_{disco} = \int r^2\, dm = \int r^2\left(\frac{2M}{R^2} r\, dr\right) = \frac{2M}{R^2}\int_0^R r^3\, dr$$

onde, na última passagem, usamos o fato de que o disco se estende desde $r = 0$ até $r = R$. Efetuando a integração, obtemos

$$I_{disco} = \frac{2M}{R^2}\left[\frac{r^4}{4}\right]_0^R = \frac{1}{2}MR^2$$

AVALIAÇÃO Novamente, o momento de inércia é proporcional ao produto da massa total pelo *quadrado* de um comprimento, R neste caso.

Se um corpo complexo pode ser subdividido em partes mais simples 1, 2, 3,..., cujos momentos de inércia, respectivamente, $I_1, I_2, I_3,...$, já são conhecidos, o momento de inércia inteiro é igual a

$$I_{corpo} = I_1 + I_2 + I_3 + ... \qquad (12.17)$$

Isso segue do fato de que o somatório $I = \sum m_i r_i^2$ pode ser dividido em somas parciais correspondentes a objetos mais simples. A Equação 12.17 é útil na resolução de muitos problemas.

O teorema dos eixos paralelos

O momento de inércia depende do eixo de rotação escolhido. Suponha agora que você precise saber qual é o momento de inércia para rotação em torno de um eixo que não passa pelo centro de massa, como na **FIGURA 12.16**. Você pode determiná-lo muito facilmente se souber o momento de inércia com relação a um *eixo paralelo* que passe pelo centro de massa.

Se o eixo de interesse estiver a uma distância d do eixo paralelo que passa pelo centro de massa, o momento de inércia será dado por

$$I = I_{cm} + Md^2 \qquad (12.18)$$

Esta equação é conhecida como o **teorema dos eixos paralelos**. Vamos dar uma prova deste teorema para o caso do objeto unidimensional mostrado na **FIGURA 12.17**.

O eixo x tem sua origem localizada no eixo de rotação, enquanto o eixo x' tem sua origem no centro de massa. Você pode verificar que as coordenadas de dm ao longo desses dois eixos estão relacionadas por $x = x' + d$. Por definição, o momento de inércia em torno do eixo de rotação é

$$I = \int x^2 \, dm = \int (x' + d)^2 \, dm = \int (x')^2 \, dm + 2d \int x' \, dm + d^2 \int dm \qquad (12.19)$$

A primeira das três integrais do lado direito, por definição, é o momento de inércia I_{cm} em torno do centro de massa. A terceira delas é igual, simplesmente, a Md^2, pois a soma (integral) de todos os dm resulta na massa total M.

Se você retornar à Equação 12.5, a definição do centro de massa, verá que a integral do meio do lado direito é igual a Mx'_{cm}. Porém $x'_{cm} = 0$ porque nós escolhemos especificamente o eixo x' com sua origem no centro de massa. Assim, a segunda integral é nula, e obtemos a Equação 12.18. A prova em duas dimensões é semelhante.

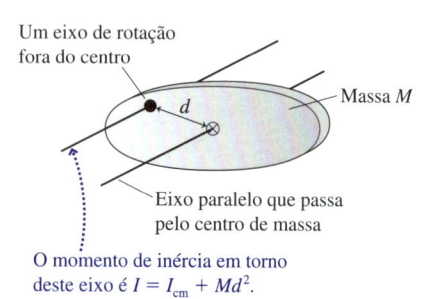

FIGURA 12.16 Rotação em torno de um eixo fora do centro de massa.

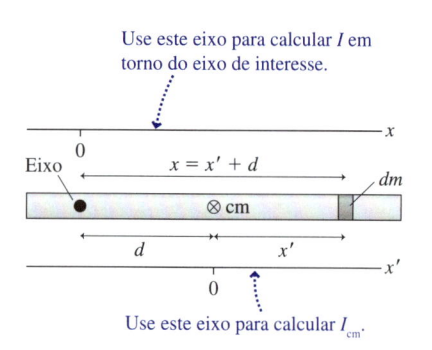

FIGURA 12.17 Prova do teorema dos eixos paralelos.

EXEMPLO 12.8 O momento de inércia de uma barra delgada

Determine o momento de inércia de uma barra delgada de massa M e comprimento L em torno de um eixo situado a um terço do comprimento em relação a uma das extremidades.

RESOLUÇÃO Da Tabela 12.2, sabemos que o momento de inércia em torno do centro de massa é dado por $\frac{1}{12}ML^2$. O centro de massa encontra-se no centro da barra. Um eixo situado a $\frac{1}{3}L$ de uma das extremidades corresponde a $d = \frac{1}{6}L$ a partir do centro de massa. Usando o teorema dos eixos paralelos,

$$I = I_{cm} + Md^2 = \frac{1}{12}ML^2 + M\left(\frac{1}{6}L\right)^2 = \frac{1}{9}ML^2$$

PARE E PENSE 12.2 Quatro objetos em "T" são feitos, cada um, com duas hastes idênticas, de mesma massa e mesmo comprimento. Ordene em seqüência decrescente os momentos de inércia de I_a a I_d para rotação em torno dos eixos tracejados.

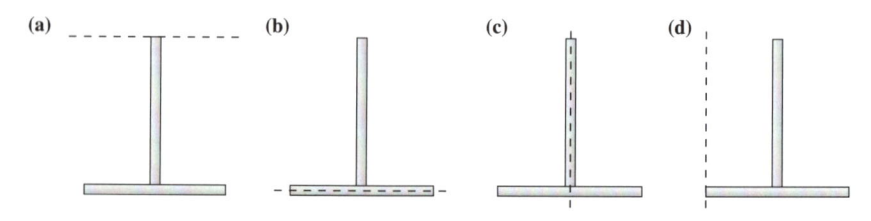

12.5 Torque

Imagine a experiência comum de empurrar para abrir uma porta. A **FIGURA 12.18** é uma vista superior de uma porta cujas dobradiças situam-se do lado esquerdo. Quatro forças a empurram, como mostrado, todas de mesma intensidade. Qual delas será mais efetiva em abrir a porta?

A força $\vec{F}_1$ abrirá a porta, mas a força $\vec{F}_2$, que empurra diretamente contra a dobradiça, não. A força $\vec{F}_3$ abrirá a porta, mas não tão facilmente quanto $\vec{F}_1$. E quanto á força $\vec{F}_4$? Ela é perpendicular à porta e tem a mesma intensidade de $\vec{F}_1$, mas você sabe, por experiência, que empurrar uma porta próximo às dobradiças não é tão eficiente quanto empurrá-la pela parte externa da mesma.

A habilidade de uma força em produzir uma rotação depende de três fatores:

1. Do módulo F da força.
2. Da distância r entre o ponto de aplicação e o eixo.
3. Do ângulo no qual a força é exercida.

Para detalhar mais essas idéias, a **FIGURA 12.19** mostra uma força $\vec{F}$ exercida em um ponto de um corpo rígido. Por exemplo, um barbante pode estar puxando o objeto naquele ponto, caso em que a força seria a tensão. A Figura 12.19 define a distância r do eixo até o ponto de aplicação e o ângulo ϕ (a letra grega fi).

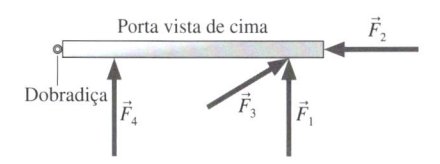

FIGURA 12.18 As quatro forças têm a mesma intensidade, mas diferentes efeitos no que diz respeito à abertura da porta.

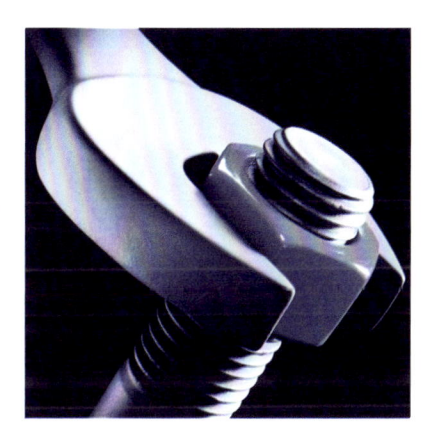

O torque está para o movimento de rotação assim como a força está para o movimento linear.

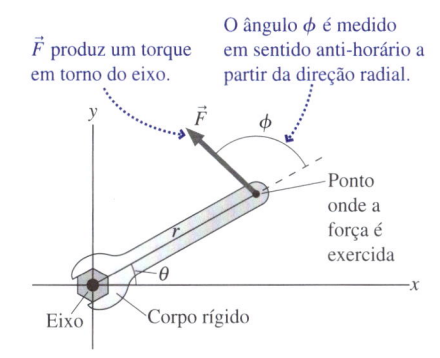

FIGURA 12.19 A força $\vec{F}$ produz um torque em torno do eixo.

NOTA ▶ O ângulo ϕ é medido em *sentido anti-horário* a partir da linha tracejada que se estende ao longo da direção radial. Isso é consistente com nossa convenção de sinais para a posição angular θ. ◀

Vamos definir agora uma nova grandeza chamada **torque** τ (a letra grega tau) por

$$\tau \equiv rF\operatorname{sen}\phi \qquad (12.20)$$

O torque depende das três propriedades que acabamos de listar: o módulo da força, a distância do ponto onde é exercida até o eixo e seu ângulo. Informalmente falando, τ mede a "eficiência" de uma força em produzir rotação em torno de um eixo. **O torque é o equivalente rotacional da força**.

A unidade do SI para torque é o newton-metro, abreviado por N m. Embora tenhamos definido 1 N m = 1 J durante nosso estudo da energia, o torque é uma grandeza que não tem relação com energia e, por isso, *não* usaremos o joule para expressar torque.

O torque, como a força, possui um sinal. Um torque que faça um objeto girar em sentido anti-horário é positivo, enquanto um torque negativo fará o objeto girar em sentido horário. A **FIGURA 12.20** resume os sinais. Note que uma força que empurre diretamente contra o eixo ou que puxe diretamente a partir do eixo *não* produz torque.

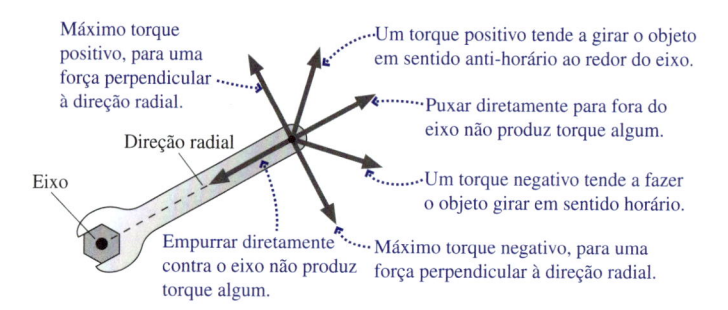

FIGURA 12.20 Sinais e intensidades do torque.

NOTA ▶ O torque difere da força de uma maneira muito importante. O torque é calculado ou medido *em relação a um eixo de rotação*. Dizer, simplesmente, que um torque tem intensidade de 20 N m não significa nada. É preciso que se diga que o torque vale 20 N m em torno de um ponto particular. O torque pode ser calculado em relação a qualquer eixo, mas seu valor depende do eixo escolhido. Na prática, medimos ou calculamos torques em relação ao mesmo ponto em relação ao qual medimos a posição angular θ (e, portanto, a velocidade angular ω e a aceleração angular α). Essa condição está implícita nas equações da dinâmica da rotação. ◀

Retornando à porta da Figura 12.18, você pode verificar que $\vec{F}_1$ é a mais eficiente em abrir a porta porque ela produz o maior torque *em torno daquele eixo*. $\vec{F}_3$ tem a mesma intensidade, mas é exercida segundo um ângulo menor do que 90° e, por isso, gera um torque menor. $\vec{F}_2$, que empurra diretamente contra o eixo, com $\phi = 0°$, não gera torque algum. E $\vec{F}_4$, correspondente a um valor menor de r, produz menos torque do que $\vec{F}_1$.

Interpretando o torque

O torque pode ser interpretado de dois pontos de vista. Primeiro, a **FIGURA 12.21a** mostra que a grandeza $F \,\text{sen}\, \phi$ é o componente tangencial F_t da força. Conseqüentemente, o torque é

$$\tau = rF_t \tag{12.21}$$

Em outras palavras, o torque é o produto de r pela componente de força F_t que é *perpendicular* à direção radial. Essa interpretação faz sentido porque o componente radial de $\vec{F}$ aponta diretamente para o eixo e não pode produzir um torque.

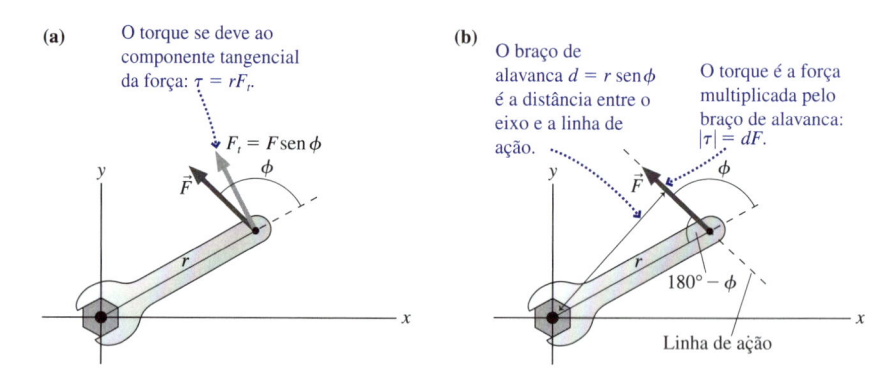

FIGURA 12.21 Duas interpretações úteis do torque.

Alternativamente, a **FIGURA 12.21b** mostra que $d = r\,\text{sen}\,\phi$ é a distância entre o eixo e a **linha de ação**, a linha ao longo da qual a força $\vec{F}$ é exercida. Portanto, o torque também pode ser escrito na forma

$$|\tau| = dF \tag{12.22}$$

A distância d entre o eixo e a linha de ação é chamada de **braço de alavanca** (ou, também, de *braço de momento*), de modo que podemos dizer que o torque é o produto da força pelo braço de alavanca correspondente. Este segundo ponto de vista sobre o torque é amplamente usado em aplicações.

NOTA ▶ A Equação 12.22 fornece apenas o módulo $|\tau|$ do torque; o sinal deve ser acrescentado a partir da observação do sentido em que o torque é exercido. ◀

EXEMPLO 12.9 Exercendo um torque

Luís usa uma chave de roda com 20 cm de comprimento para girar uma porca. A chave está inclinada em 30° com a horizontal, e Luís a empurra verticalmente para baixo, exercendo uma força de 100 N na extremidade. Quanto torque Luis deve exercer sobre a porca?

VISUALIZAÇÃO A **FIGURA 12.22** ilustra a situação. O ângulo é negativo, $\phi = -120°$, pois ele foi descrito em *sentido horário* a partir da direção radial.

RESOLUÇÃO O componente tangencial da força é

$$F_t = F \operatorname{sen} \phi = -86{,}6 \text{ N}$$

De acordo com nossa convenção de sinais, Ft é negativo porque tem sentido horário. O torque gerado, de acordo com a Equação 12.21, é

$$\tau = rF_t = (0{,}20 \text{ m})(-86{,}6 \text{ N}) = -17 \text{ N m}$$

Alternativamente, a Figura 12.22 mostra que o braço de alavanca entre o eixo e a linha de ação é

$$d = r \operatorname{sen} (60°) = 0{,}17 \text{ m}$$

Inserindo o braço de alavanca na Equação 12.22, obtemos

$$|\tau| = F d = (100 \text{ N})(0{,}17 \text{ m}) = 17 \text{ N m}$$

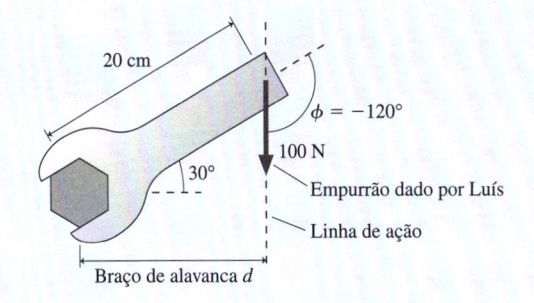

FIGURA 12.22 Uma chave sendo usada para girar uma porca.

O torque tende a imprimir uma rotação em sentido horário; logo, inserimos um sinal negativo e ficamos com

$$\tau = -17 \text{ Nm}$$

AVALIAÇÃO Luís poderia aumentar o torque gerado alterando o ângulo de maneira que seu empurrão fosse perpendicular à chave ($\phi = -90°$).

PARE E PENSE 12.3 Ordene em seqüência decrescente os módulos dos cinco torques $\tau_a - \tau_e$. Todas as hastes têm o mesmo tamanho e podem girar em torno de um eixo de rotação localizado na extremidade esquerda.

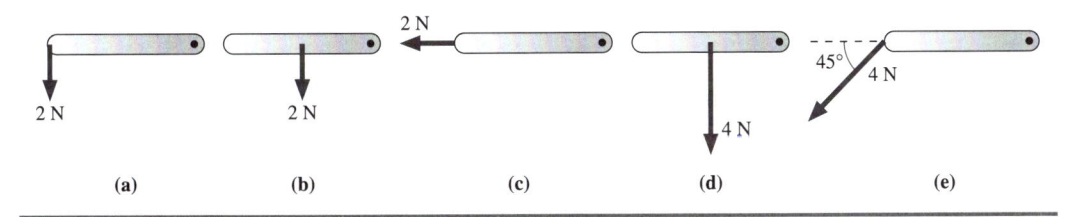

Torque resultante

A **FIGURA 12.23** mostra as forças $\vec{F}_1, \vec{F}_2, \vec{F}_3, \ldots$ exercidas sobre um objeto extenso. Este é livre para girar em torno do eixo, todavia o eixo impede o objeto de efetuar qualquer movimento de translação. Isso é conseguido porque o eixo exerce uma força $\vec{F}_{eixo}$ sobre o objeto que contrabalança as outras forças e garante que $\vec{F}_{res} = \vec{0}$.

As forças $\vec{F}_1, \vec{F}_2, \vec{F}_3, \ldots$ geram os torques $\tau_1, \tau_2, \tau_3, \ldots$, porém $\vec{F}_{eixo}$ não produz um torque por ser exercida no eixo e ter braço de alavanca nulo. Portanto, o torque *resultante* em torno do eixo é a soma dos torques gerados pelas forças exercidas:

$$\tau_{res} = \tau_1 + \tau_2 + \tau_3 + \cdots = \sum_i \tau_i \qquad (12.23)$$

O torque gravitacional

A gravidade exerce um torque sobre muitos objetos. Se o objeto da **FIGURA 12.24** for liberado, a gravidade produzirá um torque que o fará girar em torno do eixo. Para calcular o torque em torno do eixo, começamos com o fato de que a força da gravidade é exercida sobre *cada* partícula do objeto, exercendo sobre a partícula i uma força orientada para baixo e de módulo $F_i = m_i g$. O *módulo* do torque gravitacional sobre a partícula i é $|\tau_i| = d_i m_i g$, onde d_i é o braço de alavanca correspondente. Porém devemos ser cuidadosos quanto aos sinais.

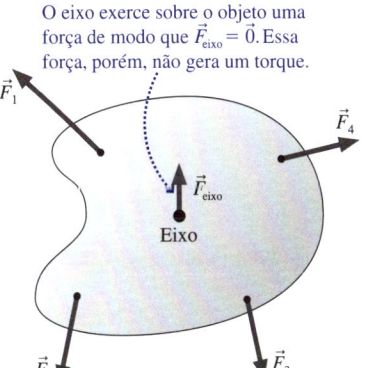

FIGURA 12.23 As forças exercem um torque resultante em torno do eixo fixo.

(a)

Braços de alavanca

A gravidade exerce um torque negativo sobre a partícula 2.

A gravidade exerce um torque positivo sobre a partícula 1.

(b) Braço de alavanca da força gravitacional resultante

O torque resultante devido à gravidade é exercido sobre o centro de massa.

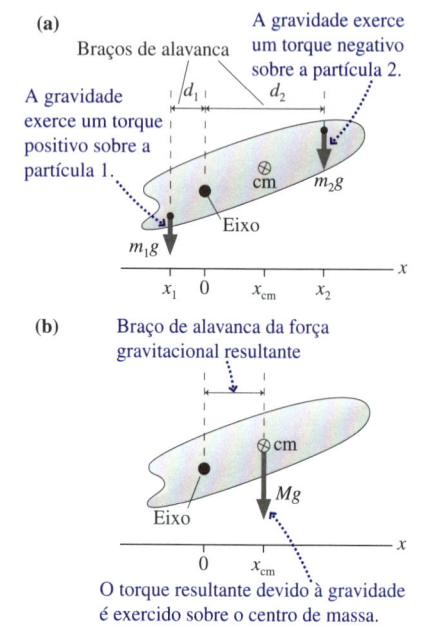

FIGURA 12.24 O torque gravitacional.

A linha de ação passa pelo eixo.

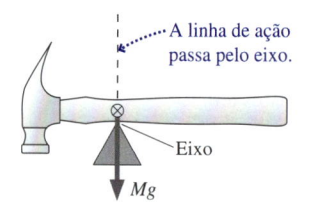

FIGURA 12.25 Um objeto equilibra-se sobre um eixo situado verticalmente abaixo do centro de massa.

Qualquer braço de alavanca deve ser sempre um número positivo por se tratar de uma distância. Se escolhermos um sistema de coordenadas com origem no eixo, então você pode verificar a partir da **FIGURA 12.24a** que o braço de alavanca d_i da partícula i é $|x_i|$. Uma partícula localizada à direita do eixo (x_i positivo) experimenta um torque *negativo* porque a gravidade tende a girar aquela partícula em sentido horário. Analogamente, uma partícula à esquerda do eixo (x_i negativo) experimenta um torque positivo. O sinal do torque é oposto ao de x_i, de modo que podemos expressar corretamente os sinais escrevendo

$$\tau_i = -x_i m_i g = -(m_i x_i) g \qquad (12.24)$$

O torque resultante devido à gravidade é obtido somando-se a Equação 12.24 sobre todas as partículas:

$$\tau_{\text{grav}} = \sum_i \tau_i = \sum_i (-m_i x_i g) = -\left(\sum_i m_i x_i\right) g \qquad (12.25)$$

Mas, de acordo com a definição de centro de massa, Equações 12.4, $\sum m_i x_i = M x_{\text{cm}}$. Portanto, o torque devido à gravidade é dado por

$$\tau_{\text{grav}} = -M g x_{\text{cm}} \qquad (12.26)$$

onde x_{cm} é a posição do centro de massa *em relação ao eixo de rotação*.

A Equação 12.26 tem uma interpretação simples, ilustrada na **FIGURA 12.24b**. Mg é a força gravitacional resultante sobre o objeto inteiro e x_{cm} é o braço de alavanca entre o eixo de rotação e o centro de massa. O torque gravitacional exercido sobre um objeto extenso de massa M equivale ao torque produzido por um *único* vetor força $\vec{F}_{\text{grav}} = -Mg\hat{j}$ exercido sobre o centro de massa do objeto.

Em outras palavras, **o torque gravitacional é determinado considerando-se o objeto como se toda sua massa estivesse concentrada em seu centro de massa**. Este é o fundamento da técnica bem-conhecida para determinar o centro de massa de um objeto procurando como equilibrá-lo. O objeto ficará equilibrado sobre um eixo, como mostra a **FIGURA 12.25**, somente se seu centro de massa estiver verticalmente acima do eixo. Se este *não* estiver sob o centro de massa, um torque gravitacional não-nulo fará o objeto girar.

NOTA ▶ O ponto em que a gravidade é exercida também é chamado de *centro de gravidade*. Se a gravidade for uniforme ao longo da extensão do objeto — o que sempre é verdadeiro para os objetos terrestres — não existirá diferença entre centro de massa e centro de gravidade. ◀

EXEMPLO 12.10 O torque gravitacional em torno de uma viga

A viga de aço de 4,00 m de comprimento e 500 kg de massa mostrada na **FIGURA 12.26** está apoiada sobre um ponto localizado a 1,20 m da extremidade direita. Qual é o torque gravitacional em torno do ponto de apoio?

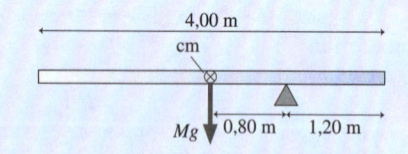

FIGURA 12.26 Uma viga de aço apoiada em um ponto.

MODELO O centro de massa da viga encontra-se no ponto médio, de modo que $x_{\text{cm}} = -0,80$ m a partir do eixo.

RESOLUÇÃO Este problema é resolvido com a aplicação direta da Equação 12.26. O torque gravitacional é

$$\tau_{\text{grav}} = -M g x_{\text{cm}} = -(500 \text{ kg})(9,80 \text{ m/s}^2)(-0,80 \text{ m})$$

$$= 3.920 \text{ Nm}$$

AVALIAÇÃO O torque é positivo porque a gravidade tende a fazer a viga girar em sentido anti-horário ao redor do ponto de apoio. Note que a viga da Figura 12.26 *não* se encontra em equilíbrio. Ela cairá, a menos que outras forças, não mostradas na figura, a sustentem.

Binários

Uma maneira de girar um objeto extenso sem transladá-lo é exercer um par de forças de mesma intensidade, mas mutuamente opostas, em dois pontos diferentes, como mostrado na **FIGURA 12.27**. Um par de forças como este é chamado de **binário**. As forças são exercidas em sentidos opostos, mas os torques gerados por elas têm o *mesmo* sentido. Neste exemplo, os dois torques são positivos. Portanto, as duas forças de um binário geram um *torque resultante*.

As forças são de mesmo módulo, logo podemos escrever, simplesmente, $F_1 = F_2 = F$. O braço de alavanca de $\vec{F}_1$ é d_1, de modo que o torque exercido pela força $\vec{F}_1$ tem módulo dado por $|\tau_1| = d_1 F$. Analogamente, a força $\vec{F}_2$ exerce um torque de módulo igual a $|\tau_2| = d_2 F$. O torque *resultante* é

$$|\tau_{res}| = d_1 F + d_2 F = (d_1 + d_2)F = lF \qquad (12.27)$$

onde l é a distância entre as linhas de ação das duas forças. O sinal de τ_{res} tem de ser assinalado a partir da observação do sentido em que o torque é exercido.

Não existe nada de especial com o ponto escolhido como eixo na Figura 12.27. Ele poderia ser *qualquer* ponto do objeto. Portanto, um binário exerce o mesmo torque resultante de módulo lF em relação a *qualquer* ponto do objeto. Isso não é verdadeiro para torques em geral, mas apenas para o torque gerado por um binário.

NOTA ▶ Se um objeto não tem um vínculo (i.e., não existe um eixo em torno do qual ele deva obrigatoriamente girar), um binário exercido fará o objeto girar em torno do centro de massa. ◀

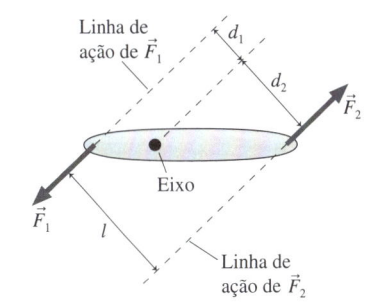

FIGURA 12.27 Duas forças de mesmo módulo, mas de sentidos opostos, formam um binário.

12.6 Dinâmica da rotação

O torque é a grandeza rotacional análoga à força, mas o que ele causa? A **FIGURA 12.28** mostra um modelo de foguete preso à extremidade de uma haste rígida e leve. Quando o motor é ligado, ele passa a exercer uma força de empuxo $\vec{F}_{empuxo}$ sobre o foguete. A haste, que gira em torno de um eixo fixo na outra extremidade, exerce uma força de tensão $\vec{T}$.

O componente tangencial do empuxo, $F_t = F_{empuxo} \operatorname{sen} \phi$, faz aumentar o módulo da velocidade do foguete. No Capítulo 8, obtivemos a segunda lei de Newton na direção tangencial como $F_t = ma_t$. Isso é perfeitamente adequado para o caso de uma partícula, porém nosso objetivo neste capítulo é compreender a rotação de um corpo rígido. Todos os pontos do objeto em rotação possuem a mesma aceleração angular, portanto será de maior utilidade expressar a segunda lei de Newton em função da aceleração angular do que em função da aceleração tangencial.

A aceleração tangencial e a angular estão relacionadas por $a_t = r\alpha$, o que nos permite escrever a segunda lei de Newton na forma

$$F_t = ma_t = mr\alpha \qquad (12.28)$$

Multiplicando ambos os lados por r, obtemos

$$r F_t = mr^2 \alpha$$

Todavia rF_t é o torque τ sobre a partícula, de modo que a segunda lei de Newton para uma *simples partícula* assume a forma

$$\tau = mr^2 \alpha \qquad (12.29)$$

O que faz um torque? **Um torque produz uma aceleração angular**. Este é o equivalente rotacional de nosso resultado anterior, para o movimento retilíneo, de que uma força produz uma aceleração linear. Agora tudo que resta a fazer é estender a idéia de uma simples partícula para a de um objeto extenso.

A segunda lei de Newton

A **FIGURA 12.29** mostra um corpo rígido efetuando um *movimento de pura rotação* em torno de um eixo fixo e imóvel. Poderia ser uma rotação sem vínculos em torno do centro de massa do objeto, como considerado na Seção 12.2, ou poderia ser um objeto, como uma roldana ou uma turbina, girando em torno de um eixo. Vamos considerar que o eixo gire sem atrito sobre pequenas esferas de aço, a não ser que algo seja mencionado em contrário.

As forças $\vec{F}_1, \vec{F}_2, \vec{F}_3, \ldots$ da Figura 12.29, exercidas, respectivamente, sobre as partículas $m_1, m_2, m_3 \ldots$, produzem os torques correspondentes $\tau_1, \tau_2, \tau_3, \ldots$ em torno do eixo de rotação. Estes torques fazem com que o objeto tenha uma aceleração angular. O torque *resultante* sobre o objeto é a soma dos torques exercidos sobre todas as partículas individuais que constituem o corpo, ou seja,

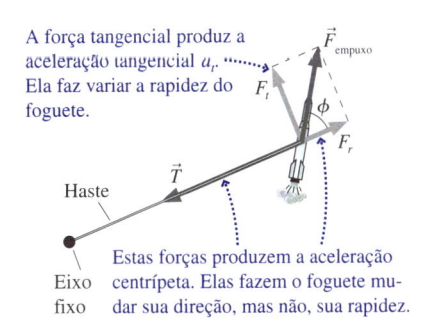

FIGURA 12.28 A força de empuxo exerce um torque sobre o foguete e produz uma aceleração angular.

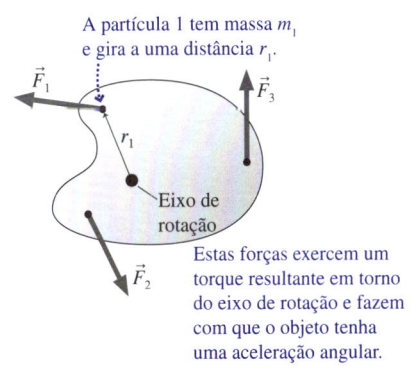

FIGURA 12.29 As forças exercidas sobre um corpo rígido produzem um torque em torno do eixo de rotação.

$$\tau_{res} = \sum_i \tau_i = \sum_i (m_i r_i^2 \alpha) = \left(\sum_i m_i r_i^2\right)\alpha \qquad (12.30)$$

onde usamos a Equação 12.29, $\tau_i = m_i r_i^2 \alpha$, para relacionar os torques individuais à aceleração angular. Usamos explicitamente o fato de que cada partícula de um corpo rígido tem a *mesma* aceleração angular α.

Você reconhecerá a grandeza entre parênteses como o momento de inércia I. Substituí-la pelo momento de inércia na Equação 12.30 coloca a peça final de nosso quebra-cabeça. Um objeto que experimenta um torque resultante τ_{res} em torno de algum eixo de rotação possui uma aceleração angular.

$$\alpha = \frac{\tau_{net}}{I} \qquad \text{(segunda lei de Newton da rotação)} \qquad (12.31)$$

onde I é o momento de inércia do objeto *em relação ao eixo de rotação* usado.

Na prática, escreve-se com freqüência simplesmente $\tau_{res} = I\alpha$, porém a Equação 12.31 expressa melhor a idéia de que um torque causa uma aceleração angular. Na ausência de um torque resultante ($\tau_{res} = 0$), ou o objeto não gira ($\omega = 0$), ou ele gira com velocidade angular constante (ω = constante).

A Tabela 12.3 resume as analogias entre a dinâmica linear e a dinâmica da rotação.

TABELA 12.3 Dinâmica linear e dinâmica rotacional

Dinâmica rotacional		Dinâmica linear	
torque	τ_{res}	força	$\vec{F}_{res}$
momento de inércia	I	massa	m
aceleração angular	α	aceleração	$\vec{a}$
segunda lei	$\alpha = \tau_{res}/I$	segunda lei	$\vec{a} = \vec{F}_{res}/m$

EXEMPLO 12.11 Foguetes em rotação

No espaço exterior, um foguete de 100.000 kg e outro, de 200.000 kg, são posicionados em repouso nas extremidades opostas de um túnel de 90 m de comprimento que liga um foguete ao outro. O túnel é rígido e sua massa é muito menor do que a de cada foguete. Os motores dos foguetes são ligados simultaneamente, e cada um gera um empuxo de 50.000 N em sentido oposto ao outro. Qual será a velocidade angular da estrutura depois de transcorridos 30 s?

MODELO A estrutura inteira pode ser considerada como duas massas nas extremidades de uma haste rígida e de massa desprezível. As duas forças de empuxo formam um binário que exerce um torque sobre a estrutura. Vamos considerar que as forças de empuxo sejam perpendiculares ao túnel de ligação. Isto constitui uma rotação não sujeita a um vínculo, de modo que a estrutura girará em torno de seu centro de massa.

VISUALIZAÇÃO A **FIGURA 12.30** mostra os foguetes e define as distâncias r_1 e r_2 em relação ao centro de massa.

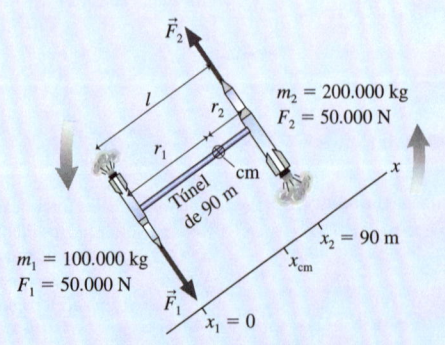

FIGURA 12.30 Os empuxos formam um binário que exerce um torque sobre a estrutura.

RESOLUÇÃO Nossa estratégia será usar a segunda lei de Newton para determinar a aceleração angular, seguida pela cinemática rotacional para a determinação de ω. Precisaremos determinar também o momento de inércia, o que requer conhecer as distâncias entre os foguetes e o eixo de rotação. Como fizemos no Exemplo 12.2, escolhemos um sistema de coordenadas em relação ao qual as massas estejam sobre o eixo x, com m_1 na origem. Com isso,

$$x_{cm} = \frac{m_1 x_1 + m_2 x_2}{m_1 + m_2}$$
$$= \frac{(100.000 \text{ kg})(0 \text{ m}) + (200.000 \text{ kg})(90 \text{ m})}{100.000 \text{ kg} + 200.000 \text{ kg}} = 60 \text{ m}$$

O centro de massa da estrutura encontra-se a $r_1 = 60$ m do foguete de 100.000 kg e a $r_2 = 30$ m do foguete de 200.000 kg. O momento de inércia em torno do centro de massa é, então,

$$I = m_1 r_1^2 + m_2 r_2^2 = 540.000.000 \text{ kg m}^2$$

Os empuxos dos dois foguetes constituem um binário e geram um torque

$$\tau_{res} = l F = (90 \text{ m})(50.000 \text{ N}) = 4.500.000 \text{ N m}$$

Com I e τ_{res} conhecidos, podemos usar a segunda lei de Newton para obter a aceleração angular:

$$\alpha = \frac{\tau}{I} = \frac{4.500.000 \text{ N m}}{540.000.000 \text{ kg m}^2} = 0{,}00833 \text{ rad/s}^2$$

Após 30 s, a velocidade angular da estrutura será de

$$\omega = \alpha \Delta t = 0,5 \text{ rad/s}$$

AVALIAÇÃO Poucos de nós têm experiência em avaliar se 0,25 rad/s é um valor plausível para servir como resposta a este problema. A relevância do exemplo é demonstrar a maneira de abordar um problema de dinâmica rotacional.

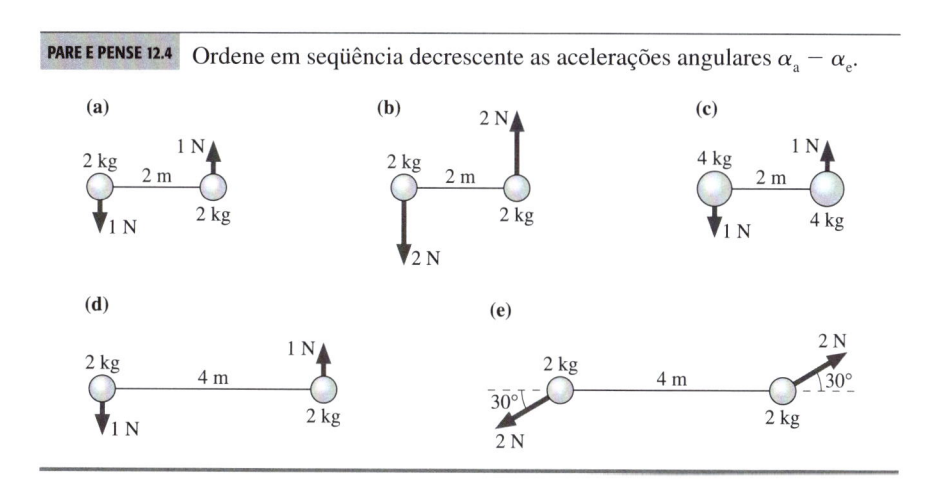

PARE E PENSE 12.4 Ordene em seqüência decrescente as acelerações angulares $\alpha_a - \alpha_e$.

(a) 2 kg — 2 m — 2 kg, 1 N (up), 1 N (down)

(b) 2 kg — 2 m — 2 kg, 2 N (up), 2 N (down)

(c) 4 kg — 2 m — 4 kg, 1 N (up), 1 N (down)

(d) 2 kg — 4 m — 2 kg, 1 N (up), 1 N (down)

(e) 2 kg — 4 m — 2 kg, 2 N at 30°, 2 N at 30°

12.7 Rotação em torno de um eixo fixo

Agora estamos preparados para estudar exemplos de dinâmica rotacional. Nesta seção, vamos examinar corpos rígidos que giram em torno de um eixo fixo. A restrição a eixos fixos evita complicações que surgem quando um objeto descreve uma combinação de movimento de rotação com movimento de translação. A estratégia para resolução de problemas de dinâmica rotacional é muito parecida com a correspondente para a dinâmica linear.

7.8-7.10

ESTRATÉGIA PARA RESOLUÇÃO DE PROBLEMAS 12.1 **Problemas de dinâmica rotacional** (MP)

MODELO Modele o objeto como uma forma simples.

VISUALIZAÇÃO Desenhe uma representação pictórica para esclarecer a situação, defina as coordenadas e os símbolos e liste a informação conhecida.

- Identifique o eixo em torno do qual o objeto gira.
- Identifique as forças e determine suas distâncias em relação ao eixo. Na maioria dos problemas, será de utilidade desenhar um diagrama de corpo livre também.
- Identifique os torques causados pelas forças e os sinais dos mesmos.

RESOLUÇÃO A representação matemática é baseada na segunda lei de Newton para o movimento de rotação:

$$\tau_{res} = I\alpha \quad \text{ou} \quad \alpha = \frac{\tau_{res}}{I}$$

- Determine o momento de inércia com a ajuda da Tabela 12.2 ou, se necessário, calcule-o a partir de uma integral ou do teorema dos eixos paralelos.
- Use a cinemática rotacional para obter os deslocamentos angulares e as velocidades angulares.

AVALIAÇÃO Verifique se seu resultado está expresso em unidades corretas, se é plausível e se responde à questão.

EXEMPLO 12.12 Dando a partida no motor de um aeroplano

O motor de um pequeno aeroplano é especificado como capaz de gerar um torque de 60 N m. O motor faz girar uma hélice com pás de 2,0 m de comprimento e massa de 40 kg. Na partida, quanto tempo leva para a hélice atingir 200 rpm?

MODELO A hélice pode ser considerada como uma haste que gira em torno de seu centro. O motor exerce um torque sobre a hélice.

VISUALIZAÇÃO A **FIGURA 12.31** mostra a hélice e o eixo de rotação.

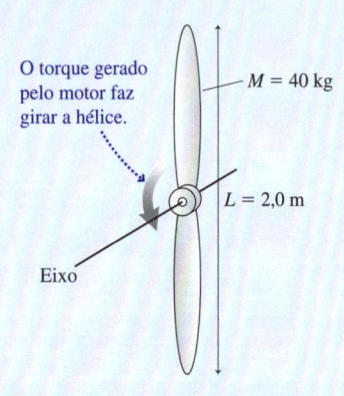

FIGURA 12.31 A hélice giratória de um aeroplano.

RESOLUÇÃO O momento de inércia de uma haste em rotação em torno de seu centro é obtida da Tabela 12.2:

$$I = \frac{1}{12}ML^2 = \frac{1}{12}(40 \text{ kg})(2,0 \text{ m})^2 = 13,33 \text{ kg m}^2$$

O torque de 60 N m gerado pelo motor causa uma aceleração angular

$$\alpha = \frac{\tau}{I} = \frac{60 \text{ N m}}{13,33 \text{ kg m}^2} = 4,50 \text{ rad/s}^2$$

O tempo necessário para atingir ω_f = 200 rpm = 3,33 rev/s = 20,9 rad/s é

$$\Delta t = \frac{\Delta \omega}{\alpha} = \frac{\omega_f - \omega_i}{\alpha} = \frac{20,9 \text{ rad/s} - 0 \text{ rad/s}}{4,5 \text{ rad/s}^2} = 4,6 \text{ s}$$

AVALIAÇÃO Consideramos uma aceleração angular constante, o que é razoável para os primeiros segundos de giro, quando a hélice está girando ainda lentamente. A resistência do ar e o atrito acabarão gerando um torque contrário, e a aceleração angular diminuirá. Quando a velocidade final é atingida, o torque negativo devido à resistência do ar e ao atrito cancela exatamente o torque do motor. Então, τ_{res} = 0, e a hélice passará a girar com velocidade angular *constante*, sem aceleração angular.

EXEMPLO 12.13 Um disco excêntrico

A **FIGURA 12.32** mostra uma parte de uma grande máquina. Um disco de 5,0 kg com diâmetro de 10,0 cm gira em torno de um eixo. Um cabo vertical, preso à borda do disco, exerce uma força de 100 N, porém, inicialmente, um pino impede o disco de girar. Qual será a aceleração angular inicial do disco quando o pino for removido?

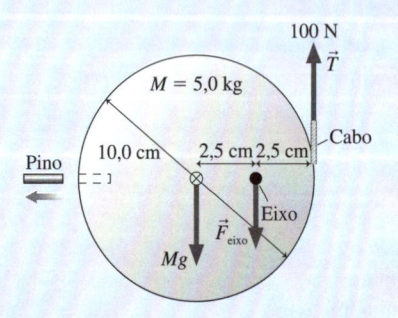

FIGURA 12.32 Um disco gira em torno de um eixo excêntrico (fora do centro) depois de o pino ter sido removido.

MODELO O eixo de rotação não passa pelo centro do disco. A gravidade e a tensão exercem torques em torno do eixo.

VISUALIZAÇÃO Tanto o cabo quanto a gravidade contribuem para girar o disco em sentido anti-horário; logo, seus torques são positivos.

RESOLUÇÃO Depois que o pino foi removido, as forças sobre o disco são a força da gravidade orientada para baixo, uma força para cima exercida pelo cabo e a força exercida pelo eixo. Esta, exercida sobre o eixo, não contribui para o torque resultante e não afeta a rotação.

O centro de massa encontra-se à *esquerda* do eixo, em $x_{cm} = -\frac{1}{2}R$; assim, o torque gravitacional é

$$\tau_{grav} = -Mgx_{cm} = \frac{1}{2}MgR$$

Trata-se de um torque positivo, como esperado. O torque resultante, incluindo o gerado pela tensão no cabo, é

$$\tau_{res} = \tau_{grav} + \tau_{cabo} = \frac{1}{2}MgR + \frac{1}{2}RT = 3,73 \text{ N m}$$

Para obter a aceleração angular, precisamos conhecer o momento de inércia em relação ao eixo. É aqui que o teorema dos eixos paralelos mostra sua utilidade. Conhecemos o momento de inércia em torno de um eixo que passa pelo centro de um disco a partir da Tabela 12.2. O eixo de rotação real dista do centro do disco $d = \frac{1}{2}R$. Logo,

$$I = I_{cm} + Md^2 = \frac{1}{2}MR^2 + M\left(\frac{1}{2}R\right)^2 = \frac{3}{4}MR^2$$

$$= 9,38 \times 10^{-3} \text{ kg m}^2$$

Este torque causa uma aceleração angular

$$\alpha = \frac{\tau_{res}}{I} = \frac{3,73 \text{ N m}}{9,38 \times 10^{-3} \text{ kg m}^2} = 400 \text{ rad/s}^2$$

A aceleração angular é positiva, indicando que o disco começa a girar em sentido anti-horário.

AVALIAÇÃO Quando o disco gira, τ_{res} passa a variar porque os braços de alavanca sofrem variação. Conseqüentemente, o disco *não* terá uma aceleração angular constante. O valor que calculamos é tão – somente o valor *inicial* de α.

Vínculos de cordas e polias

Muitas aplicações importantes da dinâmica rotacional envolvem objetos, como polias, ligados a outros objetos através de cordas ou cintas. A **FIGURA 12.33** mostra uma corda que passa por uma polia e está ligada a um objeto em movimento linear. Se a corda gira em torno do eixo da polia *sem deslizar* sobre a borda desta, a velocidade da corda v_{corda} deve ser exatamente igual à velocidade da borda, que é dada por $v_{borda} = |\omega| R$. E se a polia possui uma aceleração angular, então a aceleração a_{corda} da corda deve ser exatamente igual à aceleração *tangencial* da borda da polia, $a_t = |\alpha| R$.

O objeto ligado à outra extremidade da corda possui o mesmo valor de velocidade e de aceleração que a corda. Conseqüentemente, um objeto ligado a uma polia de raio R por meio de uma corda deve obedecer aos vínculos

$$v_{obj} = |\omega| R$$
$$a_{obj} = |\alpha| R$$

(vínculos de movimento para uma corda que não desliza)   (12.32)

Estes vínculos são muito parecidos com os vínculos de aceleração introduzidos no Capítulo 7 para dois objetos ligados por um barbante ou uma corda.

NOTA ▶ Os vínculos são dados em termos dos módulos. Em problemas específicos será preciso introduzir sinais que dependerão do sentido do movimento e da escolha do sistema de coordenadas. ◀

Velocidade da borda = $|\omega|R$
Aceleração da borda = $|\alpha|R$

A corda não desliza

$v_{obj} = |\omega|R$
$a_{obj} = |\alpha|R$

O movimento do objeto deve acompanhar o da borda.

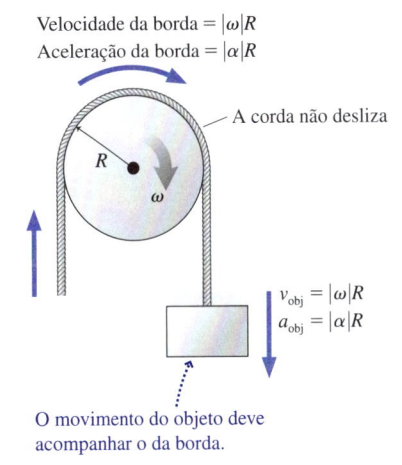

FIGURA 12.33 O movimento da corda deve acompanhar o movimento da borda da polia.

EXEMPLO 12.14 Baixando um balde

Um balde de 2,0 kg está preso a um barbante de massa desprezível enrolado em torno de um cilindro de 4,0 cm de diâmetro, como mostrado na **FIGURA 12.34a**. O cilindro gira em torno de um eixo que passa pelo centro. O balde é liberado a partir do repouso de uma altura de 1,0 m em relação ao piso. Quanto tempo decorrerá para ele atingir o piso?

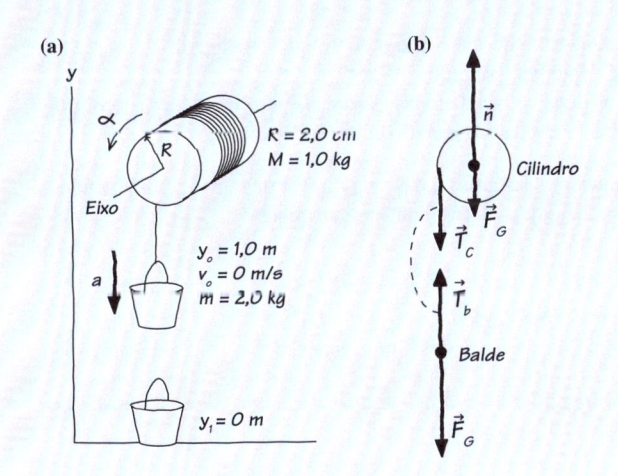

FIGURA 12.34 O balde que desce faz girar o cilindro.

MODELO Considere que o barbante não deslize.

VISUALIZAÇÃO A **FIGURA 12.34b** mostra os diagramas de corpo livre do cilindro e do balde. A tensão no barbante exerce uma força orientada para cima, sobre o balde, e outra força orientada para baixo, sobre o lado esquerdo do cilindro. O barbante tem massa desprezível, de modo que estas duas forças de tensão são exercidas como se constituíssem um par ação/reação: $T_b = T_c = T$.

RESOLUÇÃO Aplicando-se a segunda lei de Newton ao movimento linear do balde, temos

$$ma_y = T - mg$$

onde, como é usual, o eixo y aponta para cima. E quanto ao cilindro? O único torque exercido sobre ele deve-se à tensão no barbante. O braço de alavanca para a tensão é $d = R$, e o torque gerado é positivo porque o barbante gira o cilindro em sentido anti-horário. Portanto, $\tau_{barbante} = TR$, e a segunda lei de Newton para a rotação assume a forma

$$\alpha = \frac{\tau_{res}}{I} = \frac{TR}{\frac{1}{2}MR^2} = \frac{2T}{MR}$$

O momento de inércia de um cilindro que gira em torno de um eixo que passa pelo centro é obtido na Tabela 12.2.

A última parte de informação de que necessitamos é o vínculo devido ao fato de que o barbante não desliza. A Equação 12.32 relaciona somente os módulos, todavia, neste problema, α é positiva (aceleração em sentido anti-horário), enquanto a_y é negativa (aceleração para baixo). Logo,

$$a_y = -\alpha R$$

Usando α na equação de vínculo do cilindro, obtemos

$$a_y = -\alpha R = -\frac{2T}{MR}R = -\frac{2T}{M}$$

Portanto, a tensão é $T = -\frac{1}{2}Ma_y$. Se usarmos este valor de tensão na equação do balde, será possível isolar a aceleração:

$$ma_y = -\frac{1}{2}Ma_y - mg$$

$$a_y = -\frac{g}{(1 + M/2m)} = -7{,}84 \text{ m/s}^2$$

Continua

O tempo para o balde descer $\Delta y = -1{,}0$ m é obtido da cinemática:

$$\Delta y = \frac{1}{2} a_y (\Delta t)^2$$

$$\Delta t = \sqrt{\frac{2\Delta y}{a_y}} = \sqrt{\frac{2(-1{,}0 \text{ m})}{-7{,}84 \text{ m/s}^2}} = 0{,}50 \text{ s}$$

AVALIAÇÃO A expressão para a aceleração fornece $a_y = -g$ quando $M = 0$. Isso faz sentido, pois o balde estaria em queda livre se não existisse o cilindro. Quando o cilindro possui massa, a força da gravidade sobre o balde, orientada para baixo, faz acelerar o balde e girar o cilindro. Conseqüentemente, a aceleração é reduzida, e o balde leva mais tempo para descer do que se estivesse em queda livre.

12.8 Equilíbrio estático

Dispomos agora de duas versões da segunda lei de Newton: $\vec{F}_{res} = M\vec{a}$ para o movimento de translação, e $\tau_{res} = I\alpha$ para o de rotação. As condições para um corpo rígido estar em *equilíbrio estático* são, simultaneamente, $\vec{F}_{res} = \vec{0}$ e $\tau_{res} = 0$, ou seja, força resultante nula *e* torque resultante nulo. Um ramo importante da engenharia, chamado *estática*, constitui-se da análise de edifícios, barragens, pontes e outras estruturas em equilíbrio estático.

Não importa o eixo que você escolhe, um objeto que não possui rotação também não gira com relação ao eixo escolhido. Isso pode parecer trivial, todavia tem uma conseqüência importante: **para um corpo rígido em total equilíbrio, não existe torque resultante em torno de qualquer eixo escolhido**. Esta é a base para a estratégia de resolução de problemas.

Na engenharia, estruturas como pontes são analisadas por meio da estática.

ESTRATÉGIA PARA RESOLUÇÃO DE PROBLEMAS 12.2 **Problemas de equilíbrio estático**

MODELO Modele o objeto como tendo uma forma simples.

VISUALIZAÇÃO Desenhe uma representação pictórica que mostre todas as forças e as distâncias relevantes. Liste as informações conhecidas.

- Escolha qualquer ponto que deseje como o ponto por onde passa o eixo. O torque resultante em torno deste ponto é nulo.
- Determine os braços de alavanca de todas as forças em torno do eixo escolhido.
- Determine o sinal de cada torque exercido em torno do eixo.

RESOLUÇÃO A representação matemática é baseada no fato de que um objeto em equilíbrio total não experimenta nem força resultante nem torque:

$$\vec{F}_{res} = \vec{0} \quad \text{e} \quad \tau_{res} = 0$$

- Escreva as equações correspondentes a $\sum F_x = 0, \sum F_y = 0$ e $\sum \tau = 0$.
- Resolva este sistema de três equações simultâneas.

AVALIAÇÃO Verifique se o resultado obtido é plausível e se responde à questão.

Embora possamos situar o eixo de rotação onde desejarmos, certas escolhas tornam mais fácil a resolução de um problema do que outras. Geralmente a melhor escolha é a de um eixo sobre o qual são exercidas várias forças porque, neste caso, os torques que elas exercem serão nulos.

EXEMPLO 12.15 Erguendo cargas

Levantadores de peso podem exercer forças extremamente grandes sobre as juntas e os tendões do próprio corpo. Em um tipo de prova de halterofilismo, o atleta, em pé, ergue um haltere podendo mover apenas os antebraços em torno dos cotovelos, como eixos. O recorde de peso registrado na prova é de aproximadamente 900 N. A **FIGURA 12.35** mostra os ossos do braço e o bíceps, o principal músculo usado para erguer o antebraço quando este se encontra na horizontal. Qual é a tensão no tendão de ligação do bíceps ao osso quando um haltere de 900 N é mantido estacionário nesta posição?

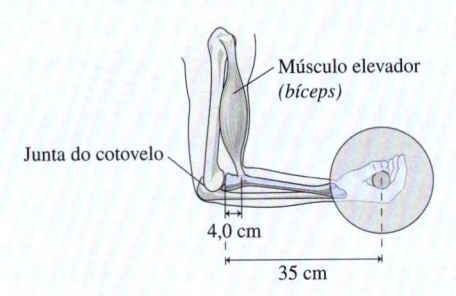

FIGURA 12.35 Um braço sustenta um haltere.

MODELO Considere o braço como duas hastes rígidas ligadas por uma junta móvel. Desprezaremos o peso do braço por ser muito menor do que o do haltere. Embora o tendão puxe formando um ligeiro ângulo com a vertical, ele está tão próximo dessa direção que consideraremos isso como uma boa aproximação.

VISUALIZAÇÃO A **FIGURA 12.36** mostra as forças exercidas sobre nosso modelo simplificado de antebraço. O bíceps puxa o antebraço, empurrando-o contra a parte superior do braço, através do cotovelo, de modo que a força $\vec{F}_{cotovelo}$ *sobre* o antebraço, no cotovelo – devido ao braço superior – está orientada para baixo.

RESOLUÇÃO O equilíbrio estático requer tanto força resultante nula *quanto* torque resultante nulo sobre o antebraço. Apenas os componentes y das forças são relevantes, e igualando sua soma a zero obtemos a primeira equação:

$$\sum F_y = F_{tendão} - F_{cotovelo} - F_{haltere} = 0$$

Uma vez que cada braço sustenta a metade do peso do haltere, $F_{haltere}$ = 450 N. Não conhecemos $F_{tendão}$ ou $F_{cotovelo}$, nem a equação das forças nos dá qualquer informação que possibilite determinar tais módulos. Porém o fato de que o torque resultante deve ser nulo nos fornece uma informação adicional. O torque é nulo em torno de cada ponto, de modo que podemos escolher o ponto que quisermos para calcular o torque. A junta do cotovelo constitui um eixo conveniente porque a força $\vec{F}_{cotovelo}$ não exerce torque algum em torno deste ponto; o braço de alavanca correspondente é nulo. Assim, a equação do torque é

$$\tau_{res} = d_{tendão}F_{tendão} - d_{braço}F_{haltere} = 0$$

A tensão no tendão tende a girar o braço em sentido anti-horário; logo, ela produz um torque positivo. Analogamente, o torque devido ao haltere é negativo. Isolando $F_{tendão}$ a partir da equação do torque, obtemos

$$F_{tendão} = F_{haltere}\frac{d_{braço}}{d_{tendão}} = (450\ N)\frac{35\ cm}{4,0\ cm} = 3.900\ N$$

AVALIAÇÃO A curta distância $d_{tendão}$ do tendão ao cotovelo significa que a força exercida pelo bíceps deve ser muito grande a fim de contrabalançar uma força exercida na extremidade oposta do antebraço. Embora não tenhamos precisado usar a equação da força neste problema, poderíamos usá-la agora para calcular que a força exercida sobre o cotovelo é $F_{cotovelo}$ = 3.450 N. Forças tão grandes como essas podem facilmente danificar o tendão ou o cotovelo do atleta.

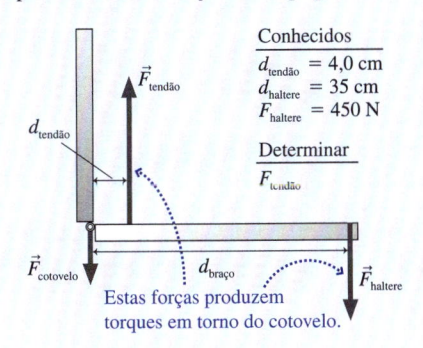

FIGURA 12.36 Uma representação pictórica das forças envolvidas.

EXEMPLO 12.16 Caminhando sobre uma tábua

Adrienne (de 50 kg) e Bo (de 90 kg) divertem-se sobre uma tábua rígida de 100 kg em repouso sobre os suportes vistos na **FIGURA 12.37**. Se Adrienne ficar parada, em pé, na extremidade esquerda, Bo poderá caminhar até a extremidade direita sem que a tábua gire para baixo? Em caso negativo, que distância ele poderá caminhar além do suporte da direita sem que isso aconteça?

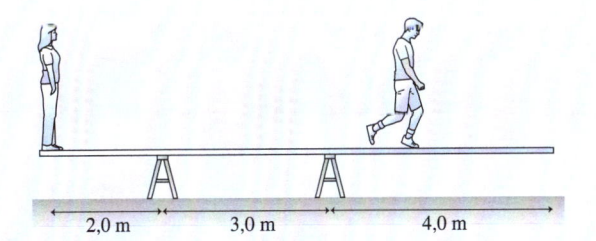

FIGURA 12.37 Adrienne e Bo sobre a tábua.

Continua

MODELO Trate Adrienne e Bo como partículas. Considere que a tábua seja homogênea, com o centro de massa localizado no centro geométrico da mesma.

VISUALIZAÇÃO A **FIGURA 12.38** mostra as forças exercidas sobre a tábua. Ambos os suportes exercem forças para cima.

Conhecidos:
$m_A = 50$ kg $d_A = 2,0$ m
$M_B = 90$ kg $M = 100$ kg
$d_2 = 3,0$ m $d_M = 2,5$ m

Determinar:
d_B para o qual $n_1 = 0$

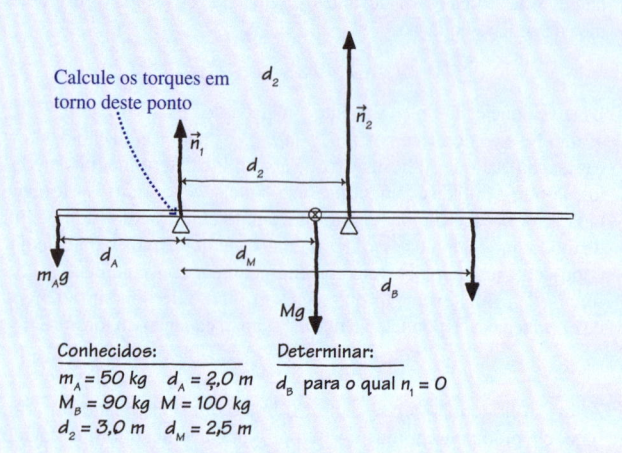

FIGURA 12.38 Representação pictórica das forças exercidas sobre a tábua.

RESOLUÇÃO Uma vez que a tábua está em repouso sobre os suportes, não-mostrados, as forças $\vec{n}_1$ e $\vec{n}_2$ devem apontar para cima. (Os suportes poderiam empurrar a tábua para baixo se esta estivesse pregada neles, mas não é o caso aqui.) A força $\vec{n}_1$ diminui quando Bo se move para a direita, e a situação em que a tábua está prestes a girar ocorre quando $n_1 = 0$. A tábua permanece em equilíbrio estático neste caso, de modo que a força resultante e o torque resultante devem ser nulos. A equação da força é

$$\sum F_y = n_1 + n_2 - m_A g - m_B g - Mg = 0$$

Podemos novamente escolher qualquer ponto que desejarmos para calcular o torque. Vamos usar o suporte da esquerda. Adrienne e o suporte da direita exercem torques positivos em torno deste ponto; as outras forças produzem torques negativos. A força $\vec{n}_1$ não produz torque algum, pois é exercida sobre o eixo escolhido. Assim, a equação do torque é

$$\tau_{res} = d_A m_A g - d_B m_B g - d_M M g + d_2 n_2 = 0$$

Na situação de giro iminente, quando $n_1 = 0$, a equação da força fornece $n_2 = (m_A + m_B + M)g$. Substituindo este resultado na equação do torque e, depois, isolando a posição de Bo, obtemos

$$d_B = \frac{d_A m_A - d_M M + d_2(m_A + m_B + M)}{m_B} = 6,3 \text{ m}$$

Bo não chega até a extremidade. A tábua gira quando ele atinge 6,3 m de distância do suporte da esquerda, o ponto que escolhemos como eixo, e, portanto, 3,3 m além do suporte da direita.

AVALIAÇÃO Poderíamos ter resolvido este problema de forma um pouco mais simples se tivéssemos escolhido o suporte da direita como eixo para calcular os torques envolvidos. Entretanto, talvez você não reconhecesse qual é o "melhor" ponto em torno do qual calcular os torques envolvidos em um problema. O aspecto importante neste exemplo é que não importa o ponto que se escolha como eixo.

EXEMPLO 12.17 A escada escorregará?

Uma escada com 3,0 m de comprimento repousa inclinada, formando um ângulo de 60° com uma parede sem atrito. Qual é o valor mínimo de μ_e, o coeficiente de atrito estático da escada com o piso, que impede a escada de escorregar?

MODELO A escada é como uma barra rígida de comprimento L. Para não escorregar, ela deve estar tanto em equilíbrio de translação ($\vec{F}_{res} = \vec{0}$) quanto em equilíbrio de rotação ($\tau_{res} = 0$).

VISUALIZAÇÃO A **FIGURA 12.39** representa a escada e as forças exercidas sobre a mesma.

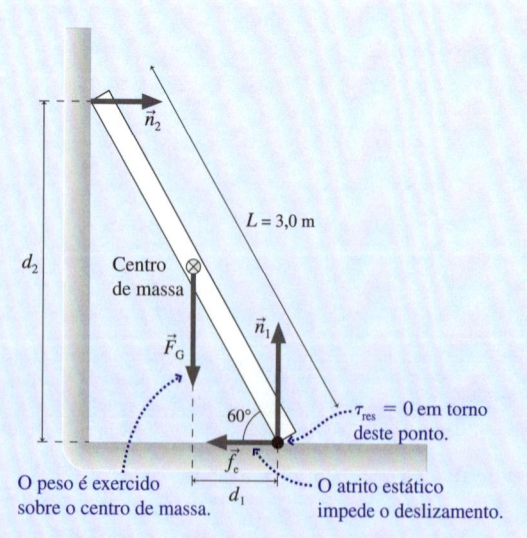

FIGURA 12.39 Uma escada em total equilíbrio.

RESOLUÇÃO Os componentes de x e y são $\vec{F}_{res} = \vec{0}$

$$\sum F_x = n_2 - f_e = 0$$
$$\sum F_y = n_1 - Mg = 0$$

O torque resultante é nulo em torno de *qualquer* ponto; logo, qual ponto devermos escolher? A extremidade inferior da escada é a melhor escolha, pois duas forças são exercidas sobre este ponto, as quais não produzem torque algum em relação a tal ponto. O torque resultante em torno desta extremidade é

$$\tau_{res} = d_1 F_G - d_2 n_2 = \frac{1}{2}(L\cos 60°)Mg - (L\,\text{sen}\,60°)n_2 = 0$$

Os sinais são baseados na observação de que $\vec{F}_G$ faria a escada girar em sentido anti-horário, enquanto $\vec{n}_2$ a faria girar em sentido oposto. Ao todo, temos três equações simultâneas nas três incógnitas n_1, n_2 e f_e. Isolando n_2 na terceira equação, obtemos

$$n_2 = \frac{\frac{1}{2}(L\cos 60°)Mg}{L\,\text{sen}\,60°} = \frac{Mg}{2\,\text{tg}\,60°}$$

que podemos depois substituir na primeira equação para obter

$$f_e = \frac{Mg}{2\,\text{tg}\,60°}$$

Nosso modelo do atrito significa que $f_e \leq f_{e\,max} = \mu_e n_1$. Podemos determinar n_1 a partir da segunda equação: $n_1 = Mg$. Usando isto, o modelo do atrito estático nos diz que

$$f_e \leq \mu_e Mg$$

Comparando as duas expressões para f_e, vemos que μ_e deve obedecer a

$$\mu_e \geq \frac{1}{2\operatorname{tg} 60°} = 0{,}29$$

Portanto, o mínimo valor do coeficiente de atrito estático é igual a 0,29.

AVALIAÇÃO Por experiência de vida sabemos que se pode manter apoiada uma escada, ou outro objeto, inclinada contra uma parede desde que o piso seja "áspero", mas que ela escorregará se a superfície do mesmo for muito lisa. Um valor de 0,29 é "médio" para o coeficiente de atrito estático, o que é plausível.

Equilíbrio e estabilidade

Se você inclinar um pouco uma caixa sobre uma das arestas e soltá-la, ela cairá de volta para a posição inicial. Todavia, se incliná-la demasiadamente, ela tombará para o outro lado. Mas se você incliná-la da "maneira certa", conseguirá equilibrá-la sobre a aresta escolhida. O que determina estes três resultados?

A **FIGURA 12.40** ilustra esta idéia com um carro, todavia os resultados são gerais e se aplicam a inúmeras situações. Um objeto extenso, seja ele uma caixa, um carro ou uma pessoa, possui uma *base de apoio* sobre a qual repousa quando se encontra em equilíbrio estático. Se você inclinar o objeto, uma das bordas da base será o eixo de rotação. Enquanto o centro de gravidade do objeto permanecer sobre a base de apoio, o torque produzido pela gravidade tenderá a girar o objeto de volta para a posição de equilíbrio. Essa é a situação ilustrada na **FIGURA 12.40a**. Porém, se o centro de massa sair da base de apoio, como na **FIGURA 12.40c**, o torque gravitacional produzirá uma rotação em sentido oposto. Neste caso, a caixa ou o carro tomba para o outro lado.

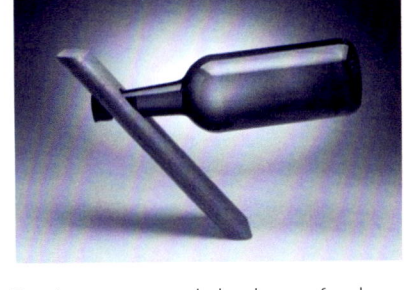

Este incomum guardador de garrafas de vinho funciona porque o centro de massa conjunto da garrafa e do suporte de madeira encontra-se diretamente sobre a base do suporte.

(a) O torque gravitacional trará o carro de volta desde que o centro de massa esteja verticalmente acima da base de apoio.

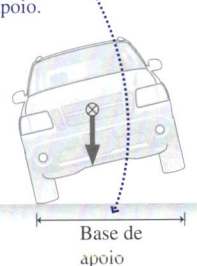

(b) O veículo se encontra inclinado com o ângulo crítico θ_c quando seu centro de gravidade está exatamente sobre o eixo.

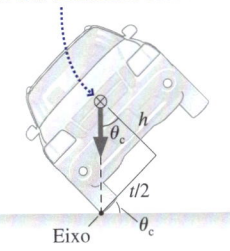

(c) Neste caso, o centro de massa do carro está fora da base de apoio. O torque gravitacional fará o carro tombar para o outro lado.

FIGURA 12.40 A estabilidade depende da posição do centro de massa.

Um valor de ângulo chamado de *ângulo crítico* θ_c é atingido quando o centro de massa estiver verticalmente acima do eixo de rotação. Esta é a situação de equilíbrio, correspondente a torque resultante nulo. Para veículos, a distância entre os pneus é chamada de bitola do carro b. Se a altura do centro de massa for h, você pode verificar na **FIGURA 12.40b** que o ângulo crítico é dado por

$$\theta_c = \operatorname{tg}^{-1}\left(\frac{b}{2h}\right)$$

Se um acidente (ou quando se dobra rápido demais uma esquina) faz o veículo inclinar-se em torno de duas rodas de um mesmo lado, ele voltará à posição normal de rolamento se $\theta < \theta_c$, todavia não retornará à mesma se $\theta > \theta_c$. Observe que o importante é a razão altura/largura, e não, o valor da altura do centro de massa em si.

Para carros de passeio com $h \approx 0{,}33t$, o ângulo crítico é $\theta_c \approx 57°$. Mas para um veículo utilitário esportivo (SUV, do inglês *sport utility vehicle*) com $h \approx 0{,}47t$, com um centro de massa relativamente mais alto, o ângulo crítico vale apenas $\theta_c \approx 47°$. Carregar um veículo deste tipo elevará o centro de gravidade, especialmente se parte da carga estiver em um *rack* sobre o teto do veículo, reduzindo θ_c, portanto, ainda mais. Vários grupos de segurança automobilística determinaram que um veículo com $\theta_c > 50°$ é improvável de capotar em acidentes. A capotagem torna-se crescentemente provável quando θ_c é reduzido a abaixo de 50°. A regra geral é que **uma base de apoio mais larga e/ou um centro de massa mais baixo aumentam a estabilidade**.

EXEMPLO 12.18 Inclinando latas

Uma lata de conserva típica tem 7,5 cm de diâmetro. Qual é a altura máxima que uma lata dessas pode ter a fim de repousar sobre um plano inclinado de 30° sem tombar?

MODELO Considere que a comida esteja uniformemente distribuída dentro da lata de modo que o centro de massa se localize no centro geométrico da lata.

VISUALIZAÇÃO A **FIGURA 12.41** mostra uma lata inclinada com o ângulo crítico. Esta é a altura máxima que a lata pode ter. Uma lata mais baixa teria seu centro de massa localizado acima da base de apoio e seria estável; uma mais alta teria seu centro de massa fora da base de apoio e tombaria.

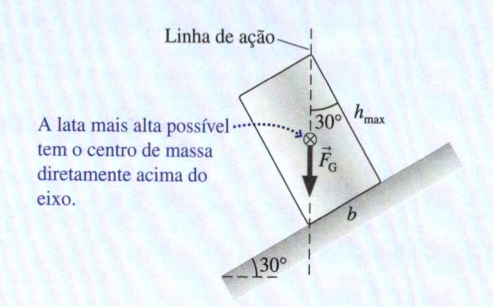

RESOLUÇÃO Para uma lata cuja altura corresponda ao ângulo crítico, a linha de ação coincidirá com uma das diagonais da lata. Se a altura for h e o diâmetro da base for b vemos, a partir da figura, que $tg\,30° = b/h_{max}$ e, portanto,

$$h_{max} = \frac{b}{tg\,30°} = \frac{7{,}5\text{ cm}}{tg\,30°} = 13 \text{ cm}$$

AVALIAÇÃO Uma típica lata de sopa tem um pouco menos de 13 cm de altura. Ela ficará em repouso sobre um plano inclinado em 30° — experimente! —, mas qualquer lata maior do que esta tombará.

FIGURA 12.41 Uma lata equilibrada com o ângulo crítico.

PARE E PENSE 12.5 Um estudante segura uma régua na horizontal com uma ou mais massas penduradas nela. Ordene as figuras em seqüência decrescente segundo o grau de dificuldade para o estudante manter a régua sem girar.

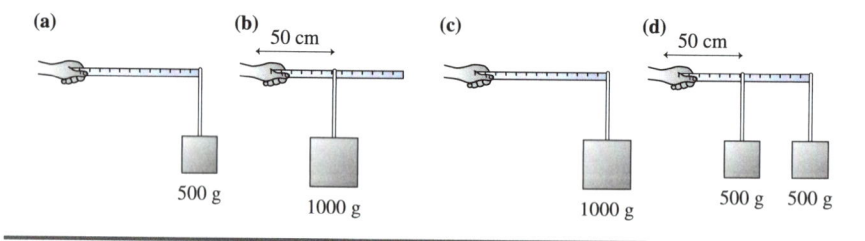

(a) 500 g
(b) 50 cm, 1000 g
(c) 1000 g
(d) 50 cm, 500 g, 500 g

12.9 Movimento de rolamento

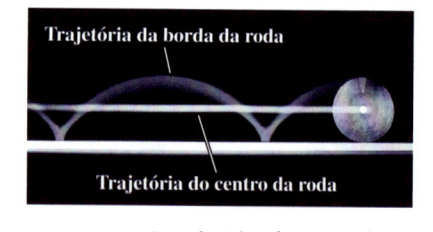

O rolamento é um *movimento combinado* em que um objeto gira em torno de um eixo que se move ao longo de uma trajetória retilínea. Por exemplo, a **FIGURA 12.42** é uma foto de exposição contínua que uma roda que rola com uma pequena lâmpada presa ao eixo e outra, na borda. A lâmpada do eixo se move diretamente para a frente, mas a da borda descreve uma trajetória curva chamada de *ciclóide*. Vamos ver se podemos compreender este movimento de interesse. Vamos considerar somente objetos que rolam sem derrapar.

A **FIGURA 12.43** mostra um objeto redondo — uma roda ou uma esfera — que se desloca, rolando, e completa exatamente uma revolução. O ponto que havia estado na parte inferior da roda descreveu uma ciclóide, a curva vista na Figura 12.42, deslocando-se até o topo e daí de volta para a base. *Uma vez que o objeto não derrapa*, seu centro de massa se move para a frente exatamente o valor de uma circunferência: $\Delta x_{cm} = 2\pi R$.

Podemos também escrever a distância percorrida em função da velocidade do centro de massa: $\Delta x_{cm} = v_{cm}\Delta t$. Todavia Δt, o tempo decorrido durante uma revolução completa, nada mais é do que o período de rotação T. Em outras palavras, $\Delta x_{cm} = v_{cm}T$.

Essas duas expressões para Δx_{cm} provêm de duas perspectivas sobre o movimento: uma, da rotação em torno do centro de massa, e outra, da translação do centro de massa. Mas a distância é a mesma, não importa qual seja ponto de vista adotado, de modo que as duas expressões devem ser iguais. Conseqüentemente,

$$\Delta x_{cm} = 2\pi R = v_{cm}T \tag{12.33}$$

FIGURA 12.42 As trajetórias do centro da roda e de um ponto da borda são vistas em uma fotografia de exposição contínua.

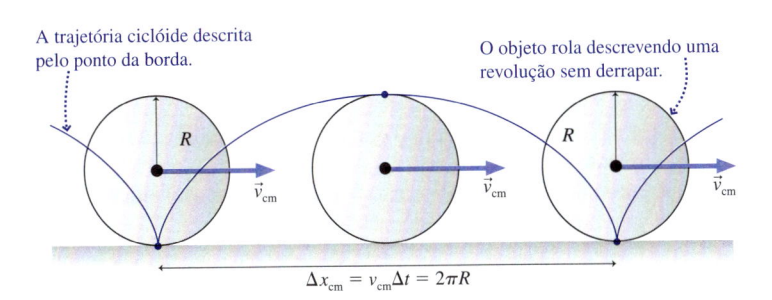

FIGURA 12.43 Um objeto rola descrevendo uma revolução.

Dividindo a equação por T, podemos escrever a velocidade do centro de massa como

$$v_{cm} = \frac{2\pi}{T} R \qquad (12.34)$$

Porém, como você aprendeu no Capítulo 4, $2\pi/T$ é a velocidade angular ω, do que resulta

$$v_{cm} = R\omega \qquad (12.35)$$

Esta equação constitui o **vínculo de rolamento**, a ligação básica entre a translação e a rotação para objetos que rolam sem derrapar.

NOTA ▶ O vínculo de rolamento equivale à Equação 12.32 para o caso da velocidade de uma corda que não desliza ao passar por uma polia. ◀

Vamos examinar cuidadosamente uma partícula qualquer de um corpo que rola. Como mostra a **FIGURA 12.44a**, o vetor posição $\vec{r}_i$ da partícula i é o vetor soma $\vec{r}_i = \vec{r}_{cm} + \vec{r}_{i,\,rel}$. Derivando esta equação em relação ao tempo, podemos escrever a velocidade da partícula i como

$$\vec{v}_i = \vec{v}_{cm} + \vec{v}_{i,\,rel} \qquad (12.36)$$

Em outras palavras, a velocidade da partícula i pode ser dividida em duas partes: o vetor velocidade $\vec{v}_{cm}$ do objeto como um todo mais o vetor velocidade $\vec{v}_{i,\,rel}$ da partícula i com relação ao centro de massa do corpo (i.e., a velocidade que a partícula i teria se o corpo apenas rolasse, sem possuir movimento de translação).

A **FIGURA 12.44b** aplica esta idéia ao ponto P que se encontra inicialmente na parte mais baixa do corpo em rolamento, o ponto de contato entre o corpo e a superfície. Este ponto gira em torno do centro de massa do objeto com velocidade angular ω, de modo que $v_{i,\,rel} = -R\omega$. O sinal negativo indica que o movimento se dá em sentido horário. Simultaneamente, a velocidade do centro de massa, dada pela Equação 12.35, tem módulo $v_{cm} = R\omega$. Somando os dois vetores, obtemos que a velocidade do ponto P, o mais baixo de todos, é $v_i = 0$. Em outras palavras, **o ponto mais baixo de um objeto que rola encontra-se instantaneamente em repouso**.

Embora isso pareça surpreendente, isso é o que realmente significa dizer que o objeto "rola sem deslizar". Se o ponto mais baixo possuísse uma velocidade, estaria se movendo horizontalmente com relação à superfície; ou seja, ela estaria deslizando ou escorregando sobre a superfície. A fim de o corpo rolar sem deslizar, o ponto mais baixo, onde o corpo toca a superfície, deve estar em repouso momentâneo.

A **FIGURA 12.45** mostra os vetores velocidade do ponto mais alto, do ponto central e do ponto mais baixo de uma roda determinados pela soma vetorial da velocidade de rotação com a velocidade do centro de massa. Você pode verificar que $v_{base} = 0$ e $v_{topo} = 2R\omega = 2v_{cm}$.

FIGURA 12.44 O movimento de uma partícula de um corpo que rola.

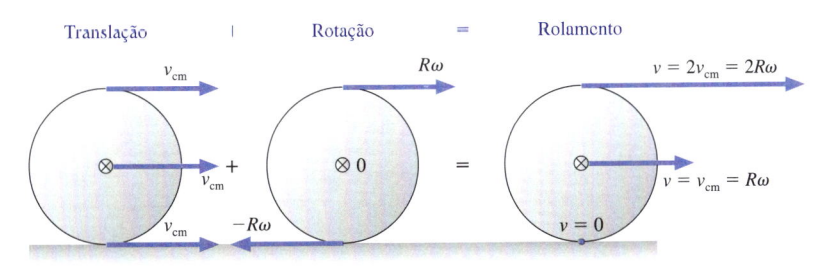

FIGURA 12.45 Qualquer rolamento é uma combinação de translação com rotação.

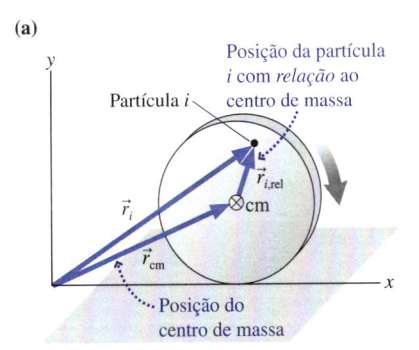

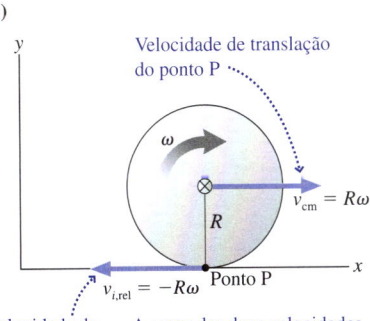

Energia cinética de um objeto em rolamento

Já havíamos descoberto anteriormente que a energia cinética de rotação de um corpo rígido em movimento puro de rotação é dada por $K_{rot} = \frac{1}{2}I\omega^2$. Agora, gostaríamos de determinar a energia cinética de um objeto que rola, uma combinação de movimento de rotação com movimento de translação.

Vamos começar pela observação de que o ponto mais baixo na **FIGURA 12.46** está momentaneamente em repouso. Conseqüentemente, podemos pensar em um eixo que passe pelo ponto P como um *eixo instantâneo de rotação*. Esta idéia parece um pouco fantasiosa, mas ela é confirmada se examinarmos as velocidades instantâneas do centro de massa e do ponto mais alto. Elas estão representadas na Figura 12.45 e, novamente, na Figura 12.46. Elas são exatamente como você esperaria se correspondessem a velocidades tangenciais dadas por $v_t = r\omega$, em torno de P, a distâncias R e $2R$.

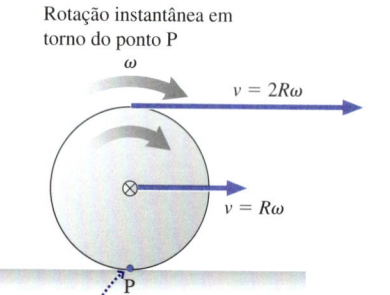

Desta perspectiva, o movimento do objeto é pura rotação em torno do ponto P. Portanto, a energia cinética é puramente rotacional:

$$K = K_{\text{rotação em torno de P}} = \frac{1}{2}I_P\omega^2 \tag{12.37}$$

I_P é o momento de inércia para rotações em torno do ponto P. Podemos usar o teorema dos eixos paralelos para expressar I_P em função do momento de inércia I_{cm} em torno do centro de massa. O ponto P dista $d = R$ do centro de massa; assim,

$$I_P = I_{cm} + MR^2$$

Usando esta expressão na Equação 12.37, obtemos a energia cinética:

$$K = \frac{1}{2}I_{cm}\omega^2 + \frac{1}{2}M(R\omega)^2 \tag{12.38}$$

Por causa do vínculo de rolamento, sabemos que $R\omega$ é a velocidade v_{cm} do centro de massa. Logo, a energia cinética de um objeto em rolamento é dada por

$$K_{\text{rolamento}} = \frac{1}{2}I_{cm}\omega^2 + \frac{1}{2}Mv_{cm}^2 = K_{rot} + K_{cm} \tag{12.39}$$

Em outras palavras, **o movimento de rolamento de um corpo rígido pode ser descrito como uma translação do centro de massa (com energia cinética K_{cm}) mais uma rotação em torno deste ponto (com energia cinética K_{rot})**.

A grande corrida ladeira abaixo

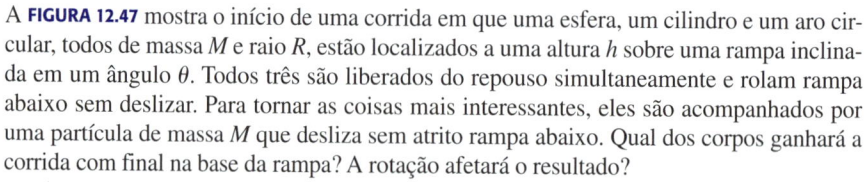

A **FIGURA 12.47** mostra o início de uma corrida em que uma esfera, um cilindro e um aro circular, todos de massa M e raio R, estão localizados a uma altura h sobre uma rampa inclinada em um ângulo θ. Todos três são liberados do repouso simultaneamente e rolam rampa abaixo sem deslizar. Para tornar as coisas mais interessantes, eles são acompanhados por uma partícula de massa M que desliza sem atrito rampa abaixo. Qual dos corpos ganhará a corrida com final na base da rampa? A rotação afetará o resultado?

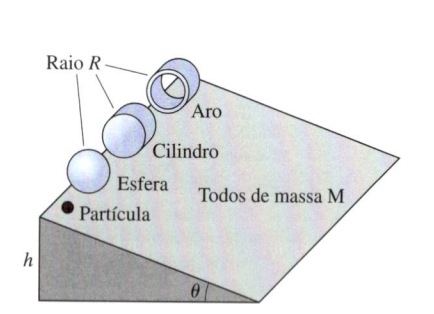

A energia potencial gravitacional inicial do corpo é gradualmente transformada em energia cinética durante o rolamento (e o deslizamento, no caso da partícula). A energia cinética, como já sabemos, é uma combinação de energia cinética de translação com energia cinética de rotação. Se escolhermos a base da rampa como o ponto zero da energia potencial, o enunciado da conservação da energia, $K_f = U_i$, assume a forma

$$\frac{1}{2}I_{cm}\omega^2 + \frac{1}{2}Mv_{cm}^2 = Mgh \tag{12.40}$$

As velocidades de translação e de rotação estão relacionadas por $\omega = v_{cm}/R$. Além disso, da Tabela 12.2, observe que os momentos de inércia dos objetos extensos podem ser expressos genericamente na forma

$$I_{cm} = cMR^2 \tag{12.41}$$

FIGURA 12.46 O movimento de rolamento corresponde a uma rotação instantânea em torno do ponto P.

FIGURA 12.47 Qual dos objetos ganhará a corrida?

onde c é uma constante que depende da geometria do corpo. Por exemplo, $c = \frac{2}{5}$ para uma esfera, todavia $c = 1$ para um aro circular. Mesmo uma partícula pode ser representada por $c = 0$, o que elimina a energia cinética de rotação.

Usando esta informação, a Equação 12.40 assume a forma

$$\frac{1}{2}(cMR^2)\left(\frac{v_{cm}}{R}\right)^2 + \frac{1}{2}Mv_{cm}^2 = \frac{1}{2}M(1 + c)v_{cm}^2 = Mgh$$

Logo, a velocidade final de um corpo com $I = cMR^2$ vale

$$v_{cm} = \sqrt{\frac{2gh}{1 + c}} \quad (12.42)$$

O módulo da velocidade final é independente de M e de R, mas depende da *forma* do corpo que rola. A partícula, com o menor valor possível de c, terminaria como a mais rápida, enquanto o aro circular, com o maior valor de c, terminaria como o mais lento. Em outras palavras, o caráter de rolamento do movimento *realmente* afeta os resultados!

Podemos usar a Equação 12.42 para determinar a aceleração a_{cm} do centro de massa. Os objetos se movem por uma distância $\Delta x = h/\mathrm{sen}\theta$; logo, podemos usar a cinemática de aceleração constante para obter

$$v_{cm}^2 = 2a_{cm}\,\Delta x$$
$$a_{cm} = \frac{v_{cm}^2}{2\Delta x} = \frac{2gh/(1 + c)}{2h/\mathrm{sen}\theta} = \frac{g\,\mathrm{sen}\theta}{1 + c} \quad (12.43)$$

Do Capítulo 2, recorde-se que $a_{\text{partícula}} = g\,\mathrm{sen}\,\theta$ é a aceleração de uma partícula que desce uma rampa sem atrito. Podemos usar este fato para reescrever a Equação 12.43 em uma forma interessante:

$$a_{cm} = \frac{a_{\text{partícula}}}{1 + c} \quad (12.44)$$

Esta análise nos leva à conclusão de que **a aceleração de um objeto que rola é menor – em vários casos, significativamente menor – do que a aceleração de uma partícula**. A razão é que a energia tem de ser compartilhada entre energia cinética de translação e energia cinética de rotação. Uma partícula, ao contrário, concentra toda sua energia como energia cinética de translação.

A **FIGURA 12.48** mostra os resultados da corrida. A simples partícula ganha por uma larga margem. Dos objetos maciços, a esfera possui a maior aceleração. Mesmo assim, sua aceleração corresponde a apenas 71% da aceleração de uma partícula. A aceleração do aro circular, que chega em último, corresponde a menos 50% da de uma partícula.

NOTA ▶ Os objetos que aceleram mais rapidamente são aqueles que concentram mais sua massa próxima ao centro. Localizar a massa mais afastada do centro, como no caso do aro, aumenta o momento de inércia. Portanto, requer um esforço maior para pôr o aro em movimento do que no caso de uma esfera de mesma massa em rolamento. ◀

Partícula
$c = 0$
$a = a_{\text{partícula}}$

Esfera maciça
$c = \frac{2}{5}$
$a_{cm} = \frac{5}{7}a_{\text{partícula}}$
$= 0{,}71a_{\text{partícula}}$

Cilindro maciço
$c = \frac{1}{2}$
$a_{cm} = \frac{2}{3}a_{\text{partícula}}$
$= 0{,}67a_{\text{partícula}}$

Aro circular
$c = 1$
$a_{cm} = \frac{1}{2}a_{\text{partícula}}$
$= 0{,}50a_{\text{partícula}}$

FIGURA 12.48 E o vencedor é...

12.10 A descrição vetorial do movimento de rolamento

A rotação em torno de um eixo fixo, como um mancal, pode ser descrita em termos de uma velocidade angular escalar ω e de um torque escalar τ, empregando-se o sinal positivo ou o negativo para indicar o sentido da rotação. Isso é muito parecido com a cinemática unidimensional do Capítulo 2. Para casos de movimento de rotação mais gerais, a velocidade angular, o torque e outras grandezas devem ser consideradas como *vetores*. Não iremos entrar em muitos detalhes porque o assunto logo se torna muito complicado, entretanto esboçaremos algumas idéias fundamentais.

O vetor velocidade angular

A **FIGURA 12.49** representa um corpo rígido em rolamento. Podemos definir o vetor velocidade angular $\vec{\omega}$ da seguinte maneira:

- O módulo de $\vec{\omega}$ é a velocidade angular do corpo ω.
- O vetor $\vec{\omega}$ é paralelo ao eixo de rotação, com sentido determinado pela *regra da mão direita* ilustrada na Figura 12.49.

Se um corpo roda no plano xy, o vetor $\vec{\omega}$ está ao longo do eixo z. Vê-se agora que a velocidade escalar $\omega = v_t/r$ que temos usado corresponde a ω_z, o componente z do vetor $\vec{\omega}$. Tente convencer-se de que a convenção de sinais para ω (positiva para rotações anti-horárias e negativas para horárias) equivale a ter o vetor $\vec{\omega}$ apontando no sentido positivo z ou negativo de z.

Produto vetorial de vetores

Definimos o valor do torque produzido por uma força $\vec{F}$ como $\tau = rF\,\text{sen}\,\phi$. A grandeza F é o módulo do vetor força $\vec{F}$, e a distância r é, na realidade, o módulo do vetor posição $\vec{r}$. Portanto, o torque se parece muito com um produto dos vetores $\vec{r}$ e $\vec{F}$. Previamente, junto à definição de trabalho, introduzimos o produto escalar de dois vetores: $\vec{A} \cdot \vec{B} = AB\cos\alpha$, onde α é o ângulo formado entre os vetores. A relação $\tau = rF\,\text{sen}\,\phi$ é uma maneira diferente de multiplicar dois vetores, que depende do *seno* do ângulo formado entre eles.

A **FIGURA 12.50** mostra dois vetores, $\vec{A}$ e $\vec{B}$, formando um ângulo α entre si. Definimos o **produto vetorial** de $\vec{A}$ e $\vec{B}$ como o vetor

$$\vec{A} \times \vec{B} \equiv (AB\,\text{sen}\,\alpha, \text{ com orientação dada pela regra da mão direita}) \quad (12.45)$$

O símbolo $\times$ entre os vetores é *necessário* para indicar um produto vetorial. Este produto é menos freqüentemente chamado de **produto externo** por contraste com o produto interno ou escalar de vetores.

A **regra da mão direita**, que determina a orientação de $\vec{A} \times \vec{B}$, pode ser enunciada de três diferentes, porém equivalentes, maneiras:

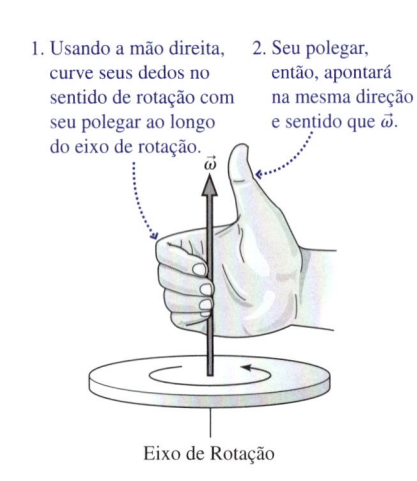

FIGURA 12.49 O vetor velocidade angular $\vec{\omega}$ é determinado pela regra da mão direita.

1. Usando a mão direita, curve seus dedos no sentido de rotação com seu polegar ao longo do eixo de rotação.
2. Seu polegar, então, apontará na mesma direção e sentido que $\vec{\omega}$.

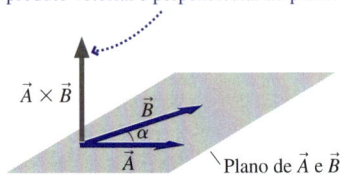

FIGURA 12.50 O produto vetorial $\vec{A} \times \vec{B}$ é um vetor perpendicular ao plano que contém $\vec{A}$ e $\vec{B}$.

Usando a regra da mão direita

Abra o polegar e o indicador da mão *direita* até formarem um ângulo α entre si. Dobre o dedo médio de modo que ele fique *perpendicular* ao polegar e ao indicador. Oriente a mão de modo que o polegar fique paralelo a $\vec{A}$, e o indicador paralelo a $\vec{B}$. O dedo médio, então, apontará na direção e sentido de $\vec{A} \times \vec{B}$.

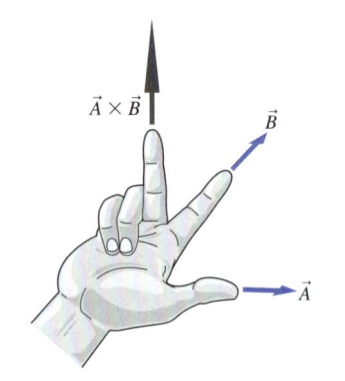

Dobre a palma da mão direita e seus quatro dedos em torno do correspondente polegar. Oriente a mão de modo que o polegar fique perpendicular ao plano que contém $\vec{A}$ e $\vec{B}$, com a palma e seus dedos dobrados no sentido de rotação que vai *do* vetor $\vec{A}$ *para* o vetor $\vec{B}$. O polegar, então, apontará na direção e sentido de $\vec{A} \times \vec{B}$.

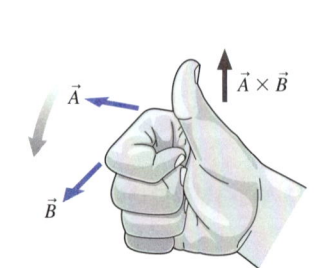

Imagine-se usando uma chave de fenda para girar um parafuso com o sentido de rotação de $\vec{A}$ para $\vec{B}$ contra um pedaço de madeira. Como resultado, o parafuso se moveria "para dentro" ou "para fora" da madeira, dependendo do sentido em que for girado. A direção e o sentido em que o parafuso, então, se moveria em relação à madeira são os mesmos de $\vec{A} \times \vec{B}$.

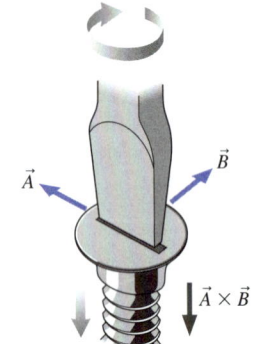

Estes métodos são mais fáceis de demonstrar do que de descrever com palavras! Seu professor lhe mostrará como eles funcionam. Certas pessoas acham um desses métodos melhor do que os outros, mas todos funcionam, e logo você descobrirá qual deles é o melhor para você.

Voltando à Figura 12.50, você deve usar a regra da mão direita para convencer-se de que o produto vetorial $\vec{A} \times \vec{B}$ é um vetor que aponta *para cima*, perpendicularmente ao plano definido por $\vec{A}$ e $\vec{B}$. A **FIGURA 12.51** mostra que o produto vetorial, como o produto escalar, depende do ângulo formado entre os dois vetores. Note os dois casos especiais: $\vec{A} \times \vec{B} = \vec{0}$ quando $\alpha = 0°$ (vetores mutuamente paralelos) e $\vec{A} \times \vec{B}$ tem máximo valor de módulo AB quando $\alpha = 90°$ (vetores mutuamente perpendiculares).

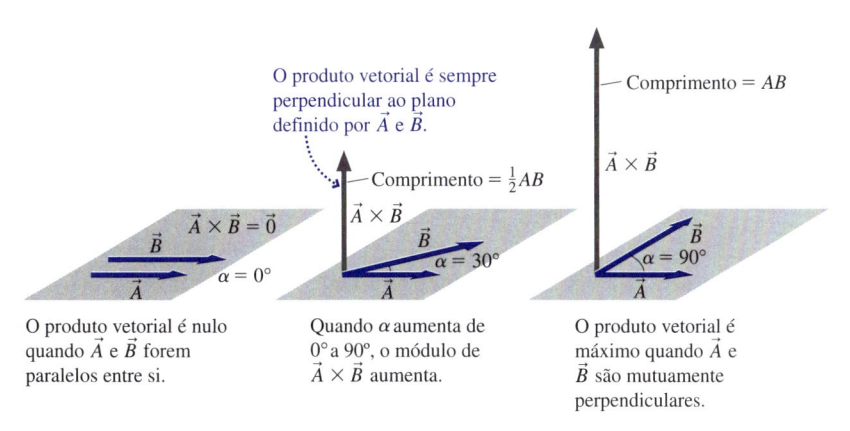

FIGURA 12.51 O módulo do produto vetorial aumenta de 0 até AB quando α aumenta de $0°$ até $90°$.

EXEMPLO 12.19 Calculando um produto vetorial

A **FIGURA 12.52** mostra dois vetores, $\vec{C}$ e $\vec{D}$, contidos no plano da página. Qual é o produto vetorial $\vec{E} = \vec{C} \times \vec{D}$?

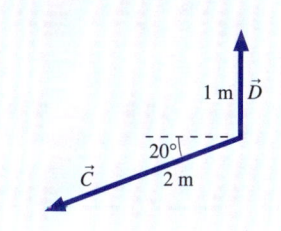

FIGURA 12.52 Os vetores $\vec{C}$ e $\vec{D}$.

RESOLUÇÃO O ângulo entre os dois vetores é $\alpha = 110°$. Conseqüentemente, o módulo do produto vetorial é

$$E = CD \operatorname{sen} \alpha = (2\text{ m})(1\text{ m}) \operatorname{sen}(110°) = 1{,}88\text{ m}^2$$

A orientação de $\vec{E}$ é determinada pela regra da mão direita. A fim de girar os dedos de sua mão direita de $\vec{C}$ para $\vec{D}$, o polegar deve apontar *para dentro* da página. Alternativamente, se você girasse um parafuso no sentido de rotação de $\vec{C}$ para $\vec{D}$, o parafuso *entraria* na página. Portanto,

$$\vec{E} = (1{,}88\text{ m}^2, \text{ entrando perpendicularmente na página})$$

AVALIAÇÃO Note que $\vec{E}$ possui unidades de m².

O produto vetorial possui três propriedades importantes:

1. O produto $\vec{A} \times \vec{B}$ *não* é igual ao produto $\vec{B} \times \vec{A}$, ou seja, o produto vetorial *não* é uma operação comutativa do tipo $ab = ba$, como se está acostumado na aritmética. De fato, usando a regra da mão direita, você pode verificar que o produto $\vec{B} \times \vec{A}$ aponta exatamente em sentido oposto ao de $\vec{A} \times \vec{B}$. Portanto, como mostra a **FIGURA 12.53a**,

$$\vec{B} \times \vec{A} = -\vec{A} \times \vec{B}$$

2. Em um *sistema de coordenadas dextrógiro*, que é o tipo de sistema de coordenadas padrão em ciência e engenharia, o eixo z está orientado em relação ao plano xy de modo que os vetores unitários obedeçam à relação $\hat{i} \times \hat{j} = \hat{k}$. Isto está ilustrado na **FIGURA 12.53b**. Você também pode verificar a partir da figura que $\hat{j} \times \hat{k} = \hat{i}$ e $\hat{k} \times \hat{i} = \hat{j}$.

3. A derivada de um produto vetorial tem a mesma forma da derivada do produto convencional de duas grandezas escalares:

$$\frac{d}{dt}(\vec{A} \times \vec{B}) = \frac{d\vec{A}}{dt} \times \vec{B} + \vec{A} \times \frac{d\vec{B}}{dt} \quad (12.46)$$

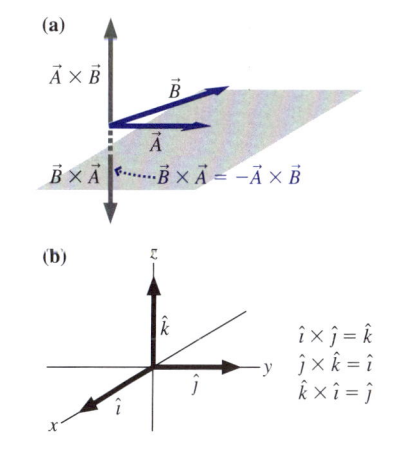

FIGURA 12.53 Propriedades notáveis do produto vetorial.

EXEMPLO 12.20 Cálculo de um produto vetorial usando os vetores unitários

Qual é o produto vetorial dos vetores $\vec{A} = 2\hat{\imath} + 3\hat{\jmath}$ e $\vec{B} = 2\hat{\imath} + 3\hat{\jmath} + 2\hat{k}$?

VISUALIZAÇÃO A **FIGURA 12.54** representa os vetores $\vec{A}$ e $\vec{B}$. Seu produto vetorial é perpendicular ao plano que contém $\vec{A}$ e $\vec{B}$.

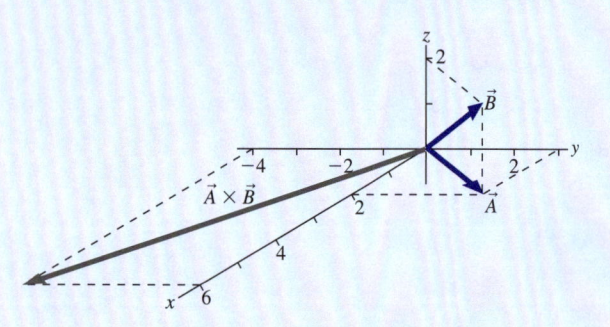

FIGURA 12.54 Os vetores $\vec{A}$ e $\vec{B}$ e seu produto vetorial.

RESOLUÇÃO Poderíamos usar a geometria para determinar o ângulo formado entre $\vec{A}$ e $\vec{B}$, mas é mais fácil calcular o produto vetorial usando os vetores unitários:

$$\vec{A} \times \vec{B} = (2\hat{\imath} + 3\hat{\jmath}) \times (2\hat{\imath} + 3\hat{\jmath} + 2\hat{k})$$

$$= (4\hat{\imath} \times \hat{\imath}) + (6\hat{\imath} \times \hat{\jmath}) + (4\hat{\imath} \times \hat{k})$$

$$+ (6\hat{\jmath} \times \hat{\imath}) + (9\hat{\jmath} \times \hat{\jmath}) + (6\hat{\jmath} \times \hat{k})$$

$$= \vec{0} + (6\hat{\imath} \times \hat{\jmath}) - (4\hat{k} \times \hat{\imath}) - (6\hat{\imath} \times \hat{\jmath})$$

$$+ \vec{0} + (6\hat{\jmath} \times \hat{k})$$

O fato de o produto vetorial de dois vetores mutuamente paralelos ser nulo nos permite escrever $\hat{\imath} \times \hat{\imath} = \hat{\jmath} \times \hat{\jmath} = \vec{0}$. Também podemos escrever $\hat{\imath} \times \hat{k} = -\hat{k} \times \hat{\imath}$ e $\hat{\jmath} \times \hat{\imath} = -\hat{\imath} \times \hat{\jmath}$. Agora, então, podemos usar os produtos vetoriais dos vetores unitários mostrados na Figura 12.53b para terminar o cálculo e obter

$$\vec{A} \times \vec{B} = 6\hat{\imath} - 4\hat{\jmath}$$

Este vetor também está representado na Figura 12.54.

Torque

Agora vamos retornar ao torque. Como um exemplo concreto, a **FIGURA 12.55** mostra uma chave de porca comprida usada para afrouxar um parafuso da roda de um carro. A força $\vec{F}$ produz um torque em torno da origem do sistema de coordenadas indicado na figura. Vamos definir este *vetor torque* como

$$\vec{\tau} \equiv \vec{r} \times \vec{F} \tag{12.47}$$

Se desenharmos setas para representar os vetores e usarmos a regra da mão direita, verificaremos que o vetor torque é perpendicular ao plano que contém $\vec{r}$ e $\vec{F}$. O ângulo entre os vetores é ϕ, portanto o módulo do torque é $\tau = rF|\text{sen}\phi|$.

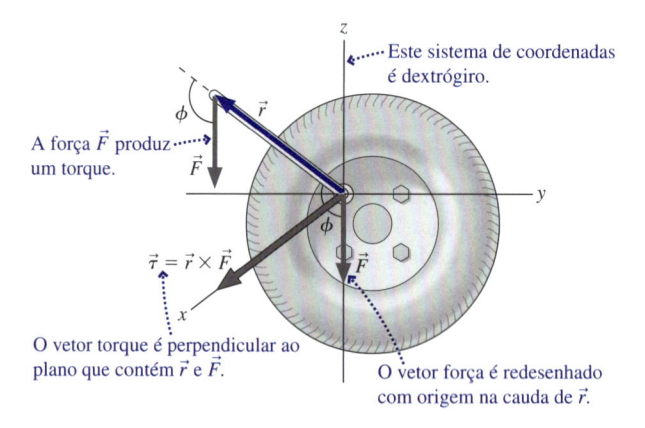

FIGURA 12.55 O vetor torque.

Você pode verificar que a definição de torque escalar que vínhamos utilizando, $\tau = rF\text{sen}\,\phi$, é, de fato, o componente ao longo do eixo de rotação – neste caso, τ_x – do vetor $\vec{\tau}$. Esta é a base de nossa convenção de sinais anterior para τ. Na Figura 12.55, onde a força produz uma rotação em sentido anti-horário, o vetor torque aponta no sentido positivo do eixo x e, portanto, τ_x é positivo.

Momentum angular de uma partícula

A **FIGURA 12.56** mostra uma partícula que se move ao longo de uma trajetória. No instante de tempo representado, o vetor momentum $\vec{p}$ da partícula, tangente à trajetória, faz um ângulo $\vec{r}$ com o vetor posição β. Definimos o **momentum angular** $\vec{L}$ da partícula com relação à origem como o vetor

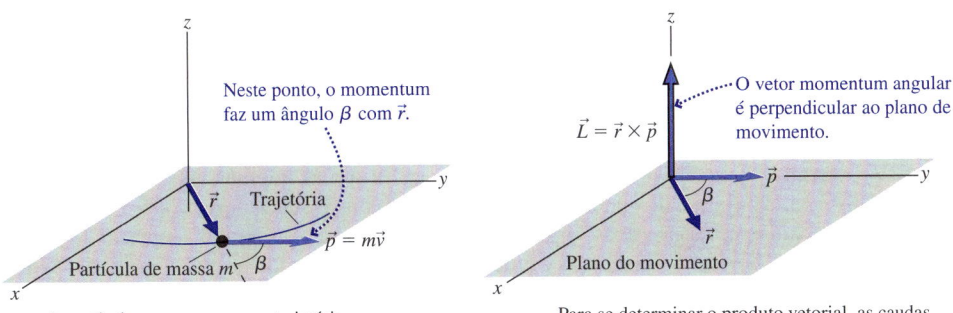

$$\vec{L} \equiv \vec{r} \times \vec{p} = (mrv\,\text{sen}\beta,\,\text{orientação dada pela regra da mão direita}) \qquad (12.48)$$

FIGURA 12.56 O vetor momentum angular $\vec{L}$.

O vetor momentum angular é perpendicular ao plano de movimento. A unidade de momentum angular é o kg m²/s.

> **NOTA** ▶ O momentum angular é o equivalente rotacional do momentum linear, da mesma forma como o torque é o equivalente rotacional da força. Note que as definições vetoriais são análogas: $\vec{\tau} \equiv \vec{r} \times \vec{F}$ e $\vec{L} \equiv \vec{r} \times \vec{p}$. ◀

Como o torque, o momentum angular é definido *em torno* do ponto a partir do qual $\vec{r}$ é medido. Uma origem diferente resultaria em um momentum angular diferente. O momentum angular é particularmente simples para uma partícula em movimento circular. Como mostra a **FIGURA 12.57**, o ângulo β entre $\vec{p}$ (ou $\vec{v}$) e $\vec{r}$ é sempre 90° se fizermos a escolha óbvia de medir $\vec{r}$ a partir do centro do círculo. Para movimentos no plano xy, o vetor momentum angular $\vec{L}$ está ao longo do eixo z e possui apenas o componente z não-nulo,

$$L_z = mrv_t \qquad \text{(partícula em movimento circular)} \qquad (12.49)$$

onde v_t é o componente tangencial da velocidade. Baseado em nossa convenção de sinais, L_z, como ω, é positivo para uma rotação em sentido anti-horário e negativo para uma rotação em sentido horário.

No Capítulo 9, vimos que a segunda lei de Newton para uma partícula pode ser escrita como $\vec{F}_{\text{res}} = d\vec{p}/dt$. Existe uma relação análoga entre o torque resultante e o momentum angular. Para demonstrar isso, vamos derivar $\vec{L}$ em relação ao tempo:

$$\frac{d\vec{L}}{dt} = \frac{d}{dt}(\vec{r} \times \vec{p}) = \frac{d\vec{r}}{dt} \times \vec{p} + \vec{r} \times \frac{d\vec{p}}{dt}$$
$$= \vec{v} \times \vec{p} + \vec{r} \times \vec{F}_{\text{res}} \qquad (12.50)$$

onde usamos a Equação 12.46 para a derivada do produto vetorial. Usamos também as definições $\vec{v} = d\vec{r}/dt$ e $\vec{F}_{\text{res}} = d\vec{p}/dt$.

Os vetores $\vec{v}$ e $\vec{p}$ são paralelos, e o produto vetorial de dois vetores mutuamente paralelos é $\vec{0}$. Portanto, o primeiro termo do lado direito da Equação 12.50 é nulo. O segundo termo, $\vec{r} \times \vec{F}_{\text{res}}$, é o torque resultante, $\vec{\tau}_{\text{res}} = \vec{\tau}_1 + \vec{\tau}_2 + \cdots$, de modo que obtemos o resultado

$$\frac{d\vec{L}}{dt} = \vec{\tau}_{\text{res}} \qquad (12.51)$$

A Equação 12.51, a qual diz que **um torque resultante faz variar o momentum angular da partícula**, é o equivalente rotacional da equação $d\vec{p}/dt = \vec{F}_{\text{res}}$.

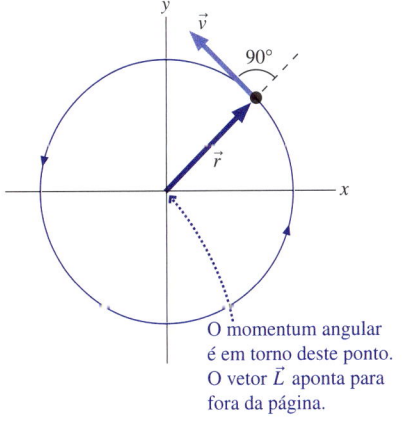

FIGURA 12.57 O momentum angular do movimento circular.

12.11 Momentum angular de um corpo rígido

A Equação 12.51 define o momentum angular de uma simples partícula. O momentum angular de um sistema formado por partículas com momenta angulares individuais dados respectivamente por $\vec{L}_1, \vec{L}_2, \vec{L}_3, \ldots$ é o vetor soma

$$\vec{L} = \vec{L}_1 + \vec{L}_2 + \vec{L}_3 + \cdots = \sum_i \vec{L}_i \qquad (12.52)$$

Podemos combinar as Equações 12.51 e 12.52 para obter a taxa de variação do momentum angular do sistema:

$$\frac{d\vec{L}}{dt} = \sum_i \frac{d\vec{L}_i}{dt} = \sum_i \vec{\tau}_i = \vec{\tau}_{res} \qquad (12.53)$$

O torque resultante inclui o torque gerado pelas forças internas, exercidas dentro do sistema, e o torque devido às forças externas. Uma vez que as forças internas são pares de forças ação/reação, exercidas com mesma intensidade em sentidos opostos, o torque resultante devido a estas forças é nulo. Portanto, as únicas forças que contribuem para o torque resultante são as forças externas exercidas pela vizinhança sobre o sistema.

Para um sistema de partículas, **a taxa de variação do momentum angular do sistema é o torque resultante sobre o sistema**. A Equação 12.53 é análoga ao resultado do Capítulo 9, $d\vec{P}/dt = \vec{F}_{res}$, o qual significa que a taxa de variação do momentum linear de um sistema é a força resultante exercida sobre o mesmo. A Tabela 12.4 resume as analogias existentes entre o momentum linear e o momentum angular e entre a energia de translação e a de rotação.

O giro de uma patinadora no gelo é determinado pelo seu momentum angular.

TABELA 12.4 Momentum e energia nos movimentos angular e linear

Momentum angular	Momentum linear
$K_{rot} = \frac{1}{2}I\omega^2$	$K_{cm} = \frac{1}{2}Mv_{cm}^2$
$\vec{L} = I\vec{\omega}$ *	$\vec{P} = M\vec{v}_{cm}$
$d\vec{L}/dt = \vec{\tau}_{res}$	$d\vec{P}/dt = \vec{F}_{res}$
O momentum angular de um sistema será conservado se não houver torque resultante.	O momentum linear de um sistema será conservado se não houver uma força resultante.

* Rotação em torno de um eixo de simetria.

Conservação do momentum angular

Um torque resultante exercido sobre um corpo rígido faz variar o momentum angular do corpo. Alternativamente, o momentum angular *não sofre* variação — ele é *conservado* — se o torque resultante sobre o sistema é nulo. Isso constitui a base do princípio de conservação do momentum angular.

> **PRINCÍPIO DE CONSERVAÇÃO DO MOMENTUM ANGULAR** O momentum angular $\vec{L}$ de um sistema isolado ($\vec{\tau}_{res} = \vec{0}$) é conservado. O momentum angular final, $\vec{L}_f$, é igual ao momentum angular inicial.

Se o momentum angular é conservado, seu módulo *e* sua orientação se mantêm inalterados.

EXEMPLO 12.21 Uma haste que é estendida

Duas massas iguais estão fixadas às extremidades de uma haste de massa desprezível e com 50 cm de comprimento. Ela gira a 2,0 rev/s em torno de um eixo que passa por seu ponto médio. Subitamente, gás comprimido expande a haste até um comprimento de 160 cm. Qual é a freqüência de rotação após a expansão?

MODELO As forças empurram para fora do eixo e não exercem torque algum. Portanto, o momentum angular do sistema é conservado.

VISUALIZAÇÃO A **FIGURA 12.58** é uma representação pictórica do tipo antes-e-após. Os vetores momenta angulares $\vec{L}_i$ e $\vec{L}_f$ são perpendiculares ao plano de movimento.

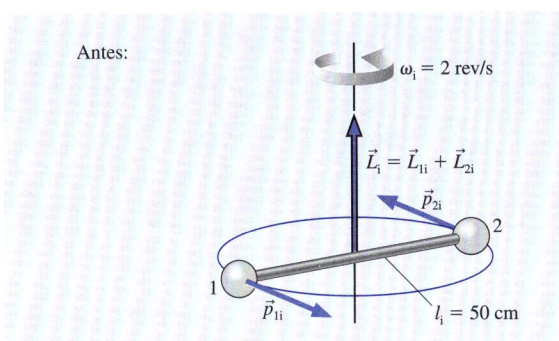

FIGURA 12.58 O sistema antes e após a expansão.

RESOLUÇÃO As partículas movem-se em círculos, de modo que cada uma possui um momentum angular da forma $L = mrv_t = mr^2\omega = \frac{1}{4}ml^2\omega$, onde usamos o fato de que $r = \frac{1}{2}l$. Logo, o momentum angular inicial do sistema é

$$L_i = \frac{1}{4}ml_i^2\omega_i + \frac{1}{4}ml_i^2\omega_i = \frac{1}{2}ml_i^2\omega_i$$

Analogamente, o momentum angular após a expansão é $L_f = \frac{1}{2}ml_f^2\omega_f$. O momentum angular é conservado durante a expansão da haste, de modo que

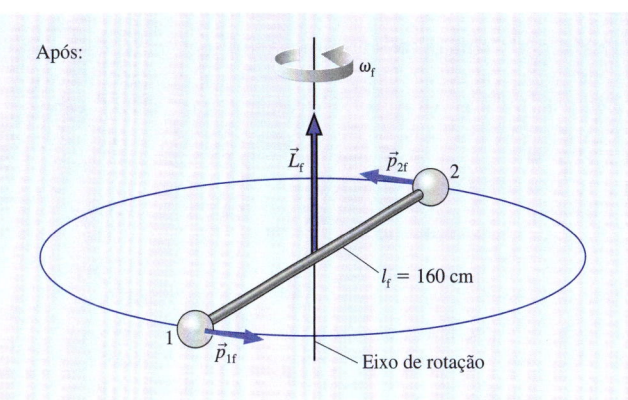

$$\frac{1}{2}ml_f^2\omega_f = \frac{1}{2}ml_i^2\omega_i$$

Isolando ω_f, obtemos

$$\omega_f = \left(\frac{l_i}{l_f}\right)^2 \omega_i = \left(\frac{50\ \text{cm}}{160\ \text{cm}}\right)^2 (2{,}0\ \text{rev/s}) = 0{,}20\ \text{rev/s}$$

AVALIAÇÃO Não foi necessário usar os valores de massa fornecidos. Tudo o que importa é a razão entre os comprimentos.

A expansão da haste do Exemplo 12.21 causa uma significativa desaceleração da rotação. Analogamente, a rotação seria acelerada se os pesos fossem puxados para mais próximo do eixo. É dessa forma que uma patinadora de gelo controla sua velocidade de rotação. Posicionar os braços próximos ao corpo diminui o momento de inércia da patinadora e aumenta sua velocidade de rotação. Analogamente, estender os braços, afastando-os do corpo, aumenta seu momento de inércia e diminui sua rotação até que ela saia patinando do giro. É tudo uma questão de conservação do momentum angular.

Momentum angular e velocidade angular

A analogia entre movimento linear e movimento de rotação tem parecido tão consistente até aqui que você poderia esperar mais. No Capítulo 9, o resultado $\vec{P} = M\vec{v}_{cm}$ pode nos dar uma razão para anteciparmos que o momentum angular e a velocidade angular estão relacionados por $\vec{L} = I\vec{\omega}$. Infelizmente, a analogia falha aqui. Para um objeto com uma forma qualquer, o vetor momentum angular e o vetor velocidade angular não são necessariamente paralelos um ao outro. A relação geral entre $\vec{L}$ e $\vec{\omega}$ está além dos objetivos deste livro.

A boa notícia é que a analogia *segue* valendo no caso de rotações de objetos *simétricos* em torno de um eixo de simetria dos mesmos. Por exemplo, no caso de um cilindro ou de um disco o eixo de simetria é o próprio eixo geométrico do corpo, assim como o é um diâmetro no caso de uma esfera. Para rotações de um objeto simétrico em torno de um eixo de simetria, o momentum angular e a velocidade angular estão relacionados por

$$\vec{L} = I\vec{\omega} \quad \text{(rotação em torno de um eixo de simetria)} \quad (12.54)$$

Esta relação é ilustrada na **FIGURA 12.59** para o caso de um disco em rotação. A Equação 12.54 é particularmente importante ao se aplicar a conservação do momentum angular para corpos rígidos simétricos.

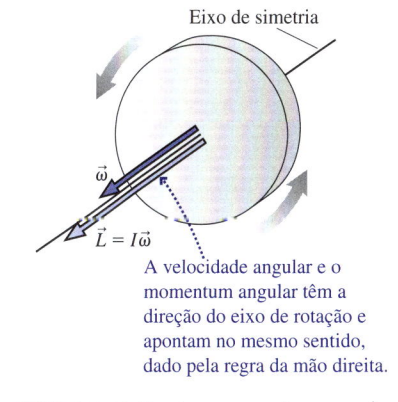

FIGURA 12.59 O vetor momentum angular de um corpo rígido em rotação em torno de um eixo de simetria.

EXEMPLO 12.22 Dois discos em interação

Um disco maciço, com 2,0 kg de massa e 20 cm de diâmetro, gira a 200 rpm. Um aro circular de 1,0 kg e diâmetro também de 20 cm é solto sobre o disco que está girando. O atrito faz com que o aro acelere até que se mova juntamente com o disco. Qual é a velocidade angular final do sistema combinado?

MODELO O atrito entre os dois objetos gera torques que aceleram o aro enquanto desaceleram o disco. Todavia estes torques são internos em relação ao sistema combinado disco + aro, portanto $\tau_{res} = 0$ e o momentum angular *total* do sistema disco + aro é conservado.

VISUALIZAÇÃO A **FIGURA 12.60** é uma representação do tipo antes-e-após. Inicialmente, apenas o disco está girando em torno do eixo de simetria, com uma velocidade angular $\vec{\omega}_i$. A rotação se dá em torno de um eixo de simetria, de modo que o momentum angular $\vec{L} = I\vec{\omega}$ é paralelo a $\vec{\omega}$. No final do problema, $\vec{\omega}_{disco} = \vec{\omega}_{aro} = \vec{\omega}_f$.

RESOLUÇÃO Os dois vetores momenta angulares apontam no mesmo sentido sobre o eixo de rotação. A conservação do momentum angular nos diz que o módulo de $\vec{L}$ mantém-se inalterado. Portanto,

$$L_f = I_{disco}\omega_f + I_{aro}\omega_f = L_i = I_{disco}\omega_i$$

Isolando ω_f, obtemos

$$\omega_f = \frac{I_{disco}}{I_{disco} + I_{aro}}\omega_i$$

O momento de inércia de um disco e de um aro são encontrados na Tabela 12.2, resultando em

$$\omega_f = \frac{\frac{1}{2}M_{disco}R^2}{\frac{1}{2}M_{disco}R^2 + M_{aro}R^2}\omega_i = 100\ rpm$$

AVALIAÇÃO O que parecia ser um problema difícil revelou-se fácil uma vez que se perceba que o momentum angular total é conservado.

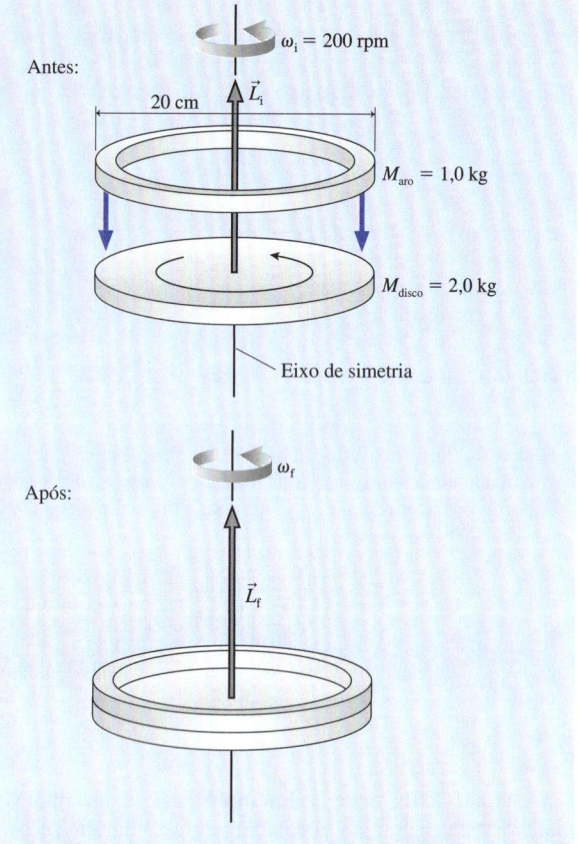

FIGURA 12.60 O aro circular cai sobre o disco em rotação.

EXEMPLO 12.23 Uma roda em rotação

Uma bola de argila com 50 g é arremessada a 10m/s tangencialmente à borda de um disco de 2,0 kg e diâmetro de 30 cm que pode girar sem atrito. A argila colide com a borda do disco e gruda-se a ela. Se o disco estava inicialmente parado, qual será sua velocidade angular, em rpm, após a colisão?

MODELO Escolhamos o sistema disco + argila. Não existem torques externos sobre este sistema, de modo que o momentum angular do mesmo deve se conservar.

VISUALIZAÇÃO A **FIGURA 12.61** mostra a representação pictórica do tipo antes-e-após.

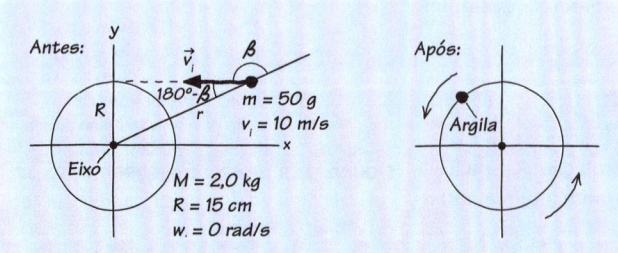

FIGURA 12.61 Representação do tipo antes-e-após do pedaço de argila que atinge o disco.

RESOLUÇÃO O disco não possui momentum angular inicial, mas a bola de argila, sim. Para movimento no plano xy, o momentum angular da argila, é dado apenas por $L_z = mrv_i\ \text{sen}\beta$. Note que o raio do disco é $R = r\ \text{sen}(180° - \beta)$ e, da trigonometria, $\text{sen}(180° - \beta) = \text{sen}\beta$. Portanto, o momentum angular inicial é

$$L_i = L_{argila} = mRv_i$$

Curiosamente, a bola de argila possui um momentum angular bem-definido e invariável enquanto se aproxima do disco. Pensando um pouco mais, isso não deveria ser surpreendente. Não existe torque exercido sobre a argila até que ela colida com o disco, de modo que o momentum angular da argila tem de ser constante enquanto ela se mover sobre uma linha reta em direção à borda do disco.

Após a colisão inelástica, o momentum angular final é

$$L_f = L_{argila} + L_{disco} = mRv_f + I_{disco}\omega_f$$

A bola de argila agora se encontra em movimento circular com raio R, de modo que usamos a Equação 12.49 para o momentum angular do movimento circular. O disco gira em torno do eixo de simetria, então podemos usar a Equação 12.54 para expressar seu momentum angular. A velocidade da argila está relacionada ao movimento do disco através de $v_f = R\omega_f$, e o momento de inércia de um disco é encontrado na Tabela 12.2. Assim,

$$L_f = mR(R\omega_f) + \tfrac{1}{2}MR^2\omega_f = (m + \tfrac{1}{2}M)R^2\omega_f$$

A conservação do momentum angular requer que $L_f = L_i$. Igualando as duas expressões previamente obtidas e isolando ω_f, obtemos

$$\omega_f = \frac{mv_i}{(m + \tfrac{1}{2}M)R} = 3{,}17 \text{ rad/s} \times \frac{1 \text{ rev}}{2\pi \text{ rad}} \times \frac{60 \text{ s}}{1 \text{ min}} = 30 \text{ rpm}$$

AVALIAÇÃO O problema foi resolvido da mesma maneira que os problemas sobre momentum linear no Capítulo 9.

Quando o momentum angular — um vetor — é conservado, sua orientação — ao longo do eixo de rotação — deve manter-se inalterada. Isso freqüentemente é demonstrado em aula como ilustrado na **FIGURA 12.62** Uma roda de bicicleta com dois mancais laterais para se segurar é colocada em rotação e, depois, é posta nas mãos de um estudante qualquer. Pede-se a ele, então, que gire a roda em 90°. Para sua surpresa, é *muito difícil fazer isso*.

A razão é que o vetor momentum angular, o qual aponta diretamente para cima, é altamente resistente a variações. Se a roda gira com muita rapidez, um *grande* torque deve ser exercido a fim de fazer $\vec{L}$ variar. Essa estabilidade direcional de um objeto em alta rotação é a razão do emprego de giroscópios nos sistemas operacionais de navios e aviões. Uma vez que o eixo de rotação esteja apontando para o norte, ele se manterá assim enquanto o navio ou o avião se move.

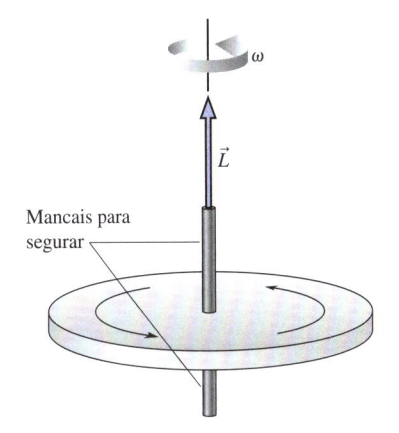

FIGURA 12.62 O caráter vetorial do momentum angular torna difícil girar uma roda de bicicleta em alta rotação.

PARE E PENSE 12.6 Dois baldes giram em círculos horizontais sobre rolamentos de esferas praticamente sem atrito. Subitamente, começa a chover. Como resultado,

a. Os baldes continuam a girar com velocidade angular constante porque a chuva cai verticalmente enquanto o balde move-se horizontalmente.
b. Os baldes continuam a girar com velocidade angular constante porque a energia mecânica total do sistema balde + chuva é conservada.
c. Os baldes aceleram porque a energia potencial da chuva é transformada em energia cinética.
d. O baldes desaceleram porque o momentum angular do sistema balde + chuva é conservado.
e. Estão corretas as alternativas a e b.
f. Nenhuma das anteriores.

RESUMO

O objetivo do Capítulo 12 foi compreender a física de corpos em rotação.

Princípios gerais

Dinâmica da rotação

Cada ponto de um **corpo rígido** que gira em torno de um eixo fixo possui a mesma velocidade angular ω e a mesma aceleração angular α.

A **segunda lei de Newton** para o movimento de rotação é

$$\alpha = \frac{\tau_{res}}{I}$$

Use a cinemática da rotação para determinar os ângulos e as velocidades angulares.

Princípios de conservação

A **energia** de um sistema isolado é conservada.
- Rotação pura $E = K_{rot} + U_g = \frac{1}{2}I\omega^2 + Mgy_{cm}$
- Rolamento $E = K_{rot} + K_{cm} + U_g = \frac{1}{2}I\omega^2 + \frac{1}{2}Mv_{cm}^2 + Mgy_{cm}$

O **momentum angular** é conservado se $\vec{\tau}_{res} = \vec{0}$
- Partícula $\vec{L} = \vec{r} \times \vec{p}$.
- Corpo rígido em rotação em torno de um eixo de simetria $\vec{L} = I\vec{\omega}$.

Conceitos importantes

Torque é o equivalente rotacional de força:

$\tau = rF\text{sen}\phi = rF_t = dF$

A definição vetorial de torque é

$\vec{\tau} = \vec{r} \times \vec{F}$

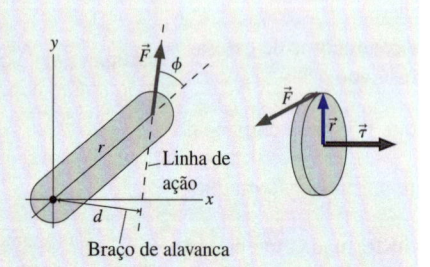

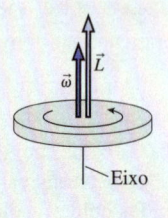

Um sistema de partículas sobre o qual nenhuma força resultante seja exercida descreve uma rotação livre em torno do **centro de massa**:

$$x_{cm} = \frac{1}{M}\int x\, dm \qquad y_{cm} = \frac{1}{M}\int y\, dm$$

O torque gravitacional sobre um corpo pode ser determinado considerando-se que toda a massa M do corpo se concentre em seu centro de massa.

Descrição vetorial da rotação

A velocidade angular $\vec{\omega}$ está ao longo do eixo de rotação com sentido dado pela regra da mão direita.

Para um corpo rígido em rotação em torno de um eixo de simetria, o momentum angular pode ser expresso como $\vec{L} = I\vec{\omega}$.

A segunda lei de Newton é $\dfrac{d\vec{L}}{dt} = \vec{\tau}_{res}$.

O momento de inércia

$$I = \sum_i m_i r_i^2 = \int r^2\, dm$$

é o equivalente rotacional da massa. O momento de inércia depende da maneira como a massa está distribuída em torno do eixo. Se I_{cm} for conhecido, o momento de inércia I em torno de um eixo paralelo ao primeiro e situado a uma distância d deste será dado pelo **teorema dos eixos paralelos**: $I = I_{cm} + Md^2$.

Aplicações

Cinemática da rotação

$\omega_f = \omega_i + \alpha \Delta t$

$\theta_f = \theta_i + \omega_i \Delta t + \frac{1}{2}\alpha(\Delta t)^2$

$v_t = r\omega \qquad a_t = r\alpha$

Equilíbrio de corpos rígidos

Um objeto encontra-se em equilíbrio total somente se $\vec{F}_{res} = \vec{0}$ e $\vec{\tau}_{res} = \vec{0}$.

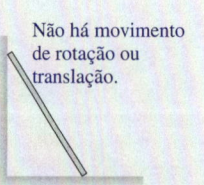

Não há movimento de rotação ou translação.

Movimento de rolamento

Para um objeto que rola sem derrapar,

$V_{cm} = R\omega$

$K = K_{rot} + K_{cm}$

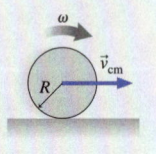

Termos e notação

corpo rígido
modelo de corpo rígido
movimento de translação
movimento de rotação
movimento combinado

centro de massa
energia cinética de rotação, K_{rot}
momento de inércia, I
teorema dos eixos paralelos
torque, τ

linha de ação
braço de alavanca, d
binário
vínculo de rolamento
produto vetorial

regra da mão direita
momentum angular, $\vec{L}$
princípio de conservação do momentum angular

QUESTÕES CONCEITUAIS

1. O centro de massa do haltere da **FIGURA Q12.1** encontra-se no ponto a, b ou c? Explique.

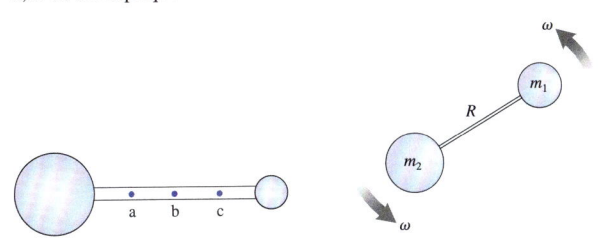

FIGURA Q12.1

FIGURA Q12.2

2. Se a velocidade angular ω se mantiver constante, em que *fator* deve R variar a fim de dobrar a energia cinética de rotação do haltere da **FIGURA Q12.2**?

3. A **FIGURA Q12.3** mostra três discos em rotação, todos de mesma massa. Ordene em seqüência decrescente as energias cinéticas de rotação de K_a a K_c.

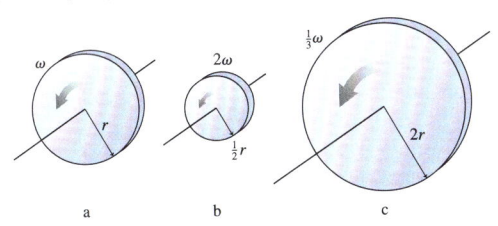

FIGURA Q12.3

4. Um objeto deve estar em rotação para possuir momento de inércia? Explique.

5. O momento de inércia de uma haste homogênea em torno de um eixo que passa por seu centro é $\frac{1}{12}mL^2$. O momento de inércia em torno de um eixo que passa pela extremidade da haste é $\frac{1}{3}mL^2$. Explique *por que* o momento de inércia é maior em torno de uma das extremidades do que em torno do centro.

6. Você dispõe de duas esferas de aço. A esfera 2 tem raio duas vezes maior do que o da esfera 1. Por qual *fator* o momento de inércia I_2 da esfera 2 excede o momento de inércia I_1 da esfera 1?

7. O professor põe em sua mão duas esferas. Elas possuem a mesma massa, o mesmo raio e a mesma superfície exterior. O professor, então, afirma que uma das esferas é maciça e a outra, oca. Você pode determinar qual delas é qual sem ter de abri-las? Em caso afirmativo, como? Em caso negativo, por que não?

8. Seis forças são exercidas na porta da **FIGURA Q12.8**. Ordene em seqüência decrescente os módulos dos seis torque de τ_a a τ_f em torno da dobradiça. Explique o seu ordenamento.

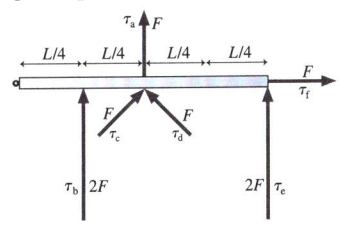

FIGURA Q12.8

9. Os halteres da **FIGURA Q12.9** são todos de mesmo tamanho, e as forças exercidas têm todas o mesmo módulo. Ordene em seqüência decrescente os valores absolutos dos torques de τ_a, τ_b e τ_c. Explique o seu ordenamento.

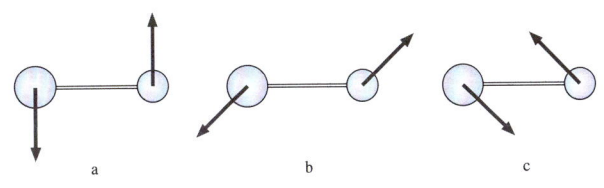

FIGURA Q12.9

10. Um estudante dá um rápido empurrão em uma bola fixada à extremidade de uma haste rígida, como mostrado na **FIGURA Q12.10**, pondo-a em rotação em sentido horário em um círculo *horizontal*. O eixo fixo da haste é livre de atrito.
    a. Quando o estudante empurra, o torque em torno do eixo fixo é positivo, negativo ou nulo?
    b. Depois que terminar de empurrar, a velocidade angular da haste (i) gradualmente aumenta; (ii) aumenta durante algum tempo, depois se mantém constante; (iii) mantém-se estável; (iv) diminui durante algum tempo, depois se mantém estável; ou (v) diminui uniformemente? Explique.
    c. Imediatamente após ter terminado o empurrão, o torque é positivo, negativo ou nulo?

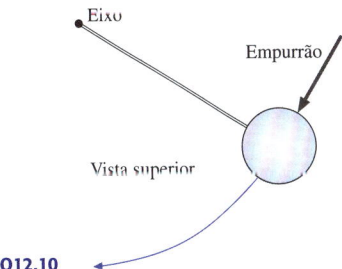

FIGURA Q12.10

11. Ordene em seqüência decrescente os módulos das acelerações angulares de α_a a α_d na **FIGURA Q12.11**. Explique o seu ordenamento.

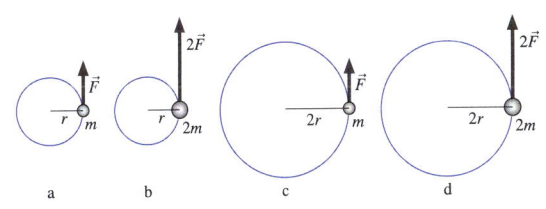

FIGURA Q12.11

12. O cilindro maciço e a casca cilíndrica da **FIGURA Q12.12** possuem a mesma massa, o mesmo raio e giram em torno de eixos horizontais e livres de atrito. (A casca cilíndrica possui aros internos que a prendem ao eixo.) Uma corda é enrolada em volta de cada cilindro e presa a um bloco. Os blocos são de mesma massa e mantidos à mesma altura acima do piso. Os dois são liberados simultaneamente. Qual deles chegará primeiro ao piso? Ou haverá um empate? Explique.

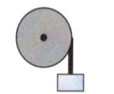

FIGURA Q12.12

13. Um saltador de trampolim na posição lança (pernas retas, mãos sobre os tornozelos) geralmente mergulha para dar uma volta ou uma volta e meia durante o salto. Para completar duas ou três voltas, o saltador assume a posição de dobra (joelhos dobrados, corpo curvado). Por quê?

14. O momentum angular do disco a da **FIGURA Q12.14** é maior, menor ou igual ao momentum angular do disco b? Explique.

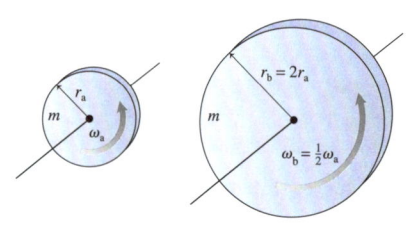

FIGURA Q12.14

EXERCÍCIOS E PROBLEMAS

Exercícios

Seção 12.1 Movimento de rotação

1. | Uma patinadora mantém seus braços estendidos enquanto gira a 180 rpm. Quanto vale a velocidade de suas mãos se elas estão separadas por 140 cm?

2. || Uma furadeira de alta velocidade atinge 2000 rpm em 0,50 s.
   a. Qual á a aceleração angular da furadeira?
   b. Quantas rotações ela completa durante este 0,50 s iniciais?

3. || Uma bicicleta é dotada de uma pedivela com pedais acoplados nas extremidades a 18 cm de distância do eixo de rotação que, por sua vez, está fixado a uma catraca (roda com "dentes" na borda) com 20 cm de diâmetro, sobre a qual a corrente de transmissão se movimenta. Um ciclista pedala a bicicleta a uma taxa de pedalada de 60 rpm e acelera para 90 rpm durante 10 s.
   a. Qual é o valor da aceleração tangencial do pedal?
   b. Que comprimento de corrente passa pela parte superior da catraca durante este intervalo de tempo?

4. || Um ventilador de teto com lâminas de 80 cm de diâmetro gira a 60 rpm. Suponha que o ventilador seja desligado e que suas pás fiquem rodando por 25 s até parar.
   a. Qual é o módulo da velocidade da ponta de uma lâmina 10 s após o ventilador ter sido desligado?
   b. Quantas revoluções ela completa até parar de girar?

Seção 12.2 Rotação em torno do centro de massa

5. | Qual é a distância entre o centro da Terra e o centro de massa do sistema Terra + Lua? Os dados para a Terra e a Lua podem ser encontrados na parte interna da contracapa deste livro.

6. | As três massas mostradas na **FIGURA EX12.6** são ligadas por hastes rígidas e de massas desprezíveis. Quais são as coordenadas do centro de massa?

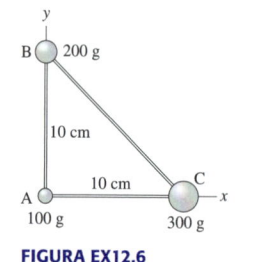

FIGURA EX12.6

7. | As três massas mostradas na **FIGURA EX12.7** são ligadas por hastes rígidas e de massas desprezíveis. Quais são as coordenadas do centro de massa?

8. || Uma bola de 100 g e outra de 200 g, são ligadas por uma haste rígida e de massa desprezível com 30 cm de comprimento. As bolas giram em torno de seu centro de massa conjunto a 120 rpm. Qual é o valor da velocidade da bola de 100 g?

Seção 12.3 Energia de rotação

9. || Qual é a energia cinética de rotação da Terra? Considere que a Terra seja uma esfera homogênea. Os dados para a Terra podem ser encontrados na parte interna da contracapa deste livro.

10. || As três massas de 200 g cada da **FIGURA EX12.10** estão ligadas por hastes rígidas e de massas desprezíveis, formando um triângulo. Qual é a energia cinética de rotação desse triângulo se ele gira a 5,0 rev/s em torno de um eixo que passa pelo centro?

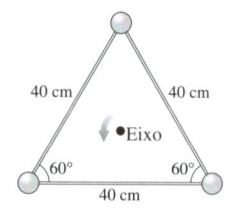

FIGURA EX12.10

11. || Um disco fino de 100 g de massa e 8,0 cm de diâmetro gira em torno de um eixo que passa por seu centro com 0,15 J de energia cinética. Qual é o módulo da velocidade de um ponto da borda do disco?

12. || Um cilindro giratório gira um bastão de 400 g e 96 cm de comprimento a 100 rpm em torno de seu centro de massa. Qual é a energia cinética de rotação do bastão?

13. || Uma bola de 300 g e outra, de 600 g, estão ligadas por uma haste rígida, de massa desprezível, com 40 cm de comprimento. A estrutura gira a 100 rpm em torno de seu centro de massa. Quanto vale a energia cinética de rotação?

Seção 12.4 Calculando o momento de inércia

14. | As quatro massas mostradas na **FIGURA EX12.14** estão ligadas por hastes rígidas e de massas desprezíveis.
   a. Determine as coordenadas do centro de massa.
   b. Determine o momento de inércia em torno de um eixo que passa pela massa A e é perpendicular à página.

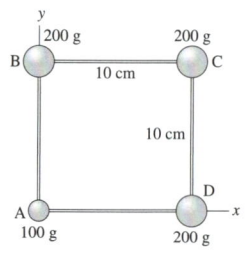

FIGURA EX12.7

FIGURA EX12.14

15. | As quatro massas mostradas na **FIGURA EX12.14** estão ligadas por hastes rígidas e de massas desprezíveis.
  a. Determine as coordenadas do centro de massa.
  b. Determine o momento de inércia em torno de um eixo diagonal que passa pelas massas B e D.

16. | As três massas mostradas na **FIGURA EX12.16** estão ligadas por hastes rígidas e de massas desprezíveis.
  a. Determine as coordenadas do centro de massa.
  b. Determine o momento de inércia em torno de um eixo que passa pela massa A e é perpendicular à página.
  c. Determine o momento de inércia em torno de um eixo que passa através das massas B e C.

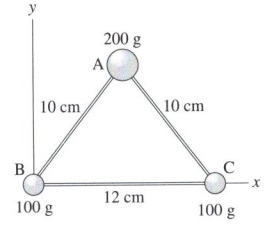

FIGURA EX12.16

17. || Uma porta maciça de 25 kg tem 220 cm de altura e 91 cm de largura. Qual é o momento de inércia da porta para rotações (a) em torno das dobradiças e (b) em torno de um eixo vertical dentro da porta, a 15 cm de um dos lados da mesma?

18. || Um CD com 12 cm de diâmetro tem massa de 21 g. Qual é o momento de inércia do CD para rotações em torno de um eixo perpendicular ao mesmo e que passa (a) pelo centro do disco e (b) pela borda do disco?

Seção 12.5 Torque

19. | Na **FIGURA EX12.19**, qual é o torque resultante em torno do eixo indicado?

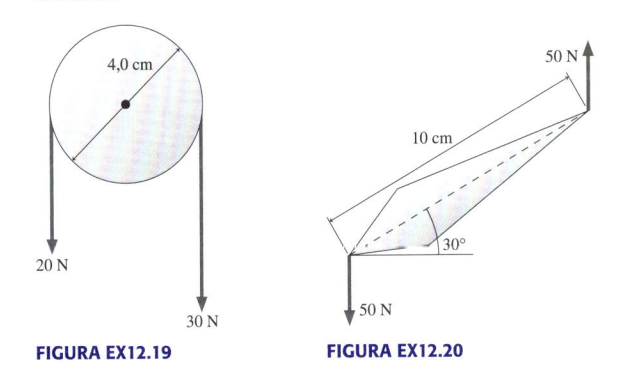

FIGURA EX12.19

FIGURA EX12.20

20. || Na **FIGURA EX12.20**, qual é o torque resultante em torno do centro de massa?

21. | As especificações de um carro exigem que as velas de ignição sejam apertadas com um torque de 38 N m. Você planeja apertá-las usando uma chave de roda com 25 cm de comprimento. Devido ao reduzido espaço sob o capô do motor, você tem de empurrar segundo um ângulo de 120° com o braço da chave. Com que valor de força você deve empurrar a chave?

22. || O disco de 20 cm de diâmetro da **FIGURA EX12.22** pode girar em torno de um eixo que passa pelo centro. Qual é o torque resultante em torno do eixo?

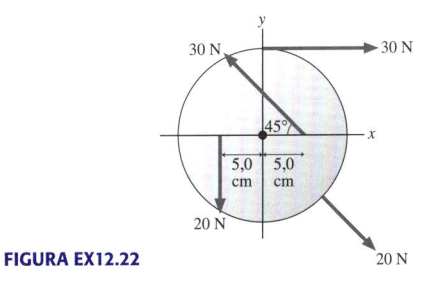

FIGURA EX12.22

23. || Uma viga de aço de 500 kg e 4,0 m de comprimento estende-se horizontalmente a partir do ponto onde foi aparafusada à estrutura de um edifício em construção. Um operário de 70 kg está em pé na outra extremidade da viga. Qual é o módulo do torque em torno do ponto onde a barra foi aparafusada?

24. || Um ginasta segura uma bola de 3,0 kg na mão. Seu braço tem 70 cm de comprimento e uma massa de 4,0 kg. Qual é o módulo do torque em torno do ombro se ele mantém o braço
  a. Reto e paralelo ao solo?
  b. Reto, porém formando 45° abaixo da horizontal?

Seção 12.6 Dinâmica da rotação

Seção 12.7 Rotações em torno de um eixo fixo

25. | O momento de inércia de um objeto vale 2,0 kg m². Sua velocidade angular cresce a uma taxa de 4,0 rad/s por segundo. Qual é o torque exercido sobre o objeto?

26. || Um objeto cujo momento de inércia vale 4,0 kg m² experimenta o torque representado na **FIGURA EX12.26**. Qual é a velocidade angular do objeto em $t = 3,0$ s? Considere que ele parta do repouso.

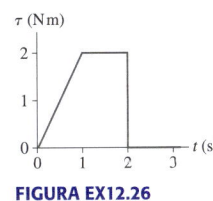

FIGURA EX12.26

27. || Uma bola de 1,0 kg e outra, de 2,0 kg, são ligadas por uma haste rígida e de massa desprezível com 1,0 m de comprimento. A haste gira em sentido horário em torno de seu centro de massa a 20 rpm. Que valor de torque a levará ao repouso em 5,0 s?

28. || Um disco de plástico de 200 g e 20 cm de diâmetro é girado em torno de um eixo central por meio de um motor elétrico. Que valor de torque o motor deve produzir a fim de acelerar o disco desde 0 até 1.800 rpm em 4,0 s?

29. || Partindo do repouso, um CD de 12 cm de que é diâmetro leva 3,0 s para atingir sua velocidade normal de operação, que é de 2.000 rpm. Considere que a aceleração angular seja constante. O momento de inércia do disco é de $2,5 \times 10^{-5}$ kg m².
  a. Que valor de torque deve ser exercido sobre o disco?
  b. Quantas revoluções ele fará até atingir a velocidade final?

30. || O modelo de foguete de 200 g mostrado na **FIGURA EX12.30** produz 4,0 N de empuxo. Ele gira descrevendo um círculo horizontal, preso à extremidade de uma haste rígida de 100 g. Quanto vale sua aceleração angular?

FIGURA EX12.30

Seção 12.8 Equilíbrio estático

31. || Quanto torque o pino deve exercer a fim de impedir que a haste da **FIGURA EX12.31** gire?

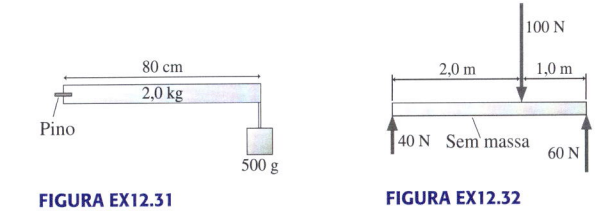

FIGURA EX12.31

FIGURA EX12.32

32. || O objeto da **FIGURA EX12.32** se encontra em equilíbrio? Explique.

33. ‖ Os dois objetos da **FIGURA EX12.33** equilibram-se sobre um pivô. Quanto vale a distância *d*?

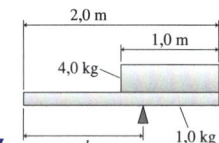

FIGURA EX12.33

34. ‖ Um gato de 5,0 kg e um pote com atum estão posicionados nas extremidades opostas de uma gangorra de 4,0 m de comprimento. A que distância à esquerda do pivô deve posicionar-se um gato de 4,0 kg a fim de que a gangorra fique em equilíbrio?

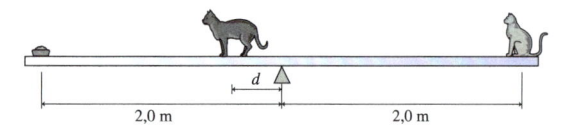

FIGURA EX12.34

Seção 12.19 Movimento de rolamento

35. ‖ O pneu de um carro tem 60 cm de diâmetro. O carro trafega a 20 m/s.
  a. Qual é a freqüência de rotação do pneu, em rpm?
  b. Quanto vale a velocidade do ponto superior da borda do pneu?
  c. Quanto vale a velocidade do ponto inferior da borda do pneu?

36. ‖ Uma lata de 500 g e 8,0 cm de diâmetro rola sobre o piso a 1,0 m/s. Qual é a energia cinética da lata?

37. ‖ Uma esfera de 8,0 cm de diâmetro e 400 g de massa é liberada, a partir do repouso, do topo de uma rampa com 2,1 m de comprimento e inclinação de 25°. Ela rola até a base da rampa, sem deslizar.
  a. Quanto vale a velocidade angular da esfera na base da rampa?
  b. Que fração de sua energia cinética é energia de rotação?

Seção 12.10 A descrição vetorial do movimento de rolamento

38. | Calcule os produtos vetoriais $\vec{A} \times \vec{B}$ e $\vec{C} \times \vec{D}$.

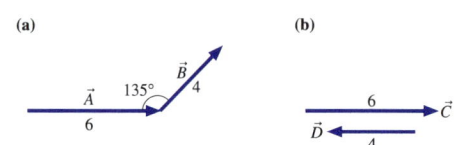

FIGURA EX12.38

39. | Calcule os produtos vetoriais $\vec{A} \times \vec{B}$ e $\vec{C} \times \vec{D}$

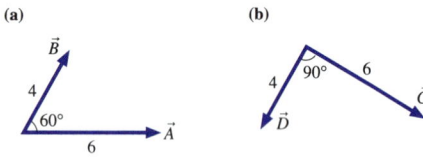

FIGURA EX12.39

40. | a. Qual é o resultado de $(\hat{i} \times \hat{j}) \times \hat{i}$?
  b. Qual é o resultado de $\hat{i} \times (\hat{j} \times \hat{i})$?

41. | a. Qual é o resultado de $\hat{i} \times (\hat{i} \times \hat{j})$?
  b. Qual é o resultado de $(\hat{i} \times \hat{j}) \times \hat{k}$?

42. | Considere os vetores $\vec{A} = 3\hat{i} + \hat{j}$ e $\vec{B} = 3\hat{i} - 2\hat{j} + 2\hat{k}$.
  a. Qual é o produto vetorial $\vec{A} \times \vec{B}$?
  b. Mostre os vetores $\vec{A}$, $\vec{B}$ e $\vec{A} \times \vec{B}$ em um sistema de coordenadas tridimensional.

43. | Considere o vetor $\vec{C} = 3\hat{i}$.
  a. Qual é o vetor $\vec{D}$ tal que $\vec{C} \times \vec{D} = \vec{0}$?
  b. Qual é o vetor $\vec{E}$ tal que $\vec{C} \times \vec{E} = 6\hat{k}$?
  c. Qual é o vetor $\vec{F}$ tal que $\vec{C} \times \vec{F} = -3\hat{j}$?

44. | A força $\vec{F} = -10\hat{j}$ N é exercida sobre uma partícula localizada em $\vec{r} = (5\hat{i} + 5\hat{j})$ m. Qual é o torque sobre a partícula em torno da origem?

45. | A força $\vec{F} = (-10\hat{i} + 10\hat{j})$ N é exercida sobre uma partícula localizada em $\vec{r} = 5\hat{j}$ m. Qual é o torque sobre a partícula em torno da origem?

46. ‖ Qual é o módulo e qual é a orientação do momentum angular relativo à origem da partícula de 200 g da **FIGURA EX12.46**?

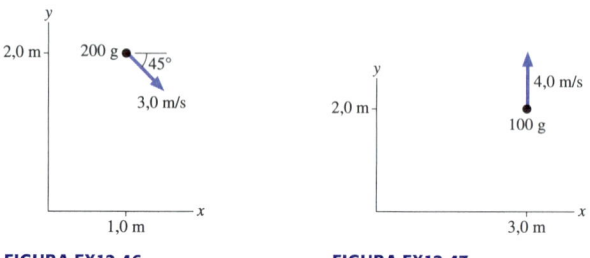

FIGURA EX12.46

FIGURA EX12.47

47. ‖ Qual é o módulo e qual é a orientação do momentum angular relativo à origem da partícula de 100 g da **FIGURA EX12.47**?

Seção 12.11 Momentum angular de um corpo rígido

48. ‖ Qual é o momentum angular da haste de 500 g em rotação mostrada na **FIGURA EX12.48**?

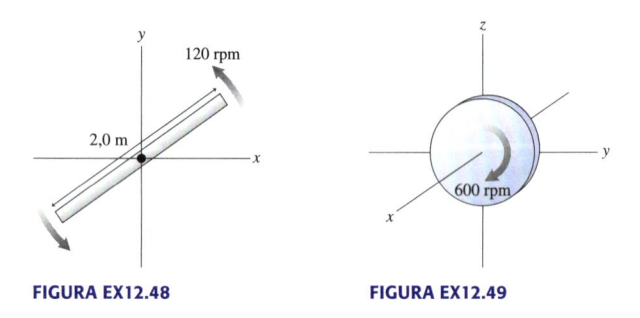

FIGURA EX12.48

FIGURA EX12.49

48. ‖ Qual é o momentum angular do disco de 2,0 kg e 4,0 cm de diâmetro em rotação mostrado na **FIGURA EX12.49**?

50. ‖ Com que velocidade, em rpm, teria de girar uma bola de praia de 100 g e 50 cm de diâmetro a fim de possuir um momentum angular de 0,10 kg m²/s?

Problemas

51. ‖ Uma roda de 60 cm de diâmetro rola a 20 m/s. Qual é o valor da velocidade do ponto frontal da borda da roda?

52. ‖ Um triângulo eqüilátero com 5,0 cm de lado gira em torno de seu centro de massa a 120 rpm. Quanto vale a velocidade de um vértice do triângulo?

53. ‖ Uma chapa de aço de 800 g tem a forma do triângulo isósceles mostrado na **FIGURA P12.53**. Quais são as coordenadas *x* e *y* do centro de massa?
  Sugestão: divida o triângulo em tiras verticais de largura *dx* cada uma, depois relacione a massa *dm* de uma tira dessas na posição *x* com os valores de *x* e de *dx*.

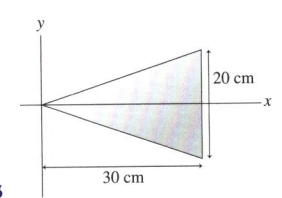

FIGURA P12.53

54. ‖ Quais são as coordenadas x e y do centro de massa da chapa homogênea de aço mostrada na **FIGURA P12.54**?

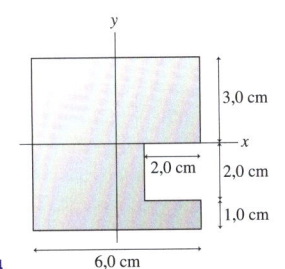

FIGURA P12.54

55. ‖ Qual é o momento de inércia de um disco de 2,0 kg, com 20 cm de diâmetro, para rotações em torno de um eixo (a) que passa pelo centro e (b) que passa pela borda do disco?

56. ‖ Determine o momento de inércia em torno do eixo do objeto mostrado na **FIGURA P12.56**.

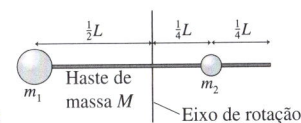

FIGURA P12.56

57. ‖ Integrando diretamente, calcule o momento de inércia de uma haste delgada de Massa M e comprimento L em torno de um eixo localizado a uma distância d de uma das extremidades. Confirme se sua resposta concorda com a Tabela 12.2 quando $d = 0$ e quando $d = L/2$.

58. ‖ a. Um disco de massa M e raio R tem um buraco de raio r centrado no eixo de simetria. Calcule o momento de inércia do disco.
  b. Confirme se sua resposta concorda com a Tabela 12.2 quando $r = 0$ e quando $r = R$.
  c. Um disco de 4,0 cm de diâmetro com um buraco de 3,0 cm de diâmetro desce rolando uma rampa com 50 cm de comprimento e 20° de inclinação. Qual é o valor da velocidade na base da rampa? Isso corresponde a que percentagem da rapidez de uma partícula que desliza por esta rampa sem atrito?

59. ‖ Calcule o momento de inércia de uma chapa retangular para rotações em torno de um eixo perpendicular à chapa e que passa por seu centro.

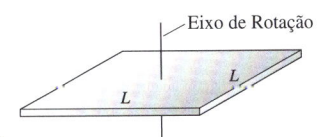

FIGURA P12.59

60. ‖ Calcule o momento de inércia da chapa de aço da **FIGURA P12.53** para rotações em torno de um eixo perpendicular à chapa e que passa pela origem.

61. ‖ Uma escada de 3,0 m de comprimento, mostrada na Figura 12.39, inclina-se contra uma parede sem atrito. O coeficiente de atrito estático entre a escada e o piso é de 0,40. Qual é o mínimo valor de ângulo que a escada pode fazer com a parede sem escorregar?

62. ‖ Uma viga rígida com 3,0 m de comprimento e massa de 100 kg é apoiada em cada extremidade. Um estudante de 80 kg encontra-se em pé a 2,0 m do suporte 1. Que valor de força cada suporte exerce sobre a viga?

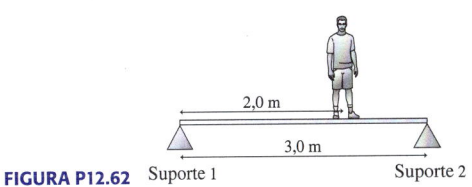

FIGURA P12.62 Suporte 1   Suporte 2

63. ‖ Um trabalhador de construção com 80 kg encontra-se a 2,0 m da extremidade de uma viga de aço de 1.450 kg, comendo seu almoço. A especificação de fábrica do cabo que suporta a viga é de 15.000 N. O trabalhador deveria estar preocupado?

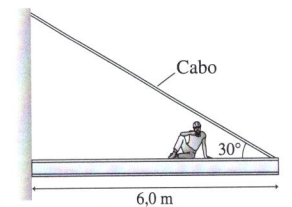

FIGURA P12.63

64. ‖ Uma viga de 40 kg e 5,0 m de comprimento é sustentada, sem estar fixada, pelas duas pilastras mostradas na **FIGURA P12.64**. Um garoto de 20 kg começa a caminhar ao longo da viga. Quão próximo ele pode chegar da extremidade direita da viga sem que ela tombe?

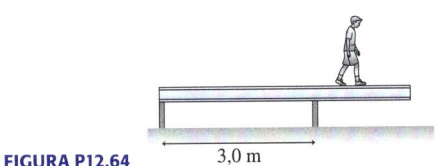

FIGURA P12.64

65. ‖ Sua tarefa em um concurso de ciência é empilhar quatro blocos idênticos, cada um de comprimento L, até que o tijolo superior fique o mais à direita possível sem que a pilha desabe. É possível, como mostrado na **FIGURA P12.65**, empilhar os tijolos de modo que nenhuma parte do tijolo superior esteja sobre a mesa? Responda a esta questão determinando o máximo valor possível para d.

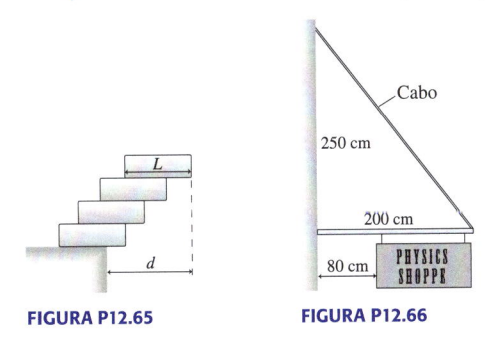

FIGURA P12.65   **FIGURA P12.66**

66. ‖ Uma placa com 120 cm de largura está suspensa por uma haste de 5,0 kg e 200 cm de comprimento. Um cabo de massa desprezível sustenta a extremidade da haste, como mostrado na **FIGURA P12.66**. Qual é o máximo valor de massa que a placa pode ter se a tensão máxima que o cabo suporta sem se romper é de 300 N?

67. ‖ Um bloco de 3,0 kg é preso a um barbante que é enrolado ao redor de um cilindro *oco* de 2,0 kg e 4,0 cm de diâmetro, que pode girar livremente. (Use a Figura 12.34, mas considere o cilindro como oco.) O bloco é liberado 1,0 m acima do chão.
  a. Use a segunda lei de Newton para determinar o valor da velocidade do bloco ao tocar o chão.
  b. Use a conservação da energia para determinar o valor da velocidade do bloco ao tocar o chão.

68. ‖ Uma barra de 500 g e 60 cm de comprimento gira em um plano horizontal em torno de um eixo que passa por seu centro. Ar comprimido, injetado através do eixo, passa por um pequeno orifício abaixo da barra e sai sob a forma de pequenos jatos de ar através de furos nas extremidades da barra. Os jatos são perpendiculares ao eixo da barra. Partindo do repouso, ao final de 10 s a barra gira com uma freqüência angular de 150 rpm.
  a. Que intensidade de força cada jato de ar que escapa exerce sobre a barra?
  b. Se o eixo de rotação estivesse localizado em uma das extremidades da barra, com os jatos de ar mantidos inalterados, qual seria a velocidade angular da barra ao final de 10 s de movimento?

69. ‖ Volantes são grandes rodas maciças usadas para armazenar energia. Elas podem ser postas a girar lentamente, e depois a energia da roda pode ser liberada rapidamente para a realização de uma tarefa que demande alta potência. Um volante industrial com 1,5 m de diâmetro possui massa de 250 kg. Sua velocidade angular máxima é de 1.200 rpm.
  a. Um motor faz o volante girar exercendo sobre ele um torque constante de 50 N m. Quanto tempo decorre até que o volante atinja a velocidade máxima?
  b. Que valor de energia estará, então, armazenada no volante?
  c. O volante é desconectado do motor e conectado a uma máquina à qual deve fornecer energia. Metade da energia armazenada no volante é fornecida em 2,0 s. Qual é a potência média fornecida à máquina?
  d. Que valor de torque o volante exerce sobre a máquina?

70. ‖ Os dois blocos da **FIGURA P12.70** estão ligados por uma corda de massa desprezível que passa por uma polia. Esta tem 12 cm de diâmetro e uma massa de 2,0 kg. Quando a polia gira, o atrito com o eixo exerce um torque de módulo igual a 0,50 N m. Se os blocos forem liberados do repouso, quanto tempo decorrerá até que o bloco de 4,0 kg atinja o piso?

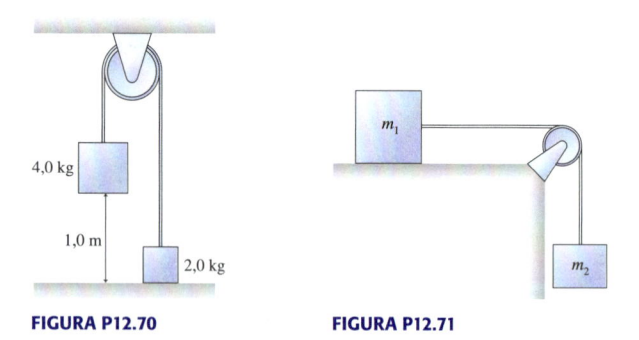

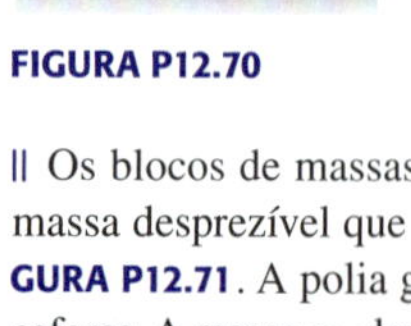

FIGURA P12.70

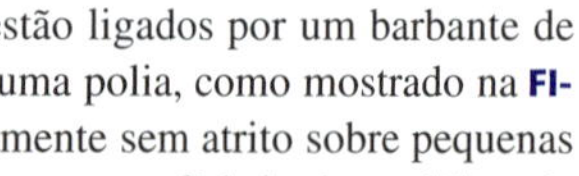

FIGURA P12.71

71. ‖ Os blocos de massas m_1 e m_2 estão ligados por um barbante de massa desprezível que passa por uma polia, como mostrado na **FIGURA P12.71**. A polia gira praticamente sem atrito sobre pequenas esferas. A massa m_1 desliza sobre uma superfície horizontal livre de atrito. A massa m_2 é liberada a partir do repouso.
  a. Considere que a massa da polia seja desprezível. Determine a aceleração de m_1 e a tensão no barbante. Este é um problema de revisão do Capítulo 7.
  b. Suponha que a polia tenha massa m_p e raio R. Determine a aceleração de m_1 e a tensão nas partes superior e inferior do barbante. Verifique se suas respostas concordam com o item a para o caso de $m_p = 0$.

72. ‖ O disco de 2,0 kg e 30 cm de diâmetro da **FIGURA P12.72** gira a 300 rpm. Que valor de força de atrito deve o freio exercer na borda do disco a fim de pará-lo em 30 s?

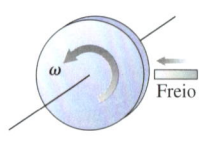

FIGURA P12.72

73. ‖ Suponha que o túnel de conexão do Exemplo 12.11 tenha uma massa de 50.000 kg.
  a. A que distância do foguete de 100.000 kg se encontra o centro de massa da estrutura inteira?
  b. Qual é a velocidade angular da estrutura após 3,0 s?

74. ‖‖ Uma esfera oca está rolando sobre um piso horizontal a 5,0 m/s quando chega à base de uma rampa com 30° de inclinação. Que distância ela percorrerá rolando na rampa antes de inverter seu movimento?

75. ‖ As massas M e m estão ligadas por uma haste rígida, de massa desprezível e comprimento L. Elas giram em torno de um eixo perpendicular situado a uma distância x da massa M.
  a. Para rotação com velocidade angular ω, para que valor de x esse haltere giratório possui energia de rotação mínima?
  b. Qual é o significado físico deste valor de x?

76. ‖ Um disco de 5,0 kg e 60 cm de diâmetro gira em torno de um eixo que passa pela borda do disco. O eixo é paralelo ao piso. O disco é mantido com seu centro de massa na altura do eixo e, depois, é liberado.
  a. Qual é a aceleração angular inicial do cilindro?
  b. Qual é a velocidade angular do cilindro quando ele estiver diretamente abaixo do eixo?

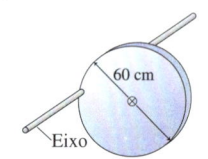

FIGURA P12.76

77. ‖ Um aro de massa M e raio R gira em torno de um eixo que passa pela borda do aro. Partindo de sua posição mais alta, é dado um pequeno empurrão no disco a fim de pô-lo em rotação. Na posição mais baixa, quanto vale (a) a velocidade angular e (b) a velocidade do ponto inferior do disco?

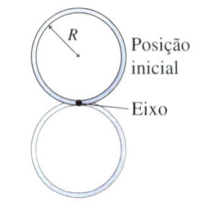

FIGURA P12.77

78. ‖ Uma haste comprida e delgada, de massa M e comprimento L, está em pé sobre uma mesa. Sua extremidade inferior gira sobre um pivô livre de atrito. Um empurrão muito fraco faz a haste tombar. Ao colidir com a mesa, quanto vale (a) a velocidade angular e (b) a velocidade da extremidade superior da haste?

79. ‖ Uma esfera de massa M e raio R é rigidamente fixada a um bastão fino de raio r que passa por dentro dela, a uma distância $\frac{1}{2}R$ de seu centro. Um barbante é enrolado em torno do bastão e o puxa com uma tensão T. Determine uma expressão para a aceleração angular da esfera. O momento de inércia do bastão é desprezível.

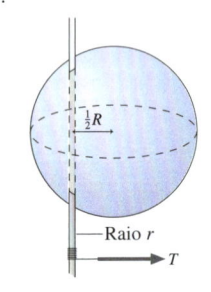

FIGURA P12.79

80. ‖ Em seu aniversário, você foi presenteado com uma polia. Trata-se de uma polia realmente grande, com 12 cm de diâmetro e massa de 2,0 kg. Você está preocupado em saber se a polia é homogênea, ou seja, se sua massa está igualmente distribuída ou está mais concentrada próximo ao eixo ou à borda. Para descobrir, você pendura a polia em um gancho, enrola várias voltas de barbante em torno dela e suspende nela seu livro de física de 1,0 kg a 1,0 m acima do piso. Com um cronômetro, você constata que decorrem 0,71 s para que o livro atinja o piso. O que você pode concluir a respeito da polia?

81. ‖ Um satélite descreve a órbita elíptica mostrada. A única força exercida sobre o satélite é a atração gravitacional do planeta. O módulo da velocidade do satélite neste ponto é de 8.000 m/s.
    a. Algum torque é exercido sobre o satélite?
    b. Qual é o módulo da velocidade do satélite no ponto b?
    c. Qual é o módulo da velocidade do satélite no ponto c?

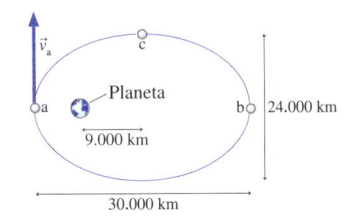

FIGURA P12.81

82. ‖ A **FIGURA P12.82** mostra duas bolas de argila aproximando-se uma da outra.
    a. Calcule o momentum angular total em relação à origem neste instante.
    b. Calcule o momentum angular total um instante antes da colisão.
    c. Calcule o momentum angular total um instante após a colisão.

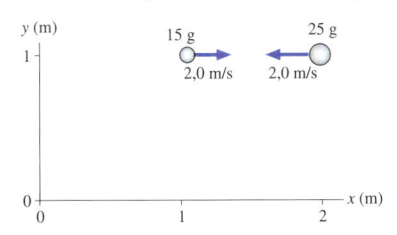

FIGURA P12.82

83. ‖ Um bloco de madeira de 2,0 kg está suspenso preso à extremidade inferior de uma haste de 1,0 kg e 1,0 m de comprimento. O bloco e a haste constituem um pêndulo que oscila sobre um eixo fixo livre de atrito que passa pela outra extremidade da haste. Uma bala de 10 g é disparada contra o bloco, onde se incrusta, fazendo o pêndulo oscilar até um ângulo de 30°. Qual era o valor de velocidade da bala? Você pode considerar o bloco de madeira como uma partícula.

84. ‖ Uma bala de 10 g colide a 400 m/s com uma porta de 10 kg e 1,0 m de largura, atingindo-a na borda do lado oposto ao das dobradiças. A bala se incrusta na porta, abrindo-a. Qual é a velocidade angular da porta logo após o impacto?

85. ‖ Uma esfera maciça de raio R é posicionada a uma altura de 30 cm sobre uma rampa com 15° de inclinação. Ela é liberada e rola, sem deslizar, até a base da rampa.
    a. De que altura deveria ser liberado um aro circular de raio R, sobre a mesma rampa, a fim de ter o mesmo valor de velocidade da esfera na base da rampa?
    b. Um aro circular com diâmetro diferente pode ser liberado de uma altura de 30 cm e ter o mesmo valor de velocidade da esfera na base da rampa? Em caso afirmativo, qual é seu diâmetro? Em caso negativo, por que não?

86. ‖ Uma mesa giratória de 2,0 kg e 20 cm de diâmetro gira a 100 rpm sobre um rolamento de pequenas esferas sem atrito. Dois blocos de 500 g cada caem sobre a mesa, colidindo simultaneamente com a mesa em extremidades opostas da mesma, grudando-se a ela. Qual é a velocidade angular da mesa giratória, em rpm, logo após este evento?

87. ‖‖ Uma mesa giratória de 200 g e 40 cm de diâmetro gira sem atrito a 60 rpm sobre um rolamento de pequenas esferas. Um bloco de 20 g está posicionado no centro da mesa giratória. Uma mola comprimida empurra o bloco na direção radial, em direção à borda da mesa, sobre a superfície sulcada livre de atrito da mesa giratória. Qual é a velocidade angular da mesa giratória quando o bloco atinge a borda da mesa?

88. ‖ O carrossel é um brinquedo bastante comum em *playgrounds*. Um carrossel de 3,0 m de diâmetro e massa de 250 kg gira a 20 rpm. John corre tangencialmente à borda do carrossel, a 5,0 m/s, no mesmo sentido da rotação, salta sobre ele e senta-se sobre sua borda. A massa de John é de 30 kg. Qual é a velocidade angular do carrossel, em rpm, logo após John ter saltado e sentado sobre ele?

89. ‖ Um carrinho de brinquedo elétrico é colocado sobre um estreito trilho circular de 60 cm de diâmetro, cuja ranhura força-o a se mover em um círculo. O trilho, de 1,0 kg, é livre para girar em torno de um eixo vertical sem atrito. As hastes radiais do trilho possuem massas desprezíveis. Após o carrinho ser ligado, ele logo atinge uma rapidez final constante de 0,75 m/s em relação ao trilho. Qual é, então, a velocidade angular do trilho, em rpm?

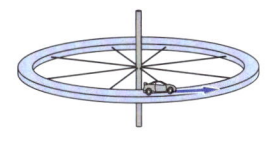

FIGURA P12.89

90. ‖ Uma patinadora de 45 kg está girando sobre as pontas de seus patins a 1,0 rev/s. Seus braços estão esticados ao máximo para fora do corpo. Nesta posição, a patinadora pode ser considerada como tendo um tronco cilíndrico (40 kg, 20 cm de diâmetro médio e 160 cm de altura) mais dois braços do tipo barra (de 2,5 kg cada, com 66 cm de comprimento) fixados para fora do tronco. A patinadora, então, eleva os braços esticados para a posição vertical, posição em que ela parece ser um cilindro de 45 kg, com 20 cm de diâmetro e 200 cm de altura. Qual é a nova freqüência de rotação, em revoluções por segundo?

Problemas desafiadores

91. Na **FIGURA PD12.91**, uma bola de gude desce rolando um trilho que possui uma parte em *loop* com raio R. A bolinha possui massa m e raio r. Que altura mínima h deve ter o trilho a fim de que a bola de gude consiga completar o *loop* sem cair?

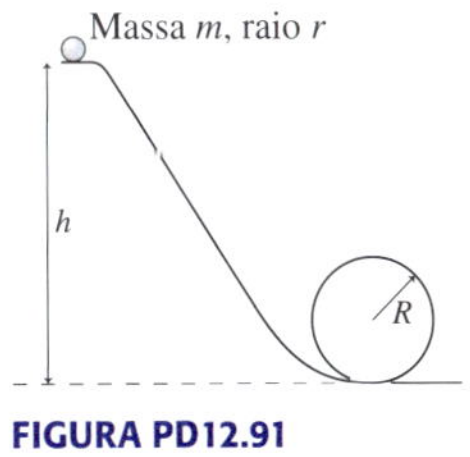

FIGURA PD12.91

92. A **FIGURA PD12.92** mostra um pedaço triangular de queijo suíço em pé sobre uma tábua de queijos. Você e seus colegas estão se perguntando sobre o que acontecerá se você for inclinando lentamente a tábua, aumentando gradativamente o ângulo θ indicado na figura. Emily acha que o queijo começará a deslizar antes que tombe. Fred acha que o queijo tombará antes de deslizar. Uma rápida pesquisa que você faz na internet revela que o coeficiente de atrito estático do queijo suíço contra a madeira vale 0,90. Quem está com a razão?

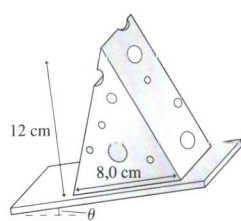

FIGURA PD12.92

93. ‖ Um cubo de massa m desliza sem atrito com velocidade v_0. Ele, então, sofre uma colisão perfeitamente elástica com a extremidade inferior de uma haste de comprimento d e massa $M = 2m$. A haste está presa a um eixo livre de atrito que passa por seu centro e, inicialmente, encontra-se na posição vertical, em repouso. Qual será a velocidade do cubo — módulo e orientação — após a colisão?

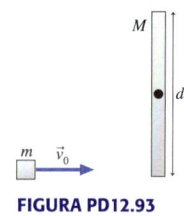

FIGURA PD12.93

94. Uma haste de 75 g e 30 cm de comprimento está suspensa verticalmente por um eixo horizontal, livre de atrito, que passa por seu centro. Uma bola de argila de 10 g, deslocando-se horizontalmente a 2,5 m/s, colide com a haste e gruda-se exatamente à sua extremidade inferior. Até que máximo valor de ângulo, medido com relação à vertical, a haste (junto com a argila) irá girar?

95. Durante a maior parte de sua vida, uma estrela possui um tamanho de equilíbrio em que a força da gravidade sobre cada átomo, atraindo-o para dentro, é contrabalançada pela força de pressão, orientada para fora, devido ao calor gerado pelas reações nucleares no núcleo da estrela. Todavia, depois que o hidrogênio "combustível" é consumido pela fusão nuclear, a força de pressão diminui abruptamente e a estrela sofre um *colapso gravitacional* até tornar-se uma *estrela de nêutrons*. Neste tipo de estrela, os elétrons e os prótons dos átomos foram esmagados uns contra os outros pela gravidade até fundirem-se em nêutrons. As estrelas de nêutrons giram muito rapidamente e emitem intensos pulsos de ondas de rádio e de luz, um pulso a cada rotação. Estas "estrelas que pulsam" foram descobertas na década de 1960 e são chamadas de *pulsares*.

a. Uma estrela com a massa ($M = 2,0 \times 10^{30}$ kg) e o tamanho ($R = 7,0 \times 10^8$ m) de nosso Sol gira originalmente uma vez a cada 30 dias. Após sofrer um colapso gravitacional, a estrela torna-se um pulsar, que foi observado pelos astrônomos emitindo pulsos de rádio a cada 0,10 s. Tratando a estrela de nêutrons como uma esfera maciça, estime o valor de seu raio.

b. Qual é o valor de velocidade de um ponto situado no equador da estrela de nêutrons? Sua resposta deverá ser um tanto superestimada, porque uma estrela não pode realmente ser considerada como uma esfera maciça. Ainda assim, você deverá ser capaz de mostrar que uma estrela, com massa cerca de 10^6 vezes maior do que a da Terra, pode ser comprimida por forças gravitacionais até um tamanho menor do que um estado típico do Brasil!

96. Um professor de física encontra-se em pé, em repouso, sobre uma plataforma giratória de 5,0 kg e 50 cm de diâmetro capaz de girar sem atrito. Seu ajudante possui uma roda de bicicleta com 64 cm de diâmetro à qual 4,0 kg de pedaços de chumbo foram presos ao aro. Existe um mancal de cada lado do eixo da roda, de modo que se pode segurá-la enquanto ela gira. O ajudante põe a roda a girar a 180 rpm e a mantém girando em um plano horizontal (a rotação se dá em torno de um eixo vertical) tal que a rotação se dá em sentido anti-horário quando vista a partir do teto da sala de aula. Ele, então, entrega a roda girando ao professor.

a. Quando o professor pega a roda pelos mancais laterais e o assistente a solta, algo acontece com o professor? Em caso afirmativo, *descreva* o movimento do professor e *calcule* quaisquer grandezas que sejam relevantes. Em caso negativo, explique por que não.

b. Agora o professor gira o eixo da roda em 180°, de modo que o mancal, que antes estava em cima da roda, passa agora a estar embaixo da mesma. Algo acontece com o professor? Em caso afirmativo, *descreva* o movimento do professor e *calcule* quaisquer grandezas que sejam relevantes. Em caso negativo, explique por que não.

Sugestão: você precisará usar *modelos* para tratar tanto o professor quanto a roda. O professor tem uma massa total de 75 kg. Suas pernas e seu tronco somam 70 kg. Eles possuem um diâmetro médio de 20 cm e uma altura de 180 cm. Os braços dele são de 2,5 kg cada, e ele segura a roda mantendo os mancais a 45 cm do centro de seu corpo. Não esqueça de que a roda *tanto* gira *quanto* se desloca junto com o professor.

RESPOSTAS DAS QUESTÕES DO TIPO PARE E PENSE

Pare e Pense 12.1: d. ω é negativo porque a rotação se dá em sentido horário. Uma vez que ω é negativo e está se tornando cada vez *mais* negativo, a variação $\Delta\omega$ também é negativa. Logo, α é negativa.

Pare e Pense 12.2: $I_a > I_d > I_b > I_c.$ O momento de inércia é menor quando a massa está mais concentrada próxima ao eixo.

Pare e Pense 12.3: $\tau_e > \tau_a = \tau_d > \tau_b > \tau_c.$ O componente tangencial em e tem valor maior do que 2 N.

Pare e Pense 12.4: $\alpha_b > \alpha_a > \alpha_c = \alpha_d = \alpha_e.$ A aceleração angular é proporcional ao torque e inversamente proporcional ao momento de inércia. Este depende do *quadrado* do raio. O componente tangencial de força em e é o mesmo que em d.

Pare e Pense 12.5: c > d > a = b. Para manter a régua em equilíbrio, o estudante deve produzir um torque de mesmo módulo, mas oposto ao torque produzido pelas massas suspensas. O torque depende da massa e de como a mesma está distribuída em torno do eixo.

Pare e Pense 12.6: d. Não existe torque resultante sobre o sistema balde + chuva, portanto seu momentum angular é conservado. O acréscimo de massa na borda externa do círculo aumenta I, portanto ω deve diminuir. A energia mecânica não é conservada porque as colisões das gotas de chuva são inelásticas.

13 A Teoria de Newton da Gravitação

Os belos anéis de Saturno consistem em incontáveis cristais de gelo medindo centímetros, todos orbitando o planeta sob a influência da gravidade.

▶ **Olhando adiante**
O objetivo do Capítulo 13 é utilizar a teoria de Newton da gravitação para entender o movimento de satélites e de planetas. Neste capítulo, você aprenderá a:

- Contextualizar historicamente a descoberta de Newton sobre a lei da gravitação.
- Usar a teoria de Newton da gravitação para resolver problemas sobre movimento orbital.
- Entender as leis de Kepler sobre as órbitas planetárias.
- Entender e utilizar a energia potencial gravitacional.

◀ **Em retrospectiva**
A teoria de Newton da gravitação depende do movimento circular uniforme. Revise:

- Seção 6.3 Gravidade e peso
- Seções 8.3 e 8.4 Movimento circular uniforme e órbitas circulares
- Seção 10.2 Energia potencial gravitacional
- Seção 12.10 Momentum angular

Todas as culturas antigas eram fascinadas pelo movimento celeste. Sem as luzes da cidade e a neblina urbana, o céu noturno e o Sol durante o dia eram experiências poderosas e constantes. Quem quer que tenha construído Stonehenge certamente o utilizou como observatório solar, e os babilônios antigos aprenderam a prever a ocorrência de eclipses solares.

Nossa fascinação pelo céu e pelas estrelas não diminuiu no século XXI. Hoje, nosso interesse pode estar nas galáxias, nos buracos negros e no *Big Bang*, mas ainda estamos explorando o céu. Uma das descobertas mais importantes da ciência é que uma força predominante prevalece por todo o Universo. Esta força é responsável por fenômenos que variam de ônibus espaciais em órbita e eclipses solares à dinâmica das galáxias e à expansão do Universo. Trata-se da força da gravidade.

A formulação de Newton de sua teoria da gravitação foi um marco na história da ciência. Foi a primeira teoria científica a ter amplo poder preditivo e explanatório. Embora a teoria newtoniana já tenha mais de 300 anos, sua importância não diminuiu com o tempo.

13.1 Um pouco de história

O estudo da estrutura do Universo é chamado de **cosmologia**. Os gregos antigos desenvolveram um modelo cosmológico, ilustrado na **FIGURA 13.1**, com a Terra no centro do universo, ao passo que a Lua, o Sol, os planetas e as estrelas eram pontos luminosos circulando ao redor da Terra em grandes "esferas celestes". Este ponto de vista foi posteriormente expandido por Ptolomeu, astrônomo egípcio do século II. Ele desenvolveu

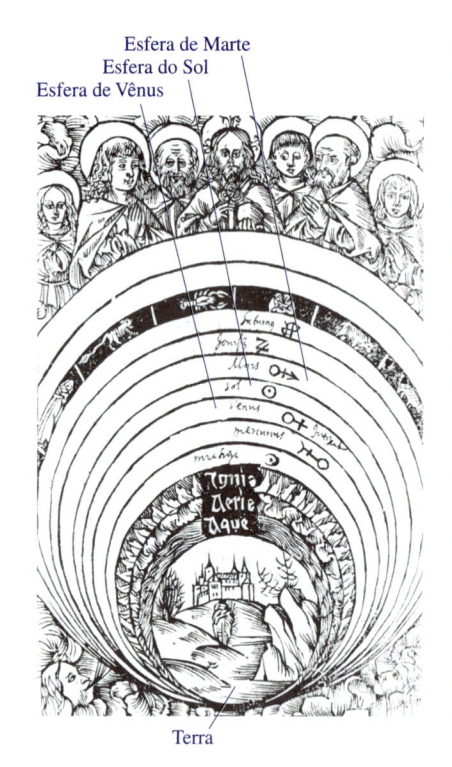

FIGURA 13.1 A cosmologia centrada na Terra dos períodos grego antigo e medieval.

um elaborado modelo matemático do Sistema Solar que previa com bastante precisão os complexos movimentos planetários.

Então, em 1543, o mundo medieval foi posto de cabeça para baixo com a publicação de *De Revolutionibus* por Nicolau Copérnico. Copérnico argumentava que não é a Terra o centro do Universo, e sim, o Sol! Além disso, ele afirmava que todos os planetas, inclusive a Terra, giram em torno do Sol (o que explica o título de sua obra) em órbitas circulares. Porém, somente muitas décadas mais tarde, quando Galileu utilizou um telescópio para estudar o movimento celeste, a visão de Copérnico se tornou amplamente aceita.

Tycho e Kepler

O maior astrônomo medieval foi Tycho Brahe, um dinamarquês nascido apenas três anos após a morte de Copérnico. Por 30 anos, de 1570 a 1600, Tycho compilou as observações astronômicas mais precisas que o mundo já conhecera. A invenção do telescópio ainda estava por acontecer, mas Tycho desenvolvera engenhosos dispositivos mecânicos de visualização que lhe permitiram determinar as posições de estrelas e planetas no céu com precisão jamais vista.

Tycho tinha um jovem assistente matemático chamado Johannes Kepler. Este havia se tornado um dos primeiros defensores públicos de Copérnico e seu objetivo era descobrir evidências das órbitas planetárias circulares nos registros de Tycho. Para ter uma noção da dificuldade dessa tarefa, lembre-se de que Kepler trabalhava antes do desenvolvimento dos gráficos e do cálculo – e certamente antes das calculadoras! Suas ferramentas matemáticas eram a álgebra, a geometria e a trigonometria, e Kepler lidava com milhares de observações individuais de posições planetárias medidas em ângulos acima do horizonte.

Muitos anos de trabalho levaram Kepler a descobrir que as órbitas não são círculos, como afirmava Copérnico, mas *elipses*. Além disso, a velocidade de um planeta não é constante, mas varia de acordo com seu movimento ao longo da elipse.

As **leis de Kepler**, como as chamamos atualmente, estabelecem que:

1. Os planetas descrevem órbitas elípticas, com o Sol ocupando um dos focos de cada órbita.
2. Uma linha traçada entre o Sol e qualquer um dos planetas varre áreas iguais em tempos iguais.
3. O quadrado do período orbital de cada planeta é proporcional ao cubo do comprimento do semi-eixo maior da elipse que corresponde à sua órbita.

A **FIGURA 13.2a** mostra que uma elipse tem dois *focos*, sendo que o Sol ocupa um deles. O eixo mais longo da elipse é o *eixo maior*, e a metade do comprimento deste eixo é chamada de *comprimento do semi-eixo maior*. À medida que o planeta se movimenta, uma linha traçada do Sol ao planeta "varre" uma área. A **FIGURA 13.2b** mostra essas duas áreas. A descoberta de Kepler de que as áreas são iguais para Δt iguais implica que o planeta se movimenta mais rápido quando está mais próximo do Sol e mais lentamente quando está afastado deste.

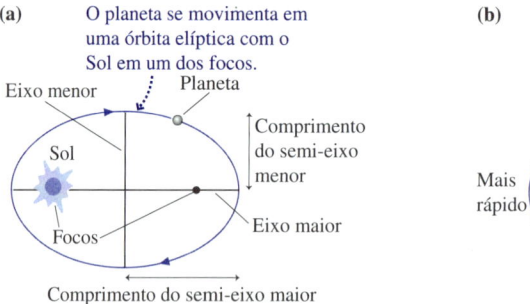

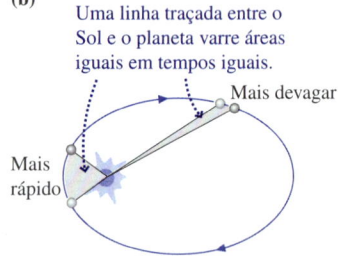

FIGURA 13.2 A órbita elíptica de um planeta em torno do Sol.

Todos os planetas, exceto Mercúrio e Plutão, apresentam órbitas elípticas que são apenas círculos levemente distorcidos. Como mostra a **FIGURA 13.3**, um círculo é uma elipse na qual os dois focos tendem para o centro, efetivamente compondo um único foco, enquanto o comprimento do semi-eixo maior se torna o raio. Uma vez que a matemática de elipses é complicada, este capítulo se concentrará nas órbitas circulares.

Kepler fez uma contribuição adicional menos reconhecida, mas que foi essencial a fim de preparar o caminho para Newton. Para Ptolomeu, assim como mais tarde para Copérnico, o papel do Sol seria meramente iluminar e aquecer a Terra e os planetas. Kepler foi o primeiro a sugerir que o Sol fosse o centro de força que, de alguma forma, *causava* os movimentos planetários. Mas Kepler estava trabalhando antes de Galileu e de Newton, portanto ele não falava em termos de forças e de acelerações centrípetas. Ele pensava que algum tipo de raio ou espírito emanava do Sol e empurrava os planetas em torno de suas órbitas. O valor de sua contribuição não reside no mecanismo específico que ele propôs como explicação, mas na introdução da idéia de que o Sol, de alguma maneira, exerce forças sobre os planetas de modo a determinar seus movimentos.

Kepler publicou a primeira de suas leis em 1609, mesmo ano em que Galileu apontou um telescópio para o céu pela primeira vez. Através do telescópio, Galileu conseguia *ver* as luas orbitando Júpiter, da mesma forma que Copérnico sugerira que os planetas orbitavam o Sol. Ele podia *ver* que Vênus tem fases, como a Lua, o que implicava seu movimento orbital em torno do Sol. Quando da morte de Galileu, em 1642, a revolução copernicana estava completa.

Em retrospecto, pode-se observar que a análise de Kepler e as observações de Galileu prepararam o terreno para um grande salto teórico. Tudo que faltava era um grande intelecto para reconhecer a relevância dessas idéias e organizá-las. É aí que entra Isaac Newton, um dos cientistas mais brilhantes da história.

FIGURA 13.3 Uma órbita circular é um caso especial de uma órbita elíptica.

13.2 Isaac Newton

Isaac Newton nasceu de uma família pobre de agricultores, em 1642, o ano da morte de Galileu. Ele ingressou no Trinity College, na Universidade de Cambridge, aos 19 anos como *subsizar*, um estudante pobre que precisava trabalhar para pagar seus estudos. Newton se formou em 1665, com 23 anos de idade, justamente quando uma epidemia de peste na Inglaterra forçou as universidades a fecharem por dois anos. Ele, então, retornou à fazenda de sua família durante a epidemia, e foi nesse período que fez importantes descobertas experimentais em óptica, que estabeleceu as bases de suas teorias da mecânica e da gravitação e que fez grandes progressos rumo à invenção do cálculo como um novo ramo da matemática.

Uma imagem popular apresenta Newton pensando sobre a idéia da gravidade logo após uma maçã ter caído sobre sua cabeça. Essa curiosa história ao menos se aproxima da verdade. O próprio Newton disse que concebeu a "noção de gravitação" quando estava "sentado em estado contemplativo" e que isso "foi ocasionado pela queda de uma maçã". Ocorreu a ele que talvez a maçã fosse atraída para o *centro* da Terra, mas seria impedida de chegar lá pela superfície da Terra. E, portanto, se a maçã sofria tanta atração, por que não a Lua?

Robert Hooke, que descobriu a chamada lei de Hooke, já havia sugerido que os planetas poderiam ser atraídos para o Sol com uma força proporcional ao inverso do quadrado da distância entre o Sol e o planeta. Parece que isso foi apenas um palpite, em vez de uma hipótese baseada em alguma evidência específica, e Hooke fracassou em dar seguimento à idéia. O gênio de Newton não foi apenas sua aplicação bem-sucedida da sugestão de Hooke, mas sua repentina percepção de que **a força do Sol sobre os planetas é idêntica à força da Terra sobre a maçã**. Em outras palavras, a gravitação é uma força *universal* entre todos os objetos do Universo! Isso já não causa impacto hoje em dia, porém, antes de Newton, ninguém jamais havia pensado que o movimento mundano dos objetos sobre a Terra tivesse alguma ligação com o movimento grandioso dos planetas pelo céu.

Newton seguiu a seguinte linha de raciocínio. Suponha que o movimento circular da Lua em torno da Terra seja devido à atração da gravidade da Terra. Então, como você aprendeu no Capítulo 8 e está ilustrado na **FIGURA 13.4**, a Lua deve estar em *queda livre* com uma aceleração $g_{\text{na Lua}}$.

Isaac Newton, 1642-1727.

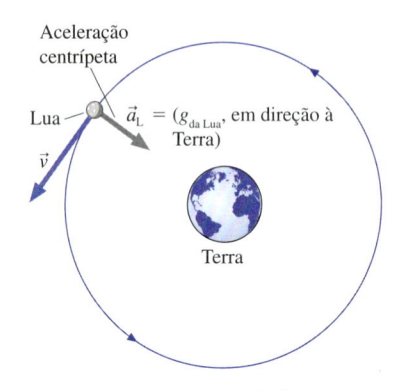

FIGURA 13.4 A Lua em queda livre em torno da Terra.

Deduzi que as forças que mantêm os planetas em suas órbitas devem variar reciprocamente com o quadrado de sua distância ao centro em torno do qual eles giram e, a partir disso, comparei a força necessária para manter a Lua em sua órbita com a força da gravidade na superfície da Terra; descobri que elas quase se correspondem.

Isaac Newton

NOTA ▶ É preciso ter cuidado aqui com a notação. O símbolo g_{Lua} refere-se à aceleração de queda livre causada pela gravidade da *Lua*, ou seja, a aceleração de um objeto em queda na Lua. Aqui estamos interessados na aceleração *da* Lua devido à gravidade da Terra, que representaremos por $g_{da\,Lua}$. ◀

A aceleração centrípeta de um objeto em movimento circular uniforme é:

$$a_r = g_{da\,Lua} = \frac{v_L^2}{r_L} \quad (13.1)$$

O módulo da velocidade da Lua, v_L, relaciona-se com o raio r_L e o período T_L de sua órbita por $v_L = $ circunferência/período $= 2\pi r_L/T_L$. Ao combinar essas duas relações, Newton verificou que:

$$g_{da\,Lua} = \frac{4\pi^2 r_L}{T_L^2} = \frac{4\pi^2(3{,}84 \times 10^8 \text{ m})}{(2{,}36 \times 10^6 \text{ s})^2} = 0{,}00272 \text{ m/s}^2$$

Medições astronômicas haviam estabelecido um valor razoavelmente bom para r_{Lua} à época de Newton, e o período $T_L = 27{,}3$ dias era bem-conhecido.

A aceleração centrípeta da Lua é significativamente menor do que a aceleração de queda livre próximo à superfície da Terra. Na verdade,

$$\frac{g_{da\,Lua}}{g_{na\,Terra}} = \frac{0{,}00272 \text{ m/s}^2}{9{,}80 \text{ m/s}^2} = \frac{1}{3.600}$$

Este resultado é interessante, mas o próximo passo de Newton é que foi considerado essencial. Ele comparou o raio da órbita lunar com o raio da Terra:

$$\frac{r_m}{R_T} = \frac{3{,}84 \times 10^8 \text{ m}}{6{,}37 \times 10^6 \text{ m}} = 60{,}2$$

NOTA ▶ Usaremos a letra minúscula r, como em r_L, para representar o raio de uma órbita. Usaremos a letra maiúscula R, como em R_T, para indicar o raio de uma estrela ou de um planeta. ◀

Newton se deu conta de que $(60{,}2)^2$ é quase igual a 3.600. Ele raciocinou da seguinte maneira:

- Se g tem o valor de 9,80 na superfície da Terra, e
- se os módulos da força da gravidade e de g diminuem proporcionalmente ao inverso do quadrado da distância ao centro da Terra,
- então, à distância da Lua, g terá exatamente o valor exato para fazer com que a Lua orbite a Terra com um período de 27,3 dias.

Essas duas proporções não eram idênticas (porque a Terra não é uma esfera perfeita e a órbita da Lua não é um círculo perfeito), porém Newton descobriu que elas "quase se correspondem" e, portanto, ele devia estar no caminho certo.

Este momento de inspiração alterou nossa compreensão mais básica sobre o universo. Copérnico retirara a Terra do centro do universo, e agora Newton havia demonstrado que as leis celestes e as leis terrestres eram as mesmas. Apesar disso, Newton esperou longos 22 anos para publicar seus resultados. A questão que o perturbava era tratar o Sol, a Terra e os outros planetas como se eles fossem partículas individuais, com toda a sua massa concentrada no centro. Se a sua idéia sobre uma força universal estivesse correta, então *todos os átomos* na Terra exerceriam forças sobre *todos os átomos* da Lua. Newton precisava demonstrar que todas essas forças se combinam para gerar um resultado que é idêntico ao que se obtém considerando os corpos celestes como partículas individuais. Esse é um problema de cálculo integral, e Newton precisava primeiro desenvolver a matemática necessária. Por fim ele obteve sucesso, e sua teoria da gravitação foi publicada em 1687, junto com sua teoria de mecânica (que conhecemos como as Leis de Newton) em sua grande obra *Philosophia Naturalis Principia Mathematica* (Princípios Matemáticos de Filosofia Natural). O resto é história.

PARE E PENSE 13.1 Um satélite orbita a Terra com rapidez constante a uma altura, acima da superfície, igual ao raio da Terra. O módulo da aceleração do satélite é:

a. $4g_{\text{na Terra}}$ b. $2g_{\text{na Terra}}$ c. $g_{\text{na Terra}}$
d. $\frac{1}{2}g_{\text{na Terra}}$ e. $\frac{1}{4}g_{\text{na Terra}}$ f. 0

13.3 A lei de Newton da gravitação

Newton propôs que *todos* os objetos no universo atraem *quaisquer outros* objetos com uma força que é:

1. Inversamente proporcional ao quadrado da distância entre os objetos.
2. Diretamente proporcional ao produto das massas dos dois objetos.

Para tornar essas idéias mais concretas, a **FIGURA 13.5** mostra as massas m_1 e m_2 separadas pela distância r. Cada massa exerce uma força de atração sobre a outra, força que chamamos de **força gravitacional**. Essas duas forças formam um par ação-reação, então $\vec{F}_{1\text{ sobre }2}$ é igual e oposto a $\vec{F}_{2\text{ sobre }1}$. O módulo das forças é obtido pela lei de Newton da gravitação.

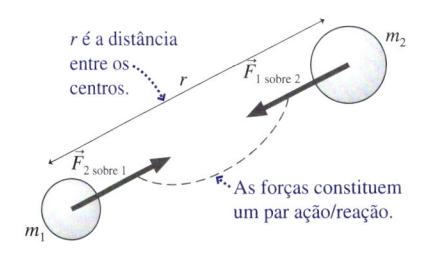

FIGURA 13.5 As forças gravitacionais sobre as massas m_1 e m_2.

LEI DE NEWTON DA GRAVITAÇÃO Se dois objetos de massas m_1 e m_2 estiverem a uma distância r, eles exercerão forças de atração cujos módulos são dados por

$$F_{1\text{ sobre }2} = F_{2\text{ sobre }1} = \frac{Gm_1m_2}{r^2} \quad (13.2)$$

As forças são direcionadas ao longo da linha reta que une os dois objetos.

A constante G, chamada de **constante gravitacional**, é uma constante de proporcionalidade necessária para relacionar as massas, expressas em quilogramas, à força, expressa em Newtons. No Sistema Internacional de Unidades (SI), G tem o valor de

$$G = 6{,}67 \times 10^{-11} \text{ Nm}^2/\text{kg}^2$$

A **FIGURA 13.6** é um gráfico da força gravitacional como função da distância entre as duas massas. Como se pode observar, uma força inversamente proporcional ao quadrado da distância diminui rapidamente.

Estritamente falando, a Equação 13.2 é válida somente para partículas. Como pudemos observar, entretanto, Newton conseguiu demonstrar que essa equação também se aplica a objetos esféricos, como planetas, se r for a distância entre seus centros. Nossa intuição e senso comum também sugerem isso, assim como aconteceu a Newton. A prova, que é um tanto difícil, não é essencial, e por isso será omitida.

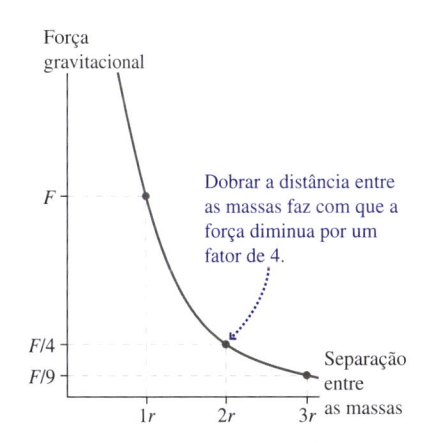

FIGURA 13.6 A força gravitacional é uma força proporcional ao inverso do quadrado.

Força gravitacional e peso

Conhecendo o valor de G, podemos calcular o tamanho da força gravitacional. Considere duas massas de 1 kg que estejam a 1 m de distância uma da outra. De acordo com a lei de Newton da gravitação, essas duas massas exercem uma força gravitacional de atração mútua com módulo igual a

$$F_{1\text{ sobre }2} = F_{2\text{ sobre }1} = \frac{Gm_1m_2}{r^2}$$

$$= \frac{(6{,}67 \times 10^{-11} \text{ Nm}^2/\text{kg}^2)(1{,}0 \text{ kg})(1{,}0 \text{ kg})}{(1{,}0 \text{ m})^2} = 6{,}67 \times 10^{-11} \text{ N}$$

Essa é uma força excepcionalmente pequena, principalmente quando comparada à força gravitacional da Terra inteira sobre cada massa: $F_G = mg = 9{,}8$ N.

O fato de a força gravitacional entre dois objetos de tamanho comum ser tão pequena é o motivo pelo qual não temos consciência dela. Enquanto você está sentado, lendo, está sendo atraído por este livro, por uma pessoa sentada ao seu lado e por todos os objetos em volta, entretanto essas forças são tão pequenas em comparação às forças normais e às forças de atrito exercidas sobre você que são completamente indetectáveis. A força da gravidade se torna importante somente quando uma das massas (ou as duas) é excepcionalmente grande – do tamanho de um planeta, por exemplo.

Podemos encontrar um resultado mais considerável se calcularmos a força *da Terra* sobre uma massa de 1 kg na superfície do planeta:

$$F_{\text{Terra sobre 1 kg}} = \frac{GM_T m_{1\,\text{kg}}}{R_T^2}$$

$$= \frac{(6{,}67 \times 10^{-11}\,\text{N}\,\text{m}^2/\text{kg}^2)(5{,}98 \times 10^{24}\,\text{kg})(1{,}0\,\text{kg})}{(6{,}37 \times 10^6\,\text{m})^2} = 9{,}8\,\text{N}$$

onde a distância entre a massa e o centro da Terra é o raio da Terra. A massa da Terra, M_T, e seu raio, R_T, foram retirados da Tabela 13.2 da Seção 13.6. Essa tabela, que também está impressa na parte interna da capa do livro, contém dados astronômicos que serão utilizados para exemplos e tarefas de casa.

A força $F_{\text{Terra sobre 1 kg}} = 9{,}8\,\text{N}$ é exatamente o peso de uma massa estacionária de 1 kg: $F_G = mg = 9{,}8\,\text{N}$. Será isto uma coincidência? É claro que não. O peso – a força exercida para cima por uma balança de mola – equilibra exatamente a força gravitacional exercida para baixo, portanto eles devem ser numericamente iguais.

Embora fraca, a gravidade é uma força de *longo alcance*. Não importa a distância entre dois objetos, há uma atração gravitacional entre eles, dada pela Equação 13.2. Conseqüentemente, a gravidade é a força mais onipresente do universo. Além de manter seus pés no chão, ela também mantém a Terra na órbita do Sol, o Sistema Solar orbitando o centro da Via Láctea e toda a Via Láctea realizando uma intrincada dança orbital com outras galáxias, formando o que é chamado de "aglomerado local" de galáxias.

O princípio da equivalência

A lei da gravitação de Newton depende de um pressuposto bem curioso. O conceito de *massa* foi introduzido no Capítulo 4, considerando a relação entre força e aceleração. A *massa inercial* de um objeto, que é a massa incluída na segunda lei de Newton, é obtida medindo-se a aceleração a do objeto em resposta à força F:

$$m_{\text{inercial}} = \text{massa inercial} = \frac{F}{a} \qquad (13.3)$$

A gravidade não desempenha nenhum papel nesta definição de massa.

As quantidades m_1 e m_2 na lei de Newton da gravitação estão sendo usadas de maneira muito diferente. As massas m_1 e m_2 governam a força de atração gravitacional entre dois objetos. A massa usada na lei de Newton da gravitação é chamada de **massa gravitacional**. A massa gravitacional de um objeto pode ser determinada através da medição da força de atração exercida sobre ela por outra massa M a uma distância r:

$$m_{\text{grav}} = \text{massa gravitacional} = \frac{r^2 F_{M\,\text{sobre}\,m}}{GM} \qquad (13.4)$$

A aceleração, de fato, não entra na definição de massa gravitacional.

São dois conceitos muito diferentes de massa. Ainda assim, em sua teoria da gravitação, Newton afirma que a massa inercial da sua segunda lei é a mesma massa que governa a força da atração gravitacional entre dois objetos. A afirmativa de que $m_{\text{grav}} = m_{\text{inercial}}$ é chamada de **princípio da equivalência**. Ele sustenta que a massa inercial é *equivalente* à massa gravitacional.

Por ser uma hipótese sobre a natureza, o princípio da equivalência está sujeito à comprovação experimental ou à refutação. Muitos experimentos excepcionalmente inteligentes já buscaram encontrar alguma diferença entre massa gravitacional e massa inercial e revelaram que qualquer diferença que exista, se existe alguma, deve ser menor do que 10 partes em um trilhão! Até onde sabemos, a massa gravitacional e a massa inercial são exatamente a mesma coisa.

A dinâmica de movimentos estelares, abarcando muitos milhares de anos-luz, é governada pela lei de Newton da gravitação.

Uma galáxia de $\approx 10^{11}$ estrelas se espalha por uma distância de mais de 100.000 anos-luz.

Mas por que uma quantidade associada à dinâmica do movimento, relacionando força e aceleração, deveria ter algo a ver com a atração gravitacional? Trata-se de uma questão que intrigou Einstein e, por fim, o levou a formular a teoria geral da relatividade, a teoria sobre espaço-tempo curvo e sobre buracos negros. A relatividade geral vai além do escopo deste livro, porém ela explica o princípio da equivalência como uma propriedade do espaço em si.

A teoria de Newton da gravitação

A **teoria de Newton da gravitação** é mais do que meramente a Equação 13.2. A *teoria* da gravitação consiste de:

1. uma lei específica para a força da gravitação, dada pela Equação 13.2 *e*
2. o princípio da equivalência *e*
3. a aceitação de que as três leis de Newton de movimento são universalmente aplicáveis. Essas leis são válidas tanto para corpos celestes, planetas e estrelas quanto para objetos terrestres.

Conseqüentemente, tudo que aprendemos sobre forças, movimento e energia é relevante para a dinâmica de satélites, planetas e galáxias.

PARE E PENSE 13.2 A figura mostra um sistema estelar binário. A massa da estrela 2 é duas vezes maior do que a da estrela 1. Comparada à força $\vec{F}_{1\,\text{sobre}\,2}$, o módulo da força $\vec{F}_{2\,\text{sobre}\,1}$ é:

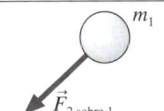

a. Quatro vezes maior.
b. Duas vezes maior.
c. De mesmo valor.
d. Duas vezes menor.
e. Quatro vezes menor.

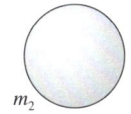

13.4 O *g* pequeno e o *G* grande

A familiar equação $F_G = mg$ funciona bem quando um objeto está sobre a superfície de um planeta, mas mg não nos ajudará a obter a força exercida sobre o mesmo objeto se este estiver em órbita em torno do planeta. Também não podemos usar mg para obter a força de atração entre a Terra e a Lua. Em contraste, a lei de Newton da gravitação oferece um ponto de partida mais fundamental, pois descreve uma força *universal* que existe entre todos os objetos.

Para ilustrar a conexão entre a lei de Newton da gravitação e a familiar $F_G = mg$, a **FIGURA 13.7** mostra um objeto de massa m sobre a superfície do Planeta X. O Sr. Xhzt, habitante do Planeta X em pé sobre a superfície, constata que a força gravitacional para baixo é $F_G = mg_x$, onde g_x é a aceleração de queda livre sobre o Planeta X.

Assumindo uma perspectiva mais cósmica, nós respondemos: "Sim, esta é a força *devido a* uma atração universal entre o seu planeta e o objeto. O módulo dela é determinado pela lei de Newton da gravitação".

Tanto nós quanto o Sr. Xhzt estamos corretos. Se você pensar local ou globalmente, nós e o Sr. Xhzt deveremos chegar ao *mesmo valor numérico* para o módulo da força. Suponha que um objeto de massa m se encontre na superfície de um planeta de massa M e raio R. O módulo da força gravitacional local é

$$F_G = mg_{\text{superfície}} \tag{13.5}$$

onde $g_{\text{superfície}}$ é a aceleração devido à gravidade na superfície do planeta. A força da atração gravitacional sobre um objeto na superfície, conforme a lei de Newton da gravitação, tem módulo igual a

$$F_{M\,\text{sobre}\,m} = \frac{GMm}{R^2} \tag{13.6}$$

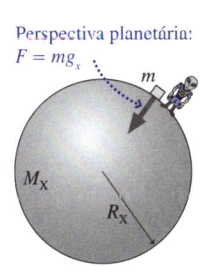

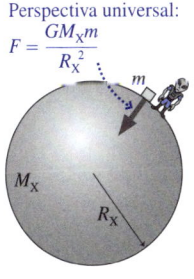

FIGURA 13.7 Pesando um objeto de massa m no Planeta X.

Perspectiva planetária:
$F = mg_x$

Perspectiva universal:
$F = \dfrac{GM_x m}{R_x^2}$

Uma vez que há dois nomes e duas expressões para a mesma força, podemos igualar os lados direitos dessas equações e verificar que:

$$g_{\text{superfície}} = \frac{GM}{R^2} \tag{13.7}$$

Usamos a lei de Newton da gravitação para *prever* o valor de g na superfície de um planeta. O valor depende da massa e do raio do planeta, bem como do valor da constante G, que determina a intensidade global da força gravitacional.

A expressão para $g_{\text{superfície}}$, a Equação 13.7, é válida para qualquer planeta ou estrela. Usando a massa e o raio de Marte (os dados planetários podem ser encontrados mais adiante, neste capítulo, na Tabela 13.2, e também na parte interna da capa do livro), podemos prever o valor de g em Marte:

$$g_{\text{Marte}} = \frac{GM_{\text{Marte}}}{R_{\text{Marte}}^2} = \frac{(6{,}67 \times 10^{-11}\,\text{Nm}^2/\text{kg}^2)(6{,}42 \times 10^{23}\,\text{kg})}{(3{,}37 \times 10^6\,\text{m})^2} = 3{,}8\,\text{m/s}^2$$

NOTA ▶ No Capítulo 6, verificamos que os valores medidos de g apresentam diferença muito pequena para um planeta em rotação. Neste capítulo, iremos ignorar a rotação. ◀

Redução de *g* com a distância

A Equação 13.7 fornece $g_{\text{superfície}}$ na superfície de um planeta. De forma mais geral, imagine um objeto de massa m a uma distância $r > R$ do centro de um planeta. A seguir, suponha que a gravidade do planeta seja a única força exercida sobre o objeto. Então sua aceleração, ou seja, a aceleração em queda livre, é obtida pela segunda lei de Newton:

$$g = \frac{F_{M\,\text{sobre}\,m}}{m} = \frac{GM}{r^2} \tag{13.8}$$

Este resultado mais genérico está de acordo com a Equação 13.7 se $r = R$, mas nos permite determinar a aceleração em queda livre "local" para distâncias $r > R$. A Equação 13.8 expressa a descoberta de Newton, referente à Lua, de que g diminui proporcionalmente com o inverso do quadrado da distância.

A **FIGURA 13.8** mostra um satélite orbitando a uma altura h acima da superfície da Terra. Sua distância ao centro da Terra, portanto, é $r = R_T + h$. A maioria das pessoas têm a idéia de que os satélites orbitam "longe" da Terra, mas, na verdade, h é tipicamente 320 km $\approx 3 \times 10^5$ m, ao passo que $R_T = 6{,}37 \times 10^6$ m. Assim, o satélite está apenas passando relativamente próximo à superfície da Terra, a uma altura que corresponde a algo em torno de 5% do raio do planeta!

O valor de g na altura h na Terra é

$$g = \frac{GM_T}{(R_T + h)^2} = \frac{GM_T}{R_T^2(1 + h/R_T)^2} = \frac{g_{\text{terra}}}{(1 + h/R_T)^2} \tag{13.9}$$

FIGURA 13.8 Um satélite em órbita da Terra a uma altura h.

onde $g_{\text{Terra}} = 9{,}83\,\text{m/s}^2$ é o valor calculado a partir da Equação 13.7 para $h = 0$ em uma hipotética Terra desprovida de rotação. A Tabela 13.1 mostra o valor de g calculado para diversos valores de h.

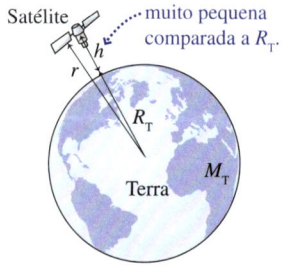

TABELA 13.1 Variação de *g* de acordo com a altura acima do solo

Altura *h*	Exemplo	*g* (m/s²)
0 m	solo	9,83
4.500 m	Monte Whitney	9,82
10.000 m	avião a jato	9,80
300.000 m	ônibus espacial	8,90
35.900.000 m	satélite de comunicação	0,22

NOTA ▶ A aceleração de um satélite em queda livre, assim como a de um ônibus espacial, é apenas um pouco menor do que seu valor ao nível do solo. Como você aprendeu no Capítulo 8, um objeto em órbita está "sem peso" não porque inexista gravidade no espaço, mas porque ele está continuamente em queda livre. ◀

Pesando a Terra

Podemos prever o valor numérico de g se soubermos a massa da Terra. Mas como saber o valor de M_T? Não podemos colocar a Terra sobre uma balança gigantesca; então, como sua massa pode ser conhecida? Além disso, como sabemos o valor de G? Essas questões são importantes e interessantes.

Newton desconhecia o valor de G. Ele podia afirmar que a força gravitacional é proporcional ao produto $m_1 m_2$ e inversamente proporcional a r^2, mas não tinha meios de saber o valor da constante de proporcionalidade.

A determinação de G requer uma medição *direta* da força gravitacional entre duas massas conhecidas a uma separação conhecida. O pequeno valor da força gravitacional entre objetos de tamanho ordinário torna essa mensuração uma façanha e tanto. Ainda assim, o cientista inglês Henry Cavendish descobriu uma maneira engenhosa de realizar isso por meio de um dispositivo chamado de *balança de torção*. Duas massas m bem pequenas, tipicamente em torno de 10 g, são posicionadas nas extremidades de uma haste de baixo peso. A haste é pendurada em uma fibra fina, conforme mostra a **FIGURA 13.9a**, até que alcance o equilíbrio.

Se a haste for levemente girada e, então, solta, uma *força restauradora* a trará de volta ao equilíbrio. Isso é análogo ao deslocamento de uma mola a partir de seu equilíbrio, e, de fato, a força restauradora e o ângulo de deslocamento obedecem a uma versão da lei de Hooke: $F_{restauradora} = k\,\Delta$. A "constante de torção" k pode ser determinada medindo-se o período das oscilações produzidas. Uma vez que k foi determinada, uma força que desloque, mesmo que ligeiramente, a haste de seu equilíbrio pode ser medida pelo produto $k\,\Delta$. É possível medir deflexões angulares muito pequenas, portanto este dispositivo pode ser utilizado para determinar forças muito pequenas.

Duas massas M maiores (tipicamente esferas de chumbo com $M \approx 10$ kg) são, então, aproximadas da balança de torção, conforme ilustrado na **FIGURA 13.9b**. A atração gravitacional que elas exercem sobre massas menores penduradas causa uma torção muito pequena da balança, porém mensurável, com a qual se pode medir $F_{M \text{ sobre } m}$. Uma vez que m, M e r eram bem-conhecidos, Cavendish conseguiu determinar G a partir de:

$$G = \frac{F_{M \text{ sobre } m} r^2}{Mm} \quad (13.10)$$

Seus primeiros resultados não foram altamente precisos, mas as melhorias introduzidas ao longo dos anos, nesta e em outras experiências semelhantes, resultaram no valor de G aceito hoje.

Com um valor de G determinado de forma independente, podemos retornar à Equação 13.7 para obter:

$$M_T = \frac{g_{terra} R_T^2}{G} \quad (13.11)$$

Acabamos de pesar a Terra! O valor de g_{Terra} na superfície da Terra é conhecido com grande precisão a partir de experiências cinemáticas. O raio da Terra, R_T, é determinado por técnicas de agrimensura. A combinação do nosso conhecimento dessas medições muito diferentes nos forneceu uma maneira de determinar a massa da Terra.

A aceleração g de queda livre é praticamente constante na superfície de qualquer planeta, mas é diferente de um planeta para outro. A constante gravitacional G é uma constante de natureza diferente. Ela é o que chamamos de uma *constante universal*. Seu valor estabelece a intensidade de uma das forças fundamentais da natureza. Até onde sabemos, a força gravitacional entre duas massas seria a mesma em qualquer lugar do universo. Constantes universais nos dizem algo a respeito das propriedades mais básicas e fundamentais da natureza. Em breve você encontrará outras constantes universais.

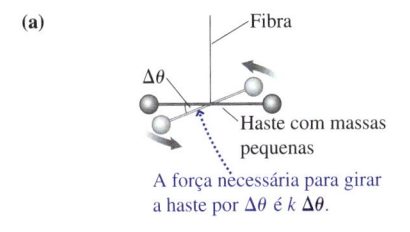

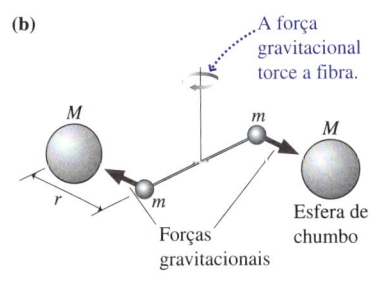

FIGURA 13.9 A experiência de Cavendish para medir G.

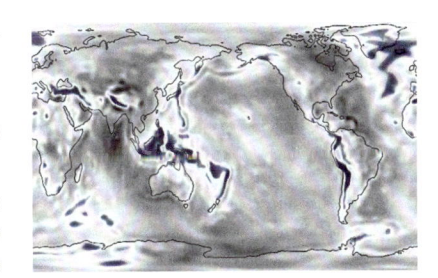

A aceleração de queda livre varia levemente devido às montanhas e às variações da densidade da crosta terrestre. Este mapa mostra a assim chamada *anomalia gravitacional*, com regiões em azul indicando gravidade mais intensa, e regiões em cinza, gravidade levemente mais fraca. A variação é minúscula, menor do que 0,001 m/s².

PARE E PENSE 13.3 Um planeta tem massa quatro vezes maior do que a da Terra, mas a aceleração da gravidade em sua superfície é a mesma que na superfície da Terra. O raio do planeta é:

a. $4R_T$ b. $2R_T$ c. R_T d. $\frac{1}{2}R_T$ e. $\frac{1}{4}R_T$

13.5 Energia potencial gravitacional

Problemas sobre gravitação são ideais para usarmos as ferramentas das leis de conservação desenvolvidas nos Capítulos de 9 a 11. Uma vez que a gravidade é a única força envolvida neste tipo de problema e que ela é uma forma conservativa, tanto o momentum quanto a energia mecânica do sistema $m_1 + m_2$ são conservados. Para empregar a conservação de energia, entretanto, precisamos determinar uma expressão apropriada para a energia potencial gravitacional de duas partículas que interagem através da lei de Newton da gravitação.

A definição de energia potencial que desenvolvemos no Capítulo 11 é

$$\Delta U = U_f - U_i = -W_c(i \to f) \tag{13.12}$$

onde $W_c(i \to f)$ é o trabalho realizado por uma força conservativa quando uma partícula se movimenta da posição i para a posição f. Estritamente falando, isso define somente ΔU, a *alteração* da energia potencial. Para encontrar uma expressão explícita para U devemos escolher um ponto zero para a energia potencial.

Para uma Terra plana, usamos $F = -mg$ e escolhemos $U = 0$ na superfície ($y = 0$) para chegar à agora conhecida relação $U_g = mgy$. Este resultado para U_g somente é válido, porém, quando $y \ll R_T$, ou seja, quando a curvatura e o tamanho da Terra não forem aparentes. Agora precisamos encontrar uma expressão para a energia potencial gravitacional de massas que interagem a *grandes* distâncias.

A **FIGURA 13.10** mostra duas partículas de massa m_1 e m_2. Vamos calcular o trabalho realizado sobre a massa m_2 pela força conservadora $\vec{F}_{1\,\text{sobre}\,2}$ à medida que m_2 se movimenta de uma posição inicial, a uma distância r, para uma posição final muito distante. A força, que aponta para a esquerda, é oposta ao deslocamento; assim, ela realiza um trabalho *negativo*. Conseqüentemente, devido ao sinal negativo na Equação 13.12, ΔU é *positivo*. Um par de massas *ganha* energia potencial à medida que as massas se distanciam, assim como uma partícula próxima à superfície da Terra ganha energia potencial à medida que se movimenta para altitudes maiores.

Podemos escolher um sistema de coordenadas com m_1 na origem e m_2 se movimentando ao longo do eixo x. A força gravitacional é uma força variável, então precisamos da definição geral de trabalho:

$$W(i \to f) = \int_{x_i}^{x_f} F_x\, dx \tag{13.13}$$

O vetor $\vec{F}_{1\,\text{sobre}\,2}$ aponta para a esquerda; logo, seu componente x é $(F_{1\,\text{sobre}\,2})_x = -Gm_1m_2 x^{-2}$. À medida que a massa m_2 se movimenta de $x_i = r$ para $x_f = \infty$, a energia potencial varia em

$$\Delta U = U_{\text{no}\,\infty} - U_{\text{em}\,r} = -\int_r^\infty (F_{1\,\text{sobre}\,2})_x dx = -\int_r^\infty \left(\frac{-Gm_1m_2}{x^2}\right) dx$$
$$= +Gm_1m_2 \int_r^\infty \frac{dx}{x^2} = -\left.\frac{Gm_1m_2}{x}\right|_r^\infty = \frac{Gm_1m_2}{r} \tag{13.14}$$

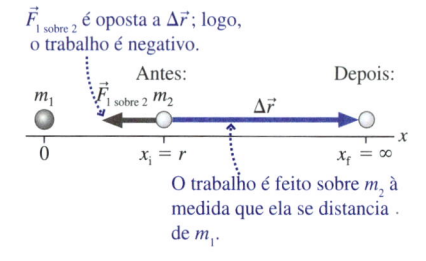

FIGURA 13.10 Cálculo do trabalho realizado pela força gravitacional quando a massa m_2 se movimenta de r para ∞.

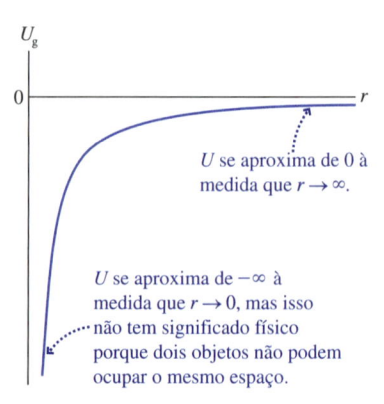

NOTA ▶ Escolhemos integrar ao longo do eixo x, mas o fato de que a gravidade é uma força conservativa significa que ΔU terá este mesmo valor quando m_2 se movimentar de r para ∞ ao longo de *qualquer* caminho.

Prosseguindo, precisamos agora escolher o ponto onde $U = 0$. Gostaríamos de que nossa escolha fosse válida para qualquer estrela ou planeta, independente de sua massa e de seu raio. Isso será alcançado se definirmos $U = 0$ no ponto em que desaparece a interação entre as duas massas. De acordo com a lei de Newton da gravitação, a intensidade da interação é zero somente quando $r = \infty$. Duas massas infinitamente distantes entre si não apresentarão tendência, ou potencial, de se movimentarem juntas, de modo que escolheremos estabelecer o ponto zero da energia potencial em $r = \infty$, ou seja, $U_{\text{em}\,\infty} = 0$.

Esta escolha nos fornece a energia potencial gravitacional das massas m_1 e m_2:

$$U_g = -\frac{Gm_1m_2}{r} \tag{13.15}$$

FIGURA 13.11 A curva da energia potencial gravitacional.

Esta é a energia potencial das massas m_1 e m_2 quando seus *centros* estão separados pela distância r. A **FIGURA 13.11** é um gráfico de U_g como função da distância r entre as massas. Observe que a curva do gráfico se aproxima assintoticamente de 0 à medida que $r \to \infty$.

NOTA ▶ Embora a Equação 13.15 seja um tanto semelhante à lei de Newton da gravitação, ela depende de $1/r$, e *não*, de $1/r^2$. ◀

Pode parecer perturbador que a energia potencial seja negativa, mas encontramos situações semelhantes no Capítulo 10. Tudo que uma energia potencial negativa significa é que a energia potencial das duas massas a uma separação r é *menor* do que a energia potencial a uma separação infinita. É somente a *variação* em U que tem significado físico, e a variação será a mesma, independente de onde escolhamos estabelecer o ponto onde a energia potencial é nula.

Suponha que duas massas distando entre si a uma distância r_1 sejam soltas a partir do repouso. Como elas irão se mover? De uma perspectiva da força, você perceberia que, sobre cada massa, é exercida uma força de atração que a acelera em direção à outra. A perspectiva da energia da **FIGURA 13.12** nos diz a mesma coisa. Ao se movimentar em direção a um r menor (ou seja, de $r_1 \to r_2$), o sistema *perde* energia potencial e *ganha* energia cinética, enquanto conserva E_{mec}. O sistema está "indo ladeira abaixo", embora em um sentido mais amplo do que pensamos no modelo de Terra plana.

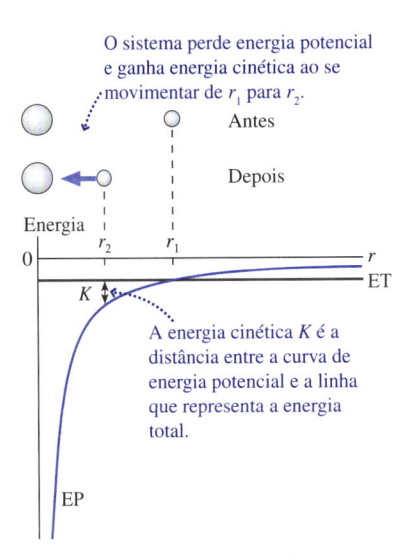

FIGURA 13.12 Duas massas ganham energia cinética à medida que a separação entre elas diminui de r_1 para r_2.

EXEMPLO 13.1 | Colisão contra o Sol

Suponha que a Terra de repente parasse de girar em torno do Sol. A força gravitacional a atrairia diretamente para o Sol. Qual seria a velocidade da Terra quando colidisse com ele?

MODELO Considere a Terra e o Sol como massas esféricas. Este é um sistema isolado, logo sua energia mecânica é conservada.

VISUALIZAÇÃO A FIGURA 13.13 é uma representação pictórica do tipo antes-e-após para este horrível evento cósmico. A "colisão" ocorre quando a Terra toca o Sol, tal que a distância entre seus centros é $r^2 = R_S + R_T$. A separação inicial r_1 é o raio da *órbita* da Terra em torno do Sol, e não, o raio da Terra.

FIGURA 13.13 Representação pictórica do tipo antes-e-após da colisão da Terra contra o Sol (fora de escala).

RESOLUÇÃO Estritamente falando, a energia cinética é a soma de $K = K_{Terra} + K_{Sol}$. Entretanto, a massa do Sol é tão maior do que a da Terra que faz com que esta, de pouca massa, descreva quase que todo o movimento. É uma aproximação razoável considerar que o Sol se mantenha em repouso. Neste caso, a equação de conservação de energia $K_2 + U_2 = K_1 + U_1$ é

$$\frac{1}{2}M_T v_2^2 - \frac{GM_S M_T}{R_S + R_T} = 0 - \frac{GM_S M_T}{r_1}$$

É fácil isolar a velocidade da Terra no impacto. Utilizando os dados da Tabela 13.2, obtemos

$$v_2 = \sqrt{2GM_s \left(\frac{1}{R_S + R_T} - \frac{1}{r_1} \right)} = 6{,}13 \times 10^5 \text{ m/s}$$

AVALIAÇÃO A Terra estaria se deslocando com uma rapidez de 1,6 milhões km/h quando colidisse como Sol! Vale a pena notar que não temos as ferramentas matemáticas para resolver este problema usando a segunda lei de Newton, pois a aceleração não é constante. Mas a solução é muito clara quando usamos a conservação de energia.

EXEMPLO 13.2 Velocidade de escape

Um foguete de 1.000 kg é lançado em linha reta a partir da superfície da Terra. Que valor de velocidade o foguete necessita ter para "escapar" da atração gravitacional da Terra e jamais retornar? Considere uma Terra desprovida de rotação.

MODELO Em um universo simples, consistindo apenas da Terra e do foguete, uma velocidade de lançamento com valor insuficiente faria com que o foguete acabasse voltando à Terra. Quando o foguete finalmente fizer sua velocidade reduzir até parar, a gravidade irá lentamente puxá-lo de volta. A única maneira de o foguete escapar é jamais parar ($v = 0$) e, assim, nunca ter um ponto de retorno! Ou seja, o foguete deve continuar se afastando da Terra para sempre. A velocidade de lançamento *mínima* para o escape, chamada de **velocidade de escape**, fará com que o foguete pare ($v = 0$) somente quando atingir $r = \infty$. Mas é claro que ∞ não é um "lugar", então uma afirmação como esta significa que a velocidade do foguete se aproximará assintoticamente do valor $v = 0$ à medida que $r \to \infty$.

VISUALIZAÇÃO A **FIGURA 13.14** é uma representação pictórica do tipo antes-e-após.

RESOLUÇÃO A conservação de energia, $K_2 + U_2 = K_1 + U_1$, é

$$0 + 0 = \frac{1}{2}mv_1^2 - \frac{GM_T m}{R_T}$$

onde usamos o fato de que tanto a energia cinética quanto a potencial são nulas em $r = \infty$. Assim sendo, a velocidade de escape é:

$$v_{escape} = v_1 = \sqrt{\frac{2GM_T}{R_T}} = 11.200 \text{ m/s} \approx 40.300 \text{ km/h}$$

AVALIAÇÃO O problema é matematicamente fácil; a dificuldade está em decidir como interpretá-lo. Isso acontece porque, como você já viu várias vezes, a "física" de um problema consiste em pensar, interpretar e modelar. Veremos variações deste problema no futuro, envolvendo a gravidade e a eletricidade, então seria bom revisar o *raciocínio* envolvido. Observe que a resposta *não* depende da massa do foguete, por isso esta é a velocidade de escape para um objeto qualquer.

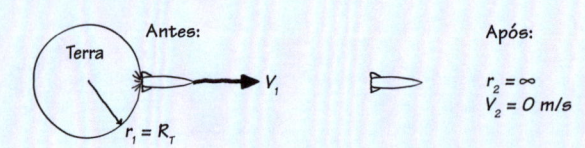

FIGURA 13.14 Representação pictórica de um foguete lançado com velocidade suficiente para escapar da gravidade da Terra.

A aproximação de terra plana

Que relação tem a Equação 13.15, para a energia potencial gravitacional, com o uso que fizemos anteriormente da equação $U_g = mgy$ em uma Terra plana? A **FIGURA 13.15** mostra um objeto de massa m localizado a uma altura y acima da superfície da Terra. A distância do objeto ao centro da Terra é $r = R_T + y$, e sua energia potencial gravitacional é

$$U_g = -\frac{GM_T m}{r} = -\frac{GM_T m}{R_T + y} = -\frac{GM_T m}{R_T(1 + y/R_T)} \qquad (13.16)$$

onde, no último passo, colocamos em evidência o R_T do denominador.

Suponha que o objeto esteja muito próximo à superfície terrestre ($y \ll R_T$). Neste caso, a razão $y/R_T \ll 1$. Há uma aproximação que você aprenderá no cálculo, chamada *aproximação binomial*, segundo a qual

$$(1 + x)^n \approx 1 + nx \text{ se } x \ll 1 \qquad (13.17)$$

Como exemplo, você pode usar uma calculadora e verificar facilmente que $1/1,01 = 0,9901$ até quatro dígitos significativos. Porém, suponha que você tenha escrito $1,01 = 1 + 0,01$. Você poderia, então, utilizar a aproximação binomial para calcular

$$\frac{1}{1,01} = \frac{1}{1 + 0,01} = (1 + 0,01)^{-1} \approx 1 + (-1)(0,01) = 0,9900$$

Pode-se ver que a resposta aproximada apresenta um erro de apenas 0,01% em relação ao valor correto.

Se chamarmos $y/R_T = x$ na Equação 13.16 e utilizarmos a aproximação binomial com $n = -1$, obtemos

$$U_g(\text{se } y \ll R_T) \approx -\frac{GM_T m}{R_T}\left(1 - \frac{y}{R_T}\right) = -\frac{GM_T m}{R_T} + m\left(\frac{GM_T}{R_T^2}\right)y \qquad (13.18)$$

Para uma Terra esférica:
$$U_g = -\frac{GM_T m}{R_T + y}$$

Podemos considerar a Terra como plana se
$$y \ll R_T: U_g = mgy$$

FIGURA 13.15 Podemos considerar a Terra como plana se $y \ll R_T$.

Agora, o primeiro termo é simplesmente a energia potencial gravitacional U_0 quando o objeto está no nível do solo ($y = 0$). No segundo termo, pode-se reconhecer $GM_T m_1 {}_{kg}/ R_T^2 = g_{Terra}$ a partir da definição de g na Equação 13.7. Assim, podemos escrever a Equação 13.18 na forma

$$U_g \text{ (se } y \ll R_T) = U_0 + mg_{Terra} y \qquad (13.19)$$

Embora tenhamos escolhido U_g de valor zero quando $r = \infty$, sempre temos liberdade de mudar de idéia. Se mudarmos o ponto zero da energia potencial para $U_0 = 0$ na superfície, que é a escolha que fizemos no Capítulo 10, então a Equação 13.19 torna-se

$$U_g \text{ (se } y \ll R_T) = mg_{Terra} y \qquad (13.20)$$

Podemos ir dormir tranqüilos sabendo que a Equação 13.15 para a energia potencial gravitacional é consistente com nossa expressão anterior para energia potencial na aproximação de "Terra plana" quando $y \ll R_T$.

EXEMPLO 13.3 A velocidade de um satélite

Um inventor não muito bem-sucedido deseja pôr em órbita da Terra pequenos satélites lançando-os verticalmente para cima, a partir da superfície do planeta, com uma velocidade muito alta.

a. Com que valor de velocidade o satélite deve ser lançado se ele deve ter uma velocidade de 500 m/s a uma altura de 400 km? Despreze a resistência do ar.
b. Que porcentagem de erro teria sua resposta se você usasse uma aproximação de Terra plana?

MODELO A energia mecânica é conservada se ignoramos a resistência do ar.

VISUALIZAÇÃO A **FIGURA 13.16** mostra uma representação pictórica da situação.

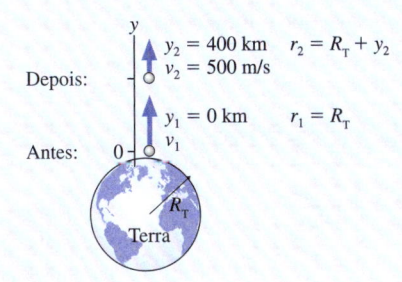

FIGURA 13.16 Representação pictórica de um satélite lançado verticalmente para cima.

RESOLUÇÃO a. Embora a altura esteja exagerada na figura, 400 km = 400.000 m é tão grande que não podemos ignorar a forma esférica da Terra. A equação de conservação de energia, $K_2 + U_2 = K_1 + U_1$, é

$$\frac{1}{2} m v_2^2 - \frac{GM_T m}{R_T + y_2} = \frac{1}{2} m v_1^2 - \frac{GM_T m}{R_T + y_1}$$

onde representamos a distância entre o satélite e o centro da Terra como $r = R_T + y$. A altura inicial é $y_1 = 0$. Observe que a massa do satélite, m, é cancelada, e não é preciso conhecê-la. Isolando a velocidade de lançamento nesta equação, otemos

$$v_1 = \sqrt{v_2^2 + 2GM_T \left(\frac{1}{R_T} - \frac{1}{R_T + y_2} \right)} = 2.770 \text{ m/s}$$

Isso equivale a cerca de 9.900 km/h, um valor muito menor do que o da velocidade de escape.

b. O cálculo é o mesmo na aproximação de Terra plana, exceto pelo emprego de $U_g = mgy$. Assim:

$$\frac{1}{2} m v_2^2 + mgy_2 = \frac{1}{2} m v_1^2 + mgy_1$$

$$v_1 = \sqrt{v_2^2 + 2gy_2} = 2.840 \text{ m/s}$$

O valor de 2.840 m/s obtido com a aproximação de Terra plana é 70 m/s maior do que o valor correto. O erro, como uma porcentagem do valor correto de 2.770 m/s, é:

$$\text{erro} = \frac{70}{2770} \times 100 = 2,5\%$$

AVALIAÇÃO O valor real da velocidade é menor do que o obtido com a aproximação de Terra plana, pois a força da gravidade diminui com a altura. Lançar um foguete contra uma força que diminui cada vez mais requer menos esforço do que seria necessário na aproximação de Terra plana, considerando mg como constante para todas as alturas.

PARE E PENSE 13.4 Ordene em seqüência, do maior para o menor, os valores absolutos das energias potenciais gravitacionais dos pares de massas mostrados abaixo. Os números se referem às massas e às distâncias relativas.

(a) $m_1 = 2$, $r = 4$, $m_2 = 2$
(b) $m_1 = 1$, $r = 1$, $m_2 = 1$
(c) $m_1 = 1$, $r = 2$, $m_2 = 1$
(d) $m_1 = 1$, $r = 4$, $m_2 = 4$
(e) $m_1 = 4$, $r = 8$, $m_2 = 4$

13.6 Órbitas e energias de satélites

Aplicar a segunda lei de Newton para encontrar a trajetória de uma massa que se movimenta sob a influência da gravidade, do ponto de vista matemático, está além dos objetivos deste livro. Mas se sabe que a solução corresponde a um conjunto de órbitas elípticas. Isso é o que enuncia a primeira lei de Kepler, descoberta empiricamente a partir da análise dos dados obtidos por Tycho Brahe. Kepler não tinha, portanto, um *motivo* para explicar porque as órbitas deveriam ser elipses, em vez de alguma outra forma. Newton, por sua vez, conseguiu demonstrar que as elipses são *conseqüências* da teoria newtoniana da gravitação.

A matemática das elipses é um tanto complexa, de modo restringiremos a maior parte de nossa análise ao caso particular em que uma elipse tende a um círculo. A maioria das órbitas planetárias é praticamente circular, a não ser por uma diferença bem pequena. A órbita da Terra, por exemplo, tem uma razão (semi-eixo menor/semi-eixo maior) de 0,99986 – muito próxima à de um verdadeiro círculo!

A **FIGURA 13.17** mostra um corpo de grande massa M, como a Terra ou o Sol, e um corpo mais leve m em sua órbita. O corpo mais leve será chamado de **satélite**, mesmo que seja um planeta em órbita do Sol. A segunda lei de Newton para o satélite é

$$F_{M \text{ on } m} = \frac{GMm}{r^2} = ma_r = \frac{mv^2}{r} \qquad (13.21)$$

Desta forma, o módulo da velocidade de um satélite numa órbita circular é:

$$v = \sqrt{\frac{GM}{r}} \qquad (13.22)$$

Um satélite deve ter este valor exato de velocidade para estar em uma órbita circular de raio r em torno de uma massa maior M. Se a velocidade diferir deste valor, a órbita se tornará elíptica, ao invés de circular. Observe que a velocidade orbital *não* depende da massa m do satélite. Isso é consistente com nossa descoberta anterior quanto aos movimentos em uma Terra plana, ou seja, que o movimento em função da gravidade é independente da massa do objeto.

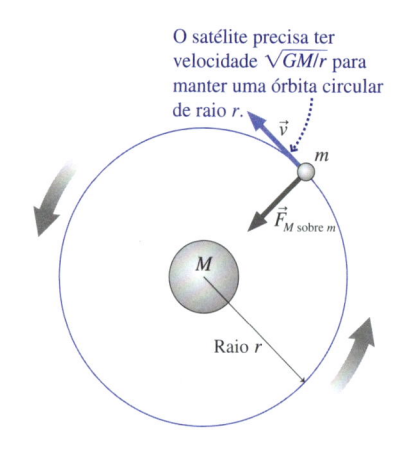

FIGURA 13.17 O movimento orbital de um satélite devido à força da gravidade.

A Estação Espacial Internacional parece estar flutuando, mas na verdade está viajando a quase 8.000 m/s enquanto contorna a Terra em sua órbita.

EXEMPLO 13.4 A velocidade de um ônibus espacial

Um ônibus espacial numa órbita de 300 km de altura ($\approx$ 180 mi) quer capturar um satélite menor para efetuar reparos. Quais são os valores de velocidade do ônibus e do satélite nesta órbita?

RESOLUÇÃO Apesar de terem massas diferentes, o ônibus, o satélite e o astronauta, trabalhando no espaço para realizar os reparos, se deslocam lado a lado, com a mesma velocidade. Eles simplesmente, estão em queda livre simultânea. Usando $r = R_T + h$ com $h = 300$ km $= 3{,}00 \times 10^5$ m, encontramos a velocidade de

$$v = \sqrt{\frac{(6{,}67 \times 10^{-11}\,\text{N m}^2/\text{kg}^2)(5{,}98 \times 10^{24}\,\text{kg})}{6{,}67 \times 10^6\,\text{m}}}$$

$$= 7.730\,\text{m/s} \approx 28.000\,\text{km/h}$$

AVALIAÇÃO A resposta depende da massa da Terra, mas *não* da massa do satélite.

Terceira lei de Kepler

Um parâmetro importante do movimento circular é seu *período*. Lembre-se de que o período T é o tempo necessário para completar uma órbita. A relação entre velocidade, raio e período é:

$$v = \frac{\text{circunferência}}{\text{período}} = \frac{2\pi r}{T} \qquad (13.23)$$

Podemos encontrar uma relação entre o período de um satélite e o raio de sua órbita usando a Equação 13.22 para v:

$$v = \frac{2\pi r}{T} = \sqrt{\frac{GM}{r}} \qquad (13.24)$$

Elevando ao quadrado os dois lados da equação e isolando T, obtemos:

$$T^2 = \left(\frac{4\pi^2}{GM}\right)r^3 \quad (13.25)$$

Em outras palavras, o *quadrado* do período é proporcional ao *cubo* do raio. Esta é exatamente a terceira lei de Kepler. Pode-se ver, portanto, que esta lei é uma conseqüência direta da lei de Newton da gravitação.

A Tabela 13.2 contém informações astronômicas sobre o Sol, a Terra, a Lua e outros planetas do Sistema Solar. Podemos usar esses dados para verificar a validade da Equação 13.25. **A FIGURA 13.18** é um gráfico de log T versus log r para todos os planetas da Tabela 13.2, exceto Mercúrio. Note que as escalas de cada eixo aumentam logaritmicamente – por *fatores* de 10 – em vez de linearmente. Além disso, o eixo vertical converteu T para unidades do SI, segundos. Como você pode ver, o gráfico resultante é uma linha reta, obtida aqui por meio de um programa estatístico de "melhor ajuste" de uma calculadora:

$$\log T = 1{,}500 \log r - 9{,}264$$

Como tarefa para casa, você pode tentar demonstrar que a inclinação de 1,500 para este "gráfico log-log" confirma a previsão da Equação 13.25. Você também deverá usar o valor de *y* onde a curva intercepta o eixo vertical *y* para determinar a massa do Sol.

Uma aplicação particularmente interessante da Equação 13.25 é em satélites de comunicação que estão em **órbitas geossíncronas** acima da Terra. Esses satélites possuem um período de 24 horas, tornando seu movimento orbital síncrono com a rotação da Terra. Como resultado, nessa órbita um satélite parece permanecer estacionário acima de um mesmo ponto do equador da Terra. A Equação 13.25 nos permite computar o raio de uma órbita com este período:

$$r_{geo} = R_T + h_{geo} = \left[\left(\frac{GM}{4\pi^2}\right)T^2\right]^{1/3}$$

$$= \left[\left(\frac{(6{,}67 \times 10^{-11}\,\text{Nm}^2/\text{kg}^2)(5{,}98 \times 10^{24}\,\text{kg})}{4\pi^2}\right)(86.400\,\text{s})^2\right]^{1/3}$$

$$= 4{,}225 \times 10^7\,\text{m}$$

A altitude da órbita é:

$$h_{geo} = r_{geo} - R_T = 3{,}59 \times 10^7\,\text{m} = 35.900\,\text{km}$$

NOTA ▶ Ao usar a Equação 13.25, o período *deve* estar em unidades do SI, segundos. ◀

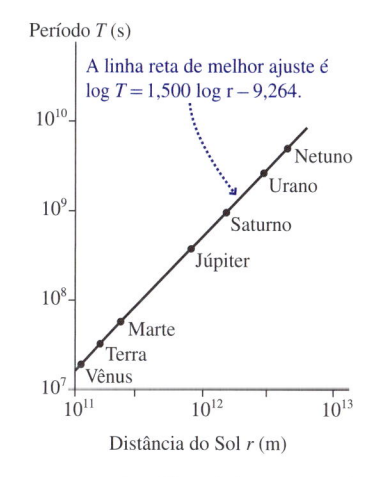

FIGURA 13.18 O gráfico de log T versus log r para os dados planetários da Tabela 13.2.

TABELA 13.2 Dados astronômicos úteis

Corpo planetário	Distância média do Sol (m)	Período (anos)	Massa (kg)	Raio médio (m)
Sol	–	–	$1{,}99 \times 10^{30}$	$6{,}96 \times 10^8$
Lua	$3{,}84 \times 10^8$*	27,3 dias	$7{,}36 \times 10^{22}$	$1{,}74 \times 10^6$
Mercúrio	$5{,}79 \times 10^{10}$	0,241	$3{,}18 \times 10^{23}$	$2{,}43 \times 10^6$
Vênus	$1{,}08 \times 10^{11}$	0,615	$4{,}88 \times 10^{24}$	$6{,}06 \times 10^6$
Terra	$1{,}50 \times 10^{11}$	1,00	$5{,}98 \times 10^{24}$	$6{,}37 \times 10^6$
Marte	$2{,}28 \times 10^{11}$	1,88	$6{,}42 \times 10^{23}$	$3{,}37 \times 10^6$
Júpiter	$7{,}78 \times 10^{11}$	11,9	$1{,}90 \times 10^{27}$	$6{,}99 \times 10^7$
Saturno	$1{,}43 \times 10^{12}$	29,5	$5{,}68 \times 10^{26}$	$5{,}85 \times 10^7$
Urano	$2{,}87 \times 10^{12}$	84,0	$8{,}68 \times 10^{25}$	$2{,}33 \times 10^7$
Netuno	$4{,}50 \times 10^{12}$	165	$1{,}03 \times 10^{26}$	$2{,}21 \times 10^7$

*Distância da Terra.

As órbitas geossíncronas são muito mais altas do que as órbitas baixas usadas por ônibus espaciais e satélites de sensoriamento remoto, em que $h \approx 300$ km. Satélites de comunicação em órbitas geossíncronas foram propostos pela primeira vez em 1948 pelo escritor de ficção científica Arthur C. Clarke, 10 anos antes do lançamento do primeiro satélite artificial de qualquer tipo!

EXEMPLO 13.5 Planetas extra-solares

Usando os telescópios mais avançados, apenas recentemente os astrônomos encontraram evidências de planetas orbitando estrelas próximas. Estes são chamados de *planetas extra-solares*. Suponha que um planeta apresente um período de translação de 1.200 dias ao orbitar uma estrela à mesma distância que Júpiter está do Sol. Qual é a massa da estrela em massas solares? (1 *massa solar* é definida como sendo a massa do Sol).

RESOLUÇÃO Aqui "dia" significa dias terrestres, conforme usado por astrônomos para medir a translação. Desta forma, a translação do planeta em unidades do SI é de $T = 1.200$ dias $= 1,037 \times 10^8$ s. O raio orbital é o de Júpiter, que, segundo a Tabela 13.2, é de $r = 7,78 \times 10^{11}$ m. Isolando a massa da estrela na Equação 13.25, o resultado é:

$$M = \frac{4\pi^2 r^3}{GT^2} = 2,59 \times 10^{31} \text{ kg} \times \frac{1 \text{ massa solar}}{1,99 \times 10^{30} \text{ kg}}$$

$$= 13 \text{ massas solares}$$

AVALIAÇÃO Trata-se de uma estrela grande, mas não extraordinariamente grande.

PARE E PENSE 13.5 Dois planetas orbitam uma estrela. O planeta 1 tem raio orbital r_1, e o planeta 2 tem $r_2 = 4r_1$. O planeta 1 orbita com período T_1. O planeta 2 orbita com período:

a. $T_2 = 8T_1$ b. $T_2 = 4T_1$ c. $T_2 = 2T_1$
d. $T_2 = \frac{1}{2}T_1$ e. $T_2 = \frac{1}{4}T_1$ f. $T_2 = \frac{1}{8}T_1$

Segunda lei de Kepler

A **FIGURA 13.19a** mostra um satélite se movimentando em uma órbita elíptica. No Capítulo 12, definimos o *momentum angular* de uma partícula como sendo:

$$L = mrv \operatorname{sen} \beta \qquad (13.26)$$

onde β é o ângulo entre $\vec{r}$ e $\vec{v}$. Para uma órbita circular, onde β é sempre 90°, isso se reduz a, simplesmente, $L = mrv$.

A única força exercida sobre o satélite, a força gravitacional, aponta diretamente para o centro da estrela ou do planeta que o satélite orbita, sem exercer nenhum torque sobre o satélite; assim, **o momentum angular do satélite é conservado enquanto ele está em órbita**.

O satélite se movimenta uma pequena distância $\Delta s = v\Delta t$ para a frente durante o curto intervalo de tempo Δt. Este movimento define o triângulo de área ΔA mostrado na **FIGURA 13.19b**. O símbolo ΔA representa a área "varrida" pelo satélite durante Δt. Pode-se ver que a altura do triângulo é $h = \Delta s \operatorname{sen} \beta$, de modo que a área do triângulo é

$$\Delta A = \frac{1}{2} \times \text{base} \times \text{altura} = \frac{1}{2} \times r \times \Delta s \operatorname{sen} \beta = \frac{1}{2} rv \operatorname{sen} \beta \, \Delta t \qquad (13.27)$$

A *taxa* segundo a qual a área é descrita pelo satélite enquanto se movimenta é

$$\frac{\Delta A}{\Delta t} = \frac{1}{2} rv \operatorname{sen} \beta = \frac{mrv \operatorname{sen} \beta}{2m} = \frac{L}{2m} \qquad (13.28)$$

O momentum angular L é conservado, por isso tem o mesmo valor em todos os pontos da órbita. Conseqüentemente, a taxa segundo a qual a área é descrita pelo satélite é constante. Esta é a segunda lei de Kepler, segundo a qual uma linha traçada entre o Sol e os planetas varre áreas iguais em tempos iguais. Podemos ver que a segunda lei de Kepler é, na verdade, uma conseqüência da conservação do momentum angular.

FIGURA 13.19 O momentum angular é conservado para um planeta em órbita elíptica.

(a) A força gravitacional aponta diretamente para o Sol e não exerce torque.

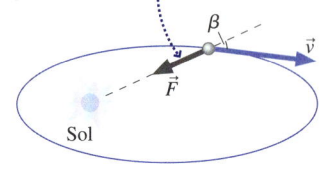

(b) A área ΔA é varrida durante Δt. $\Delta s = v\Delta t$. Altura $h = \Delta s \operatorname{sen} \beta$.

Kepler e Newton

As leis de Kepler resumem os dados observacionais sobre os movimentos dos planetas. Elas constituem uma realização excepcional, mas não formam uma teoria. Newton propôs uma *teoria*, um conjunto específico de relações entre força e movimento o qual permite que *qualquer* movimento seja compreendido e calculado. A teoria de Newton da gravitação nos permite *deduzir* as leis de Kepler e, assim, entendê-las em um nível mais fundamental.

Além disso, as leis de Kepler não são perfeitamente precisas. Além de serem atraídos pelo Sol, os planetas também são atraídos uns pelos outros e por suas luas. As conseqüências dessas forças adicionais são pequenas, mas, ao longo do tempo, causam efeitos mensuráveis que não estão contidos nas leis de Kepler. Com a teoria newtoniana, podemos usar a lei do inverso do quadrado para calcular a força resultante, exercida sobre cada planeta, pelo Sol e por todos os outros planetas, e, então, resolver a segunda lei de Newton para determinar a dinâmica. A matemática envolvida na solução pode ser extremamente difícil, e hoje tudo é realizado por computadores, porém até mesmo os cálculos deste procedimento realizados à mão, em meados do século XIX, bastaram para se prever a existência de um planeta não-descoberto que estava causando perturbações no movimento orbital de Urano. O planeta Netuno foi descoberto em 1846, justamente no local previsto pelos cálculos.

Energética orbital

Vamos concluir este capítulo refletindo sobre a energética do movimento orbital. Com a Equação 13.24, descobrimos que um satélite em órbita circular deve satisfazer à relação $v^2 = GM/r$. A velocidade de um satélite é determinada unicamente pelo tamanho de sua órbita. Dessa forma, a energia cinética do satélite é dada por

$$K = \frac{1}{2}mv^2 = \frac{GMm}{2r} \quad (13.29)$$

Mas a grandeza $-GMm/r$ é exatamente a energia potencial, U_g, de modo que

$$K = -\frac{1}{2}U_g \quad (13.30)$$

Este resultado é interessante. Em todos os exemplos anteriores, as energias cinéticas e potenciais eram parâmetros independentes. Em contraste, um satélite pode se movimentar em órbita circular *somente* se houver uma relação muito específica entre K e U. Isto não quer dizer que K e U *precisem sempre* obedecer a esta relação, mas se isso não ocorrer, a trajetória será elíptica, em vez de circular.

A Equação 13.30 fornece a energia mecânica de um satélite em uma órbita circular:

$$E_{mec} = K + U_g = \frac{1}{2}U_g \quad (13.31)$$

A energia potencial gravitacional é negativa, portanto a energia mecânica *total* também é negativa. Uma energia total negativa é característica de um **sistema ligado**, um sistema no qual o satélite está ligado à massa central pela força gravitacional e não pode escapar. Em um sistema não-ligado, o satélite pode se distanciar infinitamente até onde $U = 0$. Uma vez que a energia cinética K deve ser ≥ 0, a energia total de um sistema não-ligado deve ser ≥ 0. Um valor negativo de E_{mec} nos diz que o satélite é incapaz de escapar da massa central.

A **FIGURA 13.20** mostra as energias de um satélite em órbita circular como função do raio da órbita. Observe como $E_{mec} = \frac{1}{2}U_g$. Essa figura nos ajuda a entender a energética envolvida ao transferir um satélite de uma órbita para outra. Suponha que um satélite esteja numa órbita de raio r_1 e que gostaríamos de que ele passasse para uma órbita de raio maior r_2. A energia cinética em r_2 é menor do que em r_1 (o satélite se movimenta mais lentamente na órbita maior), mas é possível notar que a energia total *aumenta* proporcionalmente a r. Conseqüentemente, transferir um satélite para uma órbita maior requer um aumento líquido da energia $\Delta E > 0$. De onde vem esse aumento de energia?

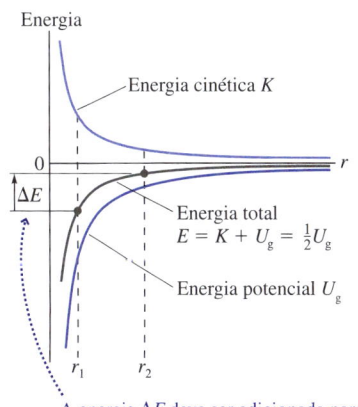

A energia ΔE deve ser adicionada para movimentar um satélite de uma órbita com raio r_1 para raio r_2.

FIGURA 13.20 A energia cinética, potencial e total de um satélite em órbita circular.

Satélites artificiais são colocados em órbitas mais altas acionando-se seus motores-foguete para gerar um empuxo. Esta força realiza um trabalho sobre o satélite, e a equação de energia do Capítulo 11 nos diz que este trabalho aumenta a energia do satélite em $\Delta E_{mec} = W_{ext}$. Dessa forma, a energia para "alavancar" um satélite para uma órbita mais alta origina-se da energia química armazenada no combustível do foguete.

EXEMPLO 13.6 Transferindo um satélite de órbita

Quanto trabalho deve ser realizado para transferir um satélite de comunicação de 1.000 kg de uma órbita terrestre baixa com $h = 300$ km, onde é liberado pelo ônibus espacial, para uma órbita geossíncrona?

RESOLUÇÃO O trabalho necessário é $W_{ext} = \Delta E_{mec}$, e a Equação 13.31 mostra que $\Delta E_{mec} = \frac{1}{2} \Delta U_g$. A órbita inicial tem raio $r_{ônibus} = R_T + h = 6,67 \times 10^6$ m. Anteriormente, encontramos que o raio de uma órbita geossíncrona é de $4,22 \times 10^7$ m.

$$W_{ext} = \Delta E_{mec} = \frac{1}{2} \Delta U_g = \frac{1}{2}(-GM_T m)\left(\frac{1}{r_{geo}} - \frac{1}{r_{ônibus}}\right) = 2,52 \times 10^{10} \text{ J}$$

AVALIAÇÃO É preciso muita energia a fim de impulsionar satélites para órbitas altas!

Pode-se pensar que a melhor maneira de mandar um satélite para uma órbita mais alta seria virar os propulsores para a Terra e acioná-los. Isso funcionaria perfeitamente *se* o satélite estivesse inicialmente em repouso e passasse a se mover radialmente em uma trajetória linear. Porém, um satélite em órbita já está se movimentando e apresenta inércia significativa. Uma força direcionada radialmente para fora *mudaria* o vetor velocidade do satélite nessa direção, mas não faria com que ele se *movimentasse* ao longo dessa linha. (Lembre-se de todos os diagramas de movimento anteriores para o movimento ao longo de trajetórias curvas). Além disso, uma força direcionada radialmente para fora estaria quase em ângulo reto com o movimento e praticamente não realizaria qualquer trabalho. Navegar no espaço não é tão fácil quanto parece ser no filme *Guerra nas Estrelas*!

Para transferir o satélite da **FIGURA 13.21** da órbita com raio r_1 para a órbita circular mais alta de raio r_2, os propulsores são acionados no ponto 1 para aplicar uma breve força de empuxo *para a frente* na direção do movimento, *tangente* ao círculo. Esta força realiza uma quantidade significativa de trabalho porque ela é paralela ao deslocamento, de modo que o satélite rapidamente ganha energia cinética ($\Delta > 0$). Mas $\Delta U_g = 0$, pois o satélite não tem tempo de alterar sua distância à Terra durante um empuxo de curta duração. Com o aumento da energia cinética, mas não da energia potencial, o satélite deixa de atender à exigência $K = -\frac{1}{2}U_g$ para uma órbita circular. Em vez disso, ele entra em uma órbita elíptica.

Numa órbita elíptica, o satélite se movimenta "para cima" em direção ao ponto 2, transformando energia cinética em energia potencial. No ponto 2, o satélite chega à distância desejada da Terra e apresenta o valor "certo" de energia potencial, mas sua energia cinética agora é *menor* do que a necessária para uma órbita circular. (A análise é mais complexa do que a que apresentamos aqui. Deverá ser realizada como tarefa de casa, como um Problema Desafiador). Se não for realizada nenhuma ação, o satélite continuará em sua órbita elíptica e "cairá" de volta para o ponto 1. Mas outro empuxo *para a frente* no ponto 2 aumenta sua energia cinética, sem alterar U_g, até que a energia cinética atinja o valor $K = -\frac{1}{2}U_g$ necessário para uma órbita circular. Pronto! A segunda queima transfere o satélite para a desejada órbita circular de raio r_2. O trabalho $W_{ext} = \Delta E_{mec}$ é o trabalho *total* realizado nas duas queimas. É preciso uma análise mais extensa para verificar como o trabalho pode ser dividido entre as duas queimas, mas mesmo sem esses detalhes você tem conhecimento suficiente sobre órbitas e energias para entender as idéias envolvidas.

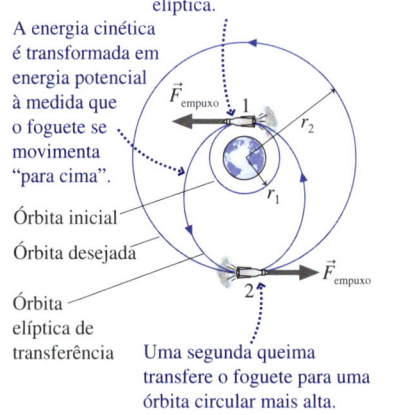

FIGURA 13.21 Transferência de um satélite para uma órbita circular mais alta.

Aqui, o lançamento do foguete tangencialmente ao círculo transfere o satélite para a órbita elíptica.

A energia cinética é transformada em energia potencial à medida que o foguete se movimenta "para cima".

Órbita inicial
Órbita desejada
Órbita elíptica de transferência

Uma segunda queima transfere o foguete para uma órbita circular mais alta.

CAPÍTULO 13 ■ A Teoria de Newton da Gravitação

RESUMO

O objetivo do Capítulo 13 foi utilizar a teoria de Newton da gravitação
para entender o movimento de satélites e planetas.

Princípios gerais

A teoria de Newton da gravitação

1. Dois objetos com massas M e m, a uma distância mútua r, exercem **forças gravitacionais** de atração um sobre o outro, cujo módulo é

$$F_{M \text{ sobre } m} = F_{m \text{ sobre } M} = \frac{GMm}{r^2}$$

onde a **constante gravitacional** é $G = 6{,}67 \times 10^{-11} \text{ Nm}^2/\text{kg}^2$.

2. A massa gravitacional e a massa inercial são equivalentes.

3. As três leis de Newton do movimento se aplicam a satélites, planetas e estrelas.

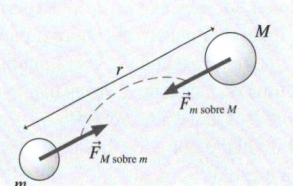

Conceitos importantes

O movimento orbital de um planeta (ou um satélite) é descrito pelas **Leis de Kepler**:

1. As órbitas são elipses, com o Sol (ou o planeta) ocupando um de seus focos.

2. Uma linha traçada entre o Sol e cada planeta varre áreas iguais em tempos iguais.

3. O quadrado do período T de um planeta é proporcional ao cubo do semi-eixo maior de sua órbita.

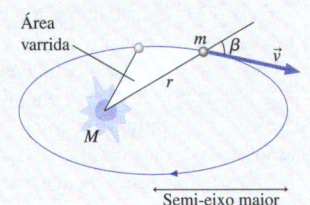

Órbitas circulares constituem um caso especial de elipse. Para uma órbita circular em torno de uma massa M,

$$v = \sqrt{\frac{GM}{r}} \quad \text{e} \quad T^2 = \left(\frac{4\pi^2}{GM}\right) r^3$$

Conservação do momentum angular

O momentum angular $L = mrv\sen\beta$ permanece constante ao longo da órbita. A segunda lei de Kepler é uma conseqüência dessa lei.

Energética orbital

A energia mecânica $E_{\text{mec}} = K + U_g$ de um satélite é conservada onde a energia potencial gravitacional é

$$U_g = -\frac{GMm}{r}$$

Para órbitas circulares, $K = -\frac{1}{2} U_g$ e $E_{\text{mec}} = \frac{1}{2} U_g$. A energia total negativa é característica de um **sistema ligado**.

Aplicações

Para um planeta de massa M e raio R,

- A aceleração em queda livre na superfície é $g_{\text{superfície}} = \dfrac{GM}{R^2}$

- A **velocidade de escape** é $v_{\text{escape}} = \sqrt{\dfrac{2GM}{R}}$

- O raio de uma **órbita geossíncrona** é $r_{\text{geo}} = \left(\dfrac{GM}{4\pi^2} T^2\right)^{1/3}$

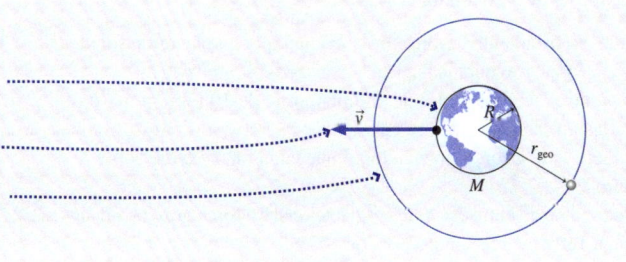

Termos e notação

cosmologia	lei de Newton da gravitação	princípio da equivalência	satélite
leis de Kepler	constante gravitacional, G	teoria de Newton da gravitação	órbita geossíncrona
força gravitacional	massa gravitacional	velocidade de escape	sistema ligado

QUESTÕES CONCEITUAIS

1. A força gravitacional da Terra sobre o Sol é maior, menor ou igual à força gravitacional do Sol sobre a Terra? Explique.
2. A força gravitacional de uma estrela sobre o planeta na órbita 1 é F_1. O planeta 2, que tem massa duas vezes maior do que a do planeta 1 e orbita a uma distância duas vezes maior, experimenta uma força gravitacional F_2. Qual é a razão F_1/F_2?
3. Um satélite de 1.000 kg e outro, de 2.000 kg seguem exatamente a mesma órbita em torno da Terra.
   a. Qual é a razão F_1/F_2 entre a força exercida sobre o primeiro satélite e a que é exercida sobre o segundo satélite?
   b. Qual é a razão a_1/a_2 entre a aceleração do primeiro satélite e a do segundo?
4. A que distância da Terra deve estar uma nave espacial em órbita a fim de que os astronautas fiquem sem peso no interior da nave? Explique.
5. Um astronauta de um ônibus espacial está trabalhando fora da nave enquanto ela orbita a Terra. Se ele deixar cair um martelo, este cairá na Terra? Em caso afirmativo ou negativo, explique.
6. A aceleração de queda livre próximo à superfície do planeta 1 é de 20 m/s^2. O raio e a massa do planeta 2 são duas vezes maiores do que os do planeta 1. Qual é a aceleração g no planeta 2?
7. *Por que* a energia potencial gravitacional de duas massas é negativa? Observe que a resposta "porque este é o resultado da equação" *não* constitui uma explicação.
8. A velocidade de escape do Planeta X é de 10.000 m/s. O Planeta Y tem o mesmo raio do Planeta X, mas é duas vezes mais denso. Qual é a velocidade de escape do Planeta Y?
9. O Planeta X orbita a estrela Ômega com um "ano" que corresponde a 200 dias terrestres. O Planeta Y circula Ômega a uma distância quatro vezes maior do que a do Planeta X. Qual é a duração de um ano no Planeta Y?
10. A massa de Júpiter é 300 vezes maior do que a da Terra. Júpiter orbita o Sol com $T_{\text{Júpiter}} = 11{,}9$ anos em uma órbita com $r_{\text{Júpiter}} = 5{,}2 r_{\text{Terra}}$. Suponha que a Terra possa ser transferida para a mesma distância de Júpiter e posicionada em uma órbita circular ao redor do Sol. Qual das alternativas abaixo descreve o novo período de translação da Terra? Explique.
    a. 1 ano
    b. Entre 1 e 11,9 anos
    c. 11,9 anos
    d. Mais do que 11,9 anos
    e. Depende da velocidade da Terra.
    f. É impossível para um planeta da massa da Terra orbitar à distância de Júpiter.
11. Os satélites em órbita baixa experimentam uma leve força de resistência por causa da atmosfera superior, que é extremamente rarefeita. Lentamente, porém com certeza, esses satélites passam a descrever uma órbita espiralada para dentro, onde finalmente entram em combustão ao atingir as camadas mais espessas da atmosfera. O raio da órbita diminui tão lentamente que você pode considerar que o satélite tenha uma órbita circular em todos os intervalos de tempo. À medida que o satélite começa a espiralar para dentro, sua velocidade aumenta, diminui ou permanece a mesma? Explique.

EXERCÍCIOS E PROBLEMAS

Exercícios

Seção 13.3 A lei de Newton da gravitação

1. ‖ Qual é a razão entre a força gravitacional que o Sol exerce sobre você e a força gravitacional que a Terra exerce sobre você?
2. ‖ Os centros de duas bolas de chumbo, uma de 10 kg e outra, de 100 g, estão separados por 10 cm.
   a. Quanto vale a força gravitacional que cada uma exerce sobre a outra?
   b. Qual é a razão entre esta força gravitacional e a força gravitacional que a Terra exerce sobre a bola de 100 g?
3. ‖ Qual é a razão entre a força gravitacional que o Sol exerce sobre a Lua e a força gravitacional que a Terra exerce sobre a Lua?
4. ‖ Uma esfera de chumbo de 1 m de diâmetro tem massa de 5.900 kg. Uma partícula de poeira encontra-se sobre sua superfície. Qual é a razão entre a força gravitacional que a esfera exerce sobre a partícula de poeira e a força gravitacional exercida pela Terra sobre a partícula de poeira?
5. ‖ Estime a força de atração entre uma mulher de 50 kg e um homem de 70 kg sentados a uma distância de 1 m.
6. ‖ Um ônibus espacial encontra-se em órbita 300 km acima da superfície terrestre.
   a. Qual é a força gravitacional exercida sobre uma esfera de 1,0 kg no interior do ônibus espacial?
   b. A esfera flutua no interior do ônibus espacial, aparentemente "sem peso". Como isso é possível?

Seção 13.4 O g pequeno e o G grande

7. | a. Qual é a aceleração de queda livre na superfície do Sol?
   b. Qual é a aceleração de queda livre do Sol à distância em que se encontra a Terra?
8. | Qual é a aceleração de queda livre na superfície (a) da Lua e (b) de Júpiter?
9. ‖ Um gravímetro sensível de um observatório localizado numa montanha verifica que a aceleração de queda livre ali é 0,0075 m/s^2 menor do que ao nível do mar. Qual é a altitude do observatório?

10. ‖ Suponha que você pudesse encolher a Terra sem alterar sua massa. A que fração de seu raio atual a aceleração de queda livre na superfície seria três vezes maior do que seu presente valor?
11. ‖ O Planeta Z tem 10.000 km de diâmetro, e a aceleração de queda livre nele é de 8 m/s^2.
    a. Qual é a massa do Planeta Z?
    b. Qual é a aceleração de queda livre em uma posição 10.000 km acima do pólo norte do planeta?

Seção 13.5 Energia potencial gravitacional

12. | Um astronauta na Terra consegue jogar uma bola para cima a uma altura de 15 m. A que altura ele conseguiria jogar a bola em Marte?
13. | Qual é a velocidade de escape em Júpiter?
14. ‖ Um foguete é lançado diretamente para cima a partir da superfície terrestre, com uma velocidade de 15.000 m/s. Qual será sua velocidade quando estiver muito distante da Terra?
15. ‖ Um ônibus espacial orbita o Sol à mesma distância que a Terra, mas do lado oposto ao Sol. Uma pequena sonda é lançada do ônibus. Qual é a velocidade mínima que a sonda necessita ter para escapar do Sistema Solar?
16. ‖ Você esteve visitando um planeta distante. Suas medições determinaram que a massa do planeta é duas vezes maior do que a da Terra, mas a aceleração de queda livre na sua superfície correspon de a apenas um quarto da que existe na Terra.
    a. Qual é o raio do planeta?
    b. Para voltar à Terra, você precisa escapar do planeta. Qual é a velocidade mínima que o seu foguete precisa atingir?

Seção 13.6 Órbitas e energias de satélites

17. | O *cinturão de asteróides* circula o Sol entre as órbitas de Marte e de Júpiter. Um determinado asteróide tem período de translação de 5 anos terrestres. Quais são o raio e a velocidade orbital desse asteróide?
18. | Use as informações sobre a Terra e sua órbita para determinar a massa do Sol.
19. | Você é o cientista-chefe em uma missão de visita a um Sistema Solar distante. Antes de aterrissar em um dos planetas, você descobre por medições que seu diâmetro é de $1,8 \times 10^7$ m e que seu período de rotação é de 22,3 horas. Anteriormente, você determinara que o planeta orbita a $2,2 \times 10^{11}$ m de sua estrela, com período de translação correspondente a 402 dias terrestres. Assim que chega à superfície, você descobre que a aceleração de queda livre é de 12,2 m/s^2. Qual é a massa (a) do planeta e (b) da estrela?
20. ‖ Três satélites orbitam um planeta de raio R, conforme ilustrado na **FIGURA EX13.20**. Os satélites S_1 e S_3 possuem massa m. O satélite S_2 tem massa igual a 2m. O satélite S_1 completa uma órbita em 250 minutos, e a força exercida sobre ele é de 10.000 N.
    a. Quais são os períodos de S_2 e de S_3?
    b. Quais são as forças exercidas sobre S_2 e S_3?
    c. Qual é a razão de energia cinética K_1/K_3 para S_2 e S_3?

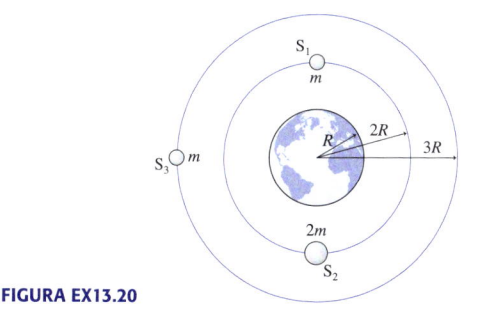

FIGURA EX13.20

21. ‖ Um satélite orbita o Sol com período de translação de 1,0 dia. Qual é o raio da órbita?
22. ‖ Um ônibus espacial está em uma órbita de 350 km de altitude. Qual é o período de translação orbital do ônibus, em minutos, e qual é a sua velocidade?
23. ‖ Um satélite terrestre se movimenta em uma órbita circular com uma rapidez de 5.500 m/s. Qual é o período orbital do satélite?
24. ‖ Quanto valem a velocidade e a altitude de um satélite geossíncrono orbitando Marte? Marte gira em torno de seu eixo a cada 24,8 horas.

Problemas

25. ‖ Dois objetos esféricos apresentam massa conjunta de 150 kg. A atração gravitacional entre eles é de $8,00 \times 10^{-6}$ N quando seus centros estão a 20 cm de distância um do outro. Qual é a massa de cada um deles?
26. ‖ Duas esferas de chumbo de 100 kg cada uma são suspensas por cabos de massa desprezível com 100 m de comprimento cada um. As extremidades superiores dos cabos foram cuidadosamente ancoradas a *exatamente* 1 m de distância uma da outra. Qual é a distância entre os centros das esferas?
27. ‖ Uma esfera de 20 kg encontra-se na origem, e outra esfera de 10 kg está em $(x, y) = (20$ cm, 0 cm). Em que ponto ou pontos poderia ser colocada uma pequena massa a fim de que fosse nula a força gravitacional resultante sobre ela devido às esferas?
28. ‖ A **FIGURA P13.28** mostra três massas. Qual é o módulo e qual é a orientação da força gravitacional resultante sobre (a) a massa de 20,0 kg e (b) a massa de 5,0 kg? Determine a orientação por meio de um ângulo horário ou anti-horário com o eixo *y*.

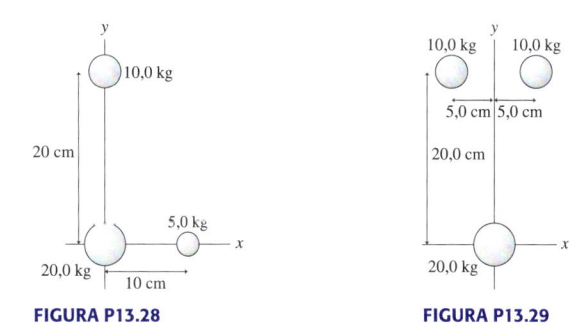

FIGURA P13.28   **FIGURA P13.29**

29. ‖ Qual é o módulo e qual é direção da força gravitacional resultante sobre a massa de 20,0 kg da **FIGURA P13.29**?
30. ‖ Quanto vale a energia potencial gravitacional total das três massas da **FIGURA P13.28**?
31. ‖ Quanto vale a energia potencial gravitacional total das três massas da **FIGURA P13.29**?
32. ‖ a. A que altura acima da Terra a aceleração devido à gravidade corresponde a 10% de seu valor na superfície?
    b. Quanto vale a velocidade de um satélite em órbita a esta altitude?
33. ‖ Um objeto de 1,0 kg é abandonado do repouso a 500 km de altura da Terra.
    a. Quanto vale a velocidade de impacto quando ele atinge o solo? Despreze a resistência do ar.
    b. Qual seria a velocidade de impacto se a Terra fosse plana?
    c. Qual é o erro porcentual cometido no cálculo para a Terra plana?
34. ‖ Um projétil é lançado diretamente para cima a partir da superfície terrestre, com uma velocidade de 10.000 km/h. Que altura ele alcançará?

35. ‖ Um canhão imenso é construído em um planeta sem ar. O planeta tem raio de $5{,}0 \times 10^6$ m e massa de $2{,}6 \times 10^{24}$ kg. Ele dispara um projétil diretamente para cima com 5.000 m/s.
  a. Que altura o projétil alcançará acima da superfície?
  b. Um satélite de observação orbita o planeta a uma altitude de 1.000 km. Qual é o módulo da velocidade do projétil ao passar pelo satélite?

36. ‖ Um objeto de massa m é solto de uma altura h acima de um planeta de massa M e raio R. Obtenha uma expressão para a velocidade do objeto quando chegar ao solo.

37. ‖ Dois meteoros estão se dirigindo à Terra. Ao cruzarem a órbita da Lua, os módulos de suas velocidades valem 2 km/s.
  a. O primeiro meteoro está se dirigindo diretamente para a Terra. Qual será a sua velocidade de impacto?
  b. O segundo meteoro passa a 5.000 km de distância da Terra. Quanto vale sua velocidade no ponto mais próximo da Terra?

38. ‖ Um sistema estelar binário é formado por duas estrelas, cada qual com a mesma massa de nosso Sol, separadas por $1{,}0 \times 10^{12}$ m. Um cometa encontra-se muito distante e está praticamente em repouso. Lentamente, porém com certeza, a gravidade puxará o cometa em direção às estrelas. Suponha que o cometa desloque-se em uma linha reta que passa pelo ponto médio entre as duas estrelas. Qual é a velocidade do cometa neste ponto?

39. ‖ Suponha que, na Terra, você consiga dar um pulo de 50 cm de altura. Você conseguiria escapar de um asteróide de 4,0 km de diâmetro, com massa de $1{,}0 \times 10^{14}$ kg?

40. ‖ Um projétil é disparado para longe da Terra, em linha reta, a partir de uma base no lado oculto da Lua. Qual será a velocidade de escape do projétil do sistema Terra-Lua?

41. ‖ Um projétil é lançado da Terra na direção e no sentido do movimento terrestre em torno do Sol. Qual é o valor mínimo de velocidade que o projétil necessita ter com relação à Terra a fim de escapar do Sistema Solar? Despreze a rotação da Terra.
  Dica: Este problema pode ser dividido em três partes. Primeiro, encontre a velocidade que um projétil precisa possuir, à distância da Terra, para escapar do Sol. Transforme essa velocidade para o sistema de referência da Terra e, depois, determine o valor de velocidade que o projétil precisa ter no lançamento a fim de estar com aquele valor de velocidade quando estiver muito distante da Terra.

42. ‖ Dois planetas do tamanho de Júpiter são liberados a partir do repouso a uma distância mútua de $1{,}0 \times 10^{11}$ m. Quais serão os módulos de suas velocidades ao colidirem um com o outro?

43. ‖ Dois asteróides esféricos têm o mesmo raio R. O asteróide 1 tem massa M, e o asteróide 2, massa $2M$. Os dois asteróides são liberados a partir do repouso quando seus centros se encontram a uma distância de $10R$. Qual será o módulo da velocidade de cada asteróide momentos antes da colisão?
  Dica: Você precisará usar duas leis de conservação.

44. ‖ Uma nave espacial está circulando um planeta distante de raio R. Os astronautas constatam que a aceleração de queda livre na altitude em que se encontram corresponde à metade do valor na superfície do planeta. A que altura da superfície eles estão orbitando? Sua resposta deverá ser um múltiplo de R.

45. ‖ Três estrelas, cada qual com a massa e o raio do Sol, formam um triângulo equilátero com lados de $5{,}0 \times 10^9$ m. Se as três estrelas forem simultaneamente liberadas a partir do repouso, quais serão os valores de suas velocidades ao colidirem no centro do triângulo?

46. ‖ Um módulo de aterrissagem lunar, de 4.000 kg, encontra-se em órbita 50 km acima da superfície da Lua. Ele deve passar para uma órbita de 300 km de altitude a fim de se conectar à nave-mãe, que levará os astronautas para casa. Qual é a quantidade de trabalho que os propulsores precisarão realizar?

47. ‖ Um ônibus espacial encontra-se em uma órbita circular a 250 km de altitude. Ele deve se transferir para uma órbita circular de 610 km de altitude a fim de chegar no Telescópio Espacial Hubble e fazer ali alguns reparos. A massa do ônibus é de 75.000 kg. Quanta energia é necessária a fim de impulsioná-lo para a nova órbita?

48. ‖ a. Quanta energia um ônibus espacial de 50.000 kg deve perder para se transferir de uma órbita circular de 500 km de altura a uma órbita mais baixa de 300 km de altura?
  b. Dê uma descrição *qualitativa* da situação, incluindo um desenho que indique como o ônibus faria isso.

49. ‖ Ao visitar o Planeta Física, você atira uma pedra diretamente para cima e a pega de volta 2,5 s mais tarde. Enquanto você está na superfície, sua nave encontra-se em órbita a uma altitude correspondente ao raio do planeta e completa uma revolução a cada 230 min. Qual é (a) a massa e (b) o raio do Planeta Física?

50. ‖ Em 2000, a NASA colocou um satélite em órbita em torno de um asteróide. Considere um asteróide esférico com massa de $1{,}0 \times 10^{16}$ kg e raio de 8,8 km.
  a. Qual é o valor da velocidade de um satélite em órbita a 5 km de altitude acima da superfície?
  b. Qual é o valor da velocidade de escape do asteróide?

51. ‖ A NASA gostaria de colocar um satélite em órbita em torno da Lua de forma que ele permanecesse numa mesma posição acima da superfície lunar. Qual é a altitude da órbita do satélite?

52. ‖ Um satélite orbitando a Terra encontra-se diretamente acima de um ponto do equador, à meia-noite, a cada dois dias. Porém, não se encontra sobre esse ponto em nenhum outro momento. Qual é o raio da órbita do satélite?

53. ‖ A Figura 13.18 mostrou um gráfico de log T versus log r para os dados planetários da Tabela 13.2. Este tipo de gráfico é chamado de *gráfico log-log*. As escalas da Figura 13.18 são logarítmicas, e não, lineares, o que significa que cada divisão ao longo do eixo corresponde a um fator de aumento de valor igual a 10. Estritamente falando, as divisões "corretas" do eixo y deveriam ser 7, 8, 9 e 10, pois estes são, respectivamente, os logaritmos de $10^7,...,10^{10}$.
  a. Considere duas grandezas u e v relacionadas pela expressão $v^p = Cu^q$, onde C é uma constante. Os expoentes p e q não são necessariamente números inteiros. Defina $x = \log u$ e $y = \log v$. Encontre uma expressão para y em função de x.
  b. Que *forma* teria um gráfico de y versus x? Explique.
  c. Que *declividade* teria um gráfico de y versus x? Explique.
  d. A Figura 13.18 mostrou que a curva de "melhor ajuste", passando por entre os pontos correspondentes aos dados planetários, é dada pela equação log $T = 1{,}500$ log $r - 9{,}264$. Esta é uma relação determinada *experimentalmente* entre log T e log r usando os dados medidos. Esse resultado experimental é consistente com o que você esperaria pela teoria de Newton da gravitação? Explique.
  e. Use a curva de "melhor ajuste" determinada experimentalmente para encontrar a massa do Sol.

54. ‖ A **FIGURA P13.54** mostra dois planetas de massa m orbitando uma estrela de massa M. Os planetas estão na mesma órbita, de raio r, mas estão sempre nas extremidades opostas de um diâmetro. Obtenha uma expressão exata para o período orbital T.

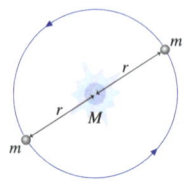

FIGURA P13.54

55. ‖ Estrelas grandes podem explodir depois que terminam de queimar seu combustível nuclear, causando o aparecimento de uma *supernova*. A explosão detona as camadas externas da estrela. De acordo com a terceira lei de Newton, as forças que empurram para fora as camadas externas correspondem a *forças de reação* direcionadas para o centro da estrela. Essas forças comprimem o núcleo e podem fazer com que este entre em *colapso gravitacional*. As forças gravitacionais continuam atraindo toda a matéria cada vez mais comprimida, esmagando os átomos. Sob essas condições extremas, um próton e um elétron podem ser comprimidos juntos e formar um nêutron. Se o colapso for interrompido quando todos os nêutrons estiverem em contato entre si, o resultado é um objeto chamado de *estrela de nêutrons*, uma estrela inteira composta de matéria nuclear sólida. Muitas estrelas de nêutrons giram em torno de seu eixo com período de rotação da ordem de 1 s e, enquanto o fazem, emitem um pulso de onda eletromagnética a cada segundo. Essas estrelas foram descobertas na década de 1960 e são chamadas de *pulsares*.

a. Considere uma estrela de nêutrons com massa igual à do Sol, raio de 10 km e período de rotação de 1,0 s. Qual é o valor da velocidade de um ponto do equador da estrela?
b. Qual é o valor de g na superfície da estrela de nêutrons?
c. Uma massa estacionária de 1,0 kg tem peso, sobre a Terra, de 9,8 N. Qual seria seu peso sobre a estrela de nêutrons?
d. Quantas revoluções por minuto são efetuadas por um satélite em órbita a 1,0 km da superfície?
e. Qual é o raio de uma órbita geossíncrona em torno da estrela de nêutrons?

56. || O Sistema Solar está a 25.000 anos-luz do centro da Via Láctea. Um *ano-luz* é a distância que a luz percorre em um ano a uma velocidade de $3,0 \times 10^8$ m/s. Astrônomos comprovaram que o Sistema Solar orbita o centro da galáxia com uma velocidade de 230 km/s.

a. Supondo que a órbita seja circular, qual é o período orbital do Sistema Solar em torno do centro da galáxia? Expresse sua resposta em anos.
b. O Sistema Solar formou-se há aproximadamente 5 bilhões de anos. Quantas órbitas ele já completou?
c. A força gravitacional exercida sobre o Sistema Solar é a força resultante de toda a matéria circundada por nossa órbita. A maior parte da matéria da galáxia está concentrada próxima ao centro da mesma. Suponha que essa matéria tenha distribuição esférica, como a de uma estrela gigante. Qual é a massa aproximada do centro galáctico?
d. Suponha que o Sol seja uma estrela típica com massa típica. Se a matéria galáctica é composta de estrelas, aproximadamente quantas estrelas pertencem ao centro da galáxia?

Astrônomos passaram muitos anos tentando determinar quantas estrelas existem na Via Láctea. O número de estrelas parece corresponder a apenas 10% do valor que você obteve no item d. Em outras palavras, cerca de 90% da massa da galáxia parece estar em alguma forma que não é a de estrelas. Tal matéria é chamada de *matéria escura* do Universo. Ninguém sabe o que é a matéria escura. Trata-se de uma das questões científicas pendentes de nossos dias.

57. ||| Os astrônomos descobriram um sistema estelar binário com período de translação de 90 dias. O sistema consiste de duas estrelas de mesma massa, duas vezes maior do que a do Sol, que giram como um haltere em torno do *centro da massa*, localizado no ponto médio entre elas. Qual é a distância entre as duas estrelas?

58. || Três estrelas, cada uma com a massa do Sol, formam um triângulo equilátero com lados de $1,0 \times 10^{12}$ m. (Este triângulo se encaixaria com precisão na órbita de Júpiter). O triângulo precisa girar, pois, do contrário, as estrelas colidiriam no centro. Qual é o período de rotação? Expresse sua resposta em anos.

59. || Plutão se movimenta em uma órbita claramente elíptica em torno do Sol. A velocidade de Plutão em seu ponto mais próximo, $4,43 \times 10^9$ km do Sol, é de 6,12 km/s. Qual é a velocidade de Plutão no ponto mais distante de sua órbita, onde se encontra a $7,30 \times 10^9$ km do Sol?

60. || Mercúrio descreve uma órbita claramente elíptica em torno do Sol. A velocidade de Mercúrio é de 38,8 km/s em seu ponto mais distante, a $6,99 \times 10^{10}$ km do Sol. Qual é a distância de Mercúrio ao Sol em seu ponto mais próximo, onde sua velocidade é de 59,0 km/s?

61. || Os cometas se movimentam em torno do Sol em órbitas muito elípticas. Em seu ponto mais próximo, em 1986, o Cometa Halley estava a $8,79 \times 10^7$ km/s do Sol, movendo-se com uma velocidade de 54,6 km/s. Qual era o valor da velocidade do cometa ao cruzar a órbita de Netuno, em 2006?

62. || Uma nave espacial encontra-se em uma órbita circular de raio r_0 em torno de um planeta de massa M. Um breve, porém intenso disparo de seu motor frontal diminui a velocidade da nave em 50%. Isso faz com que ela passe a descrever uma órbita elíptica.

a. Qual é o valor da nova velocidade da espaçonave logo após o desligamento do foguete, em função de M, G e r_0?
b. Em função de r_0, qual é a distância mínima, e máxima, da espaçonave, em relação ao planeta, em sua nova órbita?

63. || Um satélite orbitando a Terra tem velocidade de 5,5 km/s quando sua distância ao centro da Terra é de 11.000 km.

a. O satélite está em uma órbita circular?
b. O satélite está em uma órbita ligada?

64. || Um planeta está em órbita de uma estrela quando, sem nenhuma razão aparente, a gravidade da estrela desaparece repentinamente. Como ilustra a **FIGURA P13.64**, o planeta obedece à primeira lei de Newton e passa a se afastar ao longo de uma linha reta. A segunda lei de Kepler ainda é obedecida, ou seja, áreas iguais são varridas em tempos iguais enquanto o planeta se distancia?

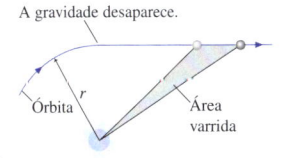

FIGURA P13.64

Nos Problemas de 65 a 68, você recebe a(s) equação(ções) usada(s) para solucionar cada problema. Em cada caso, você deve:

a. Redigir um problema realista para o qual esta seja a equação correta.
b. Fazer uma representação pictórica.
c. Solucionar o problema proposto.

65. $\dfrac{(6,67 \times 10^{-11}\,\mathrm{N\,m^2/kg^2})(5,68 \times 10^{26}\,\mathrm{kg})}{r^2}$

$= \dfrac{(6,67 \times 10^{-11}\,\mathrm{N\,m^2/kg^2})(5,98 \times 10^{24}\,\mathrm{kg})}{(6,37 \times 10^6\,\mathrm{m})^2}$

66. $\dfrac{(6,67 \times 10^{-11}\,\mathrm{N\,m^2/kg^2})(5,98 \times 10^{24}\,\mathrm{kg})(1.000\,\mathrm{kg})}{r^2}$

$= \dfrac{(1.000\,\mathrm{kg})(1.997\,\mathrm{m/s})^2}{r}$

67. $\frac{1}{2}(100 \text{ kg})v_2^2$

$- \dfrac{(6{,}67 \times 10^{-11} \text{ N m}^2/\text{kg}^2)(7{,}36 \times 10^{22} \text{ kg})(100 \text{ kg})}{1{,}74 \times 10^6 \text{ m}}$

$= 0 - \dfrac{(6{,}67 \times 10^{-11} \text{ N m}^2/\text{kg}^2)(7{,}36 \times 10^{22} \text{ kg})(100 \text{ kg})}{3{,}48 \times 10^6 \text{ m}}$

68. $(2{,}0 \times 10^{30} \text{ kg})v_{f1} + (4{,}0 \times 10^{30} \text{ kg})v_{f2} = 0$

$\dfrac{1}{2}(2{,}0 \times 10^{30} \text{ kg})v_{f1}^2 + \dfrac{1}{2}(4{,}0 \times 10^{30} \text{ kg})v_{f2}^2$

$- \dfrac{(6{,}67 \times 10^{-11} \text{ N m}^2/\text{kg}^2)(2{,}0 \times 10^{30} \text{ kg})(4{,}0 \times 10^{30} \text{ kg})}{1{,}0 \times 10^9 \text{ m}}$

$= 0 + 0$

$- \dfrac{(6{,}67 \times 10^{-11} \text{ N m}^2/\text{kg}^2)(2{,}0 \times 10^{30} \text{ kg})(4{,}0 \times 10^{30} \text{ kg})}{1{,}0 \times 10^{12} \text{ m}}$

Problemas desafiadores

69. Um satélite em utma órbita circular de raio r tem período T. Em uma órbita próxima de raio $r + \Delta r$, onde $\Delta r \ll r$, outro satélite apresenta período levemente diferente, $T + \Delta T$.
a. Demonstre que

$$\dfrac{\Delta T}{T} = \dfrac{3}{2}\dfrac{\Delta r}{r}$$

b. Dois satélites terrestres estão em órbitas paralelas com raios de 6.700 km e 6.701 km. Um dia eles passam um pelo outro, a 1 km de distância ao longo de uma linha radialmente externa à Terra. Quanto tempo transcorrerá até que eles se encontrem novamente a 1 km de distância?

70. Em 1996, o Observatório Solar e Heliosférico (SOHO) "estacionou" em uma órbita ligeiramente interior à órbita terrestre, conforme ilustra a **FIGURA PD13.70**. Nesta órbita, o período do satélite é de exatamente um ano, de modo que ele permanece fixo em relação à Terra. Neste ponto, chamado de *ponto de Lagrange*, a luz do Sol nunca é bloqueada pela Terra; ainda assim, o satélite permanece "próximo" o suficiente para que os dados sejam facilmente transmitidos até a Terra. Qual é a distância do observatório SOHO em relação à Terra?

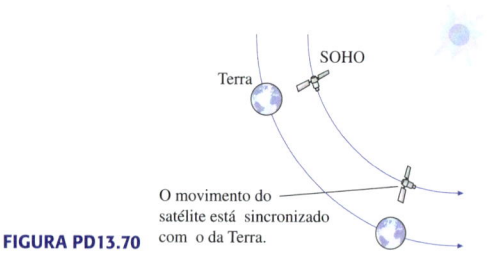

FIGURA PD13.70

Dica: Use a aproximação binomial. A distância do observatório SOHO em relação à Terra é muito menor do que a distância da Terra em relação ao Sol.

71. Num ônibus espacial, em uma órbita de 300 km de altitude, precisa-se realizar uma experiência a uma distância considerável da nave. Para tanto, uma carga útil de 100 kg é "baixada" em direção à Terra por uma corda praticamente sem massa com 10 km de comprimento. (Não entraremos em detalhes sobre como isso é feito e vamos simplesmente supor que seja possível.) Após a experiência realizada, a carga útil pode ser trazida de volta para bordo do ônibus. Suponha que quaisquer movimentos iniciais associados com o ato de baixar a carga útil tenham sido neutralizados e que o ônibus e a carga útil estejam voando em condição estacionária um em relação ao outro.
a. Qual é o ângulo da corda em relação a uma linha imaginária traçada pelo centro da Terra e da carga útil? Explique.
b. Qual é a tensão na corda?

72. Imagine que seu trabalho para a NASA seja monitorar órbitas de satélites. Um dia, durante uma pesquisa de rotina, você descobre que um satélite de 400 kg, em órbita circular a 1.000 km de altitude, irá colidir com um satélite menor, de 100 kg, que se desloca na mesma órbita, mas em sentido oposto. Conhecendo os detalhes de construção dos dois satélites, você espera que eles se emaranhem, formando uma peça única de detrito espacial. Ao notificar seu chefe dessa colisão iminente, ele pede para você determinar rapidamente se o detrito espacial continuará em órbita ou se colidirá com a Terra. Qual será o resultado de sua análise?

73. As duas estrelas de um sistema estelar binário têm massas de $2{,}0 \times 10^{30}$ kg e $6{,}0 \times 10^{30}$ kg. Elas estão separadas por $2{,}0 \times 10^{12}$ m de distância. Qual é:
a. O período de rotação do sistema, em anos?
b. O valor de velocidade de cada estrela?

74. Um módulo lunar está orbitando a Lua a uma altitude de 1.000 km. Qual é a porcentagem em que sua velocidade deve ser reduzida a fim de ele apenas tangencie a superfície lunar meio período mais tarde?

75. Vamos analisar com mais detalhe como um satélite é transferido de uma órbita circular para outra. A **FIGURA PD13.75** mostra duas órbitas circulares, de raios r_1 e r_2, e uma órbita elíptica que as conecta. Os pontos 1 e 2 estão nas extremidades do semi-eixo maior da elipse.

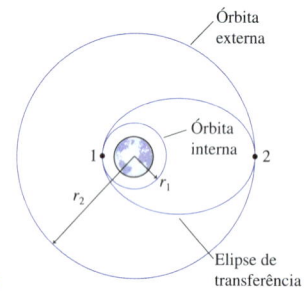

FIGURA PD13.75

a. Um satélite que descreve uma órbita elíptica precisa satisfazer a duas leis de conservação. Utilize essas duas leis para provar que as velocidades dos pontos 1 e 2 são dadas pelas relações

$$v_1' = \sqrt{\dfrac{2GM(r_2/r_1)}{r_1 + r_2}} \quad \text{e} \quad v_2' = \sqrt{\dfrac{2GM(r_1/r_2)}{r_1 + r_2}}$$

Os apóstrofos usados indicam que essas são as velocidades na órbita elíptica. As duas se reduzem à Equação 13.22 se $r_1 = r_2 = r$.
b. Considere um satélite de comunicação que precisa ser impulsionado de uma órbita 300 km acima da Terra para uma órbita geossíncrona, a 35.900 km de altitude. Determine a velocidade v_1 na órbita circular interna e a velocidade v_1' no ponto baixo da órbita elíptica que conecta as duas órbitas circulares.
c. Quanto trabalho deve ser realizado pelo motor do foguete para transferir o satélite da órbita circular para a órbita elíptica?
d. Agora encontre a velocidade v_2' no ponto mais alto da órbita elíptica e a velocidade v_2 na órbita circular externa.
e. Quanto trabalho deve ser realizado pelo motor do foguete para transferir o satélite da órbita elíptica para a órbita circular externa?
f. Calcule o total de trabalho realizado e compare suas respostas com o resultado do Exemplo 13.6.

76. A **FIGURA PD13.76** mostra uma partícula de massa m a uma distância x do centro de um cilindro muito fino, de massa M e comprimento L. A partícula se encontra fora do cilindro, de modo que $x > L/2$.
   a. Calcule a energia potencial gravitacional das duas massas.
   b. Use o que você sabe sobre a relação entre força e energia potencial para determinar o módulo da força gravitacional exercida sobre m quando ela estiver na posição x.

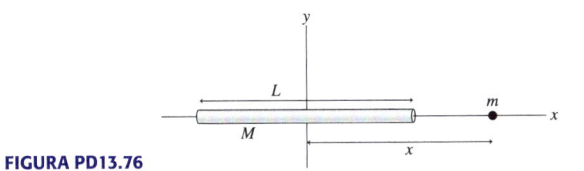

FIGURA PD13.76

77. A **FIGURA PD13.77** mostra uma partícula de massa m a uma distância x ao longo do eixo de um anel muito fino de massa M e raio R.
   a. Calcule a energia potencial gravitacional dessas duas massas.
   b. Use o que você sabe sobre a relação entre força e energia potencial para determinar o módulo da força gravitacional exercida sobre m quando ela estiver na posição x.

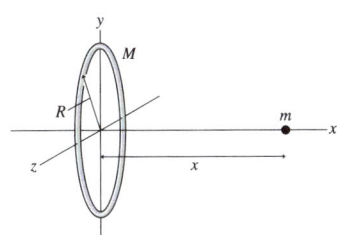

FIGURA PD13.77

RESPOSTAS DAS QUESTÕES DO TIPO PARE E PENSE

Pare e Pense 13.1: e. A aceleração diminui inversamente com o quadrado da distância. Na altura R_T, a distância ao centro da Terra é $2R_T$.

Pare e Pense 13.2: c. A terceira lei de Newton exige que $F_{1\text{ sobre }2} = F_{2\text{ sobre }1}$.

Pare e Pense 13.3: b. $g_{\text{superfície}} = GM/R^2$. Como R está elevado ao quadrado, um raio duas vezes maior equilibra uma massa quatro vezes maior.

Pare e Pense 13.4: Em valores absolutos, $U_e > U_a = U_b = U_d > U_c$. $|U_g|$ é proporcional a $m_1 m_2 / r$.

Pare e Pense 13.5: a. T^2 é proporcional a r^3 ou T é proporcional a $r^{3/2}$; $4^{3/2} = 8$.

14 Oscilações

Esta figura gerada por computador, chamada de figura de Lissajous, é uma oscilação bidimensional na qual a razão de freqüência vertical-horizontal é próxima de, mas não exatamente, 2 para 1.

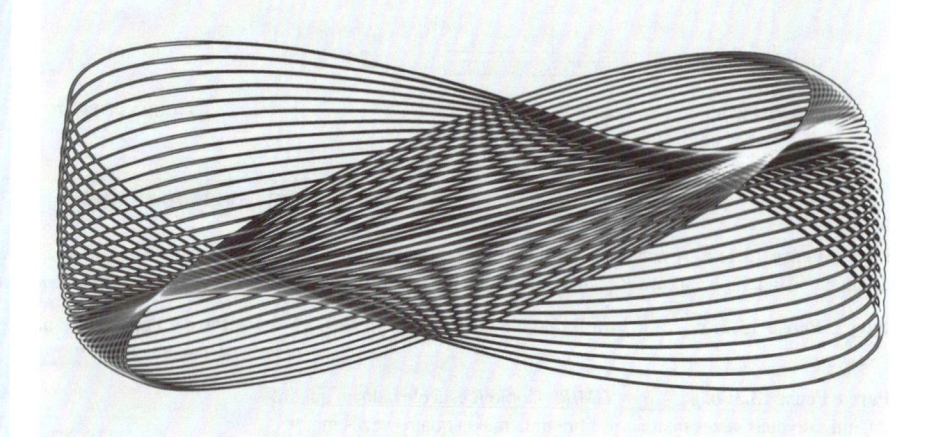

▶ Olhando adiante
O objetivo do Capítulo 14 é entender os sistemas que oscilam em movimento harmônico simples. Neste capítulo, você aprenderá a:

- Entender a cinemática do movimento harmônico simples.
- Usar representações gráficas e matemáticas do movimento oscilatório.
- Entender a energia dos sistemas oscilatórios.
- Entender a dinâmica dos sistemas oscilatórios.
- Reconhecer a importância da ressonância e do amortecimento em sistemas oscilatórios.

◀ Em retrospectiva
O movimento harmônico simples está intimamente relacionado ao movimento circular. Grande parte de nossa análise dos sistemas oscilatórios será baseada na lei da conservação de energia. Revise:

- Seção 4.5 Movimento circular uniforme
- Seções 10.4 e 10.5 Forças restauradoras e energia potencial elástica
- Seção 10.7 Diagramas de energia

Esta extraordinária imagem gerada por computador é muito bonita. Ela também ilustra um tipo importante de movimento – o *movimento oscilatório*. Há diversos exemplos de movimento oscilatório. Tanto uma bola de gude que rola de um lado para o outro no fundo de uma tigela quanto um carro que balança sobre seus amortecedores estão oscilando, assim como uma máquina vibratória, uma campainha tocando e a corrente de um circuito elétrico usado para ligar uma antena. Uma corda de violão em vibração empurra o ar de um lado para o outro e emite uma onda sonora, o que demonstra que as oscilações estão intimamente relacionadas às ondas produzidas.

O **movimento oscilatório** é um movimento repetitivo de um lado para o outro em torno de uma posição de equilíbrio. Movimentos oscilantes e vibrações de todos os tipos são movimentos oscilatórios. Todo movimento oscilatório é *periódico*.

Nosso objetivo neste capítulo é estudar a física das oscilações. Grande parte de nossa análise recairá sobre a forma mais básica de movimento oscilatório, o *movimento harmônico simples*. Começaremos com a cinemática do movimento harmônico simples – uma descrição matemática desse movimento. A seguir, examinaremos o movimento oscilatório a partir da perspectiva conjunta da energia e das leis de Newton. Finalmente, observaremos como as oscilações são geradas por forças motrizes e como elas se anulam com o tempo.

14.1 Movimento harmônico simples

Objetos ou sistemas de objetos em movimento oscilatório são chamados de **osciladores**. A **FIGURA 14.1** mostra gráficos posição *versus* tempo para três sistemas oscilatórios diferentes. Embora as formas dos gráficos sejam diferentes, todos esses osciladores apresentam duas coisas em comum:

1. a oscilação acontece em torno de uma posição de equilíbrio e
2. o movimento é periódico.

O tempo necessário para completar um ciclo completo, ou uma oscilação, é chamado de **período** do movimento. O símbolo T é usado para representar o período.

Uma informação intimamente relacionada é o número de ciclos, ou oscilações, completados por segundo. Se o período é $\frac{1}{10}$ s, então o oscilador completa 10 ciclos em um segundo. Inversamente, um período de oscilação de 10 s significa que somente $\frac{1}{10}$ de um ciclo é completado por segundo. Em geral, T segundos por ciclo implica que $1/T$ ciclos serão completados a cada segundo. O número de ciclos por segundo é chamado de **freqüência** da oscilação. A relação entre freqüência e período é

$$f = \frac{1}{T} \quad \text{ou} \quad T = \frac{1}{f} \quad (14.1)$$

A unidade de freqüência é o **hertz**, abreviada Hz, em homenagem ao físico alemão Heinrich Hertz, que produziu as primeiras ondas de rádio geradas artificialmente em 1887. Por definição,

$$1 \text{ Hz} \equiv 1 \text{ ciclo por segundo} = 1 \text{ s}^{-1}$$

Muitas vezes trataremos de oscilações muito rápidas e usaremos as unidades mostradas na Tabela 14.1.

NOTA ▶ Letras maiúsculas e minúsculas *são* relevantes. 1 MHz é 1 megahertz = 10^6 Hz, entretanto 1 mHz é 1 milihertz = 10^{-3} Hz! ◀

EXEMPLO 14.1 Freqüência e período de uma estação de rádio
Qual é o período de oscilação para a transmissão de uma estação de rádio FM de 100 MHz?

RESOLUÇÃO A freqüência de oscilação da corrente no transmissor de rádio é de 100 MHz = $1,00 \times 10^8$ Hz. O período é o inverso da freqüência; então

$$T = \frac{1}{f} = \frac{1}{1,00 \times 10^8 \text{ Hz}} = 1,00 \times 10^{-8} \text{ s} = 10,0 \text{ ns}$$

Um sistema pode oscilar de diversas maneiras, mas estamos particularmente interessados na oscilação *senoidal* suave mostrada no terceiro gráfico da Figura 14.1. Essa oscilação senoidal, o mais básico de todos os movimentos oscilatórios, é chamada de **movimento harmônico simples**, normalmente abreviado por MHS. Vamos analisar a descrição gráfica antes de entrar na matemática do movimento harmônico simples.

A **FIGURA 14.2a** mostra um carrinho em um trilho de ar, preso a uma mola. Se o carrinho for puxado por alguns centímetros e liberado, passará a oscilar de um lado para o outro sobre o trilho praticamente desprovido de atrito. A **FIGURA 14.2b** mostra o resultado real de uma experiência na qual um computador foi utilizado para medir a posição do objeto a uma taxa de 20 vezes por segundo. Trata-se de um gráfico posição *versus* tempo girado 90° em relação à sua orientação normal, a fim de que o eixo *x* correspondesse ao movimento do carrinho.

O valor máximo do deslocamento em relação à posição de equilíbrio do objeto é chamado de **amplitude** A do movimento. A posição do objeto oscila entre $x = -A$ e $x = +A$. Ao usar um gráfico, observe que a amplitude é a distância máxima atingida em relação ao eixo, e *não*, a distância entre o valor mínimo e o valor máximo.

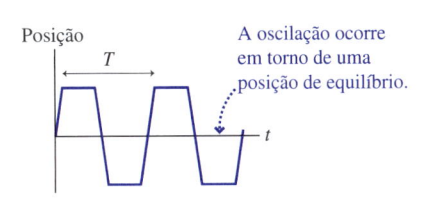

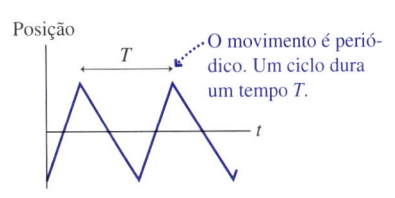

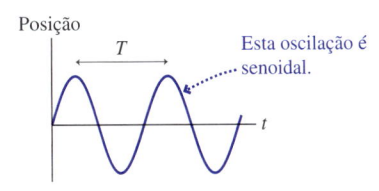

FIGURA 14.1 Exemplos de gráficos posição *versus* tempo para sistemas oscilatórios.

TABELA 14.1 Unidades de freqüência

Freqüência	Período
10^3 Hz = 1 quilohertz = 1 kHz	1 ms
10^6 Hz = 1 megahertz = 1 MHz	1 μs
10^9 Hz = 1 gigahertz = 1 GHz	1 ns

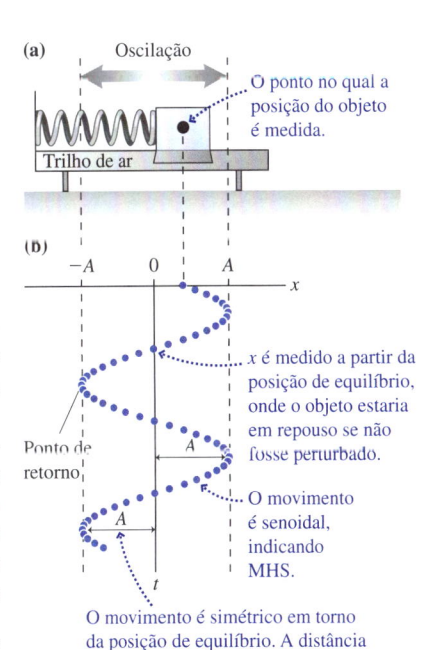

FIGURA 14.2 Um protótipo de experimento de movimento harmônico simples.

(a)

A velocidade é nula quando $x = \pm A$.

A velocidade é máxima quando o objeto passa por $x = 0$.

(b)

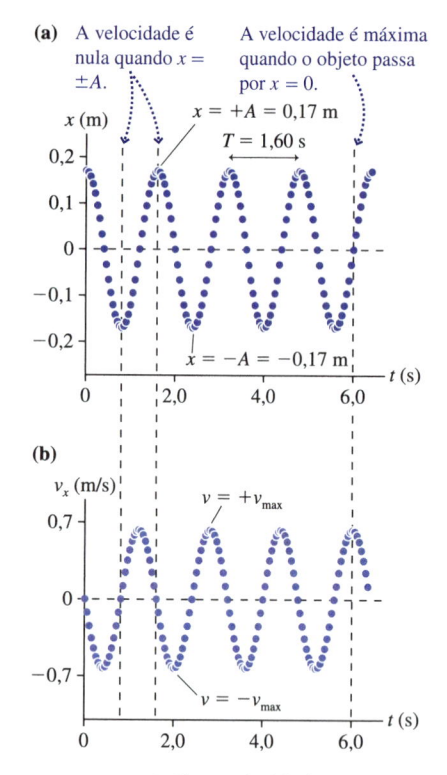

FIGURA 14.3 Gráficos velocidade *versus* posição dos dados experimentais.

A **FIGURA 14.3a** mostra os dados em forma de gráfico com as "orientações" normais. Pode-se ver que, neste experimento, a amplitude é $A = 0{,}17$ m, ou 17 cm. Também é possível medir o período: $T = 1{,}60$ s. Assim, a freqüência de oscilação é $f = 1/T = 0{,}625$ Hz.

A **FIGURA 14.3b** é um gráfico velocidade *versus* tempo que o computador produziu usando $\Delta x/\Delta t$ para encontrar a declividade do gráfico da posição em cada ponto. O gráfico da velocidade obtido também é senoidal, oscilando entre $-v_{max}$ (velocidade máxima à esquerda) e $+v_{max}$ (velocidade máxima à direita). Como mostra a figura,

- A velocidade instantânea é zero nos pontos onde $x = \pm A$. Esses são os *pontos de retorno* do movimento.
- A velocidade máxima v_{max} é atingida quando o objeto passa pela posição de equilíbrio, em $x = 0$ m. A *velocidade* é positiva quando o objeto se desloca para a direita e *negativa* quando o objeto se desloca para a esquerda.

Podemos formular três importantes questões acerca desse sistema oscilatório:

1. Como a velocidade máxima v_{max} se relaciona com a amplitude A?
2. Como o período e a freqüência se relacionam com a massa m do objeto, a constante elástica da mola k e a amplitude A?
3. A oscilação senoidal é uma conseqüência das leis de Newton?

Uma massa que oscila em uma mola é o protótipo do movimento harmônico simples. Nossa análise, na qual responderemos a essas questões, será a de um sistema massa-mola. Mesmo assim, a maior parte do que aprenderemos é aplicável a outros tipos de MHS.

A cinemática do movimento harmônico simples

A **FIGURA 14.4** repete o gráfico posição *versus* tempo da **FIGURA 14.3a** como uma curva suave. Embora esses dados sejam empíricos (ainda não dispomos de nenhuma "teoria" da oscilação), o gráfico posição *versus* tempo é claramente uma função cosseno. Podemos escrever a posição do objeto por

$$x(t) = A\cos\left(\frac{2\pi t}{T}\right) \quad (14.2)$$

onde o símbolo $x(t)$ significa que a posição x é uma *função* do tempo t. Uma vez que $\cos(2\pi) = \cos(0)$, é fácil ver que a posição no instante $t = T$ é a mesma que para $t = 0$. Em outras palavras, esta é uma função cosseno de período T. Certifique-se de ter se convencido de que essa função é consistente com os cinco pontos especiais mostrados na Figura 14.4.

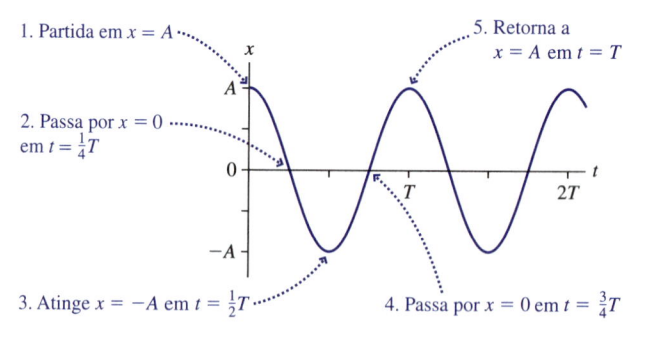

FIGURA 14.4 O gráfico posição *versus* tempo para o movimento harmônico simples.

NOTA ▶ O argumento da função cosseno está expresso em *radianos*. Isso será verdadeiro durante todo este capítulo. É particularmente importante lembrar-se de ajustar sua calculadora para o modo radiano antes de trabalhar com problemas oscilatórios. Deixar a calculadora no modo graus o levará a cometer erros enormes. ◀

Podemos escrever a Equação 14.2 de duas formas alternativas. Já que a freqüência de oscilação é $f = 1/T$, podemos escrever

$$x(t) = A \cos(2\pi ft) \quad (14.3)$$

Lembre, conforme visto no Capítulo 4, de que uma partícula em movimento circular tem *velocidade angular* ω, a qual está relacionada ao período por $\omega = 2\pi/T$, onde ω está em rad/s. Agora que definimos a freqüência f, pode-se ver que ω e f estão relacionados por

$$\omega \text{ (em rad/s)} = \frac{2\pi}{T} = 2\pi f \text{ (em Hz)} \quad (14.4)$$

Neste contexto, ω é chamado de **freqüência angular**. A posição pode ser escrita em termos de ω como

$$x(t) = A \cos \omega t \quad (14.5)$$

As Equações 14.2, 14.3 e 14.5 são maneiras equivalentes de escrever a posição de um objeto em movimento harmônico simples.

Assim como o gráfico da posição é, claramente, uma função cosseno, o gráfico da velocidade mostrado na **FIGURA 14.5** é claramente uma função seno "de cabeça para baixo" e com o mesmo período T. A velocidade v_x, que é também uma função de tempo, pode ser escrita como

$$v_x(t) = -v_{max} \operatorname{sen}\left(\frac{2\pi t}{T}\right) = -v_{max} \operatorname{sen}(2\pi ft) = -v_{max} \operatorname{sen} \omega t \quad (14.6)$$

NOTA ▶ O valor v_{max} é o *módulo da velocidade* máxima e, por isso, é um número positivo. O sinal negativo na Equação 14.6 é necessário para virar a função seno de cabeça para baixo. ◀

Deduzimos a Equação 14.6 dos resultados experimentais, mas poderíamos igualmente tê-la obtido a partir da função posição dada pela Equação 14.2. Afinal, velocidade é a derivada temporal da posição. A Tabela 14.2 o lembrará das derivadas das funções seno e cosseno. Usando a derivada da função cosseno, encontramos

$$v_x(t) = \frac{dx}{dt} = -\frac{2\pi A}{T}\operatorname{sen}\left(\frac{2\pi t}{T}\right) = -2\pi fA \operatorname{sen}(2\pi ft) = -\omega A \operatorname{sen}\omega t \quad (14.7)$$

Podemos tirar uma importante conclusão comparando a Equação 14.7, que é a definição matemática de velocidade, à Equação 14.6, a descrição empírica da velocidade: a velocidade máxima de uma oscilação é

$$v_{max} = \frac{2\pi A}{T} = 2\pi fA = \omega A \quad (14.8)$$

A Equação 14.8 responde à primeira questão que propomos anteriormente, sobre como a velocidade máxima v_{max} está relacionada com a amplitude A. Não é de surpreender que o objeto se movimente mais rápido se a mola for esticada mais, dando à oscilação uma amplitude maior.

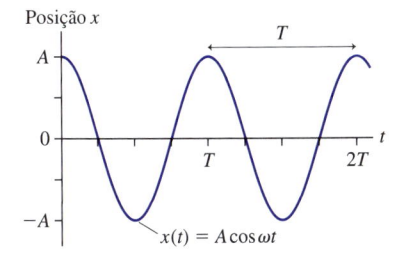

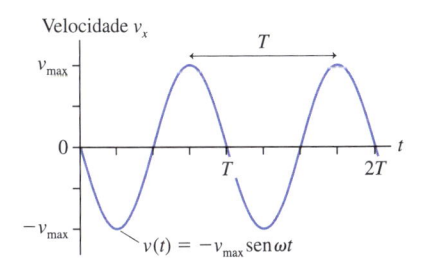

FIGURA 14.5 Gráficos da posição e da velocidade para o movimento harmônico simples.

TABELA 14.2 Derivadas das funções seno e cosseno

$$\frac{d}{dt}(a\operatorname{sen}(bt+c)) = +ab\cos(bt+c)$$

$$\frac{d}{dt}(a\cos(bt+c)) = -ab\operatorname{sen}(bt+c)$$

EXEMPLO 14.2 Um sistema em movimento harmônico simples

Um deslizador sobre um trilho de ar é preso a uma mola, puxado 20 cm para a direita e liberado em $t = 0$ s. Ele efetua 15 oscilações em 10 s.
  a. Qual é o período de oscilação?
  b. Qual é o máximo valor de velocidade do objeto?
  c. Quais são a posição e a velocidade em $t = 0,800$ s?

MODELO Um objeto oscilando preso a uma mola encontra-se em MHS.

RESOLUÇÃO a. A freqüência de oscilação é:

$$f = \frac{15 \text{ oscilações}}{10,0 \text{ s}} = 1,50 \text{ oscilações/s} = 1,50 \text{ Hz}$$

Assim, o período é $T = 1/f = 0,667$ s.

b. A amplitude de oscilação é $A = 0,200$ m. Assim,

$$v_{max} = \frac{2\pi A}{T} = \frac{2\pi(0,200 \text{ m})}{0,667 \text{ s}} = 1,88 \text{ m/s}$$

c. O objeto parte de $x = +A$ em $t = 0$ s. Esta é exatamente a oscilação descrita pelas Equações 14.2 e 14.6. A posição em $t = 0,800$ s é

$$x = A\cos\left(\frac{2\pi t}{T}\right) = (0,200 \text{ m})\cos\left(\frac{2\pi(0,800 \text{ s})}{0,667 \text{ s}}\right)$$

$$= (0,200 \text{ m})\cos(7,54 \text{ rad}) = 0,0625 \text{ m} = 6,25 \text{ cm}$$

Continua

A velocidade neste instante de tempo é:

$$v_x = -v_{max}\text{sen}\left(\frac{2\pi t}{T}\right) = -(1{,}88 \text{ m/s})\text{sen}\left(\frac{2\pi(0{,}800 \text{ s})}{0{,}667 \text{ s}}\right)$$

$$= -(1{,}88 \text{ m/s})\text{sen}(7{,}54 \text{ rad}) = -1{,}79 \text{ m/s} = -179 \text{ cm/s}$$

Em $t = 0{,}800$ s, que é ligeiramente maior do que um período, o objeto está 6,25 cm à direita da posição de equilíbrio e se deslocando para a *esquerda* a 179 cm/s. Observe o uso de radianos nos cálculos.

EXEMPLO 14.3 Cálculo do tempo

Uma massa oscila em movimento harmônico simples, começando em $x = A$ com período T. Em que tempo, como uma fração de T, o objeto passa pela primeira vez por $x = \frac{1}{2}A$?

RESOLUÇÃO A Figura 14.4 mostra que o objeto passou pela posição de equilíbrio $x = 0$ em $t = \frac{1}{4}T$. Isso representa um quarto da distância total em um quarto de período. Pode-se esperar que ele leve $\frac{1}{8}T$ para atingir $\frac{1}{2}A$, mas não é o caso, pois o gráfico MHS não é linear entre $x = A$ e $x = 0$. Precisamos usar a relação $x(t) = A \cos(2\pi t/T)$. Primeiro, escrevemos a equação com $x = \frac{1}{2}A$:

$$x = \frac{A}{2} = A\cos\left(\frac{2\pi t}{T}\right)$$

Então, isolamos o tempo em que esta posição é atingida:

$$t = \frac{T}{2\pi}\cos^{-1}\left(\frac{1}{2}\right) = \frac{T}{2\pi}\frac{\pi}{3} = \frac{1}{6}T$$

AVALIAÇÃO O movimento é lento no início e, então, acelera; depois, leva mais tempo para se deslocar de $x = A$ para $x = \frac{1}{2}A$ do que de $x = \frac{1}{2}A$ para $x = 0$. Observe que a resposta independe da amplitude A.

PARE E PENSE 14.1 Um objeto se move em movimento harmônico simples. Se a amplitude e o período forem duplicados, a velocidade máxima do objeto será:

a. Quadruplicada.
b. Dobrada.
c. Inalterada.
d. Reduzida à metade.
e. Reduzida a um quarto.

14.2 Movimento harmônico simples e movimento circular

Os gráficos da Figura 14.5 e a função posição $x(t) = A \cos \omega t$ correspondem a uma oscilação na qual o objeto se encontrava em $x_0 = A$ em $t = 0$. Mas você deve lembrar de que $t = 0$ é uma escolha arbitrária, o instante de tempo em que você ou alguém aciona um cronômetro. E se você tivesse acionado o cronômetro quando o objeto estivesse em $x_0 = -A$ ou quando o objeto estivesse em outro lugar no meio de uma oscilação? Em outras palavras, e se o oscilador tivesse *condições iniciais* diferentes? O gráfico da posição ainda mostraria uma oscilação, mas nem a Figura 14.5 nem $x(t) = A \cos \omega t$ descreveriam o movimento corretamente.

Para aprender a descrever a oscilação para outras condições iniciais, vale a pena voltar a um tópico estudado no Capítulo 4 – o movimento circular. Há uma conexão íntima entre o movimento harmônico simples e o movimento circular.

Imagine que você tenha uma plataforma giratória com uma pequena bola colada na borda. A **FIGURA 14.6a** mostra como fazer um "filme da sombra" da bola fazendo luz incidir paralelamente à plataforma e projetando a sombra produzida pela bola em uma tela. A sombra da bola oscila de um lado para o outro à medida que a plataforma gira. Isto certamente é um movimento periódico, com o mesmo período da plataforma, mas será que se trata de um movimento harmônico simples?

Para descobrir isso, você poderia colocar um objeto real preso a uma mola real diretamente abaixo da sombra, conforme mostrado na **FIGURA 14.6b**. Se você fizer isso e ajustar a plataforma para ter o mesmo período da mola, descobrirá que o movimento da sombra equivale exatamente ao movimento harmônico simples do objeto na mola. **O movimento circular uniforme projetado em uma dimensão é um movimento harmônico simples.**

Para entender isso, considere a partícula da **FIGURA 14.7**. Ela está em movimento circular uniforme, em sentido anti-horário, em um círculo de raio A. Assim como no Capítulo 4, podemos localizar a partícula pelo ângulo ϕ medido em sentido anti-horário a partir do eixo x. Projetar a sombra da bola em uma tela, como na Figura 14.6, equivale a observar apenas o componente x do movimento da partícula. A Figura 14.7 mostra que o componente x, quando a partícula está na posição angular ϕ, é:

$$x = A \cos \phi \tag{14.9}$$

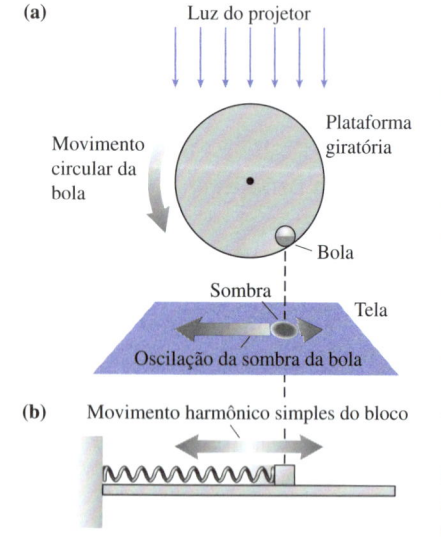

FIGURA 14.6 A projeção do movimento circular uniforme de uma bola que gira equivale ao movimento harmônico simples de um objeto preso a uma mola.

Lembre de que a *velocidade angular* da partícula, em rad/s, é dada por

$$\omega = \frac{d\phi}{dt} \tag{14.10}$$

Essa é a taxa com a qual o ângulo ϕ está aumentando. Se a partícula começa de $\phi = 0$ em $t = 0$, sua posição angular em um instante posterior t é, simplesmente,

$$\phi = \omega t \tag{14.11}$$

À medida que o ϕ aumenta, o componente x da partícula é

$$x(t) = A \cos \omega t \tag{14.12}$$

Isto é idêntico à Equação 14.5 para a posição de uma massa presa a uma mola! Portanto, o componente x de uma partícula em movimento circular uniforme é um movimento harmônico simples.

> **NOTA** ▶ Quando usado para descrever o movimento oscilatório, ω é chamado de *freqüência angular*, em vez de velocidade angular. A freqüência angular de um oscilador tem o mesmo valor numérico, em rad/s, que a velocidade angular da partícula no correspondente movimento circular. ◂

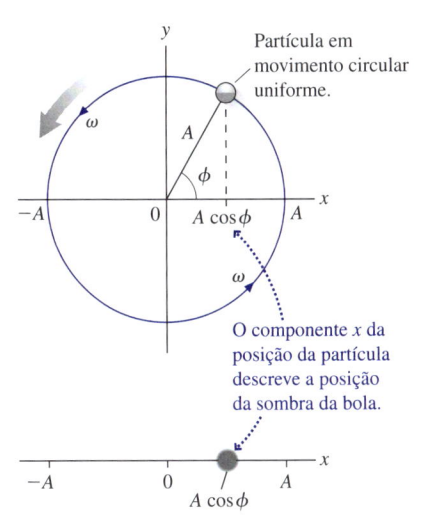

FIGURA 14.7 Uma partícula em movimento circular uniforme com raio **A** e velocidade angular ω.

Os nomes e as unidades podem parecer um tanto confusos até você se acostumar a eles. Talvez lhe ajude a observação de que *ciclo* e *oscilação* não são verdadeiras unidades. Diferente do "metro padrão" ou do "quilograma padrão", com os quais se pode comparar um comprimento ou uma massa, não existe um "ciclo padrão" com o qual se possa comparar uma oscilação. Ciclos e oscilações são simplesmente eventos contados. Dessa forma, a freqüência f tem unidades de Hertz, onde $1\ \text{Hz} = 1\ \text{s}^{-1}$. Podemos *dizer* "ciclos por segundo" apenas para ficar mais claro, mas as unidades reais são, simplesmente, "por segundo". O radiano é a unidade do SI para ângulo. Entretanto, o radiano é uma unidade *definida*. Além disso, sua definição como a razão entre dois comprimentos ($\theta = s/r$) o torna um *número puro*, sem dimensões. Conforme observamos no Capítulo 4, a unidade de ângulo, seja ela radianos ou graus, é na verdade apenas um nome para nos lembrar de que estamos lidando com um ângulo. O 2π na equação $\omega = 2\pi f$ (e em situações semelhantes), que é expresso sem unidades, significa 2π rad/ciclo. Quando multiplicado pela freqüência f em ciclos/s, resulta na freqüência em rad/s. É por isso que, neste contexto, ω é chamado de *freqüência* angular.

> **NOTA** ▶ Hertz é, especificamente, "ciclos por segundo" ou "oscilações por segundo". Trata-se de uma unidade usada para f, mas *não*, para ω. Sempre precisaremos ter cuidado ao usar rad/s para ω, mas você deve estar ciente de que muitos livros fornecem as unidades de ω simplesmente como s^{-1}. ◂

Sobre a plataforma giratória de um forno de microondas, uma xícara descreve um movimento circular uniforme. Todavia, de fora, você vê a xícara oscilando de um lado para o outro – em movimento harmônico simples!

A constante de fase

Agora estamos prontos para considerar a questão acerca de outras condições iniciais. A partícula da Figura 14.7 começou em $\phi_0 = 0$. Isso equivale a um oscilador começando na borda extrema direita, $x_0 = A$. A **FIGURA 14.8** mostra uma situação mais geral na qual o ângulo inicial ϕ_0 poderia ter qualquer valor. Em um instante posterior t, o ângulo, então, será

$$\phi = \omega t + \phi_0 \tag{14.13}$$

Neste caso, a projeção da partícula sobre o eixo x, no instante t, é

$$x(t) = A \cos(\omega t + \phi_0) \tag{14.14}$$

Se a Equação 14.14 descreve a projeção da partícula, então ela também deve fornecer a posição de um oscilador em movimento harmônico simples. A velocidade v_x do oscilador é encontrada pela derivada dx/dt. As equações resultantes,

$$\begin{aligned} x(t) &= A\cos(\omega t + \phi_0) \\ v_x(t) &= -\omega A \operatorname{sen}(\omega t + \phi_0) = -v_{\max}\operatorname{sen}(\omega t + \phi_0) \end{aligned} \tag{14.15}$$

são as duas equações cinemáticas fundamentais do movimento harmônico simples.

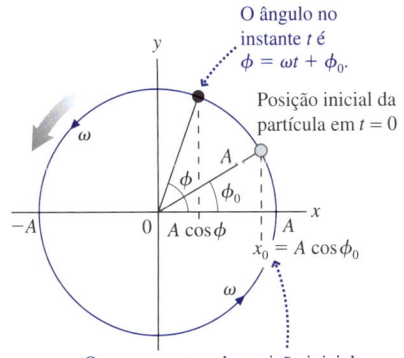

FIGURA 14.8 Uma partícula em movimento circular uniforme com ângulo de fase inicial ϕ_0.

A grandeza $\phi = \omega t + \phi_0$, que aumenta constantemente com o tempo, é a **fase** da oscilação. A fase é, simplesmente, a posição angular da partícula em movimento circular cuja sombra corresponde ao oscilador. A constante ϕ_0 é chamada de **constante de fase**. Ela especifica as *condições iniciais* do oscilador.

Para ver o que significa a constante de fase, verifique $t = 0$ nas Equações 14.15:

$$x_0 = A\cos\phi_0$$
$$v_{0x} = -\omega A \operatorname{sen}\phi_0 \qquad (14.16)$$

A posição x_0 e a velocidade v_{0x} em $t = 0$ são as condições iniciais. **Valores diferentes da constante de fase correspondem a diferentes pontos de partida no círculo e, portanto, a diferentes condições iniciais.**

A função cosseno perfeita da Figura 14.5 e a equação $x(t) = A\cos\omega t$ valem para uma oscilação em que $\phi_0 = 0$ rad. Pode-se verificar das Equações 14.16 que $\phi_0 = 0$ rad implica que $x_0 = A$ e $v_0 = 0$, ou seja, a partícula começa do repouso no ponto de deslocamento máximo.

A **FIGURA 14.9** ilustra essas idéias analisando três valores da constante de fase: $\phi_0 = \pi/3$ rad (60°), $-\pi/3$ rad ($-60°$) e π rad (180°). Para cada valor de ϕ, pode-se ver o oscilador em sua posição inicial, a posição inicial mostrada em um círculo e os gráficos da posição e da velocidade. Todos os gráficos têm a mesma amplitude e período, mas estão *deslocados* com relação aos gráficos da Figura 14.5 (que eram para $\phi_0 = 0$ rad) a fim de que o deslocamento máximo $x = A$ ocorra em um instante diferente de $t = 0$.

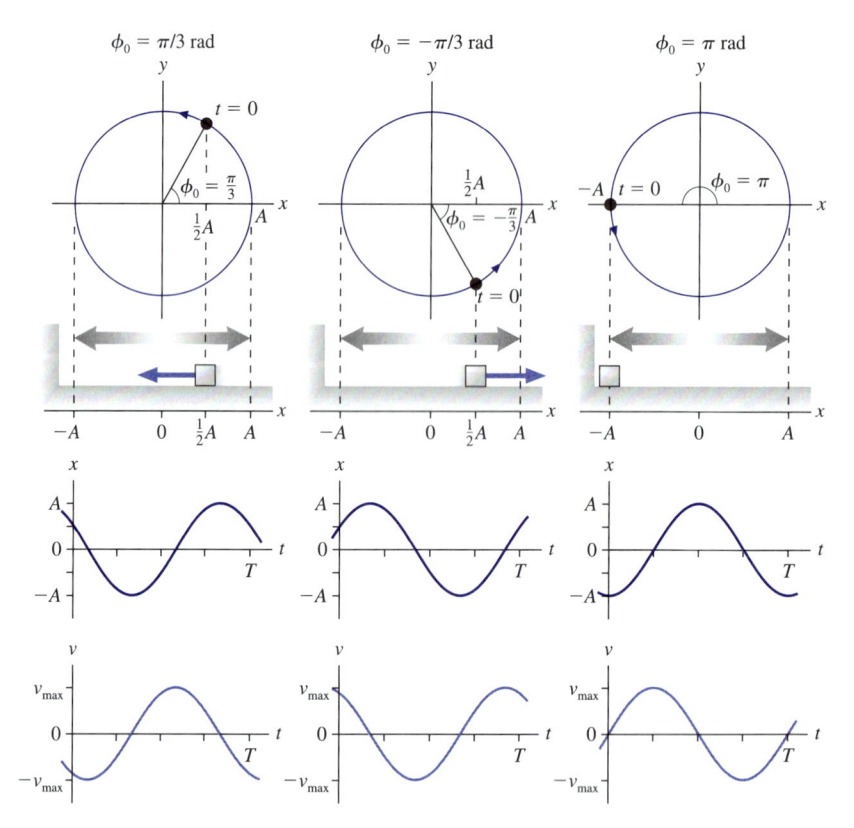

FIGURA 14.9 Oscilações descritas correspondentes às constantes de fase $\phi_0 = \pi/3$ rad, $-\pi/3$ rad e π rad.

Observe que $\phi_0 = \pi/3$ rad e $\phi_0 = -\pi/3$ rad correspondem à mesma posição inicial, $x_0 = \frac{1}{2}A$. Esta é uma propriedade da função cosseno na Equação 14.16. Porém, essas *não* são as mesmas condições iniciais. Num caso, o oscilador começa em $\frac{1}{2}A$ se deslocando para a esquerda. Pode-se distinguir entre os dois visualizando o movimento circular.

Todos os valores da constante de fase ϕ_0 entre 0 e π rad correspondem a uma partícula na metade superior do círculo *que se desloca para a esquerda*. Logo, v_{0x} é negativa. Todos os valores da constante de fase ϕ_0 entre π e 2π rad (ou, como são geralmente expressos, entre $-\pi$ e 0 rad) correspondem à situação em que a partícula se encontra na metade inferior do círculo e *se desloca para a direita*. Portanto, v_{0x} é positiva. Se dissessem a você que o oscilador está em $x = \frac{1}{2}A$ e se deslocando para a direita em $t = 0$, então a constante de fase deveria ser $\phi_0 = -\pi/3$ rad, e não, $+\pi/3$ rad.

EXEMPLO 14.4 Usando as condições iniciais

Um objeto preso a uma mola oscila com período de 0,80 s e amplitude de 10 cm. Em $t = 0$ s, ele se encontra 5,0 cm à esquerda da posição de equilíbrio, movendo-se para a esquerda. Quais são a posição e a orientação de seu movimento em $t = 2,0$ s?

MODELO Um objeto oscilando preso a uma mola encontra-se em movimento harmônico simples.

RESOLUÇÃO Podemos encontrar a constante de fase ϕ_0 da condição inicial $x_0 = -5{,}0$ cm $= A \cos \phi_0$. Dessa condição, resulta que

$$\phi_0 = \cos^{-1}\left(\frac{x_0}{A}\right) = \cos^{-1}\left(-\frac{1}{2}\right) = \pm\frac{2}{3}\pi \text{ rad} = \pm 120°$$

Uma vez que o oscilador está se deslocando para a *esquerda* em $t = 0$, ele encontra-se na metade superior do diagrama de movimento circular e deve ter uma constante de fase de valor entre 0 e π rad. Assim, ϕ_0 vale $\frac{2}{3}$ rad. A freqüência angular é

$$\omega = \frac{2\pi}{T} = \frac{2\pi}{0{,}80 \text{ s}} = 7{,}85 \text{ rad/s}$$

Desta forma, a posição do objeto no instante $t = 2{,}0$ s é

$$x(t) = A\cos(\omega t + \phi_0)$$

$$= (10 \text{ cm}) \cos\left((7{,}85 \text{ rad/s})(2{,}0 \text{ s}) + \frac{2}{3}\pi\right)$$

$$= (10 \text{ cm})\cos(17{,}8 \text{ rad}) = 5{,}0 \text{ cm}$$

O objeto encontra-se agora 5,0 cm à direita da posição de equilíbrio. Mas para que lado ele está se deslocando? Há duas maneiras de descobrir isso. A maneira direta é calculando-se a velocidade em $t = 2{,}0$ s:

$$v_x = -\omega A \text{sen}(\omega t + \phi_0) = +68 \text{ cm/s}$$

A velocidade é positiva; logo, o movimento é para a direita. De forma alternativa, podemos notar que a fase em $t = 2{,}0$ s é $\phi = 17{,}8$ rad. Dividindo-se por π, pode-se verificar que

$$\phi = 17{,}8 \text{ rad} = 5{,}67\pi \text{ rad} = (4\pi + 1{,}67\pi) \text{ rad}$$

A quantidade 4π rad corresponde a duas revoluções completas. A fase "extra" de $1{,}67\pi$ rad está entre π e 2π rad; logo, a partícula do diagrama de movimento circular encontra-se na metade inferior do círculo, deslocando-se para a direita.

NOTA ▶ A função arco cosseno, denotada por $\cos^{-1}$, é uma função de *valor duplo*. A calculadora, no entanto, exibe um único valor, um ângulo entre 0 rad e π rad, mas o negativo deste ângulo também é uma solução. Como demonstrado no Exemplo 14.4, é preciso usar informações adicionais para escolher entre as duas possibilidades. ◀

PARE E PENSE 14.2 A figura mostra quatro oscilações em $t = 0$. Qual delas corresponde à constante de fase $\phi_0 = \pi/4$ rad?

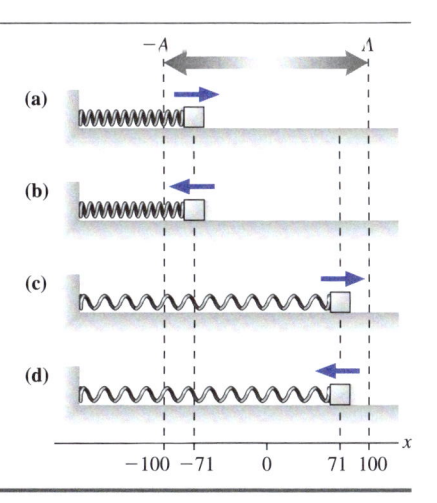

14.3 Energia no movimento harmônico simples

Começamos a desenvolver a linguagem matemática do movimento harmônico simples, mas até agora não incluímos nada de físico. Não fizemos menção à massa do objeto nem à constante elástica da mola. Uma análise da energia, usando as ferramentas dos Capítulos 10 e 11, é um bom ponto de partida.

A **FIGURA 14.10a** mostra um objeto oscilando preso a uma mola, que será nosso protótipo de movimento harmônico simples. Agora vamos representar a massa do objeto por m e a constante elástica da mola por k, supondo que o movimento aconteça sobre uma superfície sem atrito. Você aprendeu no Capítulo 10 que a energia potencial elástica quando o objeto está na posição x é dada por $U_{elast} = \frac{1}{2}k(\Delta x)^2$, onde $\Delta x = d - x_e$ é o deslocamento em relação à posição de equilíbrio x_e. Neste capítulo, usaremos sempre um sistema de coordenadas no qual $x_e = 0$, resultando em $\Delta x = x$. Não há como se confundir com a energia potencial gravitacional, então podemos omitir o subscrito *elast* e escrever a energia potencial elástica como

$$U = \frac{1}{2}kx^2 \tag{14.17}$$

Desta forma, a energia mecânica de um objeto oscilando numa mola é dada por

$$E = K + U = \frac{1}{2}mv_x^2 + \frac{1}{2}kx^2 \tag{14.18}$$

A **FIGURA 14.10b** é um diagrama de energia que mostra a curva de energia potencial $U = \frac{1}{2}kx^2$ como uma parábola. Lembre-se de que uma partícula oscila entre os *pontos de retorno*, onde a linha de energia total E cruza a curva de energia potencial. O ponto de retorno à esquerda está em $x = -A$, e o ponto de retorno à direita está em $x = +A$. Para ir além desses pontos seria necessário ter energia cinética negativa, o que é fisicamente impossível.

Pode-se verificar que **a partícula apresenta energia puramente potencial em $x = \pm A$ e energia puramente cinética ao passar pelo ponto de equilíbrio em $x = 0$**. No deslocamento máximo, com $x = \pm A$ e $v_x = 0$, a energia é

$$E(\text{em } x = \pm A) = U = \frac{1}{2}kA^2 \tag{14.19}$$

Em $x = 0$, onde $v_x = \pm v_{max}$, a energia é

$$E(\text{em } x = 0) = K = \frac{1}{2}m(v_{max})^2 \tag{14.20}$$

A energia mecânica do sistema é conservada porque a superfície não tem atrito e porque não há forças externas exercidas, de modo que a energia no deslocamento máximo e a energia na velocidade máxima, dadas pelas Equações 14.19 e 14.20, devem ser iguais, ou seja,

$$\frac{1}{2}m(v_{max})^2 = \frac{1}{2}kA^2 \tag{14.21}$$

Assim, o valor da velocidade máxima relaciona-se com a amplitude pela equação

$$v_{max} = \sqrt{\frac{k}{m}}A \tag{14.22}$$

Esta é uma relação baseada na física da situação.

Anteriormente, usando a cinemática, descobrimos que

$$v_{max} = \frac{2\pi A}{T} = 2\pi f A = \omega A \tag{14.23}$$

Comparando as Equações 14.22 e 14.23, vemos que a freqüência e o período de uma mola em oscilação são determinados pela constante elástica k da mola e pela massa m do objeto oscilante:

$$\omega = \sqrt{\frac{k}{m}} \qquad f = \frac{1}{2\pi}\sqrt{\frac{k}{m}} \qquad T = 2\pi\sqrt{\frac{m}{k}} \tag{14.24}$$

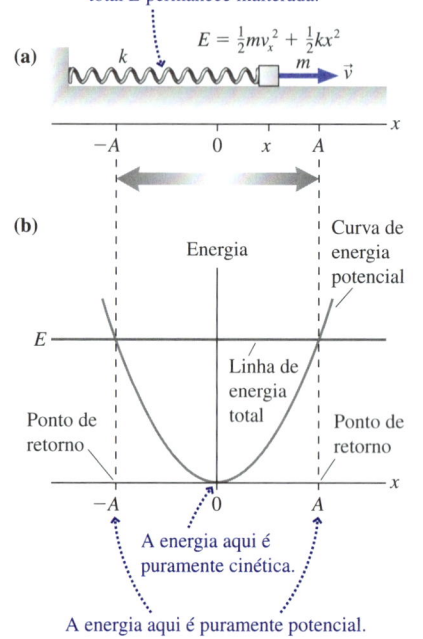

FIGURA 14.10 À medida que o objeto oscila, a energia é transformada de energia cinética para energia potencial, mas a energia mecânica $E = K + U$ não sofre alteração.

Essas três expressões correspondem, na verdade, a apenas uma equação. Elas expressam a mesma coisa, mas cada qual de forma ligeiramente diferente.

As Equações 14.24 fornecem a resposta à segunda questão proposta no início do capítulo, quando nos indagamos acerca de como o período e a freqüência estão relacionados à massa m do objeto, à constante elástica k da mola e à amplitude A. Talvez seja surpreendente, mas **o período e a freqüência não dependem da amplitude A**. Uma pequena e uma grande oscilação têm o mesmo período.

Uma vez que a energia é conservada, podemos combinar as Equações 14.18, 14.19 e 14.20 para escrever

$$E = \frac{1}{2}mv_x^2 + \frac{1}{2}kx^2 = \frac{1}{2}kA^2 = \frac{1}{2}m(v_{\max})^2 \quad \text{(conservação de energia)} \quad (14.25)$$

Qualquer par dessas expressões pode ser útil, dependendo das informações conhecidas. Por exemplo, você pode usar a amplitude A para encontrar a velocidade em qualquer ponto x combinando a primeira e a segunda expressão para E. A velocidade v na posição x é

$$v = \sqrt{\frac{k}{m}(A^2 - x^2)} = \omega\sqrt{A^2 - x^2} \quad (14.26)$$

Analogamente, você pode usar a primeira e a segunda expressões para encontrar a amplitude a partir das condições iniciais x_0 e v_0:

$$A = \sqrt{x_0^2 + \frac{mv_0^2}{k}} = \sqrt{x_0^2 + \left(\frac{v_0}{\omega}\right)^2} \quad (14.27)$$

A **FIGURA 14.11** mostra graficamente como a energia potencial e a energia cinética são alteradas com o tempo. As duas oscilam, mas permanecem *positivas* porque x e v_x estão elevados ao quadrado. A energia é continuamente transformada de energia cinética do bloco em movimento para energia potencial armazenada na mola, todavia a soma das duas permanece constante. Observe que K e U oscilam *duas vezes* a cada período; certifique-se de que você compreendeu o porquê disso.

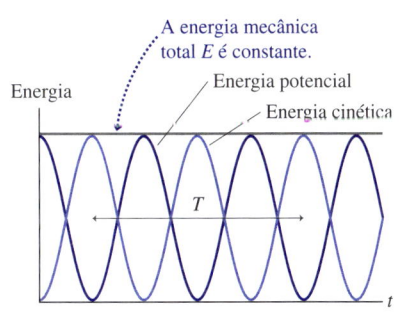

FIGURA 14.11 Energia cinética, energia potencial e energia mecânica total para um movimento harmônico simples.

EXEMPLO 14.5 Usando a conservação de energia

Um bloco de 500 g, preso a uma mola, é puxado por uma distância de 20 cm e liberado. As oscilações subseqüentes são medidas, e delas se obtém um período de 0,80 s. Em que posição ou posições a velocidade do bloco vale 1,0 m/s?

MODELO O movimento é um MHS. A energia é conservada.

RESOLUÇÃO O bloco inicia do ponto de deslocamento máximo, onde $E = U = \frac{1}{2}kA^2$. Em um instante posterior, quando a posição é x e a velocidade é v_x, a conservação da energia requer que

$$\frac{1}{2}mv_x^2 + \frac{1}{2}kx^2 = \frac{1}{2}kA^2$$

Isolando x, encontramos

$$x = \sqrt{A^2 - \frac{mv_x^2}{k}} = \sqrt{A^2 - \left(\frac{v}{\omega}\right)^2}$$

onde usamos $k/m = \omega^2$ da Equação 14.24. A freqüência angular é facilmente obtida do período: $\omega = 2\pi/T = 7{,}85$ rad/s. Assim:

$$x = \sqrt{(0{,}20 \text{ m})^2 - \left(\frac{1{,}0 \text{ m/s}}{7{,}85 \text{ rad/s}}\right)^2} = \pm 0{,}15 \text{ m} = \pm 15 \text{ cm}$$

Há duas posições porque o bloco possui este valor de velocidade em qualquer dos dois lados em relação à posição de equilíbrio.

PARE E PENSE 14.3 Quatro molas foram comprimidas a partir de suas posições de equilíbrio, todas em $x = 0$ cm. Quando liberadas, elas começarão a oscilar. Ordene, em seqüência decrescente, os módulos das velocidades máximas dos osciladores.

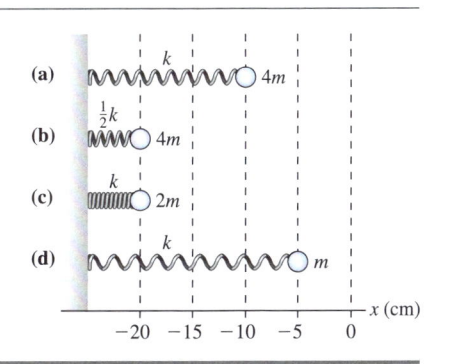

(a) k, $4m$
(b) $\frac{1}{2}k$, $4m$
(c) k, $2m$
(d) k, m

14.4 A dinâmica do movimento harmônico simples

Até agora, nossa análise se baseou na constatação experimental de que a oscilação de uma mola "parece" ser senoidal. É hora de mostrar que a segunda lei de Newton *prevê* um movimento senoidal.

Um diagrama de movimento nos ajudará a visualizar a aceleração do objeto. A **FIGURA 14.12** mostra um ciclo do movimento, separando os movimentos à esquerda e à direita para tornar claro o diagrama. Como se pode observar, a velocidade do objeto é grande ao passar pelo ponto de equilíbrio em $x = 0$, mas $\vec{v}$ *não está variando* naquele ponto. A aceleração mede a variação da velocidade; portanto, $\vec{a} = \vec{0}$ em $x = 0$.

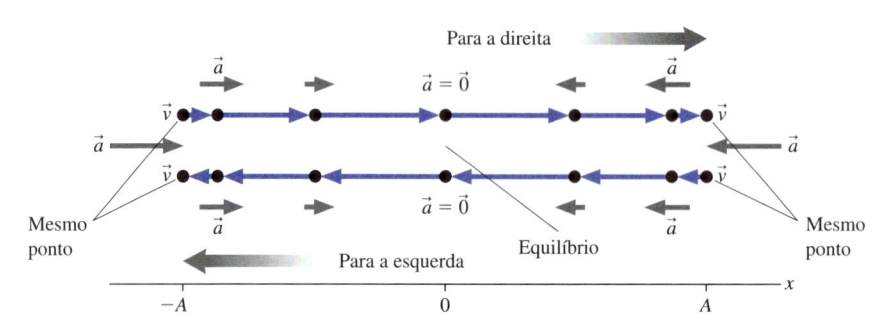

FIGURA 14.12 Diagrama de movimento para o movimento harmônico simples. Os movimentos para a esquerda e para a direita estão separados verticalmente para facilitar a visualização, mas, de fato, ocorrem ao longo da mesma linha.

Em contraste, a velocidade varia rapidamente nos pontos de retorno. No ponto de retorno à direita, $\vec{v}$ varia de um vetor que aponta para a direita para um vetor que aponta para a esquerda. Dessa forma, a aceleração $\vec{a}$ no ponto de retorno à direita é grande e orientada *para a esquerda*. No movimento unidimensional, o componente de aceleração a_x apresenta um grande valor *negativo* no ponto de retorno à direita. Da mesma forma, a aceleração $\vec{a}$ no ponto de retorno à esquerda é grande e orientada *para a direita*. Conseqüentemente, a_x tem um grande valor positivo no ponto de retorno à esquerda.

NOTA ► Esta análise do diagrama de movimento é a mesma que usamos no Capítulo 1 para determinar a aceleração no ponto de retorno de uma bola lançada diretamente para cima. ◄

Nossa análise do diagrama de movimento sugere que a aceleração a_x tem valor máximo (mais positivo) quando o deslocamento é mais negativo, valor mínimo (mais negativo) quando o deslocamento tem valor máximo e valor nulo quando $x = 0$. Isso pode ser confirmado determinando-se a derivada da velocidade:

$$a_x = \frac{dv_x}{dt} = \frac{d}{dt}(-\omega A \,\text{sen}\, \omega t) = -\omega^2 A \cos \omega t \quad (14.28)$$

e, depois, representando-a por meio de gráfico.

A **FIGURA 14.13** mostra o gráfico da posição com o qual iniciamos na Figura 14.4 e o correspondente gráfico da aceleração. Comparando os dois, pode-se ver que o gráfico da aceleração se assemelha a um gráfico da posição de cabeça para baixo. De fato, uma vez que $x = A \cos \omega t$, a Equação 14.28 para a aceleração pode ser escrita na forma

$$a_x = -\omega^2 x \quad (14.29)$$

Ou seja, **a aceleração é proporcional ao deslocamento e tem sentido oposto a ele**. A aceleração, de fato, será mais positiva quando o deslocamento for mais negativo e será mais negativa quando o deslocamento for mais positivo.

Nosso interesse na aceleração reside no fato de que a aceleração está relacionada à força resultante através da segunda lei de Newton. Considere novamente nosso protótipo de massa presa a uma mola, ilustrado na **FIGURA 14.14**. Esta é a oscilação mais simples que existe, sem complicações em razão do atrito ou de forças gravitacionais. Vamos supor que a mola não possua massa.

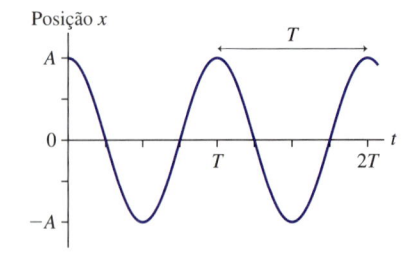

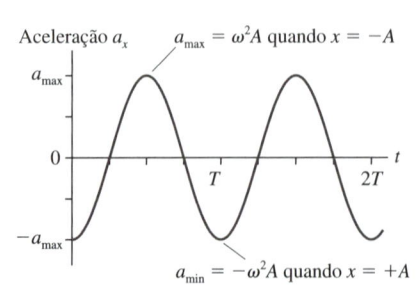

FIGURA 14.13 Gráficos da posição e da aceleração para uma mola em oscilação. Escolhemos $\phi_0 = 0$.

No Capítulo 10, você aprendeu que a força elástica é determinada pela lei de Hooke:

$$(F_{elast})_x = -k\Delta x \quad (14.30)$$

O sinal negativo indica que a força elástica é uma **força restauradora**, um tipo de força que sempre aponta de volta para a posição de equilíbrio. Se escolhermos a origem do sistema de coordenadas na posição de equilíbrio, conforme fizemos ao longo deste capítulo, então $\Delta x = x$, e a lei de Hooke será, simplesmente, $(F_{elast})_x = -kx$.

O componente x da segunda lei de Newton para o objeto preso à mola é

$$(F_{res})_x = (F_{elast})_x = -kx = ma_x \quad (14.31)$$

A Equação 14.31 é facilmente rearranjada para a forma

$$a_x = -\frac{k}{m}x \quad (14.32)$$

Pode-se verificar que a Equação 14.32 é idêntica à Equação 14.29 se o sistema oscila com freqüência angular $\omega = \sqrt{k/m}$. Anteriormente, obtivemos essa expressão para ω a partir de uma análise baseada em energia. Nossa constatação experimental de que a aceleração é proporcional ao deslocamento e tem *sentido oposto* ao dele é exatamente o que a lei de Hooke nos leva a esperar. Essa é a boa notícia.

A má notícia é que a_x não é uma constante. À medida que a posição do objeto varia, a aceleração varia também. Quase todas as nossas ferramentas cinemáticas são válidas para aceleração constante. Não podemos usar essas ferramentas, portanto, para analisar oscilações, de modo que devemos voltar à própria definição de aceleração:

$$a_x = \frac{dv_x}{dt} = \frac{d^2x}{dt^2}$$

A aceleração é a derivada segunda da posição em relação ao tempo. Se usarmos essa definição na Equação 14.32, esta assumirá a forma

$$\frac{d^2x}{dt^2} = -\frac{k}{m}x \quad \text{(equação de movimento para uma massa presa a uma mola)} \quad (14.33)$$

A Equação 14.33, que é chamada de **equação de movimento**, é uma equação diferencial de segunda ordem. Diferentemente das outras equações que encontramos anteriormente, a Equação 14.33 não pode ser resolvida por integração direta. Precisaremos adotar uma abordagem diferente.

Resolução da equação de movimento

A solução de uma equação algébrica do tipo $x^2 = 4$ é um número. A solução de uma equação diferencial é uma *função*. O símbolo x na Equação 14.33 é, na verdade, $x(t)$, a posição como uma função do tempo. A solução desta equação é uma função $x(t)$ cuja derivada segunda é a própria função multiplicada por $(-k/m)$.

Uma propriedade importante das equações diferenciais, que você aprenderá em cursos de matemática, é que as soluções são *únicas*, ou seja, há somente *uma* solução para a Equação 14.33. Se conseguíssemos *adivinhar* uma solução, a propriedade de unicidade nos diria que encontramos a *única* solução. Isso pode parecer uma maneira um tanto estranha de resolver equações, mas, na verdade, as equações diferenciais são, muitas vezes, resolvidas usando o conhecimento que temos de como a solução precisa se comportar para adivinhar uma função que seja apropriada. Vamos fazer uma tentativa!

Sabemos, a partir de evidências experimentais, que o movimento oscilatório de uma mola parece ser senoidal. Vamos *adivinhar* que a solução para a Equação 14.33 deve ter a forma funcional:

$$x(t) = A\cos(\omega t + \phi_0) \quad (14.34)$$

onde A, ω e ϕ são constantes não-especificadas cujos valores podemos ajustar de modo a satisfazer à equação diferencial.

Se você tivesse de adivinhar que uma possível solução da equação algébrica $x^2 = 4$ é $x = 2$, poderia verificar se seu palpite é correto substituindo-o na equação original e ve-

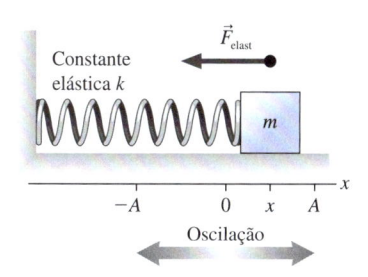

FIGURA 14.14 O protótipo do movimento harmônico simples: uma massa que oscila sobre uma superfície horizontal, sem atrito, presa a uma mola horizontal.

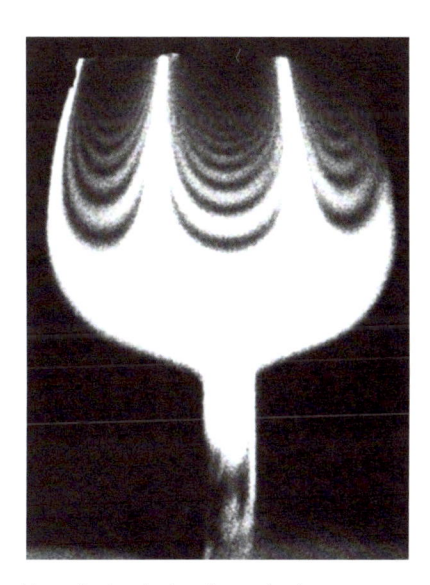

Uma técnica óptica chamada de *interferometria* revela as vibrações em formato de sino em uma taça de vinho feita de vidro.

rificando se ele funciona. Precisamos fazer a mesma coisa aqui: substituir nosso palpite para $x(t)$ na Equação 14.33 e verificar se ele funciona para alguma escolha apropriada de valores para as três constantes. Para isso, precisamos da derivada segunda de $x(t)$. A tarefa é direta:

$$x(t) = A\cos(\omega t + \phi_0)$$

$$\frac{dx}{dt} = -\omega A \operatorname{sen}(\omega t + \phi_0) \tag{14.35}$$

$$\frac{d^2 x}{dt^2} = -\omega^2 A \cos(\omega t + \phi_0)$$

Substituindo a primeira e a terceira das Equações 14.35 na Equação 14.33, obtemos

$$-\omega^2 A \cos(\omega t + \phi_0) = -\frac{k}{m} A \cos(\omega t + \phi_0) \tag{14.36}$$

A Equação 14.36 será verdadeira em todos os instantes se, e somente se, $\omega^2 = k/m$. Não parece haver restrições para os valores das duas constantes A e ϕ_0.

Então, encontramos – por adivinhação! – que a solução para a equação de movimento de uma massa que oscila horizontalmente presa a uma mola é

$$x(t) = A\cos(\omega t + \phi_0) \tag{14.37}$$

onde a freqüência angular

$$\omega = 2\pi f = \sqrt{\frac{k}{m}} \tag{14.38}$$

é determinada pela massa e pela constante elástica.

NOTA ▶ Mais uma vez obtivemos que a freqüência de oscilação é independente da amplitude A. ◀

As Equações 14.37 e 14.38 constituem aparentemente, de certa forma, um anticlímax, uma vez que estivemos usando esses resultados ao longo de diversas páginas anteriores. Mas não se esqueça de que estávamos supondo que $x = A\cos\omega t$ simplesmente porque as observações experimentais "pareciam" corresponder a uma função cosseno. Agora justificamos essa suposição demonstrando que a Equação 14.37 é, na verdade, a solução da segunda lei de Newton para uma massa presa a uma mola. **A *teoria* das oscilações, baseada na lei de Hooke para uma mola e na segunda lei de Newton, é consistente com as observações experimentais.** Esta conclusão fornece uma resposta afirmativa à última das três questões que nos fizemos anteriormente, neste capítulo, a de que a oscilação senoidal de um MHS é uma conseqüência das leis de Newton.

EXEMPLO 14.6 Analisando um oscilador

Em $t = 0$ s, observa-se que um bloco de 500 g oscila preso a uma mola e se desloca para a direita quando está em $x = 15$ cm. Ele atinge um deslocamento máximo de 25 cm em $t = 0,30$ s.

a. Desenhe um gráfico posição *versus* tempo para um ciclo do movimento.
b. Em que instantes do primeiro ciclo a massa passa por $x = 20$ cm?

MODELO O movimento é o movimento harmônico simples.

RESOLUÇÃO a. A equação de posição do bloco é $x(t) = A\cos(\omega t + \phi_0)$. Sabemos que a amplitude é $A = 0,25$ m e que $x_0 = 0,15$ m. A partir desses dois dados, obtemos a constante de fase:

$$\phi_0 = \cos^{-1}\left(\frac{x_0}{A}\right) = \cos^{-1}(0,60) = \pm 0,927 \text{ rad}$$

O objeto inicialmente se desloca para a direita, o que significa que o valor da constante de fase deve estar entre $-\pi$ e 0 rad. Assim, $\phi_0 = -0,927$ rad. O bloco atinge seu deslocamento máximo $x_{max} = A$ no instante $t = 0,30$ s. Nesse momento,

$$x_{max} = A = A\cos(\omega t + \phi_0)$$

Isso só pode ser verdadeiro se $\cos(\omega t + \phi_0) = 1$, o que requer que $\omega t + \phi_0 = 0$. Assim,

$$\omega = \frac{-\phi_0}{t} = \frac{-(-0,927 \text{ rad})}{0,30 \text{ s}} = 3,09 \text{ rad/s}$$

Agora que conhecemos ω, é fácil calcular o período:

$$T = \frac{2\pi}{\omega} = 2,0 \text{ s}$$

A **FIGURA 14.15** representa graficamente $x(t) = (25 \text{ cm}) \cos(3{,}09t - 0{,}927)$, onde t está em s, desde $t = 0$ s até $t = 2{,}0$ s.

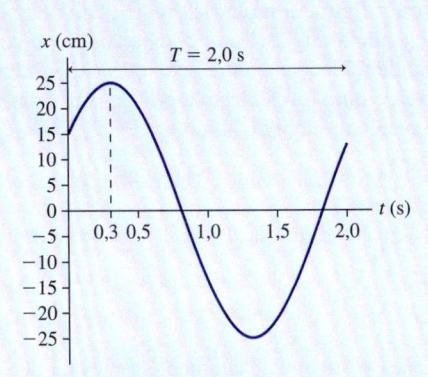

FIGURA 14.15 Gráfico posição *versus* tempo para o oscilador do Exemplo 14.6.

b. A partir de $x = A\cos(\omega t + \phi_0)$, o tempo em que a massa alcança a posição $x = 20$ cm é

$$t = \frac{1}{\omega}\left(\cos^{-1}\left(\frac{x}{A}\right) - \phi_0\right)$$

$$= \frac{1}{3{,}09 \text{ rad/s}}\left(\cos^{-1}\left(\frac{20 \text{ cm}}{25 \text{ cm}}\right) + 0{,}927 \text{ rad}\right) = 0{,}51 \text{ s}$$

Uma calculadora eletrônica fornece apenas um valor de $\cos^{-1}$, na faixa de 0 a π rad, mas, como percebemos anteriormente, na verdade $\cos^{-1}$ possui dois valores. De fato, pode-se ver na Figura 14.15 que há dois instantes em que a massa passa por $x = 20$ cm. Uma vez que estes instantes são simétricos em relação ao instante $t = 0{,}30$ s, quando $x = A$, o primeiro ponto é $(0{,}51 \text{ s} - 0{,}30 \text{ s}) = 0{,}21$ s *antes* do valor máximo. Dessa forma, a massa passa por $x = 20$ cm em $t = 0{,}09$ s e, novamente, em $t = 0{,}51$ s.

PARE E PENSE 14.4 Este é o gráfico da posição de uma massa presa a uma mola. O que se pode afirmar sobre a velocidade e a força no instante indicado pela linha tracejada?

a. A velocidade é positiva; a força aponta para a direita.
b. A velocidade é negativa; a força aponta para a direita.
c. A velocidade é nula; a força aponta para a direita.
d. A velocidade é positiva; a força aponta para a esquerda.
e. A velocidade é negativa; a força aponta para a esquerda.
f. A velocidade é nula; a força aponta para a esquerda.
g. A velocidade e a força são nulas.

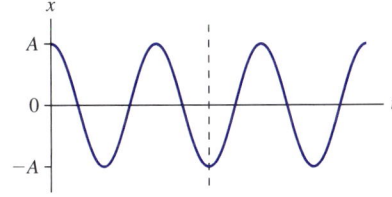

14.5 Oscilações verticais

Concentramos nossa análise em uma mola que oscila horizontalmente, mas a demonstração típica que se vê em salas de aula é a de uma massa balançando para cima e para baixo, pendurada verticalmente em um suporte. É seguro afirmar que uma oscilação vertical é o mesmo que uma oscilação horizontal? Ou que a força da gravidade adicional altera o movimento? Vamos analisar isso em maior profundidade.

A **FIGURA 14.16** mostra um bloco de massa m pendurado em uma mola de constante elástica k. Um fato importante a notar é que a posição de equilíbrio do bloco *não* é onde a mola está com seu comprimento natural, sem estar esticada. Na posição de equilíbrio do bloco, onde ele fica pendurado quando está parado, a mola esticou-se em ΔL.

Encontrar ΔL é um problema de equilíbrio estático no qual a força elástica orientada para cima equilibra a força gravitacional exercida para baixo sobre o bloco. O componente y da força elástica é determinado pela lei de Hooke:

$$(F_{\text{elast}})_y = -k\Delta y = +k\Delta L \quad (14{,}39)$$

A Equação 14.39 faz uma distinção entre ΔL, que é, simplesmente, uma *distância* e, portanto, um número positivo, e o deslocamento Δy. O bloco é deslocado para baixo; logo, $\Delta L = -\Delta L$. A primeira lei de Newton para o bloco em equilíbrio é:

$$(F_{\text{res}})_y = (F_{\text{elast}})_y + (F_G)_y = k\Delta L - mg = 0 \quad (14{,}40)$$

de onde podemos obter

$$\Delta L = \frac{mg}{k} \quad (14{,}41)$$

Esta é a distância que a mola estica quando o bloco é preso a ela.

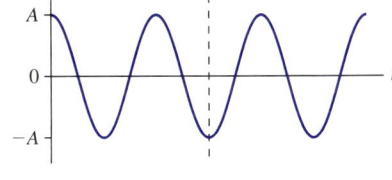

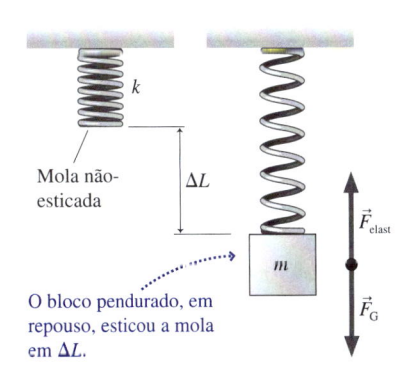

FIGURA 14.16 A gravidade estica a mola.

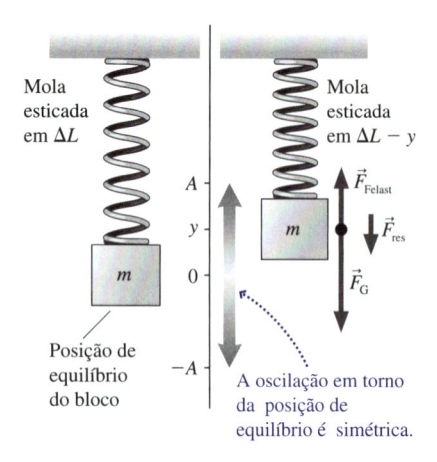

FIGURA 14.17 O bloco oscila em torno da posição de equilíbrio.

Deixe o bloco oscilar em torno da posição de equilíbrio, conforme mostrado na **FIGURA 14.17**. Agora escolhemos a origem do eixo y na posição de equilíbrio do bloco para sermos consistentes com nossa análise de oscilações ao longo deste capítulo. Se o bloco se desloca para cima, como mostra a figura, a mola fica mais curta comparada a seu comprimento de equilíbrio, mas ela ainda está *esticada* comparada a seu comprimento não-esticado da Figura 14.16. Quando o bloco encontra-se na posição y, a mola está esticada em $\Delta L - y$ e, portanto, exerce uma força elástica *para cima*, dada por $F_{elast} = k(\Delta L - y)$. Nesta posição, a força resultante sobre o bloco é

$$(F_{res})_y = (F_{elast})_y + (F_G)_y = k(\Delta L - y) - mg = (k\Delta L - mg) - ky \quad (14.42)$$

Mas $k\,\Delta L - mg$ vale zero, de acordo com a Equação 14.41, logo a força resultante sobre o bloco é, simplesmente,

$$(F_{res})_y = -ky \quad (14.43)$$

A Equação 14.43 para oscilações verticais é exatamente a mesma que a Equação 14.31 para oscilações horizontais, onde descobrimos que $(F_{res})_y = -kx$, ou seja, a força restauradora para oscilações verticais é idêntica à força restauradora para oscilações horizontais. O papel da gravidade é determinar onde estará a posição de equilíbrio, entretanto ela não afeta o movimento oscilatório em torno dessa posição.

Uma vez que a força resultante é a mesma, a segunda lei de Newton tem exatamente a mesma solução oscilatória:

$$y(t) = A\cos(\omega t + \phi_0) \quad (14.44)$$

com, novamente, $\omega = \sqrt{k/m}$. As oscilações verticais de uma massa suspensa por uma mola constituem o mesmo movimento harmônico simples de um bloco preso a uma mola horizontal. Este é um achado importante, pois não foi óbvio perceber que o movimento ainda seria harmônico simples quando a gravidade estivesse envolvida. Já que os movimentos são os mesmos, **tudo que aprendemos sobre oscilações horizontais é igualmente válido para oscilações verticais**.

EXEMPLO 14.7 Oscilações de um *bungee jump*

Um estudante de 83 kg está pendurado por uma corda de *bungee jump* com constante elástica de 270 N/m. Ele é puxado para baixo, até um ponto em que a corda está 5,0 m mais comprida do que seu comprimento não-esticado, e depois é liberado. Onde estará o aluno e qual será o valor de sua velocidade 2,0 s mais tarde?

MODELO Uma corda de *bungee jump* pode ser modelada como uma mola. As oscilações verticais na corda de *bungee jump* constituem um MHS.

VISUALIZAÇÃO A **FIGURA 14.18** mostra a situação.

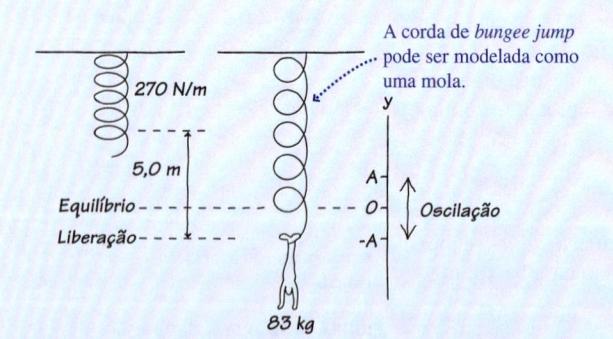

FIGURA 14.18 Um estudante, preso a uma corda de *bungee jump*, oscila em torno da posição de equilíbrio.

RESOLUÇÃO Embora a corda esteja esticada em 5,0 m quando o aluno é liberado, esta distância *não* é a amplitude da oscilação. As oscilações ocorrem em torno da posição de equilíbrio, de modo que temos de começar encontrando o ponto de equilíbrio onde o aluno está pendurado e parado. A deformação da corda no equilíbrio é determinada pela Equação 14.41:

$$\Delta L = \frac{mg}{k} = 3,0 \text{ m}$$

Esticar a corda em 5,0 m puxa o aluno para 2,0 m abaixo do ponto de equilíbrio; logo, $A = 2,0$ m, ou seja, o aluno oscila com amplitude $A = 2,0$ m em torno de um ponto 3,0 m abaixo de onde originalmente se encontrava a extremidade da corda. A posição do estudante como função do tempo, medida a partir da posição de equilíbrio, é

$$y(t) = (2,0 \text{ m})\cos(\omega t + \phi_0)$$

onde $\omega = \sqrt{k/m} = 1,80$ rad/s. A condição inicial

$$y_0 = A\cos\phi_0 = -A$$

exige que a constante de fase seja $\phi_0 = \pi$ rad. Em $t = 2,0$ s, a posição e a velocidade do aluno são

$$y = (2,0 \text{ m})\cos\big((1,80 \text{ rad/s})(2,0 \text{ s}) + \pi \text{ rad}\big) = 1,8 \text{ m}$$

$$v_y = -\omega A \text{sen}(\omega t + \phi_0) = -1,6 \text{ m/s}$$

O estudante se encontra 1,8 m *acima* da posição de equilíbrio ou 1,2 m *abaixo* da posição onde ficava a extremidade inferior da corda. Uma vez que sua velocidade é negativa, o estudante passou pelo ponto mais alto e está agora voltando para baixo.

14.6 O pêndulo

Vamos agora analisar outro oscilador muito comum: o pêndulo. A **FIGURA 14.19a** mostra uma massa m presa a um barbante de comprimento L e livre para balançar de um lado para o outro. A posição do pêndulo pode ser descrita pelo arco de comprimento s, que é nulo quando o pêndulo está pendurado exatamente na vertical. Uma vez que ângulos são medidos em sentido anti-horário, s e θ serão positivos quando o pêndulo estiver à direita do centro, e negativos, quando à esquerda.

Duas forças são exercidas sobre a massa: a tensão do barbante, $\vec{T}$, e a gravidade, $\vec{F}_G$. Será conveniente repetir o que fizemos em nosso estudo do movimento circular: dividir as forças em componentes tangenciais, paralelos ao movimento, e em componentes radiais paralelos ao barbante. Estes são mostradas no diagrama de corpo livre da **FIGURA 14.19b**.

A segunda lei de Newton para o componente tangencial, paralelo ao movimento, é

$$(F_{res})_t = \sum F_t = (F_G)_t = -mg\,\text{sen}\,\theta = ma_t \tag{14.45}$$

Usando $a_t = d^2s/dt^2$ para a aceleração "ao longo" do círculo e notando que a massa é cancelada nos cálculos, podemos escrever a Equação 14.45 na forma

$$\frac{d^2s}{dt^2} = -g\,\text{sen}\,\theta \tag{14.46}$$

onde o ângulo θ está relacionado ao comprimento do arco pela equação $\theta = s/L$. Esta é a equação de movimento para um pêndulo em oscilação. A função seno torna mais difícil resolver esta equação do que a equação de movimento para uma mola em oscilação.

A aproximação para pequenos ângulos

Suponha que restrinjamos as oscilações do pêndulo em *ângulos pequenos*, menores do que, aproximadamente, 10°. Esta restrição nos permite utilizar um interessante e importante resultado da geometria.

A **FIGURA 14.20** mostra um ângulo θ e um arco circular de comprimento $s = r\theta$. Um triângulo retângulo foi construído traçando-se uma linha perpendicular ao eixo a partir da extremidade superior do arco. A altura do triângulo, portanto, é $h = r\,\text{sen}\,\theta$. Suponha que o ângulo θ seja "pequeno". Neste caso, há muito pouca diferença entre h e s. Se $h \approx s$, então $r\,\text{sen}\,\theta \approx r\theta$. Segue que

$$\text{sen}\,\theta \approx \theta \quad (\theta \text{ em radianos})$$

A aproximação $\text{sen}\,\theta \approx \theta$ para tais valores de ângulo é chamada de **aproximação para pequenos ângulos**. Da mesma forma, notamos que $l \approx r$ para ângulos pequenos. Uma vez que $l = r\cos\theta$, segue que $\cos\theta \approx 1$. Finalmente, podemos calcular a razão entre o seno e o cosseno para obter $\text{tg}\,\theta \approx \text{sen}\,\theta \approx \theta$. A Tabela 14.3 resume os resultados da aproximação para pequenos ângulos. Ao longo do restante deste livro, haverá outras ocasiões onde usaremos a aproximação para pequenos ângulos.

NOTA ▶ A aproximação para pequenos ângulos *somente* será válida se o ângulo θ estiver expresso em radianos! ◀

Quão pequeno precisa ser θ para que se justifique usar a aproximação para pequenos ângulos? É fácil usar a calculadora para descobrir que a aproximação de ângulos pequenos é boa até três algarismos significativos, um erro $\leq 0,1\%$ para ângulos de até $\approx 0,10$ rad ($\approx 5°$). Na prática, usaremos a aproximação para valores de ângulo de até, aproximadamente, 10°, pois para ângulos maiores ela rapidamente perde validade e produz resultados inaceitáveis.

Se restringirmos o pêndulo a $\theta < 10°$, poderemos usar a aproximação $\text{sen}\,\theta \approx \theta = s/L$. Neste caso, a Equação 14.45 para a força resultante sobre a massa se torna

$$(F_{res})_t = -\frac{mg}{L}s$$

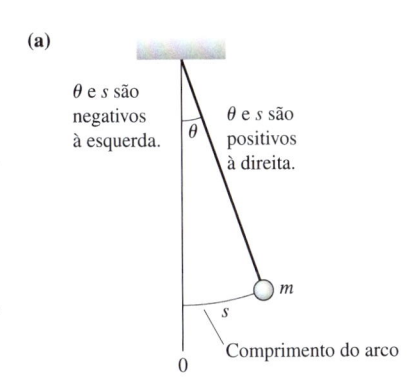

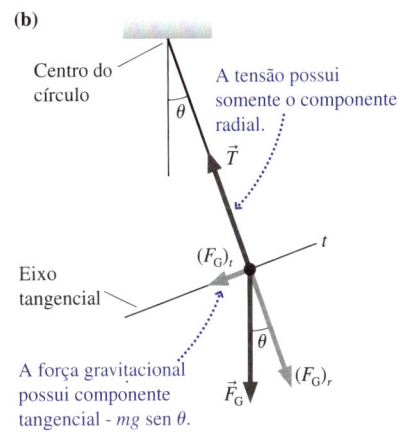

FIGURA 14.19 O movimento de um pêndulo.

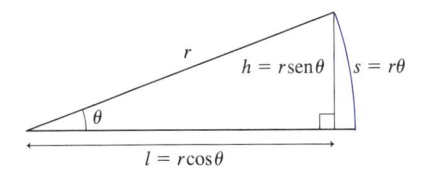

FIGURA 14.20 A base geométrica da aproximação para pequenos ângulos.

TABELA 14.3 Aproximações para pequenos ângulos. O ângulo θ deve estar em radianos

$\text{sen}\,\theta \approx \theta$
$\cos\theta \approx 1$
$\text{tg}\,\theta \approx \text{sen}\,\theta \approx \theta$

O relógio de pêndulo tem sido usado por centenas de anos.

e a equação de movimento se reduz a

$$\frac{d^2s}{dt^2} = -\frac{g}{L}s \qquad (14.47)$$

Isto é *exatamente* o mesmo que a Equação 14.33 para uma massa oscilando presa a uma mola. Os nomes são diferentes, com x substituído por s, e k/m por g/L, mas isso não a torna uma equação diferente.

Uma vez que conhecemos a solução do problema da mola, podemos imediatamente escrever a solução para o problema do pêndulo simplesmente trocando as variáveis e as constantes:

$$s(t) = A\cos(\omega t + \phi_0) \quad \text{ou} \quad \theta(t) = \theta_{max}\cos(\omega t + \phi_0) \qquad (14.48)$$

A freqüência angular

$$\omega = 2\pi f = \sqrt{\frac{g}{L}} \qquad (14.49)$$

é determinada pelo comprimento do barbante. O pêndulo é importante pelo fato de que **a freqüência e, portanto, o período, é independente da massa**. A freqüência depende somente do comprimento do pêndulo. A amplitude A e a constante de fase ϕ_0 são determinadas pelas condições iniciais, assim como para uma mola em oscilação.

EXEMPLO 14.8 Um relógio de pêndulo

Que comprimento deve ter um pêndulo para que seu período seja exatamente 1 s?

RESOLUÇÃO O período é independente da massa e depende somente do comprimento. Da Equação 14.49,

$$T = \frac{1}{f} = 2\pi\sqrt{\frac{L}{g}}$$

Isolando L, obtemos:

$$L = g\left(\frac{T}{2\pi}\right)^2 = 0,248 \text{ m}$$

AVALIAÇÃO Este é um comprimento adequado para um relógio prático.

EXEMPLO 14.9 O ângulo máximo de um pêndulo

Uma massa de 300 g, pendurada por um barbante, oscila como um pêndulo. Ela tem velocidade de 0,25 m/s ao passar pelo ponto mais baixo da oscilação. Que posição angular máxima o pêndulo atinge?

MODELO Considere que o ângulo da posição angular se mantenha pequeno, caso em que o movimento é harmônico simples.

RESOLUÇÃO A freqüência angular do pêndulo é

$$\omega = \sqrt{\frac{g}{L}} = \sqrt{\frac{9,8 \text{ m/s}^2}{0,30 \text{ m}}} = 5,72 \text{ rad/s}$$

A velocidade no ponto mais baixo é $v_{max} = \omega A$, logo a amplitude é:

$$A = s_{max} = \frac{v_{max}}{\omega} = \frac{0,25 \text{ m/s}}{5,72 \text{ rad/s}} = 0,0437 \text{ m}$$

O ângulo máximo, correspondente ao comprimento de arco máximo s_{max}, é

$$\theta_{max} = \frac{s_{max}}{L} = \frac{0,04347 \text{ m}}{0,30 \text{ m}} = 0,145 \text{ rad} = 8,3°$$

AVALIAÇÃO Uma vez que o ângulo máximo é menor do que 10°, nossa análise baseada na aproximação para pequenos ângulos é válida.

As condições para o movimento harmônico simples

Talvez você tenha percebido que, em certo sentido, resolvemos *todos* os problemas de movimento harmônico simples ao resolvermos o problema da mola horizontal. A força restauradora de uma mola, $F_{elast} = -kx$, é diretamente proporcional ao deslocamento x a partir da posição de equilíbrio. A força restauradora do pêndulo, na aproximação para pequenos ângulos, é diretamente proporcional ao deslocamento s. Uma força restauradora que seja diretamente proporcional ao deslocamento a partir da posição de equilíbrio é chamada de **força restauradora linear**. Para qualquer força restauradora linear, a equação de movimento é idêntica à equação da mola (a não ser, talvez, pelo emprego de símbolos diferentes). Conseqüentemente, **qualquer sistema com força restauradora linear descreverá um movimento harmônico simples em torno da posição de equilíbrio**.

É por isso que uma mola em oscilação é o protótipo do MHS. Tudo que aprendemos sobre uma mola oscilando se aplica às oscilações produzidas por qualquer outra força restauradora linear, desde as vibrações das asas de um avião aos movimentos de elétrons em circuitos elétricos. Vamos resumir esta informação com um Box Tático.

> **BOX TÁTICO 14.1** **Identificando e analisando o movimento harmônico simples**
>
> ❶ Se a força resultante sobre uma partícula é uma força restauradora linear, o movimento em torno da posição de equilíbrio será harmônico simples.
> ❷ A posição como função do tempo é dada por $x(t) = A\cos(\omega t + \phi_0)$. A velocidade como função do tempo corresponde a $v_x(t) = -\omega A \sen(\omega t + \phi_0)$. A velocidade máxima é $v_{máx} = \omega A$. As equações são dadas em relação a x, mas podem ser escritas em termos de y, de θ ou de algum outro parâmetro que a situação exija.
> ❸ A amplitude A e a constante de fase ϕ_0 são determinadas pelas condições iniciais através de $x_0 = A\cos\phi_0$ e de $v_{0x} = -\omega A \sen\phi_0$.
> ❹ A freqüência angular ω (e, portanto, o período $T = 2\pi/\omega$) depende da física envolvida na situação específica. Todavia, ω *não* depende de A ou de ϕ_0.
> ❺ A energia mecânica é conservada. Assim, $\frac{1}{2}mv_x^2 + \frac{1}{2}kx^2 = \frac{1}{2}kA^2 = \frac{1}{2}m(v_{max})^2$. A conservação da energia fornece uma relação entre a posição e a velocidade que independe do tempo.
>
> Exercícios 7–12, 15–19

O pêndulo físico

Uma massa presa a um barbante é, muitas vezes, chamada de *pêndulo simples*. Mas também é possível construir um pêndulo com qualquer objeto que balance de um lado para o outro de um eixo, sob a influência da gravidade. Isso é chamado de *pêndulo físico*.

A **FIGURA 14.21** mostra um pêndulo físico de massa M para o qual a distância entre o eixo e o centro da massa é l. O braço de alavanca da força gravitacional em relação ao centro da massa é $d = l\,\sen\theta$, de modo que o torque gravitacional é

$$\tau = -Mgd = -Mgl\sen\theta$$

O torque é negativo porque, para um valor de θ positivo, ele está causando uma rotação em sentido horário. Se restringirmos o ângulo a valores pequenos ($\theta < 10°$), como fizemos no caso do pêndulo simples, podemos usar a aproximação para pequenos ângulos para escrever

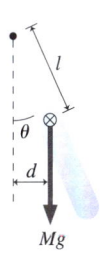

$$\tau = -Mgl\theta \qquad (14.50)$$

FIGURA 14.21 Um pêndulo físico.

A gravidade produz um torque restaurador linear sobre o pêndulo – ou seja, o torque é diretamente proporcional ao deslocamento angular θ –, de modo que podemos esperar que o pêndulo físico descreva um MHS.

A segunda lei de Newton para o movimento rotacional é

$$\alpha = \frac{d^2\theta}{dt^2} = \frac{\tau}{I}$$

onde I é o momento de inércia do objeto em relação ao eixo. Usando a Equação 14.50 para o torque, obtemos

$$\frac{d^2\theta}{dt^2} = \frac{-Mgl}{I}\theta \qquad (14.51)$$

Comparando com a Equação 14.33, concluímos que esta é, novamente, uma equação de MHS, desta vez com freqüência angular dada por

$$\omega = 2\pi f = \sqrt{\frac{Mgl}{I}} \qquad (14.52)$$

Parece que a freqüência depende da massa do pêndulo, mas lembre-se de que o momento de inércia é diretamente proporcional a M. Dessa forma, M é cancelada, e a freqüência de um pêndulo físico, assim como a de um pêndulo simples, independe de sua massa.

EXEMPLO 14.10 Uma perna balançando como um pêndulo

Em um laboratório, um estudante de biomecânica mede o comprimento de sua perna, desde o quadril até o tornozelo, obtendo 0,90 m. Qual é a freqüência do movimento pendular da perna do aluno? Qual é o período?

MODELO Podemos modelar uma perna humana razoavelmente bem como um bastão de corte transversal uniforme, com o eixo em uma das extremidades (o quadril), formando um pêndulo físico. O centro da massa de uma perna uniforme está no ponto central; logo, $l = L/2$.

RESOLUÇÃO O momento de inércia de um bastão com eixo em uma das extremidades é $I = \frac{1}{3}ML^2$, de modo que a freqüência do pêndulo é

$$f = \frac{1}{2\pi}\sqrt{\frac{Mgl}{I}} = \frac{1}{2\pi}\sqrt{\frac{Mg(L/2)}{ML^2/3}} = \frac{1}{2\pi}\sqrt{\frac{3g}{2L}} = 0,64 \text{ Hz}$$

O período correspondente é $T = 1/f = 1,6$ s. Observe que não precisamos saber o valor da massa.

AVALIAÇÃO À medida que você caminha, suas pernas balançam como pêndulos físicos enquanto você as traz para a frente. A freqüência é determinada pelo comprimento das suas pernas e por sua distribuição de massa; ela não depende da amplitude. Conseqüentemente, você não aumenta a velocidade de caminhada dando passos mais rápidos – mudar a freqüência é difícil. Simplesmente, você dá passadas maiores alterando a amplitude, e não, a freqüência.

PARE E PENSE 14.5 Uma pessoa oscila em um balanço e constata que o período é de 3,0 s. Uma segunda pessoa de mesma massa se junta à primeira. Com duas pessoas se balançando no brinquedo, o período passa a ser:

a. 6,0 s.
b. > 3,0 s, mas não necessariamente 6,0 s.
c. 3,0 s.
d. < 3,0 s, mas não necessariamente 1,5 s.
e. 1,5 s.
f. Não se pode afirmar nada sem saber qual é o comprimento.

14.7 Oscilações amortecidas

Um pêndulo abandonado desacelera gradualmente e termina parado. A vibração de um sino gradualmente se desvanece. Todos os osciladores reais terminam deixando de funcionar – uns muito lentamente, outros bem rapidamente – porque o atrito ou outras forças dissipadoras transformam continuamente sua energia mecânica em energia térmica do oscilador e de seu ambiente. Uma oscilação que se esgota e deixa de existir é chamada de **oscilação amortecida**.

Existem muitas possíveis razões para a dissipação de energia: a resistência do ar, o atrito, as forças internas no metal da mola quando ela é flexionada e assim por diante. Embora seja impraticável dar conta de todas elas, um modelo razoável consiste em levar em conta apenas a resistência do ar porque, em muitos casos, ela é a força dissipativa predominante.

A força de arraste devido à resistência do ar é uma força complexa. Não há nenhuma "lei de resistência do ar" para nos dizer exatamente como se comporta a força de resistência do ar. No Capítulo 6 introduziu-se um *modelo* de resistência do ar no qual uma força de atrito é proporcional a v^2. Trata-se de um bom modelo quando as velocidades forem razoavelmente altas, como, por exemplo, no caso de corredores, de bolas de beisebol e de carros, mas um pêndulo ou uma mola oscilando geralmente se movem muito mais lentamente. Dos experimentos, sabe-se que a força de atrito sobre objetos que se movem *lentamente* é *linearmente* proporcional ao módulo da velocidade. Desta forma, um modelo razoável para a força de arraste sobre um objeto que se move lentamente é dado por

$$\vec{D} = -b\vec{v} \qquad \text{(modelo para a força de arraste)} \qquad (14.53)$$

onde o sinal negativo é a indicação matemática de que a força tem sempre sentido contrário ao da velocidade, desacelerando o objeto.

A **constante de amortecimento** b depende, de modo complexo, da forma do objeto (objetos longos e estreitos oferecem menor resistência ao ar do que objetos largos e achatados) *e* da viscosidade do ar ou de outro meio no qual a partícula se desloque. Em nosso modelo para a resistência do ar, a constante de amortecimento desempenha o mesmo papel que o coeficiente de atrito desempenha no modelo para o atrito.

Os amortecedores de carros e caminhões são molas fortemente amortecidas. O movimento vertical do veículo, após bater em uma pedra ou passar por um buraco na estrada, é uma oscilação amortecida.

As unidades de b devem ser tais que resultem em unidades de força quando forem multiplicadas por unidades de velocidade. Como você pode comprovar, essas unidades são kg/s. Um valor de $b = 0$ kg/s corresponde ao caso limite de nenhuma resistência, em que a energia mecânica é conservada. Um valor típico de b para uma mola ou um pêndulo oscilando no ar é $\leq 0{,}10$ kg/s. Objetos com formas incomuns ou que se desloquem em um meio líquido (muito mais viscoso do que o ar) podem corresponder a valores de b significativamente maiores.

A **FIGURA 14.22** mostra uma massa que oscila presa a uma mola na presença de uma força de atrito. Com o atrito incluído, a segunda lei de Newton assume a forma

$$(F_{\text{res}})_x = (F_{\text{elast}})_x + D_x = -kx - bv_x = ma_x \quad (14.54)$$

Usando as equações $v_x = dx/dt$ e $a_x = d^2x/dt^2$, podemos escrever a Equação 14.54 na forma

$$\frac{d^2x}{dt^2} + \frac{b}{m}\frac{dx}{dt} + \frac{k}{m}x = 0 \quad (14.55)$$

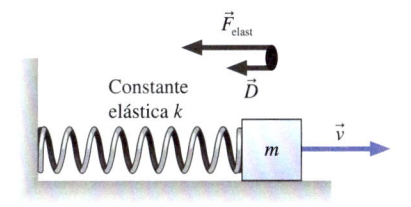

FIGURA 14.22 Uma massa oscilando na presença de uma força de resistência do ar.

A Equação 14.55 é a equação do movimento de um oscilador amortecido. Se você compará-la à Equação 14.33, a equação de movimento para um bloco sobre uma superfície sem atrito, verificará que ela difere pela inclusão do termo envolvendo dx/dt.

A Equação 14.55 é outra equação diferencial de segunda ordem. Simplesmente vamos afirmar (e, como problema para casa, você pode tentar comprovar isto) que a solução é

$$x(t) = Ae^{-bt/2m}\cos(\omega t + \phi_0) \quad \text{(oscilador amortecido)} \quad (14.56)$$

onde a freqüência angular é determinada por

$$\omega = \sqrt{\frac{k}{m} - \frac{b^2}{4m^2}} = \sqrt{\omega_0^2 - \frac{b^2}{4m^2}} \quad (14.57)$$

Aqui, $\omega_0 = \sqrt{k/m}$ fornece a freqüência angular de um oscilador não-amortecido ($b = 0$). A constante e é a base dos logaritmos naturais, de modo que $e^{-bt/2m}$ é uma *função exponencial*.

Uma vez que $e^0 = 1$, a Equação 14.56 se reduz à nossa solução anterior, $x(t) = A\cos(\omega t + \phi_0)$ para $b = 0$. Isso faz sentido e nos dá confiança quanto à Equação 14.56. Um sistema com *amortecimento fraco*, que oscila muitas vezes antes de parar, é aquele para o qual $b/2m \ll \omega_0$. Neste caso, $\omega \approx \omega_0$ é uma boa aproximação, ou seja, o amortecimento fraco não afeta a freqüência de oscilação. (O *amortecimento forte*, que extingue o movimento em poucas oscilações, reduz significativamente a freqüência de oscilação.) Vamos nos concentrar em sistemas com amortecimento fraco no restante desta seção.

A **FIGURA 14.23** é um gráfico da posição $x(t)$ para um oscilador com amortecimento fraco, conforme determinado pela Equação 14.56. Observe que o termo $Ae^{-bt/2m}$, representado pelas linhas tracejadas, comporta-se como uma amplitude com variação lenta:

$$x_{\max}(t) = Ae^{-bt/2m} \quad (14.58)$$

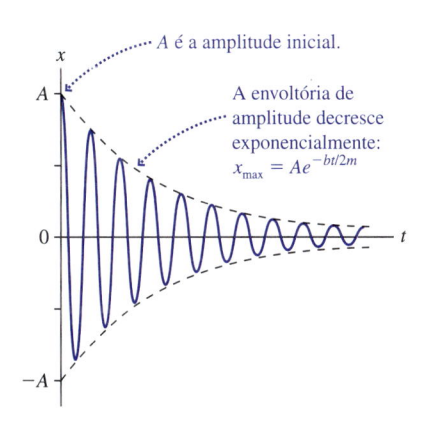

FIGURA 14.23 Gráfico posição *versus* tempo para um oscilador amortecido.

onde A é a amplitude *inicial* em $t = 0$. A oscilação fica sempre limitada entre estas duas linhas, tornando-se lentamente menor com o transcorrer do tempo.

Uma linha com lenta variação que estabeleça limites para uma oscilação mais rápida é chamada de **envoltória** das oscilações. Neste caso, as oscilações possuem uma *envoltória exponencialmente decrescente*. Estude a **FIGURA 14.23** por tempo suficiente até compreender inteiramente como as oscilações e a amplitude decrescente estão relacionadas à Equação 14.56.

A variação da quantidade de amortecimento, alterando-se o valor de b, afeta a velocidade com que as oscilações decrescem. A **FIGURA 14.24** mostra apenas a envoltória $x_{\text{máx}}(t)$ para diversas oscilações idênticas, a não ser pelo valor da constante de amortecimento b. (Você precisa imaginar uma oscilação rápida dentro de cada envoltória, como na Figura 14.23.) O aumento de b faz com que as oscilações sejam amortecidas com maior rapidez, enquanto a diminuição de b faz com que elas durem mais tempo.

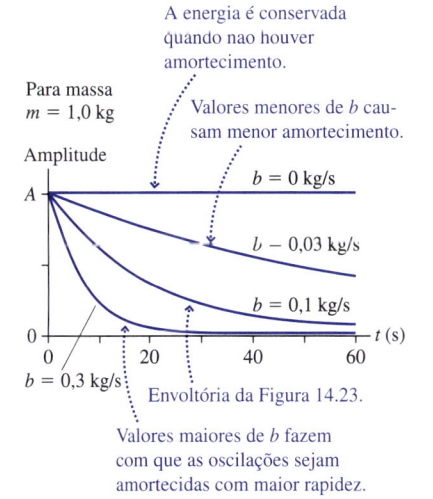

FIGURA 14.24 Diversas envoltórias de oscilações, correspondentes a diferentes valores da constante de amortecimento b.

ADENDO MATEMÁTICO Decaimento exponencial

O decaimento exponencial ocorre numa ampla gama de sistemas físicos de importância na ciência e na engenharia. Vibrações mecânicas, circuitos elétricos e radioatividade nuclear exibem decaimento exponencial.

O número $e = 2,71828\ldots$ é a base dos logaritmos naturais, da mesma forma que 10 é a base dos logaritmos comuns. Ele surge naturalmente do cálculo da integral

$$\int \frac{du}{u} = \ln u$$

Esta integral – que aparece na análise de muitos sistemas físicos – freqüentemente leva a soluções da forma

$$u = Ae^{-v/v_0} = A\exp(-v/v_0)$$

onde exp significa *função exponencial*.

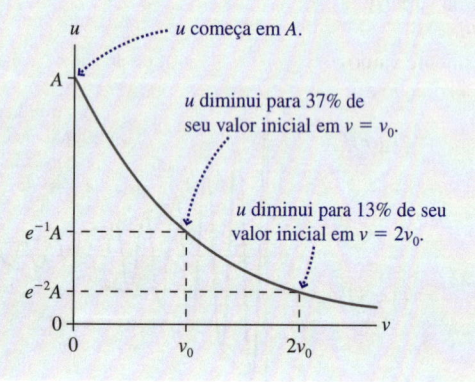

Um gráfico de u ilustra o que queremos dizer por *decaimento exponencial*. Ele começa com $u = A$ em $v = 0$ (porque $e^0 = 1$) e depois diminui de forma constante, aproximando-se assintoticamente de zero. A quantidade v_0 é chamada de *constante de decaimento*. Quando $v = v_0$, $u = e^{-1}A = 0,37A$. Quando $v = 2v_0$, $u = e^{-2}A = 0,13A$.

Argumentos de funções devem ser números puros, sem unidades, ou seja, podemos avaliar e^{-2}, mas $e^{-2\text{kg}}$ não faz sentido. Se v/v_0 é um número puro, o que deve acontecer, a constante de decaimento v_0 deve ter as mesmas unidades de v. Se v representa posição, então v_0 é, um comprimento; se v representa um intervalo de tempo, então v_0 é um intervalo de tempo. Numa situação específica, v_0 é muitas vezes chamada de *constante de decaimento* ou *tempo característico de decaimento*. Ela é o comprimento ou o intervalo de tempo ao longo do qual a grandeza decai para 37% de seu valor inicial.

Não importa qual é o processo ou o que u representa, **uma quantidade que decai exponencialmente diminui para 37% de seu valor inicial após ter decorrido o tempo correspondente a uma constante de decaimento**. Portanto, o decaimento exponencial é um comportamento universal. Sempre que você se deparar com um novo sistema que exiba decaimento exponencial, o comportamento dele será exatamente o mesmo que o de qualquer outro decaimento exponencial. A curva de decaimento é sempre exatamente igual à figura mostrada aqui. Depois que você aprender as propriedades do decaimento exponencial, conseguirá imediatamente aplicá-las a uma situação nova.

Energia em sistemas amortecidos

Ao considerar a energia mecânica de um oscilador, é útil definir a **constante de tempo** τ (letra grega "tau") como

$$\tau = \frac{m}{b} \tag{14.59}$$

Uma vez que b tem unidades de kg/s, τ tem unidades de segundos. Com essa definição, podemos expressar a amplitude de oscilação como $x_{\max}(t) = Ae^{-t/2\tau}$.

Devido à força de arraste, a energia mecânica não é mais conservada. Em qualquer momento, podemos calcular a energia mecânica pela relação

$$E(t) = \frac{1}{2}k(x_{\max})^2 = \frac{1}{2}k(Ae^{-t/2\tau})^2 = \left(\frac{1}{2}kA^2\right)e^{-t/\tau} = E_0 e^{-t/\tau} \tag{14.60}$$

em que $E_0 = \frac{1}{2}kA^2$ é a energia inicial em $t = 0$ e onde usamos a relação $(z^m)^2 = z^{2m}$. Em outras palavras, **a energia mecânica do oscilador decai exponencialmente com a constante de tempo τ**.

Conforme mostra a **FIGURA 14.25**, a constante de tempo é o intervalo de tempo necessário para que energia decaia para e^{-1}, ou 37% de seu valor inicial. Dizemos que a constante de tempo τ expressa o "tempo característico" no qual a energia da oscilação é dissipada. Aproximadamente dois terços da energia inicial se esvaem depois que uma constante de tempo é decorrida, e quase 90% dela é dissipado após duas constantes de tempo.

Para fins práticos, podemos falar da constante de tempo como o *tempo de vida* da oscilação – o quanto ela dura. Um oscilador com $\tau = 3$ s oscilará por cerca de 3 s, ao passo que um com $\tau = 30$ s irá continuar oscilando por aproximadamente 30 s. Matema-

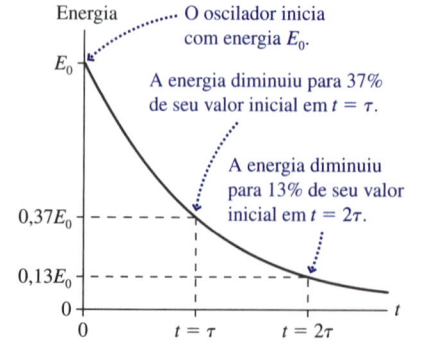

FIGURA 14.25 Decaimento exponencial da energia mecânica de um oscilador.

ticamente, nunca há um momento em que a oscilação está "terminada". O decaimento se aproxima assintoticamente de zero, mas nunca chega lá em nenhum tempo finito. O melhor que podemos fazer é definir um critério para quando o movimento está "quase terminado", e é isso o que significa a constante de tempo τ.

EXEMPLO 14.11 Um pêndulo amortecido

Uma massa de 500 g oscila como um pêndulo, suspensa por um barbante de 60 cm. Observa-se que a amplitude decai para a metade de seu valor inicial após 35,0 s.

a. Qual é a constante de tempo do oscilador?
b. Em que intervalo de tempo a *energia* decairá para metade de seu valor inicial?

MODELO O movimento é uma oscilação amortecida.

RESOLUÇÃO a. A amplitude inicial em $t = 0$ é $x_{max} = A$. Em $t = 35,0$ s, a amplitude é $x_{max} = \frac{1}{2}A$. A amplitude da oscilação em um instante t é determinada pela Equação 14.58:

$$x_{max}(t) = Ae^{-bt/2m} = Ae^{-t/2\tau}$$

Neste caso,

$$\frac{1}{2}A = Ae^{-(35,0\,s)/2\tau}$$

Observe que não precisamos saber o valor de A, pois esta constante é cancelada por simplificação. Para isolar τ, encontre o logaritmo natural dos dois lados da equação:

$$\ln\left(\frac{1}{2}\right) = -\ln 2 = \ln e^{-(35,0\,s)/2\tau} = -\frac{35,0\,s}{2\tau}$$

Isso é facilmente reordenado para

$$\tau = \frac{35,0\,s}{2\ln 2} = 25,2\,s$$

Se quiséssemos, poderíamos agora determinar a constante de amortecimento: $b = m/\tau = 0,020$ kg/s.

b. A energia no instante t é determinada por

$$E(t) = E_0 e^{-t/\tau}$$

O tempo em que a energia do decaimento exponencial é reduzida para $\frac{1}{2}E_0$, a metade de seu valor inicial, tem um nome especial. Ele é chamado de **meia-vida** e é representado pelo símbolo $t_{1/2}$. O conceito de meia-vida é amplamente usado em muitas aplicações, como no decaimento radioativo. Para relacionar $t_{1/2}$ a τ, primeiro escreva

$$E(\text{em } t = t_{1/2}) = \frac{1}{2}E_0 = E_0 e^{-t_{1/2}/\tau}$$

A constante E_0 é cancelada, resultando em

$$\frac{1}{2} = e^{-t_{1/2}/\tau}$$

Novamente, obtemos os logaritmos naturais dos dois lados dessa relação:

$$\ln\left(\frac{1}{2}\right) = -\ln 2 = \ln e^{-t_{1/2}/\tau} = -t_{1/2}/\tau$$

Finalmente, isolamos $t_{1/2}$:

$$t_{1/2} = \tau \ln 2 = 0,693\tau$$

Este resultado, de que $t_{1/2}$ é 69% de τ, é válido para qualquer decaimento exponencial. Neste problema em particular, metade da energia é dissipada em

$$t_{1/2} = (0,693)(25,2\,s) = 17,5\,s$$

AVALIAÇÃO O oscilador perde energia mais rapidamente do que perde amplitude. Isso é o que esperamos, pois a energia depende do *quadrado* da amplitude.

PARE E PENSE 14.6 Ordene em seqüência decrescente as constantes de tempo de τ_a a τ_d dos decaimentos mostrados na figura. Todos os gráficos têm a mesma escala.

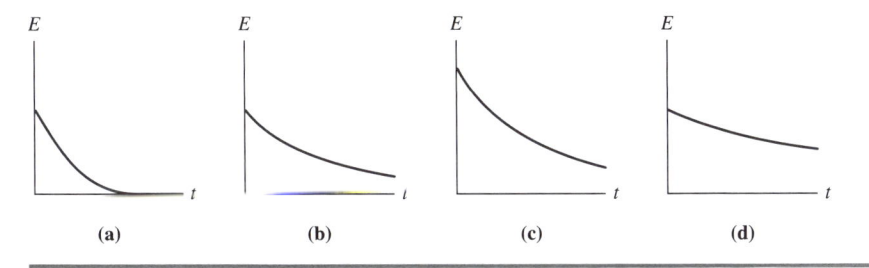

(a)   (b)   (c)   (d)

14.8 Oscilações forçadas e ressonância

Até agora nos concentramos nas oscilações livres de um sistema isolado. Alguma perturbação inicial retira o sistema do equilíbrio e, então, ele passa a oscilar livremente até que a energia seja inteiramente dissipada. Essas situações são muito importantes, mas não esgotam todas as possibilidades. Outra situação importante é a de um oscilador sujeito a uma força externa periódica. Seu movimento é chamado de **oscilação forçada**.

Um exemplo simples de uma oscilação forçada é quando empurramos uma criança em um balanço, onde o empurrão é uma força externa periodicamente exercida sobre o balanço. Um exemplo mais complexo é o de um carro que passa sobre uma série de lombadas com mesmo espaçamento entre duas lombadas vizinhas. Cada lombada exerce uma força periódica orientada para cima sobre a suspensão do carro, formada por grandes molas com amortecimento forte. A bobina eletromagnética situada no fundo do cone de um alto-falante gera uma força magnética periódica que empurra o cone de um lado para o outro, fazendo com que ele emita ondas sonoras. A turbulência do ar ao se deslocar pelas asas de uma aeronave pode exercer forças periódicas sobre as asas e outras superfícies aerodinâmicas, fazendo-as vibrar bastante se não forem projetadas adequadamente.

Como sugerem estes exemplos, as oscilações forçadas têm muitas aplicações importantes. Entretanto, elas constituem um tópico matematicamente complexo. Aqui faremos, simplesmente, uma rápida menção aos resultados obtidos, reservando os detalhes para aulas mais avançadas.

Considere um sistema oscilatório que, quando deixado livre, oscila com uma freqüência f_0. Esta freqüência é chamada de **freqüência natural** do oscilador. A freqüência natural de uma massa que oscila presa a uma mola é dada por $\sqrt{k/m}/2\pi$, mas pode ser outra expressão para outro tipo de oscilador. Independente da expressão, f_0 é, simplesmente, a freqüência de oscilação do sistema se este for retirado do equilíbrio e solto.

Suponha que este sistema esteja sujeito a uma força externa *periódica* de freqüência f_{ext}. Esta freqüência, que é chamada de **freqüência de oscilação forçada**, é completamente independente da freqüência natural do oscilador f_0. Alguém ou algo no ambiente seleciona a freqüência f_{ext} da força externa, fazendo com que a força empurre o sistema f_{ext} vezes por segundo.

Embora seja possível solucionar a equação da segunda lei de Newton para uma força externa impulsora, nos limitaremos aqui a analisar a representação gráfica dessa solução. O resultado mais importante é que a amplitude da oscilação depende muito sensivelmente da freqüência da força que empurra. A resposta do oscilador à freqüência de oscilação forçada é mostrada na **FIGURA 14.26** para um sistema com $m = 1,0$ kg, freqüência natural $f_0 = 2,0$ Hz e constante de amortecimento $b = 0,20$ kg/s. Este gráfico da amplitude *versus* freqüência de oscilação forçada, chamado de **curva de ressonância**, ocorre em diversas aplicações diferentes.

Quando a freqüência de oscilação forçada for substancialmente diferente da freqüência natural do oscilador, o que corresponde às extremidades esquerda e direita da Figura 14.26, o sistema oscilará, mas com uma amplitude de oscilação muito pequena. O sistema simplesmente não responde bem a uma freqüência de oscilação forçada que seja muito diferente de f_0. À medida que a freqüência de oscilação forçada se aproxima da freqüência natural, a amplitude da oscilação aumenta substancialmente. Afinal de contas, f_0 é a freqüência na qual o sistema "gosta" de oscilar, de modo que ele fica bem "contente" em responder a uma freqüência de oscilação forçada que seja próxima de f_0. Assim, a amplitude atingirá um valor máximo quando a freqüência de oscilação forçada for exatamente igual à freqüência natural do sistema: $f_{ext} = f_0$.

Você pode compreender isso refletindo sobre a energia. Quando f_{ext} for igual a f_0, a força externa sempre empurrará o oscilador no mesmo ponto de seu ciclo. Por exemplo, você sempre empurra uma criança em um balanço logo que este atinge o ponto de máximo afastamento que fica do seu lado. Esse empurrão sempre *adiciona energia* ao sistema, aumentando ainda mais a amplitude.

Em contraste, suponha que você tente empurrar um balanço a uma freqüência diferente da sua freqüência natural de oscilação. Em certas vezes, você o empurra enquanto ele está indo para a frente, adicionando-lhe energia, mas, em outras vezes, você o empurra também para a frente quando ele está voltando. Isso causa uma desaceleração do balanço e retira energia do sistema. O resultado líquido é uma amplitude de oscilação pequena. Somente na situação em que a freqüência forçada e a freqüência natural são iguais é que a amplitude atinge valores grandes.

A amplitude pode se tornar excessivamente alta quando essas duas freqüências se igualam, principalmente se a constante de amortecimento for muito pequena. A **FIGURA 14.27** mostra um mesmo oscilador com três valores diferentes de constante de amortecimento. A resposta será muito pequena se a constante de amortecimento for aumentada para 0,80 kg/s, mas, para $f_{ext} = f_0$, a amplitude de oscilação se tornará muito grande se a constante de amortecimento for reduzida para 0,80 kg/s. Esta resposta de grande ampli-

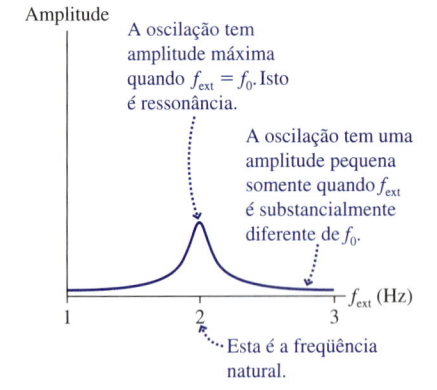

FIGURA 14.26 A curva de ressonância mostra a amplitude de um oscilador forçado para freqüências próximas à sua freqüência natural, de 2,0 Hz.

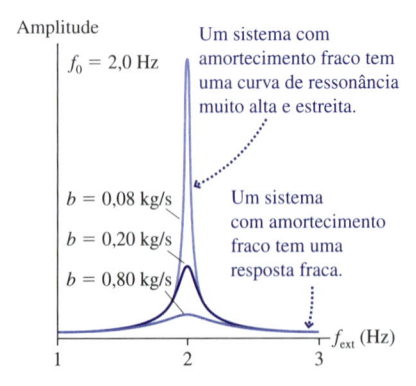

FIGURA 14.27 A curva de ressonância se torna mais alta e mais estreita com a diminuição da constante de amortecimento.

tude a uma força propulsora cuja freqüência equivale à freqüência natural do sistema é um fenômeno chamado de **ressonância**. A condição para ressonância é, portanto,

$$f_{ext} = f_0 \quad \text{(condição de ressonância)} \tag{14.61}$$

No contexto de oscilações forçadas, a freqüência natural f_0 é, muitas vezes, chamada de **freqüência de ressonância**.

Há muitos exemplos de ressonância. Já vimos que um deles consiste em empurrar uma criança em um balanço. "Circuitos sintonizados" de rádios ou de telefones celulares constituem outro exemplo, que abordaremos na Parte VI.

Uma característica importante da Figura 14.27 é a maneira como a amplitude e a largura da ressonância dependem da constante de amortecimento. Um sistema com forte amortecimento responde fracamente mesmo na ressonância, mas responde a uma ampla gama de freqüência de oscilação forçada. Sistemas com amortecimento muito fraco podem atingir amplitudes excepcionalmente altas, mas observe que a faixa de freqüências para as quais o sistema responde bem torna-se cada vez mais estreita à medida que b diminui.

Isso permite que compreendamos por que algumas cantoras conseguem quebrar taças de cristal, mas não copos baratos e comuns. Quando damos uma leve batida em um copo de vidro comum, o que se escuta é um "som surdo", mas se batermos levemente em uma taça de cristal fino, ela "soará" por alguns segundos. Em termos físicos, a taça tem constante de tempo muito maior do que a do copo. Isso, por sua vez, implica que a taça tem amortecimento muito fraco, enquanto o copo comum tem amortecimento muito forte (porque as forças internas no copo não correspondem a uma estrutura de cristal com alta organização espacial).

A cantora faz com que uma onda sonora incida sobre a taça, exercendo nela uma pequena força impulsora que oscila com a freqüência da nota cantada. Se a freqüência da cantora se equivale à freqüência natural da taça – ressonância! Somente a taça de fraco amortecimento, correspondente à curva superior da Figura 14.27, pode atingir amplitudes grandes o suficiente para que ela seja estilhaçada. A restrição, no entanto, é que a freqüência natural precisa ser exatamente igual à freqüência forçada. E o som também precisa ser muito alto.

Uma cantora ou um instrumento musical pode estilhaçar uma taça de cristal se emitir um som de freqüência igual à freqüência natural de oscilação da taça.

Vale a pena notar que há muitos sistemas mecânicos, como as asas de um avião, para os quais é essencial evitar a ocorrência da ressonância! É importante entender as condições de ressonância para aprender como projetar estruturas que evitem seu surgimento.

RESUMO

O objetivo do Capítulo 14 foi entender os sistemas que oscilam com movimento harmônico simples.

Princípios gerais

Dinâmica

O MHS ocorre quando uma **força restauradora linear** atua para fazer o sistema retornar à posição de equilíbrio.

Mola horizontal

$(F_{res})_x = -kx$

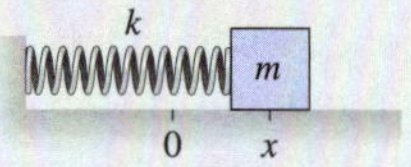

Mola vertical

A origem do sistema de coordenadas está na posição de equilíbrio $\Delta L = mg/k$.

$(F_{res})_y = -ky$

$\omega = \sqrt{\dfrac{k}{m}} \qquad T = 2\pi\sqrt{\dfrac{m}{k}}$

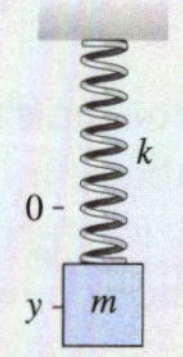

Pêndulo

$(F_{res})_t = -\left(\dfrac{mg}{L}\right)s$

$\omega = \sqrt{\dfrac{g}{L}} \qquad T = 2\pi\sqrt{\dfrac{L}{g}}$

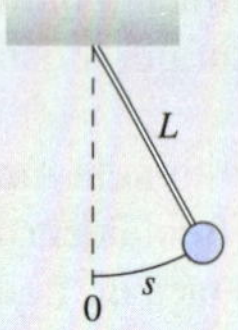

Energia

Se **não houver atrito** ou dissipação, as energias potencial e cinética se transformam alternadamente uma na outra, mas a energia mecânica total $E = K + U$ é conservada.

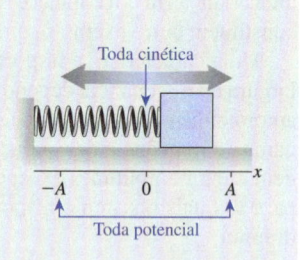

$E = \dfrac{1}{2}mv_x^2 + \dfrac{1}{2}kx^2$

$= \dfrac{1}{2}m(v_{max})^2$

$= \dfrac{1}{2}kA^2$

Em um **sistema amortecido**, a energia decai exponencialmente

$E = E_0 e^{-t/\tau}$

onde τ é a **constante de tempo**.

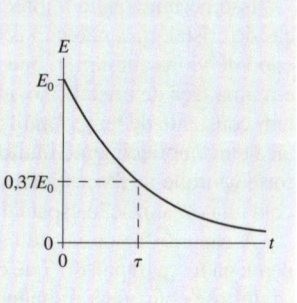

Conceitos importantes

O movimento harmônico simples (MHS) é uma oscilação senoidal com período T e amplitude A.

Freqüência $f = \dfrac{1}{T}$

Freqüência angular

$\omega = 2\pi f = \dfrac{2\pi}{T}$

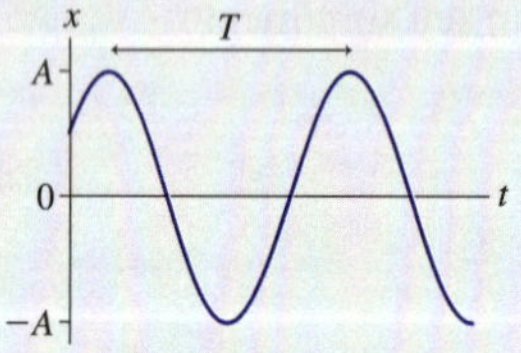

Posição $x(t) = A\cos(\omega t + \phi_0)$

$= A\cos\left(\dfrac{2\pi t}{T} + \phi_0\right)$

Velocidade $v_x(t) = -v_{max}\,\text{sen}(\omega t + \phi_0)$ com módulo da velocidade máxima dado por $v_{max} = \omega A$

Aceleração $a_x = -\omega^2 x$

O MHS é a projeção do **movimento circular uniforme** sobre o eixo x.

$\phi = \omega t + \phi_0$ é a **fase**

A posição em um instante t é

$x(t) = A\cos\phi$
$= A\cos(\omega t + \phi_0)$

A **constante de fase** ϕ_0 determina as condições iniciais:

$x_0 = A\cos\phi_0 \qquad v_{0x} = -\omega A\,\text{sen}\phi_0$

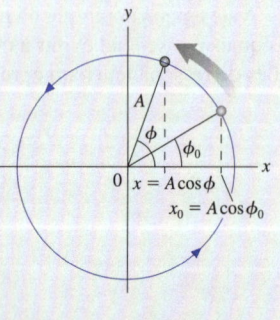

Aplicações

Ressonância

Quando um sistema for forçado a oscilar por uma força externa periódica, ele responderá com uma oscilação de grande amplitude se $f_{ext} \approx f_0$, onde f_0 é a freqüência natural de oscilação do sistema, ou **freqüência de ressonância**.

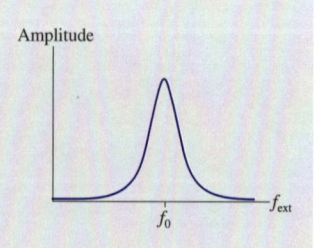

Amortecimento

Se houver uma força de arraste $\vec{D} = -b\vec{v}$, onde b é a constante de amortecimento, então (para sistemas com amortecimento fraco)

$x(t) = Ae^{-bt/2m}\cos(\omega t + \phi_0)$

A constante de tempo para a dissipação da energia é $\tau = m/b$.

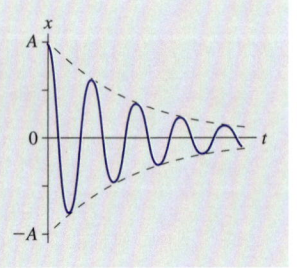

Termos e notação

movimento oscilatório
oscilador
período, T
freqüência, f
hertz, Hz
movimento harmônico simples MHS

amplitude, A
freqüência angular, ω
fase, ϕ
constante de fase, ϕ_0
força restauradora
equação de movimento
aproximação para pequenos ângulos

força restauradora linear
oscilação amortecida
constante de amortecimento, b
envoltória
constante de tempo, τ
meia-vida, $t_{1/2}$
oscilação forçada

freqüência natural, f_0
freqüência de oscilação forçada, f_{ext}
curva de ressonância
ressonância
freqüência de ressonância, f_0

(MP) Para a tarefa de casa indicada no *MasteringPhysics*, acessar www.masteringphysics.com

A dificuldade de um problema é indicada por símbolos que vão de | (fácil) a ||| (desafiador).

Os problemas indicados pelo símbolo integram material relevante de capítulos anteriores.

QUESTÕES CONCEITUAIS

1. Um bloco que oscila preso a uma mola tem período $T = 2$ s. Qual seria seu período se:
   a. A massa do bloco fosse dobrada? Explique. Note que você não sabe quais são os valores de m e de k, logo não deve pressupor nenhum valor específico para eles. A análise necessária envolve raciocínio com proporções.
   b. O valor da constante elástica fosse quadruplicado?
   c. A amplitude de oscilação fosse duplicada, enquanto m e k permanecessem inalterados?

2. No Planeta X, onde o valor de g é desconhecido, um pêndulo oscila com período $T = 2$ s. Qual será o período deste pêndulo se:
   a. Sua massa for duplicada? Explique. Note que você não sabe quais são os valores de m, L ou g; logo, não deve pressupor nenhum valor específico para eles. A análise necessária envolve o raciocínio com proporções.
   b. Seu comprimento for duplicado?
   c. Sua amplitude de oscilação for duplicada?

3. A **FIGURA Q14.3** mostra um gráfico posição *versus* tempo para uma partícula em MHS. Quais são (a) a amplitude A, (b) a freqüência angular ω e (c) a constante de fase ϕ_0 do movimento? Explique.

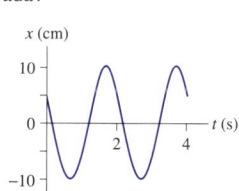

   FIGURA Q14.3

4. A **FIGURA Q14.4** mostra um gráfico posição *versus* tempo para uma partícula em MHS.
   a. Qual é a constante de fase ϕ_0? Explique.
   b. Qual é a fase da partícula em cada um dos três pontos numerados no gráfico?

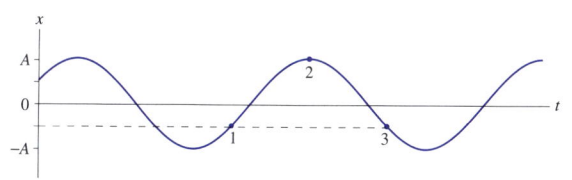

   FIGURA Q14.4

5. A **FIGURA Q14.5** mostra um gráfico velocidade *versus* tempo para uma partícula em MHS.
   a. Quanto vale a constante de fase ϕ_0? Explique.
   b. Qual é a fase da partícula em cada um dos três pontos, numerados no gráfico?

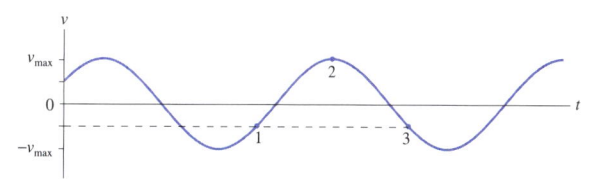

   FIGURA Q14.5

6. A Equação 14.25 estabelece que $\frac{1}{2}kA^2 = \frac{1}{2}m(v_{max})^2$. O que isso significa? Escreva algumas linhas explicando como se deve interpretar esta equação.

7. A **FIGURA Q14.7** mostra o diagrama de energia potencial e a curva de energia total de uma partícula que oscila presa a uma mola.
   a. Qual é o comprimento de equilíbrio da mola?
   b. Quais são os pontos de retorno do movimento? Explique.
   c. Qual é a energia cinética máxima da partícula?
   d. Quais serão os pontos de retorno se a energia total da partícula for duplicada?

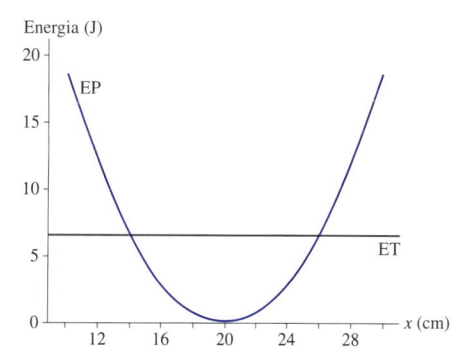

   FIGURA Q14.7

8. Um bloco que oscila preso a uma mola tem amplitude de 20 cm. Qual será a amplitude do movimento se a energia total do bloco for duplicada? Explique.
9. Um bloco que oscila preso a uma mola possui velocidade máxima de 20 cm/s. Qual será a velocidade máxima do bloco se a sua energia total for duplicada? Explique.
10. Suponha que a constante de amortecimento b de um oscilador aumente de valor.
    a. O meio torna-se mais resistivo ou menos resistivo?
    b. As oscilações serão amortecidas mais ou menos rapidamente?
    c. A constante de tempo τ aumenta ou diminui?
11. a. Descreva a diferença entre τ e T. Não adianta simplesmente *citá-las*; é preciso explicar o que há de diferente em função dos conceitos físicos que as grandezas representam.
    b. Descreva a diferença entre τ e $t_{1/2}$.
12. Qual é a diferença entre a freqüência de oscilação forçada e a freqüência natural de um oscilador?

EXERCÍCIOS E PROBLEMAS

Seção 14.1 Movimento harmônico simples

1. | Quando uma corda de violão emite a nota "A" (Lá), ela vibra a 440 Hz. Qual é o período da vibração?
2. | Um carrinho sobre um trilho de ar, preso a uma mola, oscila entre a marca de 10 cm e a de 60 cm da escala lateral do trilho. O carrinho completa 10 oscilações em 33 s. Quanto valem (a) o período, (b) a freqüência, (c) a freqüência angular, (d) a amplitude e (e) a velocidade máxima do carrinho?
3. || Um carrinho sobre um trilho de ar está preso a uma mola. O carrinho é puxado para a direita e liberado, a partir do repouso, em $t = 0$ s. Ele, então, passa a oscilar com período de 2,0 s e velocidade máxima de 40 cm/s.
    a. Qual é a amplitude da oscilação?
    b. Qual é a posição do carrinho em $t = 0,25$ s?

Seção 14.2 Movimento harmônico simples e movimento circular

4. || Quais são a (a) amplitude, (b) freqüência e (c) constante de fase da oscilação mostrada na **FIGURA EX14.4**?

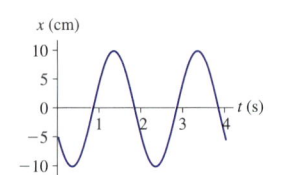

FIGURA EX14.4   **FIGURA EX14.5**

5. || Quais são a (a) amplitude, (b) freqüência e (c) constante de fase da oscilação mostrada na **FIGURA EX14.5**?
6. || Um objeto em movimento harmônico simples tem amplitude de 4,0 cm, freqüência de 2,0 Hz e constante de fase de $2\pi/3$ rad. Desenhe um gráfico de posição mostrando dois ciclos do movimento.
7. || Um objeto em movimento harmônico simples tem amplitude de 8,0 cm, freqüência de 0,25 Hz e constante de fase de $-\pi/2$ rad. Desenhe um gráfico de posição mostrando dois ciclos do movimento.
8. || Um objeto em movimento harmônico simples tem amplitude de 4,0 cm e freqüência de 4,0 Hz e, em $t = 0$ s, passa pelo ponto de equilíbrio se movendo para a direita. Escreva a função $x(t)$ que descreve a posição do objeto.
9. || Um objeto em movimento harmônico simples tem amplitude de 8,0 cm e freqüência de 0,50 Hz. Em $t = 0$ s, ele tem sua velocidade mais negativa. Escreva a função $x(t)$ que descreve a posição do objeto.
10. || Um carrinho num trilho de ar preso a uma mola oscila com período de 1,5 s. Em $t = 0$ s, o carrinho está 5,00 cm à esquerda da posição de equilíbrio e se deslocando para a direita a 36,3 cm/s.
    a. Qual é a constante de fase?
    b. Qual é a fase em $t = 0$ s, 0,5 s, 1,0 s e 1,5 s?

Seção 14.3 Energia no movimento harmônico simples

Seção 14.4 A dinâmica do movimento harmônico simples

11. | Um bloco preso a uma mola de constante elástica desconhecida oscila com período de 2,0 s. Qual será o período se
    a. A massa for duplicada?
    b. A massa for reduzida à metade?
    c. A amplitude for duplicada?
    d. A constante elástica for duplicada?
    Cada item corresponde a uma questão independente, correspondente a uma dada situação inicial.
12. || Um deslizador de 200 g, sobre um trilho de ar, está preso a uma mola. O deslizador é puxado por 10 cm e liberado. Com um cronômetro, um estudante constata que 10 oscilações levam 12,0 s para ser completadas. Qual é a constante elástica?
13. || Uma massa de 200 g, presa a uma mola horizontal, oscila com uma freqüência de 2,0 Hz. Em $t = 0$ s, a massa encontra-se em $x = 5,0$ cm, com $v_x = -30$ cm/s. Determine:
    a. O período.   b. A freqüência angular.
    c. A amplitude.   d. A constante de fase.
    e. O valor máximo da velocidade.   f. A aceleração máxima.
    g. A energia total.   h. A velocidade em $t = 0,40$ s.
14. || A posição de uma massa de 50 g, em oscilação, é determinada pela relação $x(t) = (2,0 \text{ cm}) \cos(10t - \pi/4)$, onde t está em s. Determine:
    a. A amplitude.   b. O período.
    c. A constante elástica.   d. A constante de fase.
    e. As condições iniciais.   f. O valor máximo da velocidade.
    g. A energia total.   h. A velocidade em $t = 0,40$ s.
15. || Um bloco de 1,0 kg está preso a uma mola de constante elástica igual a 16 N/m. Enquanto o bloco está suspenso e em repouso, um aluno bate nele com um martelo e, quase instantaneamente, lhe imprime uma velocidade de 40 cm/s. Quanto vale:
    a. A amplitude das oscilações subseqüentes?
    b. A velocidade do bloco no ponto correspondente a $x = \frac{1}{2}A$?

Seção 14.5 Oscilações verticais

16. || Uma mola está pendurada no teto. Um livro de física de 500 g é preso à mola, fazendo com que ela estique 20 cm a fim de atingir o equilíbrio.
  a. Qual é a constante elástica?
  b. Da posição de equilíbrio, o livro é puxado 10 cm para baixo e liberado. Qual é o período de oscilação?
  c. Qual é a máxima velocidade atingida pelo livro? Em que posição ou posições ele tem essa velocidade?

17. || Uma mola está pendurada no teto por um barbante. Quando um bloco é suspenso na extremidade livre do barbante, este estica 2,0 cm a fim de atingir um novo valor de comprimento de equilíbrio. O bloco é, então, puxado levemente para baixo e é liberado. Com que freqüência ele oscilará?

18. || Uma mola de constante elástica igual a 15 N/m está pendurada no teto. Uma bola é presa na mola e é liberada até atingir o repouso. Depois, ela é puxada 6,0 cm para baixo e é liberada. Se a bola efetua 30 oscilações em 20 s, quanto valem (a) sua massa e (b) sua velocidade máxima?

Seção 14.6 O pêndulo

19. | Pendurada em um barbante de comprimento desconhecido, uma massa oscila como um pêndulo com período de 4,0 s. Qual será o novo período se
  a. A massa for duplicada?
  b. O comprimento do barbante for duplicado?
  c. O comprimento do barbante for reduzido à metade?
  d. A amplitude for duplicada?
  Cada item corresponde a uma questão independente, correspondente a uma dada situação inicial.

20. | A posição angular de um pêndulo é dada por $\theta(t) = (0{,}10 \text{ rad}) \cos(5t + \pi)$, onde t está em s. Determine:
  a. A amplitude.   b. A freqüência.
  c. A constante de fase.   d. O comprimento do barbante.
  e. A posição angular inicial. f. A posição angular para $t = 2{,}0$ s.

21. || Uma bola de 200 g está presa a uma mola. Ela é puxada lateralmente até atingir uma posição angular correspondente ao ângulo de 8,0° e é liberada, passando a oscilar como um pêndulo. Com um cronômetro, um estudante constata que leva 12 s para que 10 oscilações sejam efetuadas. Qual é o comprimento do barbante?

22. | Qual é o período de um pêndulo com 1,0 m de comprimento (a) na Terra e (b) em Vênus?

23. | Qual é o comprimento de um pêndulo cujo período, quando se encontra na Lua, equivale ao período de um pêndulo de 2,0 m de comprimento na Terra?

24. | Suponha que os astronautas da primeira viagem a Marte levem consigo um pêndulo cujo período, na Terra, é de 1,50 s. Verifica-se que seu período em Marte é de 2,45 s. Qual é a aceleração de queda livre em Marte?

25. || A chave inglesa de 20 cm de comprimento na **FIGURA EX14.25** balança em torno de um orifício com período de 0,90 s. Quando a chave está pendurada em uma mola com constante elástica de 360 N/m, ela estica a mola em 3,0 cm. Qual é o momento de inércia da chave em relação ao orifício?

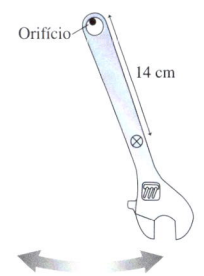

FIGURA EX14.25

Seção 14.7 Oscilações amortecidas

Seção 14.8 Oscilações forçadas e ressonância

26. | Uma aranha de 2,0 g está pendendo pela extremidade de um fio de seda. Você consegue fazer com que a aranha oscile para cima e para baixo dando leves pancadas em suas patas com um lápis. Logo você descobre que pode aumentar a amplitude da oscilação da aranha nesta pequena corda de *bungee jump* dando-lhe leves pancadas a uma taxa exata de uma vez por segundo. Qual é a constante elástica do fio de seda?

27. || A amplitude de um oscilador diminui para 36,8% de seu valor inicial em 10,0 s. Qual é o valor da constante de tempo?

28. || Calcule e desenhe um gráfico preciso da posição, desde $t = 0$ s até $t = 10$ s, de um oscilador amortecido com freqüência de 1,0 Hz e constante de tempo de 4,0 s.

29. | Em um museu de ciências, o peso de latão de um relógio de pêndulo oscila preso à extremidade de um fio com 15,0 m de comprimento. O movimento do pêndulo tem início exatamente às 8 da manhã, puxando-se lateralmente o mesmo em 1,5 m e liberando-o. Devido ao seu formato compacto e à sua superfície lisa, a constante de amortecimento do pêndulo é de apenas 0,010 kg/s. Ao meio-dia em ponto, quantas oscilações o pêndulo terá completado e qual será a sua amplitude?

30. || Uma mola com constante elástica de 15,0 N/m está pendurada no teto. Uma bola de 500 g é presa à extremidade livre da mola e é liberada até atingir o repouso. Depois, ela é puxada 6,0 cm para baixo e é solta. Qual será a constante de tempo se a amplitude da bola diminuir para 3,0 cm após 30 oscilações?

Problemas

31. || A **FIGURA P14.31** é o gráfico posição *versus* tempo de uma partícula em movimento harmônico simples.
  a. Qual é a constante de fase?
  b. Qual é a velocidade em $t = 0$ s?
  c. Quanto vale v_{max}?

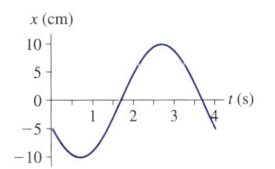

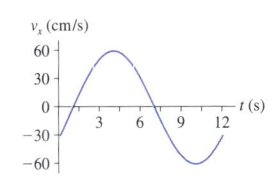

FIGURA P14.31   **FIGURA P14.32**

32. || A **FIGURA P14.32** é o gráfico velocidade *versus* tempo de uma partícula em movimento harmônico simples.
  a. Qual é a amplitude da oscilação?
  b. Qual é a constante de fase?
  c. Qual é a posição para $t = 0$ s?

33. || Os dois gráficos da **FIGURA P14.33** representam dois diferentes sistemas massa-mola verticais.
  a. Qual é a freqüência do sistema A? Qual é o primeiro instante de tempo em que a massa apresenta velocidade máxima quando está se deslocando verticalmente para cima?
  b. Qual é o período do sistema B? Qual é o primeiro instante de tempo em que a energia é inteiramente do tipo potencial?
  c. Se os dois sistemas possuem a mesma massa, quanto vale a razão k_A/k_B entre suas constantes elásticas?

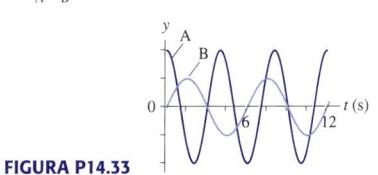

FIGURA P14.33

34. || Um objeto em MHS oscila com período de 4,0 s e amplitude de 10 cm. Quanto tempo transcorrerá para que o objeto se mova de $x = 0{,}0$ cm para $x = 6{,}0$ cm?

35. || Um bloco de 1,0 kg oscila preso a uma mola com constante elástica de 20 N/m. Em $t = 0$ s, o bloco encontra-se 20 cm à direita da posição de equilíbrio, movendo-se para a esquerda com uma velocidade de 100 cm/s. Determine o período de oscilação e desenhe um gráfico posição *versus* tempo.

36. || Astronautas no espaço não conseguem se pesar ficando em pé sobre uma balança comum de banheiro. Em vez disso, eles determinam sua massa oscilando presos a uma grande mola. Suponha que uma astronauta prenda a extremidade de uma grande mola a seu cinto e a outra extremidade a um gancho fixado no interior da nave espacial. Outro astronauta a puxa na direção oposta ao gancho e a solta. O comprimento da mola em função do tempo é mostrado na **FIGURA P14.36**.
 a. Qual é a massa da astronauta se a constante elástica for de 240 N/m?
 b. Qual é a sua velocidade quando o comprimento da mola for de 1,2 m?

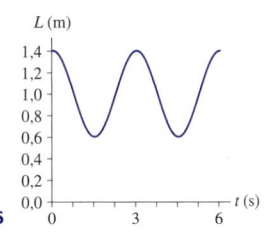

FIGURA P14.36

37. || O movimento de uma partícula é dado por $x(t) = (25\text{cm})\cos(10t)$, onde t está em s. Em que instante a energia cinética é duas vezes maior do que a energia potencial?

38. || a. Quando o deslocamento de uma massa presa a uma mola é $\frac{1}{2}A$, que fração da energia corresponde à energia cinética e que fração corresponde à energia potencial?
 b. Para que deslocamento, como fração de A, a energia é metade cinética e metade potencial?

39. || Para uma partícula em movimento harmônico simples, demonstre que $v_{max} = (\pi/2)v_{med}$, onde v_{med} é a velocidade média durante um ciclo do movimento.

40. || Uma bola de 100 g, presa a uma mola com constante elástica de 2,5 N/m, oscila horizontalmente sobre uma mesa sem atrito. Sua velocidade é de 20 cm/s quando $x = -5{,}0$ cm.
 a. Qual é a amplitude da oscilação?
 b. Qual é a aceleração máxima da bola?
 c. Qual é a posição da bola quando a aceleração é máxima?
 d. Qual é a velocidade da bola quando $x = 3{,}0$ cm?

41. || Um bloco preso a uma mola é puxado para a direita e liberado em $t = 0$ s. Ele passa por $x = 3{,}00$ cm em $t = 0{,}685$ s e por $x = -3{,}00$ cm em $t = 0{,}886$ s.
 a. Qual é a freqüência angular?
 b. Qual é a amplitude?
 Dica: $\cos(\pi - \theta) = -\cos\theta$.

42. || Um oscilador de 300 g tem velocidade de 95,4 cm/s quando seu deslocamento é de 3,0 cm e velocidade de 71,4 cm/s quando o deslocamento é de 6,0 cm. Quanto vale a velocidade máxima do oscilador?

43. || Um transdutor ultra-sônico, do tipo usado em exames médicos de ultra-som, é um disco muito fino ($m = 0{,}10$ g) empurrado de um lado para o outro em MHS, a 1,0 MHz, por uma bobina eletromagnética.
 a. A força restauradora máxima exercida sobre o disco sem quebrá-lo é de 40.000 N. Qual é a amplitude de oscilação máxima sem que o disco se quebre?
 b. Qual é a velocidade máxima do disco para esta amplitude?

44. || Um bloco de 5,0 kg está pendurado a uma mola com constante elástica de 2.000 N/m. O bloco é puxado 5,0 cm para baixo a partir da posição de equilíbrio e lhe é comunicada uma velocidade inicial de 1,0 m/s orientada para a posição de equilíbrio. Quais são (a) a freqüência, (b) a amplitude e (c) a energia mecânica total do movimento?

45. || As hastes de um diapasão em forma de forquilha vibram com amplitude de 0,50 mm na freqüência do diapasão, de 440 Hz.
 a. Qual é a velocidade máxima da ponta de uma haste?
 b. Uma pulga de 10 μg estava sentada sobre a ponta da haste quando o diapasão começou a vibrar. A tensão superficial permite que a pata de uma pulga pressione uma superfície lisa com força de até 1,0 mN. A pulga conseguirá se manter sobre a haste vibratória ou ela será arremessada para longe da mesma pelas vibrações?

46. ||| Um bloco de 200 kg está pendurado a uma mola com constante elástica de 10 N/m. Em $t = 0$ s, o bloco encontra-se 20 cm abaixo da posição de equilíbrio, deslocando-se para cima a uma velocidade de 100 cm/s.
 a. Qual é a freqüência de oscilação do bloco?
 b. Qual é a sua distância do equilíbrio quando a velocidade é de 50 cm/s?
 c. Qual é sua posição para $t = 1{,}0$ s?

47. || Uma mola com constante elástica k está suspensa verticalmente por um suporte, e uma massa m é presa à outra extremidade. A massa inicialmente é mantida parada na posição em que a mola não está esticada. Então, a massa é liberada e passa a oscilar. O ponto mais baixo atingido nas oscilações encontra-se 20 cm abaixo do ponto de onde a massa foi liberada. Qual é a freqüência de oscilação?

48. || Ao fazer compras, você coloca diversas maçãs no dinamômetro do setor de frutas e legumes. O dinamômetro marca 20 N, e você usa sua régua (que sempre carrega consigo) para constatar que a bandeja desceu 9,0 cm quando as maçãs foram adicionadas. Se você bater no fundo da bandeja repleta de maçãs, fazendo com que ela balance um pouco, qual será a sua freqüência de oscilação? Despreze a massa da bandeja.

49. || Um carro compacto tem massa de 1.200 kg. Suponha que ele possua uma mola em cada roda, que as molas sejam idênticas e que a massa do carro se distribua igualmente sobre as quatro molas.
 a. Qual é a constante elástica de cada mola se o carro vazio balançar para cima e para baixo 2,0 vezes por segundo?
 b. Qual será a freqüência de oscilação do carro ao transportar quatro passageiros de 70 kg?

50. || Um bloco de 500 g desliza sobre uma superfície sem atrito com uma velocidade de 0,35 m/s. Ele desliza em direção a uma mola de massa desprezível e com constante elástica de 50 N/m, a qual se projeta horizontalmente de uma parede. O bloco comprime a mola e depois é puxado de volta pela mola em sentido oposto até finalmente perder contato com a mola.
 a. Quanto tempo o bloco permanece em contato com a mola?
 b. O que mudaria em sua resposta ao item anterior se a velocidade inicial do bloco fosse duplicada?

51. || A **FIGURA P14.51** mostra uma massa de 1,0 kg colocada sobre uma massa de 5,0 kg que oscila sobre uma superfície sem atrito. A constante elástica é de 50 N/m, e o coeficiente de atrito estático entre os dois blocos é de 0,50. Qual é a amplitude de oscilação máxima de movimento para que o bloco de cima não escorregue?

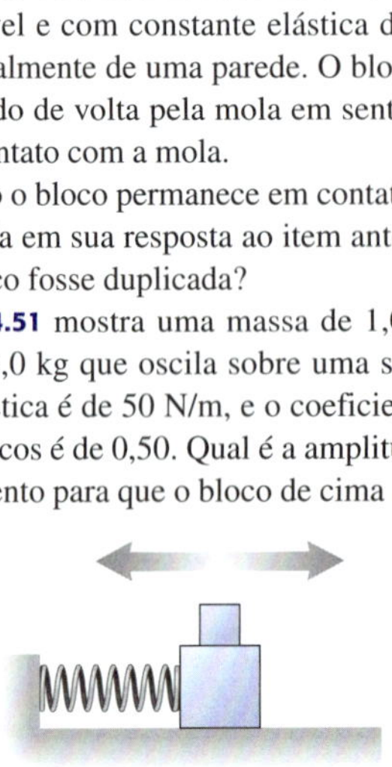

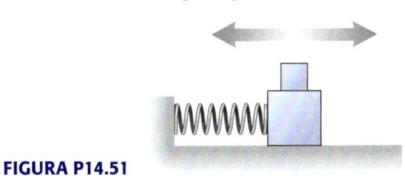

FIGURA P14.51

52. ‖ Os dois blocos da Figura P14.51 oscilam sobre uma superfície sem atrito com período de 1,5 s. O bloco de cima começa a escorregar exatamente quando a amplitude do movimento aumenta para 40 cm. Qual é o coeficiente de atrito estático entre os dois blocos?

53. ‖ Recentemente tornou-se possível "pesar" moléculas de DNA medindo a influência de sua massa sobre um **nanooscilador**. A **FIGURA P14.53** mostra uma haste fina, retangular e nanométrica, escavada em silicone (densidade de 2.300 kg/m^3), com uma pequena gota de ouro na extremidade livre. Se puxada para baixo e liberada, sua extremidade vibrará em movimento harmônico simples, balançando para cima e para baixo como um trampolim após um salto. Quando banhada com moléculas de DNA, cujas extremidades tenham sido modificadas para se ligar ao ouro, uma ou mais moléculas podem aderir à gota de ouro. A adição de suas massas causa uma redução muito pequena – porém mensurável – na freqüência de oscilação.

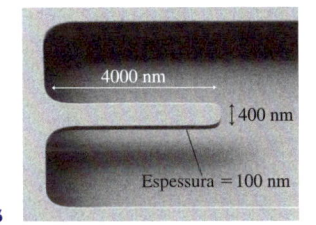

FIGURA P14.53

Uma haste vibrante de massa M pode ser modelada como um bloco de massa $\frac{1}{3}M$ preso a uma mola. (O fator de $\frac{1}{3}$ surge a partir do momento de inércia de uma barra com eixo em uma das extremidades.) Nem a massa nem a constante elástica podem ser determinadas com muita precisão – talvez somente com dois algarismos significativos –, mas a freqüência de oscilação pode ser medida com altíssima precisão contando-se as oscilações. Em um experimento desses, a haste estava inicialmente vibrando a exatamente 12 MHz. A adesão de uma molécula de DNA reduziu a freqüência em 50 Hz. Qual é a massa do DNA?

54. ‖ Diz-se que Galileu descobriu um princípio básico do pêndulo – o de que o período independe da amplitude – usando sua pulsação para medir o período das oscilações dos candelabros de uma catedral, postos em movimento pela brisa. Suponha que uma oscilação de um candelabro leve 5,5 s.
a. Qual é o comprimento da corrente do candelabro?
b. Que valor de velocidade máxima atinge o candelabro se sua posição angular máxima, em relação à vertical, é de 3,0°?

55. ‖‖ Uma massa de 100 g, pendurada por um barbante de 1,0 m de comprimento, é puxada 8,0° para um lado e é liberada. Quanto tempo leva para que o pêndulo atinja 4,0° do lado oposto?

56. ‖ A aceleração de queda livre na Terra varia de 9,78 m/s^2, no Equador, a 9,83 m/s^2, nos pólos, pelo fato de a Terra estar em rotação e também por ela não ser uma esfera perfeita. Um pêndulo cujo comprimento é de exatamente 1.000 m pode ser utilizado para medir g. Este dispositivo é chamado de *gravímetro*.
a. Quanto tempo duram 100 oscilações no Equador?
b. Quanto tempo duram 100 oscilações no Pólo Norte?
c. A diferença entre suas respostas para os itens anteriores é mensurável? Que tipo de instrumento você poderia usar para medir a diferença?
d. Suponha que você leve um gravímetro para o pico de uma montanha alta próxima ao Equador. Lá, você verifica que 100 oscilações duram 201,0 s. Qual é o valor de g no topo da montanha?

57. | Demonstre que a Equação 14.52, para freqüência angular de um pêndulo físico, recai na Equação 14.49 para o caso de um pêndulo simples formado por uma massa presa a uma mola.

58. ‖ Uma das extremidades de uma haste de 15 cm de comprimento é fixada por um pino. Uma bola de argila de 20 g é presa à outra extremidade. Qual é o período se o bastão e a argila balançam como um pêndulo?

59. ‖ Uma argola circular de massa M e raio R é pendurada a um eixo, conforme mostra a **FIGURA P14.59**. Obtenha uma expressão para a freqüência de pequenas oscilações.

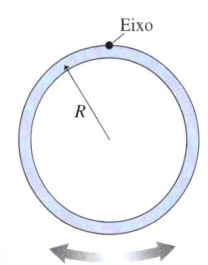

FIGURA P14.59

60. ‖‖ Um deslizador de 250 g sobre um trilho de ar é preso a uma mola de constante elástica 4,0 N/m. A constante de amortecimento devido à resistência do ar vale 0,015 kg/s. O carrinho é deslocado 20 cm de sua posição de equilíbrio e é solto. Quantas oscilações ele efetuará até que a amplitude do movimento decaia para e^{-1} de seu valor inicial?

61. ‖ Um deslizador de 500 g, com uma mola de constante elástica de 10 N/m preso a ele, encontra-se em repouso sobre um trilho de ar praticamente desprovido de atrito. A partir de uma extremidade afastada do trilho de ar, outro deslizador de 250 g é impulsionado a 120 cm/s em direção ao primeiro deslizador. Ele colide com o deslizador de 500 g e fica grudado a ele. Quais são a amplitude e o período das oscilações decorrentes?

62. ‖ Um bloco de 200 g, preso a uma mola horizontal, oscila com amplitude de 2,0 cm e freqüência de 2,0 Hz. Exatamente quando ele está passando pelo ponto de equilíbrio, movendo-se para a direita, um golpe seco direcionado à esquerda exerce uma força de 20 N sobre o bloco por 1,0 ms. Quais são as novas (a) freqüência e (b) amplitude?

63. ‖ Um pêndulo consiste de um bastão rígido e de massa desprezível com uma massa em uma das extremidades. A outra extremidade é presa a um eixo sem atrito de modo que possa girar e completar uma volta. O pêndulo é invertido e, então, quando a massa se encontra verticalmente acima do pino, é liberado. A velocidade da massa ao passar pelo ponto mais baixo é de 5,0 m/s. Se o pêndulo efetuar oscilações de pequena amplitude na parte inferior do arco circular, qual será a freqüência?

64. ‖ A **FIGURA P14.64** é uma vista superior de um objeto de massa m preso entre duas tiras de borracha, esticadas, de comprimento L. O objeto encontra-se em repouso sobre uma superfície desprovida de atrito. No equilíbrio, a tensão em cada tira de borracha é T. Encontre uma expressão para a freqüência das oscilações *perpendiculares* às tiras de borracha. Suponha que a amplitude seja pequena o suficiente para que o módulo da tensão nas tiras permaneça essencialmente inalterado enquanto a massa oscila.

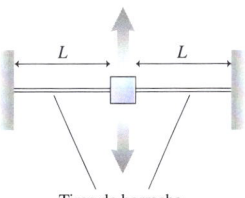

FIGURA P14.64 Tiras de borracha

65. ‖ Uma ligação molecular pode ser modelada como uma mola presa entre dois átomos que vibram em movimento harmônico simples. A FIGURA P14.65 mostra uma aproximação de MHS para a energia potencial de uma molécula de HCl. Para $E < 4 \times 10^{-19}$ J, esta é uma boa aproximação para a curva mais precisa de energia potencial do HCl mostrada na Figura 10.37. Uma vez que o átomo de cloro possui massa muito maior do que o átomo de hidrogênio, é razoável presumir que o átomo de hidrogênio ($m = 1,67 \times 10^{-27}$ kg) vibra de um lado para o outro enquanto o átomo de cloro permanece praticamente em repouso. Use o gráfico abaixo para estimar a freqüência vibracional da molécula de HCl.

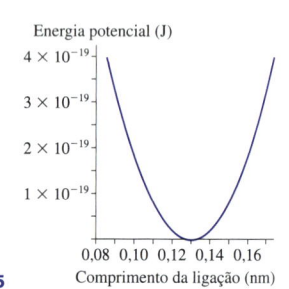

FIGURA P14.65

66. ‖ Um cubo de gelo pode deslizar em torno do interior de um aro circular de raio R. Ele efetuará oscilações de pequena amplitude se for deslocado da posição de equilíbrio, no ponto mais baixo do aro. Obtenha uma expressão para o período dessas oscilações de pequena amplitude.

67. ‖ Uma moeda de centavo encontra-se sobre o topo de um pistão enquanto efetua um movimento harmônico simples com 4,0 cm de amplitude. Se a freqüência for baixa, a moeda sobe e desce sem dificuldade. Se a freqüência for gradualmente aumentada, chega um momento em que a moeda perde contato com a superfície do pistão.
   a. Em que ponto do ciclo a moeda perde contato com o pistão pela primeira vez?
   b. Qual é a freqüência máxima possível se a moeda deve permanecer sobre o pistão durante o ciclo inteiro?

68. ‖ Em sua primeira viagem ao Planeta X, você leva consigo uma massa de 200 g, uma mola de 40 cm de comprimento, uma régua e um cronômetro. Você está curioso para saber qual é a aceleração de queda livre no Planeta X, onde as tarefas comuns parecem mais fáceis de realizar do que na Terra, todavia não consegue encontrar essa informação no Guia do Visitante. Certa noite, você suspende a mola no teto de seu quarto e prende a massa a ela. Então, descobre que, com isso, a massa estica a mola em 31,2 cm. Depois, você puxa a massa 10,0 cm para baixo e a solta. Com o cronômetro, você constata que 10 oscilações duram 14,5 s. E agora, você pode satisfazer à sua curiosidade?

69. ‖ A cabeça de 15 g de um boneco que mexe com a cabeça oscila em MHS com freqüência de 4,0 Hz.
   a. Qual é a constante elástica da mola sobre a qual a cabeça está montada?
   b. Suponha que a cabeça seja empurrada 2,0 cm contra a mola e, a seguir, seja liberada. Qual é a velocidade máxima que a cabeça atinge enquanto oscila?
   c. A amplitude das oscilações da cabeça diminui para 0,5 cm em 4,0 s. Qual é a constante de amortecimento da cabeça?

70. ‖ A amplitude de um oscilador com massa de 500 g e período de 0,50 s diminui em 2,0% durante cada oscilação que ele efetua.
   a. Se a amplitude inicial for de 10 cm, qual será a amplitude após 25 oscilações?
   b. Em que instante a energia terá decaído para 60% de seu valor inicial?

71. ‖ Um oscilador de 200 g, dentro de uma câmara de vácuo, oscila com freqüência de 2,0 Hz. Quando a câmara se enche de ar, em 50 s a oscilação diminui para 60% de sua amplitude inicial. Quantas oscilações ele terá completado quando a amplitude for 30% de seu valor inicial?

72. ‖ Comprove que a expressão para $x(t)$ na Equação 14.56 é uma solução da equação de movimento para um oscilador amortecido, a Equação 14.55, se e somente se a freqüência angular ω for dada pela expressão na Equação 14.57.

73. ‖ Sobre uma mesa sem atrito, um bloco está preso entre duas molas de constantes elásticas k_1 e k_2, como mostra a FIGURA P14.73. Demonstre que a freqüência de oscilação do bloco é determinada por

$$f = \sqrt{f_1^2 + f_2^2}$$

onde f_1 e f_2 são as freqüências com que ele oscilaria se estivesse preso somente à mola 1 ou à mola 2.

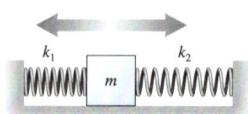

FIGURA P14.73

74. ‖ Sobre uma mesa sem atrito, um bloco está preso entre duas molas de constantes elásticas k_1 e k_2, como mostra a FIGURA P14.74. Obtenha uma expressão para a freqüência de oscilação f do bloco em função das freqüências f_1 e f_2 com as quais ele oscilaria se estivesse preso somente à mola 1 ou à mola 2.

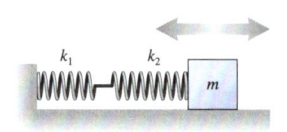

FIGURA P14.74

Problemas desafiadores

75. Um bloco está pendurado, em equilíbrio, por uma mola vertical. Quando um segundo bloco idêntico é adicionado ao sistema, o bloco original baixa 5,0 cm. Qual é a freqüência de oscilação do sistema formado pelos dois blocos?

76. Um bloco de 1,00 kg está preso a uma mola horizontal com constante elástica de 2.500 N/m. Ele se encontra em repouso sobre uma superfície horizontal desprovida de atrito. Um projétil de 10 g é disparado contra o bloco, na direção oposta à da mola, e se incrusta no bloco.
   a. Qual era o valor da velocidade do projétil se as oscilações subseqüentes têm amplitude de 10,0 cm?
   b. Você poderia determinar a velocidade do projétil medindo a freqüência de oscilação? Em caso afirmativo, como o faria? Se não for possível, explique por quê.

77. Uma mola está em pé sobre uma mesa, com sua extremidade inferior fixada à mesa. Um bloco é solto de uma altura de 3,0 cm e cai sobre a extremidade superior da mola. Ele fica preso à extremidade superior da mola e, então, oscila com amplitude de 10 cm. Qual é a freqüência de oscilação?

78. José, cuja massa é de 75 kg, acabou de completar seu primeiro salto de *bungee jump* e agora está oscilando para cima e para baixo preso à extremidade da corda. Suas oscilações têm amplitude inicial de 11,0 m e período de 4,0 s.
  a. Qual é a constante elástica da corda de *bungee jump*?
  b. Qual é o valor máximo da velocidade de José durante as oscilações?
  c. De que altura acima do ponto mais baixo das oscilações José saltou?
  d. Se a constante de amortecimento devido à resistência do ar for de 6.0 kg/s, quantas oscilações José efetuará antes que sua amplitude se reduza a 2,0 m?

  Dica: Embora não seja inteiramente realista, considere a corda de *bungee jump* como se fosse uma mola ideal que tanto pode ser comprimida para reduzir seu comprimento como pode ser esticada para aumentar seu comprimento.

79. Um carro de 1.000 kg, que transporta dois jogadores de futebol de 100 kg cada um, trafega por uma estrada esburacada e cheia de lombadas, com espaçamento de 3,0 m entre elas. O motorista constata que o carro balança verticalmente, com amplitude máxima, quando trafega com velocidade de 5,0 m/s ($\approx$ 18 km/h). O carro pára e, então, mais três passageiros entram nele, cada qual com 100 kg. Quanto desce o chassi do carro quando entram os três passageiros adicionais?

80. A **FIGURA PD14.80** mostra um bastão homogêneo de 200 g com um orifício em uma das extremidades. A outra extremidade é presa a uma mola horizontal. Quando o bastão está suspenso exatamente na vertical, a mola não está esticada nem comprimida. Qual será o período de oscilação do bastão? Suponha que a posição angular do bastão em relação à vertical corresponda sempre a um ângulo pequeno.

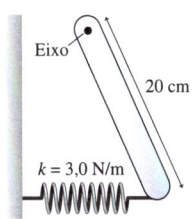

FIGURA PD14.80

RESPOSTAS DAS QUESTÕES DO TIPO PARE E PENSE

Pare e Pense 14.1: c. $v_{max} = 2\pi A/T$. Ao se duplicar A e T, v_{max} permanece inalterada.

Pare e Pense 14.2: d. Pense no movimento circular. A 45°, a partícula encontra-se no primeiro quadrante (x positivo), movendo-se para a esquerda (v_x negativa).

Pare e Pense 14.3: c > b > a = d. A conservação da energia, $\frac{1}{2}kA^2 = \frac{1}{2}m(v_{max})^2$, resulta em $v_{max} = \sqrt{k/m}\,A$. A grandeza k deve ser aumentada por um fator igual a 4 ou a grandeza m deve ser diminuída por um fator de 4 para se obter o mesmo efeito do aumento de A por um fator igual a 2.

Pare e Pense 14.4: c. $v_x = 0$, pois a curva do gráfico da posição é nula. O valor negativo de x indica que a partícula foi retirada da posição de equilíbrio, de modo que a força restauradora aponta para a direita.

Pare e Pense 14.5: c. O período de um pêndulo não depende de sua massa.

Pare e Pense 14.6: $\tau_d > \tau_b = \tau_c > \tau_a$. A constante de tempo é o tempo necessário para que sua altura inicial decaia para 37%. A constante de tempo independe da altura inicial.

Revisão Matemática

Álgebra

Usando expoentes:
$$a^{-x} = \frac{1}{a^x} \qquad a^x a^y = a^{(x+y)} \qquad \frac{a^x}{a^y} = a^{(x-y)} \qquad (a^x)^y = a^{xy}$$

$$a^0 = 1 \qquad a^1 = a \qquad a^{1/n} = \sqrt[n]{a}$$

Frações:
$$\left(\frac{a}{b}\right)\left(\frac{c}{d}\right) = \frac{ac}{bd} \qquad \frac{a/b}{c/d} = \frac{ad}{bc} \qquad \frac{1}{1/a} = a$$

Logaritmos: Se $a = e^x$, então $\ln(a) = x$ $\qquad \ln(e^x) = x \qquad e^{\ln(x)} = x$

$$\ln(ab) = \ln(a) + \ln(b) \qquad \ln\left(\frac{a}{b}\right) = \ln(a) - \ln(b) \qquad \ln(a^n) = n\ln(a)$$

A expressão $\ln(a + b)$ não pode ser simplificada.

Equações lineares: O gráfico da equação $y = ax + b$ é uma linha reta. O coeficiente a é a declividade da reta, e b, sua intersecção com o eixo y.

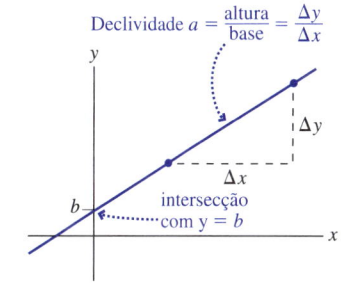

Declividade $a = \dfrac{\text{altura}}{\text{base}} = \dfrac{\Delta y}{\Delta x}$

Proporcionalidade: Para expressar que y é proporcional a x, escreva $y \propto x$, significando que $y = ax$, onde a é uma constante. A proporcionalidade é um caso especial da linearidade. O gráfico correspondente a uma relação de proporcionalidade é uma reta que passa pela origem. Se $y \propto x$, então

$$\frac{y_1}{y_2} = \frac{x_1}{x_2}$$

Equação quadrática: A equação quadrática $ax^2 + bx + c = 0$ possui duas soluções dadas por $x = \dfrac{-b \pm \sqrt{b^2 - 4ac}}{2a}$.

Geometria e trigonometria

Áreas e volumes:

Retângulo
$A = ab$

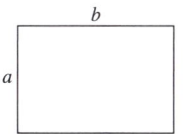

Caixa retangular
$V = abc$

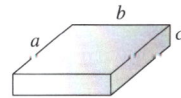

Triângulo
$A = \frac{1}{2}ab$

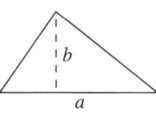

Cilindro circular reto
$V = \pi r^2 l$

Círculo
$C = 2\pi r$
$A = \pi r^2$

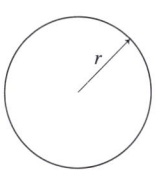

Esfera
$A = 4\pi r^2$
$V = \frac{4}{3}\pi r^3$

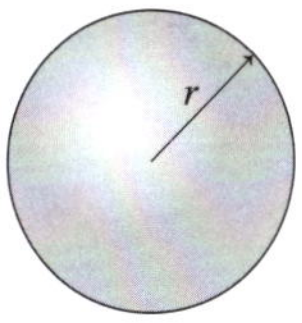

Comprimento de arco e ângulo:	O ângulo θ em radianos é definido por $\theta = s/r$. O comprimento de arco que subtende o ângulo θ é $s = r\theta$. 2π rad $= 360°$	

Triângulo retângulo: Teorema de Pitágoras $c = \sqrt{a^2 + b^2}$ ou $a^2 + b^2 = c^2$

$$\text{sen}\,\theta = \frac{b}{c} = \frac{\text{cateto oposto}}{\text{hipotenusa}} \qquad \theta = \text{sen}^{-1}\left(\frac{b}{c}\right)$$

$$\cos\theta = \frac{a}{c} = \frac{\text{cateto adjacente}}{\text{hipotenusa}} \qquad \theta = \cos^{-1}\left(\frac{a}{c}\right)$$

$$\text{tg}\,\theta = \frac{b}{a} = \frac{\text{cateto oposto}}{\text{cateto adjacente}} \qquad \theta = \text{tg}^{-1}\left(\frac{b}{a}\right)$$

Triângulo qualquer: $\alpha + \beta + \gamma = 180° = \pi$ rad
Lei dos cossenos $c^2 = a^2 + b^2 - 2ab\cos\gamma$

Identidades:

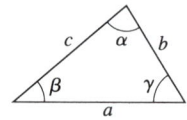

$\text{tg}\,\alpha = \dfrac{\text{sen}\,\alpha}{\cos\alpha}$ $\qquad\qquad$ $\text{sen}^2\alpha + \cos^2\alpha = 1$

$\text{sen}(-\alpha) = -\text{sen}\,\alpha$ $\qquad\qquad$ $\cos(-\alpha) = \cos\alpha$

$\text{sen}(\alpha \pm \beta) = \text{sen}\,\alpha\cos\beta \pm \cos\alpha\,\text{sen}\,\beta$ $\qquad$ $\cos(\alpha \pm \beta) = \cos\alpha\cos\beta \mp \text{sen}\,\alpha\,\text{sen}\,\beta$

$\text{sen}(2\alpha) = 2\,\text{sen}\,\alpha\cos\alpha$ $\qquad\qquad$ $\cos(2\alpha) = \cos^2\alpha - \text{sen}^2\alpha$

$\text{sen}(\alpha \pm \pi/2) = \pm\cos\alpha$ $\qquad\qquad$ $\cos(\alpha \pm \pi/2) = \mp\,\text{sen}\,\alpha$

$\text{sen}(\alpha \pm \pi) = -\text{sen}\,\alpha$ $\qquad\qquad$ $\cos(\alpha \pm \pi) = -\cos\alpha$

Expansões e aproximações

Expansão binomial: $(1 + x)^n = 1 + nx + \dfrac{n(n-1)}{2}x^2 + \cdots$

Aproximação binomial: $(1 + x)^n \approx 1 + nx$ se $x \ll 1$

Expansões trigonométricas:

$$\text{sen}\,\alpha = \alpha - \frac{\alpha^3}{3!} + \frac{\alpha^5}{5!} - \frac{\alpha^7}{7!} + \cdots \quad \text{para } \alpha \text{ em rad}$$

$$\cos\alpha = 1 - \frac{\alpha^2}{2!} + \frac{\alpha^4}{4!} - \frac{\alpha^6}{6!} + \cdots \quad \text{para } \alpha \text{ em rad}$$

Aproximação de pequenos ângulos: Se $\alpha \ll 1$ rad, então $\text{sen}\,\alpha \approx \text{tg}\,\alpha \approx \alpha$ e $\cos \approx 1$.

A aproximação de pequenos ângulos é excelente para $\alpha < 5°$ ($\approx 0{,}1$ rad) e geralmente aceitável até $\alpha \approx 10°$.

Cálculo

Nas seguintes derivadas e integrais, as letras a e n representam constantes.

Derivadas

$$\frac{d}{dx}(a) = 0$$

$$\frac{d}{dx}(ax) = a$$

$$\frac{d}{dx}\left(\frac{a}{x}\right) = -\frac{a}{x^2}$$

$$\frac{d}{dx}(ax^n) = anx^{n-1}$$

$$\frac{d}{dx}(\ln(ax)) = \frac{1}{x}$$

$$\frac{d}{dx}(e^{ax}) = ae^{ax}$$

$$\frac{d}{dx}(\text{sen}(ax)) = a\cos(ax)$$

$$\frac{d}{dx}(\cos(ax)) = -a\,\text{sen}(ax)$$

Integrais

$$\int x\,dx = \frac{1}{2}x^2$$

$$\int x^2\,dx = \frac{1}{3}x^3$$

$$\int \frac{1}{x^2}\,dx = -\frac{1}{x}$$

$$\int x^n\,dx = \frac{x^{n+1}}{n+1} \qquad n \neq -1$$

$$\int \frac{dx}{x} = \ln x$$

$$\int \frac{dx}{a+x} = \ln(a+x)$$

$$\int \frac{x\,dx}{a+x} = x - a\ln(a+x)$$

$$\int \frac{dx}{\sqrt{x^2 \pm a^2}} = \ln(x + \sqrt{x^2 \pm a^2})$$

$$\int \frac{x\,dx}{\sqrt{x^2 \pm a^2}} = \sqrt{x^2 \pm a^2}$$

$$\int \frac{dx}{x^2 + a^2} = \frac{1}{a}\,\text{tg}^{-1}\left(\frac{x}{a}\right)$$

$$\int \frac{dx}{(x^2 + a^2)^2} = \frac{1}{2a^3}\,\text{tg}^{-1}\left(\frac{x}{a}\right) + \frac{x}{2a^2(x^2 + a^2)}$$

$$\int \frac{dx}{(x^2 \pm a^2)^{3/2}} = \frac{\pm x}{a^2\sqrt{x^2 \pm a^2}}$$

$$\int \frac{x\,dx}{(x^2 \pm a^2)^{3/2}} = -\frac{1}{\sqrt{x^2 \pm a^2}}$$

$$\int e^{ax}\,dx = \frac{1}{a}e^{ax}$$

$$\int xe^{ax}\,dx = \frac{1}{a^2}e^{ax}(ax-1)$$

$$\int \text{sen}(ax)\,dx = -\frac{1}{a}\cos(ax)$$

$$\int \cos(ax)\,dx = \frac{1}{a}\,\text{sen}(ax)$$

$$\int \text{sen}^2(ax)\,dx = \frac{x}{2} - \frac{\text{sen}(2ax)}{4a}$$

$$\int \cos^2(ax)\,dx = \frac{x}{2} + \frac{\text{sen}(2ax)}{4a}$$

$$\int_0^\infty x^n e^{-ax}\,dx = \frac{n!}{a^{n+1}}$$

$$\int_0^\infty e^{-ax^2}\,dx = \frac{1}{2}\sqrt{\frac{\pi}{a}}$$

Respostas

Respostas dos exercícios e problemas de numeração ímpar

Capítulo 1

1. [diagrama de movimento: carro começa a derrapagem até parar]

3. [diagrama de movimento: Aceleração]

7. [diagrama: v_{med} ... parada]

9. a. [diagrama vetorial com $\vec{a}$, $\vec{v}_1$, $\vec{v}_0$, $-\vec{v}_0$, $\Delta\vec{v}$] b. Maior

11. a. [diagrama com $\vec{a}_2$, $\vec{v}_1$] b. [diagrama com $\vec{a}_2$, $\vec{v}_1$]

13. [diagrama: Pára, Freia, $\vec{a}=\vec{0}$]

15. Partida, $\vec{v}_1$, $\vec{v}_2$, $\vec{v}_3$, $\vec{a}$; Nível da água, $\vec{v}_4$, $\vec{v}_5$, $\vec{a}=\vec{0}$, $\vec{v}_6$; Bate no fundo

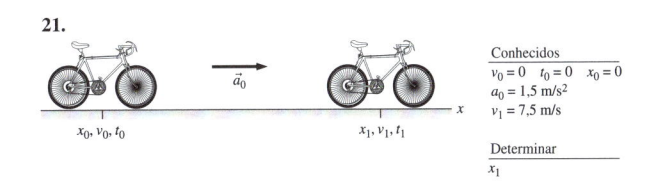

17. [diagrama com $\vec{v}_1$, $\vec{v}_2$, $\vec{v}_3$, $\vec{v}_4$, $\vec{a}$, $\vec{v}$, $\vec{a}=0$]

21. [representação pictórica de bicicleta]
Conhecidos: $v_0=0$, $t_0=0$, $x_0=0$, $a_0=1{,}5\text{ m/s}^2$, $v_1=7{,}5\text{ m/s}$
Determinar: x_1

23. a. $9{,}12\times 10^{-6}$ s   b. $3{,}42\times 10^3$ m   c. $4{,}4\times 10^2$ m/s   d. 22 m/s

25. a. 3.600 s   b. 86.400 s   c. $3{,}16\ 3\ 10^7$ s   d. $9{,}75$ m/s²

27. a. 12 in   b. 50 mph   c. 3 mi   d. 1/4 in

29. a. $1{,}109\times 10^3$ b. $1{,}50\times 10^3$ c. 3,5   d. 0,0225

31. 50 pés ou 15 m, cerca de 8 vezes minha altura.

33. $9{,}8\times 10^{-9}$ m/s = 35 μm/h

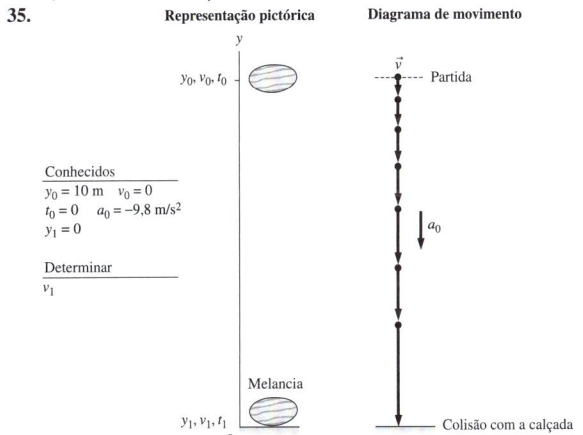

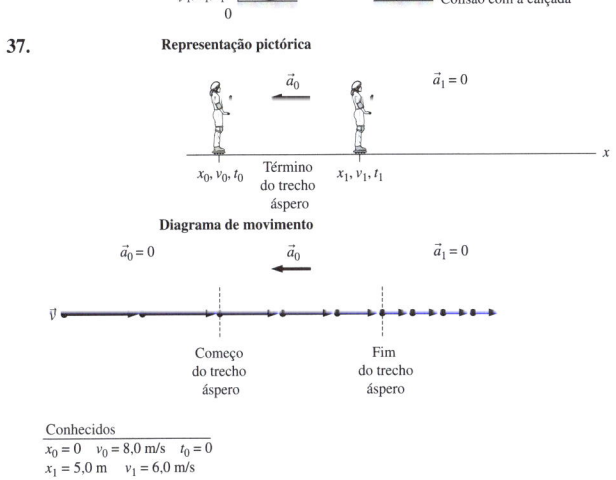

35. Representação pictórica / Diagrama de movimento
Conhecidos: $y_0=10$ m, $v_0=0$, $t_0=0$, $a_0=-9{,}8$ m/s², $y_1=0$
Determinar: v_1
[Melancia, Partida, Colisão com a calçada]

37. Representação pictórica / Diagrama de movimento
[$\vec{a}_0$, $\vec{a}_1=0$, Término do trecho áspero, Começo do trecho áspero, Fim do trecho áspero]
Conhecidos: $x_0=0$, $v_0=8{,}0$ m/s, $t_0=0$, $x_1=5{,}0$ m, $v_1=6{,}0$ m/s
Determinar: a_0

39.

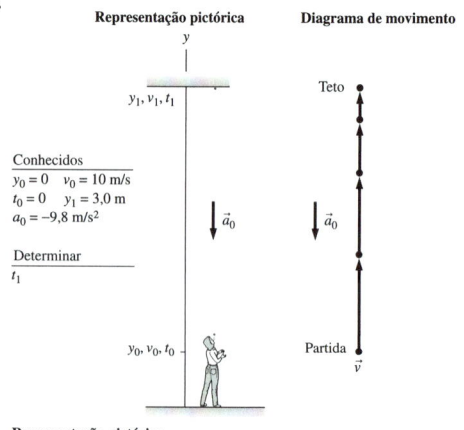

Representação pictórica

Conhecidos
$y_0 = 0$ $v_0 = 10$ m/s
$t_0 = 0$ $y_1 = 3{,}0$ m
$a_0 = -9{,}8$ m/s^2

Determinar
t_1

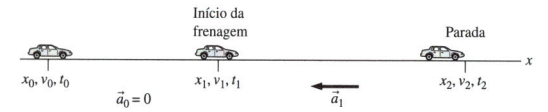

Diagrama de movimento

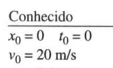

41. Representação pictórica

Conhecido
$x_0 = 0$ $t_0 = 0$
$v_0 = 20$ m/s
$v_1 = 2{,}0$ m/s
$t_1 = 0{,}50$ m/s
$v_2 = 0$ $x_2 = 60$ m

Determinar
a_1

43. Representação pictórica

Conhecidos
$x_{F0} = 0$ $x_{Y0} = 0$
$t_0 = 0$ $v_{Y0} = 0$
$v_{F0} = 6{,}0$ jardas
$a_F = 0$
$x_{F1} = x_{Y1} = 25$ jardas
$v_{F1} = 6{,}0$ jardas

Determinar
a_Y v_{Y1}

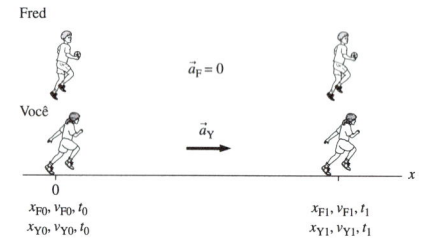

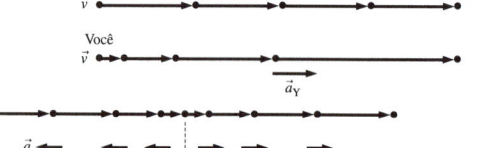

49.

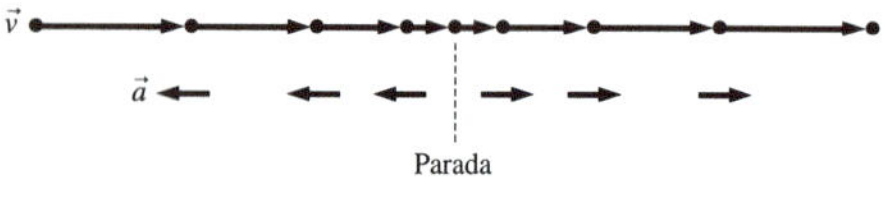

51.

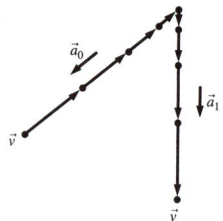

53. O menor: $6{,}4 \times 10^3$ m^2, o maior: $8{,}3 \times 10^3$ m^2

55. x (m)

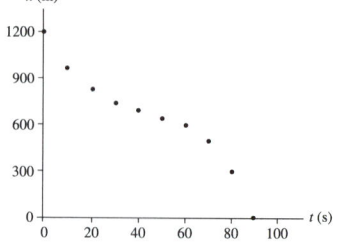

Capítulo 2

1. 450 m
3. a. Beth   b. 20 min
5. 2,5 m/s, 0 m/s, -10 m/s
7. a. Em $t = 1$ s   b. 10 m, 16 m, 26 m
9. a. 0,5 m/s^2
   b. v_x (m/s)

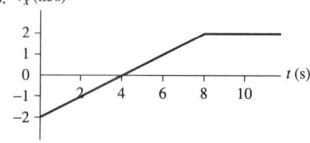

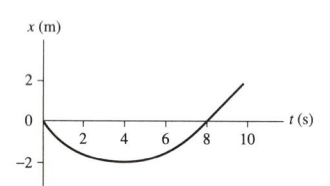

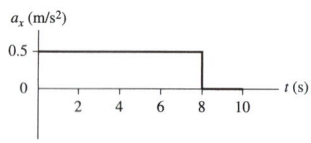

11. a. 6 m, 4 m/s, 0 m/s^2 b. 13,0 m, 2 m/s, -2 m/s
13. $-2{,}8$ m/s^2
15. a. 78,4 m   b. $-39{,}2$ m/s
17. 3,2 s
19. a. 64 m   b. 7,1 s
21. a. 7 m   b. 7 m/s   c. 7 m/s^2
23. 16 m/s

25. a. *x* (m) [graph]

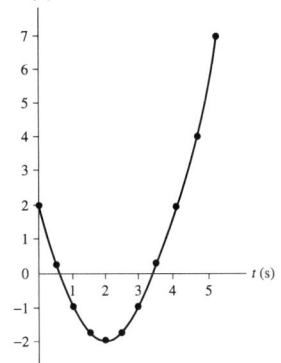

c. −2 m/s   d. −2 m   e. 2m
f. [diagram: Retorno em *t* = 2,0 s, vectors $\vec{a}$, $\vec{v}$]

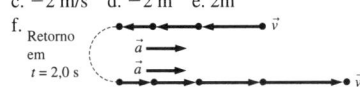

27. a. 4 s, 8 s
b. [diagram: Ponto de retorno em at *t* = 6 s, vectors $\vec{v}$, $\vec{a}$]

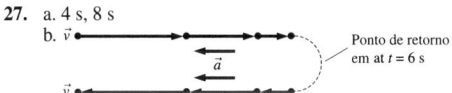

29. Zero em *t* = 0 s, 1 s, 2 s, 3 s, …; mais positivo em *t* = 0,5 s, 2,5 s, …; mais negativo em *t* = −1,5 s, 3,5 s, …
b. [graph of v_y vs *t*]

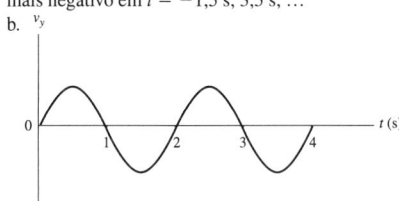

31. a. 0 s e 3 s   b. 12m e −18 m/s²; −15 m e 18 m/s²
33. 2,0 m/s³
35. [graphs of *s*, v_s, a_s vs *t*]

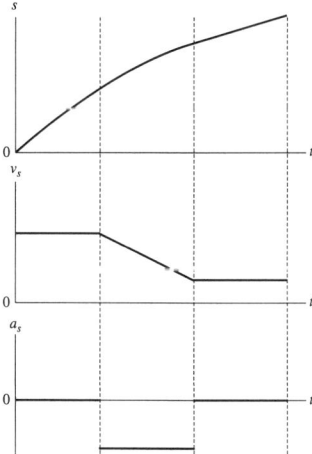

37. [graphs of *s*, v_s, a_s vs *t*]

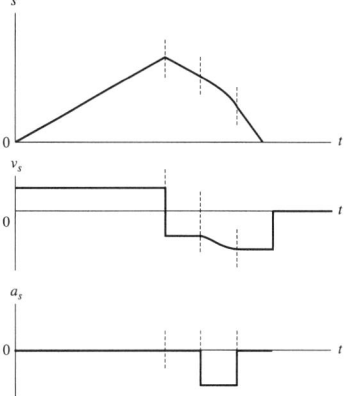

39. [graph] Bola rola fora do limite esquerdo, *s* = 0

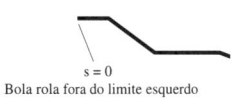

41. a. 179 mph   b. Sim   c. 35 s   d. Não
43. a. 2,7 m/s²   b. 28%   c. $1{,}3 \times 10^2$ m = $4{,}3 \times 10^2$ ft
45. Sim
47. a. 5 m   b. 22 m/s
49. a. 54,8 km   b. 228 s
c. [graph of v_y (m/s) vs *t* (s): Término do combustível, Altitude máxima, Impacto]

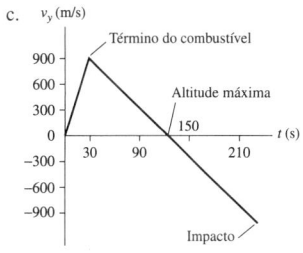

51. 19,7 m
53. 216 m
55. 9,9 m/s
57. a. 2,32 m/s   b. 5,00 m/s   c. 0%
59. Sim
61. a. 214 km/h   b. 16%
63. 14 m/s
65. a. 24 m/s, 35 m/s   b. $\sqrt{\dfrac{P}{2mt}}$ c. 3,9 m/s², 1,2 m/s²
d. $a_x \to \infty$ quando $t \to 0$ e. $\dfrac{2}{3}\sqrt{\dfrac{2P}{m}}\, t^{\frac{3}{2}}$ f. 18,2 s
67. Não
69. 17,2 m
71. 4,4 m/s²
73. c. 17,2 m/s
75. c. $x_1 = 250$ m, $x_2 = 750$ m
77. 5,5 m/s²
79. a. 10 s   b. 3,8 m/s²   c. 5,6%
81. 12,5 m/s²
83. −4.500 m/s²

Capítulo 3

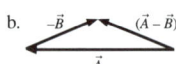

1. a. [figura]
   b. [figura]
3. a. $-E\cos\theta, E\sin\theta$ b. $Ex = -E\sin\phi, Ey = E\cos\phi$
5. 12 m/s
7. a. -5 cm/s, 0 cm/s   b. $-6{,}4$ m/s^2, $-7{,}7$ m/s^2 c. 30 N, 40 N
9. 280 V/m, 63,4° abaixo do semi-eixo positivo de x
11. a. 7,21, 56,3° abaixo do semi-eixo positivo de x
    b. 94,3 m, 58,0° acima do semi-eixo positivo de x
    c. 44,7 m/s, 63,4° acima do semi-eixo positivo de x
    d. 6,3 m/s2, 18,4° à direita do semi-eixo negativo de y
13. a. $2\hat{i} - 3\hat{j}$ c. 3,6, 56° abaixo do semi-eixo positivo de x
    b. [figura]
15. a. $1\hat{i} - 11\hat{j}$
    b. [figura]
    c. 11,05, 5,19° à direita do semi-eixo negativo de y
17. a. Falso   b. Falso   c. Verdadeiro
19. $v_x = 86{,}6$ m/s, $vy = 50{,}0$ m/s
21. a. [figura]   c. [figura]
23. a. 0 m, 25,6 m, 160 m   b. $(10\hat{i} + 8\hat{j})\,t$ m/s   c. 0 m/s, 25,6 m/s, 64,0 m/s.
25. a. $-6\hat{i} + 2\hat{j}$ b. 6,3, 18° acima do semi-eixo negativo de x.
27. $-1{,}1\hat{i} - 3{,}0\hat{j}$
29. $0{,}707\hat{i} + 0{,}707\hat{j}$
31. a. 100 m abaixo   b. 5,03 km
33. a. [figura]
    b. 360 m, 59,4° a nordeste.
35. 7.5m
37. a. 34°   b. 1,7 m/s
39. a. 50 m   b. [figura]
41. $-15{,}0$ m/s
43. a. 1,0 m/s^2 b. 1,7 m/s^2
45. i apontando rampa abaixo, $j \parallel F_2$ (com o eixo apontando para baixo e o eixo y paralelo a F_2).   a. 0,50 N rampa acima.   b. 1,67 N
    c. 1,74 N, 73° acima do piso à direita de F_2

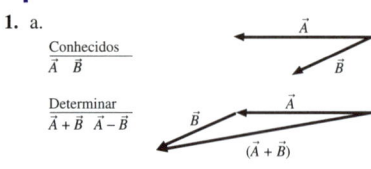

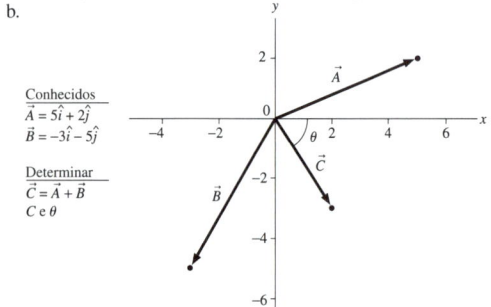

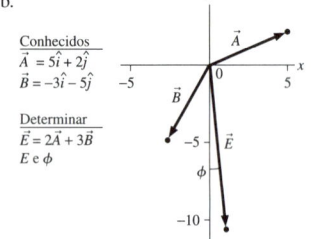

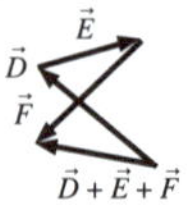

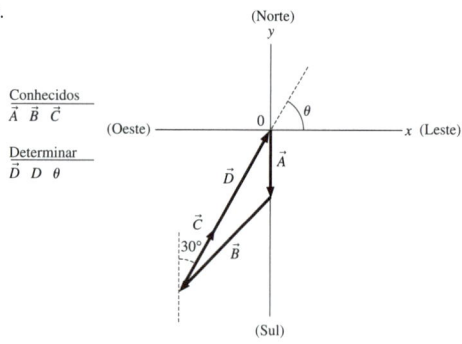

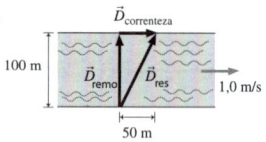

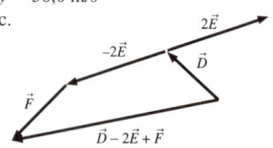

Capítulo 4

1. a. [figura]
3. a. [figura]
5. 9,21 m/s, 20° a noroeste.
7. $(10{,}00\hat{i} - 15{,}00\hat{j})$ m/s^2
9. a. 2,2 m/s^2 b. 0 m, 28 m, 50 m
11. 19,6 m
13. 678 m
15. $-(154\text{ m})\hat{i} + (354\text{ m})\hat{j}$
17. 30 s
19. 75 mph
21. 9,55 revoluções
23. a. 1,5π rad/s   b. 1,33 s
25. $2{,}18 \times 10^{22}$ m/s
27. 34 m/s

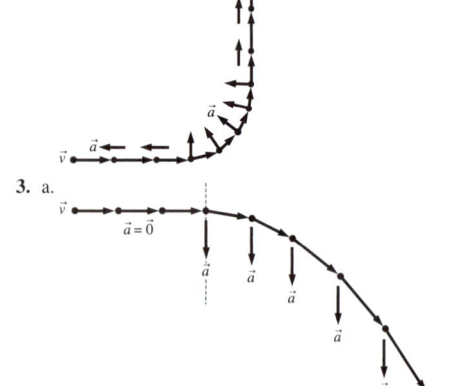

29. a. 5,7 m/s b. 108 m/s²

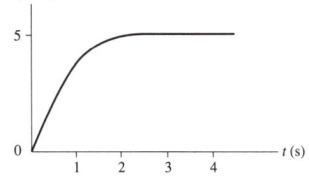

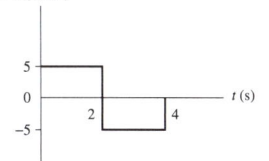

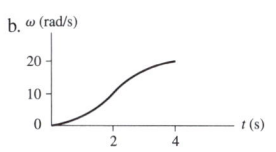

31. ω (rad/s) — gráfico crescente até ≈5, platô a partir de t≈2 s.

33. a. α (rad/s²) — gráfico com degrau em 5 para 0<t<2 e −5 para 2<t<4.

b. ω (rad/s) — curva crescente até 20.

35. a. 3,9 m/s b. 2,49 rev c. 15,6 rad
37. 47 rad/s²
39. a. 3 s b. −8 m/s
c. y (m) — gráfico com reta passando pelo ponto (10 m, 5 m).

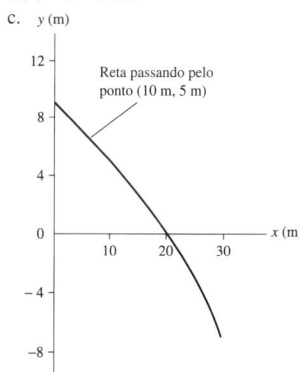

41. a. $v_0^2 \operatorname{sen}^2 \theta / 2g$
b. $h = 14{,}4$ m, 28,8 m, 43,2 m; $d = 99{,}8$ m, 115,2 m, 99,8 m
43. a. 16,36 m
b. Representação pictórica
Conhecidos: $x_0 = t_0 = 0$ $y_0 = 1{,}80$ m $v_0 = 12{,}0$ m/s $\theta_0 = 40°$ $a_y = -g$ $v_{1x} = v_{0x}$
Determinar: x_1

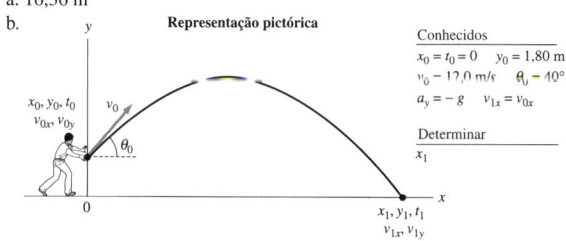

A distância máxima é atingida para $\theta \approx 42{,}5°$.

45. a. 26 m b. 34 m c. 20 m/s
47. a. 28 m/s b. 22 m/s a 44 m/s
49. a. 13,3 m/s b. 48°
51. a. $2{,}4 \times 10^2$ m b. 43 m
53. 80 cm
55. a. 39 mi b. 19,5 mph

57. Se Nancy dirige no mesmo sentido de x do arremesso de Mike.   a. 44,4° acima do semi-eixo negativo de x.
b. gráfico parabólico em y'(m) vs x'(m).

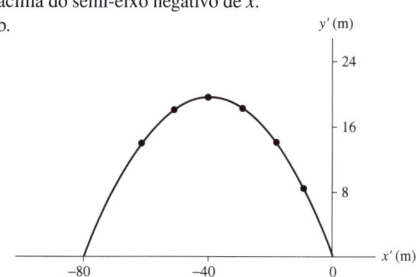

59. 69 m/s formando 21° com a vertical.
61. a. $1{,}75 \times 10^4$ m/s² b. $4{,}4 \times 10^3$ m/s²
63. 50°
65. a. $3{,}07 \times 10^3$ m/s b. 0,223 m/s²
67. a. -100 rad/s² b. 50 rev
69. 98 rpm
71. 50 revoluções
73. $5{,}5 \times 10^2$ rpm
75. b. $x_1 = -30$ m
79. 34,3°
81. 297 m
83. 3,8 m
85. $\frac{1}{2} \operatorname{tg}^{-1}\left(\dfrac{g}{a}\right)$
87. 65°

Capítulo 5

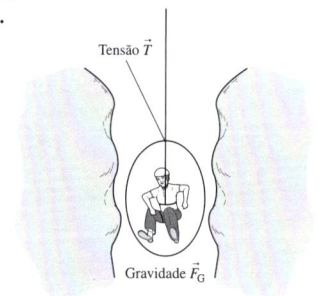

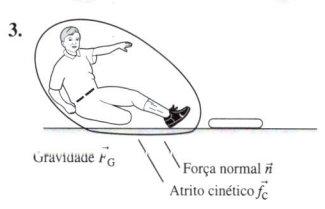

1. Diagrama: Tensão $\vec{T}$; Gravidade $\vec{F}_G$.

3. Diagrama: Gravidade $\vec{F}_G$; Força normal $\vec{n}$; Atrito cinético $\vec{f}_c$.

7. 3
9. $\frac{9}{25}$
11. 3,7 s
13. a. 4 m/s² b. 2 m/s²
15. 0,25 kg
17. a. ≈ 0,05 N b. ≈ 100 N
19. Diagrama com $\vec{F}_1$ para cima, $\vec{F}_2$ e $\vec{F}_3$ para baixo.

25. Identificação de forças: Força normal $\vec{n}$, Gravidade $\vec{F}_G$. Diagrama de corpo livre: $\vec{n}$ para cima, $\vec{w}$ para baixo.

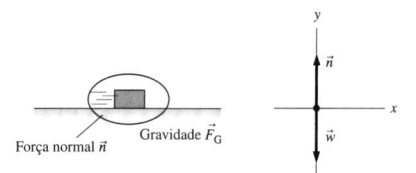

27. Identificação de forças: Gravidade $\vec{F}_G$, Força normal $\vec{n}$, Atrito cinético $\vec{f}_c$. Diagrama de corpo livre: $\vec{n}$ para cima, $\vec{F}_G$ para baixo, $\vec{f}_c$ e $\vec{F}_{res}$ para a esquerda.

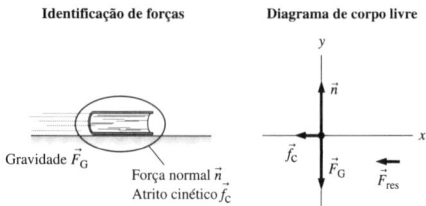

29. Diagrama de movimento.

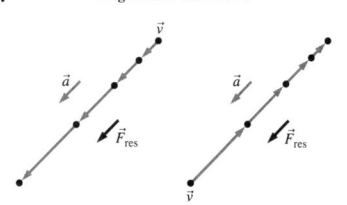

31. Gráfico F_x (N) vs t (s): valores de −0,25 a 0,50.

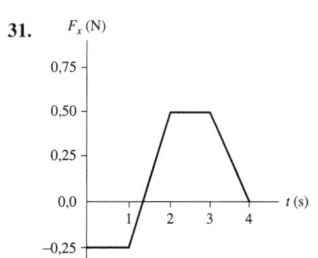

33. Gráfico a_x (m/s²) vs t (s): valores de −1,0 a 3,0.

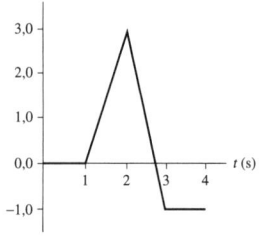

35. a. 16 m/s^2 b. 4 m/s^2 c. 8 m/s^2 d. 32 m/s^2

37. Diagrama: $\vec{n}$ para cima, $\vec{F}_G$ para baixo, $\vec{D}$ para a esquerda, $\vec{F}_{empuxo}$ para a direita, $\vec{F}_{res} = \vec{0}$, $\vec{a} = \vec{0}$, $\vec{v}$ para a direita.

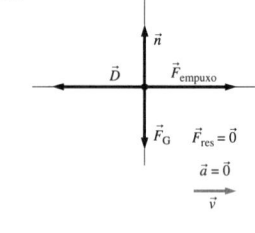

39. Diagrama: $\vec{F}_G$, $\vec{F}_{res}$, $\vec{a}$ para baixo.

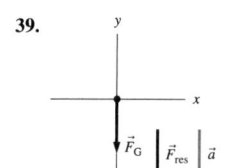

41. Diagrama com $\vec{n}$, $\vec{f}_c$, $\vec{T}$, $\vec{F}_G$, $\vec{F}_{res}$, $\vec{a}$, $\vec{v}$.

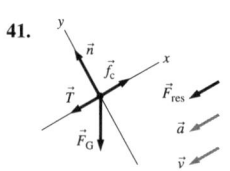

43. Tensão $\vec{T}$, Gravidade $\vec{F}_G$. Diagrama de corpo livre: $\vec{T}$ para cima, $\vec{F}_G$ e $\vec{F}_{res}$ para baixo.

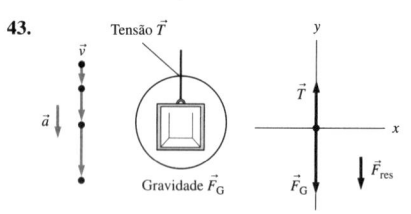

45. Empuxo $\vec{F}_{Empuxo}$, Arraste $\vec{D}$, Gravidade $\vec{F}_G$, Força normal $\vec{n}$. Diagrama: $\vec{n}$ para cima, $\vec{F}_G$ para baixo, $\vec{D}$ para a esquerda, $\vec{F}_{empuxo}$ e $\vec{F}_{res}$ para a direita.

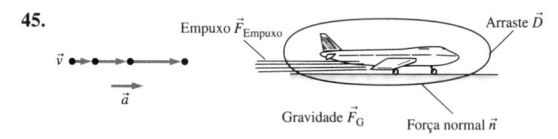

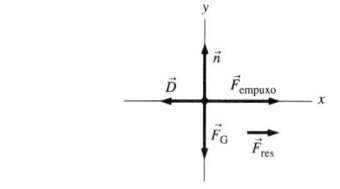

47. Vento $\vec{F}_v$, Gravidade $\vec{F}_G$, Força normal $\vec{n}$, Atrito cinético $\vec{f}_c$. Diagrama de corpo livre com $\vec{n}$, $\vec{f}_c$, $\vec{F}_v$, $\vec{F}_G$, $\vec{F}_{res}$.

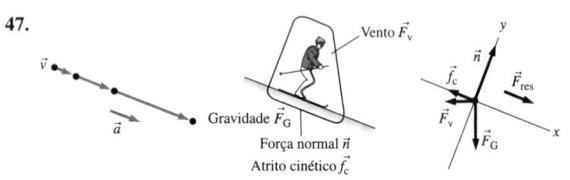

49. Arraste $\vec{D}$, Gravidade $\vec{F}_G$. Diagrama: $\vec{D}$, $\vec{F}_G$, $\vec{F}_{res}$ para baixo.

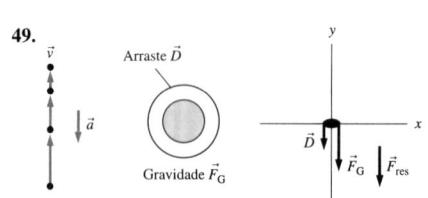

51. Gravidade $\vec{F}_G$. Diagrama: $\vec{F}_G$, $\vec{F}_{res}$ para baixo.

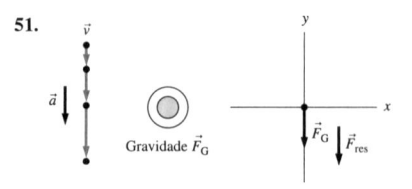

53.

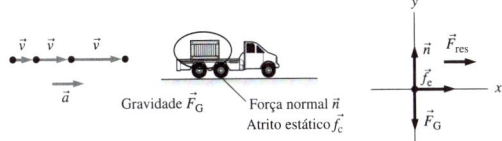

55. a.

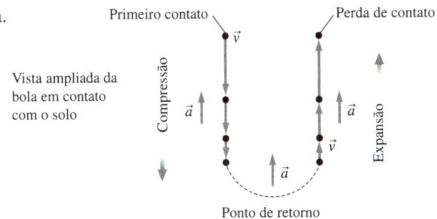

b.

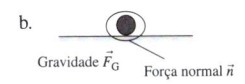

c.

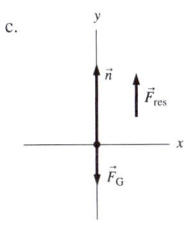

Capítulo 6
1. $T_1 = 86{,}7$ N, $T_2 = 50{,}0$ N
3. 147 N
5. a. $a_x = 1{,}0$ m/s², $a_y = 0$ b. $a_x = 1{,}0$ m/s², $a_y = 0$
7. a. $a_x = 0{,}40$ m/s², $a_y = 0{,}0$ m/s²
   b. $a_x = 0{,}80$ m/s², $a_y = 0{,}0$ m/s²
9. 4 m/s, 0 m/s²
11. a. 490 N b. 490 N c. 740 N d. 240 N
13. 307 N
15. a. 590 N b. 740 N c. 590 N
17. 0,250
19. a.   c. 4,9 m/s²
21. 25 m/s
23. $2{,}55 \times 10^3$ m
25. 192 m/s
27. 4,0 m/s
29. 6,397 N, 4,376 N
31. a. 533 N b. $5{,}25 \times 10^3$ N
33. a. $7{,}8 \times 10^2$ N b. $1{,}05 \times 10^4$ N
35. a. 58,8 N b. 67,8° c. 79,0 N
37. 3,1 m
39. a. 5,2 m/s² b. $1{,}0 \times 10^3$ kg
41. a. 16,9 m/s b. 229 m
43. 0,68 m
45. Sim, não
51. 23 N
53. 51 m/s
55. $\frac{3}{8}$ polegada
57. Verde
61. a. 0 N b. $2{,}2 \times 10^2$ N

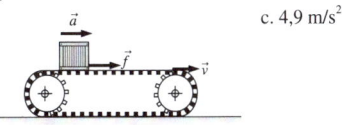

63. b. 0,36 s
65. b. 3,5 m/s
67. $T = 144$ N
69. b. 12,3 m/s²
71. a. $(2x)g$ b. 3,9 m/s²
73. a. $v_0 e^{-\frac{6\pi \eta R t}{m}}$ b. 61 s
75. b. 134 s e 402 s c. Não

Capítulo 7
1. a. **Diagrama de interação**

   BB = Haltere
   WL = Halterofilista
   S = Superfície TT = Terra toda

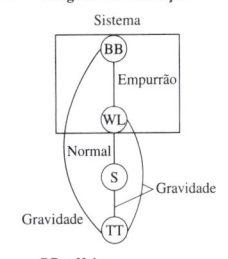

   b. O sistema é constituído pelo halterofilista e pelo haltere

   c. **Diagramas de corpo livre**

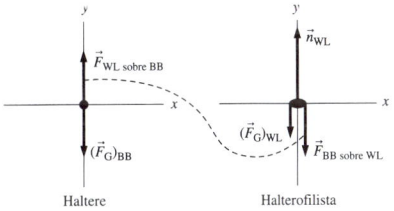

   Haltere   Halterofilista

3. a. **Diagrama de interação**

   AL = Montanhista
   C = Corda
   Su = saco de suprimentos
   S = Superfície
   TT = Terra toda

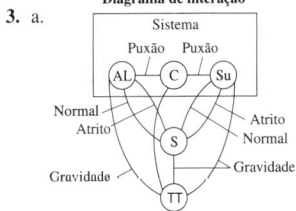

   b. O sistema consiste no escalador, na corda e no saco de suprimentos.

   c. **Diagramas de corpo livre**

   Escalador   Corda   Saco de suprimentos

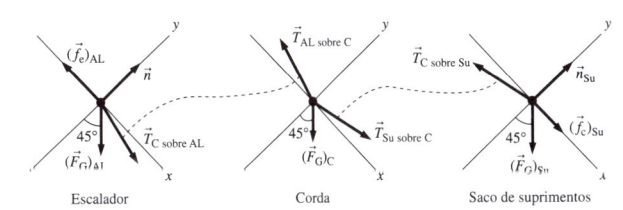

5. a. Diagrama de interação / Diagramas de corpo livre

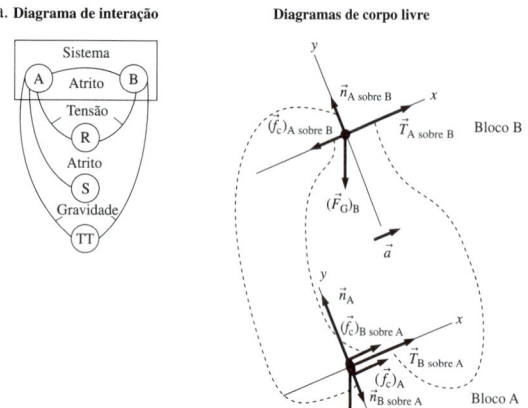

b. O sistema consiste nos dois blocos.
c. Diagrama de interação / Diagramas de corpo livre

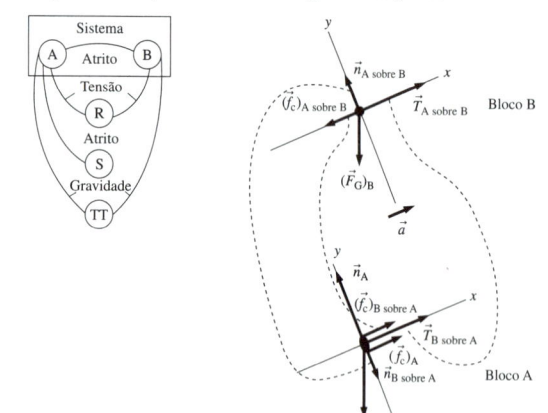

7. a. $7,8 \times 10^2$ N b. $1,6 \times 10^3$ N
9. a. 3000 N b. 3000 N
11. 5 kg
13. a.

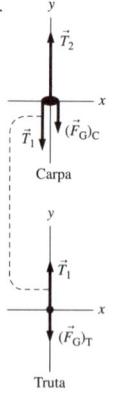

b. $T_2 > T_1 > (F_G)_T > (F_G)_C$
15. 9800 N
17. 67 N, 36°
19. 42 m
21. T (N)

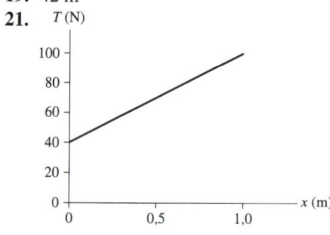

23. $2,7 \times 10^2$ N
25. 6,533 m/s²
27. a. $2,3 \times 10^2$ N b. 0,20 m/s
29. 1,48 s
31. a. 32 N b. 19,2 N c. 16,0 N d. 3,2 N
33. 1,75 s
35. 155 N
37. 100 N, 50 N, 50 N, 150 N, 50 N, $F = 50$ N
39. a. 1,83 kg b. 1,32 m/s²
41. a. 0,67 m b. escorrega de volta para baixo
43. a. $8,2 \times 10^3$ N b. $4,8 \times 10^2$ N
45. $3,6 \times 10^3$ N
47.

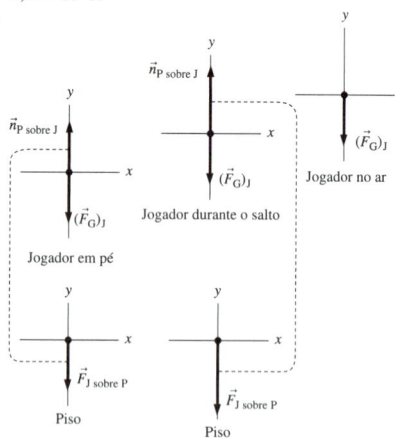

b. Sim c. 3,96 m/s d. 13,1 m/s² e. 980 N, 2.290 N, 0 N
49. b.   0,47 m
51. $a_1 = \dfrac{2m_2 g}{4m_1 + m_2}$
53. b. 8,99 N

Capítulo 8

1. 39 m
3. a. 56 h b. 0,092° c. Sim
5. 6,8 kN
7. $6,6 \times 10^{15}$ rev/s
9. $2,01 \times 10^{20}$ N
11. 1,58 m/s²
13. 22 m/s
15. 3
17. 30 rpm
19. a. −1,96 rad/s² b. 1,60 s
21. $1,67x^2$
23. Comida de crocodilo
25. 3,0 m
27. a. 24,0 h b. 0,223 m/s² c. 0 N
29. 179 N
31. 34 m/s

33. Não
35. a. 5,00 N   b. 30 rpm
37. Círculo horizontal
39. a. 4,9 N   b. 2,9 N   c. 32 N
41. a. $3,2 \times 10^2$ N, 1,4 kN   b. 5,7 s
43. 30 rpm
45. 45,0 s
47. 2,6 m
49. 13,1 N
51. a. 6,6 rad/s   b. 43 N
53. b. ϖ =20 rad/s
55. a. $\theta = \frac{1}{2} \text{tg}^{-1}(mg/F)$ b. 11,5%
57. a. Gire a espaçonave 153,4° em sentido horário até que o exaustor do motor fique 26,6° abaixo do semi-eixo positivo de x. Acione o foguete principal durante 433 s, gerando um empuxo de 103,300 N.

b.

t (s)	x (m)	y (m)
0	0	0
50	94,2	2,9
100	177	11,5
150	248	26
200	308	46,2
250	359	72
300	392	104
350	417	141,4
400	431	185
433	433	216,5
450	433	233,5
466	433	249,3

59. 3,7 rev
61. $T_1 = 14,2$ N e $T_2 = 8,3$ N
63. 37 km

Capítulo 9

1. a. $1,5 \times 10^4$ kg m/s   b. 8,0 kg m/s
3. 4 Ns
5. $1,5 \times 10^3$ N
7. 2,0 m/s para a direita
9. 1,22 s
11. $9,6 \times 10^2$ N
13. 0,20 s
15. $5,0 \times 10^2$ kg
17. 4,8 m/s
19. $3,0 \times 10^2$ m/s
21. 0,20 m/s
23. $(-2\hat{i} + 4\hat{j})$ kg m/s
25. (1,08, $-0,63$) kg m/s no arremesso, (1,08, 0) kg m/s no topo, (1,08, $-0,63$) kg m/s imediatamente antes de colidir com o solo.
27. 25 m/s
29. $9,3 \times 10^2$ N
31. 0,50 m
33. $8,0 \times 10^2$ N
35. 2,13 m/s, para cima
37. a. 12,0 s   b. 42° a noroeste
39. 14,1 m/s, 45° nordeste
41. $4,4 \times 10^2$ m/s
43. 28 m/s
45. $4,0 \times 10^2$ m
47. a. 286 μs, 26 kN   b. 0,021 m/s
49. 27,8 m/s
51. $1,46 \times 10^7$ m/s em direção à frente
53. 4,5 km
55. 14,0 u
57. b. e c. $1,40 \times 10^{-22}$ kg m/s no sentido do elétron.
59. 0,85 m/s, 72° abaixo de $+x$
61. $1,97 \times 10^3$ m/s
63. c. $(v_{fx})_2 = 6,0$ m/s
65. c. $(v_{fx})_1 = -12$ m/s
67. 13,6 m
69. 1226 m/s
71. 8

Capítulo 10

1. A bala
3. 112 km/h
5. a. 25,1 m   b. 10 m/s   c. 22 m/s
7. 2,0
9. 7,7 m/s
11. a. 1,40 m/s   b. 30°
13. 1,41 m/s
15. 98 N/m
17. a. 49 N   b. $1,45 \times 10^3$ N/m   c. 3,4 cm
19. 10 J
21. 2,0 m/s
23. 3,0 m/s
25. 0,86 m/s e 2,9 m/s
27. a. $0,048v_0$ b. 95%
29. a. Direita   b. 17,3 m/s   c. $x = 1,0$ m e 6,0 m
31. 63 m/s
33. Sim
35. a. Não   b. 17,3 m/s
37. c. $2,0 \times 10^2$ N/m   d. 19 m/s
39. $v_0/\sqrt{2}$
41. 51 cm
43. 25,8 cm
45. a. 0,20 m   b. 0,10 m
47. 93 cm
49. 43 m
51. a. $\sqrt{\dfrac{(m+M)kd^2}{m^2}}$ b. $2,0 \times 10^2$ m/s   c. 0,9975
53. a. $\frac{3}{2}R$ b. 15 m
55. a. 3,5 m   b. Não, a altura.
57. a. A bola de 100 g; $-5,3$ m/s; a bola de 200 g; 1,7 m/s   b. $-0,67$ m/s
59. a. $x = 1$ m e $x = 7$ m   b. 4,0 m/s   c. 6,9 m/s
61. a. $x_1 = \dfrac{\pi}{3}$ e $x_2 = \dfrac{2\pi}{3}$ b. $\dfrac{\pi}{3}$: instável, $\dfrac{2\pi}{3}$: estável
65. c. 36 N/m
67. c. 2,6 m/s
69. $\theta = 80,4°$
71. a. 1,46 m   b. 19,6 cm
73. a. 4,6 cm   b. $v_{A3} = 1,33$ m/s e v_{B3} 55,3 m/s
75. A bola de 100 g ricocheteia a 79°, enquanto a de 200 g ricocheteia a 14,7°.

Capítulo 11

1. a. 15,3   b. $-4,0$ c. 0
3. a. -30 b. 0
5. a. 162°   b. 90°
7. a. 12,0 J   b. $-6,0$ J
9. 0 J
11. $1,250 \times 10^4$ J pela gravidade, $-7,92 \times 10^3$ J por $\vec{T}_1$, $-4,58 \times 10^3$ J por $\vec{T}_2$.
13. AB: 0 J, BC: 0 J, CD: $-4,0$ J, DE: $+4,0$ J, EF: $-3,0$ J
15. 7,35 m/s, 9,17 m/s, 9,70 m/s
17. 8,0 N
19. -20 N em $x = 1$ m, 30 N em $x = 4$ m

21. a. U (J) [graph]
b. 2,5 N, 0,40 N, e 0,156 N
23. 1360 m/s
25. b. $5{,}5 \times 10^2$ J
27. Energia (J) [bar chart with $K_i + U_i + W_{ext} = K_f + U_f + \Delta E_{term}$]
29. 6,26 m/s
31. a. 176 J b. 59 W
33. Nenhuma luz
35. b. 0,41 kW, 0,83 kW, 1,25 kW
37. U (J) [graph]
b. 51,25 J d. 2,56 m
39. [two graphs: U(J) and F_x (N)]
41. a. −98.000 J b. 108.000 J c. 10.000 J d. 4,5 m/s
43. a. e b. 4,0 m/s
45. 2,4 m/s
47. 0,037
49. a. 1,70 m/s b. Não
51. a. $W_T = 0{,}57$ kJ, $W_g = -196$ J, $W_n = 0$ J   b. 38,5 J
53. a. 2,16 m/s b. 0,0058
55. a. 9,90 m/s b. 9,39 m/s c. 93,9 cm d. 10
57. a. $\sqrt{2gh}$ b. $h - \mu_c L$
59. a. N/m³
b. F_x [graph]
c. $\frac{1}{4}qx^4$ d. 10 m/s
63. $5{,}5 \times 10^4$ litros
65. 18 hp
67. 55,5 m/s
69. c. 10,9 N
71. c. 58,8 N, 1,28 m/s
73. 10,0 m/s
75. a. 460 N b. 16,2 m/s
77. 24 W

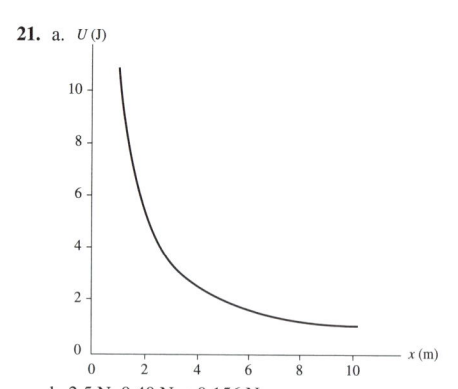

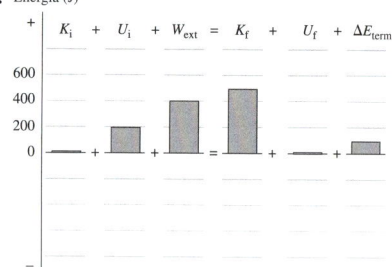

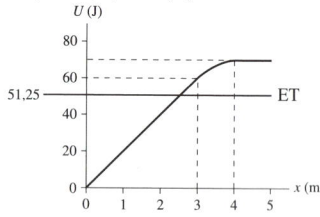

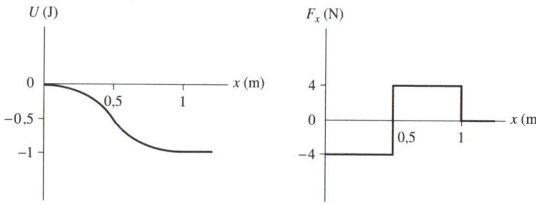

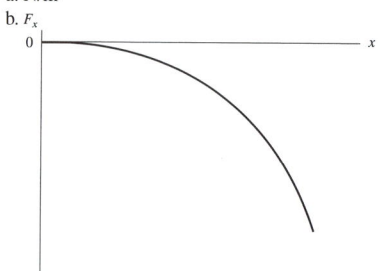

Capítulo 12

1. 13,2 m/s
3. a. 0,057 m/s² b. 7,9 m
5. $4{,}67 \times 10^6$ m
7. $x_{cm} = 6{,}7$ cm, $y_{cm} = 8{,}3$ cm
9. $2{,}57 \times 10^{29}$ J
11. 2,4 m/s
13. 1,75 J
15. a. 0,057 m, 0,057 m b. 0,0015 kgm²
17. a. 6,9 kgm² b. 4,1 kgm²
19. −0,20 Nm
21. 176 N
23. 12,5 kNm
25. 8,0 Nm
27. 0,28 Nm
29. a. $1{,}75 \times 10^{-3}$ Nm b. 50 rev
31. 11,76 Nm
33. 1,40 m
35. a. $6{,}4 \times 10^2$ rpm b. 40 m/s c. 0 m/s
37. a. 88 rad/s b. $\frac{2}{7}$
39. a. (21, para fora da página) b. (24, para dentro da página)
41. a. $-\hat{j}$ b. $\vec{0}$
43. a. $n\hat{i}$ b. $2\hat{j}$ c. $1\hat{k}$
45. $50\hat{k}$ Nm
47. $1{,}20\hat{k}$ kgm²/s ou (1,20 kg m²/s, para fora da página)
49. (0,025 kg m²/s, para dentro da página) (ou $-0{,}025\,\hat{i}$ kg m²/s)
51. 28 m/s
53. 20 cm, 0 cm
55. a. 0,010 kgm² b. 0,030 kgm²
59. $\frac{1}{6}ML^2$
61. 51°
63. Sim
65. Sim, pois $d_{max} = 25L/24$
67. a. 3,4 m/s b. 3,4 m/s
69. a. 177 s b. $5{,}6 \times 10^5$ J c. $1{,}4 \times 10^5$ W d. 1,30 kNm

71. a. $a = \dfrac{m_2 g}{m_1 + m_2}$, $T = \dfrac{m_1 m_2 g}{m_1 + m_2}$

b. $a = \dfrac{m_2 g}{m_1 + m_2 + \frac{1}{2}m_p}$ $T_1 = \dfrac{m_1 m_2 g}{m_1 + m_2 + \frac{1}{2}m_p}$

$T_2 = \dfrac{m_2(m_1 + \frac{1}{2}m_p)g}{m_1 + m_2 + \frac{1}{2}m_p}$

73. a. 57,9 m   b. 0,23 rad/s
75. a. $\dfrac{m}{m + M}L$ Centro de massa
77. a. $\sqrt{2g/r}$ b. $\sqrt{8gR}$
79. $\dfrac{20Tr}{13MR^2}$
81. a. Não   b. 2000 m/s   c. 4000 m/s
83. $3{,}9 \times 10^2$ m/s
85. a. 43 cm
87. 50 rpm
89. 4,0 rpm
91. $2{,}7(R - r)$
93. $\frac{1}{5}v_0$ para a direita
95. a. 137 km   b. $8{,}6 \times 10^6$ m/s

Capítulo 13

1. $6{,}00 \times 10^{-4}$
3. 2,18
5. $2{,}3 \times 10^{-7}$ N
7. a. 274 m/s²   b. $5{,}90 \times 10^{-3}$ m/s²
9. 2,43 km
11. a. $3{,}0 \times 10^{24}$ kg   b. 0,89 m/s²
13. 60,2 km/s
15. $4{,}21 \times 10^4$ m/s
17. $4{,}37 \times 10^{11}$ m, $1{,}74 \times 10^4$ m/s
19. a. $1{,}48 \times 10^{25}$ kg   b. $5{,}2 \times 10^{30}$ kg
21. $2{,}9 \times 10^9$ m
23. 4,2 h
25. 46 kg e 104 kg
27. (11,7 cm, 0 cm)
29. $3{,}0 \times 10^{-7}\hat{j}$ N
31. $-1{,}96 \times 10^{-7}$ J
33. a. 3,02 km/s   b. 3,13 km/s   c. 3,6%
35. a. $2{,}8 \times 10^6$ m   b. 3,7 km/s
37. a. 11,3 km/s   b. 8,94 km/s
39. Sim
41. 12,2 km/s
43. $0{,}516(GM/R)^{1/2}$, $1{,}032(GM/R)^{1/2}$
45. $3{,}71 \times 10^5$ m/s
47. $1{,}17 \times 10^{11}$ J
49. a. $5{,}8 \times 10^{22}$ kg   b. $1{,}33 \times 10^6$ m
51. $8{,}67 \times 10^7$ m
53. a. $y = (q/p)x + (\log C)/p$ b. Linear   c. q/p e. $1{,}996 \times 10^{30}$ kg
55. a. $6{,}3 \times 10^4$ m/s   b. $1{,}33 \times 10^{12}$ m/s²   c. $1{,}33 \times 10^{12}$ N
d. $9{,}5 \times 10^4$ órbitas/minuto   e. $1{,}50 \times 10^6$ m
57. $9{,}33 \times 10^{10}$ m
59. 3,71 km/s
61. 4,49 km/s
63. A. Não   b. Sim
65. c. $6{,}21 \times 10^7$ m
67. c. 1680 m/s
69. 282 dias
71. a. 0°   b. 4,04 N
73. a. 24 anos   b. 12,3 km/s, 4,1 km/s
75. b. 7730 m/s, 10.160 m/s   c. $2{,}17 \times 10^{10}$ J   d. 1600 m/s, 3070 m/s
e. $3{,}43 \times 10^9$ J   f. $2{,}513 \times 10^{10}$ J

77. a. $-\dfrac{GmM}{\sqrt{x^2 + R^2}}$ b. $GmM\dfrac{x}{(x^2 + R^2)^{3/2}}$

Capítulo 14

1. 2,27 ms
3. a. 12,7 cm   b. 9,0 cm
5. a. 20 cm   b. 0,25 Hz   c. $-60°$
7. x (cm)

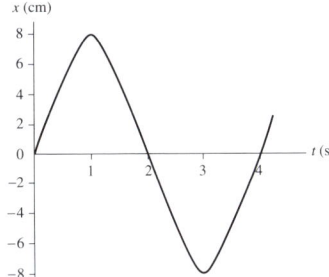

9. $(8{,}0 \text{ cm})\cos\left[(\pi \text{ rad/s})t + \dfrac{\pi}{2}\text{rad}\right]$

11. a. 2,8 s   b. 1,41 s   c. 2,0 s   d. 1,41 s   e. 70 cm/s
13. a. 0,50 s   b. 4π rad/s   c. 5,54 cm   d. 0,45 rad   e. 70 cm/s
f. 8,8 m/s²   g. 0,049 J   h. 3,8 cm
15. a. 10,0 cm   b. 35 cm/s
17. 3,5 Hz
19. a. 4,0 s   b. 5,7 s   c. 2,8 s   d. 4,0 s
21. 36 cm
23. 0,330 m
25. $3{,}1 \times 10^{-2}$ kg m²
27. 5,0 s
29. 1853, 0,780 m
31. a. $\frac{2}{3}\pi$ rad   b. $-13{,}6$ cm/s   c. 15,7 cm/s
33. a. 0,25 Hz, 3,0 s   b. 6,0 s, 1,5 s   c. 2,25
35. 1,405 s, x (m)

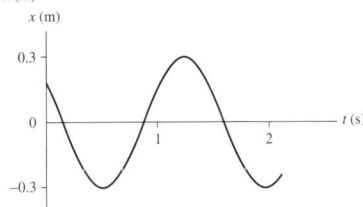

37. 0,096 s
41. a. 2,00 rad/s   b. 15,0 cm
43. a. 10,1 μm   b. 64 m/s
45. a. 1,38 m/s   b. No
47. 1,58 Hz
49. a. $4{,}7 \times 10^4$ N/m   b. 1,80 Hz
51. 0,59 m
53. $1{,}02 \times 10^{-21}$ kg
55. 0,67 s

59. $\dfrac{1}{2\pi}\sqrt{\dfrac{g}{2R}}$

61. 0,110 m, 1,72 s
63. 0,62 Hz
65. $7{,}9 \times 10^{13}$ Hz
67. a. No ponto mais alto   b. 2,5 Hz
69. a. 9,5 N/m   b. 0,50 m/s   c. $b = 0{,}0104$ kg/s
71. 236 oscilações
75. 1,58 Hz
77. 1,83 Hz
79. 2,23 cm

Créditos

INTRODUÇÃO
Cortesia da International Business Machine Corporation. O uso não-autorizado não é permitido.

CAPA
Ilustração de Yvo Riezebos Design e foto de Bill Frymire/Masterfile.

PARTE I ABERTURA
Sharon Green/ultimatesailing.com.

CAPÍTULO 1
Página **2**: Donald Miralle/Getty Images. Página **3** UL: David Woods/Corbis. Página **3** UR: Joseph Sohm/Corbis. Página **3** LL: Richard Megna/Fundamental Photos. Página **3** LR: BrandX Pictures/Alamy. Página **10**: Kevin Muggleton/Corbis. Página **11**: Wm. Sallaz/Corbis. Página **14**: Transtock Inc./Alamy. Página **20**: United States Postal Service. Página **22**: Dietrich Rose/Corbis. Página **24**: U.S. Department of Commerce. Página **25**: Bureau Int. des Poids et Mesures.

CAPÍTULO 2
Página **34**: John Giustina/Getty Images. Página **35**: Noah Clayton/Getty Images. Página **39**: WoodyStock/Alamy. Página **42**: NASA. Página **55**: James Sugar/Stockphoto.com. Página **57**: Scott Markewitz/Getty Images.

CAPÍTULO 3
Página **72**: Michael Yamashita/Corbis. Página **73**: Paul Chesley/Getty Images. Página **78**: Patrick LaCroix/Alamy.

CAPÍTULO 4
Página **90**: Gerard Planchenault/Getty Images. Página **99**: Richard Megna/Fundamental Photographs. Página **107**: Royalty-Free/Indexstock. Página **113**: Steve Vidler/eStock Photography.

CAPÍTULO 5
Página **126**: Superstock/Agefotostock. Página **127** (a): Tony Freeman/PhotoEdit. Página **127** (b): Brian Drake/Index Stock. Página **127** (c): Duomo/Corbis. Página **127** (d): Dorling Kindersley Media Library. Página **127** (e): Chuck Savage/Corbis. Página **127** (f): Jeff Coolidge Photography. Página **129**: Beaconstox/Alamy. Página **141**: David Woods/Corbis. Página **142**: photodisc/Agefotostock.

CAPÍTULO 6
Página **151**: Joe McBride/Getty Images. Página **152**: PhotoDisc. Página **162**: Roger Ressmeyer/Corbis. Página **137** T: Corbis Digital Stock. Página **137** B: Jeff Coolidge Photography. Página **168**: Patrick Behar/Agence Vandystadt/Photo Researchers, Inc.

CAPÍTULO 7
Página **183**: Chris Cole/Getty Images. Página **185**: Chuck Savage/Corbis. Página **187**: Pete Saloutos/Corbis. Página **196**: Serge Kozak/Corbis. Página **207**: Brent Winebrenner/Lonely Planet Images.

CAPÍTULO 8
Página **210**: Lester Lefkowitz/Corbis. Página **212**: Digital Vision/Getty Images. Página **214**: Robert Laberge/Getty Images. Página **220**: Digital Vision/Getty Images. Página **221**: Sightseeing Archive/Getty Images. Página **224**: Tony Freeman/PhotoEdit.

PARTE II ABERTURA
Página **238**: Hank Morgan/Photo Researchers.

CAPÍTULO 9
Página **240**: Lester Lefkowitz/Corbis. Página **241**: Russ Kinne/Comstock. Página **244**: Stephen Dalton/Photo Researchers Inc. Página **249**: Roger Ressmeyer/Corbis. Página **258**: Richard Megna/Fundamental Photos.

CAPÍTULO 10
Página **267**: Daniel Munoz/Corbis. Página **269**: Kaj R. Svensson/Photo Researchers. Página **275**: Lester Lefkowitz/Corbis. Página **278**: Gary Buss/Getty Images. Página **280**: Paul Harris/Getty Images. Página **284**: Dorling Kindersley Media Library.

CAPÍTULO 11
Página **302**: Shaun Botterill/Getty Images. Página **306**: Bettmann/Corbis. Página **315**: Peter Cosgrove/Getty Images. Página **320**: Al Behrman/ AP Wide World. Página **326**: AFP/Corbis.

PARTE III ABERTURA
Página **339**: Tom Stack & Associates, Inc.

CAPÍTULO 12
Página **340**: Glyn Kirk/Getty Images. Página **351**: Hart, G. K. & Vikki/Getty Images: Página **360**: Alain Choisnet/Getty Images. Página **363**: Charles D. Winters/Photo Researchers. Página **372**: Duomo/Corbis.

CAPÍTULO 13
Page **385**: Sightseeing Archive/Getty Images. Page **387**: American Institute of Physics/Emilio Segre Visual Archives/Regents of the University of California. Page **390**: Corbis Digital Stock. Page **398**: NASA.

CAPÍTULO 14
Page **415**: Serge Kozak/AGE Fotostock. Page **421**: Courtesy of Professor Thomas D. Rossing, Northern Illinois University. Page **426**: Richard Megna/Fundamental Photos. Page **428**: Hornbil Images/Alamy. Page **436**: Martin Bough/Fundamental Photographs.

Índice

A

Aceleração, 1, 13–17
  angular, 114–16, 343, 355, 356
  centrípeta, 111–12, 387-388, 212–114
  constante, 48–54, 96–97
  de queda livre, 55–56
  em duas dimensões, 91-92
  força e, 135-136
  instantânea, 61–62, 95–96
  média, 13–14, 49, 90–93
  não uniforme, 62
  no movimento circular uniforme, 111–113, 212–214
  no movimento harmônico simples, 420-21
  sinais de, 18–19
  tangencial, 113, 226
Agente da força, 127
Algarismos significativos, 26–28
Álgebra vetorial, 82–85
  sistema de coordenadas com eixos inclinados e, 85
  soma, 8, 74–76, 83–84
  subtração, 9, 77–78, 84–85
  vetores unitários, 82–83
Amplitude, 411, 419
Ângulo crítico, 363
Ângulo de lançamento, 98
Ano-luz, 407
Aproximação de corda sem massa, 196–198
Aproximação de impulso, 246–247
Aproximação de pequenos ângulos, 425-26
Aproximação de terra plana, 159, 219
Aproximação de Terra plana, 396-97
Aristóteles, 2, 139
Átomos, 130
Atrito, 131–132, 162–167
  causas do, 167
  cinético, 131, 163, 187
  coeficientes, 163–164
  como uma força não-conservativa, 315
  de rolamento, 163–164, 169
  estático, 131, 162–163, 187–188
  modelo de, 164–167

B

Balança de torção, 393
Big Bang, 386,
Braço de alavanca, 352–354
Brahe, Tycho, 386

C

Calor, 303, 324-325. *Ver também* Energia térmica
Caminhão, 132, 188
Campo gravitacional, 159
Centro da massa, 407
Centro de massa, 343
  estabilidade e, 363–364
  rotação em torno do, 343–345
Cinemática
  com aceleração constante, 48–54
  com aceleração instantânea, 61-62
  em duas dimensões, 90–97
  movimento circular, 107–116
  movimento uniforme, 34–38
  queda livre, 54–57
Cinemática da rotação, 107–116, 341–342
Cinemática do movimento harmônico simples (MHS), 412-14
Coeficiente de atrito cinético, 163
Coeficiente de atrito de rolamento, 164
Coeficiente de atrito estático, 163
Colisões, 240, 241–242.
Colisões elásticas, 253–255, 284–288
  colisões perfeitamente elásticas, 284
  sistemas de referência e, 287–288
Colisões inelásticas, 253–255
Componente x de um vetor, 79
Componente y de um vetor, 79
Componentes vetoriais, 79, 80
Comprimento de arco, 108
Comprimento do semi-eixo maior, 386
Condições iniciais, 414-15, 417
Conservação da energia, 276–278, 320–325, 337
Conservação da energia mecânica, 277–279
Conservação da massa, 239
Conservação de energia no movimento harmônico simples (MHS), 419
Conservação do momentum, 247–253
Conservação do momentum angular, 372–373
Constante de amortecimento, 428-31
Constante de fase, 416-17
Constante de proporcionalidade, 136
Constante de tempo de sistemas amortecidos, 430-31
Constante elástica, 278-279
Constante gravitacional, 158, 334, 389
Constante universal, 393
Convenção de sinais
  para o movimento de rotação, 342
  para o movimento em uma dimensão, 18
Coordenadas cartesianas, 78
Copérnico, Nicolau, 386
Cordas, 194–98
  aproximação de corda sem massa, 196–98
  e tensão, 194–95
Corpo rígido, 340–341. *Ver também* Movimento de rotação
  modelo de, 341
  momentum angular do, 372–375
Curva de energia potencial, 288

D

Decaimento beta, 237
Decaimento exponencial, 429-30
Definições operacionais, 4–5
Deslocamento, 7–10, 93
  a partir do equilíbrio, 278–279
  angular, 108–109
  resultante, 74–75
  soma algébrica e, 84
  soma gráfica e, 74
  trabalho e, 313–314
Diagrama de corpo livre, 142–145
Diagrama de interação, 185
Diagramas de energia, 288–293,
  ligações moleculares e, 292–293
  posições de equilíbrio, 290–292
Diagramas de movimento, 3–5
  completo, 15
  exemplos de, 16–17
  vetores aceleração, 14–15, 91
  vetores deslocamento, 10
  vetores velocidade, 12–13
Dinâmica, 126
  do movimento circular não-uniforme, 226–228
  do movimento circular uniforme, 214–219
  do movimento harmônico simples (MHS), 420-23
  em duas dimensões, 210–212
  em uma dimensão, 154–155
  estratégia para resolução de problemas, 155
Dinamômetro, 160

E

Einstein, Albert, 239
Eixo radial, 213
Eixo s, 36-37
Eixo tangente, 213
Eixo x, 6
Eixo y, 6
Elasticidade, 278,
Energia. *Ver também* Conservação de energia; Energia cinética; Energia mecânica; Energia potencial; Trabalho
  armazenada, 337
  de rotação, 345–348
  em movimento harmônico simples (MHS), 418-19
  gráficos de barras, 272-273
  modelo básico, 277-278, 302-304
  transferência de, 303, 321
  transformação de, 321
Energia cinética, 269–274
  colisões elásticas e, 284–288
  de rotação, 345–348
  em nível microscópico, 318–319
  modelo básico, 277–278

no movimento harmônico simples (MHS), 418
para um objeto em rolamento, 366
trabalho e, 304–306
Energia mecânica, 276–78, 303
conservação de, 277–279
forças conservativas e, 315–316
Energia potencial, 270–74, 303
elástica, 280–284
em nível microscópico, 318–319
força a partir da, 317–318
força conservativa e, 314–315
gravitacional, 270, 274–278, 394–97
trabalho e, 316
zero de, 273–74
Energia térmica, 303, 318–320
forças dissipativas, 319–320
microscópica, 324–325
Energia total, 288
Equação da energia de um sistema, 321
Equação de movimento, 421-23
Equilíbrio, 152–154
afastamento do, 278
dinâmico, 140, 154
em diagramas de energia, 290–292
estático, 140, 153, 360–364
estável, 290, 317–318
estratégias para resolução de problemas, 152
instável, 291
lei de Hooke, 279–280
mecânico, 140
Escalar, 7, 72
multiplicação de um vetor por um, 76–77
Escorregamento, 164–167
rolando sem, 365
Estabilidade, 363–64
Estimativa da ordem de grandeza, 28
Estrutura do conhecimento, 236
Explosões, 240, 255–257

F

Fase (oscilação), 416
Foguetes, propulsão, 257
Força, 126–146
a partir da energia potencial, 317–318
aceleração e, 137–139
centrífuga, 222
combinação de, 129
como interação, 139
concepções errôneas acerca de, 142
conservativa, 314-316
de atrito, 131–132
de polarização, 293
de tensão, 130, 194–195
definição de, 128
elétrica, 132
externa, 185, 320–321
fictícia, 221–223
força constante e trabalho, 307–309
força de ação a distância, 127
força elástica, 129–130
gravitacional, 129, 389–90, 393
identificando, 133–134
impulsiva, 241–242
magnética, 132
não-conservativa, 314–315
normal, 130–131
restauradora, 278–280, 421, 426–27
resultante, 129, 140
superposição de, 129
unidades SI de, 138–139

Força de arraste, 132, 167–171
velocidade terminal e, 170–171
Força elástica, 129–130
Força eletrofraca, 237
Força resistiva, 132
Forças de ação à distância, 127
Forças de contato, 127-132
Forças dissipativas, 319–320
Foto-dissociação, 293
Freqüência
angular, 413, 415
de massa presa em mola, 418
de oscilação, 411
de pêndulos, 426
período de, 411
Freqüência de ressonância, 432-33
Freqüência forçada, 432
Freqüência natural, 432
Função exponencial, 429

G

Galileu, 2, 34, 41, 54–55, 139–140, 387
Gráficos de barras, 243-244, 272-73, 322-323
Gráficos de barras de momentum, 243–244
Gráficos de barras da energia, 322–323
Gráficos de movimento, 58–61
Gráficos de posição *versus* tempo, 19–20
velocidade instantânea em, 40–41
velocidade média e, 35
Grandeza vetorial, 7, 72
Gravidade, 129, 158–60, 221, 339
como força universal, 387
Lei de Newton da, 158–160
órbita da Lua e, 221
pequena g (força gravitacional) e grande G (constante gravitacional), 391-93
sensação de, 161
sobre a Terra em rotação, 222–223

H

Hertz, Heinrich, 411
Hooke, Robert, 279-280, 387

I

Imponderabilidade, 162, 221
Impulsão, 187–189
Impulso, 240–247
Inércia, 137. *Ver também* Momento de inércia
lei da inércia, 139–142
Interação forte, 237, 300
Interação fraca, 237

K

Kepler, Johannes, 386-87, 401

L

Lei de Hooke, 278–80, 281, 387, 422
Lei de Newton da gravitação, 158–160, 389–91
Leis de conservação, 336
Leis de Kepler de órbitas planetárias, 386, 398-401
Ligações moleculares, 130
diagramas de energia e, 292–293
Linha de ação, 352
Lua
gravidade da, 387-88
órbita da, 221
Luz, velocidade da, 407.

M

Macrofísica, 318
Marés, 184
Massa, 25, 158
centro de, 407
conservação da, 239
força e, 137
gravitacional, 390
inercial, 137, 346–347, 390
peso comparado com, 160
Meia-vida, 431
Microfísica, 318
Modelos, 1
de atrito, 164–167
atômico, 130
básico de energia e, 277–278, 302–304
de campo, 159
de corpo rígido, 341
de partícula, 5–6
Molas
força restauradora e, 278
lei de Hooke, 279–280
teorema trabalho-energia cinética para, 313
Momento de inércia, 346, 348–350
Momentum, 242. *Ver também* Momentum angular
colisões inelásticas e, 253–255
conservação do, 247–253
em duas dimensões, 258–259
estratégia para resolução de problemas, 251
impulso e, 240–244
sistema isolado e, 249–250
teorema impulso-momentum, 243
total, 249, 252
Momentum angular, 373–375, 400–402
conservação do, 372–373
de um corpo rígido, 372–375
de uma partícula, 371
Movimento, 2–29. *Ver também* Aceleração; Movimento circular; Cinemática; Movimento linear; Leis de Newton do Movimento; Movimento de projéteis; Movimento relativo; Movimento de rotação; Movimento circular uniforme; Velocidade
com aceleração constante, 48–54
em um plano inclinado, 57–61
em uma dimensão, 17–20
modelo de partícula e, 5–6
representação gráfica do, 48–60
tipos de, 3
uniforme, 34–38
Movimento circular, 3, 107–116, 212–214. *Ver também* Movimento de rotação
aceleração angular, 114–116
dinâmica do, 214–219
forças fictícias, 221–223
movimento harmônico simples (MHS) e, 414-17
não-uniforme, 113–114, 226–228
órbitas, 219–221
período de, 398-99
Movimento circular uniforme, 107–110
aceleração no, 111–113, 212–214
dinâmica do, 214–219
movimento harmônico simples (MHS) e, 414-17
velocidade no, 111–113, 212–214
Movimento de projéteis, 3, 97–102, 212. *Ver também* Queda livre
ângulo de lançamento, 98
estratégia para resolução de problemas, 100
raciocinando acerca do, 99–100
Movimento de rolamento, 364–67

Movimento de rotação, 3, 341–342
 centro de massa, rotação em torno do, 343–345
 descrição vetorial do, 367–371
 dinâmica, 355–357
 em torno de um eixo fixo, 357–360
 estratégia para resolução de problemas, 357
 movimento de rolamento, 364–367
 segunda lei de Newton do, 355–357
 torque, 351–355
Movimento de translação, 3, 5, 341
Movimento do tipo anda-pára, 280
Movimento harmônico simples (MHS), 410-14, 410-23
 cinemática do, 412-14
 conservação de energia e, 419
 constante de fase, 415-17
 dinâmica do, 420-23
 e movimento circular, 414-17
 energia no, 418-19
Movimento linear, 151–175
 arraste, 167–171
 atrito, 162–167
 segunda lei de Newton, 154–157, 171–174
Movimento relativo, 102–107
 posição relativa, 102–104
 velocidade, 104–107
Movimento uniforme, 34–38. *Ver também* Movimento circular uniforme

N

Neutrinos, 265
Newton, Isaac, 1, 3, 41, 126, 140–141, 158, 184, 279–280, 387-89, 393, 401
Núcleons, 300
Número de Avogadro, 318

O

Órbita circular, 219–221
Órbitas
 elípticas, 386-87
 energética de, 401-2
 geossíncrona, 399-400
Oscilações, 339, 410-35
 amortecidas, 428-31
 amplitude de, 411, 419
 condições iniciais, 414-15, 417
 duração de, 430-31
 fase de, 415-17
 forçadas, 431-33
 freqüência angular, 415
 freqüência de, 411
 pêndulo, 425-28
 pontos de retorno em, 412
 ressonância e, 432-33
 verticais, 423-24
 ver também Movimento harmônico simples (MHS)
Osciladores, 411, 422-23
 forçados, 431-33

P

Par ação/reação, 184. *Ver também* Terceira lei de Newton do movimento
 aproximação de corda sem massa e, 196
 identificando, 185-188
 impulsão, 188
 terceira lei do movimento

Par binário, 354–355
Partículas
 momentum angular de, 371
 sistema de, 318
Pêndulo
 balístico, 276
 cônico, 232
 físico, 427-28
Período do movimento circular, 107, 398
Peso, 160–162
 comparado à massa, 160
Peso e força gravitacional, 389-90
Planetas
 extra-solares, 400
 leis de Kepler de órbitas planetárias, 386, 398-401
 ver também Órbitas
Plano inclinado, 57–62
Polias, 197–198
 dinâmica da rotação e, 359–360
Ponto de retorno, 44, 46, 289–291, 412
Posição angular, 107–108
Potência, 325–327
Prefixos usados em ciência, 25
Primeira lei da termodinâmica, 324
Primeira lei de Newton do movimento, 139–142
Princípio da equivalência, 390-391
Produto escalar, 310–312
Produto escalar de vetores, 310–312
Produto vetorial, 368-371
Proporcionalidade, 136
Ptolomeu, 385-86
Pulsar, 407

Q

Quadrantes de um sistema de coordenadas, 78
Quarks, 237
Queda livre, 54–57, 98, 159
 aceleração de, 55, 159
 energia cinética, 269–270
 imponderabilidade, 162
 lua na, 387-88
 projéteis orbitando em, 220

R

Radianos, 108
Radioatividade, 256
Rapidez, 36
 energia cinética e, 271
Recuo, 256
Regra da mão direita, 368
Relatividade, 239
Relógio atômico, 24
Representação pictórica, 21–22
Resistência do ar, 54, 132, 162, 169
Ressonância, 432-33

S

Satélites
 energética orbital, 401-2
 momentum angular de, 400-402
 órbitas, 398-402
 órbitas circulares, 219–221
Segunda lei de Newton do movimento, 137–139, 154–157, 171–174
 em função do momentum, 242
 para o movimento de rotação, 355–357
 para oscilações, 422

Simetria e momentum angular, 373–374
Sistema de coordenadas, 78–82
 cartesiano, 78
 com eixos inclinados, 85
 deslocamento e, 8–9
 origem do, 6
 sistema de referência inercial, 141-142
Sistema de coordenadas *rtz*, 213, 215, 222
Sistema de referência, 103–106, 287–288
 acelerado, 141
 inercial, 141
Sistema isolado, 249–250
Sistema ligado, 401-2
Sistemas, 184–85
 energia de, 303
 isolado, 249–250
 momentum total de, 249
Sistemas em interação, 183–85. *Ver também* Terceira lei de Newton
 analisando, 185–189
 estratégia revisada para, 192–194
Supernova, 406-7
Superposição de forças, 129.
Système International d'Unités, le. *Ver* Unidades do SI

T

Tempo, 24
 medida do, 10, 24
Teorema dos eixos paralelos, 350
Teorema impulso-momentum, 243
Teorema trabalho-energia cinética, 306
Teoria da Grande Unificação, 237
Teoria de Newton da gravidade, 385-86, 391
Terceira lei de Newton do movimento, 139, 183–203. *Ver também* Sistemas em interação
 conservação do momentum e, 247–253
 raciocinando com a, 190–191
 vínculos de aceleração, 191–194
Terremotos, 280
Torque, 351–355
 aceleração angular e, 355–356
 braço de alavanca de um, 352–353
 gravitacional, 353–354
 interpretação de um, 352–353
 linha de ação, 352
 par binário, 354–355
 vetor torque e, 370
Trabalho, 302–337. *Ver também* Potência
 cálculo e uso do, 307–312
 deslocamento e, 313–314
 e energia cinética, 304–306
 energia potencial e, 316
 força perpendicular e, 309–310
 produto escalar e o cálculo do, 311–312
 realizado por uma força constante, 307–309
 realizado por uma força variável, 312–313
Trajetória, 3, 93. *Ver também* Movimento de projéteis
 do movimento de um projétil, 212
 parabólica, 97–98
Transformação de Galileu
 de posição, 103–104
 de velocidade, 105–106, 287–288
Transformações de energia, 303

U

Unidades, 24–28
Unidades britânicas, 25–26

Unidades do MKS, 24
Unidades do SI, 24–26

V

Vácuo, 142
Velocidade, 11–13. *Ver também* Aceleração
   aceleração e, 49, 61
   de escape, 398
   em duas dimensões, 93–96
   instantânea, 38–44, 94
   média, 11–12, 35, 40, 93–94
   no movimento circular uniforme, 111–113, 212–214
   posição a partir da, 44–48
   relativa, 104–107
   sinal da, 18–19
   transformação de Galileu da, 105–6, 287–288,
Velocidade angular, 108–10, 225, 343
   momentum angular e, 373–375
Velocidade terminal, 151, 170–171
Vetor velocidade angular, 368
Vetores, 7–11, 72–86. *Ver também* Álgebra vetorial
   adição gráfica, 74–75
   componente, 79, 80
   componentes de, 79–82
   decomposição de, 79
   descrição em relação a um sistema de coordenadas, 78–82
   deslocamento, 7–10, 73–74
   módulo dos, 73
   multiplicação por escalar, 76–77
   nulos, 9, 77
   posição, 6
   produto escalar de, 310–12
   produto vetorial de, 368–70
   propriedades dos, 73–78
   resultante, 74
   unidade, 82–83
Vetores aceleração, 14–15, 81, 214
Vetores velocidade, 12–13, 93–94, 213
Vibração molecular, 293
Vínculo de rolamento, 365
Vínculos de aceleração, 191–194
Vizinhança, 184–185

W

Watt, 325–326

Z

Zero de energia potencial, 273–274

Resistividade e condutividade de condutores

Metais	Resistividade (Ω m)	Condutividade (Ω^{-1} m^{-1})
alumínio	$2,8 \times 10^{-8}$	$3,5 \times 10^{7}$
cobre	$1,7 \times 10^{-8}$	$6,0 \times 10^{7}$
ouro	$2,4 \times 10^{-8}$	$4,1 \times 10^{7}$
ferro	$9,7 \times 10^{-8}$	$1,0 \times 10^{7}$
prata	$1,6 \times 10^{-8}$	$6,2 \times 10^{7}$
tungstênio	$5,6 \times 10^{-8}$	$1,8 \times 10^{7}$
níquel	$1,5 \times 10^{-6}$	$6,7 \times 10^{5}$
carbono	$3,5 \times 10^{-5}$	$2,9 \times 10^{4}$

Dados atômicos e nucleares

Átomo	Z	Massa (u)	Massa (Mev/c^2)
elétron	—	0,00055	0,51
próton	—	1,00728	938,28
nêutron	—	1,00866	939,57
^{1}H	1	1,00783	938,79
^{2}H	1	2,01410	
^{4}He	2	4,00260	
^{12}C	6	12,00000	
^{14}C	6	14,00324	
^{14}N	7	14,00307	
^{16}O	8	15,99492	
^{20}Ne	10	19,99244	
^{27}Al	13	26,98154	
^{40}Ar	18	39,96238	
^{207}Pb	82	206,97444	
^{238}U	92	238,05078	

Energias e raios do átomo de hidrogênio

n	E_n (eV)	r_n (nm)
1	−13,60	0,053
2	−3,40	0,212
3	−1,51	0,476
4	−0,85	0,848
5	−0,54	1,322

Funções-trabalho de metais

Metal	E_0 (eV)
potássio	2,3
sódio	2,7
alumínio	4,3
tungstênio	4,5
ferro	4,7
cobre	4,7
ouro	5,1

Dados astronômicos

Corpo celeste	Diatância média do Sol (m)	Período (anos)	Massa (kg)	Raio médio (m)
Sol	—	—	$1,99 \times 10^{30}$	$6,96 \times 10^{8}$
Lua	$3,84 \times 10^{8}$*	27,3 dias	$7,36 \times 10^{22}$	$1,74 \times 10^{6}$
Mercúrio	$5,79 \times 10^{10}$	0,241	$3,18 \times 10^{23}$	$2,43 \times 10^{6}$
Vênus	$1,08 \times 10^{11}$	0,615	$4,88 \times 10^{24}$	$6,06 \times 10^{6}$
Terra	$1,50 \times 10^{11}$	1,00	$5,98 \times 10^{24}$	$6,37 \times 10^{6}$
Marte	$2,28 \times 10^{11}$	1,88	$6,42 \times 10^{23}$	$3,37 \times 10^{6}$
Júpiter	$7,78 \times 10^{11}$	11,9	$1,90 \times 10^{27}$	$6,99 \times 10^{7}$
Saturno	$1,43 \times 10^{12}$	29,5	$5,68 \times 10^{26}$	$5,85 \times 10^{7}$
Urano	$2,87 \times 10^{12}$	84,0	$8,68 \times 10^{25}$	$2,33 \times 10^{7}$
Netuno	$4,50 \times 10^{12}$	165	$1,03 \times 10^{26}$	$2,21 \times 10^{7}$

*Distância em relação à Terra

Valores típicos de coeficiente de atrito

Material	Estático μ_e	Cinético μ_c	Rolamento μ_r
borracha sobre concreto	1,00	0,80	0,02
aço sobre aço (secos)	0,80	0,60	0,002
aço sobre aço (lubrificados)	0,10	0,05	
madeira sobre madeira	0,50	0,20	
madeira sobre neve	0,12	0,06	
gelo sobre gelo	0,10	0,03	

Temperaturas de fusão/Ebulição e calores latentes

Substância	T_z (°C)	L_f (J/kg)	T_e (°C)	L_v (J/kg)
água	0	$3,33 \times 10^{5}$	100	$22,6 \times 10^{5}$
nitrogênio (N_2)	−210	$0,26 \times 10^{5}$	−196	$1,99 \times 10^{5}$
álcool etílico	−114	$1,09 \times 10^{5}$	78	$8,79 \times 10^{5}$
mercúrio	−39	$0,11 \times 10^{5}$	357	$2,96 \times 10^{5}$
chumbo	328	$0,25 \times 10^{5}$	1750	$8,58 \times 10^{5}$

Propriedades dos materiais

Substância	ρ (kg/m³)	c (J/kg K)
ar nas CNTP*	1,2	
álcool etílico	790	2.400
gasolina	680	
glicerina	1.260	
mercúrio	13.600	140
óleo (comum)	900	
água do mar	1.030	
água	1.000	4.190
alumínio	2.700	900
cobre	8.920	385
ouro	19.300	129
gelo	920	2.090
ferro	7.870	449
chumbo	11.300	128
silício	2.330	703

*Condições Normais de Temperatura (0 °C) e Pressão (1 atm)

Calor específico molar de gases

Gás	C_P (J/mol K)	C_V (J/mol K)
Gases monoatômicos		
He	20,8	12,5
Ne	20,8	12,5
Ar	20,8	12,5
Gases diatômicos		
H_2	28,7	20,4
N_2	29,1	20,8
O_2	29,2	20,9

Índices de refração

Material	Índice de refração
vácuo	1 exatamente
ar	1,0003
água	1,33
vidro	1,50
diamante	2,42